周邦新

周邦新文选

Selected Works
of Zhou Bangxin

上 卷

上海大学出版社
·上海·

图书在版编目(CIP)数据

周邦新文选/周邦新著.—上海：上海大学出版
社,2014.11
ISBN 978-7-5671-1473-9

Ⅰ.①周… Ⅱ.①周… Ⅲ.①材料科学-文集 Ⅳ.
①TB3-53

中国版本图书馆 CIP 数据核字(2014)第 239022 号

策划/统筹　王玉富　黄晓彦　周海蓉
责任编辑　黄晓彦　方守狮　张济明
装帧设计　柯国富
技术编辑　金　鑫　章　斐

周邦新文选

周邦新　著

上海大学出版社出版发行
(上海市上大路 99 号　邮政编码 200444)
(http://www.shangdapress.com　发行热线 021—66135112)
出版人：郭纯生
*
南京展望文化发展有限公司排版
上海华业装潢印刷厂印刷　各地新华书店经销
开本 787×1092　1/16　印张 92.75　插页 12　字数 2 315 000
2014 年 12 月第 1 版　2014 年 12 月第 1 次印刷

ISBN 978-7-5671-1473-9/TB・017　两册总定价：390.00 元

院士周邦新[*]

周邦新　核材料及核燃料专家。1935 年 12 月 29 日出生,祖籍江苏苏州。1956 年毕业于北京钢铁学院,1965 年至 1967 年赴英国纽卡斯尔及剑桥大学冶金系学习访问。现任上海大学材料研究所研究员,兼任上海市核学会特别顾问、中国核材料学会名誉理事长、中国核学会及中国材料研究学会荣誉理事等。1995 年当选为中国工程院院士。长期从事核材料及核燃料研究,曾对金属材料的形变和再结晶,以及锆合金耐腐蚀性能等问题做过深入系统的研究,解决了核工程材料的一些难题和生产质量问题;开发并主持研究反应堆用低浓铀板型燃料元件的国内首批生产,以满足研究反应堆的核燃料由高富集度铀转化成低富集度铀的需求;组建了核燃料及材料国家重点实验室,以满足我国核工业发展的需要。曾获 1978 年全国科学大会颁发的先进科技工作者、1979 年第二机械工业部颁发的劳动模范称号、1990 年中国核工业总公司颁发的突出贡献专家称号。曾获四川省重大科技成果奖、部级科技进步一等、二等奖及国家科技进步一等、二等奖等。已发表论文近 300 篇。

周邦新生于 1935 年,祖籍苏州木渎。祖父是前清的秀才,后来一直在苏州女子师范学校教书。父亲在苏州工专学习土木建筑工程,毕业后一生从事道路、房屋建设工程工作。抗日战争爆发后,举家搬到了成都郊区的簇桥镇,1946 年春天,全家又回到了故乡——苏州木渎。灵岩山、老祖屋、青砖小道、门前石桥,还有河中成群的小鱼和不时划过的小渔船……构成周邦新儿时生活的回忆。

当年秋季,周邦新考入了木渎镇上民办的初级中学,第二年转入苏州城里的吴县县立中学(现苏州市第一中学),开始住校生活,跨出了他人生独立生活的第一步。回到故乡后,父亲一时找不到工作,靠母亲在木渎附近的农村小学教书养家,经济的拮据和生活的艰苦可想而知。为了节省一点路费,节假日回家经常是沿着河岸步行两个多小时从学校走回木渎。生活的艰辛给他留下了深深的记忆,这也养成了周邦新一生注重节约的习惯。在苏州市第一中学建校 95 周年和 100 周年之际,周邦新曾两度回母校,他深感中学时代太值得珍惜了。

1950 年国内掀起了抗美援朝和学生"参干"热潮,周邦新认识到个人前途和祖国的命运是紧密联系在一起。高中毕业时,考虑到国家建设需要钢铁,他报考了北京钢铁学院,那是国家成立钢铁学院后招收的第一届学生,校舍还刚开始建设,第一年只能在清华大学上课。

---

[*] 原标题《科研转战,不懈奋斗》,见纪顾俊主编:《苏州院士》,文汇出版社 2013 年版。

1956年从北京钢铁学院毕业后,他被分配到中国科学院物理研究所(当时的名称是应用物理研究所)。

在物理所工作期间,周邦新从事铜板中织构问题和碘化法提纯钛的研究。他曾先后得到颜鸣皋、李恒德和陈能宽等几位从国外学成归来的科学家指导和关怀,他们后来都成为科学院和工程院的院士。周邦新院士说,从老师们那里学习到严格的科学态度和严谨的科研作风,使他受益匪浅,一生受用。

1958年,周邦新和其他两位同志一起承担了研究硅钢片中如何获得立方织构(也称"双取向")的课题,经过半年多日以继夜、以实验室为家的努力工作,最终取得了成功,这激发了他对科研工作的极大兴趣,也使他认识到实验工作要认真,观察分析要仔细,实验结果要能多次重复。1960年周邦新从北京物理所调动到了沈阳金属研究所,进一步研究立方织构形成机理,选定钼、铌、钨和铁硅合金的单晶为研究对象。1965年周邦新到英国纽卡斯尔大学冶金系访问,第一次与系主任见面时被问起做过什么研究工作,在听到回答说做过织构方面的研究工作时,系主任马上问道:你能在铁硅合金中生长立方织构吗? 由此可见,那时在从事研究金属形变和再结晶问题的科学家心中,对体心立方结构金属中如何获得立方织构的重视程度。钼单晶的形变和织构方面的研究结果后来在全国学术会议上做了报告,钱临照先生将文章推荐到《物理学报》上发表。这是对周邦新独立进行科研工作后做出一点成绩的肯定,帮助他树立了能够做好科研工作的信心。每次回想起这段科研历程,周邦新就深深地感谢当时金属所张沛霖、郭可信等前辈的鼓励,也感谢所领导对他工作的支持和关怀。

1961年金属所成立了铀的化学冶金和物理冶金两个研究室,从事核燃料的基础研究和应用研究工作,周邦新参加了由张沛霖先生领导的铀物理冶金室工作。从那时起,核燃料及核材料成为他一生中主要的研究方向。

1965年到1967年,周邦新在英国纽卡斯尔大学和剑桥大学冶金系访问学习。从那时起,他接触到电子显微镜,并开始用它来研究材料中的一些问题。

1970年,周邦新和沈阳金属所一批人又通过集体调动来到了四川"三线"——峨眉山下青衣江边的中国核动力研究设计院,在那里连续工作了28年。他和一大批科研工作者一起从零开始,在隐蔽的深山沟里一砖一瓦把实验室建设起来,把青春献给国家的军工事业。在中国核动力研究设计院工作期间,周邦新接触到了生产和工程应用中出现的各种材料问题,这不像在实验室中自己构思出来进行研究的那种问题。他抱着认真负责的态度,带领了组内同志深入现场了解情况,并进行实验室的模拟实验,通过观察和分析,解决了不少生产中出现的材料问题。例如解决了核燃料元件包壳锆合金管不均匀腐蚀的问题,为国家挽回了不少经济损失。从20世纪70年代开始,锆合金也成了周邦新后半生一个重要的研究方向。他及他的科研团队针对核反应堆结构材料的研究成果为我国核反应堆运行安全及核电事业的发展作出重要贡献。

1998年周邦新调入上海大学,重心转向培养人才和建立科研团队。尽管在上海大学没有条件进行带有放射性核燃料的科研工作,但是研究不带放射性的核反应堆结构材料还是有条件的,这也是核工业中的重要材料。为了满足国民经济的快速发展,需要大力发展清洁能源,迎来了我国核电事业的大发展,也为从事核材料研发的科研人员提供了机遇,高等院校理应在基础研究方面发挥自己的优势,作出贡献。来到上海大学后,从组建实验室到建立一支科研队伍,周邦新花费了几年的时间。目前,除了科研外,他还花费大量时间培养学生,用他严谨的科研作风、一丝不苟的工作态度影响着一批又一批的学生,他经常对学生说:"成功就需要在困难面前再坚持一下,找到了困难,也就可以发现问题,成功也就有了希望。"迄今为止,周邦新已培养硕士和博士研究生30余人。在青年教师的培养中,周邦新坚持"扶上马,送一程",当好一名称职的伯乐。他把承担重大科研项目和汇报交流的机会留给年轻人,努力为他们提供展示才华的平台,从而进一步提高了年轻人的科研积极性和社会责任意识,促进他们更快成长,同时也把他真诚对待学生、认真培养学生的优秀师德一代代传承下去。

周邦新承担或参与了国家973项目、国家863计划,国家先进压水堆重大专项、国家自然科学基金、国防基础科研、上海市科委和核燃料及材料国家级重点实验室等二十多项科研项目,取得了丰硕的成果,曾20多次荣获国家、部、省等颁发的奖励和荣誉称号,其中于2000年和2012年分别获得国家科技进步一等奖和二等奖。

目　录

冷轧铜板再结晶织构的形成[*]

摘 要：电解纯铜经 88.7％冷轧后，所形成的轧制织构除稳定的(110)[1$\bar{1}$2]与(112)[11$\bar{1}$]外，还存在着一种(3，6，11)[53$\bar{3}$]织构. 在较低温度下退火时，再结晶织构主要为(100)[001]、(358)[35$\bar{2}$]和与(100)[001]成孪生取向的(122)[21$\bar{2}$]织构. 随着退火温度的增加，(358)[35$\bar{2}$]织构逐渐减弱，立方织构(100)[001]则逐渐加强；当退火温度达到 900 ℃时，形成了集中的(100)[001]织构. 冷轧铜板在退火的过程中，具有(100)[001]再结晶晶粒首先形成，然后普遍地发生同位再结晶. 其中具有(100)[001]取向的晶粒，继续发生选择性的生长，最后形成了集中的立方织构.

本文中对轧制织构与其再结晶织构取向间的关系也进行了分析，再结晶织构一般可认为是原有织构沿某一个[111]轴旋转 45°，22°或 38°的结果. 同时，根据上述几何关系所绘出的理想极图与实际测定的结果也是符合的. 试验结果指出，不同加热速度和不同加热程序对形成最终的再结晶织构不发生显著的影响，而退火温度对再结晶织构的形成起着主要的作用.

1 引言

金属在承受较大的形变后，产生了加工织构. 当具有加工织构的金属再经过退火处理时，可形成与原有织构相同的或完全不同的织构，一般称为再结晶织构.

对于面心立方点阵的金属，如 Cu，Al，Ni 及其某些合金等，经较大形变的轧制后，具有集中的(110)[1$\bar{1}$2]和(112)[11$\bar{1}$]织构. 这些金属再经退火处理可形成具有(100)[001]取向的再结晶织构，通称为立方织构[1-6]. 一般来说，大的冷轧加工量(＞80％)，高的退火温度，小的原始晶粒度，和合金元素的含量在一定限度以下等因素，是形成立方织构的几个重要的条件[1].

过去所发表的一些工作中，一般是将样品在某一温度下退火并保持一定时间后，观察其再结晶织构的形成情况. 但是对于再结晶织构的形成过程和加热速度、加热程序对织构的影响等，这些方面的资料仍然很缺乏. 本试验即着重研究上述各点对冷轧铜板再结晶织构的影响，通过这些试验工作，可提供更多的实验数据，将有助于进一步了解金属再结晶织构形成的机理，作为今后改进工艺过程方面的理论依据.

2 试验步骤

本试验所采用的电解纯铜的化学成分见表 1. 原材料经热轧到 7.4 mm 后，再冷轧到 0.84 mm，总冷加工量为 88.7％. 冷轧前的晶粒大小为 0.03—0.045 mm.

样品的尺寸为 20×10 mm²，退火在自制的管式炉中进行. 除 900 ℃长时间加热采用真空

————————————————
* 本文合作者：颜鸣皋. 原发表于《物理学报》，1958，14(2)：121 - 135.

表1　电解铜的化学分析结果

合金元素	Cu	Pb	Fe	Ni	Sn	Si	Zn	P	O_2
含量%	99.95	0.000 7	0.001 5	0.001	0.000 2	<0.001	<0.005	<0.000 1	0.013

装置外,一般均在空气中加热.为了测定样品的真实温度,采用了将热电偶的热端直接绑在样品上的方法.在观察不同的加热条件下再结晶织构的变化,曾采用了一些不同的加热方式,如图1中的加热曲线所示:其中曲线 1,2 是以不同的加热速度进行加热,其平均加热速度分别为 450 ℃/分和 2 ℃/分.曲线 3,4 是先将样品加热到 600 ℃ 保温 30 分钟,然后将样品直接加热到 900 ℃ 或冷至室温后再加热到 900 ℃.曲线 5 是将样品加热到 900 ℃ 后,立即移至 600 ℃ 保温.为了研究样品在加热过程中的织构和性能的变化,在加热途中(如曲线 1,2 上的圆圈所示)将样品取出水淬.经不同处理后的样品,以威氏硬度计测定其硬度值,采用的荷重为 10 千克.

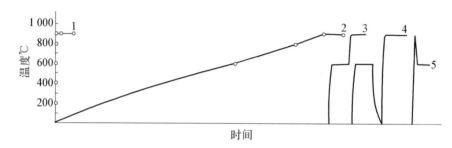

图1　样品退火时的加热曲线

上述样品经处理后,以硝酸腐蚀至 0.7 mm 以下,并用 CuKα 辐射摄取一系列的照片以绘出其(111)与(100)面的极图.为了迅速地观察到立方织构的形成,采用了 X 光掠射法[3],就是将试样面与 X 光成一 $\theta_{(200)}$ 角(200 的布来格角).当采用 CuKα 辐射时,$\theta_{(200)} \simeq 25°10'$.这样当有(100)[001]取向的再结晶晶粒形成时,很容易从摄取的照片中 200 衍射环上观察到.

3　试验结果

图2(a)是测得冷轧的(111)与(100)极图,其织构理想取向主要为(110)[1$\bar{1}$2]+(112)[11$\bar{1}$]和弱的(100)[001]、(110)[001],此外在(110)[1$\bar{1}$2]和(112)[11$\bar{1}$]两主要织构间,还存在着一个过渡性的或与上述两织构"共生"的(3,6,11)[53$\bar{3}$]织构.

样品在不同温度加热 30 分钟后测得的硬度值变化曲线见图3.与之相对应的 X 光掠射相列于图4.由图4中可以明显地看到,当样品在 160 ℃ 退火 30 分钟后[见图4(b)],具有(100)[001]取向的再结晶晶粒已首先形成,而其他部分仍然保持着冷加工状态,此时硬度值仅有微小的变化,可以认为样品还是处于恢复阶段.随着退火温度的增加,(100)[001]取向的晶粒发生长大,同时也产生了其他取向的再结晶晶粒.退火温度的继续增加,晶粒的取向就逐渐集中到(100)[001][见图4(f),(g),(h)].图2(b),(c),(d),(e)是样品在 400 ℃,600 ℃,800 ℃,900 ℃ 加热 30 分钟后所测出的(111)与(100)极图.根据这些极图可看出在上述温度范围内,铜板的再结晶织构主要是(100)[001],其次是(358)[35$\bar{2}$]和(122)[21$\bar{2}$],

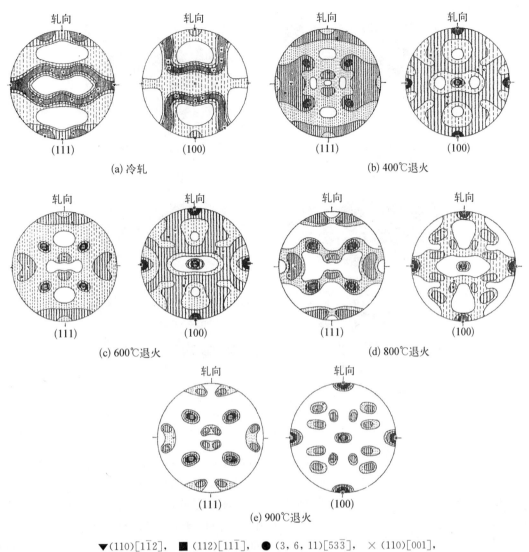

轧向　轧向　轧向　轧向

(111)　(100)　(111)　(100)

(a) 冷轧　(b) 400℃退火

轧向　轧向　轧向　轧向

(111)　(100)　(111)　(100)

(c) 600℃退火　(d) 800℃退火

轧向　轧向

(111)　(100)

(e) 900℃退火

▼(110)[1$\bar{1}$2],　■(112)[11$\bar{1}$],　●(3, 6, 11)[53$\bar{3}$],　×(110)[001],
■(100)[001],　▽(358)[3$\bar{5}$2],　⊠(122)[21$\bar{2}$]

图2　纯铜经88.7%冷轧和不同温度下30分钟退火后的(111)和(100)极图

在较低的温度(400℃，600℃)时，还有一些混乱取向的晶粒.

样品在加热到400℃，600℃，800℃，900℃的过程中，以不同的加热时间(即样品被加热到不同温度时)，将样品取出水淬，测得的硬度变化曲线与相应的加热曲线示于图5.由硬度变化曲线中可看到样品在加热过程中，硬度值下降是非常迅速的.一旦样品被加热到指定的温度时，硬度值已趋于稳定，织构也基本上形成.继续加热时，硬度不再发生显著的变化，仅织构稍有所集中.这一结果也指出了在板料的实际生产中，缩短退火时间来

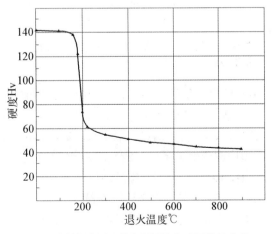

图3　冷轧铜板在不同温度退火后硬度的变化

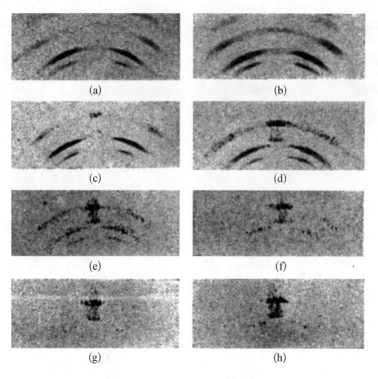

图4 冷轧铜板在不同温度退火 30 分钟后的 X 光掠射相

(a) 冷轧,(b) 160 ℃退火,(c) 180 ℃退火,(d) 200 ℃退火,(e) 400 ℃退火,(f) 600 ℃退火,(g) 800 ℃退火,(h) 900 ℃退火

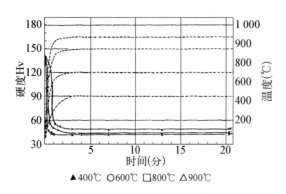

▲400℃ ○600℃ □800℃ △900℃

图5 铜板在不同温度下退火过程中硬度的变化和相应的加热曲线

提高生产率是有可能的,因此,这也是今后值得进一步研究的问题.

图 6 是样品在加热至 900 ℃的过程中,以不同的加热时间(即样品温度达到 400 ℃,600 ℃,800 ℃,900 ℃时)取出水淬后所测绘出的(111)与(100)极图.图 6(a)是样品加热到 400 ℃(加热 10 秒后)取出水淬后测得的极图.这时立方织构已经出现,并具有相当的强度,同时产生了一些混乱取向的再结晶晶粒,但样品大部分还保持着冷加工状态.图 6(b)是样品加热到 600 ℃(加热 17 秒后)取出水淬后测得的极图.这时样品已完全再结晶,晶粒取向主要是(100)[001]和(358)[352]以及一些与冷轧织构相近的取向,后者可认为是通过同位再结晶而获得的.图 6(c)是样品加热到 900 ℃(加热 42 秒后)取出水淬后测得的极图.这时(100)[001]织构已显著地加强,与(100)[001]成孪生关系的(122)[21̄2̄]织构的强度亦有增加.而(358)[352]织构则相应地减弱.图 6(d),(e),(f)分别为样品加热到 900 ℃时和在 900 ℃保温 10 分及 30 分后水淬测得的极图.由上列图中可见,在 900 ℃继续保温时,逐渐形成了集中的立方织构和一些较弱的、与(100)[001]成孪生关系的(122)[21̄2̄]取向.图 7 为样品在 900 ℃退火过程中的 X 光掠射相,当加热到 10 秒时已开始再结晶,其中立方织构已具有相当的强度,但是冷加工织构却仍然保留着.

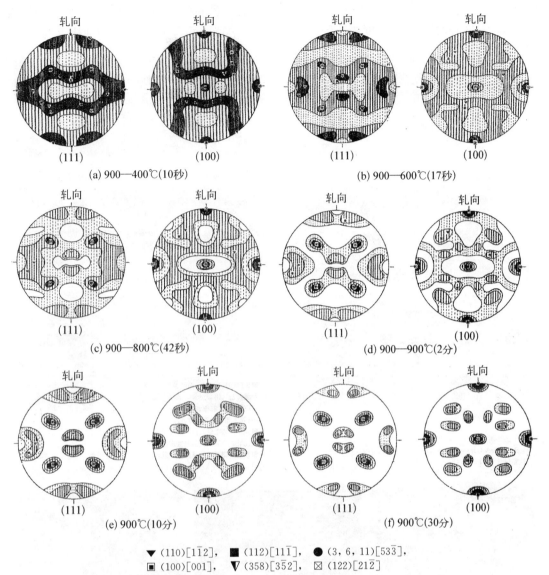

图中符号：
▼ (110)[1$\bar{1}$2]，■ (112)[11$\bar{1}$]，● (3, 6, 11)[5$\bar{3}\bar{3}$]，
▣ (100)[001]，▽ (358)[3$\bar{5}$2]，⊠ (122)[21$\bar{2}$]

图 6 冷轧铜板在 900 ℃退火过程中的(111)和(100)极图的变化

图 8 为相应的显微组织，图中具有立方织构或接近该位向的晶粒在浸蚀后颜色较深；在温度达到 900 ℃时[见图 8(d)，(e)，(f)]，具有立方织构的晶粒可由其孪晶界的位向辨别之，因为在(100)[001]方位时，孪生面(111)与轧面的截线应当与轧向成 45°. 因此，由以上各显微组织也明显地看出，随着样品温度的增加，晶粒不断地长大，织构亦逐渐地集中.

图 9 是用计数器定量测定 900 ℃加热过程中(111)和(100)极图沿轧向距离中心 0—45°部分的衍射强度. 其中实线表示(111)强度的变化；点线表示(100)强度的变化. 图 9(a)，(b)，(c)，(d)，(e)，(f)分别为冷轧，加热 10 秒、17 秒、42 秒、2 分和 10 分钟后测出的结果.由(100)衍射强度的变化上看出，随着加热时间的增加，极图中心部分的衍射强度——立方织构——显著地增强. 由(111)衍射强度的变化上也可看出：铜板冷轧后其最高的衍射强度位于距中心 25°处；在再结晶开始时(加热 10 秒后)强度稍有下降，而当再结晶完成时(加热17 秒后)强度又复上升，同时最高的衍射强度的位置也发生了改变，即由距极图中心 25°处

移至 22—23°处.这一改变可认为在再结晶完成时,另一种新的织构(358)[3̄52]业已形成.此后,随着加热时间的增加和温度的升高,立方织构逐渐加强,而(358)[3̄52]织构则相应地减弱.

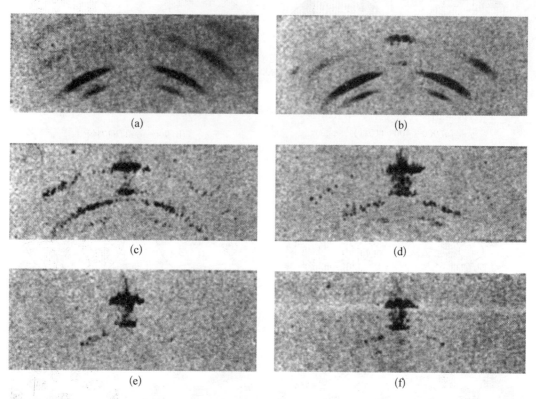

图 7 铜板在 900 ℃退火过程中的 X 光掠射相　(a) 冷轧,(b) 900—400 ℃(10 秒),(c) 900—600 ℃ (17 秒),(d) 900—800 ℃(42 秒),(e) 900—900 ℃(2 分),(f) 900 ℃(30 分)

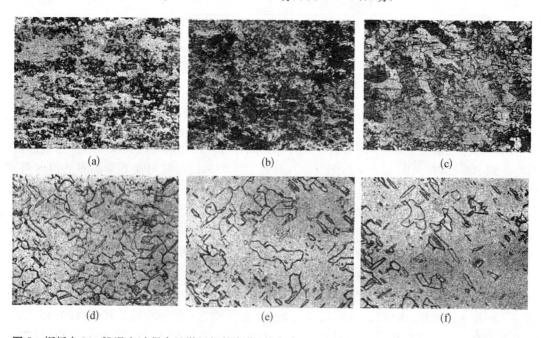

图 8 铜板在 900 ℃退火过程中显微组织的变化(轧向↑)　(a) 900—400 ℃(10 秒),(b) 900—600 ℃ (17 秒),(c) 900—800 ℃(42 秒),(d) 900—900 ℃(2 分),(e) 900 ℃(10 分),(f) 900 ℃(30 分)

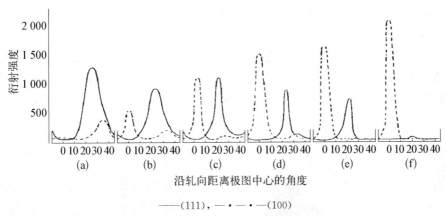

沿轧向距离极图中心的角度

——(111)，—·—·—(100)

图9 铜板在900℃退火过程中(111)与(100)极图中心部分衍射强度的变化

图10是缓慢加热至900℃(见图1中曲线*2*)中途将样品取出水淬后测得的(111)与(100)极图.将图10(a)，(b)，(c)与图6(b)，(c)，(e)的结果相比较时,可以看出加热速度对再结晶织构的形成,并无显著的影响.

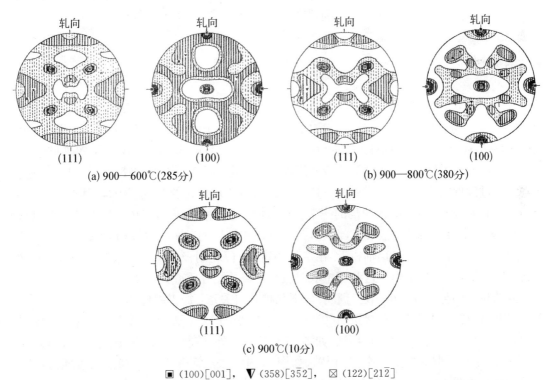

(a) 900—600℃(285分) (b) 900—800℃(380分)

(c) 900℃(10分)

▣ (100)[001]，▼ (358)[3$\bar{5}$2]，⊠ (122)[21$\bar{2}$]

图10 铜板在900℃退火过程中(加热速度2℃/分)(111)与(100)极图的变化

样品预先在600℃加热30分钟,然后分别将样品直接加热至900℃(见图1中曲线*3*),和冷至室温后再加热至900℃(见图1中曲线*4*).经过这样处理的样品,对于其最终形成的再结晶织构,无论在极图的形状上或在显微组织上,与未经600℃预先加热而直接加热到900℃的样品没有区别.样品在600℃预先加热8小时,然后再加热到900℃所得的结果也是如此,并不因预先加热的时间不同而有所差异.样品在加热到900℃时立即移至600℃保温30分钟(如图1中曲线*5*),织构维持着达到900℃时的形状,继续在600℃保温不再发生任何变化.

样品在 600 ℃ 长时间的加热（从 30 分钟到 36 小时），无论从显微组织和极图形状上来看，并未发现有显著的改变．但在 900 ℃ 加热到 15 小时后，二次再结晶开始发生，晶粒则急剧地长大．二次再结晶后的晶粒取向经测定后，其与 (100)[001] 取向间的关系，可描述为沿 ⟨100⟩ 轴旋转 12°，14°，18° 和沿 ⟨111⟩ 轴旋转 22°，38°，40° 等取向，这取向与过去所发表的结果是相近的[7, 8]．图 11 示出样品在 900 ℃ 加热 15 到 36 小时后的一些实物照像．

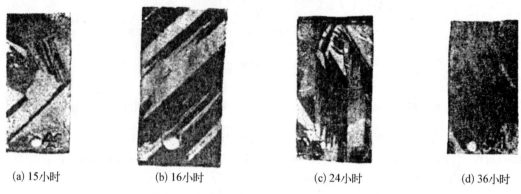

(a) 15 小时　　　　(b) 16 小时　　　　(c) 24 小时　　　　(d) 36 小时

图 11　铜板在 900 ℃ 长时间（15—36 小时）退火后的实物照像

4　结果讨论

关于面心立方金属的轧制织构，经过理论的推算和实验的证实，其轧制织构的稳定取向为 (110)[1$\bar{1}$2] 与 (112)[11$\bar{1}$] 和准稳定取向 (110)[001] 与 (100)[001][9, 10]．对于实际测定的轧制极图，一般还以一些近似的理想取向，如 (124)[53$\bar{3}$]，(236)[53$\bar{3}$]，(135)[53$\bar{3}$] 等来描述之．

根据本实验的结果，电解纯铜的冷轧织构除了稳定的 (110)[1$\bar{1}$2] 与 (112)[11$\bar{1}$] 外，还存在着一种过渡性的理想取向，或称为 (110)[1$\bar{1}$2] 与 (112)[11$\bar{1}$] 的"共生"织构，其理想取向可用 (3, 6, 11)[53$\bar{3}$] 来描述．该织构的一个 [111] 轴在轧向附近，并与 (110)[1$\bar{1}$2] 的一个 [111] 轴相近；另一个 [111] 轴在轧面法线附近，并与 (112)[11$\bar{1}$] 的一个 [111] 轴相近；第三个 [111] 轴与 (100)[001] 的一个 [111] 轴相近．在定量测定 (111) 轧制极图中，沿轧向距离中心 25° 处的高强度区域，可认为是由于这些理想取向散布区域的相互重叠的结果．

再结晶织构与轧制织构间还存在着以下几种几何关系：加工织构 (3, 6, 11)[53$\bar{3}$] 沿一个 [111] 轴旋转 45° 左右后，可接近 (100)[001] 取向，如图 12 中所示．轧制织构 (110)[1$\bar{1}$2] 与 (112)[11$\bar{1}$] 分别沿其某一个 [111] 轴（如图 13 中 I，II 处）旋转 22° 后，可成为 (358)[3$\bar{5}$2] 取向；当 (358)[3$\bar{5}$2] 取向再沿一个 [111] 轴（如图 13 中 III 处）旋转 45° 左右时，又可成为 (100)[001] 取向，如图 13 中所示．上述几何关系可用下列图解表示之：

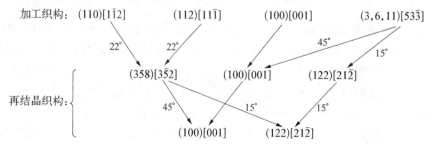

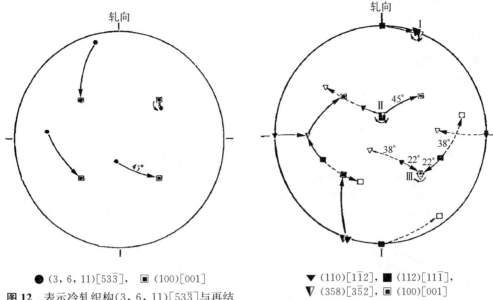

● (3，6，11)[53$\bar{3}$]， ▣ (100)[001]

图12 表示冷轧织构(3，6，11)[53$\bar{3}$]与再结晶织构(100)[001]间的几何关系的极图

▼ (110)[1$\bar{1}$2]， ■ (112)[11$\bar{1}$]，
▽ (358)[3$\bar{5}$2]， ▣ (100)[001]

图13 表示冷轧织构(110)[1$\bar{1}$2]，(112)[11$\bar{1}$]与再结晶织构(358)[3$\bar{5}$2]，(100)[001]间几何关系的极图

　　根据以上实验结果及讨论，可认为纯铜再结晶织构的形成是由于同位再结晶，然后发生选择性生长的结果. 关于立方织构的形成，可认为在冷轧织构中，存在着有弱的(100)[001]织构和强的(3，6，11)[53$\bar{3}$]织构. 这两种取向具有一共同的(111)面，同时沿[111]轴相差约45°. 当(100)[001]取向的晶粒在再结晶过程中一经形成，强的(3，6，11)[53$\bar{3}$]织构与(100)[001]取向的晶粒接触的几率较大，因此对立方织构提供了生长的可能. 上述关系也曾在过去工作中证实，Barrett[11]曾指出原子自形变基体移动到新晶粒的能力，是随着二者之间取向不同而异. 当新晶粒的取向与形变基体的取向相同或相差很小时，新晶粒的成长最慢；当二者取向沿[111]轴相差45°左右时，新晶粒的成长最快. 此外 Beck 等[12]的实验中也证实了最易生长的晶粒的取向是与基体取向相差约40°. 另一方面，(110)[1$\bar{1}$2]与(112)[11$\bar{1}$]两轧制织构形成(358)[3$\bar{5}$2]再结晶织构，由于(358)[3$\bar{5}$2]与(100)[001]两织构亦符合于上述关系，因此也创造了立方织构通过晶粒长大而获得集中的有利条件. 这样在再结晶刚完成时，最终形成的立方织构已具有集中的条件. 退火温度的升高，仅加速了晶粒的长大使织构得到集中. 因此，预先退火处理不会对最终形成集中的立方织构产生影响.

　　最后，如考虑所测定的轧制织构的理想取向(110)[11$\bar{2}$]、(112)[11$\bar{1}$]和(3，6，11)[53$\bar{3}$]是分布在一个不大的圆锥范围(设圆锥角为±8°)内，将其分布区域画出可得一极图，其形状如图14(a)所示. 各取向分布的相互重叠区域，恰好是在沿轧向距离中心 20—28°处，这与实际定量测定最高强度在沿轧向距离中心 25°处的结果是吻合的. 在再结晶完成初期，织构主要是(100)[001]和(358)[3$\bar{5}$2]以及与(100)[001]成孪生关系的(122)[21$\bar{2}$]取向. 如将以上三种取向的分布区域，和一些通过同位再结晶所产生的具有加工织构取向的分布区域画在极图上，所得到的理想(111)极图如图14(b)所示，这与实际测出的极图[见图6(b)]的最强点是符合的. 随着退火温度的升高，一些具有轧制织构的晶粒转化为(100)[001]，(358)[3$\bar{5}$2]位向以及与二者成孪生关系的晶粒取向，倘将以上四种取向的分布区域画出，则得到一理想的(111)极图,见图 14(c),该极图与实际测定的结果[图 6(d)]是十分相似的.随着温度的升高,立方织构取向的晶粒继续长大,则形成了集中的立方织构以及一些与其成孪生关系的(122)[21 2̄]取向,所绘出的(111)极图示于图 15(d),该理想极图与实际测定的结果[图 6(f)]是符合的.

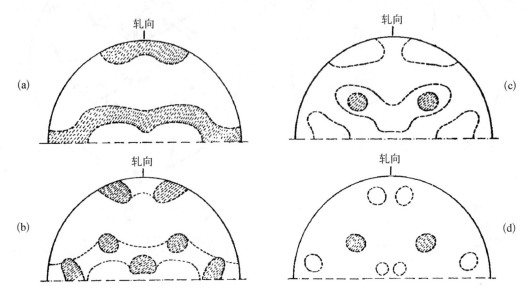

图 14 冷轧铜板在 900 ℃退火过程中的理想(111)极图 (a) 冷轧状态;(b),(c),(d) 为再结晶过程中的(111)极图

5 结论

(1) 电解纯铜的轧制织构除稳定的(110)[1 1̄ 2]与(112)[11 1̄]理想位向外,还存在着一种与前两者"共生"的强织构,其取向可用(3, 6, 11)[53 3̄]来描述之.此外,还存在着弱的(100)[001]和(110)[001]织构.

(2) 纯铜的再结晶织构主要为(100)[001],其次还有(358)[3 5̄ 2]和(122)[21 2̄].在较低温度退火时,还存在着一些混乱取向的晶粒,随着退火温度的升高则逐渐集中成为(100)[001]立方织构.

(3) 在退火的过程中,具有(100)[001]取向的再结晶晶粒首先形成,然后发生普遍的同位再结晶.其中具有(100)[001]取向的晶粒继续发生选择性的生长,最后形成了集中的立方织构.立方织构的生长条件一般可以认为:立方织构与另一织构晶粒的取向间具有一共同的(111)面和沿其一个[111]轴相差 45°左右.

(4) 轧制织构与再结晶织构的取向间存在着下列一些几何关系:加工织构(3, 6, 11)[53 3̄]沿一[111]轴旋转约 45°,可形成(100)[001]取向;加工织构(110)[1 1̄ 2]与(112)[11 1̄]分别沿其一[111]轴旋转 22°,可形成(358)[3 5̄ 2]取向;当(358)[3 5̄ 2]织构再沿其一[111]轴旋转 45°,又可成为(100)[001]取向.根据上述关系绘出的理想极图,与实际测定的结果是符合的.

(5) 不同的加热速度和不同的加热程序,对最终形成集中的立方织构不发生显著的影响;而退火温度对再结晶织构的形成起着主要的作用.

最后,本所陶祖聪同志在定量测定衍射强度工作中,给予了很大的帮助.李黎光同志积极地参加摄取 X 光照相等工作,特此一并致谢.

参 考 文 献

[1] Barrett，C. S.，Structure of Metals，1953.

[2] Cook，M. and Richard，T. L.，*J. Inst. Met.* **66** (1940)，1；**70** (1944)，159.

[3] Yen，M. K. (颜鸣皋)，*Trans. AIME* **185** (1949)，57.

[4] Hu，H. (胡郇) and Beck，P. A.，*Trans. AIME* **194** (1952)，76；86.

[5] Beck，P. A.，*Trans. AIME* **191** (1951)，474.

[6] Merlini，A.，*Trans. AIME* **206** (1956)，967.

[7] Kronberg，M. L. and Wilson，F. H.，*Trans. AIME* **185** (1949)，501.

[8] Sharp，M. and Dunn，C. G.，*Trans. AIME* **194** (1952)，42.

[9] 颜鸣皋,北京工业学院学报,**1** (1956),1.

[10] Hibbard，W. R. and Yen，M. K. (颜鸣皋)，*Trans. AIME* **175** (1948)，74.

[11] Barret，C. S.，*Trans. AIME* **137** (1940)，128.

[12] Beck，P. A.，Sperry，P. R. and Hu，H. (胡郇)，*J. Appl. Phys.* **21** (1950)，42.

The Development of Recrystallization Texture of Cold-Rolled Copper Strips

Abstract：The rolling texture of electrolytic copper after a reduction of thickness 88. 7% can be described as (110) [$1\bar{1}2$], (112) [$11\bar{1}$] and a texture (3, 6, 11) [$53\bar{3}$]. During annealing at lower temperature, the recrystallization texture was found to be (100) [001]＋(358) [$3\bar{5}2$] plus a (122) [$21\bar{2}$] texture which is a twin position with respect to (100) [001] texture. Together with the raising of the annealing temperature, a decrease of (358) [$3\bar{5}2$] texture and on increase of (100) [001] texture was observed. When annealing temperature reached to 900 ℃, a nearly perfect cubic texture was developed.

During annealing at higher temperature(900 ℃), grains having (100) [001] orientation appeared first. Then, an overall "recrystallization in situ" took place and the (100) [001] grains tended to grow selectively at the expense of the others. Finally, a concentrated (100) [001] texture was produced.

The geometric relationship between the rolling texture and the recrystallization texture was investigated. In general, the change from the rolling texture to the recrystallization texture may be suggested as a rotation of 45°, 22°, 38° about a common [111] axis. The ideal pole-figures, constructed according to the above relationship were found to be in good agreement with the experimental results.

It was found that the different rate of heating and the different annealing procedures produced no significant effect on the final recrystallization texture. The temperature of annealing, however, was the main factor contributing to the development of the recrystallization texture.

铁硅合金中立方织构的形成*

摘　要：铁硅合金(含硅 3.25%)的样品，经过不同的冷轧和中间退火程序，在最后高温退火时，可以通过二次再结晶，或者一次再结晶形成集中的立方织构. 通过二次再结晶形成立方织构时，并不包括重新形核的过程. (100)[001]取向的二次再结晶"晶核"，在一次再结晶完成后，就已经存在. 通过一次再结晶形成的立方织构，由于样品在冷轧后，得到了较强的加工立方织构，退火时通过同位再结晶，就得到了再结晶立方织构.

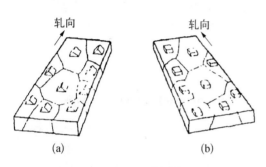

图 1　(a) 硅钢片中(110)[001]织构的示意图
(b) 硅钢片中(100)[001]织构的示意图

电气工业中广泛采用的冷轧晶粒取向硅钢片，具有(110)[001]类型的织构，其中大部分晶粒的(110)面平行于轧面；[001]方向平行于轧向[如图 1(a). 由于铁硅合金单晶体的[001]方向是易磁化方向，所以(110)[001]织构越集中，磁导率越高；损耗越低.

近廿五年来，对于铁硅合金中形成(110)[001]织构的问题，曾经进行过许多研究，但是这种织构，只能使沿着轧向是易磁化方向. 如果在这种材料中，做出(100)[001]取向的立方织构，就不仅沿着轧向，同时沿着横向都是易磁化方向[如图 1(b). 因此，磁性性能比(110)[001]织构的硅钢片更为优越.

在铁硅合金中得到部分的立方织构，文献中曾有过记载[1, 2]，但得到像面心立方金属中那样高度集中的立方织构，还是近年来的事[3-6]. 实验结果证明：用立方织构硅钢片做成的变压器[4]，在所有磁感应强度下，比用(110)[001]织构硅钢片做成的变压器，电能损耗低得多. 在磁感应强度为 17 000 高斯时的损耗，大约只有(110)[001]织构硅钢片的 60%. 因此，能够制造出立方织构硅钢片这一新的进展，对电气工业将有重大的影响. 就我国来说，为了满足新技术不断发展的需要，特别是为了使冶金工业尽早地用新材料来供应电气制造工业，及时进行立方织构硅钢片的研究及生产试制工作，已成为迫不及待的问题.

本文叙述了铁硅合金中立方织构形成的某些实验结果. 发现这种合金的立方织构，可以通过二次再结晶，或者是一次再结晶得到，如果冷轧是沿着晶体的[001]方向，而(100)面距离轧面不远时，冷轧后的织构可以趋近于(100)[001]取向，退火后就可以得到(100)[001]再结晶织构，这与过去 Chen 和 Maddin[7] 在"钼单晶体的冷轧和退火织构"，以及 Walter 和 Hibbard[8] 在"铁硅晶体的冷轧和再结晶织构"中的观察结果是相符合的.

---

* 本文合作者：王维敏、陈能宽. 原发表于《物理学报》，1960，16(3)：155－159.

1 实验程序和实验结果

本文所用的铁硅合金含硅 3.25％,由电弧炉冶炼,冶炼时经过脱氧,浇铸前经过真空处理.铸锭热轧至适当的厚度,在 850 ℃进行预先退火,然后进行冷轧.研究了样品在不同压下量和中间退火后的织构情况.通常在高真空管式电炉中进行最后退火.用 X 射线衍射照像的方法,测定出样品的织构.晶粒粗大的样品,用劳埃背射照像的方法,确定每个晶粒的位向.

1.1 通过二次再结晶形成的立方织构

样品经过一定的冷轧和中间退火程序,在最后高温退火时,可以通过二次再结晶形成立方织构.图 2 是样品二次再结晶后的实物照象,其中白色部分是立方取向的二次再结晶晶粒,黑色部分是还没有被吞并的一次再结晶晶粒(用 25％ HNO_3 水溶液腐蚀).从图 3 中可以看到立方取向晶粒的腐刻穴是典型的正方形(腐蚀液:$FeSO_4$ 100 克,浓硫酸 10 毫升,加水成 1 000 毫升的溶液).用 X 射线劳埃背射照象的方法,确定了 32 个二次再结晶大晶粒的取向,绘出(100)面的极图[如图 4(a)].可以明显看出,样品通过二次再结晶得到了很完整的立方织构,立方织构的(100)面,分布在偏离 ±5°以内;[001]方向分布在偏离 ±15°以内,这与过去所观察到的结果是相同的[3, 5].图 4(b)是样品还没有发生二次再结晶前的(100)极图.从极图中不难看出,主要是一种分散的(110)[001]织构,包括(320)[001]、(120)[001]、(140)[001]取向,另外还有弱的(100)[001]织构和(111)[1$\bar{1}$0]织构.(100)[001]晶粒的数目,约占整个晶粒数目的5％～10％,能够长大成为集中立方织构的立方

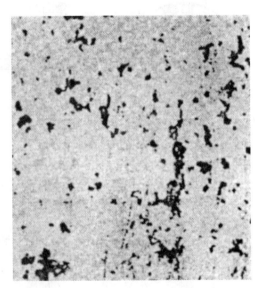

图 2 样品经过最后退火后的实物照片

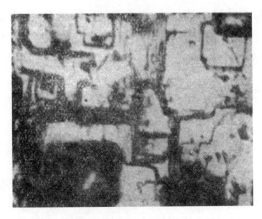

图 3 具有立方织构的腐刻穴

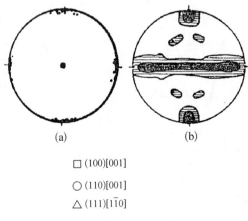

(a) (b)

□ (100)[001]

○ (110)[001]

△ (111)[1$\bar{1}$0]

图 4 (a) 32 个二次再结晶晶粒位向的(100)极图
(b) 样品在二次再结晶前的(100)极图

取向晶粒,大约只有其中的十分之一.

1.2 通过一次再结晶形成的立方织构

过去工作曾指出,在钼单晶体[7]和铁硅合金单品体中[8],可以通过一次再结晶得到立方织构.我们把已具有某种织构的多晶样品,经过冷轧退火,通过一次再结晶,也可以得到立方织构,发现它们的机构是相同的.这种样品经过最后一次冷轧,得到了比较散漫的加工立方织构,在较低的温度退火后,就得到了再结晶立方织构,其他还有弱的(110)[001]和(111)[$\bar{1}\bar{1}2$]再结晶织构[如图5(a).当退火温度增高时,(111)[$\bar{1}\bar{1}2$]织构首先消失,但(110)[001]织构仍然存在[图5(b).退火温度再继续增高,(110)[001]织构显著减弱,(100)[001]织构相应地加强[图5(c),(d)].用通常磁转矩方法测出立方织构的取向度可达90%.图6是测出的(110)[001]织构和(100)[001]织构样品的磁转矩曲线.

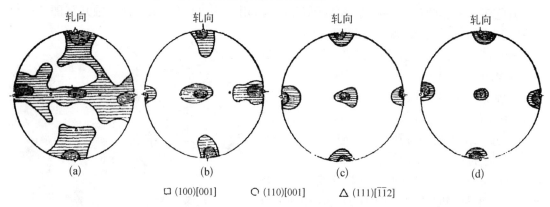

□ (100)[001]   ◯ (110)[001]   △ (111)[$\bar{1}\bar{1}2$]

图5 从(a)到(d)是样品随着最后退火温度不断增高时(100)极图的变化

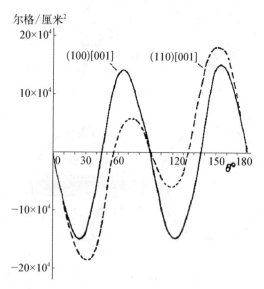

图6 立方织构和(110)[001]织构样品的磁转矩曲线

为了从金相中能区分不同类型的退火织构,并观察立方织构形成的过程,将样品过度腐蚀.图7(a)到(d)是对应于图5(a)到(d)样品的显微组织照片.立方取向的晶粒经过腐蚀后,仍然非常光亮,而其他(110)[001]取向的晶粒,就比较昏暗.从图7(a)中可以看到,样品在低温退火再结晶后,就已经形成了许多立方取向的晶粒,随着退火温度升高,所有晶粒都会发生长大,但立方取向晶粒的生长显得优势更大.所以在高温退火后,得到了集中的立方织构.这是通常晶粒生长的过程,与上述二次再结晶过程有所不同.

2 结论

(1)立方织构在铁硅合金中,可以通过一次再结晶,或者是二次再结晶得到的事实,说明了制造立方织构硅钢片不必要通过交叉轧制,或是其他特殊的加工过程,也说明了立方织构并不只限于面心立方金属中才能得到.在体心立方织构的铁硅合金中,能够得到集中的立方织

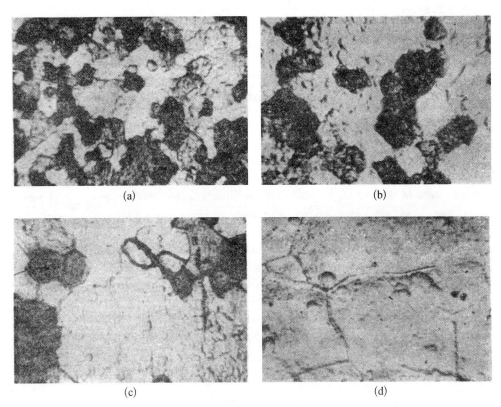

图7 (a)到(d)是样品随退火温度升高时显微组织的变化[其中(a)到(d)与图5(a)到(d)相对应]

构,除了由于磁性性能上的改善,在工业上所引起重要的意义外,在科学上也有重要的意义.

(2)我们观察到通过二次再结晶形成立方织构时,并不包括重新形核的过程,(100)[001]取向的二次再结晶"晶核",在一次再结晶完成后就已经存在.大多数情况是被(110)[001]取向的晶粒包围着,当其他一些晶粒正常的生长受到阻碍时,立方取向的晶粒才发生择尤和夸大的生长.在这种情况下,常称的"二次再结晶",正确地说,不是再结晶过程,而可以简单地看成是晶粒的择尤和夸大生长过程.

(3)已具有某种织构的样品经过冷轧退火后,也可以通过一次再结晶得到立方织构.从一些条件来看,与过去报告过的单晶体工作类似[7,8],冷轧时必须得到加工的立方织构;然后,样品在低温退火时,通过同位再结晶就可得到再结晶立方织构,与立方织构同时存在的其他晶粒是(110)[001]取向的晶粒,这为立方取向晶粒的生长提供了有利的条件.因此,随着退火温度升高,可以使立方织构得到集中.

钢铁研究院供给了实验所需的原材料,作者表示感谢.

参 考 文 献

[1] Sixtus, K., *Physics* **6** (1935), 105.

[2] Гольдман, А. А., Дружнин, В. В., Сборник посвяще. семидесятилетию академяка А. Ф. Иоффе (1950), 455.

[3] Assmus, F., Boll, R., Ganz, D. and Pfeifer, F., *Z. Metallkunde* **48** (6) (1957), 341.

[4] Walter, J. L., Hibbard, W. R., Fieldle, H. C., Grenoble, H. E., Dry, R. H., Frischmann, P. G., *J. Appl. Phys.* March (1958), 363.

[5] Wiener, G., Albert, P. A., Trapp, R. H., Littmann, M. F., *J. Appl. Phys.* March (1958), 366.

[6] 池内骏，金属，**5**（1959），390.

[7] Chen. N. K.（陈能宽）and Maddin, R. , *J. Metals* Fed.（1953），300.

[8] Walter. J. L. and Hibbard, W. R. *Trans. AIME* **212**（1958），731.

The Formation of Cube Texture in an Iron Silicon Alloy

Abstract: In the prsent paper some of the results of our studies on the formation of cube texture in an iron silicon alloy with silicon content of 3. 25％ are described. It is found that cube texture in this alloy can be developed either by the process of secondary recrystallization or simply by the process of primary recrystallization. In case of the formation of cube texture by the former process no nucleation process is involved. Nuclei of the （100）［001］ orientation are already present after the completion of primary recrystallization, and are surrounded, for most cases, by grains having （110）［001］ orientations. Exaggerated growth of cube-oriented grains takes place when the normal growth of other grains are restricted. In case of the formation of a cube texture by primary recrystallization, a spread of cold-rolled cube texture must be present after the last step of cold rolling. Upon final annealing at a low temperature, a recrystallized cube texture by the process of "recrystallization-in-situ" is obtained. The cube texture may be further concentrated with an increase of final annealing temperature.

Basing upon the measurements by the conventional magnetic torque method, the amount of （100）［001］ texture is calculated to be over 90％.

纯铜薄带的厚度对冷轧及再结晶织构的影响*

摘　要： 研究了经过不同压下量的电解纯铜，在保留着表面织构和去除表面织构的条件下，样品厚度对再结晶织构的影响. 样品经过 88.7％～99.7％轧制后，厚度在 0.84～0.02 毫米范围内时，在 900 ℃退火后都可以得到集中的立方织构. 经过 99.8％轧制、厚度为 0.01 毫米的样品，在 900 ℃退火后得不到集中的立方织构. 但已具有立方织构的样品，再轧制到 0.01 毫米（压下量为 98.6％），经 900 ℃退火后就可以得到比较集中的立方织构.

样品厚度对再结晶织构的影响，也因压下量不同而不同. 当压下量较小时（88.7％），样品减薄到 0.04 毫米以下，在 900 ℃退火后，得不到集中的立方织构. 但在压下量为 96％～99.7％的样品中，减薄样品厚度，对再结晶织构并没有显著的影响.

减薄样品厚度，对二次再结晶产生了阻碍作用，但对二次再结晶织构的取向并没有显著的影响.

在铁镍合金中，利用冷轧退火的方法，得到集中的立方织构后，可以获得矩形性良好的磁滞回线. 在高频下使用时，还常常把薄带厚度减小到 0.05～0.003 毫米. 过去研究证明[1-3]：当薄带厚度减小到 0.02 毫米以下时，即使经过高温退火，也不能得到集中的立方织构，所得到的再结晶织构比较散漫，磁滞回线的矩形性也较差，并认为这种结果是由于加工时生成的表面织构，在再结晶时产生了影响的缘故. 但是，过去并没有研究在保留表面织构及去除表面织构的情况下，样品厚度对再结晶织构的影响. 为了改进薄带中的再结晶织构，研究样品厚度对再结晶织构的影响，就显得很必要了.

本文研究了压下量不同的冷轧电解纯铜薄片，在保留着表面织构和去除表面织构的情况下，样品厚度对再结晶立方织构的影响，以及样品厚度对二次再结晶织构的影响.

1　实验方法

研究所用电解纯铜的化学成分和样品准备过程，业经详述[4]. 样品经过不同的压下量后，得到了不同的厚度（A，B，C，D，E，F），如表 1 所示. 样品在 70 毫米辊径的二辊式轧机上冷轧. 样品轧至 0.05 毫米后，采用两片迭轧的办法轧至 0.02 毫米；再采用四片迭轧的办法轧至 0.01 毫米. 为了使每片样品的表面与轧辊表面的接触机会相等，每轧一次后，片与片之间的次序交换一次. 样品的厚度用千分尺（0.01 毫米）测量，估计到 0.005 毫米.

压下量相同，厚度不同的样品，是用电解抛光的方法获得. 样品在轧制时形成的表面织构，可以在电解抛光时被去除. 样品在真空中退火. 然后用 X 射线掠射照象方法[5]研究了不同样品中再结晶立方织构的情况. 当用 Cu $K\alpha$ 辐射照象时，只要把样品的轧面放在与 X 射线入射方向成 25°10′的位置拍照（$\theta_{200} \simeq 25°10′$），这时从照片中（200）衍射环上的衍射斑点分布，可以很清楚地看出立方织构形成的情况. 部分样品用照象方法测绘出极图. 二次再结晶后晶粒粗大的样品，用劳埃背反射照象方法，测定了每个晶粒的取向，然后绘成（100）极图.

* 本文合作者：颜鸣皋. 原发表于《金属学报》，1963,6(2)：163-175.

表 1　样品的压下量和最终厚度

编　号	A	B	C	D	E	F
压下量,%	88.7	95.9	98.6	99.3	99.7	99.8
厚度,毫米	0.84	0.3	0.1	0.05	0.02	0.01

2　实验结果

2.1　样品最终厚度以及压下量对冷轧织构的影响

图 1a，b，c，d，e 是不同压下量样品的(111)极图. 图 1a 是从样品 B 的中心部分测出的(111)极图,其中存在较强的(110)[$\bar{1}$12],(112)[11$\bar{1}$]和(3,6,11)[$5\bar{3}\bar{3}$]织构,以及较弱的(100)[001]和(110)[001]织构. 从极图的形状可以看出随着压下量增加,样品 B 的织构比样品 A 的织构更集中(参看文献[4]图 2a). 图 1b 是从样品 B 的表面层中(样品从一面开始腐蚀,而另一面不被腐蚀,一直腐蚀到 0.01 毫米后再拍照)测出的(111)极图,它比中心部分的织构漫散,但并没有根本的差别. 图 1c 是从样品 E 中心部分测出的(111)极图(样品厚度为 0.02 毫米,电解抛光到 0.01 毫米后再拍照),这时形成了一组(110)[$\bar{3}$35]织构,而原来的(110)[$\bar{1}$12]织构变得比较弱,其他的织构与样品 B 相仿. 图 1d 是样品 E 包含着表面层的(111)极图(样品冷轧后直接拍照,厚度为 0.02 毫米),这也比中心部分的织构漫散. 图 1e 是从样品 F 中测出的(111)极图,这时(110)[$\bar{1}$12]和(110)[$\bar{3}$35]织构都变得比较弱,而最强的织构是接近(112)[11$\bar{1}$]的(225)[55$\bar{4}$]. (111)极图的形状也有了明显的变化.

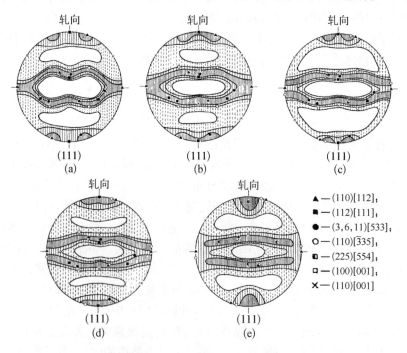

图 1a 至 e　样品经过不同压下量后的(111)极图　(a) 样品 B(95.9%)的中心部分;(b) 样品 B(95.9%)的表面部分;(c) 样品 E(99.7%)的中心部分;(d) 样品 E(99.7%)的表面部分;(e) 样品 F(99.8%)

图 2a 是把样品轧面放在与 X 射线入射方向成 70°时拍得的照片,图 2b 画出了这照片在 (111) 极图中的位置. 从图 2b 中"A"处衍射强度分布的变化(在照片中(111)衍射环上同样用"A"标出),就可以看出(110)[Ī12]织构在随着压下量增加和样品厚度减薄时的变化情况. 图 2a 中照片分别是样品 B, C, D, E, F 在上述角度下照得的,从照片中可以看出: (110)[Ī12] 织构改变到(110)[335]织构是一个逐渐的过程.

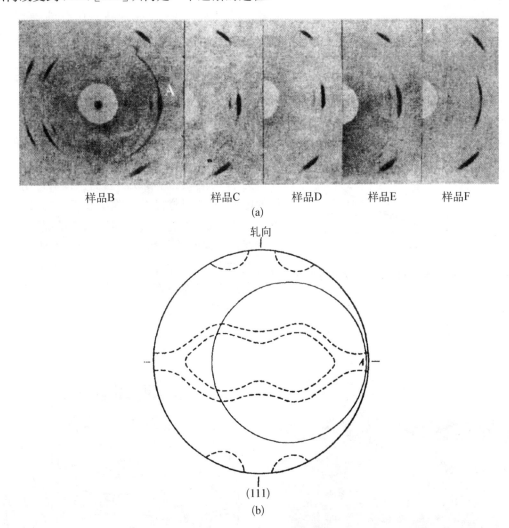

图 2a 与 b 样品轧面与 X 射线入射方向成 70°时(a) 拍得的照片及(b) 在(111)极图中的位置

比较样品 E 在电解抛光至 0.015 毫米和 0.01 毫米后拍得的照片,可以看出织构比较漫散的表面层的厚度,大约只占 0.005 毫米,而更集中地表现在靠近表面的~0.003 毫米厚度内.

图 3 是样品宽展度随压下量增加而变化的曲线,当压下量增大到 97%,样品厚度减薄到 0.1 毫米以下时,随着压下量加大,宽展度增加非常显著. 压下量从 88.7%增加到 99.8%时,样品宽展度总共是 26%(将压下量为 88.7%时的宽展度算作零),但其中有 14%的宽展度是在压下量由 99.4%(0.05 毫米)增加到 99.8%(0.01 毫米)时发生的.

2.2 压下量及样品厚度对初次再结晶织构的影响

图 4a 是样品 A 在不同温度退火 30 分钟后的掠射照片,从照片中可以看出随着退火温

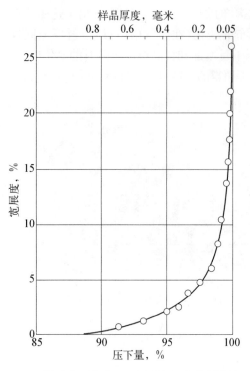

图 3 样品宽展度随压下量增加而变化的曲线

度升高,晶粒发生长大后,才能得到集中的立方织构,这在前文工作中[4]已有过较仔细的研究.图4b是样品 B 在不同温度退火 30 分钟后的掠射照片,从照片中可以看出在较低的温度退火后,当再结晶刚完成时,集中的立方织构就已经形成.样品 E 和样品 B 相仿.图 4c 是样品 F 在不同温度退火30 分钟后的掠射照片,这时再结晶织构变得散漫,在 900 ℃退火后得不到集中的立方织构.图 5是样品 F 在 900 ℃退火 30 分钟后测出的(100)极图,其中包括较强的(120)[001]和(123)[476̄]再结晶织构,以及较弱的(100)[001]和(110)[001]再结晶织构,这和过去在铁镍合金中观察到的情况相似[3].

为了了解加工时形成的表面织构对再结晶织构的影响,研究了样品在去除了表面织构,以及去除了一边,保留着另一边表面织构的情况下,样品厚度对再结晶织构的影响.为了这目的,将样品 A电解抛光到 0.04 毫米和 0.02 毫米;将样品 B 电解抛光到 0.02 毫米和 0.01 毫米;将样品 E 的一块抛光到 0.01 毫米,另一块由一面抛光,另一面不被腐蚀,直到 0.01 毫米;样品 F 抛光到0.005毫米,图 6 是这些样品在 900 ℃退火后的掠射照片.图 6a-1,a-2,a-3 分别是厚度

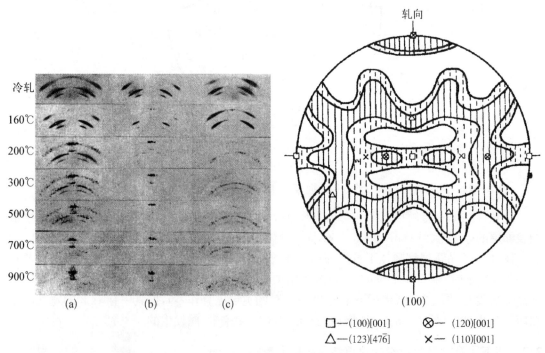

图 4a 至 c 样品在不同温度退火 30 分钟后的掠射照片 (a) 样品 A;(b) 样品 B;(c) 样品 F

图 5 样品 F 在 900 ℃退火 30 分钟后的(100)极图

□ —(100)[001]   ⊗ —(120)[001]
△ —(123)[476̄]   × —(110)[001]

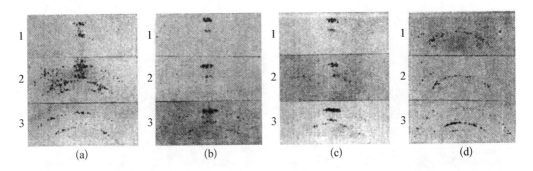

图 6a 至 d 厚度不同的样品在 900 ℃退火 30 分钟后的掠射照片　(a) 样品 A: 1—0.84 毫米, 2—0.04 毫米, 3—0.02 毫米; (b) 样品 B: 1—0.3 毫米, 2—0.02 毫米, 3—0.01 毫米; (c) 样品 E: 1—0.02 毫米, 2—0.01 毫米, 3—0.01 毫米(样品一面保留有表面织构); (d) 样品 F: 1—0.01 毫米, 2—0.005 毫米, 3—0.01 毫米(压下量为 98.6％的样品)

为 0.84 毫米, 0.04 毫米, 0.02 毫米的 A 样品在 900 ℃退火 30 分钟后的掠射照片. 图 7 是它们的(100)极图, 当样品厚度减薄到 0.04 毫米以下时, 退火后得不到集中的立方织构, 这时再结晶织构和 0.84 毫米厚的 A 样品在较低温度退火后的再结晶织构相仿(参看文献[4]图 2c), 其中包括有(100)[001], (358)[35$\bar{2}$]和(122)[21$\bar{2}$]织构. 图 8 是 0.04 毫米和 0.02 毫米厚的 A 样品在 900 ℃退火 30 分钟后的金相照片(经热腐刻后显露出的晶粒间界), 由于样品减薄, 晶粒也显著变小.

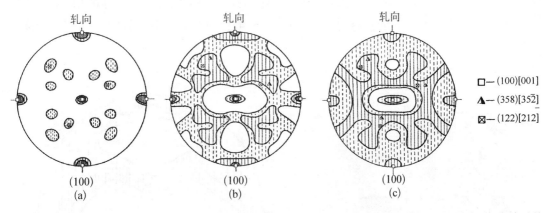

图 7a 至 c 厚度分别为(a) 0.84 毫米, (b) 0.04 毫米, (c) 0.02 毫米的样品 A 在 900 ℃退火 30 分钟后的(100)极图

　　图 6b-1, b-2, b-3 分别是 0.3 毫米, 0.02 毫米, 0.01 毫米厚的 B 样品在 900 ℃退火 30 分钟后的掠射照片, 这时样品厚度减薄到 0.02 毫米后, 对形成集中的立方织构并没有明显的影响; 减薄到 0.01 毫米影响也不显著. 图 6c-1, c-2, c-3 分别是 0.02 毫米, 0.01 毫米厚的 E 样品, 和在样品一面保留着表面织构厚度为 0.01 毫米的 E 样品, 在 900 ℃退火 30 分钟后的掠射照片, 这时样品减薄到 0.01 毫米后, 对形成集中的立方织构并没有明显的影响. 表面织构对厚度为 0.02 毫米 E 样品的再结晶织构并没有影响, 但对厚度为 0.01 毫米 E 样品的再结晶织构就有了影响, 出现了一些其他位向的再结晶晶粒, 不过仍可得到较集中的立方织构. 图 6d-1, d-2 分别是 0.01 毫米和 0.005 毫米厚的 F 样品, 在 900 ℃退火 30 分钟后的掠射照片, 样品经电解抛光到 0.005 毫米后, 虽然去除了一定程度的表面层, 但对立方织构的形成并没有帮助.

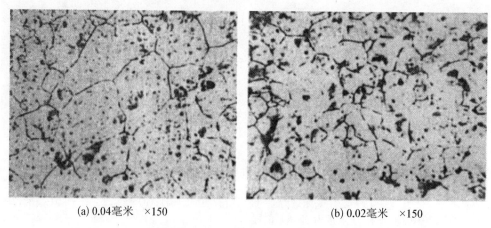

(a) 0.04毫米 ×150　　　　　　　　　　(b) 0.02毫米 ×150

图8(a)至(b) 厚度不同的 A 样品在 900 ℃退火 30 分钟后的金相照片

图 6d-3 是压下量为 98.6%、厚度为 0.01 毫米的样品,在 900 ℃退火 30 分钟后的掠射照片,结果和 F 样品相似,再结晶织构比较漫散.

A 样品经过 900 ℃退火后(已形成了集中的立方织构),再经过 90%,97.6% 和 98.6% 轧制,样品厚度分别为 0.08 毫米,0.02 毫米和 0.01 毫米,这组样品在 900 ℃退火 30 分钟后的掠射照片如图 9,比较图 9-3 和图 6d-1,d-3 后,可以看出 900 ℃退火后的 A 样品经过 98.6% 轧制(厚度为 0.01 毫米),再在 900 ℃退火后,可以得到比较集中的立方织构.图 10 是经过 900 ℃退火的 A 样品再经过 98.6% 轧制后的(111)极图,其中较强的加工织构除了多一组(100)[001]外,其他织构与一般轧制织构相同,极图形状也很相似.

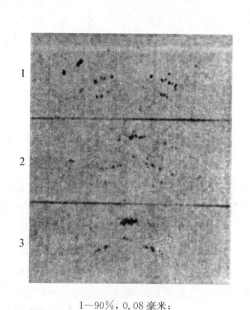

1—90%, 0.08 毫米;
2—97.6%, 0.02 毫米;3—98.6% 0.01 毫米

图9 A 样品经过 900 ℃退火后再经过轧制,
然后在 900 ℃退火 30 分钟后的掠射照片

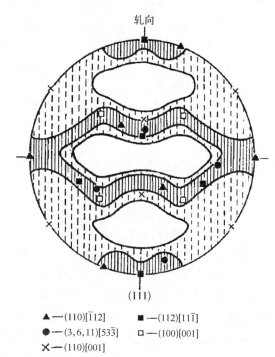

(111)

▲—(110)[Ī12]　　■—(112)[11Ī]
●—(3,6,11)[53̄3]　□—(100)[001]
×—(110)[001]

图10 A 样品经过 900 ℃退火后,再经过 98.6% 轧制后的(111)极图

在 900 ℃ 退火后的 A 样品,经过 90％轧制后的极图形状与 Baldwin[6]的结果相同,但在 900 ℃ 退火后是集中的(236)[364̄]再结晶织构,而不是(110)[1̄12]织构.

2.3　样品厚度对二次再结晶的影响

样品 A 经电解抛光至 0.50 毫米,0.30 毫米,0.20 毫米,0.15 毫米和 0.10 毫米后分成三组,分别在 930 ℃,950 ℃ 和 970 ℃ 退火 10 分钟.图 11 是这三组样品经过退火并用硝酸水溶液腐刻后的实物照片(图中只列出了 0.20 毫米,0.15 毫米和 0.10 毫米厚的样品),比较厚度不同的样品在 930 ℃ 和 950 ℃ 退火后的情况,可以看出随着样品厚度减薄,二次再结晶也显得更困难.950 ℃ 退火 10 分钟后,在 0.20 毫米厚的样品中二次再结晶已全部完成,但在 0.10 毫米厚的样品中二次再结晶才刚开始,只有在更高的温度退火后,在 0.10 毫米厚的样品中二次再结晶才能进行完全.当样品厚度大于 0.20 毫米时,样品厚度对二次再结晶的阻碍作用就不明显.

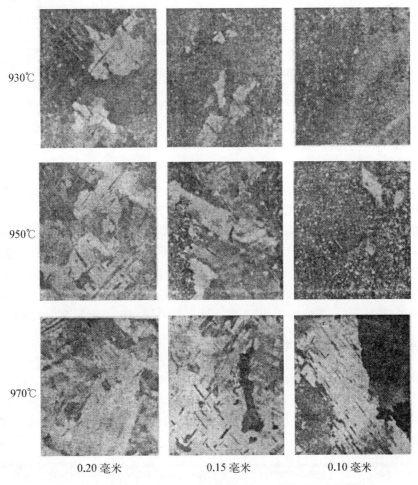

图 11　厚度不同的 A 样品在不同温度退火 10 分钟后的实物照片×2

图 12 是用劳埃背反射照象方法,测定了 29 个二次再结晶后大晶粒的取向(没有测定它们的孪晶取向),绘成的(100)极图.样品通过二次再结晶后,得到了一组对称的(410)[001]和(4̄10)[001]织构,其中用"●"表示的晶粒是从 0.5 毫米厚的样品中测出的,用"○"表示的

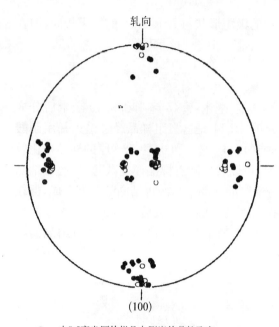

轧向

(100)

● —由0.5毫米厚的样品中测出的晶粒取向
○ —由0.1毫米厚的样品中测出的晶粒取向

图 12 样品 A 二次再结晶后的(100)极图

晶粒是从 0.1 毫米厚的样品中测出的. 厚度不同的样品, 虽然二次再结晶开始和完成的温度不同, 但二次再结晶织构的取向并没有显著的差别.

3 讨论

3.1 样品最终厚度和压下量对冷轧织构的影响

Боробкина 等人[2]研究铁镍合金时, 在压下量为 99.4％、厚度为 0.05 毫米的薄带中, 并没有观察到(110)[$\bar{3}$35]加工织构, 但在压下量为 99.0％、厚度为 0.005 毫米的薄带中, 却观察到了(110)[$\bar{3}$35]加工织构. 郭本坚[3]研究含钼的铁镍合金时, 在压下量为 96.9％、厚度为 0.003 毫米的薄带中, 已观察到(110)[$\bar{3}$35]加工织构. 在纯铜中, 观察到随着样品的压下量增加, 只有当厚度减小到 0.05 毫米以下时, (110)[$\bar{3}$35]加工织构才逐渐形成. 这些结果, 都可以说明(110)[$\bar{1}$12]织构改变成(110)[$\bar{3}$35]织构, 不只是因为增加了压下量的缘故, 而可能是由于压下量和样品厚度综合影响的结果. 在轧制时, 因样品表面与轧辊接触, 表面层处于比较复杂的应力变形状态. 样品愈薄, 表面层中的这种应力变形状态对整个样品变形的影响也会愈大. 同时, 当样品减薄到 0.05 毫米以下时, 由于金属变形应力的增加, 沿横向的分应力超过轧辊与样品间的摩擦力, 样品内部单位体积中的变形状态, 已经不是像一般金属轧制时的理想变形状态[7]: 即沿轧向(R. D.)伸长, 轧面法线方向(N. D.)减薄, 而横向(T. D.)保持不变. 因而, 样品变形的流动方向不仅是沿着轧向, 并同时沿着横向, 从而使轧制织构的取向偏离一般面心立方金属的理想取向: (110)[$\bar{1}$12]和(112)[11$\bar{1}$], 而产生了(110)[$\bar{3}$35]和(225)[$\bar{5}$54]等轧制织构. 在研究铁硅单晶体时也观察到有类似的变化关系[8].

3.2 样品厚度对初次再结晶织构的影响

在去除表面织构的情况下, 样品厚度对再结晶立方织构的影响, 问题比较明显. 在样品 A 中, 由于集中的立方织构需要在再结晶完成后, 通过晶粒继续长大才能得到, 因此, 减薄样品厚度, 阻碍了晶粒长大, 也就不能得到集中的立方织构. 随着压下量增加, 在样品 B 中, 集中的立方织构可能是在立方取向的晶粒直接吞并加工母体长大时得到(从图 4b 的一列照片中可以看出), 因此, 样品厚度即使减薄到 0.01 毫米, 对形成集中的立方织构也没有明显的影响.

在保留着表面织构的情况下, 样品厚度对再结晶织构的影响就比较复杂. 不过, 样品 F 在 900 ℃退火后, 再结晶织构的变化可能是由于表面织构和加工织构不同这两种因素共同作用的结果, 因而用已具有立方结构的样品轧到 0.01 毫米(压下量为 96.8％), 得到了与一般轧制织构相似的加工织构后, 在 900 ℃退火就可以得到较集中的立方织构. 这结果对于改进铁镍合金薄带中的再结晶立方织构有着重要的参考意义.

为了改进薄带(厚度小于 0.02 毫米)中的再结晶织构,看来必须从改进薄带中的加工织构着手:选择适当的压下量是方法之一[2],而改变轧制前板材中的织构类型是方法之二.

3.3　样品厚度对二次再结晶的影响

过去研究二次再结晶的结果[9, 10],说明了二次再结晶并不是一种重新形核长大的再结晶过程. 二次再结晶的"核",在初次再结晶后已经存在,由于存在着集中的织构,或者是一些弥散质点的缘故,阻碍了晶粒正常长大. 当退火温度升高到一定程度时,由于晶粒的大小差别,或者是取向间的有利因素,某些取向的晶粒发生"夸张"地长大,而成为二次再结晶现象.

(410)[001]取向的晶粒在初次再结晶后形成的织构中,实际上是(100)[001]织构的漫散分布,它与(100)[001]取向间相差～15°. 由于形成了集中的(100)[001]织构,阻碍了晶粒正常生长,这时与(100)[001]取向相差最远、数目不多的(410)[001]取向的晶粒,在退火温度升高时,就可能发生夸张地长大而形成了(410)[001]和($\bar{4}$10)[001]二次再结晶织构.

在没有织构的板材中,晶粒最终的大小不会过多地超过板材的厚度[11],这是因为晶粒在长穿板材厚度后,形成了自由表面,影响了晶粒继续生长的缘故. 由于样品厚度减薄,作为二次再结晶"晶核"的晶粒,在长穿厚度时的尺寸也减小,要使它能吞并周围的晶粒而夸张长大,就需要在更高的温度退火. 因此,减薄样品厚度,对二次再结晶产生了阻碍作用.

近年来,在研究体心立方结构的铁硅合金[12]通过二次再结晶形成(100)[001]织构时,也观察到样品厚度对二次再结晶的阻碍作用,但是铁硅合金通过二次再结晶形成(100)[001]织构时,减薄样品厚度却有利于立方取向晶粒的生长[13],这可能是由于这两种二次再结晶策动力不同的缘故.

4　结论

(1) 电解纯铜薄带随着压下量增大,最终厚度减小到 0.05 毫米以下后,由于样品表面层中所受到的应力状态对样品变形的影响,使轧制后的织构发生了改变:原来的(110)[$\bar{1}$12]织构减弱,而形成了强的(110)[$\bar{3}$35]织构. 随着压下量继续增加,样品厚度减薄到 0.01 毫米时,(110)[$\bar{1}$12]和(110)[$\bar{3}$35]织构都变得比较弱,这时最强的织构是接近(112)[11$\bar{1}$]的(225)[55$\bar{4}$],极图的形状也有了很大的改变.

(2) 电解纯铜经过冷轧,样品厚度在 0.84～0.02 毫米(压下量为 88.7%～99.7%)范围内,在 900 ℃退火后,都可以得到集中的立方织构. 当样品压下量增加到 99.8%、厚度减薄到 0.01 毫米时,在 900 ℃退火后的再结晶织构比较散乱,不能得到集中的立方织构.

(3) 已具有立方织构的样品,再轧制到 0.01 毫米(压下量为 98.6%)后的加工织构,与一般轧制织构相似,在 900 ℃退火后,可以得到比较集中的立方织构.

(4) 在去除了表面织构的条件下,由于压下量不同,样品厚度对再结晶织构的影响也不同. 在压下量为 88.7%的样品中,集中的立方织构需要在再结晶完成后,通过晶粒继续长大才能得到. 这时,由于样品厚度减薄到 0.04 毫米后,阻碍了晶粒长大,因而得不到集中的立方织构. 当压下量增加后,集中的方立织构在再结晶刚完成时就能得到,这时减薄样品厚度到 0.01 毫米,对形成集中的立方织构就没有明显的影响.

(5) 样品厚度减薄到 0.2 毫米以下时,对二次再结晶产生了阻碍作用. 在较薄的样品中如要获得完全的二次再结晶，必需提高退火温度，但并不影响二次再结晶织构的取向.

参 考 文 献

[1] Rostoker, W., Spachner, S.: *Trans, AIME*, 1955, 203, 921.

[2] Боробкина, М. М., Громов, Н. П.: *Физ, металлов и металловедение*, 1958, **6**, 819; 1959, **8**, 761.

[3] Koh, P. K. (郭本坚): *Trans. AIME*, 1961, **221**, 50.

[4] 颜鸣皋、周邦新: 物理学报, 1958, **14**, 121.

[5] Yen Ming-kao (颜鸣皋): *Trans. AIME*, 1949, **185**, 59.

[6] Baldwin, W. M.: *Trans. AIME*, 1946, **166**, 591.

[7] 颜鸣皋: "金属织构的测定", 全国第二次金属物理学术会议报告, 1962 年 11 月, 上海.

[8] 周邦新: "铁硅单晶体的冷轧及再结晶织构", 全国第二次金属物理学术会议报告, 1962 年 11 月, 上海.

[9] Duun, C. G., Koh, P. K. (郭本坚): *Trans. AIME*, 1958, **212**, 80.

[10] 周邦新、王维敏、陈能宽: 物理学报, 1960, **16**, 155.

[11] Burke, J. E.: *Trans. AIME*, 1949, **180**, 73.

[12] 陈能宽、周邦新、王维敏等, 待发表.

[13] 周邦新、韩昌茂: "铁硅合金中立方织构的形成", 金属学会沈阳地区分会报告, 1960 年 6 月.

The Effect of Strip Thickness on the Cold-Rolling and Recrystallization Texture of Electrolytic Copper

Abstract：The effect of thickness of specimen on the recrystallization texture of cold-rolled copper strips under different percentage of reduction and with or without the surface layer has been investigated. The recrystallization texture of specimens of 0.84～0.02 mm in thickness corresponding to a reduction of 88.7%～99.7%, was found to have a nearly perfect cubic texture. No concentrated cubic texture was observed in the specimens of 0.01 mm in thickness under a reduction of 99.8%. However, for specimens with cubically aligned grains, cold-rolled to 0.01 mm in thickness (under a reduction of 98.6%), a rather concentrated cubic texture was developed after annealing at 900 ℃.

The effect of strip thickness on the recrystallization texture has been found to be different for different percentage of reduction. Under a smaller reduction of 88.7%, the specimens, less than 0.04 mm in thickness, did not give a concentrated cubic texture. Whereas, for specimens under larger reduction (96%～99.7%), no significant effect of strip thickness on the development of recrystallization texture was observed.

The decreasing in thickness of specimens suppresses the occurrence of second recrystallization but no pronounced effect on the grain orientation of the second recrystallization texture has been noticed.

磷对冷轧纯铜再结晶的影响[*]

摘　要：本文研究了微量磷对冷轧纯铜再结晶的影响．当磷原子主要是溶解在铜中时，大大提高了再结晶温度，增加了再结晶激活能，阻止了立方织构的形成，改变了再结晶织构；但以氧化磷状态存在于铜中时，对以上各方面的影响就不很明显．

所有样品的再结晶织构，都与加工织构中的某一种取向相同或接近，并且与主要加工织构间存在着沿 $\langle 111 \rangle$ 相差 $20 \sim 45°$ 的几何关系．分析从金相及 X 光研究后得到的结果，认为在这种情况下，同位再结晶和选择性生长是再结晶织构形成的过程．

在冷轧纯铜中，由于含有 0.027% 原子的磷，可以完全阻止再结晶立方织构形成[1]．后来研究证明：当含有 0.0025% 原子磷时，对再结晶织构已产生了明显的影响，提高了再结晶激活能[2]，而在高纯铜中含有 0.0004% 原子的磷时，已明显地提高了其再结晶温度，对电学性能也有所影响[3]．

在纯铜中，加入微量的其他元素，如银、镉、砷等[2]，对再结晶温度及再结晶激活能也有明显的影响，但加入量微小时，并不像磷那样会阻止再结晶立方织构的形成．

微量杂质元素对超纯铝、镍的再结晶也有很大影响[4, 5]．产生这种影响的详细机理，目前并不确切了解，这是因为对再结晶成核等问题还不完全明了的缘故．另外，这些微量元素在金属固溶体中的分布情况，以及与缺陷（如位错）间的相互作用，都是更为复杂的问题．因而，研究微量元素对纯金属再结晶的影响，在理论上和实际上都有重要的意义．

本文研究了微量磷元素溶解在铜中，以及以氧化物状态存在于铜中时，纯铜的再结晶过程；并研究了它们对再结晶织构的影响，以及对再结晶激活能的影响．

1　实验方法

用作实验的两种材料，都是用磷脱氧的纯铜，它们的化学成分列于表 1 中．根据过去研究电导率的结果[1]，证明样品 F_1（含磷 0.013%）中的磷，主要是溶解在铜中，而样品 F_2（含磷 0.007%）中的磷，主要是以氧化磷状态存在．原料热轧到 7.3 mm，经过 480 ℃ 退火后，再进行冷轧．冷轧前的晶粒大小，平均直径为 $0.030 \sim 0.045$ mm．

表 1　样品成分的化学分析结果（％重量）

编号	Cu	Pb	Fe	Ni	Sn	Si	Zn	P	
F_1	99.97	<0.0005	0.0015	0.001	0.0002	<0.001	<0.005	0.013	(0.027 原子)
F_2	99.97	<0.0005	0.0015	0.001	<0.0001	<0.001	<0.005	0.007	(0.015 原子)

样品采用了两种不同的压下量，表 2 中列出了它们的压下量，和样品最终的厚度，着重

---

[*] 本文合作者：颜鸣皋．原发表于《物理学报》，1963，19(10)：633 - 648．

研究了 A 种样品在 900 ℃ 退火过程中再结晶织构形成的过程,以及在较低温度等温退火时的再结晶过程,并求出再结晶激活能.

表 2　样品的压下量及最终厚度

	F_1		F_2	
	$F_1 - A$	$F_1 - B$	$F_2 - A$	$F_2 - B$
压下量(%)	89	95.7	88.5	95.7
最终厚度(mm)	0.81	0.21	0.83	0.21

研究在 900 ℃ 加热过程中再结晶织构的变化时,样品在管式电炉中加热. 为了测量样品的实际温度,将热电偶直接绑在样品上,待炉温到达 900 ℃ 后,再将样品放入. 样品放入后,当被加热到 400 ℃、600 ℃、800 ℃、900 ℃ 时,将样品取出水淬,这时样品在炉内停留的时间分别为 10 秒、17 秒、42 秒和 150 秒.

研究再结晶过程,以及测量再结晶激活能时,样品在盐浴炉内加热,借助稳压器和可调变压器,利用人工调节,将炉温波动控制在 ±1 ℃ 以内. 退火后的样品用威氏硬度计测量硬度(荷重为 10 公斤),并用电解抛光及电解腐刻方法制成金相样品,观察再结晶过程中组织结构的变化. 部分样品用照相方法(采用 Cu K_α 辐射)测绘出极图,研究了织构的变化.

采用了过去常用的方法[2]来计算再结晶激活能:先求出再结晶百分比与硬度下降百分比之间的关系,如果样品未退火以前的硬度值为 H_0,再结晶刚完成时的硬度值为 H_1,而现测得的硬度值为 H,则硬度下降百分比为

$$\frac{H_0 - H}{H_0 - H_1} = \%. \tag{1}$$

再用金相方法测定样品的再结晶百分比. 从几组样品中找到再结晶百分比与硬度下降百分比之间的关系后,其他样品就可以通过测量硬度值求出再结晶百分比.

根据经验公式,再结晶速率可写成

$$速率 = Ae^{-Q/RT}, \tag{2}$$

其中 T 是绝对温度,R 是气体常数,Q 是激活能,A 是常数. 如果用到达一定再结晶百分比的时间 τ 来表示,(2)式又可写成

$$\frac{1}{\tau} = A'e^{-Q/RT}. \tag{3}$$

将公式(3)两边取对数,得公式(4)

$$\ln\frac{1}{\tau} = -\frac{Q}{RT} + \ln A'. \tag{4}$$

由(4)式对 $\frac{1}{T}$ 微分,得

$$\frac{d\left(\ln\frac{1}{\tau}\right)}{d\left(\frac{1}{T}\right)} = -\frac{Q}{R}. \tag{5}$$

如果由实验测得样品在不同温度（T°K）退火时，再结晶达到 50% 时所需的时间 τ，那么从（4）式中可以看出，$\ln\dfrac{1}{\tau}$ 和 $\dfrac{1}{T}$ 应为直线关系，而直线的斜率等于 $-Q/R$［公式（5）］，这样就可以求出在 50% 再结晶时的再结晶激活能.

2 实验结果

图 1 绘出了样品 F_1-A 和 F_2-A 在不同温度退火 30 分钟后的硬度数值. 可以看出，微量的磷溶解在铜中后，显著地提高了铜的再结晶温度. 图 2 是样品 F_1-A 和 F_2-A 在 900 ℃ 加热退火过程中硬度的变化，以及晶粒大小的变化，样品 F_2-A 比 F_1-A 晶粒长大的倾向更明显.

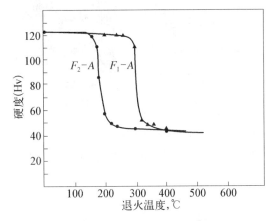

图 1　样品 F_1-A 和 F_2-A 在不同温度退火 30 分钟后的硬度值

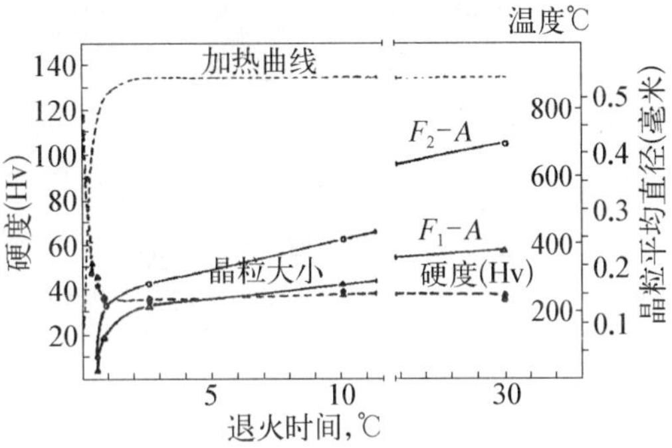

图 2　样品 F_1-A 和 F_2-A 在 900 ℃ 退火过程中硬度及晶粒大小的变化

2.1　加工织构和 900 ℃ 退火时的再结晶织构

图 3(a) 和图 4(a) 分别是样品 F_1-A 和 F_2-A 冷轧后的 (111) 和 (100) 极图，这和电解纯铜冷轧后的极图形状并没有明显的差别[6]，只是样品 F_1-A (111) 极图的上部，强度比较分散一些，主要的加工织构都是 $(110)[\bar{1}12]$、$(112)[11\bar{1}]$ 和 $(3，6，11)[53\bar{3}]$，另外还有较弱的 $(110)[001]$ 和 $(100)[001]$ 织构. 图 3(b)、(c)、(d) 和图 4(b)、(c)、(d) 分别是样品 F_1-A 和 F_2-A 在 900 ℃ 退火过程中，加热到 600 ℃、800 ℃ 取出水淬，以及在 900 ℃ 退火 30 分钟后的 (111) 和 (100) 极图. 样品 F_1-A 在 900 ℃ 退火 30 分钟后，再结晶织构主要是 $(112)[11\bar{1}]$ 和较弱的 $(110)[001]$［图 3(d)］，当样品刚被加热到 600 ℃（放入炉内经过 17 秒）取出水淬时，再结晶已全部完成，再结晶织构的取向比较散漫［图 3(b)］，大致仍保留了加工织构的取向，包括较强的 $(112)[11\bar{1}]$、$(110)[\bar{1}12]$ 和 $(110)[001]$ 织构. 随着样品的温度升高，晶粒发生长大后，织构也逐渐集中. 当样品刚被加热到 800 ℃（在炉中经过 42 秒）时，$(112)[11\bar{1}]$ 就成为主要的再结晶织构，另外还有较弱的 $(110)[001]$ 织构［图 3(c)］，这时 $(110)[\bar{1}12]$ 织构已消失. 样品在 900 ℃ 退火 30 分钟后，织构显得更集中，但没有进一步的变化.

样品 F_2-A 在 900 ℃ 退火 30 分钟后，主要的再结晶织构是 $(326)[63\bar{4}]$（与 $(3，6，11)$ $[53\bar{3}]$ 加工织构接近），另外还有弱一些的 $(100)[001]$ 织构，以及更弱的 $(110)[\bar{1}12]$、(112)

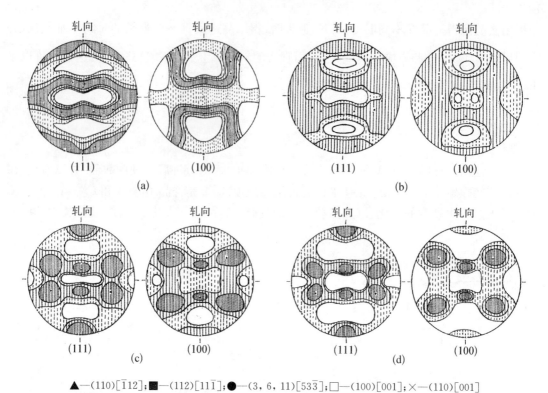

▲—(110)[$\bar{1}$12];■—(112)[11$\bar{1}$];●—(3, 6, 11)[53$\bar{3}$];□—(100)[001];×—(110)[001]

图3 样品 F_1 - A 在 900 ℃退火过程中的(111)和(100)极图　(a) 冷轧；(b) 加热到 600 ℃(17 秒)；(c) 加热到 800 ℃(42 秒)；(d) 900 ℃退火 30 分钟

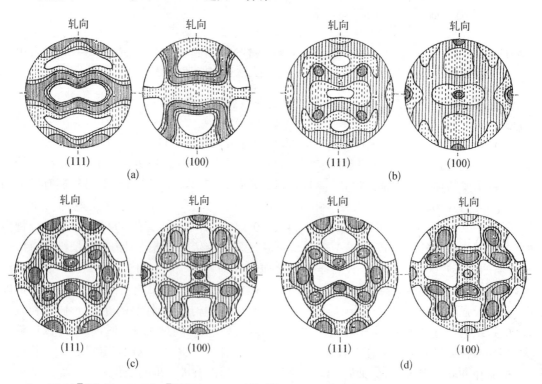

▲—(110)[$\bar{1}$12];■—(112)[11$\bar{1}$];●—(3, 6, 11)[53$\bar{3}$];□—(100)[001];×—(110)[001];△—(326)[63$\bar{4}$]

图4 样品 F_1 - A 在 900 ℃退火过程中的(111)和(100)极图　(a) 冷轧；(b) 加热到 600 ℃(17 秒)；(c) 加热到 800 ℃(42 秒)；(d) 900 ℃退火 30 分钟

[11$\bar{1}$]织构[图4(d)].当样品刚被加热到600℃时(放入炉内经过17秒),再结晶已全部完成,再结晶织构主要是(100)[001],另外还有弱一些的、与加工织构(3,6,11)[53$\bar{3}$]很接近的(326)[63$\bar{4}$]再结晶织构,这时(110)[$\bar{1}$12]和(112)[11$\bar{1}$]再结晶织构很弱,这与F_1-A样品不同.随着样品的温度升高,晶粒发生长大,织构也逐渐集中.当样品被加热到800℃后(在炉内经过42秒),主要的再结晶织构是(100)[001]和(326)[63$\bar{4}$],另外还有弱的(110)[$\bar{1}$12]和(112)[11$\bar{1}$].随着退火温度继续升高,晶粒进一步长大,(100)[001]织构减弱,而(326)[63$\bar{4}$]织构增强,在900℃退火30分钟后,(326)[63$\bar{4}$]成了主要的再结晶织构.

图5是样品F_1-A,F_1-B和F_2-A,F_2-B在900℃退火30分钟后的X射线掠射照片.由于压下量增加,样品F_2-B在900℃退火后得到了非常集中的立方织构,但是在样品F_1-B中,仍然得不到立方织构.图6是F_1-B在900℃退火30分钟后的(111)和(100)极图.由于压下量增加,主要的再结晶织构变成了(326)[66$\bar{5}$],但仍然接近(112)[11$\bar{1}$]取向,另外还有较弱的(110)[001]织构.刘有照等在铜磷合金中[7],观察到(227)[77$\bar{4}$]再结晶织构,而没有观察到(112)[11$\bar{1}$]再结晶织构,这可能是由于压下量或者是磷含量不同的缘故,正像由于压下量不同而造成F_1-A和F_1-B再结晶织构的差异一样.

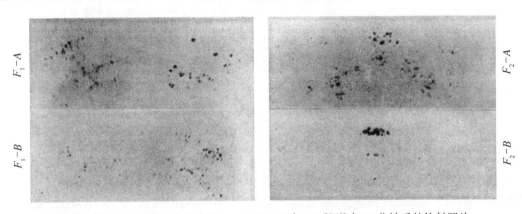

图5 样品F_1-A,F_1-B和F_2-A,F_2-B在900℃退火30分钟后的掠射照片

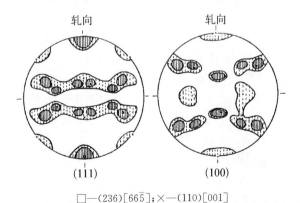

□—(236)[66$\bar{5}$];×—(110)[001]

图6 样品F_1-B在900℃退火30分钟后的(111)和(100)极图

2.2 等温退火时织构的变化

图7是样品F_1-A在314℃等温退火过程中织构变化的情况.样品在314℃退火23分钟后,由金相方法测得已再结晶的部分约占40%.从X光照片中将已再结晶的和未再结晶

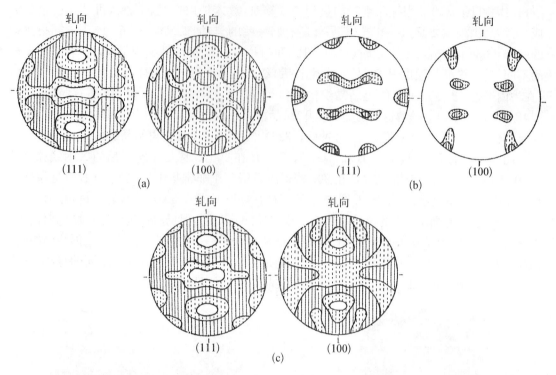

图7 样品 F_1-A 在 314 ℃ 等温退火时的(111)和(100)极图 (a) 退火 23 分钟后已再结晶部分的极图;(b) 退火 23 分钟后未再结晶部分的极图;(c) 退火 60 分钟后已再结晶的极图

的区分开来,分别画出它们的(111)和(100)极图,如图 7(a)、(b).从图 7(a)再结晶部分的极图中,可以看出再结晶织构比较散漫,其中(112)[11$\bar{1}$]和(110)[001]织构比较强,(110)[$\bar{1}$12]织构较弱.从图 7(b)中可以看出,没有再结晶的取向主要是(110)[$\bar{1}$12]和较弱的(3,6,11)[53$\bar{3}$].图 7(c)是样品 F_1-A 在 314 ℃ 退火 60 分钟后的(111)和(100)极图,从金相观察中证明,样品已接近 100% 再结晶.这时(112)[11$\bar{1}$]、(110)[001]和(110)[$\bar{1}$12]都成了较强的再结晶织构.

图 8 是样品 F_2-A 在 184 ℃ 等温退火过程中织构的变化情况.图 8(a)、(b)是样品在 184 ℃ 退火 50 分钟后测出的再结晶部分和未再结晶部分的(111)和(100)极图,这时已再结晶的部分约占 45%.从已再结晶的极图中[图 8(a)]可以看到,再结晶织构比较散漫,唯有(100)[001]织构较强,这时未再结晶的取向主要是(110)[$\bar{1}$12]和较弱的(3,6,11)[53$\bar{3}$].样品在 184 ℃ 退火 180 分钟后,这时已再结晶的部分约占 95%,从再结晶的(111)和(100)极图中[图 8(c)],可以看到除了(100)[001]织构外,与(3,6,11)[53$\bar{3}$]加工织构接近的(326)[$\bar{6}$34]也成了最强的再结晶织构,而与加工织构(110)[$\bar{1}$12]、(112)[11$\bar{1}$]取向相同的再结晶织构非常弱,这和 F_1-A 样品的情况不同.这时未再结晶的取向是(110)[$\bar{1}$12].

从显微组织中也可看到样品 F_1-A 和 F_2-A 再结晶过程的差别.图 9(a)、(b)分别是样品 F_2-A 在 200 ℃ 退火 1 分钟,和样品 F_1-A 在 320 ℃ 退火 3 分钟后的金相照片,这时它们的再结晶百分比相接近(~8%).从照片中可以看到两者之间的再结晶晶粒分布与大小是不同的,在样品 F_2-A 中,晶核较少,晶粒较大.用 X 光研究后,证明这时已再结晶的晶粒绝大部分都是立方取向.在样品 F_1-A 中,晶核较多,晶粒也小,这时再结晶晶粒的取向也比较分散.这说明再结晶生核速率和生长速率在两种样品之间是不同的.在再结晶继续发展后,

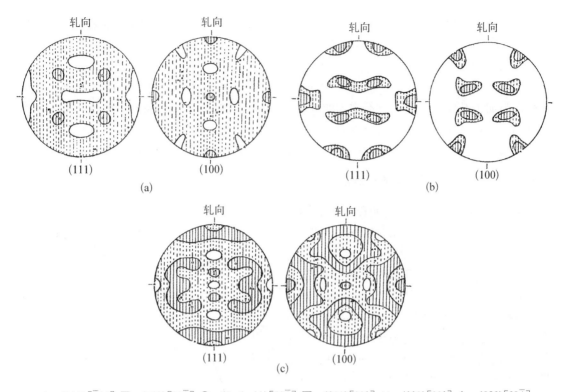

▲—(110)$[\bar{1}12]$；■—(112)$[11\bar{1}]$；●—(3, 6, 11)$[53\bar{3}]$；□—(100)$[001]$；×—(110)$[001]$；△—(326)$[63\bar{4}]$

图 8 样品 F_2-A 在 184 ℃等温退火过程中的(111)和(100)极图 （a）退火 50 分钟后已再结晶部分的极图；(b) 退火 50 分钟后未再结晶部分的极图；(c) 退火 180 分钟后已再结晶部分的极图

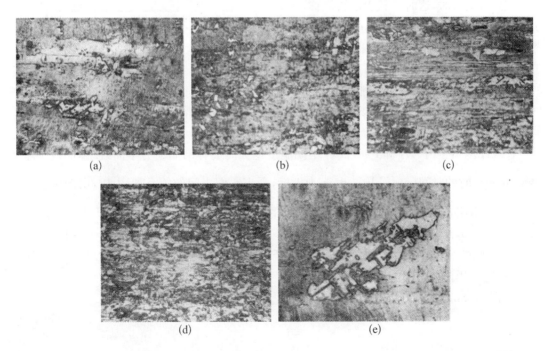

图 9 样品 F_1-A 和 F_2-A 等温退火后的显微组织照片（→轧向） （a）F_2-A 200 ℃退火 1 分钟（×300）；(b) F_1-A 320 ℃退火 3 分钟，(×300)；(c) F_2-A 200 ℃退火 5 分钟（×300）；(d) F_1-A 320 ℃退火 5 分钟（×300）；(e) F_2-A 200 ℃退火 1 分钟（×600）[(a)，(b)，(e)是从样品轧面观察；(c)，(d)是从平行于轧向的截面观察]

两种样品间的差别依然很显著. 样品 F_2-A 的再结晶部分, 常常成条带状分布在冷加工的基体间, 当从平行于轧向的截面观察时尤为显著[图 9(c)]. 而样品 F_1-A 再结晶部分则分布比较均匀[图 9(d)].

图 9(e)是 F_2-A 在 200 ℃退火 1 分钟后, 从轧面观察时立方取向晶粒的情况. 再结晶立方晶粒与加工基体间存在着极不规则的界面, 与一般取向的再结晶晶粒不同. 这可能是因为立方晶粒沿着某些方向的生长速度特别快的缘故, 从样品的轧面以及平行和垂直于轧向的两个截面观察后, 证明沿着立方取向晶粒的⟨111⟩方向, 晶粒的生长速度比较快.

2.3 样品 F_1-A 和 F_2-A 的再结晶激活能

图 10 是样品等温退火后的硬度下降百分数和用金相方法测定的再结晶百分比之间的关系. 从样品 F_1-A 和 F_2-A 在三个不同温度退火后测得的结果, 分别用不同符号表示在图中. 硬度下降百分数与再结晶百分比之间, 并不像过去所报道的成直线关系[2, 8]. 在再结晶过程的前半期, 硬度下降较快, 这与 Perryman[9] 在铝中得到的结果有些相似, 但还不如铝中那样显著. 这可能与位错攀移而引起未再结晶部分的力学性质(硬度)的回复有关. 当纯铜在较低温度(如 Cook 等[8] 在 18 ℃退火, Phillips 等[2] 在 80 ℃退火)退火时, 这时不利于位错攀移, 不会引起未再结晶部分的力学性质回复, 因而再结晶百分数和硬度下降百分数之间, 存在着较好的直线关系. 而我们是在较高的温度(180∼

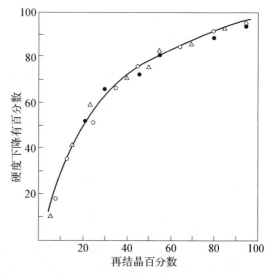

图 10 硬度下降百分数与再结晶百分比间的关系

300 ℃)下退火, 这时位错有可能发生攀移, 也就有可能会引起未再结晶部分中力学性质的回复, 而破坏了这种直线关系. Seeger[10] 也曾用铝和铜中层错能的高低, 以及位错攀移的难易, 来解释铝和铜中再结晶百分数和硬度下降百分数之间不同的依赖关系.

图 11 是样品 F_1-A 和 F_2-A 在不同温度退火时的再结晶动力学曲线. 由曲线中求得再结晶 50%时的时间(τ), 用 $\ln\frac{1}{\tau}$ 和 $\frac{1}{T}$ 为坐标, 画出它们之间的关系如图 12, 由图中直线的斜率, 可以求出再结晶 50%时的激活能. 求得的结果: 样品 F_1-A 为 45.8 千卡/克原子, 样品 F_2-A 为 37.6 千卡/克原子. 样品 F_1-A 的再结晶激活能和过去在含磷 0.021%原子经过 95%冷轧的纯铜中求出的数值相近[2](41 千卡/克原子), 样品 F_1-A 中含磷较高, 压下量较小, 可能是激活能偏高的原因.

根据 Avrami 的经验公式[11],

$$x = 1 - e^{-B \cdot t^k}.$$

[该公式给出时间(t)和再结晶部分(x)间的关系, 其中 B 和 K 均为常数.]计算出的 K 值, 在样品 F_1-A 中, 随着退火温度不同, K 值在 3.4 到 2.5 之间变化, 退火温度高时, K 值偏高, 退火温度低时, K 值也偏低. 在 F_2-A 中, K 值在 1.3 到 0.8 之间变化. 从金相观察中, 可以

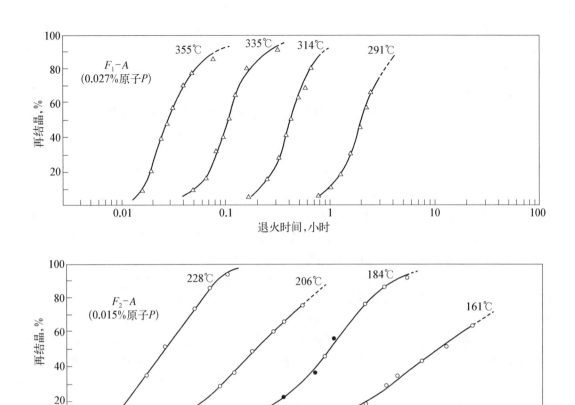

图 11 样品 F_1-A 和 F_2-A 在不同温度等温退火时的再结晶动力学曲线

判断出样品 F_1-A 和 F_2-A 再结晶生核速率与生长速率是不同的,因此,K 值之间的差别,也就可以理解了.

3 结果讨论

多晶铜经过冷轧后,形成了三种较强的加工织构:$(110)[\bar{1}12]$、$(3,6,11)[53\bar{3}]$、$(112)[11\bar{1}]$,和两种较弱的加工织构:$(100)[001]$、$(110)[001]$.根据从理论上计算的结果[12],它们之间相对稳定性的排列次序应该是 $(110)[\bar{1}12]$、$(112)[11\bar{1}]$、$(100)[001]$ 和 $(110)[001]$.而 $(3,6,11)[53\bar{3}]$ 织构,根据我们过去的考虑[6],它是从 $(110)[\bar{1}12]$ 过渡

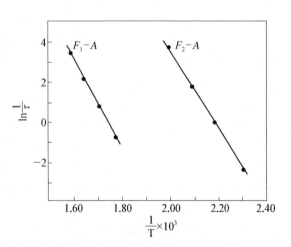

图 12 样品 F_1-A 和 F_2-A 退火温度(T)和再结晶 50% 时的时间(τ)之间的关系

到 $(112)[11\bar{1}]$ 织构的一种过渡性织构,或称为 $(110)[\bar{1}12]$ 和 $(112)[11\bar{1}]$ 的"共生织构",这种织构是连接 $(110)[\bar{1}12]$ 和 $(112)[11\bar{1}]$ 两种织构的纽带,它的相对稳定性可能界于 $(110)[\bar{1}12]$ 和 $(112)[11\bar{1}]$ 织构之间.这三种较强的加工织构,在退火过程中再结晶能力不同,其中

$(112)[11\bar{1}]$加工织构,在退火过程中首先发生再结晶,$(3,6,11)[53\bar{3}]$加工织构次之,$(110)$$[\bar{1}12]$加工织构最不易发生再结晶,在再结晶过程的后期才逐渐消失. 这种再结晶能力不同的排列次序,和用铜单晶体研究得到的结果是一致的[13],它和加工织构相对稳定性的排列次序正好相反,最稳定的加工织构是最不容易发生再结晶. 这种规律在体心立方结构的铁硅合金中[14]也同样存在. 这种再结晶能力的差别,可能是由于冷加工后的储能在这几种加工织构间,也就是变形后组织结构中的一些微小区域间,不均匀分配的结果. 换句话说,就是位错密度不同的缘故. 在$(110)[\bar{1}12]$取向的微小区域内,可能是位错密度较低的区域. 位错密度在不同取向的织构间的不同分布,显然和该种取向在轧制变形时的稳定度有关.

样品$F_1 - A$和$F_2 - A$的再结晶织构,虽然因磷存在于铜中的形式不同而有差别,但形成的再结晶织构都与加工织构中的某一取向接近,并与主要的加工织构间存在着沿$\langle 111 \rangle$相差$20 \sim 45°$的几何关系. 在样品$F_2 - A$中,$(100)[001]$取向的晶粒在退火过程中领先发生再结晶,由于加工织构$(3,6,11)[53\bar{3}]$取向与$(100)[001]$取向间,存在着沿$\langle 111 \rangle$相差$\sim 45°$的几何关系[6],这种取向关系有利于$(100)[001]$晶粒的生长,因而再结晶立方织构得到了较快的发展. 从金相中观察到立方晶粒沿着$\langle 111 \rangle$方向生长速度较快,也证实了这一点. 再结晶织构$(326)[63\bar{4}]$与加工织构$(110)[\bar{1}12]$取向间,也存在着沿$\langle 111 \rangle$相差$\sim 25°$的几何关系(如图13所示),这也提供了$(326)[63\bar{4}]$取向晶粒生长的有利条件,因而样品$F_2 - A$在184 ℃等温退火时,随着$(110)[\bar{1}12]$加工织构的消失,观察到$(326)[63\bar{4}]$再结晶织构增强的结果[图8(c)].

样品$F_1 - A$中,再结晶织构$(112)[11\bar{1}]$和$(110)[001]$取向与加工织构$(3,6,11)[53\bar{3}]$取向间,有着沿$\langle 111 \rangle$相差$\sim 20°$和$\sim 40°$的几何关系(如图14所示). 当$(112)[11\bar{1}]$和$(110)$$[001]$加工织构通过同位再结晶,得到$(112)[11\bar{1}]$和$(110)[001]$取向的再结晶晶粒后($(112)$$[11\bar{1}]$加工织构在再结晶过程中,较早地发生再结晶),这种取向关系也提供了再结晶晶粒生长的有利条件. 样品在314 ℃等温退火时,随着$(110)[\bar{1}12]$加工织构的消失,$(110)[\bar{1}12]$再结晶织构也跟着增强[图7(c)],这是一个很明显的同位再结晶过程. 当退火温度提高,晶粒长大后,$(110)[\bar{1}12]$再结晶织构即减弱,并逐渐消失[图4(b),(c)],这可能和$(110)[\bar{1}12]$再结晶织构在再结晶后期形成,晶粒尺寸较小的原因有关. 这种现象和Избранов等人在研究硅钢快速加热时,再结晶织构的变化相似[15],他们观察到刚再结晶时,再结晶织构和加工织构相似,当晶粒长大后,才转变成一般退火条件下所得到的再结晶织构.

从以上结果来看,在这种情况下,再结晶织构的形成,可能是同位再结晶和选择性长大的结果. 不过,主要还在于获得一定取向的再结晶晶核,而后,晶核与加工织构取向间有利的关系,促进了晶粒的生长,对再结晶织构的形成,起了帮助的作用. 利用电子显微镜衍衬法(diffraction contrast method)和电子衍射技术,直接观察变形后的金属,在退火过程中组织结构的变化,将有助于对这问题的进一步了解.

0.027%原子的磷溶解在铜中,大大提高了再结晶温度,增加了再结晶激活能,改变了再结晶织构的取向,完全阻止了再结晶立方织构的形成. 微量磷原子能产生这样巨大的影响,必然和磷原子在固溶体中不均匀的分布有关,很可能由于磷原子沉积在位错中,阻碍了位错的移动,因而提高了再结晶温度,增加了再结晶激活能. 不同杂质对纯铜再结晶温度的影响程度也不同[3],这可能取决于杂质原子的电子壳层结构,和原子尺寸因素,因而影响到杂质原子是否倾向于沉积于位错中,以及沉积以后,对阻碍位错移动能力的大小. 为了了解杂质对纯铜再结晶的影响,研究微量杂质对物理性能的影响,将会有所帮助.

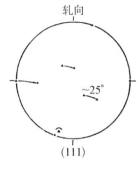

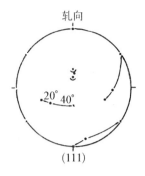

△—(326)[63$\bar{4}$];
▲—(110)[$\bar{1}$12]

图13 (326)[63$\bar{4}$]和(110)[$\bar{1}$12]取向间几何关系的(111)极图

■—(112)[11$\bar{1}$];×—(110)[001];
●—(3，6，11)[53$\bar{3}$]

图14 (112)[11$\bar{1}$]、(110)[001]和(3，6，11)[53$\bar{3}$]取向间几何关系的(111)极图

微量杂质对纯铜再结晶织构的影响,并不能和对再结晶温度、再结晶激活能的影响等同看待.加入0.027%原子的银,对纯铜再结晶温度和再结晶激活能的影响,比加入相似量的磷原子的影响更大[2],但并不阻止立方织构形成.这些问题,都还有待进一步的研究.

4 结论

(1) 0.027%原子的磷溶解在纯铜中,大大提高了再结晶温度,增加了再结晶激活能,并阻止了立方织构形成.但磷以氧化磷状态存在于纯铜中时,对以上几方面的影响就不明显,而接近于一般纯铜的再结晶行为.

(2) 0.027%原子的磷溶解在铜中,对加工织构并没有显著影响,主要加工织构仍为(110)[$\bar{1}$12]、(112)[11$\bar{1}$]和与其共生的(3，6，11)[53$\bar{3}$],另外还有较弱的(100)[001]和(110)[001].

(3) 不同取向的加工织构,再结晶能力也不同.在再结晶过程中,(112)[11$\bar{1}$]加工织构首先消失,(3，6，11)[53$\bar{3}$]加工织构次之,(110)[$\bar{1}$12]加工织构最稳定,在再结晶后期,才逐渐消失.

(4) 0.027%原子的磷溶解在铜中,改变了再结晶织构,在900 ℃退火后,样品 $F_1 - A$ 的再结晶织构是(112)[11$\bar{1}$]+(110)[001],样品 $F_1 - B$ 是(236)[66$\bar{5}$]+(110)[001].铜中磷以氧化磷存在时,在900 ℃退火后,样品 $F_2 - A$ 的再结晶织构是(326)[63$\bar{4}$]+(100)[001], $F_2 - B$ 的再结晶织构是(100)[001].

(5) 所有样品中的再结晶织构都与加工织构的某种取向相同或接近,并且与主要的加工织构间存在着沿〈111〉相差20~45°的几何关系.在这种情况下,同位再结晶和选择性长大可能是再结晶织构形成的过程.

参 考 文 献

[1] Yen, M. K. (颜鸣皋), *Trans. A. I. M. E.*, **185** (1949), 57.
[2] Phillips, V. A. and Phillips, A., *J. Inst. Met.*, **81** (1952−53), 185.
[3] Smart, S. and Smith, A. A., *Trans. A. I. M. E.*, **147** (1942), 48; **152** (1943), 103; **166** (1946), 144.

［4］Blade，J. C.，Clare，J. W. H. and Lamb，H. J.，*J. Inst. Met.*，**88** (1959–60)，365.

［5］Olsen，K. M.，*Trans，A. S. M.*，**52** (1960)，545.

［6］颜鸣皋、周邦新，物理学报，**14** (1958)，121.

［7］Richman，R. H. and Liu，Y. C（刘有照），*Trans. A. I. M. E.*，**221** (1961)，720.

［8］Cook，M. and Richard，T. L.，*J. Inst. Met.*，**73** (1947)，1.

［9］Perryman，E. C. W.，*Trans. A. I. M. E.*，**203** (1955)，1053.

［10］Seeger，A.，晶体的范性及其理论(张宏图译)，科学出版社，1963，275–277 页.

［11］Burke，J. E. and Turnbull，D.，*Progress in Metal Physics*，**3** (1952)，223–232.

［12］颜鸣皋，北京工业学院院报，**1** (1956)，1.

［13］Hibbard，W. R. and Tully，W. R.，*Trans. A. I. M. E.*，**221** (1961)，336.

［14］陈能宽、刘长禄，金属学报，**3** (1958)，30.

［15］Избранов，П. Д.，Павлов，В. А. и Родичин，Н. М.，*Ф. М. М.*，**8** (1959)，434.

The Effect of Phosphorous on the Recrystallization
Behavior of Cold-Rolled Copper Strips

Abstract：The effect of small amounts of phosphorous on the recrystallization of cold-rolled (89%—95.7%) copper strips was studied. It was found that phosphorous, which was mainly in solid solution with copper, greatly raised the recrystallization temperature, increased the activation energy of recrystallization and also changed the recrystallization texture by annihilating the formation of cubic texture. Phosphorous, which existed mostly in the oxidized form, however, showed no pronounced effect on the recrystallization behaviour of cold-rolled copper strips.

The recrystallization textures of copper strips under different rolling and annealing conditions, resembled the original deformation textures and/or kept a geometric relationship which may be described as a rotation of $20\sim45°$ about a common $\langle 111 \rangle$ axis.

Results obtained from metallographic and X-ray diffraction studies indicated that the development of the recrystallization texture may be suggested as a process of "recrystallization in situ" and a process of selective growth.

钼单晶体的范性形变[*]

摘　要：在本文中，用金相和 X 射线方法，研究了 24 个取向不同的钼单晶体在−80 ℃(−50 ℃)、27 ℃、1 000 ℃和～2 000 ℃拉伸后的情况. 分析研究的结果，认为观察到的{112}、{123}、{145}等滑移痕迹，是由于在两组不平行的{110}面上，沿着同一个⟨111⟩方向组合滑移后构成的外观面貌，而滑移面是密排的{110}面. 外观滑移面(从滑移痕迹测定出的)会随样品取向不同而发生变化. 当变形温度改变时，同一个样品的外观滑移面可能改变，也可能不改变，这要由样品的取向来决定.

1　引言

体心立方金属的形变问题，比面心立方金属和密排六方金属都更复杂. 由滑移痕迹所决定的晶面常常是非密排的晶面，滑移痕迹也显得不规则[1]. 如何解释这种现象，至今还存在争论. 如能更确切地了解体心立方金属的滑移变形机构，那么，对体心立方金属的一些其他特性，如脆性等，也可能得到更深入的认识.

过去曾研究过钼单晶体的范性形变[2-4]，但更多的是研究铁(纯铁和 α 铁)和铁硅合金单晶体的范性变形[1, 5-10]. 对其他体心立方金属，如钨[11, 12]、铬、铌、钠、钾等单晶，也进行过研究[1]. 总起来说，对体心立方金属的滑移机构，有着三种不同的看法：第一种意见认为滑移是在包含着⟨111⟩方向并受到最大分切应力作用的"非晶体学面"上发生，滑移方向是⟨111⟩[1]，后来考虑到不同晶面上滑移阻力不同而作了一些修正[6]. 第二种意见认为滑移面是{110}、{112}和{123}，滑移方向是⟨111⟩[1, 7, 9]. 在研究钼单晶形变时[3]，观察到滑移面是{112}的样品中，从劳埃星芒决定的晶格弯曲的转动轴不是⟨110⟩，而是⟨112⟩，因而认为滑移面是密排的{110}面，当在两组不平行的{110}面上沿着同一个⟨111⟩方向滑移时，就可以构成{112}、{123}等滑移痕迹，如图 1 所示(为了便于观察，将样品截面画成方形)，这是第三种意见. 但后来研究铁单晶时[6]没有观察到这种现象，因而没有支持第三种观点. 从第二种观点出发，Andrade[13]还从实验中总结了体心立方金属的滑移面随形变温度不同而变化的规律，但未得到后来实验结果的支持[3, 11]. 究竟体心立方金属的滑移机构是怎样的? 当形变温

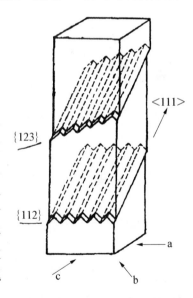

图 1　在两组不平行的{110}面上，沿着同一个⟨111⟩方向滑移后，而构成{112}、{123}等滑移痕迹的示意图

[*]　本文原发表于《物理学报》，1963，19(5)：285 - 295.

度改变时,滑移面又将如何变化? 这对于认识体心立方金属的变形,确是一些基本的、但是还有待进一步阐明的问题.

我们用金相和 X 射线方法,研究了不同取向的钼单晶体在不同温度拉伸的情况后,认为用第三种意见来解释钼单晶体的滑移机构更为合适. 随着形变温度改变,由滑移痕迹决定的外观滑移面①可能改变,也可能不改变,这要由晶体的取向来决定.

2 单晶体的制备和实验方法

直径 1 毫米的工业纯钼丝,用形变再结晶方法[14],可生长出 100～300 毫米长的单晶体. 样品用水冷铜电极支持,外套石英管(直径 30 毫米)在真空中直接通电加热. 样品先加热到 ~1 500 ℃保持 20 秒得到细小的再结晶晶粒后,再把样品温度降到 800～900 ℃用扭转方式变形,变形度为～0.230×2π,扭转变形后,再给以～0.5%的拉伸变形,实验证明这两种变形方式组合在一起时可以得到最好的结果. 形变后的样品用每小时 150 ℃的升温速度,从1 200 ℃加热到～2 000 ℃,保持 6 小时. 在这种情况下,形变度和升温速度是生长单晶体的关键因素. 在石英管外附加的温度梯度(加一个走动的电炉)并不起显著作用.

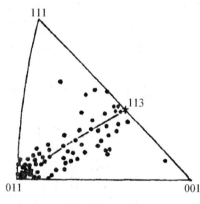

图 2　68 个单晶体取向的分布图

用劳埃背反射照相的方法,测定了晶体的取向. 图 2 表示了 68 个单晶体的取向,它们大致分布在[001]—[113]连线的附近,在[011]附近更为密集,这可能是由于冷拔后的钼丝中存在〈110〉织构的缘故. 选择取向适合的单晶体,截成 25 毫米长,经过电解抛光后再做拉伸试验. 拉伸试样的标距为 15 毫米. 在−80 ℃～150 ℃拉伸试验时,拉伸速度是每分钟 3 毫米,用照相方法记录负荷-伸长曲线. 在 1 000 ℃和～2 000 ℃拉伸时,样品用通电方法加热,温度用光学高温计测量. 样品经过～5%拉伸后,用金相方法测定滑移面和滑移方向[1]. 拉伸后的某些样品,用细焦点 X 射线源照相,研究了劳埃星芒的变化,焦点直径是 40 微米,光栏直径是 0.15 毫米.

3 实验结果

3.1 样品取向和变形温度对外观滑移面晶面指数的影响

选择了 24 个取向不同的单晶体,它们取向的分布如图 3 所示. 这些样品在−80 ℃(−50 ℃)、27 ℃、1 000 ℃和～2 000 ℃拉伸后,由滑移痕迹测出外观滑移面的位置,如图 4 所示,它们的滑移方向,除了 42 和 25 两样品在～2 000 ℃拉伸后测得的结果与〈111〉偏离稍大以外,其他都非常靠近〈111〉. 从图 4 中可以看到,样品在室温拉伸后,即使把测量误差估计为±5°,也难于将所有样品的外观滑移面归并成{110}、{112}和{123}三种,特别是 44 d和 39 两个样品的实验结果都经过重复试验. 低温拉伸时,在取向不同的大多数样品中,都观

---

① 我们把由样品表面观察到的痕迹所决定的晶面,称为外观滑移面,和晶体在滑移时实际的滑移面相区别.

察到{110}滑移痕迹；但高温拉伸时，大多数样品的滑移痕迹则接近{123}. 如果将{110}—{112}区间，以10°为间隔划分成{110}、{145}、{123}和{112}四个区间，把不同取向的样品，在不同温度拉伸后由滑移痕迹测出的外观滑移面，归并成这四种类型，把分别属于这四类滑移痕迹样品的取向用不同符号画在极图的一个三角形内，如图5所示，其中a、b、c、d分别是在−80 ℃（−50 ℃）、27 ℃、1 000 ℃和～2 000 ℃拉伸后测得的结果，当取向靠近〈111〉—〈011〉线的样品（A区），和取向靠近〈001〉的样品（E区），从室温直到～2 000 ℃拉伸时，只观察到{112}的滑移痕迹；在−80 ℃拉伸时，除了观察到较模糊的

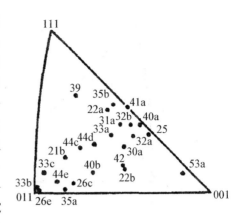

图3 24个单晶体取向的分布图

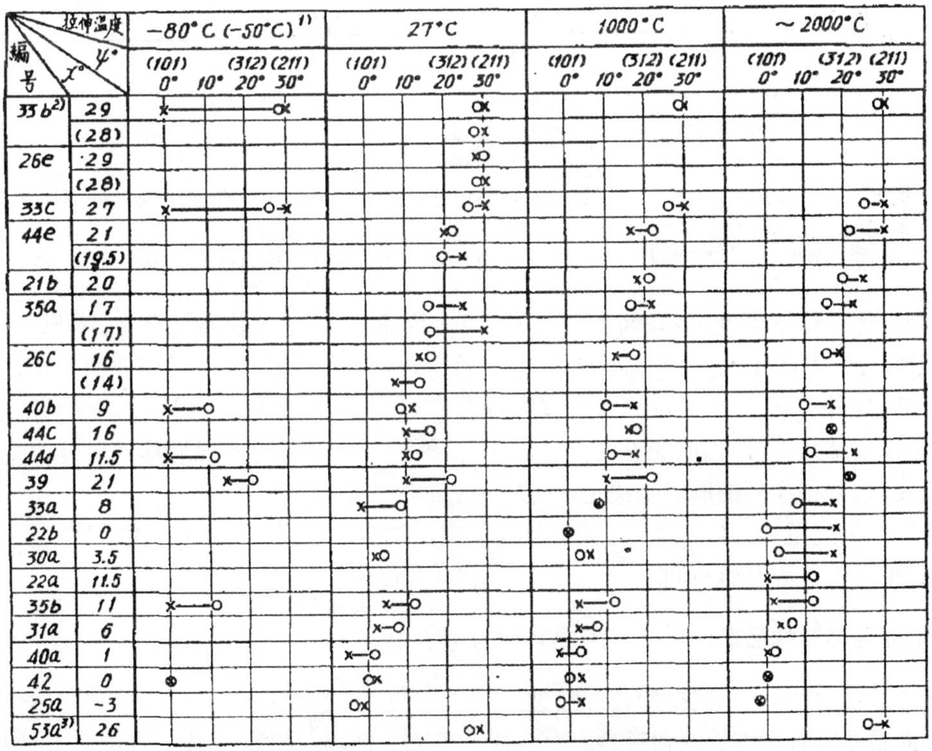

{112}滑移痕迹外，还有清楚笔直的{110}滑移痕迹. 取向靠近〈111〉—〈001〉线的样品（D区），在−50 ℃到～2 000 ℃拉伸时，都只观察到{110}的滑移痕迹. 在A、D区域之间，又可分成B、C两区，取向在B、C区域内的样品，拉伸后观察到的滑移痕迹分别落在{123}和{145}区间内. 随着形变温度改变，这几个区域的界线和大小也会发生变动. B区随形变温度升高而扩大，并向〈111〉—〈001〉线方向移动；C区随形变温度升高，也向着〈111〉—〈001〉线

编号	ψ°	−80°C (−50°C)[1] (101) 0° (312)(211) 10° 20° 30°	27°C (101) 0° (312)(211) 10° 20° 30°	1000°C (101) 0° (312)(211) 10° 20° 30°	～2000°C (101) 0° (312)(211) 10° 20° 30°
35b[2]	29	x——————O	OX	Ox	OX
26e	(28)		Ox		
	29		OX		
33C	27 (28)	O——————x	O—x	O—x	O—x
44e	21 (19.5)		xO / O—x	x—O	O——x
21b	20			xO	O—x
35a	17 (17)		O——x	O—x	x——O
26C	16 (14)		xO / x—O		Ox
40b	9	x——O	Ox	O—x	O—x
44C	16	x——O	xO	xO	⊗
44d	11.5	x———O	xO	O—x	O———x
39	21	x——O	x—O	x—O	⊗
33a	8		x—O	O—x	O——x
22b	0		⊗	⊗	
30a	3.5		xO		
22a	11.5				
35b	11		x—O	x—O	x—O
31a	6		x—O	x—O	xO
40a	1		x—O	x—O	
42	0	⊗	Ox	⊗	⊗
25a	−3		Ox	O—x	⊗
53a[3]	26		Ox		O—x

图4 不同取向的样品，在不同温度拉伸后，外观滑移面的位置（×），和包含〈111〉方向并受到最大分切应力晶面的位置（○）

1) 其中42和35b在−50℃拉伸.

2) 第二排括号内的数据是交滑移，外观滑移面在($\bar{1}$01)—($\bar{2}$11)之间，滑移方向是[111].

3) 样品53a的外观滑移面是($\bar{1}\bar{1}$2)，滑移方向是[111].

41

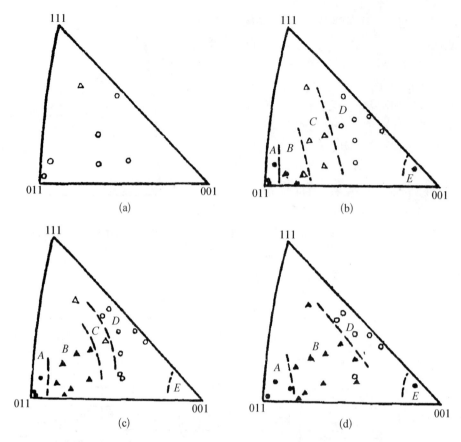

○—滑移痕迹在{110}区间内的样品；▲—滑移痕迹在{123}区间内的样品；
△—滑移痕迹在{145}区间内的样品；●—滑移痕迹在{112}区间内的样品.

图 5 分别属于{110}、{145}、{123}和{112}滑移痕迹的样品，它们的取向分布随变形温度
不同而变化的图形
(a) 在−80 ℃（−50 ℃）拉伸；(b) 在 27 ℃拉伸；(c) 在 1 000 ℃拉伸；(d) 在～2 000 ℃拉伸

方向移动，但范围逐渐变窄，在高温（～2 000 ℃）拉伸时，这区域就不再存在. 随形变温度升
高 A 区略有扩大，D 区则显著缩小. E 区数据较少，它随形变温度改变时将如何变化，还不能
作出判断. 另外 E 区和 D 区间如何过渡？取向靠近〈111〉角的样品的情况怎样？都还有待
研究. 从以上结果来看，当形变温度变化时，由滑移痕迹所测出的外观滑移面可能改变，也可
能不改变，这要由样品的取向来决定，不能一概而论.

取向在上述范围内的样品，在室温及低于室温的温度拉伸后，并未观察到形变孪晶，这
与铁、钨单晶的行为有所不同.

3.2 形变温度及样品取向对滑移痕迹外貌的影响

图 6 是 42 样品在不同温度拉伸断裂后，从 a、b、c 不同方向观察时的滑移痕迹情况，其
中 a 方向是从垂直于应力轴和滑移方向构成的平面去观察；c 方向是从平行于应力轴和滑移
方向构成的平面去观察；d 方向则介于 a、c 之间，如图 1 所示. 随着形变温度升高，单位长度
内滑移带的数量减少，滑移量增加. 在变形量大的地方，还可以观察到形变带的结构. 样品在
150 ℃拉伸后的滑移痕迹，已经比室温（27 ℃）拉伸的滑移痕迹显得清楚. 从 a 方向观察时，
滑移痕迹很直；从 c 方向观察时，滑移痕迹就成为不规则的波纹状，在较高温度拉伸时成为

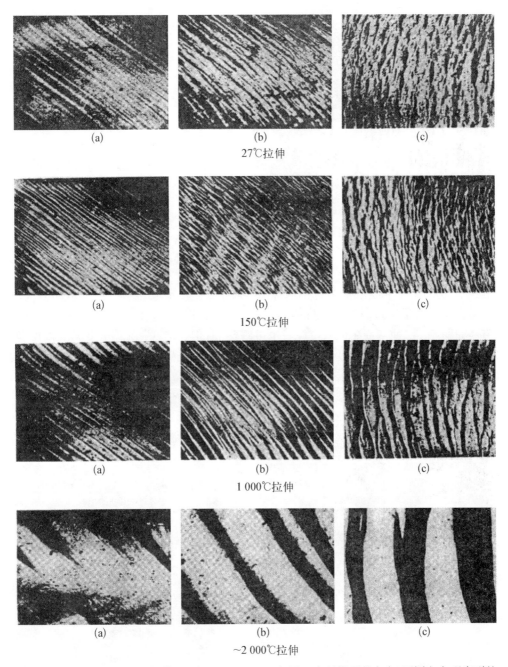

图 6 样品 42 在不同温度拉伸后,从(a)、(b)、(c)(如图 1 中所指示的方向)不同方向观察到的
滑移痕迹 ×320

树枝叉状. 这是体心立方金属滑移痕迹外貌的一般特征,在不同取向的绝大多数样品中,无
论它们的外观滑移面是{110}、{123}还是{112},都是如此,但是在外观滑移面为{110}的样
品中,也有个别样品不同,我们发现取向在靠近⟨111⟩—⟨001⟩线,距离⟨001⟩20°~25°的 40a
和 25 两个样品,在室温拉伸后,从 c 方向观察时滑移痕迹清晰可见,并不成波纹状(如图 7).
在室温拉伸后,研究了外观滑移面都是{110}的 10 个样品,它们的取向分布如图 8 所示. 在
图中用"⊗"符号表示从 c 方向观察时,滑移痕迹清晰的样品;用"○"符号表示滑移痕迹成波
纹状的样品. 从图中可以看到,从 c 方向观察时,滑移痕迹清晰的样品,它们的取向分布在一

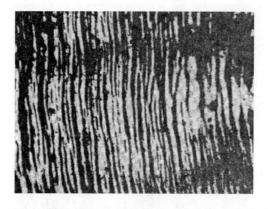

图7 样品 25 在 27 ℃拉伸后,从 c 方向观察到的滑移痕迹 ×320

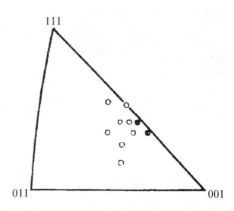

⊗—从 c 方向观察时,滑移痕迹清晰的样品;
○—从 c 方向观察时,滑移痕迹成波纹状的样品.

图8 滑移痕迹都是{110}的 10 个样品

个非常狭窄的范围内,只有在经过仔细研究后,才能被发现,这可能和样品的取向有关.

样品在室温及低于室温的温度拉伸后,从 c 方向观察时,还可以看到一种极不规则、间断的痕迹如图 9a,这种痕迹在室温拉伸后也可观察到,但比较少. 在低于室温的温度拉伸后较多,取向在 A、B 区间的样品(指图 5b 中的 A、B 区间来说)较多,取向在 D 区间的样品较少. 外观滑移面是{112}的 33c 和 33b 两个样品,在−80 ℃拉伸时,这种不规则的痕迹有的还成锯齿状(图 9b),除了这种不规则的痕迹和比较模糊的{112}滑移痕迹外,还有清楚笔直的

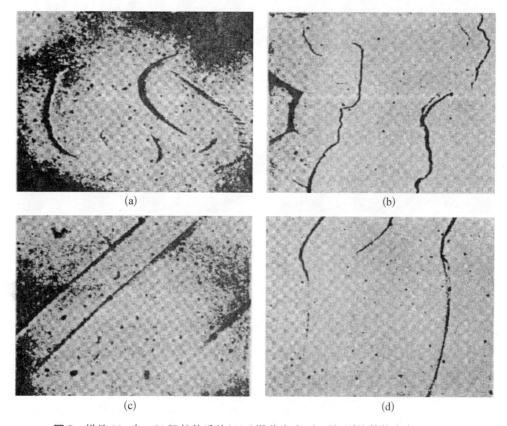

图9 样品 33c 在−80 ℃拉伸后的{110}滑移痕迹,和不规则的其他痕变 ×320

44

{110}滑移痕迹(图 9c),有时{110}滑移痕迹还可以和另一种高指数晶面的痕迹相连(图 9d),并且高指数晶面的痕迹带有锯齿状,也显得较宽.

在室温拉伸时,外观滑移面落在{145}区间的样品,如 44d 和 40b,在 −80 ℃拉伸时,外观滑移面改变为{110},从 c 方向观察到的滑移痕迹,也变得比较清楚(图 10).

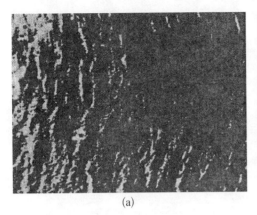 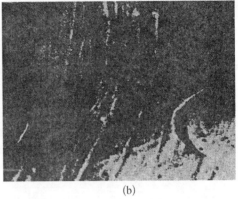

(a)   (b)

图 10 样品 44d 在 27 ℃(a)和 −80 ℃(b)拉伸后,从 c 方向观察到的滑移痕迹 ×320

3.3 样品 33c 在不同温度拉伸后的劳埃星芒

用细焦点 X 射线源照象,研究了样品 33c 在 22 ℃和 1 000 ℃拉伸 8%～10%后的劳埃星芒. 样品在 22 ℃拉伸后,外观滑移面是(211)(图 11),其次还有不太清楚的($\bar{2}$11)交滑移痕迹. 在 1 000 ℃拉伸后,并无交滑移产生,外观滑移面是(211). 如果滑移确是在(211)面上,那么由于滑移后引起的晶格弯曲,它们的转动轴将是与滑移方向[$\bar{1}$11]相距 90°,并在(211)面内的[0$\bar{1}$1](图 11). 从劳埃照片中也应该观察到(0$\bar{1}$1)劳埃斑点是比较完整的,而其他劳埃斑点则将绕(0$\bar{1}$1)斑点发生伸长,产生劳埃星芒. 样品 33c 在 22 ℃拉伸后,得到的劳埃照片如图 12a、b,在图 12a 中,($\bar{1}$00)劳埃斑点及其周围的劳埃斑点的星芒分成三支;在图 10b 中的(0$\bar{1}$1)劳埃斑也是破碎的,在它周围劳埃斑点的星芒也分成多支. 从这两张劳

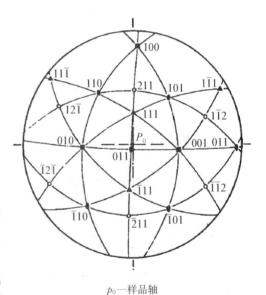

p_0—样品轴

图 11 样品 33c 的标准极图.

埃照片中,可以看出晶体在滑移后所引起晶格弯曲的转动轴,肯定不止一个,而是几个;它们不是[0$\bar{1}$1],而是接近[12$\bar{1}$]、[1$\bar{1}$2]和[$\bar{1}$2$\bar{1}$]. 因此可以判断滑移不是真正在(211)面上发生,而可能是在(110)、(101)、($\bar{1}$10)和($\bar{1}$01)面上发生.(211)和($\bar{2}$11)滑移痕迹只是一种外观的面貌. 这比过去观察到的结果[3]更为清楚. 样品 33c 在 1 000 ℃拉伸后得到的劳埃照片如图 12c、d,这时劳埃星芒并没有分支现象,(0$\bar{1}$1)劳埃斑点也比较完整,其他劳埃斑点都绕(0$\bar{1}$1)斑点发生伸长,产生星芒. 晶体在滑移后引起的晶格弯曲,它的转动轴是[0$\bar{1}$1],这时滑移可以看作是在(211)面上进行.

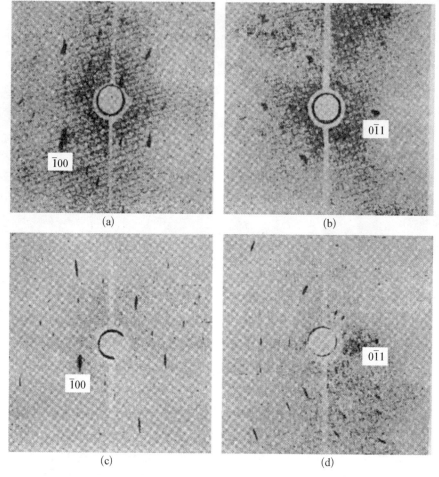

图 12 样品 33c 在不同温度拉伸后的劳埃照片 (a)、(b),在 22 ℃拉伸;(c)、(d),在 1 000 ℃拉伸

3.4 温度对临界切应力和延伸率的影响

图 13 是样品 35b 和 42 在 −50 ℃到 150 ℃拉伸时,{110}面的临界切应力随温度的变化和延伸率随形变温度的变化. 在低于室温拉伸时,随形变温度降低,临界切应力迅速上升. 但在高于室温一直到 150 ℃拉伸时,临界切应力的变化却不大. 这和在铁单晶中所得到的结果相似[5-7]. 随形变温度降低,样品的延伸率也随着降低,在 0 ℃拉伸时,断面收缩率仍可达到 100%,但在 −50 ℃拉伸时,则表现为脆性断口. 图 14 是样品 42 在 0 ℃及 −50 ℃拉伸后的断口照片. 从延伸率及断面收缩率来看,单晶体也有一个脆性转变温度,但不如多晶样品明显.

4 结果讨论

4.1 钼单晶体的滑移机构

由于(101)面、(312)面和(211)面非常接近,如果考虑到实验误差而把由滑移痕迹测出的外观滑移面归并成{110}、{123}和{112},容易造成粗糙的结果. 即使这样,也还有一些样

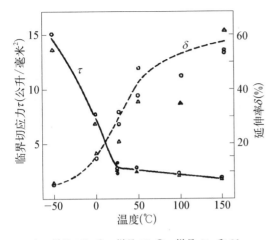

△—样品 35b；○—样品 42；●—样品 40a 和 31a.

图 13 形变温度对临界切应力和延伸率的影响

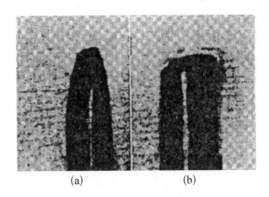

图 14 样品 42 在 0 ℃（a）及 −50 ℃（b）拉伸后的断口照片 ×15

品的外观滑移面不能归并在内. 这不仅在钼单晶的试验结果中如此，在过去研究铁单晶的结果中，也有相似的困难[5, 6]. 另一种意见认为滑移是在包含着〈111〉方向，并受到最大分切应力的"非晶体学面"上进行，这与以上实验结果也不符合. 如果我们用包含着〈111〉的最大切应力面和（101）面之间夹角 χ，以及外观滑移面和（101）面之间的夹角 ψ 为坐标，将每一样品的 χ 和 ψ 画入图 15 中，从图 15 中可以看出，除了在 χ 等于 0°、30°附近时，ψ 大致也等于 0°、30°外，其他点子分布相当杂乱，并不存在任何规律.

分析样品 33c 在不同温度拉伸后用 X 射线和金相研究所得到的结果来看，我们认为滑移还是在密排的 {110} 面上发生，而观察到的 {112}、{123}……等滑移痕迹，是由于在两组不平行的 {110} 面上，沿着同一个〈111〉方向滑移时构成的外观形貌. 这样，也可以很好地解释从 c 方向观察到成波纹状的滑移痕迹. 这种

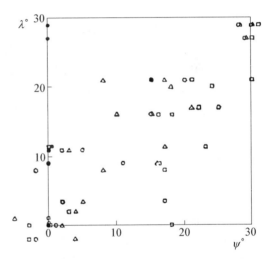

χ: 包含〈111〉方向并受到最大分切应力的晶面和（101）面之间的夹角. ψ: 外观滑移面和（101）面之间的夹角.
●——80 ℃（−50 ℃）拉伸；○—27 ℃拉伸；
△—1 000 ℃拉伸；□—～2 000 ℃拉伸.

图 15 不同取向的样品，在不同温度拉伸后，χ 和 ψ 之间的关系

滑移方式，与最早提出的"铅笔式"滑移不同，它有固定的滑移面，我们称这种滑移方式为"组合滑移". Low 等[15]用腐刻穴技术观察铁硅合金单晶受弯曲后，在 {110} 滑移面内位错圈的情况，给这种滑移机构提供了位错运动的图像. 他们观察到位错圈的螺型位错部分，常常滑出由刃型位错部分构成的滑移面，而造成一段短小并倾斜的刃型位错，当这组位错运动出表面后，构成的滑移痕迹，从滑移方向方面来观察，就不是直线，而成曲折状. 考虑到刃型位错的能量，我们有理由相信这一段短小倾斜的位错，最大可能是在另一组密排的 {110} 面内，分别在这两组 {110} 面上的两段刃型位错的长短，除了与这两组 {110} 面所受到的分切应力大小有关外，还可能受到形变温度和形变速度的影响. 当这两段刃型位错足够长时，从 c 方向

将可观察到波纹状或锯齿状的滑移痕迹,劳埃斑点的星芒也会分成多支,这可以用来说明样品 33c 在室温拉伸后劳埃星芒分支的现象(图 12a),以及样品在 −80 ℃拉伸后所观察到成锯齿状的不规则痕迹(图 9b).如果当这两段刃型位错足够短时,从 c 方向观察到的滑移痕迹也会变得比较清楚,劳埃星芒也就不再成分支状,这可用来说明样品 33c 在 1 000 ℃拉伸后的情况(图 12c). Steijn[6] 等研究铁单晶在室温拉伸后,在出现{112}滑移的样品中,并没有观察到分支的劳埃星芒,这可能与形变温度有关,因为铁的熔点比钼低,如果铁单晶能在更低一些的温度拉伸,在出现{112}滑移的样品中,或许也能观察到分支的劳埃星芒.

从这种观点出发,也容易理解当晶体取向改变时,由滑移痕迹决定的外观滑移面也会改变的事实.当取向靠近⟨011⟩—⟨111⟩线和⟨001⟩角的样品,由于滑移面{110}的分布,对应力轴是对称的,各组{110}面上的分切应力大致相等,因此可以在两组{110}面上,或者四组{110}面上作均等的组合滑移,而构成{112}滑移痕迹.随着晶体取向偏离上述区域,{110}面的分布对于应力轴的不对称性增加,各组{110}面上的分切应力也变为不相等,组合滑移在两组或四组{110}面上由均等分配变为不均等分配,因而出现{123}、{145}……一直到{110}的滑移痕迹.当大部分的滑移被限制在一组{110}面上时,即使在室温拉伸,从 c 方向观察到的滑移痕迹也会是清楚的,样品 25 和 40a 就可能属于这种情况(图 7).最早,钱临照和周如松先生[2] 研究钼单晶体在室温拉伸时只观察到{112}的滑移痕迹;在 1 000 ℃拉伸时,只观察到{110}的滑移痕迹.以及后来陈能宽先生[4] 研究钼单晶体在 2 000 ℃拉伸时,只观察到{110}的滑移痕迹,这可能是受到了样品取向局限的缘故.

从位错观点来看组合滑移的发生,螺位错的运动将起重要的作用.螺位错运动时相互交割,会产生一排空穴或间隙原子,因此温度条件对螺位错运动的影响将比对刃型位错的影响更显著.在高温时,螺位错运动较易;低温时,螺位错运动较难.由于组合滑移将受到温度条件的影响,所以外观滑移面也会因形变温度不同而发生改变.低温,发生组合滑移困难,所以样品 33c 和 33b 在 −80 ℃拉伸时,出现了清楚的{110}滑移痕迹;在高温时,发生组合滑移容易,因而样品 33c 和 33b 在室温及高温拉伸时,只有{112}滑移痕迹.相同的道理,也可以说明样品 44d 和 44b 在 −80 ℃拉伸时,滑移痕迹是{110};在室温拉伸时滑移痕迹是{145};而在 1 000 ℃、2 000 ℃拉伸时,滑移痕迹又变成{123}的现象.

4.2 钼单晶体在较低温度拉伸时的滑移和脆性断裂

样品在室温及低于室温的温度拉伸后,从 c 方向观察到如图 9 这种极不规则的痕迹,在室温拉伸后,这种痕迹虽然很少,但是也可以观察到,这时样品有非常好的范性.当样品在低温拉伸,产生这种痕迹后,再在室温拉伸,断面缩减率仍可达到 100%.从以上现象来看,可以初步判断它不是裂纹,而可能是属于滑移痕迹.

样品在受到拉伸应力时,在几组{110}面上的分切应力虽然有一定的比例,但由于变形温度降低,造成螺位错运动困难,这时组合滑移很可能并不按比例,而是任意的在两组{110}面上发生,因而出现极不规则的滑移痕迹.这样,也可以理解这种不规则滑移痕迹的多少,与样品取向也有关系的现象.从痕迹外貌来看,造成这样大的滑移量,必然是由于大量刃型位错运动出表面的结果;滑移痕迹是间断的,则表示大量螺位错被塞积住.这种痕迹的出现,是体心立方金属在低温变形时所共有的现象呢? 还是钼单晶中所独有的现象? 现在还不十分清楚,不过从螺位错被塞积的情况来看,这种痕迹的出现,和裂缝产生和脆性裂断,很可能有直接的联系.这是一个有兴趣而待研究的问题.

5 结论

（1）钼单晶体样品在室温拉伸后，由于样品的取向不同，外观滑移面可以在{110}—{112}之间的任何位置. 滑移方向都是⟨111⟩.

（2）同一个取向的钼单晶样品，在不同温度拉伸时，外观滑移面可能改变，也可能不改变，这要由样品的取向来决定，滑移方向则始终是⟨111⟩.

（3）取向在靠近⟨111⟩—⟨001⟩线，距离⟨001⟩20°～25°范围内的样品，在室温拉伸后，从 c 方向（图 1）观察时，可以看到清楚的滑移痕迹，而其他取向的样品在室温拉伸后，从 c 方向观察时，滑移痕迹成波纹状，在高温拉伸后成树枝叉状.

（4）出现{112}滑移痕迹的钼单晶样品，在较低温度（22 ℃）拉伸后，从 X 射线劳埃照片中可以看到分支的劳埃星芒；但在高温（1 000 ℃）拉伸后，就看不到这种现象.

（5）在拉伸变形后的钼单晶中，观察到的{112}、{123}、{145}······等滑移痕迹，可能是由于在两组（或四组）{110}面内，沿着同一个⟨111⟩方向滑移后构成的外貌，称为"组合滑移".

（6）形变温度对钼单晶在{110}面上临界切应力的影响，与在铁单晶中得到的结果相似. 低于室温时，随着形变温度降低，临界切应力迅速增加；但变形温度从室温变化到 150 ℃时，温度对临界切应力的影响并不大.

本文曾请钱临照教授和李恒德教授审阅，并提出了宝贵的意见，作者深表感谢.

参 考 文 献

[1] Maddin, R. and Chen, N. K. （陈能宽）, Progress in Metal Physics, **5**, 66–84.

[2] Tsien, L. C. （钱临照）and Chow, Y. C. （周如松）, *Proc. Roy. Soc.*, **A 163** (1937), 19.

[3] Chen, N. K. （陈能宽）, and Maddin, R., *Trans. A. I. M. E.*, **191** (1951), 937.

[4] Maddin, R. and Chen, N. K. （陈能宽）, *Trans. A. I. M. E.*, **200** (1954), 280.

[5] Vogel, F. L. and Brick, R. M., *Trans. A. I. M. E.*, **197** (1953), 700.

[6] Steijn, R. P. and Brick, R. M., *Trans. A. S. M.*, **46** (1954), 1406.

[7] Allen, N. P., Hopkins, B. E. and Meleman, J. E., *Proc. Roy. Soc.*, **A 234** (1956), 221.

[8] Cox, J. I., Honne, J. and Mehl, R. F., *Trans. A. S. M.*, **49** (1957), 118.

[9] Barrett, C. S., Ansel, G. and Mehl, R. F., *Trans. A. S. M.*, **25** (1937), 702.

[10] Opinsky, A. and Smoluchowski, R., *J. Appl. Physics*, **22** (1951), 1488.

[11] Schadler, H. W., *Trans. A. I. M. E.*, **218** (1960), 649.

[12] Leber, S. and Pugh, J. W., *Trans. A. I. M. E.*, **218** (1960), 791.

[13] Andrade, C. and Chow. Y. S. （周如松）, *Proc. Roy. Soc.*, **A 173** (1940), 290.

[14] Chen, N. K. （陈能宽）, Maddin, R. and Pond, R. B., *Trans. A. I. M. E.*, **191** (1951), 461.

[15] Low, J. R. and Guard, R. W., *Acta Met.*, **7** (1959), 171.

A Study of the Plastic Deformation of Single Crystals of Molybdenum

Abstract：Twenty four single crystals of molybdenum of different orientations after extension at −80 ℃ (−50 ℃), 27 ℃, 1 000 ℃ and ～2 000 ℃ were investigated. From a study of metallographic and X-ray diffraction results, it was found that the slip traces, {112}, {123}, {145} etc., may be interpreted as conjugate slip in two nonparallel {110} planes along the same ⟨111⟩ direction. The appearance of slip traces was different for different orientations of specimen. At different temperatures of extension, the appearance of slip traces of the same specimen orientation may be the same or different depending on the specimen orientation.

钼单晶体的冷轧及再结晶织构[*]

摘　要：本文研究了(110)[001]和(111)[11$\bar{2}$]取向的钼单晶体，在经过70％、80％和85％冷轧后的加工织构，以及退火后的再结晶织构. 分析了(111)[11$\bar{2}$]取向晶体在轧制变形时，由于各组滑移系间的交互作用而引起晶体取向的转动，从定向生核的观点，能够比较满意地解释这类取向的晶体随着压下量从70％增加到85％，再结晶织构从(22$\bar{1}$)[114]、(110)[001]向着(320)[001]和(210)[001]逐渐变化的现象.

在铁硅合金中，(110)[001]、(111)[112]和(100)[001]取向单晶的冷轧及再结晶织构曾有过较多的研究[1-6]. 但在钼单晶体中还很少研究过. 取向接近(100)[001]的钼单晶体经过冷轧退火，仍可得到(100)[001]再结晶织构[7]. 后来在铁硅合金单晶中，也观察到了相似的现象[3]. 但是(110)[001]和(111)[11$\bar{2}$]钼单晶的冷轧及再结晶织构却一直没有研究过. 如果能多研究几种不同的体心立方金属和合金，那更可以帮助我们了解体心立方金属和合金中再结晶织构形成的问题.

本文研究了(110)[001]和(111)[11$\bar{2}$]取向的钼单晶体，经过70％、80％和85％冷轧后的加工织构，以及退火后的再结晶织构. 并且从定向生核的观点，探讨了再结晶织构形成的问题.

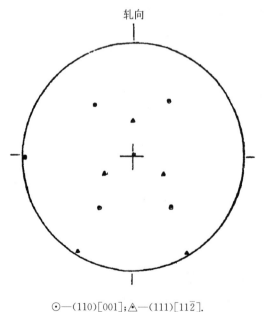

轧向

⊙—(110)[001]；△—(111)[11$\bar{2}$].

图 1　(110)[001]和(111)[11$\bar{2}$]两个片状单晶体的(110)极图

1　实验方法和过程

用变形再结晶的方法[8]，制出直径为1毫米、长350毫米，并且是⟨110⟩取向的钼单晶体，样品的轴向与⟨110⟩方向只相差2°. 用X光劳埃背反射照象方法，选择适合的角度，用细砂纸小心地磨制成0.7毫米厚的(110)[1$\bar{1}$0]和(111)[1$\bar{1}$0]片状单晶体，然后经过电解抛光将变形的表面层去除. 当沿着与原晶体轴向垂直方向轧制时，以上两种取向的片状单晶体就成为(110)[001]和(111)[11$\bar{2}$]取向了. 它们的(110)极图，如图1所示.

样品在辊径为70毫米的二辊式轧机上轧制，约需经过20～40次冷轧，压下量才能达到70％～85％. 冷轧后的样品，在高温真空炉内退火. 经过冷轧或退火后的样品，用电解抛光和电

[*]　本文原发表于《物理学报》，1963，19(5)：297-305.

解腐刻方法制成金相样品,观察显微组织.用 X 光照像方法(光源为 CuKₐ),摄取样品在不同角度时的一系列照片,绘成极图,测定织构.

2 实验结果

2.1 冷轧织构

图 2a、b、c 是(110)[001]取向的单晶体,经过 70％、80％和 85％冷轧后的(110)极图;图 3a、b、c 是(111)[11\overline{2}]取向的单晶体,经过 70％、80％和 85％冷轧后的(110)极图.(110)[001]取向的单晶体经过冷轧 70％~85％后,得到了一组对称的(111)[11\overline{2}]和(111)[\overline{1}\overline{1}2]织构,原来的(110)[001]取向轧制后仍被保留下来,随着变形度增加,{111}⟨112⟩织构增强,{110}⟨001⟩织构减弱,在经过 85％冷轧后,还产生了一组新的、比较弱的(210)[001]加工织构.图 4a 是(110)[001]单晶体经过 70％冷轧后的显微组织照片,可以看到晶体经过轧制变形后,产生了形变带的结构,但并没有形变孪晶出现.(111)[11\overline{2}]取向的单晶体经过 70％~85％冷轧后,仍然保持了(111)[11\overline{2}]取向,同时还得到了一组较弱的(110)[001]加工织构,随着变形度增加,织构也越漫散,经过 85％冷轧后,还产生了一组新的、但比较弱的(210)[001]加工织构.(111)[11\overline{2}]单晶经过轧制变形后的结构,与(110)[001]单晶相仿,只是形变带显得更细密一些.

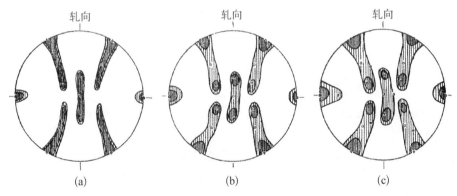

○—(110)[001];△—(111)[11\overline{2}];▽—(111)[\overline{1}\overline{1}2];◖—(210)[001].

图 2 (110)[001]单晶体经过 70％(a)、80％(b)、85％(c)冷轧后的(110)极图

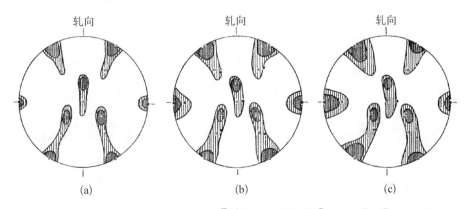

○—(110)[001];△—(111)[11\overline{2}];⊗—(320)[001];◖—(210)[001].

图 3 (111)[11\overline{2}]单晶体经过 70％(a)、80％(b)、85％(c)冷轧后的(110)极图

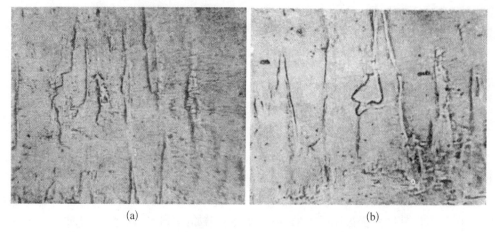

(a)   (b)

图4 (110)[001]单晶体冷轧70%后(a)、和在退火过程中(b)的显微组织照片 ×150(↑轧向)

2.2 再结晶织构

(110)[001]和(111)[11$\bar{2}$]取向的单晶体经过70%～85%冷轧,在1300℃退火15分钟后,用金相和X射线照象方法检查,都没有发现有再结晶新晶粒形成,这比一般多晶钼样品的再结晶温度高.图4b是(110)[001]单晶体经过70%冷轧在1500℃退火加热过程中取出的样品,可以看到新晶粒容易先在形变带周界上出现,晶核数目较少,再结晶完成后的晶粒比较粗大.冷轧80%退火再结晶后的样品,平均晶粒直径约为0.12毫米.在再结晶过程中,{111}〈112〉加工织构比较稳定,在再结晶过程的后期才逐渐消失.所有样品在1500℃退火30分钟后,得到了完全的再结晶组织.图5a、b、c是(110)[001]单晶体冷轧70%、80%和85%,并经过退火再结晶后的(110)极图;图6a、b、c是(111)[11$\bar{2}$]单晶体冷轧70%、80%和85%,并经过退火再结晶后的(110)极图.(110)[001]单晶体,冷轧70%经过退火后,得到了(110)[001]和弱一些的(221)[11$\bar{4}$]、(22$\bar{1}$)[114]再结晶织构,它们之间有一个共同的、与轧制方向垂直的[1$\bar{1}$0]方向;冷轧80%的样品经过退火后,得到了集中的(110)[001]再结晶织构;冷轧85%的样品经过退火后,得到了(110)[001]和弱一些的(120)[001]、(210)[001]再结晶织构,它们之间有一个共同的、与轧制方向平行的[001]方向.(111)[11$\bar{2}$]取向的单晶体冷轧70%退火后,得到了(110)[001]和弱一些的(22$\bar{1}$)[114]再结晶织构,它们之间有一

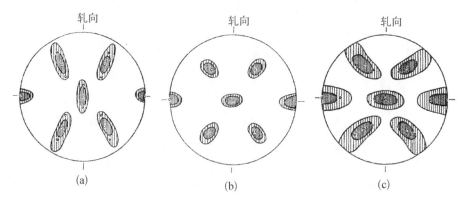

(a)   (b)   (c)

◐—(221)[11$\bar{4}$];◑—(22$\bar{1}$)[114];○—(110)[001];◐—(120)[001];◑—(210)[001].

图5 (110)[001]单晶体经过70%(a)、80%(b)、85(c)冷轧,并在1500℃退火后的(110)极图

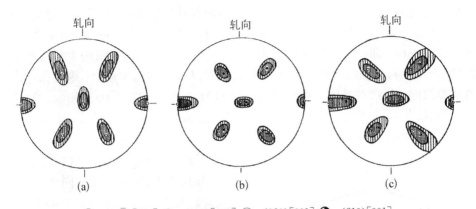

●—(22$\bar{1}$)[114]；○—(110)[001]；⊗—(320)[001]；◐—(210)[001].

图6 (111)[11$\bar{2}$]单晶体经过 70％(a)、80％(b)、85％(c)冷轧，并在 1 500 ℃退火后的 (110)极图

个共同的、与轧制方向垂直的[1$\bar{1}$0]方向；冷轧 80％的样品经过退火后，得到了(110)[001] 和(320)[001]再结晶织构；冷轧 85％的样品经过退火后，得到了(110)[001]和(210)[001]再 结晶织构，它们之间都有一个共同的、与轧制方向平行的[001]方向.

3 结果讨论

从以上结果来看，(110)[001]和(111)[11$\bar{2}$]钼单晶体的冷轧和再结晶织构，与取向相同 的铁硅合金单晶体的冷轧和再结晶织构虽然相似，但是也有不同的地方：(110)[001]钼单 晶体在冷轧变形时并不发生孪生，因而不形成(100)[011]加工织构；{221}⟨114⟩再结晶织构 在铁硅单晶冷轧 70％退火后，也没有观察到. 比较(110)[001]和(111)[11$\bar{2}$]取向的钼单晶 体，在不同程度冷轧后的加工织构和再结晶织构，可以看出晶体在冷轧后，与再结晶织构取 向相同的加工织构确实存在. 这部分加工织构在退火再结晶时，可能会通过同位再结晶方式 成为再结晶的晶核，从而发展成再结晶织构. 但是为什么这两类取向的单晶体，随着变形量 增加，再结晶织构会从(22$\bar{1}$)[114]、(110)[001]逐步向(320)[001]、(210)[001]方面变化？ 这是需要我们进一步说明的问题.

目前，对形成再结晶织构的主导因素还有争论. 总括起来说可分为两种意见：一种意见 认为再结晶晶核的取向就在一狭窄范围内，当晶核的取向与主要加工织构的取向以及它的 孪生取向不同时，晶核就可以成长，发展成为再结晶织构，这称为"定向生核"假说. 另一种意 见认为再结晶晶核的取向是杂乱的，再结晶织构的形成主要是由于再结晶晶核与母体加工 织构取向间择尤生长的结果，这称为"定向生长"假说.

胡郇[4]曾从定向生长的观点来解释(110)[001]铁硅单晶体经过冷轧退火后，(110) [001]和(210)[001]再结晶织构的形成，认为{111}⟨112⟩取向的加工织构，可提供{110} ⟨001⟩取向的再结晶晶核择尤生长，因而形成{110}⟨001⟩再结晶织构；{110}⟨001⟩加工织构， 又可以提供{120}⟨001⟩取向的再结晶晶核择尤生长，因而也可以得到{120}⟨001⟩再结晶织 构. 但是从定向生长的观点，很难对以上钼单晶体实验的结果作出全盘的解释：为什么随着 变形量增加，虽然主要的加工织构都是{111}⟨112⟩，但再结晶织构却会从(22$\bar{1}$)[114]、 (110)[001]向着(320)[001]和(210)[001]方面变化？如果按定向生长假说，(120)[001]再

结晶织构在冷轧 70% 的(110)[001]单晶样品中,应该比冷轧 85% 的样品中更容易得到,因为(110)[001]加工织构在冷轧 70% 的样品中比冷轧 85% 的样品中更强,但事实并不如此. Walter 和 Hibbard[3]研究了这类取向的铁硅单晶体后,认为在加工织构中与再结晶织构取向相同的部分,在再结晶时可能会作为再结晶晶核. Dunn 和郭本坚[1, 2]则主张用定向生核来解释这类取向的铁硅单晶体,在冷轧退火后(110)[001]、(320)[001]和(210)[001]再结晶织构的形成. 但是除了对(110)[001]取向晶核的来源作出过说明外,对(320)[001]和(210)[001]晶核的来源并未给以解释.

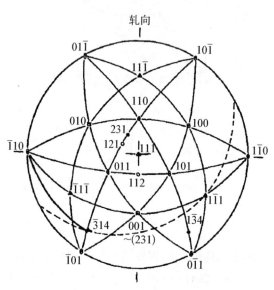

图 7 (111)[11\(\bar{2}\)]取向晶体的标准极图

为了要说明再结晶晶核可能的来源,和它们的取向随变形程度不同而变化的规律,让我们先来讨论一下(111)[11\(\bar{2}\)]取向的晶体在轧制变形时,各组滑移系变形的情况.图 7 是(111)[11\(\bar{2}\)]取向单晶的标准极图,从图中可以很容易看出在轧制变形时,(0\(\bar{1}\)1)[111]、(10\(\bar{1}\))[111]、(1\(\bar{1}\)0)[111]和(01\(\bar{1}\))[\(\bar{1}\)1\(\bar{1}\)]、(10\(\bar{1}\))[1\(\bar{1}\)1]、(1\(\bar{1}\)0)[11\(\bar{1}\)]这六组滑移系是不容易发生滑移的,而(011)[11\(\bar{1}\)]、(101)[11\(\bar{1}\)]、(110)[1\(\bar{1}\)1]、(110)[\(\bar{1}\)1\(\bar{1}\)]、(011)(1\(\bar{1}\)1)和(101)[\(\bar{1}\)11]这六组滑移系将可以发生滑移.考虑到轧制时金属的流动方向和各组滑移系滑移方向之间夹角大小的差别,就不能单凭分切应力 $\cos\chi\cdot\cos\lambda\cdot F$ 的大小(χ 是轧向和滑移面法线间的夹角,λ 是轧向和滑移方向间的夹角,F 是样品受到的应力.)来判断那组滑移系在轧制时更容易发生滑移,而必需引入有效分切应力 $\cos\chi\cdot\cos\lambda\cdot\cos\psi\cdot F$,$\psi$ 是滑移方向和金属流动方向之间的夹角,在轧制变形时,ψ 和 λ 相等.这六组滑移系的 $\cos\chi\cdot\cos\lambda$ 和 $\cos\chi\cdot\cos\lambda\cdot\cos\psi$ 数值,分别列于表 1 中,从 $\cos\chi\cdot\cos\lambda\cdot\cos\psi$ 数值的大小,可以看出(011)[11\(\bar{1}\)]和(101)[11\(\bar{1}\)]滑移系在轧制变形时最容易发生滑移,而(110)[1\(\bar{1}\)1]和(110)[\(\bar{1}\)1\(\bar{1}\)]滑移系则次之,(011)[1\(\bar{1}\)1]和(101)[\(\bar{1}\)11]更次之.我们在研究钼单晶体范性变形时[8],观察到滑移常常是在两组{110}面上沿着同一个⟨111⟩方向组合发生,由于这两组{110}面上的分切应力大小不同,发生组合滑移后构成的外观滑移面可以是{112}、{123}、{145}……{110}.(111)[11\(\bar{2}\)]单晶在轧制变形时,(011)[11\(\bar{1}\)]和(101)[11\(\bar{1}\)]滑移系最易发生滑移,由于这两组滑移系的有效分切应力相等,组合滑移后构成的外观滑移面可能是(112)(图 7),滑移后引起晶格弯曲的转轴平均来看将是[\(\bar{1}\)10].为了使(011)[11\(\bar{1}\)]和(101)[11\(\bar{1}\)]这两组滑移系,在晶体转动后仍能继续作用,因而轧制后晶体取向将绕[\(\bar{1}\)10]沿顺时针方向转动,滑移方向将远离轧向,因而得到了(22\(\bar{1}\))[114]和(110)[001]加工织构.随着变形度增加,(110)[1\(\bar{1}\)1]和(011)[1\(\bar{1}\)1]滑移系的滑移也将逐渐占重要的地位.由于这两组滑移系的有效分切应力不相等,组合滑移后构成的外观滑移面不可能是(121).假如滑移在(011)和(110)面上,按有效分切应力大小来分配,那么组合滑移后构成的外观滑移面可能接近(231)(图 7),这两组滑移系发生作用后,晶格弯曲的转轴平均来看将是[\(\bar{3}\)14].为了使(110)[1\(\bar{1}\)1]和(011)[1\(\bar{1}\)1]这两组滑移系在晶体转动后仍能继续发生作用,因而轧制后晶体的取向将绕[$\bar{3}$14]沿顺时针方向转动,滑移方向[1$\bar{1}$1]将向轧向趋近.由于以上(011)[11$\bar{1}$]、(101)[11$\bar{1}$]、(110)[1$\bar{1}$1]和(011)[1$\bar{1}$1]这四组滑移系的作用,引起晶格取向的转动,平均来看,它们转动轴的位置将落在[$\bar{1}$10]和[$\bar{3}$14]的连线上(图7),并且只可能沿顺时针方向发生转动.随着变形度增加,(110)[1$\bar{1}$1]和(011)[1$\bar{1}$1]滑移系作用的增强,平均转动轴的位置将从[$\bar{1}$10]逐渐向[$\bar{3}$14]方向移动,晶格取向转动的角度也会增加.用相似的步骤,也可以讨论(011)[11$\bar{1}$]、(101)[11$\bar{1}$]、(110)[$\bar{1}$1$\bar{1}$]和(101)[$\bar{1}$1$\bar{1}$]滑移系发生作用时晶格取向变化的关系,这时转轴的位置将落在[1$\bar{1}$0]和[1$\bar{3}$4]连线上(图7),并且将以逆时针方向发生转动.分析(111)[11$\bar{2}$]取向和(22$\bar{1}$)[114]、(110)[001]、(320)[001]、(210)[001]、(310)[001]、(410)[001]和(100)[001]取向间的几何关系,列于表2和图8中,从表2及图8中可以看出,(111)[11$\bar{2}$]取向与(110)[001]等取向间存在着沿某一轴转动一定角度的几何关系,这些转轴的位置正好落在[$\bar{1}$10]到[$\bar{3}$14]的连线上,随着取向从(110)[001]向(100)[001]变化时,转轴的位置也从[$\bar{1}$10]向[$\bar{3}$14]方向移动,转动的角度也越大.这与以上的讨论分析,以及只有在较大变形后才观察到(210)[001]加工织构出现的事实是符合的.

表1 (111)[11$\bar{2}$]单晶在轧制变形时,不同滑移系上的 $\cos\chi\cdot\cos\lambda$ 和 $\cos\chi\cdot\cos\lambda\cdot\cos\psi$ 值

滑移系	轧向和滑移面法线间的夹角 χ	轧向和滑移方向的夹角 λ	金属流动方向和滑移方向间的夹角 ψ	$\cos\chi\cdot\cos\lambda$	$\cos\chi\cdot\cos\lambda\cdot\cos\psi$
(011)[11$\bar{1}$] (101)[11$\bar{1}$]	73°13′	19°28′	19°28′	0.273	0.257
(110)[1$\bar{1}$1] (110)[$\bar{1}$1$\bar{1}$]	54°44′	61°52′	61°52′	0.273	0.157
(011)[1$\bar{1}$1] (101)[$\bar{1}$1$\bar{1}$]	73°13′	61°52′	61°52′	0.137	0.096 5

表2 (111)[11$\bar{2}$]取向与(110)[001]等取向间的几何关系

(111)[$\bar{1}$1$\bar{2}$]取向转动后所得到的取向	转动轴的位置(图7,8)	转动角度
(22$\bar{1}$)[114]	I [$\bar{1}$10]	15°48′
(110)[001]	I	35°
(320)[001]	II	37°
(210)[001]	III	39°
(310)[001]	IV	42°
(410)[001]	V	47°
(100)[001]	VI [$\bar{3}$14]	57°

(111)[11$\bar{2}$]取向对于轧制变形来说,虽然是一种稳定的取向,不过(111)[11$\bar{2}$]晶体在轧制时,由于多组滑移系间的交互作用,仍然会引起一部分晶格取向的转动,而形成了弱的(22$\bar{1}$)[114]、(110)[001]、(320)[001]、(210)[001]加工织构,这部分加工织构在再结晶时,可能会通过同位再结晶过程成为再结晶晶核,因而形成(22$\bar{1}$)[114]、(110)[001]、(320)[001]和(210)[001]再结晶织构.由于(111)[11$\bar{2}$]单晶轧制时,滑移首先是在(011)[11$\bar{1}$]和(101)[11$\bar{1}$]滑移系上发生,然后才能在(110)[1$\bar{1}$1]和(011)[1$\bar{1}$1]滑移系上进行,因此部分晶格取向转动的转轴,不可能只限于在[$\bar{3}$14]位置,冷轧后不可能得到(100)[001]加工织构,也就不可能得到(100)[001]再结晶织构.但是(310)[001]再结晶织构是可能得到的.我们在研究(110)[001]铁硅单晶冷轧及再结晶织构时[7],已得到过集中的(310)[001]和(410)[001]再结晶织构.

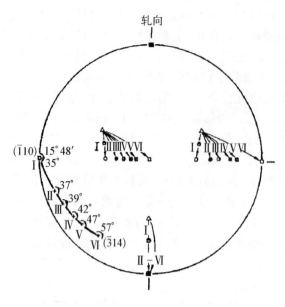

轧向

$(\overline{1}10)$ 15°48′
I 35°

II 37°
III 39°
IV 42°
V 47° 57°
VI $(\overline{3}14)$

I

II – VI

△—$(111)[11\overline{2}]$；◐—$(22\overline{1})[114]$；○—$(110)[001]$；
⊗—$(320)[001]$；◑—$(210)[001]$；⊠—$(310)[001]$；
▨—$(410)[001]$；□—$(100)[001]$.

图 8 $(111)[11\overline{2}]$取向和$(22\overline{1})[114]$、(110)
$[001]$、$(320)[001]$、$(210)[001]$、$(310)[001]$、
$(410)[001]$和$(100)[001]$取向间的几何关系.
[(100)极图]

$(110)[001]$单晶体轧制时的情况,与
$(111)[11\overline{2}]$单晶轧制时的情况相仿,因为
$(110)[001]$单晶轧制时的滑移系是$(011)[11\overline{1}]$、
$(101)[11\overline{1}]$、$(01\overline{1})[111]$和$(10\overline{1})[111]$[6],
由于这四组滑移系的作用,$(110)[001]$晶体
取向在轧制过程中,将绕$[\overline{1}10]$转动,而形成
稳定的$\{111\}\langle112\rangle$加工织构.在继续变形时,
从$\{111\}\langle112\rangle$加工织构出发,才可能得到
$(320)[001]$、$(210)[001]$加工织构,退火后
才可以得到$(320)[001]$、$(210)[001]$再结晶
织构.从这一点也可以说明$(111)[11\overline{2}]$单晶
在冷轧 80％退火后,得到了$(110)[001]$和
$(320)[001]$再结晶织构,而$(110)[001]$单晶
经过冷轧 80％退火后,只得到了$(110)[001]$
再结晶织构,而没有$(320)[001]$再结晶织构.

$(111)[11\overline{2}]$单晶体经过 80％～85％冷
轧退火后,只得到了$(320)[001]$和(210)
$[001]$再结晶织构,而没有$(230)[001]$和
$(120)[001]$再结晶织构,这可能是因为轧向与
$[11\overline{2}]$方向间有一些偏离,使$(110)[1\overline{1}1]$、
$(011)[1\overline{1}1]$滑移系比$(110)[\overline{1}1\overline{1}]$、$(101)$
$[\overline{1}1\overline{1}]$滑移系更易滑移,在晶体变形后,只形成了$(320)[001]$和$(210)[001]$加工织构的缘故.
$(110)[001]$单晶体冷轧后得到了一组对称的$(111)[11\overline{2}]$和$(111)[\overline{1}1\overline{1}2]$加工织构,因而经过
85％冷轧后,可能得到一组对称的$(120)[001]$和$(210)[001]$加工织构(可能$(120)[001]$比
$(210)[001]$弱,因此在极图中只能观察到$(210)[001]$),退火后才能得到一组对称的(120)
$[001]$和$(210)[001]$再结晶织构.

总结以上讨论,我们认为这类取向的单晶体经过 70％～85％冷轧后,定向生核是形成再
结晶织构的主导因素.晶体在轧制时,由于多组滑移系的交互作用,而形成了某些取向的加
工织构,这部分加工织构可能通过同位再结晶的方式成为再结晶晶核.考虑到$(111)[11\overline{2}]$单
晶轧制时,由于各组滑移系间的交互作用而引起一部分晶格取向的转动,可以很好地解释这
类取向的单晶体,随着压下量增加,再结晶织构从$(22\overline{1})[114]$、$(110)[001]$向着(320)
$[001]$、$(210)[001]$方向变化的现象.

4　总结

(1) $(110)[001]$钼单晶体经过 70％～85％冷轧后,加工织构主要是$(111)[11\overline{2}]$和(111)
$[\overline{1}1\overline{1}2]$,另外还有弱的$(110)[001]$.在冷轧 85％后,产生了弱的$(210)[001]$加工织构.

(2) $(110)[001]$钼单晶体冷轧 70％退火后,再结晶织构是$(110)[001]$和弱一些的(211)
$[11\overline{4}]$、$(22\overline{1})[114]$;冷轧 80％退火后,再结晶织构是$(110)[001]$;冷轧 85％退火后,再结晶
织构是$(110)[001]$和弱一些的$(120)[001]$、$(210)[001]$.

（3）(111)[11$\bar{2}$]钼单晶体，经过 70%～85%冷轧后，加工织构主要是(111)[11$\bar{2}$]，另外还有弱的(110)[001]. 冷轧 85%后产生了弱的(210)[001]加工织构.

（4）(111)[11$\bar{2}$]钼单晶体冷轧 70%退火后，再结晶织构是(110)[001]和弱一些的(22$\bar{1}$)[114]；冷轧 80%退火后，再结晶织构是(110)[001]和(320)[001]；冷轧 85%退火后，再结晶织构是(110)[001]和(210)[001].

（5）在冷轧后的样品中，与再结晶织构取向相同的加工织构已经存在，这部分加工织构可能会通过同位再结晶方式，成为再结晶晶核.

（6）分析(111)[11$\bar{2}$]取向晶体，在轧制变形时各组滑移系间的交互作用，从定向生核观点，可以比较满意地解释这类取向的单晶体随着压下量增加，再结晶织构从(110)[001]向(210)[001]逐渐变化的现象.

参 考 文 献

[1] Dunn C. G. , *Acta Met.*, **2** (1954), 176.

[2] Dunn C. G. and Koh P. K. （郭本坚），*Trans. A. I. M. E.*, **206** (1956), 1017.

[3] Walter J. L. and Hibbard W. R. , *Trans. A. I. M. E.*, **212** (1958), 731.

[4] Hsun Hu (胡郇), *Trans. A. I. M. E.*, **221** (1960), 130.

[5] 王维敏, 周邦新, 陈能宽, 物理学报 **16** (1960), 263.

[6] 周邦新, 铁硅合金单晶体的冷轧和再结晶织构.（未发表）.

[7] Chen N. K. （陈能宽）and Maddin R. , *Trans. A. I. M. E.*, **197**,(1953), 300.

[8] 周邦新, 钼单晶体的范性形变, 物理学报,**19** (1963),285.

Cold-Rolled and Recrystallization Textures of Molybdenum Single Crystals

Abstract: The cold-rolled and recrystallization textures of molybdenum single crystals of (110)[001] and (111)[11$\bar{2}$] orientation after a reduction in thickness of 70, 80 and 85 pct were investigated. As the reduction in thickness increased from 70 to 85 pct, the recrystallization textures gradually changed from the (110)[001], (22$\bar{1}$)[114] orientations towards the (320)[001] and (210)[001] orientations. These results can be satisfactorily explained by the point of view of oriented nucleation.

铁硅单晶体的冷轧及再结晶织构 [*]

摘　要：研究了取向接近(110)[001]、(320)[001]和(110)[1$\bar{1}$2]的铁硅(3.25% Si)单晶体，在采用不同的压下速率(每轧制一次的压下量)经过60%，70%，80%和85%轧制后的冷轧和再结晶织构.(110)[001]取向的单晶体在采用较低的压下速率轧制退火后，再结晶织构随着压下量增加会从(110)[001]逐渐变化到(310)[001]，但采用较高的压下速率轧制退火后，再结晶织构都是(110)[001]，并不随压下量增加而改变.改变轧制时的压下速率，对(320)[001]取向单晶体的再结晶织构也有与以上相似的影响，但对(110)[1$\bar{1}$2]取向单晶体的再结晶织构就没有明显的影响.分析实验结果后，认为再结晶织构的形成是一种同位再结晶过程，从这种观点出发，可以满意地解释再结晶织构随压下速率及压下量改变而变化的规律.

近几年来,在铁硅合金中得到了集中的立方织构.获得立方织构的基本过程是：样品通过多次轧制和退火,在初次再结晶后得到了一定数量的立方取向晶粒,然后经过二次再结晶过程,使立方晶粒充分长大.实验证明立方取向晶粒的形成,是和(110)[001]取向晶粒的形变与再结晶密切有关;而立方取向晶粒能否长大,是和原料纯度、样品厚度、退火温度以及退火气氛有关.由于立方取向晶粒的得到,是和(110)[001]取向晶粒的形变与再结晶有关,因而进一步研究(110)[001]取向单晶体的形变与再结晶,对获得集中的立方织构就有很重要的意义.同时,对再结晶织构的形成,也可以得到更深入的认识.

过去曾经研究过(110)[001]取向单晶体的冷轧和再结晶织构[1-5],但是并没有仔细地研究晶体取向的偏离程度、压下速率(每轧一次的压下量)、以及不同压下量对再结晶织构的影响.我们研究了取向接近(110)[001]、(320)[001]和(110)[1$\bar{1}$2]的单晶体,在三种不同的压下速率下,经过60%—85%轧制后的冷轧和再结晶织构,得到了再结晶织构随压下速率及总压下量改变而变化的规律.分析晶体在轧制变形时滑移系之间的交互作用后,从再结晶织构形成是一种同位再结晶过程的考虑出发,对再结晶织构的这种变化规律作了解释.

1　实验方法

1.1　样品制备

利用二次再结晶方法,在含硅3.25%工业纯的铁硅合金中,获得了大小为～120×30毫米^2、厚0.75和0.35毫米的单晶体.用劳埃背反射照相方法测定了晶体的取向,选择了四个合适取向的样品,它们的编号、厚度以及接近的取向分别列于下表中.图1是这四个样品的(110)极图.

---

* 本文原发表于《金属学报》,1964,7(4)：423-436.

样品的编号、厚度及接近的取向表

编　号	样品厚度，毫米	接近的取向
1	0.72	$(110)[001]$
3	0.72	$(110)[1\bar{1}2]$
4	0.78	$(320)[001]$
8	0.35	$(110)[001]$

1.2　轧制过程

晶体被切成 10 毫米宽的条状样品后，再在辊径为 80 毫米的二辊式轧机上轧制。样品在轧制过程中不调头。在实验中采用了三种不同的压下速率：第一种压下速率最大，轧制道次最少，如图 2 中曲线Ⅰ。第三种压下速率最小，轧制道次最多，如图 2 中曲线Ⅲ。第二种压下速率是介于第一和第三种之间：在总压下量小于 70% 时与第一种压下速率相同，在总压下量大于 70% 时与第三种压下速率相同，如图 2 中的曲线Ⅱ。由于样品在较薄时，每轧制一次不可能得到较大的压下量，因而厚度较薄的 8 号样品，轧制时的压下速率不得不比第三种压下速率更小一些。以第一种压下速率轧制时，样品在轧至 0.15 毫米后，采用两片迭轧的办法再轧至 0.11 毫米。

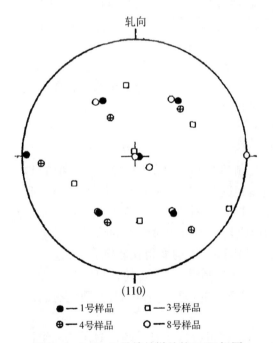

轧向

(110)

●—1号样品　　□—3号样品
⊕—4号样品　　○—8号样品

图 1　1，3，4，8 号单晶样品的 (110) 极图

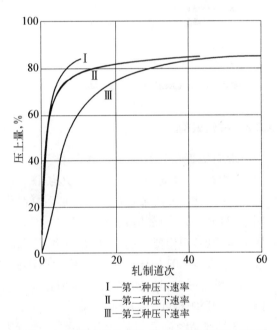

Ⅰ—第一种压下速率
Ⅱ—第二种压下速率
Ⅲ—第三种压下速率

图 2　以不同压下速率轧制时的总压下量与轧制道次之间的关系

1.3　样品的退火处理及织构测定

冷轧后的样品在管式真空电炉中退火。所有冷轧和退火后的样品，都用衍射仪测量了 (100) 极图中某一特定部位的衍射强度，以观察织构取向的变化。其中一部分样品，用照相方法（光源为 FeK_α）测定取向并绘制了极图。为了适应 FeK_α 波长较长的情况，照相时采用了一种

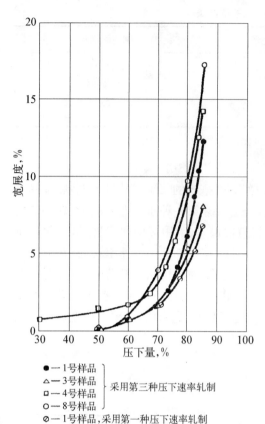

图 3 样品宽展度随压下量增加的变化

图例：
- ● —1号样品
- △ —3号样品
- □ —4号样品
- ○ —8号样品

采用第三种压下速率轧制

- ⊘ —1号样品，采用第一种压下速率轧制

环状照相机，照片展开后衍射环成为一条直线.

2 实验结果

2.1 样品在轧制时宽展度的变化

从图 3 可见：当用第三种压下速率轧制时，取向接近(110)[001]的 1，8 号样品，只有当压下量大于 50% 后宽展才显著，并且在压下量大于 70% 后，随着压下量增加宽展急剧增加，这时，样品在轧制后发生了较多的横向变形. 压下速率更小，轧制道次更多的 8 号样品，宽展度比 1 号样品更大. 4 号样品随压下量增加宽展度的变化规律与 1 号样品相似，但 3 号样品宽展度的变化就比较均匀，宽展也小.

1 号样品在采用第一种压下速率轧制时，经过 85% 轧制后的宽展度大约只有用第三种压下速率轧制时的一半，相似的情况在 4 号样品中也存在，但改变压下速率对 3 号样品的宽展度并没有明显的影响. 当采用第二种压下速率轧制时，1，4 号样品宽展度的数值与采用第三种压下速率轧制时相近.

2.2 冷轧织构

取向接近(110)[001]的 1 号样品，经过 70% 轧制后得到了强的(111)[1̄1̄2]和(111)[11̄2̄]织构，以及弱的(110)[001]织构(图 4a)，这虽然和过去的结果相似[1]，但并没有观察到(100)[011]织构. 用金相观察到变形后样品中的孪晶非常少(图 8 内无形变孪晶)，进一步证明了(110)[001]单晶体轧制后，(100)[011]织构的形成是由于形变时孪生的结果[1, 5]. 随着压下量增加，织构变得越漫散，经过 85% 轧制后，(111)[1̄1̄2]织构变得比较强，另外还得到了弱的(310)[001]织构(图 4b). 样品以不同的压下速率轧制后，对主要的⟨111⟩⟨112⟩加工织构并没有影响，只是弱的加工织构有些不同：这时只有弱的(110)[001]织构，而没有弱的(310)[001]织构(图 4c).

3 号样品经过 70% 轧制后，得到了比较集中的、取向接近(111)[01̄1]的(354)[1̄5̄7]织构(图 4d). 随着压下量增加，主要的加工织构并没有改变，只是漫散程度增加，在经过 85% 轧制后，还形成了弱的(510)[001]$_{14°}$①织构(图 4e).

2.3 总压下量及压下速率对再结晶织构的影响

1，4 号样品经过 60%—85% 轧制并在 800 ℃退火后，得到了集中的(hko)[001]织构，

---

① (510)[001]$_{14°}$表示该织构的取向是相当于(510)[001]绕样品轧面法向旋转 14°. 文中凡与这相似的表示，含义同此.

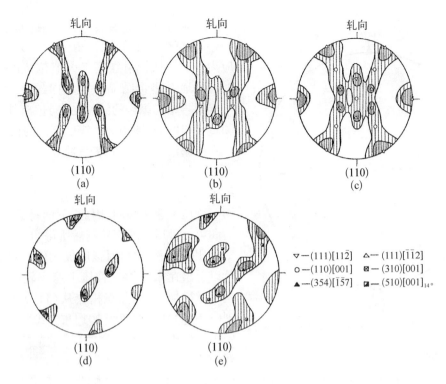

图 4a 至 e 1 及 3 号样品采用不同压下速率及压下量轧制后的(110)极图 (a) 1 号样品用第三种压下速率经过 70％轧制；(b) 1 号样品用第三种压下速率经过 85％轧制；(c) 1 号样品用第一种压下速率经过 85％轧制；(d) 3 号样品用第三种压下速率经过 70％轧制；(e) 3 号样品用第三种压下速率经过 85％轧制

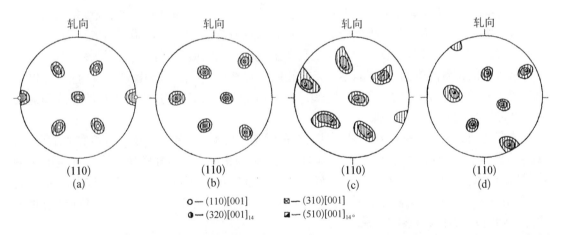

图 5a 至 d 1 及 3 号样品采用第三种压下速率经不同压下量轧制并在 800 ℃退火 10 分钟后的(110)极图 (a) 1 号样品经过 60％轧制；(b) 1 号样品经过 85％轧制；(c) 3 号样品经过 60％轧制；(d) 3 号样品经过 85％轧制

(hko)变化在(110)—(510)之间. 3 号样品经过 60%—85%轧制退火后，再结晶织构基本上是$(hko)[001]_{14°}$，(hko)变化在(320)—(510)之间它们的(110)极图如图 5 所示.

为了便于研究压下速率以及总压下量对再结晶织构的影响，用衍射仪测量了(100)极图中某一特定部位的衍射强度. 对于 1，4 样品测量了(100)极图中 AA'线段部位的衍射强度，如图 6 所示. 如果退火后得到了集中的$(110)[001]$织构，那么在 AA'线段上距离极图中心

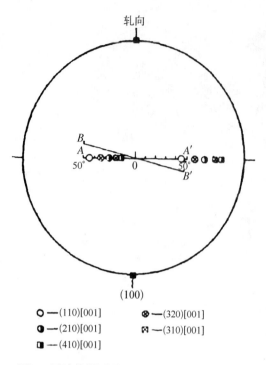

图6 用计数器测量(100)极图中衍射强度部位的示意图

图中标注：轧向（顶部），(100)（底部），B、A、50°（左侧），A′、B′、50°（右侧），0（中心）

图例：
○ —(110)[001]　　⊗ —(320)[001]
◑ —(210)[001]　　⊞ —(310)[001]
◪ —(410)[001]

45°处，应得到衍射强度的极大值；如果是集中的(310)[001]织构，则衍射强度极大值的位置应为～18°. 从衍射强度极大值位置的变化，就能容易地看出再结晶织构取向的变化. 由于3号样品再结晶织构的[001]方向偏离轧向，所以测量了(100)极图中BB′线段部位的衍射强度.

以第二种压下速率经过80%和85%轧制退火后的织构，与以第三种压下速率轧制后的结果相似；压下量小于70%时的压下速率则与第一种压下速率相同. 因此，下面将只叙述以第一和第三种压下速率轧制后所得的结果.

比较图7b中衍射强度极大值位置的变化，可以看出在采用第三种压下速率轧制时，随着压下量增加，再结晶织构会从(110)[001]改变到(320)[001]、(530)[001]和(310)[001]；但采用第一种压下速率轧制时，压下量从60%增加到85%，再结晶织构都是(110)[001]，并不发生变化(图7a). 样品厚度较薄、轧制道次更多的8号样品，经过85%轧制退火后，得到了更接近(100)[001]的(410)[001]织构(图7c).

1号样品在采用第一和第三种压下速率轧制后，测量了(100)极图中AA′线段部位的衍射强度，结果如图7d,e. 当以第一种压下速率轧制时，随着压下量增加，衍射强度极大值的位置并没有大的改变，仍在距离极图中心45°处，这说明存在弱的(110)[001]加工织构，而没有弱的(310)[001]加工织构出现. 但用第三种压下速率轧制时就不同：经过80%轧制后，衍射强度极大值的位置改变到了30°，经过85%轧制后在20—40°之间，和图4a,b对照，可以说明随着压下量增加，形成了弱的(530)[001]和(310)[001]加工织构，值得注意的是这和退火后再结晶织构的变化是一致的.

改变轧制时的压下速率对4号样品再结晶织构的影响，也有与1号样品相似的结果(图7f,g)，但对3号样品再结晶织构就没有明显的影响(图7h,i). 1号样品以第三种压下速率轧制后的形变带，比以第一种压下速率轧制后的显著(图8). 不过样品在经过70%轧制退火后，再结晶织构还没有显著的差别，也许压下速率对形变带的影响，与压下速率对再结晶织构的影响间并没有太直接的关系.

2.4 退火制度对再结晶织构的影响

比较图9a,b和图7a,b后，可以看出压下量不同的样品，由于它们的压下速率不同，退火制度对再结晶织构的影响也有不同：采用第一种压下速率经过60%和70%轧制的样品，两次退火(第一次在530 ℃退火80小时，第二次在800 ℃退火10分钟)后的再结晶织构仍是(110)[001]，但采用第三种压下速率经过60%和70%轧制的样品，两次退火后除了(110)[001]织构外，还得到了(320)[001]和(210)[001]织构，这和样品直接在800 ℃退火得到的结果不同. 采用第一种压下速率经过80%和85%轧制的样品，在两次退火后得到了集中的

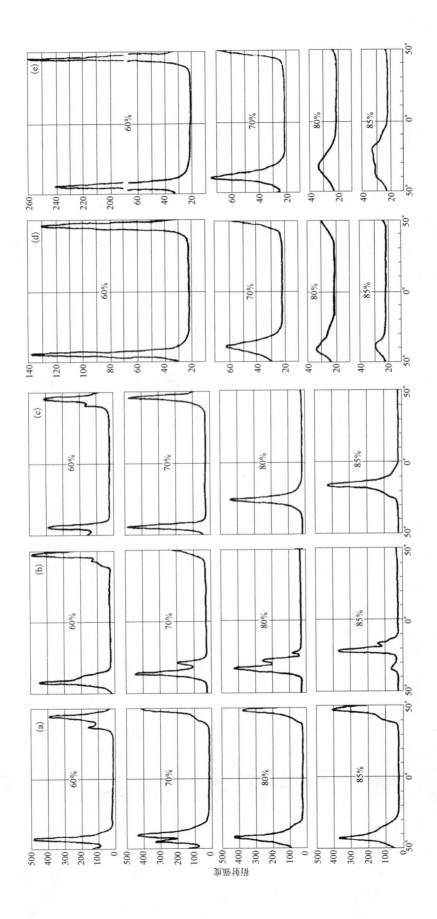

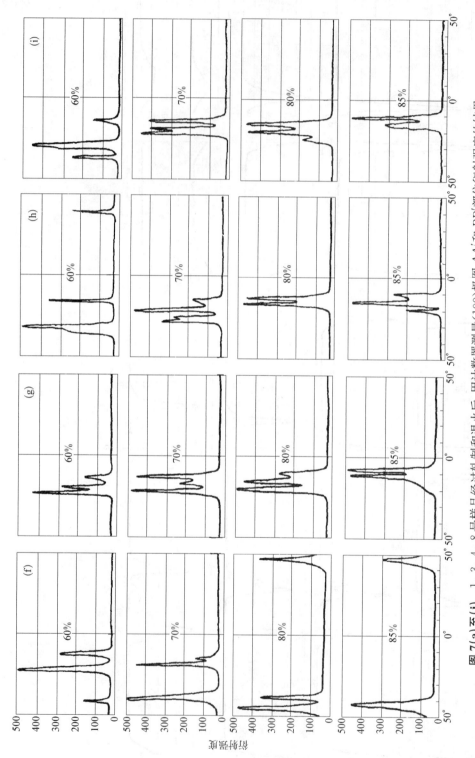

图 7(a) 至 (i)　1，3，4，8 号样品经过轧制和退火后，用计数器测量(100)极图 AA' 和 BB' 部位的衍射强度的结果

(轧制：60%—85%，退火：800℃退火 10 分钟；测量 AA' 部位——1，4，8 号样品，BB' 部位——3 号样品)　(a)1 号样品用第一种压下速率轧制并经退火；(b) 1 号样品用第三种压下速率轧制并经退火；(c) 8 号样品经过轧制并经退火；(d) 1 号样品用第一种压下速率轧制；(e) 1 号样品用第三种压下速率轧制；(f) 4 号样品用第一种压下速率轧制并经退火；(g) 4 号样品用第三种压下速率轧制并经退火；(h) 3 号样品用第三种压下速率轧制并经退火；(i) 3 号样品用第三种压下速率轧制并经退火

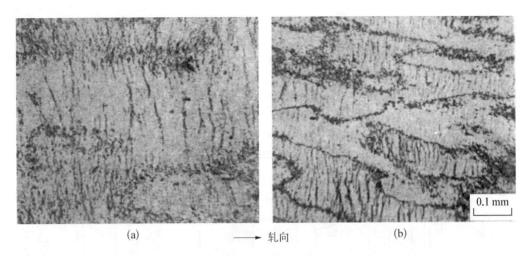

(a)   ——→ 轧向   (b)

图 8(a)与(b)   1 号样品用不同压下速率经过 70％轧制,并在 500 ℃退火 1 小时后的金相照片 ×100 (在铬醋酸电解液中抛光和腐刻) (a) 第一种压下速率;(b) 第三种压下速率

(210)[001]织构,这与样品直接在 800 ℃退火后的结果不同,但采用第三种压下速率经过 80％和 85％轧制的样品,在两次退火后的再结晶织构与样品直接在 800 ℃退火后的结果却没有明显的差别.

样品在 530 ℃退火 80 小时后,从测量衍射强度的结果(图 9c, d)可以看出:经过 80％和 85％轧制的样品这时已完全再结晶,但经过 60％和 70％轧制的样品再结晶才刚开始.

2.5　再结晶初期的观察

从图 10 可见,再结晶已经开始,形成了少数的再结晶晶粒.图 10 在(110)[001]织构的 (110)和(100)极图中所占据的位置,如图 11 所示.观察图 10 中的(110)和(200)衍射环上领先再结晶晶粒衍射斑点的位置(在极图中用 a, b, c 及 a′ 标出了相应于图 10 中 a, b, c 及 a′ 处再结晶晶粒衍射斑点的位置),很容易看出这时再结晶晶粒的取向是属于(110)[001]类型.用同样的方法,观察到经过 85％轧制的 8 号样品,在 570 ℃退火 1 分钟后领先再结晶晶粒的取向是属于(410)[001]类型.(110)[001]和(410)[001]取向的再结晶晶粒,分别在压下量为 70％和 85％的样品退火过程中都是领先形成((410)[001]取向晶核形成的温度较 (110)[001]取向晶核低),在再结晶刚完成时,就能得到集中的(110)[001]或者(410)[001] 再结晶织构.领先形成的再结晶晶粒一般都是在形变带的周界上.

3　讨论

过去研究(110)[001]取向的铁硅单晶体在经过 70％, 80％和 84％冷轧退火后[1-4],仍得到了集中的(110)[001]再结晶织构,并未发现再结晶织构会随压下量增加而向(100)[001] 趋近的现象.Walter 和 Hibbard[2]还进一步肯定了只有当原来晶体取向的(100)面与轧面相差在 30°以内时,经过 84％轧制退火后,再结晶织构才会向(100)[001]趋近;如果原来晶体的(110)面与轧面接近平行时,经过 84％轧制退火后,再结晶织构仍为(110)[001].从结果可以看出:1, 4 号样品在轧制道次较少的第一种压下速率轧制时,与 Walter 的结果一致;但在轧制道次较多的第二和第三种压下速率下轧制时,结果就不符合,即使原来晶体的取向是

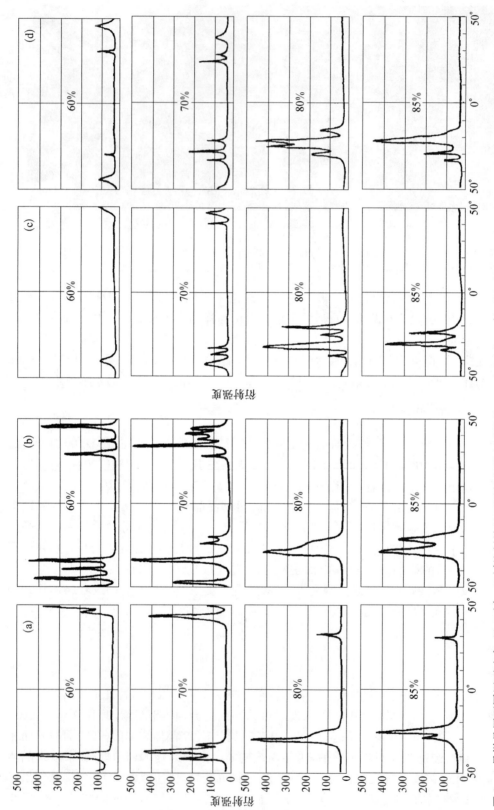

图9 1号样品用不同压下速率，经60%—85%轧制并制并经不同制度退火后测量(100)极图中AA'部位衍射强度的结果　(a) 用第一种压下速率，先在530℃退火80小时，再在800℃退火10分钟；(b) 用第三种压下速率，先在530℃退火80小时，再在800℃退火10分钟；(c) 用第一种压下速率，在530℃退火80小时；(d) 用第三种压下速率，在530℃退火80小时

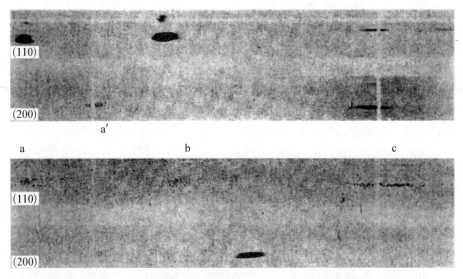

图 10　8 号样品经过 70% 轧制并在 650 ℃ 退火 1 分钟后摄得的 X 射线照片

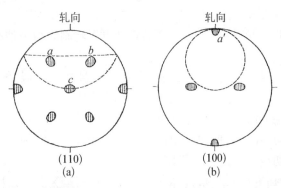

图 11(a)与(b)　图 10 中的 X 射线照片在(110)[001]织构图中占据的位置

(110)[001],经过 85% 轧制退火后,也可以得到接近(100)[001]取向的(410)[001]和(310)[001]织构.

　　改变总压下量或改变轧制时的压下速率,对于(110)[001]取向单晶体的主要加工织构——{111}⟨112⟩并无明显的影响,但再结晶织构却发生了有规律的变化.因此,可以断定再结晶织构不是由主要的{111}⟨112⟩加工织构决定,也就是不能单纯地用定向生长的假说来说明.在冷轧后的样品中,与再结晶织构取向相同的加工织构的确存在,我们认为这是一个同位再结晶过程.在研究钼单晶体[6]以及最近我们研究钨和铌单晶体时也观察到相似的情况.

　　我们对钼单晶体再结晶织构随压下增加而发生有规律改变的解释[6],同样也可用来说明(110)[001]取向的铁硅单晶体在采用第三种压下速率轧制时,再结晶织构会随着压下量增加由(110)[001]逐渐向着(310)[001]变化的规律.分析 1,4,8 号单晶体随压下量增加宽展度的变化,给这种解释提供了更多的依据:解释中认为形成弱的(210)[001]和(310)[001]加工织构是由于(110)[1̄11̄]和(101)[1̄11̄]滑移系发生作用后的结果.由于(110)[1̄11̄]和(101)[1̄11̄](或者是(110)[11̄1̄]和(011)[11̄1̄])这两组滑移系的[1̄11̄](或者是[11̄1̄])滑移方向在轧面上的投影,与轧制方向间的夹角大于 45°(参看文献[6]图 7),因此,当这两组滑移系发生作用后,样品必然会发生更多的宽展,这和实验中观察到弱的(210)[001]和(310)[001]加工织构只有在样品经过较大变形(>70%),并且在发生较大的宽展后才形成是完全符合的.

1号样品在采用第一种压下速率轧制时,随着压下量增加宽展较小,变化也比较均匀,这可能是由于这样的原因:当增加每轧制一次时的压下量,也就增加了轧制时的接触弧;增加了样品横向流动的阻力,这样,不利于(110)[$\bar{1}1\bar{1}$]和(101)[$\bar{1}1\bar{1}$]或者是(110)[$1\bar{1}1$]和(011)[$1\bar{1}1$]滑移系的滑移,因而,即使经过85%轧制后,从衍射仪测量的结果中,也没有观察到弱的(210)[001]和(310)[001]加工织构(从轧制时接触弧大小和样品变形时横向流动的阻力来考虑,增大轧辊的辊径,对冷轧织构应该有与增大压下速率相同的影响),从同位再结晶的考虑出发,这时(210)[001]取向的晶核是处于"先天不足"的状态,样品在比较快的加热过程中,(210)[001]取向的晶核还来不及形成时,样品已达到了较高的温度,而形成了(110)[001]取向的晶核,因而得到了(110)[001]再结晶织构.只有当样品在较低温度长期退火时,才有足够的时间通过同位再结晶过程形成(210)[001]取向的晶核,因此,样品在530℃长时间退火后,得到了(210)[001]再结晶织构.从以上讨论出发,也可以理解在采用不同压下速率经过60%和70%轧制的1号样品中,退火制度对它们的再结晶织构也有不同的影响(图9).过去研究退火制度对(110)[001]类型铁硅单晶体经过70%轧制后再结晶织构的影响时,曾观察到不同的结果[1, 3, 7],这也许是由于轧制时压下速率不同,或者是轧机辊径不同的缘故.

改变压下速率对4号样品再结晶织构的影响与1号样品相似,但对3号样品再结晶织构的影响就不明显.Aspden[8]在研究改变每轧一次时的压下量对(001)[100]取向铁硅单晶体的轧制和再结晶织构的影响时,也没有观察到明显的差别.改变压下速率对再结晶织构会产生影响的现象,并不是在所有取向的单晶体中都存在,这可能是由于晶体取向不同,在轧制时各组滑移系上分切应力分配情况不同的缘故.

Dunn和郭本坚[9]研究(111)[$11\bar{2}$]取向的铁硅单晶体经过70%冷轧退火后,观察到由于原来晶体厚度不同,再结晶织构也有不同,这现象直到最近也没有得出肯定的解释[3, 10].从以上实验结果看,很可能是由于样品厚度不同而使得轧制时压下速率不同的结果,正如1,8号样品在轧制到80%和85%相同的压下量时,8号样品不得不采用比1号样品更多的轧制道次,压下速率也不得不减小,经过退火后,在相同的压下量下,8号样品的再结晶织构比1号样品更接近(100)[001]取向(图7b, d).

从以上实验结果可以看出:(110)[001]取向单晶体经过60%—85%轧制退火后,随着压下量增加,再结晶织构将逐渐由(110)[001]变化到(310)[001],向着(100)[001]取向趋近,趋近的程度还将因原来晶体取向偏离(110)[001]而增加.由于存在这种规律,所以在铁硅合金中,通过多次冷轧和多次中间退火后,可以得到(110)[001]+(100)[001]的初次再结晶织构,而后,通过二次再结晶才能得到集中的(100)[001]织构.

4 结语

取向接近(110)[001],(320)[001]和(110)[$1\bar{1}2$]的铁硅单晶体,在采用三种不同的压下速率经过60%,70%,80%和85%轧制退火后,研究了它们的冷轧和再结晶结构,得到了下列几点认识:

（1）（110）[001]取向单晶体轧制后的加工织构和再结晶织构，将随压下量和压下速率改变而变化，其规律如下：

加工织构和再结晶织构随压下量和压下速率改变而变化的规律

压下速率	压下量，%	加工织构	再 结 晶 织 构	
			800 ℃退火 10 分钟	530 ℃退火 80 小时后，再在 800 ℃退火 10 分钟
第一种	60 70 80 85	{111}〈112〉 +（110）[001]	（110）[001]	（110）[001] （210）[001]
第三种	60 70 80 85	{111}〈112〉 +（110）[001] {111}〈112〉+（530）[001] {111}〈112〉+（310）[001]	（110）[001] （320）[001] （530）[001] （310）[001]	（320）[001]+（210）[001] +（110）[001] （210）[001] （310）[001]+（210）[001]

以第二种压下速率经过 80％和 85％轧制的结果，与以第三种压下速率轧制后的结果相似.

（2）（110）[001]取向单晶体（8 号样品）在以较小的压下速率经过 70％和 85％轧制退火时，（110）[001]和（410）[001]取向的再结晶晶粒，分别在冷轧 70％和 85％的样品中都是领先形成，当再结晶刚完成时就可以得到集中的（110）[001]或者是（410）[001]织构.

（3）改变轧制时的压下速率，对（110）[001]取向单晶体轧制后的宽展度也有影响：以较小的压下速率经过 70％轧制后，宽展度随着压下量继续增加而急剧增加，但以较大的压下速率轧制时，宽展度增加较慢，在经过 85％轧制后，后者的宽展大约只有前者的一半.

（4）以较小的压下速率轧制时，随压下量从 60％增加到 85％，（320）[001]取向单晶体的再结晶织构将由（210）[001]逐渐变化到（510）[001]；（110）[$1\bar{1}2$]取向单晶体的再结晶织构将由（320）[001]$_{14°}$逐渐变化到（510）[001]$_{14°}$. 增大轧制时的压下速率，对（320）[001]取向单晶体再结晶织构的影响与（110）[001]取向单晶体的结果相似，但对（110）[$1\bar{1}2$]取向单晶体再结晶织构的影响就不明显.

（5）与再结晶织构取向相同的弱的加工织构，在轧制后的样品中的确存在，在这种情况下，再结晶织构的形成可能是一个同位再结晶过程. 从这种考虑出发，分析晶体在轧制时各组滑移系间的交互作用后，可以满意地解释再结晶织构随总压下量和压下速率改变而变化的规律.

颜鸣皋和张沛霖两先生对本文作了审阅，并提出了宝贵的意见；在使用衍射仪过程中，得到了张彼得同志的热情帮助，一并致谢.

参 考 文 献

[1] Dunn, C. G.：*Acta Met.*，1954，**2**，173.

[2] Walter, J. L.，Hibbard, W. R.：*Trans. AIME*，1958，**212**，731.

[3] Hu Hsun（胡郇）：*Trans. AIME*，1961，**221**，130.

[4] Hibbard, W. R.，Tully, W. R.：*Trans. AIME*，1961，**221**，336.

[5] 王维敏、周邦新、陈能宽：物理学报，1960，**16**，263.

[6] 周邦新：物理学报，1963，**19**，297.

[7] Dunn, C. G.：*Trans. AIME*，1961，**221**，878.

[8] Aspden, R. G.: *Trans. AIME*, 1959, **215**, 986.

[9] Dunn, C. G., Koh, P. K. (郭本坚): *Trans. AIME*, 1956, **206**, 1017.

[10] Hu Hsun (胡郇) *Trans. AIME*, 1961, **221**, 880.

The Cold-Rolling and Recrystallization Textures of Iron-Silicon Single Crystals

Abstract: The cold-rolling and recrystallization textures of Fe–Si (3.25% Si) single crystals with orientations close to (110) [001], (320) [001] and (110) [1$\bar{1}$2] were investigated. As the reduction increased from 60 to 85 pct, for lower rates of reduction, the recrystallization texture of (110) [001] single crystal changed gradually from the (110) [001] to (310) [001] orientation, but it remained in the (110) [001] orientation in the case of higher rates of reduction. The behavior of the (320) [001] single crystal during cold rolling was similar to the (110) [001] single crystal, whereas in the (110) [1$\bar{1}$2] single crystal the rate of reduction showed no pronounced effect on the recrystallization texture.

These results were discussed according to the theory of recrystallization in *situ*, and the change of recrystallization textures with reduction rates can be explained satisfactorily.

金属的回复与再结晶[*]

1 序言

使金属范性形变所消耗的功,极大部分转变为热,只有其中一小部分(大约为1%—10%的功),在金属中储藏起来.并且储能将随形变温度的降低和形变量的增大而增加[1-5].这一部分能量虽小[1-6](在高度形变的铜中,可达30卡/克原子,约为熔化潜热的1%),但说明了金属形变以后的自由能比形变以前增高,所以形变后的金属,在热力学上是不稳定的.如果温度升高,使原子的迁移率能够克服稳态与不稳态之间的势垒,形变后的金属就能由不稳定态转变到稳定态.本文的目的在于讨论随着加热温度和时间的不同,金属从形变的状态以不同的方式转变到退火状态的几种过程,主要包括金属的回复与再结晶.

首先,有必要讨论一下研究回复与再结晶所联系的实际问题,这里列举几个重要的方面.

(1)提高高温合金的再结晶温度.所有耐热材料的使用温度都在再结晶温度以下,因而如何进一步提高现有高温合金的再结晶温度,是当前金属科学工作者的一项重要任务(如铁及其合金,铬及其合金,钼及其合金,钨及其合金,铌及其合金等都有这样的问题).过去在这方面已进行了不少工作[7],今后还必须加强对这个领域的研究.

(2)提高蠕变强度,合理利用高温强度.回复与蠕变具有密切的关系,是众所周知的.在蠕变过程中,回复同时发生,所以要提高蠕变强度,必须考虑到金属的回复和晶界的性质[8, 9].苏联工作者用产生亚结构的办法来提高蠕变强度[8];利用产生锯齿状晶界来提高蠕变强度的实验[10],已给出了很有意义的结果.此外,某些新技术要求金属能够耐极高的温度,但使用的时间可能很短,所以在研究高温强度时,必须注意时间的因素[11],才能合理地利用高温强度.这里有必要注意回复的过程和位错及扩散的作用[12].

(3)控制并获得特殊的晶粒结构.这包括金属晶粒的细化和获得(或避免)晶粒的择尤取向.目前再结晶理论中的大部分成果,都是长期在这方面实践的总结.

(4)辐照效应及脆性问题.研究辐照效应的回复,直接联系到原子反应堆结构材料的使用[13, 14];研究脆性与再结晶的关系,直接联系到高温材料(如钨、钼)的生产[15],这都是很重要的问题.最近利用在再结晶温度以上的加工,有可能避免脆性[16].

在基本研究方面,近几年来,金属在低温下的形变和再结晶问题[17-20];超纯金属的回复和再结晶问题[21, 22];亚晶界的生成及移动问题;再结晶晶核取向与母体取向之间的关系问题[23],都引起了比较多的注意.

总起来说,目前的情况是大量的实验结果尚不能都从理论上加以完善的解释,特别是对于许多比较复杂的现象,文献中还没有系统的分析.某些实验数据之间还颇有出入.在理论

———————
* 本文合作者:陈能宽.原发表于《晶体缺陷和金属强度》(下册),科学出版社,1964:55 - 107.

方面：空位及位错的重要性，普遍受到重视．对于解释比较简单的事实，取得了较大的进展．用成核及成长的观点来解释再结晶动力学的形式理论，已经确立．但是从理论上估计再结晶成核激活能的大小，大大超过实验测量的数值，这个问题还没有满意的解释．在说明晶核形成的机制以及不同参数对再结晶过程的影响方面，还存在着争论，甚至有人曾提出金属未必"再结晶"的反面看法[24]．

上述领域的总结性文献或参考资料很多，可参看文献[23]、[25—38]．这里讨论的内容，将注意到以下三个方面里的若干问题：① 比较基本的理论探讨；② 与实践直接联系的若干规律；③ 最近数年来在这个领域中的研究进展．

2　退火过程的几个阶段及其定义

根据传统的分类，一个范性形变后的金属，在退火过程中，可以通过四个相互交叠的过程恢复到原来的状态：（1）回复，（2）成核，（3）核的成长和（4）晶粒长大（图 1）．通常把过程（2）和（3）并在一起，称为再结晶．苏联文献中称（2）和（3）为加工再结晶；而把（4）称为聚合再结晶．

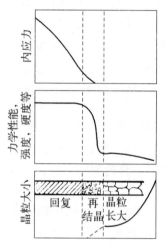

图 1　形变后的金属在退火过程中，组织结构和性能变化的示意图

过去认为在回复过程中，可以去除大部或全部的宏观内应力，而加工硬化部分（硬度、屈服应力或拉伸强度）基本上没有改变[25]，并且结构上没有任何可觉察的改变．用 Давидинков 区别三类应力的方法①，则认为残留能量的主要部分（约 98%）应当都以第三类应力状态存在，即存在在点阵畸变中．实际上，即相当于集中在晶块和滑移区间界上的位错中及晶体内的点缺陷中．

为了明确起见，我们在这里对回复采用了如下定义：形变金属在退火过程中，发生了物理性能和某些亚结构的变化，但尚未形成新的再结晶晶粒的过程，称为回复[27, 30, 36]．这就把"多边化"看作回复的一种机制，而不是把多边化和亚晶粒长大看作回复以外的另一过程[23]．这样，就不会把回复推向一个更早和尚不可知的阶段．

为了确定再结晶过程，可以指出三个特点：① 它以新的无畸变的晶核形成开始（一般有孕育期）；② 晶核的生长靠分开新晶核与形变母体间的大角度晶界的移动而进行；③ 从过程的动力学来说，回复是一种弛豫过程，回复速率随着过程的进行而降低（图 2）．再结晶则类似于相转变的过程，再结晶部分的转变率首先很小，然后增加到极大，随后又降低（图 3）．

再结晶过程之后，还有晶粒长大（连续的）和二次再结晶（晶粒发生不连续长大）的过程．最近，在二次再结晶以后还观察到三次再结晶的现象[39]．

---

① 范性形变后金属中产生的内应力和畸变分为三类：第一类应力（宏观应力）是在一个与试样尺度相同数量级的区域内保持平衡．第二类应力（微观应力）是与相干散射晶块相比拟的体积内保持平衡（表示在干涉线条的漫散度上）．第三类畸变存在于晶胞与晶胞间点阵的畸变中，是原子离开点阵的静位移（表示在高级衍射线条强度的减弱和衍射背景的增加）．参考文献[37, 162, 163]．

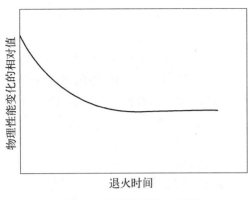

图 2　等温回复曲线示意图

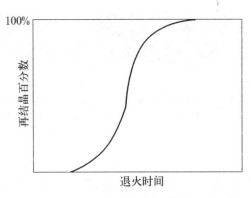

图 3　等温再结晶曲线示意图

3　回复及多边化

在同一金属样品中,不同性能可以以不同的速率回复.一般说,电阻回复的趋向大于 X 射线衍射线条宽度的回复,而硬度的回复最慢.但各种金属的各种性能的回复情况又有所不同.在低温下的回复与在高温下的回复也有所不同,因而解释的机制又各不同,这方面的研究结果是相当复杂的.研究单晶体变形后的回复过程,得到了较多关于解释回复机制的结果.我们的讨论就从单晶体力学性能的回复开始.

3.1　单晶体发生易滑移后的回复

金属单晶体的范性形变,可以按滑移系统的多少,分为单滑移和多滑移两种类型.在六方密排的金属如锌、镉单晶体中,在很大的形变范围内,都还可以以单滑移方式进行,而不引起晶格的扭曲.如镉单晶体可以经过 100% 以上的形变,而不引起 X 射线衍射星芒[40].图 4 表示在室温时使锌晶体依次作 50% 的伸长所需的应力[34].每作完一次,中止 30 秒或 24 小时.线段 BB' 和它的平行线,相当于在中止 30 秒(a)及

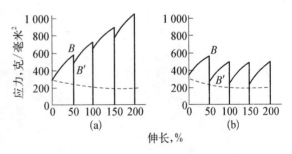

图 4　锌晶体在多次拉伸时的强化与中间回复时间的关系　(a)中间回复 30 秒,(b)中间回复 24 小时

24 小时(b)以后,下一次产生晶体变形时应力的减少.在中止 30 秒以后有部分软化,而在中止 24 小时以后,就已完全软化.利用沿锌单晶体底面以切变的方式进行加工[41],可以重复形变—退火这样的周期达九次之多,都可以使单晶体回复到原来的切变应力,而不引起再结晶.实际上,从早期的工作总结中可以看到[42]:在锌单晶体中,如果不发生孪晶或"扭曲面"[43],就只有回复过程,而不会发生再结晶.

目前还不能肯定由于单滑移所引起缺陷的确切性质.但从经过这种形变后的锌单晶体加热至熔点附近退火,也不发生"多边化"或再结晶的事实来看[40],根据位错的观点,样品形变后的正位错与负位错必须相等.Burgers 指出[44],回复的基本过程是在同一滑移系统上两个不同符号位错的会集与互相抵消.最近,在铁硅合金单晶体中,利用腐蚀坑侦察位错的结果[32],某些情况证实了这种观点.如何才能使同一滑移面上的两个不同符号的位错,在应力

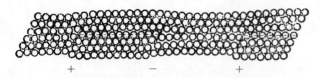

图 5 刃型位错的互相抵消. 空位凝聚, 可以使中央的负位错与左边的正位错由于去除了当中多余的半平面而会集. 空位的逃走, 可使负位错与右边的正位错以同样方式抵消

作用下, 不会立即会集抵消呢? 必须有障碍阻止位错的移动才行. Cottrell 假定在其他面上交截来的位错, 可以作为这种障碍[45]. 同时, 他假定两个符号不同的位错不在同一滑移面上, 由于原子迁移, 在不同滑移面上不同符号的位错间造出一个半平面, 而可以引起异号位错的相互抵消, 如图 5 所示[46]. 用实验方法测出来回复激活能与自扩散激活能相同, 这一事实可以被用来支持这个通过空位迁移或间隙原子扩散的回复机制.

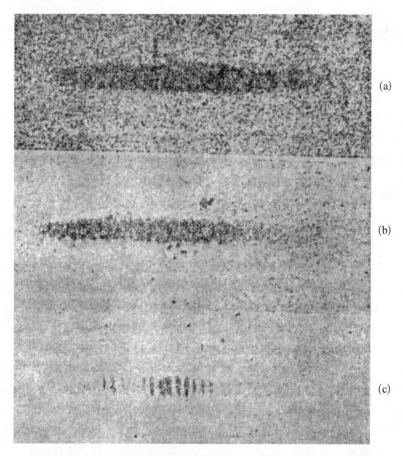

(a)

(b)

(c)

图 6 形变后及多边化后的劳埃斑点 (a) 形变后; (b)、(c) 多边化后

3.2 多边化

当拉伸或压缩的晶体给出宏观的晶格弯曲时, 在劳埃照片上就会出现"星芒"(这与早期把星芒归之于微观晶格弯曲不同[47]). 这样形变后的晶体, 经过高温退火, 在不发生再结晶时, 星芒可以破裂为一系列的小点, 如图 6 所示. 这种现象首先在食盐晶体中发现, 以后在金属晶体中也被看到, 称为"同位再结晶"[48], 或者更形象化地称为"多边化"[49], 意思就是指连续弯曲的晶格, 在退火过程中, 变成了类似多边形的结构. 微光束 X 射线是分辨精细的多边

化结构的有效工具,但许多工作指出,显微腐刻技术还能在更早阶段觉察到"多边化"的过程,因此研究时两者最好结合使用.

Orowon 用位错的模型表示多边化如图 7 所示[50]. (a) 表示散漫分布的同号位错所引起的晶格弯曲;(b) 表示多边化以前每层晶格的弯曲;(c) 表示多边化以后每层晶格的弯曲. 显然,不用任何计算就可看出,(c)中的各层可以很好地互相贴合,也就是说,通过多边化使晶体的能量降低了.

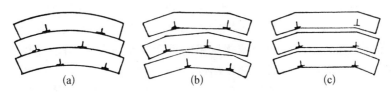

图 7 位错在多边化过程中重新分布的模型

位错的弹性性质,只能说明多边化会发生,但不能说明如何发生,Cottrell 和 Mott 认为多边化的基本过程是刃型位错攀移出滑移面,位错由原来的水平组合,改变为后来的垂直组合,因而必需引入空位的迁移. 这里所依据的事实是:① 弯曲后的晶体,要加热到较高温度时才有多边化发生(如弯曲后的锌单晶要加热到 400 ℃),只有在这样温度下,自扩散才能比较快地进行. ② 形变带在退火后,边界变得明锐,符合多边化的几何要求.

应该指出某些其他实验结果:如① 钼在室温形变后,在 X 射线照片上,也曾有类似多边化的现象发生. ② 锌在 78°K 形变及保温后,也有多边化发生. ③ 铝的形变带不经退火,也可产生明锐的边缘. 这些结果使得 Beck 认为位错壁在形变后即已形成(当然不是指所有的位错壁)[23]. 它们是亚晶界的起源. 特别是在高温形变下,有时甚至看不到滑移带,但已有位错壁形成. Wood 等人[51, 52]也认为位错壁的形成是形变的直接产物,而不必经过形变与退火两个阶段. 研究铝单晶体在高温形变的结果[53],也支持了这种看法. 由于形成这种位错壁所需的温度,比一般弯曲后晶体发生多边化所需的温度更低,并且位错壁的外形也不规则,因而他们指出把所有亚结构都称为多边化结构是不恰当的.

Cottrell[36]考虑到割阶形成的空位与位错的攀移,以及割阶形成的方式与位错攀移所需激活能的关系后,认为一个滑动着的位错的攀移(当穿过一个相交螺型位错场的滑移,并产生割阶时),比一个不滑动的位错攀移较快. 因而多晶铝在蠕变时产生一种很像多边化,大小为 10^{-3}—10^{-2} 厘米的亚结构所需的温度(约 250 ℃),比在经过形变退火后形成多边化所需的温度(约 500 ℃)为低. 并且由于晶界存在,滑移将是复杂的,亚结构的边界也就不可能是简单规则的. 因此,还不能就肯定说亚结构不是多边化的产物.

在不同金属中多边化发生的快慢是不同的. 铝在高温形变时多边化比铜快 100 倍[54],这是由于在铝中形成的位错割阶较铜中多的缘故. 弯曲铜单晶体的多边化,比在类似条件下锌、铝的多边化为慢,这也被认为是由于位错攀移速度慢的缘故[55].

用显微腐刻方法研究多边化,可以看出退火早期的图像. Hibbard 和 Dunn[32]把多边化的过程分为以下几个阶段:① 由同号的单个位错,通过滑移或攀移,形成短程和极低角的边界,其中包括 5—10 个位错. ② 几个短程边界,通过位错的滑移或攀移,连结成"Y"形的长程边界. ③ 两个相邻较长边界的自由末端,依靠其弹性应力移动,而相互联合或交叠. 这种 Y 形结点继续移动,使两个长程边界联合成一个高角晶界.

从以上讨论中可以看出,多边化是金属回复过程中的一种普遍现象,只要范性形变产生晶格弯曲,退火时就有多边化发生.但是多边化的动力学,以及它与再结晶的关系,目前还不太清楚.

3.3 单晶体发生多滑移后的回复

在形变量增大时,滑移在几个滑移系上进行.多滑移的发生,可以但并不一定产生劳埃星芒,如 α 黄铜[56]及某些取向的铝单晶体,可以在较大的形变后,仍不产生星芒,退火时也就没有多边化产生.Cottrell[36]讨论了由于在不同系统上的位错交互作用,而产生不滑动位错和位错割阶,特别是两个螺型位错的交割,可以产生空位或间隙原子.根据 Mott 的理论[57],多滑移的加工硬化,主要是由于位错在障碍前的塞积(不滑动位错可能是主要障碍).可以设想,回复还是通过退火过程中塞积位错的重新分布而发生.并且温度必须高,才能使加工所产生的空位或间隙原子进行扩散.

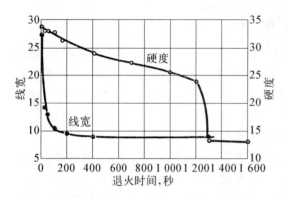

图8 纯铝单晶沿(110)面和[112]方向冷轧 80% 后在 350 ℃退火时硬度和 X 射线衍射线条宽度的回复

某些取向的单晶体,在经过大形变量的轧制后退火,表现出值得注意的现象.(110)[1$\bar{1}$2]取向的 Al 单晶体,经过 80% 冷轧后((110)面——轧面;[1$\bar{1}$2]方向——轧向),在 350 ℃退火时,再结晶倾向很小(保温 1 600 秒后,才有部分发生再结晶)[58].X 射线衍射线条宽度在较早阶段已完全回复,但 75%的硬度还一直保持着(图8).这被认为是由于形成了亚结构,而不是晶格不完整的缘故.相同取向的铝、铜单晶,经过 99.5%冷轧后,退火时再结晶倾向也很小[59,60].在体心结构的铁硅合金单晶体中,当取向接近于(100)[011]时,经过冷轧(70%)退火时,也很难于发生再结晶,一旦再结晶后,得到的是粗大的晶粒[61,62].在多晶的铁硅合金[63]和纯铜中[64],最稳定的{100}〈011〉加工织构(在铁硅合金中),和{110}〈112〉加工织构(在纯铜中),也具有最小的再结晶倾向,在退火过程中最后消失.

Perryman 不正确地认为上述取向单晶体的轧制和退火行为,与晶体变形时发生的易滑移有关[33].很明显,这些晶体在经受轧制时,是必须进行多滑移的.不过,由于轧制后的稳定取向,与原始取向间的变化不大,晶格畸变较小,因而在退火时,有可能不利于新取向的晶核生成.

3.4 多晶体变形后的回复

由于多晶体中存在着晶粒间界,变形时晶粒彼此间相互牵制.因此,多晶体的形变就更为复杂.在讨论多晶体变形后的回复过程之前,有必要讨论一下多晶体变形后的结构状况.

用微光束 X 射线研究多晶体的变形,发现劳埃斑点有分裂的现象.因而冷加工后的金属可以看作是一种泡沫状结构,每个晶粒中,有一些比较完整的小块,它们之间则以畸变的边界相连(示意图如

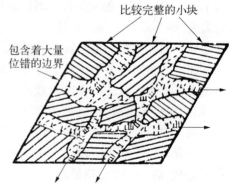

图9 形变晶粒结构的示意图 箭头指示的为滑移方向,箭头之间的距离是滑移线平均间距

图 9)[65]. 这种结构的产生,可能是由于在冷加工过程中,位错在滑移带上的堆积所引起.

在多晶体中,变形的不均匀性增大,回复和再结晶这两种过程,常常相互交叠发生.因而用测定某些物理量在退火过程中的变化,来研究退火时的回复,就显得更为复杂.研究力学性能的回复,和回复过程中能量的释放过程,可以看出存在着两个不同的回复过程.用工业纯铝,先在室温预先拉伸变形(9%),然后在不同温度退火,观察了屈服应力的回复情况[66],得出了如下的结果:当预形变后的样品,在 100 ℃退火后再变形时,仅仅是最初的变形应力有了回复,当变形 0.04 后,应力应变曲线又与原来样品的应力应变曲线相重合(图 10).如果预形变后的样品,在 150—205 ℃退火后再形变时,则产生了一种永久性的效应,由于退火时的回复,使在总的变形量相同时所需的应力降低了(图 11).实验证明这并不是由于发生了再结晶软化的结果.在铜中也观察到相似的结果[67].

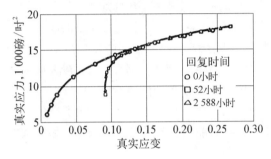

图 10　经过 0.092 预形变的铝在 100 ℃时的回复 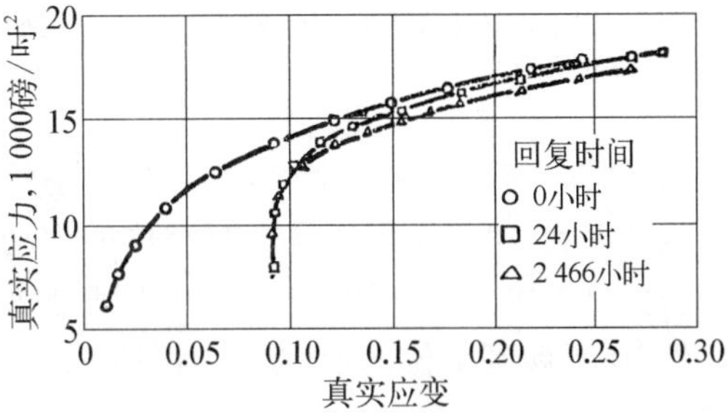　图 11　经过 0.092 预形变的铝在 150 ℃时的回复

冷加工后的铝在退火时,有 40% 的能量在回复过程中放出;而 60% 的能量在再结晶过程中放出[68].在回复过程中放出的能量又分为两个温度范围,一个在低于 100 ℃;另一个在高于 150 ℃.并且求出低温回复的激活能为 27 千卡/克原子;高温回复的激活能为 36 千卡/克原子.

对于产生上述现象的解释,曾有许多不同的意见.Mott 认为[57]低温回复可能是由于间隙原子的作用,而高温回复则可能是由于热致的空位而导致位错群的瓦解.Seitz[69]则认为低温回复可能是空位的聚合,而使塞积的位错获得自由,高温回复则可能为空位的全部去除.Perryman 认为从测出的激活能来看[33],低温回复为空位的迁移,而高温回复为位错的攀移.由此可见,多晶体变形后的回复的机制,须待进一步的研究.

在其他金属中也进行了许多工作[70, 71],但对现象的解释同样地存在着显著的分歧.

用电阻方法研究回复的过程,给出了更为复杂的现象.多晶铜、银、金在 80°K 拉伸后,测定它们在不同温度退火时电阻的变化,如图 12[72].观察到电阻的变化有四个阶段,其中头两个阶段发生在较低的温度,用等温退火测出它们的激活能分别如下:

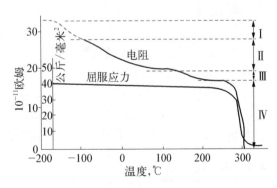

图 12　冷加工铜在不同温度退火后的电阻和屈服应力

第一阶段　　　　　　　　　　　　第二阶段

Cu　0.20±0.03　电子伏　　　　0.88±0.09　电子伏

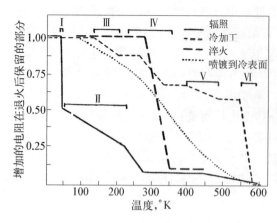

图 13 用不同方法在铜中生成的缺陷在退火时去除的不同阶段

实验证明在最初三个阶段中,并没有包含着屈服应力的回复[73].

Koehler 等总结了在铜中用不同方式(冷加工、淬火、辐照、在冷表面上的喷镀)所增加的电阻,在退火时去除的情况(图 13)[20]. 根据电阻回复的情况共可分为六种类型或阶段. 其中第一和第二类型,只有在辐照后才发生. 认为第一类可能是由于间隙原子在晶体点阵中的移动. 第二类则可能是扣留在点阵空位附近的间隙原子群,由于退火而去除的作用. 从电阻回复的激活能来看,第四类可能是单空位的迁移(在铜中移动一个空位所需要的能量大约为 1.0 电子伏). 如果在铜中发生成对空位的运动,那么,它所需要的能量,大约是单空位运动所需能量的一半到三分之一. 因此,从测出的激活能看,第三类可能是成对空位的运动. 至于第五类则可能是位错割阶的运动,也可能是空位群的聚合或瓦解过程. 第六类则是冷加工的金属发生了再结晶的阶段,除了空位的迁移外,还牵涉到空位的形成(在铜中形成一个空位所需的能量大约为 1.5 电子伏)和复杂的位错攀移.

到目前为止,关于回复的详细机制,了解得还不十分清楚. 但总起来可以说,回复是点缺陷及位错在退火过程中发生运动,而改变了它们的分布和数量的过程. 在低温下,空位比较易于移动,可以形成空位对、空位群,或与间隙原子相互作用. 因而,低温下空位的运动比较重要,位错的滑动比较难,而需要热激活的位错攀移,则更是困难. 在较高温度时,位错的滑移,可以使位错重新组合,或位错发生相互抵消;位错的攀移则是造成多边化和其他亚结构的原因. 因而在高温下的回复,位错的运动是特别重要的. 但低温下位错的运动也可能起一定的作用.

4 再结晶

再结晶过程以形成无畸变的新晶核开始,晶核随着原子从畸变的晶格中过渡到无畸变的晶格中而发生长大. 因而,很像是原子扩散的过程,但与一般理解的扩散过程又有所不同. 再结晶理论的核心部分,在于说明再结晶晶核的形成机制,和它吞并形变基体而获得长大的过程. 由于再结晶晶核的微小,用实验方法直接观察它的形成过程比较困难. 因此,研究它的机制也就变得比较复杂. 目前对再结晶理论,也还有着多种不同的看法.

4.1 再结晶温度

由于观察和测量工具的灵敏度不同,精确地判断金属和合金的再结晶开始温度是很困难的. 通常测量金属退火后(一般采用 30—60 分钟)的硬度变化,将软化 50% 的温度定为再结晶温度. 同时亦采用互为补充的金相法和 X 射线法,来确定再结晶的开始温度或时间. 若变形度小于 10%—15%,最好采用金相法;变形度很大时,则宜采用 X 射线法. 金相法是用显微镜观察第一个新晶粒或者观察晶界出现"锯齿状"的边缘[162, 37]. X 射线法是测定 X 射线图的连续衍射圈的背景上出现第一个清晰的斑点,或者特殊情况下加工织构开始转变为再结晶织构. 就一定的金属来说,再结晶温度可随很多因素而改变,并且变化的幅度很大. 首先再结晶温度将随形变度的增加(特别是在形变量比较小的范围内时)及退火时间的加长而降低[37]. 原始晶粒细的比原始晶粒粗的再结晶温度也低些[6]. 还有形变温度、形变方式、加热速度等对再结晶温度也有显著的影响: 多晶铜、铁、镍在液氮、液氦温度下变形后,在室温退火就可观察到有再结晶发生[17, 18]. 用同种成分的多晶铜,采用三种不同方式轧制后(单向轧制,交叉轧制,多向复合轧制),虽然加工量一样,测出的再结晶激活能一样,但它们的再结晶温度却不相同[74]. 研究铁硅合金及钛在通电快速加热后的结果指出: 再结晶温度一般提高 100—200 ℃[75, 76]. 另外,微量杂质对再结晶温度的影响也很大(这在下面还将详细谈到).

Бочвар 根据固体熔化的假说,首先提出了纯金属的再结晶温度和熔化温度间的关系[77],两者之比为一常数 δ:

$$\frac{T_{再}}{T_{熔}} \simeq \delta \tag{1}$$

式中 T 为绝对温度. 根据实验结果,δ 一般在 0.35 到 0.40 之间.

金属内的热容量超过了熔化热时,是再结晶开始最有利的条件,从这一假设出发,又提出了确定再结晶温度的另一关系式[78]:

$$3RT_{再}\left[1 - \frac{3}{8}\frac{\theta}{T_{再}} + \frac{1}{20}\left(\frac{\theta}{T_{再}}\right)^2 - \frac{1}{1\,680}\left(\frac{\theta}{T_{再}}\right)^4\right] = L, \tag{2}$$

这里 θ 为特征温度;L 为熔化潜热;R 为气体常数.

如果设

$$L \simeq RT_{熔}, \tag{3}$$

并且大多数金属的 $\theta < T_{再}$,则(2)式中可以只取前两项[79]. 这样,(2)式就简化为:

$$3T_{再} - \frac{9}{8}\theta \simeq T_{熔}, \tag{4}$$

所以

$$\frac{T_{再}}{T_{熔}} \simeq \frac{1}{3}\left(1 + \frac{\theta}{T_{熔}}\right) \simeq \delta. \tag{5}$$

从(5)式中可以看出,δ 主要依赖于该种金属的 $\frac{\theta}{T_{熔}}$ 的比值,它变化于 0.35—0.40 间.

由于再结晶温度受到许多因素的影响,因此它并不是一个严格的物理量. 企图用一种简单的关系式来预测金属的再结晶温度,将是一件困难的事. 但一般工业纯的金属,经过较大的变形,退火时间保持在 30—60 分钟内所得到的再结晶温度数据,与上述关系式所推出的结果相当接近. 因而,在实际应用中,上述关系式还有一定的参考价值.

4.2 再结晶图

当退火温度一定时,再结晶后的晶粒大小和形变度间,存在着如图 14 所示的关系. 对应于 ε_0 处,可以得到最大的晶粒度,ε_0 称为临界变形度. 一般 ε_0 变化在 2%—10% 之间. 随着形变量增加,晶粒急剧减小.用多晶铁、铝研究结果指出[80,81],变形量小于临界变形度时,金属在加热退火过程中,只有多边化和个别晶粒间界的迁移,与一般晶粒生长相同.当变形量大于临界变形度时,在加热退火过程中,才有新晶核的形成和长大.临界变形度的存在,是由于个别晶粒形变不均匀的结果.就一定的金属来说,临界变形度的大小也不是固定不变的,它将随着原始晶粒度、形变温度、杂质含量的不同而变化[82].

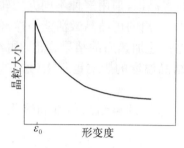

图 14　形变度和退火后晶粒大小的关系(示意图)

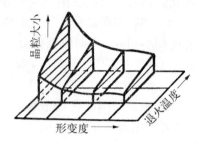

图 15　再结晶图(示意)

通常把形变程度、退火温度和再结晶后的晶粒大小这三者间的关系画成一空间曲面,称为再结晶图,如图 15.由于再结晶图中没有包含退火时间和形变温度(这些因素对退火后的晶粒大小都有显著的影响),并且由于微量杂质,对晶粒生长有着明显的阻碍作用(这在下面还将谈到),因此,再结晶图和再结晶温度一样,有相当大的局限性.虽然这样,在实际工作中也还有一定的参考价值.最近在研究稀有金属的再结晶图方面,进行了不少工作[83].

4.3　再结晶动力学的形式理论

Mehl 等比较早、也比较仔细地研究了铝、铁硅合金中再结晶的动力学过程[84-86].指出等温再结晶转变曲线是一种"S"形,如图 3.新晶粒的大小,在等温退火过程中与时间成一直线关系(图 16),它的斜率——晶核成长速度 G 是个常数,通常有孕育期.在不同时间退火后,数出再结晶晶粒的总数并测得等温再结晶曲线,就可以计算出成核率 N 随退火时间的变化,一般曲线在开始时上升很快,如图 17.在曲线上升部分,可用以下公式来表示:

$$N = a\exp bt,\qquad\qquad(6)$$

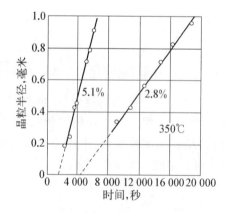

图 16　拉伸变形后的纯铝在 350 ℃退火时再结晶晶粒大小和退火时间的关系

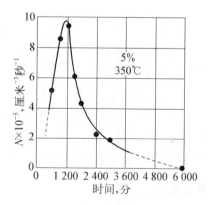

图 17　拉伸 5%后的纯铝在 350 ℃退火时成核速度和退火时间的关系

式中 a、b 是常数,由实验决定.

成核与核的成长,像它们所组成的再结晶过程一样,是一个热激活过程,按 $N = N_0 \exp(-Q_N/RT)$ 和 $G = G_0 \exp(-Q_G/RT)$ 的关系随温度而变化,具有激活能 Q_N 和 Q_G. 在铝中[85],Q_N 变化于 52—79 千卡/克原子之间,Q_G 变化于 51.5—61.5 千卡/克原子之间,而再结晶激活能 Q_R 变化于 52.1—64.5 千卡/克原子之间. 由于形变量、纯度、形变方式以及温度范围等因素,都可能影响到 Q_N、Q_G 和 Q_R 的数值,并且影响的程度各不相同,目前尚不可能从理论上阐明激活过程的本质. 企图简单地把 Q_N、Q_G 和 Q_R 看为大约相等[36],虽然可以作些解释,但并不符合所有实验结果[27]. 从实际应用着眼,测定再结晶过程的激活能,可以定量地推算出热处理过程中温度与时间的关系,用它来代替比较狭隘的经验守则(例如,"提高温度 10 ℃ 等于延长退火时间一倍"). 所以,苏联学者最近还在继续这方面的工作[87],值得我们注意. 用 N 和 G 来描述再结晶过程时,可以把已经再结晶的部分 $f(t)$ 表示为时间 t 的函数,从不同的假设出发,表达式可以不同. 例如,Mehl[84, 88] 给出:

$$f(t) = 1 - \exp - \frac{8G^3 a}{b^4}\left(\exp bt - \frac{b^3 t^3}{6} - \frac{b^2 t^2}{2} - bt - 1\right), \tag{7}$$

$$f(t) = 1 - \exp - \frac{2G^2 a}{b^2}\left(\frac{\exp bt}{b} - \frac{bt^2}{2} - t - \frac{1}{b}\right). \tag{8}$$

公式(7)表示三维空间的情况,而公式(8)为二维空间的情况(如薄板). 式中 a 和 b 是公式(6)中的经验常数. 在铝中用公式计算出的等温再结晶曲线,与实验结果相当符合(图18).

又如,Avrami[89] 假设一定数量的晶核,在未再结晶的体积内,已经存在在某些有利的地方. 因而 N 最初不随时间变化,而后随时间的增长而减小. 从这个假设出发,可以把描述再结晶的公式写成更简单的形式:

$$f(t) = 1 - \exp[-Bt^k]. \tag{9}$$

当 $3 \leqslant k \leqslant 4$ 时,代表三维空间再结晶的情况;$2 \leqslant k \leqslant 3$ 代表二维空间(如薄板)再结晶的情况;$1 \leqslant k \leqslant 2$ 代表一维空间(如细丝)再结晶的情况;B 为常数.

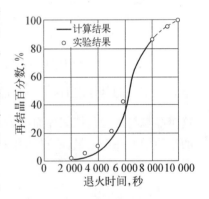

图18 用公式计算的等温再结晶曲线与实验结果的比较(变形 0.051,350 ℃ 退火)

虽然认为 N 最初不随时间变化的假设,与大多数实验结果不相符合(但在纯铝中也曾得到 N 最初不随时间变化,而后减小的结果[90]),但由于公式(9)形式简单,因此,也常常应用来描述再结晶的动力学. 一些其他的描述的形式,可以参看[27].

影响 N 和 G 的因素很多. 在纯铝中,形变度、退火温度对 N 和 G 的影响如图 19 和 20[85]. 预先回复处理对 N 和 G 也有影响[91]. 此外,微量杂质对于 N 和 G 的影响(后面将详细谈到)、取向间的差别对 G 的影响、原始晶粒大小对 N 的影响[85],也都很显著.

随着形变度增加,N 将增加,因而晶粒减小. 如果还是完全凭金相方法来研究再结晶过程,就会变得比较困难. 这时可以用测量硬度变化的方法[92],或用 X 射线定量测定某种特征织构(如冷轧铜板中随着再结晶发生 {110}⟨112⟩ 加工织构减弱,而 {100}⟨001⟩ 再结晶织构增强)强度的变化[93],来测定等温再结晶曲线.

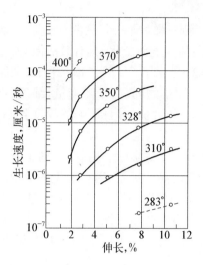

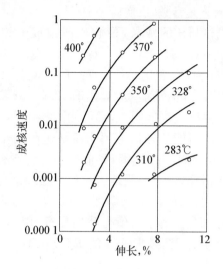

图19 拉伸形变度对纯铝样品在不
同温度时晶核生长速度的影响

图20 拉伸形变度对纯铝样品在不同
温度再结晶20%时成核速度的影响

4.4 再结晶成核理论

4.4.1 经典成核理论

从物理观点来看,再结晶的基本问题,在于再结晶晶核的生成和长大. Becker[94]首先把再结晶作为一个从亚稳定相(加工的基体)形成稳定相的过程,利用了 Volmer 的成核理论.

设 δF 为单位体积中再结晶前后的体积自由能差;设再结晶晶粒为球形,半径为 r,周围是未再结晶的基体. 当这样一个晶粒形成时,晶粒所获得的自由能便是 $\delta F \cdot \frac{4}{3}\pi r^3$. 如果 α 是这个晶粒与周围基体间界面的表面张力,那么晶粒就保持有 $\alpha \cdot 4\pi r^2$ 大小的界面能. 当晶粒的半径增加一个微量,所得的体积自由能等于所增加的界面能时,这个晶粒就会刚好是稳定的,

$$\delta F \cdot 4\pi r^2 dr = \alpha \cdot 8\pi r dr. \tag{10}$$

因此,稳定晶核的临界半径 r_c 为:

$$r_c = \frac{2\alpha}{\delta F}. \tag{11}$$

为了产生一个稳定的晶核,它的表面能和获得体积自由能之差,必须由外界来供给,这个能量 A 为:

$$A = \alpha \cdot 4\pi r_c^2 - \delta F \cdot \frac{4}{3}\pi r_c^3 = \frac{16}{3}\pi \frac{\alpha^3}{(\delta F)^2}. \tag{12}$$

如果这能量由热涨落产生,A 就表示所需的激活能. 那么,在单位体积内与单位时间内所形成的再结晶晶核数目,就大约为

$$\frac{dN}{dt} = D \cdot \exp\left(-\frac{A}{KT}\right). \tag{13}$$

(13)式中因子 D 并不是一个常数,因为组成稳定核的热涨落的进行速率,决定于自扩散的速度,而 D 与后者成正式.因此,它包含着另外一个有自扩散激活能的玻耳兹曼指数式.

Becker 还作了一个 A 与温度关系的特殊假设.由于冷加工后增加的自由能,是由于原子混乱的排列,所以他把冷加工看为局部液化.由于在熔点时,固体与液体的自由能相等,因此他假定 $T_{熔}$ 温度时 $\delta F=0$,在 $T_{熔}$ 温度以下,δF 与 $(T_{熔}-T)$ 成正比.这样,激活能 A 将随温度的降低而降低,因而 $\dfrac{dN}{dt}$(再结晶成核率)在较低温度时的值较大.看来,这与在较低温度退火后获得细晶粒的实验结果相符合.但这里也很难把晶粒随温度升高而长大的事实区分开来.

从公式(12)和(13)可以得出一个简单而基本的结论:随着冷加工量的增加,也就是 δF 增加,成核率将会增加,再结晶后的结构就会变得更细.由于晶核与基体间的界面能必须与它们相对的取向有关,所以 Becker 的理论,还能解释再结晶晶核的择尤取向——即所谓定向成核理论.

估计铜变形后的 δF 约为 0.1 卡/厘米^3 或为 4×10^6 尔格/厘米^3,而高角度界面能为 ~500 尔格/厘米$^{2[95]}$.由公式(12)算出 A 值为 10^8 电子伏.即使局部形变能比平均能量密度高 10—100 倍,从理论计算所得的激活能,仍比实际可能值高出千倍,这能量在再结晶温度下无法供给.因此,经典成核理论不适用于再结晶的成核.

Orowan[50]考虑到经典成核理论上述的困难,认为晶核在开始时,它与母体间的界面,不是非常清楚的,并且表面能也很低.由于这一区域内的位错逐步去除,降低了自由能,而增加了表面能.界面在位错逐步去除过程中逐渐变得清楚,晶核也就形成.这与经典成核理论不同处,可用图 21 表示.

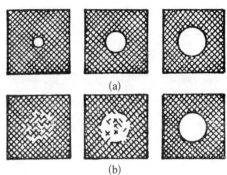

图 21 再结晶成核示意图.(a)经典的成核图像:在晶核一开始长大时就有相同的结构和相同的表面能.(b)欧若文提出的成核图像:随着体积能的逐渐减小,表面能逐渐增加而形成一个足够大的晶核

orowan 认为这种成核所需的能量,可以依靠热激活来供给,并不十分困难.考虑到晶核稳定的条件,必须是作用在晶核界面上的力相等,因而得出晶核的临界半径 r_c 为

$$r_c=\frac{2\alpha}{n\cdot\Gamma},\tag{14}$$

式中 α 为表面张力;n 是作用在晶核界面上的位错线密度;Γ 是位错的张力.位错密度愈大,则稳定晶核的临界半径愈小.

最近,也有人认为不必提出关于晶核的临界大小这一问题[96].由于高位错密度的区域是亚稳定的,位错密度的降低也就降低了自由能,成为稳定的区域.

4.4.2 高能微块和低能微块成核理论

最初,提出再结晶晶核是在畸变能最大处生成.因之称为高能点成核假说.如图 22 所示,晶核在畸变最大的 a,b,c 处形成.这一假设与晶核常在滑移带、机械孪晶界等形变较大的地区形成的实验观察结果相符合.当形变度增加时,可以想象到高能点的数目将增多,能量也会增加.因此,可以解释 N 随形变度增加而增加,Q_N 随变形度增加而下降的事实.在这假设基础上,后来又有了许多发展,具体地讨论了成核的物理图像(在下面将谈到).因而,也

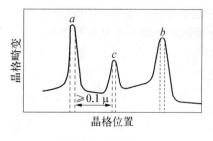

图 22 晶核在晶格高能点处形成的示意图

常把"高能点"称为含意更广的"高能微块"成核理论. 和这相反的是"低能微块"成核理论,实际上这理论认为形变后没有畸变的微块,即可作为晶核,在退火时直接吞并周围的加工基体而长大(如图 23). 初看起来,这理论似乎与 N 随形变度增加而增加的实验结果相矛盾,但如果认为低能区必须通过高能区的供养才能长大,那么,它也能说明晶核首先在滑移带,机械孪晶界等形变较大的地区形成的实验结果. 同时,这假设还便于用来说明某些情况下再结晶织构与加工织构取向相同的事实. 由于晶核是通过已存在的低能微块直接长大,这也与大多数情况下 $Q_N \simeq Q_G$ 的实验结果相符合. 为了解释在经受过形变的基体中,存在着未受形变的微块,曾提出过硬夹杂物的模型(图 24)[27]. 显然,要把这一模型作为普遍规律来看待,是难以令人信服的.

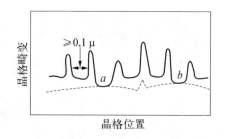

图 23 晶核在晶格低能点处形成的示意图

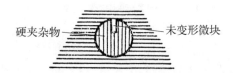

图 24 在硬夹杂物的间隙中保留着未受应变的微块模型

4.4.3 多边化成核理论

这理论基本上属于高能微块理论的范畴,不过它包括了更为详细的物理图像.

Burgers 等[97]首先提出再结晶晶核在晶体强烈弯曲区域内形成,并且采纳了这局部区域内点阵的取向. 这理论后被 Cahn 所引申[98],他认为在形变金属中最大曲率处,通过多边化,可以获得无应变的亚晶粒,随着亚晶粒消耗周围基体而长大时,亚晶粒与周围取向的差别也增加,大角度晶界一旦形成,就获得了稳定的生长速度,成为再结晶晶核. Cottrell 进一步指出[35],再结晶晶核所以选择点阵曲率最大的地区形成,是因为只有在这种区域内形成的晶核,取向才能与基体充分不同,而形成大角度晶界.

Beck 起初在多边化的基础上来处理再结晶的成核理论,后来又倾向于在亚结构的基础上来处理再结晶的成核[23]. 他认为再结晶的成核既不在高能点,又不在低能点,而是在低角晶界密度较小的区域(也就是亚结构较大的区域)内形成. 并且认为亚结构是在形变以后就已经存在. 从这个观点出发,对应力引起的晶界迁移(经过小量变形后退火时晶界的迁移),作了如下的解释:经过形变退火后,在原来晶界两侧形成的亚晶粒大小,将有所不同. 为了使总的能量降低,退火时大的亚晶粒会吞并掉小的亚晶粒而长大,这样晶界就发生迁移. 最近在铁硅合金中,也观察到类似的结果[99].

在解释应力引起晶界迁移的机制中,认为大角度晶界在一开始就存在. 这与多边化成核理论认为大角度晶界是通过多边形化畴逐渐长大而形成的看法不同. Beck 认为前种机制适用于多晶体经过不大的形变后的成核;后种机制则适用于单晶变形后、或多晶体经过大形变后的成核. 看来,这样分法是不必要的,多晶体经过变形退火后,在原来晶界的两侧. 固然存在着取向和大小相差较大的亚晶粒. 但单晶体经过变形退火后, 在孪晶界两侧, 形变带周界两侧, 以及滑移密集和稀疏不同的地区间, 大小和取向不同的亚晶粒, 也可能存在. 图 25 就是一处小角度晶界密度明显不同的相邻区, 再结晶晶粒往往在其交界处形成. 从这种观点出发, 也可以理解再结晶晶粒优先在晶界上[100]、机械孪晶界上[13, 101]、及形变带周界上[101]形成的事实.

最近, 我们在热轧铁硅单晶中观察到再结晶成核与亚结构的区域有关(至于这些亚结构是形变后经过多边化而形成, 还是在形变后已经存在, 尚难判断). 图 26 是一个 (110)[$\bar{1}$12] 取向的铁硅单晶, 在 950 ℃ 热轧 35% 退火时再结晶的情

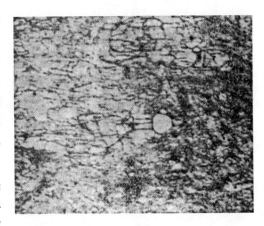

图 25 (110)[001] 铁硅单晶冷轧 40% 在 700 ℃—1 分钟退火后的金相照片 ×600

况(样品厚度中心的低角晶界是在热轧后才形成). 由摄得的 X 射线照片中, 证明样品表面层的位错密度比中心部分高, 畸变大. 退火后, 在表面层形成了可观察到的低角晶界 (图 26a). 退火温度升高, 亚晶粒也随着长大 (图 26b), 再结晶晶粒就在具有亚晶粒的表面层中形成, 并大体上保留了表面层原来的取向. 随着退火温度升高, 表面层中某些晶粒开始长大, 吞并了还处于畸变状态的中心部分, 充满整个样品.

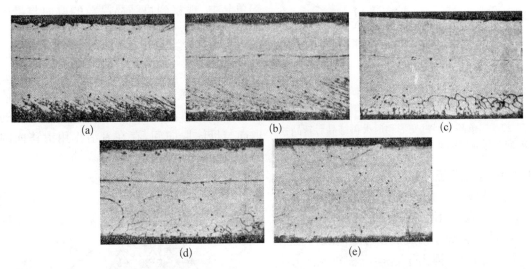

(a)   (b)   (c)

(d)   (e)

图 26 (110)[1$\bar{1}$2] 铁硅单晶在 950 ℃ 热轧 35% 在不同温度退火后的纵断面金相照片 ×100
(a) 500 ℃—1 分, (b) 630 ℃—1 分, (c) 680 ℃—1 分, (d) 720 ℃—1 分, (e) 850 ℃—1 分

另外, 经过 50% 冷轧的铁硅单晶, 退火时曾观察到通过亚晶粒长大而形成的晶粒[101]. 研究铝镁合金的变形及退火过程, 也曾指出某些取向合适的亚晶粒作为再结晶晶核的可能性[102]. 在形变量较大的钼[103]及铁硅单晶中[104], 以及铝[105]、铜[106]、铁硅[107, 63]多晶中, 既然可以通过同位再结晶, 而获得与加工织构取向相同的再结晶织构, 那么, 亚结构肯定也起了重要的作用. 在 α 铁中退火孪晶的生成, 与亚晶粒也有着密切的关系[108].

近年来, 研究快速加热 (2 000—20 000 ℃/秒) 退火, 得到了很有趣的结果[77, 109]. 在刚开始再结晶时, 再结晶织构保留了原来加工织构的取向, 随着后来晶粒长大, 再结晶织构才转

变为通常加热退火时所获得的取向.

但是,也有实验结果指出多边化并不是再结晶的准备阶段[110].利用电子显微镜观察再结晶晶核形成时,发现它和亚晶粒长大是相互交叠着进行的,再结晶并非在多边化完成以后才发生.看来,这理由也并不充分,取向适合的亚晶粒,有可能在较低温度和较小尺寸时,就获得稳定的生长速度,而成为再结晶晶核.从以上实验结果来看,亚晶粒与再结晶晶粒间密切的关系是应该注意的.但目前的实验结果,还不能对这问题作出结论.

简单地利用多边化的概念来解释再结晶晶粒取向与母体取向间的关系,是很困难的.最早,Burgers等指出[97],由于新晶粒是在滑移面间点阵弯曲处形成,它与母体取向的关系,将是以一根与滑移方向垂直,并平行于滑移面的轴来旋转.在面心结构的晶体中,即为⟨112⟩方向.但是很多分析指出,沿⟨112⟩轴旋转不如沿⟨111⟩轴旋转来得更合适[111, 112, 59].

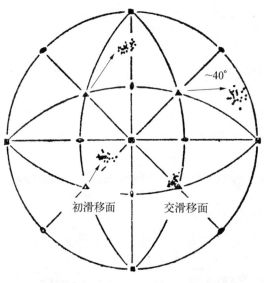

图 27 铝单晶体经过变形和退火再结晶后新晶粒取向与母体取向间的关系

4.4.4 孪生界面成核理论

这种理论基本上属于高能微块理论的范畴,它们包括了不同的、详细的几何图像.

(1) 局部原子回旋成核理论.在研究纯铜二次再结晶时,提出了这种成核机制[113].它与退火孪晶的起源有着密切的联系[114].也可应用来说明初次再结晶的成核图像.这机制认为晶核可能在一个高能点阵区域内(如孪晶界面上),通过原子相对于原来的位置作很小的回旋移动而成.晶界上的无次序性,以及原来取向与再取向后表面能的差别,可能是这种成核机制的策动力.这种机制的几何图像如图 28 所示.其中 1/7 的原子保持着原来的位置,而另外一些原子围绕着该原子作很

我们认为在讨论晶核取向与母体取向关系时,必须充分估计到范性形变时的复杂性.例如,在{111}面上滑移的结果,实验证明可以产生堆垛层错.因而,在退火过程中,为了去除点阵畸变,原子优先在滑移面内发生调整而组成晶核,是可以理解的.在发生交滑移时,位错相互交割,可以产生一系列的空位,特别是在交滑移面上容易产生.因此,在形变铝单晶中,观察到再结晶晶粒的取向与母体取向间,存在着沿垂直于滑移面的⟨111⟩轴旋转~40°的关系.并且在适当的形变度下,旋转轴将选定在垂直于交滑移面的⟨111⟩轴上(图 27)[112].最近,我们在压下量不太大的体心结构铁硅单晶中,也观察到再结晶晶粒的取向与母体取向间,存在着沿作用滑移面的⟨110⟩轴旋转~30°的关系.

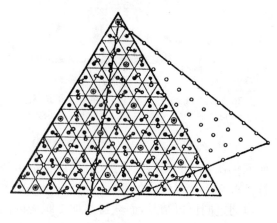

图 28 局部原子回旋成核的几何图像.黑点和白点分别代表原来取向和再取向后(111)晶面上的原子位置(面心结构晶体)

小的(大约为点阵间距的 1/3)转动.这样就获得了一个新的点阵取向,它与母体取向间有一个共同的〈111〉轴,而其间相差 38°或 22°.

(2)"相变式"成核理论.在研究纯铜中立方织构形成时,提出了一种马氏体相变式的再结晶成核机制[115, 116].认为再结晶立方晶核,可能是在{110}〈112〉或是{112}〈111〉加工织构的孪生界面上,通过两组不在同一个{111}面上的〈112〉滑移,而形成立方取向的再结晶晶核,排除加工织构的孪生界面,将构成这种成核机制的策动力.

以下简单地描述一下这种成核机制的结晶几何学图像.Rowland[117]曾论述了一种特殊的孪生机制,图 29 是用面心点阵来表示这种机制的模型.图 29a 中 SRV 和 PSV 为{111}面,QS、PR 为〈100〉方向.如果沿模型的 QS〈100〉方向压缩,而沿 PR〈100〉方向拉伸,那么原来的半个八面体,将转变成两个互为孪生关系的四面体(图 29b).原来点阵中的 QS〈100〉方向,在孪晶点阵中转变为 $Q'S'$〈110〉方向;QSV〈100〉面转变成 $Q'S'V'${111}面;在 QSV 面中与 QS 垂直的〈100〉方向,转变成〈112〉方向.同样,这种模型也可以反过来.如果把 $Q'S'$〈110〉方向拉伸;把 $Q'S'V'$ 面中垂直于 $Q'S'$ 的〈112〉方向压缩,则可把图 29b 的形状恢复到图 29a 的形状.根据分析,反 Rowland 模型可以由两组〈112〉的滑移而构成,在图 29b 中,左边四面体的作用滑移面为 $P'S'V'$ 和 $P'Q'V'$,滑移方向〈112〉垂直于 $P'V$;右边四面体的作用滑移面为 $Q'R'V'$ 和 $S'R'V'$,滑移方向〈112〉垂直于 $R'V'$.以上模型弄清楚后,就容易了解这种"相变式"成核的结晶几何图像.图 30 表示一对孪生的{110}〈112〉和{112}〈111〉加工织构,由于两组〈112〉滑移,排除加工织构之间的孪生界面,而成为立方晶核的反 Rowland 模型.

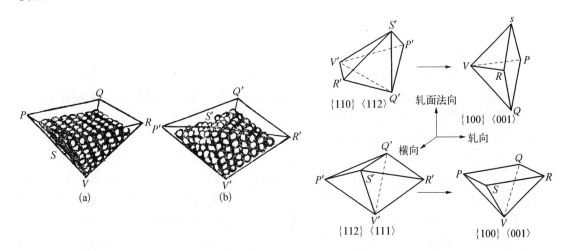

图 29 用面心点阵表示的 Rowland 晶格模型

图 30 〈110〉〈112〉和{112}〈111〉冷轧织构转变成立方晶核的反 Rowland 晶格模型

以上两种成核机制,虽然能够解释再结晶织构与母体取向间的关系,但仅应用在对称性较高的面心结构晶体中,还难以辨别这种机制的正确性.

4.4.5 二次再结晶成核理论

对二次再结晶现象,目前还存在着不同的看法.有人认为这并不是一种再结晶过程,而是由于晶粒的"夸大性长大",或称为晶粒"粗化"的过程[23].因而,对二次再结晶"成核"的问题,也存在着争论.

有人认为二次再结晶是一种重新成核的过程[113, 116, 118].在高能区域内,通过原子的重新调整而形成晶核(这在上一节中已谈过). 但更多的工作[29, 119-121]认为,二次再结晶并不是由于晶格的不完整而重新成核的过程. 二次再结晶"晶核"在初次再结晶后已经存在,当晶粒正常生长受到阻碍时(由于强烈的织构产生,或由于杂质、第二相的存在),这种为数不多的晶粒,就可依靠取向间的有利关系(晶界具有最大的迁移率),和晶粒大小的差别,发生选择性生长,而把这种机制称为定向成核—选择性长大[120]. 近年来研究铁硅合金中通过二次再结晶形成立方织构时指出,立方取向的晶粒,在初次再结晶织构中已经存在,由于{100}晶面的表面能,比其他晶面的表面能低,是策动立方晶粒生长的主要原因[106, 122-125]. 在高纯铁硅合金中观察到的三次再结晶[39],策动力也与这相似. 因此,看来二次再结晶的策动力,并不是来自晶格的不完整,而是来自界面能或表面能的降低.

4.5 再结晶织构形成的理论

再结晶后新晶粒的取向与母体取向间常常保持着一定的关系. 因此,当金属经过较大的变形及退火后,再结晶晶粒就有明显的择尤取向,产生了织构. 在实际应用中,常常采用消除或者获得织构的办法来改善金属材料的性能. 而研究再结晶织构的形成,也给再结晶理论积累了许多实验数据. 目前,这种现象有两种不同的理论解释. 一种是定向生长理论;另一种是定向成核理论.

4.5.1 定向生长理论

这理论假设在形变基体中同时存在着不同取向的晶核,加热退火时,同时开始生长. 但如果某些晶核的取向与母体取向间的差别是有利的话,那么这些晶界可以获得最大的迁移率,这种晶核将以最大的速度长大,抑制了其他取向晶核的生长,而形成再结晶织构[126]. 实验证明,在面心结构的金属中,当两个晶粒的取向有一个共同的⟨111⟩方向,而相差30—40°时所组成的晶界,具有最大的迁移率.

Beck 等用铝晶体作了这样的实验[127]:样品经过不大的变形后,用人工成核(刻痕)的办法,使再结晶晶粒在某些地区内先开始形成,并保证取向充分混乱. 这些晶粒有充分的机会吞并周围的变形基体,而获得长大. 测定那些长得最大的新晶粒取向,发现它们与母体取向间存在着沿⟨111⟩轴旋转40°的简单关系. 在后来的一些实验中,也得到了相似的结果[128, 129](但也有些实验结果与这相矛盾[130, 131]). 这种观点可用来解释铝单晶变形退火后再结晶织构的形成[111];解释多晶铝、铜中再结晶立方织构的形成[105];解释体心结构的铁硅单晶变形后再结晶织构的形成[62](在体心结构的金属中,被认为是沿⟨110⟩轴旋转20—40°). 但是,除了在{110}⟨112⟩稳定取向的铜单晶轧制退火后,找到了四组⟨111⟩转轴外[59],一般只能找到一个或两个⟨111⟩转轴. 在冷轧铜单晶中[117],只有简单的{112}⟨111⟩孪生织构,而没有(123)[41$\bar{2}$][①]加工织构存在时,却也可以形成集中的立方织构. 特别是单晶体经过较小的变形后,得到的再结晶晶粒取向,与母体间并不存在沿⟨111⟩轴(面心结构中),或沿⟨110⟩轴(体心结构中)旋转的简单关系[101, 112, 130, 131]. 这些问题都是定向生长理论所不易说明的.

4.5.2 定向成核理论[133]

这理论首先由 Burgers 等[97]提出,但后来的发展,也增加了新的内容. 理论假设有成核

---

① 胡郁等[132]曾在多晶铝、铜冷轧织构中,测定出一种接近于(123)[1$\bar{2}$1]强的加工织构,由于这种取向与立方取向有一个共同的⟨111⟩轴,并相差40°,因而从定向生长观点解释了退火时立方织构的形成. 但把这种强的加工织构定为"接近于(123)[1$\bar{2}$1]取向"是不正确的. 按其位置应是接近于(123)[41$\bar{2}$]取向,更精确地说,它的取向是(3, 6, 11)[5$\bar{3}$$\bar{3}$][106].

过程,并认为大部分的晶核有一定的择尤取向,因而形成再结晶织构. 至于成核的机制,又有不同的假说,这在前面已经谈到. 这理论对于定向生长理论所遇到的几个困难问题,能够比较满意地解释.

最近研究了纯铝冷轧与退火时织构的变化[134]. 曾把再结晶过程分为两种类型. 第一类过程类似多边化,得到的再结晶织构与加工织构的取向相似,一般在形变量不太大时出现. 成核过程可能是由位错攀移所控制. 第二类过程在形变量比较大时观察到,认为成核是由于位错的交互作用. 形成的立方晶核,直接吞并加工基体而获得长大,因而,再结晶完成后,即得到集中的立方织构.

二次再结晶织构形成的问题,目前看法比较趋于一致(但也有不同的看法),认为是由于定向成核—选择性长大的结果(这在二次再结成核一节中已谈到). 在解释初次再结晶织构形成时,也提出过类似的看法[135].

我们认为晶核既然从母体中形成,它与母体间必然存在着密切的联系. 因而定向成核的观点是可以理解的. 另外,晶核通过长大而成为晶粒时,由于取向间的差别将要影响晶界迁移的速度,这对形成织构也会发生作用. 这两种作用对形成再结晶织构所作的贡献大小,有可能因形变量、加热速度等因素的改变而有所不同. 但综合实验结果看来,晶核的定向生成,还是比较主要的因素. 采用电子显微镜薄膜技术,对于研究上述问题,将具有决定性的意义.

5 微量杂质对回复、再结晶的影响

在超纯金属中,加入十万分之几甚至百万分之几的杂质原子,对于该金属的回复、再结晶和晶粒生长,都有非常显著的影响. 用加入合金元素来提高金属再结晶温度,降低再结晶速度,在实际工作中是最常用的方法. 虽然目前对问题的本质了解得并不清楚,在理论上还没有一致的看法,但我们认为,就其重要性来说,有必要单独提出来讨论.

5.1 微量杂质对回复的影响

杂质对纯铝回复的影响,曾有较多的研究[33]. 由于镁加入到纯铝中,增加了硬度和 X 射线衍射线条宽度的回复速率(见表 1)[33],最初加入 0.1％镁时,对铝的回复速率影响较大,继续增加镁的含量,回复速率改变较小. 虽然镁加入到铝中,增加了回复速率,但却提高了再结晶温度,增加了再结晶激活能(图 31). 研究电阻变化的情况,证明镁原子有效地冻结了形变过程中形成的大量空位,有助于位错的攀移,因而增加了回复速率[33].

表 1 Al‐Mg 合金冷轧 20％后的回复

退火温度	完全回复所需要的时间(分)							
	纯 铝		0.1％ Mg		0.5％ Mg		2.87％ Mg	
	线半宽度	硬度	线半宽度	硬度	线半宽度	硬度	线半宽度	硬度
100 ℃	120 000	—	1 500	—	2 000	~4 000	2 000	~4 000
200 ℃	125	5 000	6	50	6	50	6	60
250 ℃	48	590	~2	10	~2	25	4	40

一般加入杂质原子后,将减慢回复速率. 研究合金元素较高的 70—30 黄铜加工退火的结果中指出,晶体中产生的短程有序,有可能增加位错移动所必需的应力,增加位错移动的

困难[136, 137]，减慢回复速度.

由于加入杂质，可以大大减小回复后产生的亚结构尺寸.在铝中加入不同量的镁后，对亚晶粒大小的影响如图 32 所示[33].在镍中加入了钛或钴，也减小了亚晶粒的大小[138].

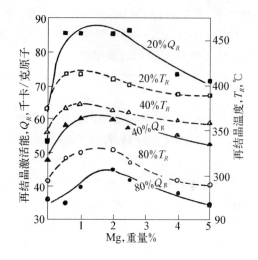

图 31　不同镁含量(重量)对纯铝在不同压下量后再结晶温度和再结晶激活能的影响

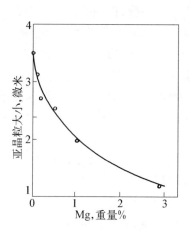

图 32　不同镁含量(重量)对经过冷轧 20% 的纯铝在 250 ℃ 退火一小时后亚晶粒大小的影响

个别高纯的弯曲铜单晶(＞99.999%)，即使在 1 030 ℃度退火，也没有观察到多边化发生[139]，因而认为为了促使位错的攀移，微量杂质可能是发生多边化所必须的.

5.2　微量杂质对再结晶的影响

微量的杂质原子对提高再结晶温度有着非常显著的作用.图 33 是不同纯度铝的再结晶温度.当纯度从 99.70% 提高到 99.999 5% 时，再结晶温度大约从 400 ℃ 降至 100 ℃ 左右[33, 140].还有工作报道了 99.999 2% 的铝，可以在 −50 ℃ 发生再结晶[141].高纯铜的再结晶温度为 140 ℃(冷轧 70%)[142].99.994% 的纯镍，再结晶温度为 320 ℃(冷轧 80%)[110].这些都比一般电解纯铜、工业纯镍的再结晶温度低得多.

Smart 和 Smith 比较细致全面地研究了微量的镉、银、锑、碲、锡、钴、铁、镍、砷、硒、硫、磷对高纯铜再结晶温度的影响[142].由于加入 0.001% 原子的碲、硒、磷、硫、锑、镉、锡已明显地提高了纯铜的再结晶温度，而加入 0.01% 原子的碲、镉、锡、锑可把高纯铜的再结晶温度从 140 ℃ 提高到 330—380 ℃(冷轧 70%)，这比一般电解纯铜的再结晶温度都高.但加入同样量的铁、钴、镍，对再结晶温度却影响很小(图 34).

在区域提纯的铝中，加入微量的铬、铁、锰、铜、硅、镁对再结晶温度的影响，如图 35 所示[22].由于加入 0.01% 原子的铬、铁、锰可以把再结晶温度从 150 ℃ 提高到 330—350 ℃ 左右.而加入 0.004% 原子的铜，对再结晶温度已发生明显的影响.微量杂质对纯铝再结晶温度的影响[22, 143, 144]，除了铜、硅的数据有些出入外，其他各种元素还是相符合的.

微量的碳、硼、锰、硅、钴、钨、铝、钛、锆、镁对高纯镍的再结晶温度影响，如图 36 所示[145].加入 0.07% 原子的锆，大约可把纯镍的再结晶温度从 340 ℃ 提高到 700 ℃.

其他如像加入铬、锰、镍、钴、硅对铁再结晶温度的影响(图 37)[146]，加入钒、铁、铬、锡、铌、钴、锰、铝、铍、铼、硼、氮、碳、氧对钛再结晶温度的影响(图 38)[147]，加入钨、钽、锆、钼、

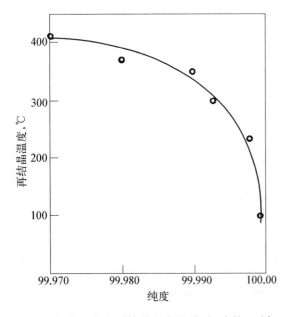

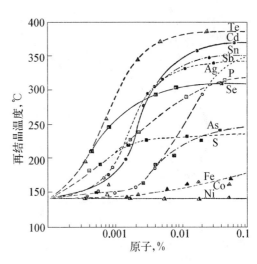

图33 铝的纯度和再结晶温度的关系（冷轧70%，退火30分钟）

图34 不同杂质和不同含量对高纯铜再结晶温度的影响

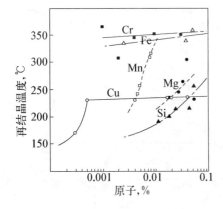

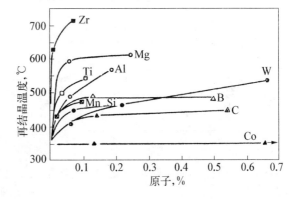

图35 不同杂质和不同含量对高纯铝再结晶温度的影响

图36 不同杂质和不同含量对高纯镍再结晶温度的影响

钛、钒、铬、硼、硅、镧、混合稀土（镧和铈）对铌再结晶温度的影响（图39）[148]，加入锆、铪、钛、铌、铝、钒、钨、钴、铬、镍对钼再结晶温度的影响（图40）[15]，都有过研究. 但由于基体金属不够纯，加入的杂质可能与基体金属中的一些其他杂质（如碳、氮、氧等元素）发生化合，因而不能充分显示出被加入的杂质作用. 另外，加入杂质含量过高时所形成的第二相，对提高再结晶温度也可能引起新的作用[164, 165].

在99.999%纯铜中，加入微量的磷、银、镉、砷，增加了再结晶激活能，提高了再结晶温度，降低了成核率(N)和长大率(G)[149]. 例如加入0.007 1%原子的银，在215.8 ℃退火，软化一半所需的时间，从12秒增加到700小时；再结晶激活能由22.5千卡/克原子增加到63.5千卡/克原子. 减小N大约为$2×10^6$；减小G大约为$6×10^5$. 镁加入到铝中，对N和G的影响如图41所示[150]. 最初加入镁使N和G下降，到镁含量增加到1.5%—2%后，又使N和G增加. 这和再结晶温度、再结晶激活能的变化是一致的（图31）. 这一事实被认为是由于镁

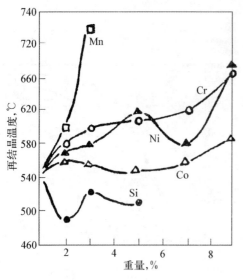

图 37 不同杂质和不同含量对工业纯铁再结晶温度的影响

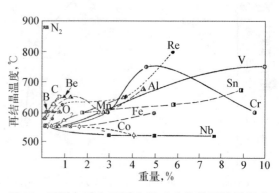

图 38 不同杂质和不同含量对碘化钛再结晶温度的影响

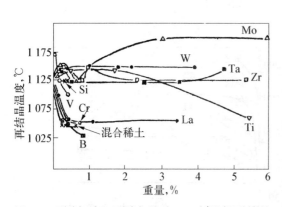

图 39 不同杂质和不同含量对 99.2% 纯铌再结晶温度的影响

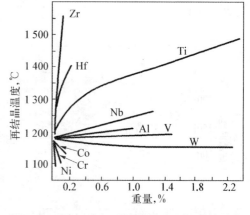

图 40 不同杂质和不同含量对纯钼再结晶温度的影响

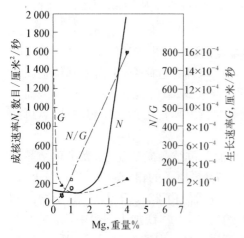

图 41 铝镁合金冷轧 60% 在 350 ℃ 退火时再结晶的成核速率和长大速率

量增加而使应变硬化增加的结果[150]. 在研究微量硼对铁硅合金再结晶温度的影响[151]，以及研究其他一些合金的再结晶温度时[37]，都观察到相似的现象.

研究合金元素对镍及镍基合金再结晶的影响后[87]，认为微量杂质原子对再结晶的影响，与这些原子在形变体积内的不均匀分布有关. 从 Smart 与 Smith 的工作中[142]也可以看出这一点. 由于改变形变前预先退火温度，可以改变杂质影响再结晶温度的作用(表 2). 从 Архаров 等人的工作中[152]，我们知道锑对铜是内表面活性，吸附在多晶铜的晶界上；镉则表现得不明显；而银对铜则是反内表面活性,不吸附在晶界上.从表2中可以看到,随着预先退火温度的升高,晶粒长大,加入锑,对高纯铜的再结晶温度影响也增大.相似的情况在加入碲、硒、硫等杂质时都发生过,而以加入碲时的变化最为显著.但是随着预先退火温度的改变,加入镉对高纯铜再结晶温度的影响,却没有明显的变化.很遗憾,没有关于加入银的数据.从以上结果中,我们可以认为提高预先退火温度所引起再结晶温度的增加,是由于晶界上杂质浓度增加的结果[①].这时晶粒内部的杂质浓度,可能并不发生改变.

表2　杂质含量及预先退火温度对冷轧70%纯铜的再结晶温度的影响

杂质含量%原子	预先退火温度 再结晶温度	500 ℃—15 小时	600 ℃—$\frac{1}{2}$ 小时	850 ℃—1 小时
Sb	0.003 1	208 ℃	270 ℃	291 ℃
	0.010 1	240 ℃	290 ℃	325 ℃
Cd	0.003 9	—	306 ℃	313 ℃
	0.017 8	—	354 ℃	353 ℃
	0.066 5	—	367 ℃	363 ℃
Te	0.000 35	—	186 ℃	195 ℃
	0.000 75	—	207 ℃	257 ℃
	0.002 5	—	227 ℃	344 ℃
	0.004 95	—	200 ℃	370 ℃
	0.025	—	250 ℃	385 ℃

许多工作认为溶质和溶剂金属间原子半径的差别,是影响溶剂金属再结晶温度的一个重要因素[22, 142, 144-146].当原子半径差别增加时,溶质对溶剂金属再结晶温度的影响也将增加.我们整理了杂质原子的原子半径(取最短原子间距的一半)大小对纯铜[142]、纯铝[22, 144]、纯镍[145]再结晶温度影响的关系,如图42、43、44.从图中可以看出,原子半径间的差别与提高再结晶温度间,很难说存在着一种简单的关系.从加入0.1%原子杂质对提高再结晶温度的影响来看,例如原子大小相近的砷和钴、磷和硫,它们对提高纯铜再结晶温度的数值却不同(图42).硅与铝比铁、镍、铬与铝的原

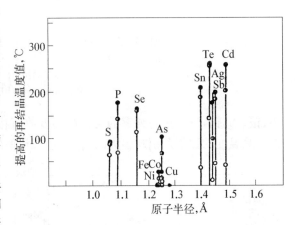

图42 杂质的原子半径大小与提高高纯铜再结晶温度数值之间的关系
(加入 0.001%原子○;0.01%原子◐;0.1%原子●)

子大小差别大,但提高纯铝再结晶温度数值,却比铁、镍、铬小(图43).原子大小相近的锆和镁,对提高纯镍再结晶温度的数值也显著不同(图44).如果从加入0.001%原子的杂质,对提高纯铜和纯铝的再结晶温度来看,则更无规律性(图42、43).如铜中加入0.1%原子的锡、

---

① 如果晶粒直径从0.01毫米增大到0.1毫米时,构成晶界层的原子的百分比(与总原子数目相比),将减小10倍.如果杂质能够得到充分扩散的机会,那么,对杂质浓度相同的样品而言,晶界层上的杂质浓度将会大大提高(如果杂质在晶界层上的浓度未达到饱和以前).

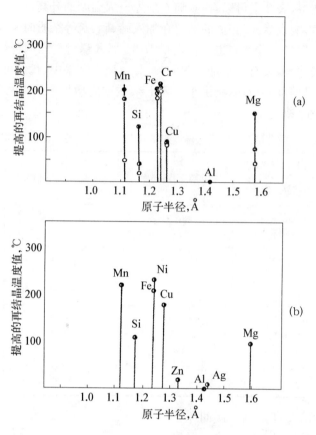

图 43 杂质的原子半径大小与提高高纯铝再结晶温度数值之间的关系

（加入 0.001％原子○；0.01％原子◑；0.％原子●）

（a）根据文献[22]，（b）根据文献[143]

碲、银、锑、镉，对于提高纯铜的再结晶温度数值相差不远；但加入 0.001％原子时，提高纯铜再结晶温度的数值差别却很大．在铝中也有相似的情况．这可能与杂质在溶剂金属中的分布状况有关．这些事实，如果只用原子半径大小差别这一简单因素，是无法说明的．必须指出，原子半径的大小，并不是不变的，它将随着化学键型的改变而改变．不能简单地设想为一种刚球填入的模型，来考虑杂质原子存在在溶剂金属中的状况，必须考虑到原子的电子结构，溶质和溶剂原子间的作用力——化学键力．Lücke 等为了解释杂质影响铜、铝再结晶温度的大小与原子半径差别间的规律时，却引用了相互矛盾的原子半径数值[144]．因而是不合理的．

Blade 等曾从溶质原子在溶剂金属中的扩散和固溶度大小，来讨论杂质对铝再

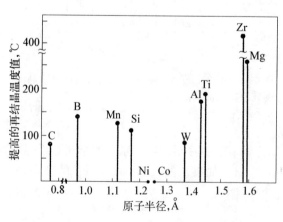

图 44 杂质的原子半径大小与提高高纯镍再结晶温度数值之间的关系

（加入 0.1％原子）

结晶温度的影响[22].认为扩散慢的(如 Mn、Cr)比扩散快的(如 Si、Mg、Cu)杂质原子对再结晶温度影响大;固溶度小则提高再结晶温度越显著.在铜中的镉、锑比铁、钴、镍扩散慢[153],对铜的再结晶温度影响大,这与 Blade 分析杂质在铝中的情况相似.但杂质在铜中固溶度的大小与提高铜的再结晶温度间,却看不出一定的规律性(如锑、锡、铁、钴在铜中的固溶度大小和提高铜的再结晶温度间的关系).

由于杂质原子存在在晶粒表面,降低了表面能,提高了再结晶温度的想法,事实上与许多实验结果相矛盾.Уманский 认为化学键力的大小是一个重要的因素[37],由于键力的增加,使原子迁移的激活能增加,因而降低了成核率和长大率,提高了再结晶温度.

如前所述,再结晶过程是一种原子迁移的过程,再结晶后,减少了加工引起的空位、间隙原子和位错的数量,同时也调整了它们的分布.这样,微量杂质原子对这些缺陷的"锚钉"作用,可能是提高再结晶温度的主要原因.从杂质提高高纯铜、铝再结晶温度的实验结果来看,只要加入 0.001%—0.01%的杂质原子(大多数情况是这样),对提高再结晶温度已有明显的作用.继续增加杂质含量(当超过 0.01%—0.1%原子后),对提高再结晶温度的作用,变得不如先前明显.再继续增加杂质含量,可能形成的短程有序或弥散的第二相,对提高再结晶温度,将会产生新的作用.

5.3 微量杂质对晶粒长大及再结晶织构取向的影响

微量杂质对回复、再结晶有很大的影响.同样,对于晶粒长大也有显著的影响.在区域提纯的锡中,加入 0.005%原子的银、铅、铋后,增加了晶界迁移的激活能;降低了晶界迁移速度[154].当微量的银、金加入到区域提纯的铅中,也有相似的影响[155].在高纯铅中,随着微量锡含量的增加,晶界迁移速度随着降低,如图 45[156],而加入银、金对纯铅晶界迁移速度的影响更大[157].有趣的是,当晶界两侧晶粒取向在某种特定关系时(沿⟨111⟩相差 23°,36°—42°;沿⟨100⟩相差 26°—28°),加入锡后对纯铅晶界迁移速度的影响,变得不如前者明显.晶界迁移激活能的变化,也有着相同的情况.用含不同锡量的铅单晶体研究结果指出[158],当锡含量在 0.000 5%—0.004%(重量)范围内时,经过压缩变形后再结晶的新晶粒取向,与母体取向间存在着沿⟨111⟩轴旋转 30°—50°,和沿⟨100⟩轴旋转 26°—28°的关系,产生了明显的择尤取向.当铅单晶中锡含量大于或小于这个范围时,得到的再结晶晶粒取向是混乱的.

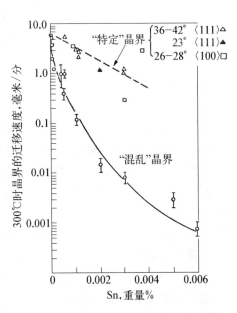

图 45　锡对高纯铅在 300 ℃时晶界迁移速度的影响

微量杂质对于多晶体轧制后再结晶织构的取向,也有很大的影响.微量的磷(甚至少到 0.000 25%原子)加入到铜中,可以阻止再结晶立方织构的形成[149, 159],而当磷以氧化磷状态存在于铜中时,这种影响就变得不明显[159].铜中含镉和砷的量大于 0.01%原子时,也可阻止再结晶立方织构的形成[149].

杂质含量小于 0.005%的高纯铁硅合金中,经过冷轧在高温退火时,晶粒开始均匀长大,而得不到良好的(110)[001]织构[160]. 但在铁硅合金中形成(100)[001]立方织构时,情况却不是这样[122].

前面曾提到 Lücke 等关于杂质影响再结晶的一种定量理论[144]. 虽然该理论目前还不能令人满意,但仍引起了人们一定的注意. Lücke 认为杂质与晶界间的交互作用,将随杂质浓度的增加而增加. 假如晶界移动,使杂质原子留在它的后面,由于杂质原子倾向存在于晶界上,因而在杂质原子与晶界间产生了一种吸引力. 当晶界以缓慢速度移动时,杂质原子可以通过扩散而跟上晶界的移动. 所以在杂质浓度较高时(或温度较低时),阻碍晶界移动的速度将决定于杂质原子滞后于晶界的扩散速度. 在杂质浓度较低时(或温度较高时),杂质原子不能阻碍晶界的移动,这时晶界将以"摆脱速度"移动. 杂质低于一定的临界浓度(这时晶界刚好以"摆脱速度"移动),再结晶温度就将急剧下降. 从以上设想出发,推导出了杂质浓度对晶界移动速度 v 的影响,晶界移动最大速度 v_{max} 的关系式,以及临界浓度 C 的关系式:

$$v = \frac{G(2r)^2(\Lambda - \Lambda_0)}{kT} \frac{a^2}{4\sqrt{2}} \frac{D_0}{C} e^{-\left(\frac{Q_0+V}{kT}\right)}, \tag{15}$$

$$v_{max} = \frac{VD_0}{2rkT} e^{-\left(\frac{Q_0}{kT}\right)}, \tag{16}$$

$$C_{临界} = \frac{a^2}{4\sqrt{2}} \frac{G(2r)^3}{V} e^{-\frac{V}{kT}}, \tag{17}$$

式中 G 为切变模量,r 为基体金属的原子半径,Λ 为形变后位错线密度,Λ_0 为形变前位错线密度,k 为玻耳兹曼常数,T 为绝对温度,a 为基体金属的点阵常数,D_0 为溶质原子的体积扩散系数,C 为溶质的浓度,Q_0 为溶质原子扩散的激活能,V 为杂质原子加入到晶界中所产生的畸变能.

用公式(17)算出铝中的临界杂质浓度 $C \simeq 10^{-4}$. 实验结果指出[22],小于 10^{-5} 浓度的杂质原子,对铝的再结晶温度已有明显的影响. 加入微量锡[156]、银和金[157]对高纯铅的晶界移动速度影响的实验数据,和按公式(15)算出的结果相差 2～3 个数量级. 在高纯锡中加入杂质铋、铅、银,增加了锡的晶界迁移激活能,但增加的数值远比这些杂质在锡中扩散的激活能低[154]. 这些实验结果,都没有支持这一理论,因而认为这理论是不够正确的. 后来在这理论基础上所作的讨论,也没有多大本质的不同[161].

微量杂质原子对再结晶的影响是巨大的. 但问题的本质,目前还很不清楚. 溶质原子与溶剂原子间大小的差别,与提高溶剂金属的再结晶温度间,很难说存在着一种简单的规律. 用简单的刚球填入式模型来考虑杂质原子存在于溶剂金属中的状况,是不符合实际情况的. 如果从溶质和溶剂原子的电子结构状态,以及相互间的作用力来考虑(同时考虑到溶质原子在溶剂金属中的分布状况),可能是有益的. 最近 Abrahamson[166]研究了一系列元素对铁、铌、钒、锆的再结晶的影响. 发现被加入元素的 d 壳层电子数目与提高再结晶温度数值之间,存在着周期性变化的规律是一项有意义的结果.

参 考 文 献

[1] Хоткевич В. И., Чаиковскнй Э. Ф., Зашквара В. В., *Ф. М. М.*, **1** (1955), 206.

[2] Перваков В. А., Хоткевич В. И., Шепелев А. Т., *Ф. М. М.*, **10** (1960), 117.

[3] Bever M. B., Ticknor L. B., *Acta Met.*, **1** (1953), 116.

［4］ Gordon P. , *Trans. AIME*, **203** (1955)，1043.

［5］ Greenfield P. , Bever M. B. , *Acta Met.* , **5** (1957)，125.

［6］ Clarebrough L. M. , Hargreaves M. E. , Loretts M. H. , *Acta Met.* , **6** (1958)，725.

［7］ Савицкий Е. М. , Влияние температура на механический своиства металлов и сплавов (1957).

［8］ Одинг И. А. , Иванова В. С. , Бурдукский В. В. , Геминов В. Н. , "Теория ползучести и длительной прочности металлов" (1959).

［9］ Осипов К. А. , Вопросы теории жаропрочироcти металлов и сплавов (1960).

［10］ Соколков Е. Н. , Лозинский М. Г. , Антинова Е. И. , *Металлове-дение и термические обработки металлов* , **11** (1958)，19.

［11］ Журков С. Н. , Санфирова Т. П. , *Ж. Т Ф.* , **28** (1958)，1719.

［12］ Пинес Б. Я. , Чайковский Э. Ф. , Калужинова Н. В. , *Ф. Т. Т.* , **1** (1959)，264.

［13］ Бочвар А. А. , Томсок Г. И. , Чеботорев Н. Т. , *Атом. Энер.* , **4** (1958)，555.

［14］ Blewitt T. H. , Coltman R. R. , Holmes D. K. and Noggle T. S. , ASM Symposium, Creep and Recovery (1957).

［15］ Harwood J. J. , The Metal Molybdenum, A. S. M. (1958).

［16］ Мальшев К. А. , Богачева Г. Н. , Садовский В. Д. , Устрогов П. А. , *Ф. М. М.* , **7** (1959)，102.

［17］ Гарбер Р. И. , Тиндин И. А. , Когаи В. С. , Дазарев Б. Г. , *ДАНСССР*, **110** (1956)，64.

［18］ Гарбер Р. И. , Тиндин И. А. , Дазарев Б. Г. , *Ф. Т. Т.* , **2** (1960)，1096.

［19］ Клявин О. В. , Степанов А. В. . *Ф. Т. Т.* , **1** (1959)，1733.

［20］ Koehler J. S. , Henderson J. W. and Bredt J. H. , ASM Symposium, Creep and Recovery (1957).

［21］ Всесоюзное Совещание по влиянию малых примесей на механические свойства и структуру металлов, 14 – 18/Ⅻ, 592, Свердловск 1959 年 12 月 ,Свердловск.

［22］ Blade J. C. , Clare J. W. H. , Lamb H. J. , *J. Inst. Met.* , **88** (1959 – 60)，365.

［23］ Beck P. A. , *Adv. Phys.* , **3** (1954)，245.

［24］ Beck P. A. , *Trans. AIME*, **194** (1952)，979.

［25］ Burke J. E. , ASM Symposium, Grain Control in Industrial Metallurgy (1948).

［26］ Guinier A. , Imperfections in Nearly Perfect Crystals (1952).

［27］ Burke J. E. , Turnbull D. , Progress in Metals Physics Ⅲ (1952).

［28］ Crussard C. , *Metaux, Corrosion-Industries* , **28** (1953).

［29］ Lacombe P. , *Metaux, Corrosion-Industries* , **28** (1953).

［30］ Cahn R. W. , ASM Symposium, Impurities and Imperfections (1955).

［31］ Hirsch P. B. , Progress in Metal Physics，Ⅵ (1956).

［32］ Hibband W. R. , Dunn C. G. , ASM Symposium, Creep and Recovery (1957).

［33］ Perryman E. C. W. , ASM Symposium, Creep and Recovery (1957).

［34］ Schmid E. and Boas W. ,晶体范性学(钱临照译,科学出版社,1958).

［35］ Barrett, C. S. , Structure of Metals (1952).

［36］ Cottrell A. H. ,晶体中的位错和范性流变(葛庭燧译,科学出版社,1960).

［37］ Уманский Я. С. 等,金属学物理基础(金属研究所译,科学出版社,1958).

［38］ McLean D. , Grain Boundaries in Metals (1957).

［39］ Walter J. L. , Dunn C. G. , *Trans. AIME*, **215** (1959)，465.

［40］ Honeycombe R. W. K. , *J. Inst. Met.* , **80** (1951 – 52)，45.

［41］ Li C. H. , Washburn J. , Parker E. R. , *Trans. AIME*, **197** (1953)，1223.

［42］ Burgers W. G. , Handbuch der Metallphysik Vol. 3, Part 2, (J. D. Edwards, Ann Arbor, Michigan, 1941).

［43］ Miller, R. F. , *Trans. AIME*, **111** (1934)，135.

［44］ Burgers W. G. , *Proc. Roy. Acad. Sci. Amsterdam*, **50** (1947)，452，595，719，858.

［45］ Cottrell A. H. , Progress in Metal Physics Ⅰ (1949).

［46］ Dronard R. , Washburn J. , Parker E. R. , *Trans. AIME*, **197** (1953)，1226.

［47］ Orowan E. , Pasol K. J. , *Nature*, **148** (1941)，467.

[48] Crussard C. , *Rev. Met.* , **41** (1944), 111, 133.

[49] Cahn R. W. , *J. Inst. Metals*, **79** (1951), 129.

[50] Orowan E. , Dislocations in Metals (AIME, 1954).

[51] Wood W. A. , Rachinga W. A. 等, *J. Inst. Met.* , **75** (1948－49), 693, **76** (1949－50), 237; **77** (1950), 423.

[52] Ramsey J. A. , *J. Inst. Met.* , **81** (1952－53), 61.

[53] 刘益焕、陶祖聪, 物理学报, **12** (1956), 550.

[54] Franks A. , Mclean D. , *Phil. Mag.* , **1** (1956), 101.

[55] Wei C. T. , Parthasarathi M. N. , Beck P. A. , *J. App. Phys.* , **28** (1957), 874.

[56] Maddin R. , Mathewson C. H. , Hibbard W. R. , *Trans. AIME*, **175** (1948), 86; **185** (1949), 527.

[57] Mott N. F. , *Phil. Mag.* , **43** (1952), 1151; **44** (1953), 741.

[58] Lutts A. H. , Beck P. A. , *Trans. AIME*, **200** (1954), 257; **206** (1956), 1226.

[59] Liu Y. C. , Hibbard W. R. , *Trans. AIME*, **197** (1953), 672.

[60] Liu Y. C. , Hibbard W. R. , *Trans. AIME*, **203** (1955), 1249.

[61] Koh P. K. , Dunn C. G. , *Trans. AIME*, **203** (1955), 401.

[62] Hu Hsun, *Trans. AIME*, **215** (1959), 320.

[63] 陈能宽、刘长禄, 金属学报, **3** (1958), 30.

[64] 颜鸣皋、周邦新, 未发表.

[65] Gay P. , Hirsch P. B. , Kelly A. , *Acta. Cryst.* , **7** (1954), 41.

[66] Cherian T. V. , Pietrokowsky P. , Dorn J. E. , *Trans. AIME*, **185** (1949), 948.

[67] Schwartzbart H. , Brown W. F. , *Trans. AIME*, **188** (1950), 1363.

[68] Aström H. U. , *Arkiv Für Fysik*, **10** (1955), 197.

[69] Seitz F. , *Phil. Mag.* , **1** (1952), 43.

[70] Clarebrough L. M. , Hargreaves M. E. , West G. W. , *Phil. Mag.* , **44** (1953), 913.

[71] Nicholas J. F. , *Phil. Mag.* , **46** (1955), 87.

[72] Druyevesteyn M. J. , Manintveld J. A. , *Nature*, **168** (1951), 868; **169** (1952), 623.

[73] Berghout C. W. , *Acta. Met.* , **4** (1956), 211.

[74] Michalak J. T. , Hibbard W. R. , *Trans. AIME*, **209** (1957), 101.

[75] Иванов В. И. , Осипов К. А. , *Изв. АН СССР, Метал. и Топл.* , **3** (1960), 79.

[76] Избранов П. Д. , Павлов В. А. , Родигин Н. М. , *Ф. М. М.* , **7** (1959), 915; **8** (1959), 434, 607.

[77] Бочвар А. А. , "Основы термической обработки сплавов" (1932).

[78] Шмарц В. Л. , *Ф. М. М.* , **5** (1957), 182.

[79] Вербовенко П. К. , *Ф. М. М.* , **9** (1960), 154.

[80] Горелик С. С. , Граник Г. И. , *Ф. М. М.* , **7** (1959), 426.

[81] Горелик С. С. , Кальянова С. М. , Розенберг В. М. , *Ф. М. М.* , **10** (1960), 251.

[82] Раузин Я. Р. , *Метал. Термич. и обра. метал.* , **4** (1958), 52.

[83] Савицкий Е. М. , Тылкина М. А. 等, *ДАН СССР*, **101** (1955) 857; **109** (1956) 794; **112** (1957) 276; **118** (1958) 720; **119** (1958) 274; **126** (1959) 771; **127** (1959) 310.

[84] Stanley J. K. , Mehl R. F. , *Trans. AIME*, **150** (1942), 260.

[85] Anderson W. A. , Mehl R. F. , *Trans. AIME*, **161** (1945), 140.

[86] Stanley J. K. , *Trans. AIME*, **162** (1945), 116.

[87] Засимчук Е. Э. , Курдюмов Г. В. , Лариков Л. Н. , *Изв. АН СССР сер. физ.* , **23** (1959), 615.

[88] Johnson W. A. , Mehl R. F. , *Trans. AIME*, **135** (1939), 416.

[89] Avrami M. , *J. Chem. Phys.* , **7** (1939), 1103; **8** (1940), 212; **9** (1941), 177.

[90] Perryman E. C. W. , *Trans. AIME*, **203** (1955), 1053.

[91] Иванов В. И. , Осипов К. А. , *Изв. АН СССР Метал. и Топл.* , (1960) № 2, 87.

[92] Cook M. , Richards T. L. , *J. Inst. Met.* , **73** (1947), 1.

[93] Decker B. F. , Harker D. , *Trans. AIME*, **188** (1950), 887.

[94] Becker R. , *Z. Phys.* , **7** (1926), 547.

[95] Taglor G. I. , Quinney H. , *Proc. Roy. Soc.* , **A 143** (1934), 307.

[96] Oriani R. A. , *Acta Met.* , **8** (1960), 134.

[97] Burgers W. G. , Louwerse P. C. , *Z. Phys.* , **67** (1931), 605.

[98] Cahn R. W. , *Proc. Phys. Soci.* , **63** (1950), 323.

[99] Aust K. T. , Koch E. F. , Dunn C. G. , *Trans. AIME*, **215** (1959), 90.

[100] Vandermear, R. A. Gordon, P. *Trans. AIME*, **215** (1959), 577.

[101] 王维敏、周邦新、陈能宽、物理学报,**16** (1960), 263.

[102] Perryman E. C. W. , *Acta Met.* , **2** (1954), 26.

[103] Chen N. K. (陈能宽), Maddin R. , *Trans. AIME*, **197** (1953), 300.

[104] Walter J. L. , Hibbard, W. R. *Trans. AIME*, **212** (1958), 731.

[105] Beck P. A. , Hu Hsun, *Trans. AIME*, **194** (1952), 83.

[106] 颜鸣皋,周邦新,物理学报,**14** (1958),121.

[107] 周邦新,王维敏,陈能宽,物理学报,**16** (1960),155;*Ф. М. М.* , **8** (1959), 885.

[108] 庄育智,吴昌衡,金属学报,**3** (1958),55.

[109] Извранов П. Д. , Додичин Н. М. , Павлов В. А. , *Ф. М. М.* , **9** (1960), 630.

[110] Bollmann W. , *J. Inst. Met.* **87** (1958 - 59), 439.

[111] Beck P. A. , Hu Hsun, *Trans. AIME*, **185** (1949), 627.

[112] Chen N. K. (陈能宽),Mathewson C. H. , *Trans. AIME*, **194** (1952), 501.

[113] Krongberg M. L. , Wilson F. H. , *Trans. AIME*, **185** (1949), 501.

[114] Maddin R. , Mathewson C. H. , Hibbard W. R. , *Trans. AIME*, **185** (1949), 655.

[115] Burgers W. G. , Verbraak C. A. , *Acta Met.* , **5** (1957), 765.

[116] Verbraak C. A. , *Acta Met.* , **6** (1958), 580.

[117] Rowland P. R. , *J. Inst. Met.* , **83** (1955), 455.

[118] Verbraak C. A. , *Acta Met.* , **8** (1960), 65.

[119] Dunn C. G. , *Acta Met.* , **1** (1953), 161.

[120] Dunn C. G. , Koh P. K. , *Trans. AIME*, **209** (1957), 81.

[121] Dunn C. G. , Koh P. K. , *Trans. AIME*, **212** (1958), 80.

[122] 周邦新,韩昌茂,待发表.

[123] Walter J. L. , *Acta Met.* , **7** (1959), 424.

[124] Detert K. , *Acta Met.* , **7** (1959), 589.

[125] Dunn C. G. , Walter J. L. , *Trans. AIME*, **218** (1960), 448.

[126] Beck P. A. , *Acta Met.* , **1** (1953), 230.

[127] Beck P. A. , Hu Hsun, Sperry P. R. , *J. Appli. Phys.* , **21** (1950), 420.

[128] Yoshida H. , Liebmann B. , Lücke K. , *Acta Met.* , **7** (1959), 51.

[129] Kohara S. , Parthasarathi M. N. , Beck P. A. , *Trans. AIME*, **212** (1958), 875.

[130] Becker J. J. , Hobstetter J. N. , *Trans. AIME*, **197** (1953), 1235.

[131] Graham C. D. , Cahn R. W. , *Trans. AIME*, **206** (1956), 517.

[132] Hu Hsun, Sperry P. R. , Beck P. A. , *Trans. AIME*, **194** (1952), 76.

[133] Burgers W. G. , Tiedema T. J. , *Acta Met.* , **1** (1953), 238.

[134] Richards T. L. , Pugh S. F. , *J. Inst. Met.* , **88** (1960), 399.

[135] Лайнер Д. И. , Крупникова- Перлина Е. И. , *Ф. М. М.* , **9** (1960), 542.

[136] Damash A. C. , *Acta Met.* , **4** (1956), 215.

[137] Fisher J. C. , *Acta Met.* , **2** (1954), 9.

[138] Ancker B. , Parker E. R. , *Trans. AIME.* , **200** (1954), 1155.

[139] Young F. W. , *J. App. Phys.* , **29** (1958), 760.

[140] Demmler A. W. , *Trans. AIME*, **206** (1956), 958.

[141] Albert P., Héricy J. L., *Comptes Rendus*, **242** (1956), 1612.

[142] Smart S., Smith A. A., *Trans. AIME*, **147** (1942), 48；**152** (1943), 103；**166** (1946), 144.

[143] Blade J. C., Clare J. W. H., Lamb H. J., *Acta Met.*, **7** (1959), 136.

[144] Lücke K., Detert K., *Acta Met.*, **5** (1957), 628.

[145] Olsen K. M., *Trans. ASM*, **52** (1960), 545.

[146] Курилех Л. П., *Метал. Термич. Обра. Метал.*, № 9(1959), 30.

[147] Савицкий Е. М., Тылкина М. А., Цычанова И. А., *Изв. АН СССР ОТД*, № 3 (1958), 96.

[148] Савицкий Е. М., Барон В. В., Иванова К. Н., *Инж-физ. Журн.*, № 11 (1958), 1.

[149] Phillips V. A., Phillips A., *J. Inst. Met.*, **81** (1952−53), 185.

[150] Perryman E. C. W., *Trans. AIME*, **203** (1955), 369.

[151] Неймарк В. Е., Розенберг, В. М. *Ф. М. М.*, **8** (1959), 314.

[152] 华西列夫 Л. И.,物理译报,**3** (1956),732.

[153] Inman M. C., Barr L. W., *Acta Met.*, **8** (1960), 112.

[154] Holmes E. L., Winegard W. C., *J. Inst. Met.*, **88** (1959−60), 468.

[155] Bolling G. F., Winegard W. C., *Acta Met.*, **6** (1958), 288.

[156] Aust K. A., Rutter J. W., *Trans. AIME*, **215** (1959) 119, 820.

[157] Rutter J. W., Aust K. T., *Trans. AIME*, **218** (1960), 682.

[158] Aust K. T., Rutter J. W., *Trans. AIME*, **218** (1960), 50.

[159] Yen M. K. (颜鸣皋), *Trans. AIME*, **185** (1949), 59.

[160] May J. E., Turnbull D., *Trans. AIME*, **212** (1958), 769.

[161] Oriani R. A., *Acta Met.*, **7** (1959), 62.

[162] Багаряцкий Ю. А., и. т. д., Рентгенография в физическом металловедии (1961).

[163] Давиденков Н. Н., *Зав. Лаб.*, **25** (1959), 318.

[164] Доботкин В. И., *Легкие сплавы* вып. I. АН СССР (1958), 200−221.

[165] Горелик С. С., Розенберг В. М., Рохлин Л. Л., Пробелемы металловедение и физики металлов, (1958), 522.

[166] Abrahamson E. P., Blackeney B. S., *Trans. AIME* **218** (1960), 1101；**221** (1961), 1196；1196；1199.

附录

  在金属的回复和再结晶这一领域内,近三年来,各国的科学工作者又进行了不少的工作,有了一定的进展,特别是利用电子衍衬金相技术,获得了较多的直接观察结果.

  自从 Bollmann[110]用电子衍衬金相技术研究了纯镍的再结晶过程后,又有许多工作者研究了钨[167]、银[168]、铝[169]、铜[170, 171]、铀[172]、铁镍[173]多晶以及铝[174]、铁硅[175-178]、铌[179]单晶体的形变、回复和再结晶问题,特别是用单晶体研究时,得到了更细致的结果. 概括起来说:金属经过较大的变形后,形成了明显的胞状结构(图46),这种结构的特点,是一些比较完整的(位错密度极低的)小区域是由位错密度极高的边界连结而构成的. 两个相邻小胞间的取向差别约为几度,并随形变量的增加而增大. 在样品退火时,位错因热激活而运动,重新排列而形成亚晶界和亚晶粒,发生了多边化. 退火温度升高,亚晶开始长大,其中某些亚晶进一步长大,就成为再结晶晶核. 至

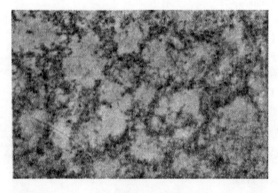

图46 (100)[001]取向铁硅单晶体经过 20% 轧制后的胞状结构 ×40 000

于哪些亚晶能进一步长大? 如何长大? 这还没有得到一致的看法[180, 181]. 1961 年以前的工作,在文献[182],[183]中已有了总结.

Walter[178]等研究了(100)[001]取向铁硅单晶体的冷轧及再结晶,观察到样品在经过大于 60%—70% 的轧制后,形成了明显的形变带结构,形变带之间还存在一层过渡带结构,将两个取向不同的形变带连结起来. 过渡带中又包括了 18—20 个次带,次带间的宽度为 0.2—0.3μm,两相邻次带间的取向差随压下量的不同,在 2°—4°之间变化. 在退火过程中,过渡带中首先形成明显的低角间界,分裂成许多亚晶. 亚晶界依靠亚晶间位错密度的不同而发生迁移. 某些亚晶的进一步长大就成为再结晶晶核(图 47). 因而,再结晶晶核取向也就保留了原先亚晶的取向. 这时再结晶晶核只是在形变带间的过渡带中形成. 胡郇[177]也研究了(100)[001]取向铁硅单晶体冷轧后的再结晶,不过他用了另外一种观点来解释实验所观察到的结果.

图 47 (100)[001]取向铁硅单晶体经过 70%轧制并在 700 ℃退火 5 分钟后在过渡带中的再结晶晶核(2)和多边化的形变带. 电子衍射照片表示 1—3 位置的取向 ×9 500

胡郇[176]将(110)[001]取向的铁硅单晶体,经过 70%轧制后制成薄膜,然后在电子显微镜中加热退火,直接观察再结晶过程. 实验结果指出,亚晶的长大不像一般晶粒长大,不是间界迁移过程,而是一种合并过程,这可以用位错从亚晶界中运动出去而导致亚晶界消失的过程来说明. 亚晶在合并长大过程中,取向也发生了转动. Li[184]分析了亚晶以合并方式长大的可能性,支持了这种观点. 亚晶的合并过程,可以用图 48 示意地表示. 这种机制类似于

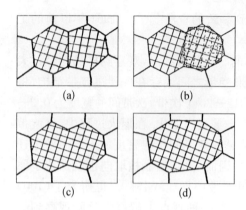

图 48 两个亚晶合并过程的示意图.
(a) 合并前的状态;(b) 其中一个亚晶经过转动;(c) 刚刚合并后的状态;(d) 亚晶界发生迁移后的状态.

Nielsen[185]的建议,他认为初次或二次再结晶晶核是由于两个取向相近的亚晶或晶粒,在长大过程中相遇合并而成,不过这时并不包括取向的改变. Hiraski[169]研究了多晶铝的亚晶长大后,也曾把亚晶长大过程区分为两类:一种是通常的间界迁移过程,另一种是亚晶集聚长大过程. 基于以上实验结果,胡郇认为再结晶晶核的形成是这样的过程:先是由于亚晶的合并长大,逐渐形成了大角度间界,然后亚晶在母体中发生择尤生长.

用电子衍衬金相技术直接观察薄膜样品加热退火过程中亚晶的长大,得出亚晶长大是一种合并过程,这是一个新的结果. 不过所用的样品是如此薄 (500—1 000 Å),亚晶的尺度相对于样品的厚度来说,已是它的好几倍,在这种情况下,亚晶的生长过程和大块样品中是否相同?另外薄膜的再结晶温度比大块样品的再结晶温度高许多[176],再结晶后的晶粒取向也很可能和大块样品中的结果不同. 因而,直接观察薄膜中再结晶过程所得到的结果,是否真实地反映了大块样品中的情况,是值得注意的一个问题.

用电子衍衬金相技术可以观察到回复和再结晶过程的早期阶段,得到了比较直接的结果. 但是要全面地认识这一过程,还必须进行更细致的研究,例如研究不同取向的单晶体在不同的硬化阶段的回复和再结晶过程.

参 考 文 献

[167] Jones, F. O., *J. Less-Common Met.*, **2** (1960), 163.

[168] Bailey, J. E., *Phil. Mag.*, **5** (1960), 833.

[169] Hiraski Fujita, *J. Phys. Soc. Japan*, **16** (1961), 397.

[170] Votava, E., Hatwell, H., *Acta Met.*, **8** (1960), 874.

[171] Votava, E., *Acta Met.*, **9** (1961), 870.

[172] Douglass, D. L., Bronisz, S. E., *Trans. AIME*, **227** (1963), 1151.

[173] Dash, S., Brown, N., *Acta Met.*, **11** (1963), 1067.

[174] Beck, P. A., Ricketts, B. G., Kelly, A., *Trans. AIME*, **215** (1959), 949.

[175] Hu Hsun (胡郇), Szirmac, A. *Trans. AIME.*, **221** (1961), 839.

[176] Hu Hsun (胡郇), *Trans. AIME*, **224** (1962), 75.

[177] Hu Hsun (胡郇), *Acta Met.*, **10** (1962), 1112.

[178] Walter, J. L., Koch, E. F., *Acta Met.*, **10** (1962), 1059;**11** (1963), 923.

[179] Stieglar, J. O., Dubose, C. K. H., Reed, R. E., McHargue, C. J., *Acta Met.*, **11** (1963), 851.

[180] Walter, J. L., Koch, E. F., *Acta Met.*, **11** (1963), 999.

[181] Hu Hsun (胡郇), *Acta Met.*, **11** (1963), 1000.

[182] Bailey, J. E., "Electron Microscopy and Strength of Crystals" (Interscience, New York. 1963). p. 535.

[183] Hu Hsun (胡郇), "Electron Microscopy and Strength of Crystals" (Interscience, New York, 1963), p. 564.

[184] Li, J. C. M., *J. Appl. Phys.*, **33** (1962). 2958; *J. Aust. Inst. Met.*, **8** (1963), 206.

[185] Nielsen, J. P., *Trans, A. I. M. E.*, **200** (1954), 1084.

α铀的冷轧及再结晶织构[*]

摘 要：研究了α铀在150 ℃和350 ℃经过60％,75％,84％和93％轧制后的织构,以及84％轧制退火后的再结晶织构.样品在150 ℃轧制后的主要织构是(025)[0$\bar{5}$2],其他还有较弱的(103)[0$\bar{1}$0]、(1412)[121$\bar{2}$5]和(227)[1$\bar{1}$0]织构;在350 ℃轧制后的主要织构是(103)[0$\bar{1}$0]和(025)[0$\bar{5}$2],另外还有较弱的(1412)[121$\bar{2}$5]和(227)[1$\bar{1}$0]织构.样品在520 ℃退火后的再结晶织构,除了多一组较弱的(100)[0$\bar{1}$0]织构外,其他仍保留了轧制织构的取向.

分析轧制织构和再结晶织构的取向后,认为这仍然是一种同位再结晶过程,而其中较弱的(100)[010]织构是其他织构孪晶取向的迭加.样品在150 ℃和350 ℃轧制后的织构强弱不同,可能是由于作用孪生系随轧制温度不同而改变的缘故.

α铀的冷轧及再结晶织构曾有过一些研究[1-4],但结果不大一致,这很可能是由于原材料中初始织构不同,或者是由于微量杂质影响的缘故.

α铀属于对称性比较低的正交结构,形变机构比较复杂.随着形变温度改变,形变机构也会发生改变,因而加工织构也就不同.

阿达姆(Adam)等[1]曾比较了300—400 ℃轧制织构与500—600 ℃轧制织构的差别.但由于轧制温度较高,这时造成轧制织构差别的原因不仅是形变机构的不同,同时还包括了再结晶的影响.塞伊谋尔(Seymour)[2]和穆埃勒(Mueller)等[3]分别研究了室温和300 ℃轧制后的织构,但由于样品准备过程及原始织构的不同,所以也不可能相互比较.

我们研究了α铀在150 ℃和350 ℃经过60％、75％、84％和93％轧制后的加工织构,以及84％轧制后的再结晶织构.讨论了由于轧制温度不同而造成织构差异的原因.

1 实验方法

1.1 样品制备

直径为30毫米,厚为20毫米的半圆块状样品,在约600 ℃时锻造成截面为7.2×8.5毫米^{2}大小的条状样品,经过600 ℃退火1小时后再进行轧制.样品最后轧制是在油炉中加热,每轧一次后将样品加热一次,然后再轧.轧辊直径为80毫米.

1.2 织构的测定

由于α铀强烈地吸收X射线,所以不能采用透射法而只能采用反射法来测定极图.整个装置如图1所示.样品切成9×9毫米^{2}后,迭成一个立方体,分别从轧面、轧向端面和横向端面测出极图的一部分,然后,将它们拼成一个完整的极图.绘制极图的网子如图2所示.

α铀不同晶面的X射线衍射谱线相互间非常靠近,例如以CuK$_a$辐照时,(110)和(021)

---

* 本文合作者：刘起秀.原发表于《原子能科学技术》,1965(2)：138-147.

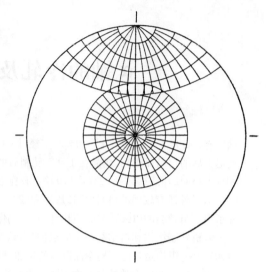

1—从样品轧面测定极图时样品的安置方法；
2—从样品轧向端面或横向端面测定极图时样品的安置方法.

图1 测定织构的装置图

图2 绘制极图的网子图

晶面的布拉格角只相差约 0.3°. 因此，必需注意选择宽度适当的狭缝，以避免不同晶面谱线强度的相互干扰. 样品在 520 ℃ 退火后的晶粒非常细小，不需用强度积累的办法就可以测量衍射强度.

2 实验结果和讨论

图3是样品轧制时宽展度随压下量变化的曲线. α铀轧制后的宽展度比在相似条件下轧制的铜、铁硅(1.9％Si)和锌的样品都大. 显然，这和α铀形变机构的特点是直接有关的.

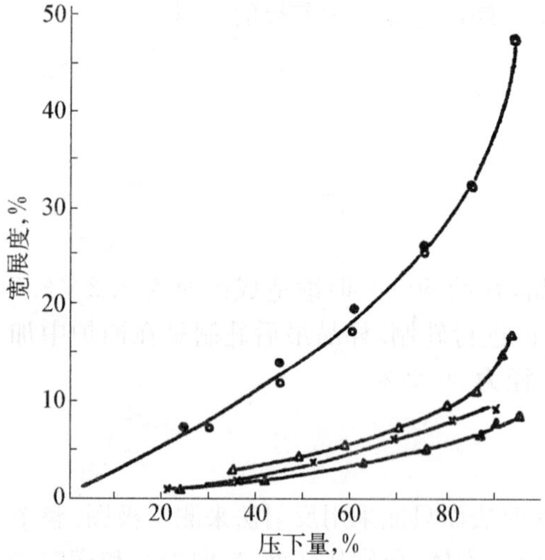

2.1 轧制织构

图 4a—d 和图 5a—d 分别是样品在 150 ℃ 和 350 ℃ 经过 84％轧制后测出的(001),(010),(110)和(021)极图. 分析这四个不同晶面的极图后，可以把轧制织构的理想取向定为(025)[0$\bar{5}$2],(103)[0$\bar{1}$0],(1412)[12125]和(227)[1$\bar{1}$0]四种. 图 6a 与 b 是这四种取向的标准极图. 仔细地比较极图的形状后，可以看出样品在不同温度轧制后的织构是有差异的：样品在 150 ℃ 轧制后，主要的织构是(025)[0$\bar{5}$2]，但在350 ℃ 轧制后，主要的织构是(103)[0$\bar{1}$0]和(025)[0$\bar{5}$2].

图 7a 与 b 是样品在 150 ℃ 和 350 ℃ 经过60％,75％,86％和 93％轧制后测出的(001)极

图3 铀在 150 ℃ 和 350 ℃ 轧制，以及铜、铁硅(1.9％Si)和锌在室温轧制时宽展度随压下量的变化

○—150 ℃轧 α铀；●—350 ℃轧 α铀；
△—Fe–Si；×—Zn；▲—Cu.

图3纵坐标：宽展度,% 横坐标：压下量,%

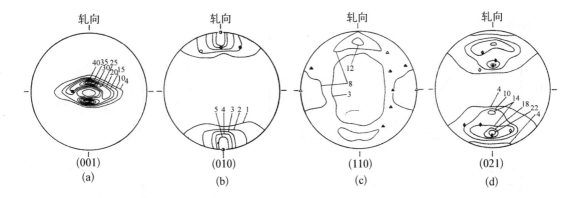

图 4 铀在 150 ℃经过 84％轧制后测出的(001)、(010)、(110)和(021)极图

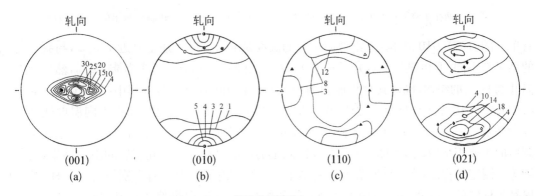

符号意义同图 4.

图 5 铀在 350 ℃经过 84％轧制后测出的(001)、(010)、(110)和(021)极图

图(只是极图的中心部分). 从(001)极图中纵向和横向强度的分布，可以明显地看出(025)[0$\bar{5}$2]和(103)[0$\bar{1}$0]织构强弱的变化. 样品在 150 ℃经过 60％轧制后，(025)[0$\bar{5}$2]就已经成为最强的织构，随着压下量的增加，(025)[0$\bar{5}$2]织构更集中，而(103)[0$\bar{1}$0]织构始终是处于较弱的状态. 但样品在 350 ℃轧制后的结果就和 150 ℃轧制后的情况不同，样品经过不同压下量后，(103)[0$\bar{1}$0]和(025)[0$\bar{5}$2]织构的强弱始终相当，(103)[0$\bar{1}$0]织构比样品在 150 ℃轧制时有

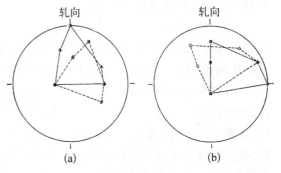

符号意义同图 4.

图 6 (103)[0$\bar{1}$0]、(227)[1$\bar{1}$0]、(025)[0$\bar{5}$2]和(1412)[1212$\bar{5}$]取向的标准极图

了显著的增强. 样品在 150 ℃和 350 ℃经过 60％轧制后，再继续在室温下轧制到 86％和 93％，结果与样品直接在 150 ℃轧制后的结果相同，主要的织构是(025)[0$\bar{5}$2].

比较过去研究 α 铀轧制织构的结果，可以看出有很多地方不一致，这在穆埃勒等[3]的工作中有详细的比较. 米切耳(Mitchell)等[4]的研究结果指出：α 铀在低温经过 60％轧制后，只

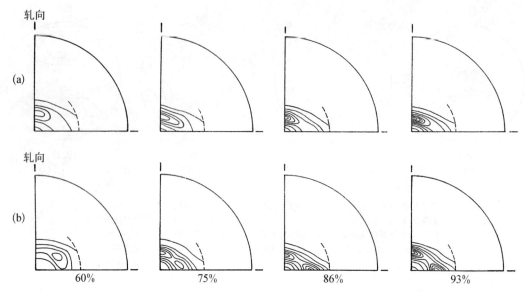

图 7 铀在 150 ℃(a)和 350 ℃(b)经过 60％,75％,86％和 93％轧制后测出的(001)极图

有单一的(103)[0Ī0]织构,无论他们试验的温度是靠近 350 ℃还是靠近 150 ℃,与我们得到的结果都不同. 塞伊谋尔[2]研究了 α 铀在 575 ℃轧制 85％,在 275 ℃轧制 65％,然后再在室温轧制 90％的织构,确定其理想取向为(102)[0Ī0]和(012)[0Ż1],其中(102)[0Ī0]取向和(103)[0Ī0]接近,(012)[0Ż1]取向和(025)[0Ŝ2]接近. 显然,这是样品在不同温度轧制后的综合结果,并不代表样品在室温下轧制后的结果.从我们的实验结果可以断定,α 铀在室温轧制后的主要织构应该是(025)[0Ŝ2]. 我们测定的样品是在 350 ℃轧制后的织构结果,与穆埃勒等[3]测定的样品(在 300 ℃轧制后的结果)大致是相同的,但也有个别织构不一样,其中穆埃勒等标定的(146)[4Ī0]织构不适合我们的结果. 这个取向虽然在(001)和(110)极图中吻合,但在(010)和(021)极图中就不吻合. 我们认为(110)极图中的高强度区域,很可能是由于几种织构强度漫散迭加的结果.

卡耳南(Calnan)等[5]考虑了(130)[3Ī0]和(172)[3Ī2]孪生以及(010)[100]滑移后,对轧制织构所作出的预言,并不完全与实验结果相符合[1—3],这可能是由于某种未知形变机构发生作用的结果. 至今从实验中已观察到的孪生系有(130)[3Ī0]、(172)[3Ī2]、(112)[3Ż2]、(121)[3Ż1]和(176)[5Ī2][1,7,8];滑移系有(010)[100]、(110)[1Ī0]、(011)[×××];在高温时还有(001)[100]和(021)[1Ī2][9]. 弗兰克(Frank)[10]将 α 铀与密排六方结构比较后,推测 α 铀中还可能存在着(011)[0Ī1]孪生系,或许因为它的切变 S 较大,所以未能观察到. 我们按照卡耳南等的方法考虑了(112)[3Ż2]和(121)[3Ż1]孪生系后,对卡耳南等的结果并没有改进,仍不能说明轧制后(025)[0Ŝ2]和(1412)[12 12 5]织构的形成. 但是,如果把(176)[5Ī2]孪生系以及可能存在的(011)[0Ī1]孪生系考虑在内的话,就可以很好地说明(025)[0Ŝ2]和(1412)[12 12 5]织构的形成.

随着形变温度的改变,不同滑移系的临界切应力会发生变化,因而作用滑移系也会发生改变[9]. 孪生系是否也有随形变温度的改变而变化的情况,过去并未进行观察. 如果卡耳南等对于形成加工织构的理论分析是正确的话,那么样品在 150 ℃和 350 ℃轧制后的(025)[0Ŝ2]织构和(103)[0Ī0]织构强度的不同,可能是由于孪生系随形变温度不同而改变的结果.

2.2 再结晶织构

图 8a—d 和图 9a—d 分别是样品在 150 ℃ 和 350 ℃ 轧制,并在 520 ℃ 退火 1 小时后测出的(001)、(010)、(110)和(021)极图,其形状和轧制织构的极图很相似.样品退火后除了多一组(100)[010]织构外,其他仍可用(103)[01̄0],(025)[05̄2]、(1412)[12125]和(227)[11̄0]四组织构取向来描述.在不同温度轧制的样品,退火后的再结晶织构也各有不同,从(001)极图中可以看出:在 350 ℃ 轧制退火后的样品中,有一个比较强的(001)[010]织构(可看作是(103)[01̄0]和(025)[05̄2]织构的漫散分布),但在 150 ℃ 轧制退火后的样品中就没有.

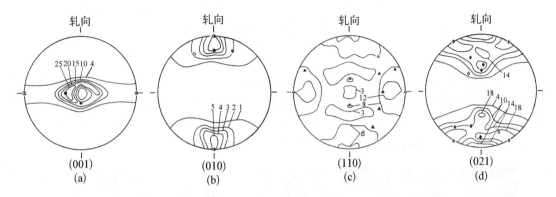

符号意义同图 4.

图 8 铀在 150 ℃ 经过 84％轧制并在 520 ℃ 退火 1 小时后测出的(001)、(010)、(110)和(021)极图

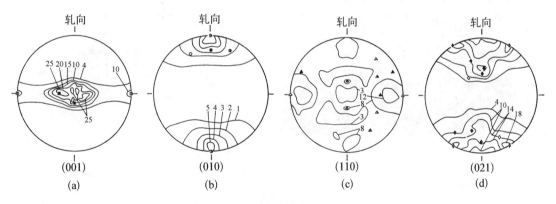

符号意义同图 4.

图 9 铀在 350 ℃ 经过 84％轧制并在 520 ℃ 退火 1 小时后测出的(001)、(010)、(110)和(021)极图

样品退火后的再结晶织构,基本上保留了轧制织构的取向,这可能是一个同位再结晶过程,而弱的(100)[010]织构,可以看作是(103)[01̄0]、(025)[05̄2]、(1412)[12125]和(227)[11̄0]四种织构孪晶取向的迭加,孪生系为(112)[37̄2][①],晶体取向间的关系如图 10 所示.这时孪晶是由于样品在冷却过程中发生的热应力而产生的.这种再结晶织构形成的机制,仍然可以被同位再结晶-择尤长大的普遍机制所概括[11].穆埃勒等[3]对再结晶织构取向与轧制

---

① 卡恩(Cahn)[6]在研究 α 铀晶体依靠热应力产生变形时,观察到(112)[37̄2]孪生系,但其他工作者在用压缩方法研究 α 铀单晶体变形时,却没有观察到这种孪生系.这可能是由于形变温度的影响.样品在加热后的冷却过程中,在(112)[37̄2]孪生系上发生孪晶可能比较有利.

织构取向间的晶体几何学分析,可能并不暗示任何再结晶织构形成的机制,不然为什么两者取向关系的旋转轴可以是[010],也可以是[100],并且旋转的角度还可以变化在 20—70 ℃ 这样大的幅度内呢!

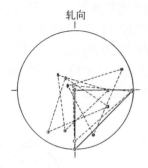

轧向

○ ⊗ ◎ ◯ ○ 分别代表以上四种取向晶粒的(112)[3$\bar{7}$2]孪晶
取向和(100)[010]取向的(010)晶面的极;

▣ ⊠ ▣ ▢ 分别代表以上四种取向晶粒的(112)[3$\bar{7}$2]孪晶
取向和(100)[010]取向的(001)晶面的极;

◑ ◒ ◐ ◓ ◯ 分别代表以上四种取向晶粒的(112)[3$\bar{7}$2]孪晶
取向和(100)[010]取向的(100)晶面的极.

图 10 (103)[0$\bar{1}$0]、(227)[1$\bar{1}$0]、(025)[0$\bar{5}$2]和 (14$\bar{1}$2)[1212$\bar{5}$]取向晶粒的(112)[3$\bar{7}$2]孪晶取向和 (100)[010]取向的标准极图

图 11a 是样品在 520 ℃ 退火 1 小时后的金相照片,我们找到了一种电抛光条件,它能够很好地显露出 α 铀的晶粒组织,而不需要在偏振光下观察. 样品在 520 ℃ 退火后,晶粒非常细小,平均直径约只有 5 微米. 图 11b 是用甘油-磷酸-酒精电解液抛光的样品,由于严重的轧制加工,夹杂物明显地沿着轧制方向成带状分布.

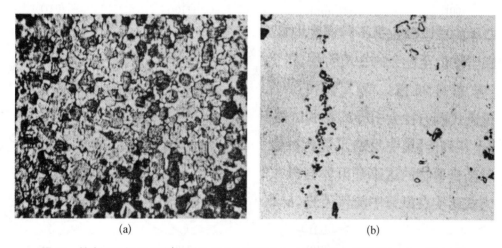

(a)   (b)

图 11 铀在 150 ℃ 经 84% 轧制并在 520 ℃ 退火 1 小时后的金相组织(×400,轧向↑)

3 结论

(1) α 铀在 150 ℃ 轧制后最强的织构是(025)[0$\bar{5}$2],其他还有较弱的(103)[0$\bar{1}$0]、(14$\bar{1}$2)[1212$\bar{5}$]和(227)[1$\bar{1}$0]织构;样品在 350 ℃ 轧制后最强的织构是(103)[0$\bar{1}$0]和(025)[0$\bar{5}$2],另外还有较弱的(14$\bar{1}$2)[1212$\bar{5}$]和(227)[1$\bar{1}$0]织构.

(2) 考虑了(130)[3$\bar{1}$0]、(172)[3$\bar{1}$2]和(112)[3$\bar{7}$2]孪生,以及不多的(010)[100]和(110)[1$\bar{1}$0]滑移后,可以解释(103)[0$\bar{1}$0]和(227)[1$\bar{1}$0]轧制织构的形成;如果再加上(176)[5$\bar{1}$2]和(011)[0$\bar{1}$1]孪生后,就可以解释(025)[0$\bar{5}$2]和(14$\bar{1}$2)[1212$\bar{5}$]轧制织构的形成.

(3) 铀在 150 ℃ 轧制后,(025)[0$\bar{5}$2]织构远比(103)[0$\bar{1}$0]织构强;但在 350 ℃ 轧制后两者强弱相当,这可能是由于孪生系随形变温度改变而有不同的缘故.

(4) 铀在 150 ℃ 和 350 ℃ 轧制退火后的再结晶织构,仍保留了轧制织构的取向,而其中

较弱的(100)[010]织构,可以看作是其他织构孪晶取向的迭加.

(5)分析轧制织构和再结晶织构取向间的关系后,认为再结晶织构的形成仍然是一个同位再结晶过程.可以被同位再结晶-择尤长大的普遍机构所概括.

参 考 文 献

[1] J. Adam and J. Stephenson, *J. Inst. Met.*, 82, 561 (1952—53).

[2] W. Seymour, *Trans. AIME.*, 200, 999 (1954).

[3] M. H. Mueller, H. W. Knott and P. A. Beck, *Trans. AIME*, 203, 1214 (1955).

[4] C. M. Mitchell and J. F. Rowland, *Acta Met.*, 2, 559 (1954).

[5] E. A. Calnan and C. J. B. Clews, *Phil. Mag.*, 43, 93 (1952).

[6] R. W. Cahn, *Acta Met.*, 1, 49 (1953).

[7] L. T. Lloyd and H. H. Chiswik, *Trans. AIME*, 203, 1206 (1955).

[8] R. O. Teeg and R. E. Ogilvie, *J. Nucl. Met.*, 3, 81 (1961).

[9] H. M. Finniston, Progress in nuclear energy, Series V, p. 28.

[10] F. C. Frank, *Acta Met.*, 1, 71 (1953).

[11] 周邦新、颜鸣皋,物理学报,19, 633 (1963).

热轧铁硅单晶体再结晶的研究*

摘　要：研究了含硅 3.25％ 的铁硅单晶体，在加热到 900 ℃经过 35％轧制后的组织结构，和退火后的再结晶织构。观察到样品轧制后在厚度内的畸变程度是不均匀的. 退火时在畸变较大的表面层中先发生再结晶，然后再结晶晶粒向着畸变较小的中心层生长. 用金相和 X 射线技术研究后证明：在表面层中与再结晶织构取向相同的轧制织构已经存在，这时同位再结晶是形成再结晶织构的主要原因；样品在高温退火后形成的再结晶织构，是由于表面层中已再结晶的晶粒向着中心层择优生长的结果.

冷轧单晶体的再结晶问题，在不同的金属中都进行过不少的研究，对铁硅单晶体也有了较细致的工作[1]. 从这些研究结果中，可以总结出不少有用的规律，但对再结晶形核以及再结晶织构形成等问题，仍不能做出完全满意的解释.

过去对热轧单晶体的再结晶问题，还研究得较少. 由于提高了变形温度，影响到形变后的组织结构，这样，可能会造成再结晶行为的差异，研究这些差异，可以丰富对再结晶问题的认识.

研究了铁硅单晶体加热到 900 ℃轧制后的组织结构，以及退火时的再结晶过程和再结晶后的晶粒取向. 研究结果表明，当试验条件改变时，形成再结晶织构的主导因素也会有所不同：在样品表面层中，同位再结晶是形成再结晶织构的主要原因；但样品在高温退火后形成的再结晶织构，则是表面层中已再结晶晶粒的择优长大.

1　实验方法和结果

利用铁硅合金（3.25％Si）的二次再结晶过程，制备了 30×120 毫米^2、厚 0.75 毫米的单晶体. 用 X 射线劳埃背反射照相方法测定晶体的取向. 样品用 0.6 毫米厚的相同材料包好后，加热到 900 ℃进行轧制，全部压下量在一次轧制过程中完成. 轧辊直径为 190 毫米. 轧制后的样品在真空电炉中加热到不同温度退火后，用金相和 X 射线方法研究了它们的组织结构和取向关系.

本实验研究了 A，B 两个样品，A 样品的取向接近（110）$[1\bar{1}2]$，B 样品的取向接近（110）$[1\bar{1}4]$.

1.1　加热轧制后的样品的组织结构

A 样品加热到 900 ℃经过 35％轧制后，从样品的纵截面和横截面上，都可以观察到在接近样品厚度的中间，由于轧制变形产生了一层界面，把样品分为上下两层. 为了便于叙述，分别称为 a 和 b 层（参看图 2a）. 相似的情况在 B 样品中同样存在.

---

* 本文合作者：陈能宽. 原发表于《金属学报》，1965，8(2)：244 - 252.

图 1a,b 分别是从 A 样品热轧后的 a,b 层表面层中测出的 (110) 极图,图 1c 是把分别从 $a,$ b 层中心部分测出的 (110) 极图重迭在一起的结果. 从图中可以看出 a,b 层中心部分的取向,以及每一层的中心和它表面层的取向是有差别的. 表面层的织构比中心部分的织构漫散,a 层的织构又比 b 层的织构漫散,这说明表面层中的畸变大于中心部分;a 层中的畸变大于 b 层.

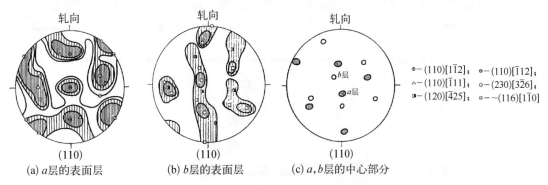

| (a) a 层的表面层 | (b) b 层的表面层 | (c) a,b 层的中心部分 |

$\oplus - (110)[1\bar{1}2];$ $\ominus - (110)[\bar{1}12];$
$\wedge - (110)[\bar{1}11];$ $\circ - (230)[3\bar{2}6];$
$\blacksquare - (120)[\bar{4}25];$ $\sim - (116)[1\bar{1}0]$

图 1(a)至(c)   A 样品加热到 900 ℃ 经轧制 35% 后测出的 (110) 极图

为了研究分层结构和压下量之间的关系,沿 B 样品的轧制方向,覆盖上一层厚度不均匀的相同材料,样品经过轧制后,沿着轧制方向就可以获得不同的压下量. 测定了从压下量相当于 10% 和 30% 处取下的两个样品的极图后,可以看出 a,b 层取向的差别随着压下量增加也逐渐增加.

1.2   经热轧后的样品在退火时组织结构的变化

图 2 是经过 35% 热轧的 A 样品在不同温度退火 1 分钟后从纵截面上观察到的金相组织. 样品经轧制和 500 ℃ 退火后,在畸变较大的表面层中可以观察到亚结构(图 2a),随着退火温度升高,亚结构发生长大,再结晶晶粒就在已形成亚结构的表面层中形成(图 2c). 由于 a 层表面层的畸变大于 b 层表面层,亚结构在 a 层表面层中也更细密,并且再结晶温度低、晶核数目也多. 表面层中再结晶后的某些晶粒,在退火温度升高时继续长大,吞并了还处于畸变状态的中心层,完成了再结晶过程. 图 3 是热轧后的 A 样品在 1 050 ℃ 退火 30 分钟后,测定了 27 个晶粒的取向绘成的 (110) 极图,其中包括 ~ (116)$[1\bar{1}0]$,(120)$[\bar{4}25]$ 和 (221) $[5\bar{1}8]$ 三种取向.

为了分别研究 a,b 层的再结晶情况,以及 a,b 层表面层的再结晶情况,将样品用稀硝酸腐蚀去 a 层(或 b 层),或者腐蚀去 a,b 层的表面层,然后再退火. 图 4a 是样品在 680 ℃ 退火后从已再结晶的 a 层表面层中测出的 (110) 极图,主要织构是 (110)$[\bar{1}12]$. 图 4b 是去除了 b 层,保留了 a 层(同时也保留了 a 层的表面层)的样品,在 1 030 ℃ 退火后测出的 (110) 极图,其中主要的织构是 (120)$[\bar{4}25]$ 和 (221)$[5\bar{1}8]$. 图 5a 是 b 层在 860 ℃ 退火后从已再结晶的表面层中测出的 (110) 极图,再结晶织构是 ~ (116)$[1\bar{1}0]$. 图 5b 是去除了 a 层,保留了 b 层(同时也保留了 b 层表面层)的样品,在 1 030 ℃ 退火后测出的 (110) 极图,其织构与 b 层表面层的完全相同.

图 6 是去除了 a,b 层的表面层(a 层去除了 0.15 毫米,b 层去除了 0.10 毫米)的样品,在 1 050 ℃ 退火后测出的 (110) 极图,它与样品在保留着 a,b 层表面层时退火后的再结晶织构不同,而与热轧后 a,b 层中心部分的取向比较接近.

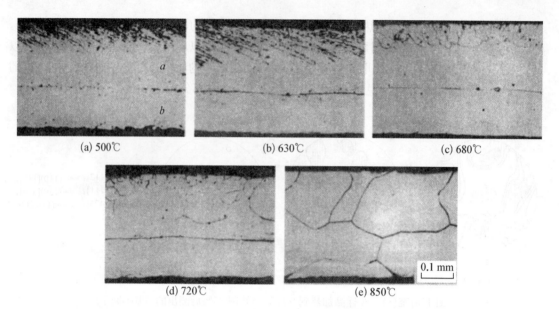

(a) 500℃   (b) 630℃   (c) 680℃

(d) 720℃   (e) 850℃

0.1 mm

图 2a 至 e A样品加热到 900 ℃经轧制 35％，在不同温度退火 1 分钟后从样品纵截面上观察到的金相组织　×100

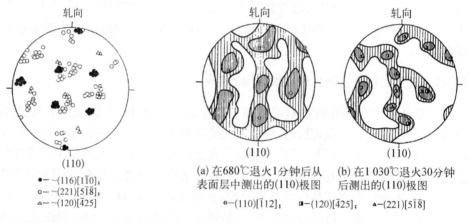

轧向

(110)

● — ～(116)[1$\bar{1}$0]；
○ — ～(221)[5$\bar{1}$8]；
△ — ～(120)[$\bar{4}$25]

图 3 轧制后的 A 样品在 1 050 ℃退火 30 分钟后测出的 (110) 极图

轧向　　　　　　轧向

(110)   (110)

(a) 在680℃退火1分钟后从表面层中测出的(110)极图   (b) 在1 030℃退火30分钟后测出的(110)极图

⊖—(110)[$\bar{1}$12]；　 ◼—(120)[$\bar{4}$25]；　 ▲—(221)[5$\bar{1}$8]

图 4(a) 与 (b) 从轧制后的 A 样品中取出的 a 层,在不同温度退火后的 (110) 极图

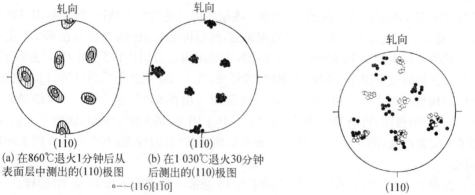

轧向　　　　　　轧向

(110)   (110)

(a) 在860℃退火1分钟后从表面层中测出的(110)极图   (b) 在1 030℃退火30分钟后测出的(110)极图

□—～(116)[1$\bar{1}$0]

图 5(a) 与 (b) 从轧制后的 A 样品中取出的 b 层,在不同温度退火后测出的 (110) 极图

轧向

(110)

图 6 A 样品轧制后,去除了 a,b 层的表面层,然后在 1 050 ℃退火 30 分钟测出的 (110) 极图

1.3 (110)[001]取向单晶体在室温及加热到 900 ℃ 轧制时形变机构的观察

铁硅单晶体热轧后的组织结构以及再结晶织构,与冷轧后的结果完全不同[2],这是由于形变温度的影响. 为了了解这种原因,观察了(110)[001]取向的单晶体((110)面和[001]方向的偏离都在 2 度以内),在室温及加热到 900 ℃ 轧制时的形变机构. 样品被切成 15×15 毫米^2 经过电解抛光后,用一块窄于样品的相同材料,沿着轧向垫在样品的中间,外面再包一层相同的材料. 样品经过轻微轧制后,在垫片压痕附近,可以看到变形后留下的滑移及攀生痕迹. 样品热轧时是在通入干氢的管式电炉中加热.

图 7 是样品在室温轧制后的滑移和孪生痕迹. 由滑移痕迹所显示的滑移面是(101)和(011)(或(01$\bar{1}$)和(10$\bar{1}$)),孪生面是(112)(或(11$\bar{2}$)),与过去观察到的结果是一致的[2]. 图 8 是样品加热到 900 ℃ 轧制后,滑移痕迹从压痕附近延伸到样品边缘的情况,这时不再有孪生出现,滑移痕迹与轧向间的夹角也与室温轧制后的不同,由样品边缘附近的滑移痕迹判断出的滑移面是(123)(或(21$\bar{3}$))和(112)(或(11$\bar{2}$)). 在这两组滑移之间,还有短的交滑移痕迹. 滑移痕迹在压痕附近发生弯曲的现象,可能与压痕处晶体受到了较大的变形有关.

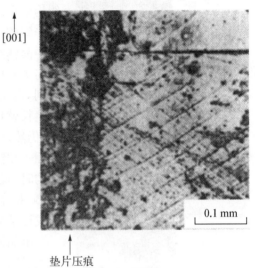

图 7 (110)[001]取向的单晶体在室温沿[001]方向轧制后,在压痕附近观察到的滑移和孪生痕迹 ×100

2 结果讨论

热轧单晶体的再结晶问题,过去还一直没有研究过. 热轧时由于在晶体厚度内造成了畸变程度的不均匀分布①,使再结晶可以先从畸变大的一层开始,然后向畸变较小的一层发展,这样不仅可以了解再结晶晶粒的生长与形变母体取向间的关系,并且还可以分别研究每一层的再结晶情况来判断再结晶织构形成的原因. 从以上实验结果可以看出,虽然 a,b 层表面层的轧制织构和再结晶织构取向间,都可以找到沿〈110〉相差～25 度的几何关系,但是,并不能因此就认为"定向生长"是形成再结晶织构的主要原因,如果这是主要的原因,那么由于 a,b 层表面层中的主要轧制织构相同,退火后的再结晶织构也应该相似,但实验结果并不如此. 从再结晶织构的取向在轧制织构中已经存在这一事实出发,可以认为在 a,b 层的表面层中,同位再结晶是形成再结晶织构的主要原因,晶核与形变母体间有利的取向关系只是其次的原因.

从分别研究 a,b 层再结晶织构的结果中(图 4b,5b)可以看出,a,b 层在高温退火后得到的再结晶织构,完全是由于表面层中再结晶后的晶粒继续长大的结果. 在 a 层表面层中,由于再结晶织构比较漫散,当表面层中的晶粒向中心层生长时,就有选择的余地,因而 a 层在高温退火后的主要织构与 a 层表面层在较低温度退火后的主要织构不同,但是仍在它的取

① 这种畸变程度的不均匀分布,很可能是由于外面覆层与样品紧贴着的缘故,或者是轧制时在样品厚度内温度分布不均匀的缘故.

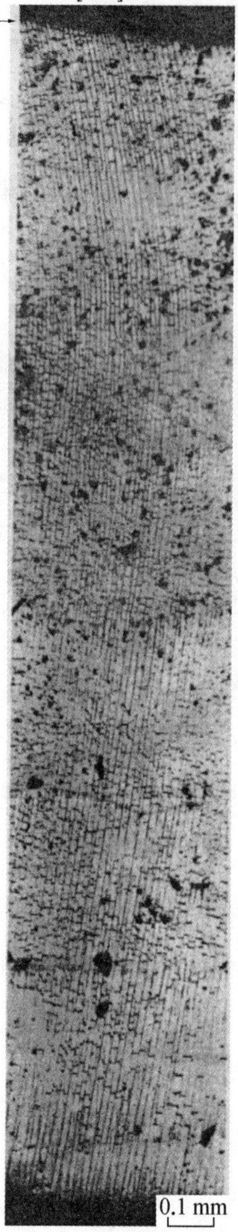

图8 (110)[001]取向的单晶体,加热到 900 ℃沿[001]方向轧制后,滑移痕迹从压痕附近延伸到样品边缘的情况 ×100

向散布范围以内. 在 b 层表面层中的再结晶织构非常集中,因而 b 层在高温退火后的织构与 b 层表面层的再结晶织构完全相同. 样品在 1 050 ℃退火后形成的织构(图 3),也只是 a,b 层再结晶织构的迭加,但是当样品去除了 a,b 层表面层再退火时形成的织构(图 6),就和未去表面层的结果不同(图 3). 这说明再结晶晶粒的取向并不取决于形变母体中最强织构的取向,也就是不能只用定向生长来说明再结晶织构的形成,这和以前研究钼[3]、铁硅[4]单晶时得到的结论是一致的.

晶体经过变形后,如果在宏观区域内(如像样品的表面层与中心层)存在不均匀的畸变时,由于发生再结晶的先后差别,当先再结晶的晶粒吞并畸变较小的地区而长大时,择优生长就比较明显,但在畸变较大,先发生再结晶的地区内,仍然是一种同位再结晶过程. 这样,也就可以理解在研究钼[3]和铁硅[4]单晶,以及铁硅[5]和纯铜[6]多晶的再结晶织构时,观察到同位再结晶是形成再结晶织构的主要原因,而 Beck 等[7,8]用铝单晶所做的实验,却说明了择优生长是形成再结晶织构的主要原因.

单晶体经过热轧后产生分层结构的现象,虽然未进行细致研究,不过从分层结构在高温形变后才产生,以及两层取向间的差别随形变度增加而增加的事实来看,显然是由于形变过程中增殖的大量位错,由于应力及温度的作用,在接近样品厚度的中心处堆积成一道"墙",形成了如象晶粒间界的界面. 由于位错集中而排成了"墙",所以 a,b 层中的位错密度大大减少,取向仍然非常集中. 胡郁[9] 将(110)[001]取向的铁硅单晶体加热到 1 000 ℃经过 70％轧制后,得到的(111)[11$\bar{2}$]织构也很集中. 这可能是单晶体在较高温度轧制后的普遍现象.

3 结论

(1) (110)[1$\bar{1}$2]和(110)[1$\bar{1}$4]取向的铁硅单晶体加热到 900 ℃轧制后,在接近样品厚度的中心处形成了一层如像晶粒间界的界面,产生了分层结构. a,b 两层取向间的差别随着形变量增加而增加,但每层中的取向仍然非常集中.

(2) 样品加热到 900 ℃轧制后,畸变在样品厚度内的分布是不均匀的. 退火时,在畸变较大的表面层中先发生再结晶,然后再结晶晶粒向着畸变较小的中心层生长.

(3) 在 a,b 层的表面层中,与再结晶织构取向相同的轧制织构已经存在,这时同位再结晶是形成再结晶织构的主要原因. 而样品在高温退火后形成的再结晶织构,是由于表面层中已再结晶的晶粒向着中心层发生择优生长的结果.

(4) (110)[001]取向的单晶体在室温轧制时,滑移面是{110};加热到 900 ℃轧制时,滑移面是{112}和{123}.

参 考 文 献

［1］陈能宽、周邦新：金属强度与晶体缺陷,(科学出版社,1963 年),下册,50 页.

［2］王维敏、周邦新、陈能宽：物理学报,1960,16,263.

［3］周邦新：物理学报,1963,19,297.

［4］周邦新：金属学报,1964,7,423.

［5］周邦新、王维敏、陈能宽：物理学报,1960,16,155.

［6］周邦新、颜鸣皋：物理学报,1963,19,633.

［7］Kohara, S. ,Parthasarathi, M. N. , Beck, P. A. : *Trans. AIME*, 1958, 212, 875.

［8］Parthasarathi, M. N. , Beck, P. A. : *Trans. AIME*, 1961, 221,831.

［9］Hu Hsun(胡郇)：*Trans. AIME*, 1961,221,130.

A Study of the Recrystallization of the Hot-Rolled Silicon Iron Single Crystals

Abstract: The recrystallization of the hot-rolled silicon iron single crystals, after a reduction in thickness of 35％, was investigated. It was observed that the distortion was not uniform across the thickness after hot-rolling. The distortion in the surface layer was larger than that in the interior. When the samples were annealed, the recrystallization took place first in the surface layer by the process of recrystallization *in situ*. Then the grains grew towards the interior by preferred growth of recrystallized grains in the surface layer.

铁硅合金中(110)[001]和(100)[001]织构的形成*

摘　要: 综合了近几年在研究铁硅合金中(110)[001]和(100)[001]织构形成方面的一些主要结果,其中也包括了我们未发表过的一些结果. 并对这两种织构形成的机理作了讨论.

1 引言

用铁硅合金轧制成的硅钢片,是重要的软磁材料. 为了降低电能的损耗,以及减小设备的重量和体积,希望制成高导磁率、低铁损的硅钢片.

由于铁硅晶体的[001]方向是易磁化方向,所以设法在硅钢片中获得[001]方向的择优取向,是改进硅钢片质量的一种有效途径. 1935 年,Goss[1] 首先利用冷轧退火的方法,在硅钢片中得到了(110)[001]织构,这时只有沿着轧制方向才有良好的磁性,因而也称单取向硅钢片. 近三十年来,许多学者[2—19]又进行了大量的研究,并早已在工业上得到了应用. 1957 年,Assmus,Boll 和 Gazu 等[20]在硅钢片中得到了(100)[001]织构(也称立方织构),这时沿着轧制方向以及垂直于轧向的横向都有良好的磁性,比(110)[001]织构的硅钢片的性能优越,称为双取向硅钢片. 近几年来,国内外对双取向硅钢片的研究[21-38]取得了很大的进展. 综合目前所得到的研究结果,已有可能对铁硅合金中(110)[001]和(100)[001]两种织构形成的机理有一个比较全面的认识,从而有可能通过控制各种因素,使得到的(110)[001]和(100)[001]织构更完整,硅钢片的性能更优良.

2 (110)[001]织构的获得及其影响因素

含硅～3%的铁硅合金,是制造冷轧取向硅钢片的材料. (110)[001]织构的硅钢片可以通过如下的工艺操作得到:

热轧板坯 $\xrightarrow{\text{预先退火}}$ 第一次冷轧 $\xrightarrow{\text{中间退火}}$ 第二次冷轧 $\xrightarrow{\text{最后高温退火}}$ (110)[001]织构硅钢片.

采用一次冷轧或者三次冷轧也可以得到(110)[001]织构. 不过经过一次冷轧得到的织构不如经过两次冷轧得到的完整,三次冷轧的工艺又较为繁琐. 以下只着重讨论两次冷轧工艺中的一些问题.

实验证明,(110)[001]织构一般是样品在高温退火时通过二次再结晶形成的. 图 1a 是已形成(110)[001]织构的样品经硝酸溶液腐蚀后的照片,从各个晶粒反光的程度是否一致,可以初步判断(110)[001]织构的集中程度.

影响(110)[001]织构形成的因素很多,大致可分为以下几方面:

---

* 本文发表于《金属学报》,1965,8(3): 380 – 393.

2.1 材料中的杂质

杂质对磁性的影响是早已被注意的问题,但杂质对形成(110)[001]织构的影响,直到最近几年才进行了较深入的研究[3,4,9,14-16,18]. 现在已经知道在高纯的材料中是不易得到集中的(110)[001]织构,需要加入微量的其他元素(如加入~0.1%Mn 和~0.04%S[4],~0.1%V 和~0.01%N_2[14,15],以及有 0.05%O_2 存在时形成的氧化硅[9]等),使其形成弥散的第二相,这样才有利于(110)[001]织构的形成,并且第二相的颗粒大小及其分布,对(110)[001]织构的形成也有明显的影响[18]. 另外,在材料中加入微量的(0.003%—0.01%原子)硒、碲、铌、银、锑和铅中的任一种元素[16],对形成(110)[001]织构也有利. 杂质含量过高,由于严重地阻碍晶界迁移,延缓了二次再结晶的发生,一般得不到集中的(110)[001]织构. 不过还未见到定量的研究结果.

图 1(a)与(b)　冷轧取向硅钢片的实物照片 ×1　(a) (110)[001];(b) (100)[001]

2.2 冷轧前板坯的预先退火温度

板坯经过预先退火,可以降低材料中的碳含量. 从获得均匀的加工织构和初次再结晶织构来考虑,希望板坯在退火后得到均匀细小的晶粒. 因而预先退火温度不宜过高. 实验结果表明:由于提高退火温度,使板坯中的晶粒长大到 0.15 毫米后,经过冷轧退火就得不到集中的(110)[001]织构. 预先退火温度一般采用 800—850 ℃.

2.3 中间退火温度以及两次冷轧压下量的配合

中间退火温度一般采用 800—850 ℃. 退火温度过高,会使晶粒粗大,最后得不到取向良好的(110)[001]织构. 如果退火温度适合,改变退火时间(0.5—4 小时)对(110)[001]织构并没有明显的影响.

两次冷轧时压下量的配合是否恰当,是获得取向良好的(110)[001]织构的关键因素之一. 经过许多研究,目前采用的方案是:第一次冷轧的压下量为 60%—70%,第二次冷轧的压下量为 60%—50%. 图 2 是含硅 3.25% 的铁硅合金,在固定第二次冷轧的压下量为 60%,改变第一次冷轧的压下量对(110)[001]织构取向度的影响. 当第一次冷轧的压下量在 60% 附近时,可以得到较满意的结果. 图 3a,b 是两个压下量不同的样品,经高温退火后测出的(100)极图,两者虽然

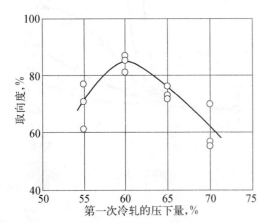

图 2　在固定第二次冷轧压下量为 60% 时,改变第一次冷轧的压下量对(110)[001]织构取向度的影响

都属于(110)[001]织构的类型,但织构的集中程度却有明显的差别.采用两次冷轧时,减小每次冷轧的压下量,将得不到集中的(110)[001]织构.如果采用多次冷轧(3—4 次)和多次中间退火,虽然每次冷轧的压下量只有 30%—40%,最后也能得到取向良好的(110)[001]织构.

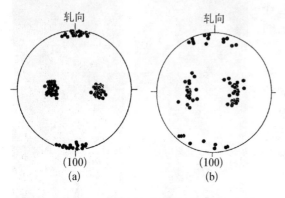

图3(a)与(b) 两次冷轧压下量不同的两个样品,经高温退火后测出的(100)极图 (a) 60%—60%的冷轧压下量;(b) 50%—25%的冷轧压下量

2.4 最后退火温度及加热速度

最后退火是在通有保护气氛或真空的炉内进行.选择退火温度时,首先要保证样品能发生二次再结晶.其次,在高温退火时也能去除一部分对磁性有害的杂质.由于样品中杂质的种类和含量不同,二次再结晶温度可以变化在 850—1 100 ℃ 之间[4,14].此外,成分相同的样品,由于轧制制度不同,二次再结晶温度也不同.图 3a,b 中两个样品的二次再结晶温度分别为～950 ℃ 和～1 100 ℃.

如果最后退火时的加热速度比较快,那么退火温度对形成的(110)[001]织构的取向度会有明显的影响.图 4a,b 是加热速度对样品在不同温度退火不同时间后(110)[001]织构取向度的影响[5].在快速加热时,为了要得到取向良好的(110)[001]织构,样品必须在某一适合的温度范围内退火(这种温度范围将因样品的成分和轧制工艺不同而改变).如果退火时加热速度缓慢,样品在适合的温度范围内有足

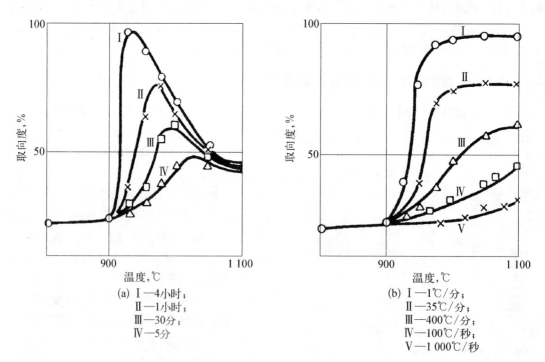

(a) Ⅰ—4小时;
　　Ⅱ—1小时;
　　Ⅲ—30分;
　　Ⅳ—5分

(b) Ⅰ—1℃/分;
　　Ⅱ—35℃/分;
　　Ⅲ—400℃/分;
　　Ⅳ—100℃/秒;
　　Ⅴ—1 000℃/秒

图4(a)与(b) 加热速度对退火后(110)[001]织构取向度的影响[5] (a) 以 2 000 ℃/分的速度加热到不同温度,保持不同时间后的结果;(b) 以不同加热速度加热到不同温度未经保温的结果

够的停留时间,这时二次再结晶可以充分地进行,所以退火温度对(110)[001]结构的取向度就没有明显的影响.后来,许多学者[4,10,11,14,19]也得到了相似的结果.图 5 是样品以两种不同的升温速度加热到 1 150 ℃退火 5 小时后的照片,(110)[001]织构的取向度变化在 50%—90%之间.由于加热速度增加,取向度降低,晶粒减小,并极不均匀,其中较大的晶粒是接近(110)[001]取向,较小的晶粒则属于初次再结晶织构的取向.

2.5 样品的厚度

图 6 是把样品腐蚀到不同的厚度,然后在不同温度退火后的照片.当样品的厚度减薄到 0.20 毫米以下时,(110)[001]晶粒的生长就受到了显著的阻碍.但是,当材料中存在少量的氧

(a)   (b)

图 5(a)与(b) 以不同升温速度把样品加热到 1 150 ℃退火 5 小时后的实物照片×1 (a) 炉温到达 1 150 ℃后将样品移入炉内;(b) 以 80 ℃/小时的速度加热到 950 ℃保温 10 小时,再以 20 ℃/小时速度加热到 1 150 ℃

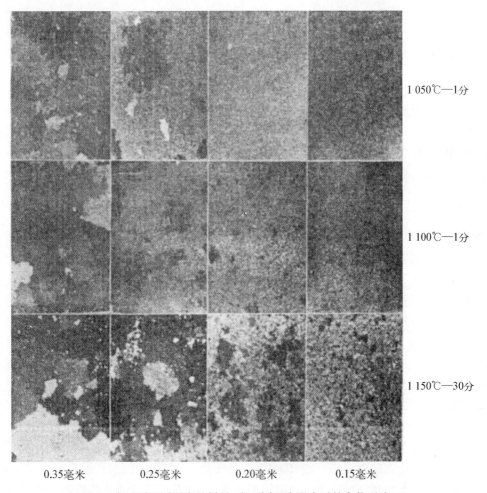

1 050℃—1分

1 100℃—1分

1 150℃—30分

0.35毫米   0.25毫米   0.20毫米   0.15毫米

图 6 腐蚀到不同厚度的样品,在不同温度退火后的实物照片×1

化硅、氮化钒或硫化锰的弥散相时[9,15,18]，在 0.1 毫米的薄片中，(110)[001]取向的晶粒也可以充分长大，得到集中的(110)[001]织构. 另外，把已是(110)[001]织构的样品（厚度为 0.35—0.5 毫米），再轧制～80%，退火后也可以得到集中的{210}⟨001⟩—{310}⟨001⟩织构[36].

3 (100)[001]织构的获得及其影响因素

(100)[001]织构一般也是在二次再结晶后得到[20]，但在一定的加工条件下，(100)[001]织构也可以在初次再结晶后形成[25]，这时立方取向的晶粒比较细小. Walker 和 Howard[36]用粉末冶金制备的材料，通过先获得(110)[001]织构，然后再经过 85% 轧制退火，在初次再结晶后也得到了(100)[001]织构. 样品退火后如果得到了集中的(100)[001]织构，那么经硝酸溶液浸蚀后，表面就像镜面一样光亮，很难区分出晶粒彼此间的界限. 图 1b 是(100)[001]织构样品的实物照片，其中白色的晶粒是残留的非立方取向的晶粒.

制作双取向硅钢片的工艺操作比制作单取向硅钢片复杂，现将各种影响因素归纳为以下几方面：

3.1 材料中的杂质和样品的厚度

材料中杂质含量对立方织构的影响，还和样品厚度的影响牵连在一起. 用工业纯的铁硅合金，只能在较薄的样品中获得集中的立方织构[20]，如果要在厚度为 0.35 毫米的样品中获得集中的立方织构，只有采用高纯铁硅合金. 根据文献中的报道，高纯铁硅合金中杂质的总含量应低于 0.005%.

我们用纯度较高、含硅 2.5% 的铁硅合金为材料，研究了二次再结晶刚发生时基体中初次晶粒的大小，以及二次再结晶后立方取向晶粒的大小和样品厚度之间的关系，结果如图 7 所示. 在二次再结晶发生时，基体中初次晶粒的大小一般是样品厚度的三倍，这和 Detert[26] 得到的结果一致. 二次再结晶后的立方晶粒将随样品厚度减薄而减小，在样品厚度小于 0.10 毫米时，这种效应更明显.

3.2 冷轧次数、压下量和中间退火温度

立方织构的获得需要经过多次冷轧和多次中间退火. Assmus 等[20]最早只笼统地报道了他俩所采用的轧制和退火工艺，后来 Кабыкова 和 Соснин[32]，Варлаков 和 Ромашов[34]才比较具体地报道了他们采用的轧制和退火工艺. 我们用纯度较高的铁硅合金为材料，在中间退火温度、压下量和样品最终厚度都相同的条件下，研究了冷轧次数和样品厚度对立方织构形成的影响，结果如图 8 所示. 由于冷轧次数减少，(100)取向的晶粒只能在更薄的样品中生长，获得的织构的[001]方向也较散乱. Detert[26]研究了最后一次冷轧的压下量对立方织构取向的影响，他采用了 13%，50% 和 95% 三种不同的压下量. 结果表明，压下量过大或过小时，都得不到完整的立方织构. 显然，这是由于改变冷轧次数或改变压下量后，也改变了初次再结晶织构的缘故.

中间退火温度对立方织构的形成有很大的影响. 图 9a,b 是中间退火温度不同的两个样品（每次冷轧的压下量相同），经最后冷轧退火后测出的(100)极图，这时还没有发生二次再结晶. 相应的样品在二次再结晶后的(100)极图如图 9c,d. 如果中间退火温度适合，样品经过最后冷轧退火后，会得到(hko)[001]取向的初次再结晶织构，二次再结晶后可以得到集中的

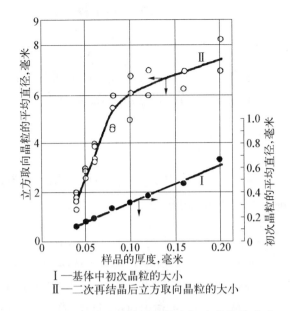

I—基体中初次晶粒的大小
II—二次再结晶后立方取向晶粒的大小

图7 二次再结晶开始时基体中初次晶粒的大小和二次再结晶后立方取向晶粒的大小和样品厚度之间的关系(纯度较高的铁硅合金)

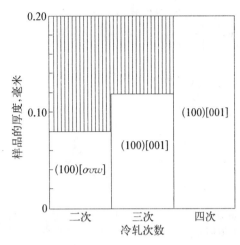

图8 冷轧次数、样品厚度和二次再结晶后织构取向间的关系(纯度较高的铁硅合金)

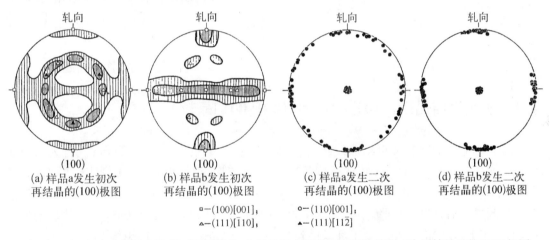

(a) 样品a发生初次再结晶的(100)极图

(b) 样品b发生初次再结晶的(100)极图

□—(100)[001];
△—(111)[1̄10];

(c) 样品a发生二次再结晶的(100)极图

(d) 样品b发生二次再结晶的(100)极图

○—(110)[001];
▲—(111)[112̄];

图9a 至 d 两个中间退火温度不同的样品,在最后退火发生初次再结晶和二次再结晶后的(100)极图

(100)[001]织构,(100)晶粒也比较容易长大;如果中间退火温度不合适,样品经最后冷轧退火后,就会得到{111}⟨110⟩和{111}⟨112⟩取向的初次再结晶织构,其中还包括有较弱而漫散的(100)[001]织构,二次再结晶后只能得到漫散的(100)[001]织构,(100)晶粒生长也比较困难.

3.3 最后退火温度和退火气氛

为了获得立方织构,最后退火的温度一般选择在1 100—1 250 ℃之间[20].退火时的气氛对(100)晶粒的生长有很大的影响,实验证明,在含微量氧的气氛中(如10⁻⁴毫米汞柱的真空以及氩气或干氢中)退火,有利于(100)晶粒的生长[30,35],在压力低于10⁻⁵毫米汞柱的高真空中退火[30],则不利于(100)晶粒的生长.

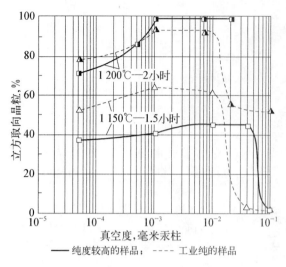

图 10 样品在不同温度和不同真空度下退火后,立方取向晶粒所占的百分比与退火时真空度间的关系

——纯度较高的样品; ---- 工业纯的样品

我们研究了纯度不同的样品,在不同温度和不同真空度下退火后,立方取向晶粒所占据的体积百分数与退火时真空度之间的关系,结果如图 10 所示.从图中可以看出,如果样品最后是在真空中退火,那么最适宜于(100)晶粒生长的真空度是 10^{-2}—10^{-3} 毫米汞柱.

4 (110)[001]和(100)[001]织构形成的机理

铁硅合金中(110)[001]和(100)[001]织构一般都是通过二次再结晶后才形成.Beck,Holzworth 和 Sperry[39] 最先研究了铝锰合金后,就指出适量的弥散第二相的存在对发生二次再结晶是重要的.后来在铁硅合金中也观察到相似的情况[4,9,14].另外一些工作指出了二次再结晶的"晶核",就是初次再结晶后的某些晶粒[20,25,40-42].根据这些研究,可以把二次再结晶概括为这样的过程:当初次再结晶后晶粒的连续长大受到了阻碍,这时其中某些少数取向适合的晶粒,由于自由能降低的策动,进一步长大而成为二次再结晶过程.这样,(110)[001]和(100)[001]织构的形成,就包括了初次再结晶后(110)[001]和(100)[001]取向晶粒的获得,以及(110)[001]和(100)[001]晶粒的长大这两方面的问题.

4.1 初次再结晶后(110)[001]和(100)[001]晶粒的获得

研究单晶体的冷轧及再结晶织构对了解该问题起了很大的作用.Dunn[43]首先研究了(110)[001]和(111)[11$\bar{2}$]铁硅单晶体的冷轧和再结晶织构.后来,许多学者[44-55]对(110)[001]单晶体又进行了更深入的研究.总括起来说:(111)[11$\bar{2}$]和(110)[001]单晶体经过70%轧制退火后,可以得到集中的(110)[001]织构[43-45,47,49,55];(110)[001]单晶体轧制退火后,随着压下量增加(>80%),还可以得到(310)[001]和(410)[001]织构[55];①(100)[001]单晶体经过70%—90%轧制退火后,只能得到漫散的(100)[001]织构[45,46,52-54].图 11 是(110)[001],(320)[001],(310)[001]和(100)[001]铁硅单晶体,经70%轧制并在800 ℃退火30分钟后的(100)极图.以上取向的单晶体经轧制退火后,再结晶织构始终保留了晶体原有的[001]方向.当晶体的原始取向由(110)[001]改变到(310)[001]时,轧制退火后就得到了(100)[001]织构,这和 walter 和 Hibbard[45] 的结果一致.

我们[55-57]研究了一系列(111)[11$\bar{2}$]和(110)[001]取向的体心立方金属单晶体的冷轧和再结晶织构,得到了完全一致的变化规律.分析了弱的轧制织构随压下量增加而变化的规律后,用同位再结晶的观点可以满意地说明再结晶织构随压下量改变而变化的规律.

---

① 根据研究(110)[001]和(111)[11$\bar{2}$]取向的钼[56]、钨和铌[57]单晶体的结果,我们估计(111)[11$\bar{2}$]铁硅单晶体随着压下量增加,再结晶织构的变化也可能和(110)[001]铁硅单晶体相似.

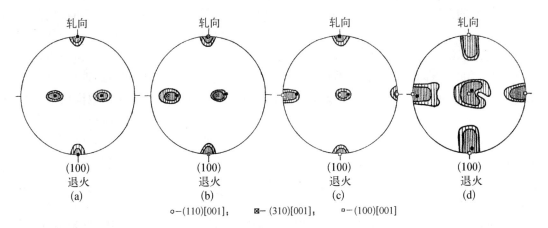

○—(110)[001]; ⊠—(310)[001]; ▫—(100)[001]

图 11(a)至(d) (110)[001],(320)[001],(310)[001]和(100)[001]取向的铁硅单晶体,经过 70％冷轧,并在 800 ℃退火 30 分钟后的(100)极图(图中黑色圆点表示晶体原来的取向)

(110)[001]铁硅单晶体经过两次冷轧和两次退火后,得到了(hko)[001]再结晶织构,(hko)变化在(110)—(100)之间. (110)[001]单晶体经过第一次轧制退火后,得到的(110)[001]织构实际上有一定的分散度,其中包括了一部分(210)[001]和(310)[001]取向的晶粒,因而样品经第二次轧制退火后,得到了一部分(100)[001]和接近(100)[001]取向的晶粒. 在这种情况下,有集中织构的多晶体样品,经轧制退火后,再结晶织构的变化与单晶体的结果相似.

取向混乱的铁硅多晶体,经～70％轧制退火后,再结晶织构是{100}⟨011⟩₁₅°—₃₀°和{111}⟨112⟩[2,6].{111}⟨112⟩晶粒的形成,为样品再轧制退火后形成一定数量的{110}⟨001⟩晶粒创造了条件;{110}⟨001⟩晶粒的形成,又为以后再轧制退火时形成一定数量的{100}⟨001⟩晶粒创造了条件. 另一方面,通过多次冷轧和中间退火,也可以得到取向适合的初次再结晶织构,有助于(110)[001]或(100)[001]晶粒的长大. 因此,为了要得到集中的(110)[001]织构,最好采用两次冷轧和一次中间退火;得到集中的(100)[001]织构,就需要采用多次冷轧和多次中间退火.

4.2 (110)[001]晶粒的长大(二次再结晶)

由于存在初次再结晶织构和少量弥散的第二相(或者是杂质原子在晶界内的吸附),阻碍了初次晶粒的长大. 当样品在某一定的温度下退火时,由于弥散相的溶解聚集,或者杂质原子的扩散加速,这时,某种特定的晶界能够发生迁移,而使少数取向特殊的晶粒获得长大. 在面心立方的铅中,杂质含量或温度对晶界迁移速率的影响,可以示意地用图 12 表示[58]. 杂质或温度对某种特定晶界的迁移速率的影响比较小. 在面心立方结构的金属中,这种特定晶界是由两个沿⟨111⟩或⟨100⟩晶轴相差一定角度的晶粒构成. 根据这种模型,在体

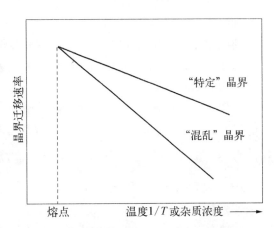

图 12 杂质浓度和温度对高纯铅晶界迁移速率影响的示意图(Aust 等[58])

心立方结构的金属中,如果某一晶界是由两个沿⟨110⟩或⟨100⟩晶轴相差一定角度的晶粒构成时,那么,杂质和温度对它的迁移速率的影响也会比其他晶界小. 在铁硅合金冷轧退火后的初次再结晶织构中,{111}⟨112⟩是比较主要的织构. 另外,从 X 射线衍射斑点可以估计出其中{110}⟨001⟩取向的晶粒约占晶粒总数的 2%.{110}⟨001⟩和{111}⟨112⟩取向之间,存在着沿⟨110⟩晶轴旋转 35 度的几何关系,由{110}⟨001⟩和{111}⟨112⟩这两种取向的晶粒构成的晶界,满足上述条件. 样品在适合的温度退火时,当{110}⟨001⟩取向的晶粒由于以上原因长大到一定的大小后,就可以由界面能降低的策动而继续长大. 因而在(110)[001]晶粒长大的后期,晶粒成等轴形,没有择优生长的痕迹. 此外,也有人认为,在初次晶粒长大的过程中,由于两个取向接近一致的(110)[001]晶粒的联合[17,41],成为一个较大的(110)[001]晶粒,然后由界面能降低的策动,继续长大.

根据以上的讨论,可以理解为什么在第一节中所列举的各种因素会影响(110)[001]织构的形成:凡是使特定晶界和混乱晶界之间迁移速率差别减小的各种因素,如材料中的杂质含量不合适,退火温度过高(快速加热时)等,都不利于得到集中的(110)[001]织构,只有利于晶粒的均匀长大. 此外,凡是影响初次再结晶后的晶粒大小和织构的各种因素,如冷轧前板坯的晶粒大小,冷轧压下量和中间退火温度等,也会影响(110)[001]织构的形成. 关于样品厚度对二次再结晶的影响,我们[59]在研究纯铜的二次再结晶时已作了初步解释.

近几年在研究高纯铁硅合金的二次再结晶时[12,28],观察到由于不同晶面表面能的差别,也可以策动(110)[001]晶粒生长,得到集中的(110)[001]织构. 不过这时需要含氧低的高纯材料和无氧的退火气氛. 这和下面将要讨论的(100)晶粒的生长机理相似.

4.3 (100)[001]取向晶粒的长大(二次再结晶)

(100)晶粒生长时,初次晶粒已长穿了样品的厚度,这和(110)晶粒生长时的情况不同. 由于在样品表面沿晶界产生了热浸蚀沟,同时又存在再结晶织构,阻碍了初次晶粒继续长大. 这时,由于(100)晶面的表面能比其他(hkl)晶面的表面能低,策动了(100)晶粒继续长大. (100)晶粒长大的策动力 $\triangle F$ 由下列几项组成[26,28,37]:

$$\triangle F = \triangle F_B + \triangle F_S + C, \tag{1}$$

$\triangle F_B$ 和 $\triangle F_S$ 分别来自(100)晶粒生长时每单位体积内界面能和表面能的减少;C 为负值,是各种阻碍(100)晶粒生长因素的综合作用,如杂质原子在晶界内的吸附,弥散第二相在晶界上的沉淀,以及样品表面沿晶界产生的热浸蚀沟等. 从图 12 中可以看出,杂质和温度对晶界迁移速率的影响,将因晶界两侧晶粒的取向关系不同而有差别,所以 C 值也应该和初次再结晶织构的取向有关.

如果(100)晶粒生长时初次晶粒的平均直径为 D,样品厚度为 t,令 γ_B 为晶界单位面积的界面能,$\triangle\gamma_S$ 为(100)晶面与其他(hkl)晶面单位面积表面能之差,那么式(1)又可写成:

$$\triangle F = 2\gamma_B/D + 2\triangle\gamma_S/t + C, \tag{2}$$

Walter 和 *Dunn*[28,31] 和 *Foster* 和 *Kramer*[37] 曾分别由实验求出 $\triangle\gamma_S$、为 70 和 30 尔格/厘米², $\triangle F_S/(\triangle F_B + \triangle F_S) \simeq 12(\%)$, $\triangle F_S/\triangle F \simeq 10(\%)$.

现在考察一下(100)晶粒生长过程中表面能的降低在总能量(包括表面能和界面能)降低的数值中所占的比重(E). 如果(100)晶粒的直径为 D_1,(100)晶粒开始长大时初次晶粒的

平均直径为 D_0，$\triangle\gamma_S/\gamma_B \simeq 1/20^{[28,31,37]}$，$t = D_0/2.5$，当 $D_1 = nD_0$ 时，E 和 n（(100)晶粒大于初次晶粒的倍数）之间的关系如图 13 所示. 随着(100)晶粒长大（n 增加），E 值减小. 但在 (100)晶粒开始长大时，策动力主要是来自表面能的降低.

晶面的表面能将因晶面取向不同而改变. 晶体中原子最密排的晶面，应该是表面能最低的晶面，在体心立方的晶体中则是{110}晶面. 但是由于杂质原子在晶面的吸附（特别是氧的吸附），可以使{100}晶面成为表面能最低的晶面，图 14 示意地表示了这种关系[35]. 因而退火气氛对立方织构的形成是十分重要的因素.

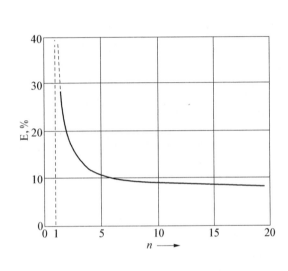

图 13　在(100)晶粒生长过程中 E 和 n 的关系　　图 14　氧在晶面上的吸附对不同取向的晶面表面能影响的示意图(Dunn 等[35])

由于表面能随着晶面偏离(100)面而迅速增加，所以只有那些(100)晶面与样品表面接近平行的晶粒才能生长，形成(100)[001]织构后，(100)面的漫散度很小，在±5 度以内.

立方取向晶粒的长大是由不同晶面间表面能的差别所策动，所以初次再结晶织构中所有(100)[ovw]取向的晶粒都可能长大. 为了要得到集中的立方织构，必须控制初次再结晶织构中(100)[ovw]取向的晶粒. 这需要从改变冷轧压下量和改变中间退火温度着手.

从以上讨论可以看出：凡是能使$\triangle F_B$和$\triangle F_S$项增大（特别是$\triangle F_S$项）以及使$|C|$值减小的各种因素，都有利于(100)晶粒的生长. 这样，我们就可以很容易地了解为什么减薄样品的厚度，提高原料的纯度，适合的退火气氛，以及得到(hko)[001]取向的初次再结晶织构，是 (100)[001]晶粒生长的有利因素.

体心立方金属中立方织构形成的机理，不仅在铁硅合金中如此，在纯铁、铁铬(20%)和铁钼(4%)合金中也是这样[60]. 可以相信，经过轧制的钛和锆的薄片，在β相区（体心立方）退火时，也正是这种原因才得到了集中的立方织构[61].

5　结语

目前，人们对于铁硅合金中(110)[001]和(100)[001]织构的形成，虽然已有了较深入的了解,但还有一些问题需要作进一步的研究.首先,进一步研究铁硅合金中通常存在的各种杂质的种类和含量,对获得集中的(110)[001]织构的影响,是很必要的.其次,深入研究杂质元素和表面吸附对不同晶面表面能的影响,以及杂质和热浸蚀沟对晶界迁移的影响,以便创造有利的条件,使得在纯度较差、并且较厚的铁硅合金板材中也能获得集中的立方织构,这是很有意义的.第三,考虑到(hko)[001]取向单晶体经过冷轧退火后可得到(hko)[001]织构的特点,如何利用液态合金凝固时生成的[001]择优取向来制备取向硅钢片,也是值得研究的问题,这已引起了人们的注意,并进行了一些工作[62].

参 考 文 献

[1] Goss, N. P. : *Trans. Am. Soc. Metals*, 1935, 23, 511.

[2] Wiener, G. , Corcoran, R. : *Trans. AIME*, 1956, 206, 901.

[3] Fast, J. D. : *philips Res. Rept.*, 1956, 11, 490.

[4] May, J. E. , Turnbull, D. : *Trans AIME*, 1958, 212, 769.

     May, J. E. , Turnbull, D. : *J. Appl. Phys.*, 1959, 30, 210S.

[5] Миронов, Л. В : *И36 АН СССР сер. Физ.*, 1958, 22, 1231.

[6] 陈能宽、刘长禄:金属学报,1958,3,30.

[7] Brown, J. R. : *J. Appl. Phys.*, 1958, 29, 359.

[8] Fiedler, H. C. : *J. Appl. Phys.*, 1958, 29, 361.

[9] Walker, E. V. , Howard, J. : *Powder Met.*, 1959, (4), 32.

     Walker, E. V. , Howard, J. : *J. Iron Steel Inst.* (London), 1960, 194, 96.

[10] Koh, P. K. (郭本坚):*Trans. AIME*, 1959, 215, 1043.

[11] Koh, P. K. (郭本坚), Dunn, C. G. : *Trans. AIME*, 1960, 218, 65.

[12] Walter, J. L. , Dunn, C. G. : *Trans. AIME*, 1960, 218, 1033.

[13] Philip, T. V. , Lenhart, R. E. : *Trans. AIME*, 1961, 221, 439.

[14] Fiedler, H. C. : *Trans. AIME*, 1961, 221, 1201.

[15] Fiedler, H. C. : *Trans. AIME*, 1963, 227, 776.

[16] 斋藤达雄:金属学会志,1963,27,186,191.

[17] Кочнов, В. Е. , Гольдштейн, В. Я. : *Физ. металлов и металловедени е*, 1963, 15, 685.

[18] Fiedler, H. C. : *Trans. AIME*, 1964, 230, 95, 603.

[19] 何忠治、张信钰、周宗全:金属学报,1964,7,165.

[20] Assmus, F. , Boll, R. , Gazu, D. et al. : *Z. Metallk.*, 1957, 48, 341.

[21] Walter, J. L. , Hibbard, W. R. , Fiedler, H. C. et al. : *J. Appl. Phys.*, 1958, 29, 363.

[22] Wiener, G. , Albert, P. A. , Trapp, R. H. : *J. Appl. Phys.*, 1958, 29, 366.

[23] Möbius. H. E. , Pawlek, F. : *Arch. Eisenhüttenw.*, 1958, 29, 423.

[24] 池内骏:金属,1959,29,390.

[25] Чжоу Пень-Синь(周邦新), Ван Вей-мин(王维敏), Чжен Нень-куан(陈能宽):*Физ. металлов и металловедение*, 1959, 8, 885.

     周邦新、王维敏、陈能宽:物理学报,1960,16,155.

[26] Detert, K. : *Acta Met.*, 1959, 7, 589.

[27] Walter, J. L. : *Acta Met.*, 1959, 7, 424.

[28] Walter, J. L. , Dunn, C. G. : *Trans. AIME*, 1959, 215, 465.

[29] Baer, G. , Ganz, D. , Thomas, H. : *J. Appl. Phys.*, 1960, 31, 235S.

[30] Walter, J. L. , Dunn, C. G. : *Acta Met.*, 1960, 8, 497.

[31] Dunn, C. G. , Walter, J. L. : *Trans. AIME*, 1960, 218, 448.

     Walter, J. L. , Dunn, C. G. : *Trans. AIME*. 1960, 218, 914.

[32] Кадыкова, Г. Н. , Соснин, В. В. : *Физ. металлов и металловедение*, 1961, 11, 382.

[33] Кунаков, Я. Н., Лившиц, В. Г.: *Физ. металлов и металловедение*, 1962, 14, 727.

Кунаков, Я. Н., Лившиц, В. Г.: *Физ. металлов и металловедение*, 1963, 15, 55.

[34] Варлаков, В. П., Ромашов, В. М.: *Физ. металлов и металловедение*, 1962, 13, 671.

[35] Dunn, C. G., Walter, J. L.: *Trans. AIME*, 1962, 224, 518.

[36] Walker, E. V., Howard, J.: *Trans. AIME*, 1962, 224, 876.

[37] Foster, K., Kramer, J. J., Wiener, G. W.: *Trans. AIME*, 1963, 227, 185.

[38] Howard, J.: *Trans. AIME*, 1964, 230, 588.

[39] Beck, P. A., Holzworth, M. L., Sperry, P. R.: *Trans. AIME*, 1949, 180, 163.

[40] Dunn, C. G.: *Acta Met.*, 1953, 1, 163.

[41] Nielsen, J. P.: *Trans. AIME*, 1954, 200, 1084.

[42] Dunn, C. G., Koh, P. K.(郭本坚): *Trans. AIME*, 1958, 212, 80.

[43] Dunn, C. G.: *Acta Met.*, 1954, 2, 173.

[44] Dunn, C. G., Koh, P. K.(郭本坚): *Trans. AIME*, 1956, 206, 1017.

[45] Walter, J. L., Hibbard, Jr. W. R.: *Trans. AIME*, 1958, 212, 731.

[46] Aspden, R. G.: *Trans. AIME*, 1959, 215, 986.

[47] Hsun Hu(胡郇): *Acta Met.*, 1960, 8, 124.

Hsun Hu(胡郇): *Trans. AIME*, 1961, 221, 130.

[48] 王维敏、周邦新、陈能宽: 物理学报, 1960, 16, 263.

[49] Hibbard, Jr. W. R., Tully, W. R.: *Trans. AIME*, 1961, 221, 336.

[50] Hsun Hu(胡郇), Szirmae, A.: *Trans. AIME*, 1961, 221, 839.

[51] Hsun Hu(胡郇): *Trans. AIME*, 1962, 224, 75.

[52] Hsun Hu(胡郇): *Acta Met.*, 1962, 10, 1112.

[53] Walter, J. L., Koch, E. F.: *Acta Met.*, 1962, 10, 1059.

Walter, J. L., Koch, E. F.: *Acta Met.*, 1963, 11, 923.

[54] Aspden, R. G.: *Trans. AIME*, 1963, 227, 905.

[55] 周邦新: 金属学报, 1964, 7, 423.

[56] 周邦新: 物理学报, 1963, 19, 285.

[57] 周邦新、刘起秀: 金属学报, 1965, 8, 340.

[58] Aust, K. T., Rutter, J. W.: *Trans. AIME*, 1960, 218, 50.

Aust, K. T., Rutter, J. W.: *Trans. AIME*, 1962, 224, 111.

[59] 周邦新、颜鸣皋: 金属学报, 1963, 6, 163.

[60] Howard, J.: *Trans. AIME*, 1962, 224, 1076.

[61] Keeler, J. H., Geisler, A. H.: *Trans. AIME*, 1955, 203, 395.

Keeler, J. H., Geisler, A. H.: *Trans. AIME*, 1956, 206, 80.

[62] Fisher, H. J., Walter, J. L.: *Trans. AIME*, 1962, 224, 1271.

钨和铌单晶体的冷轧及再结晶织构[*]

摘　要：研究了(110)[001]、(111)[11$\bar{2}$]和(320)[001]取向的钨和铌单晶体经 70%，80%和 85%轧制后的冷轧及再结晶织构．得到了与钼和铁硅单晶体完全一致的结果．从再结晶织构和冷轧织构之间的联系，以及形变带之间的过渡区域在再结晶过程中的作用出发，讨论了再结晶织构的形成，认为再结晶晶核的形成是一个同位再结晶的过程，而再结晶织构形成的普遍规律，可以概括地称为同位再结晶——择优长大．

从研究(110)[001]和(111)[11$\bar{2}$]取向的钼和铁硅单晶体的冷轧及再结晶织构所得到的结果指出[1,2]：冷轧织构随着形变量的增加(从 70%到 85%)，在保持主要的{111}⟨112⟩织构的同时，逐渐地形成了较弱的(110)[001]、(320)[001]和(210)[001]织构；再结晶织构也相应地从(110)[001]变成了(320)[001]或(210)[001]．对于冷轧织构的变化可以从各滑移系之间的交互作用得到解释；再结晶织构的变化可以用同位再结晶的观点来解释．为了揭示体心立方金属中再结晶织构形成的普遍规律，仅依据钼和铁硅单晶体的实验结果还是不够的．本文是前文[1,2]工作的继续，研究了(110)[001]和(111)[11$\bar{2}$]取向的钨和铌单晶体经过 70%，80%和 85%冷轧后的形变及再结晶织构，得到了与钼和铁硅单晶体完全一致的结果，从而指出了体心立方金属中(111)[11$\bar{2}$]和(110)[001]取向的单晶体，在冷轧退火后再结晶织构形成的一般规律．

1　实验方法和结果

原料为直径 1 毫米的工业纯钨丝和铌丝，用与制备钼单晶完全相同的方法[1]，制备了接近(110)[001]和(111)[11$\bar{2}$]取向的钨和铌单晶样品，以及(320)[001]取向的钨单晶样品，它们的(110)极图如图 1 所示．

样品在辊径为 80 毫米的二辊轧机上进行冷轧．铌试样在室温下轧制．由于钨单晶在室温下较脆，所以在 400 ℃轧制，每轧一道，加热一次．样品的退火是在自制的小型真空钨丝电炉内进行的．样品经砂纸研磨和电解抛光到 0.01 毫米以下后，用 X 射线穿透的方法照相，测绘极图，确定织构．

1.1　冷轧织构

(111)[11$\bar{2}$]取向的铌单晶体冷轧 70%和 85%以后的(110)极图示于图 2．从图中可以清楚地看出，冷轧后的主要织构是

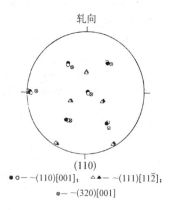

轧向

(110)

●○— ～(110)[001]；　△▲— ～(111)[11$\bar{2}$]；
⊛— ～(320)[001]

图 1　接 近 (110)[001]，(111)[11$\bar{2}$]和(320)[001]取向的钨和铌单晶体的(110)极图

---

* 本文合作者：刘起秀．原发表于《金属学报》，1965，8(3)：340－345.

$(111)[11\bar{2}]$,当形变量从 70% 增大到 85% 时,还出现了 $(111)[\bar{1}\bar{1}2]$ 织构,并且弱的织构也由 $(110)[001]$ 逐步地变成了 $(110)[001]+(210)[001]$. $(111)[11\bar{2}]$ 取向的钨单晶体样品也得到了同样的结果.

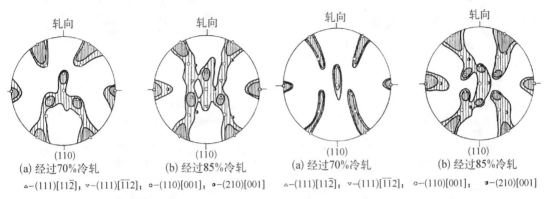

(a) 经过 70% 冷轧　　(b) 经过 85% 冷轧　　(a) 经过 70% 冷轧　　(b) 经过 85% 冷轧

△—$(111)[11\bar{2}]$; ▽—$(111)[\bar{1}\bar{1}2]$; ○—$(110)[001]$; ◑—$(210)[001]$　　△—$(111)[11\bar{2}]$; ▽—$(111)[\bar{1}\bar{1}2]$; ○—$(110)[001]$; ◑—$(210)[001]$

图 2　(a) 与 (b)　$(111)[11\bar{2}]$ 取向铌单晶体经过不同压缩率冷轧后的 (110) 极图

图 3　(a) 与 (b)　$(110)[001]$ 取向钨单晶体经过不同压缩率冷轧后的 (110) 极图

$(110)[001]$ 取向的钨单晶体冷轧 70% 和 85% 后的 (110) 极图示于图 3. 其主要的冷轧织构是 $(111)[11\bar{2}]$ 和 $(111)[\bar{1}\bar{1}2]$. $(110)[001]$ 弱织构随压下量增加而变化趋势也与 $(111)[11\bar{2}]$ 取向的样品相同. $(110)[001]$ 取向的铌单晶体也得到了同样的结果.

这些结果与钼和铁硅单晶体的实验结果是一致的[1,2]. 对于该取向的钼和铁硅单晶体的冷轧织构的变化,从分析晶体在轧制时各滑移系的交互作用出发,已经得到了较满意的解释. 由于钨、铌、钼和铁硅合金都具有相同的晶体结构,所以也可以用同样的分析来解释钨、铌单晶体的冷轧织构的变化.

图 4 是 $(110)[001]$ 取向的钨单晶体经过 80% 冷轧后的显微组织照片,其中显露出很清楚的形变带结构. 相似的组织结构在冷轧后的 $(111)[11\bar{2}]$ 取向的钨单晶和以上两种取向的铌单晶样品中也都存在.

↑ 轧向

图 4　$(110)[001]$ 取向钨单晶体经过 80% 冷轧后的金相显微组织　×100

1.2　再结晶织构

图 5 和图 6 分别表示 $(111)[11\bar{2}]$ 取向的铌单晶体和 $(110)[001]$ 取向的钨单晶体经过 70% 和 85% 冷轧退火后的 (110) 极图. $(111)[11\bar{2}]$ 取向的钨单晶体和 $(110)[001]$ 取向的铌单晶体冷轧退火后的 (110) 极图也分别与图 5,6 相似. 冷轧 70% 的试样退火后是 $(110)[001]$ 织构($(110)[001]$ 取向的钨单晶体经冷轧 70% 退火后是 $(110)[001]+(320)[001]$ 织构);冷轧 85% 的试样退火后是 $(210)[001]$ 织构;冷轧 80% 退火后的再结晶织构介于上述二者之间. $(320)[001]$ 取向的钨单晶体在冷轧 80% 后的再结晶织构是 $(510)[001]$,如图 7 所示.

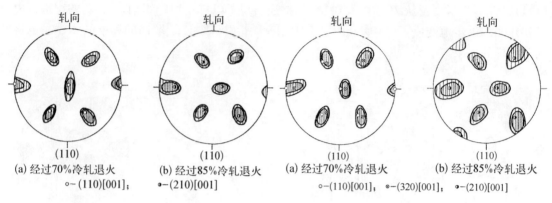

(a) 经过70%冷轧退火　　(b) 经过85%冷轧退火
○-(110)[001];　　●-(210)[001]

图 5 （a）与（b）　（111）[11$\bar{2}$]取向的铌单晶体经过不同压缩率冷轧退火后的(110)极图

(a) 经过70%冷轧退火　　(b) 经过85%冷轧退火
○-(110)[001]; ■-(320)[001]; ○-(210)[001]

图 6 （a）与（b）　（110）[001]取向的钨单晶体经过不同压缩率冷轧退火后的(110)极图

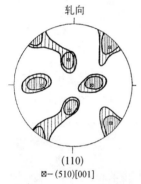

(110)
⊠-(510)[001]

图 7 （320）[001]取向的钨单晶体经过 80%冷轧退火后的(110)极图

把图 2 和图 5、图 3 和图 6 相互比较后,可以看出,再结晶织构随压下量而变化的规律与冷轧后弱织构的变化规律完全相同,并且无论压下量的大小,再结晶织构的取向都包括在冷轧织构取向的组元系列内. 由此可见,再结晶织构的形成似乎与冷轧后形成的弱织构有着比较直接的联系. 这在钼[1]和铁硅单晶体的研究中也都观察到同样的现象[2-4].

再结晶织构之所以采取这种冷轧后的弱织构的取向,是与再结晶的成核机制有关,将在下一节中进一步讨论.

2　结果讨论

把钨、铌、钼和铁硅单晶体的实验结果[1,2]综合起来,可以看出原始取向为(110)[001]和(111)[11$\bar{2}$]的体心立方金属单晶体,经过 70% 到 85% 冷轧退火后,再结晶织构是(h,k,o)[001],随着压下量和轧制时宽展度的增加,(h,k,o)将由(110)向着(210)、(310)的方向变化,但主要的冷轧织构都是{111}⟨112⟩. 偏离(110)[001]的(320)[001]取向单晶体,冷轧退火后的再结晶织构是更接近(100)[001]的(510)[001]. 这些结果是定向生长假说所不能说明的. 再结晶后绝大多数的晶粒都采纳了形变母体中的一个弱织构的取向,这就暗示了同位再结晶的成核方式.

从本文作者之一过去对钼和铁硅单晶体的冷轧织构随压下量增加而变化的分析中[1,2],可以看出:冷轧弱织构的形成实质上就是不同⟨111⟩布氏矢量的位错在不同的{110}面上滑移后堆积的结果. 由于位错的堆积形成了形变带,在形变带的边界上将是位错密度较高的区域,Walter 和 Koch[5]把这种区域称为过渡带(就是一般显微镜下所看到的形变带的周界). 过渡带中的晶体取向与它两侧形变带内晶体的取向(即{111}⟨112⟩)不同,冷轧后弱织构的取向就代表了过渡带中晶体的平均取向. 随着形变量的增加,由于各组作用滑移系间的交互作用,过渡带中晶体的平均取向将发生变化. 实验所观察到的弱织构随压下量的增加从(110)[001]漫散成(110)[001]+(210)[001],这可能就是过渡带中晶体的平均取向的变化. 在退火过程中,畸变较大、能量较高的过渡带中首先发生多边化,其中某些自由能较低的(如象位错密度较低)亚晶粒,在亚晶界迁移不大的距离后,与形变基体间就可以形成大角度简界,而成为一个稳定的再结晶晶粒.所以再结晶晶核的平均取向,也就保留了原来过渡带中晶体的平均取向.

在 85％形变的样品中,弱织构包括有(110)[001]和(210)[001],但再结晶织构只是(210)[001]而不是(110)[001],这可能是由于弱的(210)[001]织构是在经过较大的形变之后形成的,它较(110)[001]取向的区域畸变大,由于多边化阶段发生的早晚和亚晶的自由能高低的不同,这时的再结晶就不再是(110)[001](如 70％压下量时),而是(210)[001].同样道理,在 80％压下量的样品中所得到的再结晶织构是(320)[001].

以上所讨论的这种过程,可能就是(111)[11$\bar{2}$]和(110)[001]取向的钨、铌、钼和铁硅单晶体,随着压下量从 70％增大到 85％时,再结晶织构从(110)[001]向着(210)[001]和(310)[001]变化的本质.在实验中观察到以上取向单晶体冷轧退火时的再结晶晶粒,通常都在形变带周界上形成的事实[1,6],就是一个很好的证明.最近,Walter 等[5]应用电子衍衬金相技术研究了(100)[001]取向的铁硅单晶体冷轧后的再结晶过程,他们观察到再结晶晶核是过渡带中所形成的某些亚晶的进一步长大,并且保留了原来的取向.虽然(100)[001]取向单晶体形变后的再结晶过程可能比较简单,但就其主要方面来说,我们相信这是具有普遍意义的.

(110)[001]和(111)[11$\bar{2}$]取向的钨、铌、钼单晶体经过 85％冷轧退火后,只得到了(210)[001]取向的再结晶织构,但铁硅单晶体在相同的形变量下,却得到了(310)[001]甚至(410)[001]取向的再结晶织构.这可能是由于合金化的影响:加在铁中的硅原子提高了铁硅合金形变时的硬化率,使得在轧制过程中首先作用的滑移系(参考文献[1]中的图 7)硬化较大,因而次要的滑移系(引起宽展的)不得不较多地发生作用,所以它在与钨、钼、铌单晶相同的形变量下,可以得到更偏离(110)[001]取向的再结晶织构.

基于上述讨论,本文作者认为退火过程中最初形成的晶核是在一定的取向范围内,并保留了某些形变织构的取向.如果晶核的取向是在一个狭窄的范围内,如同上述的钨、铌、钼和铁硅单晶那样,那么,晶核的择优生长对形成再结晶织构的作用就不明显;如果晶核的取向范围比较宽,如像一般多晶体冷轧退火时那样[7],那么,晶核的择优生长对形成再结晶织构的作用就比较明显.形成再结晶织构的这种过程,概括起来可以称为同位再结晶——择优长大[7].

3 结论

(1) (110)[001]取向的钨和铌单晶体经 70％—85％冷轧后主要的冷轧织构为(111)[11$\bar{2}$]和(111)[$\bar{1}\bar{1}\bar{2}$],随着形变量的增大,弱织构从(110)[001]向(210)[001]方向漫散.退火后的再结晶织构也随着形变量的增大由(110)[001]改变到(320)[001]、(210)[001].

(2) (111)[11$\bar{2}$]取向的钨和铌单晶体经 70％—85％冷轧后,主要的冷轧织构为(111)[11$\bar{2}$],随着压下量的增加,还出现了弱的(111)[$\bar{1}\bar{1}\bar{2}$]织构;而弱的(110)[001]织构将向(320)[001]和(210)[001]方向漫散.退火后的再结晶织构也随着形变量的增加由(110)[001]改变到(320)[001]或(210)[001].

(3) 总结钼、铁硅和钨、铌单晶体的研究结果后,可以指出:(110)[001]和(111)[11$\bar{2}$]取向的体心立方金属单晶体,经过 70％—85％冷轧退火后的再结晶织构是(h,k,o)[001].随着形变量的增加,再结晶织构从(110)[001]改变到(210)[001]或(310)[001];如果原始取向是(320)[001],那么还可以得到取向为(510)[001]的再结晶织构.

以上取向的体心立方金属单晶体,再结晶织构与冷轧织构中某一弱织构具有相同的取向.再结晶晶核的形成主要是一种同位再结晶的过程.而再结晶织构形成的普遍过程可以概括地称为同位再结晶——择优长大.

参 考 文 献

［1］周邦新:物理学报,1963,**19**,297.

［2］周邦新:金属学报,1964,**7**,423.

［3］Dunn, C. G. , Koh, P. K. (郭本坚):*Trans. AIME*, 1956,**206**,1017.

［4］Walter, J. L. , Hibbard, W. R. : *Tarns. AIME*,1958,**212**,731.

［5］Walter, J. L. , Koch, E. F. : *Acta Met.* ,1962,**10**,1059.

　　Walter, J. L. , Koch, E. F. : *Acta Met.* , 1963,**11**,923.

［6］王维敏、周邦新、陈能宽:物理学报,1960,**16**,263.

［7］周邦新、颜鸣皋:物理学报,1963,**19**,633.

Cold-Rolled and Recrystallization Textures of Tungsten and Niobium Single Crystals

Abstract: The cold-rolling and recrystallization textures, after reductions of 70, 80 and 85 percent, of tungsten and niobium single crystals with (110) [001], (111)[11$\bar{2}$] and (320)[001] orientations have been investigated. The results are the same as those obtained in Mo and Fe-Si single crystals. From the orientation relationships between the recrystallization and rolling textures, and the effect of the transition regions between slip bands on the recrystallization process, the mechanism of the formation of recrystallization textures has been discussed. It is believed that the nucleation is a process of recrystallization *in situ*, and the formation of recrystallization textures may be described generally as a process of recrystallization *in situ* and preferred growth.

用普通光照明观察 α 铀晶粒组织的金相技术[*]

1 引言

金相技术是研究金属内部组织的重要方法之一. 由于 α 铀的晶界腐刻相当困难,所以通常都是利用 α 铀晶体的各向异性,采用偏振光照明来观察它的晶粒组织[1-3]. 但是,对于 β 相淬火后晶粒形状不规则的样品,用这种方法就不容易如实地反映出晶粒大小来,给研究工作带来了困难. 因而希望将 α 铀的晶粒组织腐刻出来,以便在普通光照明下进行观察.

对利用化学试剂腐刻[4]、电解浸蚀[3,5]以及真空热浸蚀[2]来显露 α 铀晶粒组织的方法,曾进行过不少研究,但结果都不能令人满意,所以也没有被广泛采用. 利用氧化着色的方法也可以显露 α 铀的晶粒组织[6,7],但有人认为这种方法对 α 铀某些类型的组织并不适用[8]. 只有应用离子轰击腐刻技术[9],才能比较清楚地将 α 铀的晶界及孪晶界刻划出来. 但是应用这种方法所需要的设备与技术都比较复杂. 如果能找到一种既简便又有效的电解浸蚀或化学腐刻方法,仍然是一件非常有益的事情. 我们研究了用电解抛光腐刻及氧化着色的办法来显露 α 铀晶粒组织的技术,得到了比较满意的结果.

2 实验结果及讨论

2.1 电解抛光腐刻的方法

莫特(Mott)等[1]曾指出,铀在过氯酸-醋酸电解液中抛光后,由于各种晶粒的抛光速率不同,能将某些晶界和孪晶界刻划出来;但是由于样品的表面凹凸不平,用偏振光照明不能得到良好的衬度. 他们曾期望在这基础上经过改进后,能获得一种显露 α 铀晶粒组织的电解液,但是没有成功.

我们在实验中观察到,当 α 铀在过氯酸-醋酸(1∶4,醋酸浓度在 97% 以上)电解液中抛光时,如果电解液的温度低于 20 ℃,抛光后的样品表面比较平滑,不能显露出晶界和孪晶界;如果电解液温度为 35—45 ℃,那么抛光后样品表面凹凸不平,并能显露出一些晶界和孪晶界来. 如果在电解液中再加入少量的硫酸铝或硫酸铁,便能成为一种 α 铀的电解抛光腐刻液,可以将晶界等显露得更完全.

我们将面积为 1 平方厘米的样品,放入加 1—1.5 克硫酸铝的 100 毫升过氯酸-醋酸(1∶4)的电解液中进行抛光. 在下列条件下得到了较为满意的结果:电解液工作温度为 35—45 ℃;电流密度为 0.7—1 安培/厘米²;抛光时间为 30—45 秒. 样品在抛光过程中需要适当地摆动,否则样品表面很快地就被一层黑膜覆盖,无法看到显微组织. 用这种办法可以

---

* 本文合作者:孔令枢. 原发表于《原子能科学技术》,1965(3):249-255.

比较满意地显露出加工后于 α 相退火再结晶的晶粒组织, β 相淬火以及 β 相退火的晶粒组织,特别是还能显露出 β 相向 α 相转变后在晶粒内部形成的亚晶组织.

2.2 在空气中加热氧化的方法

芒提(Monti)等[6]和罗比拉德(Robillard)等[7]首先研究了用氧化着色来显露 α 铀晶粒组织的方法. 这种方法是借助由不同晶面上生成的氧化膜厚度不同所产生的干涉色彩来区分晶粒的组织的. 他们把经过氯酸-乙二醇或铬酸电解液电解抛光后的样品浸入硝酸钠溶液中或置于氧化性的气氛中进行氧化处理,或者用阳极氧化处理,都可以得到较好的效果. 但是厄范斯(Evans)[8]重复了芒提的试验后指出,这种方法只适用于晶粒粗大的组织,对晶粒细小的组织并不适用.

我们把经过氯酸-醋酸(1:4)电解液(或其中加有少量硫酸铝的电解液)抛光后的样品在空气中加热到 120 ℃,并保持 15 分钟,可以很满意地把 α 铀的晶粒组织显露出来(在显微镜下观察到不同晶粒呈现出浅黄、深黄、红、紫、蓝等鲜艳的色彩). 这种方法不仅对变形后经 α 相退火、 β 相淬火及 β 相退火的晶粒组织适合,并且对于经过严重变形后的组织以及刚发生再结晶时晶粒极细小的组织也适合. 但是,如果用磷酸-甘油-酒精电解液进行电解抛光,那么样品氧化后整个表面的颜色均相同,就不能把晶粒组织显露出来.

我们知道,氧化膜最初在晶体表面形成时,和母体保持着一定的取向关系,形成的氧化物晶体有着较高的择尤取向,因而各晶面的氧化速率不同,形成氧化膜的厚度也不同,于是就产生了不同的干涉颜色. 用磷酸-甘油-酒精电解液抛光的样品经过氧化后,干涉颜色一致. 由此,我们推测这时所形成的氧化膜和母体间没有明显的取向关系,因而氧化速率并不因晶面不同而有所差异. 这种想法通过 X 射线衍射谱线的研究得到了证实. 我们把一个由 $\beta \rightarrow \alpha$ 相变方法生长的假单晶依次用过氯酸-醋酸电解液抛光后氧化处理和用磷酸-甘油-酒精电解液抛光后氧化处理(控制氧化膜的厚度相同). 然后分别在假单晶的同一位置上拍摄 X 射线掠射照片(用 CuK_α 照射,并加 Ni 滤光片). 结果如图 1a,b 所示. 照片中沿径向的强的劳厄斑是假单晶的衍射;弱的德拜环依次是 UO_2 的(111),(200)和(220)晶面的衍射. 比较这两张照片中 UO_2 衍射线的特征后,可以看出用过氯酸-醋酸抛光后生成的 UO_2 衍射谱线是强度不均匀的弧段,表明晶体有着较明显的择尤取向;而用磷酸-甘油-酒精电解液抛光后生成的 UO_2 衍射谱线则是强度比较均匀的德拜环,表明晶体的择尤取向不明显. 这说明前者所形成的 UO_2 晶体与母体间有着明显的取向关系,而后者则没有明显的取向关系. 这可能和样品在不同电解液中抛光后表面的污染情况有关. 用磷酸-硫酸-水电解液抛光的样品,经氧化着色后也不能将晶粒组织显露出来. 如果采用铬酸-醋酸电解液,样品抛光后可以用氧化着色来显露晶粒组织,但氧化后的色彩不如用过氯酸-醋酸电解液那样鲜艳. 为了利用氧化着色来显露 α 铀晶粒组织,选用适合的电解液是很重要的. 厄范斯[8]的实验结果可能就是受到了电解液的影响.

图 1c 是该假单晶经过氯酸-醋酸电解液抛光后,在氧化膜较薄时($\sim 1\ 000\mathrm{\AA}$)的 X 射线衍射照片. 这时 UO_2 的衍射线是强度不连续的弧段,与图 1b 比较后可以看出,随着氧化膜厚度增加,氧化膜内晶体的取向逐渐趋向混乱. 为了提高这种方法的分辨本领,氧化处理时生成的氧化膜不宜太厚,以不出现蓝色的氧化膜为佳. 这时氧化着色还能将某些晶粒中的亚晶组织显露出来.

样品在过氯酸-醋酸电解液中抛光时,如果减少过氯酸的比例,降低电解抛光时电解液

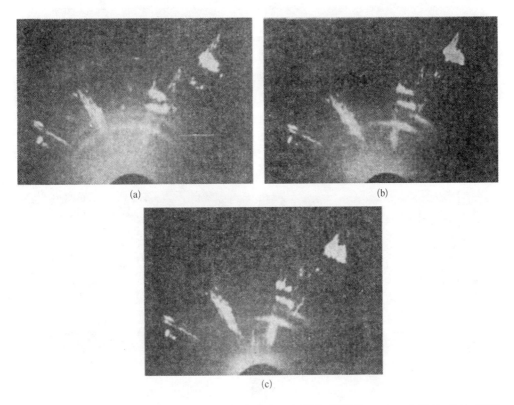

(a)　　　　　　　　　(b)

(c)

图 1　一个假单晶在不同电解液中抛光后氧化膜的 X 射线衍射照片　（a）—在磷酸-甘油-酒精
电解液中抛光，氧化膜厚度约为 1 400 Å；(b)，(c)—在过氯酸-醋酸电解液中抛光，氧化膜厚度分
别约为 1 400 Å 和 1 000 Å.

的温度、电流密度以及缩短抛光时间（5—10 秒），就可以得到较少孔洞的平滑表面，甚至还
可使一部分夹杂物不被浸蚀掉（参看图 3）.

2.3　用电解抛光腐刻及氧化处理方法显露的晶粒组织

图 2 是用电解抛光腐刻方法显露出来的 α 铀金相组织. 图 2a,b 分别是样品在 740 ℃退
火 30 分钟经过油淬和炉冷处理后的金相照片. 由照片中我们可以观察到刻画出来的晶界和
孪晶界，同时在晶粒内还可看到轮廓不十分清晰的亚晶界网络（如果使显微镜过聚焦，则亚
晶界可以看得更清楚）. 随着冷却速度增加，晶粒尺寸减小，亚晶粒也减小. 图 2c,d 是 β 相缓
慢地转变到 α 相后的亚晶组织. 图 2c 中给出了一条粗而黑的晶界和许多细而淡的亚晶界.
这两个样品中亚晶界形状的不同可能是与晶体的取向有关.

样品在 740 ℃下退火 30 分钟油淬后（用过氯酸-醋酸电解液抛光）用不同方式显露的金
相组织如图 3 所示. 图 3a 是用偏振光照明，3b 是氧化处理后用普通光照明，3c 是氧化后用
偏振光照明得到的. 这三张照片是在样品的同一个地方拍摄的. 仔细比较后，可以看出，经过
氧化处理后再用偏振光照明，显露的晶粒组织更细致. 这是因为在偏振光照明下亮度相同的
区域内还可以借助于氧化着色来分辨晶粒组织. 氧化着色后显露的晶粒组织比用偏振光照
明的清楚一些，但是在属于同一颜色的区域内，也还有可能是两个以上的晶粒，只是几率不
大而已. 图 4 是氧化着色后在普通光照明下观察到晶粒内部的亚晶组织. 用氧化着色的方法
并不能把所有晶粒内的亚晶组织都显露出来，这和被氧化的晶面取向、亚晶之间的取向差以

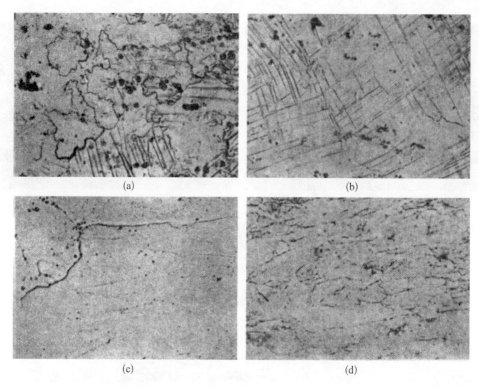

图 2 用电解抛光腐刻方法显露出 α 铀的晶粒组织(普通光照明,×150) (a)—740 ℃退火 30 分钟后油淬;(b)—740 ℃退火 30 分钟后炉冷;(c),(d)—由 β 相极缓慢地冷却到 α 相后的亚晶结构.

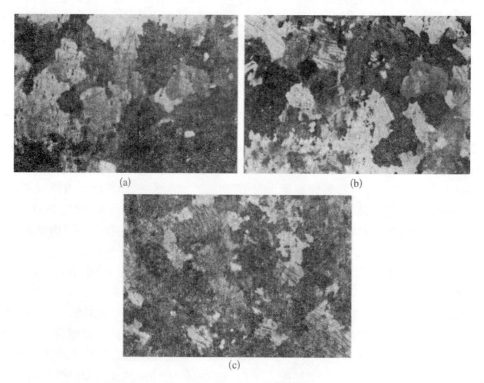

图 3 样品在 740 ℃退火 30 分钟油淬后,用不同方法在样品同一地方显露出的晶粒组织 (在过氯酸-醋酸电解液中抛光,×150) (a)—用偏振光照明;(b)—氧化着色后用普通光 照明;(c)—氧化着色后用偏振光照明.

及氧化膜的厚度等因素有关. 图 5 是样品经过 84% 轧制变形，然后在 640 ℃ 退火 200 小时后的金相照片. 这时样品中存在着明显的择尤取向，电解抛光腐刻后，不能把两个取向比较接近的晶粒之间的晶界很好地刻画出来. 如果样品再经过氧化着色，就能够将晶粒组织显露得更清楚.

样品在 740 ℃ 退火油淬并经过电解抛光腐刻后，用普通光照明、偏振光照明以及氧化着色三种方法在样品的同一位置所显露的晶粒组织示于图 6 中. 由于电解抛光腐刻后表面凸凹不平，用偏振光照明不可能得到良好的衬度. 将这三张照片进行比较后，可以看出用电解抛光腐刻

图 4 样品在 740 ℃ 退火 30 分钟油淬后，用氧化着色方法在"A"晶粒中显露出的亚晶结构（普通光照明，×150）

和氧化着色所显露的组织是清楚的. 如果电解抛光腐刻后再给以轻微的氧化着色，这时既可以观察到晶粒内部的细致结构，又有较好的衬度，比单独用任何一种方法都更为满意.

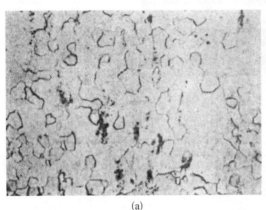

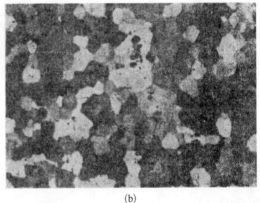

（a）   （b）

图 5 样品经过 84% 轧制，在 640 ℃ 退火 200 小时后用不同方法显露的组织 （a）—电解抛光腐刻；（b）—氧化着色(普通照明，×150)

3 总结

（1）应用过氯酸-醋酸再加入少量的硫酸铝作为电解液，抛光后能够将经过不同热处理后的 α 铀晶粒组织显露出来. 特别是还能观察到由 $\beta \rightarrow \alpha$ 相变后在晶粒内部产生的亚晶界网络. 如果再加上轻微氧化着色，则结果更为满意.

（2）用氧化着色法显露 α 铀晶粒组织时，选择适合的电解液来制备样品表面是很重要的. 如果用磷酸-甘油-酒精作为电解液，那么由于形成的 UO_2 与母体间没有明显的取向关系，氧化着色均匀一致，不能显露出晶粒组织. 如果选用过氯酸-醋酸作为电解液，氧化处理后可以得到满意的结果.

（3）氧化处理时，可以把样品在空气中加热到 120 ℃ 左右，保持 15 分钟. 为了提高这种方法的分辨本领，氧化层不宜太厚，以不出现蓝色氧化膜为佳. 这时还可将一部分晶粒内的亚晶组织显露出来.

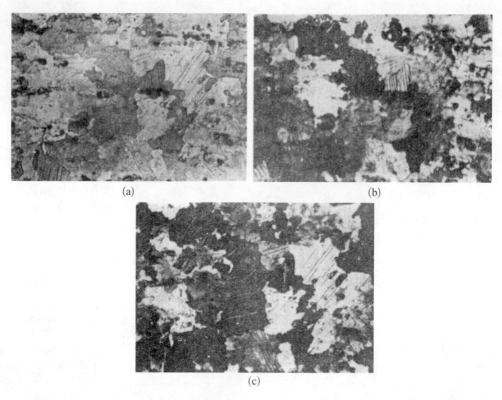

图6 样品在 740 ℃ 退火 30 分钟油淬后,经电解抛光腐刻显露的晶粒组织(×150) (a)—用普通光照明;(b)—用偏振光照明;(c)—再经过着色后用普通光照明.

(4)用过氯酸-醋酸电解抛光时,减少过氯酸的比例,降低电解时电解液的温度、电流密度以及缩短抛光时间,可以得到孔洞少而平滑的表面.

参 考 文 献

［1］B. W. Mott and H. R. Haincs. *J. Inst. Motals*,**80**,621（1951—1952）.

［2］R. F. Dickerson, *Trans. Amer. Soc. Metals*, **52**, 748（1960）.

［3］J. F. Amber and G. F. Slattery. *J. Nucl. Mater.*, **4**, 90（1961）.

［4］M. N. Posey, *Met. Prog.*, **76**, 101（1959）.

［5］B. W. Mott and H. R. Haines, *Metallurgia*, **43**, 255（1951）.

［6］H. Monti et J. Bloch, *Metanx Corrosion Industries*, **31**, 444（1961）.

［7］A. Robilard, R. Boucher et P. Lacombe, *Metanx Corrosion Industrier*, **31**, 433（1956）.

［8］W. Evens, *Trans. Canad. Inst. Min. Metall.*, **63**, 618（1960）.

［9］D. Armstrong, P. E. Madsen and E. C. Sykcs. *J. Nucl. Mater.*, **1**, 127（1959）.

铀板的再结晶[*]

摘　要： 研究了在 150 ℃和 350 ℃下冷轧后铀板的再结晶动力学和金相组织. 结果表明, 两组样品的金相组织没有显著的区别, 而再结晶的速度不同.

关于铀板的再结晶过程问题, 文献上有过一些报导[1,2]. 其中大部分研究都是用高纯铀在室温下冷轧时进行的, 并且研究侧重于织构的形成和变化方面. 而对于再结晶动力学的研究还不多.

铀在 150 ℃和 350 ℃冷轧后, 形成主要织构的相对强弱有所不同. 但在 520 ℃退火之后, 却得到基本上相同的再结晶织构[3]. 为了对 150 ℃和 350 ℃冷轧铀板的再结晶过程有进一步的了解, 我们研究了在同样压下量的条件下两组样品的再结晶动力学和金相组织. 结果表明, 两组样品的金相组织并没有显著的区别, 再结晶速度有所不同.

1　实验过程

原材料在 640 ℃热锻成~8×8 毫米^2 的方坯. 于 600 ℃退火 1 小时后, 在 500 ℃轧至 5 毫米厚, 再于 600 ℃退火 1.5 小时. 由此准备成的坯料分别在 150 ℃和 350 ℃按 84% 的压下量轧制, 再切成小片状, 作为试验用样品.

试样在锡浴炉内进行再结晶退火, 退火温度范围为 300—650 ℃. 为使样品不受锡浸蚀, 对于在 500 ℃以下, 退火时间不超过 1 小时的样品, 用铝箔包装; 对于退火时间更长或退火温度更高的样品, 则用石英管真空封装.

样品的硬度用维氏硬度计测量, 载荷为 30 公斤. 测量硬度之前, 样品经电解抛光, 形变及再结晶的金相组织都用氧化着色的方法显示[4].

再结晶的体积百分数是在显微镜上用截线法测出的. 从金相观察得知: 样品在 450 ℃经 2 小时退火后, 基本上完成再结晶. 所以硬度下降百分数就以该样品在退火前后的硬度差为 100% 来计算, 从而可以画出再结晶百分数与硬度下降百分数之间的关系曲线. 以此曲线为准, 由各个退火样品的硬度下降百分数确定它的再结晶百分数, 画出不同温度的再结晶动力学曲线. 这是过去常用的方法[5]. 形变后的样品用衍射仪测定了 (001) 谱线的弦度. 样品的织构与以前的结果一致[3].

有时同一样品的各处硬度值不等, 这可能与材料的原始状态的不均匀性有关. 这影响了测量的准确程度. 这时就测量更多的点, 取其平均值.

2　实验结果及讨论

冷轧铀板 (以下称为形变体) 的金相组织呈现明显的带状, 氧化后显出不同的颜色, 代表

---

[*] 本文合作者：刘起秀. 原发表于《原子能科学技术》, 1965(8)：734 - 739.

着不同的取向. 在 350 ℃ 冷轧后的组织如图 1 所示. 150 ℃ 冷轧后的组织也有同样的特征. 形变体内的畸变程度也是不均匀的, 这可能与原始晶粒的取向有关. 如果晶粒的原始取向就接近于冷轧织构的稳定取向, 那么, 即使它和周围的晶粒同时经受较大的变形, 其相对畸变仍比较小. 在金相照片上, 畸变较小的区域对应着粗大的着色较浅的区域. 在个别畸变更小的区域甚至可以观察到形变孪晶 (图 1b). 这些畸变不均匀的区域也以带状沿轧向排列 (图 1a).

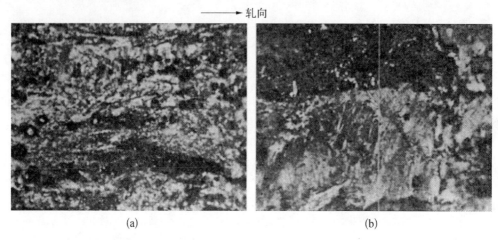

——→ 轧向

(a)   (b)

图 1 在 350 ℃ 冷轧后的组织 (a)—×400; (b)—×720

另外, 在形变体的一些畸变较大的区域中, 普遍地观察到有再结晶的新晶粒存在. 这些新晶粒的体积很小, 一般的直径不大于 1 微米, 但以其与母体有很大的取向差别而显而易见 (图 1b 深色区域中的白颗粒). 这些地方的显微硬度要比其周围形变体低 20—40 公斤/毫米². 由于其直径太小, 或者是由于它在轧制过程中产生后又发生变形, 所以在 X 射线 (照在样品上的光斑约为 0.5 毫米) 背射照片上, 仍得到连续的环, 看不出再结晶后所特有的斑点 (图 2). 在铀的冷锻试验中, 曾观察到在畸变较大的区域内发生再结晶[6]. 所以在 150 ℃ 和 350 ℃ 轧制时, 在畸变较大的局部区域内可能会发生再结晶.

在固定退火时间为半小时的情况下, 硬度与退火温度之间的关系示于图 3. 从图 3 可以看出, 硬度下降 50% 时, 在 150 ℃ 轧制和 350 ℃ 轧制的样品的再结晶温度分别为 420 ℃ 和 435 ℃.

退火时, 在畸变较大的区域优先形成细小的新晶粒. 于 450 ℃ 退火 10 分钟后的金相组织如图 4 所示. 在所有情况下, 初生的晶粒都是等轴晶粒, 常常沿轧向排列成带状. 畸变较小的区域最后发生再结晶, 形成较大的晶粒. 这些大晶粒基本上保留了原来形变体的取向. 看来, 这是通过多边化后的亚晶长大而成的.

从刚完成再结晶时的金相组织 (图 5a) 和 500 ℃ 退火半小时后的金相组织 (图 5b) 可以看出, 再结晶晶粒的大小是不均匀的, 并沿轧向成带状分布; 同时, 不同取向的晶粒也排列成明显的带状 (图 5). 这种带状在金相观察中表现为不同色彩的晶粒, 而在相片上则是不同黑度的晶粒.

为了了解退火后晶粒的长大情况, 测量了从 500 ℃ 到 650 ℃ 退火半小时后的晶粒大小. 结果如图 6 所示. 350 ℃ 轧制的样品晶粒较大, 其金相组织如图 7 所示. 应当指出, 再结晶晶粒是相当细小的, 虽然还存在不均匀性.

不同温度下再结晶百分数与硬度下降百分数之间的关系如图 8 所示, 从图 8 看出, 两组

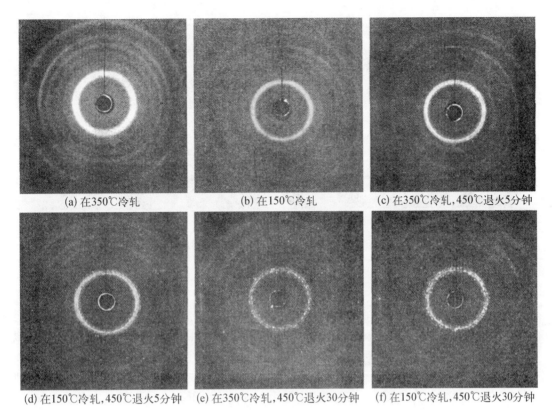

(a) 在350℃冷轧　　　　　　(b) 在150℃冷轧　　　　　(c) 在350℃冷轧,450℃退火5分钟

(d) 在150℃冷轧,450℃退火5分钟　(e) 在350℃冷轧,450℃退火30分钟　(f) 在150℃冷轧,450℃退火30分钟

图 2　X 射线背射图

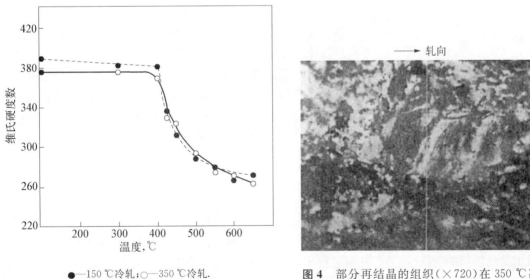

●——150 ℃冷轧;○——350 ℃冷轧.

图 3　轧制温度对再结晶温度的影响,退火时间为 30 分钟

图 4　部分再结晶的组织(×720)在 350 ℃冷轧,450 ℃退火 10 分钟

样品相似. 从曲线的形状可以看出,回复对于硬度值下降的贡献是很小的. 这与铜的情况相似,与铝的情况则不同[3]. 从图 3 也可以明显地看出这一点.

由图 8 的关系得到的再结晶动力学曲线示于图 9. 从再结晶百分数达到 50％所需的时

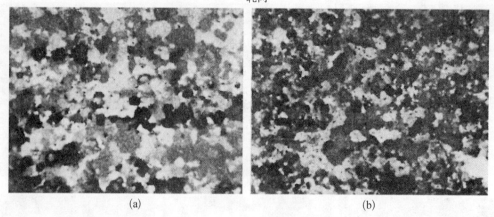

图5 完全再结晶后的组织（×720） (a)—在 350 ℃冷轧,450 ℃退火 2 小时;(b)—在 350 ℃冷轧,500 ℃退火 30 分钟

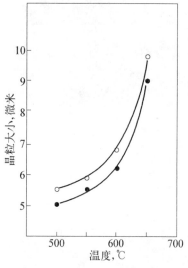

●—150 ℃冷轧;○—350 ℃冷轧.

图6 退火温度对再结晶晶粒大小的影响,退火时间为 30 分钟

间与退火温度的关系（图 10），求出再结晶的激活能为 102 000 卡/克原子,两组样品的数值相同. 这比以前报导的数值稍高[1,2],这可能是由纯度不同所引起的. 比较两组动力学曲线可以看出,150 ℃冷轧样品的再结晶速度比 350 ℃冷轧样品快. 从背射 X 射线相片上也可以看出这种差别（图 2）. 这是由于样品在较低温度轧制后具有较大的畸变,储能较高,所以 150 ℃轧制的样品硬度也较高,说明了它受到较大的硬化.

我们过去曾认为,再结晶后弱的(100)[010]织构是其他主要织构的孪生取向的迭加[3]. 这次对样品的金相组织进行比较仔细的观察以后,认为这样的讨论需要重新审查. 根据假单晶晶面取向与氧化着色的关系[8],结合样品的再结晶织构的情况[3],可以确认,样品经过氧化着色后呈现浅黄色的晶粒的晶面是接近(001)面的,而紫红色晶粒的晶面是接近(100)面的. 这说明再结晶后(100)[010]取向的晶粒确实存在.

3 小结

（1）按 84% 的压下量在 150 ℃和 350 ℃冷轧后的铀板都有明显的畸变不均匀性,金相组织呈现带状的特征. 样品在轧制过程中,在畸变较大的区域内已形成了少量细小的再结晶晶粒.

（2）退火过程中,畸变较大的区域优先再结晶,形成小晶粒;畸变较小的区域发生再结晶较晚,形成较大的晶粒. 再结晶后的晶粒大小是不均匀的,不同大小和不同取向的晶粒一般沿轧向呈带状分布.

（3）样品在 150 ℃轧制退火后再结晶的晶粒比 350 ℃轧制退火后再结晶的晶粒小,再结晶的速度也较快. 两组样品的再结晶激活能都是 102 000 卡/克原子.

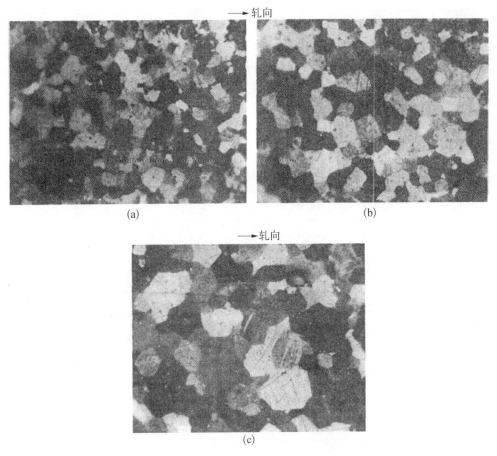

图7 在不同温度下退火后的晶粒大小(×720) 在 350 ℃冷轧;退火时间为 30 分钟 (a)—500 ℃;(b)—600 ℃;(c)—650 ℃.

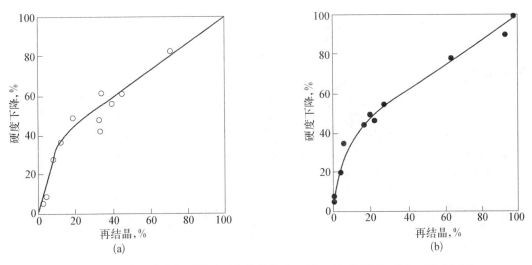

图8 硬度下降百分数与再结晶百分数的关系 (a)—350 ℃冷轧;(b)—150 ℃冷轧

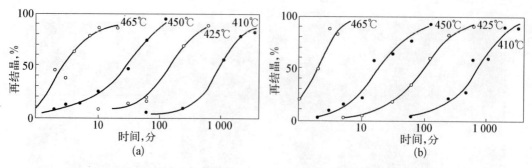

图9 再结晶动力学曲线 （a）—350 ℃冷轧；（b）—150 ℃冷轧

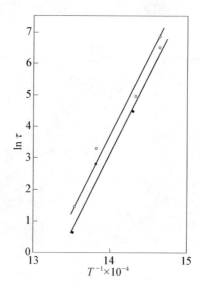

单位：温度 T—°K；时间 τ—分钟.
●—150 ℃冷轧；○—350 ℃冷轧.

图 10 退火温度与再结晶 50% 所经时间的关系

参 考 文 献

［1］A. N. Holden, Physical Metallurgy of Uranium, Addison-Wesley Publishing Co. , Inc. , 1958.

［2］L. T. Lloyd, H. H. Mueller, ANL-6327 (1962).

［3］周邦新、刘起秀,原子能科学技术,第 2 期,138 (1965).

［4］周邦新、孔令枢,原子能科学技术,第 3 期,249 (1965).

［5］V. A. Phillips & A. Phillips, *J. Inst. Met.* , **81**, 185 (1952—1953).

［6］J. A. Sabato, R. W. Cahn, *J. Nucl. Mater.* , **5**, 287 (1962).

［7］周邦新、颜鸣皋,物理学报,**19**,633 (1963).

［8］周邦新、孔令枢,未发表.

锆-2合金管材焊接后在过热
蒸汽中的不均匀腐蚀[*]

摘　要：以锆-2合金为包壳的压水堆元件棒，经过高压釜预生膜处理后，在端塞焊接热影响区内，常会生成一种白色小点（简称白点）。应用光学显微镜、电子显微镜、电子探针及X光衍射等实验技术，对白点的形态、晶体结构、化学成分及形成长大规律等进行了研究。根据实验结果，对白点形成的原因作了分析，并进行了模拟试验，找出了原因。

1　前言

锆及锆合金在过热蒸汽中腐蚀时，首先形成黑色、致密、附着力强的氧化膜，随着时间增长，将过渡到一个新的时期，这时腐蚀速度加快，黑色氧化膜开始转变成白色较疏松的氧化膜，并且容易剥落。这两个不同时期的过渡点，通常称为"转折点"。发生转折所需时间的长短，与试验温度，金属内杂质含量有着密切的关系。

腐蚀试验时，试样表面的制备是一个很重要的环节。如果表面有形变层，或者被沾污，都会加速腐蚀，形成白斑。目前比较好的方法是将样品放在硝酸-氢氟酸水溶液中进行化学抛光（酸洗），然后在热水和蒸馏水中冲洗。

以锆-2合金为包壳的压水堆元件棒，在400 ℃、105大气压的过热蒸汽中，经过高压釜预生膜处理后，表面生成了黑色光亮的氧化膜。但在部分元件棒的端塞焊接热影响区内，常会出现白色的小点（以下简称白点）。从白点形成位置的特殊性来看，它不像是由于酸洗处理不当所引起的。为了避免这种白点的形成，必须找出原因，本研究工作就是围绕着这个问题展开的。

2　白点的研究

2.1　试样制备

电子束焊接好的元件棒，先后经过丙酮及去离子水分别浸泡 30 分钟，然后进行酸洗（酸洗液成分为 45％硝酸＋5％氢氟酸＋50％去离子水）、热水冲洗和去离子水冲洗。酸洗后管壁约减薄 0.02 毫米。经过这样处理后的元件棒，放入装有电阻率大于 50 万欧姆·厘米、pH ＝ 7±0.5 去离子水的高压釜中，在 400 ℃、105 大气压下经过 72 小时的预生膜处理。处理后的元件棒，表面生成了一层黑色光亮的氧化膜，如果有白点形成，很容易被发现。

2.2　白点的形态

在元件棒焊接热影响区内出现的白点，一般是圆形，直径在 0.05—0.5 毫米范围内，表

---

* 本文署名：白延祖（白点研究小组的化名，小组负责人周邦新）。原发表于《核动力工程》，1980(4)：28 - 42.

面上有龟裂和凹坑. 从其剖面来看, 白点底部的轮廓都为弧形, 有的是几个弧连在一起. 在与白点底部相连的金属基体内, 还可见到形变孪晶(图1).

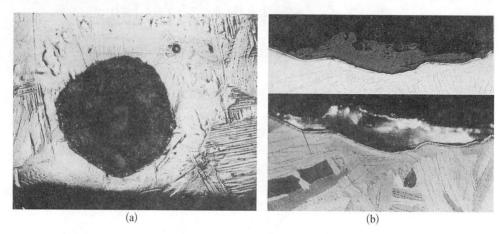

图1 白点形态 (a)—正面×120; (b)—剖面(上: 明场; 下: 偏振光)×250.

为了研究白点的形成是否与该区域内金属组织的特殊性有关, 将三个白点作了逐层解剖观察, 但并未看到在金属基体中有任何异常的组织和夹杂, 只发现有形变孪晶. 这说明白点形成时, 在该区域内会产生很大的应力. 白点向表面内渗透的深度一般不超过 0.1 毫米.

图2是元件棒在酸洗后入釜以前, 由于表面沾污(手指的触摸)而生成的白斑, 从形态上看, 它与在焊接热影响区生成的白点不同, 它们大部分都不是圆形, 向表面内渗透的深度很浅, 底部也不成弧形. 因此, 可以断定焊接热影响区内的白点不是由于酸洗后入釜前的沾污而引起的.

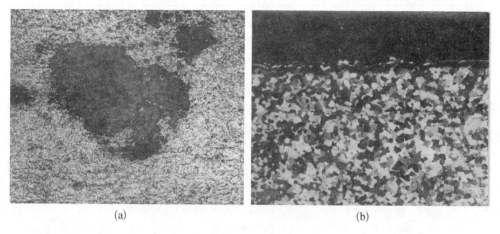

图2 元件棒在入釜前由于人为沾污所形成的白斑 (a)—正面×120; (b)—剖面(偏振光)×250.

2.3 白点的晶体结构

为了弄清白点的形成原因, 测定白点的晶体结构是很必要的. 由于白点的直径很小, 用X射线衍射法来测定比较困难, 因此采用了电子衍射法.

用钢针将白点剥下放在玻璃板上,加酒精少许湿润后,用玻璃棒研细,再萃取到碳膜上,制成适合于透射电子衍射的样品.以相似的方法还制备了黑色氧化膜的电子衍射样品.实验是在 D×A-10 型电子显微镜上进行的,加速电压为 100 千伏,以纯铜作为标样.

对电子衍射照片进行测量计算后,证实白点是单斜结构的二氧化锆,而黑色氧化膜是单斜结构和立方结构的二氧化锆的混合物.实验计算结果列于表 1.在立方结构二氧化锆的谱线中,只有(111)线条能与单斜结构二氧化锆的(111)线条分开,其他都相互重叠,因此还采用了选区衍射方法(只让被选释的一小部分粉末参加衍射)来研究黑色氧化膜的结构.在作选区衍射时,经常可以得到几乎完全是立方结构的二氧化锆的衍射谱线.

表 1 实验测量的白点晶面间距(d)与 ZrO_2 晶面间距(根据 ASTM 衍射卡片)的比较

| 晶面指数(hkl) | | ZrO_2 的 d 值 | | 实验测量的 d 值 | | |
单斜	立方	单斜	立方	白点	黑膜	黑膜(选区)
110		3.630		3.644		
11$\bar{1}$		3.157		3.159	3.230	
	111		2.92	2.927		2.933
111		2.834		2.844	2.852	
002		2.617		2.610		
020		2.598			2.590	
200		2.538				
	200		2.53			2.578
21$\bar{1}$		2.213		2.204	2.201	
112		2.015		2.009	2.033	
022		1.845			1.843	
220		1.818		1.823		
12$\bar{2}$		1.801			1.804	
	220		1.80		1.804	1.802
300,202		1.691				
013,221		1.656		1.667	1.656	
131		1.541		1.530	1.546	
	311		1.53		1.546	1.552
321,320		1.420		1.423		

2.4 白点的化学成分

用电子探针对 12 个白点内的成分进行了定性分析,在大约 70% 白点的表面上,发现有某些元素的富集区,有的是铜和锌,有的是铁、铬、镍和钙等(图 3、4).白点中硅和铝的含量都比周围基体中的高(约高千分之几).图 5 是一个白点的剖面和周围基体中的锆、硅和铝的特征 X 射线强度比较.X 射线的强弱,直接指示出该元素含量的多少.白点是二氧化锆,因而锆的特征 X 射线强度较基体中的低,而铝和硅的特征 X 射线强度却比基体中的高.分析白点剖面中锡、铁、铬和镍的含量后,未发现异常现象.

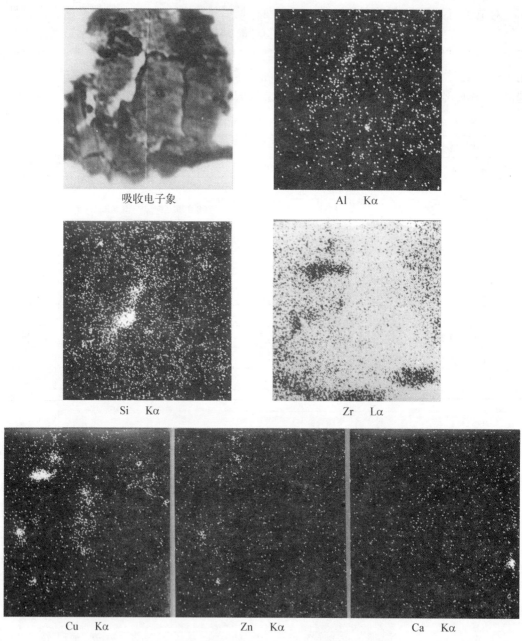

吸收电子象

Al　Kα

Si　Kα

Zr　Lα

Cu　Kα

Zn　Kα

Ca　Kα

图3　一个白点表面上 Zr、Si、Al、Cu、Zn、Ca 等元素的分布，×300

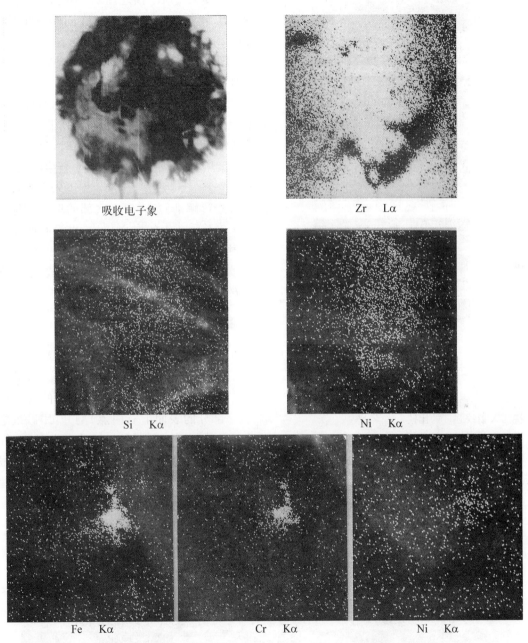

吸收电子象　　　　　　　　　Zr　Lα

Si　Kα　　　　　　　　　Ni　Kα

Fe　Kα　　　　　　Cr　Kα　　　　　　Ni　Kα

图4　一个白点表面上 Zr、Si、Al、Fe、Cr、Ni 元素的分布，×150

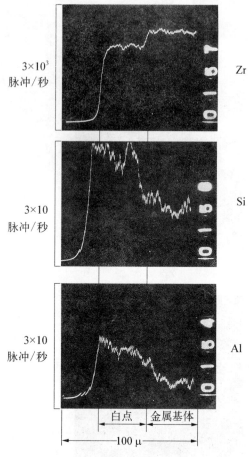

$3×10^3$
脉冲/秒
Zr

$3×10$
脉冲/秒
Si

$3×10$
脉冲/秒
Al

| 白点 | 金属基体 |

←——100 μ——→

图 5 一个白点剖面和金属基体中的 Zr、Al、Si 特征 X 射线强度的比较

2.5 白点的形成及长大

将 25 根样品酸洗后放入高压釜中，在 400 ℃、105 大气压下预处理 10 小时，经检查未发现白点. 再将这组样品入釜，在同样条件下继续处理 28 小时后（累计为 38 小时），在两根元件棒上发现了两个白点. 在另一组实验中，把 5 根经过 400 ℃、105 大气压预处理 3 天，并带有 7 个白点的元件棒，再放入高压釜中继续处理. 每隔 3 天取出观察一次，并对每个白点作照相记录. 累计共 18 天. 在第 9 天取出观察时，只在一根棒的焊接热影响区内，发现了两个新生的白点. 原来的 7 个白点，一直到第 18 天也未发生长大（图 6）. 经过解剖检查，白点底部的形态和深度与处理 3 天后产生的白点相比，也没有明显的差别. 由此可以看出，白点的形成需要孕育期，但孕育期长短则不相等. 一旦白点形成，继续在相同条件下处理，不会再发生明显的长大.

2.6 白点的形成部位

在上述条件下，白点只在元件棒端塞焊接熔区两侧的热影响区内出现. 为了进一步验证这一点，作了以下试验：把经过处理的元件棒端头（一部分的表面上有白点）剖开，用砂纸磨平后，在相同条件下进行酸洗、高压釜处理. 在 50 个端头的剖面上并未发现有白点形成. 另一组试验用了白点出现几率约为 30% 的 75 根元件棒，加长酸洗时间，使厚达近 0.08 毫米的金属表面层溶去. 这组样品经过高压釜处理

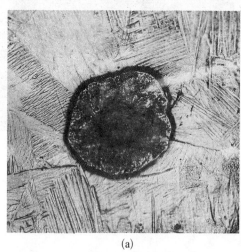

(a)   (b)

图 6 在过热蒸汽中腐蚀 3 天后形成的一个白点（a）和继续腐蚀 15 天后的照片（b），×120

后,只发现了一个白点. 这些结果都说明了白点只会在焊接热影响区的表面层中形成.

综合以上实验结果,我们认为,锆-2合金在 400 ℃、105 大气压高压釜中处理后,在焊接热影响区内出现的白点,是由于该小区域内成分的差异而使抗腐蚀性降低的结果. 这种成分的差异可能是由于外来的沾污,通过焊接加热时和锆之间产生反应以及扩散来完成,因而只有在热影响区的表面层内才会出现白点. 如污染区中有害元素的种类或含量不同时,则黑膜转变成白膜所需的时间长短也会有差别,因而形成白点的孕育期有长有短. 当这个被污染的坏区由黑膜转变成白膜后,再继续进行高压釜处理时,未被沾污的好区内,黑膜将以正常速度增长,因而白点没有明显长大.

锆合金中含有铝将使抗腐蚀性变坏[1,2];硅含量过高时(超过 2 500 ppm)也是有害的元素[3]. 这与白点中铝和硅含量较高的现象是吻合的. 锆在真空退火时,由于样品表面被铜污染,也会使腐蚀速率增加[4]. 另外,如果由于某种原因,使锆-2合金中的铁、铬、镍等合金元素发生聚集,在其周围必然形成一个合金元素的贫区,也会使抗腐蚀性降低. 因此,在白点表面观察到铜锌的富集以及铁铬镍的富集是值得注意的.

3 焊接时局部污染对锆-2合金在过热蒸汽中腐蚀性能的影响

3.1 试样制备

将锆-2合金管材截成 80 毫米长的短管,模拟真实元件棒的制造工艺,经过酸洗与端塞装配后,用真空电子束焊接成试样. 为了研究几种元素污染后对锆-2合金腐蚀性能的影响,把铝(工业纯)、硅(99.99%)、黄铜(40%锌)、不锈钢(1Cr18Ni9Ti)等金属粉末,以及氧化铝(光谱纯)、氧化硅(工业纯)、水磨砂纸的砂粒(经 X 射线分析,证明其中主要是 Al_2O_3;用电子探针分析后发现其中还含有硅)、黄土(经 X 射线分析,证明其中主要是 SiO_2;用电子探针分析后发现还有铝和钙等元素)和碳等粉末,经丙酮湿润后,用毛笔沿样品轴向涂在要焊接的地方,然后进行焊接、酸洗和高压釜处理.

3.2 各种被涂物质在高温下和锆-2合金的反应

铜、黄铜、不锈钢等粉末和锆-2合金在高温反应后,形成了熔点较低的合金,在冷却过程中凝固后,呈现树枝状结晶(图 7(a)). 用电子探针分析污染斑的化学成分后,发现黄铜污染斑中锌的含量并不高,这可能是由于液态锌的蒸汽压较高,在高温真空中易挥发的缘故. 图 7(b)、(c)是铝与硅粉和锆-2合金在高温反应后的污染斑. (d)、(e)是砂纸砂粒与黄土和锆-2合金反应后的污染斑,反应区中都有一个黑斑,这可能是反应后的剩余物,氧化铝和氧化硅的污染斑,也与此相似. 在这种条件下,碳粉与锆-2的反应不明显(图 7(f)).

为了测定氧化铝、氧化硅和锆-2合金开始反应的温度,用高温显微镜观察了它们之间反应的过程. 结果表明,锆-2合金和氧化铝之间开始反应的温度是 1 160—1 180 ℃;与氧化硅开始反应的温度是 1 320—1 340 ℃. 砂纸砂粒与锆-2合金开始反应的温度大致与氧化铝的相同. 由于黄土的成分较复杂,它与锆-2合金开始反应的温度极不一致,在 1 080—1 300 ℃范围内.

3.3 锆-2合金在焊接时被污染后引起局部加速腐蚀的几种情况

由于被铜、黄铜和不锈钢污染而引起的加速腐蚀斑呈现黑褐色,因此能与黑色氧化膜区

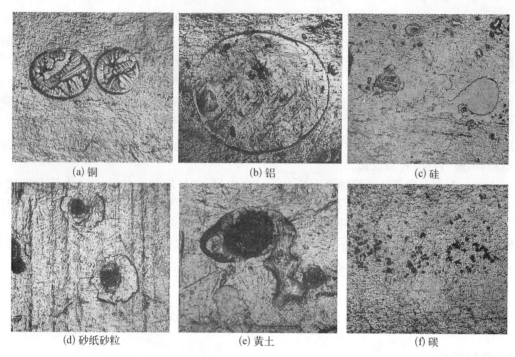

(a) 铜　　　　　　　(b) 铝　　　　　　　(c) 硅

(d) 砂纸砂粒　　　　(e) 黄土　　　　　　(f) 碳

图 7　几种物质在焊接热影响区内与锆-2合金发生反应后的污染斑,×120

分开. 铜和黄铜污染后的腐蚀斑稍为凸起,不锈钢污染后的腐蚀斑比较平滑. 图8是铜污染后腐蚀斑的正面和剖面照片. 铜的污染使氧化膜明显增厚,但不是白色,在厚的氧化膜下面,可见到多相的铜锆合金组织. 图9是不锈钢污染后腐蚀斑的正面和剖面照片. 不锈钢的污染形成了极复杂的锆-铁-铬-镍合金,但氧化膜并未显著增厚.

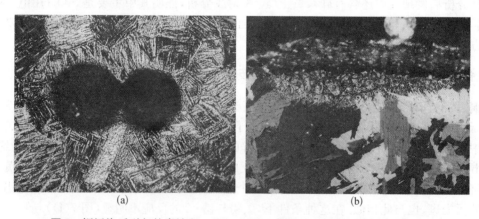

(a)　　　　　　　　　　　(b)

图 8　铜污染后引起的腐蚀斑　(a)—正面×120;(b)—剖面(偏振光)×250.

由于被硅、氧化硅、铝、氧化铝、砂纸砂粒和黄土六种物质污染而出现的加速腐蚀斑都呈现白色,为了避免在叙述中与元件棒上的白点混淆,以下将模拟试验中生成的白色斑点称为白斑. 其中以铝的污染(包括氧化铝和砂纸砂粒的污染)引起的白斑最为严重,有的白斑已出现剥落现象. 碳的污染没有引起特殊的腐蚀斑.

3.4　锆-2合金被铝和硅污染后,经高压釜处理生成的白斑

应用分析元件棒上白点的同样方法,对铝和硅污染而生成的白斑形态、成分和晶体结构

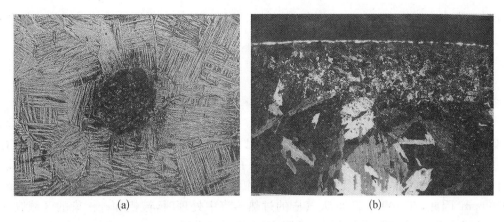

(a)   (b)

图 9　不锈钢污染后引起的腐蚀斑　（a）—正面×120；（b）—剖面（偏振光）×250.

作了分析. 现以砂纸砂粒和黄土污染所生成的白斑为例作一说明.

图 10、11 分别是因砂纸砂粒和黄土污染而生成腐蚀白斑的正面和剖面照片,其形态与元件棒上焊接热影响区内出现的白点一致. 用电子探针分析白斑表面的化学成分,也发现部分白斑上有铜和锌的富集;在光学显微镜下,可见到该富集区呈现金属光泽. 从剖面上用电子探针分析白斑中铝和硅的含量,得出因黄土污染的白斑中含硅约 8 000 ppm;因砂纸砂粒

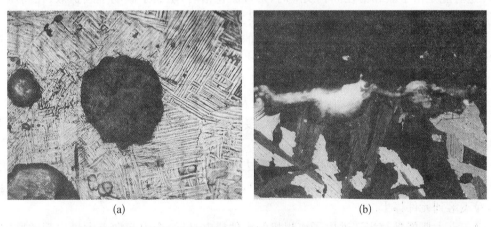

(a)   (b)

图 10　砂纸砂粒污染后引起的腐蚀白斑　（a）—正面×120；（b）—剖面（偏振光）×250.

(a)   (b)

图 11　黄土污染后引起的腐蚀白斑　（a）—正面×120；（b）—剖面（偏振光）×250.

污染的白斑中含铝约 2 000 ppm. 用电子衍射和 X 射线结构分析所得的结果,都证明了白斑中是单斜结构的二氧化锆.

4 讨论

对锆合金抗腐蚀性能最有害的元素是氮($>0.004\%$)、碳($>0.04\%$)、钛($>0.1\%$)、铝($>0.1\%$)等[5,6]. 当铝含量达到 172 ppm 时,已显出它的有害作用[7]. 271 ppm 的硅没有明显的影响[7],但当含量超过 2 500 ppm 后,降低了锆合金的抗腐蚀性能[3]. 在我们的实验中,由于焊接热影响区内污染而使局部区域内的铝和硅含量增加,分别达到了 2 000 ppm 和 8 000 ppm. 因此,在 400 ℃、105 大气压的过热蒸汽中处理时,被铝和硅污染的区域腐蚀较快,转变成白色氧化膜所需的时间也较短,因而形成了白斑.

实验结果表明,铜和锌的污染能加速腐蚀而使氧化膜增厚,但氧化膜不是白色. 密希(Misch)[8]曾研究了锆合金(0.5%钛)在含有 $CuSO_4$ 的水质中的腐蚀行为,发现腐蚀后生成的白色氧化膜上嵌镶着铜的晶体. 我们在白点表面上观察到有铜锌的富集,以及铁铬镍的富集,很可能它们也是从腐蚀介质中沉积下来的,并非原先存在于锆-2合金中.

碳对锆合金的抗腐蚀性也是极有害的元素[5,6,9],但并未观察到由于碳的污染而生成的白斑. 这可能是由于碳和锆在固相反应时,形成碳化锆后,阻碍了碳的继续扩散;在高压釜处理前的酸洗过程中,很容易把被碳污染的薄层去掉,因而没有显出它的有害影响.

钙对于锆合金的抗腐蚀性也是一种有害的元素[5]. 在黄土中也含有钙,不过没有单独做钙的污染试验,无法将钙和铝、硅进行比较.

分析元件棒在焊接过程中可能被铝、硅等元素污染的途径,大致有以下几方面:

① 锆管及端塞经过酸洗后,在干燥、装配及运输过程中沾上了尘土.

② 焊接元件棒的夹具上沾有尘土,在焊接时由于热的作用,或电子束的轰击,使尘土飞落到元件棒上.

③ 在清洗焊机元件棒夹具时,用砂纸擦去夹头上的沉积物后,一些嵌在夹具缝隙中的砂纸砂粒未被清除干净,在以后的焊接过程中,由于夹具受热膨胀,机械振动或电子束轰击,使砂粒飞落到元件棒上.

第三点大概就是每当清洗电子束焊机的元件棒夹具后,会引起白点大量出现的原因. 因此,生产过程中各个工序的清洁工作是十分重要的,特别是对于焊接工序应给予更多的注意.

5 总结

(1) 元件棒在 400 ℃、105 大气压的过热蒸汽中进行预生膜处理时,在端塞焊接热影响区内生成的白点,其直径一般为 0.05—0.5 毫米,深度在 0.1 毫米以内. 这种白点只会在热影响区的表面层内形成.

(2) 白点形成需要一定的孕育期,在上述条件下,孕育期为数十至数百小时. 白点形成后,再在相同条件下继续腐蚀达 18 天,也未见长大.

(3) 白点的剖面在偏振光照明下,上层发白,比较疏松,是单斜结构的二氧化锆;下层稍暗,比较致密,白点底部为弧形. 它与元件棒在酸洗后入釜前沾污所形成白斑的形态完全不同.

（4）白点中硅和铝的含量比周围基体中的略高（约千分之几）.在大部分白点的表面上,有铜和锌或铁、铬、镍和钙等元素的富集区.

（5）氧化铝和氧化硅与锆-2合金在高温下将发生反应,开始反应的温度分别为1 160—1 180 ℃和1 320—1 340 ℃.反应时一部分铝或硅扩散到锆-2合金中,造成了局部地区的铝、硅污染.

（6）铝、硅的污染使锆-2合金的抗腐蚀性变坏,在400 ℃、105大气压的过热蒸汽中处理时,污染区内的黑色氧化膜增厚,提前转变成白色氧化膜,而成为白斑.

（7）在生产过程中,清洗电子束焊机的元件棒夹具时,残留在缝隙中的砂纸砂粒,是造成铝污染的主要原因;而尘土会造成硅污染.因而元件棒经过高压釜预生膜处理后,在焊接热影响区内常会产生白点.

参 考 文 献

［1］D. G. Westlanke, *J. Nucl. Mat*, **26**, 208 (1968).

［2］F. H. Krenz et al., Proceedings of the Second United Nations International Conference on the Peaceful Uses of Atomic Energy, Vol. 5, P241, Geneva (1958).

［3］R. S. Ambartsumyan et al., Proceedings of the Second United Nations International Conference on the Peaceful Uses of Atomic Energy, Vol. 5, P12, Geneva (1958).

［4］J. T. Demant et al., *Corrosion*, **22** 60 (1966).

［5］B. 勒斯特曼和F. 凯尔兹,俊友译,稀有金属丛书,锆(下册),中国工业出版社,505 (1965).

［6］沃伦.依.贝里著,丛一译,核工程中的腐蚀,原子能工业出版社,1977 年.

［7］L. S. Rubenstein et al., *Corrosion*, **18**, 45t (1962).

［8］R. D. Misch, ANL-6232 (1961).

［9］S. Kass et al., *Corrosion*, **20**, 158t (1964).

制备透射电子显微镜金属薄膜样品的
自动控制装置*

1 前言

  Heidenreich[1]于 1949 年首先用 $\phi 3 \times 0.12$ 毫米的铝片做成薄膜,并用透射电子显微镜进行了观察. 由于当时对电子衍衬成像认识不清,用透射电镜研究金属薄膜的工作停顿了一段时期,直到五十年代后期才蓬勃开展. 当时大多采用窗法制备金属薄膜,为了解决样品在电解抛光减薄时面积迅速缩小的问题,在样品四周涂一层清漆进行绝缘,或采用一对尖阴极,使样品表面的电流密度分布有利于中心的减薄. 这种方法需要面积较大的样品(1—2 厘米^2),抛光后割下的薄膜也要用两片铜网夹持才能进行观察[2]. 为了克服这些缺点,Strutt[3]用一束电解抛光液喷射到样品表面,在 0.4 毫米厚的样品上先抛光出一个碟形凹面,然后再继续电解抛光,从碟形凹面穿孔处取样. Blankenburgs 等[4]改进了上述方法,先从样品上取出 $\phi 3 \times 0.5$ 毫米的圆片,用镊子夹着进行喷射电解抛光,先后将圆片两面都抛成碟形,然后再用通常的方法进行电解抛光,直到样品穿孔. 这样的样品不再需要铜网夹持. Hugo 等[5]直接用双喷射电解抛光,将 $\phi 3$ 毫米的样品抛光至穿孔. Dewey[6]和 Bries[7]还用聚四氟乙烯制成了专用夹头(文献中常称作 teflon 或 P. T. F. E 夹头),将 $\phi 3$ 毫米圆片的四周覆盖住. 为了获得尽量大的面积供透射电镜观察,必需在刚发生穿孔的瞬间切断抛光电源,这样在孔的四周才可能保留一圈足够薄的区域. 早期的办法是从样品的一面照明,在另一面用肉眼或望远镜观察,并尽量减慢抛光减薄的速度. 在用样品夹头抛光时,阳极上产生的气泡常粘附在样品表面,造成过早地穿孔. 为解决这个问题,有的用超声搅动电解液[6],有的转动样品夹头[8],而比较满意的办法是将双喷射电解抛光和样品夹头联合使用[9]. $\phi 3$ 毫米样品装入夹头后,浸在电解液中,同时对着样品喷射两束电解液,这样既可带走样品表面的气泡,又可加快减薄速度. 如果再加上光电信号转换,在刚穿孔时自动切断抛光电源[10],就构成了完善的制备透射电子显微镜金属薄膜样品的自动控制装置. 如用激光照明,还可在未发生穿孔前就切断抛光电源,得到更理想的样品[11]. 这为在低温条件下制备样品[12],及制备有放射性的样品[13]带来了许多方便.

  由于透射电镜已成为研究材料中各种问题的一种常规手段,因此,建立一种操作方便,制作迅速的薄膜制样装置就很必要了.

2 装置的结构

  本装置由电控部分 a 和电解抛光部分 b 组成(图 1),后者又由遮光的玻璃容器 1 和托盘

---

* 本文原发表于《物理》,1980,9(5):411-413.

2构成.托盘的结构如图2,上面装有由直流电机带动的塑料离心泵3,迫使电解液循环,通过一对ϕ1毫米孔的喷嘴喷射到样品表面.样品夹头6是参照文献[10]中的尺寸,用不透光的硬聚氯乙烯制成.用不锈钢棒及ϕ0.3毫米的铂丝与ϕ3毫米的样品边缘接触构成正极.样品四周被覆盖,中心留出ϕ1.6毫米的面积被抛光.光电信号转换部分是由一对弯曲的石英光导棒9、照明灯4及硅光电池7组成.石英光导棒是用ϕ6毫米石英棒拉成锥形,细端头为ϕ2毫米,外面喷涂一层银,裹上

a—电控部分;b—电解抛光容器;
1—遮光玻璃容器;2—托盘

图1 装置的外形

黑色塑料再用石蜡密封做成.为了提高光的强度,在样品夹头能自由放取的情况下,尽量将一对光导和喷嘴靠近,相距约8毫米.样品穿孔后,由硅光电池(用电子探针的背散射电子探测片做成)产生的电信号,通过运算放大器BG305放大,BG305的输出与一只3AX22晶体管的基极相连,控制该晶体管的导通或截止.将一只JRXB-1直流继电器作为3AX22晶体管集电极的负载,由它的吸合或释放来实现接通或切断抛光电源.放大器需要的±15伏直流稳压电源,由两只集成稳压器WA715B组成,图3是该线路的原理图.调节BG305的平衡电阻及反馈电阻,可改变电信号的放大倍数.此外,整个装置中还有可调直流电源、电压及电流测量系统、指示灯及音响报鸣系统.通过改变测量电压的选择旋扭,可监测3AX22晶体管的电压V_{BE}和V_{CE},使该晶体管不要在深度导通状态下工作,以便得到高的灵敏度.实验证明放大倍数在3000—5000倍时,可得到满意的结果.

3—离心泵;4—照明灯;5—抛光电源正极;
6—样品夹头;7—光电池;8—抛光电源负极;
9—石英光导棒;10—喷嘴

图2 托盘的结构

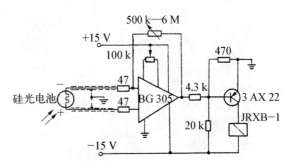

图3 放大器线路的原理图

3 样品的制备过程

由于样品不要再用铜网夹持,因此导热性好,可观察的面积也大.不过抛光时的起始厚

度要在 0.1 毫米以下. 用铣、磨、轧等加工手段, 取出 0.5 毫米厚的片状样品是不困难的, 然后可用无变形加工——电火花切割, 取出 φ3 毫米的圆片. 如果先制成金相样品, 还可在显微镜观察后, 从某些特定区域内取样. 取出的样品, 仿照研磨玻璃时常用的粘结办法, 用重量比为 3:1 的松香和石蜡将样品粘到玻璃板上进行研磨. 这种粘结剂的熔点为 ~40 ℃, 只要热风一吹即可熔开, 但在水中研磨时, 却有很强的粘结力. 只要操作仔细, 用 600—800 号水磨砂纸研磨, 不会造成样品变形. 一次可粘数十片, 研磨后的样品用甲苯清洗.

图 4 是用该装置制成的铝、不锈钢和锆-2 合金样品的照片. 所用电镜是国产 DXA4-10 型, 加速电压为 100 千伏. 由于该装置的灵敏度高, 即使在较快的抛光减薄速度下, 也可获得穿孔为 ~50 微米的样品. 以铝为例, 在孔的四周约有 10^4 平方微米面积可供观察. 制备一个样品的电解抛光时间只需 1—2 分钟.

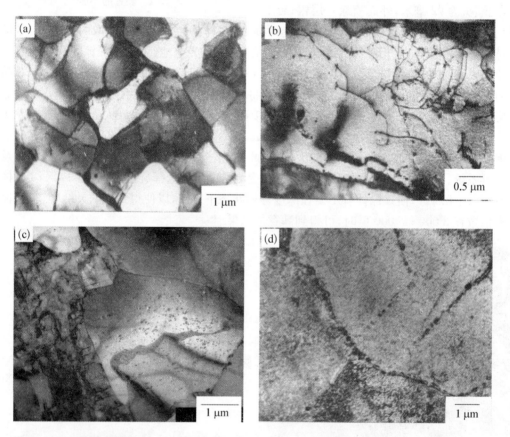

图 4　几种样品的薄膜照片　（a）轧制后的纯铝（亚晶）；（b）β 相加热空冷的锆-2 合金；（c）退火后部分再结晶的不锈钢(1Cr18Ni9Ti)；（d）锆-2 合金表面的氧化膜

如果用一薄层云母将样品的一面保护起来, 从样品的另一面进行抛光, 还可满足某些特殊的制样需要, 如研究外延生长和氧化过程等表面问题. 图 4(d) 是用这种方法制备的锆-2 合金表面氧化膜的照片.

在放大器的制作过程中, 曾与郑斯奎、吴国安等同志进行了许多有益的讨论. 特此致谢.

参 考 文 献

［1］R. D. Heidenreich, *J. Appl. Phys.*, **20**(1949),993.

［2］P. B. Hirsch et al., Electron Microscopy of Thin Cystals, Butterworths, London, (1965),24.

［3］P. R. Strutt, *Rev. Sci. Instrum.*, **32**(1961),411.

［4］G. Blankenburgs et al., *J. Inst. Met.*, **92**(1963－1964),337.

［5］J. A. Hugo et al., *J. Sci. Instrum.*, **42**(1965),354.

［6］M. A. P. Dewey et al., *J. Sci. Instrum.*, **40**(1963),385.

［7］G. W. Bries et al., *J. Inst. Met.*, **93**(1964),77.

［8］I. L. Caplan. *Rev. Sci. Instrum.*, **38**(1967),1489.

［9］R. L. Ladd et al., *Rev. Sci. Instrum.*, **38**(1967),1162.

［10］R. D. Schoone et al., *Rev. Sci. Instrum.*, **37**(1966),1351.

［11］R. L. Smialek et al., *Rev. Sci. Instrum.*, **42**(1971),890.

［12］A. S. Pearce et al., *J. Physcis E. Sci. Instrum.*, **5**(1972),984.

［13］A. Mastenbroek et al., *J. Physcis E. Sci. Instrum.*, **5**(1972),10.

α铀假单晶体的制备[*]

　　铀从熔化状态凝固后冷却到室温,要经过两次同素异形转变,同时伴随着体积的变化.因而,采用熔态凝固或相变的方法不能获得完整的单晶体,只能得到类似多边化结构的不完整单晶体,称为假单晶体[1].如果将假单晶进行适度的变形,然后在α相区内退火,可以得到完整的单晶体[2].虽然制备单晶体是一件比较麻烦的事情,但是用单晶体作为样品来研究金属的某些特性时,例如研究形变机理、氧化速率的各向异性等,可作出更为准确的判断.本文叙述了α铀假单晶体的制备方法和它们的结构特征,以及研究氧化各向异性的一点初步结果.

　　截面为 1.5×2 mm²、长约 30 mm 的铀条,经电解抛光后真空密封在石英管内,然后放入带有温度梯度分布的管式电炉内,为了加大炉温的梯度,在炉管的一端放入一只水冷铜套.炉体移动速度可在 0.2~2 mm/小时范围内变化.当炉温保持在 920 ℃时,在 β→α 相变温度附近的温度梯度为 12 ℃/mm,炉温波动不大于±1 ℃.当样品从 β 相区(样品的另一部分可能处在 γ 相区)通过炉体移动而逐渐冷却到 α 相后,就得到了假单晶体.用 X 光劳厄照相测定假单晶体的取向,并用电解抛光蚀刻及氧化着色等技术[3]显示其结构.

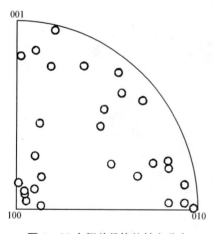

图1　28 个假单晶体的轴向分布

　　图 1 是 28 个假单晶体的轴向分布,取向是混乱的,并没有一定的规律性.图 2(a),(b)是两种典型结构的假单晶组织,一种假单晶体的亚晶粒沿轴向成条状分布,另一种则成网状.在同样的冷却速度下,条状的亚晶要比网状的亚晶大.从图 2 中可以看出样品经电解抛光蚀刻后,在亚晶中有许多排列整齐的蚀斑,有的是点,有的是线(图 2(c)),类似于在其他金属中用蚀刻法显示出的位错露头点.图 3(a),(b)是对应于图 2(a),(b)中不同亚晶组织的 X 光劳厄照片.长条状的亚晶组织,劳厄斑点较明锐,细小网状的亚晶组织只能产生漫散模糊的劳厄斑点.随着冷却速度减慢,亚晶增大,劳厄斑点也更明锐(图 3c),在个别地区还可得到较完整的劳厄斑点(图 3d).

　　当炉体移动速度大于 1 mm/小时,得到假单晶体中的亚晶较小,劳厄斑点漫散.如果炉体移动速度在 0.4~0.6 mm/小时范围内,在获得的假单晶体中,大部分的亚晶成条状,劳厄斑点也较清晰.如果再减慢炉体移动速度,由于炉温波动而无法看出减慢炉体移动速度的效果.

　　图 4 是一个假单晶体在 20 mm 长度内取向分散的情况(每隔 5 mm 测定一次).该假单晶的轴向接近⟨100⟩,但不同亚晶间的取向较分散,约分布在 20°范围内.在该样品的端头,有另一个假单晶,它的轴向远离⟨100⟩,在⟨010⟩~⟨001⟩连线之间.轴向接近⟨100⟩的假单晶中

* 本文合作者:孔令枢.原发表于《原子能科学技术》,1981(5):598-601.

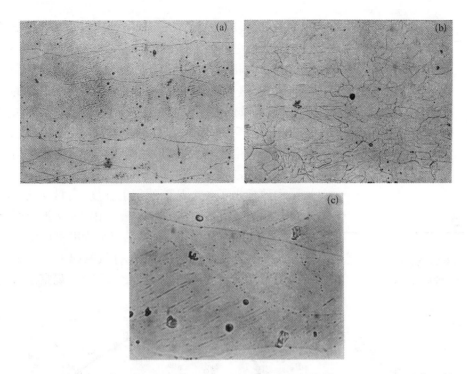

图2 α铀假单晶体中的亚晶结构 （a）沿轴向成条状的亚晶（×160）；（b）网状亚晶（×160）；（c）经蚀刻后显露的蚀点和蚀线（×720）.

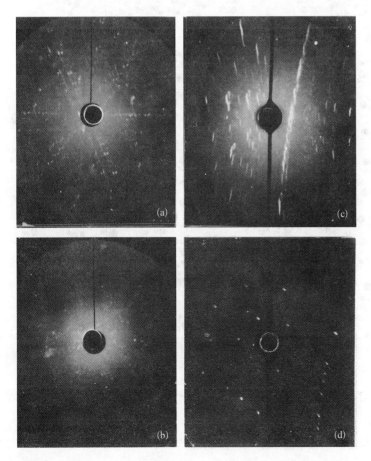

图3 亚晶组织不同的α铀假
单晶体的背反射劳厄照片
(a),(b)与图2(a),(b)相对应.

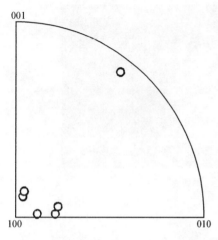

图4 一个假单晶体在 20 mm 长度内亚晶取向(轴向)分布

的亚晶较大,成条状;而轴向远离⟨100⟩、在样品端头的那个假单晶的亚晶较小,成网状. 亚晶的大小和形状,除了与相变时的冷却速度有关外,还和假单晶的取向有关. 这可能是因为相变时因体积变化引起的变形特征,以及位错攀移的情况将受到晶体取向影响的缘故.

图 5 是 α 铀单晶体的(100)标准极图,我们根据 X 射线劳厄照片上的斑点,画出了所有能产生衍射的晶面位置,并根据劳厄斑点的强弱,用大小不同的黑点,大致标出了各个晶面的衍射强度. 与目前从文献中能找到的 α 铀单晶体的标准极图比较,这张极图更为完善. 用它进行单晶体定向,结果更为准确可靠.

假单晶体经过在醋酸-过氯酸(4∶1)电解液中电解抛光后,在空气中加热至~150 ℃,观察了氧化膜的

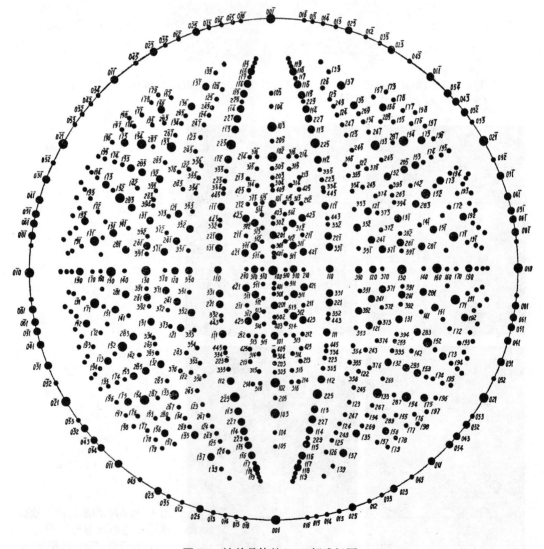

图5 α 铀单晶体的(100)标准极图

干涉颜色和晶面取向间的关系. 我们的工作已证明[3]α
铀在这种电解液中电解抛光后,在空气中低温氧化时
生成的氧化膜,它与母体金属间保持着一定的取向关
系,氧化膜的晶粒产生了明显的择优取向,这时能较好
地显示出α铀氧化速率的各向异性. 由于晶面取向不
同,生成氧化膜的厚度不同,只要氧化膜的厚度不超过
~2 000 Å,可以通过不同的干涉颜色来判断氧化膜厚
度的差别. 弗林特(Flint)等的工作已表明[4]:当铀氧化
成深黄色时,氧化膜的厚度约为1 000 Å;成紫色、蓝色
时,厚度约为1 300~1 400 Å. 图6中用不同符号标出
了不同晶面在同一条件下氧化着色后的不同色彩,当
取向接近(100)的晶面被氧化成紫色至蓝色时,取向接
近(001)和(010)的晶面还保持着白色或浅黄色. 取向
接近(100)的晶面比较容易氧化,而取向接近(001)和
(010)的晶面则不易氧化. 根据这种氧化速率的各向异

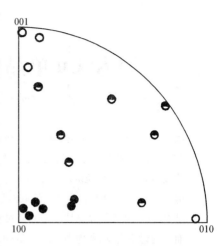

○—白或浅黄色;◑—深黄色;●—紫或蓝色.
图6 在同一条件下氧化后,氧化膜的
颜色和晶面取向间的关系

性所显出的不同干涉颜色,有可能利用它来对不同结构的α铀样品进行初步定性的比较. 虽
然α铀的氧化速率各向异性是人所共知的事,并已应用来显示晶粒组织,作为金相研究的一
种常用方法,但还未见到有关研究α铀单晶体(或假单晶)氧化速率各向异性的报道.

参 考 文 献

[1] J. H. Gittus, Uranium, Metallurgy of the Rarer Metals-8, Butterworths, London, 1963.
[2] P. Lacombe & D, Calais, The Second United Nations International Conference on the Peaceful Uses of Atomic
　　Energy, Geneva, Vol. 6, p. 3, 1958.
[3] 周邦新、孔令枢,原子能科学技术,3,249(1965).
[4] O. Flint et al., *Acta Met.*, **2**, 696(1954).

Al 和 Cu 单晶体拉伸变形后的再结晶*

摘　要：不同取向的锥形棒状 Al 和 Cu 单晶体，在不同温度拉伸后，研究了变形量和变形温度与再结晶晶粒取向之间的关系. 发现 Al 单晶体在 -78—300 ℃拉伸时，当充分进入硬化第三阶段后，再结晶晶粒的取向变得集中，与变形母体间有着沿[1$\bar{1}$1]转动 30°—50°的晶体学关系，但在 -196 ℃拉伸后，再结晶的取向是混乱的. Cu 单晶体在 20—400 ℃拉伸后，再结晶的取向也是混乱的. 从再结晶晶核就是回复过程中处于领先的、并与周围母体取向差别较大的亚晶长大而成的讨论出发，考虑到 Al 和 Cu 的层错能不同，以及 Al 的层错能随温度降低而减小的现象，并与不同形变硬化阶段的变形机理及变形后的结构相联系，可以对这种再结晶取向关系作出解释.

1　前言

过去对 Al 和 Cu 单晶体拉伸变形后的再结晶曾有一些研究，六十年代以前的工作在文献[1]中已作了总结，后来很少有这方面的工作发表. 在这些工作中，一部分是研究单晶体在经过不大的变形后，用人工诱发成核的方法，使再结晶先在样品的某局部地区发生，然后观察优先生长的晶粒与变形母体取向间的关系，以及晶界的迁移速率，发现它们与母体取向间存在着沿[111]旋转～40°的晶体学关系，这被用来说明再结晶生核时的一些特性. 另一部分工作是观察晶体在较大的拉伸变形后自发成核的情况，但这包括了再结晶成核和晶粒长大等因素，不易将它们区分开.

用电子衍衬金相技术研究形变后的金属薄膜在电子显微镜中加热时的再结晶，应该能得到比较直接的结果. 不过所用的样品太薄，亚晶的大小已是样品厚度的几倍，测得薄膜样品的再结晶温度也比大块样品高. 另外，大块样品减薄后再退火，它的再结晶织构也与大块样品有所不同. 因而，在电子显微镜中直接观察薄膜的再结晶过程，是否反映了大块样品的真实情况是值得怀疑的.

再结晶是在变形后退火时发生的，它必然和变形机理及变形后的结构特征有着密切的关系. 实验已证实再结晶晶核是来自某些亚晶的进一步长大，研究不同金属的单晶体，在不同温度经过不同变形量后的再结晶，并联系变形机理和变形后结构特点，来分析再结晶晶粒取向的变化规律，对认识再结晶的成核可能会有帮助. 而再结晶问题与金属材料的性能又有着密切的联系，例如控制金属型材晶粒的择优取向及晶粒生长，可明显改善材料的使用性能. 目前，对于再结晶过程中成核的一些基本问题，仍然并不完全清楚.

---

* 本文合作者：刘起秀. 原发表于《金属学报》，1981，17(4)：363 - 373.

2 实验方法及结果

2.1 实验方法

拉伸试样是带有锥度的棒状单晶体,这是陈能宽等[2]曾采用过的形式.样品的粗端直径为 11.5 mm,细端直径为 6.5 mm,标距长为 50 mm.试样被拉伸后,在一根样品上就包含了不同的变形量,测量原来标记处的截面变化(把变形后样品的截面看作椭圆形来处理),就可求出对应于不同切应力时的滑移切变,从而得到拉伸变形的硬化曲线.

单晶体是在石墨模中用熔化凝固法制备的.采用了 99.99% 和工业纯两种 Al 及电解纯 Cu.拉伸后的样品经过化学抛光将表面去除~0.1 mm 后再退火,以防止在样品表面层中形成一些其他取向的晶粒.Graham 等[3]曾指出:如将拉伸变形后 Al 单晶体的表面层去除后再退火,再结晶晶粒会显著增大,这种能影响再结晶晶粒大小的表层,约厚 $2.5—5 \times 10^{-2}$ mm.在研究轧制变形 30% 的 Fe-Si 单晶体时,也曾观察到在厚约 0.1 mm 的表面层中,会生成一组取向不同的再结晶晶粒[4].样品经过退火再结晶后,用 X 射线劳厄照相法测定晶粒取向,形变母体的取向是从邻近再结晶处测定的.

2.2 拉伸变形的应力-应变曲线

图 1 标出了被研究的 Al 和 Cu 单晶体的轴向.不同取向的 Al 单晶体,分别在 $-196\ ℃$,$-78\ ℃$,$20\ ℃$,$200\ ℃$ 及 $300\ ℃$ 拉伸;Cu 单晶体分别在 $20\ ℃$,$200\ ℃$,$300\ ℃$ 及 $400\ ℃$ 拉伸.图 2 是部分 Al 和 Cu 单晶体的应力-应变曲线,三个不同的硬化阶段随晶体取向,形变温度以及 Al 和 Cu 不同的晶体而变化的规律,与已发表的工作完全一致[5].Al 单晶体在 $20\ ℃$ 变形时,加工硬化的第二阶段比较短,有的甚至不明显,只有轴向接近[011]能产生复合滑移的样品(A-6,A-23),才有较明显的第二阶段.但当变形温度降至 $-196\ ℃$

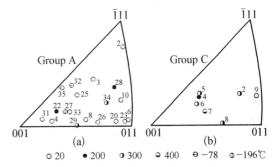

图 1 Al(a)和 Cu(b)单晶体的轴向分布

Fig. 1 Distribution of single crystal axes (a) Al (2,3 being of high purity, others of commercial purity);(b) Cu

后,加工硬化曲线中就出现了明显可区分的三个硬化阶段.Cu 单晶体在 $20\ ℃$ 变形时,有较长的加工硬化第二阶段,随着变形温度升高,第二阶段变短,过渡到第三阶段的应力也降低.

2.3 Al 单晶体拉伸变形后再结晶

根据 Al 单晶体在 $20\ ℃$ 拉伸退火后再结晶晶粒取向的分布,可以将被研究的样品分成三类.第一类是拉伸轴向接近[011]的样品,有 A-6 和 A-23.第二类是拉伸轴向接近[001]的样品,有 A-31.余下的样品属于第三类,这类样品在 $-78—300\ ℃$ 拉伸变形时,当变形量达到一定值后,再结晶晶粒的取向比较集中,它们与形变母体间有着沿[1$\bar{1}$1]旋转 $30°—50°$ 的晶体学关系.

图 3a 是属于第三类的 A-3 样品在 $20\ ℃$ 拉伸,$400\ ℃$ 退火 1.5 h 再结晶后的(111)

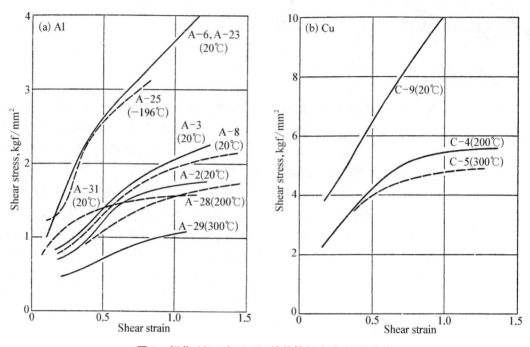

图2 部分 Al(a)和 Cu(b)单晶体的应力-应变曲线

Fig. 2 Resolved shear stress-strain curves for single crystals （a）Al；（b）Cu

极图[①]，再结晶晶粒与变形母体间存在着沿[1$\bar{1}$1]旋转～40°的晶体学关系（下面以 β 表示旋转角的大小），这与已发表的工作一致[2,6]．当把样品再一次在 500 ℃退火 1 h 后，又有一部

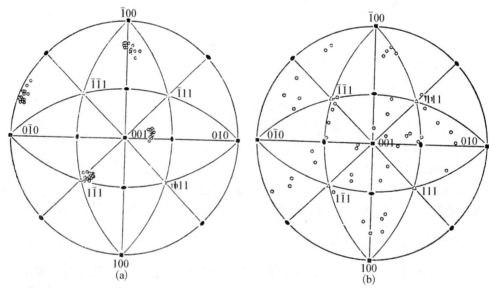

图3 样品 A-3 在 20 ℃拉伸，退火再结晶后的(111)极图

Fig. 3 (111) pole figure for recrystallized specimen A-3 after tensile test at 20 ℃ （a）Shear strain＞0.8；(b) shear strain＜0.8

---

① 为了便于分析再结晶晶粒与变形母体取向间的关系，所有(111)极图中都同时画出了变形母体平均取向的标准极图.

分在 400 ℃ 退火时未发生再结晶的地区发生了再结晶，但晶粒取向是混乱的，如图 3b. 在 A-3 样品中，产生取向集中的再结晶晶粒所需最小的变形量 a_0 为 0.8. 图 4 中标出了 a_0 及 β 值与样品拉伸轴取向的关系，样品轴向接近 [011] 的 a_0 值最小，随着轴向偏离 [011]，a_0 值也逐渐增大. β 也有相似的变化规律，不过它在 [001]—[011] 之间的 [012] 附近，有一极大值.

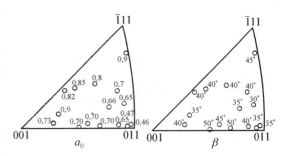

图 4 Al 单晶体的 a_0 及 β 值与拉伸轴取向的关系

Fig. 4 Relationship between a_0, β and crystal orientation of tensile axes of Al single crystals

图 5a, b 分别是 A-2b 在 -78 ℃ 拉伸，400 ℃ 退火 1.5 h 再结晶后，和 A-34 在 300 ℃ 拉伸，450 ℃ 退火 1.5 h 再结晶后的 (111) 极图，再结晶晶粒与形变母体间的取向关系都与 A-3 相似，沿 [1$\bar{1}$1] 转动的方向，与样品在拉伸时拉伸轴取向的变化方向一致. 图 5a 中分别用 "·" 和 "○" 表示变形量为 ~0.7 和 1.0 时再结晶后的晶粒取向，随着变形量增加，β 也略有增加. A-32 及 A-35 在 -78 ℃ 拉伸，A-22 及 A-28 在 200 ℃ 拉伸，以及 A-29 在 300 ℃ 拉伸后退火，都得到了相似的结果. 纯度不同的 Al 材之间，并没有明显的差别.

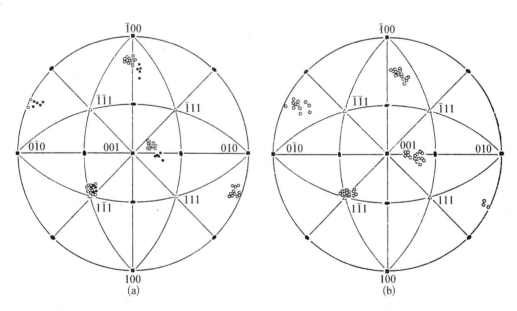

图 5 样品 A-26 在 -78 ℃ 拉伸 (a) 和样品 A-34 在 300 ℃ 拉伸 (b)，退火再结晶后的 (111) 极图

Fig. 5 (111) pole figure for recrystallized specimen (a) A-26 after tensile test at -78 ℃; (b) A-34 after tensile test at 300 ℃

图 6a, b 分别是 A-6 和 A-23 在 20 ℃ 拉伸，400 ℃ 退火 1.5 h 再结晶后的 (111) 极图，再结晶晶粒的取向可分成四组：一组类似于 A-3，沿 [1$\bar{1}$1] 旋转 ~35°；另一组是沿 [111] 转动 60°，以 (111) 为孪晶面，与形变母体成孪生取向关系；还有一组仍保留了变形母体的取向；另外，还可找到几个晶粒的取向是以 [$\bar{1}$11] 旋转 ~35°. 这些是以前未观察到的现象[2,6].

图 7 是 A-31 在 20 ℃ 拉伸，400 ℃ 退火 1.5 h 再结晶后的 (111) 极图，再结晶后晶粒比较粗大，取向也较混乱，但仍可区分出一组取向较集中的再结晶晶粒.

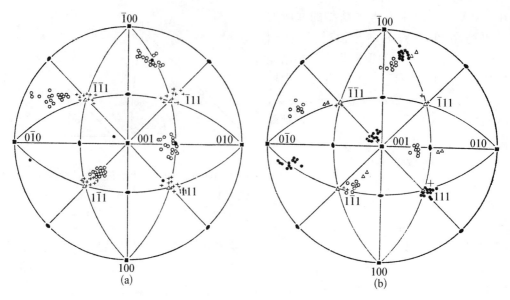

图 6　样品 A - 6(a)和 A - 23(b)在 20 ℃拉伸,退火再结晶后的(111)极图

Fig. 6　(111) pole figure for recrystallized specimen after tensile test at 20 ℃　(a) A - 6;(b) A - 23

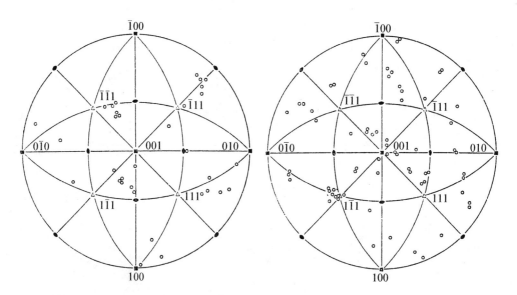

图 7　样品 A - 31 在 20 ℃拉伸,退火再结晶后的(111)极图

Fig. 7　(111) pole figure for recrystallized specimen A - 31 after tensile test at 20 ℃

图 8　样品 A - 27 在－196 ℃拉伸,退火再结晶后的(111)极图

Fig. 8　(111) pole figure for recrystallized specimen A - 27 after tensile test at －196 ℃

在－196 ℃拉伸的 A - 25,A - 27 和 A - 33,退火后再结晶晶粒粗大,取向混乱,图 8 是 A - 27 经拉伸并在 420 ℃退火 1.5 h 后的(111)极图.

2.4　Cu 单晶体拉伸变形后的再结晶

Cu 单晶体在 20—400 ℃拉伸变形退火后,再结晶晶粒的取向比较混乱.虽然在 200—400 ℃拉伸变形时,变形量大的一端都已进入了硬化第三阶段,但再结晶后不像 Al 单晶体在−78—300 ℃拉伸退火后的情况,而类似于 Al 单晶体在−196 ℃拉伸退火后的结果.图 9a,b 分别是 C−9 在 20 ℃拉伸,350 ℃退火 4 h,以及 C−2 在 300 ℃拉伸,500 ℃退火 3 h 再结晶后的(111)极图.

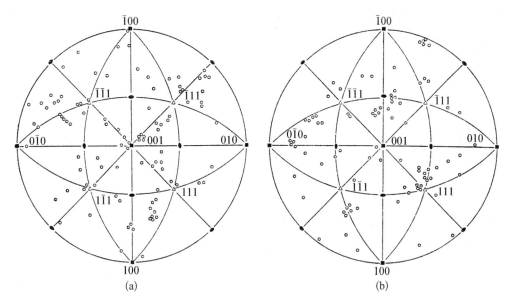

图 9 样品 C−9 在 20 ℃拉伸(a),C−2 在 300 ℃拉伸(b),退火再结晶后的(111)极图

Fig. 9 (111) pole figure for recrystallized specimen (a) C−9 after tensile test at 20 ℃;(b) C−2 after tensile test at 300 ℃

3 实验结果讨论

研究单晶体变形后的再结晶,以及多晶体变形后再结晶织构的形成,已为探讨再结晶机理积累了丰富的资料.应用电子衍衬金相技术研究的结果,证明变形后的胞状结构,在退火过程中由于位错的重新排列而形成亚晶,随着退火温度升高,或退火时间增长,亚晶发生长大,其中某些亚晶就成为再结晶晶核.至于哪些亚晶能成为再结晶晶核,以及这些亚晶的成长过程,却有不同的解释.我们认为只有那些在领先回复的区域中形成的亚晶,才能成为再结晶晶核.这些领先回复的区域,将是形变后储能较高的地方,也就是位错密度较高的地方.由于高密度位错的相互纠集,其取向将是形变后变化最大的地区,在回复过程中形成亚晶后,它与周围亚晶间的取向差别也将是较大的,这种亚晶界具有较大的迁移速率.从这一设想出发,"定向生长"就不是再结晶晶核形成的必要条件,而只是有利条件,在变形母体(指变形后的主要部分)取向不变的情况下,再结晶晶粒取向可以不同,这将由变形机理和变形后的结构特征来决定.由于亚晶基本上保留了它回复前(即变形后)的取向,因此,应该能够从形变时引起晶体取向的变化中,找到再结晶后取向变化的规律.从这种考虑出发,作者曾对 Mo,W,Nb 以及 Fe−Si 合金等体心立方结构的$(hk0)[001]$和$(111)[11\bar{2}]$单晶体,在轧制变形退火后,再结晶织构随压下量增加而变化的规律作了解释[7-9].从同样的考虑出发,下面将讨论不同取向的 Al 和 Cu 单晶体,在不同温度拉伸后,退火时再结晶晶粒取向变化的规律.

除了拉伸轴向接近[011]和[001]的 Al 单晶样品外,其他样品在−78—300 ℃拉伸退火后,只要变形量达到一定值后,再结晶粒取向和变形母体间,都存在着沿[1Ī1]旋转30°—50°的晶体学关系.陈能宽等把这个(1Ī1)面称为交滑移面[2],麻田宏[6]称为潜在滑移面.这个[1Ī1]与拉伸轴之间的夹角是所有⟨111⟩中最大的一个,它的分切应力值也最小.麻田宏等采用薄板状单晶体的拉伸试样,没有研究同一取向单晶体在不同拉伸变形量后的再结晶,因此看不出再结晶后的取向与单晶体原始取向及变形量之间有规律的变化关系.从图4a及图2b中可以看出,只有当变形充分进入加工硬化第三阶段后,再结晶晶粒的取向才会变得集中,并与变形母体间存在着一定的晶体学关系,否则再结晶后的晶粒取向是混乱的.从研究Al和Cu单晶体的加工硬化现象中,对硬化第三阶段中滑移变形的特征及变形后的结构,已有了较清楚的了解[5]:晶体表面观察表明,当进入硬化第三阶段后,将形成滑移带,在滑移带的末端,滑移出现碎裂现象,产生了交滑移.用电子衍衬金相观察,可以见到明显的胞状结构,一些位错密度较低的小区域,由一些位错密度较高的区域相连.作为硬化第三阶段中起决定作用的热激活过程,是螺型位错的交滑移,由于Al的层错能比Cu为高,交滑移容易产生,因而Al单晶体的硬化第三阶段起始应力较低,第二阶段也不明显.而Cu必须在很强的应力集中时才有可能产生螺位错的交滑移,因而Cu单晶体有很明显的硬化第二阶段,第三阶段的起始应力也高.

一个轴向为"P"的单晶体(图10),在拉伸变形时,从各滑移系的分切应力大小可以知道初滑移系是(111)[Ī01],交滑移系是(Ī11)[011](或称共轭滑移).当初滑移开始作用,特别是当进入硬化第三阶段形成滑移带后,由于位错在滑移面内的堆积,局部地区(如滑移带末端处)的取向与母体取向间,将以与滑移方向[Ī01]垂直,并在滑移面内的[1Ī1]为轴发生转动,朝向滑移方向.当螺位错受到障碍阻挡,它们将转移到交滑移面上.在经过一段路程后,如果应力状态又有利于在初滑移面上滑移时,螺位错将转回到与原来滑移面平行的晶面上重新扩展,而堆积在交滑移面内的一些刃型位错,又将造成一些微小地区,如像在滑移带末端的碎化地区,以[2Ī1]为轴转动.两次转动的平均结果,转轴将在[1Ī1]-[2Ī1]的连线上,考虑到初滑移和交滑移量的比例,转轴将偏向[1Ī1].图10中画出了转动30°—50°后的轨迹.由于转轴靠近[1Ī1],因此,转动后的取向中的一个(111)极,与(1Ī1)相距不远,粗略地可把这种取向关系看作是以[1Ī1]为轴转动.当Al单晶体被拉伸变形时,进入到硬化第三阶段后,产生了与变形母体看来是沿[1Ī1]转动的微块,由于它与母体的取向差别较大,必然存在于胞状结构中位错密度较高的区域内,它在回复过程中形成亚晶后,除了因取向的差别有利于亚晶界的迁移外,它与周围亚晶中自由能的差别,也有利于它的长大而成为再结晶晶核.Faivre等[10]用电子衍射菊池线研究了多晶Al在压缩变形后的亚结构,发现在相邻柱条状亚结构之间的取向差别,常常是以[112]或[221]为轴转动一定角度.这种关系正好与上述分析吻合,⟨122⟩中的[2Ī1]是在[1Ī1]-[2Ī1]连线中点附近(图10),这是由于(111)[Ī01]和(Ī11)

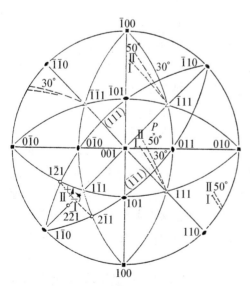

图10 在拉伸变形时,由于交滑移动作用而引起晶体取向的转动

Fig. 10 Rotation of crystal orientation resulted by cross-slip during tensile deformation

[011]两组滑移系发生交滑移后的结果.层错能较低的 Cu 单晶体在拉伸变形时,有一段较长的硬化第二阶段,当进入第三阶段,螺位错发生交滑移时,它们在经过一段很短的路程后,就可以遇到一组符号相反的位错群,发生完全或部分地抵消[5],因此,拉伸变形后不会产生像 Al 单晶体中的那种取向的微块,再结晶后的取向也会不同.

如果 Al 单晶样品的拉伸轴向是[011],作用滑移系将可能是 $(111)[\bar{1}01]$,$(111)[\bar{1}10]$,$(\bar{1}11)[101]$ 和 $(\bar{1}11)[110]$(参看图 10).当 $(111)[\bar{1}01]$ 和 $(\bar{1}11)[110]$ 两组滑移系作用时,变形后就产生了一些看来是以[$\bar{1}11$]为轴转动的微块.拉伸轴向接近[011]的 A-6 和 A-23 样品(图 6),在退火后的再结晶晶粒中,它们与变形母体间有着以[$1\bar{1}1$]和[$\bar{1}11$]转动~35°的晶体学关系,这与以上分析吻合.还有一组晶粒的取向与变形母体间是以[111]转动 60°,这是一种孪晶取向关系,孪晶面为(111).根据以上讨论,那么在变形后必定存在与母体成孪晶取向的微块.在高速变形的 Cu 中,曾观察到机械孪晶[11],但它在变形后的 Al 中是否也存在,目前尚无证据.Mahajan 等[12]曾讨论了面心立方晶体中形变孪晶形成的位错机制,一种三层原子孪晶核心可以通过位错反应 $\frac{1}{2}[01\bar{1}]+\frac{1}{2}[10\bar{1}] \rightarrow 3 \times \frac{1}{6}[11\bar{2}]$ 得到,在滑移区内分布在不同滑移面内的孪晶核心相互合并长大,有可能成为形变孪晶.拉伸轴向接近[011]的样品,$(111)[\bar{1}01]$ 和 $(111)[\bar{1}10]$ 两组滑移系上的分切应力相接近(图 10),有可能更有利于发生以上这类位错反应,而形成机械孪晶取向的微块.

由于 A-6 和 A-23 样品拉伸变形时的作用滑移系较多,变形后产生了多种取向的微块,相互交错.在回复后,与变形母体取向相同的亚晶中的少数,由于被取向不同的其他亚晶包围,也有可能发展成再结晶晶核,因而得到了与变形母体取向相同的再结晶晶粒.

Al 中的层错能将随温度下降而降低,在 77 K 时层错能 γ_{Al} 将低于室温时的 γ_{Cu}[13].由于层错能降低,全位错将分解成不全位错,交滑移变得困难.因此,Al 单晶体在低温变形的特征,将与室温时变形的 Cu 单晶体相似,硬化第二阶段变得明显,退火后再结晶取向也会与室温变形后的结果不同.实验结果证实:当变形温度降至 $-196\ ℃$,Al 单晶体拉伸退火后的再结晶取向变得散乱,与 Cu 单晶体在室温变形退火后的结果相似.

4 结论

(1) Al 单晶体在 -78—$300\ ℃$ 拉伸变形时,当充分进入第三硬化阶段后,再结晶晶粒的取向变得集中,并与变形母体间存在着沿[$1\bar{1}1$]转动 30°—50°的晶体学关系.这个[$1\bar{1}1$]与拉伸轴之间的夹角是所有〈111〉中最大的一个.拉伸轴向接近[011]和[001]的 Al 单晶体,再结晶后的取向比较复杂,前者有四种不同取向的再结晶晶粒,后者的取向比较混乱.从再结晶核就是回复过程中处于领先的,并与周围母体取向差别较大的亚晶长大而成的讨论出发,可以从变形机理对这种再结晶取向关系作出解释.

当拉伸变形后处于第二硬化阶段和第三硬化阶段初期时,退火后再结晶晶粒取向是混乱的.

(2) 由于 Al 单晶体拉伸轴的取向不同,进入硬化第三阶段的应力及变形量也不同.因此,再结晶后能得到集中取向所需要的临界变形量,以及再结晶晶粒与形变母体间取向差别的大小,随拉伸轴取向的不同有一定的变化规律,在拉伸轴接近[011]的样品中,临界变形量和取向差别都最小.

（3）Cu 单晶体在 20—400 ℃拉伸变形时，即使进入了硬化第三阶段后，再结晶晶粒的取向也是混乱的．从 Cu 的层错能比 Al 的低，进入硬化第三阶段后的变形特征不同，可以说明 Cu 单晶和 Al 单晶之间的这种差别．

（4）用降低温度来降低 Al 的层错能，Al 单晶体在 −196 ℃拉伸后，再结晶后的取向是混乱的，类似于 Cu 单晶体在 20 ℃拉伸退火后的结果．

参 考 文 献

［1］陈能宽，周邦新，晶体缺陷和金属强度，下册，科学出版社，1964. p. 55.

［2］Chen, N. K.（陈能宽），and Mathewson, C. H., *Trans. Am. Inst. Min. Metall. Eng.*, **194**（1952），501.

［3］Graham, C. D. Jr., and Maddin, R., *J. Inst. Met.*, **83**（1954－55），169.

［4］待发表工作.

［5］塞格，A.，晶体的范性及其理论，张宏图译，科学出版社，1963，p. 73,134,212.

［6］麻田宏，小池吉藏，日本金属学会志，**20**（1956），224.

［7］周邦新，物理学报，**19**（1963），297.

［8］周邦新，金属学报，**7**（1964），423.

［9］周邦新，刘起秀，金属学报，**8**（1965），340.

［10］Faivre, P. and Doherty, R. D., *J. Mater. Sci.*, **14**（1979），897.

［11］Lucas, W., *J. Inst. Met.*, **99**（1971），335.

［12］Mahajan, S, and Chin, G. Y., *Acta Metall.*, **21**（1973），1353.

［13］Dillamore, I. L., Smallman, R. E. and Roberts, W. T., *Phil. Mag.*, **9**（1964），517.

Recrystallization of Al and Cu Single Crystals after Tensile Deformation

Abstract：An investigation was conducted of the relationship between the orientations of recrystallized grains, the deformation amount and the tensile temperature with the tapered single crystals of Al and Cu. In Al single crystals, the orientations of recrystallized grains became concentrated when plastic deformation fully entered into the third work hardening stage during tensile test at − 78—300 ℃, and had a crystallographic relationship with the deformed parent in rotating around the $[1\bar{1}1]$ about 30—50°, but it was random after tensile test at −196 ℃. In Cu single crystals, the orientations of recrystallized grains were also random after tensile test at 20—400 ℃.

In consideration of the difference of stacking fault energy in Al and Cu and in Al with decreasing temperature, the deformed structure in third work hardening stage would be different. From the point of view that the nucleation of recrystallization occurred by the growth of subgrains of large difference in orientation with surrounding matrix and of taking the lead during the recovery process, the different relationship between the orientations of recrystallized grains and the deformed parent can be explained.

锆-2合金在过热蒸汽中氧化转折机理[*]

摘　要: 研究了锆-2合金在 500 ℃、120 大气压的过热蒸汽中的氧化转折过程. 氧化转折是从黑色氧化膜上生成白色小斑开始,通过白斑的增多和长大而连成白色氧化膜. 白斑中存在层状结构和扁平的晶粒组织. 在转折时黑色氧化膜中比平均膜厚大 3—4 倍的点坑氧化(氧化膜局部增厚的地区)是白斑的核. 点坑氧化膜在匣向压应力的作用下,空位发生定向扩散而使点坑向上突起变形,同时发生再结晶. 由于形成层状空洞结构和晶粒长大,再结晶后氧化膜的强度降低,因而出现了裂纹. 由于阴离子空位及应力的消除,再结晶后的 ZrO₂ 转变成正化学计量的白色氧化膜和单一稳定的单斜结构. 在这种认识的基础上,提出了一个氧化转折过程的新模型.

1　前言

锆合金被广泛应用于原子能工业中,作为水冷动力堆燃料元件的包壳以及堆芯中某些结构材料,在高温高压水中(压水堆)或在混有过热蒸汽的高温高压水中(沸水堆)工作. 锆合金在高温、过热蒸汽、空气或氧气中氧化时[**],其增重和时间之间最初为准抛物线关系(包括立方和抛物线非单一的关系),这时生成致密、附着力强的黑色氧化膜. 当达到某一时间后,增重与时间之间转变成线性关系,氧化膜也变成了白色、疏松和容易剥落. 这种变化称为转折,为了描述白色氧化膜的易脱落性,文献中通常称为"break-away". 由于这问题涉及锆材的使用寿命和如何发展抗氧化的新锆合金,多年来国内外开展了大量的研究工作,Cox[1] 和 Douglass[2] 曾作过很好的总结,还有专题评述[3],但至今没有一致的理论来说明氧化转折的现象. 本文叙述了研究锆-2合金在过热蒸汽中刚发生转折时氧化膜的组织结构变化,认为应力引起氧化膜的再结晶是发生转折的原因,并提出了一种新的模型来解释氧化转折过程.

2　实验方法

锆-2合金样品是 60 mm 长的管材,这样避免了过去采用片状样品时的边角效应(在边角处先发生转折). 试样经冷轧后在 600 ℃ α 相退火,或在 1 000 ℃ β 相空冷后重新在 850 ℃ 加热 1 小时. 加热均在真空中进行. 热处理后第二相的析出分布情况,已用透射电子显微镜作过研究[4],1 000 ℃空冷重新在 850 ℃加热后,由于第二相在晶内析出,使抗氧化性能变坏,与 600 ℃退火的样品比较,转折也提早发生. 过热蒸汽中的氧化处理是在高压釜中进行. 样品在入釜前,经过酸洗、热水及去离子水的冲洗和浸泡. 为了要在较短的时间内观察到氧化转折,选择了 500 ℃、120 大气压的过热蒸汽,处理时间变化在 10—24 小时内. 个别试样也

---

* 本文原发表于《1980 核材料会议文集》,原子能出版社,1982: 87-98.

** 文献中通常将锆合金在高温水及蒸汽中的氧化过程归纳到腐蚀问题中去讨论,由于锆-水蒸气反应后生成 ZrO₂ 的氧化转折过程与在空气或氧气中相似,所以本文将过去锆合金在空气或氧气中的实验结果一并讨论.

采用了 400 ℃、105 大气压处理 72 小时的规范,以研究转折前黑色氧化膜的组织结构.处理后的样品,从管子的表面及横截面上观察了氧化膜的组织结构,部分样品还采用了酸浸法脱下氧化膜,用透射光作了观察.制备金相样品时,采用环氧树脂镶嵌,加水研磨,然后机械抛光加上短时间(～5 秒)的电解抛光等程序,为了提高金属基体在偏振光照明下的衬度,还将样品在 10% 草酸水溶液中阳极氧化处理,使金属表面生成一层金黄色的氧化膜.这种处理还可显出金属中的氢化物.经酸浸脱下的氧化膜,用 X 射线粉末照相法作了晶体结构分析,部分样品还被研成细粉后作了电子衍射.透射电子显微镜的样品是用双喷射自控电解抛光法制成.样品在保护着外壁氧化膜的情况下,从管材内壁研磨至～0.2 mm,然后取下 φ3 mm 的小圆片,用一薄层云母保护有氧化膜的表面,从另一面进行喷射电解抛光至穿孔,在孔的四周有一圈氧化膜可供观察.制样的详细步骤另有报道[5].另外,还用碳膜二级复型研究了与金属连接处氧化膜界面上的形态,以及氧化膜断口的形态.

3 实验结果

图 1 是 600 ℃ 退火后的样品在 500 ℃、120 大气压处理时,黑色氧化膜逐渐转变成白色氧化膜的实物照片.正如研究锆及锆合金在空气、氧气或过热蒸汽中氧化时已指出的那样,转折是从黑膜上生成白色小斑开始[6-8].因此,要研究转折的机理,就应着重研究这种白色小斑的成核和变白过程.这正是许多讨论转折机理的文章中未给予重视的问题.

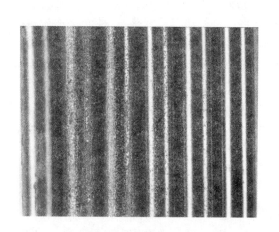

图 1 600 ℃ 退火的样品在 500 ℃、120 大气压的过热蒸汽中处理时,黑色氧化膜转变成白色氧化膜的过程

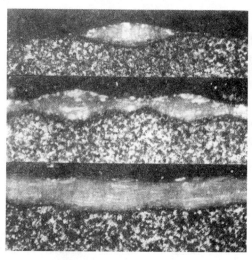

图 2 从剖面上观察白色小斑的发展,×120、偏光(600 ℃ 退火的样品)

3.1 白色小斑的形态及晶粒组织

图 2 是从剖面上观察转折过程中白色小斑的发展情况.白色小斑的剖面成凸透镜状,最初互不相连,随着它的成核和长大,数量增多后逐步连成白色氧化膜.从正面看(图 3a、b),它们大致成圆形,表面粗糙并有裂纹.其大小还受基体金属晶粒大小的影响,由于样品在 1 000 ℃ 空冷后的晶粒粗大,白色小斑的直径和厚度都显著增大和增厚(图 3b、图 4),转折后

形成的白色氧化膜也厚.

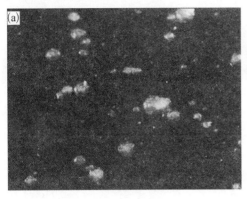

图3 白斑的正观形态,×36 (a) 600 ℃退火;(b) 1 000 ℃空冷后重新在850 ℃加热.

用偏振光照明时,从白斑的剖面中可见到层状晶粒组织,并且表层的晶粒已发生长大(图5a),其走向平行于氧化物和金属的界面,与明场下见到的层状缺陷结构的走向是一致的(图5a、b).这种层状缺陷有的认为是应力引起的水平裂纹[9],有的认为是某种薄弱环节在制样时被扩展成了裂纹[10].由于晶粒生长受到这种层状结构的影响,显然它不会是在金相制样时才出现的.最近Bryner[11]用阴极真空蚀刻及电子显微镜研究锆-4在高温水中生成的氧化膜后,证实这种层状结构是由许多层状排列的小空洞和微裂纹构成,下面称为层状空洞结构.氧化膜中晶粒组织的清晰程度与制样的好坏极有关系.

图4 1 000 ℃空冷后重新在850 ℃加热样品中的白斑,×120,偏光

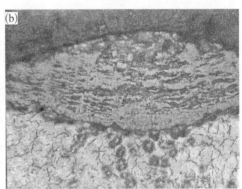

图5 600 ℃退火样品中的白斑,×420 (a) 偏光;(b) 明场.

在刚变白的小斑表面,都可见到网络状的微小裂纹(图6中箭头指处).这种刚转变的白斑不仅直径小,而且在偏光下是淡白色.但这种裂纹并不扩展到白斑的下部,不像Keys等在空气中氧化后所观察到的现象[6],也许正如Cox[10]指出的那样,因为他们采用了片状试样,垂直于氧化膜的裂纹,只会发生在样品的边缘或拐角等应力分布较特殊的地方.

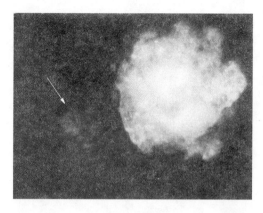

图6 白斑表面的网状裂纹(箭头指处),偏光,×680

图7 转折时黑色氧化膜的剖面,×420 (a) 600 ℃ 退火;(b) 1 000 ℃空冷后重新在850 ℃加热.

3.2 转折时黑色氧化膜的结构和晶粒组织

为了认识白斑的成核,研究转折刚发生时黑色氧化膜的结构是非常必要的. 从剖面中常常可以看到某些局部地区的黑色氧化膜比平均厚度大3—4倍的现象(图7a、b),其延伸范围与金属的晶粒大小成比例,由于剖面中未见到裂纹,所以它不是因氧化膜破裂而产生的加速氧化区. 将酸浸脱下的氧化膜用透射光观察,这种黑膜较厚的区域为点状,并比较密集. 图8是一对用偏振光和透射光拍摄的照片,白色小斑在偏振光下为白色,在透射光下由于较厚不透光呈黑色. 图8b中除了大的黑斑外,还有不少小黑点,与图8a比较,可看出这是还未转变成白斑的小点,但该处的黑色氧化膜已较厚. 从转折时白斑的数量不断增多来看(图1),有理由认为这种黑色氧化膜较厚的点状区就是白斑的核. 在β相空冷后重新在850 ℃加热的样品中也有同样的情况,不过黑色氧化膜较厚的地区不是圆点状,而是与晶粒形状相似的长条状(参看图16).

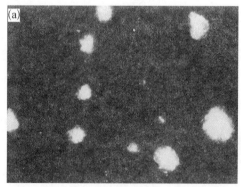
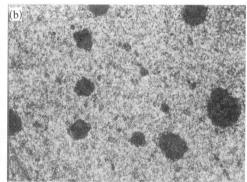

图8 转折时用酸浸脱下的氧化膜在偏光(a)及透射光(b)下拍摄的一对照片,×120(600 ℃退火的样品)

由于黑色氧化膜中的阴离子空位浓度高和晶粒细小,在偏光下观察晶粒组织并不清楚,不过仍可估计其直径小于$0.5\ \mu m$(图9). 从黑色氧化膜断口中的断裂纹理(图10),可看出晶粒呈柱状并大致垂直于膜面,与氧化过程中氧的扩散方向一致. 600 ℃退火的样品在转折时黑色氧化膜的平均厚度为$2.1\pm0.2\ \mu m$;1 000 ℃空冷重新在850 ℃加热的样品为$2.6\pm0.4\ \mu m$.

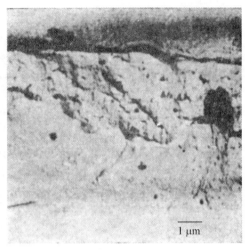

1 μm

图 9 转折时黑色氧化膜的晶粒组织,偏光,×680

图 10 转折时黑色氧化膜的断口复型的电镜照片

用碳膜二级复型观察与金属接连处氧化膜界面的形态如图 11,整个界面起伏不平,在图 7a 和 8b 中黑色氧化膜较厚的点状区,其形态如图 11a,它们的大小不等,从高倍的照片中还可见到条纹结构(图 11b),这很可能是因为界面处的金属和氧化物在受到应力后发生变形留下的痕迹.用压痕试验证实黑膜在 400 ℃时已具有一定的塑性[12].

5 μm

0.5 μm

图 11 转折时黑色氧化膜/金属界面复型的电镜照片,600 ℃退火的样品((a)、(b)是不同部位和不同的放大倍数)

3.3 用透射电子显微镜观察黑色氧化膜的结构

由于受到电子穿透能力的限制,首先观察了在低温空气中形成较薄的氧化膜,当氧化至深黄色时,膜的厚度约为 1 000 Å.由于晶体氧化速率的各向异性,不同晶面上形成氧化膜的厚度也不同,特别是沿晶界的氧化速率更快,所以氧化膜的衍衬象仍勾画出了原来晶粒的形状(图 12a),在有的区域内可见到直径为~100 Å 的晶粒组织(图 12b),但有的地区还类似非晶态组织,不过空洞浓度很高,大小为 30—50 Å(图 12c).在转折时黑色氧化膜的厚度已使电子束无法穿透(加速电压为 100 kV 时),不过偶尔可以从氧化膜的裂缝边缘处找到可观察的小区域,其结构类似于图 12c,是一种空洞和缺陷浓度极高的组织(图 13a、b).

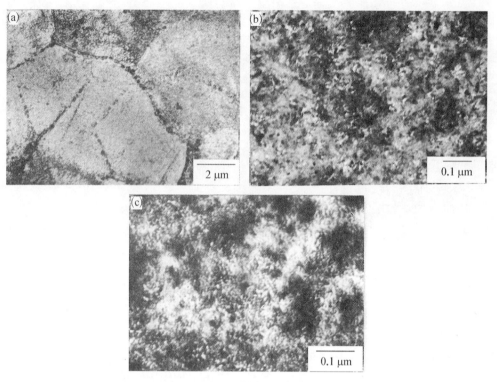

图 12 在空气中低温氧化时形成氧化膜的电镜照片((a)、(b)、(c)为不同部位和不同倍数的照片)

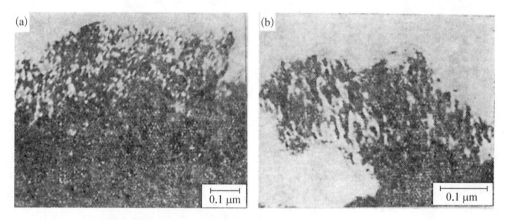

图 13 在 500 ℃过热蒸汽中形成氧化膜的电镜照片(a)和(b)

3.4 黑色及白色氧化膜的晶体结构

用 X 射线及电子衍射研究证实,白色氧化膜是单斜结构的 ZrO_2,而黑色氧化膜(在 400 ℃过热蒸汽中生成的)是单斜结构加立方结构的 ZrO_2,但仍以单斜结构为主. 图 14a 是经过放大的部分 X 射线粉末衍射照片,单斜与立方结构和衍射线条相互接近或重叠不易区分,但用电子选区衍射时,在黑色氧化膜的粉末中,常常可得到完全是立方结构的衍射线条(图 14b). 立方结构的 ZrO_2 是一种高温相,由于氧化膜中存在的等静压力、空位缺陷及晶粒细化(数十埃以下)等因素,可以将它稳定至室温[2].

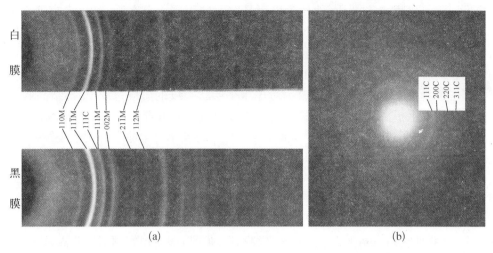

图 14 白膜和黑膜的 X 射线粉末衍射照片(a)和黑膜的电子选区衍射照片(b)

3.5 黑色氧化膜中的应力梯度

当锆被氧化成 ZrO_2 时,体积将增大～50%,因此在氧化膜中产生了压应力,而与氧化膜交界处的金属将受到张应力.通过氧化膜中形成空位和在界面处氧化膜或金属发生变形,这种应力可以发生弛豫.当金属继续被氧化时,由于新氧化膜的生成,体积膨胀后又可使先形成的氧化膜中的压应力得到弛豫.因此,在氧化膜的厚度方向存在应力梯度.用酸浸腐蚀去一部分金属后,氧化膜受到的压应力将去除而伸长,如果还有一部分金属与它相连,脱开了的氧化膜就会产生皱折现象(图 15a).当氧化膜完全脱下后,会向上卷曲成圆筒状(图 15b),这说明氧化膜下层中所受的压应力比其上层中的大,脱膜后的伸长也多.测量氧化膜的厚度及卷成圆筒后的直径,可以估算出应力梯度(取 ZrO_2 的弹性模量 $E = 30 \times 10^6 \, psi$).在 400 ℃过热蒸汽中处理后,氧化膜厚 $1.2 \pm 0.2 \, \mu m$ 时的平均应力梯度为～$50 \, MN/m^2 \cdot \mu m$,在 500 ℃过热蒸汽中处理,当发生转折时(黑膜上刚出现白斑),氧化膜厚度为 $2.1 \pm 0.2 \, \mu m$,平均应力梯度为～$12 \, MN/m^2 \cdot \mu m$.由于转折开始,氧化膜中的应力已减小.

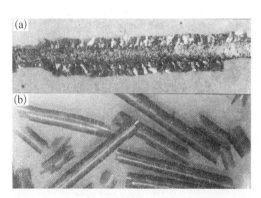

图 15 酸浸脱膜时氧化膜的皱折(a)和脱下后的卷曲(b),×6

4 结果讨论

过去曾提出各种不同的假说来解释氧化转折现象[1-3]:有 ZrO_2 由非正化学计量转变成正化学计量的假说;ZrO_2 由四方或立方结构转变为稳定的单斜结构的同素异形转变假说;由应力引起氧化膜机械破裂的假说;还有氧化膜发生再结晶的假说.在逐步放弃了一些非本质的假说后,争论集中在"机械破裂"和"再结晶"两种假说之间.Cox 首先提出了一种模型来解释应力引起氧化膜的破裂[13]，他认为由于晶粒取向不同或存在第二相，将造成氧化膜的厚薄不均，在氧化膜厚度急剧变化处所形成的应力集中，将产生垂直于膜面的裂纹.后来研究氧化膜的内应力随厚度增加而变化的规律时，发现转折与应力极大值处相对应[14,15]，转折后的氧化膜内有水平层状裂纹.因而认为应力导致的氧化膜破裂，是发生氧化转折的原因，并把早期考虑垂直于氧化膜的裂纹改为考虑水平层状裂纹的形成过程[9].再结晶假说认为转折是氧化膜发生了再结晶和晶粒长大的结果，最早由 Bibb 等提出[16]，并为 Nomura 等支持[7].后来 Cox 作了进一步的讨论[17]，他发现转折后的氧化膜中除了有大小裂纹外，更主要的是一种 10—30 Å 的空洞，认为这是再结晶后凝聚在晶界上的空洞网络.再结晶后也必然使氧化膜内的应力消除，因此，转折与氧化膜的应力极大值处相对应的实验结果，也可用来说明再结晶假说.Cox 曾指出[10]：要证明再结晶假说是正确的，则需要观察到氧化膜在转折时发生了再结晶并形成空洞网络；而对机械破裂假说来说，需要证明转折时表面出现了微小的网状裂纹，并且它们与氧化膜中的水平裂纹相通.但是，即使观察到了这几点，也未必就能完全说明转折发生的过程而平息这场争论，因为再结晶和裂纹很可能是相伴同时产生的.

Keys 等[6]研究锆在氧气中氧化时，Greenbank 等[8]研究锆-2 在过热蒸汽中氧化时已指出：黑膜上出现白斑是转折的开始，从 Nomura 等[7]给出锆-2 在空气中氧化转折时的照片，也可看到这种现象，但未作深入的研究.Keys 等[6]虽然从先形成白斑的现象出发，根据机械破裂假说画出了转折过程的示意图，但这种粗大的垂直于氧化膜的裂纹并非是转折时的通常现象，往往只在片状样品的边沿或拐角处产生.本实验也证实了锆-2 在过热蒸汽中氧化时，转折是从黑膜上形成白斑开始，随着它们的增多和发展，才连成了白膜.因此，要认识转折的本质，就应研究白色小斑的成核和长大过程，并且这种机理要能说明白色氧化膜中层状空洞结构的形成；转折后 ZrO₂ 转变成单一稳定的单斜结构；转变成正化学计量的白色氧化膜以及容易破裂剥落等现象.为了说明黑色氧化膜上出现白斑的过程，下面分几个问题来讨论：

4.1　白色氧化膜小斑的成核

在这个问题中需要讨论一种比平均氧化膜厚度大数倍的点坑氧化，如何在黑色氧化膜生长过程中形成.

Bibb 等[16]研究了锆单晶在高温水中的氧化，发现转折时间将随晶面不同而变化，以 $(21\bar{3}0)$ 面最快，而 $(21\bar{3}1)$ 面最慢.Wilson[18] 用球形锆单晶在空气中氧化后，从干涉颜色来判断氧化膜的厚度.氧化膜最厚的区域是从 (0001) 到 $(11\bar{2}2)$，从 $(11\bar{2}2)$ 到 $(31\bar{4}4)$，再从 $(31\bar{4}4)$ 到 $(10\bar{1}0)$ 的狭窄区域内.用透射电子显微镜研究锆合金多晶体氧化的早期阶段时，也都观察到氧化膜的厚度随晶面取向不同而变化[19]，如图 12a 所示.这不仅是氧化初期的现象，当氧化膜增厚到 $1—2\,\mu m$ 时也是这样，用透射光观察酸浸脱下的氧化膜时，由于厚度不同产生的明暗衬度，也显示出了原来晶粒的形状（图16）.另外，锆合金中第二相的析出状态将会严重影响抗氧化性

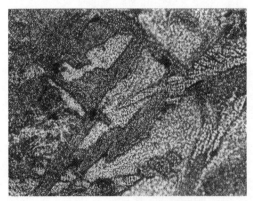

图 16　用透射光观察酸浸脱下的氧化膜（1 000 ℃空冷后在 850 ℃重新加热的样品），×420

能[4],在微小区域之间第二相的析出与分布的差别,也会造成黑色氧化膜厚度的不同.

Knights 等[20]研究了外加拉伸应力对锆-2 在蒸汽中氧化速率的影响,发现当张应力超过某临界值后,可使氧化速率成倍增加,随着氧化膜厚度的增加,临界应力值将减小. Knights 并未用这结果来解释氧化转折的机理,不过这现象却可用来说明点坑氧化的形成过程. 由于金属晶粒取向不同或者是第二相析出的差别,造成了微区域之间黑色氧化膜的厚度差别后,在厚膜区下的金属将比薄膜区下的受到更大的张应力,如果把 Knights 的结果应用到微区域中来,那么当这种张应力达到临界值后,就使这一微区域内的氧化速率加快,发展成点坑氧化. 在氧化增重和时间的关系中,这时就出现了转折. 由于微区间黑色氧化膜的厚度差别是由晶粒取向不同造成的,因而晶粒大的样品点坑氧化也大(图 7). 应力增加达到临界值的过程,也就是黑膜平均增厚的过程. 在黑色氧化膜下的金属(已被氧固溶强化了)受到张应力,由于变形而使位错密度增加,氧通过位错管道扩散的短路扩散机制,可能就是使氧化过程加速的原因. 点坑氧化一经建立,其发展会比较迅速,因为形成氧化锆时体积膨胀,将迫使周围金属进一步变形. 由于点坑氧化的发展是通过周围金属先变形,然后氧化这一过程的周期反复,点坑逐渐成为圆形,其底部成为弧形. 从氧化膜/金属界面上复型中所见到的条纹结构(图 11c),可作为这种变形——氧化周期过程的证据.

提高氧化温度,将使氧化膜中的应力降低[15]. 为了使氧化膜下的金属,受到能使氧化加速所需的张应力值,则要求黑色氧化膜更厚一些,因为氧化膜/金属界面上的应力,在转折以前将随氧化膜增厚而增加. 这可能就是为什么随着氧化温度升高(在低于单斜→四方相变温度——1 000 ℃时),转折时的增重(也就是黑膜的平均厚度)也增加的原因[15,21].

4.2 点坑氧化变白与突起的过程

点坑氧化形成后,点坑中的氧化膜并不会马上变白和突起(图 7),还需要有一个再结晶的扩散过程. 这时点坑内的氧化膜受到很大的匝向压应力,同时内部存在阴离子空位等缺陷,是该过程发生的外因与内因. 初看起来,在这样低的温度下(例如 500 ℃)氧化锆似乎不可能发生再结晶,因为再结晶时原子需要扩散. 但是锆的阳离子沿着烧结后氧化锆的晶界扩散,将比在点阵中的扩散快几个量级[17],晶界的结构与非晶态的结构有某种类似之处,因而 Naguib[22]将喷溅得到的非晶态的氧化锆膜(~1 200 Å),在 520 ℃加热 5 分钟后就发生了再结晶,在 400 ℃也只需加热 6 小时,在空位浓度较高的黑色氧化膜中,也应该有类似的特性,特别是在应力的同时作用下,在较低的温度时是可能发生再结晶的. 在白色小斑的剖面中,的确观察到再结晶后的层状晶粒组织(图 5),有时还可见到刚发生再结晶时的情况:在原来细小柱状晶粒组织中,出现了层状的再结晶晶粒(图 17). Airey 等[23]应用离子减薄制样技术,用透射电镜观察了转折前后锆-4 合金的氧化膜,也见到了再结晶晶粒出现在转折后的氧化膜中. 再结晶时点坑氧化膜内受到的压应力将发生弛豫,这可以通过扩散性范性形变——空位在应力作用下的定向扩散来实现. 其结果是使点坑氧化膜向上突起. 空位扩散凝聚后一部分将消失,而只有排列成平行于匝向应力方向的空洞层才有

图 17 点坑氧化中的再结晶(1 000 ℃空冷后重新在 850 ℃加热的样品),偏光,×420

可能被保留下来.因此,再结晶后的氧化膜中形成了平行于氧化膜/金属界面的层状空洞结构.另外,从所受应力状态的直观分析,也可看出空洞只有作这种方向的层状排列,才有利于使点坑氧化膜突起向上变形.层状分布的空洞阻碍了晶粒越过它长大,因而再结晶后的晶粒呈扁平状.由于再结晶后晶粒长大,应力和晶内缺陷的消除,氧化锆中亚稳态的立方结构就转变成了稳定的单斜结构.随着晶内阴离子空位的凝聚,形成的空洞作层状排列或在晶界上,非正化学计量的黑膜也转变成了正化学计量的白膜.

点坑中受到的匝向压应力将随点坑增大而增加,如果这种应力是再结晶的必要条件,那么将会有一个临界应力值存在,这意味着只有点坑氧化发展到一定大小后再结晶才会发生.提高温度将有利于再结晶,但另一方面又会降低氧化膜内的应力,两者综合的结果,再结晶可能要在点坑氧化发展到更大一些时才会发生,因而提高氧化温度,会使转折后的白膜增厚.

4.3 再结晶后氧化膜的强度降低

材料的断裂强度 σ_f 与晶粒直径大小 d 之间存在着如下的关系[24]:

$$\sigma_f = \sigma_0 + Kd^{-\frac{1}{2}}$$

σ_0 是自由位错运动时所需克服的点阵摩擦力;

K 表示在位错堆积的前端,要开动另一个位错时所需应力的一个量度.

如果不考虑其中的缺陷,那么随着晶粒增大,断裂强度降低.根据图5和9,取转折时黑膜内的平均晶粒直径为 0.5 μm,再结晶后白斑中的晶粒直径为 5 μm,参考一般材料,取

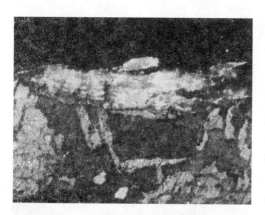

图18 转折后氧化膜的剥落,×120 偏光

$K = 2\text{—}3\,\mathrm{kg \cdot mm^{-\frac{3}{2}}}$,则黑膜的断裂强度将比再结晶后白膜的高 70—100 $\mathrm{kg/mm^2}$.另外,实验还证实在 400 ℃ 以上时,白膜的塑性比黑膜的差[12](用压痕附近是否产生裂纹作为判据).这样,当点坑氧化膜内刚发生再结晶时,由于氧化膜的强度及塑性降低,在点坑向上突起变形时,表面就产生了网络状的微裂纹(图6).因而表面微裂纹是再结晶转折后的结果,并非是转折的原因.而且这种裂纹不会在氧化膜的厚度方向发展很深,它在向下发展时,很快就会被氧化膜中水平方向的空洞层截获,发展成横向裂纹,而引起白膜的脱落(图18).

从另一方面来说,由于位错与空位的交互作用,将使材料的屈服强度增高.因此,阴离子空位浓度较高的非正化学计量的黑膜,将比正化学计量的白膜的强度高,虽然在 ZrO_2 中还未见到直接的实验证据,但在 TiO_2 单晶体中已得到了验证[25].

4.4 白斑连成白膜的过程

当白色小斑增多相互连接后,凸起伸入到氧化膜下的那部分金属(图2b)将受到较大的变形,因氧化加速使氧化膜/金属的界面很快被拉平(图2c),而不会保持高低起伏状.由于点坑氧化的大小与晶粒直径成正比,所以晶粒大的样品在转折后形成的白膜也厚.

转折后在白膜下仍保持着一薄层黑色氧化膜,这层黑膜将重复以上过程,从形成点坑氧化、发生再结晶形成白斑到连成白膜. 如果氧化过程是这样发展,那么增重与时间之间在转折后不是一条直线,而应该是一条带有多次转折的周期变化曲线. Griggs 等[26]将锆-2 在过热蒸汽中试验时,曾得到过这种类型的曲线,Bryner[11]在锆-4 中也观察到这种现象,但在绝大多数的文献中,转折后的增重都是一条直线. 由于一般都采用双对数坐标来表示这种关系,即使转折之后存在这种周期变化,也很容易被忽略.

根据以上讨论,氧化转折机理可以用图 19 示意地来描述. 图 19a、b 表示微小区域间黑色氧化膜厚度的差别,这是因为晶粒取向不同或第二相分布不均匀所引起氧化速率的差异. c、d 表示点坑氧化的形成,这是因为应力在较厚的黑膜下大,当达到临界值后加速氧化的结果. e 表示点坑氧化膜在匝向应力及温度的作用下,空位发生定向扩散及凝聚,点坑氧化膜向上突起,同时发生再结晶. 凝聚后的空洞在应力作用下将部分消失,只有平行于匝向应力方向的空洞层才能被保留下来. f 表示凸出伸入到氧化膜下的金属,因受到变形而加速氧化,因而起伏不平的氧化膜/金属界面很快就被拉平.

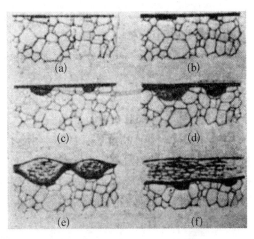

图 19 氧化转折机理的示意图

Dickson 等[27]研究锆合金在堆内的行为时,指出氧化膜的生长速率将因受到中子辐照而加快,随着温度升高,这种效应也变弱. 经过辐照后,沸水堆元件棒包壳表面产生了不均匀的"疖状"氧化膜,从其照片判断,与本文中的白斑相似. 在压水堆中,只有当水中含氧量较高时才出现这种现象. 锆水反应时除了生成氧化膜外,释放出来的氢气还会被锆吸收一部分,形成氢化锆后在金属内沉淀出来. 在氧气中加入少量的水蒸气后,会大大加快氧化速率[28]. 这些现象说明锆合金在不同介质中的氧化转折也有不同的特点. 虽然锆合金在空气或氧气中发生氧化转折时,也曾观察到是从黑膜上形成白斑开始,但是否能用以上讨论的氧化转折机理来解释,还有待进一步的研究.

5 结论

(1)锆-2 合金在过热蒸汽中氧化时,转折是从黑色氧化膜上生成白色小斑开始,通过白斑的增多及长大而连成白色的氧化膜.

(2)白斑的剖面呈凸透镜状,其中有平行于氧化膜/金属界面的层状空洞结构和扁平的晶粒组织.

(3)锆-2 合金在 500 ℃过热蒸汽中转折时黑色氧化膜的厚度为~2 μm,比黑膜平均厚度大 3—4 倍的点坑氧化是白斑的核.

(4)点坑氧化膜受到匝向压应力,在应力及温度的作用下,空位发生定向扩散,将引起点坑向上突起变形和再结晶.

(5)点坑中的黑色氧化膜在再结晶时,由细小的柱状晶粒变为粗大的层状晶粒后,因强度降低出现微裂纹,当垂直于膜面的裂纹与水平层状的空洞层连接后,会引起白膜的剥落.

（6）再结晶后因氧化膜的内应力和阴离子空位的消除，ZrO_2 转变成单一稳定的单斜结构和正化学计量的白色氧化膜.

（7）锆-2合金在过热蒸汽中氧化转折的过程，包括黑色氧化膜中点坑氧化的形成，和点坑氧化膜在匝向应力及温度作用下的再结晶——黑膜转变成白膜.

参 考 文 献

［1］Cox B.，"Progress in Nuclear Energy，Vol. **4**，Technology，Engineering and Safety" Pergamon Press 177—184 (1961).

［2］Douglass D. L.，*Atomic Energy Rev.*，Supplement，9 (1971).

［3］Ahmed T. and Keys L. H.，*J. Less-Common Met.*，**39** 99，(1975).

［4］周邦新，盛钟琦，"锆-2合金中第二相的析出对抗腐蚀性能的影响"内部资料，1980 年.

［5］周邦新，物理，9411，(1980).

［6］Keys L. H.，Beranger G.，Gelas B. D. and Lacombe p.，*J. Less-Common Met.*，**14** 181，(1968). (WAPD-TR-0092).

［7］Nomura S. and Akutsu C.，*Electrochem. Tech.*，**4** 93，(1966).

［8］Greenbank J. C. and Harper S.，*Electrochem. Tech.*，**4** 88，(1966).

［9］Bradhurst D. H. and Heuer P. M.，*J. Nucl. Mat.*，**41** 101，(1971).

［10］Cox B.，*J. Nucl. Mat.*，**41** 96，(1971).

［11］Bryner J. S. *J. Nucl. Mat.*，**82** 84，(1979).

［12］Douglass D. L.，*Corrosion Sci.*，**5** 255，(1965).

［13］Cox B.，*J. Electrochem. Soc.*，**108** 24，(1961).

［14］Roy C. and Burgers B.，*Oxidation of Metals*，**2** 235，(1970).

［15］Bradhurst D. H. and Heuer P. M.，*J. Nucl. Mat.*，**37** 35，(1970).

［16］Bibb A. E. and Fascia J. R.，*Trans. AIME*，**230** 415，(1964).

［17］Cox B.，*J. Nucl. Mat.*，**29** 50，(1969).

［18］Wilson J. C.，ORNL-3970 (1966).

［19］Douglass D. L. and Vanlandugt J. *Acta Met.*，**13** 1069，(1965).

［20］Knights C. F. and Perkins R.，*J. Nucl. Mat.*，**36** 180，(1970).

［21］Gulbransen E. A. and Andrew K. F.，*Trans. AIME*，**212** 281，(1958).

［22］Naguib H. M. and Kelly R.，*J. Nucl. Mat.*，**35** 293，(1970).

［23］Airey G. P. and Sabol G. P.，*J. Nucl. Mat.*，**45** 60，(1972).

［24］师昌绪，马应良，晶体缺陷与强度(下册)，科学出版社，**149**，1964.

［25］Ashbee K. H. G. and Smallman R. E.，*Proc. Roy. Soc.* A，**274** 195，(1963).

［26］Griggs B.，Maffei H. P. and Shannon D. W.，*J. Electrochem. Soc.*，**109** 665，(1962).

［27］Dickson I. K.，Evans H. E. and Jones K. W.，*J. Nucl. Mat.*，**80** 223，(1979).

［28］Wallwork G. R.，Rosa C. J. and Smeltzer W. W.，*Corrosion Sci.*，**5** 113，(1965).

3%Si－Fe 合金屈服前的微应变研究[*]

摘　要：用电解蚀刻显示滑移带的方法，研究了 3%Si－Fe 多晶体的微应变过程. 分析了应力与已滑移变形的晶粒百分比，以及与已滑移变形晶粒中平均滑移带数目之间的关系，发现微应变可分为三个不同的阶段. 将各微应变阶段的起始应力对晶粒直径平方根的倒数作图，可得到三条斜率不同的直线. 联系 Hall－Petch 关系式的物理含义、Brown 的微应变理论以及上屈服点理论，对实验结果进行了分析和讨论.

1　前言

金属与合金在宏观屈服前的微应变现象，是研究宏观范性流变时应先了解的问题，它涉及多晶体中位错在应力作用下如何开动、塞积和传播等理论. 过去用灵敏度较高的应变仪曾对微应变作过直接测量，应用电解蚀刻显示滑移带来研究铁硅合金多晶样品的微应变过程，得到了更细致的结果[1-4]. 但由于只研究了样品在宏观屈服前几个应力下的情况，有时只观察了样品的表面层（如粗晶样品），或存在织构的影响（如细晶样品），因而对铁硅合金多晶体微应变的了解也不全面. 为能方便地观察样品在不同应力下微应变后的组织，本实验采用有锥度的棒状拉伸试样，观察到微应变过程中滑移变形在晶粒间传播的某些特征，以及由微应变过渡到宏观屈服的规律.

2　实验方法

采用含 3%Si 的工业铁硅合金，改变其压缩变形量和退火温度，得到晶粒度不同的试样. 样品最后统一在 650 ℃退火 1 h 和 600 ℃退火 2 h 炉冷，使碳、氮等杂质原子在 α－Fe 中的存在状态大致相同.

拉伸试样为带有锥度的棒状，标距长 30 mm，粗端直径 4.6 mm，细端直径 3.2—4.0 mm，随晶粒大小不同而变化，使细端达到宏观屈服时，粗端的应力为 28—30 kgf/mm². 试样先经过电解抛光再拉伸，形变速度为 3×10^{-4} s^{-1}. 拉伸后的试样在 180 ℃时效 1 h，然后在铬醋酸中电解抛光和蚀刻，从蚀刻穴的分布来判断晶粒是否发生了滑移变形. 在 $(0.9-1.2) \times 3$ mm² 面积内统计不同应力区间内已变形的晶粒数，得到屈服晶粒百分数与应力间的关系. 由于试样带有锥度，在 0.9—1.2 mm 长度内，应力变化为 0.4—0.9 kgf/mm².

采用双喷自控电解抛光装置[5]制备薄膜样品，在国产 DXA4－10 型电子显微镜中观察，加速电压为 100 kV.

---

* 本文原发表于《金属学报》，1983，19（1）：A31－A39.
　本工作开始于访问新堡大学冶金系时，有一小部分结果已由 Douthwaite 发表[20]，用作讨论微应变早期阶段中应力与屈服晶粒百分比之间关系的依据.

3 实验结果

3.1 微应变过程中的一些特征

图 1a,b,c 是晶粒大小不同的三个样品,在低于宏观屈服应力时的 N-σ 曲线和 B-σ 曲线,N 系表面与中心部分已变形晶粒百分比,B 为样品中心部分已变形晶粒中平均滑移带数目,σ 为应力. 可将 N-σ 关系分为三个不同的阶段:当应力达到 σ_0 时,样品中发生了第一个滑移变形的晶粒,直到应力增至 σ_1 以前,N 并没有显著变化,这区间称为微应变的第一阶

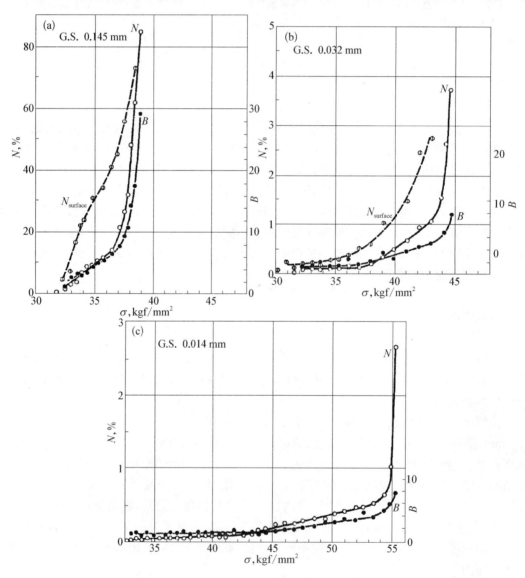

图 1 晶粒大小 d 不同的试样在微应变阶段中已变形晶粒百分比 N 和变形晶粒中平均滑移带数 B 与应力 σ 之间的关系

Fig. 1 Effects of stress, σ, on percentage yielding grain, N, and on average number of slip band per yielding grain, B, in preyielding microstrain stage of three specimens of different grain size, d.

段,其应力区间随晶粒增大而缩短;当应力超过 σ_1 增至 σ_2 时,N 随 σ 而线性增加,称为微应变的第二阶段;应力超过 σ_2 后,N 随 σ 而迅速增加,称为微应变的第三阶段. 如将第三阶段的 $\log N$ 对 σ 作图,对于晶粒大小不同的样品,可得到一组相互接近平行的直线(图 2). 从图 2 中可看出,在粗晶样品中,N 的测量值可延续到 100%,与宏观屈服衔接,不出现上屈服点;而在细晶样品中,N 的测量值只延续到百分之几,接着是上屈服极限而出现上下屈服点. 如果将 σ_0,σ_1,σ_2 和 σ_{1y}(细晶样品是指下屈服点,粗晶样品是指 100% 晶粒屈服时的应力)对平均晶粒直径 $d^{-1/2}$ 作图,可得到一组直线(图 3),斜率分别为 ~0,1.69,2.43,2.43. 晶粒最细样品($d^{-1/2}=8.5$)的 σ_2 与 σ_{1y} 偏离直线较远,可能与压缩变形量较大产生了织构有关. 这结果说明不同的微应变阶段的起始应力与晶粒大小之间,也存在类似 Hall - Petch 的关系($\sigma_{1y}=\sigma_0+K_y d^{-1/2}$),只是 σ_0 和 K_y 值可能不同.

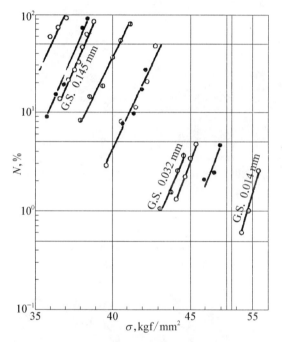

图 2 晶粒大小 d 不同的试样在微应变第三阶段中已变形晶粒百分比 N 与应力 σ 间的关系

Fig. 2 Effects of stress, σ, on the percentage of yielding grain in third microstrain stage of 10 specimens of different grain size, d.

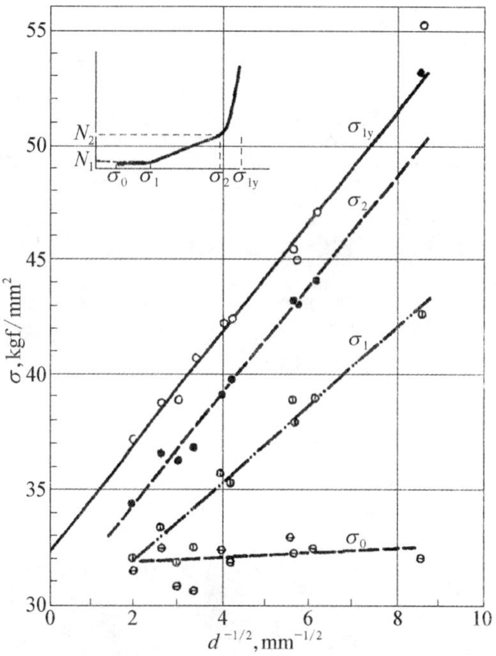

图 3 屈服应力和各微应变阶段的起始应力与平均晶粒直径的关系

Fig. 3 Correlations between yielding stress and starting stress of each microstrain stage and average grain diameter

从图 1a,b 可看出,在应力相同时,表层的 N 要比中心的高 2—3 倍,并且无法区分微应变的三个阶段. Tandon 等[4] 的实验结果表明,此层厚度只有 1—2 个晶粒尺度,但是当应力增加时,滑移的传播并不像他们所指出的那样从表面向内传播.

从图 1 中还可看出 B-σ 与 N-σ 极为相似,也可分为三个阶段,并且各阶段的起始应力与从 N-σ 中所得出来的基本一致. 不论晶粒大小如何,每当 $B=6$—8 条时,B-σ 将转变成指数关系,而进入微应变第三阶段.

3.2 微应变过程中滑移的开始与传播

不论试样的晶粒大小如何,从中心观察到第一个晶粒滑移时的应力为 30.5—33 kgf/mm^2,

与 Hall-Petch 关系得到的 σ_0(32.2 kgf/mm²)基本一致. 但从表面观察到第一个晶粒发生滑移时的应力,要比中心的低 1—3 kgf/mm². 在第一阶段中,滑移只局限在单个晶粒内,滑移带只有 1—2 条(图 4). 在第二阶段中,随着屈服晶粒数目增多,每个变形晶粒中的滑移带数目也逐渐增加(图 5), 有时还可见到滑移带穿过晶界传播的现象,不过两个晶内滑移带的交角很小,两滑移系接近平行. 进入第三阶段后,滑移才明显地从一个晶粒向另一个晶粒传播,而形成几个已变形晶粒相连的特征(图 6). 如果这时滑移从晶界处开始,还可见到一组平行的滑移带同时形成(图 7 中箭头指处),与 Mclean 等[2]给出的结果相似,而不同于第一阶段.

滑移开始于晶界处,也可能开始于夹杂处,两者形态不同(图 7). 前者滑移带数目少,后

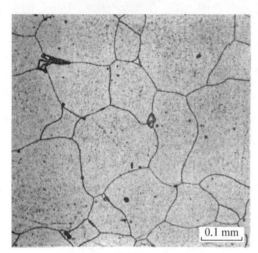

图 4 微应变第一阶段中的滑移带

Fig. 4 Slip bands in first microstrain stage $d = 0.145$ mm;$\sigma = 33$ kgf/mm²

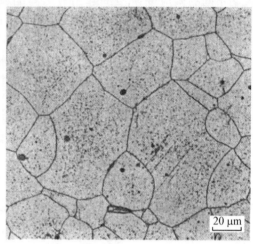

图 5 微应变第二阶段中的滑移带

Fig. 5 Slip bands in second microstrain stage $d = 0.032$ mm;$\sigma = 39.6$ kgf/mm²

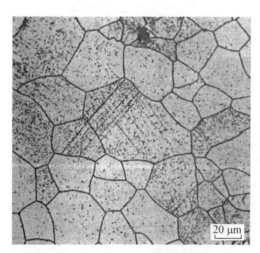

图 6 微应变第三阶段中的滑移带

Fig. 6 Slip bands in third microstrain stage $d = 0.027$ mm;$\sigma = 46.6$ kgf/mm²

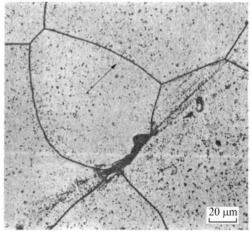

图 7 微应变第三阶段中滑移从晶界(箭头指处)及夹杂物处形成时的情况

Fig. 7 Slip bands initiated at grain boundary (indicated by arrow) and at inclusion in third microstrain stage $d = 0.145$ mm;$\sigma = 38.3$ kgf/mm²

者多并且集中,往往还可能有几组滑移系同时开动(在第一阶段中也是如此).虽然试样中夹杂不少,但根据滑移带的形貌判断,在第一阶段中滑移主要起始于晶界.

3.3 淬火试样中微应变过程的特征

棒状试样经过 800 ℃加热淬火,发现淬火引起的变形不仅发生在表面,也发生在中心,在这之间,是一个无变形区.分析淬火冷却时在试样横截面上应力的分布,发生这种变形是可以理解的.图 8 给出了一个带有锥度的拉伸试样($d = 0.017\,\mathrm{mm}$)经淬火后在微应变阶段中三个不同应力截面上 N 的分布.随着应力增加,试样中心的 N 亦迅速增加,而在无变形区内的 N 则增加较慢,但仍比退火试样中的快,三个不同的微应变阶段已不易区分.图 9 是应力为 47 kgf/mm² 截面上从试样表层到中心的三个典型区内的照片,可看出已屈服晶粒中的滑移带数目远比退火试样中的多,这可能与淬火引起晶界位错密度增加有关[6],因为滑移的位错源来自晶界位错,并且是还未被钉扎住的.用透射电镜观察淬火后的试样,证实了这一点(图 10).

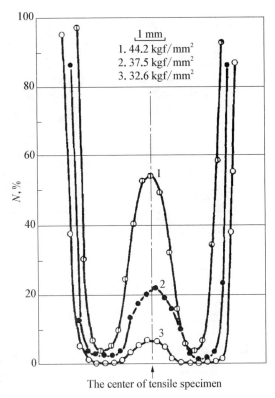

图 8 淬火后的试样在微应变阶段中三个不同应力截面上屈服晶粒百分比沿径向的分布

Fig. 8 Distribution of percentage of yielding grain along radius direction at three different stress section in microstrain stage of a quenched tensile specimen

4 结果讨论

4.1 从微应变过程中滑移在晶粒间的传播看 Hall-Petch 关系的物理含意

Hall-Petch 关系在不同金属和合金中已得到广泛验证,适合该关系的晶粒大小可以从几百 μm 到小于 1 μm[7,8].但对其物理含意却有几种不同的解释,包括位错塞积模型,加工硬化模型和晶界位错源模型.文献[9,10]已作了总结归纳.Murr[11] 研究了镍和不锈钢中晶界凸阶及从它发射出的位错后,支持晶界位错源模型,认为位错的塞积模型在解释 Hall-Petch 关系时是不必要的,在屈服的早期,位错的塞积也是不存在的.

从本实验结果来看,用位错塞积模型来解释 Hall-Petch 关系是符合实际的.当多晶样品受到应力时,由于弹性模量的各向异性,在晶界处产生了应力集中,应力超过点阵摩擦力后,就策动晶界发射位错,而形成单个晶粒的屈服.当相邻晶粒的取向差别使弹性模量相差最大,并且其中一个晶粒的滑移面及滑移方向都与拉伸轴成~45°,以获得最大分切应力时,才能最早满足以上条件而发生滑移.因而实验观察到第一个晶粒滑移时的应力不随晶粒大小而变,并与 Hall-Petch 关系中的 σ_0 基本一致.在微应变第一阶段中,N 和 B 基本保持不变,说明微应变随应力增加而增大的过程,主要是滑移带中位错数目增多的结果.位错塞积

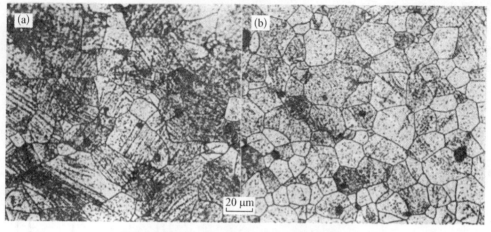

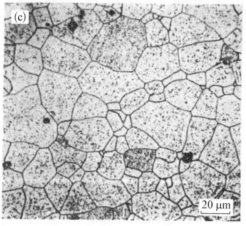

图 9　淬火后的试样在微应变阶段中 （$\sigma = 47 \ \text{kgf/mm}^2$）的显微组织

Fig. 9　Microstructure of a quenched tensile specimen in microstrain stage　(a) Near surface;
(b) Centre;(c) Between surface and centre

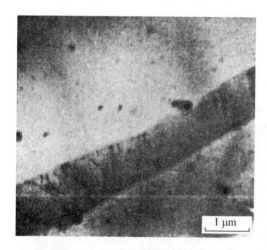

图 10　淬火试样中的晶界位错

Fig. 10　Grain boundary dislocation in a quenched specimen

除了造成前端的应力增加外,反作用到位错源上的应力也将增加,滑移将转移到另一个平行的滑移面上. 这可能就是微应变第二阶段中 B 随应力成线性增加的原因. 当 B 增加后,其前端的应力也将增大,直到能开动前端的另一位错源. 因而当 $B = 6$—8 条时,滑移普遍穿过晶界发生传播,进入了第三阶段. 这三个微应变阶段,正是反映了位错在晶内的滑移、塞积和晶间传播的不同过程,因而各阶段的起始应力与 $d^{-1/2}$ 之间也符合 Hall-Petch 关系,只是直线的斜率不同. 根据位错塞积模型所导出的 Hall-Petch 关系式中的 K_y 表达式,可看出 2 与 3.06（Taylor 取向因子）之比,应与 $\sigma_1 - d^{-1/2}$ 和 $\sigma_2 - d^{-1/2}$ 两直线的斜率（分别为1.69 和 2.43 kg·

mm$^{-3/2}$)之比符合,结果分别为 0.65 和 0.69,两者相当接近.

当范性形变大量发生后,流变应力与 $d^{-1/2}$ 之间也符合 Hall-Petch 关系,这时用加工硬化的模型来解释可能是合适的.

4.2 微应变过程中的三个阶段与 Brown 的微应变理论

Brown 等[12]从假设单位体积内的位错源是均匀分布并不随晶粒大小而变化,推导出微应变(ε)与晶粒直径(d)及应力(σ)之间的关系,得到 $\varepsilon^{1/2}$-σ 间为直线关系,并且直线的斜率正比于 $d^{-3/2}$. Brown 等分析了多晶铁和铜的微应变后,结果与理论吻合. 后来 Bilello 等[13]用应变仪研究高纯铜的微应变,发现 $\varepsilon^{1/2}$-σ 为两段斜率不同的直线,说明存在两个微应变阶段. Bilello 将 Brown 的数据重新整理后,发现 Brown 只考虑了 $\varepsilon \leqslant 10^{-4}$ 的情况,如将 ε 扩展到 10^{-3},也存在两个不同的微应变阶段.

从本实验在微应变第一阶段末期的 N 和 B 值,可以估计出这时的微应变量小于 10^{-6}. 因而 Brown 和 Bilello 等讨论的微应变是本文所指的第二及第三阶段. 如将第二、三阶段起始时的 N_1, N_2 对 d 以双对数坐标作图,可得到两条斜率相同的直线(图 11),斜率为 1.57,与 3/2 相近. 说明 N_1, N_2 与 $d^{3/2}$ 之间为线性关系,但其物理意义还有待探讨.

考虑到应变量正比于 N 和 B 的乘积,在微应变第二阶段中,σ-N 和 σ-B 均为直线关系,因而应力与应变之间为抛物线关系,这与应变仪测量的结果吻合. 但微应变进入第三阶段后,应力与应变之间将转变成指数关系. 在微应变的第一阶段中,由于 N 和 B 随应力增加没有明显的变化,应变主要取决于滑移带中已开动的位错数,所以应力与应变间可能是直线关系.

4.3 从微应变第三阶段向宏观屈服的发展过程看上屈服点的出现

有两种理论解释上屈服点:一种是位错钉扎模型,上屈服点相当于位错脱钉增殖而爆发出突然变形的应力. Cottrell[4]考虑到用单个位错脱钉的模型来解释多晶体屈服的困难,认为考虑一个屈服大核的形成是必要的. 当已屈服区足够大时,

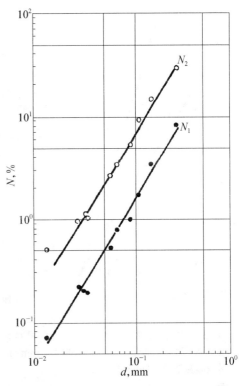

图 11 微应变第二、第三阶段起始时的 N_1, N_2 与试样晶粒大小的关系

Fig. 11 Correlation between percentage of yielding grain at starting of second N_1 and third N_2 microstrain stage and grain size of tensile specimen

很多被释放的位错将在它的边界上塞积起来,并挤压那些在屈服区边缘处被钉扎住的位错,屈服就是这些被钉扎的位错受挤压而突然释放的过程. 另一理论用低应力下作低速运动的少数位错的动态增殖来说明[15]. 当范性形变开始后,把变形量看作与拉伸速率相当的常数,并正比于位错密度 ρ 和位错的运动速度 v. 当 ρ 增加,则 v 下降. 根据位错所受到的有效应力 σ^* 与 v 之间的经验公式可知,v 的突然下降将导致 σ^* 的下降,就产生了上屈服点. 这与共价

键的 Ge 与 Si 的实验结果比较符合，上屈服点的变化比较连续. 如果把后一理论作为前者的补充，用来说明体心立方金属中的上屈服现象，则更为清楚. 但是屈服大核是如何形成的呢？

由本实验结果可知，微应变由第二阶段到第三阶段，就是滑移普遍穿越晶界传播的开始. 由于位错塞积前端的应力正比于塞积位错的数目，即正比于晶粒直径 d. 当 d 足够大时，滑移穿越晶界传播将连续进行，直到 100% 晶粒发生屈服，这时不出现上屈服点. 如果 d 小于一定值，滑移穿越晶界传播将不能连续进行，只能形成已屈服晶粒的集团区，这就是屈服大核. 随着集团内屈服晶粒数目及每个屈服晶粒中滑移带数目的增加，挤压屈服大核前被钉扎位错的力也增加，直到大量位错脱钉增殖，而出现上屈服点.

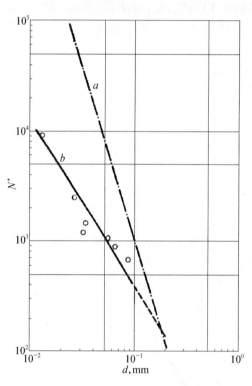

图 12 试样的晶粒大小与 1 mm³ 内的晶粒数（a 直线）和微应变第三阶段末期时 1 mm³ 内屈服晶粒数 N^*（b 直线）的关系

Fig. 12 Correlations between grain number in 1 mm³ (line a) and yielding grain number in 1 mm³ at end of third microstrain stage (line b) and grain size of tensile specimen

Petch[16] 考虑到多晶体在上（σ_{uy}）下（σ_{ly}）屈服点时滑移穿过晶界传播的相似性，提出：当 $N^* \cdot d^3 = 1$ 时，$\sigma_{uy} - \sigma_{ly} = 0$. N^* 是每 mm³ 体积内已屈服晶粒数，设其不随 d 的大小而变，为一常数. 将本实验测得的微应变第三阶段末期的屈服晶粒数 N^*（只包括有明显上屈服点的细晶样品）对 d 以双对数坐标作图，得到一条斜率为 $-3/2$ 的直线（图 12）. 尽管第三阶段末期时，N^* 随应力的变化非常陡峭，测量数据难以准确，但很显然 N^* 不是常数. 如果把 N^* 看作是屈服晶粒聚集成团后的屈服集团数，即屈服大核的数目，则 N^* 为常数时集团中包含屈服晶粒的数目 n_0 将正比于 $d^{-3/2}$. 图 12 中直线 a 表示每 mm³ 中的晶粒数随 d 而变化的关系，两条直线相交处对应的 d，即为不出现上屈服点的晶粒大小. 这时 $d \simeq 0.18$ mm，$N^* \simeq 1.7 \times 10^2$. 由此可以算出达到上屈服应力时屈服集团中的 n_0. 当 $d = 0.01$ mm 时，$n_0 \simeq 70$；$d = 0.04$ mm 时，$n_0 \simeq 10$；$d = 0.1$ mm 时，$n_0 \simeq 3$. 这与实验观察到的趋势一致，但定量比较还有待作进一步的工作.

从以上讨论可以看出，多晶体在微应变过程中，当滑移穿过晶界的传播不能连续进行，而形成屈服晶粒集团时，就出现上屈服点. 在体心立方金属中，杂质原子对位错强烈的钉扎，对这过程起了主要作用. 由于晶界及合金的短程有序对位错的运动也有阻碍作用，因而即使在杂质原子与位错交互作用较弱的面心立方金属中，也可期望在某种情况下出现上屈服点. 在超细晶粒（$d \simeq 2$ μm）的纯铝中[17]，以及一些面心立方的合金中（如铜合金[18]及铝合金[19]），已得到了这样的实验结果.

5 结论

（1）根据屈服晶粒百分比 N 和屈服晶粒中平均滑移带数目 B 与应力 σ 之间的关系，可将铁硅合金多晶的微应变分为三个阶段. 在第一阶段中,随 σ 增加,N 和 B 变化不明显,滑移局限在单个晶粒内. 在第二阶段中,N 和 B 与 σ 间成线性增加关系,当相邻晶粒的滑移系接近平行时,滑移可穿过晶界. 在第三阶段中,N 和 B 与 σ 间成指数关系,滑移明显地穿过晶界传播. 在粗晶试样中,这种过程连续进行到 100% 晶粒发生屈服,不出现上屈服点. 在细晶试样中,这种过程只产生一些屈服晶粒集团区,接着就达到上屈服极限.

（2）不论试样的晶粒大小如何,第一个晶粒产生滑移时的应力,和用 Hall-Petch 关系求出的 σ_0 一致. 各微应变阶段的起始应力对 $d^{-1/2}$ 作图,都可以得到类似 Hall-Petch 关系,只是 σ_0 与 K_y 值不一定相同.

（3）加热淬火的应力引起试样表面和中心发生变形,但在两者之间有一个无变形区. 观察该区的微应变过程,结果与退火样品不一样,三个阶段已无法区分,屈服晶粒中滑移带数目也大大增加. 这与淬火应力引起晶界位错密度的增加有关,并且它们是还未被钉扎住的.

作者感谢 Petch 教授提供利用研究设备的方便,感谢 Douthwaite 先生给予的多方关照.

参 考 文 献

[1] Suits, J. C. ; Chalmers, B. , *Acta Metall.* , **9** (1961), 854.

[2] Carrington, W. E. ; McLean, D. , *ibid.* , **13** (1965), 493.

[3] Worthington, P. J. ; Smith, E. , *ibid.* , **12** (1964), 1277.

[4] Tandon, K. N. ; Tangri, K. , *Metall. Trans.* , **6A** (1975), 809.

[5] 周邦新,物理,**9** (1980), 411.

[6] Hook, R. E. , *Metall. Trans.* , **1** (1970), 85.

[7] Merz, M. D. ; Dahlgren, S. D. , *J. Appl. Phys.* , **46** (1975), 3235.

[8] Miller, R. L. , *Metall. Trans.* , **3** (1972), 905.

[9] Li, J. C. M. ; Chou, Y. T. , *ibid.* , **1** (1970), 1145.

[10] Hirth, J. P. , *ibid.* , **3** (1972), 3047.

[11] Murr, L. E. , *ibid.* , **6A** (1975), 505.

[12] Brown, N. ; Lukens, K. F. , *Acta Metall.* , **9** (1961), 106.

[13] Bilello, J. C. ; Metzger, M. , *Trans. Metall. Soc. AIME.* , **245** (1969), 2279.

[14] Cottrell, A. H. , 晶体中的位错和范性流变,葛庭燧译,科学出版社,1960, p. 153.

[15] Johnston, W. G. , *J. Appl. Phys.* , **33** (1962), 2716.

[16] Petch, N. J. , *Acta Metall.* , **12** (1964), 59.

[17] Deep, G. ; Plumtree, A. , *Metall. Trans.* , **6A** (1975), 359.

[18] Hutchison, M. M. ; Pascoe, R. T. , *Met. Sci.* , **6** (1972), 231.

[19] Lloyd, D. J. , *ibid.* , **14** (1980), 193.

[20] Douthwaite, R. M. ; Evans, J. T. , *Acta Metall.* , **21** (1973), 525.

A Study of the Preyielding Microstrain in 3% Si-Fe Alloy

Abstract：The preyieding microstrain process in polycrystalline 3% Si-Fe has been investigated with the method of displaying slip bands through electrolytic etching. Three different microstrain stages were found after analysis of the relations between the stress and the percentage of yielding grain and the average number of slip band per yielding grain. Plotted the starting stress at each microstrain stage against the reciprocal square root of grain diameter, three straight lines with different slop were obtained. Consideration of the Hall-Petch relation, the Brown's microstrain theory and the upper yield point theory, the experimental results were discussed.

电子显微术在研究 UO$_2$ 芯块中的应用*

1 引言

当一束定向飞行的电子打到试样上后,与试样物质相互作用而产生散射,按照散射后电子能量的变化,可分为弹性散射和非弹性散射,前者是物质的电子衍射及衍衬象的基础,后者是二次电子象及微区域成分分析等的基础.用这种技术来观察和分析物质微区内的形貌、结构和成分,称为电子显微术.近年来,作为这种技术的电子光学仪器,向着综合型和多样化方面发展,已深入到各个领域,得到了广泛应用.本实验应用上述仪器观察了两批原料制成的 UO$_2$ 芯块,密度分别为 93.4%T. D. 和 83.3%T. D..

2 UO$_2$ 芯块薄膜试样的制备及电镜观察

一般来说,要使被 100 kV 加速的电子穿透试样而产生衍射和衍衬象,试样的厚度应薄于 2 000Å. 金属材料可用电解抛光来制备这种薄膜,而非导体并含有气孔的 UO$_2$,制备薄膜最好的办法是用离子减薄.但该方法减薄速度慢,制备一块样品需要几小时至十几小时,并且溅射出来的 UO$_2$ 将污染整个真空室.Manley[1,2]曾报道过用化学抛光的办法制备 UO$_2$ 薄膜,该方法成功地应用于 UO$_2$ 单晶体[3],也可用来清洗离子减薄后试样表面产生的污染[4].

作者选用了 Manley 的溶液成分,进行了如下试验.首先将芯块用砂纸研磨至 0.15—0.20 mm,掰成适当的大小($>4\times4$ mm^2),用金刚砂在薄片中心研磨出凹坑,约 $\phi2$—3 mm,但不要穿孔.然后在加热至 100—120 ℃ 的磷酸(60%)＋醋酸(30%)＋硝酸(10%)溶液中化学抛光,直到穿孔.由于 UO$_2$ 在减薄至微米量级时能透红光,所以抛光时先见红光然后穿孔的则是合格的试样,如果未见红光就发生穿孔,则是在较大气孔处产生浸蚀的结果,在孔的四周试样太厚,电子无法穿透.在化学抛光减薄的同时,气孔也被浸蚀扩大,因而在穿孔四周的减薄区成筛网状,但这不是沿晶界浸蚀的结果.图 1a—c 是用透射电镜观察到的晶界、第二相、晶内位错及晶界位错(这是一条小角度倾斜晶界).正如 Yust 等[4]曾报道过的那样,在绝大多数晶粒内观察不到位错,只有在脆性转变温度以上发生变形后,晶内才会增殖大量位错.图 1b 晶内的位错很像是在腐蚀穴处开裂时引起的位错增殖.

3 UO$_2$ 芯块中气孔及晶粒的观察

芯块的晶粒和气孔大小,对于它在辐照过程中的尺寸稳定及裂变气体释放有着密切关

---

* 本文原发表于核材料学会编著《燃料元件及分析》,能源出版社,1984:1-5.

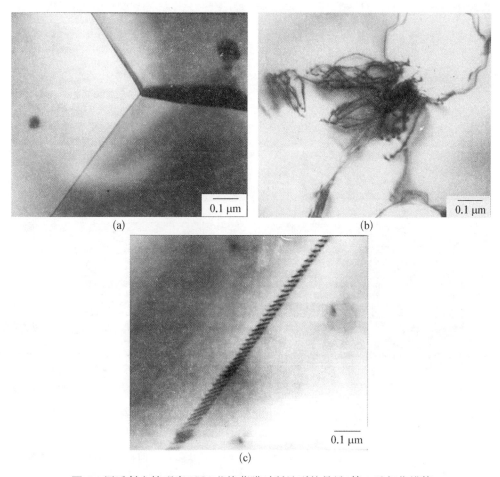

图 1 用透射电镜观察 UO_2 芯块薄膜时所见到的晶界、第二及相位错等

系. 为了观察 UO_2 的晶粒和气孔,传统的制样方法是机械研磨及抛光,再经化学浸蚀后在光学显微镜下观察. 由于扫描电镜的成象原理不同于光学显微镜,具有较大的景深和较高的分辨率,可以使凹凸不平的断口在高倍下成象,所以用扫描电镜直接观察 UO_2 芯块的断口,应该是观察气孔分布的简便方法. 从图 2a 的断口照片中可以看出,用这种方法观察到的气孔是清晰的,从较大气孔的内壁上,还可见到由于热浸蚀所显露的晶粒(图 2b),从芯块表面也可见到这种晶粒组织(图 2c),表面的气孔远比芯块内部的少. 样品经过机械抛光后,气孔有堵塞现象(图 2d),虽然经过浸蚀和超声清洗后可解决,但浸蚀后的气孔形状(特别是小气孔)会发生改变. 比较图 3a、b 就可看出,原来小圆气孔由于浸蚀而变成四边形或三角形(这与浸蚀面的晶体取向有关),尺寸也会增大. 在这批验样中,最小的气孔直径约为 $0.1\ \mu m$,这是光学显微镜无法分辨的. 在图 3a 中,除了气孔以外,还可见到脆性解理断裂时所特有的条纹. 断口经过浸蚀后(用 $H_2O_2 + H_2SO_4$ 溶液),同样也可显示晶粒组织,不过不如抛光后再浸蚀的清楚.

用扫描电镜从芯块断口上观察气孔可以大大简化制样过程,并且气孔的形状和大小也不会受研磨抛光及浸蚀的损伤和影响. 为了提高图像的质量,可以在断口表面蒸上一层 $\sim 51\ Å$ 厚的金,一方面可以改善试样的导电性,避免充放电现象,另一方面可提高成象时的信噪比,因为金有较高的二次电子产额.

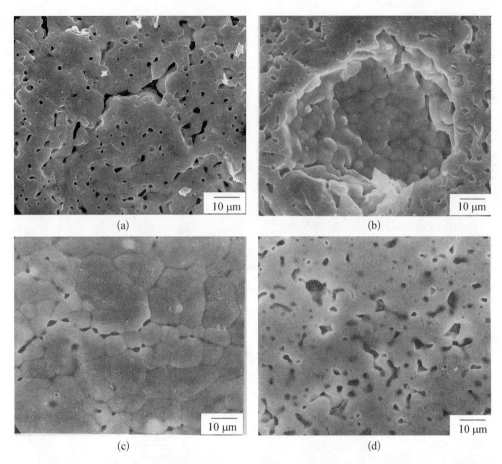

图2 密度为 83.3%T. D. 的 UO$_2$ 芯块　(a)(b)断口;(c)芯块表面;(d)研磨后经机械抛光.

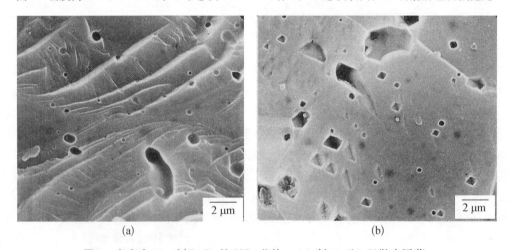

图3 密度为 93.4%T. D. 的 UO$_2$ 芯块　(a)断口;(b)经抛光浸薄.

4　UO$_2$ 芯块中金属第二相的成分分析

用光学显微镜观察经过抛光的 UO$_2$ 芯块,可见到一种反光性强的亮点(图 4),Bates[5] 曾报道这是一种以 Fe 为主并含有 Cr、Ni 及 U 的金属第二相. 作者观察了 4 种来源不同的芯块,发现程度不同地都有这种金属第二相,直径最大的可达～30 μm. 该金属相的显微硬度 Hv≃185,而 UO_2 基体的 Hv = 850. 用电子探针的波谱仪及分析电镜的能谱仪对这种金属相的成分作了分析,结果列于表 1 中. 图 5 是一颗粒成分以 Ni、Fe 为主并含有微量 Cr 的金属相的 X 射线能谱曲线. 不同批料制成的芯块,金属第二相的成分也显著不同,在密度为 83.3%T. D. 的这批芯块中,金属第二相的成分以 Fe 为主,而在密度为 93.4%T. D. 的芯块中,金属第二相的成分以 Ni 为主. 即使是在同一块试样中,不同第二相颗粒间的成分也有差异. 在 UO_2 芯块中存在数十至数百 ppm 的 Fe、Ni、Cr 杂质,即使最初是以氧化物形态存在,但在氢气氛中经高温烧结后可能被还原,由于它们不溶于 UO_2 或溶解甚微,就形成了 Fe - Ni - Cr 金属第二相. 不同批料中杂质含量有差异,金属第二相的成分也就不同,并不一定像 Bates 的结果那样,都是以 Fe 为主,并且其中也不含 U. 图 6 是经过浸蚀后的断口照片,经能谱分析,照片中箭头所指的三个颗粒,都是 Fe - Ni - Cr 金属第二相,它们都在气孔处形成.

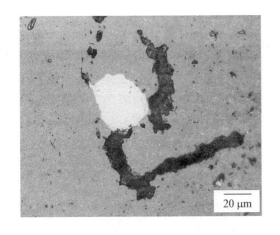

20-MAY-83 11:03:16 EDAX READY
RATE: 37CPS TIME: 100LSEC
00-20KEV:10EV/CH PRST: 100LSEC
A: B:
FS=   1752   MEM: A FS=   100
|06 |08 |10 |12 |14

C   F   N   U
R   E   I
CURSOR (KEV)=10.000   EDAX

图 4 UO_2 芯块中的金属第二相　　　图 5 金属第二相的 X 射线能谱曲线

表 1 UO_2 芯块中金属第二相的化学成分

试样编号	密度%T. D.	金属第二相成分,%			分析方法	第二相颗粒尺寸,μm
		Fe	Ni	Cr		
1	83.3	98.26	1.32	0.42	波谱仪	>20
		94.63	5.04	0.32		
2	93.4	0.67	99.21	0.11		
3		0.09	99.88	0.03	能谱仪	<3
4		38.59	60.98	0.42		
		45.15	54.85	0.00		
5	83.3	89.83	8.25	1.92		
		89.54	5.77	5.69		
6		95.34	3.35	1.30		
7		85.94	12.26	0.80		

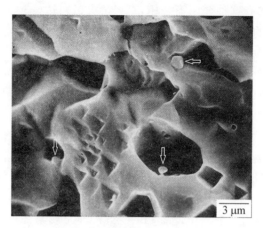

图 6　经过浸蚀后的断口

5　结束语

应用电子光学显微仪器来观察研究物质的细微结构,可以得到更丰富的信息,在该类仪器日益普及的情况下,应广泛利用.用化学抛光方法来制备透射电镜所需的 UO_2 薄膜试样,是一种比较简便的办法;而制备供扫描电镜用的样品,则比制备常规光学显微镜的试样更简单.

参 考 文 献

[1] Manley, A. J. , J. Nucl. Mat. 15(1965), 143.

[2] Manley, A. J. , J. Nucl. Mat. 27(1968), 216.

[3] Alama, A. , Lefebre, J. M. and Soullard, J. , J. Nucl. Mat. 75(1978), 145.

[4] Yust, C. S. and Roberts, J. T. A. , J. Nucl. Mat. 48(1973), 317.

[5] Bates, J. L. , BNWL-1431, 1970.

锆-2合金和18-8奥氏体不锈钢冶金结合层的研究[*]

摘　要： 应用金相、显微硬度、电子探针及 X 射线衍射等方法研究了锆-2合金和18-8奥氏体不锈钢之间的扩散结合层和爆炸结合层. 确定了结合层中各种相的成分和晶体结构. 扩散结合层中可分为四层，其中存在 α-Fe、$Zr\left(Fe\frac{5}{8}Gr\frac{3}{8}\right)_2$、$Zr_2\left(Fe\frac{3}{4}Ni\frac{1}{4}\right)$ 和 α-Zr 等相，而爆炸结合层中只发现 $Zr(FeCrNi)_2$ 相. 并讨论了扩散结合层中各组织的形成规律.

1　前言

在原子能工业中，锆合金和奥氏体不锈钢都是广泛使用的反应堆结构材料，所以常常会碰到它们之间的连接问题. 在工程中，目前采用胀接的办法. 与机械连接相比，冶金连接应该更为可靠，但是由于锆和铁、铬、镍会形成一些脆性相，因而对用热扩散或爆炸焊来实现冶金连接也提出了疑问. 这里的关键问题是结合层中形成了什么样的组织. 虽然过去对扩散结合层已有一些研究[1-5]，但到目前为止，对该层各组织的形成规律以及组成相的成分和晶体结构等了解得并不十分清楚，而爆炸结合层中相组成情况尚未见到报导. 弄清这些问题就是本研究的目的.

2　实验方法

将18-8不锈钢车成柱塞，与锆-2管成紧配合. 然后采用了两种不同的加热方式来研究不同温度加热后的扩散结合层. 第一种方法是用电子束加热紧靠锆-2管端的不锈钢处至开始熔化，试样同时旋转，加热时间不长于10 s. 这样沿试样轴向形成了温度梯度. 根据不锈钢的熔化温度以及锆同素异晶转变后引起金相组织的变化，可以判断被研究的温度范围为1 100—1 400 ℃. 另一种方法是用电阻炉加热，样品真空密封在石英管内，在预定温度下经一定时间保温后再取出空冷，加热温度范围是940—1 150 ℃.

利用电子探针对结合层中各组织作了微区域成分分析. 根据成分分析的结果，利用非自耗电弧炉配制了数种合金作晶体结构分析. 每个样品重约80 g，为保证熔炼后成分均匀，共经过三次翻转，四次熔化. 为了模拟结合层的实际冷却速度，冶炼所得的锭子未经退火而直接用于结构分析. 在冶炼及制作粉末样品过程中注意了它们的脆性程度，同时还磨成小立方体样品作了压缩强度试验. 另外还用磁性氧化铁胶体作了磁性金相观察以确定结合层中是否存在铁磁性相. 测定各组织的显微硬度时采用的负荷为20 g. 对某些成分的合金还利用直接观察的办法测定了它们的熔化温度.

对于爆炸焊接的样品，还用二次复型对结合部位作了电镜观察.

---

* 本文合作者：盛钟琦. 原发表于《核科学与工程》，1983，3(2)：153-160.

3 实验结果

3.1 扩散结合层

3.1.1 电子束加热的样品

图 1 是经过电解抛光(20%过氯酸、80%冰醋酸)后不经浸蚀而观察到的结合层,与机械抛光后用硝酸、氢氟酸水溶液浸蚀[4,5]相比,可以

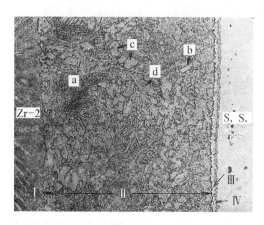

更清楚地显示出结合层中的组织. 图 2 是结合层在同一视场下的吸收电子及锆、铁、铬、镍的 X 射线的图像. 从结合层的形态可分为 Ⅰ、Ⅱ、Ⅲ、Ⅳ四层. 从Ⅱ层的形态可以判断它是由液态凝固而成,该层内部又可按形态及成分的不同而分为Ⅱ-a、Ⅱ-b、Ⅱ-c、Ⅱ-d 四种不同的组织. Ⅱ-a 有着共晶形态,在偏光下其中一相有偏光效应. Ⅱ-b 数量较少. 形状规则并有棱角,当接近熔化区时数量增多. Ⅱ-c 数量在Ⅱ层中较多. Ⅱ-d 散布在整个Ⅱ层中,但多数集中在靠近Ⅲ层的地方. 将吸收电子象和 X 射线象对照就可看出Ⅱ-a、Ⅱ-b、Ⅱ-c 中均含有铁和锆,但Ⅱ-a、Ⅱ-b 都是富铬贫镍的,而Ⅱ-c 相反,是富镍贫铬的;Ⅱ-d 中的铁、铬、镍含量都很低. 从吸收电子象看,

图 1 电子束加热样品的扩散结合层　Ⅰ. 扩散有 2%—3%铁、铬、镍的 αZr 层;
　　Ⅱ. 液相凝固层:(a) 共晶;(b) Zr(FeCr)$_2$;
　　　(c) Zr$_2$(FeNi);(d) α-Zr;
　　Ⅲ. Zr(FeCr)$_2$ 层;
　　Ⅳ. 铁素体层

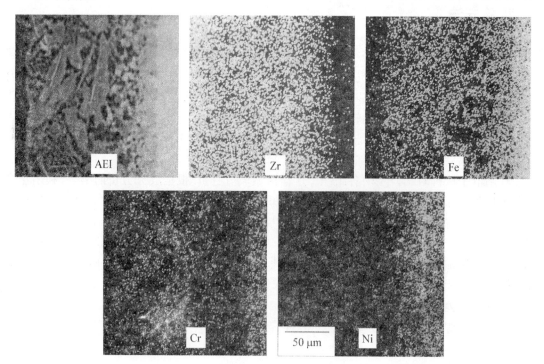

图 2　电子束加热样品扩散层的吸收电子象及锆、铁、铬、镍的 X 射线象(×225)

200

锆-2为深色,不锈钢为白色,所以深色的Ⅱ-d组织必然是富锆的,而黑白相间的Ⅱ-a组织可初步判断为一种含锆高的相和另一种含铁,铬较高的相的共晶组织.结合层中各组织的成分分析、显微硬度及相组成测定结果均列于表1中.可以看出,Ⅲ、Ⅳ两层中铬含量比不锈钢的略高.磁性金相研究表明,Ⅲ、Ⅵ两层中至少有一层为铁磁性相,而Ⅱ层中除Ⅱ-c有弱铁磁性外,其他组织都是非铁磁性的.由于Ⅲ层成分与Ⅱ-b相仿,晶体结构为ZrCr₂型的六方点阵,这是非铁磁性相,故可断定Ⅳ层为铁磁性相,从其成分可知它应为铁素体.整个结合层中不存在任何二元金属间化合物,只存在两种三元金属间化合物,从其成分可知,它们应是$Zr(FeCr)_2$(与$ZrCr_2$同晶型)和$Zr_2(FeNi)$(与Zr_2Fe或Zr_2Ni同晶型).实验表明,锡主要存在于$\alpha-Zr$中,而作为不锈钢钢中元素的锰主要存在于$Zr(FeCr)_2$中.

3.1.2 电阻炉加热的样品

分别研究了样品在940、960、980、1 020、1 150 ℃加热不同时间后的结合层.样品在940 ℃加热保温2 h后仍不能形成良好的结合层,这时扩散层很薄,在冷却时又开裂而几乎全部脱开.960 ℃加热保温80 min后,结合层中仍存在较多的裂纹,这种现象只有随加热温度的升高才逐渐得到改善.图3是1 150 ℃、1 020 ℃和960 ℃加热后结合层的金相图片,可以看出结合层也都是由四层组成,1 150 ℃加热后的结合层与电子束加热的极为相似,而960 ℃和1 020 ℃加热后Ⅱ层中的组织略有不同.

实验结果也列在表1中,随着加热温度的升高,Ⅳ层变窄,其铬含量也降低,而Ⅱ层含铬

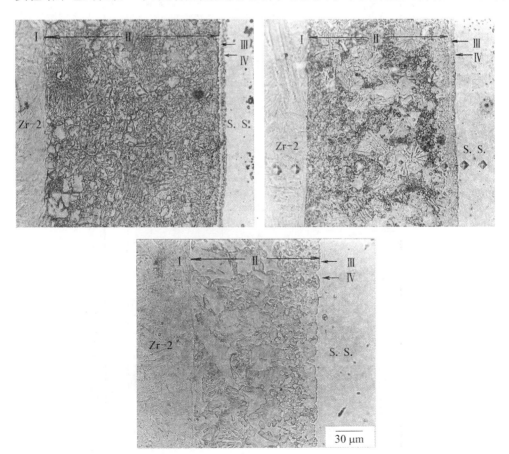

图3　不同加热温度下的扩散结合层　(×310)　(a) 1 150 ℃;(b) 1 020 ℃;(c) 960 ℃

表 1 扩散结合层中各层组织的成分、显微硬度和相组成

结合层编号		电子束加热(与1150℃加热相似) 成分(%wt)						1020℃ 成分(%wt)						960℃ 成分(%wt)						相组成*
加热温度 成分、显微硬度、相组成		Zr	Fe	Cr	Ni	Sn	Hv	Zr	Fe	Cr	Ni	Sn	Hv	Zr	Fe	Cr	Ni	Sn	Hv	
I	细	96.5	1.2	0.4	0.4	1.5	260	95.5	1.9	0.9	0.3	1.3	210	96.0	1.9	0.3	0.4	1.3	200	α-Zr
II a	粗	80.6	11.3	5.9	0.3	1.8	370	83.8	9.7	3.1	0.8	2.5	310	82.9	9.7	3.1	1.7	2.4	330	α-Zr+Zr(FeCr)$_2$
II a								82.1	11.8	0.6	2.8	2.6	220	83.6	10.0	0.9	2.9	2.4	250	α-Zr+Zr(FeNi)
II b		44.4	35.4	19.6	0.6	0	1050	47.3	31.8	20.0	0.7	0	940							Zr(FeCr)$_2$
II c		76.4	18.8	0.7	4.0	0	430	77.7	16.8	0.8	4.6	0	400	77.3	16.4	0.5	5.7	0	430	Zr$_2$(FeNi)
II d		93.3	3.1	1.1	0.5	1.9	270	94.5	2.4	0.7	0.8	1.5	220	96.0	1.3	0.5	0.7	1.4	250	α-Zr
III		42.6	32.7	22.8	1.2	0	1000	48.5	30.4	20.5	0.6	0	980	50.8	29.8	18.3	1.0	0	1070	Zr(FeCr)$_2$
IV		4.0	65.5	24.3	6.1	0		1.4	63.5	31.0	3.7	0		0.7	62.5	32.5	4.0	0		α-Fe

* 根据电子探针显微区分析结果配制合金进行结构分析而求得.

202

相的数量则随加热温度升高而增加.

3.2 爆炸焊结合层

爆炸焊接后的锆-2和18-8不锈钢焊区呈现典型的爆炸焊波浪式界面(图4),界面两侧产生了明显的塑性变形,由此造成了加工硬化,在波浪式结合线上还有不连续的熔化区,偶尔还可见到其中的缩孔或裂纹.熔化区的显微硬度为1 100 Hv,成分为49.4%Zr、36.9%Fe、9.2%Cr、3.6%Ni和0.8%Sn,相当于锆-2和18-8不锈钢以1:1的比例混合而成.金相观察熔化区呈现单相,晶体结构仍为$ZrCr_2$型的六方点阵.

用电镜观察非熔化区的结合层,可以见到有一层厚约0.4 μm的新相(图5),虽然不能直接测定它的晶体结构和成分,但从对扩散结合层的认识,可以推测这层新相可能与熔化区相同.

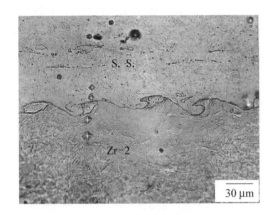

图4 爆炸结合层(×310)

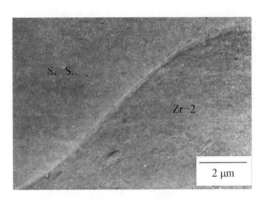

图5 爆炸结合层中非熔化区部位(×6 400)

3.3 不同成分合金组成相的晶体结构分析

为了研究锆-2和18-8不锈钢结合层中各种不同成分相的晶体结构和机械强度,利用海绵锆、纯铁、电解纯铬和电解纯镍配制了几种不同成分的合金.表2列出了它们的成分、晶体结构、压缩破碎强度和熔化温度的测定结果.在制备X光粉末样品时,除2号样品需用锉外,其他成分的样品只需敲碎成小块后放在玛瑙研钵内即可研细.尽管这些相很硬,但非常脆,并且破碎强度很低,观察熔炼冷却后的锭子,除2号外都有程度不同的裂纹,特别是1号已碎裂为数块,观察凝固冷却过程发现1号约在900℃时开裂,这可能为相变时产生的应力所致,该相在高温时为立方点阵.

直接从1 150℃加热的样品Ⅱ层中所取粉末的X射线衍射实验结果.证实它相当于α-Zr、1号和3号合金衍射线条的叠加,这也说明该层由α-Zr、Zr_2(FeNi)和Zr$(FeCr)_2$三相组成.

4 讨论

Sweeney等人[6]研究了Zr-Cr、Zr-Fe、Zr-Ni系热扩散时形成二元相的种类,显然当这四种元素同时存在时情况将变得复杂,难以用二元相图的知识来作出判断,因而Perona

等人[3]研究锆-2和18-8不锈钢在960℃扩散时,只凭探针线扫描所得各元素的X射线强度及二元相图的知识得出的结论是有问题的.Shaaban等人[4]分析结合层断口面上的X衍射线条后,认为结合层的相组成有γ-Fe、α-Fe、$ZrCr_2$及一种未知的x相.Lucuta等人[5]应用相同的方法进一步研究后,否定了x相的存在,并把结合层分为两层,一层由α-Fe、γ-Fe及$ZrCr_2$组成,另一层由α-Zr、微量β-Zr以及Zr_2Fe、Zr_2Ni、Zr-Fe-Ni等三种体心四方相组成.我们对结合层中各组织作的探针定点分析及模拟这些成分配制合金后作的X射线结构分析表明,结合层中不存在Zr_2Fe、Zr_2Ni、$ZrFe_2$、$ZrCr_2$等二元金属间化合物,只有$Zr_2(FeNi)$和$Zr(FeCr)_2$两种三元金属间化合物.Lucuta[5]认为是Zr_2Fe和Zr_2Ni相的X射线衍射线条可归于$Zr_2(FeNi)$、$Zr(FeCr)_2$等相的线条,实际上他们给出的定点成分分析结果中也不存在二元相.Jacques[2]将锆-2和18-8不锈钢在1025℃扩散时形成的结合层分为四区,但他只用探针作了成分分析,并未作X射线结构分析,更未指出各区的相组成,他定名的一、二、四区分别相当于本文的Ⅳ、Ⅲ层及Ⅱ-c组织,而第三区大致相当于靠近Ⅲ层的Ⅱ-d的组织,不过他测定的铁含量为10%,比我们的结果高得多.Lucuta[5]的实验方法和Shaaban[4]的基本相同,其金相制样方法不能清晰地显示出结合层中的组织,定点成分分析缺乏针对性,也就不可能进一步研究这些组织的组成相.由于ASTM粉末衍射卡片中还没有Zr-Fe-Cr和Zr-Fe-Ni这两种三元金属间化合物,直接从结合层断口面上所作的X射线衍射,也容易造成错误判断.他们结合层中的两层,一层相当于本文的Ⅲ、Ⅳ两层,另一层相当于本文的Ⅱ层.

表2　几种合金的成分、晶体结构、压缩破碎强度和熔化温度

| 编号 | 模拟对象 | 成分(%wt) | | | | 晶 体 结 构 | 压缩破粉强度 (MN/m²) | 开始及完全 熔化温度(℃) |
		Zr	Fe	Cr	Ni			
1	Ⅱ-b	45.0	35.0	20.0	0	$ZrCr_2$型六方Laves相 a=4.98Å c=8.16Å		
2	Ⅱ-a	82.6	11.5	5.9	0	α-Zr和合金1的共晶	$14×10^3$	1050—1095
3	Ⅱ-c	76.9	19.1	0	4.0	Zr_2Fe型体心四方点阵 a=6.54Å c=5.57Å	$9×10^2$	940—935
4	爆炸焊的 熔化区	50.0	37.0	9.0	4.0	点阵类型同1, 但晶胞尺寸略小	$3×10^3$	

下面分析扩散结合层各组织形成机理.在加热过程中,铁、铬、镍向锆-2方向扩散,在界面锆-2一侧形成富含铁、铬、镍的β-Zr,最后超过饱和固溶度而出现共晶(由二元相图[7]可知,1000℃时β-Zr可分别固溶大约4%Fe、2%Cr、1.5%Ni),这时就出现扩散层的熔化.从二元相图[7]及对Zr-Fe-Cr、Zr-Fe-Ni两种成分合金熔化温度的测定结果,都可看出富镍相的熔化温度比富铬相的低,这样铬进入液相层将提高其熔化温度,而镍、铁则相反,会降低其熔化温度.因而在较低的扩散温度下出现液相层后(在较高扩散温度下刚出现液相层时也是如此),不锈钢中铁、铬、镍进入液相层的速度是不一样的,铁、镍将比铬快,所以不锈钢一侧靠近液相层处形成了富铬贫镍层,奥氏体就转变为铁素体,同时铬还反向朝奥氏体扩散而镍继续向液相层扩散使铁素体层增厚.与上述过程同时进行的还有锆向不锈钢方向的扩散,当锆在铁素体层中达到一定含量时,就会形成$Zr(Fe,Cr)_2$相.这就是Ⅲ、Ⅳ两层形成的

原因. 随着温度升高, 锆向铁素体扩散加快, 并且铬进入液相层的量和速度也增加, 这就使铁素体层变薄, 同时铬含量也降低. 如果认为 $\alpha-Fe$ 层的出现主要是由于锆进入不锈钢后使 $\gamma-Fe$ 不稳定而转变成 $\alpha-Fe$ 的结果[4,5], 则随着加热温度的升高, 锆向不锈钢扩散加快, $\alpha-Fe$ 层也应当相应增厚, 这和 Shaaban[4] 自己的实验结果也是不符合的.

虽然 $Zr(FeCr)_2$ 相的熔化温度较高($ZrCr_2$ 和 $ZrFe_2$ 的熔点分别是 1 678 ℃和 1 647 ℃[7]), 并且成分上和液相差也相差较远, 但由于锆和铁、铬之间很强的亲和力, 所以 $Zr(FeCr)_2$ 很容易借助液相中的浓度起伏而结晶析出, 因而即使 1 020 ℃加热的样品, 在Ⅱ层中偶而也可找到 $Zr(FeCr)_2$ 相. 由于它是从液相中自由生长, 所以有棱角. 随着加热温度的升高, 液相层中铬含量增高, 因此有棱角的 $Zr(FeCr)_2$ 相的数量也增多. 在 960 ℃中加热的样品中, 从形态看Ⅱ层中也存在着有棱角的相, 但这大多是 $Zr_2(FeNi)$ 相, 这是因为 $Zr_2(FeNi)$ 的熔化温度是 985 ℃, 所以在 960 ℃时也可藉助浓度起伏析出并自由生长. 当样品在 1 150 ℃以上加热时由于液相层铬含量的增加, 冷却时在 $Zr(FeCr)_2$ 相的周围, 首先凝固的将是 $Zr+Zr(FeCr)_2$ 共晶, 随着液相中铬的贫化和镍的富集, 接着凝固的是 $Zr_2(FeNi)$ 相, 最后是 $Zr+Zr_2(FeNi)$ 共晶.

Ⅱ层中的 $\alpha-Zr$ 主要出现在靠近Ⅲ层的一侧, 这是因为和液相有很大接触表面的固态 $Zr(FeCr)_2$ 层的存在, 改变了 $Zr+Zr(FeCr)_2$ 共晶的生长方式, 从而出现了离异共晶, 共晶中的 $Zr(FeCr)_2$ 主要由Ⅲ层的长大来代替, 随着Ⅲ层的长大其前缘锆含量上升, 最后就形成了块状的 $\alpha-Zr$ 和分布于其间的小条状 $Zr(FeCr)_2$ (图6). Ⅱ层中心部分的少量块状 $\alpha-Zr$, 则可用 $Zr+Zr_2(FeNi)$ 的离异共晶来解释, 在形态上 $\alpha-Zr$ 总是被 $Zr_2(FeNi)$ 所包围 (图7). Lucuta[5] 认为扩散结合层中的块状 $\alpha-Zr$ 是残余下来的看法是缺乏实验根据的.

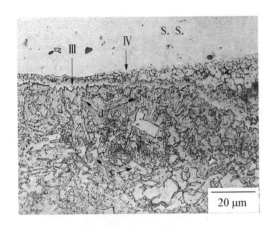

图 6　靠近Ⅲ层的 $\alpha-Zr(d)$（×620）

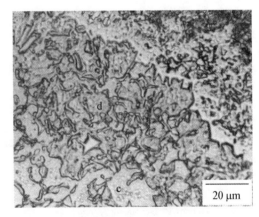

图 7　Ⅱ层中心部分的 $\alpha-Zr(d)$（×620）

从表 1 还注意到不同扩散温度下形成的Ⅱ-b 和Ⅱ-c 组织都有着相近的成分, 分别可表示为 $Zr\left(Fe\frac{5}{8}Cr\frac{3}{8}\right)_2$ 和 $Zr_2\left(Fe\frac{3}{4}Ni\frac{1}{4}\right)$. Garde[8] 指出退火锆-2 中有两种第二相, 一种含锆铁铬而贫镍, 另一种含锆、铁、镍而贫铬, 这两种第二相分别由 Kraševec[9] 和 VitiKainen[10] 用电子衍射测定了晶体结构, 但都未准确定出其成分. 它们的晶体结构与本文指出的 $Zr\left(Fe\frac{5}{8}Cr\frac{3}{8}\right)_2$ 和 $Zr_2\left(Fe\frac{3}{4}Ni\frac{1}{4}\right)$ 的相同, 很可能成分也是相似的, 只不过在形成机理上不同.

5 结论

(1) 锆-2 和 18-8 不锈钢在 960—1 400 ℃不同温度加热扩散时,结合层总是由四层组成. 靠近不锈钢侧有两层,它们分别为铁素体层和具有 $ZrCr_2$ 型六方点阵的 $Zr(FeCr)_2$ 层,靠近锆-2 侧有一层含铁、铬、镍总量 2%—3% 的 α-Zr(绝大部分铁、铬、镍与锆形成第二相析出). 这之间是一层液相凝固层,而前三层在扩散过程中始终保持为固相.

(2) 液相凝固层中包括有 $Zr(FeCr)_2$、α-Zr+$Zr(FeCr)_2$ 共晶、$Zr_2(FeNi)$、α-Zr+$Zr_2(FeNi)$ 共晶和 α-Zr 等五种组织. 随着加热温度的升高,液相层中铬含量增高,$Zr(FeCr)_2$ 及 α-Zr+$Zr(FeCr)_2$ 共晶等熔点高的组织数量增加. 在低于 1 020 ℃加热后,由于液相层中铬含量降低,凝固层主要由 $Zr_2(FeNi)$、α-Zr+$Zr_2(FeNi)$ 共晶及 α-Zr 等组织构成.

(3) 爆炸结合面上熔化区的成分相当于锆-2 和不锈钢以 1：1 混合的成分. 由于冷却很快为单相,晶体结构仍属 $ZrCr_2$ 型的六方点阵. 在结合面上非熔化区处有一层厚约 0.4 μm 的新相层,据推测它仍与熔化区的成分和晶体结构相同.

(4) 液相凝固层中除 α-Zr 外,其他组织都很脆,所以扩散结合层强度很低. 而爆炸焊由于熔区不连续,结合面上的新相层又很薄,加上结合面两侧金属是犬牙交错的. 所以具有较高的结合强度.

黄德诚同志帮助配制了不同成分的合金,梅树才、吴向东同志提供了爆炸焊样品,特此致谢.

参 考 文 献

[1] W. A. Owezarski, J. Weld, 79-S, 41(1962).

[2] F. Jacques, Rappart Saclay, CEAR-2634(1965).

[3] G. Perona, R. Sesini, W. Nicodemi, R. Zoza, J. Nucl. Mat., **18**, 278(1966).

[4] H. I. Shaaban, F. H. Hammad, J. Nucl. Mat., **71**, 227(1978).

[5] P. Gr. Lucuta, I. Pätru, F. Vasilin, J. Nucl. Mat., **99**, 154(1981).

[6] W. E. Sweeney, A. P. Batt, J. Nucl. Mat., **13**, 87(1964).

[7] Metals Handbook, 8th Edition, Vol. 8 Metallography, Structures, and Phase Diagrams, American Society for Metals (1973).

[8] A. M. Garde, J. Nucl. Mat., **80**, 201(1979).

[9] V. Kraševec, J. Nucl. Mat. **98**, 235(1981).

[10] E. Vitikainen, P. Nenomen, J. Nucl. Mat., **78**, 362(1978).

U-7.5% Nb-2.5% Zr 合金的 金相及成分均匀性研究*

摘　要：用金相、显微硬度、电子探针、扫描电镜对 U-7.5% Nb-2.5%Zr 合金的微观结构和成分均匀性进行了研究.

1　前言

铀具有独特的核性质而被应用到核反应堆及核武器方面已是众所周知的事,但作为工程结构材料,它又有屈服强度低,易氧化及尺寸不稳定等不利因素. 因而加入 Mo、Nb、Zr、Ti 等合金元素而成的二元和多元铀合金得到了广泛研究. 其中 U-7.5%Nb-2.5%Zr 三元合金具有优良的抗腐蚀性能,较高的强度,通过特殊热处理得到极细的晶粒($<$10 μm)后,还可获得超塑性[1]. 对于该合金的微观结构国外已做了较为详细的研究[2]. 但国内尚未做这方面的工作,本工作应用金相、显微硬度,电子探针,扫描电镜对该合金的微观结构和成分均匀性进行了研究.

2　样品制备

铸态的试样被车成小圆柱（Φ8 mm ）后,一组经 1 273 K 均匀退火,另一组不作处理. 两组试样经粗细砂纸依次研磨后,在 10％过氯酸＋90％冰醋酸溶液中进行电解抛光,抛光电压 20 V,时间约 30 秒,抛光后的样品再经 5％草酸水溶液电解蚀刻,蚀刻电压 2.5 V,时间在 5～10 秒内,蚀刻后表面呈棕黄色或浅紫色,若时间过长,颜色变深,样品表面氧化严重. 作为扫描电镜观察及能谱分析的样品,其面积只有前者的四分之一,电解抛光时电压应降到 15 V,否则电流密度过大,试样表面会出现麻点.

3　金相观察与分析

用光学显微镜对两组试样逐个进行了仔细观察,两组试样都有明显的亚晶结构,如图 1、2,晶粒无偏光效应,应为立方点阵的 γ^s 相结构（γ 相的体心原子稍有位移[2]）. 每一块样品上都可见到聚集成堆的夹杂物（图 1）和分散的夹杂物（图 2）,前者无偏光效应,而后者有偏光效应. 图 3a、b 是同一视场下的明场与偏光照片,在图 3a 中用箭头标出了那些有偏光效应的夹杂物.

在经过 1 273 K 均匀退火随炉冷却试样的晶界上,可观察到有第二相形成（图 1 中箭头所指处）. 图 4a、b 是同一视场下的明场和偏光照片,证明该相有偏光效应,在较高倍的电子

---

* 本文合作者：赵文金. 原发表于中国核材料学会《1985 核材料会议文集》《核科学与工程》增刊）,1985：36-40.

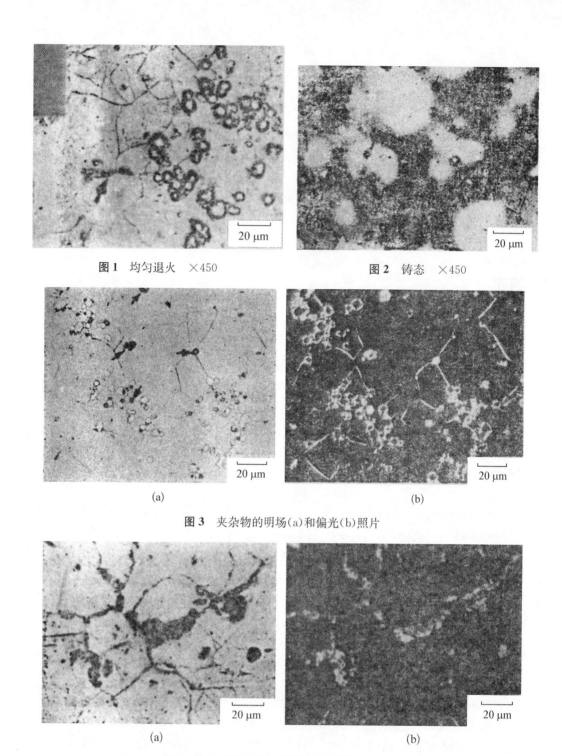

图1　均匀退火　×450

图2　铸态　×450

(a)

(b)

图3　夹杂物的明场(a)和偏光(b)照片

(a)

(b)

图4　第二相的明场(a)和偏光(b)照片　×450

扫描像中,可看到该相呈片层状结构(图5),这可能是由于该组试样在随炉冷却时,沿晶界析出的具有四方点阵结构的 γ' 相[2].如试样经均匀退火后空冷,则该相不析出.

　　比较经过电解蚀刻的两组试样.发现均匀退火后试样表面色彩均匀,而铸态试样表面的色彩有深浅差异(图2).微区成分分析的结果表明这是因为 Nb、Zr 含量的不均匀,不均匀区的中心间距为 20～40 μm.

4 电子探针及能谱分析

电子探针和能谱分析表明,铸态试样的 Nb、Zr 分布不均匀. 在金相所观察到浅色区中的 Nb、Zr 含量比深色区的高,而试样经过 1 273 K 6 小时均匀退火后,Nb、Nr 分布较为均匀. 测量结果分别列于表 1 中.

文献中曾报道过在铸态合金中 Nb 含量偏析相差 6%～9%[2] 和 3%～5%[3],但还未见到提及 Zr 的偏析. 为了消除 Nb、Zr 偏析,在 1 273 K 退火 4 小时[3] 是不够的,而 1 273 K 退火 8 小时[2] 或更长一点是必要的. 在同样条件下电解

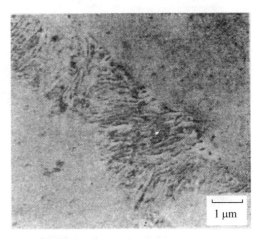

图 5 第二相的二次电子像 ×8 000

蚀刻后,Nb、Zr 含量较高的区域为浅色区,而 Nb、Zr 含量较低的区域为深色区,这种方法可用来判断 U–Nb–Zr 合金中的成分是否均匀.

表 1 Nb、Zr 合金元素偏析相差量

试样状态 \ 合金元素偏析相差量	Nb Wt%	Zr Wt%
铸 态	3.00	0.61
1 273 K 退火 2 小时	1.98	0.27
1 273 K 退火 6 小时	1.01	0.21

图 6a、b、c、d 是同一视场下成堆夹杂物的吸收电子像,Zr Lα、Nb Lα 和 UMα 的 X 射线象. 可以看出这类夹杂物中主要含 Zr,显微硬度很高(>2 000 Hv),无偏光效应. 由于原料铀中含碳量较高,在高温冶炼过程中,UC 被 Zr 还原,所以合金中的这类夹杂物应是 ZrC. ZrC 为立方点阵结构,无偏光效应. 图 7 为另一种分散有偏光效应的夹杂物的 X 光能谱曲线,这类夹杂物主要含 U 和少量的 Nb,可能属于铀的某种氧化物.

5 结论

(1) 10% 过氯酸＋90% 冰醋酸溶液可作为 U–7.5%Nb–2.5%Zr 合金的电解抛光液. 抛光电压为 20 V. 在 5% 草酸水溶液中电解蚀刻(电压 2.5 V),可显示晶界,亚晶界及 Nb,Zr 合金元素的偏析情况.

(2) 铸态与经均匀退火的试样其基体组织都是立方点阵的 γ^s 相结构. 在均匀退火随炉冷却时,会沿晶界析出四方点阵结构的 γ^0 相.

(3) 铸态试样中合金元素分布不均匀,不均匀区间的中心间距为 20～40 μm,Nb、Zr 含量的偏差分别为 3% 和 0.6%. 试样经过 1 000 ℃ 退火 6 小时,Nb、Zr 合金元素分布比较均匀,但 Nb、Zr 含量的偏差分别仍有 1% 和 0.2%.

(4) 试样中存在大量夹杂物,聚集成堆的夹杂物为 ZrC,分散的夹杂物为 U,Nb 的某种氧化物.

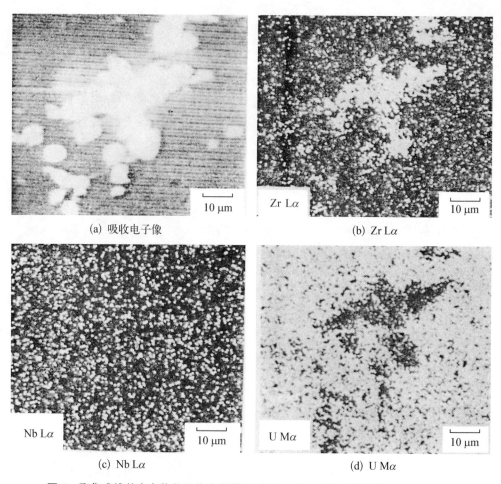

(a) 吸收电子像

(b) Zr Lα

(c) Nb Lα

(d) U Mα

图 6 聚集成堆的夹杂物的吸收电子像(a)和 Zr、Nb、U 的 X 射线像(b、c、d)×840

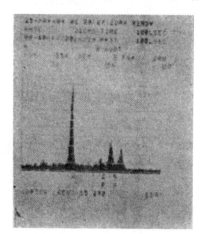

图 7 分散的夹 A 杂物的 x 光能谱曲线

参 考 文 献

［1］Jackson R. J《铀合金物理冶金》,(美国第三次陆军材料技术会议文集 1972)石琪泽,原子能出版社 P211,(1983).

［2］Dean C. W AEC Research and Development Report Y‐1694，(1969).

［3］Cabbcn J. L, Jessen N C and Lewis P. S,《铀合金物理冶金》,(美国第三次陆军材料技术会议文集 1972),石琪泽,原子能出版社,P1(1983).

The Second Phase Particles in Zircaloy-2 and Their Effects on Corrosion Behavior in Superheated Steam[*]

1 Introduction

Zirconium has very little absorption for thermal neutrons, with the result that its alloys, such as Zircaloy - 4 and Zircaloy - 2, are used as cladding and structure materials in light water nuclear reactors.

The second phase particles (SPP) in Zircaloys are complex intermetallic compounds. Besides tin, iron and chromium, there is one more element nickel containing in Zircaloy - 2, so the composition and structure of SPP in Zircaloy - 2 are more complicated than that in Zircaloy - 4. Several studies (1 - 7) have been published concerning the composition and structure of SPP in Zircaloys in recent years. Some inconsistent results published concerning SPP in Zircaloy - 2 have not been clarified so far. All these published studies have not made clear the distribution and the precipitation regularity of SPP during various heat treatments, and both factors are closely related to its corrosion resistance. The investigations of increasing burnup of fuel element have shown that a trouble of cladding corrosion behavior on water-side still exists during prolongation of dwelling periods of fuel element in reactor core. All these problems are worthy to be studied in order to maximize specific behavior of corrosion resistance in Zircaloy - 2.

2 Experimental procedure

Zircaloy - 2 tubes were used in present study. Samples, which were 60 mm in length, vaccum-sealed in silica capsules were heated to β phase (1 273 K) for 0. 5 h. Three cooling rates were adopted: furnace cooling (FC), air cooling (AC), and water quenching (WQ) (quenching the capsule into water and breaking the capsule at the same time). The AC and WQ samples were re-annealed at different temperature in α phase for 1 h. followed by AC. After heat treatment, the samples were sliced into small pieces, then grinding, double jet electrolytic polishing were employed to prepare TEM specimens. SAD technique was also

* In collaboration with Zhou Bangxin, Sheng Zhongqi. Reprinted from Progress in Metal Physical Metallurgy, Proceedings of the First Sino-Japanese Symposium on Metal Physics and Physical Metallurgy, Eds by R. R. Hasigutietal, 1986: 163 - 170.

used to identify the structure of SPP.

The weight gain measurement was not used to evaluate corrosion resistance in present study. The published studies (8) have shown that the white oxide nodules appearing on black oxide film represent the begining of oxidation transition. So the extent of forming white oxide nodules on black oxide film was employed to evaluate the corrosion resistance. After some explorative experiments had been made, autoclaving was carried out in superheated steam for 12 h. at 773 K and 12 MPa. A standardized precedure of pickling in nitric hydrofluoric acid bath was used for preparing the surface of samples before vaccum-sealing or autoclaving.

3　Results

The microstructure of furnished tube is shown in Fig. 1. The SPP are quite clear to be visible. 12 particles were chosen to make SAD, and two kinds of crystal structure were identified. 7 of 12 particles were b. c. tetragonal structure with lattice parameter of a=b=0. 65 nm, c= 0. 56 nm. According to the results published before (2,5,7), these particles were Zr_2 (Fe, Ni) intermetallic compounds. 5 of 12 particles were hexagonal structure with lattice parameter of a=0. 50 nm, c=0. 81 nm. According to the results published before (4－7), these particles were $Zr(Fe,Cr)_2$ intermetallic compounds. The microstructures of WQ and re-annealed samples

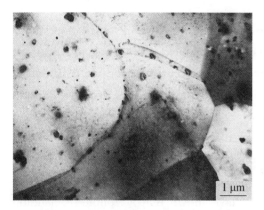

Fig. 1　Microstructure of furnished tube

are shown in Fig. 2. Martensites were formed after WQ from β phase and the SPP completely dissolved. When the quenched samples were re-annealed at 873 K for 1 h. , the SPP began to precipitate on boundaries between martensites (Fig. 2b). These particles were identified with Zr_2 (Fe, Ni). Recrystallization occured after re-annealing at 973 K and completed after re-annealing at 1 073 K. The precipitation within grains took place after re-annealing at 1 073 K for 1 h. (Fig. 2c), and became more clear when the re-annealing temperature increased (Fig. 2d). These particles were identified with $Zr (Fe,Cr)_2$. This result shows that the precipitation of Zr_2 (Fe, Ni) was earlier than that of $Zr(Fe,Cr)_2$ in Zircaloy－2. The results of microhardness measurement given in Fig. 3 also show that the precipitation hardening took place during reannealing at 1 073 K following WQ from β phase.

The microstructures of samples after AC from β phase and reannealing at 1 123 K are shown in Fig. 4. The precipitation of SPP on grain boundaries or subgrain boundaries could not be suppressed during AC, but the inside of grains was almost free from precipitation of SPP (Fig. 4a). Those particles on grain boundaries were identified with Zr_2 (Fe, Ni). The

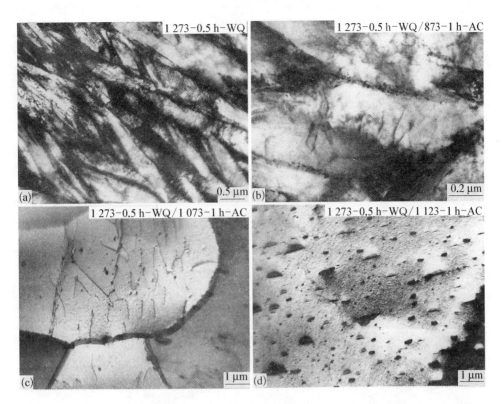

Fig. 2 Microstructures of WQ and re-annealed samples (The processes of heat treatment are marked on the upside of photos, such as"1 273—0. 5 h—WQ/1 073—1 h—AC", it means that the sample was treated by WQ from 1 273 K after heating 0. 5 h followed by AC after re-annealing at 1 073 K for 1 h.)

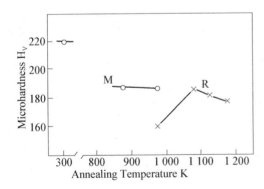

Fig. 3 Microhardness of quenched martensite (M) after re-annealing and microhardness after recrystallization (R)

regularity of precipitation of SPP within grains during re-annealing after AC from β phase was similar to that after WQ from β phase. The morphology of precipitation within grains after re-annealing at 1 123 K is shown in Fig. 4b, and it is identical with the precipitation showed in Fig. 2d.

The SPP precipitated both on grain boundaries and within grains after FC from β phase (Fig. 5a). Sometimes, eutectoid structure was also seen (Fig. 5b).

The picture of surface appearance of samples after autoclaving, which were processed with various heat treatments before autoclaving, is shown in Fig. 6. In the case of FC form β phase, a continuous white oxide film was formed on the surface. White oxide nodules

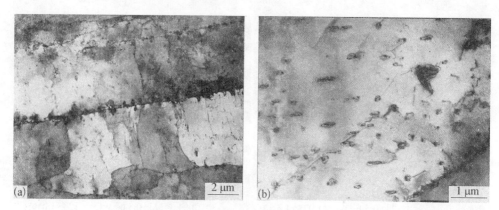

Fig. 4 Microstructures of AC and re-annealed samples

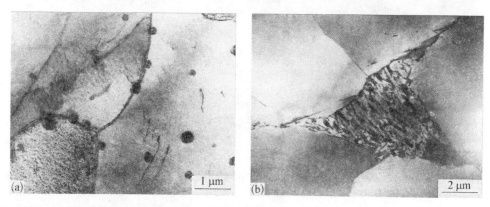

Fig. 5 Microstructures of samples after FC from 1 273 K

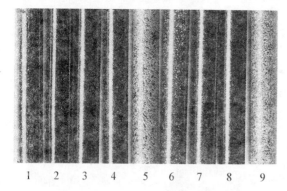

Fig. 6 Surface appearance of samples after autoclaving in superheated steam for 12 h. at 773 K and 12 MPa

1. Furnished tube.
2. 1 273 – 0. 5 h – AC/873 – 1 h – AC.
3. 1 273 – 0. 5 h – AC/973 – 1 h – AC.
4. 1 273 – 0. 5 h – AC/1 073 – 1 h – AC.
5. 1 273 – 0. 5 h – AC/1 123 – 1 h – AC.
6. 1 273 – 0. 5 h – AC/1 148 – 1 h – AC.
7. 1 273 – 0. 5 h – AC/1 173 – 1 h – AC.
8. 1 273 – 0. 5 h – AC.
9. 1 273 – 0. 5 h – FC.

appeared on the surface of furnished tube, but there were no nodules on the surface of samples treated by AC from β phase or re-annealed at the temperature below 973 K followed by AC. White oxide nodules appeared on the black oxide film of the samples treated by re-annealing at 1 073 K, and became more severe after re-annealing at 1 123 K. When the re-annealing temperature increased from 1 123 K to 1 173 K, the structure consisted of $\alpha+\beta$ phases during heating at high temperature, the corrosion resistance was renewed.

Metallographes of cross section of samples after autoclaving are shown in Fig. 7. It can be seen that the sections of white oxide nodules are lenticular in shape. The nucleation and development of white oxide nodules were studied in previous work (8). The thickness of oxide layer on the samples treated by AC from β phase followed by re-annealing at 1 123 K was about 250 μm, it almost consumed 1/3 of metal thickness of tube wall. But the thickness of oxide layer on the samples re-annealed at 973 K was only about 2 μm. The thickness of oxide layer on the samples treated by FC from β phase, and the thickness of white oxide nodules on the furnished tubes were about 100 μm.

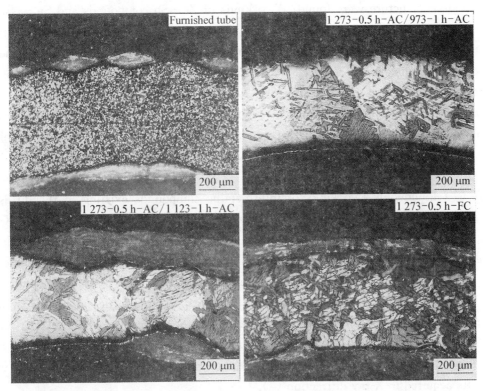

Fig. 7　Metallographes of cross section of samples after autoclaving (Polarized light)

4　Discussion and conclusion

A few studies have been published concening the structure and composition of SPP in Zircaloy-2 so far. Two kinds of particles were found in TEM and SAD observation by Vitikainen (2). One was b. c. tetragonal structure identified with Zr – Fe – Ni intermetallic compound with lattice parameter of a = b = 0. 65 nm and c = 0. 55 nm. The other was remained unidentified. But we made use of the data in Vitikainen's paper, a hexagonal structure with lattice parameter of a=0. 50 nm and c=1. 63 nm was identified. It is a kind of Laves phase of MgNi₂ type. Krasevec (4) reported that f. c. cubic and hexagonal structure of ZrCr₂ type particles were found in Zircaloy – 2. As f. c. cubic structure is a high temperature phase for ZrCr₂, he considered that different structures of ZrCr₂ type particles might be due to precipitation at different temperature. But the impurities containing in Zr – Fe – Cr intermetallic compound should be taken into account as a factor of stabilizing the f. c. cubic structure from high temperature to room temperature. Chemelle (5) analysed the SPP in Zircaloy – 2 using thin foil specimens and extraction replicas. Two kinds of particles were found. One was b. c. tetragonal $Zr_2Fe_{0.6}Ni_{0.4}$ particles and the other was hexagonal $ZrFe_{0.9}Cr_{1.1}$ particles. Kuwae (6) employed extraction replica technique to analyse the SPP in Zircaloy – 2. They found several kinds of particles existing in α-annealed and β-quenched samples. Two kinds of $Zr(Fe,Cr)_2$ particles with hexagonal and f. c. cubic structure were found; Two kinds of Zr – Sn compounds and Sn – Ni, Sn particles were also found. The results given by Kuwae are in doubt, since the solibility of tin in α zirconium above 900 K is quite large, no precipitation of Zr – Sn compounds should be observed. Greenback (9) reported that a Zr – Sn intermetallic compound segregated at the interface of oxide and metal in Zircaloy – 2 during corrosion imsuperheated steam. Zr – Sn intermetallic compounds existing in β-quenched samples, found by Kuwae, was probably due to the increase of oxygen containing in samples during heating at hight temperayure. The Zr – Fe – Ni particles missing in Kuwae's results might be dissolved during preparing the extraction replicas.

We (7) found only two kinks of intermetallic compounds existing in the diffusion bonding layer between 18/8 stainless steel and Zircaloy – 2 using EPMA and X-ray diffraction analysis. One was b. c. tetragonal $Zr_2(Fe_{3/4},Ni_{1/4})$ compound with lattic parameter of a=b=0. 654 nm and c=0. 557 nm, which is larger than the lattic parameters of Zr_2Fe(a=b=0. 645 7 nm, c=0. 554 2 nm) and of Zr_2Ni (a=b=0. 649 9 nm, c= 0. 527 0 nm). The other was hexagonal $Zr(Fe_{3/4},Cr_{3/4})_2$ with lattic parameter of a = 0. 498 nm and c=0. 816 nm, which is smaller than the lattic parameter of $ZrCr_2$ (a= 0. 507 9 nm, c=0. 827 9 nm). The results, about the lattic parameters of two kinds of SPP in Ziroaloy – 2, obtained in TEM and SAD observation in present study, accord fairly with the results acquired in X-ray diffraction (7).

A mechanism for explanation of the effect of heat treatments on corrosion behavior in Zircaloys was proposed by Urquhart (10), and further discussed by Kuwae (6). Those SPP in oxide film serve as electronic paths, and the accelerated corrosion is prevented on suitably heat-treated Zircaloy by reduction of unfavorable potential difference between metal and oxide film due to the relatively good electronic conductivety of oxide film growing during corrosion in steam (10), or the nodular corrosion is retarded as H_2 is generated at the ZrO_2 surface due to the same reason (6). So the chainlike SPP structure in Zircaloys has a good corrosion resistance in steam. But the results obtained in present study show that the samples after AC from β phase, which possessed chainlike SPP structure (Fig. 4), followed by re-annealing at different temperature in α phase produced quite different corrosion behavior (Fig. 6,7), though the distribution of chainlike SPP did not change remarkbly during re-annealing in α phase. The precipitation of $Zr(Fe,Cr)_2$ particles produces much greater impact on the corrosion behavior than the precipitation of $Zr_2(Fe,Ni)$ particles does. The reasons for explanation of this effects might be due to the further depletion of alloying elements from the matrix after the precipitation of Zr(Fe,

$Cr)_2$, or some different characteristics between Zr_2 (Fe, Ni) and Zr (Fe, Cr)$_2$ particles during oxidation process.

Reference

[1] Östberg G. , J. Nucl. Mat. 7 (1962), 103.

[2] Vitikainen E. et al, J. Nucl. Mat. 78 (1978), 362.

[3] Garde A. M. , J. Nucl. Mat. 80 (1979), 195.

[4] Krasevec V. J. Nucl. Mat. 98 (1981), 235.

[5] Chemelle P. et al, J. Nucl. Mat. 113 (1983), 58.

[6] Kuwae R. et al, J. Nucl. Mat. 119 (1983), 229.

[7] Zhou Bangxin and Sheng Zhongqi, Chinese Journal of Nuclear Science and Engineering, 3 (1983), 153. (in chinese)

[8] Zhou Bangxin, Proceeding of the Nuclear Materials Conference. Atomic Energy Press, 1980, p. 87. (in chinese)

[9] Greenbank J. C. et al, Electrochem. Tech. 4 (1966), 142.

[10] Urquhart A. W. et al, J. Electrochem. Soc. 125 (1978), 199.

钢材闪光焊时灰斑缺陷的形成机理[*]

摘　要：用金相及电子探针研究了 12Cr1MoV 在闪光焊时出现的灰斑缺陷，灰斑中存在弥散分布的氧化物夹杂，主要成分是 SiO_2 和 MnO. 认为顶锻时氧化物未排挤干净是形成灰斑的原因. 用模拟试验研究了氧化物与钢在液相反应后氧化物中成分的变化规律. 讨论了氧化物的最终成分必然是以 SiO_2 和 MnO 为主，以及影响灰斑形成的各种因素.

1　前言

用闪光焊对接两个几何形状相同的金属界面，可用于多种钢材及镍、钛、镁、铝、铜、锆等为基的合金[1]. 由于焊缝中不需充填其他成分的金属，并且为锻造组织而不是铸造组织，因而焊缝的性能与母材非常相似. 但这种焊接过程常会产生缺陷，特别是在钢材中. 从焊缝断口上可见到一种平滑区域，虽然它对屈服强度没有明显的影响，但使断裂强度有所下降，延伸率明显减小[2]. 这种缺陷在国内称灰斑[3,4]，在国外文献中称平斑（flat spot），这是指平滑断裂区完全封闭在断口断面内的缺陷；或称过烧（penetrator）. 这是指平滑断裂区延伸至自由表面的情形[2]. 对于灰斑的起因还未取得一致的看法，最早 Barrett[5]，认为是与氧化物有关的缺陷[5]，Savage 早期也倾向于这种意见[6]，后来 Savage 等[2] 研究了各种参数对闪光焊质量的影响后，认为熔化凹坑（火口）中液态金属成分的改变是这种缺陷产生的原因. 顶锻时，在较深的熔化凹坑中，液态金属被封闭而不能排挤出，成为一薄层成分不同区域. 国内对灰斑形成的原因也有不同看法[3,4]，作者曾用电子探针对灰斑中的夹杂物作过分析，主要成分是 SiO_2 和 MnO[7]. 正确认识灰斑的成因，对确定闪光焊的工艺参数，提高焊接质量是有帮助的.

2　实验方法及结果

图 1 是 12Cr1MoV 钢管闪光焊后具有灰斑的一对断口，灰斑沿径向呈辐射状分布. 为了正确认识灰斑的本质，首先应观察断裂前灰斑处的金相组织.

图 1　一对具有灰斑的断口

2.1　灰斑处的金相组织

将闪光焊接的管子沿轴向剖成条状试样，磨平表面毛刺，然后进行弯曲. 由于灰斑的存在能明显降低塑性，弯曲时在灰斑处易

---

* 本文原发表于《理化检验：物理分册》，1987，23（2）：20-23.

产生裂纹. 当表面出现裂纹后即停止弯曲, 垂直于弯曲轴磨制金相样品. 由于灰斑沿管材径向呈辐射状分布, 磨样时要尽可能使磨面与管子的中心线在同一平面内. 在磨制的三个样品中, 从裂纹的根部都可见到断续的、延伸很长的带状夹杂物. 图 2 是一处夹杂物较多的照片.

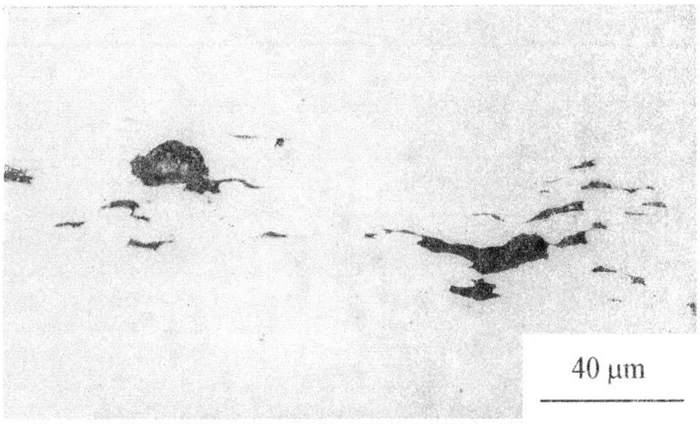

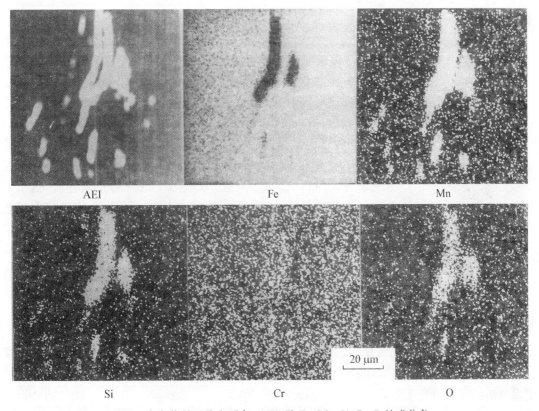

图 2　断裂前灰斑处的带状夹杂物

2.2　灰斑中夹杂物的成分

用电子探针分析夹杂物的成分, 其中主要是氧化锰和氧化硅, 其他还有氧化铁、氧化铬和氧化钒等(分析时并未发现钢中含钼). 图 3 是同一视场下夹杂物的吸收电子象以及 Fe、Mn、Si、Cr、O 的成分象. 不同试样中夹杂物的成分都是这几种, 但含量略有差别. 根据 Fe、Mn、Si、Cr、V 在高温形成氧化物时的热力学性质, 它们应分别形成 FeO、MnO、SiO_2、Cr_2O_3 和 V_2O_3. 当这些氧化物在一起时, 可能形成多相组织. 用电子探针对一个夹杂物作定量分析的结果列于表 1 中.

图 3　夹杂物的吸收电子象(AED)及 Fe、Mn、Si、Cr、O 的成分象

3　模拟实验

如果认为灰斑中夹杂物是顶锻时未被排挤干净的氧化物, 那么首先需要证明钢在熔化

表 1　氧化物的组成

钢　号	被分析的氧化物	氧化物的组成 %					
		FeO	SiO₂	MnO	Cr₂O₃	V₂O₃	Al₂O₃
12Cr1MoV	表层氧化物	93	1	1.5	3.5	1	—
	模拟试验时裹进金属中的大小不同的氧化物	68	6	3	19	4	—
		48	14	16	17	6	—
		28	18	21	22	11	—
	灰斑中的氧化物	5	49	43	2	1	—
A3	表层氧化物	97.5	0.5	1	—	—	1
	裹进金属中的氧化物	19	43	34	—	—	4
在 2 000 K 生成氧化物时自由能的变化 $\Delta G°$ 千卡·摩·O_2^{-1}		−67.94	−127.56	−110.24	−98.13	−118.91	−164.42

状态氧化后，与钢液继续反应时，其成分会从以 FeO 为主逐渐变成以 SiO₂ 和 MnO 为主的事实. 为此，将一对 12Cr1MoV 钢样和一对 A3 钢样通电起弧，在空气中熔化 2～3 秒，然后对接，分析接缝中氧化物的成分.

图 4　12Cr1MoV 钢中的氧化物

3. 1　12Cr1MoV 钢中氧化物的成分

　　图 4 是一处完全被裹进金属中的氧化物，存在多相组织. 图 5 是相应的吸收电子像及 Fe、Mn、Si、Cr、V 的成分像. Mn、Si、Cr、V 的含量都比母材中的高. 对多处氧化物作定量分析的结果表明，随着氧化物被裹进金属液滴的程度以及它的体积大小不同，Mn、Si、Cr、V 的含量有显著的差别，一般来说，氧化物的体积越小（或越薄），Mn 和 Si 的含量越高，分析结果列于表 1 中. 虽然这是分析好几处氧化物所得的结果，但从 FeO 含量逐渐减少的规律看，这正是反映了氧化物与钢在液相反应程度的不同. 氧化物中的 FeO 含量越少，说明它与钢在液相时的反应越充分. 如将分析数据按 FeO 减少的顺序作图（图 6），则可看出 SiO₂ 和 MnO 的含量随 FeO 含量的减少逐渐增加，但 Cr₂O₃ 和 V₂O₃ 的含量则有一个先增加而后减少的过程.

3. 2　A3 钢中氧化物的成分

　　图 7 是夹在焊缝中的氧化物，图 8 是相应的吸收电子像和 Fe、Mn、Si、Al 的成分像. 深色氧化物的成分以 SiO₂ 和 MnO 为主，其他还有 FeO 和 Al₂O₃. 浅色的氧化物以 FeO 为主. 定量分析结果也列于表 1 中.

3. 3　氧化物成分变化的原因

　　根据各种金属氧化物生成时的自由能变化（$\Delta G°$），可知各种氧化物的稳定程度. 表 1 中列出了 2 000 K 时一克分子氧与金属化合生成氧化物时的 $\Delta G°$[8]. 这几种氧化物稳定程度的次序是 Al₂O₃—SiO₂—V₂O₃—MnO—Cr₂O₃—FeO. 从热力学来说，Al、Si、V、Mn、Cr、Fe 等

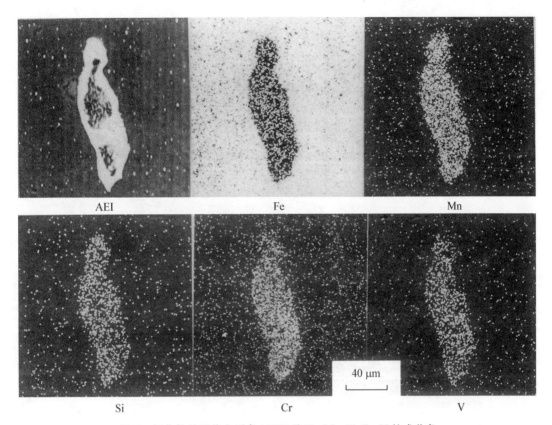

图 5 氧化物的吸收电子象(AEI)及 Fe、Mn、Si、Cr、V 的成分象

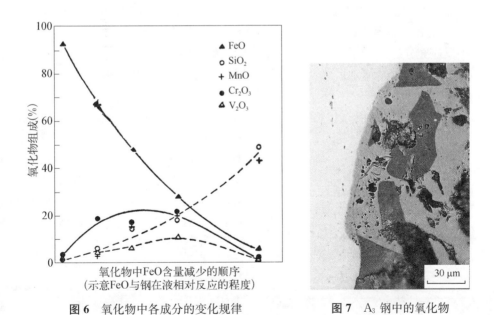

图 6 氧化物中各成分的变化规律

图 7 A₃ 钢中的氧化物

元素,可依次夺取它们后面元素氧化物中的氧,使其还原而自身氧化.这种过程除了与时间有关外,还与 FeO 和钢液两相接触界面相对于 FeO 体积之比的大小有关.

12Cr1MoV 的模拟试验反映了氧化物成分的变化规律.钢液被氧化后,最初的成分是以

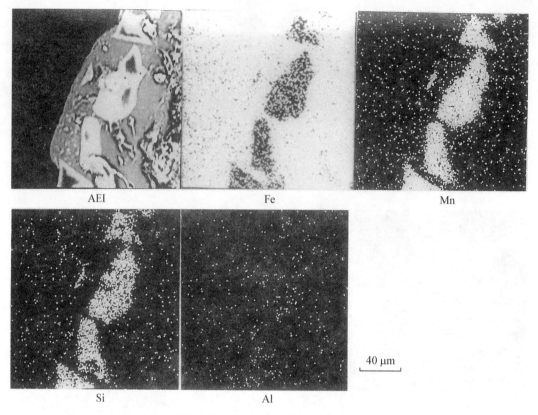

AEI   Fe   Mn

Si   Al

40 μm

图 8 氧化物的吸收电子象(AEI)及 Fe、Mn、Si、Al 的成分象

FeO 为主,而后较多的 Cr 进入氧化物中形成 Cr_2O_3,部分 FeO 被还原,这是因为钢中 Cr 含量比 V_1、Mn、Si 等都高的缘故. 接着 V_2O_3、MnO 和 SiO_2 的含量增加,FeO 和 Cr_2O_3 的含量下降. 当这种反应充分进行后,将形成以 SiO_2 和 MnO 为主要成分的氧化物. 由于氧化物中 Cr_2O_3 和 V_2O_3 的含量有一个先增加后减少的过程,在氧化物周围的钢液中可能含 Cr 和 V 较高.

碳钢中 Mn 的含量一般比 Si 高,开始时进入氧化物的 Mn 将比 Si 多,但形成 SiO_2 的 $\Delta G°$ 比形成 MnO 的低,所以氧化物中 MnO 的含量也可能有一个先增加后减少的过程,这样,在氧化物周围的钢液中,Mn 含量可能会增高. Savage[6] 曾报道在碳钢闪光焊灰斑周围,总是有马氏体,这可能就是因为 Mn 含量增加提高了淬透性的缘故. 由于碳钢常以 Al 脱氧,在钢中含有微量 Al,当液相 FeO 与钢液充分反应后,氧化物中必然会有 Al_2O_3. Haga 等[9] 研究碳钢在高频电阻焊接中产生的过烧缺陷时,也观察到缺陷中的氧化物主要是 MnO 和 SiO_2,其他还有 FeO 和 Al_2O_3. 王世亮等[10] 研究闪光焊灰斑中也存在以 SiO_2 和 MnO 为主的氧化物.

图 9 是 $FeO - SiO_2 - MnO$ 三元相图,标出了液相线和成分的关系. 当 FeO 和钢在液

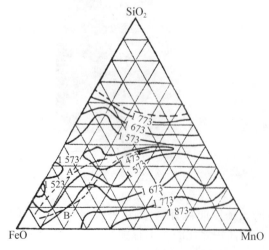

图 9 $FeO - SiO_2 - MnO$ 三元相图

相发生反应而使氧化物中 SiO_2 和 MnO 含量增加时,其成分最可能沿图 9 中的"A"箭头方向变化. 这样. 氧化物的熔点可以始终保持在较低的温度. 但钢中含 Mn 量比含 Si 量高,最初进入氧化物的 Mn 将比 Si 多,这时氧化物的成分则可能沿图 9 中的"B"箭头方向变化. 本实验及文献[9][10]对碳钢中氧化物成分的分析结果,都落在"B"箭头的后半部分.

4 结果讨论

在闪光焊顶锻时. 熔化的金属与氧化物一起被挤出. 沿工件的径向流动. 未被排挤干净残留在焊缝中的氧化物,就形成了断口上的灰斑,因而灰斑是沿径向呈辐射状分布.

氧化物在顶锻时是否容易被排挤出,主要决定于顶锻量和它的流动性. 流动性又取决于氧化物的温度和成分. 氧化物的成分与钢中合金成分及含量有关,因而钢的化学成分对产生灰斑有一定的影响[3]. 焊接端面温度高,氧化物的流动性好,易被挤出,因而用电压移相的办法降低闪光焊的电压时,或减小顶锻量时,灰斑明显增加[2].

从这种认识出发,对文献[4]中认为是矛盾的事实,也可作出合理的解释. 例如对焊钢管时"充以一定压力的氩气或氮、氢混合气进行保护,会出现大量灰斑"[4]. 在这种情况下,保护气体并不能使金属完全避免氧化,在顶锻焊合之前,保护气体从缝隙中逸出,使熔化的金属表面受到冷却,即使金属的氧化程度比不充保护气体时大大减轻,但由于氧化物的温度降低,流动性变坏,顶锻时不易排挤干净,反而会形成大量灰斑. 因而随着充气压力降低,灰斑面积出现减小的趋势[4]. 相反采用压缩空气或惰性气体中加入适量氧作为管内充气气源,接头质量完全可以保证[4],这是因为 Fe 被氧化形成 FeO,或 Si、Mn 进入 FeO 夺取氧使 FeO 还原的过程都是放热反应,氧化性气体从缝隙中逸出(只要气流速度不大),对已加热的端面不是冷却,可能温度还会升高,只要调节顶锻量,氧化物仍有可能被充分挤出. 因而灰斑大多在接头加热温度较低时出现[4].

灰斑中的氧化物并非连续分布,由于焊接母材的断裂韧性比较高,这种细小弥散分布的氧化物,除对延伸率有明显的影响外,对屈服及断裂强度的影响不大. 提高顶锻时的加速度,即使氧化物排挤不干净,也可进一步使其呈弥散分布,因而提高顶锻加速度对保证焊接质量也有帮助[2].

5 结论

(1) 钢材闪光对焊的灰斑缺陷与该处存在弥散分布的氧化物有关. 顶锻时氧化物未排挤干净是形成灰斑的原因.

(2) 氧化物的主要成分是 SiO_2 和 MnO,两者含量在 80% 以上. 这是由钢中各元素形成氧化物时的热力学性质所决定.

(3) 顶锻时氧化物是否容易被排出,决定于顶锻量和氧化物的流动性. 流动性又与氧化物的温度和成分有关. 因而焊接端面的加热温度、顶锻量、顶锻加速度及钢中合金成分等对形成灰斑都有影响.

参 考 文 献

[1] Savage W. F., Welding J. 41(1962), 227.

［2］Sullivan J. F. and Savage W. F., Welding J. 50(1971), 213 - S.

［3］东方锅炉厂,焊接,No. 2, 4, 1975.

［4］周石泉,焊接学报,2(1981), 97.

［5］Barrett J. C., Welding J. 24(1945), 25 - S.

［6］Savage W. F., Welding J. 41(1962), 109 - S.

［7］周邦新、吴国安,金属材料研究,4(1976), 475.

［8］傅崇悦,冶金溶液热力学原理与计算,冶金工业出版社,450 页,1979.

［9］Haga H., Aoki K. and Sato T., Welding J. 60(1981), 104 - S.

［10］王世亮,翟同广,苏平,胡维平,电子显微学报,3(1984), No. 4, 87.

The Mechanism for the Farmation of Flash Weld Defects (Grey Spots) in Steel

Abstract: The flash weld defects (grey spots) was investigated with techniques of metallograph and EPMA. Some dispersive oxide inclusions consisting mainly of SiO_2 and MnO existed in the grey spots. Entraped oxides which had not been thoroughly egressed from the welding interface during upsetting was considered to be the origin of "grey spot" defects, A simulated experiment was employed to investigate the reaction between oxides and steel in liqued phase and the change rule of oxide composition. The inevitability of final oxide composition consisting mainly of SiO_2 and MnO, and various effects on the formation of grey spots are also discussed in this paper.

钛和 18/8 不锈钢冶金结合层的研究[*]

摘　要：用金相、显微硬度、扫描电镜、X射线能谱及X射线衍射等方法研究了钛和 18/8 不锈钢之间的扩散结合层和爆炸结合层. 确定了结合层中各相的成分和晶体结构. 扩散结合层中分为六层, 它们是靠近不锈钢侧的 α - Fe、$Fe_{35}Cr_{13}Ni_3Ti_7$ 和 $Ti(Fe_{0.75}Cr_{0.15}Ni_{0.1})_2$ 三层和靠近 Ti 侧的 β - Ti 和含有 Fe、Cr、Ni 的 α - Ti 两层, 在这之间是一层液相凝固层, 其中又有 $Ti(Fe_{0.81}Cr_{0.13}Ni_{0.06})$ 和 β - Ti 两相. 爆炸焊熔区的成分大约相当于钛与不锈钢以 1∶1 混合而成, 其中主要的相是 $Ti(Fe_{0.75}Cr_{0.15}Ni_{0.1})_2$. 本文并讨论了各相层的形成规律.

1　前言

　　钛合金具有许多优良的性能, 但由于价格较贵, 只能用来制造一些关键的构件. 因而在工程中, 就会碰到钛合金与铜或不锈钢构件的连接问题. 由于钛与铁、铬、镍会形成一些脆性金属间化合物, 无法采用熔焊的方法, 而采用高温等静压或加热轧制等手段进行扩散焊、摩擦焊、或爆炸焊都曾有过报道[1—4]. 但到目前为止, 尚未见到研究结合层中各相的成分和结构. 而弄清这些问题可为改进焊接质量提供理论依据. 本研究的目的就在于此.

2　实验方法

　　将加工成小圆柱的 18/8 不锈钢与钻了孔的钛板紧配合, 再将该样品真空密封在石英管内, 然后放入 1 323 K 的电炉内, 保温 0.3 分钟后空冷, 从而得到热扩散焊样品. 爆炸焊样品由工厂提供. 焊接后的样品经研磨后机械抛光, 再经 20％HF＋20％HNO_3＋60％甘油蚀刻, 用光镜及扫描电镜进行观察, 并用 EDAX 对结合层中各组织进行微区成分分析. 根据分析结果, 用非自耗电弧炉熔炼了不同成分的 Fe - Cr - Ni - Ti 合金, 作为 X 射线晶体结构分析的样品. 配制合金的原料为海绵钛、工业纯铁、电解铬和电解镍. 为保证合金成分均匀, 经过反转四次熔炼. 熔炼后的样品未经退火处理, 这更接近于扩散焊结合层中各相的状态.

3　实验结果

3.1　热扩散结合层

　　图 1a 是 1 323K 下扩散结合层的光学显微镜照片, 图 1b 是扩散层靠近不锈钢一侧的扫描电镜照片, 将两者结合起来看, 可将结合层分为六层. 结合层中各组织的成分、显微硬度、

---

* 本文合作者：赵文金、黄德诚. 原发表于《金属科学与工艺》, 1987, 6(4)：26 - 32.

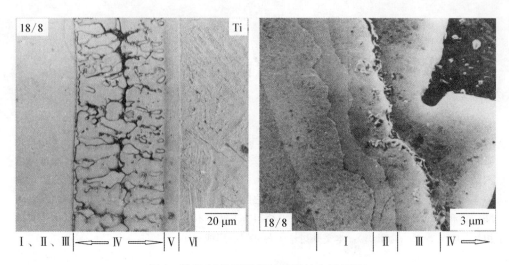

图1 钛和18/8不锈钢的扩散结合层组织

相组成和从配制的合金中测得的晶体结构都列于表1中. 实验表明，Ⅰ层中含铬量高于18/8不锈钢，其中钛含量随着向不锈钢方向延伸而不断减少，在 6～8 μm 处趋于正常值. 由于钛和铬均为稳定铁素体的元素，所以1层为 α-Fe. Ⅱ层中钛的含量比Ⅰ层中的高三倍，而铬含量比Ⅰ层中要低些. 经 X 射线结构分析证明这是一种晶体结构属于 α-Mn 型的 Fe-Cr-Ni-Ti 金属间化合物，根据其成分可写成 $Fe_{35}Cr_{13}Ni_3Ti_7$. 从Ⅲ层的成分和结构分析可知，它是六方结构的 $Ti(Fe_{0.75}Cr_{0.15}Ni_{0.1})_2$ 相，在测量误差范围内，其点阵常数与 $TiFe_2$ 一致，应是 $MgZn_2$ 型的 Laves 相. 该相虽然很硬，但极脆，该成分的合金铸锭在冷却过程中就发生开

表1 扩散焊结合层中各层组织的成分、显微硬度、相组成和晶体结构

结合层编号	扩散温度 元素含量wt%	1 323 K				显微 硬度 Hv	相组成	晶体结构及 点阵常数 (nm)	备 注
		Ti	Cr	Fe	Ni				
Ⅰ		3.21	24.24	67.37	5.18	370	α-Fe	体心立方 a=0.2876	
Ⅱ		10.40	22.01	61.70	5.89	910	$Fe_{35}Cr_{13}$ Ni_3Ti_7	体心立方 α-Mn 型 a=0.8905	
Ⅲ		31.05	9.65	52.17	7.13	1 080	$Ti(Fe_{0.75}$ $Cr_{0.15}Ni_{0.1})_2$	六方 $MgZn_2$ 型 a=0.478 c=0.780	$TiFe_2$ a=0.4785 c=0.7799
Ⅳ	a	46.16	6.43	43.96	3.45	740	$Ti(Fe_{0.81}$ $Cr_{0.13}Ni_{0.06})$	体心立方 a=0.2999	FeTi a=0.2976 NiTi a=0.2998
	b	69.07	7.35	21.18	2.40	570	β-Ti	体心立方 a=0.3138	
Ⅴ		82.03	5.99	10.66	1.32	450	β-Ti	体心立方 a=0.3210	含量为层内 平均值
Ⅵ		93.45	0.54	5.65	0.35	360	α-Ti	密排六方	在距离Ⅴ层约 12 μm 处测量 的结果

裂. 从图 1a 中可以看出，Ⅳ层的形态完全是由液态凝固而成，有的地方还可见到裂纹. 该层又可按其形态和成分的不同而分为Ⅳ-a，Ⅳ-b 两相. Ⅳ-a 呈岛屿状，从成分和结构的分析结果可知，它是 $Ti(Fe_{0.81}Cr_{0.13}Ni_{0.06})$ 相，体心立方结构，在测量误差范围内，其点阵常数与 TiNi 一致. Ⅳ-b 是体心立方结构的 β-Ti. 这两相都很脆. Ⅴ层是在热扩散中始终处于固态的相层，含 Fe、Cr、Ni 总量达 18%，为体心立方晶体结构，是被 Fe、Cr、Ni 稳定下来的 β-Ti. 第Ⅵ层与 Ti 原材之间没有明确的界线，含 Fe、Cr、Ni 总量超过 6% 的区域约 50 μm 厚，由于所含 Fe、Cr、Ni 还不足以将 β-Ti 稳定到室温，所以仍然是 α-Ti. 图 2a、2b、2c 分别为Ⅱ、Ⅲ、Ⅳ-a 层化合物的 X 射线能谱曲线.

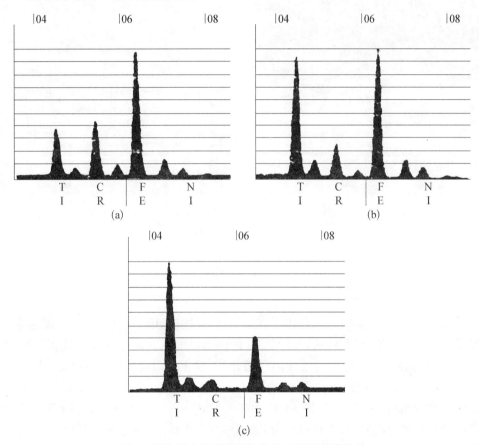

图 2　结合层中金属间化合物的 X 射线能谱曲线

直接从热扩散样品的凝固层（Ⅳ层）中取样作结构分析的结果，与按照Ⅳ-a、Ⅳ-b 成分配制合金的结构分析结果完全一致.

3.2　爆炸焊结合层

图 3 是爆炸焊结合层的扫描电镜照片，爆炸焊的结合层呈波浪形界面，界面两侧产生了明显的塑性变形，在结合界面上有不连续的熔化区. 由于 Ti 和 Fe、Cr、Ni 的二次电子产额不同，在二次电子象中，含 Ti 高的区域更暗一些，因而可以看出熔化区中的成分分布不均匀，并勾画出了爆炸焊时产生的旋涡，有的还有裂纹. 熔化区的显微硬度较高（ Hv = 990），与热扩散结合层中Ⅲ层的硬度相似. 因此，其主要相是 $Ti(Fe_{0.73}Cr_{0.15}Ni_{0.1})_2$. 其中较暗的地区则应是 β-Ti 或 α-Ti. 熔化区的平均成分为 Ti50.8wt%，Fe34.0wt%，Cr10.6wt%，

Ni4.6wt%,相当于钛和不锈钢以 1∶1 的比例混合而成.

将爆炸焊的样品(钛和不锈钢各厚 1.2 mm)切成 10 mm 宽的小试样后,用辊径为 80 mm 的小轧机在室温下轧制,当压下量达到 75%,试样伸长到 330% 后,界面也未脱开,说明爆炸焊的结合强度相当高,能够承受 Ti 和 18/8 不锈钢间塑性及加工硬化的差别. 图 4 是轧制后从纵截面观察到的组织. 结合面上未见到裂纹. 熔区作为硬的质点,在轧制变形过程中与周围基体也能协调.

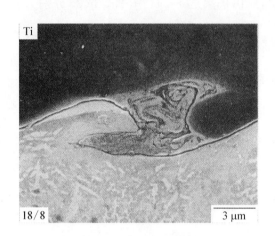 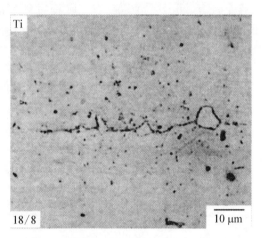

图 3 钛和 18/8 不锈钢爆炸焊的结合界面(扫描电镜)   **图 4** 钛和 18/8 不锈钢爆炸焊的样品经 75% 冷轧后的结合界面(光镜)

4 讨论

热扩散结合层中各相的形成,是由于在加热过程中 Fe、Cr、Ni 和 Ti 以不同速率相互扩散的结果. Fe、Cr、Ni 加入到 Ti 后,可降低 Ti 的熔点. 因此,在高于共晶温度扩散时,当 Fe、Cr、Ni 在 Ti 中浓度达到一定值时就会出现熔化层. 从 Fe-Ti、Ni-Ti 和 Cr-Ti 的二元相图[5]可以看出,$TiFe-Ti$、Ti_2Ni-Ti 的共晶温度分别为 1 359 K,1 016 K. 而 Cr-Ti 出现溶化的最低温度为 1 673 K. Fe、Cr、Ni 向 Ti 中扩散时,Fe、Ni 进入液相将比 Cr 进入液相层会更强烈地降低其熔化温度. 因而可以推断,液相层一旦形成后,不锈钢中 Fe、Cr、Ni 进入液相层的速度将会不同,Fe、Ni 将比 Cr 快,所以在不锈钢一侧靠近液相层处形成了高 Cr 层,而且 Cr 还会向奥氏体内扩散,同时 Ti 也向不锈钢内扩散,由于 Ti 和 Cr 都是稳定铁素体的元素,所以原来的 γ-Fe 转变成 α-Fe. 当 Ti 在铁素体层中达到一定含量时,就会形成 $Fe_{35}Cr_{13}Ni_3Ti_7$ 和 $Ti(Fe_{0.75}Cr_{0.15}Ni_{0.1})_2$ 相层. $Fe_{35}Cr_{13}Ni_3Ti_7$ 相在含 Cr、Ni、Ti 的钢中首先被发现[6],只是点阵常数(a = 0.883 8 nm)比本实验的测定值略低. 因与 $Fe_{36}Cr_{12}Mo_{10}\chi$ 相的晶体结构相同和点阵常数相近,也被命名为 χ 相. 这种规律与本文作者之一在研究 Zr 和 18/8 不锈钢扩散结合层时观察到的现象相似[7],Ⅳ层中 Ti 的平均含量约为 60at%,因为扩散所形成的溶化层偏向 Ti 侧. 在 Van Loo 等[8]研究 Ti—Fe—Ni 三元相时所配制的一个与本实验熔区成分相近的 $Ti_{36.7}Ni_{34}Fe_{29.3}$ 合金中,除了观察到 Ti(Fe、Ni)、β-Ti 相外,还有 Ti_2Ni. 而本实验只观察到 $Ti(Fe_{0.81}Cr_{0.13}Ni_{0.06})$ 和 β-Ti 两相,并未发现这种具有复杂面心立方结构的 Ti_2Ni 相. 除此之外,在加热过程中由于 Fe、Ni、Cr 不断向 Ti 区扩散,Fe、Cr、Ni 含量增加,稳定了 β-Ti 而形成第 V 层. 由于 Fe、Cr、Ni 含量随着向 α-Ti 方向延伸而逐渐减少,其 Fe、Cr、Ni 含量不足以将 β-Ti 稳定到室温,而成为含有 Fe、Cr、Ni 的 α-Ti 第 VI 层. 在冷却时其中过量的 Fe、Cr、Ni 将与 Ti 形成第二相析出. 考虑到 Ti 与 Fe、Cr、Ni 四元共存时出现的最低共晶温度将低于 Ti 与其任一组元组成的二元合金的共晶温度,因此,Ti 与 18/8 不锈钢的热扩散温度至少要低于 1 173 K 时才不会形成液相层. 只有这样才可能避免形成连续的脆性相层.

Arata 等[3]研究了钛和碳钢间的加压热扩散焊. 在 1 073 K—1 173 K 加压 2 MPa,保持 20 分钟后可得到较好的结果. 拉力强度可达 285—294 MPa. 当温度提高到 1 273 K 后,结合强度急剧下降. Chen[2]研究了钛和不锈钢在高温等静压下的扩散结合. 在 1 033—1 144 K、60—103 MPa 压力下,经 0.5—1 小时可得到最佳的扩散结合. 结合后的试样在 580—811 K 进行轧制也不开裂,这时的扩散深度不超过 10 μm. 由本实验结果及二元相图推测可知,在 Arata 和 Chen 给出的温度范围内,结合层间都没有出现熔化层. 在爆炸焊结合层中,虽然存在熔化区,但尺寸较小(<10 μm),并且是不连续分布. 结合层的其余地方发生了扩散. 从研究其他异种金属间的爆炸焊结合层可知[9,10],扩散深度约为 10^{-1} μm. 由于扩散过程是在爆炸焊瞬间完成,结合界面处被急速加热后又被急速冷却,因此扩散层中晶粒极细(10^{-1} μm),并可能存在某些亚稳相,因而大大改善了机械性能,即使在室温轧制,压下量达到 75% 时界面也未脱开. 因而曾报道过爆炸焊的剪切强度可达 294—392 MPa,而通过热轧而形成的扩散焊只有 98—127 MPa[1].

5 结论

(1) 钛和不锈钢在 1 323 K 下进行热扩散时,其结合层是由六层组成. 靠不锈钢区域有三层,它们分别为铁素体层、αMn 型的 $Fe_{35}Cr_{13}Ni_3Ti_7$ 和 $MgZn_2$ 型六方点阵的 $Ti(Fe_{0.75}Cr_{0.15}Ni_{0.1})_2$ 相层;靠近 Ti 侧有两层,分别为含有 Fe、Cr、Ni 的 α-Ti 层和被 Fe、Cr、Ni 稳定的 β-Ti 层. 这五层在热扩散过程中为固相,在这其间的一层是液相凝固层.

(2) 液相凝固层由 $Ti(Fe_{0.81}Cr_{0.13}Ni_{0.06})$ 和 β-Ti 两相组成.

(3) 爆炸焊结合层中熔化区的成分大约相当于钛和不锈钢以 1:1 混合而成,其中主要相是 $Ti(Fe_{0.75}Cr_{0.15}Ni_{0.1})_2$,极硬而脆.

(4) 热扩散结合层中 $Ti(Fe_{0.81}Cr_{0.13}Ni_{0.06})$、$Ti(Fe_{0.75}Cr_{0.15}Ni_{0.1})_2$ 两相组织都很脆,整个脆性相连续分布,所以结合强度低. 而爆炸焊熔区虽然脆,但熔区小且不连续,其余的结合层犬牙交错,所以具有较高的结合强度.

(5) Ti 和 18/8 不锈钢爆炸焊的样品可以在室温下轧制,即使压下量达到 75% 后,结合面也未脱开.

爆炸焊试样由关向东、梅树才同志提供,作者深表感谢.

参 考 文 献

[1]上海市工农教育"焊接工艺基础"编写组,焊接工艺基础,上海科技出版社 1979,298.

[2]C. C., Chen Titanium 80, Vol.4. [proc. couf] Kyoto, Japan, May 1980,2379.

[3]Y. Arata, K. Terai, S. Matsuda, T. Nagai, and T. yamada, Trans Japan Welding Soc, 4(1973),(No.1),96.

［4］A. Hasui and Y. Kira, Trans, Japan welding Soc. ,16(1985),(No. 1),64.

［5］C. J. Smithells, Metals Reference Book 5th Edition,1976.

［6］H. Hughesand C. T. Llewelyn, J. Iron and Steel Inst. , 192(1959),170.

［7］周邦新,盛钟琦,核工程与科学,3(1983),153.

［8］F. J. Van Loo et al. , J. Less Common Met. ,77(1981),121.

［9］周邦新,盛钟琦,电子显微学报,3(1984),No. 4,85.

［10］周邦新,彭峰,铜/碳钢和黄铜/不锈钢两对金属爆炸焊结合层的电子显微镜研究,电子显微术在材料中的应用学术交流会,1985 年 9 月,贵阳.

An Investigation of the Metallurgical Bonding
Zone between Titanium and 18/8 Stainless Steel

Abstract: The diffusion bonding zone and explosive bonding zone between titanium and 18/8 stainless steel have been investigated by optical microscopy, microhardness, SEM, EDAX, and x-ray diffraction, and the composition of different phase and their crystal structures in the diffusion bonding zone have been determined. The diffusion bonding zone is composed of six layers. They are three layers near the side of stainless steel named $\alpha - Fe$, $Fe_{35}Cr_{13}Ni_3Ti_7$ and $Ti(Fe_{0.75}Cr_{0.13}Ni_{0.1})_2$, two layers near the side of titanium named $\beta - Ti$ and $\alpha - Ti$ containing Fe, Cr and Ni, and one solidified layer containing Ti ($Fe_{0.81}Cr_{0.13}Ni_{0.06}$) and $\beta - Ti$ two phases between the above-men tioned two groups of layers. The composition of the explosive weld zone is a mixture of titanium and stainless steel about in the ratio of one to one among which the main phase is Ti ($Fe_{0.75}Cr_{0.15}Ni_{0.1})_2$. This paper also discusses the generation laws of each phase layer in the metallurgical bonding zone.

Zr - 4 板材拉伸性能的研究*

摘　要：研究了变形温度(室温—773 K)、晶粒大小对 Zr - 4 板机械性能的影响. 观察了拉伸后的组织随变形温度及变形量的变化后,认为在 673 K 拉伸时延伸率最低,是由于动态回复造成变形集中在缩颈区的结果. 强度随晶粒减小而增加,但 $\sigma - d^{-\frac{1}{2}}$ 之间不符合 Hall - Petch 关系式,这可能与板材中存在织构有关.

1　引言

由于锆的热中子吸收截面小,锆合金在高温下有足够的强度和耐腐蚀性能,因而,在核反应堆中广泛用作燃料元件包壳材料和燃料组件的某些结构材料. 研究 Zr - 4 合金在不同温度下机械性能的变化规律,以及微观组织和晶粒大小对其力学性能的影响,对于了解它在反应堆服役期间的行为有着重要意义,并可为设计提供依据.

2　实验条件及试样

本实验所用的材料是经 848 K - 1 h 退火的 Zr - 4 板材,厚度为 0.4 mm. 试样的拉伸方向垂直于轧制方向,标距为 25 mm,宽 6 mm. 试验在 WD - 10 型电子万能试验机上的真空高温炉中进行. 用差动变压器式引伸计测定应变,应变速率在室温时为 3×10^{-4}/秒,高温时为 6×10^{-4}/秒. 试样加热到预定温度以后保温 15 分钟再进行拉伸,标距内的温度梯度不大于 3 ℃,力值用传感器输出,在 PZ8 数字电压表上显示,在 $X-Y$ 记录仪上画出力值与形变曲线,拉伸前后的试样都用透射电镜进行显微组织的观察分析.

3　实验结果及讨论

3.1　温度对拉伸强度和塑性的影响

本实验所用的 Zr - 4 板材试样晶粒细小,平均晶粒直径为 5 μm,未发生再结晶的区域约占 10% 左右(见图 1),848 K 温度下退火为不完全再结晶退火.

图 2、图 3 是 Zr - 4 板材在不同温度下实验获得的断裂强度(σ_b)、屈服强度($\sigma_{0.2}$)、延伸率(δ%)和断面收缩率 ψ% 各值. 从图中的关系曲线看出:随着实验温度的增高其强度下降,断面收缩率却随温度增高而上升,但延伸率并非都是上升,在 673 K 左右有一个最低点. 从图 4 断裂试样照片可以看到,在 673 K 温度拉伸断裂变形最不均匀,集中在缩颈部位. 这种现象

* 本文合作者：马继梅、杨敏华、张琴娣. 原发表于《核动力工程》,1988,9(4)：64 - 68.

在文献中也有过记载[1]，但未作解释，对应延伸率最低点的温度也稍有不同，为 744 K. 我们用透射电镜对经过 623 K、673 K、773 K 三种不同温度下拉伸断裂后的试样进行了观察，从图 5 看出，当形变量较小时（$\psi=13\%—18\%$），只有在 773 K 温度拉伸的试样形变后的组织才发生了明显的回复，形成亚晶. 在形变量较大时（$\psi=51\%—68\%$），除了在 773 K 拉伸的试样外，在 673 K 拉伸的试样中也发生了明显的回复，形成了亚晶组织，但在 623 K 温度拉伸的试样中则没有. 变形后的回复过程不仅与温度有关，而且与形变有关，试样在 673 K 拉伸时，当缩颈部位的变形量增加到一定程度时，发生了回复过程，回复后产生了软化，这有利于在该处进一步形变，直至断裂. 因此，这种材料在 673 K 拉伸时表现出的延伸率下降，是由于动态回复引起的变形不均匀的结果. 细晶 Zr - 4 板材拉伸时，具有明显的上下屈服现象，随着温度的升高，上、下屈服之差值越小（图 6），这种屈服为均匀屈服，将电解抛光后的试样进行拉伸时，从试样表面未见到 lüders 带的传播.

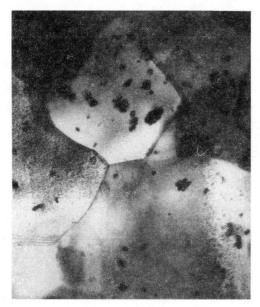

图 1　Zr - 4 板材拉伸前的晶粒组织，×10 K

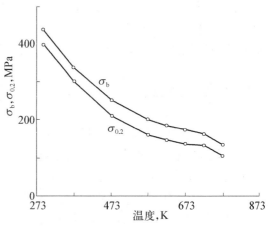

图 2　温度对 Zr - 4 板拉伸强度和屈服强度的影响

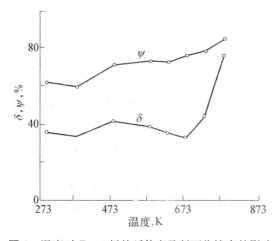

图 3　温度对 Zr - 4 板的延伸率及断面收缩的影响

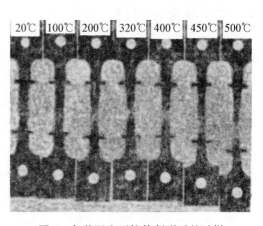

图 4　各种温度下拉伸断裂后的试样

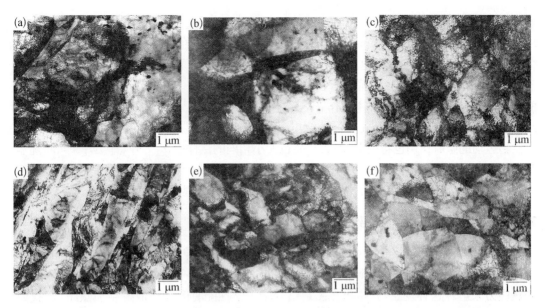

图5 Zr-4板在三种温度下经不同拉伸形变后的显微组织 （a）—623 K，$\psi=16\%$；（b）—773 K，$\psi=$ 18%；（c）—673 K，$\psi=13\%$；（d）—623 K，$\psi=52\%$；（e）—673 K，$\psi=54\%$；（f）—773 K，$\psi=50\%$.

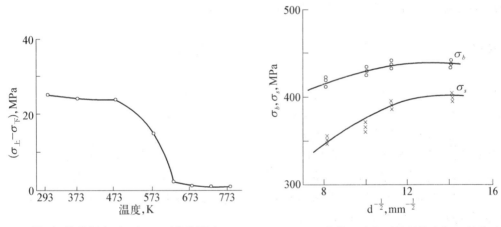

图6 拉伸温度对σ上-σ下值的影响　　　**图7** 室温下拉伸强度与平均晶粒直径 d 的关系

3.2　晶粒大小对拉伸强度的影响

　　试样在α相区内径过不同温度、不同时间退火后，得到了晶粒平均直径变化在5—15 μm 的样品，在室温下进行拉伸后，测出拉伸强度及屈服强度随晶粒大小的变化关系如图7所示. 晶粒直径大于 8 μm 后，拉伸时不再出现上、下屈服点. 拉伸强度和屈服强度随晶粒减小而增加，但是，变化规律并不符合 Hall-Petch 公式，$\sigma-d^{-\frac{1}{2}}$ 不是直线关系，这可能与材料存在织构有关.

　　Edmond[2]等曾首先报道了观察到 Zr-2 合金拉伸时的不连续屈服现象，并指出垂直于轧向取样拉伸的结果比平行于轧向取样的更明显. 当晶粒平均直径大于 15 μm 后或在温度低于 195 K 拉伸时就不再出现不连续的上、下屈服现象. 该现象还与氢含量有关. 尽管锆合金拉伸时的不连续屈服现象与体心立方多晶 α 铁中的有许多不同之处，但晶界对位错运动的阻碍作用，仍然是出现不连续屈服现象的主要因素[3]. 在变形初期，位错运动受晶界阻挡，塞积在晶界附近,在位错塞积的前端产生了应力场,该应力随位错塞积数目的增多而增加,当应力增大到能使大量位错增殖时,就出现了上屈服现象,因为在恒速拉伸时,大量位错的增殖,将意味着位错运动速度下降,也就是位错受到的有效应力下降. 由于位错塞积前端应力正比于塞积位错的数目,即正比于晶粒直径,因而,在变形初期,滑移由一个晶粒向另一个晶粒传播的特性,将受晶粒大小的影响. 本文作者之一曾提出一种观点[3],认为滑移穿过晶界的传播,因晶粒细小而不能连续进行,形成屈服晶粒集团时,就出现上屈服现象. 温度升高,晶界变弱,它对位错运动的阻碍作用也将削弱,因而在晶粒大小相同的试样中,$\sigma_{上} - \sigma_{下}$(即 $\Delta\sigma_{上-下}$),将随温度升高而减小. 实验观察到 $\Delta\sigma_{上-下}$ 在 573 K 附近有一个突变(图6),这表明晶界特性在该处温度附近有一个突变,而在强度(σ_b,$\sigma_{0.2}$)随温度变化的曲线中(图2)观察不到这种现象.

3.3 加热保温时间对拉伸强度的影响

Talia 等曾报道,当 Zr-4 合金在温度 579 K、674 K 拉伸时,由于保温时间不同(5—100分钟),屈服强度($\sigma_{0.2}$)呈不规则的波动,最大波动值为 $\pm20\%$,它用热膨胀各向异性所引起的热应力来解释这种现象,并指出在测定锆合金力学性能时应仔细地控制加热条件. 我们重复了这一实验,在温度 673 K 时改变保温时间(15、30、50、80、120分钟)进行拉伸试验,试验结果并不像 Talia 所报道的那样,屈服强度的波动值在 $\pm2.7\%$ 之内,属于正常范围. 从 Talia 给出的 σ-ε 曲线来看,很像是材质不均匀所致.

4 结论

(1) 细晶粒 Zr-4 板的拉伸强度和屈服强度随着温度的升高而下降;断面收缩率随着温度的升高而增大;但延伸率并非单调变化,在 673 K 拉伸时,有一个最小值,这是因动态回复引起局部软化,使形变集中在缩颈部位之故.

(2) 退火后细晶粒 Zr-4 板在拉伸形变时有明显的上、下屈服点,这属于均匀屈服,形变过程中在试样表面未见到 lüders 带传播. 当晶粒大于 8 μm 后,上、下屈服点消失.

(3) 室温拉伸强度与屈服强度随晶粒减小而提高,但这种变化不符合 Hall-Petch 公式. 可能与板材中存在的织构有关.

参考文献

[1] Talia J. E. and Povah F., *J. Nucl. Mat.*, **67** (1—2), 198 (1977).

[2] Edmonds D. V. and Beever C. J., *J. Nucl. Mat.*, (28), 345 (1968).

[3] 周邦新,金属学报,(19),A31 (1983).

Tensile Preperties of Zircaloy-4 Plates

Abstract: The effect of temperature (R. T—773 K) and grain size on tensile properties in Zircaloy-4 plates was investigated. The microstructure in various specimens was also studied after tensile test at different temperature and different amount of deformation. It has been considered that the minimum elongation at 673 K is due to the dynamic recovery which leads the deformation concentrated in the nech area. Strength increases with decrease of grain size, but σ-$d^{-\frac{1}{2}}$ is not consistent with Holl-Petch equation, this may be responded by texture.

锆-4合金渗氢方法的研究*

摘　要：为了备制不同含氢量(50—1 000 ppm)的锆-4合金拉伸试样,研究了气体和电解渗氢方法.实验表明：电解渗氢比较容易控制,也不会破坏材料的原始组织.

1　引言

在反应堆运行过程中,锆合金表面与高温水反应,将生成氧化锆膜,同时放出氢气,部分氢被锆合金吸收.在元件寿期内,锆包壳将吸收 100—250 ppm 的氢[1],随着燃料的燃耗增加,元件在堆内停留时间增长,吸氢量还会增加.在室温下,氢在锆中的固溶度很低,在运行温度时(593—623 K)也只有 120 ppm 左右,其余的氢都以氢化锆形态存在.

氢化锆是一种很脆的相,由于它的析出,将使锆-4合金的强度和塑性降低.许多学者曾对氢化锆在锆合金中的分布、取向和含量对机械性能的影响做了研究,毛培德对国外这方面的工作做了调研综述[2].为了进一步了解不同含氢量对锆-4合金机械性能的影响,首先必须得到不同氢含量的试样,并在渗氢过程中不改变原来试样的组织结构.Hindle 等[3]最早报道了用电解渗氢法对锆试样渗氢,并为后人所采用,他们将电解液保持在 363 K 渗氢 16 h,然后在 673 K 下进行 70 h 均匀化退火.由于电解液温度较高,为了将酸蒸气冷凝回收,装置比较复杂,时间很长.本文叙述了对锆-4合金用两种较简便的方法进行渗氢的研究结果.

2　实验过程

锆在加热以后对氢气有强烈的吸收作用,当试样表面有氧化膜时,会延迟和阻止这种过程.因此,试样在渗氢前必须进行酸洗,以得到光亮无氧化膜的表面.酸洗液由 $45\% H_2O + 45\% HNO_3 + 10\% HF$ 组成.酸洗后的试样再经过清水冲洗、吹干、称重待用.

本实验采用两种方法：气体渗氢和电解渗氢.高压釜渗氢在此不适用,因为高压釜渗氢过程中表面形成的氧化膜会影响机械性能.

2.1　气体渗氢

气体渗氢装置如图 1.将准备好的试样放入炉管,抽真空达 7×10^{-3} Pa 后升温至 773 K.将纯氢

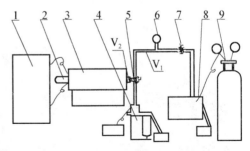

1—控温器；2—炉管；3—电热炉；
4—真空系统；5—三通阀；6—压力表；
7—二通阀；8—氢气纯化器；9—氢气瓶.

图 1　气体渗氢装置示意图

* 本文合作者：张琴娣、杨敏华.原发表于《核动力工程》,1988,9(1)：43-48.

充入 V_1 段,关闭阀 7,然后打开阀 5,使纯氢由 V_1 段充入炉管 V_2 段,关上阀 5.在 773 K 下保温 6 h,使氢气被试样充分吸收并扩散均匀,样品随炉冷却到室温.

本方法是利用控制充入氢气压力来改变试样渗氢后的氢含量.

2.2　电解渗氢

电解渗氢也称阴极充氢,在室温下进行.试样在酸洗后放入电解液中,试样作阴极,石墨片作阳极,接通电流,电流密度为 80 mA/cm² 左右,保持 4 h.电解液的成分为 5% 的 H_2SO_4 水溶液,再加入 2 g/1 000 ml H_2NCSNH_2(硫脲),经过电解渗氢的样品,用水冲洗,吹干后放入真空炉内,在真空度为 7×10^{-3} Pa 下加热到 673 K 并保温 6 h,使氢扩散均匀,然后随炉冷却.

为了得到不同氢含量的样品,可多次重复上述电解渗氢-均匀化退火这一过程,也可以用增长渗氢时间来增加氢含量.

2.3　氢含量的确定

本实验没有采用化学分析法来测定渗氢后试样中的含氢量.因为前人已对氢含量和氢化锆的析出数量作过充分研究.我们利用 Hartcorn[4] 等人给出的图谱,在相同放大倍数下通过金相图谱的对比来确定试样的氢含量.显示氢化锆的蚀刻液为 85% 甘油＋10% 硝酸＋5% 氢氟酸(体积比).

3　实验结果

氢化锆在放大倍数比较低时看上去似一条黑线,但在高倍下可以看出具有一定的厚度,图 2 反映了从轧制板的不同方向观察到氢化锆的分布形态.当含氢量小于 600 ppm 时(见图 2a).无论从轧向纵截面还是横向截面上观察,氢化锆的分布都大致平行于轧面,这与氢化锆的惯析面和轧制板中所形成的基面织构有关.当氢含量增加以后其分布趋于混乱(图 2b).

为了便于相互比较,下面所给出的照片都是从轧向纵剖面上得到的结果.

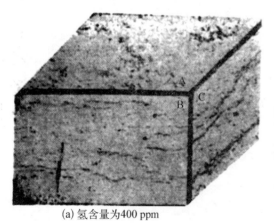

(a) 氢含量为400 ppm　　　　　　　　(b) 氢含量为750 ppm

图 2　试样各截面上的氢化锆分布　A—轧面;B—纵向;C—横向

3.1 气体渗氢的结果

图 3 是 2.5 g 重的试样分别在 6.7×10^3 Pa 和 1.47×10^4 Pa 氢压下进行渗氢后得到的金相照片. 用金相比较法确定的含氢量与本装置渗氢时氢压的关系列于表 1 中(由于我们用氢气压大小来控制充入的氢量, 所以这种关系只限于本实验条件).

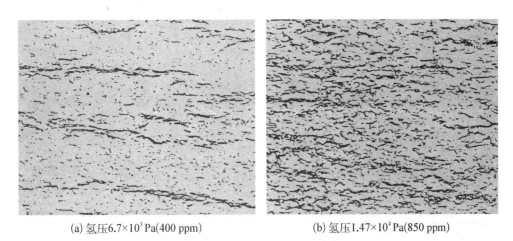

(a) 氢压 6.7×10^3 Pa(400 ppm)　　　　(b) 氢压 1.47×10^4 Pa(850 ppm)

图 3 不同渗氢压力下试样含氢量(×250)

表 1 渗氢时的氢气压和氢含量的关系

充气压力, Pa	3.6×10^3	6.7×10^3	8.8×10^3	1.2×10^4	1.47×10^4
含氢量, ppm	200	400	550	750	850

3.2 电解渗氢结果

经过电解渗氢后的样品, 表面明显变硬, 在高倍金相下观察(如图 4), 可以看到试样表面有一层氢化锆形成, 厚度为微米量级, 经 X 射线结构分析证明所形成的氢化锆为 δ 相.

图 5 和图 6 分别为电解渗氢时的电流密度及通电时间对表面氢化锆层厚度的影响. 在保持时间相同时, 随电流密度增大氢化锆层的厚度呈线性增加; 在保持电流密度不变时氢化锆层与时间大致呈抛物线关系. 以下给出的数据

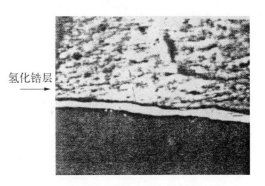

图 4 电解渗氢后试样表面的氢化锆层(×1 050)

是在电流密度为 80 mA/cm^2, 电解渗氢时间为 4 h 所得到的结果. 氢含量与电解渗氢的次数的关系列于表 2 中.

图 7 是经过 3 次和 5 次电解渗氢, 并经 673 K 均匀化退火 6 h 所得到的金相照片. 氢化锆的分布与气体渗氢时一样.

3.3 锆-4 板的显微硬度与氢含量的关系

图 8 是锆-4 板的显微硬度与氢含量的关系, 其中 1# 曲线是用气体渗氢法对去应力退

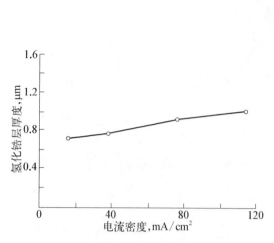

图5 电解渗氢时电流密度与氢化锆层厚度的关系(电解 2 h)

图6 电解渗氢时间与氢化锆层厚度的关系(电流密度 80 mA/cm²)

表2 电解渗氢次数与氢含量的关系

次　数	1	2	3	4	5	6
氢含量,ppm	70	100	200	350	500	600

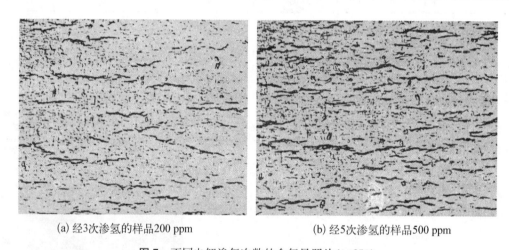

(a) 经3次渗氢的样品200 ppm　　　　　　(b) 经5次渗氢的样品500 ppm

图7 不同电解渗氢次数的含氢量照片(×250)

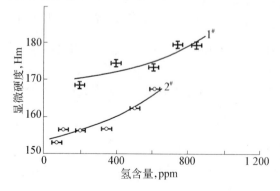

1#—去应力退火的试样；2#—再结晶退火的试样.

图8 硬度与氢含量的关系

火(748 K,1 h)的试样进行渗氢所得到的结果.2#曲线是用电解渗氢法对再结晶退火(848 K,1 h)试样渗氢后所得到的结果,可以看出含氢量在1 000 ppm范围内,随着含氢量的增加硬度只略有提高.

4　讨论与结论

4.1　气体渗氢中氢含量的估算

在采用气体渗氢时,如果知道试样的重量,炉管段的体积及充入的氢气压力,当氢被试样全部吸收后,应能计算出试样的氢含量.虽然管内压力一致,但由于炉管的温度并不均匀,气体密度各处就不相同,无法精确算出炉管内氢气重量.但采用本实验的操作步骤,先将纯氢通入V_1段(见图1),然后打开三通阀5,让纯氢由V_1段进入V_2段,读出V_1段充气前后的压力差,并量出V_1段体积,就可以算出充入V_2段的氢气重量.这样,试样渗氢后的氢含量可由下面公式算出:

$$H = \frac{\Delta P_{V_1} \cdot M \cdot 10^6}{101\,325G} = 9.87\,\frac{\Delta P_{V_1} \cdot M}{G} \tag{1}$$

式中:H为试样渗氢后的氢含量,ppm;G为试样的重量,g;M为氢气在101 325 Pa(一个标准大气压)下V_1段中氢气的重量,g;ΔP_{V_1}为V_1段向V_2段充气前后在V_1段中氢压差,Pa.本实验中V_1段体积为55.4 cm³;算出M为4.946×10^{-3} g;G为2.5 g,试样氢含量计算值列于表3.比较表1与表3可看出计算与金相估值基本一致.

表3　不同氢压下试样氢含量计算值

充入V_2的氢压,Pa	3.6×10^3	6.7×10^3	8.8×10^3	1.3×10^4	1.47×10^4
ΔP_{V_1},Pa	1.17×10^3	2×10^3	2.72×10^4	3.97×10^4	4.67×10^4
氢含量,ppm	229	390	530	775	910

4.2　电解渗氢中氢含量的估算

电解渗氢后,当试样表面形成1.5 μm氢化锆层(渗氢4 h,电流密度80 mA/cm²),试样两面氢化层总厚3 μm,试样厚0.6 mm,两者的体积之比为1:200 已测得氢化锆为δ相,其分子式中氢锆比约为1.6,在均匀化退火后可达82 ppm,这与金相估算结果基本一致.

4.3　两种渗氢方法的比较

在采用气体渗氢时,如果一次试样数量较多,并且相互重叠在一起,外层试样吸氢多,对内层试样有一定的屏蔽作用,使同一炉的样品含氢量不同.而电解渗氢可以避免这一弊病,只要控制好电流密度和电解渗氢时间,就有很好的重复性.并且只要重复电解渗氢-均匀化退火过程,试样中的氢含量就可以阶梯式的增加.本实验已证明,在673 K下退火6 h已经可以使氢扩散均匀.由于退火温度低,也满足了不破坏原始材料组织的要求.所以采用电解渗氢来制备不同含氢量的机械拉伸试样是合适的.

参 考 文 献

［1］Pickman D. C. , *Nucl. Eng. Design*, 21, 303 (1972).

［2］毛培德,技术情报,(3), 1(1976).

［3］Hindle E. D. and Slattery, G. F. , *J. Inst. Metals*, 94, 245(1966).

［4］Hartcorn L. A. and Westerman R. E. , HW - 74949, 1963.

A Study of Hydrogenating Method in Zircaloy - 4

Abstract：A gaseous and electrolytical hydrogenation were investigated in order to prepare the tensile specimens containing different hydrogen（50—1 000 ppm）in Zircaloy - 4. The result shows that the electrolytical hydrogenation is easy to operate and does not change the original grain structure.

真空电子束焊接对锆-2合金熔区中
成分、组织及腐蚀性能的影响*

摘 要：应用电子显微镜、电子探针及高压釜处理等实验技术,研究了真空电子束焊接对锆-2合金熔区中成分、组织及腐蚀性能的影响.由于熔化后合金元素的挥发,在熔区表面层中 Sn、Fe、Cr、Ni 的含量将损失 40%—50%,在离表面 0.3—0.5 mm 处,Fe、Cr、Ni 的含量趋于正常,但 Sn 在更深处仍有 15% 的损失.熔区的腐蚀性能比相邻的热影响区差,但仍比母材的好.只要焊接工艺恰当,熔区中合金元素损失带来腐蚀性能的变化,不会损害元件棒的使用性能.

1 引言

作为反应堆燃料元件包壳的锆合金,在元件制造过程中需要经过包壳与端塞之间的焊接.常用的焊接方法有氩气保护的钨极电弧焊、压力电阻焊和真空电子束焊等.Kass[1] 和 McDonald[2] 等的研究结果表明,真空中采用高能量密度焊接时(如电子束或激光束焊),熔区的腐蚀性能会变坏,但他们对原因的阐述却不相同.在不断提高燃料的燃耗,增长元件在堆内停留时间的情况下,这种腐蚀性能的损失是否允许,这是应该进一步研究的问题.

2 实验方法

实验所用的试样是经过真空电子束焊接的模拟元件单棒,材料为锆-2合金.焊接工艺规范为：电压 30 kV,束流 20 mA,焊接速度为 10 mm/秒.焊接后的试样经标准程序酸洗后,放入高压釜内经过 773 K、12 MPa 过热蒸汽处理 12 小时.这种试验条件比通常的检验条件苛刻,比反应堆内的条件更苛刻,但实验证明这样处理后,能较好地区分锆-2合金腐蚀性能的优劣[3].高压釜处理后的试样,除了经宏观检查外,还用光学显微镜从试样截面上测量了氧化膜的厚度,用电子探针沿熔区深度分析了合金元素的含量.考虑到锆-2合金中的 Fe、Cr、Ni 合金元素,大部分以第二相的形态析出,为了使微区成分的分析结果有代表性,将电子束斑散焦并用消象散器调节成椭圆形,长轴为 20 μm,短轴为 10 μm,并使长轴平行于试样轴.分析时将基体中合金元素的计数率扣除本底后作为 100%,熔区中相应合金元素的计数率扣除本底后与其比较得相对含量.未作 ZAF 校正.由于合金元素含量较低,这样处理不会引起太大的误差.对焊接试样的熔区、热影响区、热影响区与母材交界处及母材,用双喷电解抛光技术制成薄膜试样,在 JEM-200CX 电镜上观察,并用 SAD 和 EDAX 对第二相进行晶体结构和化学成分分析.在作晶体结构分析时,倾动试样架,对每一个第二相粒子都在不同角度下拍摄 2—3 张电子衍射照片,以确保分析的可靠性.

* 本文合作者：郑斯奎、汪顺新.原发表于《核科学与工程》,1988,8(2)：130-137.

3 实验结果

3.1 高压釜处理后试样的腐蚀情况

图 1 是试样经高压釜处理后的实物照片,在一组试样中(10 根),腐蚀情况不完全相同,但大多数试样的母材表面都覆盖了一层白色氧化膜,厚约 100 μm,个别试样的表面是还未连成白膜的白斑,由图片中可以看出,白色氧化膜是通过白斑的增多和长大而成,与过去的观察结果一致[4]. 黑色氧化膜上出现白斑为氧化转折的开始,在同样条件下,转折早则腐蚀性能差. 焊接热影响区是黑色氧化膜,厚约 3 μm,黑膜与白膜间的界线清晰. 熔化区中的黑膜上出现了白斑,最大的直径约 0.5 mm.

图 1 经高压釜处理后的实物照片

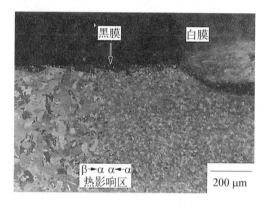

图 2 经高压釜处理后热影响区处的剖面金相组织,偏光

图 2 是黑膜与白膜交界处纵剖面的金相组织,图中标出了黑膜/白膜的界线和热影响区中经过 $\alpha \rightarrow \beta \rightarrow \alpha$ 相变区的界线,这两界线之间宽约 0.5 mm,是未被加热到 β 相的热影响区,上面也覆盖着黑色氧化膜. 熔区中白斑的剖面组织如图 3,与过去观察到白斑的组织一样[4],白斑中是扁平层状的晶粒组织,但白斑的厚度比较薄,不像试样经 β 相加热快冷后,重新在 1 123 K 加热后形成的白斑那样厚(图 4)[3]. 熔区中的黑膜厚度不均匀,平均约 5 μm.

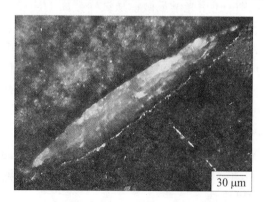

图 3 熔区中的白斑剖面,偏光

图 4 试样经 β 相加热空冷后重新在 1 123 K 加热,经高压釜处理后的白斑剖面,偏光

3.2 熔区中合金元素含量的变化

McDonald 等[2]测定了真空电子束和激光束焊后,锆-4 合金中表面层合金元素的损耗,但未测量这种损耗沿深度的变化. 图 5 是熔区不同深度处合金元素相对于母材中含量的变化曲线. 在熔区表面,合金元素(Sn、Fe、Cr、Ni)损耗高达 40%—50%,在距离表面 0.20 mm 处降至 10%—20%,在距离表面 0.3—0.5 mm 处,Fe、Cr、Ni 的含量大致与母材中的一样,但 Sn 在距离表面 1.0—1.5 mm 处仍有 15% 的损耗,而焊接熔深只有 0.6—0.8 mm. 显然,合金元素的损耗是因为锆合金熔化后,合金元素

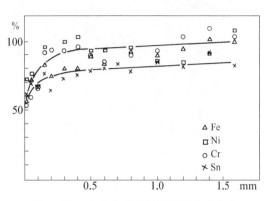

图 5 熔区中合金元素损耗沿深度的分布

的蒸汽压高于锆的蒸汽压而产生挥发的缘故,蒸汽压高低的次序是 Sn、Cr、Fe、Ni、Zr,Sn 的蒸汽压最高,损耗也最严重. 用 EDAX 分析焊接锆-4 合金时的挥发沉积物,其中含 Sn32.82%,Fe3.56%,Cr4.82%,Ni0.55%. 它们的含量约为锆-4 合金中的 20 倍. 若焊接锆-2 合金,沉积物中除 Ni 含量会增高外,其他 Sn、Fe、Cr 的含量应该与焊接锆-4 的情况相仿.

3.3 熔区、热影响区及母材的组织

图 6a、b 分别是母材和经过 $\alpha \rightarrow \beta \rightarrow \alpha$ 相变后的热影响区组织. 母材是不完全再结晶退火的组织,其中第二相主要是四方的 $Zr_2(Fe,Ni)$ 和六方的 $Zr(Fe,Cr)_2$[3]. 加热到 β 相冷却后是板条状的 α 晶粒. 在同一个 β 晶粒冷却后形成的板条晶粒间取向相近,晶界上有细小的第二相析出,取向也极相近,作暗场像时可以同时观察到,如图 7a. 一般来说,晶界上较大的第二相为四方的 $Zr_2(Fe,Ni)$(图 7b 中箭头指处),较小的为立方的 $Zr(Fe,Cr)_2$,而母材中的 $Zr(Fe,Cr)_2$ 为六方结构. 图 7b 是包含了 $Zr_2(Fe,Ni)$ 和 $Zr(Fe,Cr)_2$ 两种第二相粒子的暗场像,成像时用选区光栏套住相近的,但又分别属于两种结构的两个衍射斑点. 用 EDAX 分析第二相粒子的成分时,大多数粒子中的 Fe、Ni 含量或 Fe、Cr 含量都比 $Zr_2(Fe,Li)$ 中或 $Zr(Fe,Cr)_2$ 中应有的含量低,这可能是由于基体锆的干扰,从较大的第二相粒子中得到的分析结果,与 $Zr_2(Fe,Ni)$ 或 $Zr(Fe,Cr)_2$ 中应有的含量比较符合,分别为 Zr 66.44at%、Fe

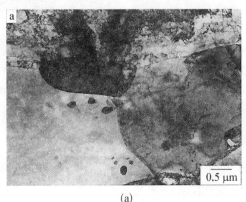

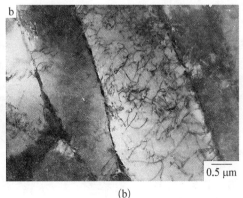

(a)　　　　　　　　　　　　　(b)

图 6 母材组织(a)和热影响组织(b)

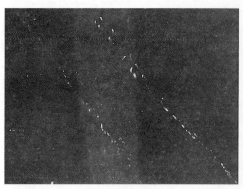

图7 热影响区中的第二相,暗场

22.53at%、Ni 11.03at%和 Zr 33.19at%、Fe 35.08at%、Cr 31.73at%. 图8、图9分别是这两种第二相的成分能谱图和电子衍射图.

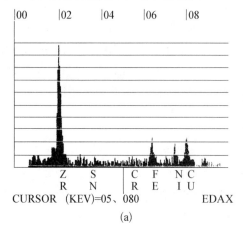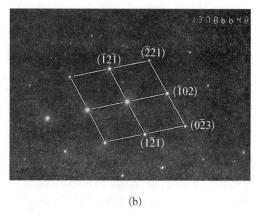

(a)   (b)

图8 $Zr_2(Fe\ Ni)$第二相的成分能谱图(a)和电子衍射图(b)

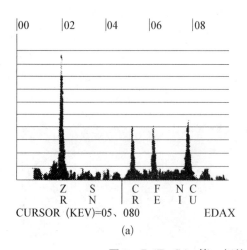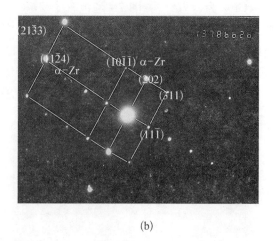

(a)   (b)

图9 $Zr(Fe\ Cr)_2$第二相的成分能谱图(a)与电子衍射图(b)

从熔区表面层(距离表面约 0.04 mm 处)取样观察,由于合金元素损耗,板条晶粒间界上的第二相减少,但氢化物较多,均为 γ 相(图10). 在图2中黑色氧化膜下未经 α→β→α 相变的组织是完全再结晶的等轴晶粒,晶粒比母材的大,第二相也比母材中的少而小(图11a),

在晶粒内的氢化锆为 γ 相,而晶界上的氢化锆为 δ 相(图 11b).由锆转变成 δ 相氢化锆时的体积变化,比转变成 γ 相氢化锆时的大,分别是 $\Delta V_\delta = 17.2\%$ 和 $\Delta V_\gamma = 12.3\%$[5],而 δ 相是稳定相.当氢化锆在晶界上形核时,原子间有较大的调节余地,以适应形成氢化锆时的体积变化,这可能就是为什么晶界上的氢化锆与晶粒内的氢化锆在晶体结构上不同的原因.

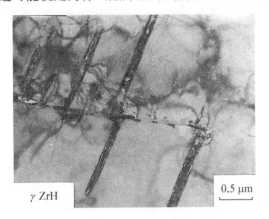

γ ZrH   0.5 μm

图 10 热影响区表面层中的第二相和 γ 氢化锆

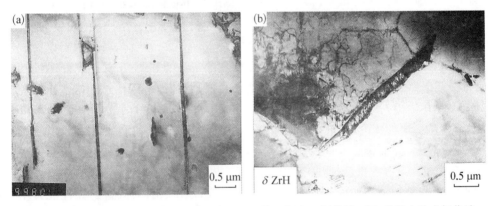

(a)   0.5 μm   (b)   δ ZrH   0.5 μm

图 11 热影响区中未加热到 β 相的组织   (a) 第二相和 γ 氢化锆,(b) 晶界上的 δ 氢化锆

4 结果讨论

4.1 焊接熔区中的腐蚀性能

Kass[1]曾报道经过电子束焊接的锆-4 合金,熔区的腐蚀性能在 673 K 蒸汽中将变坏,并认为这是因为周围金属对熔区产生自淬火,在快速冷却时抑制了第二相析出的缘故.但后来的许多工作证明[3,6],无论锆-2 还是锆-4 合金,经 β 相加热淬火或空冷后,都会改善腐蚀性能.McDonald 对这问题进一步研究后得出了正确结论,认为焊接熔化时合金元素挥发造成的贫化,是使熔区腐蚀性能变坏的原因.焊接次数增加,合金元素贫化越厉害,腐蚀性能也越坏.从本实验结果可以看出,在正常的焊接规范下,Fe、Cr、Ni 合金元素贫化较明显的深度约为 0.20 mm,虽然合金元素的贫化会使腐蚀性能变坏,但从 β 相快冷又能改善腐蚀性能,所以焊接熔区最终的腐蚀性能比它两侧热影响区的差,但仍比母材的好.即使形成白斑,它的深度也浅,连成白膜后也不易增厚,因为在其下面的合金元素损失并不严重,并且是经过 β 相加热快冷,具有腐蚀性能优良的组织.显然,合金元素的损失将与焊接时熔化的温度和在

熔化状态下停留的时间有关.两次熔化的焊接工艺[7],即第一次保证熔深,然后将电子束散焦进行第二次熔化,以修整焊接熔化后的表面,这样的焊接工艺会增加合金元素损耗,应该尽量避免.

尽管真空电子束焊接会不可避免地带来熔区中合金元素的损耗,但β相加热快冷后又可改善腐蚀性能,因此,只要选择焊接工艺参数适当,即使对于高性能燃料元件,这种焊接方式也不会给燃料元件棒带来不能允许的影响.

4.2 β 相加热快冷后的组织及改善腐蚀性能的原因

锆-2合金中的第二相,主要是四方结构的 $Zr_2(Fe、Ni)$ 和六方结构的 $Zr(Fe、Cr)_2$. β 相加热水淬后,第二相全部固溶,并得到针状马氏体[3]. β 相加热空冷后,在板条状晶粒晶界上将析出第二相,本文作者之一过去曾对其中较大的第二相作过 SAD 分析[3],得出 β 相加热空冷时在板条晶界上析出的第二相是 $Zr_2(Fe、Ni)$ 的结论,这是不全面的.从本实验的结果来看,较大的第二相是 $Zr_2(Fe、Ni)$,较小的第二相是立方结构的 $Zr(Fe、Cr)_2$.但 $Zr_2(Fe、Ni)$ 比 $Zr(Fe、Cr)_2$ 容易析出的结论仍然是正确的[3],否则就无法解释板条晶粒晶界上不同第二相之间的大小差别.立方结构的 $Zr(Fe、Cr)_2$ 可能是由于快时将高温相($Zr(Fe、Cr)_2$ 在 1 273 K 以上时是立方结构)稳定至室温的缘故.但也有人认为这种立方结构的第二相是不稳定的 $Zr_4(Fe、Cr)$[8].

Urguhart 等[9]认为 β 相快冷后造成第二相在晶界上呈链状分布是改善腐蚀性能的原因.因为在氧化膜中链状分布的第二相可作为电子通道,加速电子传输而减小了氧化膜和金属基体间的电位差,因此减慢了氧阴离子及空位的扩散速度,也就减小了氧化速率. Kuwae[10]支持了这种理论,并进一步用来说明组织与疖状白斑间的关系.本文作者之一在研究热处理对锆-2合金腐蚀性能的影响时[3],观察到 β 相空冷后具有优良耐腐蚀性能的试样,只要在 α 相上限温度重新加热,除了在原有晶界上的第二相外,晶粒内部进一步分析出第二相后,腐蚀性能明显变坏,因而认为呈链状分布的第二相,对改善腐蚀性能并不一定是主要因素,而增加合金元素的固溶含量可能更为重要.

电子束焊接时,试样由铜夹头夹住,在几毫米的距离内,温度将由锆的熔化温度($\sim$2 100 K)降至$\sim$700 K,形成极大的温度梯度,在这一段热影响区中,存在两种可明显区分的组织,一种是加热到 β 相后再冷却的板条状晶粒组织,另一种是加热温度未超过 α 相的等轴晶粒组织,两者的界线十分清楚(图2),前者组织具有优良的腐蚀性能,靠近分界线的后者组织,也远比母材的腐蚀性能优良.在这种等轴晶粒组织中,并不存在链状分布的第二相.在 α 相上限温度加热快冷后,必然会增加 Fe、Cr、Ni 的固溶含量,例如从 Zr-Fe 二元相图可知,在 1 068 K 时,Fe 在 Zr 中的固溶度可增至 0.033%[11].这表明增加 Fe、Cr、Ni 的固溶含量,对改善锆-2合金的耐腐蚀性能也是十分重要的.

5 结论

(1) 锆-2合金经真空电子束焊接后,熔区表面层中 Sn、Fe、Cr、Ni 的含量将损失 40%—50%,在离表面 0.3—0.5 mm 处,Fe、Cr、Ni 的含量趋于正常值,但 Sn 在更深处仍有 15% 的损失.

(2) 合金元素的损失是由于熔化后合金元素的蒸汽压高于 Zr 的缘故.在挥发沉积物中,

Sn、Fe、Cr、Ni 的含量约为母材中含量的 20 倍.

（3）试样在 773 K、12 MPa 过热蒸汽中处理 12 小时后,熔区的耐腐蚀性能比相邻的热影响区差,但仍比母材的好.因此,只要焊接工艺参数选择恰当,熔区中合金元素损失引起的耐腐蚀性能变化,不会损害元件棒的使用性能.

（4）在焊接热影响区中,不仅加热到 β 相快冷的组织具有优良的耐腐蚀性能,在 α 相上限温度加热后快冷的组织也有良好的耐腐蚀性能.增加 Fe、Cr、Ni 在合金中的固溶含量,对改善耐腐蚀性能有重要作用.

（5）锆-2 合金经 β 相快冷后,在板条晶界上析出了第二相,较大的粒子是四方结构的 $Zr_2(Fe、Ni)$,较小的粒子是立方结构的 $Zr(Fe、Cr)_2$.后者可能是高温相在快冷时被稳定下来的结果.

（6）在真空中焊接时,试样吸氢的现象仍然存在,扩散泵油的蒸汽在高压电子束作用下发生分解,可能是氢的来源.

参 考 文 献

［1］Kass S. WAPD-TM-972,(1973).

［2］McDonad S. G. , et al. , Zirconium in the Nuclear Industry, Proc. 5th Inter. Conf. , ASTM, STP 754, P. 412 (1982).

［3］Zhou Bangxin(周邦新), et al. , Progress in Metal Physics and Physical Metallurgy, Proc. 1st Siho-Japanese Symp. on Met Phys Edited by Hasiguti R. R. et al. , P. 163. (1986).

［4］周邦新,1980 核材料会议文集,原子能出版社,P. 87. (1981).

［5］Carpenter G. J. C. J. Nucl. Mat. 48,264. (1973).

［6］Trowse F. W. et. al. , Zirconium in the Nuclear Industry, Proc. 3rd Inter. Conf. ASTM, STP 633, P. 236. (1977).

［7］任德芳等,1980 核材料会议文集,原子能出版社,P. 52. (1981).

［8］Yang W. S. et al. , J. Nucl. Mat. 138,185. (1986).

［9］Urquhart A. W. et al. , J. Electron Chem. Soc. 125,199. (1978).

［10］Kuwae R. et al. , J. Nucl. Mat. 119,229. (1983).

［11］Smithells C. J. , Metals Reference Book 5th edition,(1976).

Investigation of the Composition, Microstructure and Corrosion Behavior of Electron Beam Weld Molten Zone in Zircaloy

Abstract：By means of electron microscope, electron microprobe and autoclaving techniques, the effects of electron beam weld on the composition, microstructure and corrosion behavior of weld molten zone in Zircaloy-2 have been investigated. On the surface of weld molten zone, the loss of alloying elements (Sn, Fe, Cr, Ni) has reached 40%—50%due to vaporization. The content of Fe, Cr, Ni alloying elements returns to normal when the depth reaches 0.3—0.5 mm, but that of Sn is still 15% lower even in greater depth. The corrosion behavior of molten zone is poorer than that of heat-affected zone, but is much better than that of the original material. By judicious selection and control of welding parameters, the degradation of corrosion behavior due to depletion of alloying elements in weld molten zone will not bring about any harmful results to the fuel rod performance.

Electron Microscopy Study of Oxide Films
Formed on Zircaloy – 2 in Superheated Steam[*]

Abstract: Electron microscope techniques were used to investigate black and white oxide films, formed before and after the oxidation transition, on Zircaloy-2 in superheated steam at 673 and 773 K. The nodular corrosion appearing on black oxide films during oxidation transition has been also investigated. A compressive stress gradient distributed through the thickness of black oxide films was measured to be ~500 MPa/μm in films with a thickness of 1. 2 μm decreasing to ~60 MPa/μm with an increase in film thickness to 2. 1 μm when nodular corrosion appears. Monoclinic, cubic, and tetragonal lattice structures in black oxide films formed both at 673 and 773 K have been identified. The proportion of cubic and tetragonal phases decreases with the increase of temperature and turns into an exclusively monoclinic lattice structure in white oxide films after oxidation transition. The grain size in black oxide films is extremely fine (<50 nm), and grain contrast is indistinct. The high internal stress in black oxide films induced an imperfect crystal structure. It was observed from a high resolution lattice image that the oxide crystals consist of mosaics ~20 nm in size. The larger spacing on (100) and (010) planes in some places might be associated with clusters of tin atoms. Pores (<10 nm) existing on triple grain boundaries in the white oxide films have been observed. Small areas in black oxide films, which are 3 to 4 times more than the average thickness, are considered to be the nuclei of nodular corrosion. The oxide/metal interface at nodules are characterized by the protrusion, which have the appearance of cauliflower, with small semispherical bumps overlapping one another, and ripple marks on small bumps. These are characteristics that might occur because nodules grow much faster than the surrounding oxide. The model for the formation of nodular corrosion previously proposed by the author is discussed further in light of results obtained in the present work.

Zirconium alloys possessing very low absorption for thermal neutrons, good corrosion resistance in high-temperature water, and reasonable mechanical properties have been employed as fuel cladding and as structure materials in light-water nuclear reactors. Under the current mode of reactor operations, external cladding corrosion has not been regarded as a life limiting problem. But incentives to reduce fuel cycle costs and increase the discharge burn-ups have led to the need to improve cladding corrosion behavior. A small increase of the core inlet temperature, which may increase plant efficiency, may greatly increase the thickness of the oxide layer on the water side of cladding. Thus, the improvements in cladding corrosion behavior need to be pursued in order to meet the

---

[*] Zirconium in the Nuclear Industry: Eighth International Symposium, ASTM STP1023, L. F. P. Van Swam and C. M. Eucken, Eds. , American Society for Testing and Materials. Philadelphia, 1989: 360 – 373.

demand placed on advanced fuel assemblies.

When Zircaloy-2 cladding is used in boiling water reactors (BWR), the oxide layer may grow in the form of small white nodules on a black oxide film with a thickness of about 30 to 100 μm. It is now well established that Zircaloy-2 and Zircaloy-4 possess good nodular corrosion resistance after proper heat treatment. There is, however, no generally accepted theory available that can explain how the different factors, such as second-phase particles, grain size, textures, cold working, pre-autoclaving, and so forth, affect the formation of nodular corrosion. One reason for the lack of a good theory is that the nodular corrosion phenomenon itself is poorly understood. Investigation of the oxide layer structure by means of electron microscopy just before and after nodules appeared is the approach used in the present work to achieve a better understanding of the phenomenon of nodular corrosion.

1 Experimental Procedures

Tubular specimens that were received from manufacturing after stress relief annealing for 2 h at 753 K were used in the present study. Specimens, 60 mm in length, vacuum-sealed in silica capsules, were heated in the alpha (853 K) or beta (1 273 K) phase range for 0. 5 h followed by air cooling within the silica capsules. After heating in the beta-phase and air cooling, some specimens were reheated at 1 123 K for 1 h followed by air cooling. These different heat treatments produced specimens of remarkably different nodular corrosion resistance. This has been described in a previous paper[1]. Autoclaving was carried out at 673 K and 10. 3 MPa for 72 h or at 773 K and 12 MPa for 12 h in superheated steam. A standardized pickling procedure using nitric hydrofluoric acid bath was used to prepare the surface of the specimens before vacuum-sealing or autoclaving.

After autoclaving, the oxide layer on the inner diameter surface of the specimens was removed mechanically. Then the specimens were immersed in a nitric hydrofluoric acid solution for chemical polishing. In this process either the entire metal layer was removed for the examination of the oxide/metal interface (coated with a~5 nm thick gold layer) or to keep a thin layer of metal was maintained to support the oxide film during ion thinning, used to prepare transmission electron microscopy specimens. Specimens were examined in a JEM-200CX microscope with a scanning attachment.

2 Results and Discussion

2.1 Features of Nodular Corrosion

The results of the autoclaving run at 673 K, 10. 3 MPa for 72 h show that a black oxide film formed on all specimens treated at different temperatures. When the autoclaving temperature was raised to 773 K, nodular corrosion appeared only on the specimens treated by air cooling from the alpha-phase and on specimens cooled from the beta-phase followed by 1 123 K reheating (the specimens treated by air cooling from the beta-phase). Specimens that have been pre-autoclaved at 673 K, show significantly retarded nodular corrosion during the autoclaving run at 773 K. The grain size of the alloy will greatly affect the size and thickness of nodules. Nodules are ~150 or ~400 μm in diameter and ~100 or ~200 μm in thickness for specimens treated in the alpha-phase or the beta-phase, respectively (Figs. 1 and 2). Cracks were detected on the surface of the nodules. The cracks did not penetrate through the nodules. This has been confirmed by examining the nodules layer by layer. The nodules are lenticular in shape; pancake-shaped grains and a layer structure may be seen under polarized light (Figs. 2a and b). All the features of nodular corrosion have been described in much detail in papers previously published by the author [1,2]. Results are similar to those described in the literature[3-5].

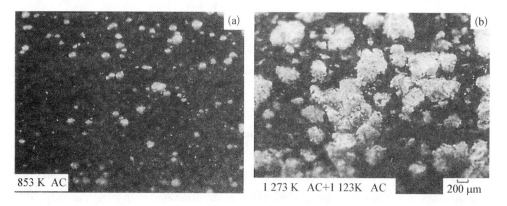

Fig. 1 Top view of nodules; (a) 853 K annealed 0. 5 h followed by air cooling (AC) and (b) 1 273 K annealed 0. 5 h followed by air cooling (AC) then re-heated at 1 123 K 1 h followed by air cooling (AC)

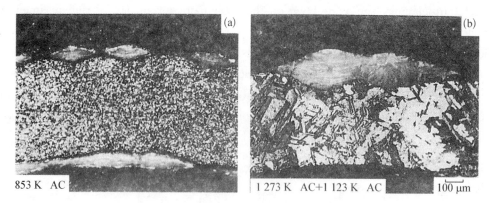

Fig. 2 Section of nodules; (a) 853 K annealed AC and (b) 1 273 K annealed AC+1 123 K reheated AC

The oxide layers on which nodules have just appeared and from which the metal matrix that has been completely dissolved were examined under polarized and under transmitted light. The nodules become white under polarized light and dark under transmitted light as they are thicker than the average (Fig. 3). Some small areas that are dark under transmitted light but that do not show up white under polarized light are apparent within the black oxide. The size of these areas is proportional to the underlying metal grain size and a thickness that is 3 to 4 times more than the average thickness. This can be seen on the sections of oxide layers shown in Fig. 4.

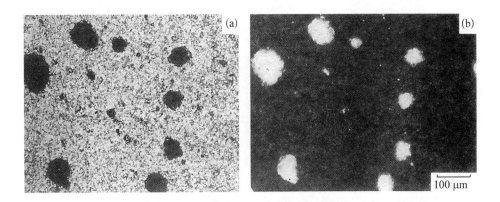

Fig. 3 Features of oxide films from which the metal matrix has been dissolved: (a) transmitted and (b) polarized

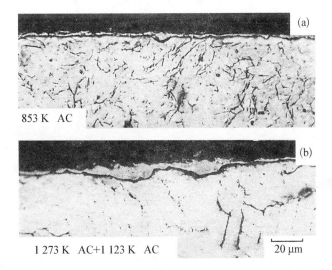

Fig. 4 Sections of black oxide films on which bumps can be seen: (a) 853 K annealed AC and (b) 1 273 K annealed AC+1 123 K re-heated AC

A white oxide layer can be formed by the connection of individual white nodules with an increase in their quantity and size [2]. In some cases the change of grain shape from columnar in black oxide to pancake-like in white oxide can be observed under polarized light (Fig. 5). It is reasonable therefore to consider small areas that are thicker than the average black oxide layer thickness are to be the nuclei of white nodules. In order to explain the formation of nodular corrosion, the nuclei of nodules should be understood first. This will

10 μm

Fig. 5 The change of grain shape from columnar (in black oxide) to pancake-like (in white oxide nature), polarized

be discussed in the latter part of this paper.

The fracture surface of nodules can be seen in Fig. 6. The lower part of the fracture section of the nodules, which is adjacent to the metal, is more dense than the upper part. Lateral cracks that imply some weak bonding between layers exist. These features are consistent with the layer structure revealed on the polished sections of nodules under polarized light. The lateral cracks that exist in the oxide layer after transition were confirmed by Bradhurst and Heuer[6].

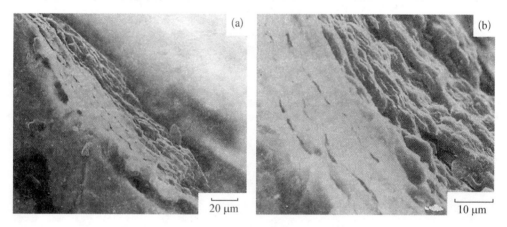

(a)   (b)

20 μm   10 μm

Fig. 6 Fracture surface of nodules (SEM)

The roughness of the oxide/metal interface examined under the scanning electron microscopy (SEM) shows great differences between nodules and the surrounding oxide matrix (Fig. 7). Nodules protrude into the metal matrix like "cauliflower" with small semi-spherical bumps overlapping one another (Figs. 7a and 7b). The bumps and ripple marks on the small bumps, shown in high magnification on Fig. 7c, could be a characteristic of nodules that grow much faster than the surrounding oxide. Several studies have been conducted to examine the oxide/metal interface by means of SEM[7-10], but none of them have pointed out the characteristics of ripple marks. This will be discussed later.

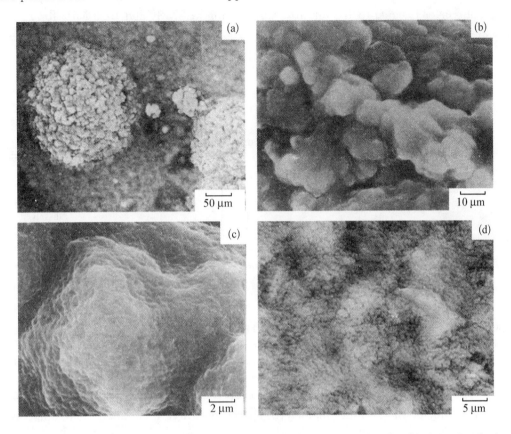

Fig. 7 The features of the oxide/metal interface from which the metal matrix has been dissolved (SEM): (a-c) nodules at different magnifications and (d) the oxide surrounding the nodules

2. 2 Internal Stress in the Oxide Layer

High compressive stress is predicted to arise in the oxide layer because of the high Pilling-Bedworth ratio, 1. 56, between zirconium and its oxide. Since oxidation takes place at the oxide/metal interface layer by layer in Zircaloy, a stress gradient should be produced along the thickness direction of oxide. The average stress in the oxide layer was measured by Bradhurst and Heuer[11] and Roy and Burgers[12] but no data for the stress gradient along the thickness direction in the oxide layer have been given in literature. When an oxide layer forms on the outer surface of a tubular specimen, the diameter of the tube and its circumference increase. Because the dimension change of the oxide is less restricted in the circumferential direction than in the longitudinal direction, the compressive stress of oxide is higher in the longitudinal direction than in the circumferential direction. After the metal matrix is completely removed by immersing the specimens in acid, the oxide layer will curl upwards along the longitudinal direction to form small rolls (Figs. 8 and 9). By measuring the diameters of these rolls and the thickness of the oxide layers, the stress gradient along the oxide thickness direction can be calculated since the elastic modulus of zirconium oxide (ZrO_2) is known (2.06×10^5 MPa[30×10^6 psi])[11]. When the thickness of the oxide layer is equal to 1.2 μm after autoclaving at 673 K and 10.3 MPa for 72 h, a stress gradient of $\sim$500 MPa/μm is obtained. When the thickness of oxide layer increases to 2.1 μm after autoclaving at 773 K and 12 MPa for 12 h and the nodules just appear, the stress gradient decreases to $\sim$60 MPa/μm.

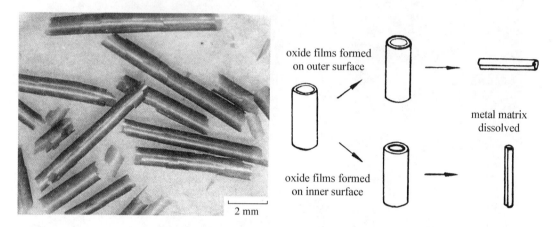

Fig. 8 Small rolls of black oxide films formed after dissolution of the metal matrix

Fig. 9 Schematic diagrams showing the change of oxide films formed on outer and inner surface of tubular specimens after metal matrix is dissolved

On the other hand, the oxide layer formed on the inner surface of tubular specimens leads to a shrinkage of the inner diameter. Therefore, there is an additional compressive stress in the circumference direction. In this case, the compressive stress is lower in the longitudinal than in the circumferential direction. After the metal matrix is completely dissolved, the oxide layer on the inner surface will curl the circumferential direction to form small rolls shown schematically in Fig. 9

2.3 Structure of Oxide Films

The grain size of black oxide films formed both at 673 and 773 K is extremely fine ($<$50 nm), and grain contrast is indistinct (Fig. 10). There are three different lattice structures, cubic ($a = 0.508$ nm), tetragonal ($a = 0.508$ nm and $c = 0.465$ nm), and monoclinic, which are identified in black oxide films from electron diffraction patterns (Fig. 11a). The [001] direction of the cubic and the tetragonal structure almost parallels the normal of the specimen surface, so that the patterns shown in Fig. 11b were often observed. If the specimen was tilted $\sim$70° around the [100] axis, the diffraction pattern shown in Fig. 11c was obtained, in which (013) and (103) diffraction spots split into two; one belongs to cubic lattice and the other belongs to the tetragonal lattice as indicated in Fig. 11c. Stabilization of the high-temperature phase (tetragonal) at room temperature was correlated with the small crystalline size observed in ZrO_2 powder[13]. The high density of

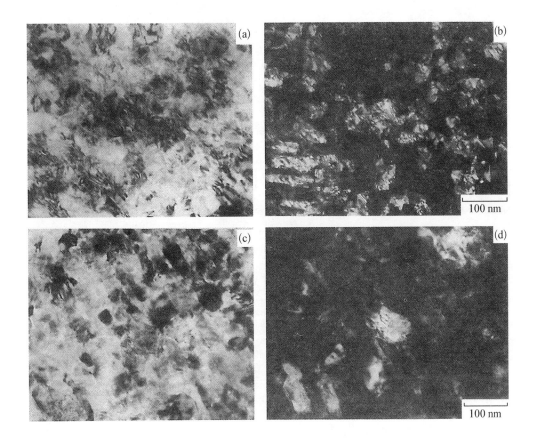

Fig. 10 Grain structure in black oxide films formed after autoclaving at (a and b) 673 K. (c and d) 773 K. (a and c) BF. (b and d) DF show the grains possessing cubic and tetragonal lattice structure

defects in oxide films formed during autoclaving could also be responsible for the stabilization of high-temperature phases (cubic and tetragonal) observed at room temperature in the present work. The grains that possess cubic and tetragonal lattice structures can be identified in the dark field image shown in Figs. 10b and d. The proportion of the grains possessing cubic and tetragonal lattice structures decreases with the increase of autoclaving temperature from 673 to 773 K. The high resolution lattice image shows that the oxide crystals of black oxide films, which consist of mosaics of ~20 nm size. that are imperfect (Fig. 12). A larger lattice spacing on (100) and (010) planes in some places might be associated with clusters of tin atoms.

The oxide layer formed after the autoclaving run at 773 K, 12 MPa for 12 h is at the point of oxide transition for the specimens used. Except for the specimens treated in the beta range and air cooled, other specimens show individual white nodules distributed over the black oxide films, Sometimes the nodules are connected to each other to form a white oxide layer. This differs from specimen to specimen within a test group. The grain structure in black oxide films is similar to that formed at 673 K, but on a given specimen the grain structure in the white oxide layers is quite distinguishable from that in the black

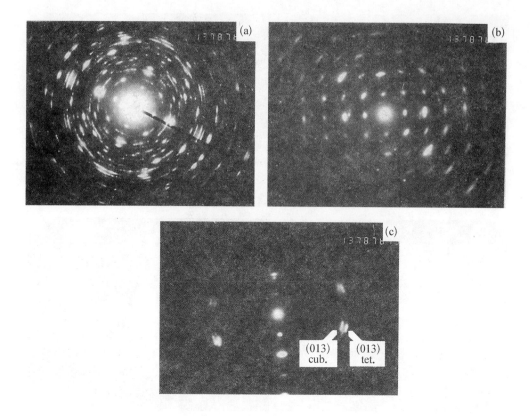

Fig. 11 Electron diffraction patterns: (a) pattern showing a mixture of monoclinic, cubic, and tetragonal lattice structures. (b) pattern showing the cubic and tetragonal lattice structure. [001] patallels the electron beam, and (c) pattern taken after~70° tilting round [100] in (b)

oxide films. The grain size in the white oxide layers is comparatively large, and grain contrast is distinct. The crystal structure becomes uniformly monoclinic. Pores, less than 10 nm in size exist on triple grain boundaries (Fig. 13). This was predicted according to the results obtained from the application of the porosimeter technique by Cox[14], and also as reported in the literature such as in Ref 9.

A chain-like precipitation of second-phase particles distributed along grain boundaries is a typical structure after heating in the beta-phase and air cooling, but these particles were not observed in black oxide films. Since a mechanism of second-phase particles in the oxide layer serving as electronic paths that could affect the corrosion behavior has been proposed by Urquhart[15], the behavior of second-phase particles during oxidation is worthy of further investigation.

2.4 Formation of Nodular Corrosion

Several mechanisms have been proposed to explain the formation of nodular corrosion. Most of the models are based on a "mechanical failure mechanism," which produces a fresh metal surface to enhance oxidation in small areas to from nodules[16-18]. Stresses developed in the oxide layers are considered to play a decisive role in cracking of the oxide layers.

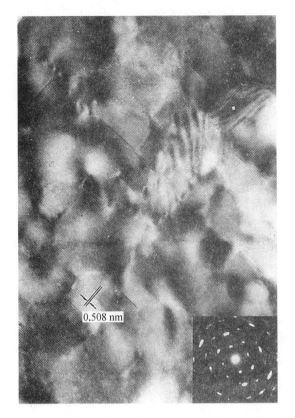

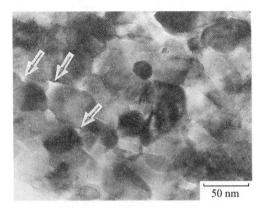

Fig. 12 High resolution lattice image showing (100) and (010) lattice patterns

Fig. 13 Pores (indicated by arrows) formed on triple grain boundaries in white oxide layers

Another model was proposed by Kuwae et al.[17]. It was hypothesized that the oxide films were broken when the pressure of hydrogen gas accumulating gradually at the oxide/metal interface exceeded the pressure that the oxide film can withstand. The results obtained in this work show that, after examining the sections of nodules layer by layer, penetrating cracks in the nodules are not present. Cracks in the sections of bumps could not be seen either. Therefore, the mechanism of mechanical failure of the oxide film seems not to play a decisive role in the formation of nodules. A proposed model that explains the formation of nodular corrosion[2], is schematically illustrated in Fig. 14. At the first stage of oxidation, epitaxial oxide films formed on the metal surface in different thicknesses (Fig. 14a) are due to the differences in grain orientation, which were as seen in the oxidation process of single zirconium crystals[19,20] or because of the variation in second-phase particles among different grains. A compressive stress forms in the oxide film, and a tensile stress will be produced in the metal underneath the oxide film. The stresses on both sides of the oxide/metal interface increase with the increase of the oxide film thickness during the early stage of oxidation.

An enhancement of the oxidation of Zircaloy-2 in steam caused by applied tensile stress was observed by Knights and Perkins[21]. There was no complete explanation given in that paper, but an increase in dislocation density induced by deformation caused by the increase

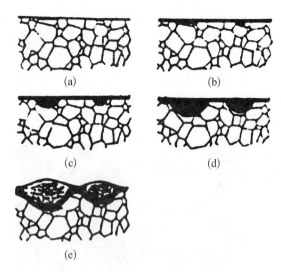

Fig. 14 Schematic diagrams showing the formation of nodules: (a and b) epitaxial oxide films formed on the metal surface; (c and d) the formation and development of bumps in black oxide films; and (e) the formation of white nodules after diffusion and condensation of vacancies

in tensile stress from both the applied tensile stress and the tensile stress on the metal side in the oxide/metal interface may cause the formation of short-circuit paths for the diffusion of oxygen anions in the metal. It has previously been postulated that the rate controlling step in oxidation of zirconium is believed to be the diffusion of oxygen ions along dislocations or grain boundaries of the oxide to the oxide/metal interface[22]. However, the diffusion of oxygen ions along the dislocations in the metal, which is connected to the oxide/metal interface, will deplete the oxygen from the surrounding oxide. Therefore, the increase in density of anion vacancies in the oxide will lead to the enhancement of diffusion of oxygen ions in the oxide from the oxide/water interface to the oxide/metal interface. If this phenomenon, observed by Knights, is applied to micro-areas, the formation of locally thicker oxide layers or bumps in the black oxide films can be explained. When a critical tensile stress in the metal just below the oxide/metal interface is reached because of the increase of the oxide film thickness in small areas (Fig. 14b), the enhancement of oxidation forms bumps in black oxide film (Fig. 14c). Since the bumps in the black oxide films act as nuclei of nodular corrosion, the factors that affect the formation of bumps are also related to nodular corrosion. Therefore, several phenomena correlated to the nodular corrosion can be understood, namely, that the dimension of nodules is proportional to grain size[3] that different textures, and/or different surfaces on a same specimen, display a different nodular corrosion resistance[17], and that proper cold working, which may degrade the differences in crystal orientation may retard the formation of nodular corrosion[3]. Because of differences in thermal expansion between Zircaloy and its oxide, a temperature cycle will lead to redistribution of stress near the oxide/metal interface. The critical tensile stress in small areas, which is necessary for the formation and the development of bumps in black oxide films, has to be rebuilt after the re-loading of specimens in an autoclave. This is probably the reason for the retardation of nodular corrosion after pre-autoclaving[4,23].

The solid solution of alloying elements or the precipitation of second-phase particles with different sizes and distributions in Zircaloy and the environment such as the difference in pressurized water reactors (PWRs) and boiling water reactors (BWRs) however will both affect the surface energy of crystals with different orientation, which is associated with the formation of epitaxial oxide films, so that the behavior of nodular corrosion is also related to these factors[1,4,5,24].

When bumps in black oxide films have formed, they will stress the surrounding metal and cause it to deform plastically while undergoing a circumferential compressive stress themselves. Deformation twinning can be seen in the metal underneath the nodules in some cases. The increase in dislocation density in the metal surrounding the bumps in the oxide leads to the enhancement of oxidation caused by the forming of a short-circuit diffusion path along dislocations for oxygen ions. Therefore, the bumps grow much faster than the surrounding oxide shown in Fig. 14d. The features revealed on the oxide/metal interface after dissolving the metal show that the ripple marks on bumps might be the characteristics of the traces of the dislocation pattern generated by deformation in the metal before oxidation.

Vacancies in the black oxide will diffuse and condense preferentially, under the action of the circumferential compressive stress and temperature, to form pores that can be seen under the electron microscope (Fig. 13). If the pores are compared to a second phase, which will expand in volume during precipitation, then this kind of second phase, precipitated under applied stress will tend to form clusters, which will be perpendicular to the tensile stress and parallel to the compressive stress. This is true for the precipitation of hydrides in zirconium under applied stress. Therefore, it is believed that the pores that line up to form a layer structure parallel to the circumferential compressive stress will be most likely (Fig. 14e). The weak bonding from layer to layer can be observed both on the polished section and the fracture surface of the nodules (Figs. 2 and 6). This could explain the lateral cracks in the oxide layer after oxidate transition, which previously has been thought to have been produced by specimen preparation[6,25]. The condensation of vacancies in such a pattern will also assist the protrusion of bumps upward which relaxes the internal stress. The annihilation of anion vacancies leads to the change of zirconium dioxide from non-stoichiomatric to stoichiomatric, and the change of color from black to white. Since most of the defects existing in oxide crystals will be eliminated during this process and grain contrast becomes much more distinct than before, the high-temperature phase of the cubic and tetragonal structures become unstable and transform into the monoclinic structures. Because the strength is higher and the plasticity is better in non-stoichiomatric than in stoichiomatric ZrO_2[26,27], cracks form on the surface of the nodules after the annihilation of vacancies. Therefore, the cracks are regarded as a result but not as the cause of the formation of nodules in this model.

The diffusion of vacancies in bumps depends upon the temperature and the stress. At lower temperatures a high stress is needed and vice versa. Since the stress level in the bumps is proportional to their size, the fact that the thickness of nodules decreases with an increase in temperature[28] can be explained.

3 Conclusions

(1) The compressive stress gradient distributed along the thickness of black oxide

films has been measured to be ~500 MPa/μm in the film thickness of 1. 2 μm, and decreases to ~60 MPa/μm with the increase of thickness to 2. 1 μm when nodular corrosion appears.

(2) The oxide/metal interface at nodules is characterized by protrusions, which look like "cauliflower," with small semi-spherical bumps overlapping one another. Ripple marks on the small bumps could be indicative that the nodules grow much faster than the surrounding oxide.

(3) Monoclinic, cubic, and tetragonal lattice structures in black oxide films formed at both 673 and 773 K have been identified. The proportion of cubic and tetragonal phases decreases with the increase of temperature at which autoclaving is carried out. A single monoclinic lattice structure has been found in white nodules.

(4) Grain size in black oxide films is extremely fine (<50 nm) and grain contrast is indistinct. A high internal stress induces an imperfect crystal structure. High resolution lattice imaging shows that the oxide crystals consist of mosaics in ~20 nm size. Larger lattice spacing on (100) and (010) planes in some places might be associated with clusters of tin atoms.

(5) Pores (<10 nm) existing on triple grain boundaries in white oxide layers have been observed after oxidation transition.

(6) The model for the formation of nodular corrosion proposed by the author before has been further discussed in light of results obtained in this work, and some phenomena related to the nodular corrosion are further explained.

References

［1］Zhou, Bang-xin and Sheng, Zhong-qi, "Progress in Metal Physics and Physical Metallurgy," *Proceedings of the First Sino-Japanese Symposium on Metal Physics and Physical Metallurgy* (Sept. 1984), R. R. Hasiguti et al. , Eds. , 1986. p. 163.

［2］Zhou Bang-xin, *Proceedings of the Nuclear Materials Conference* (Dec. 1980. Chengdu), Atomic Energy Press, 1982, p. 87 (in Chinese).

［3］Charquet, D. and Alheritiere, E. , *Journal of Nuclear Materials*, Vol. 132. 1985,p. 291.

［4］Trowse. F. W. ,Sumerling, R. , and Garlick, A. , *Zirconium in the Nuclear Industry*, STP 633 , American Society for Testing and Materials, Philadelphia, 1977, p. 236.

［5］Johnson, A. B. and Horton. R. M. , *Zirconium in the Nuclear Industry*, STP 633 , American Society for Testing and Materials, Philadelphia, 1977,p. 295.

［6］Bradhurst, D. H. and Heuer, P. M. , *Journal of Nuclear Materials*, Vol. 41, 1971, p. 101.

［7］Cox, B. , *Journal of the Australian Institute of Metals*, Vol. 14. 1969, p. 123.

［8］Sabol, G. P. , McDonald, S. G. , and Airey, G. P. , *Zirconium in Nuclear Applications*, STP 551 , American Society for Testing and Materials, Philadelphia, 1974, pp. 435–438.

［9］Ploc, R. A. , *Journal of Nuclear Materials*, Vol. 82,1979, p. 411; Vol. 91, 1980, p. 322.

［10］Stehle, H. , Garzarolli, F. , Garde. M. , and Smerd, P. G. , *Zirconium in the Nuclear Industry: Sixth International Symposium*, STP 824 , American Society for Testing and Materials, Philadelphia, 1984, pp. 483–504.

［11］Bradhurst, D. H. and Heuer, P. M. , *Journal of Nuclear Materials*, Vol. 37. 1970. p. 35.

［12］Roy, C. and Burgers, B. , *Oxidation of Metals*, Vol. 2. 1970, p. 235.

[13] Garvie, R. C. , *Journal of Physical Chemistry*, Vol. 69, 1965, p. 1238.

[14] Cox, B. , *Journal of Nuclear Materials*, Vol. 29, 1969. p. 50.

[15] Urquhart, A. W. , Vermilvea, D. A. , and Rocco, W. A. , *Journal of the Electrochemical Society*. Vol. 125, 1978, p. 199.

[16] Keys, L. H. , Beranger, G. , Degelas, B. , and Lacomble, P. , *Journal of Less-Common Metals*, Vol. 14, 1968, p. 181.

[17] Kuwae, R. , Sato, K. , Higashinakagawa, E. , Kawashima, J. , and Nakamura, S. , *Journal of Nuclear Materials*, Vol. 119, 1983, p. 229.

[18] Cox, B. , *Journal of the Electrochemical Society*, Vol. 108, 1961, p. 24.

[19] Bibl, A. E. and Fascia, J. R. , *Transactions of the AIME*, Vol. 230, 1964, p. 415.

[20] Wilson, J. C. , ORNL-3970, 1966.

[21] Knights, C. F. and Perkins. R. , *Journal of Nuclear Materials*. Vol. 36, 1970, p. 180.

[22] Dollins, C. C. and Jursich, M. , *Journal of Nuclear Materials*, Vol. 113, 1983, p. 19.

[23] Lunde, L. and Videm. K. , *Zirconium in the Nuclear Industry: Proceedings of the Fourth International Conference*, STP 681, American Society for Testing and Materials, Philadelphia, 1979, pp. 40 – 59.

[24] Pettesson, K. and Bergqvist, H. , "External Cladding Corrosion in Water Power Reactors," *Proceedings of a Technical Committee Meeting Organized by IAEA*, Cadarache, France, 1985, p. 53.

[25] Cox, B. , *Journal of Nuclear Materials*. Vol. 41, 1971, p. 96.

[26] Douglass, D. L. , *Corrosion Science*, Vol. 5, 1965, p. 255.

[27] Ashbee, K. H. G. and Smallman, R. E. , *Proceedings of the Royal Society A*. Vol. 274, 1963, p. 195.

[28] Garzaolli, F. , Manzel, R. , Reschke. S. , and Tenckhoff, E. , *Zirconium in the Nuclear Industry: Proceeding of the Fourth Internatioal Conference*, STP 681, American Society for Testing and Materials. Philadelphia, 1979, pp. 91 – 106.

Zr-2合金中应力及应变诱发氢化锆析出过程的电子显微镜原位研究[*]

摘 要：用电子显微镜原位研究了 Zr-2 合金中的氢化锆在应力及应变作用下的析出过程. 应力诱发析出的氢化锆为 γ 相，与基体间存在 $(110)_\gamma//(11\bar{2}0)_{aZr}$，$(001)_\gamma//(0001)_{aZr}$ 的取向关系. γ 氢化锆沿它的 $[110]$ 生长最快，形成尖劈状. 当沿氢化锆开裂后，在裂纹端部又将析出氢化锆. 应变诱发析出的氢化锆为 δ 相，与基体间存在 $(111)_\delta//(0001)_{aZr}$，$(1\bar{1}0)_\delta//(11\bar{2}0)_{aZr}$；或 $(010)_\delta//(0001)_{aZr}$，$(001)_\delta//(11\bar{2}0)_{aZr}$ 的取向关系. 形变速率越高，δ 氢化锆越细小.

Zr 是一种强烈吸氢的金属，在高温时可溶解 50 at.-% 的氢，随着温度下降，溶解度急剧减小. 室温下溶解度为 $\sim 10^{-4}$ at.-%. 过量的氢与 Zr 形成氢化锆析出，影响 Zr 的力学性能. 20 世纪 70 年代初 Candu 反应堆的 Zr-2.5 Nb 合金压力管及燃料元件端塞焊缝曾发生过破裂[1,2]，认为是氢致延迟断裂. 实验证明，合金中只要含 10 ppm 的氢就会引起这种结果.

近年来已报道用 V[3]，Ti[4]，Zr[5] 的薄膜试样，在电子显微镜中加载拉伸观察氢化物在应力作用下的析出过程. 尽管薄膜试样的应力及应变状态与大块试样间有差别，但实验结果仍然很有价值. 由于氢致延迟断裂在工程中极其重要，因而深入研究应力及应变诱发氢化物的析出过程，及其对裂纹扩展的影响是很必要的.

1 实验方法

试样为不完全再结晶退火的 Zr-2 合金管，经高压釜过热蒸汽处理后，含氢量约为 50 ppm. 为了使微型拉伸试样在薄区内仍有适量的氢化锆第二相存在，管材经过 673 K. 20 min 加热水淬. 水淬后氢化锆的形貌见图 1. 可以看出，氢化锆被分散成细条，但不影响原来的晶粒组织. 去除管材的表面氧化膜，用化学抛光（抛光液为 10% HF + 45% HNO$_3$ 水溶液）减薄至 ~ 0.1 mm，然后沿周向取下宽 3 mm，长约 10 mm 的试样. 先用双喷电解抛光法在试样中部造成凹坑，但不穿孔，再用化学抛光使试样均匀减薄，直到凹坑中出现小孔. 小孔的周围是试样的薄区，在拉伸时供观察. 拉伸速度为 20 μm/min，采用三种拉伸制度：① 连续拉伸，直到断裂. ② 拉伸至小孔周围个别缺口处有明显变形，见到大量位

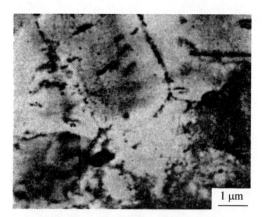

图 1 经 673 K，水淬后试样中氢化锆的形貌

Fig. 1 Morphology of hydride in specimen after 673 K，WC

1 μm

* 本文合作者：郑斯奎、汪顺新. 原发表于《金属学报》，1989，25(3)：A190-A195.

错运动后即停止.这时在几分钟内可见到裂纹扩展,当裂纹扩展应力松弛后再拉少许,这样持续数日.③拉伸至小孔周围个别缺口处刚出现位错运动后即停止,然后观察缺口处的变化,这样持续数十日.

微型试样安装在 EM-SEH 试样架上,在 JEM-200CX 电镜中拉伸观察.采用 DF,BF 和 SAD 方法来判断氢化锆的析出.为了确定氢化锆的晶体结构,一般要倾斜试样架,拍摄 3—5 张 SAD 照片进行分析.

2　实验结果及讨论

2.1　应变诱发的氢化锆

试样拉伸时,在裂纹前沿塑性变形区中,先形成不连续的微裂缝,然后微裂缝扩展与主裂缝相连,导致裂纹扩展.这与用 SEM 研究较大尺寸试样中延性断裂过程的结果一致[6].在经过塑性变形的区域中,当试样膜面接近平行于(11$\bar{2}$0)面,拉伸方向接近于[$\bar{1}$010]时,常常可观察到应变诱发而析出的氢化锆.氢化锆呈细棒状或颗粒状,细棒状的氢化锆大致与裂纹的扩展方向垂直,如图 2 所示.形变速率越高,析出的氢化锆越细越短.氢化锆的析出过程有孕育期,约为 10—20 min.经电子衍射分析证明(图 2b),这种氢化锆为 δ 相(fcc),有两种点

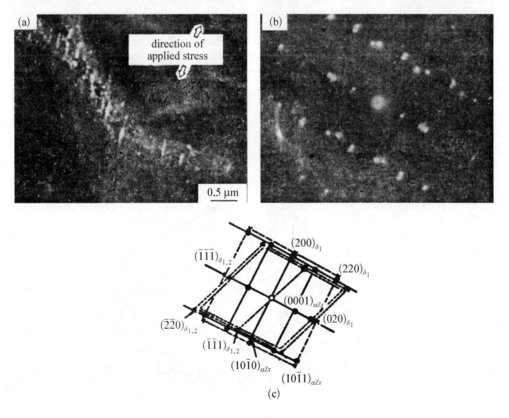

图 2　应变诱发析出的氢化锆,加载 2 h 后

Fig. 2　Precipitating hydrides induced by strain (DF), after loading 2 h　(a) Dark field image; (b) electron diffraction;(c) indexing

阵常数，$a = 0.514$ nm 和 $a = 0.479$ nm. 与基体间存在 $(111)_\delta /\!/ (0001)_{aZr}$，$(1\bar{1}0)_\delta /\!/$ $(11\bar{2}0)_{aZr}$ 的取向关系. δ 相氢化锆的长条方向为 $[112]$，并平行于 $[10\bar{1}0]_{aZr}$. 对于 $a = 0.514$ nm 的 δ 相氢化锆，与基体间还存在另一种取向关系：$(010)_\delta /\!/ (0001)_{aZr}$，$(001)_\delta /\!/ (11\bar{2}0)_{aZr}$，其形貌为颗粒状. 这种取向关系在文献中还未曾报道过.

2.2 应力诱发的氢化锆

试样加载后，在应力还未达到使试样发生明显变形并产生裂纹时，在小孔周围与应力方向大致垂直的缺口根部，会产生应力集中而析出氢化锆. 析出过程有孕育期，为 0.5 至数小时不等，这与缺口处的取向及应力大小有关. 随着时间增长，氢化物明显长大，并沿氢化锆的 $[110]$ 方向生长最快，其形貌与应变诱发的氢化锆不同，呈尖劈形(图 3). 当沿氢化锆开裂后，在新的裂纹尖端又会析出氢化锆(图 4)，这与 V[3]，Zr[5] 的实验结果相同. 氢化锆开裂应力消除后，经十几天也未发现重新溶解(图 4)，这与钒的实验结果不同，可能与氢的溶解度及在 V 和 Zr 中的扩散速率不同有关. 如果 Zr 在高于室温的某温度拉伸，有可能得到与钒试样相似的结果. 经电子衍射分析证明(图 3b)，应力诱发的氢化锆为 γ 相(fct)，$a = 0.457\text{—}0.463$ nm，$c = 0.514$ nm，与基体间存在 $(110)_\gamma /\!/ (11\bar{2}0)_{aZr}$，$(001)_\gamma /\!/ (0001)_{aZr}$ 的取向关系. γ 氢化锆的长条方向为 $[1\bar{1}0]$，与基体的 $[11\bar{2}0]$ 平行.

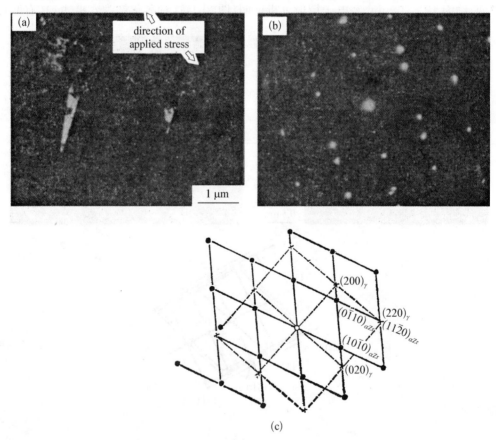

图 3　应力诱发析出的氢化锆，加载 75 h 后

Fig. 3　Dark field image (a), electron diffraction pattern (b) and indexing (c) for stress induced hydride, after loading 75 h

2.3 温度对应力诱发氢化锆的影响

当加热一个有裂缝的试样时,由于 α-Zr 热膨胀的各向异性,裂缝两端将产生应力集中,这时不用外加应力,也就可以观察到温度对应力诱发析出氢化锆的影响,图 5 是这种试样从室温加热到 573 K,在 0.5 h 内发生的现象,在裂缝的两个尖端都析出了氢化锆,其形貌与室温下析出的一样,但生长速度较快.氢化锆已有 7 μm 长,而室温下加载 100 h 后,氢化锆的长度才只有 2 μm,这是因为在高温下氢的扩散速度加快的缘故.但是当温度超过该氢含量时的固溶温度后,氢化锆就不再析出.

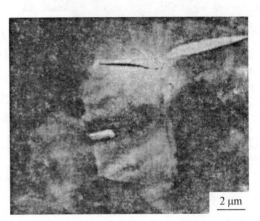

图 4 沿氢化锆开裂后,在裂纹端部又析出氢化锆

Fig. 4 After cracking along hydride, a new hydride particle forms at tip of crack (DF), after loading 70 h

图 5 试样加热后裂纹两端产生应力而诱发析出氢化锆

Fig. 5 Precipitation of 2 particles of hydride at tips of crack induced by stress produced during heating to 573 K, two dark field images showing two particles

过去的研究结果表明,δ 相是稳定相,γ 相是亚稳相[7,8].由 α-Zr 转变成氢化锆时体积将增大,体积变化(ΔV)分别是 $\Delta V_\delta = 17.2\%$,$\Delta V_\gamma = 12.3\%$[9],$\Delta V_\gamma < \Delta V_\delta$.这就不难理解为什么应力诱发析出的是 γ 相氢化锆,而稳定的 δ 相氢化锆只有在基体发生变形时才易形成.γ 相氢化锆析出时,它的[110]方向平行于基体的[11$\bar{2}$0],就两相间 Zr 原子的位置来说,是畸变最小的方向,因而 γ 氢化锆在这方向生长最快,形成尖劈形.

Cann 等对 Zr,Zr-2 和 Zr-2.5Nb 薄膜试样进行了拉伸试验[5],确定了在 Zr 试样裂纹端部析出的是 γ 氢化锆,并确定 γ 氢化锆和基体间的取向关系.但没有给出 Zr-2 合金中的结果.由于他们没有控制拉伸条件,无法区分应力和应变诱发析出的氢化锆具有不同结构,但本实验得到 γ 和 δ 氢化锆点阵常数为多值的结果.这决不是测量误差.这可能与含氢量不同有关.文献中测定 γ 和 δ 氢化锆的点阵常数也常不一致[7,10],可能也是含氢量不同引起的.

Nutall 等[11]分析了 Zr-2.5Nb 合金中的氢脆断口后,认为氢致延迟断裂包括氢化物在裂纹尖端析出,氢化物开裂导致裂纹扩展,然后氢化物再在裂纹尖端析出这样一组重复的过程.薄膜试样观察结果证实了这种过程.由于应力诱发的氢化锆生长在大致垂直于张应力方向的缺口根部,并沿基体的[11$\bar{2}$0]方向生长最快,因而织构取向将与氢致延迟断裂的敏感性密切有关.另外,氢化锆的生长将受到晶界阻碍(图 6),所以细晶材料抵抗氢致延迟断裂的性

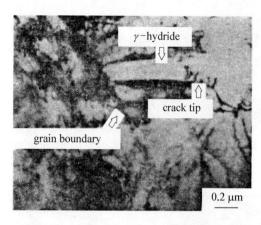

图6 应力诱发的氢化锆在生长过程中受到晶界阻挡

Fig. 6 Growth of stress induced γ - hydride abstracted by grain boundary (BF)

能将比粗晶材料的优良. 这些分析可以进一步解释实验观察到的一些结果[12].

3 结论

(1) 在电子显微镜中直接加载拉伸微型试样的结果表明, 氢化锆的析出过程可分为应力和应变诱发两类, 前者为 γ 相, 后者为 δ 相.

(2) 应力诱发析出的氢化锆, 沿它的 [110] 方向生长最快, [110] 平行于基体的 [11$\bar{2}$0]. 与基体间存在 $(110)_{\gamma}//(11\bar{2}0)_{aZr}$, $(001)_{\gamma}//(0001)_{aZr}$ 的取向关系. 氢化锆开裂后, 在裂纹端部又将析出氢化锆, 这种过程的重复构成了氢致延迟断裂. 由于氢化锆的生长方向与生长速度都与基体的取向有关, 并会受到晶界阻碍, 所以材料的织构和晶粒大小对氢致延迟断裂的敏感性有影响.

(3) 应变诱发析出的氢化锆与基体间存在两种取向关系: $(111)_{\delta}//(0001)_{aZr}$, $(1\bar{1}0)_{\delta}//(11\bar{2}0)_{aZr}$ 和 $(010)_{\delta}//(0001)_{aZr}$, $(001)_{\delta}//(11\bar{2}0)_{aZr}$. 前者为细棒状, 长轴方向为 [112], 平行于基体的 [10$\bar{1}$0], 大致与裂纹扩展方向垂直; 后者为颗粒状. 形变速率越高, 析出的氢化锆越细.

参 考 文 献

[1] Perryman E C W. Nucl Energy, 1978; 17: 95

[2] Simpson C J, Ells C E. J Nucl Mater, 1974; 52: 289

[3] Takano S, Suzuki T. Acta Metall, 1974; 22: 265
    Koike S, Suzuki T. Acta Metall, 1981; 29: 553

[4] Hall I W, Hammond C. Met Sci, 1978; 12: 339

[5] Cann C D, Sexton E E. Acta Metall, 1980; 28: 1215

[6] 徐永波, 刘民治, 李恒武, 苏会和, 朱桂秋. 金属学报, 1979; 15: 367

[7] Bradbrook J S, Lorimer G W, Ridley N. J Nucl Mater, 1972; 42: 142

[8] Nath B, Lorimer G W, Ridley N. J Nucl Mater, 1973; 49: 42

[9] Carpenter G J C. J Nucl Mater, 1973; 48: 264

[10] Weatherly G C. Acta Metall, 1981; 29: 501

[11] Nuttall K, Rogowski A T. J Nucl Mater, 1979; 80: 279

[12] Nuttall K. In: Azou P ed, Hydrogen et Materiaux, Vol. Ⅱ, 3rd International Congress, Paris, 7—11 Juin 1982, Paris: Imprimplans, 1982: 683

In Situ Electron Microscopy Study on Precipitation of
Zirconium Hydrides Induced by Strain and Stress in Zircaloy-2

Abstract: The precipitation hydrides induced by stress were found to be gamma phase with orientation relationship of $(110)_{\gamma}//(11\bar{2}0)_{aZr}$ $(001)_{\gamma}//(0001)_{aZr}$ between γ-hydride and surrounding matrix. The growth of-hydrides exhibiter a quickest rate along [110] direction, that brings them in taper shape. After cracking at hydride matrix boundary, a new one will precipitate at the tip of cracks. This is the essential process of hydrogen-induced delayed cracking in Zircaloy. The precipitating hydrides induced by strain were found to be delta phase with both orientation relationships of $(111)_\delta \, /\!/ \, (0001)_{aZr}$, $(1\bar{1}0)_\delta \, /\!/ \, (11\bar{2}0)_{aZr}$ and $(010)_\delta \, /\!/$ $(0001)_{aZr}$, $(001)_\delta \, /\!/ \, (11\bar{2}0)_{aZr}$ between δ-hydride and surrouding matrix. The δ-hydride becomes much finer as the strain rate increased.

锆-4合金氧化膜的结构研究*

摘　要：研究了锆-4合金在 500 ℃氧化时，氧化膜不同深度处的结构差异. 在 1.5 μm 厚的氧化膜中，观察到距离氧化膜与金属界面 100—200 nm 内为非晶组织，并有球状晶核. 在非晶转变成晶态时，先形成亚稳的立方结构，然后再转变成单斜结构，其中可能还有四方结构等亚稳相. 氧化膜与金属界面处的压应力随氧化膜增厚而增大，这是形成非晶氧化锆的原因.

1　引言

金属锆经氧化形成氧化锆后，体积将增大，P. B. 比为 1.56. 所以表面形成氧化膜后，氧化膜内将产生压应力，而与氧化膜连接处的金属将产生张应力. 由于氧化是在氧化膜与金属界面上逐层发生，所以氧化膜中又存在应力梯度. 在应力及应力梯度的影响下，氧化膜的结构会发生一些什么样的变化，这是研究氧化膜生长过程中时需要了解的一个问题. Roy[1] 用 X-射线研究氧化膜的晶体结构时，曾认为应力达到一定值后会形成立方和四方结构的氧化锆，并认为存在微晶或还有一部分非晶. Ploc[2] 用电镜观察研究后，也认为在氧化膜与金属界面处会有非晶存在. 但至今还没有电镜观察的直接证实. 为了要观察不同厚度处氧化膜结构的差异，最适合的方法是垂直于氧化膜取样，制成薄试样后用电镜观察.

2　实验方法

2.5 mm 厚的锆-4 板（成分见文献[3]），经过冷轧及 480 ℃—4 h 去应力退火，切成宽 3.0 mm 的条状试样，在 500 ℃空气中氧化 24 h，生成的氧化膜约厚 1.5 μm. 根据我们过去的测试计算结果[4]，这时氧化膜的内表面压应力可达到 1 100 MPa. 用江西赣西化工厂出产的 CH-31 双管胶，将两块经过氧化处理的试样面对面粘在一起，固化后用线锯截取薄片试样，再将它粘在一片带 φ2 mm 圆孔的薄片上加固，仔细研磨至厚度＜0.05 mm，用离子溅射减薄制成薄试样. 在 500 ℃处理数分钟的试样，这时氧化膜厚度小于 100 nm，用硝酸加氢氟酸水溶液将氧化膜脱下，捞在铜网上进行电镜观察，所用电镜为 JEM-200 CX.

3　实验结果和讨论

图 1 是样品在 500 ℃处理 24 h 后不同厚度处氧化膜的组织形貌和选区电子衍射图. 在距离氧化膜与金属界面大约 100—200 nm 以内，氧化膜基本是非晶态（图 1a、b），其中还可观察到由非晶转变成晶态时的球状晶核. 由非晶转变成晶态时先形成亚稳的立方结构（图 1c、d），

---

* 本文合作者：钱天林. 原发表于中国核材料学会《1989 核材料会议文集》《核科学与工程》增刊），1989：356—360.

这时衍射环连续,晶粒细小,然后再转变成单斜结构(图 1e、f),衍射环成斑点状,晶粒也明显长大.由非晶转变成晶态的过程中,可能还存在四方等其他一些结构.图 2 是样品在 500 ℃处理 2 min 后氧化膜的组织形貌和电子衍射图,这时氧化膜很薄,厚度小于 100 nm,显然它是晶态组织,为单斜结构.

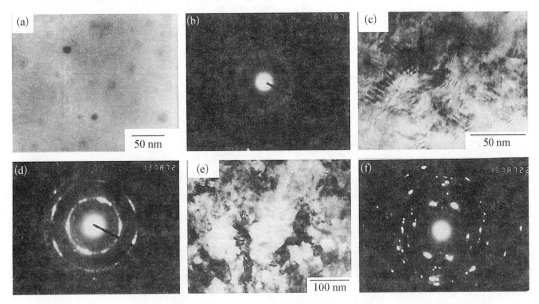

图 1 500 ℃氧化 24 h 后,氧化膜不同深度处的组织形貌和选区电子衍射图

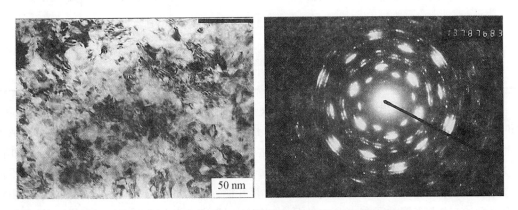

图 2 500 ℃氧化 2 min 后的组织形貌和选区电子衍射图

表1列出了由电子衍射计算得出的晶面间距 d 与立方及单斜结构 ZrO_2 晶面间距 d 的比较.

表 1 由电子衍射测量计算得出的晶面间距 d 与标准值的比较

实 际 测 量 值		ZrO₂(ASTM 卡片标准)			
		Monoclinic		Cubic	
d	d	hkl	d	hkl	d
5.02		100	5.036		
3.66		011	3.690		
		110	3.630		

实际测量值		ZrO₂（ASTM 卡片标准）			
		Monoclinic		Cubic	
d	d	hkl	d	hkl	d
3.16		111	3.157		
	2.92			111	2.92
2.87		111	2.834		
2.60		002	2.617		
		020	2.598		
	2.54	200	2.538	200	2.53
2.20		211	2.213		
2.18		102	2.182		
2.06		112	2.015		
2.02		202	1.989		
		022	1.845		
1.82		220	1.818		
	1.80	122	1.801	220	1.80
1.69		300 202	1.691		
1.65		013 221	1.656		
1.54		131	1.541		
	1.53			311	1.53
	1.46			222	1.464
1.42		321 320	1.420		
1.266	1.26			400	1.267
1.212					
1.165					
1.08					
1.00					
0.98					

从以上结果可以看出,在锆合金表面形成氧化膜时,由于氧化膜内存在很大的压应力,这时生成氧化锆的晶体结构不仅不完整[5],而且当应力增大到一定时,生成的氧化锆会成为非晶态,在由非晶态转变为晶态时,先形成亚稳的立方结构,这与用溅射沉积方法得到非晶ZrO₂薄膜在加热时转变为晶态的规律相似[6].这样,在黑色氧化膜中常常观察到 3 种不同晶体结构(立方、四方和单斜)的氧化锆会同时存在的现象[5]得到了解释.非晶态一般是由液态合金急冷,或由高能粒子轰击晶态物质转变而成.本实验证实在一定的压应力下,两种物质化合形成另一种物质时也会形成非晶态.锆的氧化过程发生在氧化膜与金属界面处,需要氧从氧化膜与空气界面处向氧化膜与金属界面处扩散,或者阴离子空位向着相反的方向扩散,在氧化膜晶体中,这种扩散容易沿着晶体晶界进行,称为短路扩散.形成非晶后,在非晶中扩散将比晶体中的点阵扩散容易,所以非晶形成后如何影响氧化动力学过程是值得进一步研究的问题.

4 结论

锆-4 合金在 500 ℃氧化时,随着表面氧化膜增厚,氧化膜内表面压应力也增加,当应力达到一定值后,形成的氧化锆成为非晶态.由非晶转变为晶态时,先形成亚稳的立方结构,而后再转变为稳定的单斜结构,其中可能还存在四方结构等其他相. 这样,在黑色氧化膜中同时存在 3 种不同晶体结构的氧化锆的现象得到了解释.

参 考 文 献

[1] Roy C. and David G. , J. Nucl. Mat. , 37 (1970), 71.

[2] Ploc R. A. , J. Nucl. Mat. , 61 (1976), 79.

[3] 周邦新、赵文玺、潘淑芳、蒋有荣等,中国科学院金属腐蚀与防护研究所腐蚀科学开放研究实验室 1983 年年报, P. 194.

[4] 周邦新、蒋有荣,锆 2 合金在 500 ℃—800 ℃空气中氧化过程的研究,待发表.

[5] Zhou Bang Xin (周邦新), Zirconiun in the Nuclear Industry, Eighth International Symposium. ASTM STP 1023. American Society for Testing and Materials, Philadelphia, 1989, P. 360 – 373.

[6] Naguib H. M. and kelly R. , J. Nucl. Mat. 35 (1970) 293.

A Study of Microstructure of Oxide Film Formed on Zircaloy – 4

Abastract:The difference of oxide structure at different depth of oxide film has been investigated after oxidation at 500 ℃ in air for Zircaloy – 4 within the thickness 100 – 200 nm from the oxide/metal interface in 1. 5 μm oxide film, amorphous structure of oxide was observed, and some spherical nuclei of crystal could also be seen. During the trasfromation of Crystallization from amorphous phase, cubic metastable phase formed at first, then transformed into monoclinic stable phase, Tetragonal metastable phase might also exist. The compressive stress at the oxide film inner face (Oxide/metal interface) increases with the increase of thickness of oxide film, that is the reason for the formation of amorphous structure.

水冷动力堆燃料元件包壳的水侧腐蚀[*]

摘　要：从反应堆运行工况及材料因素,讨论了水堆燃料元件包壳的水侧腐蚀问题.为满足高性能燃料元件的要求,包壳的水侧腐蚀性能需要改善.本文根据最近的一些研究结果,讨论了各种可能有效的措施.

1　前言

锆与高温水或过热蒸汽反应生成氧化锆和氢.最初生成氧化膜的速率遵循准抛物线关系,氧化膜黑色光亮,附着力强.随着时间增长或温度升高,转变成线性关系,氧化膜也比较疏松,容易剥落,这种过程称为转折.转折过程的迟早,反映了锆合金抵抗腐蚀的能力,并与反应堆的安全运行密切有关.另外,反应生成的一部分氢将被包壳吸收而影响其力学性能.因此,在设计时对氧化膜厚度及吸氢量都有一定的限制,例如法国采用的设计标准是氧化膜厚度<100 μm,吸氢量<600 ppm[1].对目前反应堆的运行工况来说,包壳的水侧腐蚀并不成为燃料元件寿命的限制因素,但是为了进一步提高燃料的燃耗,降低燃料循环成本;提高堆芯冷却水温以改进反应堆的热效率;特别是面临着 APWR 的发展,这些都要求元件包壳具有更优良的抗腐蚀性能.新材料的开发需要较长的周期,所以许多国家现已进行了这方面的工作.

2　反应堆运行工况对包壳水侧腐蚀的影响

对不同燃耗的元件,用涡流方法测量氧化膜厚度沿元件棒高度的分布如图 1 所示[2].由图 1 可以看出从元件棒下端向上,氧化膜逐渐增厚,但在每个定位格架处,氧化膜又明显变薄,这都与冷却水温不同引起包壳表面温度的变化有关.冷却水从堆芯底部进入后,沿着燃料组件上升,水温也逐渐升高,在格架处由于搅混叶的作用,使包壳表面得到充分冷却,所以氧化膜变薄.另外,随着燃耗的增加,氧化膜明显增厚,每根元件棒上氧化膜的最厚值与燃耗间的关系如图 2 所示[2],虽然氧化膜的厚度随燃耗的加深而增厚,但数据相当分散,即使在同一根元件棒的同一高度上,沿包壳周向长度上的氧化膜厚度也不均匀[2].由于每根单棒四周的四个子通道的水道间隙不可能绝对一致,热工水力的参数也不完全相同,包壳表面温度的微小差别,也会引起氧化膜厚度的差别.

图 3 是两根元件棒经过堆内 4 个循环后氧化膜厚度沿棒高度分布的比较[3].其中一根元件棒在经过堆内第二个循环后把元件棒上下倒置.倒置后的元件棒经过 4 个循环后,氧化膜最厚处仍然在第二循环后氧化膜最厚的位置(图 3b),与不倒置的元件棒(图 3a)相比,氧

---

* 本文原发表于《核动力工程》,1989,10(6):73-79.

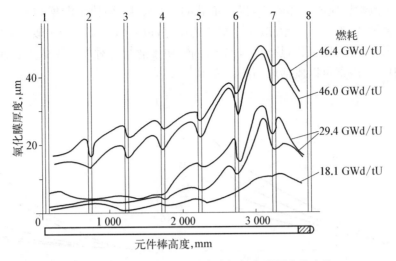

图 1 燃料棒不同高度处包壳水侧氧化膜厚度的变化

化膜要薄一些. 比较两根元件棒在经过 4 个循环后和 2 个循环后, 氧化膜厚度的增加沿元件棒高度的分布(图 3c), 从同一高度上可以看出氧化膜的增厚量与它原来的厚度有关, 原来氧化膜厚的地方, 增厚量也大. 氧化膜的生长是加速进行, 这是因为氧化膜的热导差, 在有热流量的情况下, 氧化膜越厚, 虽然冷却水温不变, 但氧化膜与金属界面处的温度越高, 使氧化过程加快. 所以元件棒表面的氧化膜厚度还与功率运行历史有关. 在燃耗相同的情况下, 先在低功率运行, 然后在高功率运行所生成氧化膜的厚度比运行情况相反时的厚.

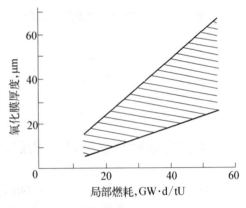

图 2 燃耗与包壳水侧氧化膜厚度的关系

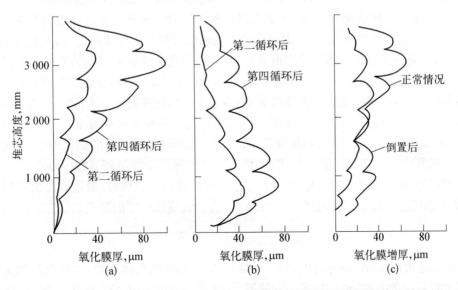

图 3 氧化膜厚度沿燃料棒轴向的分布 (a) 在正常情况下经过第二循环和第四循环; (b) 在第二循环后将燃料棒上下倒置; (c) 从第二循环到第四循环氧化膜的增厚

如果为了改善反应堆的热效率,提高堆芯的入口水温,即使水温增加不多,也会使氧化膜的厚度显著增加,如图 4 所示.减小冷却水的流速,也有与提高水温相似的结果.

另外如水化学,水垢沉积,热流量,泡核沸腾,中子通量等对氧化膜的生长速度都有很大的影响,其中一些因素可以概括地用图 5 表示[1].

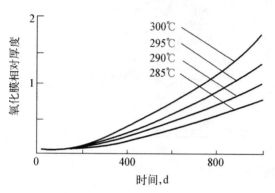

图 4 堆芯入口水温对氧化膜生长的影响

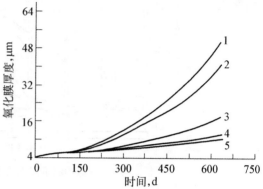

1—压水堆中,346 ℃,$\alpha=0$,氧化转折时间为 140 天;2—CIRENE 回路中,346 ℃,$\alpha=10\%$;3—CIRENE 回路中,346 ℃,$\alpha=0$;4—高压釜中,354 ℃;5—高压釜中,346 ℃,氧化转折时间为 170 天.

图 5 不同实验方法对氧化膜厚度的影响(α—空泡系数)

3 材料因素对抗腐蚀性能的影响

目前除苏联等国采用 Zr-1.0 Nb 合金作为水堆元件包壳材料外,大多数国家都采用 Zr-Sn 系的 Zr-2 或 Zr-4 合金,Zr-2 合金用于沸水堆,Zr-4 合金用于压水堆.两者均能满足目前反应堆运行工况的要求,但是化学成分和组织结构对抗腐蚀性能的影响,还了解得很不够,还没有充分发挥合金的潜力.再结晶退火和去应力退火对抗腐蚀性能的影响如图 6 所示[1],从大量数据的统计来看,去应力退火的抗腐蚀性能略差于再结晶退火,但从力学性能等综合考虑,仍有不少公司采用去应力退火的管材,因为这两种退火制度的管材都能满足抗腐蚀性能的要求.就 Zr-2 和 Zr-4 合金来说,第二相的大小、分布和合金元素的固溶程度对抗腐蚀性能的影响,比是否发生了再结晶更重要,这都与热处理制度有关.Zr-4 合金中的 Fe、Cr 或 Zr-2 合金中的 Fe、Cr、Ni 元素虽然含量不多,但在 α-Zr 中的固溶度很小,会以 $Zr(Fe,Cr)_2$ 或 $Zr_2(Fe,Ni)$ 金属间化合物形式析出.这不仅与成品管的热处理有关,还与管材成型整个过程中热处理的制度有关.第二相的固溶处理需要加热到 β 相(1 000—1 050 ℃),而第二相的重新析出和聚集长大,则大致发生在 650 ℃以上加热时.最近曾提出用归一化退火参数 A 来描述热加工制度对 Zr-4 和 Zr-2 合金抗腐蚀性能的影响,其定义为

$$A = \sum t_i \exp\left(-Q/RT_i\right)$$

式中,Ti 为退火温度,K;t_i 为退火时间,h;Q 为激活能;R 为气体常数,A 是管材加工过程中各次退火计算值的总和,也包括成品管的退火.如果将腐蚀增重 ΔW 对 A 作图,发现 ΔW 随 A 的变化有一个突变,如图 7 所示,图 7 说明了控制 A 可以使抗腐蚀性能得到改善.KWU

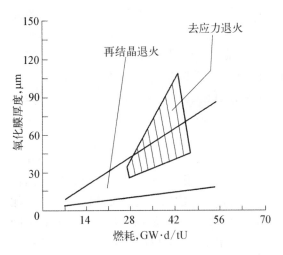

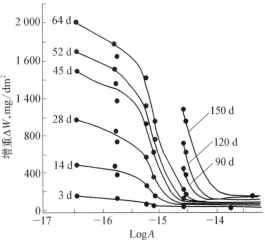

图6 退火及燃耗对 Zr‐4 合金抗腐蚀性能的影响

图7 腐蚀增重与退火参数 A 之间的关系(400 ℃过热蒸汽腐蚀)

公司曾建议沸水堆包壳管(Zr‐2)应控制 $A \leqslant 10^{-18}$ h,而压水堆包壳管则应控制 A 在 2×10^{-18}—5×10^{-17} h 之间.但是 Schemel 等曾指出,在讨论 A 与 ΔW 关系时,应注意成品管的热处理情况,如像 A 从 2.3×10^{-18} h 变化到 29×10^{-18} h 时,对最终不退火管材的抗腐蚀性能有改善(400 ℃蒸汽试验),但对去应力或再结晶退火的管材则无影响.目前,A 与 ΔW 间的关系虽然已得到普遍注意,但其物理意义还有待进一步阐明,可能与第二相的大小、分布,或者与合金元素的过饱和固溶含量等有关.

　　锆合金加热到 β 相快速冷却后,如果试样比较小,冷却速度比较快(水淬),可以得到针状马氏体,第二相全部固溶.如果在空气中冷却,则在板条状晶粒晶界上会析出成串的第二相,如图 8 所示[4].这种第二相是亚稳的 $Zr_4(Fe,Cr)$ 立方结构相,在重新加热或辐照过程中会溶解,然后析出 $Zr(Fe,Cr)_2$ 六方结构相.第二相成串分布的这种组织,对改善沸水堆元件包壳的疖状腐蚀是非常有效的,对压水堆元件包壳的影响如何,还未得到一致的看法.用高压釜试验得到腐蚀增重与 β 相加热后冷却速度间的关系如图 9,由于冷却速度过快得到针状马氏体后,抗腐蚀性能明显变坏,这可能与晶界面增大,位错密度和畸变增大等组织上的变化有关.β 相加热后随炉缓冷的抗腐蚀性能也是很差的.

　　由于曾提出第二相镶嵌在氧化膜中,可作为电子通道而影响氧化膜的生长速度,改善合

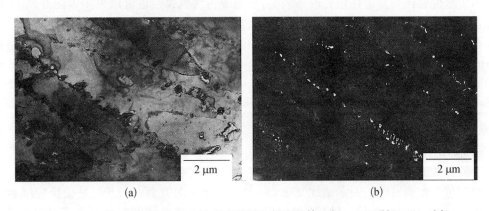

图8 Zr‐4 合金从 β 相加热空冷后在晶界上析出的第二相 (a) 明场;(b) 暗场

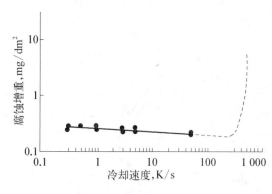

图 9 β相加热后的冷却速度对 Zr - 4 合金抗腐蚀性能的影响(350 ℃水中腐蚀)

金的抗腐蚀性能[5]. 因此,确切了解第二相在氧化过程中的行为,对认识第二相如何影响抗腐蚀性能是十分重要的. Ploc 用俄歇扫描谱仪研究了第二相在氧化过程中的变化,认为 $ZrFe_2$ 在氧化过程中会分解,Fe 向氧化膜表面扩散,在表面形成 Fe_2O_3,而 Zr_2Ni 在氧化过程中分解后,Ni 向里扩散集聚在氧化膜与金属界面上,所以在氧化膜生成后,第二相并没有镶嵌在氧化膜内,用电镜观察氧化膜的结构时,也没有发现原来合金中的那种第二相. 如果能研究垂直于膜面中氧化膜距离表面不同深处的结构差别,以及氧化膜与金属界面处的结构在氧化膜生长过程中的变化,将对认识氧化膜的生长过程,以及各种因素对它的影响提供有价值的信息.

合金的化学成分对抗腐蚀性能有很大的影响,但是要发展一种新的合金,除了抗腐蚀性能以外,还有其他各种性能的综合要求,在未经过长期辐照考验之前,不能在工程中推广应用,所以目前的注意力仍然放在调整已用合金的成分,寻找改善抗腐蚀性能的可能性. 例如美国 Wah Chang Albany 公司报道了在 ASTM 标准范围内变动 Sn、Fe、Cr、Ni 成分对 Zr - 2 合金抗腐蚀性能的影响,当把 Fe、Ni 含量调至上限(Fe+Ni∽0. 28 wt%),Sn 含量取下限时(1. 2 wt%)可以使 Zr - 2 合金抗疖状腐蚀性得到改善. 他们与 KWU 合作的研究扩大了成分的变化范围,其中,Sn:0. 2%—1. 7%,Fe:0. 05%—0. 53%,Cr:0. 04%—1. 05%,Ni:0. 03%—0. 046%. 另外,O、C、Si、P 等杂质元素的含量也在标准范围内作了变动. 采用堆外高压釜试验,在 350 ℃高温水中试验 2 年,在 400 ℃过热蒸汽中试验 1 年,以腐蚀转折作为比较判据. 结果表明转折时间随 Sn、C 含量的增加、Si 含量的减少而缩短;O、P 的影响不明显;Fe、Cr 的影响比较复杂,在水(350 ℃)和蒸汽(400 ℃)中的情况也不一样,但 Fe+Cr 含量低时(<0. 14%),腐蚀明显加速,尤其是在蒸汽中. 其所以复杂是因为 Fe+Cr 的影响还与它们形成第二相的类别、大小和分布等因素有关. 西屋公司研究了 Sn(1. 0%)—Nb(1. 0%)—Fe(0. 1%)锆合金,并组装成燃料元件棒在堆内进行了试验,平均燃耗达到 71 GWd/tU,在堆芯中停留了 66 个月,其腐蚀性能优于 Zr - 4 和 Zr - Nb,并且辐照长大和蠕变速率都比较低,他们将这种合金称为 ZIRLO.

由于水侧腐蚀只发生在包壳的外表面,所以改善水侧腐蚀也可以采用表面处理的办法,例如:用化学或物理气相沉积的办法,在外表面生成一层比锆合金更耐腐蚀的其他金属或金属化合物[6];用离子注入法使表面合金化,以提高耐腐蚀性;激光表面处理改善合金组织等. 由于组装时元件棒与格架间的摩擦可能会使元件棒表面划伤,在运行过程中,元件棒与格架刚性突起及弹簧间会产生磨蚀,这些都会使表面防护层遭到破坏. 激光处理比较有希望,这是因为该处理相当于进行表面 β 淬火,处理层厚可控制在管壁厚的 10%左右.

4 结束语

影响包壳水侧腐蚀的因素错综复杂,但大致可分为两方面:一方面是受反应堆运行工况的影响;另一方面是受包壳材料的成分和组织的影响. Noe 等曾对前者诸因素间的关系进行了分析,如再加上材料方面的一些因素,则可绘出相互间的关系如图 10 所示. 就环境条件来说,腐蚀与温度、时间和介质有关,所以运行工况的影响首先与包壳表面温度、运行时间和水化学有关,而材料因素则与化学成分及热处理引起的组织变化有关. 中子辐照不仅因影响水化学而影响腐蚀,而且因辐照引起材料中的缺陷增多(特别是氧化膜中的缺陷将加速氧离子的扩散)致使腐蚀加速.

改善包壳水侧腐蚀的措施有两方面:从材料方面考虑的措施已在第三节中作了讨论;从运行工况考虑,首要的是降低包壳表面温度,增加冷却水的流速;控制水质,防止水垢在包壳表面沉积,都可以降低元件表面温度. 另外,在燃料组件上部氧化膜最厚的两个格架间增加一个格架(参见图 1),也可减小元件棒上端氧化膜最厚处的膜厚. 对 45 GWd/tU 的燃耗目标来说,水侧腐蚀的问题还比较容易解决,但对更高的燃耗目标,还需要经过一番努力.

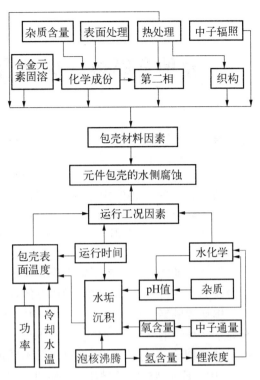

图 10 运行工况及材料因素对元件包壳水侧腐蚀影响的关系

参 考 文 献

[1] Manson M. , Marin J. F. , 核工业总公司一院学术讲座,未发表,1988 年 10 月.

[2] Thomazet J. , et al. , External Cladding Corrosion in Water Power Reactors, Proceeding of a Technical Committee Meeting Organized by IAEA, Cadarache, France, Oct. 14—18, 1985, p. 38.

[3] Garzarolli F. and Stehle H. , Behaviour of Core Structure Materials in Light Water Cooled Power Reactors, in International Symposium on Improvements in Water Reactor Fuel Technology and Utilization, Stockholm, Sweden, Sept. 15—19, 1986.

[4] Zhou Bangxin (周邦新), Sheng Zhongqi (盛钟琦), in Proceedings of the First Sino-Japanese Symposium on Metal Physics and Physical Metallurgy (Sept. 1984), Edited by Hasiguti R. R. , 1986, p. 163.

[5] Urquhart A. W. , et al. , *J. Electrochem. Soc.* , 199, 125 (1978).

[6] Ramasubramanian N. , *J. Nucl. Mat.* , 119, 208 (1983).

Water Side Corrosion of Cladding in Water Power Reactor

Abstract: Problems of water side corrosion of cladding have been discussed based on reactor operating conditions and material factors. In order to meet the demand of high performance fuel elements, it is necessary to improve the corrosion behavior of cladding on water side. According to the results obtained resently in the literature, different steps which may be effective for improving corrosion behavior of cladding have been discussed.

异种金属爆炸焊结合层的电子显微镜研究[*]

摘　要：用 TEM 研究了 γ/α 不锈钢、铜/碳钢和黄铜/不锈钢三对不同金属爆炸焊的结合层. 观察表明爆炸焊是通过接触面之间的扩散及局部熔化实现的. 结合层的组织不仅和两侧金属的成分有关，还与它们的热导、熔点及再结晶温度的差别有关. 由于熔区小，冷却速度快，可得到非晶、微晶，形成稳定相或亚稳相等不同组织. 扩散层很薄，从几个原子距离到 10^{-1} μm 量级. 如两种金属的热导及再结晶温度相差较大，则再结晶和回复区在热导好、再结晶温度低的一侧比另一侧清楚. 形变区的组织与晶体结构及层错能有关.

爆炸焊能将两种不能用熔焊连接的金属焊接在一起，制造不同金属的复合板，或连接不同金属的管材. 由于设备简单，操作方便，所以在工程上得到日益广泛的应用.

爆炸焊的结合层很薄，用光学显微镜（OM）很难分辨其细节. 近十多年来，已有不少学者研究了爆炸焊的结合层，但应用 TEM 来研究的工作还不多，而且局限于同种金属之间[1,2]或两种相似金属之间[3]，对两种截然不同的金属，通常是用 OM[4]，SEM 或复型技术来观察[5]，用 TEM 观察的结果，除铝/钢外[6]，还很少报道，这可能与制样困难有关. 而研究异种金属爆炸焊结合层的组织变化，对认识焊合过程是非常有价值的.

1　实验方法

选用了 $18-8(\gamma)/26-1(\alpha)$ 不锈钢、铜/碳钢和黄铜（32 wt-%Zn）/18-8 不锈钢三对不同的金属，试样均为管材. 经搭接爆炸焊后，沿管材轴向并垂直于结合面取样，用水磨砂纸研磨至约 0.05 mm 后，再用电解抛光（对 γ/α 不锈钢）或离子溅射减薄（对另外两种试样）来制备 TEM 试样. 由于铜和黄铜被氩离子溅射速率远比碳钢和不锈钢的快，所以还需要采用遮挡办法，减少铜和黄铜受氩离子溅射的时间，得到合格的样品.

2　实验结果及讨论

图 1 是爆炸焊结合层的金相组织，结合面在沿爆炸力传播方向呈波浪形，并有不连续的块状熔区. 熔区中的平均成分，在 γ/α 不锈钢中大约各占 50%；在铜/碳钢中，铜占 60%—80%，其余为 Fe；在黄铜/不锈钢中，黄铜占 60%—90%，其余为不锈钢. 熔点较低的金属，在熔区中占有较大的比例，当两种金属的熔点接近时，大约各占 50%. 钛/不锈钢和锆/不锈钢爆炸焊的结果，也符合这种规律[7,8].

2.1　γ/α 不锈钢爆炸焊的结合层

图 2 是 γ/α 不锈钢爆炸焊结合层的组织，在照片中两箭头的连线，是由 SAD 确定的 γ/α

---

* 本文合作者：盛钟琦、彭峰. 原发表于《金属学报》，1989，25(1)：A7—A12.

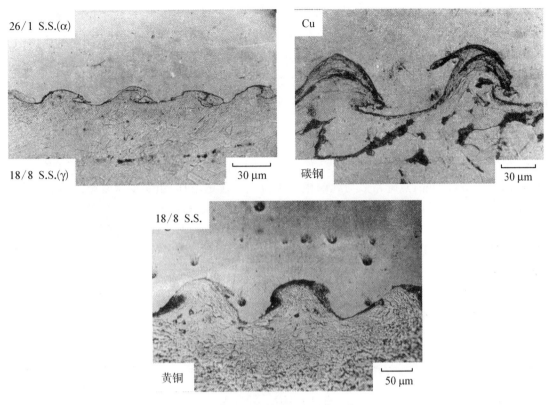

图 1 爆炸焊结合层的金相组织

Fig. 1 Microstructure of explosive bonding layer

交界线. 在图 2 中, α 侧先是一层柱状晶, 这是熔化后的凝固组织, 晶体生长方向与导热方向平行, 垂直于结合面; 接着是再结晶区、回复区和变形区. 在 γ 侧没有熔化后凝固的柱状晶. 如果将两侧的回复区包括在内, 结合层的宽度约为 4 μm. 有些焊接面中的熔化区在 γ 侧, 柱状晶也垂直于结合面. 还有些焊接区中没有熔化凝固后柱状晶, 而是等轴的再结晶组织, 但与通常的再结晶组织不同, 除了晶粒细小外 (<0.2 μm), 晶粒内的位错密度比较高. 用 EDAX 分析了薄试样中这类结合区成分的变化 (图 3), 证明存在扩散, 扩散层约 0.3 μm. 在

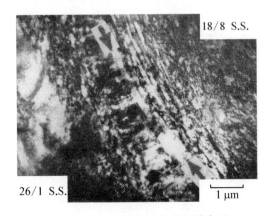

图 2 γ/α 不锈钢爆炸焊的结合层

Fig. 2 Bonding layer in γ/α stainless steel joint

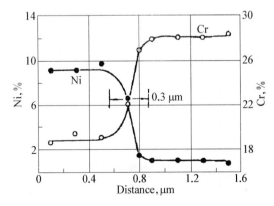

图 3 γ/α 不锈钢结合层处 Ni, Cr 的分布

Fig. 3 Ni and Cr content at bonding layer in γ/α stainless steel joint

α 侧的变形区中,是位错密度极高,胞状结构不明显的组织;在 γ 侧的变形区中,除位错密度高外,还有密集的形变孪晶. 在距离结合面大约 40 μm 以外的 γ 侧中,可观察到 α' 马氏体,它与基体间符合 K—S 关系,但未发现 ε 马氏体. 只有在远离结合面,形变量较小的 γ 侧中,才观察到极少的 ε 马氏体. 在这区域中还可见到 α' 马氏体在两组孪晶交截处成核,这与 Murr 等[9]研究 304 不锈钢受冲击波变形时,观察到在剪切带交截处成核的结果相似.

2.2 铜/碳钢爆炸焊的结合层

在结合层的熔区中,由于 Cu 和 Fe 的含量不同,组织也不相同. 在 Cu 含量较高的熔区中,为 fcc 的等轴细晶,点阵常数与纯铜相当,随着 Fe 含量增加,组织变得复杂. 根据电子衍射计算结果,其中有 Cu(fcc),α-Fe(bcc),还有其他一些面心和体心立方结构的亚稳相,以及非晶,结果列于表 1 中,形貌如图 4a,由于非晶的原子间结合力较弱,在受到氩离子轰击时,原子层易于剥离,所以照片中穿孔处为非晶,圆形带有条纹结构的是 α-Fe,在快速冷却时形成了超细马氏体,宽度只有 ~10 nm. 有的视场中还可见到大片的非晶(图 4b),其成分为 ~60% Cu 和 ~40% Fe,从高分辨象中,还可见到有 10—20 nm 的微晶.

表 1 铜/碳钢和黄铜/不锈钢熔区中各相晶面间距(d)的测量值和标准值

Table 1 Observed and standard d values in molten region of copper/carbon steel and brass/stainless steel joint

Observed d(nm)		Standard stable phase d, nm, (hkl)		Standard metastable phase d, nm, (hkl)		
Molten region in Cu/carbon steel joint	Molten region in Cu/s. s. joint	Cu $\alpha=0.3615$	α-Fe $\alpha=0.2866$	fcc $\alpha=0.440$	bcc $\alpha=0.420$	fcc $\alpha=0.495$
0.296				0.296 (110)		
	0.285					0.285 (111)
0.252				0.254 (111)		
	0.248					0.247 (200)
0.221				0.220 (200)		
0.208	0.208	0.208 8 (111)			0.210 (200)	
0.201			0.202 6 (110)			
0.181	0.180	0.180 8 (200)			0.171 (211)	0.175 (220)
0.157				0.155 (220)		
	0.149					0.149 (311)
0.148				0.148 (220)		
0.142			0.143 3 (200)			

Observed d(nm)		Standard stable phase		Standard metastable phase		
Molten region in Cu/carbon steel joint	Molten region in Cu/s. s. joint	d, nm, (hkl)		d, nm, (hkl)		
		Cu $\alpha=0.3615$	α-Fe $\alpha=0.2866$	fcc $\alpha=0.440$	bcc $\alpha=0.420$	fcc $\alpha=0.495$
	0.137					0.143 (222)
0.133				0.132 (311)	0.132 (310)	
0.127	0.127	0.127 8 (220)		0.127 (222)		0.127 (400)
0.121					0.121 (222)	
0.117			0.117 0 (211)		0.112 (321)	
0.106	0.108	0.109 0 (311)		0.110 (400)		
0.104		0.104 3 (222)			0.105 (400)	
0.101			0.101 3 (220)	0.100 (331)		

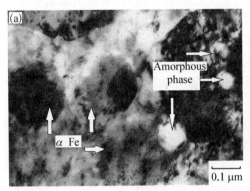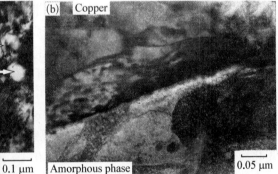

图 4 铜/碳钢接头中熔区的组织和非晶结构

Fig. 4 Microstructure of molton region in copper/carbon steel joint （a）microstructure； （b）amorphous structure

在结合面上的非熔化区中,可观察到 Cu—Fe 互扩散层,其宽度极不一致,但不超过 10^{-1} μm 量级(图 5).扩散层中为 Cu(fcc)和 α-Fe(bcc)的细晶组织.整个爆炸焊结合区的组织与 γ/α 不锈钢的相似,依次是再结晶区、回复区与变形区.不过在铜一侧的再结晶区比碳钢一侧的更明显.这与 Cu 的热导率高、再结晶温度低有关.铜一侧的变形区中有密集的形变孪晶,与 γ/α 不锈钢试样中的 γ 侧相似,而碳钢一侧的变形区组织,则与 α 不锈钢侧相似.

2.3 黄铜/γ 不锈钢爆炸焊的结合层

黄铜/γ 不锈钢结合层内由于黄铜的热导比铜差,熔区中见不到大片非晶.微晶已生长的比较完整(图 6),在微晶之间仍为非晶.电子衍射结果也列于表 1,其中存在 α-黄铜、fcc 的亚稳相和非晶.在黄铜一侧的再结晶、回复和变形区,与铜/碳钢中铜一侧的情况相似,由于黄铜的层错能比纯铜的低,形变孪晶比纯铜中的更密更窄.在γ不锈钢一侧的组织与γ/α不锈钢中γ一侧的相似,不过再结晶区不明显,这与黄铜的热导比γ不锈钢的高,而再结晶温度低有关.

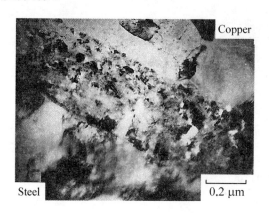

图5 铜/碳钢接头中扩散层的形貌
Fig. 5 Diffusion layer in copper/carbon steel joint

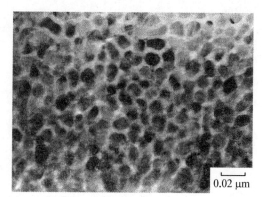

图6 黄铜/不锈钢接头中熔区中的微晶及非晶
Fig. 6 Amorphous structure and microcrystals in molten region of brass/γ-stainless steel joint

爆炸焊虽然在工程上已得到应用,但对焊合的机理并不十分了解.最近仍有人认为爆炸焊不存在热影响区和扩散层,在被焊的两金属间是不连续的界面,但实质上是冶金结合[10].早期用电子探针分析,曾证明结合层是无扩散的,但这是受到了当时仪器分辨率的限制.Hammerschmidt等[2,6]认为在接触界面上生成了一薄层熔化凝固层,这是爆炸焊结合的基本原因.他的根据是焊结层内晶粒细小,取向混乱,并且没有第二相析出.如果是再结晶后形成的,则晶粒应有明显择优取向.Yamashita等[11]也讨论了这种细小等轴晶的形成原因,认为无论再结晶形核机理是自发的还是亚晶合并粗化的过程,都得不到这么小的晶粒,因而应是熔化后快速凝固的结果.Ganin等[3]也赞同这种观点.

本实验从γ/α不锈钢爆炸焊结合层中,观察到柱状和等轴两种不同形状的晶粒,显然前者是熔化后凝固的晶粒,后者是再结晶晶粒.在爆炸冲击波的作用下,界面处的金属在超过屈服应力数十倍的应力作用下,发生高速变形,就像粘滞性材料在通常的应力下变形那么容易,即使脆性的第二相也可发生塑性变形[2,11].由于再结晶时成核的取向与变形机理有密切的关系[12],并且还会受到高速加热的影响,因此,经过特殊变形后和高速加热时发生的再结晶,就不能用通常的再结晶规律来衡量.例如立方织构的铜板,经冲击载荷变形后的硬度比通常冷轧变形后的高,表明储能大,但退火时的再结晶倾向小,再结晶温度高[13].Hammerschmidt和Yamashita等认为结合层中取向混乱的细晶,不能用通常再结晶的规律来解释,因而认为是熔化后凝固的结果,这种依据是不充分的.爆炸能传递到结合界面上后,从微区分析的角度来说,它的分布是不均匀的.局部地区可使金属熔化,在非熔化区中,由于热的作用也发生了扩散.所以爆炸焊的结合应是熔化和扩散共同作用的结果.

3　结论

(1)爆炸焊结合面呈波浪形,界面上有不连续的熔区.熔区的平均成分,因两侧金属的熔点不同而异,熔点较低的金属在熔区中占有较大的比例,当两种金属熔点接近时,熔区中的成分大约各占一半.

（2）熔区中的组织不仅与成分有关，还与金属的热导有关，它影响熔区凝固时的冷却速度. 在铜/碳钢和黄铜/不锈钢的熔区中，有非晶、微晶，稳定相和亚稳相，而在 γ/α 不锈钢的熔区中，只有 α 或 γ 的柱状细晶.

（3）在结合面的非熔化处存在扩散，扩散层的厚度极不均匀，从几个原子距离到 10^{-1} μm 量级.

（4）在结合面两侧，依次是再结晶区和回复区. 该区的宽度并不均匀，在两侧的情况也不一定相同，这与两侧金属的热导及再结晶温度的差别有关. 热导高、再结晶温度低的一侧，比另一侧的再结晶区和回复区明显.

（5）紧连着回复区的是变形区，在碳钢和 α 不锈钢侧是位错密度高、胞状结构不明显的组织，在黄铜、铜和 γ 不锈钢侧，除位错密度高外，还有变形孪晶，它们的密集程度随层错能降低而增加. 在 γ 不锈钢侧还可观察到 α' 马氏体.

本实验所用材料由吴向东及梅树才同志提供，作者深表感谢.

参 考 文 献

［1］Dor-Ram Y, Weiss B Z, Komem Y. Acta Metall, 1979；27：1417.

［2］Hammerschmidt M, Kreye H. In：Meyers M A, Murr L E eds. Shock Waves and High-Strain-Rate Phenomena in Metals，New York：Plenum，1981：961.

［3］Ganin E, Komem Y, Weiss B Z. Acta Metall, 1986；34：147.

［4］Kessel E M, Horn E, Kneider H. Prakt Metallogr, 1981；18：222.

［5］Trueb L F. Metall Trans, 1971；2：145.

［6］Hammerschmidt M, Kreye H. Proc Int Conf on High Energy Rate Fabrication, Leeds, England, 1981：60.

［7］周邦新，赵文金，黄德诚. 金属科学与工艺，1987；6(4)：26.

［8］周邦新，盛钟琦. 核科学与工程，1983；3：153.

［9］Murr L E, Staudhammer K P, Hecker S S. Metall Trans, 1982；13A：627.

［10］Linse V D, Lalwaney N S. J Met, 1984；36 (5)：62.

［11］Yamashita T. Onzawa T. Ishil Y. Trans Jpn Weld Soc,1973；4 (2)：51.

［12］周邦新，刘起秀. 金属学报，1981；17：363.

［13］Higgins G T. Metall Trans, 1971；2：1277.

Tem Study of Bonding Layers in Dissimilar Alloy Explosive Bonding Joints

Abstract：The bonding layers in dissimilar alloy explosive bonding joints, γ/α stainless steels, copper/carbon steel and brass/γ-stainless steel have been studied by means of TEM technique. The results show that the bonding is obtained by diffusion and local melting at the contacted surface. The structure of bonding layer not only responds to the compositions of the bonding alloys, but also the difference between their thermal conductivities, melting points and recrystallization temperatures. Because of the small molten region and fast cooling rate, the structure of molten region could be amorphous or microcrystals, and both stable and metastable phases exsist.

(110)[1̄10]Fe‐Si 单晶体的冷轧和再结晶*

摘　要: 研究了(110)[1̄10]Fe‐Si 单晶体的冷轧和再结晶. 经过70%—90%冷轧后,得到了强的{111}⟨110⟩和弱的{111}⟨112⟩加工织构,退火后得到了集中的{111}⟨112⟩再结晶织构. 冷轧变形后,{111}⟨112⟩取向的地区比{111}⟨110⟩取向的地区先发生回复,{111}⟨112⟩取向的亚晶吞并滞后回复的地区而长大,成为再结晶晶核. 这种再结晶织构的形成过程,可以概括地称为同位成核‐选择生长.

在体心立方结构的钢中,有三种重要的织构:(110)[001],(100)[001]和(111)织构. 尽管对影响(111)织构形成的各种因素已进行了不少研究[1,2],并且通过控制成分或轧制退火工艺,可以得到较强的(111)织构,但对其形成机理仍不十分了解.

过去曾研究了某些特殊取向的 Fe‐Si 单晶体的冷轧及再结晶,它们在再结晶后,得到了集中的(110)[001]或(100)[001]织构[3]. 但在(111)织构方面,还未见到类似的报道. 本文对(110)[1̄10]Fe‐Si 单晶的冷轧和退火织构进行了研究,为认识(111)织构的形成提供了实验依据.

1　实验方法

含 Si 3%的工业 Fe‐Si 合金,利用二次再结晶方法制备单晶体. 晶体厚0.72 mm,面积不小于25×40 mm. 由于采用的轧制退火工艺与制造冷轧取向硅钢片的相似,所以单晶体的取向都很接近(110)[001]. 选取轧面及轧向偏离(110)和[001]在2°以内的单晶,垂直于[001]方向用线锯切取宽约8 mm 的试样,即获得了(110)[1̄10]取向的单晶体. 试样经过50%—90%冷轧后,研究了它们的取向变化,并研究了70%—90%冷轧退火时再结晶过程及再结晶后的取向变化. 用 X 射线照相法来确定织构取向. 用双喷电解抛光法制备薄试样并进行电镜观察.

2　实验结果及讨论

2.1　冷轧及退火后的织构

(110)[1̄10]取向单晶在沿[1̄10]轧制时,由于(101̄)[111],(011̄)[111],(101)[111̄]和(011)[111̄]滑移系的作用,使样品产生了较大的宽展,如图1所示. 图中还给出了(110)[001]单晶沿[001]轧制时的宽展结果,以便比较.(110)[1̄10]单晶沿[1̄10]轧制时,取向绕轧向[1̄10]转动,当压下量达到50%时,形成了{111}⟨110⟩织构(图2a),随着压下量增加,还形

* 本文原发表于《金属学报》,1990,26(5):A340‐A345.

成了{111}⟨112⟩和极弱的(100)[001]织构. 图 2b 是冷轧 70%后的结果,经过 90%冷轧后的结果也与它相似. 冷轧变形量大于 70%,退火后就可得到集中的{111}⟨112⟩再结晶织构(图 2c).

2.2 再结晶成核过程及再结晶织构的形成

经过 70%和 90%冷轧的试样,分别在 540 ℃和 520 ℃退火 1 h 后开始再结晶. 再结晶晶粒最初都在形变带周界上形成. 图 3 是 70%冷轧的试样经 540 ℃退火 1 h 后的显微组织,可以看出取向不同的区域间回复过程的差别,{111}⟨112⟩取向的区域回复较早,进展较快,亚晶形成并明显长大,有的已长大成为再结晶晶核,{111}⟨110⟩取向的区域回复进展较慢,形成的亚晶也较小. 而取向接近{100}

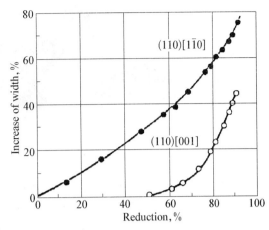

图 1 (110)[1̄10]和(110)[001]单晶分别沿 [1̄10]和[001]轧制时的宽度变化

Fig. 1 Width variation of (110)[1̄10] and (110) [001] single crystals during cold rolling along [1̄10] and [001] respectively

⟨011⟩的区域还看不出有明显的亚晶形成. 在亚晶长大过程中,特别是在吞并取向不同滞后回复区域的过程中,成长为再结晶晶核,所以最初形成的再结晶晶粒都在形变带的周界上. 取向最稳定的冷轧织构,在再结晶过程中最后才消失[4]. 轧制变形后处于稳定织构的区域,都是储能低,难于回复和再结晶的地区,退火后也得不到这种取向的再结晶织构. 图 4a 是 90%冷轧的试样经 520 ℃,退火 1 h 后,一个(111)[112̄]取向的亚晶正在长大成为再结晶晶核,其周围的取向主要是{111}⟨110⟩. 图 4b 是一个(111)[112̄]取向的晶核,在吞并周围接近 (100)[011]取向的区域而长大,这时(100)[011]取向的区域中还未形成明显的亚晶. 试样经过 70%—90%冷轧后,仍可见到一些位错密度较低的区域(图 5),大小为 0.2—0.5 μm. 在回复过程中,这种区域可能首先形成亚晶并且尺寸也可能较大,有利于长大成为再结晶晶核.

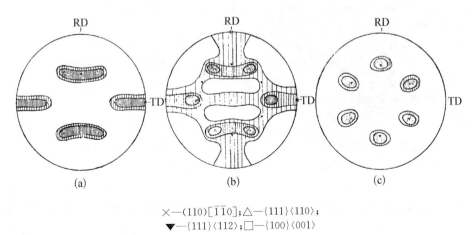

× —(110)[1̄1̄0];△ —{111}⟨110⟩;
▼ —{111}⟨112⟩;□ —{100}⟨001⟩

图 2 (110)[1̄10]单晶冷轧后的(100)极图

Fig. 2 (100) pole figures for (110)[1̄10] single crystals after cold rolled (a) 50%; (b) 70%; (c) 70% cold-rolled + 900 ℃, 1 h annealed

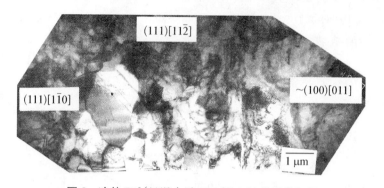

图 3　冷轧 70% 经退火后(540 ℃ 1 h)的显微组织

Fig. 3　Microstructure after cold rolled 70% and 540 ℃，1 h annealed

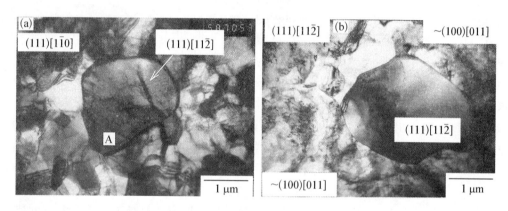

图 4　再结晶晶核的成长

Fig. 4　Growth of recrystallization nuclei　(a) from subgrain (A) with (111)[11$\bar{2}$]orientation after 90% cold rolled and 520 ℃ 1 h annealed；(b) with(111)[11$\bar{2}$]orientation at expending surrounding matrix with {100}⟨011⟩ orientation

图 5　90%冷轧后位错密度较低的区域

Fig. 5　Area contained low density of dislocation with {111}⟨112⟩ orientation after 90% cold rolled

2.3　(111)织构的形式

　　作者曾把再结晶织构形成的机理归纳成同位再结晶——选择性长大[5]，如果修改为同位形核——选择生长，则完全可以概括再结晶织构的形成机理.

　　从以上讨论再结晶成核的过程可以看出，要得到(111)织构（包括{111}⟨110⟩和{111}⟨112⟩），首先在冷轧变形后就应得到这种取向的弱加工织构，退火回复后，才可能得到(111)取向的亚晶. 要使这种取向的亚晶成为再结晶晶核，一方面利用了不同取向加工织构间回复先后的差别，另一方面，当加入其他元素后，造成其他原子在位错及亚晶界的偏聚，抑制了亚晶的普遍长大，这时依靠亚晶间大小或取向的差别，使(111)亚晶长大成为再结晶晶核. 这完全和二次再结晶过程相似. 早期研究了用 Al 脱氧的低碳镇静钢后指出[6],退火时的加热制度对(111)织构的形成非常重要. 如果冷轧前 AIN 未析出,则快速加热退火得不到集中的(111)织构,如慢速加热或快速加热到 500 ℃保温后再升温退火,都会得到较集中的(111)织构. 这与 Fe-Si 合金中(110)[001]织构通过二次再结晶形成时的规律完全相似,(110)[001]织构的集中程度,与加热速度及是否在 950 ℃保温有着密切的关系[3],不过二次再结晶发生在较高的温度,只有第二相才能对晶粒长大起阻碍作用. 在低碳钢中加入 Nb,Ti,Cu 等元素微合金化后,也有利于得到(111)织构[2].

从冷轧(110)[1$\bar{1}$0]单晶体后取向的变化过程可以看出,原始取向为(110)[1$\bar{1}$0],(111)[1$\bar{1}$0],(112)[1$\bar{1}$0]的晶体,轧制后都会得到稳定的{111}⟨110⟩织构,在继续轧制时,又形成了较弱的{111}⟨112⟩织构,再结晶后就可以得到(111)织构. 将{111}⟨110⟩或{111}⟨112⟩再结晶织构的多晶试样,再经过 70%冷轧退火,都得到了更集中的{111}⟨112⟩织构[7],这也证实了以上推论. α-Fe 在冷轧退火后,会形成{111}⟨110⟩、{112}⟨110⟩和{111}⟨112⟩等再结晶织构,而这些取向的晶粒在经过冷轧退火后仍可得到(111)再结晶织构,所以多次冷轧和多次中间退火会使(111)织构得到增强. 含 Nb 微合金化的低碳钢,热轧后可得到{112}⟨110⟩织构[2],所以冷轧退火后容易得到(111)织构.

3 结论

(1) (110)[1$\bar{1}$0]Fe-Si 单晶经过 70%—90%冷轧后,得到了{111}⟨110⟩和{111}⟨112⟩加工织构,退火后得到了集中的{111}⟨112⟩再结晶织构.

(2) 在退火时,{111}⟨112⟩取向的变形区比{111}⟨110⟩取向的变形区先发生回复,依靠回复过程的先后,以及亚晶大小的差别,{111}⟨112⟩取向的亚晶长大成为再结晶晶核,形成了集中的{111}⟨112⟩再结晶织构.

(3) 当领先回复形成的亚晶成长为再结晶晶核时,保留了原来加工织构的取向,但它们在吞并周围滞后回复的区域长大时,又有取向的选择性. 这种再结晶织构的形成过程,可以概括地称为同位成核——选择生长.

参 考 文 献

[1] Grewen J, Huber J. In: Haessner F ed, Recrystallization of Metallic Materials, Stuttgart: Dr. Riederev-Verlag GmbH, 1978: 125.

[2] Hu Hsun. In: Gottstein G, Luecke K eds., Proc 5th Int Conf on Textures of Materials, Vol. Ⅱ, Springer-Verlag, 1978: 3.

[3] 周邦新. 金属学报, 1964; 7: 423.
周邦新. 金属学报, 1965; 8: 380.

[4] 陈能宽, 刘长禄. 金属学报, 1958; 3: 30.

[5] 周邦新, 颜鸣皋. 物理学报, 1963; 19: 633.

[6] Richards P N. J Aust Inst Met, 1967; 12: 2.

[7] Inagaki H. Trans Iron Steel Inst Met, 1984; 24: 266.

Cold-Rolling and Recrystallization of (110)[1$\bar{1}$0] Iron-Silicon Single Crystals

Abstract: After cold-rolled 70%—90%, strong {111}⟨110⟩ and weak {111}⟨112⟩ cold-rolled textures, and perfect {111}⟨112⟩ recrystallization texture were obtained. The cold-rolled textures with different orientation possessed different ability for recovery because of the difference of dislocation structure and store energy after cold-rolled. The recovery taking place at {111}⟨112⟩ orientation region was prior to that at {111}⟨110⟩ orientation region. These subgrains with {111}⟨112⟩ orientation became recrystallization nuclei during their growth at expending the surrounding matrix which was sluggish in recovery process. The development of recrystallization textures may be suggested as process of "nucleation *in-situ*-selective growth". The formation of (111) textures in low carbon steel sheets has been discussed in the light of this suggestion.

Oxidation of Zircaloy – 2 in Air
from 500 ℃ to 800 ℃ *

Abstract: The oxidation of Zircaloy – 2 from 500 ℃ to 800 ℃ in air has been investigated. Electron microscopy were employed in the investigation of oxide film. The stress on the inner face of oxide film and stress gradient along the thickness direction have also been measured. The stress on the inner face of oxide film increases at first and decreases in late, and the stress gradient decreases monotonously with the increase of thickness of oxide film. The maximum stress and the thickness of oxide film corresponding to the maximum stress, increases with the increase of oxidation temperature. Three types of lattice structures: cubic, tetragonal and monoclinic exist in black oxide film. The grain is extremly fine and the grain contrast is indistinct. As the time or temperature of oxidation increase, the grain size becomes coarse and grain contrast becomes more distinct due to recovery and recrystallization taking place. Only a single monoclinic lattice structure was detected in the white oxide film.

1　Introduction

In order to reduce the electricity costs produced by nuclear power, the increase of discharge burn up for fuel elements has been proposed, and the inprovment of corrosion behavior for fuel cladding on water side is also recomended. Based on the knowledge resulted from the investigation of the oxidation process and the structure of oxide film, steps for improvment of corrosion behavior of Zircaloy could be put forword. The autoclaving has been conducted for several decades for corrosion behavior testing, but the testing temperature is limited by this method, and the regularity of oxidation process on a wide range of temperature can not be examined. Therefore, the investigation of oxidation in air can provide bases from other side for understanding the oxidation process.

2　Experimental Procedures

Annealed Zircaloy – 2 tubes were employed. A standardized procedure of pickling in nitric hydrofluoric acid bath was used for preparing the surface of specimens which were then heated to 500 ℃, 600 ℃, 700 ℃, 800 ℃ in air respectively and kept at that temperature for different time. Transmission Electron Microscopy (TEM) method was employed to examine the microstructure of oxide.

After the formation of oxide from metal or alloys, the dimension will be changed. The

*　In collaboration with Jiang Yourong. Reprinted from Inter. Symp. High Temp. Corr. Prot. , June 26 – 30, Shenyang, China, 1990: 121 – 124.

Pilling-Bedworth ratio is 1.56 between zirconium and its oxide, therefore compressive stress is predicted to arise in oxide layer when a oxide film forms on zirconium alloy surface. Since the oxidation takes place on the oxide/metal interface, a stress gradient will distribute along the thickness direction of oxide layer. When oxide layer forms on the outer surface of tubular specimens, the diameter of the tube increases, then the circumference increases too. As the dimension change of oxide is less restricted in circumferential direction than that in longitudinal direction, the compressive stress in oxide is higher in longitudinal direction than that in circumferential direction. After the metal matrix is completly dissolved by immersing the specimens in acid solution, the oxide layer will curl upwards along the longitudinal direction to form small rolls. After the diameter of these rolls and the thickness of the oxide layer have been measured, the stress gradient and the stress on inner face of oxide layer can be calculated[1].

3 Experimental Reslts and Discussion

The oxidation rate is controlled by the anion diffusion[2] which is mainly along the grain boundaries in oxide film before oxidation breakaway[3], and the oxidation process follows cubic rate law shown in Fig. 1. When the oxidation time increases, oxide film changes from black to white, and the oxidation changes into linear kinetic region. This is similar to those results obtained from autoclaving test [3,4].

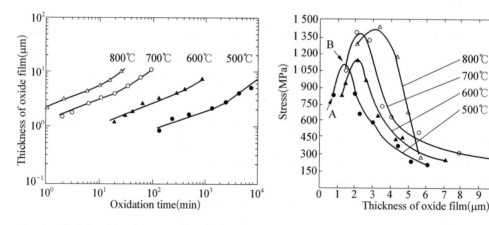

Fig. 1　Relationships between the thickness of oxide film and the oxidation time

Fig. 2　Relationships between the stress and the thickness of oxide film

The stress on the inner face of oxide film increases with the increase of the thickness of oxide film. Due to the recovery and recrystallization or/and creep, it will decreases with the increase of oxidation time. Therefore, a maximum stress appearing at a definite thickness of oxide film can be observed when oxidation was carried on different temperature as shown in Fig. 2. If the average stress in oxide film is taken into account, similar curves between average stress and thickness of oxide film should be obtained. Contrary to the results obtained by Roy et al. [5-7], it may be found that the oxidation breakaway is not corresponding to the maximum stress in oxide film. After comparing Fig. 1 with Fig. 2, the oxidation time and the thickness of oxide film corresponding to the oxidation breakaway and maximum stress on the inner face of oxide film are listed in Table 1.

Table 1

oxidation temperature(℃)	500	600	700	800
time of oxidation breakaway (h)	80	15	0.5	0.25
time reaching maximum stress (h)	4	0.7	0.1	0.04
oxide film thickness corresponding to maximum stress (μm)	1.3	2	2.7	3.3

The stress gradient decreases monotonously with the increase of thickness of oxide film and increases with the oxidation temperature in the range adopted in present investigation when the thickness of oxide film is less than 6 μm (Fig. 3). Except one of the authors has measured the stress gradient in oxide film[1] there is no discussion on this problem.

The increase of thickness of oxide film is mainly controlled by the diffusion rate of oxygen anion, but the recovery and the recrystallization are controlled by the diffusion rate of both oxygen and zirconium atoms, the

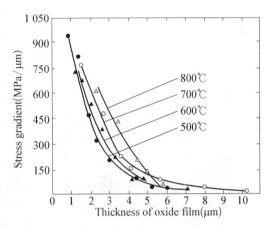

Fig. 3 Relationships between stress gradient and the thickness of oxide film

increase of the oxidation rate may be faster than that of the recovery and recrystallization rate with increasing temperature. Therefore, the thickness of oxide film corresponding to the maximum stress on the inner face of oxide film will increase with the increase of oxidation temperature. The stress gradient will increse with the increase of oxidation temperature at the same thickness of oxide film formed at different temperature.

Three types lattice structure, they are cubic, tetragonal and monoclinic exist in black oxide film. These lattices are the same as that obtained after oxidation in superheated steam[1]. The component of monoclinic phase will increase with prolonging oxidation time and with the increase of oxidation temperature. After oxidation breakaway, which predicated by the oxide film changed from black into white, monoclinic lattice structure is only found in white oxide film. The begining of the chang of oxide film from black into white is predicated by the appearing white nodules on the black oxide film as shown in Fig. 4. The morphology of nodules formed in air is some what different from that formed in superheated steam at 500 ℃, the protrusion of nodules on the surface and the lens shape

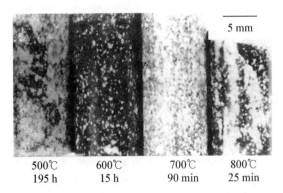

500℃	600℃	700℃	800℃
195 h	15 h	90 min	25 min

Fig. 4 Surface morphology during oxidation breakaway

of nodule section are not significant as that obtained in superheated steam.

The microstructure of oxide film formed at 500 ℃ at different time shows in Fig. 5. Before the maximum stress reaching in oxide film, indicated by "A" in Fig. 2, the grain size is extremly fine and its contrast is indistinguishable. This microstructure is similar to that formed after serious deformation. When the maximum stress reached, indicated by "B" in Fig. 2, the growth of subgrains can be seen in oxide film (Fig. 5b). This is the beginning of recovery and recrystallization and the inner stress of oxide film begins to decrease. After the extension of oxidation time, the inner stress of oxide film decreases significantly and the grain contrast become sharper than before (Fig. 5c). When oxidation at high temperature, such as oxidation at 800 ℃, a clear grain structure can be observed (Fig. 5d).

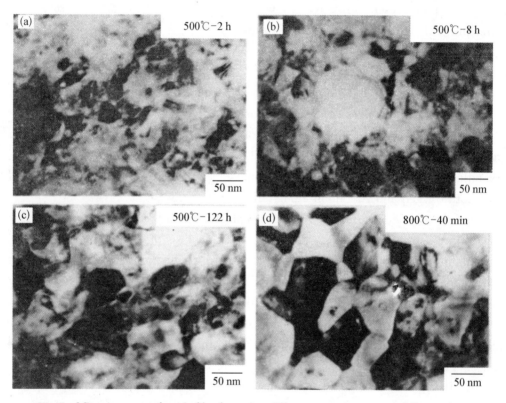

Fig. 5 Microstructure of oxide film formed at different temperature and different time

4 Conclusion

(1) In the oxidation process, black oxide film forms first and the kinetic follows the cubic rate law. After oxidation breakaway, the oxidation kinetic changes into the linear region.

(2) The stress on the inner face of oxide film increases at first and decreases latter with increasing thickness of oxide film. A maximum stress appears at a definite thickness of oxide film. But the stress gradient decreases monotonously with increase of thickness of oxide film. The maximum stress and the thickness of oxide film correspnding to the

maximum stress, increase with the increase of oxidation temperature. The stress gradient at the same thickness of oxide film also increases with the oxidation temperature.

(3) The grain size is extremly fine and the grain contrast is indistinct in black oxide film at first. After recovery and recrystallization with prolonging oxidation time or increasing the oxidation temperature, grain contrast become sharp.

(4) Three types of lattice structure, cubic, tetragonal and monoclinic, exist in black oxide film. After oxidation breakaway, monoclinic lattice structure is only found in white oxide.

Acknowledgement

The project supported by Corrosion Science Laberatoy, Academia Sinica.

References

[1] Zhou Bang-Xin, Zirconium in the Nuclear Industry: Eighth International Symposium. ASTM STP 1023; L. E. P. Vam Swam and C. M. Eucken, Eds. , American Society for Testing and Materials, philadephia, (1989) 360.

[2] C. C. Dollins and M. Jursich, J. Nucl. Mater, 113 (1983) 19.

[3] B. Cox, J. Nucl. Mater, 148 (1987) 332.

[4] M. Suzuki and S. Kawasaki, J. Nucl. Mater, 140 (1986) 32.

[5] F. W. Trowse, R. Sumerling and A. Garlick, Zirconium in the Nuclear Indrstry, ASTM STP 633; A. L. Lowe, Jr. and G. W. Parry, Eds, American Society for Testing and Materials, (1977) 236.

[6] E. Roy and B. Burgers, Oxidation of Metals, 2 (1970) 235.

[7] B. Cox, J. Nucl. Mater, 41 (1971) 96.

A Study of Microstructure of Oxide Film Formed on Zircaloy – 4*

Abstract: The difference of oxide structure in different depth of oxide film formed on Zircaloy – 4 at 500 ℃ in air has been investigated. Within the thickness 100 – 200 nm from the oxide/metal interface, amorphous structure of oxide was observed in oxide film with 1. 5 μm thickness. Some spherical nuclei of crystal in amorphous phases can also been seen. Cubic lattice structure forms first then transforms into monoclinic lattice during the transformation of crystallization from amorphous phase. Tetragonal or other metastable phase might also exist during the transformation process. It is responsible for this process that a compressive stress existing on the inner face of the oxide film increases with the increases of the oxide film thickness.

1 Introduction

After the oxidation of metallic zirconium, the dimension of oxide will increase, Pilling-Bedworth ratio is 1. 56. Therefore a compressive stress will be produced in the oxide film, and a tensile stress exists on the metallic side which is adjacent to the oxide film. Since the oxidation takes place on the metal/oxide interface layer by layer, a stress gradient along the thickness direction of oxide film will form. The effect of compressive stress and stress gradient on the microstructure of oxide film is one of the key problems which are needed to be investigated in order to make better understanding of the oxidation process. After analysing the structure by means of X-ray, Roy[1] indicated that cubic or tetragonal lattice structure of oxide would form when the compressive stress reached a critical level and proposed that oxide film may be largely microcrystalline and contain important fraction of amorphous phase. Ploc[2] examined the microstructure of oxide film by means of electron microscopy and proposed that amorphous phase might exist at the metal/oxide interface. But all of these propositions has not been verified by observing directly in electron microscopy. In order to observe the difference of microstructure at different depth of oxide film, a proper method is to make thin specimen perpendicular to the oxide film.

2 Experimental methods

3 mm width specimens were cut from a 2. 5 mm thickness plate of Zircalloy – 4 which

---

* In Collaboration with Qian Tianlin. Reprinted from Proceedings of International Symposium on High Temperature Corrosion and Protection, June 26 – 30, Shenyan, China, 1990: 125 – 128.

had been cold rolled and stress relieved at 480 ℃– 4 h. Then, these specimens were heated at 500 ℃– 24 h in air. According to the results obtained in our lab. [3], the oxide film is about 1.5 μm and the compressive stress at the inner face of the oxide film is as high as 1 100 MPa. Two specimens were adherent face to face on which a layer of oxide film formed with CH – 31 double tubes glue. Thin sections which were perpendicular to the adherent face were then cut down by means of wire saw, and grinded carefully to <50 μm. Ion sputtering thinner was adopted to prepare a thin specimen for TEM examination. After oxidation at 500 ℃ for several minutes, the thickness of oxide film is less than 100 nm, the oxide film was stripped by dipping the specimen in HNO_3 – HF acid solution and supported by copper mesh for examination in an electron microscope.

3　Experimental Results and Discussion

The microstructure and seleted area diffraction (SAD) patterns of the oxide at different depth of the oxide film formed at 500 ℃– 24 h are shown in Fig. 1. Within the

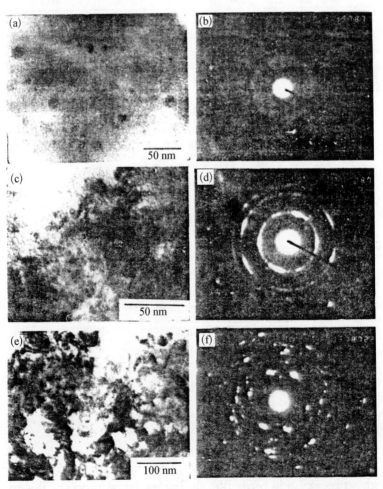

Fig. 1　Microstructures and SAD patterns at different depth of film formed at 500 ℃– 24 h

thickness of 100 – 200 nm from the oxide/metal interface, amorphous structure of oxide was observed, and some spherical nuclei of crystal during the transformation of crystallization from amorphous phase can also be seen (Fig. 1a, 1b). Fine grains with cubic lattice structure which were adjecent to the amorphous phase fomed first and show a continuous diffraction ring at this stage (Fig. 1c, 1d). Then the monoclinic lattice structure appear and the grains grow to form the diffraction ring in separated spots pattern (Fig. 1e, 1f). Tetragonal or other metastable phases could also exist during the transformation of crystallization from amorphous phase. Figure 2 shows the microstructure and SAD pattern of the oxide film formed at 500 ℃– 2 min. Obviously it is a crystalline structure with monoclinic lattice. Table 1 lists the interplanar specings obtained from electron diffraction pattern and shows the comparison with the monoclinic and cubic lattice interplanar spacings.

Table 1 Interplanar spacings obtainted from electron diffraction and monoclinic or cubic ZrO₂

Interplanar spacings measured from SAD (A°)		ZrO₂ interplanar spacings (A°)			
		Monoclinic		Cubic	
d	d	hkl	d	hkl	d
5.02		100	5.036		
3.66		011	3.690		
		110	3.630		
3.16		$11\bar{1}$	3.157		
	2.92			111	2.92
2.87		111	2.834		
2.60		002	2.617		
		020	2.598		
	2.54	200	2.538	200	2.53
2.20		$21\bar{1}$	2.213		
2.18		102	2.182		
2.06		112	2.015		
2.02		202	1.989		
		022	1.845		
1.32		220	1.818		
	1.80	122	1.801	220	1.80
1.69		300,202	1.691		
1.65		013,221	1.656		
1.54		131	1.541		
	1.53			311	1.53
	1.46			222	1.464
1.42		321,320	1.420		
1.266	1.26			400	1.267
1.212					
1.165					
1.08					
1.00					
0.98					

Since a high stress exists in oxide film during oxidation process, the crystal structure is not only imperfect[4], but amorphous phase can also be produced when the compressive

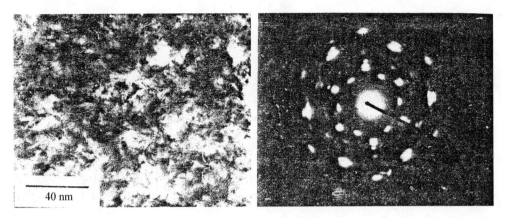

Fig. 2 Microstructure and SAD pattern of oxide film formed at 500 ℃- 2 min

stress increases to a critical level. When the transformation of crystallization from the amorphous phase takes place, a fine grains with cubic lattice structure formed first. This is similar to the phenomena of transformation from amorphous phase obtained from sputtering anodized ZrO_2 and collecting the deposit on unheated KCl during heating process[5]. Therefore, the phenomena of three different lattice structure, cubic, tetragonal and monoclinic, existing in black oxide film can be explained. Amorphous phase forms generally from the rapid colling of liquid alloys or by impacting of high energy particles. In present work, a verification has been shown that a amorphous phase could also form when matter forms by combination reaction under a high stress. The oxidation process takes place at the oxide/metal interface in metallic zirconium. The oxygen atoms diffuse from air/oxide interface to the oxide/metal interface, or the anion vacancies diffuse along the opposite direction, such diffusion is easy to follow the grain boundaries in crystal oxide termed "short diffusion path". After the formation of amorphous phase, the diffusion in amorphous phase is easier than that in crystal lattice. Therefore, it is worthful to investigate the effect of the formation of amorphous phase on the kinetic process of oxidation.

4　Conclusion

During the oxidation of Zircaloy - 4 at 500 ℃, the compressive stress in oxide film increases with the increase of the thickness of the oxide film. The oxide forms amorphous phase when the inner stress reaches a critical level. A phase with cubic lattice structure forms first during the transformation of crystallization from amorphous phase, then transforms into the monoclinic lattice structure. Tetragonal or other metastable phase might also exist during the transformation process. Therefore the phenomena of three different phases, cubic, tetragonal and monoclinic lattice structure, existing in black oxide film can be explained.

Acknowledgement

The project supported by Corrosion Science Laboratory, Academia Sinica.

References

[1] Roy C. and David G. , J. Nucl. Mater. , 37(1970) 71.

[2] Ploc R. A. , J. Nucl. Mater. , 61(1976) 79.

[3] Zhou Bangxin and Jiang Yourong, Nuclear Power Engeering, 11(1990) 233 (in Chinese).

[4] Zhou Bangxin Zirconium in the Nuclear Industry. ASTM STP 1023, L. E. P. Van Swam and C. M. Eucken, Eds. , American Society for Testing and Marterials, Philadelphia, (1989), 360.

[5] H. M. Naguibd and R. Kelly, J. Nucl. Mater. , 35(1970) 293.

锆-2合金在过热蒸汽中形成氧化膜的电子显微镜研究*

摘　要：应用电子显微镜研究了锆-2合金在673 K和773 K过热蒸汽中形成的氧化膜,对疖状腐蚀也进行研究.黑色氧化膜中存在立方、四方和单斜三种晶体结构的氧化锆,随着温度升高,立方和四方的比例减少.当氧化膜变成白色后,完全转变成了单斜结构.从高分辨电子衍衬图像中可以看到黑色氧化膜的晶体是由～20 nm大小的嵌镶块组成,在(100)和(010)晶面上存在一些晶面间距较大的地区,这可能与锡原子的聚集片有关.在氧化膜与金属界面处,疖状腐蚀斑形似"花菜"向金属基体内生长,"花菜"表面留下波纹痕迹,这可能与疖状腐蚀生长快的特性有关.在白色氧化膜中,可以观察到晶界上存在空洞(<10 nm).根据本实验结果,对作者过去提出的疖状腐蚀形成模型作了进一步的讨论.

1　前言

由于锆合金的热中子吸收截面积小,并具有良好的耐腐蚀性和力学性能,在核工业中用作水堆燃料的包壳材料.为了提高核反应堆的经济性,需加深核燃料的燃耗,元件在堆芯中的停留时间要相应延长,因而要求进一步改善锆合金包壳的耐腐蚀性能.

当锆-2合金作用沸水堆的元件包壳时,在黑色氧化膜的表面常会出现白色疖状腐蚀,厚度可达30～100 μm.目前虽已知道,合金经过适当的热处理后,可以阻止这类腐蚀,但对疖状腐蚀本身还了解得不很清楚.本工作用电镜研究了疖状腐蚀出现前后氧化膜的结构,以进一步认识疖状腐蚀的本质.

2　实验方法

试样为锆-2管材,成分见表1. Sn固溶于 α-Zr中,Fe、Cr、Ni的含量虽少,但在 α-Zr中的固溶度极小,大部分以 $Zr(Fe、Cr)_2$ 和 $Zr_2(Fe、Ni)$ 金属间化合物的第二相形式析出.当加热到 β 相时,所含Fe、Cr、Ni可全部固溶,在冷却(空冷)时,一部分Fe、Cr、Ni将以金属间化合物的第二相形式析出在板条状晶粒晶界上,另一部分固溶在 α-Zr中.试样经过 α 相(853 K)退火或 β 相(1 323 K)加热空冷两种热处理,改变了Fe、Cr、Ni合金元素在合金中的状态,也改变了合金的耐腐蚀性.这些结果在前一篇文章中已作了详细讨论[1].热处理后的试样,先经硝酸—氢氟酸水溶液洗和水洗,再放入高压釜内,用673 K、10.3 MPa过热蒸汽处理72 h,或用773 K、12 MPa过热蒸汽处理12 h.后一种处理可以模拟沸水堆中产生的疖状腐蚀过程[2].经过过热蒸汽处理的试样,用机械方法去除内壁氧化膜后,在硝酸-氢氟酸水溶液中减薄,或将金属溶完,观察与金属交界处的氧化膜形貌;或留下一薄层金属,然后用离

---

* 本文原发表于《中国腐蚀与防护学报》,1990,10(3)：197-206.

子溅射减薄制成透射电镜试样,观察氧化膜的结构.电子显微镜采用带有扫描附件的 JEM –
200 CX.

Table 1 Chemical composition of Zircaloy - 2 (wt%)

Sn	Fe	Cr	Ni	Zr
1.50	0.12	0.09	0.05	bal

3 实验结果与讨论

3.1 疖状腐蚀的特征

试样经过 673 K、10.3 MPa 过热蒸汽处理 72 h 后,表面生成了黑色光亮的氧化膜,经过
773 K,12 MPa 过热蒸汽处理 12 h,在经 1 323 K 加热的试样表面,仍然是黑色光亮的氧化
膜,但经 853 K 退火的试样,在黑色氧化膜表面已出现了疖状腐蚀白斑,有的已连成了一片.
白斑大致成圆形,剖面成凸透镜状,在偏光下可见到其中的层状晶粒组织(图 1).将氧化膜折
断后,根据白斑断口形貌(图 2),可分为两层:上层疏松,连接金属的下层比较致密,并有横
向裂纹,与图 1 中的层状晶粒组织一致.用扫描电镜观察与金属交界处的氧化膜表面,可以
看到白斑处的氧化膜向金属基体内突出(图 3a),表面为相互连接的半球,形如"花菜"(图
3b),在高倍下还可见到上面涟漪状的波纹(图 3c),而周围的氧化膜则比较平坦(图 3d).这
种特有的形貌必然和白斑生长较快有关.

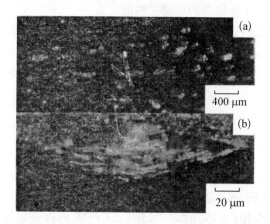

Fig. 1 Top view (a) and section (b, polarizd) of nodules

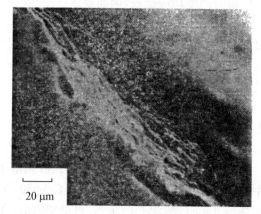

Fig. 2 Fracture surface of a nodule (SEM)

3.2 氧化膜的结构

无论过热蒸汽的温度是 673 K 还是 773 K,黑色氧化膜的晶粒都非常细小,而且衬度极
不清楚,类似于经过严重变形后的组织(图 4).从电子衍射图(图 5a)可知,黑色氧化膜中存
在三种不同晶体结构的氧化锆,立方(a=0.508 nm)、四方(a=0.508 nm、c=0.465 nm)和单
斜(a=0.514 nm、b=0.520 nm、c=0.531 nm、β=99.38°)立方和四方结构晶粒的[001]方
向,大多垂直于试样表面,所以图 5b 的衍射图形可以经常得到.如果试样沿[100]轴旋转～

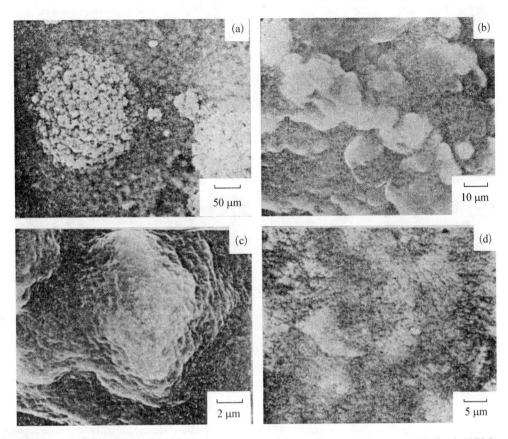

Fig. 3 Features of the oxide/metal interface on whieh metal matrix has been dissolved (SEM)
(a),(b),(c) nodules in diffrent magnification;(d) oxide surrounding the nodules

70°,则可得到图 5c 的衍射图,其中(013)和(103)衍射斑分裂为两个,分别属于立方和四方相. Garvie[3] 在制备 ZrO_2 粉末时,曾观察到晶粒细化后可使高温四方相稳定至室温. 金属表面形成氧化膜时,由于体积增大而使氧化膜产生很大的内应力,造成氧化膜晶体结构不完整,这也可能会起相似的作用. 从暗场像中可观察到立方或四方结构晶粒的比例,随氧化温度升高而减少(图 4). 从高分辨像中(图 6)可以看到,黑色氧化膜中的晶粒是由许多~20 nm大小的嵌镶块组成,晶体结构不完整,在(100)或(010)晶面间,存在一些面间距大的地方(图 6 中箭头指示处),由于合金元素 Sn 是固溶在锆-2 合金中,所以在氧化膜中这种晶面间距变化的地方,可能与 Sn 原子的聚集片有关. 经 1 323 K 加热空冷后的样品,在板条状晶粒界面上析出了成串的第二相,其中包括四方结构的 $Zr_2(Fe,Ni)$ 和立方结构的 $Zr(Fe,Cr)_2$[4],见图 7a. 形成氧化膜后,氧化锆的晶粒取向将受到金属基体取向的影响,在同一个金属晶粒表面形成的氧化锆晶粒具有织构,因此,从暗场像中可以确定氧化前金属的晶粒间界位置(图7b、c). 仔细观察原来的金属晶界处,并未见到第二相. Urquhart 等[5]曾提出锆-2 或锆-4 合金中的金属间化合物第二相嵌在氧化膜中,可作为电子通道而影响氧化膜的生长速率,这种观点已被一些作者用来说明为什么经 1 323 K 加热空冷后会使疖状腐蚀得到改善. 但是第二相在氧化膜中是否存在仍然是值得怀疑的. Ploo 等[6]用俄歇扫描研究二元合金后,认为无论 Zr_2Ni 还是 Zr_3Fe 第二相,在形成氧化膜时都会分解,Fe、Ni 分别向氧化膜外表面或内表面扩散,形成 Fe_3O_4 或 Ni 的富集区. 所以研究第二相在氧化过程中的行为,是认识热处理如

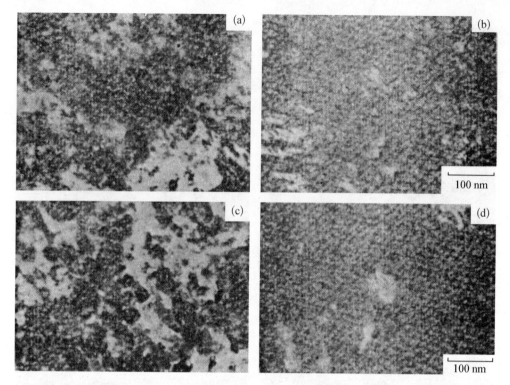

Fig. 4 Grain structure in black oxide film formed after autoclaving at 673 K (a,b) and 773 K (c, d) a, c, BF; b, d, DF show the grains possessing cubic and tetragonal lattice structure

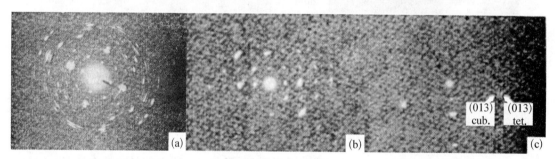

Fig. 5 Electron diffraction Patterns (a) Pattern shows a mixture of monoclinic, cuibc and tetragonal lattice structure; (b) Pattern shows cubic and tetragonal lattice structure [001] parallels electron beam; (c) Pattern taken after ∼70°tilted round [100]

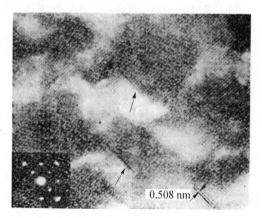

Fig. 6 High resolution lattice image shows (100) and (010) lattice pattern

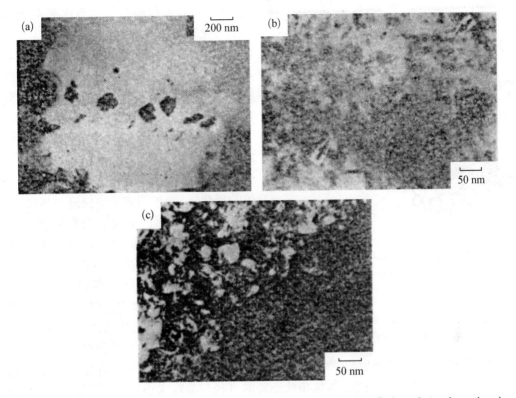

Fig. 7 Second phase particles precipitatedF on grain boundaries after β phase being heated and air-cooled (a, BF), with the original grain boundaries (indicated by arrows in c) for alloy in oxide film (b. BF, c. DF)

何影响腐蚀性能的途径.

　　白色氧化膜中的晶粒虽然不大,但衬度清晰,为单一的单斜结构.在其不同层厚中,可见到有的整个晶界呈疏松状,有的在三个晶粒交界处存在<10 nm的空洞(图8).这些都是白色氧化膜强度明显低的原因.白色氧化膜下面的黑色氧化膜,其组织与未发生转变前的黑色氧化膜相似.

3.3　疖状腐蚀的形成

　　文献中曾提出过几种机理来解释疖状腐蚀的形成,大多是基于氧化膜的机械破裂的假

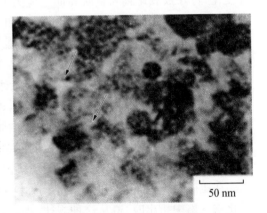

Fig. 8 Pores (indicated by arrows) formed on triple grain boundaries in white oxide layers

说[7-9].当氧化膜的内应力导致膜破裂后,使金属表面重新暴露,加速了局部地区的腐蚀.也有人认为在氧化膜与金属界面上聚集氢后,氢压也会使氧化膜破裂[9].本文作者曾指出在疖状腐蚀斑的逐层剖面上,并未见到穿透腐蚀斑的裂纹,因此,机械破裂看来并非是产生疖状腐蚀的决定因素,从而提出了另一种模型来解释疖状腐蚀的形成[10],可以用示意图9来表达.首先,由于晶粒取向不同或者第二相分布的不均匀,表面生成的氧化膜厚薄不均.氧化锆形成时体积发生膨胀,在氧化膜内产生了压应力,而在与氧化膜交接处的金属受到张应力.

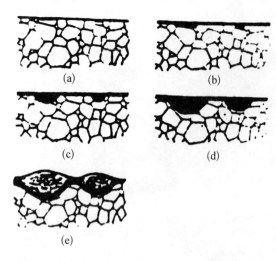

Fig. 9 Schematic diagrams show the formation of nodules （a），（b），Epitaxial oxide films formed on metal surface；（c），（d），The formation and deve-lopment of bumps in black oxide films；（e）The formation of white nodules after diffusion and condensation of vacancies

在氧化早期,氧化膜与金属界面处两侧的应力随氧化膜增厚而增加.

Knight 等[11]曾观察到外加张应力可加速锆-2合金在蒸汽中的氧化速率,但未作出满意解释.这可能是由于外加张应力与氧化界面上金属侧的张应力叠加,导致金属变形,引起位错密度增加,氧离子沿位错管道继续向金属内扩散,氧向金属中扩散,将使氧化膜中的氧贫化,黑色氧化膜本来就是阴离子缺位的氧化锆,由于阴离子空位进一步增加,又促使了氧自表面向氧化膜与金属界面处扩散,导致氧化加速.如果将这种假设应用到微区域,由于氧化膜的生长不均使某些微区中的氧化膜增厚(实验已观察到这种微区的存在[10]),使相连处金属中的应力达到产生变形的临界值后,因局部加速氧化而形成肿块(图9b、c).黑色氧化膜中的这种肿块,将成为疖状腐蚀的核,所以影响肿块形成的一些因素,都将与疖状腐蚀有关.根据作者提出的模型,可以解释实验中观察到的一些现象:如像疖状小斑的直径与晶粒大小成比例[12];不同织构或同一试样的不同表面,呈现出不同的抗疖状腐蚀性能[6];适度的冷加工将使不同的晶粒间的取向差别减弱,因而也能延缓疖状腐蚀的形成[12];由于氧化锆与锆的热膨胀系数不同,温度循环变化,将导致氧化膜与金属界面上应力的重新分布,因此,过热蒸汽预处理可延缓疖状腐蚀[13,14];合金元素的固溶,第二相的析出和不同分布,或者环境不同(如压水堆和沸水堆内水质条件不同),都将影响晶体的表面能,而影响氧化膜的生长过程,所以这些因素也与疖状腐蚀的特性有关.

当黑色氧化膜中的肿块形成后,它们对周围的金属基体将施以压力,使其变形,而肿块本身受到反向压力,根据以上讨论的模型,可以看出一旦肿块形成,将以较快的速度发展.用扫描电镜观察到在氧化膜与金属界面处的肿块表面,留有波纹状痕迹(图3),这可能就是金属氧化前,由于变形引起位错增殖后的图案.肿块中的空位,在温度和应力作用下,会发生定向扩散和凝聚.如果把凝聚后的空洞与析出时体积会发生膨胀的第二相作比拟,那么这种第二相在压应力作用下析出时,倾向于成串分布,并且垂直于张应力方向,平行于压应力方向.氢化锆从锆中析出时,遵从这种规律.因此,黑色氧化膜的肿块中凝聚后的空洞最可能排列成串,并且平行于肿块所受到的压应力.这样,从疖状腐蚀斑截面上观察到层状结构和横向裂纹得到了解释.空位以这种方式聚集,也有助于肿块向上突起,使内应力得到消除.由于阴离子空位消除,二氧化锆从非化学比转变成化学比,从黑色转变成白色.立方和四方结构变得不稳定,转变成单斜结构.由于非化学比的二氧化锆比化学比的强度高,塑性好[15],所以在这种过程的末期,疖状腐蚀斑表面会出现裂纹.因此,本模型并不把疖状斑表面的裂纹看作是形成疖状腐蚀的原因,而是形成后的结果.

肿块中空位的扩散决定于温度与压力,在较低的温度下,需要更高的应力,而应力正比于肿块的大小,这样,Garzarolli 等[16]观察到疖状腐蚀斑的厚度随温度升高而减薄的现象就可理解了．如果将温度、时间和能否出现疖状腐蚀的关系作图表示，有可能得到类似疲劳试验的 S－N 曲线．在低于一定温度后，不会产生疖状腐蚀，在这温度以上，随着温度升高，产生疖状腐蚀所需的时间也会逐渐缩短．

4 结论

(1) 在疖状腐蚀斑的氧化膜与金属界面处，好似"花菜"状，在"花菜"表面有涟漪状的波纹痕迹，而周围氧化膜的表面比较平坦，这可能与疖状腐蚀生长快的特性有关．

(2) 在黑色氧化膜中，存在立方、四方和单斜三种晶体结构的氧化锆．具有立方和四方结构晶粒的比例，随氧化温度升高而减少，在白色氧化膜中只有一种单斜结构．

(3) 在黑色氧化膜中，晶粒非常细小，晶体由～20 nm 的嵌银块组成．在(100)或(010)面上，存在一些晶面间距较大的区域，这可能与合金中锡原子的聚集片有关．

(4) 在白色氧化膜中，在三个晶粒的交界处可观察到空洞(<10 nm)的存在，这是黑色氧化膜中空位扩散凝聚后的结果．

参 考 文 献

[1] Zhou Bangxin and Sheng Zhongqi, Progress in Metal Physics and Physical Metallurgy, Proceedings of the First Sino-Japanese Symposium on Metal Physics and Physical Mettallurgy, Edited by Hasiguti R. R. et al. 163 (1986).

[2] Urquhart, A. W. and Vermilyea, D. A. , J. Nucl. Mat. , 62, 111 (1976).

[3] Garvie, R. C. , J, Phys. Chem. , 69, 1238 (1965).

[4] 周邦新、郑斯奎、汪顺新，核科学与工程，8，130 (1988).

[5] Urguhart, A. W. ; Vermilyea, D. A. and Rocco, W. A. J. Electrochem. Soc. , 125, 199 (1978).

[6] Ploc, R. A. and Davidson, R. D. , Corrosion, Failure Analysis, and Metallography, Edited by Shiels, S. A. et al. Microstructural Science 13, 131 (1968).

[7] Cox, B. , J. Electrochem. Soc. 108, 24 (1961).

[8] Keys, L. H. , Beranger, G. , Dengelas B. and Lacomble, P. , J. Less-Com. Met. , 14, 181 (1968).

[9] Kuwae, R. , sato. , K. , Higashinakawa, E. , Kawashima, J. and Nakamura, S. , J. Nucl. Mat. 119, 229 (1983).

[10] 周邦新，1980 年核材料会议文集，原子能出版社，1982. p. 87.

[11] Knights, C. F. and Perkins, R. , J. Nucl. Mat. , 36, 180 (1970).

[12] Chanqret, D. and Alheritiere E. , J. Nucl. Mat. , 132, 291 (1985).

[13] Trowse, F. W. , Sumerling, R, and Garlick, A. , Zirconium in the Nuclear Industry, ASTM STP 633, 236 (1977).

[14] Lunde, L. and Videm, K. , Zirconium in the Nuclear Industry, ASTM STP 681, 40 (1979).

[15] Douglass, D. L. , Corrosion Sci. , 5, 255 (1965).

[16] Garzarolli, F. ; Manzel, R. ; Reschke, S. and Tenckhoff, E. , ibid. , p. 91.

Electron Microscopic Study of Oxide Films Formed on Zircaloy‐2 in Superheated Steam

Abstract：Electron microscopic techniques were adopted to investigate oxide films formed on Zircaloy‐2 in superheated steam at 673 and 773 K. The nodular corrosion appearing on black oxide films during oxidation transition was also investigated. Monoclinic, cubic, and tetragonal lattice structures in black oxide films formed both at 673 and 773 K were identified. The proportion of cubic and tetragonal phases decreased with increase of temperature and single monoclinic lattice structure was fouhd in white oxide films after oxidation transition. It may be seen from the high resolution lattice image that the oxide crystals consist of mosaics

~20 nm in size, and a larger space on (100) and (010) planes in some places might be associated with the clusters of tin atoms. The feature of oxide/metal interface at nodules was characterized by protrusions, which looked like cauliflower with ripple marks on its surface. This might occur since nodules grew much faster than surrounding oxide. Pores (<10 nm) existing on triple grain boundaries in white oxide films were observed. The model for the formation of nodular corrosion proposed by the author previosly is further discussed in the light of results obtained in the present work.

核工业中的锆合金及其发展[*]

摘　要：锆合金在核工业中有着重要的用途，作为反应堆堆芯结构材料，特别是元件的包壳材料，已有 30 多年的历史. 目前为了降低核电成本，提出了提高燃耗，提高热效率等措施，这对锆合金的性能提出了更高的要求.

在反应堆堆芯中，燃料包壳处于最高的温度，不仅受到机械力的作用，需要一定的强度，还有中子辐照的损伤，包壳内外介质的腐蚀，吸氢脆化等许多问题. 本文叙述了锆合金中这些问题的现状，并从发展新的锆合金出发，讨论了这些问题，指出了当前应开展的一些主要研究课题. 在新的需求推动下，锆合金也会像合金钢的发展道路一样，在不久的将来，一定会研制出性能更优良的锆合金.

1　引言

由于锆的热中子吸收截面小，在高温水及过热蒸汽中有较好的抗腐蚀性能和较好的机械性能，所以在以水为冷却剂的核动力反应堆中，锆合金是一种极好的堆芯结构材料. 在反应堆堆芯中，燃料元件包壳处于最苛刻的工作环境中，承受的温度最高，并且管壁内外有温差；受到高温水流的冲刷，并且内外还有压差；管壁内外受到裂变产物和高温水的腐蚀；还有中子辐照损伤等. 所以从燃料元件包壳的要求出发来讨论锆合金的一些问题，将是最有代表性的. 事实上锆合金的发展，主要也是在于满足包壳材料的需要.

燃料元件包壳的作用在于包覆燃料芯体，以免裂变产物逸出，同时也保护了芯体不受冷却剂的侵蚀. 另一方面，又要将燃料芯体裂变产生的热量尽快传递给冷却剂. 所以在选择包壳材料时应考虑以下几方面的问题：裂变产物不渗透性；能耐冷却剂的腐蚀；与燃料芯体不发生化学反应；有一定的强度和塑性，加工性能和焊接性能较好；有良好的导热性；热中子吸收截面小，并且不会形成长寿命的强 γ 放射性核素. 表 1 中列出了一些主要元素的热中子吸收截面值和熔点[1]，熔点的高低与其高温强度密切有关. 在热中子吸收截面小于 1 靶的元素中，考虑到高温强度(熔点)和加工成型性能，只有镁、锆和铝三种金属可作为元件包壳的候选材料. 镁比较活泼，所以只有锆和铝最合适. 铝的高温强度较低，但价格便宜，所以在运行温度较低的研究堆中，都用铝合金作为元件包壳材料，只有在运行温度较高的动力堆中，才用锆合金作为元件包壳材料. 加入到锆中作为合金的元素，也有一定的限制条件：合金元素的热中子吸收截面应小，加入合金元素后能改善锆的耐腐蚀性能和机械性能，还不应形成长寿命的 γ 放射性核素. 目前在核工业中广泛采用的锆合金有锆—锡系和锆—铌系两大类；它们的成分列于表 2 中[2].

---

* 本文原发表于《核科学与工程》，1991，11(2)：28-39.

表 1   主要元素的热中子吸收截面(靶)和熔点(℃)

1 靶以下的元素(熔点℃)	1—10 靶的元素(熔点℃)	10 靶以上的元素(熔点℃)
碳 C 0.004(>3 550) 铍 Be 0.009(1 278)	锌 Zn 1.1(419) 铌 Nb 1.1(2 468)	锰 Mn 13(1 244) 钨 W 19(3 380)
铋 Bi 0.034(271) 镁 Mg 0.069(651)	钡 Bi 1.2(725) 锶 Sr 1.2(769) 钾 K 2.0(63) 锗 Ge 2.4(937) 铁 Fe 2.6(1 535) 钼 Mo 2.7(2 610)	钽 Ta 21(2 996) 钴 Co 36(1 495) 银 Ag 64(960) 锂 Li 70(179) 金 Au 98(1 063)
硅 Si 0.16(1 410) 铅 Pb 0.17(327) 锆 Zr 0.18(1 852) 铝 Al 0.24(660) 钙 Ca 0.44(842) 钠 Na 0.47(97) 锡 Sn 0.63(231)	镓 Ga 2.8(29) 铬 Cr 3.1(1 890) 铊 Tl 3.3(303) 铜 Cu 3.8(1 083) 镍 Ni 4.6(1 453) 碲 Te 4.7(449) 钒 V 5.0(1 890) 锑 Sb 5.7(630) 钛 Ti 5.8(1 675)	铪 Hf 101(2 150) 铒 Er 173(1 497) 汞 Hg 374(38) 铱 Ir 440(2 443) 硼 B 754(2 300) 镉 Cd 2 534(321) 钐 Sm 5 828(1 072) 钆 Gd 46 600(1 312)

表 2   核工业中已广泛采用的锆合金成分

	化学成分 wt%					
	Sn	Nb	Fe	Cr	Ni	O
锆-锡系						
锆-2	1.2—1.7	/	0.07—0.12	0.05—0.15	0.03—0.08	0.1—0.16
锆-4	1.2—1.7	/	0.18—0.24	0.07—0.13	<0.007	0.1—0.16
锆-铌系						
锆-1 铌	/	1.0	/	/	/	~0.1
锆-2.5 铌	/	2.5	/	/	/	~0.1

2   锆合金的机械性能

作为堆芯结构材料,特别是燃料元件包壳材料,要在 300 ℃～380 ℃温度下使用,包壳还要受到 14.7 MPa 的外压作用. 材料在使用过程中,由于受到中子辐照损伤和吸氢脆化等作用,材料的机械性能将逐渐变坏,但在整个寿期内,必须保证锆合金有足够的强度和塑性.

锆和其他金属一样,加入合金元素后,可以使强度增加,但塑性降低. 图 1 是纯锆(经碘化法提纯的锆)和锆-4 合金的机械性能随温度的变化[2,3],合金化后的机械性能有了很大的改善. 由于受到核性能要求的限制,可作为合金添加的元素并不多. 碳、氮和氧对锆的机械性能影响很大,能提高强度,但碳和氮对锆的腐蚀性能有很坏的影响,在含氧量不大时,对腐蚀性能没有什么影响,所以锆合金中加入 0.10—0.16 wt% 的氧,可以提高强度,塑性的变化仍在可接受的限度内.

元件包壳管在工作时受到径向压力,当发生变形后会与燃料芯块接触,因芯块膨胀或碎裂,会挤压包壳而产生局部地区的应力集中,在裂变产物的化学作用下,又会发生应力腐蚀

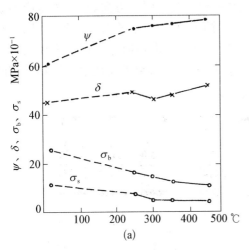

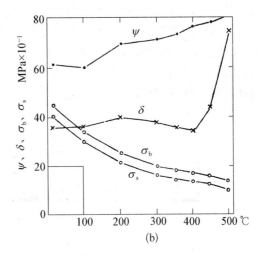

图 1 纯锆(a)和锆-4(b)的力学性能与温度的关系

等问题,所以包壳管的径向蠕变性能也是非常重要的.加入合金元素和提高氧含量都能改善抗蠕变性能.

蠕变主要是通过位错沿晶胞的棱柱面滑移产生,布氏矢量为⟨11$\bar{2}$0⟩的位错沿滑移面 {10$\bar{1}$0}运动,由于布氏矢量⟨11$\bar{2}$0⟩与基极⟨0001⟩成90°,所以平行于基极方向的作用应力不可能引起滑移,这样,包壳管的径向蠕变与管材的织构有着密切的关系.蠕变还可以通过晶界滑动产生,所以任何强化晶界的办法,都将降低蠕变速率.在锆-锡系的合金中(锆-2 和锆-4),β 相加热快冷,第二相将在晶界上呈链状析出,可以明显改善合金的抗蠕变性能.弥散分布的第二相,对改善抗蠕变性能也有作用.位错运动可以产生蠕变,因此,位错密度高的试样比位错密度低的试样的蠕变速率高,去应力退火的管材虽然它的瞬时拉伸强度比再结晶退火的高,但抗蠕变性能却不如再结晶退火的试样.

3 锆合金的吸氢

锆是一种强烈吸氢的金属,可形成氢和锆的化合物.在反应堆运行工况下,由于锆水反应,在形成氧化锆膜的同时,还要释放出氢,一部分氢将被锆合金吸收.氢在锆中的溶解度随温度变化很大,在 400 ℃时溶解度约为 200 ppm,而到 100 ℃时,溶解度<2 ppm[4].多余的氢将以氢化锆小片析出,由于氢化锆是脆性相,所以氢化锆的析出将对锆合金的塑性影响很大.由于氢化锆析出时有一定的惯析面,在锆合金中是{10$\bar{1}$7}面,与{0001}基面接近平行,因此当锆材的织构不同时,氢化锆小片的分布取向也不同.在管材中有径向分布和切向分布几种情况,图 2 示意地表示了管材织构和氢化锆分布取向间的关系.包壳管在使用时主要受到径向应力,所以径向分布的氢化锆析出后,会使管料变得很脆,而切向分布的氢化锆析出后影响比较小.

氢化锆形成后,它的体积比原来的锆要膨

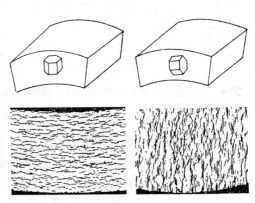

图 2 织构对氢化锆析出时取向分布的影响

胀～17％[5]，所以在应力作用下析出时，氢化锆片倾向于垂直张应力方向，平行于压应力方向. 因此，在应力作用下，当温度发生变化，氢化锆发生溶解又析出时，会发生再取向. 图3是锆-4管在受到箍向张应力时，经过400℃加热冷却后，氢化锆由切向分布转变为径向分布的情况[6]. 当张应力大于120 N/mm² 时，氢化物的取向发生突变. 显然这还会与加热冷却的循环次数，与织构取向等因素有关.

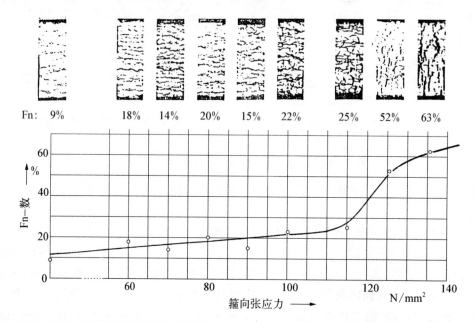

图3　锆-4管中切向分布的氢化锆在箍向张应力作用下的变化(Fn是氢化物小片分布在与径向成45°以内数量的百分比)

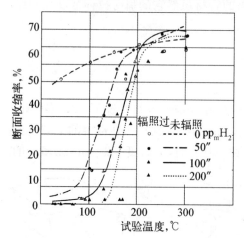

图4　氢含量及温度对拉伸试验时试样断面收缩率的影响

氢化锆析出后，对锆合金的强度和塑性都有影响，特别是当张应力垂直于片状氢化物时. 但是随着温度升高，部分氢化锆重新溶解，另一方面氢化锆也变成塑性. 图4是不同氢含量的锆合金在不同温度拉伸时断面收缩率的变化[7]，当拉伸温度高于～200℃时，由于氢化锆的部分溶解和变成塑性，断面收缩率急剧上升.

在有温度梯度的情况下，锆中的氢会发生迁移，在温度低的一端析出氢化锆. 相似的过程在应力梯度作用下也会发生，用微型试样在电子显微镜中拉伸观察，可以看到氢化锆在制纹尖端的应力集中处析出并随时间增长而长大，当氢化锆开裂后，在裂纹尖端又会重新析出氢化锆，这种过程的周而复始，就是氢致延迟断裂的根本原因. 图5是微型试样在电镜中拉伸拍得的照片[8].

锆合金的吸氢程度与合金成分有关，例如在相同情况下，锆-4吸氢量只有锆-2的2/3，这是因为锆-2中含有0.05％Ni，镍的加入增加锆合金的吸氢量，这可能与形成强烈吸氢的第二相[Zr₂(FeNi)]有关.

图5 氢化锆在裂纹尖端析出→开裂→再析出的过程（暗场）

(a) 加载 16 h 后；(b) 加载 70 h 后

4 辐照生长与织构

锆的晶体结构是六方密堆型,在受到快中子辐照后,在晶体的 c 方向（[0001]方向）会形成空位,而在 a 方向会产生间隙原子. 所以会产生 c 方向缩短而 a 方向伸长的效果. 生长规律为 $\Delta L/L = A(1-3f_x)$. A 与温度、快中子通量、辐照时间和冷加工量有关. f_x 为织构因子,表示多晶试样中各个晶粒晶体的基极（[0001]方向）在某一参考方向的分布几率. 一块无织构的板材,在轧向、法向和横向的织构因子、f_L、f_N 和 f_T 都等于1/3. 当 $f_x > \dfrac{1}{3}$ 时,$\Delta L/L < 0$;当 $f_x < \dfrac{1}{3}$ 时,$\Delta L/L > 0$;而 $f_x = 1/3$ 时,$\Delta L/L \sim 0$. 图6是锆-锡合金试样辐照后长度的变化与织构、温度及快中子通量间的关系[9]. 当织构与中子通量条件不变时,试样长度变化与辐照温度之间的关系如图7所示[9],大约在 250 ℃有一极大值,这是因为原子在点阵间的扩散及辐照损伤修复与温度有关的原因.

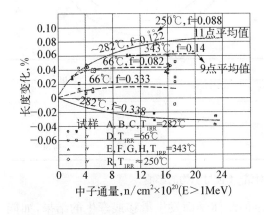

图6 锆-锡合金试样辐照后长度变化与织构、温度及快中子通量（$E > 1$ MeV）间的关系

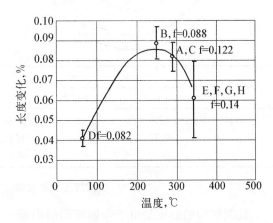

图7 锆-锡合金的再结晶试样辐照后长度变化与辐照温度间的关系

（中子通量为 2×10^{21} n/cm², $E > 1$ MeV）

一个燃料组件有 5~7 个定位格架,它与控制棒的导向管固定联结,形成燃料组件的骨架. 依靠定位格架中的弹性构件,将二百多根燃料单棒夹持住,保持燃料组件的整体结构. 如果用锆合金做定位格架来代替镍基合金,可减少热中子的损失,提高中子利用的经济性. 但是锆合金在辐照后容易应力松弛,如再发生辐照伸长,则格架对燃料棒的夹持力将完全松弛. 所以提出了利用辐照收缩来补偿因辐照后引起的应力松弛. 希望格架周长方向的 $f = 0.4 \sim 0.5$[10]. 当 $f = 0.4$ 时,辐照后可产生 0.06% 的收缩. 图 8 列出了一组轧制锆合金板材中典型的织构数据[11],无论是加工状态(去应力退火)、再结晶状态还是经过 β 相热处理,在板材的轧向或横向都无法得到希望的 $f = 0.4 \sim 0.5$. 在 α 相退火再结晶后,对 (0001) 板图的形状影响不大,所以织构因子没有多大变化. 经 β 相热处理后,由于发生 $\alpha \rightarrow \beta \rightarrow \alpha$ 相变,原有织构取向受到扰乱,接近于无织构状态,轧向和横向的 f 值接近于 1/3.

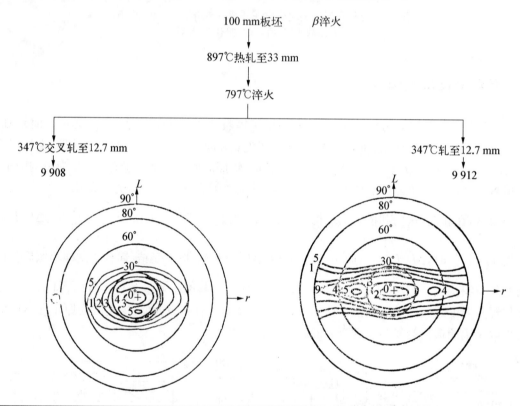

织构因子	9908		9912		α 退火 3 h	β 退火 5 min
	去应力退火	再结晶退火	去应力退火	再结晶退火		
f_N	0.70	0.67	0.56	0.59	0.549	0.402
f_T	0.19	0.21	0.33	0.32	0.529	0.347
f_L	0.09	0.09	0.08	0.07	0.083	0.308

图 8 不同加工及退火制度对锆-4板材织构的影响

轧制织构的形成是由于金属变形时沿着一定的晶体学面发生滑移或孪生的结果,如能改变晶体变形的方式或改变滑移时的晶面,则可以改变轧制后的织构取向. 当把锆合金的轧制温度提高到 $800 \sim 900$ ℃,晶体的变形方式以滑移为主,并且滑移面也有改变,轧制后在板材的横向,可得到 $f = 0.40 \sim 0.50$ 的结果[12]. 因此,当用锆合金做定位格架时,利用辐照后长度的收缩来补偿辐照引起的应力松弛是完全可以实现的. 对于燃料包壳管来说,管子轴向的 $f < 0.1$,辐照后的伸长是不可避免的,这时通过结构设计,允许燃料单棒的自由伸长解决了这个问题.

5 锆合金的抗腐蚀性能

30 多年来,锆合金在核动力堆中的使用性能基本是满意的. 为了降低核电成本,目前提出了提高燃耗和提高反应堆热效率等问题,这对锆合金提出了更高的要求,特别是抗腐蚀性能的要求.

锆合金的腐蚀氧化规律,最初增重($\Delta\omega$)与时间之间遵守立方关系,随时间增长增重减慢,这是因为这阶段形成的氧化膜致密、附着力强,能起到保护作用. 当到达一定的时间后,氧化膜厚度一般为 $2 \sim 3\ \mu m$ 时,$\Delta\omega$ 与时间之间转变成线性关系,称为转折. 转折发生的早晚,以及腐蚀速率的高低,代表了该合金的抗腐蚀性能特性.

图 9 画出了燃料元件在堆内运行后,包壳表面氧化膜厚度的情况[13]. 燃料棒由下向上,氧化膜逐渐增厚,这与水温由下向上逐渐升高的变化一致. 但在每个定位格架处,由于搅拌冷却的作用,氧化膜较薄. 如果在第二循环后,将部分燃料单棒上下倒置,经过第四循环后与未倒置的比较,可以看出氧化膜的生长与氧化膜的原来厚度密切有关. 在相同条件下,原来氧化膜较厚的,后来氧化膜生长也更快. 这是因为氧化发生在氧化膜和金属接触的界面上,当氧化膜在表面形成后,成为热阻挡层,热量从包壳管内壁向外传递时,在氧化膜与金属界面处,由于氧化膜的增厚使温度升高,加速了氧化过程. 所以包壳表面如有水垢沉积,也会增加腐蚀速度. 目前采用的设计准则是将包壳表面的氧化膜厚度限制在 $100\ \mu m$ 以内.

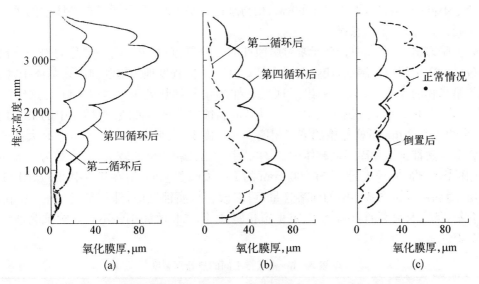

图 9 氧化膜厚度沿燃料棒轴向的分布 (a) 在正常情况下经过第二和第四循环;(b) 在第二循环后将燃料棒上下倒置;(c) 从第二循环到第四循环氧化膜的增加

在不同的试验装置中,虽然表面温度一样,但腐蚀速率有很大的差别. 如回路试验有热流存在时,比静态高压釜试验时腐蚀增重快. 在堆内有中子辐照时的腐蚀增重更快,如图 10 所示[14]. 由于堆外高压釜试验最简便,目前仍广泛采用作为材料初步筛选的手段.

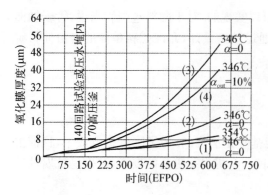

图 10 锆-4 合金经去应力退火后,试验设施对氧化膜厚度的影响

(1) 高压釜试验;(2) 回路试验;
(3) 压水堆内;(4) 回路试验,空泡系数 10%

从反应堆运行来考虑,可以采取控制水质,加入 Li(OH)调节 pH 值来减轻水垢沉积等办法,这些都可达到减轻腐蚀的目的.但根本上还是应改进锆合金的成分和微观组织来提高抗腐蚀性.

碳、氮、铝、钛和钒等加入到锆中后,对其抗腐蚀性能有很坏的影响.加入锡或铌,可以缓解氮的有害作用,这是早已认识了的问题[2].目前仍在不断努力寻找新的锆合金,以改进它的力学性能和抗腐蚀性能.调整现用锆合金的成分和显微组织来改进抗腐蚀性能已取得了显著进展,例如锆-锡合金中的锡含量取下限(1.2 wt%),而铁+铬取上限(0.38 wt%),并进一步降低碳的含量,这样可使抗腐蚀性改善[15].在控制显微组织方面提出了控制累积退火参数 A 来改进抗腐蚀性能[16]. $A = \sum t_i \exp(-Q/RT)$,t_i 为退火时间;R 为气体常数;T 为退火温度 K;Q 为第二相析出的激活能. A 为材料加工过程中各次退火的总和.如以腐蚀增重 $\Delta\omega$ 对 $\log A$ 作图,发现 A 到达某一定值后,$\Delta\omega$ 有一突变,控制 A 值可以改善合金的抗腐蚀性能.这可能与第二相的析出与分布,或者合金元素过饱和固溶含量有关.虽然 $\Delta\omega - \log A$ 之间的关系得到了普遍注意,但其物理意义还有待进一步阐明.

有人曾对第二相大小与抗腐蚀性能间的关系作了分析[13],认为存在一定的规律,并且在压水堆和沸水堆不同的情况下规律正好相反.但是应该注意,为得到不同尺寸的第二相,必须经过不同的热处理,不同大小的第二相与基体间平衡时,合金元素在基体中的固溶含量必然不同,这一因素不应忽视.

为了研究锆-4 合金中合金元素对腐蚀性的影响,我们采用了同一炉号的锆-4 合金,只改变最后一次中间退火制度,使合金元素(Fe+Cr)不同程度地过饱和固溶在基体中,同时也改变了第二相的大小[17].表 3 列出了这组试样的编号和热处理制度.图 11 是这组试样在400 ℃、450 ℃和500 ℃过热蒸汽中(10.3 MPa)腐蚀时的增重曲线.A 样品中的第二相比较多,大小约为 0.2 μm;B 样品中的第二相极少并且极小,大小为<0.05 μm,这时大部分的铁和铬合金元素都过饱和固溶在基体中;C 样品中的第二相少但比较大,大小约为 0.5 μm,在 α 相上限温度 830 ℃淬火后,约有 200 ppm 的 Fe+Cr 过饱和固溶在基体中[18].从图 11 中可以看出,增加铁和铬在基体中的固溶含量,可以改善抗腐蚀性能,即使是增加~200 ppm 的固溶含量,就会有显著的影响,也能阻止疖状腐蚀.第二相的大小并不是影响抗腐蚀性能的主要原因.

表 3 锆-4 试样不同的热处理制度

试样编号	最后一次中间退火制度	管材尺寸(mm)	成品管退火
A	700 ℃-2 h 炉冷	φ9.5×0.64	470 ℃-4 h
B	1 030 ℃-1.5 h 淬火	φ9.5×0.64	470 ℃-4 h
C	830 ℃-1.5 h 淬火	φ9.5×0.64	470 ℃-4 h

疖状腐蚀是锆合金腐蚀中的一个特殊问题,它是一种局部加速腐蚀的问题.它的剖面为

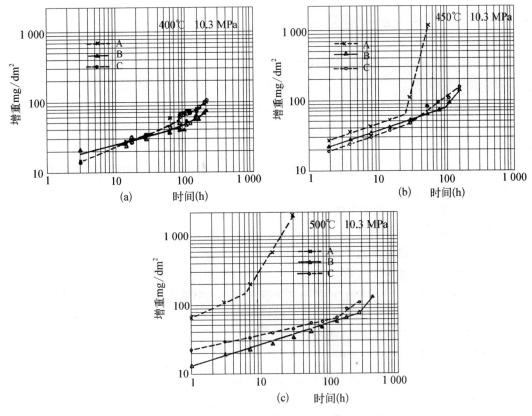

图 11 改变最后一次中间退火制度对锆-4抗腐蚀性能的影响

凸透镜状,呈灰白色,厚度达 $30\sim100~\mu m$,是均匀腐蚀氧化膜厚度的几十倍. 由于它是成核长大过程,所以疖状腐蚀最终可以发展成一片易剥落的灰白色氧化膜. 这与腐蚀环境有关,也与材料质量有关. 在沸水堆中及 500 ℃的过热蒸汽中试验时容易产生. 这种疖状腐蚀不能用简单的氧化膜破裂造成加速腐蚀的结果来说明,作者曾提出了一种疖状腐蚀机制的模型,能够比较满意地解释各种因素对疖状腐蚀的影响[19].

为了解锆合金的腐蚀过程,除了要研究环境条件、合金成分、显微组织对腐蚀性能的影响外,还应研究生成的氧化膜. ZrO_2 形成后,它的体积是原来 Zr 的 1.5 倍,所以在合金表面形成氧化膜后,在氧化膜内将受到压应力,而在与氧化膜连接处的金属将受到张应力. 由于氧化是发生在氧化膜与金属的交界处,所以氧化膜内又存在应力梯度,在应力和温度的作用下,已形成的氧化膜内,又会发生回复,再结晶,阴离子扩散和空位凝聚等过程,这些过程又会反过来影响氧化膜的生长. 所以氧化膜中的应力,首先随着氧化膜增厚而增加,而后又会随氧化膜增厚而减小[20]. 当应力达到极大值时,用透射电子显微镜观察证实了这时形成的 ZrO_2 是非晶态,由非晶态转变为晶态时,首先形成亚稳的立方晶体结构[21]. 这样也就可以解释黑色氧化膜中同时存在立方、四方和单斜三种晶体结构. 从高分辨晶格图像中可以观察到氧化膜中的晶体很不完整,这与氧化膜中存在很大的内应力有直接关系[19],在应力和温度作用下,空位会发生扩散和凝聚,会在三个晶粒的相交处形成孔隙,这也由电子显微镜观察得到证实,孔隙大小为<10 nm[19]. 因此,对氧化膜结构的深入研究,也是研究腐蚀过程所不可缺少的一个组成部分.

6 锆合金需要研究的问题及其发展

以下列出了一些当前需要研究的主要问题：

（1）锆合金研究.

① 新型锆合金成分的研究，满足对机械性能和腐蚀性能更高的要求.

② 锆合金的显微组织与加工和热处理等的关系，得到最佳的显微组织，满足机械性能和腐蚀性能的要求.

③ 锆合金中第二相的形成规律，控制第二相以满足机械性能和腐蚀性能的要求.

（2）腐蚀过程的研究.

① 环境及介质成分（如水中加入 $Li(OH)$ 后）对腐蚀的影响.

② 合金显微组织对腐蚀的影响.

③ 第二相在氧化膜形成过程中的作用.

④ 氧化膜形成的动力学过程.

⑤ 氧化膜的结构、应力，合金元素在氧化膜中存在的状态和对阴离子空位扩散的影响.

⑥ 裂变产物与应力同时作用下的应力腐蚀过程.

⑦ 均匀腐蚀与疖状腐蚀的机理研究.

（3）吸氢及氢化物的析出过程.

① 合金成分，第二相及显微组织对吸氢的影响.

② 氢化物的析出及应力作用下的重新取向过程.

③ 应力及应变诱发析出氢化物过程的特征.

（4）中子辐照影响.

① 辐照对合金基体及第二相的影响.

② 辐照对氧化膜生长的影响.

③ 辐照生长及控制织构取向的问题.

④ 辐照下氢化物的溶解和析出特征.

⑤ 辐照对合金力学性能的影响.

7 结束语

目前，调整合金成分，寻找新的锆合金仍然是研究工作的主要方面. 为了提高合金的机械性能，应该利用加入合金元素后的固溶强化和形成第二相的弥散强化. 在改善抗腐蚀性能方面，使合金元素固溶在 $\alpha-Zr$ 的基体中可能会起更大的作用. 另外通过控制加工制度，使织构符合要求，以便控制辐照生长，改善蠕变性能，以及吸氢后氢化物析出时的取向分布，这也是一个重要问题. 由于不希望新合金的热中子吸收截面增加，所以可加入的合金元素仍然有限，目前被选用的主要有锡、铌、铁、铬和氧，还可考虑钼和铜. 镍加入后会使吸氢量增加. 西屋公司曾报道 $1\%Sn-1\%Nb-0.1\%Fe$，命名为 ZIRLO 的合金，比锆-4 和锆—铌的性能都好[22]. 而法国则在探索 $0.25\%Sn-0.25\%Fe-0.1\%Cr-0.16\%O$ 这种成分的锆合金.

锆合金与合金钢相比，还是一个年轻的合金，对它的许多问题还了解得不深，研究得不透. 在新的需求推动下，在不久的将来一定会有新的锆合金被研制出来，以满足今天核电发展的需要.

参 考 文 献

[1] "核反应堆用材料性能资料汇编"."汇编"编写小组.原子能出版社(1975).

[2] A. C. 扎依莫夫斯基等,"核动力用锆合金",姚敏智译,原子能出版社(1988).

[3] 周邦新、马继梅、杨敏华、张琴娣,核动力工程,9,352 (1988).

[4] Kearns J. J. , J. Nucl. Mat. 22, 292 (1967).

[5] Carpenter G. J. C. , J. Nucl. Mat. 48, 264 (1973).

[6] Stehle H. , Kaden W. and Manzel R. , Nucl. Eng, Des. 33, 155 (1975).

[7] Evans W. and Parry G. W. , Electrochem, Tech. 4, 225 (1966).

[8] 周邦新、郑斯奎、汪顺新,金属学报 25, A190 (1989).

[9] Adamson R. B. , Zirconiun in the Nuclear Industry, ASTM STP 633, Lowe A. L. , and Parry G. W. Eds. , American Society for Testing and Materials, p. 326 (1977).

[10] 哈里·马克斯·弗拉里,CN86 1 07200(专利),中华人民共和国专利局(1987).

[11] Knorr D. B. and Pelloux R. M. , Met. Trans. 13, 73 (1982).

[12] Dahl J. M. Zirconium in the Nuclear Applications; ASTM. STP 551. American society for Testing and Materials, p. 147 (1974).

[13] Garzarolli F. and Stehle H. , Behaviour of Core Structure Materials in Light Water Cooled Power Reactors, in International Symposium on Improvement in Water Reactor Fuel Technology and Utilization, Stockholm, Sweden, Sept. 15 - 19, (1986).

[14] Billot P. , Beslu P. , Giordono A. and Thomazet J. , Zirconium in the Nuclear Industry, ASTM STP 1023, L. F. P. Van Swam and C. M. Eucken Eds. , American Society for Testing and Materials, Philadelphia p. 165(1989).

[15] Eucken C. M. , Finden P. T. , Trapp-Pritsching S. and Weidinger H. G. 同[14], p. 113.

[16] Thorvaldsson T. , Andersson T. , Wilson A. and Wardle A. , 同[14], p. 128.

[17] 周邦新、赵文金、苗志、潘淑芳、李聪,中国科学院腐蚀与防护研究所(1989)(1990)年报.

[18] Charquet D. , Hahn R. , Ortlieb E. , Gros J. P. and Wadier J. F. , 同[14], p. 405.

[19] 周邦新,1980 年核材料会议文集,原子能出版社,p. 87;中国腐蚀与防护学报 10(1990),197;同[14]p. 360.

[20] 周邦新、蒋有荣,核动力工程,11,233(1990).

[21] 周邦新、钱天林,同[17],p. 356.

[22] Sabol G. P. , Kilp G. R. , Balfour M. G. and Roberts E. 同[14],p. 227.

模拟裂变产物对 316 不锈钢晶界浸蚀的研究*

摘　要：研究了 316 和含 Ti 或含 Nb316 不锈钢在模拟裂变产物 Cs、Te、Se、I 混合介质中的腐蚀行为.试验时同时加入 UO_2 芯块，经 700 ℃—100 h 处理后，在同一截面上沿晶界浸蚀的深度很不均匀，因此无法判断三种不同成分和三种不同处理的试样对晶界浸蚀敏感性的差别.不过沿轧面产生的晶界浸蚀与沿侧面的形貌不同，后者是细密的网络状，这可能与剪切试样时的变形及 700 ℃保温时产生多边化的结构有关.产生晶界浸蚀后，晶界中的成分明显地富铬贫镍，钼的形为与铬相似.在距离晶界 2 μm 的地带中，是贫铬富镍区.如试验时不放入 UO_2 而加入 Fe_2O_3/Fe，不锈钢表面形成了很厚的氧化层，层中由富铬贫镍及贫铬富镍交替层组成，这时晶界浸蚀成为次要的问题.

1　引言

裂变产物 Cs、Te 等元素，在快堆燃料元件的运行温度下，会对不锈钢包壳产生晶界浸蚀，而削弱包壳强度.这种特性除了与温度和时间有关外，还与 $(U、Pu) O_2$ 燃料的 O/M 比有关[1].目前限制提高燃耗的主要问题是包壳的辐照肿胀，如果这个问题得到缓解后，那么，裂变产物对包壳的晶界浸蚀将成为限制提高燃耗的主要问题.因此，有必要对这种规律进行研究，并寻找改善的措施.

2　实验方法

选用了三种成分不同的不锈钢，它们相当于 316 和含钛或含铌的 316 不锈钢.试样经过 1 050 ℃—30 min 水淬固溶处理(S)，固溶处理后进行 20％冷轧(S—W)，以及冷轧后在 820 ℃—1 h 时效处理(S—W—A).为叙述方便，下面将用 S、S—W 和 S—W—A 分别代表不同处理的试样，316 和含钛或含铌不同成分的试样，分别用 3、5、6 表示.试样经过不同处理后，先用电子显微镜分析了它们的显微组织，详细结果及它们的成分已在另一篇报告中作了叙述[2].

试样厚 0.8 mm，切成 8×30 mm^2.将同一钢种不同处理的三块样品绑在一起，试样片的间距约为 2 mm，保证能与腐蚀气氛充分接触.试样放入石英管中后，分为三组，分别放入 UO_2、Fe_2O_3/Fe 或不加其他氧化物来调节氧势.UO_2 为烧结块，重约 12 g，Fe_2O_3/Fe 以 1：1 克分子重量配比混合，压成块状，但未进行烧结，重 7 g.氧化物在真空密封前，都经过～600 ℃真空除气.石英管中放入铯 500 mg，碲和硒各 200 mg，碘 60 mg.由于铯遇到空气会剧烈氧化燃烧，必需在氩气中操作，十分麻烦.幸好购得的铯是每 500 mg 封装在玻璃泡内，可采用比较简便的操作方法，将装有铯的玻璃泡与碲、硒和碘一起放入石英管内，真空抽至 $1\times$

---

* 本文合作者：李卫军、杨晓林、遆忠信.原发表于《核科学与工程》，1991，11(3)：109-115.

10^{-2} Pa 后,约保持 30 秒将石英管密封.摇动密封好的石英管,利用试样将玻璃泡撞碎,使铯溢出,这时铯与碘会发生剧烈反应.石英管的体积约为 24 cm³.考虑到裂变产物在元件包壳内会因温度梯度等原因发生迁移,而集中在某一局部地区,所以本实验加入了过量的模拟裂变产物.封装好的试样在 700 ℃加热保温 100 h,个别试样延长至 210 h.在该温度下,绝大部分的模拟裂变产物都以蒸汽状态存在.试验后的试样用金相、电镜、能谱及 X 射线衍射进行了分析观察.

3 实验结果和讨论

除了放有 Fe_2O_3/Fe 的试样外,其他两种试样在冷却到室温后,都有一层结晶物质沉积在试样表面,晶体形貌如图 1.将这一层结晶体用刀片轻轻刮下,不伤及不锈钢,然后进行能谱成分分析和 X 射线结构分析.能谱分析的结果列于表 1 中,成分的能谱图如图 2,除了有加入的模拟裂变产物 Cs、Te、Se 和 I 外,还有 Cr.从 X 射线结构分析的结果可以看出,除了有 CsI 和 Cr 与Te、Se 的化合物外,还有单质 Cr.其中 $d = 2.03$的衍射线很强,只有 Cr 或 Fe 的衍射线与其相符合,但能谱图中只有 Cr 的谱线,并无 Fe,所以判断在表面结晶物质中有单质 Cr.这一点是值得

图 1　试样表面结晶物质的形貌

注意的,但目前还不能作出满意的解释.在试样表面的沉积物中只有 CrTe,而无 FeTe 和 NiTe,说明这三种物质的热力学稳定性是 CrTe>NiTe>FeTe[3].由于表面沉积物中也只有CrSe,而无 FeSe 和 NiSe,所以 Fe,Cr,Ni 与 Se 形成化合物的特性,也应与 Te 的化合物相似,它们热力学的稳定性也应是 CrSe>NiSe>FeSe.

表 1　试样表面结晶物质的成分分析结果

Fe	Cr	Ni	Te	Se	Cs	I
0.64	20.58	0.31	13.05	29.88	27.51	8.02

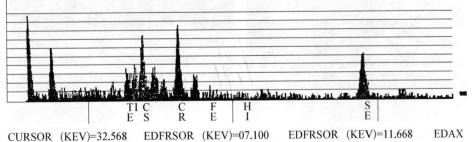

CURSOR (KEV)=32.568　　EDFRSOR (KEV)=07.100　　EDFRSOR (KEV)=11.668　　EDAX

图 2　试验表面结晶物质成分的能谱图

表2 试样表面沉积物的 X 射线衍射测量结果与标准物质的对照

实验测量值		标准物质				
d	I	CrTe	CsI	Cr	Cr_2Se_2Te	CrSe
3.20	M		3.23			
3.05	S	3.04				
2.95	M	2.95			2.93	2.97
2.80	S				2.79	2.81
2.62	VW					
2.40	M					
2.27	W	2.27	2.284			
2.20	M	2.25			2.16	2.17
2.03	S			2.039 0		
1.86	M	1.96	1.865			
1.82	V				1.833	1.833
1.72	M	1.75 1.73				1.69
1.645	W	1.64 1.63			1.67	
1.615	W		1.615			
1.590	W				1.561	1.568
1.530	M	1.52			1.535	1.535
1.485	W	1.48			1.47	1.501
1.442	W		1.445	14 419	1.399	1.349
1.252	VW	1.31 1.26	1.319		1.234	1.244
1.220	W	1.25	1.221			
1.175	M			1.177 4	1.182	1.182

试样经腐蚀后,制备成金相试样. 从试样截面上可以看到沿晶界浸蚀的结果. 但是这种晶界浸蚀深度在同一试样的同一截面上极不均匀,因此无法判断三种不同成分以及三种不同处理的试样之间腐蚀行为究竟有没有差别. 图 3 是 3 号试样的晶界浸蚀情况,沿轧面可观察到清晰的沿晶界浸蚀(图 3a),但在与轧面垂直的侧面上,浸蚀后的形貌完全不同(图 3b),很像是沿着多边化后亚晶界浸蚀的结果. 这可能是用剪板机剪切试样时,在切口附近造成了强烈变形,700 ℃加热时发生回复多边化后的原因. 5 号与 6 号样品的结果与此相似,三种不同热处理的试样也没有明显的差别.

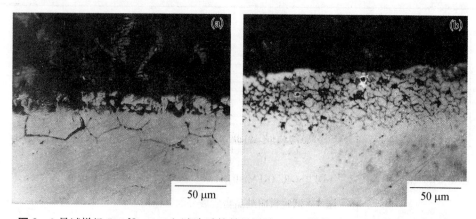

图3 3 号试样经 700 ℃—100 h 试验后的晶界浸蚀 (a) 沿轧面;(b) 与轧面垂直的侧面

用能谱分析 3 号试样表面腐蚀层和沿晶界浸蚀后晶界的成分,结果列于表 3 中.比较表面腐蚀层及晶界上的 Cs、Te、Se、I 含量,可以看出 Se 比其他三种元素的扩散速度都快,并将形成 CrSe 或 Cr_2Se_2Te(参看表 2 和图 2).如果从晶界浸蚀区向晶粒内作成分的逐点分析,并将分析结果的 Cr/Fe 和 Ni/Fe 比值作图(图 4),可以看出晶界浸蚀层中是富铬贫镍,在距离晶界 2—3 μm 范围内是贫铬富镍区.这并不是碳化铬在晶界上析出的结果,而是由于 Te、Se 沿晶界扩散时,与 Cr 形成了化合物的原因.

表 3 3 号试样经 700 ℃—100 h 试验后,用能谱分析表面腐蚀层及沿晶界浸蚀层的化学成分结果(wt%)

	Fe	Cr	Ni	Mo	Te	Se	Cs	I
表面腐蚀层	16.72	6.83	4.59	1.68	40.05	21.45	7.52	1.16
沿晶界浸蚀区	44.41	16.78	3.14	4.76	6.72	18.14	6.06	0.00

在放有 Fe_2O_3/Fe 做腐蚀试验时,试样表面生成了很厚的氧化层,有的地方已发生剥落.从未剥落处的金相组织中,可以看出这是一种层状组织,由能谱分析的结果表明,是由富铬贫镍和贫铬富镍层交替层组成.图 5 是这种氧化层的形貌.成分分析结果列于表 4 中.氧化层的 X 射线结构分析结果列于表 5 中.其中主要是 Fe_3O_4 和 α-Fe,还有 CsI 和 Cr_2TeO_6.在这种情况下,虽然也存在沿晶界浸蚀,但已成为次要的腐蚀问题.值得注意的是在氧化层中存在 α-Fe,这是由于 Cr、Ni 合金元素在氧化过程中重新调整后,由原来的 γ-Fe 转变成 α-Fe,并说明这种成分的 α-Fe 在这种气氛下仍不被腐蚀.继续研究这种现象,确定 α-Fe 的化学成分,试验这种 α-Fe 的腐蚀行为,可能是很有意义的课题,也可能为寻找新的耐蚀合金提供线索.

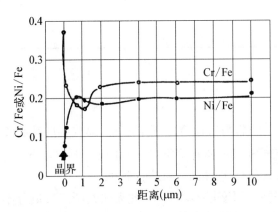

图 4 3 号试样产生晶界浸蚀后,从晶界到晶内 Cr/Fe 和 Ni/Fe 比值的变化

图 5 3 号试样及放有 Fe_2O_3/Fe 试验后的氧化层形貌

表 4 氧化层中的贫铬富镍层及富铬贫镍层的成分分析结果(Wt%)

	Fe	Cr	Ni	Fe	Cs
贫铬富镍层	70.57	8.26	17.96	1.02	2.20
富铬贫镍层	64.35	17.03	9.81	3.52	4.58

表 5　氧化层的射线衍 X 射线测量结果与标准物质的对照

实验测量值		标　准　物　质				
d	I	Fe_3O_4	$\alpha-Fe$	$\gamma-Fe$	CsI	Cr_2TeO_6
4.80	W	48.5				4.495
3.42	VW					4.06
3.21	M				3.23	3.21
2.96	M	2.966				
2.62	VW					2.61
2.52	M	2.53				2.50
2.42	VW	2.419				
2.28	W				2.284	2.27
2.22	VW					2.19
2.09	W	2.096		2.083		
20.3	S		2.026 8			2.03
1.86	W			1.813	1.865	1.98 1.84
1.715	W	1.712				
1.618	M	1.614			1.615	1.68 1.605
1.485	M	1.483				1.50 1.492
1.441	W				1.445	
1.435	M		1.433 2			1.436
1.330	VW	1.327			1.319	1.37 1.356
1.283	M	1.279				1.25
1.268	VW	1.264		1.276		
1.222	M				1.221	
1.212	VW	1.211				
1.171	S		1.170 2			

4　结论

（1）除了放有 Fe_2O_3/Fe 的试样外,腐蚀试验后当试样冷却到室温时,都有一层结晶物质沉积在试样表面. 它们是 CsI、CrTe、CrSe、Cr_2Se_2Te,还有单质 Cr. 其中没有 Fe（或 Ni）与 Te（Se）的化合物,说明在 Cr、Fe、Ni 共存时,只有 CrTe 和 CrSe 是稳定的.

（2）在同一试样的同一截面上,沿晶界浸蚀的深度极不均匀,因此无法判断三种成分不同以及三种热处理方式不同的试样,它们的腐蚀行为是否有差别.

（3）沿试样轧面及沿试样侧面的沿晶界浸蚀形貌不同,这可能与剪切样品时在切口处的强烈变形,在 700 ℃加热时发生回复多边化后的结构有关.

（4）沿晶界浸蚀后,晶界中的成分明显地富铬贫镍,而在距离晶界 2 - 3 μm 的范围内是贫铬富镍区.

（5）在沿晶界浸蚀时,Se 比 Te 或 Cs 的扩散速度快.

（6）放有 Fe_2O_2/Fe 做腐蚀试验时,试样表面生成了很厚的氧化层. 它是由富铬贫镍和贫铬富镍的交替层组成. 在这种情况下,晶界浸蚀已成为次要的问题.

参 考 文 献

［1］遑忠信，"模拟裂变产物与不锈钢包壳材料相容性的研究"（文献综述），中国核动力研究设计院(1989).

［2］周邦新、李卫军、遑忠信、杨晓林，"316 及含钛或含铌 316 不锈钢的显微组织研究".

［3］Lobb R. C, and Robins J. H. J. Nucl. Mat 62 50 (1976).

A Study of Grain Boundary Erosion in Simulated Fission Products Environment for 316 Stainless Steel

Abstract: The corrosion behavior of 316 S. S. plate and 316 S. S. plate which contains titanium or niobium has been investigated in a mixture medium of Cs, Te, Se and I which were simulated as the fission products. When UO_2 pellets were added during corrosion test at 700 ℃ - 100 h, the depth of erosion along grain boundaries was inhomogeneous on the same section of the specimen, so that the sensitivity of the three stainless steels with different composition and the three specimens suffered different heat treatment to grain boundary erosion was not able to be defined. The morphology of erosion along grain boundary was different between the two surfaces, rolling plane and sids plane. It was close network on the side plane, which might be related to the polygonization during heating at 700 ℃ after cutting specimen with shear maching.

The composition on the boundaries after erosion was obviously rich in chromium and depleted in nickle, and the distance within $2 - 3$ μm from the boundary was depleted in chromium and rich in nickle. If Fe_2O_3/Fe was added instead of UO_2 pellets during corrosion test, a thick oxide scale formed on specimen surface, which consisted of multilayer with a layer of rich in chromium and depleted in nickle and other layer depleted in chromium and rich in nichle alternatively. In this case the erosion along grain boundary was negligible.

Zr-4管中氢化物分布的应力再取向研究[*]

摘　要：渗200 ppm氢的Zr-4管，在周向应力为70—180 MPa和150⇌400 ℃的条件下，研究了应力和温度循环次数对氢化物再取向的影响. 随着应力增大或温度循环次数增加，一部分氢化物由周向分布转变成径向分布. 氢化物发生再取向时，先从管壁外表面开始，逐步向内推进. 在本实验条件下，当氢化物发生再取向后，并没有全部转变成径向分布. f_{45}只达到0.5，说明控制织构对控制氢化物再取向仍然有效.

1　引言

　　锆合金作为燃料元件包壳，在反应堆运行时会发生锆水反应. 金属表面形成氧化膜的同时，还产生氢气，一部分氢将被锆合金包壳吸收. 氢在锆合金中的溶解度随温度的不同变化很大，温度降低时，过量的氢将以氢化锆的形式析出. 氢化锆是脆性相，对合金的机械性能影响很大，特别是析出的氢化物呈径向分布时，易使包壳沿轴向开裂，如沿周向分布，则危害较小. 氢化物析出后的不同取向分布，可以通过改变管材的织构来控制，然而元件在使用时，锆管处于受很大的周向应力状态，氢化物在应力作用下析出时，又倾向于垂直张应力的方向，因此有应力再取向的问题. 所以研究氢化物在应力作用和温度循环下，发生再取向的规律，可为燃料元件设计提供重要依据，尤其是要提高平均卸料燃耗，燃料元件在堆芯中停留时间增长，氢化物的应力再取向问题显得更为重要.

2　实验方法

　　$\phi 9.5 \times 0.64$退火状态的Zr-4管材，先在$HF-HNO_3-H_2O$混合溶液中进行化学抛光，经水洗、干燥后，装入高压釜中进行渗氢. 渗氢条件为：LiOH溶液浓度为41.96 g/L，压力19.6 MPa，时间4 h，冷却速度1 ℃/min. 与标准金相图谱[1]比较，确定渗氢后的氢含量约为200 ppm.

　　将渗氢后的Zr-4管中填入石墨粉，然后对石墨自上而下单向加压，通过石墨粉将压力传递至Zr-4管壁，产生周向应力. 在Zr-4管外表面上、下贴两组应变片，测得载荷P与管材周向应力的关系如表1所示.

表1　载荷P与管材周向应力对应值

载荷P,N	1 500	1 900	2 500	2 900
周向应力,MPa	70	92	125	145

＊ 本文合作者：蒋有荣. 原发表于《核动力工程》，1992，13（5）：66-69.

由于管子应力只与所加载荷大小和管子尺寸有关,而与弹性模量无关,因此在 150 ⇌ 400 ℃ 进行温度循环时,可以认为周向应力是恒定的. 在恒载荷下经 150 ⇌ 400 ℃ 温度循环,用 ITC 系列智能控制仪控制温度升降,自动循环,加热速度为 5 ℃/min,冷却速度为 1.5 ℃/min. 温度循环的温区选择在 150 ℃ 至 400 ℃ 之间,一方面是因为这与反应堆内元件包壳的工作温度比较一致,另一方面是锆合金在 400 ℃ 时可溶解氢 200 ppm,而在 150 ℃ 时氢的溶解度降至 5 ppm[2]. 通过氢在温度循环时的溶解和重新析出,可以充分显示出氢化物分布在应力作用下再取向的规律. 作过氢化物应力再取向的样品,经砂纸磨至 1 000#,再用 $HNO_3 - HF - H_2O_2$ 混合溶液蚀刻显示氢化物,采用图像分析仪测量氢化物取向[3],并绘制 0—90° 之间步长为 5° 的氢化物取向直方图,同时用金相显微镜测量管壁厚度和氢化物发生明显再取向区域的厚度.

3 实验结果

由过饱和的 α - Zr 转变成 δ、γ 相氢化物后,体积分别增大为 17.2%、12.3%,因此在应力作用下,易在垂直于张应力,平行于压应力方向析出,若有温度变化,在升温时,平行于张应力方向的氢化物优先溶解,降温时,则在垂直于张应力方向优先析出,并且,已存在的氢化物对新析出氢化物成核和长大有促进作用[4]. 因此,每经过一次升温降温循环,氢化物再取向的程度都有所增加. 氢化物取向程度可用 f_{45} 值(在管子横截面上,与径向成 45° 之间的氢化物片数与总的氢化物片数之比)来描述.

图 1 是 f_{45} 与应力及温度循环次数之间的关系. 由图 1 可见,温度循环次数相同时,随着应力增加, f_{45} 增大. 这说明转向径向分布的氢化物越来越多. 在相同的应力下,增加温度循环次数也使 f_{45} 值增加,但是当应力为 70 MPa 时,温度循环增至 16 次, f_{45} 增加仍不明显,说明引起氢化物再取向的应力有一定的阈值.

图 2 是不同实验条件下氢化物分布情况. 随着应力增加或温度循环次数增加,氢化物再取向并不是在整个截面同时发生,而是从外壁逐渐向内壁推进,并且有一个明显的分界线. 这种现象在文献中还没有见到报道. 图 3 示出已发生氢化物再取向区的厚度 t_2 与管壁总厚度 t_1 的比值随应力和温度循环次数增加而增加. 影响氢化物取向的因素较多[5],但该现象主要与管材外表面与内表面织构和应力状态的不同有关,并且径向分布的氢化物在管壁外层中形成后,有利于其后取向的氢化物成核、长大[6].

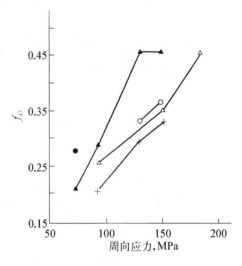

＋——温度循环 1 次; ○——温度循环 2 次;
△——温度循环 4 次; ▲——温度循环 8 次;
●——温度循环 16 次.

图 1 f_{45} 与周向应力及循环次数关系

当增加温度循环次数和增大应力时,管壁内发生了氢化物再取向,但是 f_{45} 并未达到 1,其中大约仍有 50% 的氢化物片呈周向分布. 这与管材的织构状态有关,如果织构的基极分布基本平行于管材的径向,则氢化物不易呈径向分布.

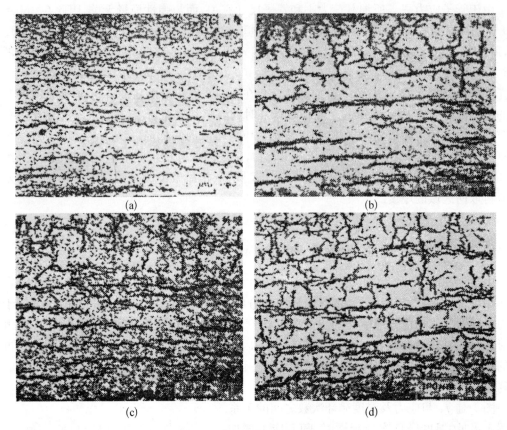

图 2 在不同实验条件下 Zr‑4 管中氢化物分布 (a)—高压釜渗氢；(b)—在 96 MPa 应力下经 150 ⇌ 400 ℃循环 2 次；(c)—在 145 MPa 应力下经 150 ⇌ 400 ℃循环 2 次；(d)—在 145 MPa 应力下经 150 ⇌ 400 ℃循环 8 次.

4 结论

(1) 当 Zr‑4 管经受 70—180 MPa 周向应力，在 150 ⇌ 400 ℃循环时，可以观察到氢化物发生明显再取向，随着应力增大或温度循环次数增加，一部分氢化物将从周向分布转变为径向分布，f_{45} 值增大.

(2) Zr‑4 管中氢化物发生应力再取向是从管外壁开始，逐渐向其内壁推进，这可能与管材内、外表面织构和应力状态不同有关.

(3) 在周向应力为 70 MPa 时，即使温度循环增至 16 次，氢化物再取向现象也不明显. 表明使氢化物发生再取向的应力有一个阈值，该阈值与织构状态有关.

(4) 在氢化物发生应力再取向后，不一定都能

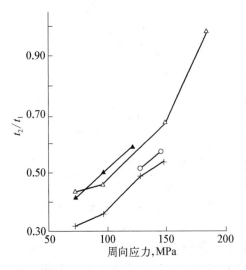

\+—温度循环 1 次；○—温度循环 2 次；
△—温度循环 4 次；▲—温度循环 8 次.

图 3 t_2/t_1 与周向应力及循环次数的关系

转变为径向分布,这与织构状态有关.因此,控制管材织构仍可限制氢化物在应力作用下再取向.

本研究工作得到潘淑芳、苗志、张淑玉、于小卫、刘超、孙吉昌同志的帮助和支持,谨此致谢.

参 考 文 献

[1] Hartcorn L. A. and Westerman R. E., HW－74949,1963.

[2] Kearns J. J., *J. Nucl. Mat.*, 22(3), 292(1967).

[3] 刘超等,锆合金中氢化物取向因子的测定,未发表,1991 年.

[4] Simpson C. J. et al., Hydride Reorientation and Fracture in Zirconium Allcys. Zirconium in the Nuclear Industry. ASTM. STP 633. A. L. Lowe. Jr. and G. W. Parry. Eds., American Society for Testing and Materials, 1977. pp. 630－640.

[5] Donglass D L., *Atomic Energy Revia* 9(1), 26 (1971).

[6] Wilkins B. J. S. and Nuttall, K., *J. Nucl. Mater.*, 75(1), 125 (1978).

A Study of the Stress Reorientation of Hydride in Zircaloy－4 Tube

Abstract: Under the conditions of circumferential stress from 70 to 180 MPa and temperature cycling between 150 ℃ to 400 ℃, the effects of stress and the number of temperature cycling on the reorientation of hydride in Zircaloy－4 tubes containing about 200 ppm hydrogen have been investigated. With the increase of stress or the number of temperature cycling, some of hydrides change from tangential to radial distribution and the value of f_{45} increases. Under the experimental conditions, all hydrides do not change from tangential to radial distribution and the value of f_{45} is less than 0. 5 after hydride reorientation. It indicates that controlling texture is still effective on controlling hydride reorientation.

Zr－4 板中氢化物应力再取向的研究[*]

摘　要：在张应力为 55—180 MPa 和 150⇌400 ℃温度循环条件下,研究了应力和温度循环次数对氢含量为 220 $\mu g/g$ 的 Zr－4 板中氢化物再取向程度影响. 随着应力增大和温度循环次数增加,氢化物再取向程度增大,但是氢化物发生再取向存在一个应力阈值,当张应力低于应力阈值时,即使增加温度循环次数,氢化物再取向也不明显. 应力阈值又会随温度循环次数增加而降低.

1　前言

核燃料元件 Zr－4 包壳吸氢后,在周向张应力作用下,氢化物发生应力再取向的规律已进行了研究[1]. 作为定位格架的 Zr－4 板材,吸氢后在张应力作用下也存在氢化物应力再取向,并会导致其机械性能恶化. 因此,对后者的规律进行实验研究.

2　实验方法

经过去应力退火的厚 2.3 mm 和 0.6 mm 的 Zr－4 板材,先加工成拉伸试样,然后用高压釜渗氢[1],使氢含量达 220 $\mu g/g$ 左右. 为了便于研究应力值对氢化物再取向程度的影响,并节省试样,将拉伸试样加工成带斜度的不等截面. 试样在真空炉中加热拉伸,升温速度为 9 ℃/min,加热至 400 ℃后,保温 25 min,再以 1.7 ℃/min 冷却速度随炉冷却至 150 ℃. 选择在 150 ℃⇌400 ℃进行温度循环. 一则因 PWR 中的包壳工作温度大致在此区域,二则因氢化物在加热至 400 ℃时不致完全固溶. 在整个温度循环过程中,使应力维持预定值. 循环处理后的样品,经金相制样和蚀刻显示氢化物,用图像仪测量氢化物取向因子 f_{45}[2]. 用反射法测定(0002)极图.

3　实验结果及讨论

氢化锆从 α-Zr 中沿着一定的晶面析出,在 Zr－4 合金中为 $(10\bar{1}7)$ 晶面. 由 α-Zr 转变成氢化锆(δ 相)后,体积将增大 17%. 在应力作用下,氢化锆又容易在垂直于张应力、平行于压应力方向析出,即氢化锆发生应力再取向. 随着应力和温度循环次数增加,氢化物应力再取向程度增大(如图 1、2、3 所示),并存在应力阈值 σ_n' 且 σ_n' 随着温度循环次数 n 增加而降低(见图 4). 由图 4 可得到如下经验公式：

$$\sigma_n' = \sigma_1' - \left(1 - \frac{1}{n}\right)C \tag{1}$$

───────────────

* 本文合作者：蒋有荣、杨敏华. 原发表于《核动力工程》,1993,14(4)：368－373,380.

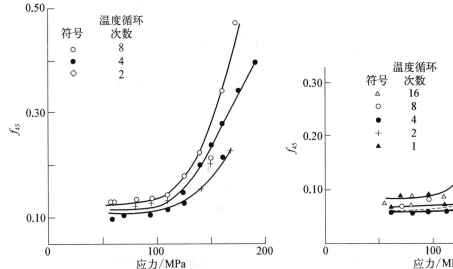

图 1 厚 0.6 mm 的 Zr‑4 板在垂直于轧向施加张应力时，氢化物取向因子 f_{45} 与应力及温度循环次数的关系

图 2 厚 0.6 mm 的 Zr‑4 板在轧向施加张应力时，氢化物取向因子 f_{45} 与应力及温度循环次数的关系

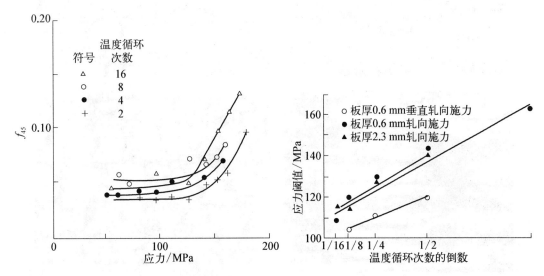

图 3 厚 2.3 mm 的 Zr‑4 板在轧向施加张应力时氢化物取向因子 f_{45} 与应力及温度循环次数的关系

图 4 Zr‑4 板中氢化物取向的应力阈值与温度循环次数的关系

式中，σ_n' 为经过 n 次温度循环后的应力阈值，MPa；σ_1' 为第一次温度循环时的应力阈值，MPa；C 为常数，它与材料的特性（如织构）及实验条件有关.

图 4 中，直线在纵坐标上的截距即为温度循环无穷次时的应力阈值. 厚 0.6 mm 的板垂直于轧向施加张应力时其应力阈值为 90 MPa，沿轧向施加张应力时为 110 MPa，厚 2.3 mm 的板沿轧向施加张应力时为 115 MPa. 当施加的应力低于上述值时，即使温度循环次数增加，氢化物再取向的程度也变化甚微. 在一定的温度循环次数下，当应力大于应力阈值时，氢化物再取向的程度随应力增大而迅速增大，增加温度循环次数，氢化物再取向的程度也明显

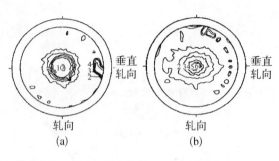

图5 Zr-4板(0002)极图　(a)—板厚为0.6 mm；
(b)—板厚为2.3 mm

增大. 在垂直于轧向和平行于轧向施加张应力时(如厚为0.6 mm的板)，氢化物再取向对应力和温度循环次数敏感度不同. 这是因为在两个方向上织构系数不同. 不同板之间氢化物再取向程度不相同，是由于轧制制度不同引起织构不同所致. 图5是厚为0.6 mm和2.3 mm两种板的(0002)极图，两种板的织构有着明显的不同. 因此控制织构可控制氢化物在应力作用下再取向的程度. 图6是Zr-4板(厚为0.6 mm)在垂直于轧向施加张应力经不同条件实验后的氢化物分布. 由图6可见，随着应力和温度循环次数增加，氢化物再取向也增加.

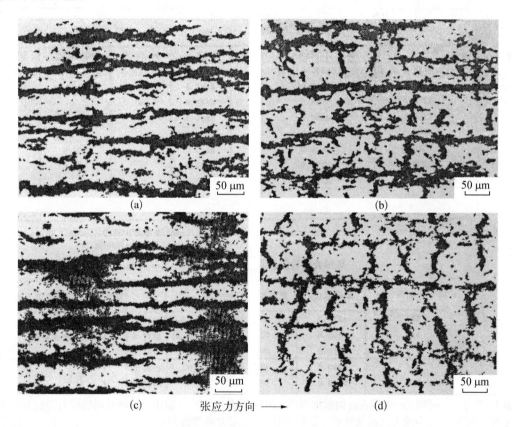

图6 Zr-4板(厚0.6 mm)在垂直于轧向施加张应力，经不同条件实验后的氢化物分布　(a)—在80 MPa下温度循环2次后；(b)—在168 MPa下温度循环2次后；(c)—在80 MPa下温度循环8次后；(d)—在166 MPa下温度循环8次后

Ells应用Li在描述应力对$Fe_{16}N_2$第二相析出时取向影响的理论[3]，归纳出氢化物应力再取向程度与所施加应力的关系为：

$$R_\sigma = R_0 \exp[B\sigma] \tag{2}$$

式中，R_σ 和 R_0 分别为氢化物应力再取向后和原始值；$R = F_\theta/(1-F_\theta)$，其中 F_θ 为氢化

物取向因子(与参考方向夹角小于或等于θ的氢化物小片数在氢化物小片总数中所占的份额);σ为施加的张应力,MPa;B为与材料有关的常数.

Ells利用Marshall[4]和Louthan[5]的数据验证了公式(2),Hardie[6]的实验结果也与公式(2)相符.从公式(2)中可以看出氢化物发生应力再取向时,不存在应力阈值,而本实验的Zr-4板和管材[1]以及Stehle的数据[7]都表明,氢化物应力再取向存在应力阈值,根据本实验结果得到:当应力大于应力阈值时,氢化物的应力再取向的程度R_σ与应力σ、温度循环次数n、应力阈值σ_n之间关系为:

$$R = R_0 exp\left[Bn^{\frac{1}{3}}(\sigma - \sigma_n')\right] \tag{3}$$

B为与材料及实验有关的常数.该公式成立条件是:$\sigma_n' < \sigma < \sigma_{0.2}$($\sigma_{0.2}$为循环上限温度时锆材的屈服强度).温度循环的上、下限可以使绝大部分氢化锆发生溶解和析出.当$\sigma < \sigma_n$时,氢化物几乎不发生应力再取向.利用(2)、(3)式分别对本实验数据和Stehle的数据[7]进行曲线拟合,其结果见表1和表2.利用(3)式拟合,得到的B值波动小(这与B值为常数的定义符合),相关系数大,f_{45}的偏差也小(由B的偏差引起的相对误差<2%,在测量误差[2]范围之内).在实验误差范围内,计算得到的应力阈值与从曲线上得到的应力阈值相一致,因此,利用(3)式能更好地描述氢化物再取向与应力及温度循环次数之间关系.

表1 按$R_\sigma = R_0 exp[B\sigma]$对本实验数据拟合结果

样品编号	施力方向	循环次数	R_0	$B\times 10^{-3}$	$\ln R_0 - \sigma$的相关系数	f_{45}的偏差
32	垂直轧向①	2	0.130 8	7.23	0.880 8	0.021 1
36		4	0.111 3	14.47	0.956 2	0.029 8
33		8	0.151 0	12.85	0.851 8	0.053 7
45	轧向①	1	0.069 7	4.12	0.557 5	0.017 7
40		2	0.063 5	4.83	0.798 4	0.011 0
43		4	0.058 5	9.14	0.929 0	0.012 8
46		8	0.065 6	10.52	0.914 7	0.015 0
41		16	0.102 1	13.71	0.930 1	0.026 7
56	轧向②	2	0.045 5	7.60	0.726 1	0.013 4
51		4	0.043 4	10.16	0.847 9	0.014 6
55		8	0.056 7	3.98	0.776 2	0.007 5
58		16	0.046 8	9.66	0.872 8	0.014 9
文献[7]			0.176 5	19.15	0.838 4	0.543 3

注:① Zr-4板厚0.6 mm;② Zr-4板厚2-3 mm.

表2 按$R_\sigma = R_0 exp[Bn^{1/3}(\sigma - \sigma_n')]$对本实验数据拟合结果

样品编号	施力方向	循环次数	R_0	$B\times 10^{-1}$		$\ln R_0 - \sigma$ 相关系数	f_{45}的偏差	应力阈值 σ_n'/MPa
				B	偏差S			
32	垂直轧向①	2	0.130 8			0.960 1	0.013 4	123
36		4	0.111 3	12.80	0.14	0.998 0	0.006 6	114
33		8	0.151 0			0.990 0	0.018 3	111
45	轧向①	1	0.069 7			0.962 1	0.009 6	162
40		2	0.063 5			0.937 0	0.007 4	146

样品编号	施力方向	循环次数	R_0	$B\times10^{-1}$		$\ln R_0-\sigma$ 相关系数	f_{45}的偏差	应力阈值 σ_n'/MPa
				B	偏差 S			
43		4	0.058 5	8.24	0.71	0.998 4	0.002 1	114
46	轧向①	8	0.065 6			0.988 4	0.006 8	116
41		16	0.102 1			0.965 0	0.014 2	108
56		2	0.045 5			0.961 4	0.007 7	146
51	轧向②	4	0.043 4	10.08	1.57	0.943 8	0.010 6	123
55		8	0.056 7			0.964 9	0.004 2	119
58		16	0.065 8			0.979 8	0.007 3	117
文献[7]			0.176 5	80.40		0.962 2	0.079 9	105

注：① Zr-4 板厚 0.6 mm；② Zr-4 板厚 2.3 mm.

描述氢化物应力再取向有两个重要参数，它们是应力阈值(σ_n')和 B 值，而 σ_n' 又与 C 值有关. 由于 Zr-4 合金中氢化物的惯析面是($10\bar{1}7$)，故张应力方向与织构中基极的夹角越小，氢化物越易发生应力再取向，应力阈值也越低，甚至觉察不到存在应力阈值，反之亦然. 由此可见，织构和加载应力的方向与氢化物应力再取向难易程度有着密切关系. 厚 0.6 mm 的板材沿轧向或沿垂直于轧向加载时，后者的应力阈值比前者低，而 B 值高，这正是因为沿加载方向的织构系数不同所致. Hardie[6] 认为氢化物初始分布只影响氢化物再取向的应力阈值，而不影响 B 值. 本实验结果表明，当 R_0 较大时，B 值也较高.

在升温时，平行于张应力方向的氢化物优先溶解，降温时，则优先在垂直于张应力方向析出，并且已存在的氢化物对以后的氢化物形核和长大有促进作用[8]. 如果在升温或保温时无应力作用，则无上述优先溶解和优先析出，如只在降温过程中施加应力，氢化物再取向程度会明显降低.

由于只有溶解了的氢化物，在析出时才可能发生应力再取向[4]，因此在温度循环区间内，氢在 α-Zr 中的固溶度变化越大，越有利于氢化物应力再取向，但是当循环的最高温度已使氢化物全部溶解时，没有过剩的氢化物存在，这对以后的氢化物析出不能起促进作用，氢化物再取向程度也会降低.

晶粒细小，惯析面分布在有利方向的几率增加，氢化物容易发生应力再取向. 冷却速度过快时，不能充分利用氢化物在应力诱发下形核和长大，不利于氢化物应力再取向.

4 结论

（1）Zr-4 合金中氢化物发生应力再取向时存在应力阈值，随着温度循环次数增加，应力阈值降低，应力阈值(σ_n')与温度循环次数(n)之间关系为 $\sigma_n' = \sigma_1' - \left(1-\dfrac{1}{n}\right)C$，当应力低于应力阈值($\sigma_n'$)时，氢化物再取向不明显.

（2）当张应力大于应力阈值时，氢化物再取向程度随应力增大和温度循环次数增加而增大，相互之间关系为 $R_\sigma = R_0\exp[B_n^{1/3}(\sigma-\sigma_n')]$，$B$ 是与材料及实验有关的常数，在本实验条件下的 B 值为 10^{-2} MPa^{-1}量级.

（3）氢化物应力再取向的难易程度与织构取向有关，当张应力方向与基极的夹角小时，氢化物容易发生应力再取向,应力阈值低,B 值也大. 另外,材料的晶粒大小、加载方式、温度循环区间、冷却速度等都会影响氢化物应力再取向的难易.

在本实验过程中,得到潘淑芳、苗志、张淑玉、于晓卫、李黎光、黄建庆、刘超、朱金霞等同志的帮助,谨此一并致谢.

参 考 文 献

[1] 周邦新,蒋有荣. Zr-4 管中氢化物分布的应力再取向研究,核动力工程 1992,13(5):66-69.

[2] 刘超,蒋有荣,朱金霞. 锆合金中氢化物取向因子的测定,第二届材料及图像分析全国学术研讨会,成都,1992.5.

[3] Ells C E. The Stress Orientation of Hydride in Zirconium Alloys. J. Nucl Mater. 1970,35:306.

[4] Marshall R P. Inlluence of Fabrication History on Stress-Oriented Hydrides in Zircaloy Tubing. J Nucl Mater, 1967,24:34.

[5] Louthan M R, Marshall R P. Control of Hydride Orientation in Zircaloy. J Nucl Mater,1963,9:170.

[6] Hardie H, Shanahan M W. Stress Reorientation of Hydriden in Zirconium —2.5% Niobium. J Nucl Mater. 1975,55:1.

[7] Stehle H, Kaden W, Manzel R. External Corrosion of Cladding in PWRs. Nuclear Engineer and Design 1975,33:155.

[8] Simpaon C J, Kupcis O A, Leemans D V. Hydride Reorientation and Fracture in Zirconium Alloys. Zirconium in the Nuclear Industry. ASTM STP 633. A. L. Lowe. Jr and G. W. Parry. Eda, American Society for Testing and Materials,1977, pp. 630-642.

A Study of the Stress Reorientation of Hydrides in Zircaloy-4 Plates

Absteact: Under the conditions of the tensile stress from 55 to 180 MPa and temperature cycling between 150 ℃ to 400 ℃, the effects of stress and the number of temperature cycling on the hydride reorientation in Zircaloy-4 plates containing about 220 μg/g hydrogen have been investigated. With the increase of stress or the number of temperature cycling, the level of hydride reorientation increases. But when hydride reorientation takes place, there is a threshold stress. Below the threshold stress, hydride reorientation is not obvious, even if the number of tmperature cycling increases. The threshold stress is decrease with increase of the number of tmperature cycling.

LT24 铝合金腐蚀过程的原位观察[*]

摘　要： 在磨制抛光好的金相样品表面，放上一滴 1％ HCl 水溶液，加上盖玻片后用光学显微镜观察了腐蚀过程的发展．确定了引起点蚀和晶界腐蚀的主要原因是因为存在含铜的第二相和晶界上存在铅的缘故．建议 LT24 中铜含量及镁和硅含量的最佳值应进行重新研究确定．

1　引言

铝的热中子吸收截面小，工艺性能好，价格也比较便宜．加入合金元素提高强度后，可用作研究堆燃料元件的包壳材料及堆芯结构材料．LT24 特种铝合金就是为了这种目的研制的，LT24 在使用过程中，曾发现过溃疡和晶界腐蚀，为了弄清原因，特设计了本实验——腐蚀过程的原位观察．

2　实验方法

LT24 的化学成分列于表 1 中，它与作为结构材料用的 LD2 成分相近，也与美国的 6061、英国的 E20 和俄国的 AB 等牌号的铝合金相近．试样在 520 ℃淬火后经自然时效，按金相制样方法将试片研磨抛光，电解抛光液为 20％过氯酸—酒精溶液．抛光后的试样表面放

表 1　LT24 及各国与其相似的铝合金的化学成分

合金牌号	化 学 成 份 wt％										标准国别及编号
	Mg	Si	Cu	Fe	Mn	Zn	Cr	Ti	Ni	其他杂质	
LT24	0.7 - 1.2	0.6 - 1.0	0.3 - 0.6	≤0.2	≤0.006	≤0.03	/	≤0.01	≤0.03	Cd　　B　　Li ≤0.000 1≤0.000 1＜0.000 6	中国* Q/Q100 - 68
LD2	0.45 - 0.90	0.5 - 1.2	0.2 - 0.6	≤0.5	或 Cr 0.15 - 0.35	≤0.2	/	≤0.15	/	单个 0.05， 总计 0.10	中国 GB3190 - 82
Al - Mg - SiCu	0.8 - 1.2	0.4 - 0.8	0.15 - 0.40	≤0.7	≤0.15	≤0.25	0.04 - 0.35	Ti＋Zr ≤0.2	/	/	国际 ISO/R - 209 - 71(3)
6061	0.8 - 1.2	0.4 - 0.8	0.15 - 0.40	≤0.7	≤0.15	≤0.25	0.04 - 0.35	≤0.15	/	单个 0.05， 总计 0.15	美国** ASTM B209M - 86
H₂O	0.8 - 1.2	0.4 - 0.8	0.15 - 0.40	≤0.7	≤0.15	≤0.25	0.04 - 0.35	≤0.15	/	/	英国 BS1474 - 72
AB	0.45 - 0.90	0.5 - 1.2	0.1 - 0.5	≤0.5	或 Cr 0.15 - 0.35	≤0.2	/	≤0.15	/	单个 0.05，总计 0.10	俄国 POCT4784 - 74

＊哈尔滨 101 厂标准

＊＊日本 JISH4040 - 82 和法国 NFASO - 411 - 81 等效采用 ASTM B209M - 86 标准.

＊ 本文合作者：逯忠信．原发表于中国核材料学会《核材料会议文集(1991 年)》，四川科学技术出版社，1992：188 - 193.

上一滴1%HCl(或0.05%HCl)水溶液,加上盖玻片后在光学显微镜下进行观察.由于构成微电池腐蚀时在阴极上会生成氢气泡,即使在腐蚀过程的最初期,也很容易观察到产生腐蚀的部位,再用电子探针对这种部位进行微区成分分析,确定产生腐蚀时阴极相的成分.

3 实验结果和讨论

图1一组照片是氢气泡在阴极第二相处的聚集长大,以及原位观察到腐蚀过程的发展情况.从气泡产生的位置,可以观察到产生腐蚀处的显微组织形貌.它们是一种很特殊的晶界区和某种第二相,在Mg_2Si相和较粗大的氧化物夹杂(电子探针分析表明主要是Mg、Si和Fe的氧化物)处并不产生明显的腐蚀.实验连续进行了20

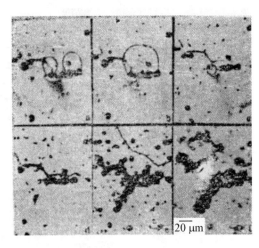

图1 试样表面放上一滴1%HCl水溶液后氢气泡在阴极相处的形成和聚集(a、b),c、d、e、f分别是同一位置经过2天,5天、12天和20天腐蚀后的形貌

天,最初见到冒氢气泡的地方,后来都发展成严重的晶界腐蚀和晶内蜷蚀,图2a是试样的剖面形貌.但是合金中Mg_2Si第二相及其周围的基体却是完好的(图2b).

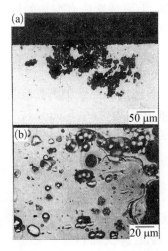

图2 腐蚀试验20天后试样的剖面(a)(机械抛光)和表面(b)(块状相为Mg_2Si)

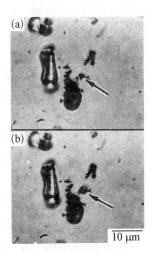

图3 腐蚀时的阴极相((a)箭头指示处)的形貌及氢气泡的形成

在抛光试样的表面放上一滴极稀的(0.05%)盐酸水溶液,这时腐蚀作用缓慢,可以有充分时间在高倍显微镜下寻找作为阴极的第二相,这种相比其他夹杂物小,形态也不规则.图3 a、b是这种相的形貌以及从该相处析出氢气的照片.用电子探针分析后,证明该相中含Cu量高(图4),还有Fe和Mg.合金在590℃加热淬火后,这种相仍然存在,因此,它不是$CuAl_2$.文献中曾报道在Al—Mg—Si—Cu合金中,当Cu>0.3 wt%时可以存在$CuMgAl_2$和$Cu_2Mg_8Si_6Al_5$等复杂而稳定的相[1],图3中的阴极相可能与此有关.

Al—Mg—Si合金在淬火人工时效后析出的Mg_2Si第二相,将因合金淬火后在室温停留

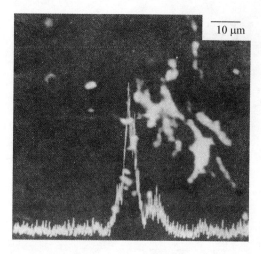

图4 阴极相的吸收电子象和CuKα线扫描的叠加象

而粗化,时效后的机械性能也降低[2].为了避免这种效应,合金淬火后应立即在选定的温度进行时效处理,或者在100℃左右进行预时效处理[3].如合金中加入少量的Cu或Au后(0.1-0.25 wt%)[2,4],这种效应变得不显著,机械性能也得到改进.在这种含量的范围内,每增加0.1 wt%Cu可使断裂强度提高10 MPa左右.但是Al—Mg—Si合金中加入Cu后,特别是在Cu含量较高时,将使合金的抗腐蚀性能明显降低[5].Allais等[6]曾研究了0.25 wt%Cu与无Cu的Al—Mg—Si合金的腐蚀性能,结论是Cu在这种范围内变化时还看不出对腐蚀性能有明显的影响.因此,他们推荐的成分是:Mg:0.6-0.9 wt%;Si:1.0—1.3 wt%;Cu:≤0.2 wt%;Mn:0.3—0.9 wt%;Fe:≤0.3 wt%.从表1中可以看出,我国LD2的成分主要是参照前苏联AB铝合金确定的,其中Cu含量比AB合金的还高一些,而LT24含Cu的下限又比LD2高.如取Cu含量的中值为合金中Cu的名义成分(wt%),则LT24、AB和6061分别是0.45、0.30和0.27.虽然AB合金中含Cu量的上下限比6061的宽,但其名义成分与其相近,而LT24则明显偏高.增加Cu含量可提高强度,但腐蚀性能有变坏的倾向,本实验也直接观察到含Cu的第二相是引起LT24严重腐蚀的原因之一.所以LT24铝合金中Cu含量的标准是否恰当,这是值得重新研究的问题.

从图1中可以看出,产生晶界腐蚀的地方,在受到腐蚀前就是一种很特殊的晶界区,这种晶界在电解抛光后变得比较宽,很容易观察到,而其他晶界经电解抛光并不能显露出来(图5).在数十块观察过的试样中(每块被观察的面积约为1~1.5 cm²),在几块试样上发现有这种特殊晶界,但用机械抛光的试样就观察不到.用电子探针分析晶界区的成分,并未发现存在其他元素.这可能是由于电子束斑直径相对于晶界来说还太大,分辨率不够的缘故.在重新经过520℃加热淬火的一批试样中,也看到了这种晶界,它不是淬火后第二相的析出,也不像是加热时Mg₂Si第二相聚集,因为这种特殊晶界的分布无规则,而且很少.我们认为这可能是由于合金中存在某种低熔点的金属,在淬火加热时已处于熔化状态,如果该金属在铝中不溶或溶解度很小,则它将聚集在晶界上.从铝的二元相图来看[7],这种元素可能是Cd、In、Sn、Pb等.有意将试样加热到590℃然后淬火,实际上已发生了过烧.如果合金中确实存在某种低熔点金属,并且不溶于Al中,那么在晶粒长大的同时,由于表面张力的作用,该金属应收缩成块状.仔细检查经过这样处理的试样,在一块试样中发现了Pb,其大小为10—30 μm,图6是它的吸收电子象和PbMₐ成分象.由于Pb不溶于Al中,只能沿晶界分布.如将合金置于电解质中,则Pb为阴极,Al为阳极而受到腐蚀.由于Pb沿晶界分布,铝合金也将产生晶界腐蚀.铝合金中的微量Pb作为杂质元素也是难于避免的.

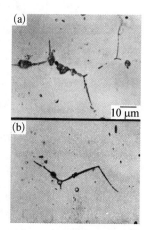

图5 试样经电解抛光后显示出的特殊晶界
(a) 试样轧面(轧向→);
(b) 试样横剖面

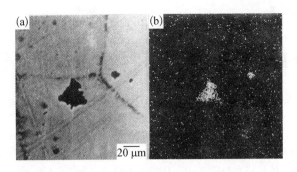

图 6 试样经 600 ℃加热水淬后找到的 Pb 相　(a) 吸收电子象；(b) PbM_α 象

在 Al—Mg—Si 合金中，为了充分利用 Mg_2Si 形成后的弥散强化，最好控制 $Mg/Si=1.73$，如 Mg 过剩时，强度会降低，成型性差，但腐蚀性能好；如 Si 过剩时，强度高，虽不影响成型性，但有晶界腐蚀的倾向[1]. Pb 不溶于 Al，也不与 Al 形成金属间化合物，但能与 Mg 形成 Mg_2Pb 第二相[7]，这可能就是 Mg 过剩时能阻止晶界腐蚀的原因之一. 如将表 1 中 Mg、Si 含量的中值定为合金的名义成分，则 LT24、AB 和 6061 合金中 Mg/Si 比值分别为 1.19、0.82 和 1.67，对前两种合金来说，Mg 偏低或 Si 偏高. 将 BS1470—1955，ГОСТ4784—65 以及 ASTM—B209—68 等与表 1 中各国近期的标准比较，虽然该种合金的成分并无变化，但我国 LT24 合金中的 Mg、Si 含量是否合适，仍是值得进一步研究的问题.

4　结论

用腐蚀过程原位观察的方法，确定了 LT24 铝合金中存在含 Cu 的第二相和晶界上存在 Pb 是引起点蚀和局部晶界腐蚀的原因. 考虑到 $CuMgAl_2$ 和 $Cu_2Mg_8Si_6Al_5$ 等相在 Cu 含量 >0.3 wt% 时形成，以及 Pb 虽不溶于 Al 但与 Mg 可形成 Mg_2Pb 第二相的原因，所以目前我国 LT24 合金中 Mg、Si 和 Cu 含量的标准是否恰当，这是值得进一步研究的问题.

后记：本实验工作完成于 1975 年.

参 考 文 献

[1] Mondolfo L. F. , Aluminum Alloys: Structure and Properties. Butterworth and Co Ltd，1976. p. 787; 566.

[2] Pashley D. W. , Rhodes J. W and Sendorek A, J. Inst. Met. 1966，94，41.

[3] 大根田昇，志村宇昭，竹内庸，轻金属，19，No2(1969)，41.

[4] 望月博、藤川辰一郎、平野贤一，轻金属，1971，21，No8，513.

[5] Al—Mg—Si 合金的应力腐蚀试验，北京 194 所资料，1974 年 9 月.

[6] Allais P. and Mercher P. , In"The Effective and Economic Use of The Special Characteristics of Aluminum and Its Alloys." International Conference by The Institute of Metals in Zurich. 25 - 28th Spet. 1972. Published by The Institute of Metals 1972. p. 85.

[7] Smithells C. J. , "Metals Reference Book" 1967 Vol. 1. London. Butterworths.

Zr(Fe,Cr)₂ 金属间化合物的氧化[*]

摘　要：用非自耗电弧炉熔炼了比值(重量比值)不同的 Zr(Fe,Cr)₂，并在 773 K 和 973 K 的空气中氧化. 经 X 射线衍射和电子衍射分析表明：当 $Fe/Cr \leqslant 4.5$ 时，Zr(Fe,Cr)₂ 是 MgZn₂ 型(六方)的 Laves 相，它的晶格常数随 Fe/Cr 比增加而收缩. Zr(Fe, Cr)₂ 氧化后生成的稳定氧化物是单斜 ZrO₂ 和六方(Fe,Cr)₂O₃. 在形成稳定氧化物之前，还会出现亚稳定的立方 ZrO₂. 根据本实验结果讨论了 Zr-4 合金中 Zr(Fe, Cr)₂ 第二相对腐蚀性能的影响.

1　前言

为了降低核电成本，提出了提高核燃料平均卸料燃耗的目标，这对燃料元件包壳材料锆合金的抗腐蚀性能提出了更高的要求. 改善包壳水侧的腐蚀性能虽然有多种途径[1]，但都处于探索之中，问题在于对腐蚀机理并没有彻底了解. Zr-4 中的合金元素 Fe 和 Cr 虽然含量不多，但它们的绝大部分都与 Zr 形成 Zr(Fe,Cr)₂ 第二相析出. 过去曾提出这种第二相的大小和分布是影响 Zr-4 腐蚀性能的主要因素[2]，并指出第二相嵌镶在氧化膜中可作为电子通道而影响氧化膜的生长速率[3]. 但是在基体 α-Zr 被氧化形成 ZrO₂ 时，其中的 Zr(Fe, Cr)₂ 第二相究竟发生了什么变化? 这一点并不十分了解. 单独研究 Zr(Fe,Cr)₂ 金属间化合物的氧化过程，将可以为了解这个问题积累一些资料，这就是本工作的目的.

2　实验方法

用非自耗电弧炉将核级海绵锆、纯铁和电解铬配制 Fe/Cr 为 1.75 (A 样品)和 4.5(B 样品)两种成分的 Zr(Fe,Cr)₂ 样品，每个锭子重约 120 g，为保证成分均匀，将锭子反复翻转熔炼 5 次，Zr(Fe,Cr)₂ 很硬但脆[4]，锭子在冷却过程中由于相变产生内应力就会碎裂. 取锭子的一部分用玛瑙钵研磨成粉末，经 1 123 K 真空退火 4 小时待用. 样品分别在 773 K 和 973 K 空气中加热 200 小时进行氧化处理. 处理前后的样品都用 X 射线(CrKα)辐射拍片，V 作滤片. 另外还将氧化后的样品分散后粘在碳膜上，用 JEM—200CX 电子显微镜观察形貌，并用选区电子衍射(SAD)进行物相分析.

3　实验结果及讨论

3.1　Zr(Fe,Cr)₂ 的 X 射线衍射分析

经 X 射线射衍分析，$Fe/Cr \leqslant 4.5$ 的 Zr(Fe, Cr)₂ 都是 MgZn₂ 型六方结构的 Laves 相.

---

* 本文合作者：李聪、黄德诚. 原发表于《核动力工程》，1993,14(2)：149-153,190.

随着 Fe/Cr 比值增加,点阵常数的 a、c 值也减小,但 c/a 比值没有明显的变化,结果如图 1 所示. 根据点阵常数随 Fe/Cr 比值的变化关系,也可以在测定了点阵常数后,确定 Zr(Fe,Cr)$_2$ 中 Fe/Cr 比值. 这为确定 Zr-4 中第二相的成分提供了另一种途径. 在 Zr-4 中析出的 Zr(Fe,Cr)$_2$,除了有六方结构外,还有立方和长六方结构[5],这很可能是由于 Fe/Cr 比值不同的缘故,它们应在 $Fe/Cr > 4.5$ 时出现.

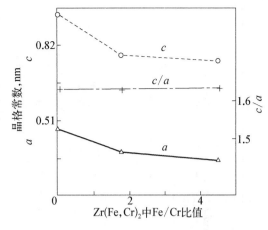

图 1 Zr(Fe,Cr)$_2$ 的晶格常数(a、c 及 c/a)与 Fe/Cr 比值的关系

3.2 Zr(Fe,Cr)$_2$ 在 773 K 和 973 K 空气中加热氧化后的 X 射线衍射分析

表 1 中列出了 A、B 样品经 773 K 和 973 K 氧化 200 小时后用 X 射线衍射方法测出的晶面间距 d 值,同时也列出了其中可能存在几种物质的标准值. 在同一温度下,A、B 样品氧化后生成的物质完全一样,但同一种样品在不同温度氧化后的衍射谱线略有差别. 在 773 K 氧化后,有一组漫散的谱线,它完全和立方 ZrO$_2$ 的谱线吻合. 这时单斜 ZrO$_2$ 的谱线很弱($d = 0.315$ nm 是单斜 ZrO$_2$ 最强的衍射线),剩余的谱线与六方结构的(Fe,Cr)$_2$O$_3$ 吻合. 样品在 973 K 氧化后,漫散的一组谱线消失,单斜 ZrO$_2$ 的谱线增强($d = 0.315$ nm 和 0.282 nm),而六方(Fe,Cr)$_2$O$_3$ 的谱线没有变化. 以上结果表明,Zr(Fe,Cr)$_2$ 氧化形成了 ZrO$_2$ 和(Fe,Cr)$_2$O$_3$ 两种物质,在温度较低或氧化开始时,先形成立方结构的 ZrO$_2$,由于晶粒细小,所以 X 射线衍射谱线漫散,在氧化温度升高或时间延长后转变为单斜 ZrO$_2$. 这与 Zr-4 表面氧化时形成氧化膜的规律相似,氧化膜中立方结构的 ZrO$_2$ 随氧化温度升高或时间增长而减少[6].

3.3 Zr(Fe,Cr)$_2$ 氧化后的电镜分析

用电镜及 SAD 观察分析表明,Zr(Fe,Cr)$_2$ 氧化后形成的 ZrO$_2$ 和(Fe,Cr)$_2$O$_3$ 粉末,在制备电镜样品时会形成可分的粉团,这可能与(Fe,Cr)$_2$O$_3$ 为铁磁性物质有关. 图 2 是立方 ZrO$_2$ 粉团的形貌和它的 SAD 图形,晶粒非常细小. 图 3 是六方(Fe,Cr)$_2$O$_3$ 粉团的形貌和它的 SAD 图形. Zr(Fe,Cr)$_2$ 在 773 K 氧化后,还观察到薄片状的晶体,用 SAD 分析时得到单晶衍射图形(图 4). 用 3 张不同倾角下得到的衍射照片,可以确定它是六方(Fe,Cr)$_2$O$_3$. 少数晶体的衍射照片可标定为菱方(Fe,Cr)$_2$O$_3$ 或立方 Zr$_6$Fe$_3$O. 这两种物质的谱线在 X 射线衍射结果中并不明显,说明其含量极少. Zr(Fe,Cr)$_2$ 在 973 K 氧化后,氧化物的晶粒长大,立方 ZrO$_2$ 转变为单斜结构,也没有发现菱方(Fe,Cr)$_2$O$_3$ 或立方 Zr$_6$Fe$_3$O.

3.4 Zr(Fe,Cr)$_2$ 作为第二相被氧化时对氧化膜生长的影响

Yau 等[7]用电化学方法研究几种锆的金属间化合物在氧化时的行为后,确定 Zr(Fe,Cr)$_2$ 的电位比锆基体高,在氧化时 Zr(Fe,Cr)$_2$ 第二相作为阴极使周围的基体先发生氧化. 根据本实验结果,当第二相自身最终氧化后,它将分别形成 ZrO$_2$ 和(Fe,Cr)$_2$O$_3$. 一个单胞体积内含有 4 个 Zr(Fe,Cr)$_2$ 分子,它们被氧化后将形成一个单胞体积的 ZrO$_2$(立方)和两个单胞体积的(Fe,Cr)$_2$O$_3$(六方),体积增至约 3.5 倍. 从文献中尚未见到(Fe,Cr)$_2$O$_3$ 和 ZrO$_2$ 的

表 1　$Zr(Fe,Cr)_2$ 氧化后生成物质的实验测定值及几种物质的标准值

实验测定值 773K A样品 d/nm	Int②	773K B样品 d/nm	Int	973K A样品 d/nm	Int	973K B样品 d/nm	Int	标准值 单斜 $ZrO_2$③ 36-420① d/nm	hkl	Int	立方 ZrO_2 27-997① d/nm	hkl	Int	六方 $(Fe,Cr)_2O_3$ 35-1112① d/nm	hkl	Int
0.363	V.W.	0.363	W.	0.363	V.W.	0.363	W.	0.3163	$\bar{1}11$	100				0.3653	012	45
0.315	V.W.	0.315	V.W.	0.315	M.	0.315	M.									
0.296-0.288	S.	0.296-0.288	S.	0.294	W.						0.293	111	100			
				0.282	W.	0.282	W.	0.2839	111	64						
0.268	S.	0.268	S.	0.268	S.	0.268	S.							0.2676	104	100
0.250	S.	0.250	S.	0.250	M.	0.250	S.				0.255	200	25	0.2499	110	75
0.219	W.	0.219	M.	0.219	W.	0.219	M.							0.2189	113	25
0.202	S.	0.202	W.	0.203	W.									0.2063	202	4
0.184	M.	0.184	S.	0.184	M.	0.184	S.	0.1848	022	16				0.1827	024	35
0.182-0.179	M.	0.182-0.179	M.	0.182	W.	0.182	W.	0.1818	220	18	0.1801	220	50			
0.169	S.	0.169	S.	0.169	W.	0.169	S.							0.1680	116	65
		0.159	W.	0.159	W.	0.159	W.							0.1589	122	5
0.154-0.152	W.	0.154-0.152	W.	0.154	M.	0.154	W.				0.1534	311	20			
0.1485	S.	0.1485	S.	0.1485	S.	0.1485	S.							0.14738	214	25
0.1455	S.	0.1455	S.	0.1455	S.	0.1455	S.							0.14421	300	25
						0.135	W.							0.1338	208	1
0.131	W.	0.131	M.	0.131	M.	0.131	M.							0.1298	1010	12
0.126	W.	0.126	M.	0.126	W.	0.126	M.							0.1249	220	6
		0.123	W.													
0.121	W.	0.121	W.	0.121	W.	0.121	W.							0.1218	306	3

① ASTM 卡片编号；② X 射线衍射强度，V.W.，W.，M.，S. 分别表示很弱、弱、中强、强；③ 只列出了衍射强度高于 15% 的线条.

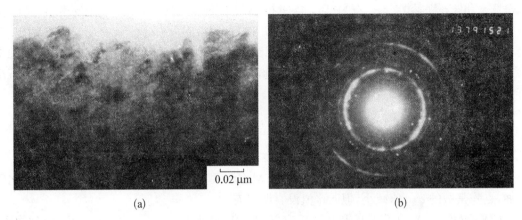

(a)   (b)

图2　立方 ZrO$_2$ 粉团的形貌(a)及 SAD 图形(b)

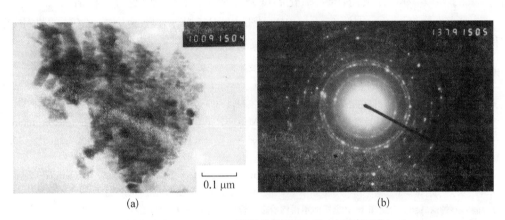

(a)   (b)

图3　六方(Fe,Cr)$_2$O$_3$ 粉团的形貌(a)及 SAD 图形(b)

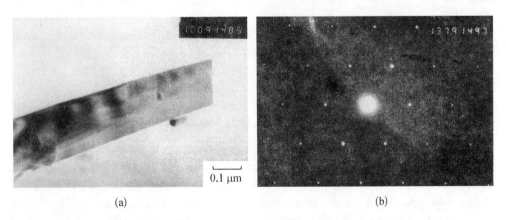

(a)   (b)

图4　773 K 氧化后观察到的片状晶体(a)及 SAD 图形(b)

相图,故不能确定(Fe,Cr)$_2$O$_3$ 能否部分溶解在 ZrO$_2$ 中形成固溶体.但是无论(Fe,Cr)$_2$O$_3$ 以第二相存在还是固溶在 ZrO$_2$ 中,都会影响 ZrO$_2$ 的力学性能.如果(Fe,Cr)$_2$O$_3$ 固溶在 ZrO$_2$ 中,由于 Fe 和 Cr 的离子半径比 Zr 的小,它们可能形成间隙固溶体,会使阴离子空位减少.这对阴离子缺位的黑色氧化膜来说,会减慢氧化膜的生长速率.如果(Fe,Cr)$_2$O$_3$ 以第二相析出后,这种减慢氧化膜生长的作用将会消失.实验观察到当改变 Zr-4 的热处理制度,使部分 Fe 和 Cr 固溶在 α-Zr 中后,会使抗腐蚀性能得到改善,即使在 α 相上限温区 (1 100 K)加热水淬,大约只有 200 $\mu g/g$ 的 Fe 和 Cr 固溶在 α-Zr 中就有明显的作用[8].但是当采用 β 相加热水淬,使 Fe 和 Cr 过多地固溶在 α-Zr 中后经 673 K 过热蒸汽长期腐蚀试验,腐蚀增重随时间的变化会出现第二次转折,这种现象是否与 $(Fe,Cr)_2O_3$ 从 ZrO_2 中析出有关,这是值得进一步研究的问题.

4 结论

(1) $Zr(Fe,Cr)_2$ 中 $Fe/Cr \leqslant 4.5$ 时都是 $MgZn_2$ 型六方结构 Laves 相.随着 Fe/Cr 比值增加,点阵常数的 a、c 值减小,但 c/a 值没有明显变化.

(2) $Zr(Fe,Cr)_2$ 在 773 K 和 973 K 空气中氧化时,形成 ZrO_2 和 $(Fe,Cr)_2O_3$ 两种物质.最初形成的 ZrO_2 为立方结构,随着氧化温度升高和晶粒长大,转变为单斜结构.

(3) 无论 $(Fe,Cr)_2O_3$ 固溶在 ZrO_2 中,还是以第二相存在都会影响 ZrO_2 的性质,所以 Fe 和 Cr 在 Zr-4 中的存在状态会影响它的抗腐蚀性能.

参 考 文 献

[1] 周邦新,水冷动力堆燃料元件包壳的水侧腐蚀,核动力工程,1989,10(6):73.

[2] Garzarolli F, Stehle B. Behaviour of Core Structural Materials in Light Water Cooled Power Reactor. Internaional Symposium on Improvements in Water Reactor Fuel Technology and Utilization. Stockholm. Sweden. 15-19. Sep. 1986. IAEA-SM-288/24, p387.

[3] Urquhart A W, Vermilyea D A. A Mechanism for the Effect of Heat Treatment on the Accelerated Corrosion of Zircalloy-4 in High Temperature High Pressure Steam. J Ele ctrochem Soc. 1978, 125: 199.

[4] 周邦新,盛钟琦.锆-2 合金和 18/8 奥氏体不锈钢冶金结合层的研究.核科学与工程.1983.3(3):153.

[5] 赵文金,周邦新.Zr-4 合金中第二相的研究.核动力工程.1991,11(12):451.

[6] 周邦新. Electron Microscopy Study of Oxide Film Formed on Zircalloy-2 in Superheated Steam. Zirconium in the Nuclear Industry. ASTM, STP1023, p360.

[7] Yau T L. et al. Corrosion — electrochemical Properites of Zirconium Intermetallic, The 9th International Symposium on Zirconium in the Nuclear Industry. Kobe, Japan. Nov 1990.

[8] 周邦新,赵文金,潘淑芳等.改善 Zr-4 合金耐腐蚀性能的研究.核材料会议文集.北京:原子能出版社,1989. p35.

The Oxidation of Zr(Fe,Cr)₂ Metallic Compound

Abstract: The oxidation of $Zr(Fe,Cr)_2$ with different Fe/Cr ratio prepared by non-consumable arc melting is carried out in air at 773 K and 973 K. The results analysed by X-ray or electron diffraction show that the $Zr(Fe,Cr)_2$ with $Fe/Cr < 4.5$ is $MgZn_2$ type Laves phase, and its lattice parameters decrease with the increase of Fe/Cr ratio. the products after oxidation of $Zr(Fe,Cr)_2$ are ZrO_2 (monoclinic) and $(Fe,Cr)_2O_3$ (hexagonal). Before the formation of stable oxides, a meta-stable ZrO_2 with cubic lattice structure appeared. Based on the results obtained in present work, the effect of $Zr(Fe,Cr)_2$ second phase particles existing in Zircaloy-4 on the oxidation resistance is discussed.

锆合金中的疖状腐蚀问题*

摘　要：本文归纳了研究疖状腐蚀方面的一些重要结果，从疖状腐蚀的形貌、影响因素、形成前后氧化膜的组织结构，以及成核长大等方面讨论了它的形成机理，并指出了如何阻止疖状腐蚀产生的一些措施.

1　前言

　　锆合金是一种重要的核材料，用作核燃料元件的包壳和堆芯结构材料. 它与高温水或过热蒸汽反应时，在表面先形成一层附着力强的黑色光亮氧化膜. 在压水堆中，氧化膜生长比较均匀，但在沸水堆中，氧化膜均匀地生长到一定厚度后，可能会产生不均匀的疖状腐蚀. 疖状腐蚀呈灰白色，表面突起，腐蚀深度可达 30—100 μm. 疖状腐蚀的发展，将会连成一片白色氧化膜，这种氧化膜疏松易剥落. 因此，锆合金中的疖状腐蚀问题一直受到关注，并进行了不少研究.

2　实验结果及讨论

2.1　疖状腐蚀的形貌

　　经堆外 723 K 以上的过热蒸汽处理，锆合金表面也会生成疖状腐蚀. 现在已经确认，这与在沸水堆中形成的基本相同[1]，所以大部分工作是利用高压釜试验来研究疖状腐蚀.

　　疖状腐蚀在黑色氧化膜表面形成后，用肉眼很容易判断，根据高压釜间断试验拍得的一组照片[2]，可以看出它是一种成核长大过程. 在相同的试验条件下，原材料的晶粒越粗大，疖状腐蚀的白斑直径也越大，并且厚(图 1)[3]. 测量不同温度下形成的疖状腐蚀直径和厚度，得到疖状腐蚀的白斑随试验温度升高而增大增厚，但它们的厚度与直径的比值大致不变，厚度约为直径的 1/5[4]. 疖状腐蚀在偏振光照明下呈白色，剖面呈凸透镜状. 疖状腐蚀白斑的表面可观察到龟裂，剖面中可见到层状组织. 从疖状腐蚀白斑的断口照片中，可看到它分为上下两层，上层疏松，下层致密，但仍有层状裂纹[3](图 2).

2.2　影响疖状腐蚀的因素

　　当采用高压釜处理时，一般来说，在温度高于 723 K 后容易产生明显的疖状腐蚀. 它的形成有孕育期，随着处理温度升高，孕育期也越短. 在反应堆中，一般认为水质中氧含量与疖状腐蚀有关. 所以在沸水堆中(混有过热蒸汽的高温高压水)易产生疖状腐蚀，但在压水堆中(高温高压水)，由于水中加氢除氧，一般不出现疖状腐蚀，只有均匀腐蚀. 但另一方面，锆合

＊ 本文原发表于《核科学与工程》，1993，13(1)：51-58.

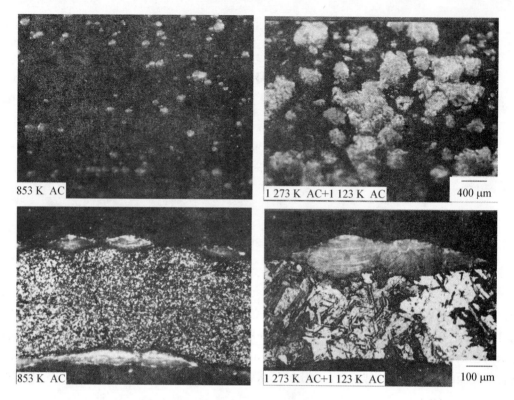

图1 晶粒大小不同的锆-2合金,经773 K,12 MPa过热蒸汽处理12 h后,疖状腐蚀的表观和剖面形貌

照片下脚标出热处理温度,AC—空冷.

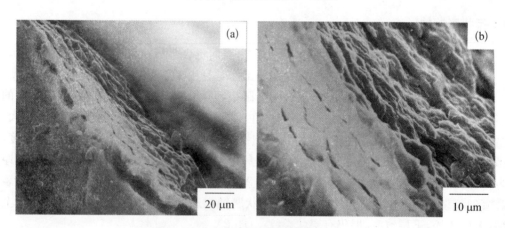

图2 疖状腐蚀白斑的断口形貌(SEM)

金的化学成分、加工过程、热处理温度及微观组织对是否会产生疖状腐蚀有决定性的影响.

将试样先在673 K过热蒸汽中处理,使表面生成黑色光亮的氧化膜,然后再与未预生膜的样品一同放入高压釜进行773 K过热蒸汽处理,结果表明预生膜可以推迟疖状腐蚀的形成[3].疖状腐蚀在管材表面形成时,往往沿轴向呈带状分布,这与加工时形成的带状组织(如第二相分布及晶粒取向等)有关.图3是锆-4板材经673 K过热蒸汽处理后从轧面、侧面和端面三个方向观察到的疖状腐蚀形态[5],由于白斑很小,这组照片是在显微镜下拍摄的.轧制加工后经α相(873 K)退火的样品,疖状腐蚀在轧面和侧面上为长条状,在端面上为点状.

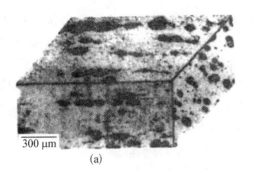
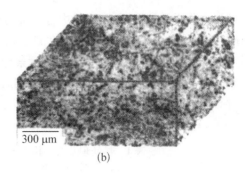

图3 锆-4板在轧面、侧面和端面上的疖状腐蚀形貌 (a) 873 K—1 h/AC(空冷),673 K 过热蒸汽 34 d;(b) 1 323 K—15 min/AC+1 073 K—1 h/AC,673 K 过热蒸汽 54 d

经 β 相热处理后,由于经过 $\alpha \to \beta \to \alpha$ 相变过程和第二相的溶解,扰乱了原有的带状组织,改变了疖状腐蚀的形态,这时的白斑只与经过 $\beta \to \alpha$ 相变后形成的板条状晶粒相似. 有的地方疖状腐蚀成簇出现,勾画出了原来 β 相晶粒的形状(图4)[5],这些结果都说明了疖状腐蚀形成的地方与晶粒取向有关. 从试样剖面的金相组织可以看出,疖状腐蚀形成初期,氧化膜增厚区与晶粒取向和合金元素的贫化区之间有着严格的对应关系[6]. 退火后的试样经适当的冷加工后,也可以延迟疖状腐蚀的形成[7].

经过真空电子束焊接后的元件,研究熔区及热影响区对疖状腐蚀的敏感性后,对合金元素与疖状腐蚀间的关系有了更清楚的认识[8]. 由于焊接热影响区(包括加热到 β 相区和 α 相上限温区)被加热后又急速冷却,锆-2 合金中的 Fe、Cr、Ni 合金元素过饱和固溶在 α-Zr 中后,明显改善了抗疖状腐蚀性能,形成了黑膜与白膜的明显交界,热影响区(包括加热到 α 相上限温区)表面是黑膜,而母材表面为白膜(图5). 熔区的抗疖状腐蚀性能比热影响区的差,但仍比母材的好,这是因为熔区表面层中经过熔化蒸发,合金元素损失了 40%—50% 的缘故.

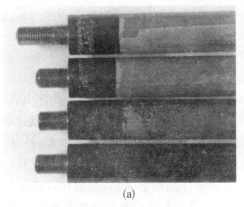

图4 样品经过 1 323 K—15 min/AC+1 073 K—1 h/AC 处理,疖状腐蚀成簇出现. (673 K 过热蒸汽中处理 54 d)

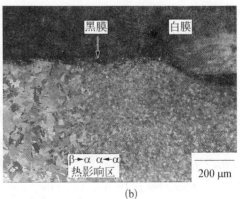

图5 真空电子束焊接的锆-2 管经 773 K、12 MPa 过热蒸汽处理 12 h 后的熔区、热影响区及母材的腐蚀情况 (a) 实物照片;(b) 黑膜和白膜交界处的剖面(偏振光)

Ogata分析了数批锆-2管材中合金成分的分布与疖状腐蚀的敏感性后[9],认为Fe、Cr、Ni分布不均匀的锆-2管,疖状腐蚀也严重,Fe、Cr、Ni贫化区可能就是疖状腐蚀的成核区.β相或$\alpha+\beta$相区加热快冷可以消除合金元素分布的不均匀,因此可以改善抗疖状腐蚀性能.

研究热处理对锆-4板腐蚀性能的影响后,可以看出在β相或α相上限温度加热快冷后,可明显改善抗疖状腐蚀性能,而与第二相粒子的大小没有明显的关系[10],并不像Garzarolli等指出的那样,要使合金具有抗疖状腐蚀能力,第二相粒子应小于$0.2\ \mu m$[11].

表1 热处理及第二相大小与锆-4合金疖状腐蚀性能间的关系[10](773 K、10.3 MPa过热蒸汽处理17 h)

热 处 理	第二相粒子平均大小(μm)	腐蚀增重(mg/dm²)	氧 化 膜 特 征
853 K—1 h/AC	0.30	3 600	灰白色,有裂纹,疖状腐蚀已连成片
1 123 K—1 h/AC	0.31	70	黑色,无疖状腐蚀
1 323 K—0.5 h/AC	0.10	70	黑色,无疖状腐蚀
1 323 K—0.5 h/SC	0.41	2 400	严重的疖状腐蚀

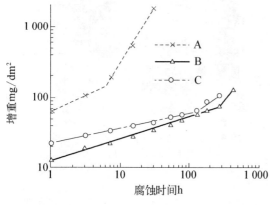

图6 最后一次中间退火温度对锆-4管在773 K过热蒸汽腐蚀增重的影响

A试样,973 K—4 h退火;B试样,1 300 K—1.5 h淬火;C试样,1 100 K—1.5 h淬火

在不改变锆-4合金的化学成分的情况下,研究了加工过程中热处理对腐蚀性能的影响[12].在加工锆-4管时,将最后一次中间退火温度由原来的973 K(A试样)改为1 100 K—1.5 h(C试样)和1 300 K—1.5 h(B试样)加热快冷,然后加工成管材,在740 K去应力退火,其目的是增加Fe和Cr合金元素在α-Zr中的固溶含量.这组试样在773 K过热蒸汽中腐蚀后,增重曲线如图6.A试样经腐蚀7 h后就出现了疖状腐蚀,但B、C试样在腐蚀试验结束时,经过300 h腐蚀仍未出现疖状腐蚀,而A试样这时表面已成为灰白色.根据Zr—(Fe+Cr)相图[13],锆-4在1 100 K加热快冷后,在α-Zr中大约可增加150~200 $\mu g/g$ Fe+Cr的过饱和固溶含量,这已可以抑制疖状腐蚀.A、B、C三试样中的第二相,平均大小分别为0.2 μm、<0.01μm和0.5 μm,第二相粒子大小与抗疖状腐蚀性能之间没有明显的关系.

2.3 疖状腐蚀形成前后氧化膜的组织结构

疖状腐蚀形成前的黑色氧化膜由立方、四方和单斜三种不同晶体结构的晶体组成,而疖状腐蚀的灰白色氧化膜为单一的单斜晶体结构[3].由电子显微镜观察证实,黑色氧化膜的晶体结构极不完整,晶粒衬度也不清楚(图7a),这是由于氧化膜形成时存在很大的内应力所致[3].在产生疖状腐蚀变成灰白色氧化膜后,晶粒衬度变得比较清楚,而且在三个晶粒交界处,常可观察到空洞(<10 nm)(图7b)[3].当把金属基体用酸溶去后,观察疖状腐蚀与金属界面处的形貌如图8[3],疖状腐蚀与金属界面处呈"花菜"状,许多半球状相互重叠,在高倍下还可看到半球表面有涟漪状条纹,这种痕迹可能反映了疖状腐蚀生长较快的原因.在疖状腐

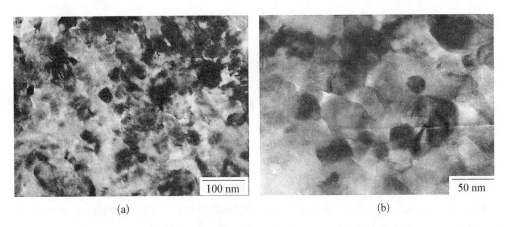

(a)　　　　　　　　　　　　　　(b)

图7　锆-2合金经773 K、12 MPa过热蒸汽处理12 h,疖状腐蚀产生前(黑色氧化膜(a))及产生后(白色氧化膜(b))氧化膜的显微组织(TEM)

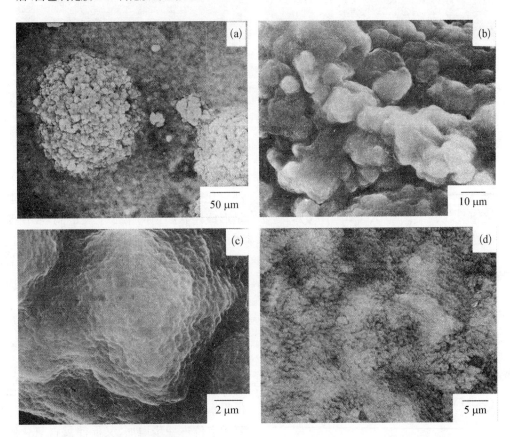

图8　形成疖状腐蚀后,用酸将金属溶去,从氧化膜/金属界面上观察到的疖状腐蚀形貌(a—c),以及疖状腐蚀周围的界面(d)(SEM)

蚀周围的黑膜界面上是比较平坦的.当疖状腐蚀发展连成整片白膜后,白膜与金属交界面都成为"花菜"状.

2.4　疖状腐蚀的成核与长大

　　要了解疖状腐蚀形成的机理,必须知道它的成核和长大.已产生疖状腐蚀的样品,将其金属基体用酸溶去,用透射光或偏振光观察氧化膜.疖状腐蚀在偏振光照明下呈白色,在透射光下因它比周围氧化膜厚,呈黑色.但有些在透射光下呈黑色的小点在偏振光下并不呈白色,这是还未成为疖状腐蚀,但黑色氧化膜已经比较厚的地方.从氧化膜的截面上可以看到,这种氧化膜局部增厚的"肿块"与金属基体的晶粒大小成比例(图9),这应该就是疖状腐蚀的核[3].作者曾对疖状腐蚀的形成过程提出过一种模型,可以用图10来描述[14].在该模型的第一阶段中(图10a,b),氧化膜在金属表面是否发生不均匀的生长是决定是否形成疖状腐蚀的第一个关键问题.由于晶面取向不同引起的氧化各向异性,或者合金元素(第二相)不均匀分布,导致氧化膜生长速率的不同,会引起局部地区的氧化膜增厚.适当的冷加工或增加合金元素的固溶含量都可以使不同取向晶面间能量的差别减小,不易形成厚薄不均的氧化膜.因此,晶粒大小,织构取向,热处理和冷加工对疖状腐蚀都有影响.环境介质(如压水堆和沸水堆的不同)将可能通过表面吸附状况的差别而影响氧化膜的生长.

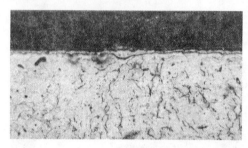

20 μm

图 9 在刚形成疖状腐蚀时,从周围黑色氧化膜中观察到局部增厚黑色氧化膜的肿块

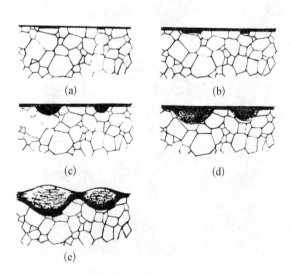

图 10 疖状腐蚀形成过程的模型 (a)、(b)氧化膜在金属表面生成时,由于晶体氧化的各向异性,氧化膜在不同晶粒表面的厚度不同;(c)、(d)局部氧化膜厚到一定程度时,由于氧化膜中的压应力及与氧化膜接触处金属中的张应力增加,使金属局部变形而促使局部氧化膜发展成肿块状;(e)黑色氧化膜肿块在箍向压应力的作用下,空位发生定向扩散和凝聚,形成层状组织和裂纹,转变为正化学比的 ZrO_2,黑色变成灰白色

在该模型的第二阶段中(图10c,d),局部氧化膜增厚处发展成黑色氧化膜的肿块是形成疖状腐蚀的第二个关键问题.由于金属锆变为氧化锆时体积将增大,P—B 比为1.56,所以氧化膜内受到压应力,而与氧化膜接触的金属受到张应力.最初,这种应力将随氧化膜增厚而增大,如能使氧化膜下的金属发生变形,则氧化膜局部增厚区将发展成黑色氧化锆的肿块.这是因为形变使金属中位错密度增加,氧离子容易沿位错管道向金属中扩散,使氧化膜中的氧贫化.黑色氧化膜本身就是阴离子缺位的氧化锆,由于阴离子空位进一步增加,又促使氧自氧化膜表面向内表面扩散,导致氧化加速.肿块内表面留下的涟漪状痕迹,可能就是金属氧化前由于变形引起位错增殖后的图案.由于肿块的形成是通过挤压金属变形后一步步的逐渐发展,所以疖状腐蚀最终都会成为圆形,而底部为球面形,并且深度与直径比大致维持在恒定值.如果试验温度偏低(如673 K),

则金属不易变形,所以疖状腐蚀即使形成也不易长大(如图3).

氧化锆和金属的热膨胀系数不同,经过一次冷却和加热循环,氧化膜和金属界面处的应力会重新分布,因此,预生氧化膜后重新加热时,应力需要重新建立,这可能就是预生膜会延迟疖状腐蚀生成的原因.由金属锆变成氧化锆体积发生膨胀,这是造成氧化膜内及氧化膜和金属界面处产生应力的主要原因.由于合金元素在氧化膜内的偏聚[3],还可能产生附加应力.合适的合金元素加入后,会阻碍阴离子空位或氧离子的扩散,降低氧化膜的生长速率,但又不应使氧化膜的内应力增加,这是选择合金元素时应考虑的一个原则.

在该模型的第三阶段中(图10e),黑色氧化膜的肿块在箍向压应力的作用下,空位发生定向扩散和凝聚是该阶段的主要过程.如果把凝聚后的空洞与析出时体积会发生膨胀的第二相作比拟,那么这种第二相在应力作用下析出时,倾向于成串分布,并且垂直于张应力方向,平行于压应力方向.氢化锆从锆中析出时遵从这种规律.因此,黑色氧化膜的肿块中空位凝聚后,空洞倾向于排列成串,并且平行于肿块受到的压应力方向.这样,从疖状腐蚀截面上观察到的层状结构和横向裂纹得到了解释.空位以这种方式凝聚,也有助于使肿块向上突起,使内应力得到消除.空位凝聚和内应力消除,使得亚稳的立方和四方结构相转变成稳定的单斜结构相,非化学比二氧化锆转变成化学比,氧化膜也由黑色变成白色.由于非化学比的氧化锆比化学比的强度高、塑性好[15],所以在这种过程的末期,疖状腐蚀的表面会出现裂纹.观察疖状腐蚀的逐层剖面后,并未见到裂纹贯穿到底,表面龟裂向内发展时,往往被横向裂纹阻截[14],这与氧化膜因应力增大发生机械破裂而引起局部加速腐蚀成为疖状腐蚀的模型[16]不符,也与氢在氧化膜和金属界面处聚集,最终导致氧化膜破裂的模型[17]不同.作者提出的模型不把疖状腐蚀表面的龟裂看作是它形成的原因,而看作是形成后的结果.这种模型也能比较满意地说明为什么有些因素会影响疖状腐蚀,而这是其他模型不能说明的.

3　结束语

由于锆合金中形成疖状腐蚀的特殊性,以及我国反应堆运行过程中的实际情况,疖状腐蚀问题受到了普遍关心.目前已认识到把锆-锡合金(锆-2和锆-4)加热到β相快冷后可以改善抗疖状腐蚀性能,但对其原因却有不同看法.最初把这原因归结于第二相的大小和分布,认为细小弥散分布的第二相对阻止疖状腐蚀有利,粗大的第二相则容易产生疖状腐蚀.目前虽然仍有学者保留这种看法,但显然这不是问题的本质.根本的原因是增加了Fe和Cr合金元素在α-Zr基体中的固溶含量,不然就无法解释在α相上限温区加热快冷后,也可以明显改善抗疖状腐蚀性能,而这时的第二相是粗大的.

虽然提出过一些模型来解释疖状腐蚀的形成,但氧化膜机械破裂引起加速腐蚀的模型不能说明许多因素对疖状腐蚀的影响.本文作者分析了疖状腐蚀成核长大中的三个不同阶段,提出了疖状腐蚀形成过程的模型,该模型能够比较满意地解释各种因素对疖状腐蚀的影响.

β相加热快冷可明显改善抗疖状腐蚀性能,但对长期均匀腐蚀的结果并不佳,腐蚀增重有第二次转折的倾向.这可能与合金元素固溶含量过多,影响了氧化膜的内应力大小,或者与氧化膜中重新析出$(Fe、Cr)_2O_3$第二相有关[18],α相上限温区加热快冷,可能是两方面都能照顾到的一种热处理制度.这种热处理步骤可放在最后一次中间退火时进行,一方面可避免固溶了的合金元素在以后的热处理中重新析出,也便于保证成品管的表面质量和尺寸公差.

参 考 文 献

[1] Urquhart, A. W. and Vermilyea, D. A. J. Nucl Mat. , 62, 111, 1976.

[2] Cheng, B.（郑伯应）, Adamson, R. B. "Zirconium in the Nuclear Industry. " 7th International Symposium. ASTM STP. 939, 1987, p. 387.

[3] Zhou Bangxin. Zirconium in the Nuclear Industry. 8th International Symposium, ASTM STP. 1 023, 1989, p. 360.

[4] Ogata, K. , Mishima, Y. , Okubo, T. , Aoki, T. , Hattori, T. , Fujibayashi, T. , Inagaki; M. , Murota, K. , Kodama, T. , and Abe, K. ibid, p. 291.

[5] 周邦新,赵文金,潘淑芳,苗志等. 锆-4 板材腐蚀性能的研究. 中国核动力研究设计院材料所资料,1989.

[6] Charquet, D. , Tricot, R. and Wadier, J. F. 同文献[3], p. 374.

[7] Charquet, D. and Alheritiere, E. J. Nucl. Mat. 132 291,1985.

[8] 周邦新,郑斯奎,汪顺新. 核科学与工程,1988，8:130.

[9] Ogata, K. ,同文献[3],p. 346.

[10] 钱天林,硕士论文,中国核动力研究设计院材料所,1990.

[11] Garzarolli, F. , and Stehle, H. Proceedings of International Symposium on Improvements in Water Reactor Fuel Technology and Utilization, Stockholm, Sweden. 15—19 Sept, 1986, IAEA—SM—288/24. p. 387.

[12] 周邦新,赵文金,苗志,潘淑芳等. 1989 年核材料会议文集,原子能出版社,1991, p. 35.

[13] Charquet, D. , Hahn, R. , Ortlieb, E. , Gros, J. P. and Wadier, J. F. 同文献[3],p. 405

[14] 周邦新. 1980 年核材料会议文集. 原子能出版社,1982,p. 87.

[15] Douglass, B. L. Corrosion Science, 1965，5:255.

[16] Keys, L. H. , Beranger, G. , Degelas, B. and Lacomble, P. J, Less—Common Metal, 1986 14:181.

[17] Kuwae, R. , Sato, K. , Higashinakagawa, E. , Kawashima, J. and Nakamura, S. , J. Nucl. Met. 1983 119:229.

[18] 周邦新,李聪,黄德诚. 核动力工程,1993.

The Problems of Nodular Corrosion in Zircaloy

Abstract: Some important results on the investigation of nodular corrosion in Zircaloy are summarized. From the nodular morphology, the factors on the formation of nodules and the microstructure of oxide film before and after nucleation and growth the mechanism of nodule formation has been discussed. Based on this discussion, some measures for preventing nodule formation are proposed.

模拟裂变产物对三种不锈钢晶界浸蚀的研究*

摘　要：研究了 316(Ti)、D9 和 1.497 0 三种不锈钢在模拟裂变产物气氛中的腐蚀特征. 当用 UO₂ 作为氧势调节剂时, 在 973 K 加热 1 000 h, 晶界浸蚀深度可达 55—65 μm, 而在 773 K 和 873 K 加热 1 000 h, 晶界腐蚀深度只有 20—30 μm, 三种不锈钢之间的晶界浸蚀特征没有明显的差别. 产生晶界浸蚀后, 晶界区为富铬贫镍区, 而距离晶界 2 μm 的地带是贫铬富镍区.

在 973 K 加热腐蚀时, 试样表面生长出一层 Fe—Cr 合金的晶须, 该晶须不再受到腐蚀. 如用这种成分的合金作为包壳内衬, 有可能会阻止 FCCI 发生.

1　前言

在快中子增殖堆中燃料元件的运行温度下, 燃料的裂变产物 Cs、Te 等元素会对不锈钢包壳产生晶界浸蚀, 而削弱包壳强度. 这种特性除了与温度和时间有关外, 还与 (U、Pu)O₂ 燃料的 O/M 比值有关[1]. 目前限制提高燃耗的主要问题是包壳的辐照肿胀, 如果这个问题得到缓解后, 那么裂变产物对包壳的晶界浸蚀将成为限制提高燃耗的主要问题. 因此, 有必要对这种规律进行研究, 并寻找防止的措施.

2　实验方法

2.1　试样及试剂

几种不锈钢的成分相当于国外的 316(Ti), D9 及 1.497 0, 由钢研总院提供, 成分列于表 1 中. 试样为 1.0 mm 厚的板材, 固溶处理后经过 ~20% 冷轧.

表 1　几种不锈钢的化学成分

成分 wt %	C	Cr	Ni	Mn	Mo	S	P	Si	Ti	B	Al
316(Ti)	0.053	17.02	14.05	1.80	1.23	0.004	0.004	0.54	0.4	/	/
D9	0.043	13.55	15.29	1.98	1.52	0.008	0.007	0.95	0.25	/	/
1.497 0	0.097	14.95	15.55	1.78	1.23	0.004	0.008	0.54	0.45	0.008	0.049

模拟裂变产物是 Cs(99.999%)、Te(99.999%), Se(99.95%) 和 I(99.99%). UO₂ 为经过烧结的圆柱体, 重约 6 g.

2.2　试样制备

试样切成 8×30 mm², 两端钻 φ2 小孔, 经电解抛光得到清洁光亮的表面. 每种不锈钢各

---

* 本文合作者: 李卫军、逯忠信、李聪. 原发表于中国核材料学会《核材料会议文集 (1991 年)》, 四川科学技术出版社, 1992: 70 - 74.

取一块,用电阻丝捆绑,试样相互间保持～2 mm 间隔,使每块试样的表面都能与腐蚀介质充分接触.

组装好的试样与一块重约 6 g 的 UO_2 烧结体同时放入石英管内(内径 φ10 mm),在 10^{-3} Pa 真空下经～800 K 除气处理,冷却后破坏真空,放入 Cs、Te、Se、I,然后再抽真空,将石英管熔合密封.为避免 Cs 的氧化和挥发,加入的 Cs 已预先密封在玻璃泡内.为避免 I 的过分挥发,在动态真空下只保持 20—30 sec.

为研究 Cs/Te 加入比对试样晶界浸蚀的影响,采用了三种不同的比值,列于表 2 中.Cs 在充入纯化氩气的手套箱中进行分装,做成装有 Cs 的密封玻璃泡.将玻璃泡装入石英管,密封后摇动石英管,利用试样将玻璃泡撞碎,使 Cs 溢出,这样制备样品比较简便.

表 2　模拟裂变产物加入量(mg)

方　案	1	2	3
Cs	170	170	170
Te	170	80	40
Se	80	80	80
I	50	50	50

燃料元件在反应堆中运行时,裂变产物的浓度会随燃料燃耗的加深而增加.虽然裂变产物的总量不多,但由于元件包壳与燃料芯块的间隙不大,并且裂变产物还可能发生迁移而聚集,所以本实验装入模拟裂变产物的量,以剩余空间计算要比元件中的浓度高.

2.3　腐蚀加热及试样观察

装有试样及模拟裂变产物的石英管长约 150 mm,分别在 773 K,873 K 和 973 K 加热 100—1 000 h.炉温波动控制在±2 K 以内.腐蚀后的试样经切割嵌银制成金相样品,只经抛光不经浸蚀,然后观察晶界浸蚀情况.试样表面的腐蚀产物或沉积物用扫描电镜或 X 射线结构分析观察形貌和晶体结构,用能谱(EDAX)对浸蚀后的晶界及其附近成分进行微区分析.

3　试样结果和讨论

3.1　不同 Cs/Te 比值对晶界浸蚀特性的影响

按三种不同的 Cs/Te 比值加入后(表 2),试样在 973 K 加热保温 200 h.腐蚀结果表明,当 Cs/Te 比为 1 或 2 时,均产生晶界浸蚀,而 Cs/Te 比为 4 时,只有均匀腐蚀,无明显的晶界浸蚀,这与文献中报道的结果一致[1].

3.2　加热温度及保温时间对晶界浸蚀的影响

图 1 是三种不锈钢在 773 K、873 K 和 973 K 加热后,晶界浸蚀深度随保温时间的变化.加入的 Cs/Te 比为 2,按表 2 中的第二方案.图 2 是保温 400 h 和 1 000 h 后加热温度对晶界浸蚀深度的影响.在 773 K 和 873 K 保温 1 000 h 后,晶界浸蚀深度只有 20—30 μm,在 973 K 保温 1 000 h 后,晶界浸蚀深度为 55—65 μm.从 773 K 到 873 K,晶界浸蚀深度变化不大,但温度升到 973 K 后,影响比较显著,浸蚀速度增加.由于晶界浸蚀深度在样品截面的

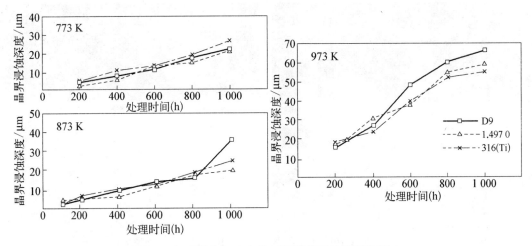

图1 在不同温度下,加热时间晶界浸蚀深度的影响

四周并不均匀,图中的数据为平均值,所以浸蚀深度数据间的微小差别,很难判断是因为不锈钢成分不同的缘故,应该说这三种不锈钢之间无明显差别.

图3是316(Ti)试样在973 K经过1 000 h保温后,从剖面上观察到的沿晶界浸蚀形貌,浸蚀后有的地方网络粗,有的地方网络细,与我们以前观察到的现象相似[2],浸蚀不仅沿晶界进行,可能还会沿回复的亚晶界进行. 因为试样经过~20%冷轧,在973 K长期加热时会发生回复,形成亚晶.

微区成分分析的结果再次证明:经浸蚀后的晶界中是富铬贫镍区,而晶界附近2—3 μm地带中是贫铬富镍区,与从前观察到的结果一致[2]. Te和Se等元素沿晶界扩散浸蚀后,与Cr优先形成CrTe和CrSe化合物可能是这种现象的原因,因为从热力学来判断,CrTe和CrS比NiTe、NiSe、FeTe和FeSe更稳定[2,3].

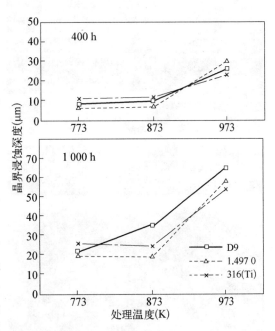

图2 保温400 h和1 000 h时,加热温度对晶界浸蚀深度的影响

3.3 腐蚀后试样表面的沉积物

试样在973 K保温600 h后,表面有明显的絮状沉积物.用扫描电镜可以看出,这是一种由气相沉积生长的晶须(图4),保温600 h时开始生长,800 h后已有数百微米长.在高倍下可见到结晶的外形特征.X射线晶体结构分析的结果列于表3中,这种晶须的晶体点阵与 α-Fe或Cr都很相近.并混有微量CrTe化合物.用X射线能谱分析,晶须的成分主要含Fe和Cr,可能还有少量的Ni.它是铁磁性物质,因此可以断定它是体心立方结构的Fe—Cr合金晶须,由某种Fe和Cr化合物的蒸汽被还原(可能被Cs还原)引起沉积,生长成晶须.值得注意的是这种成分的合金晶须不会再受到裂变产物的腐蚀. 如果确是这样,那么,只要在包

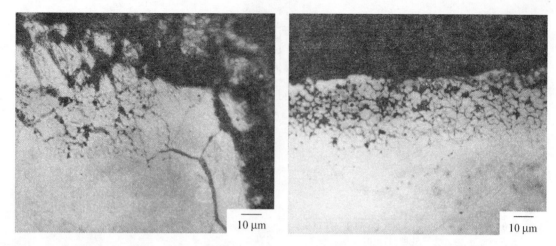

图3   316(Ti)试样在 973 K 加 1 000 h 后的晶界浸蚀形貌

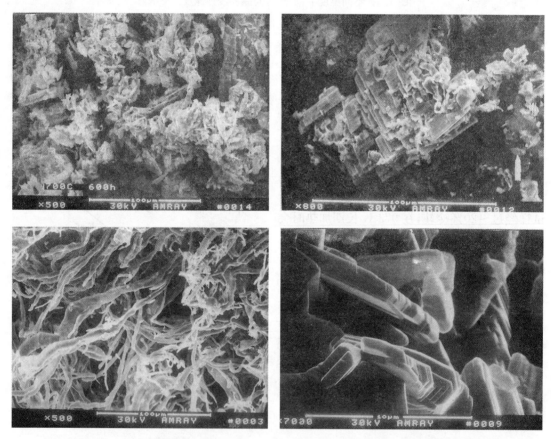

图4   在 973 K 腐蚀 600 h(a、b)和 800 h(c、d)后,试样表面沉积物的形貌(扫描电镜二次电子象)

壳管内衬上一层这种成分的合金,就可以有效地阻止 FCCI 发生,正像在压水堆的元件包壳管内可以衬一层纯锆来阻止 PCI 的发生一样,这是值得进一步研究的问题. 在前一阶段工作中,曾发现试样表面沉积物中有单质的 Cr[2].

4   结论

(1) 三种成分不同的不锈钢,模拟裂变产物对它们的晶界浸蚀特性没有明显的差别.

（2）加入 Cs/Te 的比值对是否产生晶界浸蚀有明显的影响,当比值为 1 或 2 时,产生晶界浸蚀,比值为 4 时,只产生均匀腐蚀.

（3）当放入 UO_2 烧结体作为氧势调节剂时,在 973 K 加热 1 000 h 可产生 55—65 μm 深的晶界浸蚀,在 773 K 和 873 K 加热 1 000 h 可产生 20—30 μm 深的晶界浸蚀. 由 873 K 升至 973 K 加热,大大增加了晶界浸蚀的速度.

表 3　试样表面沉积物的晶体结构分析结果

实验测量的晶面间距		$\alpha - Fe$		Cr		
d(nm)	强度(I)	d(nm)	I	d(nm)	I	
0.201	强	0.202 68	100	0.203 90	100	
0.176	很弱					(CrTe)
0.143	弱	0.143 32	19	0.144 19	16	
0.117	中	0.117 02	30	0.117 74	29	
0.101 5	弱	0.101 34	9	0.101 95	17	
0.090 6	弱	0.090 64	12	0.091 20	12	

（4）在 973 K 加热腐蚀时,试样表面生长出一层 Fe—Cr 合金晶须,该晶须不再受到腐蚀. 这种成分的合金有可能用来阻止 FCCI 发生,这是值得进一步研究的问题.

参 考 文 献

[1] 遆忠信,"模拟裂变产物与不锈钢包壳材料相容性研究",调研报告,中国核动力研究设计院材料所资料,1989.
[2] 周邦新、李卫军、杨晓林,遆忠信,核科学与工程 Vol. 11, No. 3(1991),109. 快堆专辑增刊.
[3] Lobb R. C. and Robins I. H. , J. Nucl. Mat. , 62(1976),50.

模拟裂变产物沿316(Ti)不锈钢晶界浸蚀后对力学性能的影响*

摘　要：研究了模拟裂变产物对316(Ti)不锈钢沿晶界浸蚀后，在不同温度拉伸时力学性能的变化。试样放在混有Cs、I、Te、Se和UO_2芯块的石英管中，经973 K保温500 h和1 000 h后，沿晶界浸蚀的平均深度为30 μm和55 μm。试样在室温拉伸时，晶界浸蚀区表现出一定的脆性，由于缺口效应使试样强度和延伸率都降低，但晶界浸蚀区对强度仍有一定的贡献。当试样在573 K和873 K真空中加热拉伸时，晶界浸蚀区逐渐转变为塑性，它对试样的强度和延伸率无明显影响。由于试样在真空中加热拉伸，晶界浸蚀区不被氧化，真实反映了浸蚀区在不同温度拉伸时对力学性能的影响。

1　前言

快堆燃料元件棒是以不锈钢作为包壳，内装$(U、Pu)O_2$燃料芯体，常称MOX燃料。当燃耗达到一定后释放出的裂变产物，如Cs、I、Te、Se等，会对不锈钢包壳产生沿晶界浸蚀，当MOX燃料的氧与金属比O/M＞1.96时浸蚀更为显著，深度可达100 μm以上。由于包壳管壁很薄（～0.4 mm），过去的研究结果表明[1, 2]，晶界浸蚀区对强度基本没有贡献，根据强度降低计算出的有效浸蚀深度，有时还大于测量得到的实际浸蚀深度。因此，裂变产物对不锈钢包壳沿晶界浸蚀的问题应给予足够的重视。

2　实验方法

经过1 323 K固溶处理和20％冷轧的1 mm 316(Ti)不锈钢板（成分列于表1中），首先加工成拉伸小试样，经过电解抛光得到清洁的表面后，将试样分组捆绑，为使试样表面能与模拟裂变产物气氛充分接触，它们相互之间保留1 mm间距。将试样放入石英管后，再加入Cs(170 mg)、Te(80 mg)、Se(80 mg)、I(50 mg)，Cs/Te比为2。同时放入重约12 g烧结后的UO_2芯块，然后将石英管在真空下密封，整个封装步骤已在前一篇报告中叙述[3]。封装好的试样在973 K加热500 h和1 000 h，温度控制在±2 K以内。为了区别在973 K长期加热回复过程和沿晶界浸蚀对力学性能的不同影响，作为对比的试样真空密封在石英管内，同样在973 K加热500 h和1 000 h。

拉伸是在WJ-10A试验机上进行，该设备配有真空加热拉伸炉，所以升温拉伸试验均在真空中（10^{-2} Pa）进行。炉温均匀性经标定，在试样50 mm标距内的温差≤5 K。将试样加热到设定的温度保温15 min后进行拉伸。小试样截面为1×2 mm，根据$L_0 = 5.65F_0$计算，

---

* 本文合作者：张琴娣、杨敏华、李卫军、黄健庆。原发表于中国核材料学会：《核材料会议文集(1991年)》，四川科学技术出版社，1992：75-79。

表 1　316(Ti)不锈钢的化学成分(wt%)

C	Cr	Ni	Mn	Mo	S	P	Si	Ti
0.053	17.02	14.05	1.80	1.23	0.004	0.008	0.54	0.40

标距长 12 mm. 为缩短试样总长,拉伸夹头设计为悬挂式. 屈服前拉伸速度为 0.5 mm/min (6×10^{-4}/sec),屈服后为 1 mm/min. 用差动变压器式引伸计测量试验机的横梁位移,用 X-Y 记录仪绘出 P-ΔL 拉伸曲线. 拉伸后的试样用扫描电镜观察试样断口.

3　实验结果和讨论

3.1　小试样和大试样拉伸试验结果的比较

为了判断用小试样拉伸试验结果的可比性,用另一种牌号的不锈钢,经过同样的固溶处理和 20% 冷轧,然后加工成小试样和大试样(试样标距长 35 mm,宽 6 mm),在室温和 773 K 拉伸,试验结果列于表 2 中. 从表中可以看出,用小试样测得的强度高于大试样的,而延伸率比大试样的低. 强度变化的规律是 $\Delta\sigma_{0.2} > \Delta\sigma_b$;室温的大于高温的. 从这种变化规律可以看出,用小试样测出的强度偏高的原因可能是加工试样时产生冷作硬化的结果. 虽然大小试样的厚度相同,但小试样宽 2 mm,大试样宽 6 mm. 在标距内两侧因加工产生的冷作硬化程度虽然相同,但小试样的宽度小,影响大. 这种加工硬化对 σ_b 的影响比较小,而对 $\sigma_{0.2}$ 的影响比较明显. 随着拉伸温度升高,影响也会渐渐消除. 在 973 K 长时间保温,加工硬化的影响将通过回复而消除. 但是小试样的 δ_5 测试结果明显偏低,这应该与小试样的截面和标距尺寸有关.

表 2　试样尺寸不同时的拉伸测量结果

拉伸温度	试样尺寸	σ_bMPa	$\sigma_{0.2}$MPa	$\delta 5$%
室温	大	791	719	32.6
	小	824(+4.2%)	790(+10%)	27.6(-16%)
773 K	大	619	576	10.7
	小	634(+2.4%)	603(+5%)	6.7(-37%)

3.2　沿晶界浸蚀后对力学性能的影响

试样在模拟裂变产物的气氛中,经过 773 K、873 K 和 973 K 不同温度加热并保温不同时间后对晶界浸蚀的影响,已在另一篇报告中叙述[3]. 经 973 K 加热保温 500 h 和 1 000 h 之后,晶界浸蚀的平均深度分别为 30 μm 和 55 μm. 如晶界浸蚀区对强度无贡献,则相当于试样截面分别减小 8.8% 和 15.9%.

图 1 是试样经过冷轧,973 K 去应力退火(500 h 和 1 000 h)以及在 973 K 腐蚀 500 h 和 1 000 h 后的力学性能与拉伸温度间的关系. 由于晶界受浸蚀后引起试样力学性能变化的数据也列于表 3 中. 从图 1 和表 3 中可以看出,无论试样经过何种处理,它们随着拉伸温度升高,强度(σ_b 和 $\sigma_{0.2}$)下降,在试验温度范围内,从 873 K 升至 923 K 时下降的速率更快;延伸率最初随拉伸温度升高而下降,但在 573~873 K 温区内变化不大,从 873 K 上升到 923 K 时,延伸率又明显增加. 这种变化规律与一般奥氏体不锈钢的相同.

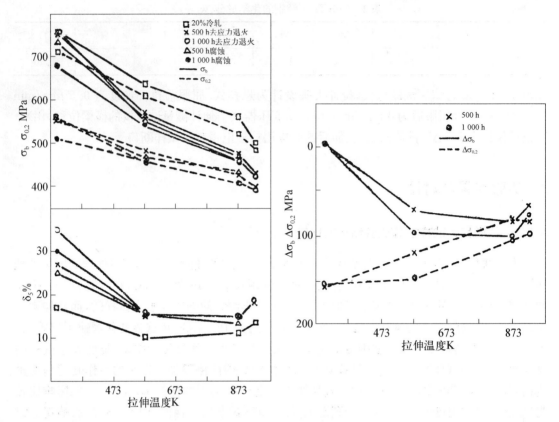

图1 试样经不同处理后力学性能与拉伸温度间的关系

图2 试样经20％冷轧在973 K去应力退火在不同温度拉伸时，与未经去应力退火的试样比较后得到的 $\Delta\sigma_b$ 和 $\Delta\sigma_{0.2}$

试样经20％冷轧在973 K去应力退火500～1 000 h后，对室温拉伸时的 σ_b 无明显影响，但 $\sigma_{0.2}$ 明显下降，δ 也明显上升. 这是因为973 K退火时，虽没有发生再结晶，但发生回复后位错组态有了明显变化的缘故. 去应力退火后的试样在升温拉伸时，与未经去应力退火试样比较，σ_b 也有了明显下降，$\sigma_{0.2}$ 的下降幅度随拉伸温度升高而减小，这种关系表示在图2中. 在873 K以上温度拉伸时，$\Delta\sigma_b$ 和 $\Delta\sigma_{0.2}$ 将逐渐减小，这是因为冷轧后的试样在这样高温下加热拉伸时，回复过程也将发生.

表3 试样在973 K经不同,处理后的力学性能

试 样 处 理	室 温			573 K			873 K		
	σ_bMPa	$\sigma_{0.2}$MP	δ5％	σ_bMPa	$\sigma_{0.2}$MPa	δ5％	σ_bMPa	$\sigma_{0.2}$MPa	δ5％
500 h去应力退火	765	552	27	575	483	15	476	424	15
500 h腐蚀	735	557	25	566	475	15	473	434	13
腐蚀后的变化 $\Delta\sigma$ 或 $\Delta\delta$(％)	−3.9％	+0.3％	−7.4％	−1.5％	−1.6％	0％	−0.6％	+2.3％	−13.3％
1 000 h去应力退火	770	562	35	550	452	16	459	402	15
1 000 h腐蚀	682	511	30	548	460	15	454	405	15
腐蚀后的变化 $\Delta\sigma$ 或 $\Delta\delta$(％)	−11.4％	−9.0％	−14.3％	−0.3％	+1.7％	−6.2％	−1.1％	+0.7％	0％

经过晶界浸蚀后的试样，在室温拉伸的 σ_b 和 δ 明显低于相同温度退火后的试样，但晶界

浸蚀区对强度并非全无贡献. 试样在升温拉伸时,受晶界浸蚀与未受晶界浸蚀试样之间的力学性能差别逐渐缩小. 这种迹象表明,当拉伸温度较低时,浸蚀后的晶界面比较脆,沿晶界开裂后,由于形成"缺口"造成应力集中,可以使 σ_b 和 δ 明显降低. 但当拉伸温度升高,浸蚀后的晶界面变成塑性后,对 σ_b 和 δ 就无明显的影响. 这一点从断口形貌观察中也得到证实. 这与 Gotzmamn[1] 和 Schafer[2] 等人的结果不同,他们的试样即使在 873 K 和 973 K 拉伸时,因晶界浸蚀也会引起和 σ_b 和 δ 的明显下降. 这种差别的原因,可能是因为他们在空气中加热拉伸,而我们在真空中加热拉伸. 沿晶界浸蚀后的生成物,虽未进行相结构分析,但从试样腐蚀时表面生成物的 X 射线结构分析和浸蚀后晶界的成分分析结果看[4],浸蚀后的晶界上主要是 Te 和 Se 的 Cr、Fe 化合物. 虽然不锈钢在空气中短期加热到 973 K 表面不会生成严重的氧化膜,但 Te 和 Se 的 Cr、Fe 化合物在空气中加热可能被氧化,使浸蚀后的晶界变成脆性界面. 所以文献中报道沿晶界浸蚀后的不锈钢在空气中加热拉伸的结果,并没有真实反映它们的特性.

3.3 拉伸试样的断口观察

图 3 是经过 973 K 1 000 h 浸蚀试样在室温和 873 K 拉伸后的断口照片(SEM),图 3a、c 是断口的中部,这是典型的韧窝塑性断口,随着拉伸温度升高,韧窝也增大,这与金属塑性断裂的规律一致. 图 3b 是在室温拉伸断口中受晶界浸蚀部分的形貌,它并不是沿晶粒界面断裂的"冰糖块"状,虽然与断口中部的韧窝形貌不同,但并不是典型的脆性断口,在断裂之前有一定的塑性变形,仍可见到有一些韧窝存在. 图 3d 是在 873 K 拉伸断裂后的断口,显示了晶界被浸蚀与未浸蚀的交界处,由不同断口形貌显示的界线十分清楚,被浸蚀晶界处的断口形貌也说明了在断裂前发生过塑性变形.

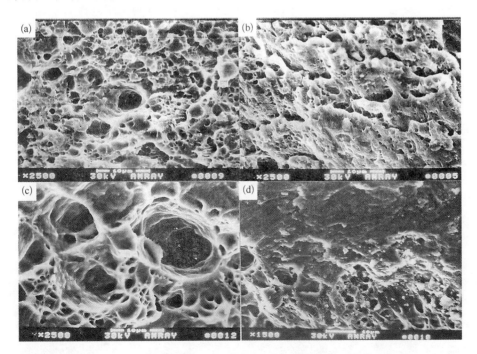

图 3 试样经 973 K 1 000 h 腐蚀后在室温和 873 K 拉伸后的断口形貌(SEM),(a)、(b) 室温拉伸;(c)、(d) 873 K 拉伸

4　结论

不锈钢受到模拟裂变产物沿晶界浸蚀后,在室温拉伸时,被浸蚀区表现出一定的脆性,由于缺口效应使试样的强度和延伸率下降,但浸蚀区对强度仍有一定的贡献.如提高拉伸温度(573～873 K),浸蚀区转变为塑性,这时浸蚀区对试样的强度和延伸率无明显的影响.这与文献中的报道结果不同,他们是在空气中加热拉伸,造成晶界浸蚀区的氧化可能是问题的关键.因此,在真空中加热拉伸才能反映不锈钢沿晶界浸蚀后对力学性能影响的真实情况.

参 考 文 献

［1］Gotzmann O. and Hofmann P. , J. Nucl. Mat. 1976,59,192.

［2］Schafer L. and Hofmann P. , J. Nucl. Mat. 1983,115,169.

［3］周邦新、李卫军、递忠信、李聪."模拟裂变产物对三种不锈钢晶界侵蚀的研究",本文集 p.70.

［4］周邦新、李卫军、递忠信、杨晓林.快堆专集　Vol.1,核科学与工程(增刊),1991,11,No.3,109.

时效处理对锆-4合金微观组织及
腐蚀性能的影响*

摘 要：锆-4合金经1 323 K(β相)加热空冷后，研究了重新在不同温度加热时效对显微组织及腐蚀性能的影响，并与未经β相加热处理，直接加热到不同温度时效的样品作了比较. β相加热空冷后得到板条状晶粒，在晶界上析出的第二相为立方结构，重新在α相区加热1 h后，这种第二相的结构不发生改变. 在1 023 K以上加热时，晶内可重新析出六方结构的第二相，并可发生部分再结晶. 试样经673 K、10.3 MPa过热蒸汽腐蚀300天后，β相加热空冷及重新在α相区时效的样品，它们之间的耐腐蚀性能没有明显差别，但比未经β相处理直接时效处理样品的耐腐蚀性能好. 试样直接加热到1 173 K双相区保温1 h后，形成Fe和Cr合金元素的富集和贫化区，可观察到明显的共析组织. 这种样品的耐腐蚀性能很差，但预先在β相加热空冷，可部分抑制这种有害的影响.

1 前言

　　锆合金被广泛用作水冷动力堆的燃料包壳和堆芯结构材料，在压水堆(PWR)的条件下，锆合金包壳表面生成一层比较均匀的氧化膜，而在沸水堆(BWR)的条件下，则易产生疖状不均匀腐蚀. 研究表明[1-3]：锆合金的耐腐蚀性能与它的显微组织有密切关系. Garzarolli等指出[3]，第二相粒子的平均尺寸≤0.2 μm时可改善抗疖状腐蚀性能，但在PWR条件下，第二相粒子的平均尺寸在≤0.1 μm时反而对均匀腐蚀不利. 然而第二相的大小除了与合金元素含量有关外，还与热处理制度有关. 就锆-4合金来说，Sn、Fe和Cr是它的主要合金元素，由于Fe和Cr在α-Zr中的平衡固溶度很小，绝大部分的Fe和Cr将与Zr形成稳定或亚稳的金属间化合物，以第二相形式析出. 但Fe和Cr在β相Zr中的固溶度较大，如加热到β相快冷后，可使Fe和Cr过饱和固溶在α-Zr中，即使析出第二相，它的粒子也非常细小. 如果重新在α相区加热，Fe和Cr又会与Zr形成金属间化合物，以第二相形式重新析出. 这种加热时效引起的组织变化会影响耐腐蚀性能. 进一步研究时效处理对试样微观组织及耐腐蚀性能的影响，对如何改善锆-4合金的耐腐蚀性能可获得更深入的认识.

2 实验方法

　　2.5 mm厚的锆-4板切成25×30 mm的试样，经酸洗烘干后，一组先经1 323 K(β相)加热15 min空冷后，再分别加热到873 K、973 K、1 023 K、1 073 K、1 103 K和1 173 K保温1 h空冷，另一组直接加热到上述各温度保温1 h后空冷，预先不经β相加热处理. 为防止

---

* 本文合作者：赵文金、潘淑芳、苗志、李聪、蒋有荣. 原发表于中国核材料学会：《核材料会改文集〈1991年〉》，四川科学技术出版社，1992：27-30.

试样氧化,热处理都在高真空下进行.热处理后的试样,经过标准程序酸洗及去离子水冲洗后,放入高压釜中进行腐蚀试验,腐蚀温度为673 K,蒸汽压力为10.3 MPa,测量腐蚀增重随时间的变化.在腐蚀300天后,试样取出经金相检查,测量氧化膜的厚度.不同热处理后的试样先研磨成薄片,再经双喷电解抛光制成薄膜试样(电解抛光液为15%过氯酸+85%冰醋酸),用透射电镜(TEM)观察显微组织,用选区电子衍射(SAD)分析第二相的结构.

3 实验结果与讨论

3.1 时效处理对显微组织的影响

锆-4合金经1 323 K β相加热15 min,空冷后的显微组织如图1,经β相加热快冷后得到的是板条状晶粒,第二相主要在晶界上析出,第二相的长边与晶界平行,与基体保持着一定的位向关系,在暗场像中第二相可以同时显示出来,这也说明了它们取向的一致性.SAD分析表明,这种第二相为立方结构,可能是$MgCu_2$型的$Zr(Fe、Cr)_2$、Laves相[4],也可能是亚稳的$Zr_4(Fe、Cr)$[5].由于第二相粒子太小,微区成分分析并不准确,所以还不能得出结论.在α相区不同温度重新加热后,大部分仍为板条状晶粒(图2),晶界上第二相的晶体结构也没有变化[4].在1 023 K以上加热后,晶内可观察到第二相析出,随着重新加热温度升高,晶内析出的第二相也越多,大多为六方结构的$Zr(Fe、Cr)_2$,而且局部地区发生了再结晶,这

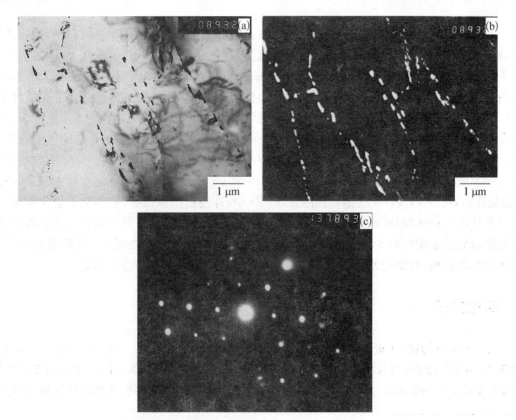

图1 试样经1 323 K—15 min加热空冷后的显微组织 (a)、(b)为同一视场下的明场和暗场像;(c)第二相的SAD图

可能是由于β相加热快冷后位错密度较高的缘故.这与研究锆-2合金的结果相似[1].

预先不经β相加热空冷,直接在α相区加热的样品为等轴晶粒(图3),在晶界上和晶内都有第二相,这种第二相为六方结构的Zr(Fe、Cr)₂.直接在1 173 K双相区加热的样品,大部分仍为等轴晶粒,但可以观察到较多的共析组织区(图4),这是因为Fe和Cr在β相中的固溶度远远大于在α相中的固溶度,在双相区保温时,Fe和Cr合金元素从α相中向β相中扩散,形成了合金元素的富集区.从Zr和Fe或Cr的相图可知[6],出现共析组织时,该局部地区β相中的Fe+Cr含

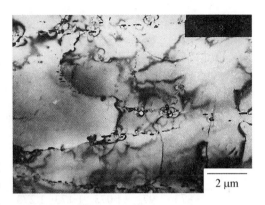

图2 β相加热空冷后重新在973 K—1 h加热空冷后的显微组织

量应在1wt%以下,而锆-4合金中的Fe+Cr含量大约只有0.30wt%,这说明试样在双相区保温后造成了合金元素分布的极大不均匀.预先经β相加热空冷,重新在1 173 K双相区加热的样品,共析组织区明显减少,这说明样品中原来Fe和Cr分布的不均匀,如第二相的聚集区,可加剧双相区加热保温时合金元素的富集和贫化作用,而β相均匀化处理会有部分抑制效果.

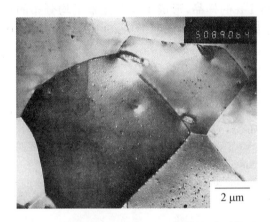

图3 试样直接在973 K—1 h加热空冷后的显微组织

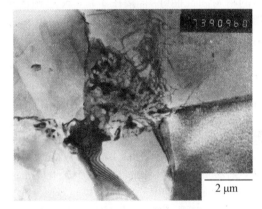

图4 试样在1 173 K—1 h加热空冷后观察到的共析组织

3.2 时效处理对腐蚀性能的影响

不同时效处理后的试样在673 K过热蒸汽中腐蚀200天的增重曲线已在前一篇报告中叙述[7].在腐蚀增重的第一阶段,虽然增重略有差异,但增重与时间的变化规律基本一致.在转折之后,腐蚀增重的速率变化有明显的差别.图5是腐蚀300天后氧化膜厚度与时效处理温度间的关系,样品经β相加热空冷,重新在α相区不同温度时效后,对腐蚀性能没有十分明显的影响,但它们的腐蚀性能都比未经β相加热处理的样品好,这说明腐蚀性能对合金元素分布的均匀性是十分敏感的.直接加热到1 173 K保温1 h空冷的试样氧化膜最厚,氧化膜已成灰白色,该试样的耐腐蚀性能最差.这是由于在双相区加热时,造成Fe和Cr合金元素的富集和贫化区,导致耐腐蚀性能变坏.观察到共析组织就是有力的证据.但是通过预先β

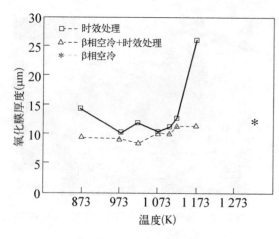

图 5　试样经 300 天腐蚀后,氧化膜厚度与时效处理温度间的关系

相加热均匀化处理,可以使这种有害的作用得到部分抑制.

4　结论

（1）锆-4 合金经 1 323 K β 相加热空冷后,得到板条状晶粒,在晶界上析出的第二相为立方结构.重新在 α 相区加热 1 h 后,第二相的晶体结构不发生变化.在 1 023 K 以上温度重新加热时,晶内可重新析出六方结构的第二相,并可发生部分再结晶.

（2）试样直接在 1 173 K 双相区加热 1 h 后,形成了 Fe 和 Cr 合金元素的富集和贫化区,可观察到较多的共析组织区.但预先经 β 相加热均匀化处理后,同样经 1 173 K 加热 1 h,共析组织区明显减少.

（3）试样经 673 K、10.3 MPa 过热蒸汽腐蚀 300 天后,经 β 相加热空冷及在 α 相区不同温度加热时效的样品,它们之间的腐蚀性能没有明显的差别,但是比直接在 α 相加热时效样品的耐腐蚀性能好.直接在 1 173 K 双相区加热 1 h 的样品,形成了合金元素不均分布的富集区和贫化区,耐腐蚀性能最差,但预先在 β 相加热空冷均匀化处理后,可使这种有害作用得到部分抑制.

参 考 文 献

［1］Zhou Bangxin and Sheng Zhongqi, Progress in Metal Physics and Physical Metallurgy, Proceedings of the First Sino-Japanese Symposium on Metal. Physics and Physical Metallurgy, Eds Hasiguti R. R. et al. 1986. p. 163.

［2］Zhou Bangxin, Zirconium in the Nuclear Industry: Eighth Symposium, ASTM STP1023, L. F. P. Van Swan and C. M. Eucken, Eds. , American Society for Testing and Materials, Philadephia, 1988, p. 405.

［3］Garzarolli, F. and stehle, H. , International Symposium on Improvement in Water Reactor Fuel Technology and Utilization, Stockholm, Sweden. 15 - 1 Sept. 1986, IAEA - SM - 288/24, p. 387.

［4］赵文金,周邦新,核动力工程,12(No4)1991,p. 67.

［5］Yang. W. J. S. , EPRI NP - 5591,1988.

［6］Smithells, C. J. , "Metals Reference Book" vol. 1. London, Butterworths, 1967.

［7］潘淑芳,苗　志等,动力堆燃料材料的辐照和腐蚀,核材料会议文集,1989 年,原子能出版社,1991, p. 1.

锆合金板织构的控制[*]

摘　要：针对锆合金条带做 PWRs 燃料组件定位格架时，元件棒所受的夹持力会因中子辐照引起格架条带伸长而松驰的问题，本文归纳总结了变形温度对锆合金形变机理的影响以及轧制温度和热处理对织构的影响，提出通过改变轧制温度来控制锆合金横向织构取向因子（$F_T = 0.4 \sim 0.5$）是可行的. 这样，垂直于轧向取条带制成定位格架后，经中子辐照，格架孔会产生收缩，元件棒夹持力的松驰也可得到补偿.

1　引言

为了减少核反应堆堆芯中结构材料对中子的吸收，以提高核电的经济性，现代动力堆都用锆合金代替因科镍作燃料组件的定位格架，这样可以从 ^{235}U 丰度中得到 0.07% 的好处[1]. 但是锆合金板在加工成形时必然会形成织构（即晶粒的择优取向）并引起材料辐照伸长的各向异性，最终会导致定位格架尺寸的变化，影响到格架对燃料棒的夹持力. Daniel[2] 给出的织构与辐照伸长率之间的关系式为：

$$\Delta L/L = A(1 - 3F_x)$$

式中，F_x 是选定外观方向上的织构取向因子；A 是一个与温度、快中子通量、辐照时间以及冷加工量有关的常数. Admson[3] 得到的辐照伸长率与织构取向因子及快中子通量间的关系曲线（图 1）与 Daniel 关系式基本吻合. 即当 $F_x < 1/3$ 时，辐照后是伸长；$F_x > 1/3$ 时，是缩短；$F_x = 1/3$ 时，尺寸大致不变.

图 2 是锆-4 合金在 897 ℃经 67% 轧制，797 ℃再结晶退火后，再在 347 ℃轧制 61.5% 后的（0002）极图[4]，其定量测试结果是沿着板材轧向，横向及轧面法向的织构取向因子分别为 $F_L = 0.08$，$F_T = 0.33$，$F_N = 0.56$. 如果沿板材轧向取带做成定位格架，经中子辐照后，就会沿格孔横向产生一定的伸长，再加之弹簧本身因辐照而产生的应力松驰，格架对燃料棒的夹持力会明显降低，甚至出现松动. 在水力冲刷下，格架和燃料棒将产生严重磨蚀并导致元件棒的破损. 如果沿板材的横向取带做成定位格架，上述情况会有所好转. 但格架对燃料棒的夹持力仍会因弹簧受中子辐照发生应力松驰而下降. 对此，哈里[5] 提出了通过控制锆合金板的织构取向因子，使定位格架孔在辐照后发生收缩的办法来补偿燃料棒夹持力因辐照引起的松驰. 如将 F_x（x 是指平行于板材轧面的任意方向）控制在 $0.4 \sim 0.5$ 之间[5]，则辐照后的收缩可达 $0.06\% \sim 0.12\%$. 由于夹持力的松驰程度与定位格架条带的收缩量都是随中子积分通量的增加而逐渐增大，所以只要合理控制格架条带的织构取向因子 F_x，这种补偿效果就会令人满意.

要控制其织构，首先要了解锆合金在不同温度范围内的形变机理，并掌握轧制和热处理

* 本文合作者：王卫国. 原发表于《核动力工程》，1994，15（2）：158 - 163.

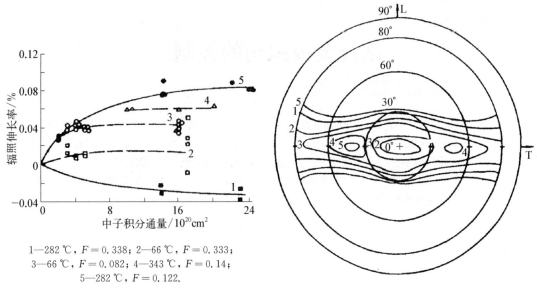

1—282 ℃，F = 0.338；2—66 ℃，F = 0.333；
3—66 ℃，F = 0.082；4—343 ℃，F = 0.14；
5—282 ℃，F = 0.122.

图1　锆合金的辐照伸长与织构取向因子及快中
子通量间的关系曲线

1，2，3，4，5表示(0002)极密度依次递增

图2　轧制后的锆-4合金板的(0002)极图

对其织构影响的一般规律，然后在此基础上制定合理的加工工艺来生产出所需织构的板材.

2 温度对锆合金的形变机理及轧制织构的影响

锆合金是六方密堆结构，其滑移系统数目较少，所以常温下的形变是由滑移和孪生共同完成的.滑移和孪生对形变的作用取决于温度、变形速度和外加应力相对于晶体的方向，其中温度的影响是主要的.低温条件下(77 K)，沿晶胞C轴施加拉应力产生$\{10\bar{1}2\}\langle\bar{1}011\rangle$和$\{11\bar{2}1\}\langle\bar{1}\bar{1}26\rangle$两种孪生[6,7]，施加压应力产生$\{11\bar{2}2\}\langle\bar{1}\bar{1}23\rangle$孪生.在低温下，杂质原子团和其他各种缺陷对位错的钉扎十分牢固，滑移所需的临界分切应力高达9.8 MPa，所以此时锆合金的形变主要是通过上述三种孪生完成的，其中$\{10\bar{1}2\}\langle\bar{1}011\rangle$对形变的贡献最大；室温下，形变主要靠$\{10\bar{1}0\}\langle1\bar{2}10\rangle$滑移.低温条件下的三种孪生仍会发生，而且$\{10\bar{1}2\}\langle\bar{1}011\rangle$孪生对形变的作用还较大；在300～600 ℃范围内，$\{10\bar{1}0\}\langle1\bar{2}10\rangle$滑移更加活跃，孪生只有在晶粒的取向极不利于$\{10\bar{1}0\}\langle1\bar{2}10\rangle$滑移时才会发生.此外，沿晶胞C轴施加压应力时，除了产生$\{11\bar{2}2\}\langle\bar{1}\bar{1}23\rangle$孪生外，还诱发一种新的孪生$\{10\bar{1}1\}\langle\bar{1}012\rangle$[8,9]，而且这种孪生在300～600 ℃范围内还会随温度的升高有所加剧；600～800 ℃范围内，除了$\{10\bar{1}0\}\langle1\bar{2}10\rangle$滑移外，其他临界分切应力较高的滑移系如$\{10\bar{1}1\}\langle11\bar{2}0\rangle$和$\{11\bar{2}1\}\langle\bar{1}010\rangle$滑移(以下简称锥面滑移)也得以启动[10]，并且随着温度的升高，锥面滑移对变形的贡献也增大.锥面滑移的启动使得锆合金的滑移系统数目大增，在这种条件下，孪生就成为不可能了；850～908 ℃范围内的锆合金处于双相区，单就α相来讲，除了$\{10\bar{1}0\}\langle1\bar{2}10\rangle$滑移外，锥面滑移变得十分活跃.除此以外，β相除了按照体心立方结构的形变机理发生形变外，还可能对α相的锥面滑移产生积极影响；1 000 ℃以上，锆合金已进入β相，其形变应遵循体心立方结构的形变机理.

总之，$\{10\bar{1}0\}\langle1\bar{2}10\rangle$滑移在任何温度下都可以发生，并且随着温度的升高，其临界分切

应力直线下降(图 3),这表明该滑移对形变的贡献是随着温度的升高而增大. 但是当温度超过 600 ℃时,随着锥面滑移的出现和加剧,$\{10\bar{1}0\}\langle1\bar{2}10\rangle$滑移对形变的作用被相对削弱. 此外,$\{10\bar{1}2\}\langle\bar{1}011\rangle$孪生是低温形变的主要完成者,它对室温形变的作用也较大. 在室温以上,孪生仅仅是在晶粒取向不利于$\{10\bar{1}0\}\langle1\bar{2}10\rangle$滑移时才发生,这种现象一直延续到 600 ℃以上出现锥面滑移为止. 表 1 给出了在不同温度和应力条件下锆及其合金的形变系统的变化情况.

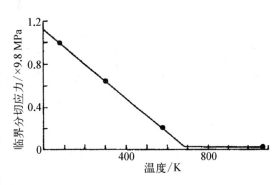

图 3 $\{10\bar{1}0\}\langle1\bar{2}10\rangle$滑移的临界分切应力与温度的关系

锆合金板在不同温度轧制时,由于形变机理不同,必然会导致板材织构取向的变化. 横向织构取向因子 F_T 一般是随着轧制温度的升高而增大(表 2). 图 4 和图 5 是锆-2 合金分别在 540 ℃和 800 ℃轧制后的反极图,后者的 F_T 明显高于前者. 从表 2 可以看出,在 β 相区轧制后,得到了较大的 F_T 值,这可能是因为在体心立方结构的 β 相区轧制时得到了$\{112\}$ $\langle110\rangle$和$\{111\}\langle112\rangle$织构[11],此时在轧制横向的$[110]$极密度较高,$\beta\rightarrow\alpha$ 相变时存在$(110)_\beta\,/\!/\,(0002)_\alpha$的取向关系,因此得到了 F_T 值较大的结果.

表 1 锆及其合金的形变系统

类　型	形变面	描　述	晶体学描述	温度与应力范围
滑移	柱面	a	$\{10\bar{1}0\}\langle1\bar{2}10\rangle$	任何温度,低应力
滑移	基面	a	$\{0001\}\langle1\bar{2}10\rangle$	高温,高应力
滑移	锥面	c+a	$\{10\bar{1}1\}\langle11\bar{2}0\rangle$	中温,高应力
滑移	锥面	c+a	$\{11\bar{2}1\}\langle\bar{1}0\bar{1}0\rangle$	高温,高应力
孪生	锥面	c+a	$\{10\bar{1}2\}\langle\bar{1}011\rangle$	中温,c轴拉伸
孪生	锥面	c+a	$\{11\bar{2}1\}\langle\bar{1}\bar{1}26\rangle$	低温,c轴拉伸
孪生	锥面	c+a	$\{11\bar{2}2\}\langle\bar{1}\bar{1}23\rangle$	中低温,c轴压缩
孪生	锥面	c+a	$\{10\bar{1}1\}\langle\bar{1}012\rangle$	中高温,c轴压缩

表 2 轧制温度对锆合金板织构取向因子的影响

轧制温度/℃	材　料	形变量	F_N	F_T	F_L
室温[12]	Zr-2.5Nb	40	0.75	0.20	0.05①
540[13]	Zr-2	75	0.65	0.30	0.05
800[13]	Zr-2	75	0.60	0.35	0.05
900[14]	Zr-4	67	0.40	0.58	0.02
1 000[12]	Zr-2.5Nb	40	0.30	0.65	0.05①

注: ① 指该组织构取向因子是从原织构系数估算而得.

除轧制温度外,每道次压下(形变)量、总形变量、原始织构、初始晶粒以及交叉轧制方式等因素都会对轧板终织构产生影响.

热处理对织构的影响集中表现在以下几个方面,(1)α 相区的热处理对 F_T 影响很小,因为再结晶退火前后的(0002)极图变化不大;(2)α+β 双相区或 β 相下限温区的热处理会对

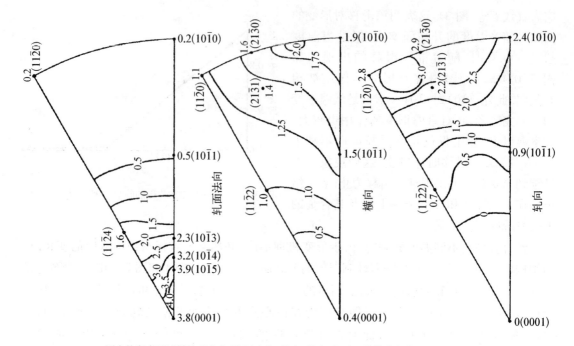

图中数字表示试样外观方向(轧面法向,横向,轧向)相对于晶体学方向的取向密度.

图4 540 ℃轧制后的 Zr-2 合金板的反极图

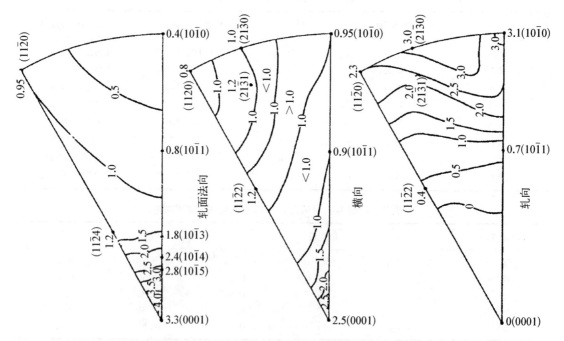

图中数字表示试样外观方向(轧面法向,横向,轧向)相对于晶体学方向的取向密度.

图5 800 ℃轧制后的 Zr-2 合金板的反极图

织构产生较大的影响,原因是经过 α→β→α 相变后织构取向受到一定程度的扰乱;(3) β 相上限温区的热处理会彻底扰乱原有织构,使材料各向构的试样分别进行了 3 小时的 α(760 ℃)退火和 15 分钟的 β(1 050 ℃)退火,其实验结果列于表 3.

表 3　热处理对锆合金板织构取向因子的影响

热 处 理 方 式	F_N	F_T	F_L
760 ℃(α 相区)保温 3 小时	0.549	0.329	0.083
1 050 ℃(β 相区)保温 15 分钟	0.402	0.349	0.308

3　结束语

用锆合金代替因科镍制造燃料组件定位格架时,因锆合金条带辐照伸长以及辐照引起弹簧的应力松弛,定位格架对燃料棒的夹持力会逐渐减小. 如果控制锆合金的织构,使其经辐照后略有收缩,则可对夹持力的松弛进行补偿. 文献[17]作者对燃料组件定位格架用的 Zr-4 板材进行的研制,从拉伸试验和腐蚀性能来看能满足格架用材的要求,但未考虑因织构引起辐照伸长的问题. 用 α 相热轧和冷轧得到的板材,无论是轧向还是横向的织构取向因子都小于 0.18(见文献[17]表 7),辐照后的伸长率将大于 0.06%(图 1),这将加速元件棒夹持力的松弛. 如果调整轧制温度和压下量,有可能获得轧制横向织构取向因子 $F_T = 0.4 \sim 0.5$ 的锆合金板材. 用这种条带做成的定位格架,可以补偿元件棒夹持力的松弛.

参 考 文 献

[1] 刘定钦. 提高燃耗改进水堆燃料组件材料设计的问题和前景,1985 年核材料会议文集,中国核材料学会,核科学与工程,1986 年增刊：24.

[2] Daniel R C. In-pile Dimentional Changes of Zircaloy-4 Tubing Having Low Hoop Stresses. Nuclear Technology, 1972,14：171.

[3] Admson R B. Irradiation Growth of Zircaloy, Zirconium in the Nuclear Industry. ASTM STP 633, American Society for Testing and Materials. 1977. 326.

[4] Knorr D B, Pelloux R M. Effect of Texture and Microstructure on the Propagation of Iodine Stress Corrosion Cracks in Zircaloy. Met Trans, 1982. 13A：73.

[5] 哈里·马克斯·弗拉里. 燃料组件支承格架,发明专刊,CN86. 107200A.

[6] Rapperport E J. Room Temperature Deformation Processes in Zirconium. Acta Metallurgica, 1959. 7：254.

[7] Reed-Hill R E, Martin J L. An Evaluation of the Role of Deformation Twinning in the Plastic Deformation of Zirconium. Trans ATME. 1964. 230：780.

[8] Jensen J A, Backofen W A. Deformation and Fracture of Alpha Zirconium Allous. Canadian Metallurgical Quarterly. 1972,11：39.

[9] Akhtar A. Compression of Zirconium Single Crytals Parallel to the C-axis. J Nucl Mat, 1973,47：79.

[10] Akhtar A. Basal Slip in Zirconium. Acta Metallurgica, 1973. 21：1.

[11] 颜鸣皋. 金属加工织构的研究. 北京工业学院学报,1956. 1：1.

[12] Cheadle B A. The Development of Texture in Zirconium Alloy Tubes and Its Effect on Mechanical Properties. Atomic Energy of Canada. Limited Report AECL 2698. 1967.

[13] Rittenhouse P L, Ricklesimer M L. The Effect of Fabrication Variables on the preferred orientation and Anisotropy of Strain Behavior. ORNL-2948,1961.

[14] Dahl J M, Mckenzie R W, Schemel J H. Thermomechanical Control of Texture and Tensile Properties of Zircaloy-4 Plate. Zirconium in Nuclear Application, ASTM STP 651. American Society for Testing and Materials, 1978. 147.

[15] Keeler J H, Geisler A H. Preferred Orientations in Beta-Annealed Zirconium. Trans AIME 1955,16：395.

[16] Kearns J J. Thermal Expansion and Preferred Orientation in Zircaloy. WAPD-TM-472,1965.

[17] 李佩志,王光盛. 燃料元件格架用 Zr-4 合金板材研究. 1988 年核材料会议文集. 原子能出版社,1989：99.

Texture Controlling of Zircaloy Plate

Abstract: The holding force given to the fuel rods of PWRs is decreasing with the increase of irradiation growth of the spacer grid when it is made of Zircaloy strips. In order to solve this problem, the relation of irradiation growth with texture is discussed, and the effects of processing condition on the deformation mechanism and that of rolling temperature and heat treatment on the texture are summerized. It is pointed out that, by changing the rolling temperature and reduction properly, the approach of controlling the transverse texture orientation factor F_T of Zircaloy plate with in 0. 4 to 0. 5 is practicable, so that the compensation for the decreasing of holding force given to the fuel rods due to irradiation shrinkage of the spacer grid can be realised when the Zircaloy strips are cut along the transverse direction.

Zr - 4 合金中第二相 Zr(Fe，Cr)₂ 的电化学分离*

摘　要： 通过测定 Zr - 4 合金和 Zr(Fe，Cr)₂ 合金在各种电解液中的阳极极化行为，和对阳极产物的电子显微镜和 X 射线衍射分析，得到了一种适合分离 Zr - 4 合金中第二相 Zr(Fe，Cr)₂ 的电解液：乙醇：正丁醇：高氯酸＝25：3：2；室温条件下，控制电位为 $-0.45 \sim -0.80$ V(SCE).

1　引言

Zr - 4 合金中 Fe 和 Cr 的含量虽然不多(0.30～0.37wt%)，但由于它们在 α - Zr 中的平衡固溶度较低，所以大部分 Fe、Cr 将与 Zr 形成 Zr(Fe，Cr)₂ 第二相析出. 从表面现象看，第二相的大小、分布和数量对 Zr - 4 的腐蚀行为有着明显的影响[1-7]. 为此，国内外的一些研究者[1-7]曾用透射电镜和 X 射线能谱研究和测定了 Zr(Fe，Cr)₂ 第二相的大小、分布、结构和化学组成. 由于热处理制度不同，所得第二相的晶体结构也可能不同，加热至 β 相快冷后析出的第二相为立方结构，在 α 相加热时析出的第二相为六方结构[6]. 用 X 射线能谱对薄试样中的第二相进行成分分析时，由于 α - Zr 基体的干扰，无法得到准确的结果. 不同热处理后，所得第二相的晶体结构不同，可能是因为第二相的化学组成不同所致. 如果确是如此，那么，剩余的合金元素将会过饱和固溶在 α - Zr 中，或许这是不同热处理后会影响腐蚀性能更直接的原因. 因此，准确分析不同热处理后第二相的化学组成是非常必要的.

若用电化学方法将第二相与基体分开，就可制出富集第二相的样品，这样，用电子显微镜研究第二相颗粒大小分布也比较方便. 第二相富集后，还可用化学方法分析其准确的化学组成. 用电解方法分离合金钢中的第二相，制成富集第二相的样品，是常用的一种研究方法，但在锆合金中还未见到这方面的研究报道. 因此，有必要寻找电化学分离 Zr - 4 合金中第二相的方法.

2　实验方法

根据 Zr、Fe、Cr 三元素的化学和电化学性质，选择一系列化学试剂，如络合剂、氧化剂和电极反应助剂等，配制各种类型的倾向于降低 $E_{Zr^{4+}/Zr}$ 而提高 $E_{Fe^{2+}/Fe}$ 和 $E_{Cr^{3+}/Cr}$ 的电解液，用 HDV - 7B 型恒电位仪测试 Zr - 4 合金和 Zr(Fe，Cr)₂ 金属间化合物在这些溶液中的恒电位阳极极化行为，绘出极化曲线并作比较，以确定电解液的配方和极化条件. 由于锆合金表面有一层致密的钝化膜，故用环形极化法来测定其致钝电位. 实验所用样品为 480 ℃ - 4 h 去应力退火和 1 045 ℃ - 30 min 空冷的 Zr - 4 板以及按 $Fe/Cr = 1.75$ 配制的 Zr(Fe，Cr)₂ 金属间化合物，它们分别经化学和机械抛光后，用环氧树脂封装，使其暴露面积在 200 mm² 左右. 用

---

* 本文合作者：杨晓林、蒋有荣、李聪. 原发表于《核动力工程》，1994，15(1)：79 - 83，96.

X射线照像法测定电解分离产物的晶面间距,并与$Zr(Fe, Cr)_2$及有关物质的标准值相比较,确定产物的晶体结构.将产物颗粒粘附在碳膜上,用JEM - 200CX电子显微镜观察其形貌.

3 实验结果与讨论

3.1 电解液配方的选定

3.1.1 溶剂的选择

通过对一系列倾向于溶解α - Zr的水溶液的试验与分析发现:在极化过程中,由于OH^-离子在研究电极表面的富集,难溶化合物$ZrO_2 \cdot xH_2O$的生成在所难免,使Zr基不能处于很好的活化溶解状态;而当在溶液中加入强络合剂(如F^-)时,化学腐蚀就会发生,因而不能有效地控制溶液对基体的选择性溶解,得不到第二相.故以水为溶剂不能实现第二相$Zr(Fe, Cr)_2$与α - Zr基的电化学分离.以带有—OH的醇类试剂作为溶剂,溶解一定量的高氯酸所配成的溶解,能很好地满足实验要求.图1显示了Zr - 4和$Zr(Fe, Cr)_2$在几种醇溶液中的阳极极化行为.从图1可以看出,乙醇和正丁醇不仅能有效地拉开Zr - 4与$Zr(Fe, Cr)_2$致钝电位的差距,且能使Zr - 4具有较大的溶解电流密度.这就给两者分离电位的选择带来了方便.由于正丁醇具有较好的分散性,故实际使用时,将其与乙醇按一定比例配制.

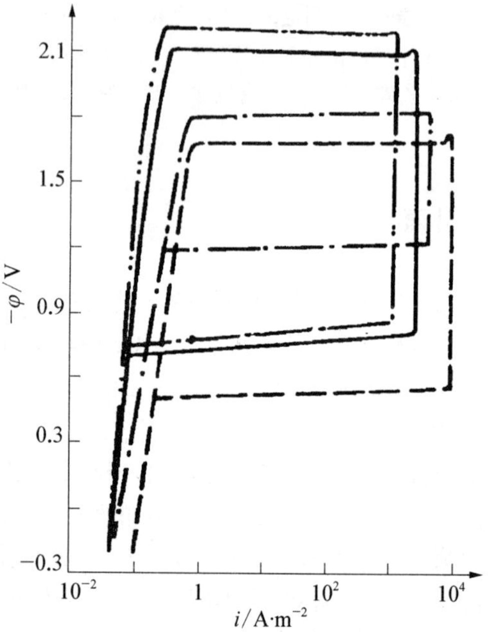

——Zr - 4, 22 ℃, 1.70 mol/L高氯酸乙醇溶液;
— · — Zr - 4, 22 ℃, 1.70 mol/L高氯酸乙二醇溶液;
——— Zr - 4, 22 ℃, 1.70 mol/L高氯酸正丁醇溶液;
— · — $Zr(Fe, Cr)_2$, 22 ℃, 1.70 mol/L高氯酸乙醇溶液;
φ——还原电位,其电位值为相对于饱和甘泵电极的电位;
i——电流密度.

图1 Zr - 4合金与$Zr(Fe, Cr)_2$在几种高氯酸的醇溶液中的阳极极化行为, —0.20 V/min

3.1.2 高氯酸浓度的影响

增加高氯酸的浓度,只能使极化曲线右移,即增加极化电流密度(如图2所示),并不改变曲线的形状,且致钝电位变化很小.当高氯酸浓度大于2.0 mol/L时,阳极过程明显地伴有氢去极化和高氯酸根的还原,以致$Zr(Fe, Cr)_2$颗粒也被氧化,电极表面有一层黄绿色薄膜.高氯酸浓度在0.4~1.3 mol/L范围内时,Zr - 4合金在该种溶液中的阳极极化行为都遵循图2中粗实线所描述的规律.在曲线上S点以上的电位溶解Zr - 4, $Zr(Fe, Cr)_2$颗粒也溶解.电极表面形成的黄绿色薄膜阻碍了高氯酸根离子向内扩散,因而浓差极化的电流密度也随之减小.S点以下的电位区间只溶解α - Zr.尽管$Zr(Fe, Cr)_2$极化曲线上的致钝拐点T低于S,但由于第二相$Zr(Fe, Cr)_2$与Zr - 4基体间电偶效应的存在,电极在(S, T)电位区间溶解时,第二相$Zr(Fe, Cr)_2$仍不溶解.

实际使用该种溶液时,取高氯酸的浓度在0.9 mol/L左右.

3.1.3 温度的影响

当Zr - 4或$Zr(Fe, Cr)_2$表面的氧化膜被击穿后,电极反应总是受浓差极化控制(如图

1、图2和图3). 温度的降低导致图3所示的溶解电流密度减小,必然是由于离子扩散系数减小的缘故. 图3还显示了Zr-4的致钝电位也随温度变化而变化. 根据伦斯特公式[8],温度越高,Zr-4的氧化电位就越正;反之,温度越低,结果则相反. 但在0～30℃范围内,致钝电位的变化不到0.15 V;而Zr-4溶解、Zr(Fe,Cr)₃受保护的电位区间变化更小. 所以,分析结果表明,室温是进行电化学分离的理想条件.

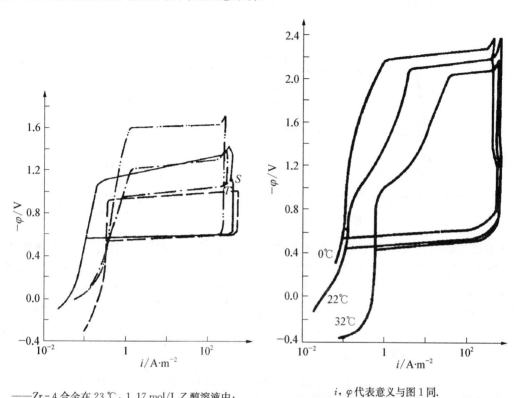

——Zr-4合金在23℃,1.17 mol/L乙醇溶液中;
—·—Zr-4合金在23℃,0.58 mol/L乙醇溶液中;
———Zr(Fe,Cr)₂在23℃,1.17 mol/L乙醇溶液中;
—·—Zr-4合金在23℃,2.33 mol/L乙醇溶液中;
φ,i与图1同.

图2 不同浓度的高氯酸乙醇溶液中,Zr-4与Zr(Fe,Cr)₂在阳极极化行为,−0.05 V/min

i,φ代表意义与图1同.

图3 Zr-4合金在不同温度的1.2 mol/L高氯酸溶液中的阳极极化行为,−0.1 V/min

3.1.4 电解液配方与分离条件的确定

单纯的高氯酸乙醇溶液,不仅粘度大,且在静态条件下对阳极产物的分散力较小. 若在其中加入适量的正丁醇,情况就大有好转;但正丁醇的加入量达到一定浓度后,阳极溶解速度很快,放热量大增,冷却系统就会复杂化. 因此,只宜在其中加入6～12%的正丁醇,以乙醇：高氯酸：正丁醇=25：3：2(体积比)为最佳. 室温下,阳极在该溶液中发生选择性溶解的电位在−0.45～0.80 V(SCE)之间(如图4所示). 究竟选择哪个电位点,还要看Zr-4合金本身因热处理制度不同而导致其显微组织的不同来决定.

3.2 第二相Zr(Fe,Cr)₂的收集与鉴定

用定性滤纸过滤试样溶解后的电解液,由于第二相颗粒很小(<1 μm),它们进入滤液,但在滤纸上仍留有电解产物. 分别将该产物和离心分离滤液所得的产物洗净,干燥,然后进

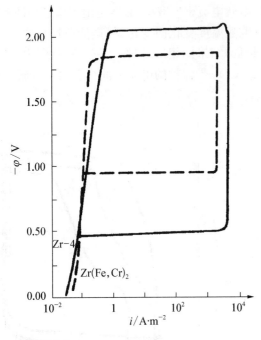

i, φ 代表的意义于图 1 同.

图 4 Zr‑4 合金在乙醇：正丁醇：高氯酸＝25：3：2(体积比)溶液中的恒电位溶解条件，－0.1 V/min，18 ℃

行 X 射线衍射照相. 表 1 列出了实验测得的电解产物的晶面间距，并列出了几种标准物质的晶面间距，以便比较. 从表 1 可看出，滤液中的电解产物与配制的 Zr(Fe,Cr)₂ 晶体结构完全一致，其形貌如图 5，它与从 Zr‑4 薄膜中观察到的第二相的形貌(图 6)完全相同. 这说明了所选用的 Zr‑4 样品中所含的第二相具有表达式 Zr(Fe，Cr)₂ 且分别为六方结构和立方结构；而滤纸上的电解产物是 α‑Zr，这可能是由于试样在电解过程中沿 α‑Zr 晶粒晶界溶解速度最快，而造成晶粒脱落所致.

表 1 Zr‑4 合金阳极产物晶面间距测定值与几种标准物质的晶面间距比较[①]

实验测定所分离物质的晶面间距 d 及其衍射强度 I/I_0								几种标准物质的晶面间距 d 及其衍射强度 I/I_0									
Zr(Fe,Cr)₂		第二相 I		第二相 II		滤渣		ZrFe₂		ZrFe₂		ZrCr₂		ZrCr₂		α‑Zr	
								26—809 ®		38—1169 ®		6—0612 ®		6—0613 ®		5—0665 ®	
六方		六方		立方		立方		六方		立方		立方		六方		六方	
d/nm	I/I_0	d/nm	I/I_0	d/nm	I/I_0	d/nm	I/I_0	d/nm	I/I_0	d/nm	I/I_0	d/nm	I/I_0	d/nm	I/I_0	d/nm	I/I_0
—		—		—		—		—		—		0.413	3	0.414 4	20	—	
—		—		—		0.280	M	—		—		—		0.279 1	20	0.279 8	33
0.249	M	0.250	M	0.250	M	0.258	M	0.248 1	40	0.248 5	40	0.254	63	0.254 3	80	0.257 3	32
0.230	S	0.232	M	0.232	VW	0.245	S	0.228 1	60	—		—		0.233 0	80	0.245 9	100
—		—		—		—		—		—		—		0.220 1	20	—	
0.215	VW	—		—		—		—		—		0.217	100	0.216 6	100	—	
0.213	S	0.213	S	0.213	S	—		0.211 4	100	0.212 0	100	—		0.212 9	80	—	
0.209	M	0.210	W	—		—		0.207 0	40	—		0.207	26	0.206 6	60	—	
0.204	VW	0.206	W	0.206	W	—		0.201 4	25	0.203 1	40	—		—		—	
—		—		—		—		—		—		—		0.193 7	20	—	
—		—		—		0.189	M	—		0.176 2	5	—		0.186 7	40	0.189 4	17
—		—		—		0.162	M	—		—		0.165 4	1	0.168 1	20	0.161 6	17
0.153	W	0.153	VW	0.153	VW	—		—		—		—		0.154 5	50	—	
—		—		—		—		—		—		—		0.151 3	10	—	

实验测定所分离物质的晶面间距 d 及其衍射强度 I/I₀													几种标准物质的晶面间距 d 及其衍射强度 I/I₀							
Zr(Fe, Cr)₂		第二相 I		第二相 II		滤渣		ZrFe₂		ZrFe₂		ZrCr₂		ZrCr₂		α-Zr	
								26—809 [②]		38—1169 [②]		6—0612 [②]		6—0613 [②]		5—0665 [②]	
六方		六方		立方		立方		六方		立方		立方		六方		六方	
d/nm	I/I_0	d/nm	I/I_0	d/nm	I/I_0	d/nm	I/I_0	d/nm	I/I_0	d/nm	I/I_0	d/nm	I/I_0	d/nm	I/I_0	d/nm	I/I_0
0.144	W	0.146	W	0.146	M	0.146	M	0.143 2	10	0.143 7	20	0.147 0	20	0.146 9	60	0.146 3	18
0.140 2	S	0.141	W	0.141	VW	0.140	VW	—	—	—	—	—	—	0.142 7	80	0.139 9	3
0.136 3	S	0.137	M	0.137	M	0.137	M	0.139 1	50	—	—	0.138 6	23	0.138 6	80	0.136 8	18
0.130 5	S	0.131	W	—	—	0.135	W	0.134 6	50	0.135 5	60	—	—	0.132 3	80	0.135 0	12
0.127 8	W	—	—	—	—	0.129	VW	0.129 10	50	—	—	—	—	0.129 9	20	0.128 7	4
0.125	S	0.126	M	0.126 5	M	0.123	VW	0.124 00	50	0.124 5	40	0.127 4	15	0.127 4	80	0.122 96	4

注：① S、M、W、VW 分别表示强、中强、弱、很强弱；第二相 I 为 480 ℃-4 h 退火试样中提取的第二相；第二相 II 为 1 045 ℃/30 min 空冷试样中提取的第二相.

② ASTM 卡片编号.

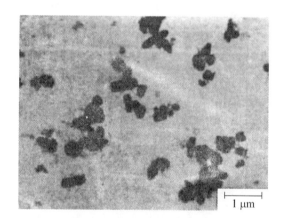

图 5　实验所得的电解产物

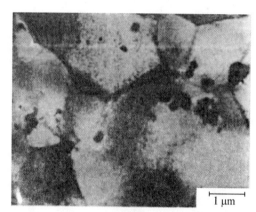

图 6　从 Zr-4 薄膜中观察到的第二相形貌

参 考 文 献

［1］Garzarolli F，Stehle H. Behaviour of Structural Materials Fuel and Control Elements in Light Water Cooled Power Reactors. International Symposium on Improvement in Water Reactor Fuel Technology and Utilization，Stockhoem，Sweden，1986.

［2］Foster P J. Dougherty J，Burke M G et al. Influence Final Recrystallization Heat Treatment on Zircaloy-4 Strip Corrosion. J Nucl Mat，1990，173：164.

［3］Kruger R M，Adamson R B，Brenner S S. Effects of Microchemistry and Precipitate Size on Nodular Corrosion Resistance of Zircaloy-2. J Nucl Mat，1990，189：193.

［4］Meng Xianying，Northwood D R. Intermetallic Precipitates in Zircaloy-4. Jnucl Mat，1985，132：80.

［5］Yang M J S，Tucker R P，Cheng B et al. Precipitaten in Zircaloy. Identification and the Effect of Irradiation and Thermal Troatment. J Nucl Mat，1986，138：185.

［6］赵文金，周邦新，Zr-4 合金中第二相的研究. 核动力工程，1991，12(4)：67.

［7］Yang W J S. Precipitates Stability in Zircaloy-4. EPRI Report，NP-5591，1988.

［8］南京化工学院. 腐蚀理论. 南京：南京化工学院出版社，1982：32.

Electrochemic Extracting of the Second Phase Zr(Fe, Cr)$_2$ from Zr – 4 Alloy

Abstract: A sort of electrolyte, $CH_3CH_2OH : HClO_4 : CH_3(CH_2)_2CH_2OH = 25 : 3 : 2$ in volume, is found for extracting the second phase particles Zr(Fe, Cr)$_2$ from Zr – 4 alloy electrochemically, for which the anodic polarizing behaviors of both Zr – 4 and Zr(Fe, Cr)$_2$ alloy are examined, and the anodic products are analysized by TEM and X-rays diffraction. At room temperature, the controlled voltage is $-0.45 \sim -0.80$ V(SCE).

Cu－Al 爆炸焊结合层的透射电镜研究*

摘　要：用透射电镜(TEM)研究了 Cu－Al 爆炸焊的结合层，爆炸焊连接是由熔化和扩散共同作用的结果. 在熔区内存在非晶态与晶态，晶态主要由 $CuAl_2$，Cu_3Al_2 和 Cu_4Al 组成. 与熔区相邻的 Al 侧发生了再结晶，Cu 向 Al 中的扩散距离 < 100 nm，析出针状的 $CuAl_2$ 相；与熔区相邻的 Cu 侧只发生了回复，Al 向 Cu 中的扩散距离 < 100 nm，形成了新相层，可能是 Cu_3Al_2 和 Cu_4Al. 在非熔化区存在 Cu 和 Al 的互扩散，形成新相层的厚度 < 100 nm.

爆炸焊连接是否可靠，与选择焊接参数有关，实质上是与结合面的组织及其特性有关. 爆炸焊形成的结合区很窄，用光学显微镜观察很难分辨，如用透射电镜(TEM)观察，则制样比较困难，无论用电解抛光，化学抛光还是离子溅射减薄技术，都很难对结合面两侧的不同金属获得相同的减薄效果，这可能是用 TEM 研究不同金属爆炸结合层的报道很少的原因. 作者克服了制样的困难，用 TEM 研究了 Cu－Al 间的爆炸焊结合层，得到了一些有意义的结果.

1　实验方法

Cu－Al 的管材经搭接爆炸焊后，在垂直于管材轴向的焊接部位截取约 0.4 mm 的薄片，仔细研磨以避免样品变形，直至约 0.05 mm 后再用离子溅射减薄制成试样. 由于 Cu 的溅射减薄速度比 Al 快，所以要遮挡 Cu，减少受 Ar 离子轰击的时间. 所用电镜是 JEM－200CX.

2　实验结果及讨论

图 1 为结合区的金相组织，结合面上有明显的熔化区. 熔区的硬度 HV = 540，而两侧 Cu 和 Al 的硬度 HV 分别为 260 和 54. 熔区硬度高说明形成了 Cu－Al 的金属间化合物. 用 25％硝酸水溶液可浸蚀熔区，呈现深浅不同的色彩，说明其中 Cu 和 Al 的分布不均匀.

图 2 是熔区较窄处的结合区形貌，Al 侧已发生了再结晶，但 Cu 侧只发生了回复. Cu 中有极细小(约 3 nm 弥散的 Cu_2O 相(图 3a)，位相关系为 $(100)_{Cu} // (100)_{Cu_2O}$，$[001]_{Cu} // [001]_{Cu_2O}$(图 3b). 这种弥散分布的第二相使 Cu 的再结晶温度升高，因而在 Cu 侧没有发生再结晶. 由 Cu－Al 相图可知，Cu 与熔区接触处的温度不会低于 1 000 ℃，约接近 Cu 的熔点(1 083 ℃)，Al 与熔区接触处的温度不会低于 550 ℃，大约接近 Al 的熔点(660 ℃)，虽然爆炸焊时熔化和凝固都发生在瞬间，但由于温度不同，Cu 在 Al 中或 Al 在 Cu 中的扩散也不同. 在 Cu 侧观察到固相扩散后形成的新相层(图 2 中箭头所指处)，可能是 Cu_4Al 和 Cu_3Al_2 富 Cu 相，而在 Al 侧，只有在高倍下观察到针状的 $CuAl_2$ 析出(图 4). 在非熔化区有 Cu－Al 的互扩散，形成了新相层(图 5)其厚度不超过 100 nm.

---

* 本文合作者：蒋有荣. 原发表于《金属学报》，1994，30(3)：B104－B108.

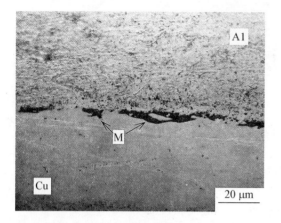

图1 结合层的金相组织

Fig. 1 Microstructure of bonding layer, M-molten region (etched with 25% HNO₃ solution)

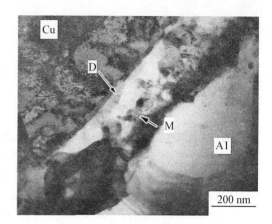

图2 熔区处结合层的形貌

Fig. 2 Morphology of bonding layer at molten region, D-diffusion layer, M-molten region

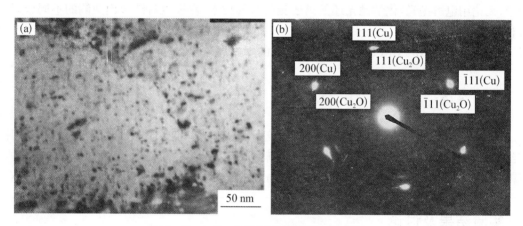

图3 Cu中Cu₂O相(a)及其电子衍射图(b)

Fig. 3 (a) Cu₂O phase in Cu, (b) electron diffraction pattern

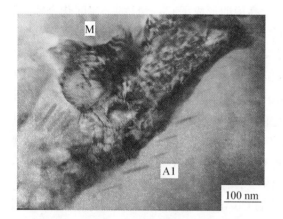

图4 与熔区接触处Al侧中的CuAl₂相

Fig. 4 CuAl₂ phase precipitated in Al adjacent to molten region, M-molten region

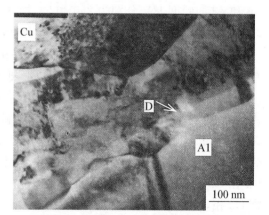

图5 非熔化区处Cu-Al间的扩散层

Fig. 5 Diffusion layer between Cu-Al at non-molten region, D-diffusion layer

在熔区内的组织比较复杂,有晶态与非晶态两类.非晶区在氩离子轰击下容易减薄,很容易辨认(图 6a),当非晶区较大时,可由电子衍射鉴别(图 6b).电子衍射(图 6c 及表 1)确定晶态是由 $CuAl_2$, Cu_3Al_2 和 Cu_4Al 组成,以 $CuAl_2$ 为主.$CuAl_2$ 相的晶粒细小,可形成衍射环,由此可知,在图 6a 中针状组织区是 $CuAl_2$ 相,而块状组织区是 Cu_3Al_2 和 Cu_4Al 相.三种相同时存在说明熔区中的成分极不均匀.电子衍射的计算结果列于表 1 中.

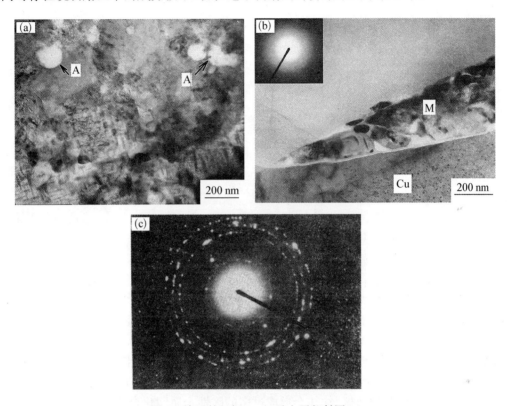

图 6 熔区的组织(a, b)及电子衍射图(c)

Fig. 6 Microstructure in molten region (a, b) and electron diffraction pattern (c), A-amorphous phase, M-molten region

表 1 熔区中各相晶面间距(d)的实测值和标准值

Table 1 Observed d values for different phases in molten region and standard d values

Observed d, nm in molten region		Standard phases d values, nm					
		$CuAl_2$ (tetragonal)		Cu_3Al_2 (hexagonal)		Cu_4Al (cubic)	
d	I[1]	d	I/I_0	d[2]	I/I_0	d[2]	I/I_0
0.431	m	0.430	100				
0.340	m			0.358	60		
0.305	w	0.304	35				
0.290	m			0.292 4	50		
0.273	w					0.280 0	12
0.250	w					0.255 6	4
0.237	s	0.237 4	70				
0.215	m	0.214 6	35				
0.212	s	0.212 1	90				

Observed d, nm in molten region		Standard phases d values, nm					
		CuAl$_2$ (tetragonal)		Cu$_3$Al$_2$ (hexagonal)		Cu$_4$Al (cubic)	
d	$I^{1)}$	d	I/I_0	$d^{2)}$	I/I_0	$d^{2)}$	I/I_0
0.207	s			0.206 8	100	0.208 7	100
0.193	s	0.191 9	70			0.198 0	55
		0.190 1	60				
0.184	w					0.188 7	20
0.175	w			0.179 4	20	0.180 1	1
0.170	w			0.169 2	20		
0.162	w	0.161 1	13			0.167 1	4
0.152	w	0.151 7	2				
		0.150 8	6				
0.145	w			0.146 5	70	0.147 5	6
0.142	w	0.140 8	6				
0.137	w	0.139 5	9				
		0.135 7	11	0.135 8	20	0.140 0	5
0.133	w					0.136 6	1
0.130	w			0.131 1	20	0.133 5	1
0.128	w	0.128 8	21	0.126 6	30		
0.123	w	0.123 4	20			0.127 8	1
0.122	w	0.121 9	8			0.125 2	2
0.119	w	0.119 0	11	0.119 8	80	0.120 5	14

1) s, m and w represent respectively strong, medium and weak of diffaction indensity (1)

2) Observed d values which are smaller than standard ones show that the lattice parameter is smaller than that of standard phases

以上观察再次证明爆炸焊连接是由熔化与扩散共同作用的结果[1]. 爆炸焊参数的选择原则应是使结合面上只产生不连续的熔化区,以保证在非熔化区产生原子间的扩散结合,如爆炸力过大,得到连续的熔化区,往往会形成过多的脆性金属间化合物而影响焊接质量.

3 结论

用 TEM 研究 Cu - Al 爆炸焊结合层,表明爆炸焊连接是由熔化和扩散共同作用的结果. 熔区内存在非晶态和晶态,晶态主要由 CuAl$_2$, Cu$_3$Al$_2$ 和 Cu$_4$Al 组成. 与熔区相邻的 Al 侧发生了再结晶,Cu 向 Al 中的扩散距离< 100 nm,并在 Al 中析出针状 CuAl$_2$ 相;与熔区相邻的 Cu 侧只发生了回复,Al 向 Cu 中扩散距离< 100 nm,形成了连续的新相层,可能是 Cu$_3$Al$_2$ 和 Cu$_4$Al. 在非熔化区存在 Cu - Al 互扩散并形成新相层,其厚度< 100 nm.

参 考 文 献

[1] 周邦新,盛钟琦,彭峰. 金属学报,1989;25(1):A7.

Tem Study of Bonding Layer in Cu - Al Explosively Welded Joint

Abstract:The amorphous and crystalline phases were observed in molten region of the Cu - Al explosively welded joint. The crystalline phases consist of $CuAl_2$, Cu_3Al_2 and Cu_4Al. Recrystallization takes place in Al region adjacent to the molten zone, and the diffusion distance of Cu in Al is less than 100 nm with needle — like $CuAl_2$ phase precipitated. Recovery takes place in Cu region adjacent to the molten zone because of the dispersive Cu_2O phase precipitating, and the diffusion distance of Al in Cu is also less than 100 nm with new phase layers which might be Cu_3Al_2 and Cu_4Al formed. Interdiffusion between Cu and Al can be observed in non-molten region with diffusion distance less than 100 nm to form new phase layers.

热处理对 U_3Si_2 – Al 燃料板包壳 显微组织及其厚度测量的影响*

摘　要： 研究了 LT24 铝合金的显微组织与热处理制度间的关系. 模拟燃料板轧制加工时的热处理条件, 研究了合金元素固溶或以第二相析出后对燃料板包壳的涡流测厚的影响. 证明燃料板的最终退火温度波动或沿燃料板长度方向温度不均匀是造成燃料板包壳测厚误差的主要原因. 建议燃料板最终退火的温度为 380 ℃.

1　前言

U_3Si_2 – Al 弥散板型燃料元件用 LT24 铝合金作为包壳材料, 包壳厚度的名义值为 0.38 mm. 为保证元件在堆内运行时的安全可靠, 要求对长 600 ± 10 mm, 宽 59.65 ± 3.10 mm 燃料芯体区的包壳厚度进行全面无损检查, 以保证包壳厚度 $\geqslant 0.3$ mm, 从而保证燃料板为合格产品.

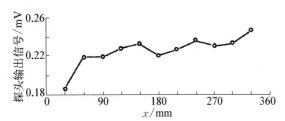

图 1　非包壳厚度变化引起的涡流测量信号沿芯体长度 x 方向的变化

由于燃料芯体的电导率比包壳小, 而且包壳很薄, 故可使用涡流法测量包壳厚度. 为消除探头与工件表面间隙变化时给测量结果带来的影响, 采用了相敏涡流测量方法. 该设备建立后, 已成功地做过多种燃料元件包壳厚度及金属薄片厚度的测量[1]. 但在测量 U_3Si_2 – Al 燃料板时, 曾发现测量信号沿着燃料芯体长度 x 方向发生连续上升或下降的变化(如图 1 所示). 金相解剖结果证明, 测量信号的上升或下降不是燃料板包壳厚度变化引起的, 这给正确判断包壳厚度带来了困难.

2　涡流测厚原理及应用分析

涡流测厚以电磁感应原理为基础. 金属材料在交变磁场作用下产生了涡流, 涡流也产生一个与原来磁场相反的交变磁场, 两个磁场叠加后会使测量探头线圈的阻抗发生变化. 因此, 分析线圈阻抗变化, 可得到被测工件的有关参数[2]. 测量燃料元件的包壳厚度时, 包壳的电导率是影响线圈阻抗变化的主要因素, 而包壳的电导率又会因材料的成分、显微组织及厚度不同而变化. 如果材料的成分和显微组织不变, 并且对包壳厚度已知的样品进行标定, 则

---

* 本文合作者: 周海波、张志毅. 原发表于《核动力工程》, 1994, 15(3): 248 – 253.

根据测量探头给出的电信号就可以正确判断燃料板包壳厚度.

LT24 铝合金中的大部分 Mg 和 Si 将以 Mg_2Si 第二相形式析出,大部分 Cu 也将和 Al、Mg、Si 形成复杂的化合物析出. 由于合金的热处理制度不同,这些第二相的大小、多少和分布会有不同. 这除了对力学性能有影响外,对合金的电导率也有明显影响. 一般来说,合金元素固溶在晶格中时,会明显降低铝的电导率,若以第二相析出后,则对电导率影响较小,特别是当第二相长大后. 另外,冷加工状态和再结晶状态对材料的电导率也有影响. 因此,热处理制度的变化以及加热炉的均温区长短都会影响包壳厚度的测量. 如果被测工件的成分或显微组织与标定样品不同,也会给测量结果带来误差.

燃料板经热轧后,首先要在 480 ℃加热 1 小时进行起泡试验,对燃料板包壳的结合质量进行检查,合格的燃料板再进行约 20% 的冷轧变形,使燃料板厚度达到 1.27 mm,最后进行再结晶退火. 在 480 ℃加热后将元件板取出空冷,用肉眼进行起泡观察,这时一部分合金元素会固溶在铝中,在以后的再结晶退火时,这部分固溶的合金元素又重新以第二相析出,若这种加热冷却过程不加控制,则对包壳厚度的测量必然带来误差. 因此,首先应对 LT24 铝合金在轧制和加热过程中显微组织变化,以及这种变化对涡流探头输出信号影响的规律进行研究.

3 实验及结果

3.1 再结晶温度的确定

燃料板应在再结晶状态下使用,因此,需确定燃料板在最终加工状态下的再结晶温度. 再结晶温度与合金中合金元素的存在状态、冷加工量及加热时间的长短有着密切的关系. 为了确定燃料元件板经 20% 冷轧后退火时的再结晶温度,用 LT24 铝合金模拟燃料板的加热制度. 首先在 480 ℃加热 30 分钟后取出空冷,然后冷轧(冷轧量为 20%)至厚度为 0.87 mm,再切成若干试样后在不同温度加热 30 分钟退火,用测量硬度的方法来判断试样的再结晶温度,结果如图 2 所示. 由图 2 可见,在 200 ℃退火后硬度反而有所增加,这是由于 480 ℃加热空冷时有部分合金元素固溶在铝中,200 ℃退火时又以第二相析出产生硬化的结果. 退火温度继续升高,硬度逐渐下降,这是由于再结晶软化和第二相聚集长大所致. 在 350 ℃～400 ℃退火后硬度降至最低值,这时再结晶已完成. 450 ℃退火后硬度又有所增加,这是因为 450 ℃空冷时有少量合金元素固溶在铝中,测量硬度前试样在室温停留,造成了自然时效硬化. 从图 2 还可以看出,退火温度应选择在 350 ℃以上才能保证再结晶完成.

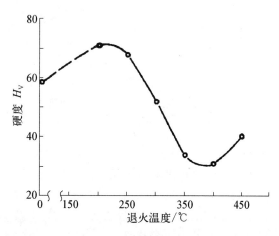

图 2 LT24 铝合金试样经 20% 冷轧、在不同温度退火 30 min 后的硬度值

图 3 是 LT24 铝合金在 350 ℃和 400 ℃退火 30 min 后用透射电镜观察到的显微组织. 其中,大块(图中 A 所示)是样品在 480 ℃加热时未溶解的第二相,细棒状的 Mg_2Si 是在退火温度

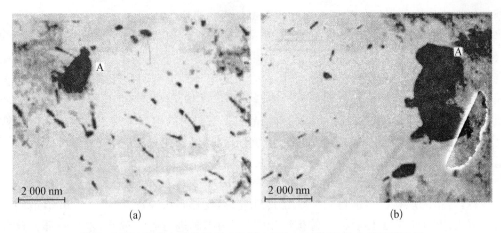

| (a) | (b) |

图3 LT24 铝合金冷轧后经 350 ℃(a)和 400 ℃(b)退火的显微组织

保温时析出并长大的第二相. 图 3 表明, 两种不同退火温度下, LT24 铝合金显微组织十分相似.

3.2 淬火后时效处理对 LT24 铝合金硬度及组织影响

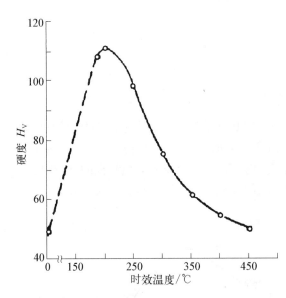

图4 LT24 铝合金经 520 ℃-30 min 加热水淬后不同温度时效处理对其硬度的影响

厚度为 0.87 mm 的 LT24 铝合金试样在 520 ℃-30 min 加热水淬后, 在不同温度时效 30 min 的硬度变化如图 4 所示. 硬度的变化呈现先升高后下降的趋势, 这与试样中析出第二相及第二相聚集长大有直接的关系. 图 5 是淬火后在 200 ℃、250 ℃、300 ℃和 350 ℃时效 30 min 后的显微组织. 淬火后时效时, Mg_2Si 以针状沿基体的[001]方向析出(图 5d 是电子束平行于[001]入射时拍摄的照片.)所以针状的 Mg_2Si 第二相相互间成 90°夹角. 随着时效温度升高, Mg_2Si 第二相也迅速长大. 由于第二相聚集长大, 硬度值也迅速下降.

3.3 试样厚度与涡流探头输出信号的关系

不同厚度的试样(0.17~0.87 mm)共 10 种, 经 20% 冷轧, 400 ℃-30 min 退火或 520 ℃-30 min 加热水淬处理后, 涡流探头输出信号大小与试样厚度间的关系如图 6 所示. 输出信号随试样增厚而增大, 这正是涡流测厚的依据. 但相同厚度的试样, 由于热处理制度不同, 涡流探头输出信号大小也不相同. 淬火后由于合金元素固溶在铝中, 电导率降低, 信号也减小. 480 ℃加热空冷后再经 20% 冷轧的样品, 与重新在 400 ℃退火后样品的输出信号大小没有明显的差别.

3.4 热处理制度对涡流探头输出信号的影响

将经过 20% 冷轧、厚度为 0.87 mm 的 LT24 铝合金样品分为两组. 一组在不同温度退火 30 min, 另一组在 520 ℃-30 min 加热水淬后, 再经不同温度时效 30 min. 不同热处理制

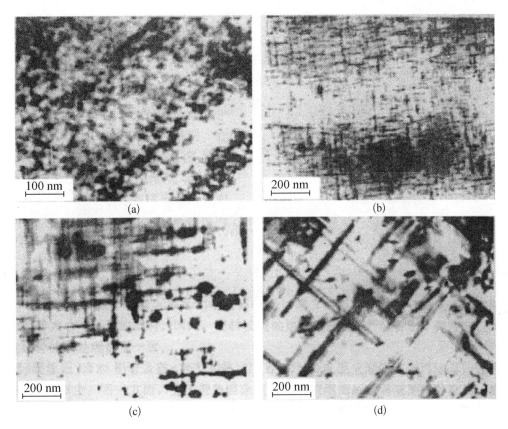

图5 LT24 铝合金经 520 ℃淬火后,再经不同温度时效 30 min 后的显微组织 (a)—时效温度 200 ℃;(b)—时效温度 250 ℃;(c)—时效温度 300 ℃;(d)—时效温度 350 ℃.

度对涡流探头输出信号的影响如图 7 所示.随着冷加工后发生再结晶,或固溶在铝中合金元素的重新析出,输出信号逐渐增大,但在 300～400 ℃温度范围内处理后,输出信号变化比较平缓,在 450 ℃处理后输出信号又减小,这是合金元素重新发生固溶的结果.从以上结果可以看出,由于热处理制度不同,合金元素是固溶还是以第二相析出,对涡流测厚的影响是非常大的.

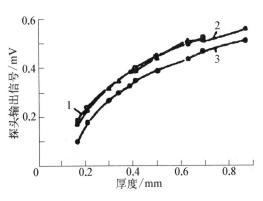

1—400 ℃-30 min 退火;2—冷轧 20％;3—520 ℃水淬.

图6 试样厚度对涡流探头输出信号大小的影响

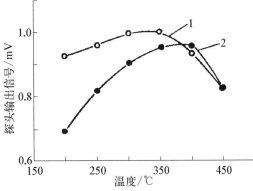

1—冷轧后退火 30 min;2—520 ℃水淬时效 30 min.

图7 LT24 铝合金热处理制度对涡流信号的影响(试样厚度 0.87 mm)

从 Mg_2Si 与 Al 的伪二元相图中可以看出[3] Mg_2Si 在铝中固溶度的变化在高于 400 ℃ 和低于 400 ℃时有明显的差别. 在高于 400 ℃时,随温度升高,Mg_2Si 的固溶度迅速增大,因此退火温度从 400 ℃升至 450 ℃时所引起涡流探头输出信号的变化比退火温度从 350 ℃升至 400 ℃时所引起的变化大. 据此,最终退火温度应高于 350 ℃,但又不应超过 400 ℃,在 350 ℃和 400 ℃退火后的显微组织也是非常相似的(图 3).

4 结论

（1）LT24 铝合金中合金元素是固溶在铝中还是以第二相形式析出,对涡流测厚时探头输出的信号大小有显著的影响. 因此,燃料板最终的热处理制度应严格控制,并应与包壳厚度标定试样的热处理制度一致.

（2）要保证 LT24 铝合金在 480 ℃加热空冷后经 20%冷轧退火时能完全再结晶,退火温度应在 350 ℃以上. 另一方面,为了避免因合金元素发生固溶而影响涡流测厚的准确,最终退火温度又应低于 400 ℃.故建议在燃料元件板现行的热处理轧制条件下,最终退火的温度选择 380 ℃.

参 考 文 献

［1］张志毅,沈玉忠.集成化数字相敏涡流测厚仪的研制.四川机械,1983,5：4－7.
［2］中国机械工程学会无损检测学会.涡流检测.第二版.北京：机械工业出版社,1990：41.
［3］金相图谱编写组.变形铝合金金相图谱.北京：冶金工业出版社,1975：121.

The Effect of Heat-Treatments on the Microstructure and Thickness Measurement of Cladding for U_3Si_2 – Al Fuel Plates

Abstract：The relationship between the microstructure and heat-treatments of LT－24 aluminium alloy and the effect of solid solution or precipitation of second phase particles in LT－24 aluminium alloy on the eddy current signal by simulated heat-treatments as the fabrication process of fuel plates have been investigated. It has been proved that the fluctuation of annealing temperature or the non-uniform distribution of temperature along the length of fuel plates are responsible for the irregular signal of eddy current. It is proposed that the annealing temperature for fuel plates should be selected at 380 ℃.

A Study of Stress Reorientation of Hydrides in Zircaloy*

Abstract: Under the conditions of circumferential tensile stress from 70 to 180 MPa for Zircaloy tubes or the tensile stress from 55 to 180 MPa for Zircaloy - 4 plates and temperature cycling between 150 and 400 ℃, the effects of stress and the number of temperature cycling on hydride reorientation in Zircaloy - 4 tubes and plates and Zircaloy - 2 tubes containing about 220 μg/g hydrogen have been investigated. With the increase of stress and/or the number of temperature cycling, the level of hydride reorientation increases. When hydride reorientation takes place, there is a threshold stress concerned with the number of temperature cycling. Below the threshold stress, hydride reorientation is not obvious. When applied stress is higher than the threshold stress, the level of hydride reorientation increases with the increase of stress and with the number of temperature cycling. Hydride reorientation in Zircaloy - 4 tubes develops gradually from the outer surface to inner surface. It might be related to the difference of texture between outer surface and inner surface. The threshold stress is affected by both the texture and the value of B. So controlling texture could still restrict hydride reorientation under tensile stress.

1　Introduction

In nuclear reactor, Zircaloys have been used for fuel cladding in contact with hot water or steam, and the cladding absorbs some of hydrogen produced by the cladding corrosion during the reactor operation. The presence of hydrogen in excess of terminal solubility can result in severe embrittlement due to the precipitation of zirconium hydrides, especially in the radial direction. Hydride orientation could be controlled by texture because there is a habit plane during the hydride precipitating, but hydride reorientation perpendicular to tensile stress could take place. This is a matter of greater concern because of the presence of stress in the fuel cladding and grid spacer of Zircaloy - 4 plate due to different texture and texture coefficient in different direction during the latter stage of reactor operation. It will become more important with the increase of discharge burn-up. So it is necessary to investigate the effects of stress and the number of temperature cycling on reorientation of hydride in Zircaloy, and the experimental results could be referred in the design and operation of nuclear reactors.

2　Experimental procedure

After being polished chemically in the solution of 10% HF, 45% HNO₃, and 45%

---

* 本文合作者：蒋有荣. 原发表于《中国核科技报告》,1994：984 - 999.

H_2O, annealed Zircaloy – 2, Zircaloy – 4 tubes and Zircaloy – 4 plates were autoclaved at 360 ℃ water containing 1 mol/L LiOH in order to absorb hydrogen about 220 $\mu g/g$, which was estimated by comparison with standard atlas[1]. For Zircaloy tubes, under a constant circumferential stress, which of the Zircaloy – 4 were measured at room temperature by stress-strain gauge under different loads, produced by vertically pressing down graphite powder fulled in Zircaloy tube. For Zircaloy – 4 plates, under different stresses produced by pulling specimen with a taper shape in gauge length, which gave different sizes of section. Under a load temperature cyclings between 150 ℃ and 400 ℃ were carried out for hydride reorientation because the varitation range of temperature is roughly equal to that of fuel cladding in nuclear reactor. The terminal solubility of hydrogen in Zircaloy is about 200 $\mu g/g$ at 400 ℃, and only about 5 $\mu g/g$ at 150 ℃[2]. During temperature cycling the hydrides dissolve and precipitate alternately that can sufficiently show the relationship of hydride reorientation. A parameter, f_{45}, which is the fraction of hydride platelets orientated within 45° to the reference direction, is used to describe the level of hydride reorientation and was measured by image instrument[3] after the specimens were polished and etched. Textures of the experimental materials were measured by X-ray diffraction.

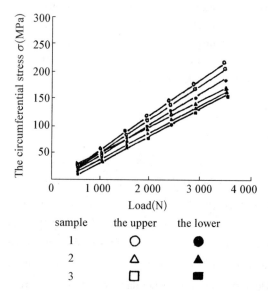

sample	the upper	the lower
1	○	●
2	△	▲
3	□	■

Fig. 1 The relationship between load and the circumferential stress of Zircaloy – 4 tube

3 Results

3. 1 The circumferential stress of Zircaloy tube

The circumferential stresses of Zircaloy – 4 tube under different loads are shown in Fig. 1. The stress at the upper part is higher than that at the lower part of Zircaloy – 4 tube, but the difference is not large. The average of stresses under different loads are as the following: (0. 627 mm thickness of Zircaloy – 4 tube)

load (N)	1 500	1 900	2 500	2 900
the stress (MPa)	70	92	125	145

In Zircaloy – 2, the relationship between the circumferential stress and load is given as follows:

$$\sigma_0 = 2.815 \times P/(3.14 \times r^2) - 7.14$$

where P (N) is load, r (mm) is radius. The circumferential stress is concerned with load, radius and thickness of tube, but not with elasticity. The stress must be kept a constant under a certain load during temperature cycling between 150 ℃ and 400 ℃.

3.2 Textures of Zircaloy - 2, Zircaloy - 4 tube and Zircaloy - 4 plate

Density of (0002) pole in the direction normal to rolling (RD) in specimen with 0.6 mm thickness is stronger than that in the rolling direction (Fig. 2). Hydrides in the specimen reorientate easily under tensile stress applied normal to the rolling direction. The highest pole density of (0002) in Zircaloy - 4 tube locates at the center of (0002) pole figure in Fig. 3. Hydrides in the Zircaloy - 4 tube orientates in the circumferential direction, and it is not easy for hydride reorientation under the circumferential tensile stress. The highest pole density of (0002) in Zircaloy - 2 tube deviates 30° from the center towards transversal direction, i. e, the pole density of tangential direction in the Zircaloy - 2 tube is stronger than that in the Zircaloy - 4 tube. Hydrides in tube with such texture orientate easily in the radial direction and reorientate under the circumferential stress.

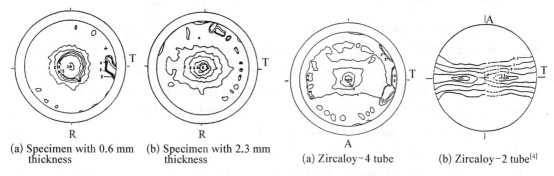

| (a) Specimen with 0.6 mm thickness | (b) Specimen with 2.3 mm thickness | (a) Zircaloy-4 tube | (b) Zircaloy-2 tube[4] |

Fig. 2 The (0002) pole figure of Zircaloy - 4 plates   **Fig. 3** The (0002) pole figure of Zircaloy - 4 and Zircaloy - 2 tubes

3.3 Effect of stress and temperature cyclings on hydride reorientation in Zircaloy tubes

Hydrides precipitate on certain planes (habit plane) in α - Zr, the habit plane for Zircaloy - 2 and Zircaloy - 4 is $\{10\bar{1}7\}$. A large volume increase $(14\% \sim 17\%)$ occurs when α - Zr is transformed into hydride, so hydride precipitates easily in the direction normal to the tensile stress and parallel to the compressive stress, i. e, hydride reorientation takes place under stress.

The level of hydride reorientation increases with the increase of stress or the number of temperature cycling (Fig. 4). When the hydride reorientation takes place, there is a threshold stress (σ_n') which is concerned with the number of temperature cycling. Under the same stress, hydride reorientation in Zircaloy - 2 tube is easier than that in Zircaloy - 4 tube due to the different texture.

Hydride parallel to the tensile stress dissolves preferentially with the increase of temperature, and precipitates preferentially in the direction normal to the tensile stress with the decrease of temperature. The presence of hydrides has the promotive effects on hydride nucleation or growth[5,6]. So the level of hydride reorientation increases with the increase of number of temperature cyclings under a certain stress level.

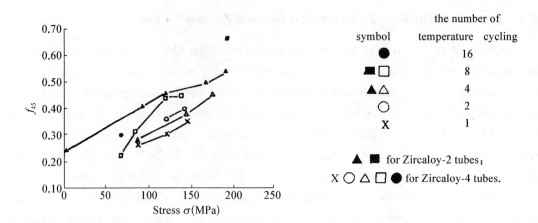

Fig. 4 The relationship among the value of f_{45}, the tensile stress and the number of temperature cycling in Zircaloy tubes

With the same number of temperature cycling, the value of f_{45} increases with tensile stress level, in fact, the number of hydrides precipitating parallelly to the radial direction increases. The value of f_{45} increases with the number of temperature cycling under the same stress. Below the stress level of 70 MPa in Zircaloy – 4 tube, hydride reorientation is not obvious even if the number of temperature cycling increases. It illustrates that there is a threshold stress when hydride reorientation takes place.

Hydride distributions in several experimental conditions are shown in Fig. 5. There are a lot of hydrides reorientated to form radial distribution in Zircaloy – 2 tube. Hydrides in Zircaloy – 4 tube reorientate not simultaneously along the radial direction, it takes place gradually from the outer surface of tube to the inner surface with the increase of stress or the number of temperature cycling, and there is an obvious demarcation between reorientated hydrides and unreorientated ones. This phenomenon has not been reported in literature[7]. Although hydride distribution is affected by many factors[8], the phenomenon might be related to the difference of texture in outer surface and/or the different state of stress. Hydride reorientated in the radial direction at the outer surface has the promotive effects on hydride nucleation in this direction[6]. So hydride reorientation takes place gradually from the outer surface of tube to the inner surface.

With the increase of stress and the number of temperature cycling, hydride reorientation could take place in whole section of Zircaloy – 4 tube, but the value of f_{45} is smaller than 1, only 0.50. This might be related to texture. If the (0002) pole is nearly parallel to the radial direction of tube, it is not easy for hydride to distribute and to reorientate in the radial direction. So controlling texture is still effective on controlling hydride reorientation under stress.

3.4 Effect of stress and temperature cyclings on hydride reorientation in Zircaloy – 4 plates

For Zircaloy – 4 plates the level of hydride reorientation increases with the increase of stress or the number of temperature cycling (Fig. 6). When hydride reorientation takes

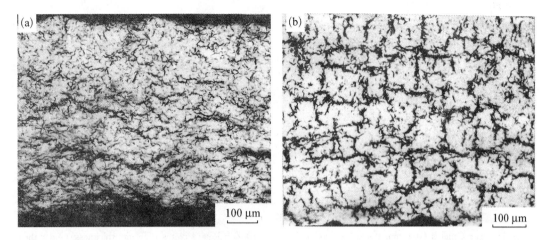

Zircaloy – 2 tube autoclaved (a) and after temperature cycling 4 times under the stress of 180 MPa (b)

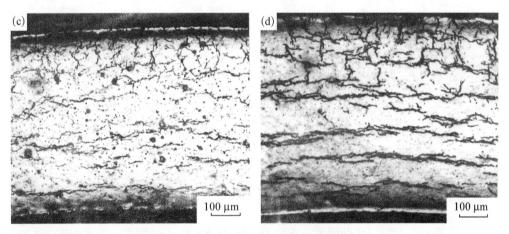

Zircaloy – 4 tube autoclaved (c) and after temperature cycling 2 times under the stress of 96 MPa (d)

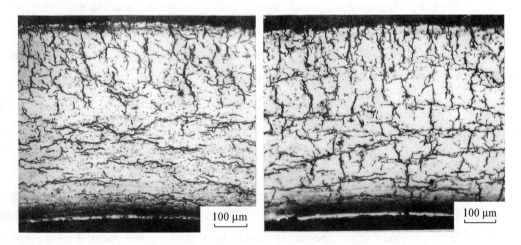

Zircaloy – 4 tube after temperature cycling 2 times under the
stress of 145 MPa (e) and 8 times under the stress of 146 MPa (f)

Fig. 5 Distributions of hydrides in Zircaloy tubes at various conditions

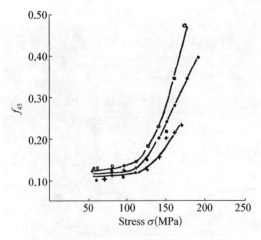

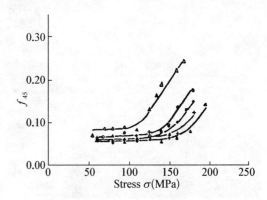

(a) Zircaloy - 4 plates (0.6 mm thickness) under the tensile stress normal to the rolling direction

(b) Zircaloy - 4 plates (0.6 mm thickness) under the tensile stress parallel to the rolling direction

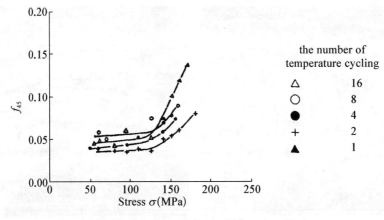

(c) Zircaloy - 4 plates (2.3 mm thickness) under the tensile stress parallel to the rolling direction

Fig. 6 The relationship among the value of f_{45}, the tensile stress and the number of temperature cycling in Zircaloy - 4 plates

place, there is a threshold stress (σ'_n) which decreases with increasing the number of temperature cycling, the relationship can be shown empirically as follows:

$$\sigma'_n = \sigma'_1 - (1 - 1/n)C \tag{1}$$

where σ'_n (MPa) is a threshold stress with n times temperature cycling, σ'_1 (MPa) is a threshold stress when n equals to 1, C is a constant concerned with material characteristics (e. g. texture) and the experimental conditions.

In Fig. 7, straight lines intersect with longitudinal coordinate, and the intersection is the threshold stress when n is infinite. For Zircaloy - 4 plate (0.6 mm thick), it is 90 MPa and 110 MPa respectively when the tensile stress is normal to and parallel to the rolling direction. For Zircaloy - 4 plate (2.3 mm thick), it is 115 MPa when the tensile stress is parallel to the direction. When the applied stress is lower than above mentioned value, hydride reorientation is not obvious even if the number of temperature cycling increases.

When n is a certain constant, the level of hydride reorientation increases rapidly with tensile stress more than the threshold stress (σ'_n). Hydride distributions in different experimental conditions are shown in Fig. 8. There are more hydrides reorientated normally

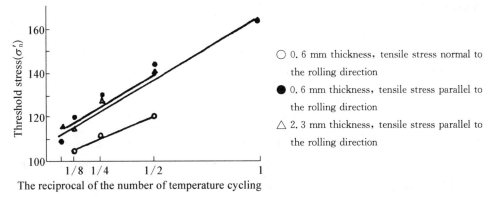

○ 0.6 mm thickness, tensile stress normal to the rolling direction

● 0.6 mm thickness, tensile stress parallel to the rolling direction

△ 2.3 mm thickness, tensile stress parallel to the rolling direction

Fig. 7 The relationship between the threshold stress of hydride reorientation and the number of temperature cycling in Zircaloy‐4 plates

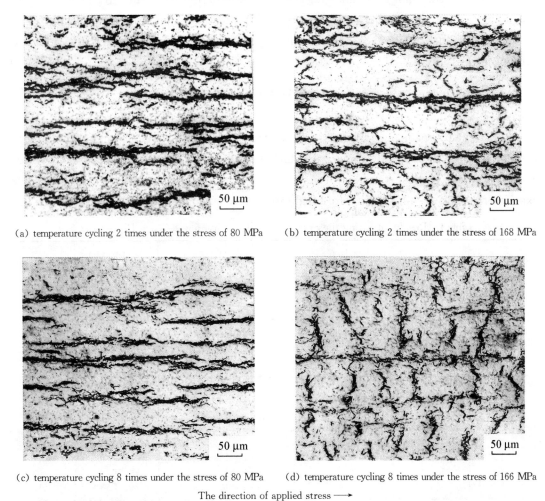

(a) temperature cycling 2 times under the stress of 80 MPa

(b) temperature cycling 2 times under the stress of 168 MPa

(c) temperature cycling 8 times under the stress of 80 MPa

(d) temperature cycling 8 times under the stress of 166 MPa

The direction of applied stress ⟶

Fig. 8 Distributions of hydrides in Zircaloy‐4 plate at different conditions under tensile stress normal to the rolling direction

to tensile stress in Zircaloy – 4 plate (0. 6 mm thickness) with increasing the tensile stress and the number of temperature cycling.

4　Discussion

Ells[9] used the stress orientating mechanism of the precipitation of $Fe_{16} N_2$ in iron derived by J. C. M. Li, and obtained the relationship between the level of hydride reorientation and tensile stress:

$$R_\sigma = R_0 \exp[B \sigma] \tag{2}$$

where R_0 and R_σ are the level of hydride orientation in the original state and hydride reorientation under stress respectively, $R = f_\theta/(1 - f_\theta)$, B is a constant related to material. Marshall[10] and Louthan's[11] data were explained with Eq. (2), Hardie's[12] data satisfied Eq. (2) too. But Eq. (2) does not include a threshold stress which does exsist during hydride reorientation as showing both in our experimental data and Stehle's[13] data. According to the data obtained in present work, the relationship among the level of hydride reorientation, the number of temperature cycling and the threshold stress is given empirically as follows:

$$R_\sigma = R_0 \exp[B n^{\frac{1}{3}} (\sigma - \sigma_n')] \tag{3}$$

where B is a constant concerned with material and experimental conditions. The Eq. (3) is true under the prerequiste conditions: applied stress must be between σ_n' and $\sigma_{0.2}$ ($\sigma_{0.2}$ means yield strength at the highest temperature during temperature cycling) and most of hydrides dissolve at the highest temperature and precipitate at the lowest temperature. Our experimental and Stehle's data were fitted respectively with Eq. (2) and (3) (Table 1 and 2).

Table 1　Results of fitting the experimental data according to $R_\sigma = R_0 \exp[B \sigma]$

Serial number of sample	Direction of applied stress	The number of temperature cycling	R_0	$B \times 10^{-3}$	Interrelation coefficient of $\ln R_0 - \sigma$	Deviation of f_{45}
32	normal to RD*	2	0. 130 8	7. 23	0. 880 8	0. 021 1
36		4	0. 111 3	14. 47	0. 956 2	0. 029 8
33		8	0. 151 0	12. 85	0. 851 8	0. 053 7
45	parallel to RD*	1	0. 069 7	4. 12	0. 557 5	0. 017 7
40		2	0. 063 5	4. 83	0. 798 4	0. 011 0
43		4	0. 058 5	9. 14	0. 929 0	0. 012 8
46		8	0. 065 6	10. 52	0. 914 7	0. 015 0
41		16	0. 102 1	13. 71	0. 930 1	0. 026 7
56	parallel to RD**	2	0. 045 5	7. 60	0. 726 1	0. 013 4
51		4	0. 043 4	10. 16	0. 847 9	0. 014 6
55		8	0. 056 7	3. 98	0. 776 2	0. 007 5
58		16	0. 046 8	9. 60	0. 872 8	0. 014 9
Ref. [13]			0. 176 5	19. 15	0. 838 4	0. 543 3

note: * Zircaloy – 4 (0. 6 mm thickness), ** Zircaloy – 4 (2. 3 mm thickness)

Table 2 Results of fitting the experimental data according to $R_\sigma = R_o \exp[Bn^{1/3}(\sigma - \sigma'_n)]$

Serial number of sample	Direction of applied stress	The number of temperature cycling	R_o	$B \times 10^{-3}$ B	$B \times 10^{-3}$ Deviation	Interrelation coefficient of $\ln R_0 - \sigma$	Deviation of f_{45}	Threshold stress σ'_n(MPa)
32	normal to RD*	2	0.130 8			0.960 1	0.013 4	123
36		4	0.111 3	12.80	0.14	0.998 0	0.006 6	114
33		8	0.151 0			0.990 0	0.018 3	111
45	parallel to RD*	1	0.069 7			0.962 1	0.009 6	162
40		2	0.063 5			0.937 0	0.007 4	146
43		4	0.058 5	8.24	0.71	0.998 4	0.002 1	114
46		8	0.065 6			0.998 4	0.006 8	116
41		16	0.102 1			0.965 0	0.014 2	108
56	parallel to RD**	2	0.045 5			0.961 4	0.007 7	146
51		4	0.043 4	10.08	1.57	0.943 8	0.010 6	123
55		8	0.056 7			0.964 9	0.004 2	119
58		16	0.065			0.979 8	0.007 3	117
Ref. [13]			0.176 5	80.40		0.962 2	0.079 9	105

note: * Zircaloy – 4 (0.6 mm thickness), * * Zircaloy – 4 (2.3 mm thickness)

From Table 2 it is seen that deviations of B are very small which correspond to definiting B as a constant. Interrelation coefficients are large. Deviations of f_{45} are small and calculated threshold stresses are correspond to ones measured from the experimental curves (in the range of experimental error[3]). So Eq. (3) is better to describe the relationship among hydride reorientation , tensile stress and the number of temperature cycling.

B and threshold stress (σ'_n) are two improtant parameters to describe the level of hydride reorientation. Because hydrides in Zircaloy – 4 almost precipitate on $(10\bar{1}7)$ habit plane, if the smaller is the angle between tensile stress and the pole of (0002), the easier develops hydride reorientation and the lower is the threshold, the difficulty of hydride reorientation has close relationship with the direction of tensile stress and pole of (0002), Threshold stress with tensile stress parrallel to the rolling direction is lower and the value of B is higher than that with tensile stress normal to it, because coefficient of texture is different in the direction of tensile stress. Hardie reported that hydride distrubition before reorientation only affected on the threshold stress, did not on the value of B. Our results show that the larger the value of R_0 is, the larger the value of B is.

Hydrides parallel to the tensile stress dissolve preferentially with temperature increasing and precipitate preferentially in the direction normal to the tensile stress with temperature decreasing. The presence of hydrides has the promotive effects on hydride nucleation or growth[5]. So hydride reorientates easily with the increase of temperature cyclings under a certain stress level. If tensile stress is applied only when temperature decrease during temperature cycling, the level of hydride reorientation decreases obviously. Only when hydride dissolved at high temperature the hydride reorientation is possible[10] in its precipitattion process. The larger the difference in solubility of hydrogen during temperature cyclings is, the easier hydride reorientation is. When hydrides dissolve completely and no residual hydrides at the highest temperature during temperature cycling which do not have the promotive effects on hydride nucleation or growth[11], the level of hydride reorientation decreases too.

If grain size is smaller, the probability of habit plane distribites in the favorable direction is larger, it is easier for hydride reorientation. Too fast cooling is not favorable for hydride reorientation because of poor stress induced effect of hydirde nucleation and growth.

5 Conclusions

(1) When hydride reorientation takes place, there is a threshold stress (σ_n') which decreases with the increase of the number of temperature cycling as follows:

$$\sigma_n' = \sigma_1' - (1 - 1/n)C$$

Hydride reorientation is not obvious below the threshold stress.

(2) When applied stress is higher than threshold stress, the level of hydride reorientation varies with stress and the number of temperature cycling as follows:

$$R_\sigma = R_o \exp[B \cdot n^{1/3}(\sigma - \sigma_n')]$$

where B is a constant concerned with material and experimental conditions, B is 10^{-2} MPa^{-1} in the order of magnitude under our experimental conditions.

(3) Hydride reorientation is concerned with texture, grain size, direction of applied stress, the variation range of temperature cycling and cooling rate.

(4) Under the same condition hydride reorientation in Zircaloy-2 tube is easier than that in Zircaloy-4 tube due to the difference of texture in two kinds of tubes.

(5) Hydride reorientation in Zircaloy-4 tube takes place at the outer surface at first and then gradually to the inner surface, It might be related to the difference of the texture in outer surface and /or the different state of stress.

(6) After hydride reorientation takes place in whole section of Zircaloy-4 tube, not all hydrides change from tangential to radial distribution. So controlling texture is still effective on controlling hydride reorientation under stress.

Acknowledgments

The authors are grateful to Pan Shufang, Miao Zhi, Zhang Shuyu, Yu Xiaowei, Liu Chao, Huang Jianqing, Yang Minhua and Li Liguang for assistance with the experiments.

References

[1] Hartcorn L A, Westerman R E. HW - 74949. 1963.
[2] Kearns J J. J. Nucl. Mater, 1967, 22: 292.
[3] 刘超,蒋有荣,朱金霞. 锆合金中氢化物取向因子的测定. 核材料会议文集,1991.
[4] 毛培德. 核动力工程,1980, 1(5): 43.

［5］Simpson C J, Kupcis O A, Leemans D V. Hydride Reorientation and Fracture in Zirconium Alloys. Zirconium in the Nuclear Industry, ASTM. STP633. 1977, 630 – 640.

［6］Wilkins B J, Nuttall K. J. Nucl. Mater, 1978, 75: 125.

［7］周邦新,蒋有荣. 核动力工程,1992, 13(5): 66.

［8］Donglass D L. Atomic Energy Review, 1971, 1: 26.

［9］Ells C E. J. Nucl, Mater, 1970, 35: 306.

［10］Marshall R P. J. Nucl. Mater, 1967, 24: 34.

［11］Louthan M R, Marshall R P. J. Nucl. Mater, 1963, 9: 170.

［12］Hardie H, Shanahan M W. J. Nucl. Mater, 1975, 55: 1.

［13］Stehle H. Kaden W, Manzel R. J. Nucl. Mater, 1975, 33: 155.

Zr - 4 合金氧化膜中 Zr(Fe，Cr)₂ 第二相粒子的 HREM 观察*

摘　要：应用透射电子显微镜（TEM）和高分辨电子显微镜（HREM）研究了在 400 ℃，10.3 MPa 过热蒸汽中形成 Zr - 4 合金氧化膜中的 Zr(Fe，Cr)₂ 第二相粒子. 结果表明，嵌在合金氧化膜中的 Zr(Fe，Cr)₂ 粒子表面生成面心立方结构的 Zr₆(Fe，Cr)₃O，它与 Zr(Fe，Cr)₂ 存在共格关系. 在上述氧化物之上为氧化物立方 ZrO₂ 和金属相 α - Fe(Cr) 的混合物.

在目前核电站压水反应堆的运行工况下，用作核燃料元件包壳材料是 Zr - 4 合金，其耐水侧腐蚀性能虽不是燃料元件寿命的限制因素，但是为了降低核电成本，要求加深核燃料的燃耗，降其循环价格. 因此，改善 Zr - 4 包壳的耐水侧腐蚀性能又成为人们关注的问题.

改善 Zr - 4 包壳材料耐水侧腐蚀性能的有效途径有以下几种：一是通过热处理来改变合金的组织[1]；二是在 Zr - 4 成分允许的范围内优化[2]；三是寻找新的锆合金[3]. 不论采用哪一种途径，都必须弄清水侧腐蚀的机理. 目前对 Zr - 4 合金水侧腐蚀机理尚无定见，对影响 Zr - 4 合金腐蚀性能的主要原因有认为是 α - Zr 基体中 Fe、Cr 的固溶含量[1]；有人认为合金中第二相粒子的结构、分布、大小[4]，也有二者兼而有之说[5]. 无论何种说法都涉及 Zr - 4 合金中的第二相粒子的问题，当合金在高温水介质中腐蚀时，作为第二相的 Zr(Fe，Cr)₂ 粒子均会耦合到氧化膜中[6]，因此嵌在氧化膜中的 Zr(Fe，Cr)₂ 粒子的状态和它对 Zr - 4 的耐腐蚀性能有何影响，是值得深入研究的问题.

1　实验过程

采用国产 Zr - 4 合金，名义成分为（wt%）：Sn 1.5，Fe 0.20，Cr 0.10，O 0.10. 样品尺寸为 $40 \times 15 \times 1 \, mm^3$. 大粒径的 Zr(Fe，Cr)₂ 第二相粒子便于电镜观察分析，因此将样品在 α 相区上限温度（820 ℃）真空加热 2 h 后炉冷. 样品处理前后都经化学抛光，并用水冲洗后吹干待用. 化学抛光液为：40% HF：65% HNO₃：H₂O=10：45：45（vol%）. 样品在高压釜中经 400 ℃、10.3 MPa 过热蒸汽腐蚀 14 d，腐蚀增重为 28.3 mg/dm²，氧化膜厚度约为 1.9 μm. 从热处理后合金截取小块试样，先化学抛光减薄，后再进行双喷电解减薄，电解抛光液为：85% 冰乙酸＋15% 高氯酸.

从腐蚀后的试样取小块，保留一面氧化膜，用 400♯ 砂纸单面磨至大约 50 μm 厚时，再用化学法溶掉合金基体，将得到的氧化膜用乙醇冲洗后放在离子减薄仪中减薄.

TEM 和 HREM 观察分析分别应用 JEM - 200CX 和 JEM - 2000EX 电子显微镜.

---

* 本文合作者：李聪、苗志、戴吉岩. 原发表于《腐蚀科学与防护技术》，1996，8(3)：242 - 246.

2 结果与讨论

2.1 Zr‑4 合金中第二相粒子观察

样品的晶粒呈等轴状,颗粒状的第二相粒子弥散分布在晶内和晶界上,平均粒径约 0.5 μm,如图 1 所示. 由第二相粒子的选区电子衍射花样(SAD)确定,他们都是 $Zr(Fe, Cr)_2$,属于六方结构的 $MgZn_2$ 型 Laves 相,与文献[7]报道一致.

2.2 氧化膜中的 $Zr(Fe, Cr)_2$ 粒子

残留在氧化膜中的 $Zr(Fe, Cr)_2$ 粒子如图 2 所示,仍然为六方结构,这说明 $Zr(Fe, Cr)_2$ 第二相粒子并未完全氧化掉,显然它的氧化比基体 α‑Zr 慢. 在 TEM 中通过不同倾斜角下 $Zr(Fe,$

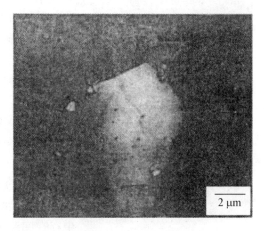

Fig. 1 Secondary phase particles dispersed randomly in Zircaloy‑4

$Cr)_2$ 粒子处的 SAD 和 CDF(中心暗场像)分析,却无法肯定 $Zr(Fe, Cr)_2$ 粒子是否发生了氧化. 为此,在图 2(a)的 R 区域进行了高分辨电镜观察分析,以期在纳米尺度内观察 $Zr(Fe, Cr)_2$ 粒子的周边.

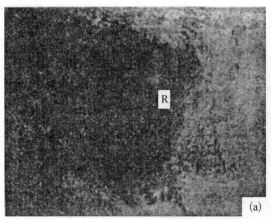
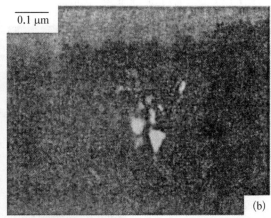

Fig. 2 The $Zr(Fe, Cr)_2$ particle remained in the oxide scale of Zircaloy‑4　(a) Bright field image; (b) Dark field image

图 3 是在图 2(a)的 R 区域,在 $Zr(Fe, Cr)_2$ 粒子的[011]方向得到的高分辨晶格像,合金基体的氧化产物为单斜 ZrO_2,上述两者之间为 $Zr(Fe, Cr)_2$ 的氧化产物.

Pecheur 等用 TEM 分析了 Zr‑4 合金氧化膜中 $Zr(Fe, Cr)_2$ 粒子,发现其氧化产物中有 α‑Fe 和立方 ZrO_2[6]. 用 TEM 和 XRD 分析了 $Fe/Cr(wt\%)=1.7$ 和 4.5 两种 $Zr(Fe, Cr)_2$ 金属间化合物在 500 ℃、700 ℃空气中的氧化产物[8],在氧化初期出现 Zr_6Fe_3O、α‑Fe(Cr)和立方 ZrO_2,最后的稳定氧化产物则是单斜 ZrO_2 和 $(Fe, Cr)_2O_3$. $Zr(Fe, Cr)_2$ 金属间化合物在 500 ℃、10.3 MPa 过热蒸汽的氧化产物与空气中的结果相似,只是 α‑Fe(Cr)氧

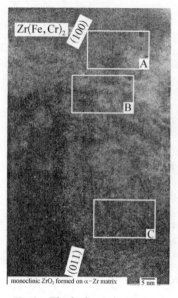

Fig. 3 The high resolution image of area R in the Fig. 2

化后生成(Fe, Cr)$_3$O$_4$, 而不是(Fe, Cr)$_2$O$_3$. 因此, 可以推测Zr-4合金中Zr(Fe, Cr)$_2$第二相粒子的氧化产物应与单一Zr(Fe, Cr)$_2$金属间化合物的氧化结果相似. 图4a是Zr(Fe, Cr)$_2$/氧化物的界面, 对应图3中的框A, 在Zr(Fe, Cr)$_2$晶格中出现了另一种晶格, 两者为共格关系, 图中以P标出. 如以Zr(Fe, Cr)$_2$晶格的(100)晶面的面间距0.434 nm为标准, 计算出这种新的晶面条纹间距为0.215 nm, 它与面心立方结构的Zr$_6$Fe$_3$O的(440)晶面的面间距相吻合. 由于合金中Zr(Fe, Cr)$_2$第二相粒子的Fe/Cr(at%)=2.5[9], 并且Fe、Cr氧化物会形成固溶体, 如(Fe,Cr)$_3$O$_4$和(Fe, Cr)$_2$O$_3$, 所以这种与Zr(Fe, Cr)$_2$共格的晶体应该是面心立方结构的Zr$_6$(Fe, Cr)$_3$O. 图4b对应图3中框B, 条纹间距为0.255 nm, 与立方ZrO$_2$的(200)晶面间距吻合. 图4c对应图3中框C, 其中存在间距为0.203 nm的条纹, 与单质α-Fe(Cr)的(110)晶面的面间距吻合.

Zr$_6$(Fe, Cr)$_3$O出现在Zr(Fe, Cr)$_2$/氧化物界面上, 并与Zr(Fe, Cr)$_2$粒子存在共格关系, 所以, Zr$_6$(Fe, Cr)$_3$O是Zr(Fe, Cr)$_2$氧化时首先形成的物相. 立方ZrO$_2$介于Zr$_6$(Fe, Cr)$_3$O与基体ZrO$_2$之间, 因此, 立方ZrO$_2$是Zr$_6$(Fe, Cr)$_3$O继续氧化的结果. Zr(Fe, Cr)$_2$氧化生成Zr$_6$(Fe, Cr)$_3$O时和Zr$_6$(Fe, Cr)$_3$O氧化为ZrO$_2$时析出的Fe、Cr原子扩散聚集, 就形成α-Fe(Cr).

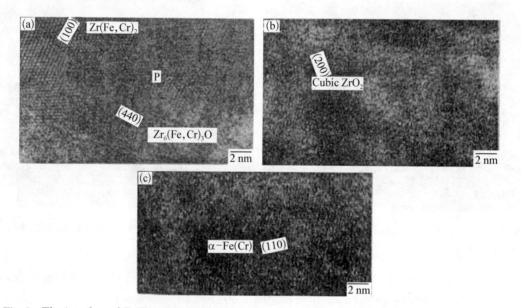

Fig. 4 The interface of Zr(Fe, Cr)$_2$/oxide. corresponding to frame (a) A, (b) B, (c) C in the Fig. 3

以ZrFe$_2$为例, 当它氧化生成立方ZrO$_2$和α-Fe时的P. B比值为1.31, 生成立方ZrO$_2$和Fe$_3$O$_4$时的P. B比值为1.91, 而亚稳的立方ZrO$_2$转变为稳定的单斜ZrO$_2$时体积会膨胀6.7%, 所以嵌在氧化膜中的Zr(Fe, Cr)$_2$粒子在充分氧化后, 会在氧化膜中产生局部的附加应力. 而Evans等指出, 锆合金氧化膜中的应力状态及大小会影响O^{-2}离子空位的扩散而影响氧化膜的生长[10]. 如果说 $Zr(Fe, Cr)_2$ 第二相粒子的大小和分布会影响 $Zr-4$ 合金的耐腐蚀性能[4,5],那么嵌在氧化膜中的 $Zr(Fe, Cr)_2$ 粒子的氧化会在氧化膜中产生的局部附加应力及其分布,甚至使氧化膜局部产生裂纹,这可能会影响 $Zr-4$ 合金耐腐蚀性能.

3 结论

在 400 ℃、10.3 MPa 过热蒸汽中氧化时,$Zr-4$ 合金中的 $Zr(Fe, Cr)_2$ 第二相粒子的氧化比基体 $\alpha-Zr$ 氧化慢,它会耦合到合金氧化膜中. 在这些粒子的表面形成与 $Zr(Fe, Cr)_2$ 存在共格关系的面心立方结构的 $Zr_6(Fe, Cr)_3O$,其外层却为立方 ZrO_2 和 $\alpha-Fe(Cr)$.

参 考 文 献

[1] 周邦新,赵文金,苗志,等. 核科学与工程,1995,**15**.
[2] Bucken C M, Finden P T, Trapp-Pritsching S. ASTM STP, 1989,**1023**: 113.
[3] Isobe T, Matsuo Y. 9th Inter. Symp. on Zirconium in the Nuclear Industry. Kobe, Japan. 1990.
[4] Wadman B, Hans-Olof Andren. J Nucl. Mater. , 1993,**200**: 207.
[5] 李佩志,丁学锋,邱军. 稀有金属材料与工程,1992,**21**(**6**): 51.
[6] Pecheur D, Lefebvre F, Motta A T. J Nucl. Mater. , 1992,**189**: 318.
[7] 赵文金,周邦新. 核动力工程,1991,**14**(**5**): 67.
[8] 周邦新,李聪,黄德诚. 核动力工程,1993,**14**(**2**): 149.
[9] John B. VANDER SANDE, et al. J. Nucl. Mater. , 1974,**52**: 115.
[10] Evans H E, Nortolk D J, Swan T. J. Electrochem. Soc. , 1978,**125**(**7**): 1180.

HREM Observation of Secondary Phase Particles Zr(Ze, Cr)₂ in Oxide Scale of Zircaloy‐4

Abstract: The secondary phase particles $Zr(Fe, Cr)_2$ embaded in the formed oxide scale on the surface of an oxidized Zircaloy‐4 were characterized by means of TEM and HREM. The Zircaloy‐4 has been oxidized in superheated steam vapour at 10.3 MPa at 400 ℃ for 14 days forming an oxide scale of thickness around 1.9 μm. The results showed that on the periphery of the particle $Zr(Fe, Cr)_2$ an oxide with the formula of $Zr_6(Fe, Cr)_3O$ was observed, which showed a coherent relationship with the particle $Zr(Fe, Cr)_2$. Further outward there was a mixture of cubic ZrO_2 and metallic phase $\alpha-Fe(Cr)$, e. g. the mixture laid between the cubic $Zr_6(Fe, Cr)_3O$ and the monolithic oxide ZrO_2, the later originated from the matrix of the Zircaloy‐4. The influence of the secondary phase particles on the oxidation behavior of the alloy is also discussed.

On the Mechanism of Textures Formation in Zircaloy – 4 Plate Rolled at Elevated Temperature in α+β Dual-Phase Region*

Abstract: The textures of Zircaloy – 4 plate rolled at 940 ℃ were investigated by means of texture orientation factor, inverse pole figure and pole figure. The results indicated that different type textures were developed in different layers along the thickness of the specimen. The texture of basal poles mainly oriented in the normal direction (ND) in the surface layer evolved into one of that mainly oriented in the transverse direction (TD) in the central layer. Very strong $(1\bar{2}10)[10\bar{1}0]$ texture was developed in the central layer and f_t of this layer was greater than 0.45. Optical microscopy (OM) and transmission electron microscopy (TEM) revealed the distribution of temperature gradient along the thickness of the specimen during rolling gave rise to the orientation variation of basal poles in different layers. Stress-induced martensitic transformation occurred in the central layer because of the proper high temperature and favourable rolling stress and it brought about very strong $(1\bar{2}10)[10\bar{1}0]$ texture formed as well as f_t increased in this layer.

1 Introduction

The advanced fuel assemblies of pressurized water reactor are consisted of fuel rods (17×17) bundled by spacer grids which are made of Zircaloy – 4 strips and inconel springs. Under neutron irradiation, the stress relaxation of the springs and the growth of the strips along the transverse direction of the grid hole will result in the decrease of the holding force given to the fuel rods, this might bring about fretting corrosion of the fuel rods. However, if the basal pole texture orientation factor f_t of Zircaloy – 4 plate were controlled within the range from 0.4~0.5, the spacer grid made of the strips cut off along the transverse direction of such Zircaloy – 4 plate will shrink, under neutron irradiation, by 0.06%~0.12%[1] along the transverse direction of the grid hole, such amount of shrinkage would compensate for the decrease of the holding force and avoid the problem of fretting corrosion of the fuel rods. Zircaloy – 4 plate with its f_t greater than 0.4 can not be achieved by cold rolling plus α – phase annealing or hot rolling in α – phase region[2-3]. The results obtained by the authors show that the f_t of Zircaloy – 4 plate rolled at the elevated temperature in α+β dualphase region is greater than 0.4. So, further investigation into the formation mechanism of such high f_t texture is necessary for finding out an approach to produce such

---

* In collaboration with Wang Weiguo. Reprinted from Textures of Materials ICOTOM – 11, 1996(2): 639 – 644.

Zircaloy – 4 plate in production scale.

2 Experimental Procedure

The Zircaloy – 4 plate of 8mm thick was chosen as experimental materials. The rolling temperature was 940 ℃. The feeding end of the specimen was chamfered in order to assure the first pass reduction. The specimen undertook four passes of rolling and total reduction of 69%.

The f_t of Zircaloy – 4 plate rolled at 940 ℃ has been measured to be 0. 408[4], but it should be noted that this data is just the mean value along the thickness. Therefore, the texture orientation factors f_n and the corresponding inverse pole figures of the surface layer, T/4 layer (one-fourth of the thickness removed) and T/2 layer or central layer (one-second of the thickness removed) were measured and calculated. In addition, $(10\bar{1}0)$ pole figures of surface layer and central layer were also measured. Horta[5] and Kearns[6] methods were employed to calculate the pole density and the texture orientation factors, respectively.

The variation of microstructure along the thickness of the specimen was examined by optical microscopy and transmission electron microscopy. The crystal orientation in the central layer of the specimen was determined by selected area diffraction (SAD) mode. The specimen for OM observation was etched in the solution HF : HNO_3 : H_2O = 10 : 5 : 6 (vol%). The TEM thin film was prepared by twin-jet electrochemical polishing, and the electrolyte was CH_3COOH : $HClO_4$ = 85 : 15 (vol%).

3 Results and Discussion

The ND inverse pole figures of the surface layer, T/4 layer and central layer are shown in figure 1a, 1b and 1c, respectively. It is evident that different type textures have been developed in different layers along the thickness of the specimen. From surface layer to central layer, f_n is becoming smaller (table 1). Figure 2a and figure 2b are the incomplete $(10\bar{1}0)$ pole figures of the surface layer and central layer, respectively. By summarizing the results given by figure 1a, figure 1c and figure 2a~2b, it is clearly shown that very strong $(1\bar{2}10)[10\bar{1}0]$ texture is produced and [0001] basal poles are mainly oriented in the transverse direction in the central layer, in other words, f_t of the central layer is markedly greater than that of the surface layer. According to the maximum and scattering of pole density in figure 2a and figure 2b, the variation of f_n in table 1 and mean value of f_t in reference[4], it is inferred that f_t of the central layer is sure to be greater than 0. 45.

The microstructure of as-rolled specimen is shown in figure 3, area A, B and C marked in figure 3d are corresponding to figure 3a, 3b and 3c, respectively. It is clear that the morphology of the martensite in the surface layer (area A), T/4 layer (area B) and

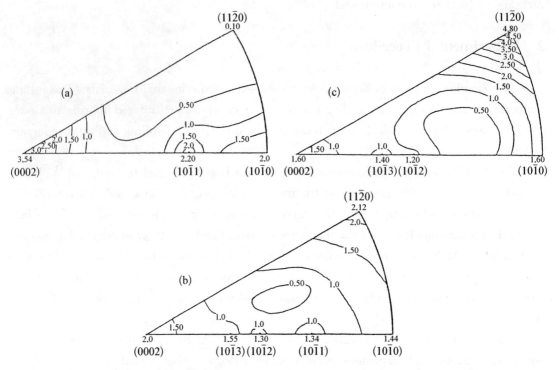

Fig. 1 ND inverse pole figures (a) surface layer (b) T/4 layer (c) central layer

Table 1 f_n variation along the thickness of Zircaloy－4 plate specimen rolled at 940 ℃

layer	surface layer	T/4 layer	central layer
f_n	0. 356	0. 320	0. 297

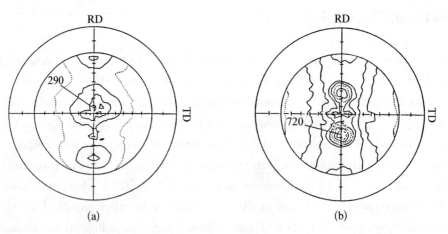

Fig. 2 $(10\bar{1}0)$ pole figures, (a) surface layer, (b) central layer

central layer (area C) are quite different one another. These differences are attributed to the roller-quenching effect because the specimen was directly contacted with the roller of ambient temperature during rolling. Such quenching effect results in the cooling rate of the surface layer faster than that of the T/4 layer and much faster than that of the central layer, this is the reason why very fine, fairly coarse and very coarse needle-like martensite are developed in the three layers, respectively. It is easy to understand that there exist distribution of temperature gradient along the thickness of the specimen during rolling, in other words, the temperature of the surface layer is lower than that of the T/4 layer and much lower than that of the central layer during rolling. The effects of such distribution of temperature gradient on the textures in the three layers are to be discussed in the following paragraphs. The island-like structures are α grains which have not experienced transformation when the specimen being heated up to 940 ℃. Such α grains in the three layers are all elongated in the rolling direction. Oxygen is responsible for stabilizing α phase, this is why island-like α grains occupy more volume fraction near the surface as shown in figure 3a.

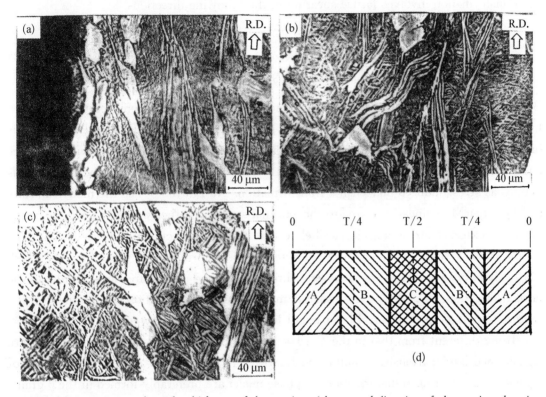

Fig. 3 Microstructures along the thickness of the specimen (the normal direction of observation plane is parallel to TD)

In the surface layer, oxygen stabilize the island-like α grains and the deformation of such grains bring about the development of [0002]//ND texture[4], the formation of other two type textures [10$\bar{1}$0]//ND and [10$\bar{1}$1]//ND might be related to the deformation of needle-like martensite, the same phenomenon has been observed by Moril et al[7] in the texture study of titanium alloy plate. Compared with that in the surface layer, the intensity of [0002]//ND texture in the T/4 layer is obviously reduced owing to the volume fraction decrement of island-like α grains. But in the mean time, because the temperature of T/4 layer is higher than that of the surface layer during rolling, most of the β grains in the T/4 layer are deformed in b. c. c structure and (111)[0$\bar{1}$1] and (100)[011] textures are formed[4], these two type textures are finally transformed into [10$\bar{1}$3]//ND, [10$\bar{1}$2]//ND and $[11\bar{2}0]//$ ND textures(figure 1b) due to the coherent relationship $(110)_\beta//(0002)_\alpha$. Based on the discussion mentioned in the foregoing paragraphs, the intensity of $[10\bar{1}3]//$ ND, $[10\bar{1}2]//$ ND and $[11\bar{2}0]//$ ND textures in the central layer should be greater than that of the T/4 layer because of its higher temperature during rolling, but actually, only the intensity of $[11\bar{2}0]//$ ND texture is increased (see figure 1b and 1c), it is attributed to the stress-induced martensitic transformation which has occurred in the central layer.

The coherent relationship in the martensitic transformation of Zircaloy is

$$(110)_\beta // (0002)_\alpha, \quad \langle 111 \rangle_\beta // \langle 11\bar{2}0 \rangle_\alpha \qquad (1)$$

the transformation involves lattice shearing in the following directions[8]

$$
\begin{aligned}
&[110]_\beta \text{ elongate by } 0.68\% \text{ and become } [0002]_\alpha \\
&[\bar{1}10]_\beta \text{ elongate by } 9.48\% \text{ and become } [01\bar{1}0]_\alpha \\
&[001]_\beta \text{ contract by } 10.53\% \text{ and become } [\bar{2}110]_\alpha
\end{aligned}
\qquad (2)
$$

Being characterized by lattice shearing, such martensitic transformation is certainly affected by external stress. Patel and Cohen[9] have pointed out that, even if the temperature is higher than the martensitic transformation points M_s, martensitic nucleation will take place and the nuclei will grow up when the external stress is in favour of lattice shearing, this is defined as stress-induced martensitic transformation. Xu Zhuyao[10] has thermodynamically clarified that M_s is linearly related to the external stress, in other words, M_s will be raised up if the external stress axis is parallel to the shearing direction, and vice versa. The rolling stress is highly beneficial to the martensitic transformation of the β grains of which [110] directions parallel to the transverse direction TD and [001] directions parallel to the normal direction ND. So, stress-induced martensitic transformation accounting for the texture formation in the central layer might be interpreted as following.

Being different from that in the T/4 layer, most of the β grains in the central layer are transformed into martensite simultaneously with the deformation owing to the effect of rolling stress. During transformation α - phase nuclei are preferably formed in the β grains of which [110] directions are parallel to TD and [001] directions are parallel to ND, this is because the deformation achieved by rolling stress is in accordance with the lattice shearing. These nuclei grow up in [110] direction in which the minimum of lattice mismatch between matrix (β phase) and new phase (martensite) is acquired. The growing of early formed martensite consume or activate the adjacent β grains to breed new martensite nuclei which grow up through the consistent shearing in TD. The internal cause that bring about the consistent shearing is each β grain has 12 identical [110] directions and one or several of them must orient within the 45° cone of which the height line is parallel to TD. Of course, such stress-induced martensitic transformation is sensitive to temperature. If temperature is too low, the β grains have transformed into martensite before being deformed; If temperature is too high, the β grains will be deformed in b. c. c structure.

As discussed above, two phenomena should be observed if stress-induced martensitic transformation has actually occurred in the central layer. Phenomenon one is the consistent shearing in TD which involves the formation of a lot of needle-like martensite with their major axis parallel to TD; Phenomenon two is the major axis of such martensite are the basal poles of the h. c. p structure. Phenomenon one is observed in figure 4, as a results of consistent shearing, a lot of needle-like martensite with their major axis parallel to TD among several adjacent β grains are

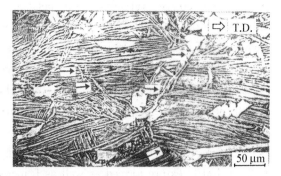

Fig. 4 Microstructure of the central layer (the normal direction of observation plane is parallel to RD)

clearly revealed (the arrows in figure 4 point to the boundaries of β grains at 940 ℃), this phenomenon can be observed in any view in the central layer. Phenomenon two is also observed in figure 5. The needle-like martensite with their major axis parallel to TD examined by TEM are shown in figure 5a (electron beam parallel to RD) and figure 5c (electron beam parallel to TD), their selected area diffraction (SAD) patterns are shown in figure 5b and figure 5d, respectively. The major axis of the martensite are proved, clearly by the SAD patterns, to be the basal poles of the h. c. p structure. Combining phenomenon one and phenomenon two mentioned above, it is reasonable that stress-

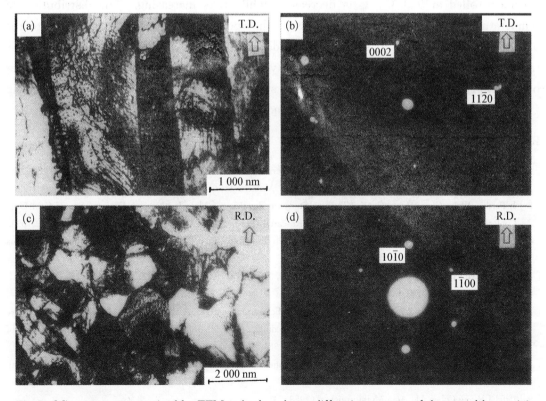

Fig. 5 Microstructure examined by TEM and selected area diffraction patterns of the central layer, (a) and (b) electron beam parallel to RD; (c) and (d) electron beam parallel to TD

induced martensitic transformation has occurred in the central layer of Zircaloy – 4 plate rolled at 940 ℃. Such kind of stress-induced martensitic transformation results in the formation of $(1\bar{2}10)[10\bar{1}0]$ texture in the central layer. When the specimen is reheated up to β phase region, $(1\bar{2}10)[10\bar{1}0]$ is transformed into $(001)[110]$ one due to the coherent relationship between α and β phase. $(001)[110]$ texture is the ideal orientation favourable for the stressinduced martensitic transformation in the next pass rolling. Although it might be disturbed in some what when the specimen is reheated up or cooled down, $(001)[110]$ texture is becoming stronger and stronger with the rolling pass increased, and finally results in the strong $(1\bar{2}10)[10\bar{1}0]$ texture formed as well as f_t increased in the central layer. Additionally, some of the β grains in the central layer are deformed in b. c. c structure, and fairly weak $[10\bar{1}3]//ND$ and $[10\bar{1}2]//ND$ textures are developed. The reason why there have no strong $(1\bar{2}10)[10\bar{1}0]$ texture formed in the T/4 layer might be the cooling effect of the surface layer and it results in the formation, around the β grains, of fairly hard needle-like α grains (martensite) before the specimen being deformed, such α grains impede the β grains to shear consistently in TD and make the stress-induced martensitic transformation to be impossible.

4   Conclusions

From the surface layer to central layer along the thickness of Zircaloy – 4 plate specimen rolled at 940 ℃, f_n is decreasing while f_t is increasing. The distribution of temperature gradient along the thickness of the specimen during rolling give rise to the orientation variation of basal poles in different layers. Stress-induced martensitic transformation has occurred in the central layer because of the combined effects of proper high temperature and favourale rolling stress, and it brings about very strong $(1\bar{2}10)[10\bar{1}0]$ texture formed as well as f_t increased in this layer.

References

[1] Wang Weiguo, Zhou Bangxin. Nuclear Power Engineering (in Chinese), 15(1994)158.

[2] Ballinger R G, Lucas G E and Pelloux R M. J. Nucl. Mater. , 126(1984)53.

[3] Ii Peizhi, Wang Guangsheng. in the Texture Study on Zircaloy – 4 Plate for Nuclear Fuel-rod Spacer Grid Use, Conference Paper Collection of Nuclear Material Research (in Chinese), Atomic Energy Press of China (1989) p99.

[4] Wang Weiguo. A Study and Control of Textures in Zircaloy Plate. master thesis. Nuclear Power Institute of China (1994) p25.

[5] Horta R M S B, Robert W T and Wilson D V. Trans. Met. Soc. AIME. 245(1969)2525.

[6] Kearns J J. WAPD – TM – 472,1965.

[7] Moril K, Mecking H and Lutjering G. Texture and Microstructure of Ti – 6Al – 4V Alloys After High Temperature Rolling. in the Strength of Metals and Alloys. Proceedings of the 7th International Conference on the Strength of Metals and Alloys. Montreal, Canada, 12 – 16 Aug. 1985. Pergaman Press (1986) p251.

[8] Zayimovsky A C. Zircaloy for Nuclear Power Use (Chinese translation from Russian) Atomic Energy Press of China, 1988, p15.

[9] Patel J R and Cohen M. Acta Metallurgica, 1(1953)531.

[10] Xu Zhuyao. Martensitic Transformation and Martensite (in Chinese). Science Press of China, 1980, p315.

轧制温度对 Zr-4 合金板织构的影响[*]

摘　要：用反极图和织构取向因子等方法研究了经 $300\sim980$ ℃轧制 75% 的 Zr-4 合金板的织构. 实验结果表明：在 α 相温区内轧制，Zr-4 合金板中形成了 $[0002]$ 基极主要取向轧面法向的织构，f_n、f_t 和 f_l 几乎不随轧制温度的变化而改变，$f_n : f_t : f_l \approx 7:2:1$；在 $\alpha+\beta$ 双相温区内，随着轧制温度的升高，Zr-4 板中逐渐形成了基极主要取向横向的织构，f_n 显著减小，f_t 和 f_l 明显增大. 经 940 ℃轧制后，$f_n : f_t : f_l \approx 3:4:3$，$f_t > 0.4$；经 β 相温区内 980 ℃轧制后，$f_n : f_t : f_l \approx 3:3.6:3.4$，三个方向的织构取向因子趋于均等.

1　前言

锆晶胞在受到中子辐照时，会发生沿 c 轴缩短、沿 a 轴伸长的现象. 因此，具有织构的锆材，经中子辐照后会产生辐照生长的各向异性. 用 Zr-4 条带作压水堆燃料组件的定位格架时，希望带长方向的织构取向因子 f 在 $0.4\sim0.5$ 的范围内[1, 2]，这种条带经辐照后会略微收缩，可补偿定位格架对燃料棒夹持力的松弛. 但是，通常冷轧退火或 α 相温区热轧的 Zr-4 板，沿轧向（l）或横向（t）的 f_l 或 f_t 均小于 0.33[3, 4]. 因此需要寻找一种能使锆板的 f_l 或 f_t 达到 $0.4\sim0.5$ 的轧制工艺. 在此首先需要研究的问题是轧制温度对织构的影响.

2　实验方法

2.1　轧制实验

选用国产 8 mm 厚的 Zr-4 合金板为实验材料，其原始织构为 $f_n = 0.69$，$f_t = 0.26$，$f_l = 0.06$. 轧制温度选为 300 ℃、600 ℃、840 ℃、880 ℃、920 ℃、940 ℃和 980 ℃，轧制方向为原板材的横向. 为增加首道轧制时的压下量，试样咬入端倒角 $30°$；为保证板织构的均匀性，每道次轧制后，试样重新加热 15 分钟，并将试样掉头翻面再轧制. 全部试样的总形变量均为 75%.

2.2　反极图和织构取向因子的测算

反极图和织构取向因子分别是对材料织构状况的定性和定量描述，后者已与辐照生长之间建立了定量的关系[5]，它们的绘制和计算采用同一个试样的同一套测试数据. 每一个试样均需分别测定轧面（ND）、垂直横向切面（TD）及垂直轧向切面（RD）的反极图并计算织构

* 本文合作者：王卫国. 原发表于《核动力工程》，1996，17(3)：255-261.

取向因子 f_n、f_t 和 f_l. 由于 TD 及 RD 切样面积太小,还应采用组合样品[6]. 测试在 D/max-1400 全自动 X 射线衍射仪上进行,采用旋转样品台作常规 $\theta/2\theta$ 阶梯扫描. 选用粒度为 $20\sim40\ \mu m$ 的 Zr-4 粉作为无织构的标样.

反极图的极密度选用 Horta 等人[7]的算法,通过距离加权的最小二乘法在 $30°$ 扇形域内实现极密度的网格化,并用线性插值法完成等值线的追踪. 织构取向因子的计算沿用 Kearns[8]公式.

3 实验结果

图 1、图 2 和图 3 分别为 α、α+β 及 β 相各温区轧制后的 ND 和 TD 反极图. 从图中可以看出,轧制温度由 300 ℃提高到 600 ℃后,织构基本不变,只是经 600 ℃轧制后在 TD 反极图中[10$\bar{1}$1]极密度稍大. 这说明在 α 相温区内改变轧制温度对织构并无明显影响.

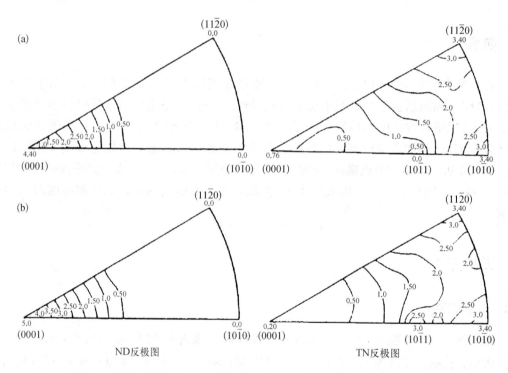

图 1 α 相温区轧制 Zr-4 板的织构 (a)—300 ℃轧制;(b)—600 ℃轧制

在 α+β 双相温区内随着轧制温度的升高,织构发生了明显变化(图 2). 轧制温度为 840 ℃时,ND 反极图中只存在单一集中的[0002]基极取向;轧制温度升高,反极图形状发生了变化,[0002]取向逐渐减弱,新的取向逐渐增强;当轧制温度升高到 940 ℃时,形成了强度大致均等的[0002]、[10$\bar{1}$0]和[11$\bar{2}$0]三种取向. 在 TD 反极图中,840 ℃轧制时存在很强的[10$\bar{1}$0]和[11$\bar{2}$0]及较强的[10$\bar{1}$1]三种取向;随着轧制温度的升高,[10$\bar{1}$1]、[10$\bar{1}$0]和[11$\bar{2}$0]这三种取向不断减弱,而[0002]取向的强度不断增高.

当轧制温度提高到 980 ℃进入 β 相温区后,织构取向又发生了很大变化(图 3). 在 ND 反极图中存在很强的[11$\bar{2}$0]和较强的[10$\bar{1}$0]、[10$\bar{1}$3]及[10$\bar{1}$2]取向. 在 TD 反极图中出现强度大致相等的[0002]、[10$\bar{1}$1]、[11$\bar{2}$0]和[10$\bar{1}$0]取向.

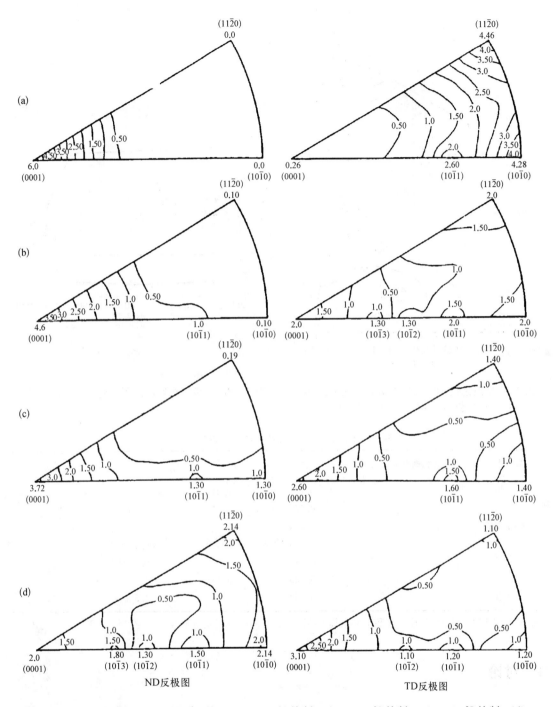

ND反极图　　　　　　　　　　　　　TD反极图

图 2 α＋β 双相温区轧 Zr-4 板的织构　(a)—840 ℃轧制；(b)—880 ℃轧制；(c)—920 ℃轧制；(d)—940 ℃轧制

　　定量计算织构取向因子的结果(表 1 和图 4)表明：α 相温区轧制的 Zr-4 合金板的 f_n、f_t 和 f_1 几乎不随轧制温度的变化而改变，f_n : f_t : $f_1 \approx 7 : 2 : 1$；α＋β 双相温区内轧制时，随着轧制温度的升高，f_n 显著减小，f_t 和 f_1 则明显增大，在 940 ℃轧制后，f_n : f_t : $f_1 \approx 3 : 4 : 3$，此时 f_t 已超过 0.40；980 ℃ β 相轧制后，f_n、f_t 和 f_1 三者趋于均等，f_n : f_t : $f_1 \approx 3 : 3.6 : 3.4$.

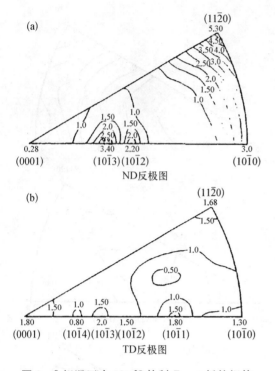

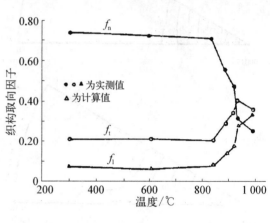

图3 β相温区内980℃轧制Zr-4板的织构　　**图4** Zr-4板织构取向因子与轧制温度的关系
（a）—ND反极图；（b）—TD反极图

表1 热轧Zr-4板织构取向因子的测定结果

轧制温区	轧制温度/℃	f_n	f_t	f_l	偏差/%
α相	300	0.741	0.213	0.071	+2.5
	600	0.728	0.212	0.060[①]	
α+β双相	840	0.715	0.208	0.077[①]	
	880	0.563	0.300	0.137[①]	
	920	0.483	0.345	0.172[①]	
	940	0.320	0.408	0.272[①]	
β相	980	0.302	0.358	0.336	−0.3

注：① 该织构取向因子是在测定f_n和f_t的前提下，通过$f_n+f_t+f_l=1$计算所得.

4　讨论

颜鸣皋[9]曾经提出：金属在加工时所形成的织构可看作是晶体取向向"最后稳定位置"转动的结果. 在最后稳定位置时，发生作用的形变系必须是有利于金属的继续流动. 在轧制过程中，试样受到沿轧向的拉伸变形和沿轧面法向的压缩变形的共同作用，所以晶体的最后稳定位置应位于有利于这两种变形同时进行处. 大量的研究结果表明：锆合金在300℃以上α相温区内轧制时，作用的形变系是[10$\bar{1}$0][1$\bar{2}$10]滑移；其次是{10$\bar{1}$1}[1$\bar{2}$10]滑移. 这两类滑移可分别提供二个和四个独立的形变系，能满足多晶体体连续协调形变的要求[10]. 另据Tenckhoff[11]和Cheadle[12]等人的研究，上述两类滑移所确定的300℃以上α相温区轧制 Zr‑4 合金板的[0002]基极取向的稳定位置位于轧面法向往横向偏离 0°～30°处,本文实验结果与此符合得很好.

锆合金在 β 相温区内轧制,应遵循 b.c.c.结构的形变机理.b.c.c.金属的形变织构主要是(100)[011]、(113)[1$\bar{1}$0]、(111)[0$\bar{1}$1]、(112)[1$\bar{1}$0]和(111)[11$\bar{2}$][9].由于锆合金的 β→α 相变遵循(110)$_\beta$∥(0002).关系[13],b.c.c.结构又有六个等同的(110)面,所以分析冷却后锆合金板的[0002]基极取向情况,便可以确定该试样在 β 相温区轧制时所形成的织构类型.图 5a、5b 分别为经 980 ℃轧制后 Zr‑4 板的(0002)不全极图和 RD 反极图,经分析后可以确定该试样在 980 ℃轧制时形成了集中的(111)[0$\bar{1}$1]织构.该试样 ND 反极图(图 3)中出现的[10$\bar{1}$3]和[11$\bar{2}$0]、TD 反极图(图 3)中出现的(10$\bar{1}$1)及 RD 反极图(图 5)中出现的[0002]和[10$\bar{1}$1]等取向强点便是(111)[0$\bar{1}$1]织构经(110)$_\beta$∥(0002).相变转化而来的.

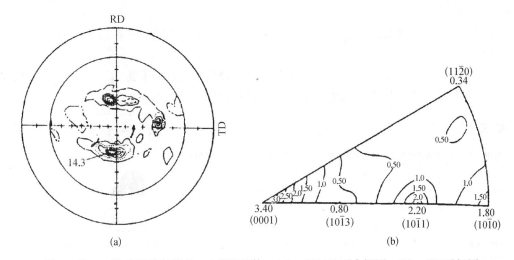

图 5 经 980 ℃ β 相轧制后 Zr‑4 板的织构 (a)—(0002)不全极图;(b)—RD 反极图

锆合金在双相温区的形变过程是十分复杂的.一方面,等轴状的 α 相晶粒可能仍遵循 h.c.p.结构的形变机理发生变形,也可能因为 β 相的出现而改变了形变机理;另一方面,β 相可能按照 b.c.c.结构的形变机理发生变形,也可能在轧制同时先发生相变,形成板条状 α 相组织再发生变形.还有一个更为复杂的情形是板条状和等轴状的 α 相晶粒以及 β 相晶粒形变时的相互影响.

如果认为双相温区轧制后的织构是 α 相晶粒的形变织构($f_n : f_t : f_1 \approx 7:2:1$)和 β 相晶粒的形变织构($f_n : f_t : f_1 \approx 3:3.6:3.4$)的迭加,那么只要知道 β 相在不同温度时的体积含量就可以估算出双相区轧制后的织构取向因子.按照这种假设估算,经 840 ℃、880 ℃、920 ℃和 940 ℃(在这几个温度下 β 相含量分别为 10%、40%、60%、85%[6])轧制后试样的 f_t 值分别为 0.22、0.26、0.29 和 0.32.除了经 840 ℃轧制的试样的估算值与实测值(表 1)符合较好外,其他各试样的均存在较大偏差,可见,双相温区轧制后锆合金板的织构并非 α 相和 β 相形变织构的简单迭加.

仔细比较经 840～940 ℃轧制后 ND 反极图(图 2)的变化,可以发现经 840 ℃轧制后的织构取向同 α 相温区轧制后的基本一样.这说明 α 相晶粒仍然按照 h.c.p.结构的形变机理发生变形,少量 β 相晶粒并未对形变织构产生影响.但是随着轧制温度升高和 β 相体积含量的增加,ND 反极图中出现了[10$\bar{1}$1]和[10$\bar{1}$0]取向.参考 Moril[14]等人对板条状 α‑Ti 合金板的高温轧制织构的研究结果,我们认为这两种取向是由板条状的 α 相晶粒经高温形变后形成的,而板条状 α 相晶粒是由于轧制时首先发生 β 相相变形成的. 经 940 ℃ 轧制后,试样的 ND 反极图中除了 $[10\bar{1}1]$ 和 $[10\bar{1}0]$ 取向外,还出现了较强的 $[10\bar{1}3]$、$[10\bar{1}2]$ 和 $[11\bar{2}0]$ 取向. 与 980 ℃ β 相轧制后的 ND 反极图比较可知,$[10\bar{1}3]$ 和 $[11\bar{2}0]$ 取向是由 β 相的形变织构 $(111)[0\bar{1}1]$ 经 $(110)_\beta \parallel (0002)_\alpha$ 相变而来;而 $[10\bar{1}2]$ 和 $[11\bar{2}0]$ 取向是由 β 相的另一种形变织构 $(100)[011]$ 经相变而来.

5 结论

(1) 在 α 相温区内轧制,Zr-4 合金板的织构基本上不随轧制温度的变化而改变,f_n：f_t：$f_l \approx 7：2：1$.

(2) 在 980 ℃ β 相温区内轧制,Zr-4 合金板的 f_n、f_t 和 f_l 三者趋于均等,f_n：f_t：$f_l \approx 3：3.6：3.4$.

(3) 在 $\alpha+\beta$ 双相温区内轧制,随着轧制温度升高(由 840 ℃ 升至 940 ℃),f_n 显著减小,f_t 和 f_l 明显增大,在 940 ℃ 轧制后,Zr-4 合金板的 f_t 可超过 0.40.

参 考 文 献

[1] 哈里. 马克斯. 弗拉里. 燃料组件支承格架,发明专利,CN86-01-07 200A.

[2] 王卫国,周邦新. 锆合金板织构的控制. 核动力工程,1994,15(2)：158.

[3] Knorr D B, Pelloux R M. Effect of Texture and Microstructure on the Propagation of Ioding Stress Corrosion Cracks in Zircaloy. Met Trans, 1982,13A：73.

[4] 李佩志,王光盛. 燃料元件格架用 Zr-4 合金板材研究. 核材料论文集. 北京,原子能出版社,1989,99.

[5] Daniel R C. In-pile Dimentional Changes of Zircaloy-4 Tubing Having Low Hoop stresses. Nuclear Technology, 1972,14：171.

[6] 王卫国. 锆合金板织构的研究及其控制. 中国核动力研究设计院硕士论文,1994.

[7] Horta R M S B, Robert W T, Wilson D V. Texture Representation by Inverse Pole Figures. Trans Met Soc AIME, 1969,245：2525.

[8] Kearns J J. Thermal Expansion and Preferred Orientation in Zircaloy. WAPD-TM-472,1965.

[9] 颜鸣皋. 金属加工织构的研究. 北京工业学院学报,1956,创刊号：8.

[10] W A 白柯芬(美国). 金属压力加工学(孙梁等译). 北京,冶金工业出版社,1988,74.

[11] Tenckhoff E. The Development of the Deformation Texture in Zircouium During Rolling in Sequential Passes, Met Trans, 1978,9A：1401.

[12] Cheadle B A. The Development of Texture in Zirconium Alloy Tubes and Its Effect on Mechanical properties. AECL-2698,1967.

[13] A C 扎依莫夫斯基等(前苏联). 核动力用锆合金(姚敏智译). 北京,原子能出版社,1988,15.

[14] Moril K, Mecking H, Lütjering G. Texture and Microstructure of Ti-6Al-4V Alloys after High Temperature Rolling, in Strength of Metals and Alloys. Proceeding of the 7th International Conference on the Strength of Metals and Alloys. Montreal, Canada, 12-16 Aug. 1985. Pergaman Press, 1986,p251.

Effect of Rolling Temperature on the Textures of Zircaloy-4 Plate

Abstract：The textures of Zircaloy-4 plates rolled at temperatures from 300 ℃ to 980 ℃ were studied by employing the techniques of inverse pole figure and texture orientation factor. The results indicated that, in different phase ranges, the rolling temperature had different effect on the final textures. In α phase range, very strong [0002]//ND texture were developed, the texture orientation factors f_n, f_t and f_l were nearly invarible with the rolling temperature and the ratios of f_n : f_t : f_l were about 7 : 2 : 1. In α+β dual phase range, the [0002]//ND texture was evolving into [0002]//TD one with the rolling temperature increasing, and in the mean time, f_n was becoming smaller while f_t becoming greater. Moreover, the ratios of f_n : f_t : f_l reached 3 : 4 : 3 and the f_t was greater than 0.40 when the specimen had been rolled at 940 ℃. In β phase range, f_n, f_t and f_l tended to be equal each other and f_n : f_t : f_l were 3 : 3.6 : 3.4 when the specimen had been rolled at 980 ℃.

Corrosion Behavior of $Zr(Fe, Cr)_2$ Metallic Compounds in Superheated Steam [*]

Abstract: $Zr(Fe, Cr)_2$ metallic compounds with different Fe/Cr ratio of 1.75 and 4.50 were prepared by non-consumable arc melting. X-ray diffraction, electron microprobe and transmission electron microscopy (TEM) were employed for analyzing the structure, morphology and redistribution of composition after the autoclave test of $Zr(Fe, Cr)_2$ powder at 500 ℃ superheated steam with different exposure time. The corrosion products are the same for $Zr(Fe, Cr)_2$ with different Fe/Cr ratio, but $Zr(Fe, Cr)_2$ with Fe/Cr ratio of 1.75 is more resistance to corrosion than that with Fe/Cr ratio of 4.50. Cubic ZrO_2 and alpha Fe-Cr are formed at the beginning of $Zr(Fe, Cr)_2$ oxidation, then monoclinic ZrO_2 transformed from cubic ZrO_2 and $(Fe, Cr)_3O_4$ are observed later. When the segregation of iron and chromium atoms occurs during the oxidation of $Zr(Fe, Cr)_2$ metallic compound, the diffusion rate of iron atoms is faster than that of chromium atoms. Cubic $Zr_6(Fe, Cr)_3O$ phase which is coherent with the lattice of $Zr(Fe, Cr)_2$ on the relationship of $(1\bar{2}2)_{Zr(Fe, Cr)_2} // (110)_{Zr_6(Fe, Cr)_3O}$ is observed on the edge of $Zr(Fe, Cr)_2$ particles which have been embedded in oxide film formed on Zircaloy-4 specimens after the autoclave test in superheated steam.

1   Introduction

Though the content of iron and chromium alloying elements in Zircaloy-4 is small, but the solid solution of these elements in alpha zirconium in equilibrium is only less than one tenth of their content, so most of them will form $Zr(Fe, Cr)_2$ second phase particles precipitated in alpha zirconium matrix. The size and distribution of the second phase particles which are considered as the main factors to affect the corrosion behavior[1], are responded with heat treatment, on the other hand, the precipitation of second phase particles will cause the change of the solid solution content of iron and chromium in alpha zirconium matrix, however, this factor may be also an important reason for explaining the effect of heat treatment on the corrosion behavior[2]. When Zircaloy is corroded, the oxidation of second phase particles is more sluggish than the oxidation of matrix, so these particles will embed in the oxide film first and oxidize late[3]. It is not clarified so far that what is the oxidation products of second phase particles and what is the effect on the corrosion behavior of Zircaloy-4 during the oxidation of second phase particles which have

---

[*] In collaboration with Li Cong, Miao Zhi, Dai Jiyan. Reprinted from China Nuclear Science and Technology Report, 1996.

been embedded in the oxide film. The results obtained from the investigation of the oxidation of $Zr(Fe, Cr)_2$ metallic compounds are the basic data for understanding these problems mentioned above.

2   Experimental Methods

$Zr(Fe, Cr)_2$ metallic compounds with different Fe/Cr ratio of 1.75 (specimen A) and 4.50 (specimen B) were prepared by non-consumable arc melting with nuclear grade sponge zirconium, pure iron and pure chromium. The process for preparing metallic compounds was described previously[4]. The powder of $Zr(Fe, Cr)_2$ metallic compound smashed is about $10 \sim 150$ μm. The corrosion tests were conducted in the autoclave at 500 ℃, 10.3 MPa superheated steam for different exposure time after putting the powder in stainless steel boat hung in the autoclave. The corrosion products were analyzed with X-ray diffraction to determine the phase structure. In order to investigate the morphology of the corrosion products and the composition distribution after corrosion test, the powder specimens after the autoclave test were mixed with tin powder then pressed and sintered. Since the sinter temperature is much lower (220 ℃, 2 h) than the temperature of the autoclave test, so the microstructure of $Zr(Fe, Cr)_2$ powder after the autoclave test will not be affected during sintering. Specimens in which the $Zr(Fe, Cr)_2$ powder is dispersed with tin matrix was sliced and TEM thin specimens were prepared with ion sputtering thinning method.

Zircaloy–4 specimens were tested in the autoclave in 10.3 MPa superheated steam at 400 ℃ for 72 h. The oxide film was investigated with high resolution transmission electron microscopy (HRTEM).

3   Results and Discussion

3.1   The analysis of corrosion products with X-ray diffraction

The crystal interplanar d spacings for specimens A and B before or after the autoclave test are listed in Table 1, some d spacings of several standard substances are also listed in order to compare with the measurement results. Specimens A and B are $MgZn_2$ type Laves phase with hexagonal structure before the autoclave test. Their lattice parameter a and c decrease with the increase of Fe/Cr ratio, but c/a ratio keeps a constant[4]. A group of broadening diffraction peaks which are coincident with cubic ZrO_2 diffraction lines can be observed for both specimens A and B after the autoclave test 6 h. The broadening of diffraction lines may be due to the imperfect of the cubic ZrO_2 crystals. Monoclinic ZrO_2 diffraction lines appear early in specimen B than that in specimen A. If the strongest diffraction lines of cubic and monoclinic ZrO_2 (0.293 nm and 0.316 3 nm) are taken to compare with each other for specimens after the autoclave tests in different exposure time,

Table 1 The measuring values of interplanar spacings (d) for specimen A and B after oxidation in superheated steam at 500℃ 10. 3 MPa

A 0h	A 8h	A 96h	A 250h	B 0h	B 8h	B 96h	B 250h	hex ZrCr₂ (6—0613) d/nm	Int	hkl	mono ZrO₂ (36—420) d/nm	Int	hkl	cubic ZrO₂ (26—997) d/nm	Int	hkl	(Fe,Cr)₃O₄ (34—140) d/nm	Int	hkl	α–Fe (6—0696) d/nm	Int	hkl
			0.360 vw				0.359 vw				0.363 6	12	110									
			0.316 w		0.316 vw	0.316 vw	0.316 vw				0.316 3	100	111									
								0.301 4		102												
0.295 9 vw				0.295 7 vw													0.296 2	33	220			
	0.293 s, b	0.293 s, b	0.293 s, b		0.293 s, b	0.293 s, b	0.293 s, b							0.293	100	111						
			0.282 vw				0.280 vw				0.283 9	64	111									
			0.260 vw								0.262 0	22	002									
0.249 6 m	0.251 w	0.251 w	0.251 w		0.250 m	0.251 s	0.251 s	0.254 3	80	110	0.254 0	14	200	0.255	25	200	0.252 6	100	311			
				0.240 0 m																		
0.230 5 s	0.230 w	0.230 w	0.230 w	0.229 9 s	0.230 m	0.230 vw		0.233 0	80	103												
								0.220 1	20	200												
0.216 0 vw				0.215 8 vw				0.216 6	100	112												
0.213 1 s	0.213 w	0.213 w	0.213 w	0.212 6 s	0.213 w	0.213 w		0.212 9	80	201												
0.209 1 s	0.209 w	0.209 w	0.209 vw	0.208 7 s	0.209 w	0.209 w	0.209 vw										0.209 4	22	400			
0.204 6 w				0.203 6 w				0.206 6	60	004												
	0.202 m	0.202 m	0.202 s		0.202 s	0.202 s	0.202 w													0.202 7	100	110
0.191 3 vw				0.191 0 vw				0.193 7	20	202												
0.185 0 w				0.184 7 w				0.186 7	40	104	0.184 8	16	022									
											0.181 9	18	220									
0.180 m, b	0.180 m, b	0.180 s, b	0.180 s, b		0.180 m, b		0.180 s, b				0.180 3	12	122	0.180 1	50	220						
			0.170 vw			0.171 w	0.171 w										0.171 1	11	422			
		0.168 vw	0.168 w								0.169 3	11	202 / 300									
		0.162 vw	0.162 w		0.162 w	0.162 w	0.162 m										0.161 3	39	511			
0.153 2 m, b	0.154 m, b	0.154 m, b	0.154 m, b	0.152 7 w	0.154 w, b	0.154 m, b	0.154 wb	0.154 5	50	212				0.153 4	20	311						
0.152 1 vw				0.151 8 vw				0.151 3	10	204												
	0.148 vw	0.148 vw	0.148 w		0.148 m	0.148 m	0.148 m	0.146 9	60	300				0.147 1	5	222	0.148 1	48	400			
0.144 2 m	0.144 vw	0.144 vw	0.144 w	0.144 2 w	0.144 w	0.144 w		0.142 7	80	213										0.143 3	19	200
0.140 4 s	0.140 w	0.140 vw	0.140 w	0.140 1 s	0.140 w	0.140 w		0.138 6	80	302												
0.136 2 s	0.135 w	0.136 vw	0.137 vw	0.136 0 s	0.136 w																	
								0.132 3	80	205												
0.130 7 s	0.131 w	0.131 vw	0.131 vw	0.130 3 s	0.130 w	0.131 vw																
								0.129 9	20	214												
0.128 4 w				0.127 7 w				0.127 4	80	220				0.127 0	5	400	0.127 8	10	533			
0.125 4 s	0.125 w	0.125 vw	0.125 vw	0.125 0 s	0.125 w	0.125 vw																
0.120 0 m				0.119 7 w				0.121 4	20	116												
0.117 w	0.117 w	0.117 m	0.117 m		0.117 w	0.117 w	0.117 w							0.116 7	5	331				0.117 0	30	211

● ▲ ■ ✕

● vw — very weak, w — weak, m — medium, s — strong and b — diffused diffraction.

▲ — only the spacings (d) over 11% in intensity are listed.

■ — only the spacings (d) over 10% in intensity are listed.

✕ — number in Powder Diffraction Files.

the conclusion that the monoclinic ZrO_2 is transformed from cubic ZrO_2 may be suggested. Another group of diffraction lines which are coincident with cubic $(Fe, Cr)_3O_4$ is observed in both specimens A and B after the autoclave test, and the intensity of this group of diffraction lines increases with the increase of the exposure time. Two stronger diffraction lines, 0. 202 nm and 0. 117 nm, which can not be covered by the diffraction lines of ZrO_2 or $(Fe, Cr)_3O_4$ are due to the precipitation of b. c. c. alpha Fe - Cr. There is also a description of iron precipitated in $Zr(Fe, Cr)_2$ second phase particles which are embedded in oxide film formed on Zircaloy - 4 specimen[3]. The free energy (ΔG°) for formation of Fe_3O_4, Cr_2O_3 or ZrO_2 is -439.8, -710.1 and $-1\,014.4$ kJmol O_2^{-1} respectively[5]. When the reaction between $Zr(Fe, Cr)_2$ and O_2 occurs, ZrO_2 will form first and metallic Fe - Cr precipitates at the same time. When the exposure time extends during the autoclave test, the intensity of metallic Fe - Cr diffraction lines will change from weak to strong then back to weak because of the oxidation of metallic Fe - Cr. This is particularly true for specimen B because of the low content of chromium. The content of chromium in specimen A is higher than that in specimen B, so the metallic Fe - Cr in specimen A is more resistance to corrosion than that in specimen B. Metallic Fe - Cr may also play a role to protect $Zr(Fe, Cr)_2$ against oxidation, so the diffraction lines of $Zr(Fe, Cr)_2$ for specimen B disappear after the autoclave test 250 h, but that for specimen A can still be observed. Specimen A is more resistance to corrosion than specimen B.

During the oxidation of $Zr(Fe, Cr)_2$ at 500 ℃ in air, $(Fe, Cr)_2O_3$ will form instead of $(Fe, Cr)_3O_4$[4]. This is the main different point between the oxidation of $Zr(Fe, Cr)_2$ taking place in air or in superheated steam because of the difference of partial pressure of oxygen.

3. 2　The morphology and composition of the oxide layer

Figs. 1 and 2 are the morphology of a section of $Zr(Fe, Cr)_2$ particles and the composition distribution of Zr, Fe and Cr for specimen A after the autoclave test 40 h. The oxide layer can be seen around the $Zr(Fe, Cr)_2$ particles, in some cases, due to the section is only taken at the surface of a particle, it seems that the particle has been oxidized completely (Fig. 2). Some phase with different contract in dot-or needle-like can be seen in oxide layer. Compared with the distribution of Zr, Fe and Cr composition and the results obtained by X-ray diffraction, the conclusion that this phase is metallic Fe - Cr can be drawn. There is also a rich Fe - Cr layer on the surface of $Zr(Fe, Cr)_2$ particles, and its contract is the same as the oxide layer, so it could be $(Fe, Cr)_3O_4$. The composition analyzed with EDAX in different region within the particles is listed in Table 2. Due to the diffusion and penetration of electron beam and the small volume of rich Fe - Cr region, the content of Zr in rich Fe - Cr region may be caused by the surrounding matrix. If the change of Fe/Cr ratio in different region analyzed is examined, it can be known that the diffusion rate of Fe atoms is faster than that of Cr atoms during the segregation of iron and chromium atoms to form metallic Fe - Cr. So the Fe/Cr ratio decreases in depleted region of Fe and Cr, and increases in rich region of Fe and Cr.

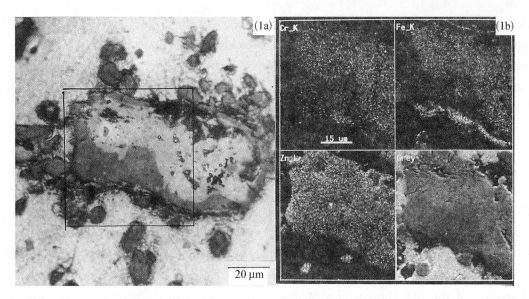

Fig. 1 The morphology of Zr(Fe, Cr)$_2$ particles (specimen A) after the autoclave test at 500 ℃ -
40 h (1a) and the composition distribution of Zr, Fe and Cr (1b) in a frame indicated in 1a

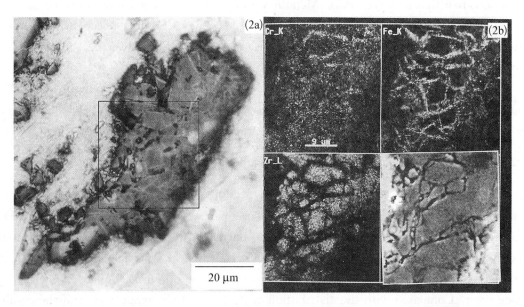

Fig. 2 The morphology of Zr(Fe, Cr)$_2$ particles (specimen A) after the autoclave test at 500 ℃ -
40 h (2a) and the composition distribution of Zr, Fe and Cr (2b) in a frame indicated in 2a

Table 2 The composition analyzed with EDAX in different region of
Zr(Fe, Cr)$_2$ particles after the autoclave test at 500 ℃ - 40 h

	orginal	EDAX analysis results (composition mass fraction)/%			
elements	composition mass fraction (%)	non-oxidation region	within oxide layer	outer of oxide layer	rich Fe - Cr area in oxide layer
Zr	45	42. 8	59. 4	12. 5	20. 4
Fe	35	36. 8	21. 3	64. 9	51. 7
Cr	20	20. 4	19. 3	22. 6	27. 9
Fe/Cr	1. 75	1. 80	1. 10	2. 87	1. 85

3.3　TEM observation results in oxide layer

From the change of crystal structure and morphology of the oxidation products, the oxidation process can be considered in three different stages, which also represents the situation in different depth of oxide layer. Fig. 3 shows the early stage of the oxidation, the oxide layer is also nearby the $Zr(Fe, Cr)_2$ matrix. The selected area diffraction (SAD) of region A indicated in Fig. 3b shows a diffraction pattern similar to an amorphous, but SAD of region B shows a diffraction pattern of crystalline. An amorphous phase of oxide near the zirconium matrix was also observed in oxide film formed on Zircaloy – 4 specimen when the thickness of oxide film reached a certain level[6]. The analysis results from SAD pattern of region B are listed in Table 3. The crystal structure in region B consists of cubic ZrO_2 and alpha Fe – Cr. The diffraction lines of cubic ZrO_2 are continuous, but that of alpha Fe – Crare separate in dot manner. Based on the SAD pattern, it may be judged that the particle-like structure in region B is alpha Fe – Cr crystals. Fig. 4 shows the morphology of ball-like alpha Fe – Cr crystals, and single crystal diffraction patterns coincident with b. c. c. alpha Fe structure can be obtained. On the out layer of this ball-like crystals, (Fe, $Cr)_3O_4$ layer oxidized from alpha Fe – Cr is observed. Fig. 5 shows the morphology of phases between alpha Fe – Cr crystals, the analysis results based on SAD pattern are also listed in Table 3. Except the diffraction lines of cubic ZrO_2 and alpha Fe – Cr, the

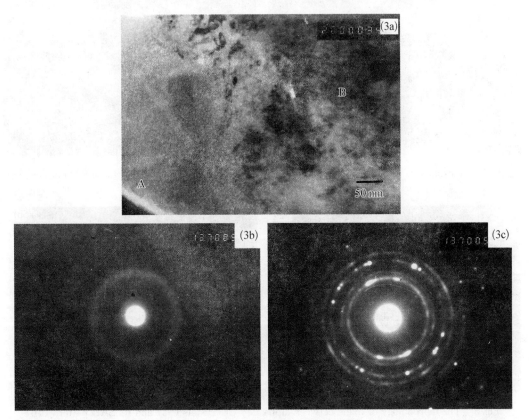

Fig. 3　The morphology of oxide layer (3a) and a SAD pattern of region A (3b) and of region B (3c)

diffraction lines of monoclinic ZrO_2 and $(Fe, Cr)_3O_4$ also exist. This should be the case of outer oxide layer around the $Zr(Fe, Cr)_2$ particles.

Table 3 Interplanar d spacings calculated from SAD pattern taken from oxidation products of $Zr(Fe, Cr)_2$ metallic compound

| measurment values d/nm | | cubic ZrO_2 | monoclinic ZrO_2 | alpha Fe–Cr | cubic $(Fe, Cr)_3O_4$ |
Fig. 3c	Fig. 5b				
	0.498		*		
	0.376		*		
	0.315		*		
0.293	0.296	*			*
0.255	0.253	*			*
	0.210				*
0.203	0.203			*	
	0.179	*			
0.152	0.153	*		*	
0.144	0.144	*		*	
0.125	0.125	*			
0.117	0.117			*	

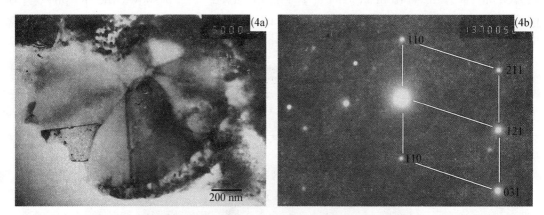

Fig. 4 The morphology of alpha Fe–Cr crystals precipitated in oxide layer (4a) and a SAD pattern (4b)

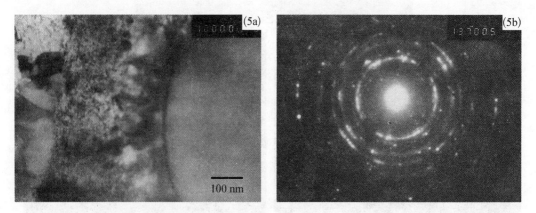

Fig. 5 The morphology of oxide between alpha Fe–Cr crystals (5a) and its SAD pattern (5b)

From the SAD pattern taken at many different region of Fe–Cr crystals, single crystal diffraction pattern of f. c. c. structure can also be detected. Since there is no alloy elements which may stabilize the f. c. c. structure of Fe–Cr metal to room temperature, so the compressive stress produced during the precipitation of Fe–Cr crystals within ZrO_2 may be responsible for the formation of f. c. c. Fe–Cr crystals. The P. B. ratio is about 1. 3 after the oxidation of $Zr(Fe, Cr)_2$ to form ZrO_2 and Fe–Cr metal.

3.4 HRTEM observation results of $Zr(Fe, Cr)_2$ second phase particles embedded in oxide film formed on Zircaloy – 4 specimens

Zircaloy – 4 specimens were tested in the autoclave with 10. 3 MPa superheated steam at 400 ℃ for 72 h. Oxide film formed on Zircaloy – 4 specimens was examined with HRTEM in order to investigate the corrosion behavior of $Zr(Fe, Cr)_2$ second phase particles in Zircaloy – 4. Since the oxidation of $Zr(Fe, Cr)_2$ second phase particles is more sluggish than that of zirconium matrix, so $Zr(Fe, Cr)_2$ second phase particles embedded in oxide film may be seen with TEM. Based on the d spacings calculated from lattice image near the boundaries of $Zr(Fe, Cr)_2$ particles, cubic or monoclinic ZrO_2 and alpha Fe–Cr can be detected. Fig. 6 shows the lattice image of the boundary between $Zr(Fe, Cr)_2$ particle and zirconium oxide matrix. A new phase which is coherent with $Zr(Fe, Cr)_2$ lattice can be observed around the edge of $Zr(Fe, Cr)_2$ particle. The d spacing of the new phase shown in Fig. 6 is 0. 213 nm equal to $d_{(122)}$ of $Zr(Fe, Cr)_2$. Because cubic $Zr_6(Fe, Cr)_3O$ phase has been detected after the oxidation of $Zr(Fe, Cr)_2$ metallic compound in air[4], so the lattice image with 0. 213 nm d spacing could be $d_{(440)}$ of $Zr_6(Fe, Cr)_3O$ phase. The coherent relationship between $Zr(Fe, Cr)_2$ and $Zr_6(Fe, Cr)_3O$ follows $(122)_{Zr(Fe, Cr)_2}$ // $(110)_{Zr_6(Fe, Cr)_3O}$.

3.5 The possible explanation for the effect of $Zr(Fe, Cr)_2$ second phase particles on the corrosion behavior of Zircaloy – 4

Based on the results obtained in present work, cubic ZrO_2 and alpha Fe–Cr will form first during the oxidation of $Zr(Fe, Cr)_2$ metallic compound in superheated steam, then monoclinic ZrO_2 transformed from cubic ZrO_2 and $(Fe, Cr)_3O_4$ oxidized by Fe–Cr metal will form later. The P. B. ratio is 1. 9 during this transformation. $Zr(Fe, Cr)_2$ second phase particles in Zircaloy – 4 will transfer into the oxide film during the oxidation of Zircaloy – 4, then it will oxidize to form ZrO_2 and $(Fe, Cr)_3O_4$. Since the P. B. ratio is equal to 1. 56 after the oxidation of zirconium, a high compressive stress exists in oxide film. After the oxidation of $Zr(Fe, Cr)_2$ second phase particles embedded in oxide film, tensile stress will produce in that local region because of the volume expansion. If these second phase particles are large or in clusters, the effect will be more serious. The change of stress state in oxide film on local area will promote the diffusion of anion vacancies along the direction of stress gradient to enhance the growth of oxide film. If the tensile stress in local area is large enough to cause cracking in oxide film, it will produce even worse effect

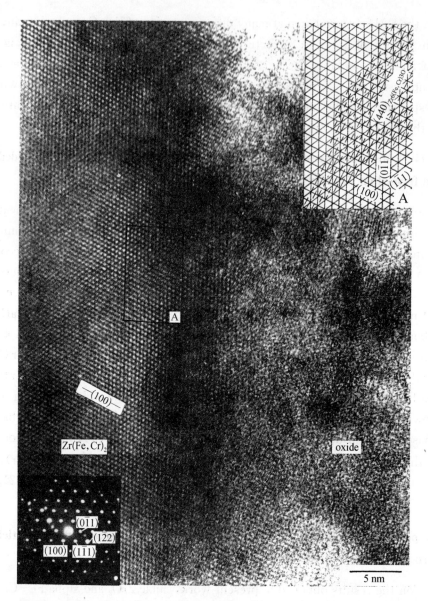

Fig. 6　High resolution lattice image taken at the boundary between Zr(Fe, Cr)$_2$ particle and zirconium oxide matrix in oxide film formed on Zircaloy - 4 specimen

on the corrosion behavior. From this point of view, the second phase particles in Zircaloy - 4 should be fine and uniform in distribution. When the heat treatment method is adopted to obtain a different size and distribution of second phase particles, another important factor that the super saturated solid solution of Fe and Cr in Zr matrix will be also changed. This is also important for affecting the corrosion behavior of Zircaloy - 4[2].

4　Conclusions

(1) During the oxidation of Zr(Fe, Cr)$_2$ metallic compound in superheated steam,

cubic ZrO_2 and alpha Fe – Cr will form first, then monoclinic ZrO_2 transformed from cubic ZrO_2 and cubic $(Fe, Cr)_3O_4$ oxidized by Fe – Cr metal will produce later.

(2) $Zr(Fe, Cr)_2$ metallic compound with Fe/Cr ratio of 1.75 is more resistance to corrosion than that with Fe/Cr ratio of 4.50.

(3) Fe and Cr atoms will segregate to form alpha Fe – Cr during the oxidation of Zr $(Fe, Cr)_2$ metallic compound. The diffusion rate of iron atoms is faster than that of chromium atoms.

(4) Based on the calculation of d spacings from the lattice image, except cubic ZrO_2 and alpha Fe – Cr can be detected near the boundaries of $Zr(Fe, Cr)_2$ particles embedded in oxide film formed on Zircaloy – 4 specimens, another cubic $Zr_6(Fe, Cr)_3O$ phase which is coherent with $Zr(Fe, Cr)_2$ lattice can be observed on the edge of $Zr(Fe, Cr)_2$ particles.

(5) The formation of oxidation products of monoclinic ZrO_2 and cubic $(Fe, Cr)_3O_4$ after the oxidation of $Zr(Fe, Cr)_2$ particles embedded in oxide film, an additional tensile stress will be caused in that local area, since the P. B. ratio is equal to 1.9 during this transformation. In the light of this result, the effect of $Zr(Fe, Cr)_2$ second phase particles on the corrosion behavior of Zircaloy – 4 is discussed.

Acknowledgments

This research work is a part of Research Contract No. 6250/R2/RB supported by International Atomic Energy Agency, and also supported by Corrosion Science Laboratory Academia Sinica. The authers are deeply grateful to them.

References

[1] Foster P, et al. Influence of Final Recrystallization Heat Treatment on Zircaloy – 4 Strip Corrosion, J. Nucl. Mat. 173(1990),164.

[2] ZHOU Bangxin, et al. A Study of Improving the Corrosion Behavior of Zircaloy – 4, Chinese Journal of Nuclear Science and Engineering, 1995,15(3): 59 (in Chinese), China Nuclear Science and Technology Report, CNIC – 01074, SINRE – 0066, China Nuclear Information Centor, Atomic Energy Press, 1996.

[3] Pecheur, D, et al. Precipitate Evolution in the Zircaloy – 4 Oxide Layer, J. Nucl. Mat. , 1992,189: 318.

[4] ZHOU Bangxin, et al. The Oxidation of $Zr(Fe, Cr)_2$ Metallic Compounds at 500 – 700 ℃ in Air, Nuclear Power Engineering, 1993,14(2): 149 (in Chinese).

[5] FU Chongyue, Fundamentals and Calculation of Thermodynamics for Metallurgical Solutions, Metallurgy Press, 1979,450 (in Chinese).

[6] ZHOU Bangxin, et al. A Study of Microstructure of Oxide Film Formed on Zircaloy – 4, Proceedings of the International Symposium on High Temperature Corrosion and Protection. Eds Guan Hengrong, et al. Shenyang. Liaoning Science and Technology Publishing House, 1990,125.

The Effect of Heat Treatments on the Structure and Composition of Second Phase Particles in Zircaloy – 4*

Abstract: The effect of heat treatments on the structure and composition of second phase particles (SPPs) in Zircaloy – 4 was investigated after SPPs separated from alpha zirconium matrix. After specimens air cooling from heating at 1 050 ℃ beta phase, the SPPs precipitated during cooling are Zr(Fe, Cr)$_2$ with cubic structure, Fe/Cr ratio in Zr(Fe, Cr)$_2$ is fluctuated between 2. 1~2. 5. The cubic crystal structure does not change but only the Fe/Cr ratio decreases gradually to 1. 9 when specimens were reheated at 600 ～ 800 ℃ for 3 h. Small amount of precipitates with hexagonal Zr(Fe, Cr)$_2$ can be detected when specimens were reheated at 700～800 ℃ for 3 h. SPPs in Zircaloy – 4 plates purchased from factory are hexagonal Zr(Fe, Cr)$_2$ with Fe/Cr ratio decreasing from 1. 9 to 1. 5, when specimens were reheated at 700～800 ℃ for 3 h. It shows that the Fe and Cr atoms in SPPs will diffuse and substitute with those in surrounding matrix, when specimens were heated at a certain temperature. The solid solution content of Cr atoms in hexagonal Zr(Fe, Cr)$_2$ is higher than that in cubic Zr(Fe, Cr)$_2$, and the diffusion rate of Fe atoms is faster than that of Cr atoms. This is the reason that the Fe/Cr ratio of Zr(Fe, Cr)$_2$ SPPs varies with the difference of heat treatments.

1 Introduction

The variation of heat treatment will affect the corrosion behavior of Zircaloy – 4. We considered that the super saturated solid solution content of Fe and Cr in alpha zirconium caused by different heat treatments will be responsible for this phenomena[1]. The measurement of Fe and Cr contents in alpha zirconium will give direct evidence. But the effect of heat treatments on the second phase particles (SPPs), not only on the morphology (size and distribution) but also on the structure and composition, is also needed to be investigated. Transmission and scanning electron microscopy can be employed for examining the size and distribution of SPPs. The crystal structure of SPPs can be determined by selected area diffraction (SAD), even if the number of particles is limited because the SAD method for determining the crystal structure of particles is one by one. Due to the small of SPPs and surrounded by alpha zirconium matrix, even the electron microprobe is employed for analyzing the composition of SPPs, it is difficult to get accurate results. After the success on developing the method of electrochemical separation of SPPs

---

* In collaboration with Yang Xiaolin. Reprinted from China Nuclear Science and Technology Report, 1996.

from alpha zirconium matrix in Zircaloy – 4[2], it becomes easier to determine the crystal structure and composition of SPPs. The results obtained from this investigation are also beneficial for understanding the effect of heat treatments on the corrosion behavior of Zircaloy – 4.

2　Experimental Methods

Zircaloy – 4 sheet in 0. 6 mm thickness was cut into 10 mm×100 mm. Specimens were heated at 1 050 ℃ in evacuated quartz tube with a movable furnace. After 0. 5 h heated at 1 050 ℃, the furnace was removed and argon was inleted into the quartz tube. The quartz tube was cooling with shower and fan simultaneously. It is named air cooling (AC) in this paper. Specimens were divided into several groups after beta phase air cooling and reheated between 600~800 ℃ for 3 h respectively labelled with 1 050 ℃ AC/600 ℃ AC etc. , SC represents specimens slow cooling within the furnace. Specimens without treated at 1 050 ℃ were heated at 700 ℃ and 800 ℃ respectively in order to compare with these specimens pretreated at 1 050 ℃. Specimens were electrolysis with controlling the potential of anode in electrolyte with volume ratio $CH_3CH_2OH : CH_3(CH_2)_2CH_2OH : HClO_4 = 25 : 3 : 2$. The alpha zirconium matrix will be dissolved to left SPPs in the electrolyte. SPPs were collected with centrifugal method and washed several times. Since small amount of SPPs can only be collected, the method of taking photo for X-ray diffraction patten was employed for analyzing the crystal structure. EDAX was used for analyzing the composition of SPPs which were pressed into a small hole on a graphite plate. The morphology of SPPs was examined with transmission electron microscopy.

3　Experimental Results and Discussion

3. 1　The morphology of separated SPPs

Fig. 1 shows the morphology of SPPs separated from alpha zirconium matrix electrochemically. The shape is the same as the SPPs observed in thin film directly (Fig. 1b), which shows that the SPPs does not be damaged during the separating process.

3. 2　The effect of heat treatments on the crystal structure of SPPs

The interplanar spacings of SPPs separated from different specimens heat treated in different ways are listed in Table 1. Some d values of several standard substances are also listed in order to compare with the experimental measuring values. The SPPs separated from these specimens which were heated at 700 ℃ and 800 ℃ without pre-heated at 1 050 ℃ is hexagonal with lattice parameters smaller than $ZrCr_2$ and close to that of $Zr(Fe, Cr)_2$ with Fe/Cr ratio 1. 75[3]. Because the lattice parameters of $Zr(Fe, Cr)_2$ decrease with the increase of Fe/Cr ratio[3]. The structure of SPPs separated from these specimens which

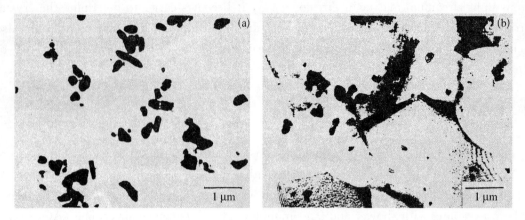

Fig. 1 The morphology of SPPs separated from specimen treated 600 ℃ AC (a) and observed directly in thin film (b)

were heat-treated at 1 050 ℃ AC and 1 050 ℃ AC+600 ℃ AC, or 1 050 ℃ SC is cubic, and its lattice parameters are larger than that of $ZrFe_2$. Since Fe and Cr can be super saturated solid solution in alpha zirconium matrix after 1 050 ℃ AC treated, except the cubic SPPs does not change during reheating at 700~800 ℃, small amount of hexagonal Zr (Fe, Cr)$_2$ particles precipitated during reheating at that temperature can be detected. Though the results that the lattice parameters of hexagonal $Zr(Fe, Cr)_2$ is smaller than that of hexagonal $ZrCr_2$, and the lattice parameters of cubic $Zr(Fe, Cr)_2$ is larger than that of cubic $ZrFe_2$ will cause the most of diffraction lines lapping each other, but the two different lattice structure, hexagonal or cubic, can be distinguished clearly from these lattice spacings 0. 231 nm, 0. 210 nm, 0. 141 nm and 0. 131 5 nm which are only possessed by hexagonal structure.

Some times, diffraction lines of alpha zirconium or cubic ZrO_2 can be also observed, this is particularly obvious in 1 050 ℃ AC+800 ℃ AC and 1 050 ℃ SC specimens. The dropping grains caused by erosion along grain boundaries and their oxidation during electrochemical process might be responsible for this phenomena.

3.3　The effect of heat treatments on the composition of SPPs

Fig. 2 is the composition of SPPs separated from 1 050 ℃ AC+600 ℃ AC specimens, analyzed by EDAX method. Because of remaining alpha zirconium and ZrO_2 in the SPPs separated from alpha zirconium matrix, the content of Fe. Cr and Zr is not exact to coincide with $Zr(Fe, Cr)_2$ but the content of zirconium is only a little more than the standard Zr (Fe, Cr)$_2$. Fig. 3 shows that the Fe/Cr ratio in the composition of SPPs varies with the different heat treatments. The value of Fe/Cr ratio in the composition of SPPs in 1 050 ℃ AC specimens is between 2. 1 to 2. 5 with large scattering, this might be related to the difference of cooling rate. The Fe/Cr ratio in SPPs decreases when specimens were reheated at 600~800 ℃, and reaches about 1. 9 at 800 ℃ for 3 h. The Fe/Cr ratio in hexagonal $Zr(Fe, Cr)_2$ separated from those specimens which were heated at 800 ℃ 3 h without

Table 1 The measuring values of interplanar spacings (d) for second phase particles separated with electrochemical method from different specimens treated in different ways

measuring d (nm) values, d (intensity)							standard d (nm) values, d (intensity)				
700℃/AC	800℃/AC	1 050℃/AC	1 050℃/AC +600℃/AC	1 050℃/AC +700℃/AC	1 050℃/AC +800℃/AC	1 050℃/SC	ZrCr₂(hex.)* $a=0.5079$ nm $c=0.8279$ nm	Zr(Fe, Cr)₂(hex.) $a=0.498$ nm $c=0.816$ nm (Fe/Cr = 1.75)	ZrFe₂(cub.) $a=0.7070$ nm	alpha Zr(hex.)**	ZrO₂(cub.)
					0.290 wb	0.290 wb					0.293(100)
					0.280 w	0.280 w				0.279 8(33)	
					0.257 w	0.257 w				0.257 3(32)	0.255(25)
				0.255 w	0.255 w	0.255 w					
0.250 m	0.250 m	0.251 s	0.251 m	0.250 m	0.250 m	0.250 m	0.254 1(80)	0.249(m)	0.249(45)	0.245 9(100)	
0.246 w	0.246 w				0.246 w	0.246 w					
0.231 s	0.231 s			0.231 vw	0.231 w		0.233 0(80)	0.230(s)			
0.214 s	0.214 s	0.216 s	0.215 s	0.213 s	0.214 s	0.213 s	0.216 6(100)	0.213(s)	0.213(100)		
0.210 m	0.210 m	0.207 w	0.207 w	0.205 w	0.210 w		0.212 9(80)	0.209(s)	0.203(30)		
					0.205 w	0.205 w	0.206 6(60)				
					0.189 w	0.189 w				0.189 4(17)	0.180(50)
0.180 vwb	0.180 vwb	0.180 vwb	0.180 vwb	0.180 vwb	0.180 vwb	0.180 wb					
		0.163 vw	0.162 vw	0.162 vw	0.161 vw	0.161 vw	0.154 5(50)	0.153(w)	0.162(20)		0.153 4(20)
0.154 w	0.154 w	0.154 vw	0.154 vw	0.154 vw	0.154 vw	0.154 vw	0.146 7(60)	0.144(w)	0.144(20)		
0.145 m	0.145 w	0.146 w	0.146 w	0.145 w	0.146 w	0.146 w	0.142 7(80)	0.140(m)			
0.141 m	0.141 m			0.141 vvw	0.141 vw						
0.137 m	0.137 m	0.137 5 m	0.137 m	0.137 m	0.137 m	0.137 m	0.138 6(80)	0.136(m)	0.136(30)		
0.131 5 m	0.131 5 m				0.131 5 vw		0.132 3(80)	0.131(m)			
0.126 m	0.126 m	0.126 m	0.126 m	0.126 m	0.126 m	0.126 m	0.127 4(80)	0.125 5(m)	0.125(30)		

1. s, m, w and vw (strong, median, weak and very weak) represent the intensity of diffraction lines;

2. *, ** Only the interplanar spacings corresponding to stronger diffraction lines are listed;

3. b, diffused diffraction.

429

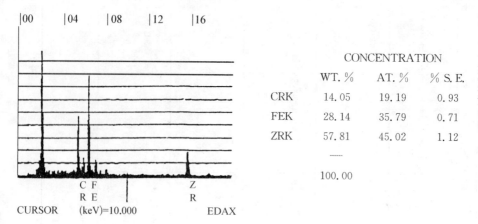

	CONCENTRATION		
	WT. %	AT. %	% S. E.
CRK	14. 05	19. 19	0. 93
FEK	28. 14	35. 79	0. 71
ZRK	57. 81	45. 02	1. 12
	------		
	100. 00		

CURSOR   (keV)=10.000   EDAX

Fig. 2 The composition of SPPs analyzed by EDAX separated from specimens treated 1 050 ℃ AC+600 ℃ AC

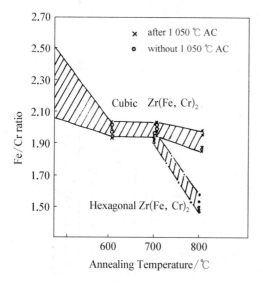

Fig. 3 The effect of heat treatments on the Fe/Cr ratio in SPPs

pre-heated at 1 050 ℃ decreases from 1. 9 to 1. 5, which is obvious lower than that in cubic $Zr(Fe, Cr)_2$ separated from those specimens heated at the same temperature with pre-heated at 1 050 ℃ AC. These results demonstrate that the Fe and Cr atoms in $Zr(Fe, Cr)_2$ SPPs can diffuse and substitute with that in the matrix surrounded the particles, and the solubility of Cr in hexagonal $Zr(Fe, Cr)_2$ is larger than that in cubic $Zr(Fe, Cr)_2$. The Fe/Cr ratio in cubic $Zr(Fe, Cr)_2$ SPPs separated from these specimens heated at 1 050 ℃ by furnace cooling is equal to 1. 9 which is lower than that heated at 1 050 ℃ by air cooling, this result shows that the diffusion rate of Fe atoms is faster than that of Cr atoms during the segregation of forming $Zr(Fe, Cr)_2$ particles precipitated from beta phase cooling. On the opposite side, the Fe atoms are easy to dissolve from SPPs into alpha Zr matrix through the substitution of Cr atoms from alpha zirconium matrix into SPPs, that is why the Fe/Cr ratio in $Zr(Fe, Cr)_2$ particles will decrease during specimens heating at 600~800 ℃ after beta phase air cooling.

Because the composition of SPPs analyzed by electron micro probe can not be accurate enough. The SPPs precipitated from beta phase cooling were recognized as $Zr_4(Fe, Cr)$ or $ZrFe_2$[3, 4]. The $Zr(Fe, Cr)_2$ metallic compounds with Fe/Cr ratio 1. 75~4. 50 prepared by non consumable arc melting were hexagonal structure[3], it shows that the stable crystal structure of $Zr(Fe, Cr)_2$ with reasonable wide Fe/Cr ratio is hexagonal but not cubic. The structure of $Zr(Fe, Cr)_2$ particles precipitating during beta phase cooling is cubic but not hexagonal, this might be related to the strain energy during SPPs precipitating. Cracking into pieces of Zr(Fe, Cr)$_2$ ingot prepared by non-consumable arc melting during its cooling, which shows that the internal stress caused by phase transformation from cubic to hexagonal structure must be large enough, was observed[5]. Cubic Zr(Fe, Cr)$_2$ precipitated during cooling from beta phase will transform to hexagonal structure during hot deformation process, so the crystal structure of SPPs in Zircaloy-4 received from factory is hexagonal even if the ingot was quenched from beta phase.

The amount and size of SPPs precipitated will reflect the content of Fe and Cr in solid solution in matrix, on the other hands, the change of composition in SPPs will also affect the content of Fe and Cr in solid solution in matrix. When the effect of heat treatments on the corrosion behavior of Zircaloy is taken into account, except the amount and size of SPPs, the variation of Fe/Cr ratio in Zr(Fe, Cr)$_2$ particles after different heat treatments should be also considered.

4 Conclusions

The effects of heat treatments on the structure and composition of SPPs in Zircaloy-4 were investigated by means of electrochemical method for separating SPPs from alpha zirconium matrix. The results demonstrate that:

(1) The structure of SPPs precipitated during the cooling from beta phase in Zircaloy-4 is cubic, which will not change after reheated at 600~800 ℃ for 3 h.

(2) The composition of SPPs precipitated during the cooling from beta phase is Zr(Fe, Cr)$_2$ with Fe/Cr ratio keeping the same or a little bit higher comparing with the original material by air cooling, or a little bit lower by furnace cooling. The Fe and Cr atoms in SPPs will diffuse and substitute with that in surrounding alpha zirconium matrix during reheating at 600~800 ℃ after air cooling from beta phase. The Fe atoms will diffuse into alpha zirconium matrix from SPPs particles and Cr atoms will go into SPPs from alpha zirconium matrix. This result cause the decrease of Fe/Cr ratio in SPPs.

(3) The solubility of Cr atoms in hexagonal Zr(Fe, Cr)$_2$ is larger than that in cubic Zr(Fe, Cr)$_2$, and the Fe/Cr ratio in hexagonal Zr(Fe, Cr)$_2$ is lower than that in cubic Zr(Fe, Cr)$_2$ when specimens heated at same temperature 800 ℃ for 3 h.

(4) Small amount of hexagonal Zr(Fe, Cr)$_2$ can be detected when the specimens reheated at 700~800 ℃ for 3 h after beta phase air cooling due to the super saturation solid solution of Fe and Cr atoms in the matrix.

Acknowledgments: This research work is a part of Research Contract No. 6250/R2/RB supported by International Atomic Energy Agency, and also supported by Corrosion Science Laboratory Academia Sinica. The authers are deeply grateful to them.

References

[1] ZHOU Bangxin, ZHAO Weinjin, MIAO Zhi, et al. A Study of Improving the Corrosion Behavior of Zircaloy-4.

Chinese Journal of Nuclear Science and Engineering, 1995,15(3): 242 (in Chinese).

[2] YANG Xiaolin, ZHOU Bangxin, JIANG Yiurong, et al. The Electrochemical Extraction of $Zr(Fe, Cr)_2$ Second Phase Particles From Zircaloy-4. Nuclear Power Engineering, 1994,15(1): 79 (in Chinese).

[3] ZHOU Bangxin, Li Zong, HUANG Decheng. The Oxidation of $Zr(Fe, Cr)_2$ Metallic Compounds in Air. Nuclear Power Engineering, 1993,14(2): 149(in Chinese).

[4] Yang W J S. Precipitates Stability in Zircaloy-4, EPRI, NP-5591,1988.

[5] MENG Xiaoying, North wood D R. Intermetallic Precipitates in Zircaloy-4. J. Nucl. Mat. , 1985,132: 80.

[6] ZHOU Bangxin, SHENG Zhongqi. A Study of Metallurgical Bonding Between Zircaloy-2 and Austenite Stainless Steel. Chinese Journal of Nuclear Science & Engineering, 1983,3(2): 153 (in Chinese).

The Effect of Heat Treatments on the Corrosion Behavior of Zircaloy - 4 *

Abstract: The effect of penultimate annealing temperature and cooling rate on the corrosion behavior of Zircaloy - 4 cladding tube has been investigated. Both nodular corrosion and uniform corrosion resistance can be improved obviously after changing the heat treatment from the original annealing at 650 ℃ to quenching from 830 ℃ (upper temperature of alpha phase region or lower temperature of beta phase region). Although the nodular corrosion resistance can be improved obviously after quenching from beta phase, there was a second transition in the variation between weight gain and exposure time, which shows a poor uniform corrosion resistance after a long exposure time during the autoclave tests. The main factor of affecting corrosion behavior is the solid solution contents of Fe and Cr in alpha zirconium rather than the size of second phase particles. About 200 μg/g Fe and Cr super saturated solid solution in alpha zirconium could get good uniform and nodular corrosion resistance, but much more solid solution contents of Fe and Cr in alpha zirconium could bring about a trend toward poor uniform corrosion resistance for long-term exposure time.

1 Introduction

Zircaloy - 4 is used as the cladding material of nuclear fuel elements in PWRs. Under the current mode of reactor operation, water side corrosion of fuel cladding is not regarded as a life limiting problem yet. But incentive to reduce fuel cycle costs and increase the discharge burn-up have led the requirement to improve water side corrosion resistance, which several approaches can be considered such as improving the design of fuel assemblies, readjusting and controlling reactor operation condition and improving the corrosion resistance of cladding material etc[1]. Several ways can be taken into account for the last point mentioned above: a) Seeking for a new zirconium alloy. At present some interesting work have been carried out, for example, a new zirconium alloy by decreasing the content of Sn and adding suitable amount of Nb based on Zircaloy - 4 composition possesses a good corrosion resistance[2]. b) Adjusting the contents of alloying elements in Zircaloy - 4 within the allowable range to find the optimum composition. So far it has been drawn a conclusion that the corrosion resistance of Zircaloy - 4 can be improved by taking Sn mass fraction to be the lower limit (1.2%), both Fe and Cr contents to be the upper

* In collaboration with Zhao Wenjin, Miao Zhi, Pan Shufang, Li Cong, Jiang Yourong. Reprinted from China Nuclear Science and Technology Report, 1996.

limit and lowering the content of impurity carbon[3]. c) Changing the microstructure of Zircaloy - 4 through heat treatment to improve corrosion behavior[4]. The last way is easy to implement, but the reasons is not clarified. In this work the effects of the heat treatments at penultimate annealing during fabricating tubes on corrosion resistance of Zircaloy - 4 has been studied.

2   Experimental Methods

The mass fractions of alloying elements in Zircaloy - 4 are Sn 1. 5%, Fe 0. 20% and Cr 0. 10%. The contents of Fe and Cr is not more because of their very low solubility in alpha zirconium in equilibrium state. Therefore the most of Fe and Cr in Zircaloy - 4 will be precipitated in the form of $Zr(Fe, Cr)_2$ second phase particles. If heating specimens at beta phase and quenching, the Fe and Cr can be supersaturated solid solution in alpha zirconium. The ingot got through twice using vacuum-consumable arc furnace, the tube blank obtained by extruded were heated at beta phase and quenched in order to homogenize the composition in alloy. Finally the finished tubes of $\phi9. 5 \times 6. 4$ mm were obtained through pilgering five times at room temperature which were intermediately vacuum-annealed for four times at 650 ℃. Because a precision dimension of finished tubes is needed and the worked strengthening will be expected; therefore the change of heat treatment conditions such as quenching from beta phase only at the penultimate annealing is proper, at this time the size of tube is $\phi16 \times 2. 5$ mm. Two tubes ($\phi16 \times 2. 5$ mm) were encapsulated in the evacuated quartz capsules and heated at 1 030 ℃ (beta phase) or at 830 ℃ (the upper limit of alpha phase or the lower temperature of beta phase) for 1. 5 h, respectively, then quenched in water and broke the quartz capsules simultaneously. The oxide scale on tube surface was removed by means of the sand blasting and dipping in acid solution. Ultimately the tubes were cold-pilgered to $\phi9. 5 \times 0. 64$ mm and stress-relief annealed at 470 ℃ for 4 h to release stress. The three kinds of specimens which include the original penultimate annealing at 650 ℃ are named the specimen A, B and C, respectively, and the conditions of heated treatment for specimens are given in Table 1. The effect of the variation of composition in Zircaloy - 4 on corrosion behavior can be negligible because these specimens come from a same ingot.

Table 1   different temperature of penultimate annealing for three kinds of tubes from one batch

specimen No.	penultimate annealing	tube size mm	final annealing
A	650 ℃- 2 h annealing and furnace cooling	$\phi9. 5 \times 0. 64$	470 ℃- 4 h
B	1 030 ℃- 1. 5 h quenching	$\phi9. 5 \times 0. 64$	470 ℃- 4 h
C	830 ℃- 1. 5 h quenching	$\phi9. 5 \times 0. 64$	470 ℃- 4 h

One group includes three specimens cut from each kind of tube with 30 mm in length. A standardized pickling procedure in nitric hydrofluoric acid bath was employed for preparing the surface of tubular specimens. The autoclave tests were carried out at 360 ℃

elevated temperature water under 18. 6 MPa, and at 400 ℃, 450 ℃ and 500 ℃ superheated steam under 10. 3 MPa, respectively. The variation of weight gain with exposure time was measured, and the microstructure of alloy and oxide film was examined by means of transmission electron microscopy (TEM).

3　Experimental Results

3. 1　The microstructure of specimens

The microstructure of specimens A, B and C in Figs 1 ~ 3 shows that partial recrystallization has taken place for all three kinds of specimens, which reveals that the stress relief annealing temperature must be higher than 470 ℃ reported from manufacturing factory. The microstructure of specimen B quenched from beta phase shows grains elongated along the pilgering direction. A typical morphology of second phase particles Zr $(Fe, Cr)_2$ in specimen A is shown in Fig. 4, and its crystal structure is hexagonal $MgZn_2$ type Laves phase identified by selected area diffraction, which exists as obvious layer structure due to its low stacking fault energy. The size and distribution of second phase particles in specimen A, B and C are also quite different because of their different heat

Fig. 1　The microstructure of specimen A (second phase particles are indicated by arrow)

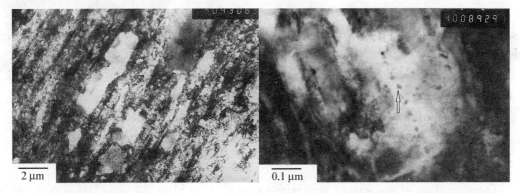

Fig. 2　The microstructure of specimen B (second phase particles are indicated by arrow)

treatments at the penultimate annealing. The second phase particles specimen A are much more, and their average size is about 0.2 μm. Even though the ingot was homogenized by heating at beta phase and quenched, because the size of ingot was still larger and cooling rate was limited so that it could not restrain entirely the precipitation of second phase particles at that stage. And the alloying elements dissolved in alpha Zr matrix would be re-precipitated in the form of second phase particles during the subsequent intermediate annealing. Thus, the solid solution contents of Fe and Cr in alpha Zr is still lower. The second phase particles in the specimen B which was quenched from beta phase could be hardly found, and the tiny second phase particles being about 0.01 μm in average size could be observed only under the TEM with higher magnification. It indicated that the most of Fe and Cr alloying elements are super-saturated solid solution in alpha Zr matrix when quenching form beta phase, which could not be reprecipitated in the form of second phase particles yet because the stress relief annealing temperature was lower. The specimen C which was heated at 830 ℃ and quenched in water involves the large second phase particles with about 0.5 μm in average size. This is because the solubility of Fe and Cr in alpha Zr increases also with the increase of temperature in the alpha phase range. On the one hand, the second phase particles will be dissolved, and on the other hand they will be grown simultaneously during specimen heated at the upper region of alpha phase when the contents of Fe and Cr exceed the solubility limitation at that temperature. The solid solution contents of Fe and Cr in alpha Zr in the specimen C are less than that in the specimen B, but more than that in the specimen A. Charquet et al.[5] have drawn a conclusion that the solid solution contents of Fe and Cr in alpha Zr can increase to 120～200 μg/g during heating at 830～850 ℃. But about 3 000 μg/g Fe and Cr alloying elements in Zircaloy - 4 can be dissolved completely during heating at beta phase region.

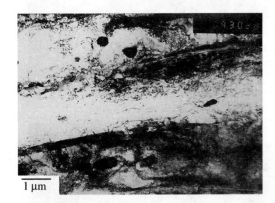 

1 μm

0.2 μm

Fig. 3　The microstructure of specimen C

Fig. 4　The morphology of a second phase particle in specimen A

3.2　Corrosion behavior of specimens

The variations of the weight gain with exposure time after the autoclave test at 360 ℃ elevated temperature water in 18.6 MPa and at 400 ℃, 450 ℃ and 500 ℃ super-heated steam in 10. 3 MPa are shown in Figs. 5~8. The general consideration is that the corrosion behavior of specimens testing in the autoclave in 400 ℃ superheated steam can represent the uniform corrosion resistance, and that in 450 ℃ or 500 ℃ superheated steam can represent the nodular corrosion resistance. The regularity of the variation of weight gain with exposure time during the autoclave test in 360 ℃ elevated temperature water and that in 400 ℃ superheated steam is similar, but it is quite different from that in 450 ℃ and 500 ℃ superheated steam. This reflects the different behavior of three kinds of specimens in respect of uniform corrosion and nodular corrosion resistance. The weight gain of all three kinds of specimens is similar at the initial stage during the autoclave test at 360 ℃ and 400 ℃, but the transition time for specimen B and C is longer than that for specimen A. There is an obvious difference for the weight gain in three kinds of specimens after transition. It is always $\Delta W_A > \Delta W_C > \Delta W_B$. The weight gain of specimen B is only about two-thirds of

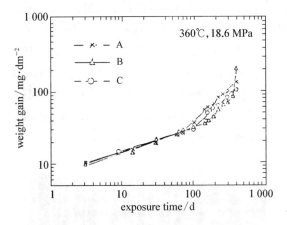

Fig. 5 The weight gain for specimens after the autoclave test at 360 ℃ elevated temperature water in 18. 6 MPa with different exposure time

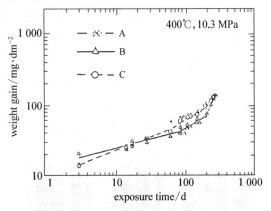

Fig. 6 The weight gain for specimens after the autoclave test at 400 ℃ superheated steam in 10. 3 MPa with different exposure time

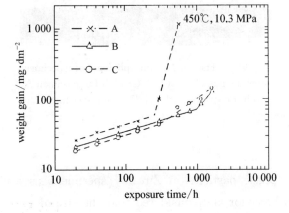

Fig. 7 The weight gain for specimens after the autoclave test at 450 ℃ superheated steam in 10. 3 MPa with different exposure time

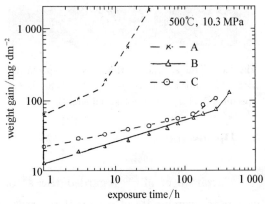

Fig. 8 The weight gain for specimens after the autoclave test at 500 ℃ superheated steam in 10. 3 MPa with different exposure time

that of specimen A after the exposure time to 300 days at 360 ℃ and 200 days at 400 ℃ respectively. But the weight gain of specimen B exceeds or equals that of specimen A and C after the exposure time to 395 days at 360 ℃ and 260 days at 400 ℃ respectively. There is a second transition phenomenon in the variation of weight gain with exposure time for specimen B, and the weight gain increases quickly after second transition. Therefore it is found that the uniform corrosion resistance for specimen B after the autoclave test for long-term is not good.

The regularity of the variation of weight gain at 450 ℃ and 500 ℃ in superheated steam is similar. The rapid increase of weight gain for specimen A reflects the process of nodular corrosion taking place. The nodular corrosion was appeared on the specimen A after the autoclave test for 300 h at 450 ℃, but there was no nodular corrosion appearing on the specimen B and C till the end of the autoclave test for 1 070 h at 450 ℃. At 500 ℃ there was nodular corrosion appearing on specimen A for 7 h, but no nodular corrosion appearing on specimen B and C for 420 h till the end of the autoclave test. The nodular corrosion resistance of specimen B and C is much better than that of specimen A. The surface morphology of specimen A, B and C after the autoclave tests at 450 ℃ super-heated steam in 10. 3 MPa for 560 h (A) and 1 070 h (B, C), and at 500 ℃ under 10. 3 MPa superheated steam for 30 h (A), 420 h (B) and 270 h (C) are given in Fig. 9. It shows that there is a obvious difference of nodular corrosion resistance among them.

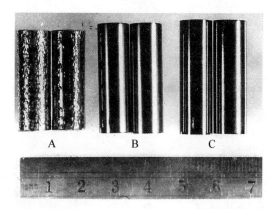

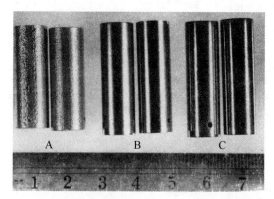

Fig. 9a The surface morphology of specimens after the autoclave tests at 450 ℃ – 540 h for specimen A and 1 070 h for specimens B and C

Fig. 9b The surface morphology of specimens after the autoclave at 500 ℃ – 30 h for specimen A, 420 h for specimen B and 270 h for specimen C

4 Discussion

Garzarolli et al. [6] regarded the second phase particles in Zircaloy specimens as a variate to examine its effect on the corrosion behavior and considered that the size of the second phase particles in Zircaloy materials should be less than 0. 2 μm used in BWRs or tested in the autoclave at 500 ℃, otherwise it will induce a bad corrosion behavior, and too small second phase particles ($<$0. 1 μm) is not good for uniform corrosion resistance used in PWRs or tested in the autoclave at 350 ℃. Recently, Foster et al. [7] investigated the corrosion behavior of Zircaloy - 4 sheet and Kruger et al. [8] investigated the nodular corrosion resistance of Zircaloy - 2, both of them are still looking for the relationship between the size of second phase particles and corrosion behavior. Although there is really a certain regularity when plotting the size of second phase particles against the corrosion rate (uniform) or weight gain (nodular corrosion). But it should be pointed out that the different size of second phase particles in specimens was obtained by the different process of heat treatments, and the solid solution contents of Fe and Cr in alpha Zr will be also different. Therefore it is unreasonable as judged the corrosion behavior by the size of second phase particles only. In this experiment though the second phase particles in specimen C is much larger than that in specimen A, but the solid solution contents of Fe and Cr in alpha Zr is more than that in specimen A because the specimen C was quenched from the upper temperature of alpha phase region. So the nodular corrosion resistance of specimen C is obviously superior to specimen A. If considering the size of second phase particles only, a opposite result should be obtained.

Anderson et al. [9] proposed that the corrosion behavior of Zircaloy can be modelled with an annealing parameter. The annealing parameter described as A can be defined as

$$A = \sum t_i \exp(-Q/RT_i)$$

where t_i is the annealing time (h), T_i is the annealing temperature (K), Q is the activation energy for precipitating process of second phase particles, and R is the gas constant. In general $Q/R = 40\,000$ K is taken. The A is the total amount of annealing for each time after quenching from beta phase. When plotting the corrosion rate (for uniform corrosion) or weight gain (for nodular corrosion) against A, it can be found that there is a sharp transition in corrosion rate or weight gain with the A increasing or decreasing. It indicates that the corrosion resistance can be improved by controlling the annealing parameter. Garzarolli et al. [4] have suggested that $A \leqslant 10^{-18}$ h is reasonable for cladding tubes used in BWRs, and it should be controlled within 2×10^{-18} h $\leqslant A \leqslant 5 \times 10^{-17}$ h for that used in PWRs. From the definition of A, it is essential that A reflects the sufficient degree of precipitating second phase particles with Fe and Cr alloying elements from supersaturated solid solution state after quenching from beta phase, which can be also reflected the difference of solid solution contents of Fe and Cr remained in alpha zirconium. Because there were some difference of the operation conditions for quenching ingots from beta phase during producing cladding tubes in different factories, the supersaturated solid solution contents of Fe and Cr in alpha zirconium were also different probably. Even if the same annealing parameter could be controlled, it is not sure to obtain the same corrosion resistance for cladding tubes. In this experiment the A value for specimens A, B and C is 1.2×10^{-18} h, 1.6×10^{-23} h and 2.6×10^{-16} h, respectively. The A value of specimen A conforms to the recommended value, but specimen A possesses very poor nodular corrosion behavior. And the A value of specimen C is much larger that the recommended value, but specimen C possesses very good nodular corrosion resistance and good uniform corrosion resistance as well. This indicates that solid solution contents of Fe and Cr in alpha Zr is a main factor affecting the corrosion behavior, but not the size of second phase particles.

Urquhart et al. [10] have proposed the second phase particles in Zircaloy embedded in oxide film can serve as the electronic paths, which can affect the growth of oxide film. Thus, a chain-like second phase particles precipitated along grain boundaries, which can be obtained by heating at beta phase and followed air cooling, can improve the corrosion resistance of Zircaloy. However, the results obtained in present work show that there was no a chain-like second phase particles distributed along the grain boundaries in specimen C. But both its uniform corrosion and nodular corrosion resistance are always better than that of specimen A. This illustrates that the corrosion behavior of Zircaloy is related to the solid solution contents of Fe and Cr in alpha Zr matrix and not to the size or distribution of second phase particles. The specimen C was quenched from the upper temperature of alpha phase region, so that increasing the supersaturated solid solution of Fe and Cr in alpha Zr will be expected. However, it is still a problem which need to be investigated for the Fe and Cr dissolved in the oxide film to affect the diffusion of oxygen ion or anion vacancies and to improve the corrosion resistance of Zircaloys.

In order to understand the effect of Fe and Cr alloying elements on corrosion resistance of Zircaloy – 4, the behavior of second phase particles $Zr(Fe, Cr)_2$ in the process of corrosion and the long-term behavior of Fe and Cr elements dissolved in ZrO_2 should be investigated. We have tried and got some results in which the oxidation products of $Zr(Fe, Cr)_2$ metallic compound are ZrO_2, $(Fe, Cr)_3O_4$ and alpha-Fe (Cr) in 500 ℃ superheated steam[12], and supersaturated solid solution of Fe and Cr in zirconium oxide might be reprecipitated[13]. The Zircaloy – 4 samples were heated in vacuum at 1 050 ℃ and followed by air cooling, which were tested in the autoclave at 500 ℃ superheated steam for 72 h in order to obtain a black oxide film. The TEM samples for examining the structure of black oxide film were prepared by using ion sputtering thining from parallel to oxide film. A detail procedure for preparing TEM sample described in early paper[14]. Fig. 10 is a high resolution TEM image on which the ZrO_2 lattice image and a second phase particles surrounded by stress field about 10 nm in diameter can be seen. Because a high internal stress was produced in the process of the formation of oxide film, which induce a lot of defects in crystal lattice, therefore it is unable to identify a very tiny second phase particles from a common diffraction contrast image. The very

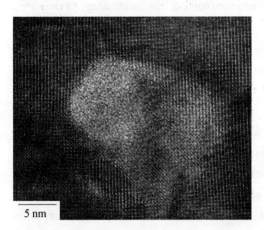

5 nm

Fig. 10 A high resolution TEM image of the oxide film formed on the specimen heated at 1 050 ℃ and followed by air cooling after the autoclave test at 500 ℃ superheated steam for 72 h

tiny second phase particles are likely to be re-precipitated from ZrO_2 after the formation of oxide film. Owing to a high internal stress within the oxide film, the atom diffusion can be accelerated, and the process of grain growth in oxide film have been observed during the autoclave test in superheated steam at both 400 ℃ and 500 ℃, so it is possible for Fe and Cr to be reprecipitated from solid solution state in ZrO_2. Due to the volume change of precipitation phase, moreover an additional stress will be produced within oxide film, which would also promote the diffusion of anion vacancies and accelerate the corrosion rate. This might be a cause that why the second transition was observed during the autoclave test at 360 ℃ elevated temperature water or 400 ℃ superheated steam after specimens were quenched from beta phase. Therefore, when specimens quenching from beta phase were reheated in alpha phase region the second transition phenomenon will be disappeared gradually with the increase of reheating temperature in accompany with the reprecipitation of Fe and Cr alloying elements from supersaturated solid solution state in alpha Zr matrix[11].

One of the authors in this paper proposed a model to interpret the process of the formation for nodular corrosion[14]. Who considered that the bumps which are the thicker oxide film in local area in black oxide film act as nuclei of nodular corrosion. Thus the factors affecting the formation of bumps will directly affect the nodular corrosion behavior. Such as the inhomogeneous distribution of alloying elements in solid solution or of second phase particles, the difference of grain orientation, and the variation of surface energy on specimens induced by environmental medium, all these factors could promote the difference of growth rate of oxide film among local regions, which lead to the formaton of bumps within the black oxide film and result in the bad nodular corrosion behavior. After increasing the solid solution contents of Fe and Cr in alpha Zr matrix, the unfavorable factors mentioned above could be modified and the inhomogeneous growth of black oxide film could be restrained. So that the bumps in black oxide film are not easy to be formed, as well the nodular corrosion resistance can be improved.

5　Conclusions

(1) The second phase particles in Zircaloy – 4 are mostly $Zr(Fe, Cr)_2$, and their size and distribution in matrix can modified by quenching from 830 ℃ or 1 050 ℃, while making a partial Fe, Cr alloying elements to be supersaturated solution in alpha Zr matrix.

(2) The main factor of affecting corrosion behavior (both uniform and nodular corrosion) on Zircaloy – 4 is the solid solution contents of Fe and Cr alloying elements in alpha Zr matrix rather than the size of second phase particles. Therefore a remarkable improvement for both uniform and nodular corrosion resistance can be obtained by quenching from the upper temperature of alpha region. In this case the second phase particles are much larger and the solid solution contents of Fe and Cr in Zr matrix are about 200 μg/g.

(3) quenching from beta phase or the upper temperature of alpha phase region, both of them can improve obviously the nodular corrosion resistance in Zircaloy - 4. But the uniform corrosion resistance is not good after quenching from beta phase, because a second transition in the relationship between weight gain and exposure time will appear to increase the corrosion rate after long exposure time during the autoclave tests. It might be the reasons that much more Fe and Cr alloying elements are supersaturated solid solution in alpha Zr matrix.

Acknowledgements

The authors are indebted to the North-west Institute for Nonferrous Metal Research in China for the fabrication of the tubular samples used in this experiment according to the requirement proposed by us.

References

[1] ZHOU Bangxin. Nuclear Power Engineering, (in Chinese), 1989,10(6): 73.

[2] Isobe T, Matsuo Y. Development of High Corrosion Resistance Zirconium-base Alloys. 9th International Symposium on Zirconium in the Nuclear Industry, Nov. 5 - 8,1990. Kobe, Japan.

[3] Eucken C M, Finden P T, Tyapp-pritsching S, Weidinger H G. Zirconium in the Nuclear Industry: 8th International Symposium, ASTM STP 1023, L. F. P. Van Swan and C. M. Eucken, Eds. , American Society for Testing and Materials, Philadlphia, 1988, p. 113.

[4] Garzarolli F, Steinberg E, Weidinger H C. ibid. , p. 202.

[5] Charquet D, Hahn R, Ortlieb E, Gros J. P. Wadier J. F. ibid. , p. 405.

[6] Garzarolli F, Stehle H. IAEA International Symposium on Improvement in Water Reactor Fuel-Technology and Utilization, IAEA - SM 288/24, Stockholm, Sweden, Sept. 1986.

[7] Foster J P, Dougherty J, Burke M G, Worchester S. J. Nucl. Mat. , 1990,(173): 164.

[8] Kruger R M, Adamson R B, Brenner S S. J. Nucl. Mat 1992,(189): 193.

[9] Anderson T, Thorvaldsson T, Wilson A, Wardle A M. IAEA International Symposium on Improvements in Water Reactor-Fuel Technology and Utilization, IAEA-SM 288/59, Stockholm, Sweden, Sept. 1986.

[10] Urquhart A W, Vermilye D A, Rocco W A. J. Electrochem. Soc. , 1978,(125): 199.

[11] ZHOU Bangxin, et al. A Study of a Second Transition Phenomenon in Zircaloy - 4 during the Autoclave Test in 400 ℃ Superheated Steam, to be published.

[12] ZHOU Bangxin, LI Cong, HUANG Decheng. Nuclear Power Engineering, (in Chinese) 1993,14(2): 149.

[13] ZHOU Bangxin, et al. High Resolution TEM Study of Oxide Film Formed on Zircaloy - 4, to be published.

[14] ZHOU Bangxin. Zirconium in the Nuclear Industry: 8th International Symposium, ASTM STP 1023, L. F. P. Van Swan and C. M. Eucken, Eds. , American Society for Testing and Materials, Philadelphia, 1989, p. 360.

Zr - Sn - Nb 系合金的显微组织研究*

摘　要：用透射电子显微镜研究了含 Fe 或 Fe+Cr 的 Zr - Sn - Nb 合金显微组织随热处理不同的变化. 样品经 1 050 ℃ - 30 min/AC 处理后，在板条状 α - Zr 晶界上形成了连续的由 Nb 稳定的 β - Zr，大部分 Fe 固溶于 β - Zr 中，当有 Cr 存在时，在晶界上会析出立方结构的 Zr(Fe, Cr)$_2$. 样品再经 550 ℃时效处理后，β - Zr 会分解成更富 Nb 的 β - Zr 和 α - Zr. 随着时效温度升高，由于相界面的表面张力作用，连续层状的 β - Zr 会收缩成短条状. 样品在 720 ℃ - 2 h/AC 处理后，在三晶交界处往往会形成 β - Zr，它在 550 ℃时效处理时也会发生分解，但在晶内的 β - Zr 第二相却不发生分解，这可能与不同温度下形成 β - Zr 中 Nb 含量的差别有关.

1　前言

　　锆合金和其他合金一样，改变热加工或热处理制度将会影响合金的显微组织，从而影响材料的使用性能. 通过对 Zr - Sn 系(Zr - 2、Zr - 4)的显微组织研究，明确了通过控制热加工或热处理制度来改变 Fe 和 Cr 合金元素在 α - Zr 基体中的过饱和固溶含量，或者从另一方面说，改变第二相的析出和分布，可以使耐腐蚀性能得到明显改善[1]. 对于 Zr - Nb 系也是如此[2]. 但是对于添加了 Fe 或 Fe+Cr 后的 Zr - Sn - Nb 合金，它的显微组织随热处理制度不同有什么变化？ 与 Zr - 4 或 Zr - Nb 有什么不同？ 这些问题都还不十分清楚. 只有在研究了这些问题后，才有可能通过优化热加工或热处理制度来改变显微组织，以便得到最佳的使用性能.

2　实验方法

　　本实验选用了两种成分的 Zr - Sn - Nb 合金，3♯样品是 Zr - 0.92Sn - 1.03Nb - 0.12Fe (wt%)，4♯样品是 Zr - 0.63Sn - 0.78Nb - 0.10Fe - 0.08Cr(wt%). 用自耗电弧炉熔炼成 7 kg Φ 80 mm 铸锭，经铸锭上、中、下取样分析，成分均匀性符合要求. 铸锭经 1 050 ℃均匀化退火后水淬，再经热锻、热轧、冷轧及中间退火等工序，制成厚约 0.5 mm 片状试样. 试样经酸洗后在抽真空的石英管中进行加热，加热后将管式电炉推离石英管，并淋水吹风冷却，称为空冷(AC). 一组试样经 1 050 ℃ - 30 min 加热后空冷，然后再在不同温度下时效处理，标记为1 050 ℃ - 30 min/AC+550 ℃ - 10 h/AC 等. 另一组试样在 720 ℃ - 2 h 加热空冷后，再在 550 ℃ - 10 h 处理，标记为 720 ℃ - 2 h/AC、720 ℃ - 2 h/AC+550 ℃ - 10 h/AC. 试样先经化学抛光减薄，再用电解双喷方法制备透射电镜观察所需的薄试样. 观察所用电镜为 JEM - 200CX.

---

* 本文原发表于中国材料研究学会编写《生物及环境材料》，化学工业出版社，1997：187 - 191.

实验结果和讨论

图 1a 是 3# 样品经 1 050 ℃ - 30 min/AC 处理后的显微组织,在板条状晶粒晶界上有一层几乎是连续的第二相,经选区电子衍射(SAD)分析,证明这是 b. c. c 结构,a = 0. 355 nm,并有 (110)//(0002),⟨11-20⟩//⟨332⟩的取向关系(图 1b),这应是由 Nb 稳定的 β-Zr. 由于 β→α 相变时体积变化会引起 β-Zr 变形,这可能是⟨1120⟩//⟨332⟩取向关系偏离了⟨1120⟩// ⟨111⟩取向关系的原因. 重新在 550 ℃ 时效处理后,β-Zr 发生分解(图 1c),分解后一种是 b,c,c 结构,a = 0. 352 nm,这应是更富 Nb 的 β-Zr,另一种是 α-Zr,从暗场象可以看出,分解后的两种相形成互补分布(图 2). 样品在 700 ℃ 处理后,由于相界面的表面张力作用,晶界上的第二相收缩成短条状(图 1d). 3# 样品中的 Fe 主要固溶在 β-Zr 中. 4# 样品经 1 050 ℃ - 30 min/AC 处理后,以及随后在不同温度加热处理,显微组织的变化与 3# 样品有相似的一面,在晶界上也形成连续的 β-Zr 层,当重新在 550 ℃ 时效时,也分解成更富 Nb 的 β-Zr 和 α-Zr. 但也有不同的一面,由于 4# 样品中除含 Fe 外还有 Cr,样品经 1 050 ℃ - 30 min/AC 处理后,除了在晶界上形成连续的 β-Zr 外,在晶界上还可观察到断续分布的立方 Zr(Fe、Cr)₂(图 3),这一点又与 Zr - 4 的结果相似[3].

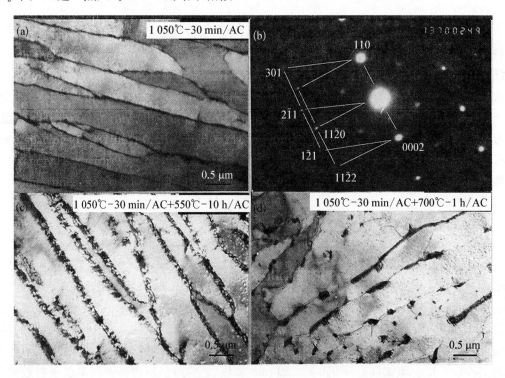

图 1 3# 样品经 1 050 - 30 min/AC(a),1 050 ℃ - 30 min/AC+550 ℃ - 10 h/AC(c)及 1 050 ℃ min - 30 min/AC+700 ℃ - 1 h/AC(d)处理后的显微组织,以及 β - Zr 和基体 α - Zr 的选区电子衍射(b)

样品经 720 ℃ - 2 h/AC 处理后,都是等轴的再结晶晶粒,在两种样品的晶界上,尤其是三晶交汇处,往往形成 β-Zr,由 SAD 分析确定 a = 0. 355 nm. 样品继续在 550 ℃ - 10 h 处理后,β-Zr 都发生了分解(图 4). 在晶粒内部,除了 4# 样品有六方 Zr(Fe、Cr)₂ 外,其他棒状

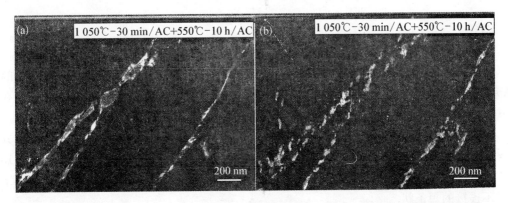

图2 3#样品经 1 050 ℃-30 min/AC＋550 ℃-10 h/AC 处理后同一视场内的两张暗场象(a) α-Zr，(b) β-Zr

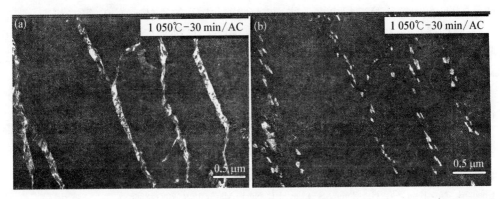

图3 4#样品经 1 050 ℃-30 min/AC 处理后同一视场内的暗场象，(a_0) β-Zr；(b) 立方 Zr(Fe、Cr)$_2$

第二相都是 b. c. c 结构的 β-Zr，$a = 0.350$ nm. 这种第二相在 550 ℃-10 h 处理后并未观察到分解现象，这可能与两种第二相中含铌量不同有关. 从 β-Zr 点阵常数随 Nb 含量不同的变化推算，$a = 0.355$ nm 的 β-Zr 中含 Nb 量约为 13％，而 $a = 0.350$ nm 时含 Nb 量可增至 30％[4]. 在所有样品中都可以找到细条状或针状的 γ-ZrH.

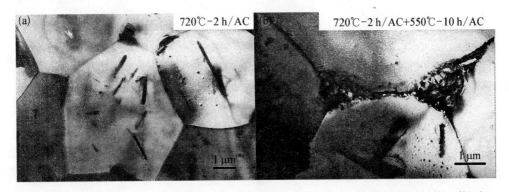

图4 3#样品经 720 ℃-2 h/AC(a)及 720 ℃-2 h/AC＋550 ℃-10 h/AC 处理后的显微组织

3#和4#样品显微组织随热处理改变而变化的规律大致与 Zr-Nb 合金相似[5]，加入 Sn 后没有明显的影响. 在研究热处理对 Zr-Sn-Nb 系合金耐腐蚀性影响时，必须要考虑在 500～550 ℃长期时效处理后才能得到较稳定的组织结构这一因素.

3 结论

(1) 3#样品经 1 050 ℃ - 30 min/AC 处理后,在板条状 β - Zr 晶界上形成了连续的由 Nb 稳定的 β - Zr,$a = 0.355$ nm,这时 Fe 主要固溶于 β - Zr 中. 4#样品经同样处理后,在板条状晶界上除了形成连续的 β - Zr 外,还析出了颗粒状的立方 $Zr(Fe、Cr)_2$.

(2) 两种样品经 1 050 ℃ - 30 min/AC+550 ℃ - 10 h/AC 处理后,晶界上的 β - Zr 分解成 α - Zr 和更富 Nb 的 β - Zr,$a = 0.352$ nm. 由点阵常数的变化推算出 Nb 含量大约由 13% 富集成 25%. 在 700 ℃ 或 800 ℃ 处理后,由于相界表面张力的作用,晶界上连续的 β - Zr 收缩成不连接的短条状.

(3) 两种样品经 720 ℃ - 2 h/AC 处理后,在晶界上(特别在三晶交汇处)形成了 β - Zr,$a = 0.355$ nm. 晶内棒状第二相为更富 Nb 的 β - Zr,$a = 0.350$ nm. 由于 3#样品含 Nb 量比 4#样品的高,晶内棒状第二相也多一些. 在 4#样品中还有 $Zr(Fe、Cr)_2$ 第二相.

(4) 两种样品经 720 ℃ - 2 h/AC+550 ℃ - 10 h/AC 处理后,在晶界处的 β - Zr 发生分解,形成 α - Zr 和更富 Nb 的 β - Zr,但晶内棒状 β - Zr 第二相并未观察到分解的迹象,这可能与 Nb 含量不同有关.

(5) 研究显微组织或热处理对 Zr - Sn - Nb 系合金耐腐蚀性能的影响时,应考虑 β - Zr 在 500~550 ℃ 长期时效处理时会发生分解这种特性.

参 考 文 献

[1] 周邦新、赵文金、苗志等,核科学与工程 1995(5),No.3,242.
[2] Choo, K. N., Kang, Y. H., Tyun, S. I. et al J. Nucl. Mat., 1994(209),226.
[3] 赵文金、周邦新,核动力工程 1991(12),No.4,47.
[4] Grad, G, B., Pieres. J. J., Guillermet, A. F. et al. Z. Metallkd. 1995(86),6,395.
[5] Esa Vitikainen and Pertti Nenonen, J. Nucl. Mat. 1978(78),362.

改善锆合金耐腐蚀性能的概述[*]

摘　要：发展高性能核燃料组件是提高核电经济性的必由之路,改善核燃料元件包壳锆合金的性能是其中关键问题之一. 本文概述了我们近几年研究改善锆合金耐腐蚀性能的结果：控制 Zr-4 合金成材时的热加工制度,可以明显改善它的耐腐蚀性能,尤其是耐疖状腐蚀性能. 其主要原因是 α-Zr 中 Fe+Cr 的固溶含量变化,而不是析出相微粒的大小. 由于 Zr-4 合金中析出相 $Zr(Fe, Cr)_2$ 微粒的氧化比 α-Zr 基体慢,并与成分中的 Fe/Cr 比有关,当嵌镶在氧化膜中的 $Zr(Fe, Cr)_2$ 微粒继续氧化形成单斜结构 ZrO_2 和立方结构 $(Fe, Cr)_3O_4$ 后,由于体积膨胀会造成氧化膜中的局部张应力. 从这一角度出发,热处理对析出相细化、均匀分布以及 Fe/Cr 比的变化等也是应考虑的问题. 发展 Zr-Sn-Nb-(Fe+Cr) 新合金,对改善锆合金的耐腐蚀性能有更大的潜力,成分（%,质量分数,下同）的选择应为 Sn 1～1.2,Nb～1,Fe+Cr 可保持或略高于 Zr-4 的水平.

　　人类最终的能源需求将依赖于核能,尽管目前尚未掌握受控核聚变,但由核裂变生产的电能已占世界生产总电量的 17%,有 11 个国家已占本国生产总电量的 30% 以上,法国达到 76%. 我国大陆地区的核电起步较晚,自秦山和大亚湾核电厂建成后,1996 年核电上网电量达 143 亿 kW·h,虽只占全年总发电量的 1.4%,但正在稳步发展."九五"期间将有 8 台核电机组投入建设,2002 年后将陆续投入运行.

　　世界核电发展 40 年来,曾发生过两次严重事故：美国三哩岛轻水堆事故（1979 年 3 月 28 日）和前苏联切尔诺贝利石墨水冷压力管式反应堆事故（1984 年 4 月 26 日）. 这两次事故严重影响了世界核电的发展,但也促使要设计建造更安全可靠核电厂. 与此同时,也需要进一步降低核电成本,此外,延长核燃料的换料周期,提高燃料燃耗也是一个重要的方面.

　　锆的热中子吸收截面小,具有较好的耐腐蚀和高温力学性能,锆合金在核动力反应堆中是一种重要的结构材料,可作为核燃料的包壳材料,也可作为反应堆堆芯中的某些结构材料. 作为核燃料的包壳时,一方面要将核燃料裂变时释放的热能传递给冷却剂,同时又要避免燃料与冷却剂接触,包容放射性的裂变产物,防止冷却剂受到放射性物质污染,这是反应堆安全运行的第一道屏障. 包壳的内壁将受裂变产物的侵蚀,外壁受到高温高压水的冲刷和腐蚀,由于中子辐照损伤及腐蚀吸氢,将导致包壳的力学性能下降. 所以在延长核燃料的换料周期提高燃耗后,对燃料包壳材料—锆合金的性能提出了更高的要求,其中改善包壳水侧的耐腐蚀性能又是问题的主要方面. 自从 80 年代初以来,世界各主要核电国家对如何改进现用锆合金（Zr-4, Zr-2）的性能,以及发展新的锆合金开展了大量研究工作,现已取得了比较满意的结果. 我们在同期也对锆合金作过许多研究,本文将在研究锆合金进展的背景下,对我们的研究结果作一综述.

---

* 本文原发表于《金属热处理学报》,1997,18(3)：8-15.

1 Zr-4 合金的耐腐蚀性能

锆合金与高温水或过热蒸汽反应时,生成 ZrO_2 和氢,部分氢将被锆合金吸收. 氧化初期在表面形成一层黑色光亮致密的氧化膜,腐蚀增重与时间之间遵循立方关系,氧化膜达到一定厚度后,转折为线性(或接近直线)关系. 在加氢除氧的压水堆运行条件下,锆合金主要是均匀腐蚀,但在沸水堆中,由于含有一定的氧会产生疖状腐蚀,疖状腐蚀斑为灰白色,表面突起,深度可达 $30\sim100~\mu m$. 当疖状斑发展连成片后,氧化膜变得疏松易剥落. 研究热处理对 Zr-4(也包括 Zr-2)耐腐蚀性能的影响后发现,合金经 β 相淬火后,重新加热的温度及时间对耐腐蚀性能有明显影响. 将重新加热温度和时间归一为累积退火参数 A[1], $A = \sum t_i \exp(-Q/RT_i)$, t_i 和 T_i 是 β 相淬火后各次重新加热的时间(h)和温度(K),Q 为金属间化合物析出过程的激活能,R 为气体常数,取 $Q/R = 40\,000$ K. 如将腐蚀转折后的腐蚀速率(均匀腐蚀时)或腐蚀增重(疖状腐蚀时)对 A 作图,发现 A 值大于一定值对耐均匀腐蚀性能可以明显改善,而过大的 A 值对耐疖状腐蚀性能又有害. 为改善耐均匀腐蚀推荐的 A 值是 $(15 \sim 60) \times 10^{-18}$ h,为改善耐疖状腐蚀推荐的 A 值是 $(0.5 \sim 1.5) \times 10^{-18}$ h[2].

1.1 累积退火参数 A 值与耐腐蚀性能间的内在关系

Zr-4 或 Zr-2 合金是加入 Sn~1.5% 和(Fe+Cr)或(Fe+Cr+Ni)~0.3%,由于这些过渡族元素在 α-Zr 中的固溶度很低,所以大部分合金元素将形成 $Zr(Fe, Cr)_2$ 或 $Zr_2(Fe, Ni)$ 金属间化合物,析出弥散分布在 α-Zr 基体中. 由于经 β 相淬火析出的相在重新加热时会聚集长大,A 值与析出相尺寸大小也有对应关系,所以有的学者认为析出相大小是影响耐腐蚀性的原因,控制 A 值也就是控制析出相大小[2]. 但是,合金元素在 β 相淬火时可以过饱和固溶在 α-Zr 中,重新加热时又会析出金属间化合物微粒,α-Zr 中的合金含量随着降低,这也可能是影响耐腐蚀性能的原因. 我们设计了一组试验,以验证究竟哪一种因素是影响耐腐蚀性能的主要原因[3]. 样品选自同一铸锭,在管材加工过程中,将最后一次中间退火的温度由原来的 650 ℃×2 h(A 样品)更改为 1 030 ℃×1.5 h β 相淬火(B 样品),或 830 ℃×1.5 h 加热淬火(C 样品),这时管坯尺寸为 $\phi16~mm \times 2~mm$,然后冷轧至 $\phi9.5 \times 0.64~mm$,再经 470 ℃×4 h 去应力退火成为最终试验样品. 用透射电镜观察了这批试样的显微组织,A 样品中析出相的微粒最多,平均尺寸约 $0.2~\mu m$,因经过 650 ℃多次中间退火,Fe+Cr 在 α-Zr 中的固溶含量最少;B 样品中析出相的微粒最少,且 $<0.01~\mu m$,因经过 β 相淬火,Fe+Cr 在 α-Zr 中的固溶含量(过饱和)最多;C 样品中析出相的微粒虽然不多,但尺寸较大(约 $0.5~\mu m$),因经过 830 ℃淬火,Fe+Cr 在 α-Zr 中的含量(过饱和)适中. 这组样品分别在 360 ℃,18.6 MPa 高温水及 400 ℃、450 ℃和 500 ℃,10.3 MPa 过热蒸汽的高压釜中进行了不同时间的腐蚀试验,测量腐蚀增重与时间的关系. 图 1 是 360 ℃高温水和 500 ℃过热蒸汽中的试验结果,这两种腐蚀条件可分别代表锆合金的耐均匀腐蚀和耐疖状腐蚀特性. B 样品虽然耐疖状腐蚀性能较好,但在 360 ℃高温水中长期腐蚀后会出现第二次转折,耐均匀腐蚀性能差,这可能与 α-Zr 中 Fe+Cr 固溶含量较多有关. 当 α-Zr 氧化后,其中 Fe 和 Cr 以 $(Fe, Cr)_3O_4$ 形式析出,造成氧化膜中应力状态改变而影响氧化速率. 用高分辨电镜(HRTEM)观察氧化膜点阵条纹像时,曾观察到某种相析出时早期的情况(图 2),在其周围存在应力场. 如按析出相微

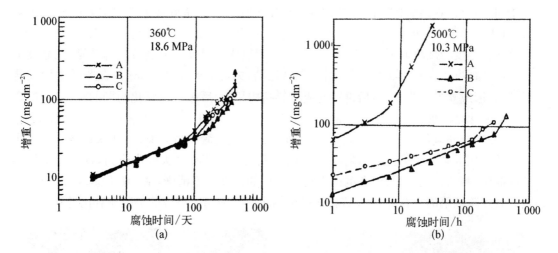

图 1 样品在 360 ℃，18.6 MPa 高温水(a)及在 500 ℃，10.3 MPa 过热蒸汽(b)中的腐蚀增重

Fig. 1 The weight gain for specimens after the autoclave test at 360 ℃, 18.6 MPa elevated temperature water (a) and 500 ℃, 10.3 MPa surperheated steam (b) with different exposure time

粒尺寸影响耐疖状腐蚀性能的规律推理，C 样品的耐疖状腐蚀性能会很差，但事实上比 A 样品好，与 B 样品相当，并同时具有良好的耐均匀腐蚀性能. 根据研究 Zr‐1.4％ Sn 与 Fe、Cr 间的相图可知，在 800～850 ℃间，Fe 或 Cr 在 α‐Zr 中的固溶度可达 150～200 $\mu g/g^{[4]}$. 因此，影响耐腐蚀性能的主要因素是 α‐Zr 中 Fe+Cr(Zr‐2 中是 Fe+Cr+Ni)过饱和固溶含量的变化，而不是析出相微粒的大小. 当然，直接的证据还有待对 α‐Zr 中合金元素含量进行直接测定，由于其含量很低，即使用原子探针也不易得到准确的结果.

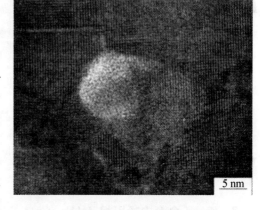

图 2 β 相空冷试样上氧化膜点阵条纹像

Fig. 2 The HRTEM lattice image of the oxide film formed on the specimen heated at β phase and followed by air cooling

1.2 氧化膜的内应力与显微组织

金属锆氧化生成 ZrO_2 时 P/B 比(氧化前后的体积比)为 1.56，氧化过程发生在 Zr/ZrO_2 界面处. 因此，氧化膜中存在很大的压应力，并且沿厚度方向存在应力梯度. 氧化膜中的应力以及在应力作用下形成的氧化膜显微结构，都会直接影响阴离子空位的扩散，从而影响氧化过程. 因此测定氧化膜中的应力常是研究氧化过程关注的一个问题. 通常测定氧化膜应力的方法只能得到氧化膜中的平均应力值，无法了解氧化膜厚度方向的应力梯度及内表面的应力. 利用细管材表面形成氧化膜时直径和周长增加，氧化膜中的压应力沿周向会得到较大的松弛，所以把金属基体用 HNO_3‐HF 水溶液溶去后，氧化膜会沿轴向向上卷曲成小圆筒. 测出氧化膜厚度及卷曲圆筒的直径，根据已知的 ZrO_2 弹性模量则可计算出氧化膜的内表面应力及应力梯度[5, 6]. 在计算时要假设氧化膜表面应力为零. 氧化膜内表面的应力随氧化膜厚度的增加出现极大值，可达 1 100～1 400 MPa，极大值以及与之对应的氧化膜厚度，在实验温度范围内(500～800 ℃空气中氧化)随温度升

高而增加. 用电镜观察氧化膜的显微组织,可以看到应力下降与氧化膜中的亚晶长大相联系. 在氧化膜厚度<5 μm 时,相同厚度下的应力梯度值随氧化温度升高而增大,但总的趋势是随氧化膜厚度增加单调下降. 用电镜观察垂直于氧化膜厚度方向制备的薄试样,在靠近金属/ZrO_2 界面约 200 nm 范围内观察到非晶氧化锆,由非晶转变为晶态时,在非晶中形成球状晶核,先形成立方结构相,然后再转变成单斜结构相[7]. 后来研究氧化初期的氧化膜时,还发现非晶氧化锆的形成与合金基体的晶粒取向有关[8]. 当观察平行于氧化膜制备的薄试样时,也可发现非晶氧化锆的存在,只是无法判断它在氧化膜中的位置. 用 HRTEM 观察,非晶与球状晶核混杂的图像更为清晰(图 3). 由于氧化膜中存在较大的内应力,在这种条件下生长的晶体,其结构也不完整,在电镜下观察晶粒的衬度很不清晰,从 HRTEM 照片中可以清楚看到点阵缺陷的存在(图 4). 这种显微结构将影响阴离子空位的扩散和氧化过程.

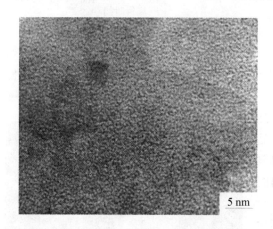
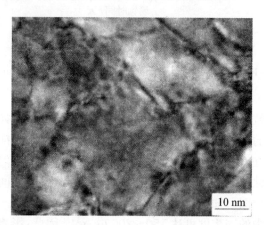

图 3 在 400 ℃ 过热蒸汽中生成氧化膜的非晶 HRTEM 像

Fig. 3 The amorphous phase in oxide film formed in 400 ℃ superheated steam

图 4 在 400 ℃ 过热蒸汽中生成氧化膜的点阵条纹像

Fig. 4 HRTEM lattice image of oxide film formed in 400 ℃ superheated steam

1.3 Zr-4 合金中析出相 Zr(Fe, Cr)₂ 的结构、成分和氧化

Zr-4 合金中析出相微粒一般都小于 0.5 μm,用选区电子衍射可以逐个研究它们的晶体结构[9],但对更小的粒子很难准确测定其成分,并且要进行大量的分析统计. 我们在发展了电解分离 Zr-4 中析出相的方法后,研究了热处理对析出相结构和成分的影响[10]. 样品经 β 相加热空冷后,析出相为立方结构,当重新加热至 800 ℃×3 h,立方结构并不发生改变,只是在高于 700 ℃ 加热时会析出少量六方结构的 Zr(Fe, Cr)₂. β 相空冷后析出相中的 Fe/Cr 比变化在 2.1~2.5 之间,随着重新在 600~800 ℃ 加热,Fe/Cr 比下降至 1.9 左右. 工厂提供的 Zr-4 板或管材中,Zr(Fe, Cr)₂ 为六方结构,重新在 800 ℃×3 h 加热后,Fe/Cr 比由 1.9 降至 1.5 左右. 以上结果说明 Fe 原子的扩散速率比 Cr 原子的快,在 β 相空冷时析出相中 Fe/Cr 比值较大,在重新加热保温过程中,析出相中的 Fe 原子与周围基体中的 Cr 原子发生互相扩散置换,Fe/Cr 比值下降. 由于 Cr 原子更易进入六方结构的 Zr(Fe, Cr)₂ 中,因此在 800 ℃×3 h 加热后,Fe/Cr 比值在六方结构 Zr(Fe, Cr)₂ 中比立方结构中的更低.

研究 Zr-4 合金中析出相的腐蚀行为时,观察到它们比 α-Zr 基体氧化慢,在合金氧化形成氧化膜时,析出相先嵌进氧化膜中,然后再逐渐发生氧化[11]. 用 HRTEM 观察已嵌在氧化膜中的析出相,可以看到在它周边上形成与之共格的 $Zr_6(Fe,Cr)_3O$. 研究单独的 $Zr(Fe,Cr)_2$ 金属间化合物的腐蚀过程,确认了腐蚀产物的变化规律[12]:首先形成立方结构的 ZrO_2 和金属 $Fe(Cr)$,然后立方 ZrO_2 转变成单斜结构,金属 $Fe(Cr)$ 氧化成 $(Fe,Cr)_3O_4$(蒸汽中)或 $(Fe,Cr)_2O_3$(空气中[13]). $Zr(Fe,Cr)_2$ 中的 Fe/Cr 比会影响它的腐蚀速率,比值大的比小的腐蚀快. $Zr(Fe,Cr)_2$ 最终氧化成单斜 ZrO_2 和立方 $(Fe,Cr)_3O_4$ 后的 P/B 比为 1.9,由于 $Zr-4$ 中的析出相是先嵌在氧化膜中,然后再发生氧化,所以它在氧化后会造成氧化膜中的局部张应力,在最坏的情况下,可能造成氧化膜的局部开裂,从这种观点出发,合金中的析出相应均匀分布. $Zr-4$ 或 $Zr-2$ 铸锭在锻压至适当尺寸的坯料后,需进行 β 相淬火处理,这样可明显改善成材后的耐腐蚀性能,这可能就是原因之一,因为铸锭中的析出相不仅粗大,且常聚集成团.

1.4 疖状腐蚀的形成机理

用同一块试样经多次腐蚀试验的间断观察,证明疖状腐蚀是一种成核长大过程. 文献中曾提出氧化膜的应力引起局部破裂而加速氧化是形成疖状腐蚀的原因,作者曾逐层仔细观察疖状斑的剖面形貌,垂直于疖状斑的裂纹并不是必有的特征,尤其是在小的疖状斑中(成长初期)并不存在这种裂纹. 另一种模型认为疖状腐蚀在析出相处,或者它们之间合金元素贫化处成核. 由于析出相的微粒大小与分布密度与疖状斑的数目与分布相距甚远,这种成核的假设也不够合理. 作者研究了疖状腐蚀生成初期时的黑色氧化膜,以及晶粒大小、热处理、织构取向及预生氧化膜等对疖状腐蚀特性的影响,提出了一种疖状腐蚀成核长大的模型,如图 5 所示[5],并作过该问题的专题论述[14]. 在模型第一阶段(图 5a、b),氧化膜在金属表面发生不均匀生长是形成疖状腐蚀的第一个关键问题. 由于晶面取向不同引起的氧化各向异性,或者合金元素(析出相)不均匀分布,导致氧化膜生长速率的不同,会引起局部地区的氧化膜增厚. 在研究氧化初期形成的氧化膜时,已观察到这种差别[8]. 适当的冷加工或增加合金元素在 α-Zr 中的固溶含量,都可以使不同取向晶面间能量的差别减小,不易形成厚薄不均的氧化膜. 因此,晶粒大小、同一块试样的不同表面(织构取向差异)、热处理和冷加工对疖状腐蚀都有影响. 环境介质(如压水堆和沸水堆的差别)将可能通过表面吸附状况的差别来影响氧化膜的生长. 在第二阶段(图 5c、d),局部氧化膜增厚处发展成氧化膜的肿块是形成疖状腐蚀的第二个关键问题. 氧化膜形成后内部受到压应力,而与氧化膜接触的金属受到张应力. 最初,这种应力随氧化膜增厚而增大[6],如能使氧化膜下的金属发生变形,使金属中的位错密度增加,氧离子容易沿位错管道向金属扩散,使氧化膜中的氧贫化. 黑色氧化膜本身是阴离子缺位的氧化锆,阴离子空位进一步增加,又促使氧自氧化膜表面向内表面扩散,导致氧化加速,发展成氧化膜中的肿块. 由于肿块是通过挤压金属变形后一步步的发展,所以疖状腐蚀最终都会成为圆形,而底部为球面形,并且深度与直径比大致维持在恒定值[15,16]. 在疖状腐蚀斑下面的金属中,常可观察到形变孪晶存在,析出的氢化物也因张应力的存在而改变了分布的方向[16]. 氧化锆和锆金属的热膨胀系数不同,经过一次冷却和加热循环,氧化膜和金属界面处的应力会重新分布,因此,预生氧化膜后重新加热时,应力需要重新建立,这可能就是预生氧化膜会延迟疖状腐蚀产生的原因. 在第三阶段(图 5e),黑色氧化膜的肿块在箍向压应力的作用下,空位发生定向扩散和凝聚. 如果把凝聚后的孔隙与析出时体积会发生膨胀的析出相作比拟,那么这种孔隙在应力作用下凝聚时,倾向于成串分布,并且垂直于张应力方向,平行于压应力方向. 这样从疖状腐蚀截面上观察的层状结构和横向裂纹也得到

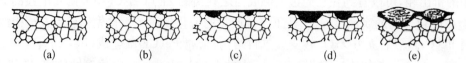

图5 疖状腐蚀形成过程的示意图 (a)、(b) 金属晶体表面形成氧化膜,(c)、(d) 黑色氧化膜中肿块的形成,(e) 肿块中空位的扩散凝聚而形成白色斑

Fig. 5 Schematic diagrams showing the formation of nodules (a), (b) epitaxial oxide film formed on metal surface, (c), (d) the formation and development of bumps in black oxide film, (e) the formation of white nodules after the diffusion and condensation of vacancies

解释.

2 开发新的锆合金

严格控制 Zr-4 或 Zr-2 的最佳化学成分,以及控制成材过程中的热加工制度,可以改善合金的耐腐蚀性能,但要得到更大的提高,只有发展新的锆合金. 美国西屋公司发展的 ZIRLO(Zr-1Sn-1Nb-0.1Fe)合金和俄罗斯发展的 E635(Zr-1.2Sn-1Nb-0.4Fe)合金,已有制成燃料棒在反应堆内辐照考验后的数据[17, 18],它们不仅耐腐蚀性能比 Zr-4 和 Zr-1Nb 的优良,而且力学性能、抗辐照生长以及耐腐蚀性能都非常好. 由于要求燃料包壳锆合金的热中子吸收截面小,所以可加入的合金元素种类受到很大的限制,Zr-Sn-Nb 并加入少量的过渡族元素是最好的合金体系. 我们研究了这种体系合金中的 Sn(0.6%~1.0%)、Nb(0.25%~1.0%)、Fe(0.1%~0.35%)和 Cr(0~0.2%)对合金耐腐蚀性能的影响[19],8 种成分的合金在堆外高压釜中腐蚀试验结果表明:Zr-Sn-Nb 系合金的耐疖状腐蚀性能非常好,当选择合金成分正确时,具有明显抗 Li^+ 的加速腐蚀作用(在压水堆的冷却介质中添加微量 LiOH 是调节 pH 值必要的措施),在含有 LiOH 高温水中的耐均匀腐蚀性能明显优于 Zr-4. 新合金体系中 Sn 和 Nb 同时存在的共同作用是非常重要的,因为 Zr-1Nb 合金在含 LiOH 高温水中的耐腐蚀性能也不好[18]. 如添加<0.8% Sn 和(0.2%~0.3%)Nb,虽然这种合金在 400 ℃过热蒸汽中的耐腐蚀性能很好,但在含 LiOH 高温水中的耐腐蚀性能并不好[19]. 这就提出了用堆外 400 ℃过热蒸汽腐蚀试验评判新锆合金并不适用的问题. 新锆合金中应添加(1%~1.2%)Sn 和~1% Nb,同时添加 Fe 或 Fe+Cr 也是有利的,其添加量可保持或略高于 Zr-4 中的 Fe+Cr 含量(0.37%).

Nb 是稳定 β-Zr 的合金元素,因此 Zr-1Sn-1Nb 合金经 β 相空冷后,在 α-Zr 晶界上形成一层连续分布的 β-Zr,β-Zr 在低于 600 ℃加热时效,又会分解为 α-Zr+β-Nb. 如果只添加少量 Fe,Fe 主要固溶在 β-Zr 和 β-Nb 中,如果同时添加 Fe+Cr,则会析出 Zr(Fe, Cr)$_2$ 微粒[20],与 Zr-4 合金相似. Zr-Sn-Nb 合金在热加工过程中由于会形成 β-Zr 以及随后 β-Zr 的分解,在成材后的显微组织中常常存在团聚的 β-Nb 微粒,优化 Zr-Sn-Nb-Fe(或 Fe+Cr)系合金的显微组织,对提高它的耐腐蚀性能可能还有潜力.

3 结束语

随着我国核电的发展,要求核电厂具有更好的安全可靠性和经济性. 开发高性能核燃料组件,以延长换料周期,提高核燃料的燃耗,在提高经济性方面会取得明显效果.改善燃料元件包壳锆合金的性能是发展高性能燃料组件需要解决的一个重要问题,而改善锆合金的耐水侧腐蚀性能又是提高锆合金性能的关键.严格控制 Zr-4 的化学成分(低 Sn 和高 Fe+Cr,并控制 Si 和 C),优化成材过程中的热加工制度,可以改善 Zr-4 的耐腐蚀性能,但对吸氢、蠕变、辐照生长及抗应力腐蚀等性能不会有明显的改善.要满足更高燃耗的燃料组件要求,必须发展新锆合金. Zr-Sn-Nb-Fe(或 Fe+Cr)合金,不仅可以明显提高耐腐蚀性能,对改善吸氢、蠕变、辐照生长和抗应力腐蚀性能都有明显作用.优化合金元素的含量及显微组织,对改善这种体系合金的性能可能还有潜力.

参 考 文 献

[1] Thorvaldsson T, Andersson T, Wilson A, Wardle A. Correlation between 400 ℃ steam corrosion behavior, heat Treatment and microstructure of zircaloy-4 tubing. Zirconium in the Nuclear Industry: 8th International Symposium ASTM STP 1023, Van Swam, L F P, Eucken C M, Eds. , American Society for Testing and Materials, Philadelphia, 1989,128.

[2] Seibold A, Garzarolli F, Manzel R. Cladding development to meet the challenge of modern LWRs, EUROMAT 96, Topical conference on materials and nuclear power. Bournemouth, UK, 21-23 Oct,1996,149.

[3] 周邦新,赵文金,苗志等. 改善 Zr-4 耐腐蚀性能的研究. 核科学与工程,1995,15(3):242.

[4] Charquet D, Hahn R, Ortlieb E, Gros J P, Wadier J F. Solubility limits and formation of intermetallic precipitates in ZrSnFeCr alloys. ibid 1,405.

[5] Zhou Bangxin. Electron microscopy study of oxide films formed on zircaloy-2 in superheated steam. ibid 1,360.

[6] Zhou Bangxin,Jiang Yourong. Oxidation of zircaloy-2 in air from 500 ℃ to 800 ℃ , High temperature corrosion and protection. Proc. Inter, Sym. , Shenyang, China, 26-30 June, 1990. Eds. Guan Hengrong, Wu Weitao, Shen Jianian and Li Tiefan, Liaoning Science and Technology Publishing House, 1991,121.

[7] Zhou Bangxin, Qian Tianlin, A study of microstructure of oxide film formed on zircaloy-4. idid 6,125.

[8] 李聪,周邦新. Zr-4 合金氧化膜(<100 nm)的电镜研究. 核动力工程,1994,15(2):152.

[9] 赵文金,周邦新. Zr-4 合金中第二相的研究. 核动力工程,1991,12(5):67.

[10] Zhou Bangxin, Yang Xiaolin. The effect of heat treatments on the structure and composition of second phase particles in zircaloy-4. China Nuclear Science and Technology Report, CNIC-01073, SINRE-0065, China Nuclear Information Center, Atomic Energy Press, 1996.

[11] 李聪,周邦新,苗志,戴吉岩. Zr-4 合金氧化膜中 Zr(Fe, Cr)$_2$ 第二相粒子的 HRTEM 观察. 腐蚀科学与防护技术, 1996,8(3):242.

[12] Zhou Bangxin, Li Cong, Miao Zhi, Dai Jiyan. Corrosion behavior of Zr(Fe, Cr)$_2$ metallic compounds in superheated steam. ibid 10, CNIC-01111, SINRE-0069,1996.

[13] 周邦新,李聪,黄德诚. Zr(Fe, Cr)$_2$ 金属间化合物的氧化. 核动力工程,1993,14(2):149.

[14] 周邦新. 锆合金中的疖状腐蚀问题. 核科学与工程,1993,13(1):51.

[15] Ogata K, Mishima Y, Okubo T, Aoki T, Hattori T, Fujibayashi T, Inagaki M, Murota K, Kodama T, Abe K. A systematic survey of the factors affecting zircaloy nodular corrosion. ibid 1,291.

[16] 周海蓉,周邦新. Zr-2 合金管疖状腐蚀堆外模拟试验研究. 核燃料及材料重点实验室年报,中国核动力研究设计院, 1993,92.

[17] Sabol G P, Comstock R J, Weiner R A, Larouere P, Stanutz R N. In-reactor corrosion performance of ZIRLO and zircaloy-4. Zirconium in the Nuclear Industry: 10th International Symposium, ASTM STP 1245, Garde A M, Bradley E R, Eds. , American Society for Testing and Materials, Philadelphia, 1994,724.

[18] Nikulina A V. State of the art and prospects of zirconium material evolution for fuel rod cladding and other components of VVER type Reactors in Russia, ibid 2, 157.

[19] 周邦新,赵文金,苗志,黄德诚,蒋有荣等. 新锆合金的研究. 1996 年中国材料研讨会,11 月 17-21 日,北京,P 分会.

[20] 周邦新. Zr-Sn-Nb 系合金的显微组织研究. 1996 年中国材料研讨会,11 月 17-21 日,北京,P 分会.

The Issues of Improving Corrosion Resistance for Zirconium Alloys

Abstract: The development of advanced nuclear fuel assemblies is an important approach for increasing the economy of nuclear power. And the improvement of the properties of cladding material-zirconium alloy is one of major problems with advanced fuel assemblies. The results concerning the improvement of corrosion resistance, obtained in recent years from our research work, are described: The corrosion resistance, particularly the nodular corrosion resistance, can be improved by controlling the heat treatments during the fabrication process. The main reason for improving corrosion resistance is the solution contents of Fe+Cr in α - Zr matrix, but not the size of second phase particles(SPPs). The oxidation process of $Zr(Fe\ Cr)_2$ SPPs is more sluggish than that of α - Zr matrix, and is also affected by the Fe/Cr ratio. When the SPPs, which are embedded in oxide film after the oxidation of α - Zr matrix, oxidize continuously to form monoclinic ZrO_2 and cubic $(FeCr)_3O_4$, a local tensile stress in oxide film will be produced because P. B. ratio is equal to 1.9. From this point of view, the particle size, uniform distribution and the Fe/Cr ratio of SPPs should be also taken into account. The development of new zirconium alloys, such as Zr - Sn - Nb (Fe or Fe+Cr), have more potential for improving the corrosion resistance. The composition of new zirconium alloy may be selected in the range of Sn $1\%\sim1.2\%$, Nb$\sim1\%$ and Fe+Cr $0.2\%\sim0.4\%$ in mass fraction.

核工业中的有色金属[*]

摘　要：本文以核工业中涉及有色金属最多的核反应堆为背景,从各部分的功能和工作时的环境影响出发,讨论了有关有色金属的问题.包括核燃料的 U、Pu 合金及其化合物;控制材料 Ag、In、Cd、Hf、Ta、B、Gd 等的合金及其化合物;屏蔽材料 B、W、Bi、Pb 及其化合物;包壳材料 Al、Mg、Zr、W、Mo、Nb、V 的合金;蒸汽发生器传热管材 Ni 基合金和 Ti 合金;还有快堆中用作冷却剂的金属 Na,和聚变堆中氚增殖材料的 Li 合金及其化合物.由于材料制成的部件在反应堆中工作时,会受到中子辐照而引起复杂的显微物理和显微化学演化,导致使用性能变化.通过合金化、控制成分、改进制造工艺和优化显微组织,仍是提高材料的可靠性和开发新材料以满足新要求的重要手段.随着我国核电的发展,也必将带动相关的有色金属工业发展.

1　前言

　　能源是国民经济持续发展不可缺少的一个重要支柱,从人类进步对能源要求的增加,以及可开采的矿物能源不断减少的规律来看,长远能源的需求将依赖于核能与太阳能的利用.核能包括了原子核发生裂变反应和聚变反应时释放的能量.由于目前尚未掌握受控核聚变反应(氘—氘反应和氘—氚反应),所以通常说的核能是指由受控核裂变产生的能量.1942年世界上建成第一个装置,使核裂变在受控状态下发生链式反应,1967年建成了第一座核电站,至今已有 40 年的历史.经过了反应堆型方面的设计改进,以及燃料和材料方面的不断研究发展,到 1996 年底,世界上各种堆型的核电机组共有 442 座正在运行,还有 27 座核电机组正在建设中.核电占世界总发电量已达 17％,其中有 10 多个国家已占本国发电量的30％以上,法国达到 77％.

　　核工业包括了从铀矿开采、铀的提取和冶金、核燃料的制备、反应堆的建造运行,直到使用后乏燃料的回收处理和利用整个过程.各个环节都会或多或少地涉及有色金属问题,但以反应堆的建造和运行涉及的范围最广,问题最多,要求也高.所以本文将主要以核反应堆的建造与运行为背景来谈有色金属在核工业中的问题.

　　核反应堆的建造离不开材料,而反应堆运行的安全可靠性又与材料的使用性能密切有关.核反应堆所需的材料涉及相当广泛,有不少有色金属及其合金,以及它们的化合物,除了作为结构材料之外,还以特殊的功能材料在反应堆的运行中起了重要作用.几十年来对核燃料及材料进行了不少研究,再加上实际运行中所取得的经验,在这方面已取得了很大的进展,使反应堆的性能和安全可靠性都有了很大的提高.但是由于建造反应堆堆芯的材料是在中子辐照这样特殊的环境下工作,除了机械载荷和环境腐蚀外,由于中子辐照引起显微组织的演变,以及元素嬗变造成的显微化学演变有时还会造成更严重的后果.材料受到中子辐照后会引起元素活化而带来很强的放射性,增加了深入研究这些过程的困难.因此,这些材料

---

* 本文原发表于《中国有色金属材料发展现状及迈入 21 世纪对策》(第一次研讨会文集),1997：1-14.

在反应堆工况下工作时,如何发生显微组织、结构和显微化学演变,至今还有许多问题需要深入研究.

2 核反应堆及其主要部分

2.1 核反应堆的分类

以铀或铀钚混合物为核燃料的受控核裂变链式反应装置称为核反应堆(简称反应堆),可以从不同方面进行分类:

2.1.1 按用途分类

研究试验堆:利用核裂变产生的中子进行各种研究工作,或利用中子对核燃料及材料进行辐照考验.

动力堆:利用核裂变释放的热能做功,核电就是这类最典型的堆型.

生产堆:利用核裂变产生的中子,被^{238}U 俘获后嬗变为另一种易裂变的^{239}Pu,作为军用目的反应堆.

特殊用途堆:这包括了以上分类没有包容的堆型,如利用核裂变直接加热而产生热离子发射发电的空间反应堆.

2.1.2 按引发裂变的平均中子能量分类

热中子堆:平均中子能量 0.025 eV.

快中子堆:平均中子能量 1 MeV.

中能中子堆:平均中子能量介于以上两者之间.

2.1.3 按反应堆结构分类

反应堆结构的核心问题是包容发生裂变的核燃料以及将裂变热导出的结构设计,可分为压力容器式、压力管式和池式结构.

2.1.4 按冷却剂和慢化剂分类

冷却剂和慢化剂有时是用同一种物质,如水堆中的轻水或重水兼作冷却剂和慢化剂. 石墨气冷堆中的石墨为慢化剂,CO_2 或 He 为冷却剂. 液态金属(如 Na)作冷却剂的快中子堆中没有中子慢化剂.

2.1.5 按核燃料分类

分天然铀堆和富集铀(包括铀和钚的混合物)堆.

2.2 压水堆及其主要部分

现以轻水慢化、轻水冷却的压力容器式动力反应堆为例,简要叙述反应堆的各个部分和作用,其结构示意图如图 1,这是目前核电厂广泛采用的堆型,简称为压水堆(PWR). 压力容器也称压力壳,是一个可密封的钢结构件. 以电功率为 1 000 MW 的核电厂来说,压力容器高约 13 m,内径 4~5 m,壁厚 24 cm,质量约为 400~500 t. 容器内包容了核燃料及高温高压水(压力~15.5 MPa,平均温度~310 ℃),这种水既作为中子慢化剂,又作为冷却剂,经主泵驱动在一回路中循环,将核燃料裂变释放的热能带至蒸汽发生器,通过热交换使二回路的水变为饱和蒸汽(~280 ℃,~6 MPa),推动透平发电机. 压力壳、蒸汽发生器、主泵、连接管道以及一些重要的安全系统又都包容在安全壳内. 安全壳一般是预应力混凝土构件,它应设计

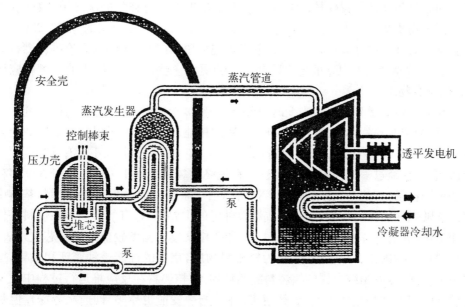

图 1 压水堆核电站工作原理的示意图

成能承受事故条件下所导致的各种静态和动态载荷,包括冷却剂主管道断裂这种最大的失水事故,由于冷却剂的喷放造成的内压.安全壳作为最后一道屏障,用来防止事故条件下放射性物质向环境释放.同时,也用它来防止外部事件(如飓风、飞射物撞击等)对反应堆系统的破坏.为了防止放射性物质向环境释放,核电厂一般都采用了多道屏蔽体系,包括核燃料元件包壳、压力壳和安全壳.

反应堆建造及运行所涉及有色金属的一些主要问题分别叙述如下.

3 核燃料

在自然界中,受到中子轰击后容易发生裂变的元素只有^{235}U,而^{235}U在铀中的含量占0.71%,99.3%都是^{238}U.在压水堆中,一般要将^{235}U富集到3%左右使用,如作为军事目的,则要富集到90%以上.^{238}U只有在受到能量大于1.1 MeV的中子轰击后才可能发生裂变,但它在俘获中子后转变成易裂变的^{239}Pu.

$$^{238}_{92}U + ^1_0n \longrightarrow ^{239}_{92}U \xrightarrow[23\ \text{min}]{\beta-} ^{239}_{93}Np \xrightarrow[2.3\ \text{d}]{\beta-} ^{239}_{93}Pu$$

另外^{232}Th在俘获中子后也可转变成易裂变的^{233}U

$$^{232}_{90}Th + ^1_0n \longrightarrow ^{233}_{90}Th \xrightarrow[23\ \text{min}]{\beta-} ^{233}_{91}Np \xrightarrow[27.4\ \text{d}]{\beta-} ^{233}_{92}U$$

^{239}Pu和^{233}U称为人工易裂变核素,而^{238}U和^{232}Th称为可转换物质.

如果只利用天然的易裂变物质^{235}U,那么铀资源是有限的,只有把不易裂变的^{238}U和^{232}Th转换成人工易裂变核素,才能扩大铀资源的利用.用反应堆内产生的易裂变核数量和消耗掉的易裂变核数量之比,可定量描述这种转换过程,称为转换比.转换比大于1时具有重要的意义,这时消耗一个易裂变核会产生一个以上的人工易裂变核,这种过程称为增殖.

要能增殖的必要条件是易裂变核每吸收一个中子发生裂变时释放的次级中子数(η)要大于 2. 不同易裂变物质在不同中子能区的 η 不同,例如 ^{233}U 在热中子能区的 $\eta \cong 2.29$,可以实现增殖,而 ^{235}U 和 ^{239}Pu 的 η 值只稍大于 2,不能实现增殖. 在快中子能区无论哪种燃料的 η 都大于 2,可以实现增殖. 但 ^{239}Pu 的比 ^{233}U 和 ^{235}U 的更大一些,所以快堆中的核燃料应该利用 U 和 Pu 的混合物.

^{235}U 在受到热中子轰击发生裂变时,释放出大约 2 个中子,自身分裂为质量低于 ^{235}U 的两个核素,称为裂变碎片,同时放出约 200 MeV 的核能. 由于热中子引起 ^{235}U 的裂变方式有 30 多种,可以生成 60 多种裂变碎片,其质量分布在 72~158 之间. 几乎所有的裂变碎片都是不稳定的,它们要经过一系列的 β 和 γ 衰变,在最终的裂变产物中可能包括了 300 多种具有放射性的不同核素,有的是气体(如 Kr、Xe 等),当积累到一定程度后,会在燃料基体中聚集形成气泡并随燃耗加深而长大,这是造成燃料肿胀的主要原因;有的会固溶在燃料基体中或以第二相析出;有的易挥发核素(如 Cs、I 等)会迁移聚集在温度较低的燃料芯块外表面,这又会对燃料包壳的内表面产生侵蚀. 作为核燃料物质,重要的性能是铀密度和热导,按说应该选用纯金属最好,但是纯金属的核燃料随燃耗加深(核燃料在反应堆运行过程中发生裂变时消耗的 ^{235}U 或其他易裂变核素,消耗越多,释放的裂变能也越多,即燃耗越深). 但是纯金属燃料容易发生肿胀,加上裂变产物释放后,会导致燃料与包壳间的机械和化学相互作用,容易使包壳破裂,所以只能将燃耗限制在较低的水平,经济性很差. 所以常常使用合金或氧化物等陶瓷燃料,或者将氧化物、金属间化合物等燃料制成小颗粒弥散分布在金属或石墨基体中成为弥散型燃料,使燃耗可达到较高的水平,并保证燃料元件运行时的安全可靠. 根据燃料物质的形态可作如下分类:

3.1 固体燃料

固体燃料又分为金属、合金和陶瓷燃料.

3.1.1 金属和合金燃料

纯金属 U 虽然有较严重的辐照肿胀现象,但在限制燃耗的条件下早期曾作为石墨慢化堆和生产堆中的燃料. 当添加 350 $\mu g/g$ 的 Fe+Si 后,可以明显使肿胀得到抑制. U-Al 合金曾广泛用于研究堆的燃料. U-Zr 合金在美国曾作为特种动力堆的燃料. U-Fs(Fs 是一些裂变产物混合物的总称,主要含有质量分数为 2.5% Mo,1.9% Ru,0.3% Rh,0.2% Pd,0.1% Zr 和 0.01% Nb)合金作为快堆燃料. 另外,U-Pu-Zr 合金是一种很有前途的快堆燃料,在 U-Pu(8%~26%)合金中,添加 10% Zr(质量分数)后,可以提高 U-Pu 合金的熔点,明显抑制燃料与不锈钢包壳的化学相互作用,这是因为在燃料与包壳间形成了一层氧化锆的扩散阻挡层.

3.1.2 陶瓷燃料

陶瓷燃料中得到最广泛应用的是 UO_2. 虽然它的 U 密度并不算高(9.65 gU/cm^3),导热性也不如 UC 或 UN,但由于制造工艺成熟,制造费用相对地较低,并有很好的抗辐照肿胀性能,裂变气体的释放速率也较低. 为了增加 UO_2 燃料芯块包容裂变气体的能力,减小释放速率,在燃料芯块中要有一定的孔隙度,一般把它的密度控制在理论密度的 95% 左右. 一座电功率为 1 000 MW 的核电厂中,一炉料所需的 UO_2 接近 100 t,目前的燃料运行管理是每年要换去 1/3. UN 的 U 密度较高(13.52 gU/cm^3),导热性也比 UO_2 好,可能是由于制造技术和费用问题,只在一些特殊堆型中小规模地进行过试验. (U、Pu)O_2、(U、Pu)C 和(U、Pu)

N 曾用作快堆的燃料,(U、Pu)O_2 在热中子堆中目前也逐步得到应用.

3.2 弥散体燃料

弥散体燃料是把燃料的小颗粒用粉末冶金的办法弥散分布在导热性更好的非裂变金属(合金)或石墨基体中,由于燃料的颗粒小(一般为 100 μm 左右),基体的导热性好,并受到周围基体的约束,所以抗辐照肿胀能力好,能包容裂变气体,能达到较高的燃耗. 研究堆中常用的弥散体燃料有 UAlx - Al(UAlx 为 UAl_2、UAl_3、UAl_4 的统称),U_3O_8 - Al. 由于防止核扩散政策的需要,要求用 20% ^{235}U 以下的低富集度铀(LEU)代替原来 90% ^{235}U 高富集度铀(HEU)作为研究试验堆的燃料,1988 年后起用了 U 密度更高的 U_3Si_2(11.3 gU/cm^3)燃料制成 U_3Si_2 - Al 这种弥散体燃料. 这样可以补偿因采用 LEU 后 ^{235}U 的装载量减少. 在弥散体燃料中燃料相的体积分数不超过 45% 时(为了保证弥散体燃料中基体网络的连续,一般来说这是燃料相含量的极限,否则不能保证燃料元件的可靠性),用 LEU 代替 HEU 制成燃料元件,对原来反应堆的功率和中子注量率不会有明显的损害. 目前正在研究开发 U 密度更高的 UN 弥散体燃料,以满足中子注量率更高的研究试验堆的需要. UO_2 - Zr 在美国作为海军舰船核动力堆燃料,但没有公开的详细报道. UO_2 - 石墨作为高温气冷堆燃料,为了防止 UO_2 与基体发生反应,以及防止裂变气体通过基体扩散释放,要将燃料颗粒先进行多层包覆,然后再弥散在石墨基体中. 还有一种更为特殊的燃料是 U - $ZrH_{1.6}$,它不同于合金,也与一般弥散体燃料有差别. 它的制备不是前面几种所用的粉末冶金方法,而是先冶炼成 Zr - U 合金,然后渗氢. 使 Zr 形成 $ZrH_{1.6}$,而使 U 以很小的质点析出,弥散分布在 $ZrH_{1.6}$ 基体中. 由于这种燃料是将 U 和慢化剂氢紧密组合在一起,当反应性增加时,裂变释放的热能立即传递给慢化剂氢,产生很大负温度系数,使反应性自动下降. 这种燃料可进行脉冲运行,装载这种燃料的反应堆称脉冲堆. 美国 GA 公司在 1956 年研制成的这种堆称 TRIGA.

从以上可以看出,为了制备出性能更好核燃料,或者为满足一些新堆型的特殊需要,核燃料体系的研究开发工作仍在不断进行. 需要对核燃料在裂变过程中所发生的物理和化学显微演化进行研究,以便获得性能最好的核燃料相组成,以及控制最佳的显微组织状态.

4 反应堆的控制材料

考虑到核燃料的温升对反应性的影响,以及燃耗加深后裂变产物 Xe 和 Sm 等积累引起的中毒,还有功率水平波动等,反应堆中的有效中子倍增因子要比 1 大. 实际上在新装燃料的反应堆堆芯中,剩余反应性[$\rho = (k_{eff} - 1)/k_{eff}$] 在水堆中为 0.2~0.3[$k_{eff}$ = (核裂变时平均每一代中子寿命内产生的中子数)/(由吸收和泄漏造成每一代中子寿命内损失的中子数)],也就是核裂变产生的中子数要多于维持链式裂变反应的中子数. 要使这种足够的剩余反应性处于充分受控状态下运行,必须要将这种剩余反应性抵消,停堆时还需要负反应性,但在需要时又能将这种剩余反应性释放. 其办法是将中子吸收截面足够大的材料放入堆芯,并根据需要可将这种材料抽出或消耗掉. 可供选择的这种材料有 Gd、Sm、Eu、B、Cd、Dy、In、Er、Ta、Rh、Tm、Lu、Hf、Au、Re 和 Ag 等元素或含有这些成分的合金或化合物. 根据功能和结构可分为吸收中子的控制棒,液体中子吸收剂(将硼酸水溶液注入反应堆冷却剂中)和可燃毒物(在下一节中专门叙述).

根据元素对中子吸收的特性,大致可分为 1/υ 吸收(υ 为中子速度)和共振吸收,一般来

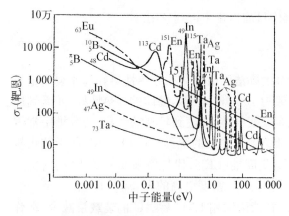

图 2 主要吸收材料对能量为 0.005—100 eV 中子的吸收截面.(σ_T 为吸收截面和散射截面之和,散射截面通常可忽略不计)

说关系都很复杂,如图 2 所示.中子能量在中能区以下,^{10}B(天然 B 中 ^{10}B 占 18.8% 质量分数,而 ^{11}B 几乎不吸收中子)遵从 $1/\upsilon$ 吸收规律,其他元素则为共振吸收规律.例如 Cd、In、Ag 在中子能量为 0.1 eV 和 $1\sim$ 100 eV 之间对中子吸收存在明显的共振吸收峰.如将 Ag、In、Cd 按一定比例配成合金(通常用质量分数为 85% Ag - 15% In - 5% Cd),可得到吸收中子特性较好的控制材料.几乎所有的元素在高能中子区(如快堆的中子能量范围)的吸收截面都变得很小.

^{10}B 吸收中子产生(n、α)反应($^{10}_5$B + $^1_0$n $\longrightarrow$ $^7_3$Li + $^4_2$He),生成 ^{7}Li 的中子吸收截面很小,可以忽略.所以用 ^{10}B 作控制材料时,其吸收中子的能力与燃耗成比例减小.但是用固体含 B 材料作控制材料时,生成的 He 最初可溶解在晶格中,当燃耗增高并在较高温度时,会通过扩散聚集形成 He 气泡,导致肿胀而缩短其使用寿命.其他许多元素则以(n、γ)反应为主(^A_ZX + n $\longrightarrow$ ($^{A+1}_Z$X)* $\longrightarrow$ $^{A+1}_Z$X + γ),并无发生肿胀的问题,可是经过中子反应后生成的核素或在衰变后产生的核素中,存在一系列中子吸收截面较大的核素,使得寿命的计算非常复杂.金属材料可用作热堆中的控制材料有 Hf 和 Ag - In - Cd 合金,前者具有较好的力学性能和耐腐蚀性能,可以裸露使用,但价格较高,现只作为某些特种堆的控制材料;后者因为耐腐蚀性能和力学性能的问题,需要用不锈钢做包套,寿命大约为 20 年.一座电功率为 1 000 MW 核电厂约需 1 400 根控制棒,Ag - In - Cd 重约 3.2 t.金属钽可作快堆的控制材料.用 B_4C 作控制材料时(可用天然 B 或经富集的 ^{10}B),可将 B_4C 做成烧结块或将 B_4C 颗粒弥散在金属中,然后外面再加包套使用.

5 可燃毒物材料

可燃毒物也是一种控制反应性的材料,它在吸收中子处于激发态后,通过生成的核素或一组核素衰变后,形成中子吸收截面很小的核素.当把这种材料放入反应堆堆芯中,随着核燃料及可燃毒物的燃耗加深,可以把原来束缚的剩余反应性逐渐释放出来,所以利用可燃毒物技术可以增加反应堆初始 ^{235}U 的装载量,也就是可以提高核燃料的燃耗,延长更换燃料的周期,降低核燃料循环费用,降低核电成本.通过可燃毒物在堆芯中合理的布置,可以展平堆芯的中子注量率,减少堆芯的中子泄漏,降低压力壳受到的中子注量水平.目前用作可燃毒物的有 ^{10}B(硼硅酸玻璃,B_4C、ZrB_2 等)、Gd(Gd_2O_3)和 Er(Er_2O_3).它们的核性能不完全相同,^{10}B 吸收中子后衰变成 ^{7}Li 和 ^{4}He,由于这两种核素的中子吸收截面非常小,可忽略不计,所以最后可以"燃尽".而 Gd 和 Er 吸收中子后产生一系列的子代同位素,仍然有一定的中子吸收截面,不能"燃尽",它们的残留份额随燃耗深度的变化如图 3 所示.可燃毒物可以用不锈钢包壳包起来做成离散型棒状放入堆芯,如硼硅酸玻璃、B_4C 与 Al_2O_3 或其他金属制成的弥散体芯块;也可以在核燃料制造时做成一体,如将 Gd_2O_3 - UO_2 均匀混合,在烧结后形成均匀的固溶体,或将 ZrB_2 涂覆在 UO_2 芯块的柱面上.

6 核燃料的包壳材料

为了把核燃料与冷却剂隔离,避免受到腐蚀而破坏;为了能包容核裂变产物,防止冷却剂受到污染而扩散开;为了保持核燃料的形状和尺寸稳定性,所以要把核燃料包覆起来.这种包壳材料要有如下几方面的要求:① 中子吸收截面要低,特别是在热中子堆中,在经过核辐照后的感生放射性也要低;② 与燃料芯块相容,在工作温度下即使与燃料发生化学反应,也不能导致包壳破损;③ 与冷却剂相容,有良好的耐腐蚀性能;④ 良好的导热性能,使裂变产生的热能迅速传递至冷却剂,尽量降低燃料芯块的温度;⑤ 适当的强度和塑性;⑥ 良好的热稳定性和辐照稳定性;⑦ 良好的加工性能.根据不同的堆型,可以选用不同的包壳材料,如铝合金、镁合金、锆合金、难熔金属,还有不锈钢和石墨,后两种材料在本文中不作叙述.

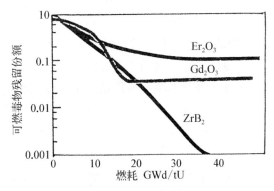

图 3 可燃毒物的消耗随燃耗的变化

6.1 铝合金

Al 的热中子吸收截面低,虽然强度不高,但在工作温度不高的反应堆中有很好的耐腐蚀性能,所以作为天然铀金属燃料的包壳材料,已用于石墨慢化气冷堆,重水慢化轻水冷却和重水慢化重水冷却的反应堆中.目前铝合金主要用于制造研究试验堆的燃料元件包壳,以及燃料组件和反应堆的结构部件.燃料包壳的表面,常常采用阳极氧化或其他办法在表面形成一层氧化膜作保护,在严格控制反应堆的水质情况下无腐蚀问题.

根据国外的使用经验,我国应用于研究试验反应堆的铝合金有:Al - Mg - Si 系的 LT21 和 LT24,Al - Fe - Si 系的 LT27 以及 Al - Ni - Fe 系试制代号为 305 铝合金.为了满足合金的核性能要求,对一些热中子吸收截面大的元素,如 Cd、B、Li 等杂质含量应控制在极低的水平,分别应在 $1\sim6~\mu g/g$ 以下.

6.2 镁合金

Mg 的热中子吸收截面非常小,大约只是 Al 的 1/4.英国将镁合金作为天然铀燃料的包壳材料,在石墨慢化 CO_2 气体冷却的反应堆中使用.由于纯金属 Mg 在高温 CO_2 气体中发生氧化并有质量迁移问题,在 Mg 中添加少量的 Ca 和 Be(0.005%~0.04%)后,在高温 CO_2 气体中具有良好的耐腐蚀性能.称为 Magnox 合金,即为"Magnesium No Oxidation"字头的组合.后发现包壳端塞焊接后易出现裂纹与含 Ca 有关,因此用添加少量 Al(0.8%—1.0%)代替 Ca.现在把作为结构材料的 Mg - Zr 和 Mg - Mn(Zr 和 Mn 的含量分别为 0.55% 和 0.7% 质量分数)也称 Magnox.Mg - Al - Be 和 Mg - Zr 合金在 500 ℃空气中暴露 1 000 小时的氧化可忽略不计,在 500 ℃ CO_2 气体中的腐蚀只有 $20\sim30~\mu m$/年.由于我国并无发展这类反应堆的计划,所以对这种镁合金并无需求.

6.3 锆合金

Zr 的热中子吸收截面小,大约是 Al 的 3/4,在高温高压水及过热蒸汽中有较好的耐腐蚀性能,并有较好的力学性能,经合金化(添加 1.5% Sn、0.20% Fe、0.1% Cr 或者再添加 0.05% Ni 的 Zr-4 和 Zr-2,以及 Zr-1Nb)进一步改进耐腐蚀性能和力学性能后,已广泛用于水冷动力堆中,作为核燃料的包壳材料,以及燃料组件和堆芯某些结构部件,在大约 300~350 ℃的高温高压水中工作. 由于目前世界范围内绝大部分核电机组都是水堆型(包括压水堆、沸水堆和重水堆),所以锆合金十分重要. 一座电功率为 1 000 MW 的核电厂,一个堆芯的燃料大约需要 5 万根包壳管,共约重 20 t,若一年换料 1/3,则每年需要 7 t 锆合金材料.

锆合金包壳在使用过程中,与 H_2O 反应后表面生成 ZrO_2 膜的同时生成 H_2,部分 H_2 会被锆吸收. 当 H_2 含量超过固溶度时会以片状氢化锆析出引起氢脆,尤其是在管材的织构不利时,或因管材局部受到环向张应力时,氢化物会沿管材的径向析出,这时的影响更坏. 锆管还会因存在织构而引起辐照生长;还会因燃料芯块与包壳的机械相互作用,同时存在裂变产物的侵蚀时,从包壳内表面引起应力腐蚀开裂;在包壳存在内外压差时产生的蠕变,以及中子辐照损伤引起的力学性能降级和腐蚀加速等问题. 为了进一步降低核电成本,需要提高燃耗,延长燃料的换料周期. 在这要求提出后,如何提高燃料包壳材料的性能成为主要矛盾. 在包壳的许多性能中,改善包壳外表面的水侧耐腐蚀性能又成为问题的主要方面,这是因为吸氢是与腐蚀过程相伴发生,而且通过合金化来改善耐腐蚀性能的同时,它的力学性能和抗辐照生长等性能也会相应得到改善. 经过十多年的研究开发,对改善锆合金的耐腐蚀性能已取得了满意的结果. 对原有的 Zr-4 取 Sn 含量的下限及 Fe+Cr 的上限,并进一步降低有害杂质 C 的含量,控制杂质 Si 在一定范围内,可以改进 Zr-4 的耐腐蚀性能,但要满足更高燃耗的要求(例如 > 50 GWd/tU),则需要发展新的锆合金,在这方面西屋公司开发的 ZIRLO (Zr-1Sn-1Nb-0.1Fe),俄罗斯开发的 E635(Zr-1.2Sn-1Nb-0.4Fe),法国的 M5(Zr-1Nb-0.12O),还有德国使用极低 Sn 和高 Fe+Cr 锆合金包覆的 Zr-4 管,都能达到 60~70 GWd/tU 的燃耗,并且吸氢性能、蠕变及抗辐照生长等性能都有明显改进. 这方面除改变了合金成分外,如何优化加工工艺,使合金中的第二相呈细小均匀的弥散分布可能也是非常重要的. 如像 Zr-1Nb 合金在前苏联体系的压水堆中早已采用,并没有表现出比 Zr-4 明显的优良性能,而法国的 M5 合金中只是多添加了一些氧,虽然氧可增加强度(但要降低塑性),但对改善耐腐蚀性能不会有明显作用,M5 优良的耐腐蚀性能可能与控制加工制度,使 β Zr 以及随后 β Zr 分解得到的 β-Nb 第二相粒子的大小和分布有关. 在 Zr-Sn-Nb 系的新锆合金中,第二相的大小和分布与加工制度及热处理间的关系,以及它们与腐蚀性能间的关系都还没有像 Zr-4 那样仔细研究过. 如何优化显微组织以便得到更佳的耐腐蚀性能及其他相关性能,这是应该进行研究的工作.

中国核动力研究设计院和西北有色金属研究院在"八·五"期间对改善 Zr-4 的耐腐蚀性能及新锆合金都开展了研究,"九·五"期间这方面的研究工作仍在继续. 中国核动力研究设计院对腐蚀机理方面进行的研究工作,有效地指导了优化 Zr-4 的热加工工艺,结合国内实际需要制备的管材,其耐疖状腐蚀性能大大优于原来工艺制备的锆材. 研究新锆合金的结果,证明了从调整和改变合金成分来提高锆合金的耐腐蚀性能还有很大的潜力. 另外从优化一回路水化学来改善燃料包壳的水侧腐蚀也是应该重视的问题. 例如在添加了 H_3BO_3 的一回路水中,分别用 LiOH 或 KOH 调节 pH 值时,即使加入 2~3 $\mu g/L$ 的 Li^+,也会对包壳产生明显的加速腐蚀作用,而添加 KOH 则无明显影响,认为这是因为 Li^+ 和 K^+ 离子大小不同的原因. 由于本文集中有专门的篇幅论述锆合金方面的问题,这里不作进一步讨论.

6.4 难熔金属

发射至空间发电用的反应堆,由于需要体积小重量轻,并且可靠性高,所以是利用热离子转换原理,类似于真空二极管. 核燃料裂变释放的热能加热包壳,达到 1 500～1 800 ℃形成发射极,接收极的温度也会达到 800 ℃,这时燃料的包壳都是用 W、Mo、Nb 等难熔金属或合金制成.

快堆的燃料包壳材料目前都选用 316L 不锈钢(这是黑色金属),在高能中子辐照后会发生辐照肿胀,限制了燃耗的提高,因此,寻找辐照肿胀趋势较小体心的立方金属合金,V 基合金曾进行过一些研究,但还未得到实际应用.

7 反应堆的中子反射层材料

当反应堆四周设有反射层时,从堆芯泄漏的中子进入反射层后被散射而改变方向,重新射入堆芯. 如将中子按能量分为两组,第一组 $E>1\,eV$,第二组 $E<1\,eV$. 第一组能量的中子在反射层内部由于碰撞散射而慢化,其能量变为第二组能量,因此在靠近反射层的堆芯,第一组能量的中子注量率下降,而第二组的中子注量率会增加. 由于热中子反应堆大部分裂变是由第二组能量的中子引起,所以增设了反射层后可使堆芯的功率分布平坦化,还可以减小堆芯的临界体积.

反射层不仅要反射中子,而且在慢化中子后再次反射,使反射层的作用更加有效. 所以慢化剂和反射层大多采用同种材料,有轻水、重水和石墨等,在研究堆中也常用金属 Be 和金属氢化物(如氢化锆). 金属 Be 在受到中子辐照时,会发生 (n,α) 核反应产生 He,积累形成 He 气泡并长大后,会导致 Be 的肿胀. 在中子注量达到 $10^{22}\,n/cm^2$ 时,体积肿胀为 0.2%～0.3%,随中子注量继续增加,肿胀急剧加快,这种因素限制了 Be 块的使用寿命.

8 屏蔽材料

在反应堆的屏蔽设计中,正确选择屏蔽材料是一项重要课题,因为屏蔽材料在重量和体积方面都占有很大的比重,并且还会影响总体价格. 对屏蔽 γ 射线来说,原子序数越高的物质,屏蔽效果越好,但对屏蔽中子来说正好相反,因为散射截面随元素种类和中子能量而变化的关系比较复杂,不能像 γ 射线的屏蔽那样一概而论,原子序数小的元素,通过弹性散射能使中子能量大幅度减小,容易与中子产生俘获反应之类的吸收效果,所以屏蔽中子的效果就大,尤其是像含有大量氢的物质. 在空间不受限制的情况下,水、石墨和混凝土等都是较好的中子屏蔽材料,尤其是用 $BaSO_4$ 等原子序数大的化合物填充的重混凝土,对 γ 射线屏蔽也是非常有效,由于这些不属于有色金属范畴,本文不作讨论.

前面已叙述过 B 可用来作热中子吸收体,因为其中 ^{10}B 的热中子吸收截面很大,所以用 B_2O_3 或 B_4C 与其他物质组合起来,可作为热中子屏蔽材料. 另外硼钢或硼铸铁也是很好的屏蔽材料. 在屏蔽材料中含有其他杂质元素时,由于受到中子辐照活化,会产生二次 γ 射线,这是选材时应注意的问题.

W、Pb、Bi 的原子序数很大,对 γ 射线的屏蔽是好的,将它们的氧化物添加到玻璃中可制成透明的屏蔽材料,添加到有机物质中可同时具有热中子和 γ 射线的屏蔽性能,因为有机物质中含有大量的 H 原子. U 的原子序数为 92, 对 γ 射线屏蔽效果很好, 可以用 ^{235}U 富集后的尾料—称为贫铀作为这种屏蔽用的材料.

9 冷却剂材料

水是很好的冷却剂, 同时含有氢, 所以也是很好的中子慢化剂, 在热中子堆中, 冷却剂和慢化剂可以用同一种材料. 但在快堆中不能将中子慢化, 所以冷却剂选用液态金属, 目前采用 Na, 其熔点只有 97.8 ℃, 具有良好的热传导性, 比热适中. 由于核裂变释放的热能最终要转化为饱和蒸汽再去推动透平发电机, 所以在热交换器中总是避免不了一侧为液态 Na, 另一侧为蒸汽的局面, 在长期运行中一旦传热管发生破损, Na - H$_2$O 反应会产生严重的后果, 虽然从设计上采用了各种预防措施, 但总是一个安全问题.

10 蒸汽发生器管材

目前核电厂的蒸汽发生器大多数都采用立式 U 形弯管类型. 反应堆一回路的高温高压水流过热交换器传热管回到堆芯中, 将热传给二回路水, 使其产生饱和蒸汽. 由于两个回路中的水化学都很特殊, 再加上结构设计上的问题, 热交换器的传热管会出现各类腐蚀而失效. 腐蚀类型有总腐蚀 (失重)、应力腐蚀开裂 (穿晶或晶间)、晶间腐蚀、耗蚀、凹陷、微动磨蚀及磨损等.

10.1 Ni 基合金

热交换器的传热管最初采用奥氏体不锈钢, 这类材料腐蚀问题十分严重, 后来一方面改进了某些结构的设计, 另一方面改用了 Inconel 600 (美、日、法) 或 Incoloy 800 (德), 使问题得到了缓解. 而近年来都趋向选用性能更优良的 Inconel 690. 这几种合金的化学成分列于表 1 中. Inconel 690 中提高了 Cr 的含量, 即使因热处理后在晶界上析出了碳化铬, 在晶界附近贫 Cr 区中 Cr 的含量也不会低于 18%, 认为这是它耐晶间腐蚀和耐应力腐蚀的主要原因.

表 1　几种传热管材料的化学成分 (质量分数 %)

材　　料	C	Ni	Cr	Fe	Ti	Al	Co
Inconel 600	0.010～0.050	＞70	14～17	6～10	＜0.5	＜0.5	＜0.10
Incoloy 800	＜0.03	32～35	20～23	＞39.5	0.15～0.60	0.15～0.45	＜0.10
Inconel 690	0.010～0.030	＞58	28～31	7～11	＜0.5	＜0.5	＜0.10

如果传热管表面的腐蚀产物释放到一回路的冷却剂中, 再循环至堆芯, 经中子辐照活化产生放射性. 这些物质又会在堆芯外的管道弯头、阀门附近沉积, 这会使进入安全壳内工作的操作人员受到照射的剂量增加. 由于大型核电厂蒸汽发生器传热面积都在 5 000 m^2 以上, 即使被腐蚀后单位面积上腐蚀产物的释放量并不多, 但总量仍然可观, 所以受到设计、材料和运行人员的关注. 腐蚀产物的释放速率主要与合金中的 Cr 含量有关, 所以释放速率的增加顺序是 Inconel 690→Incoloy 800→Inconel 600. 即使是用同一种合金 (例如 Inconel 690), 因制造厂家不同或热处理的差异, 腐蚀产物的释放速率也有明显差别, 当然与表面状态更有密切的关系.

10.2 Ti 合金

Ti 与 Zr 有许多相似之处,但它的热中子吸收截面是 Zr 的 31 倍,所以在核性能方面是不可取代的. Ti 合金具有优良的耐腐蚀性能,尤其是耐应力腐蚀,还有比强度高等优点,如做成结构部件放在反应堆压力壳内工作是相当可靠的.因此,当提出要把蒸汽发生器放到反应堆压力容器内堆芯的上部,成为紧凑布置,去掉原来分散布置时压力容器与蒸汽发生器在外部的连接管道,缩小空间体积,减轻重量,以满足某种特殊反应堆结构的需要时,考虑用 Ti 合金来制造传热管,这样比 Inconel 690 更可靠,因为一旦传热管发生破损,对放在压力容器内部的蒸汽发生器进行修复是相当麻烦的.

Ti 合金在与高温水或蒸汽反应发生腐蚀,也伴有吸氢现象.氢也会沿着应力梯度和温度梯度向应力大和温度低的方向发生迁移,也有氢致延迟开裂问题,如果设计或制造工艺不当,使用时也会引起麻烦.

11 聚变反应堆中的材料

人类最终的能源需求还要依靠核聚变能.氘-氚和氘-氘反应中需要的氘在海水中大量存在,如利用 1 L 海水中所含的氘进行聚变反应,释放的能量约 7 500 MJ,相当于 200 L 汽油或 250 kg 煤燃烧时释放的能量.氚可以通过中子轰击 ^{6}Li 产生(^{6}Li 在天然 Li 中占 7.52%),自然界中 Li 资源也比较丰富.另外,氘-氘反应生成的 ^{3}He 在吸收中子后还可生成氚.所以聚变反应所需的燃料资源十分丰富.目前聚变反应堆正处于研究开发阶段,虽然取得了不断的进展,但要达到商用阶段估计还需 30～50 年.

表 2　聚变堆中与有色金属有关的各种材料

聚变堆组成部分	典 型 材 料
第一壁,真空容器及再生区部分	奥氏体不锈钢
	铁及镍基合金
	难熔金属(V、Nb、Mo 及其合金)
	其他材料(SAP、SiC、石墨等)
中子倍增部分	Be、BeO、Be$_2$C
氚增殖部分	Li、Li$_2$O、Li$_2$Al$_2$O$_4$、Li - Al 合金
电绝缘部分	Al$_2$O$_3$、MgO、Y$_2$O$_3$ 等
辐射屏蔽部分	B、B$_4$C、Pb、奥氏体不锈钢
超导磁体芯线	Nb - Ti、Nb$_3$Sn、V$_3$Ga 等

聚变堆所需的材料也处于研究开发中,就拿聚变堆真空容器第一壁来说,它在工作时会受到来自等离子体的各种射线辐射,所引起的表面现象是以往的材料中所没有的.如由高能中子(14 MeV)辐照引起的溅射和二次电子发射;由高速离子引起的辐射、起泡和二次电子发射;由光子、X 射线和 γ 射线引起的辐射、吸附物质的脱附和二次电子发射;由溅射原子再碰撞产生的自溅射和二次电子发射;由二次电子再碰撞引起与表面吸附着的原子间复杂的相互作用,二次电子和二次光子的发射;由于壁面局部加热(>1 000 ℃)引起的热电子和热离子发射、蒸发等.中子能量从 1 MeV(裂变快堆)提高到 14 MeV(聚变堆),这对被辐射材料中除了离位原子损伤增加外,每个原子发生核反应的频率也会大大增加.如把 Nb 作为真空

容器壁材工作 20 年,通过计算得出 Nb 中会产生 13.5% Zr、9.5% Mo 而发生合金化;如用 Mo,在相同条件下约有 8% 的 Mo 会转变为 Tc 和 Nb. 所以聚变堆第一壁材料在这种工况下使用会产生严重的氦脆、离位原子损伤和合金化,使材料原有的性质发生了很大的改变. 这里只简要列出聚变堆各部分与有色金属有关的材料,有的部分同时考虑了黑色金属作为候选材料时也一并列出.

12　结束语

核反应堆的建造与运行所涉及的有色金属相当广泛,不少有色金属都是作为特种功能材料,如核燃料、增殖材料、可燃毒物材料、控制材料、中子反射材料、屏蔽材料等,即使作为结构材料的核燃料包壳材料、蒸汽发生器传热管材料等,也有其核性能方面的特殊要求. 如何通过合金化、控制成分、改进制造工艺和优化显微组织等手段,使制成的部件在使用时更加可靠,虽然已取得了很大进展,但仍有不少问题需要深入进行研究. 由于材料经中子辐照后活化产生很强的放射性,这给研究工作带来一些困难.

核电是一种安全可靠清洁的能源. 目前我国大陆地区只有 3 座核电机组正在运行(不包括台湾省),装机容量为 2 100 MW,还有 8 座机组正在建设,"十·五"初期投入运行后,装机容量将达到 8 600 MW. 21 世纪我国核电将有一个较大的发展,到 2010 年,核电装机容量的目标是 20 000 MW,核电的发展也会带动相关的有色金属工业发展.

参 考 文 献

[1] Materials Science and Technology, Edited by R. W. Cahn, P, Haasen, E. J. Kramer. Vol. 10, Nuclear Materials, Volume Editor; R. B. T. Frost, VCH Verlagsgesellschaft mbH, D-69451 Weinheim, 1994.

[2] 长谷川正义,三岛良绩主编,核反应堆材料手册,孙守仁等译,原子能出版社,1987.

[3] 中国电子百科全书,核能及新能源发电卷,中国电力出版社,1995.

新锆合金的研究[*]

摘　要：本文叙述了 5 种 Zr‑Sn‑Nb 新锆合金的研究结果，它们的合金元素含量（wt%）Sn：0.6～1.0，Nb：0.2～1.0，Fe：0.10～0.35，Cr：0.00～0.20. 其中两种合金的性能明显优于 Zr‑4，在 400 ℃过热蒸汽中腐蚀 350 天的增重只有 Zr‑4 的 78%，在 360 ℃高温水中（含有 70 mg/L Li⁺）腐蚀 160 天的增重只有 Zr‑4 的 25%. 500 ℃过热蒸汽中腐蚀 650 h 仍未出现疖状腐蚀. 腐蚀时的吸氢量与 Zr‑4 相当或明显低于 Zr‑4. 经再结晶退火后，室温及 375 ℃下的拉伸强度（σ_b‰ 及 $\sigma_{0.2}$‰）都比 Zr‑4 高.

1　前言

为了降低核电成本，要求提高核燃料的燃耗，这对燃料元件包壳锆合金的使用性能提出了更高的要求. 在各种性能之间，改善耐腐蚀性能是主要矛盾. 调整 Zr‑4 的合金成分及控制热加工制度可以改善 Zr‑4 的耐腐蚀性能[1]，但不能满足更高燃耗的要求，例如将燃耗提高到 50～60 GWd/tU，因此，必须研究开发新的锆合金[2]. 西屋公司下一代 VANTAGE⁺ PWRs 燃料元件包壳已决定采用 ZIRLO 锆合金，它的成分是 Zr‑1Sn‑1Nb‑0.1Fe[3].

2　实验方法

本实验选用了 5 种成分的 Zr‑Sn‑Nb 合金，成分列于表 1 中. 用自耗电弧炉熔炼成 7 kgΦ80 mm 铸锭，经铸锭上、中、下取样分析，成分均匀性符合要求. 铸锭经 1 050 ℃均匀化退火后水淬，再经热锻、热轧、冷轧及中间退火等工序，制成 0.5 mm 片状试样. 样品经 480 ℃‑4 h 去应力退火后进行高压釜腐蚀试验，腐蚀条件选用 400 ℃和 500 ℃、10.3 MPa 过热蒸汽及 360 ℃、18.6 MPa 高温水，并在高温水中加入 70 mg/L Li⁺. 腐蚀试验前采用标准程序进行试样表面酸洗处理. 375 ℃拉伸试验在真空中进行.

表 1　5 种新合金的化学成分

	含量成分（wt%）					杂质成分（wt%）		
	Sn	Nb	Fe	Cr	Ni	C	N	O
1	0.65	0.24	0.21	0.19	/	0.02	0.005	0.10
2	0.58	0.79	0.12	0.18	/	0.02	0.007	0.09
3	0.92	1.03	0.12	/	/	0.02	0.006	0.09
4	0.63	0.78	0.10	0.08	/	0.02	0.006	0.10
5	0.79	0.30	0.35	0.21	0.07	0.02	0.008	0.09

---

[*] 本文合作者：赵文金、苗志、黄德诚、蒋有荣等. 原发表于中国材料研究学会编写《生物及环境材料》，化学工业出版社，1997：183‑186.

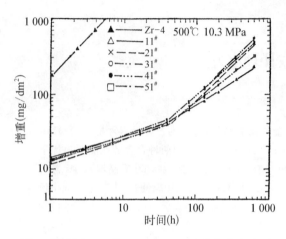

图1 试样在 500 ℃、10.3 MPa 过热蒸汽中腐蚀 650 小时的增重变化与 Zr-4 的比较

实验结果和讨论

图1是样品在 500 ℃，10.3 MPa 过热蒸汽中腐蚀 650 h 过程中的增重变化，同时放入了 Zr-4 样品作为比较. 5 种成分的 Zr-Sn-Nb 经过 650 h 腐蚀后都未出现疖状腐蚀，腐蚀增重量也大大低于 Zr-4，Zr-4 样品在腐蚀 3 h 后即出现疖状腐蚀，7 h 后疖状腐蚀白斑已基本覆盖全部表面. 尽管 1#、2#、4#、5# 样品中都有与 Zr-4 中相近的 Fe 和 Cr，但加入 Nb 后似乎使试样对疖状腐蚀产生了"免疫"效应，与 Zr-1Nb 合金相似. Nb 在 α-Zr 中的固溶度比 Fe 或 Cr 的大，可能是产生这种结果的主要原因，这可以用疖状腐蚀的成核长大机理解释[4].

图2是样品在 400 ℃、10.3 MPa 过热蒸汽中腐蚀的增重变化，2#、3#、4# 样品的腐蚀增重始终高于 Zr-4，只有 1#、5# 样品的腐蚀增重低于 Zr-4，在经过 350 天腐蚀后，分别只是 Zr-4 增重的 53% 和 78%. 图3是样品在 360 ℃、18.6 MPa 高温水(含 70 mg/L Li$^+$)中腐蚀的增重变化，这时只有 3#、5# 样品的腐蚀转折最晚，在经过 160 天腐蚀后的增重分别是 Zr-4 的 24% 和 26%. 值得注意的是 1# 样品，它在 400 ℃ 蒸汽中的腐蚀增重始终低于 Zr-4，但在 360 ℃ 高温水中的腐蚀增重则高于 Zr-4. 相反，3# 样品在 400 ℃ 蒸汽中的腐蚀增重始终高于 Zr-4，但在 360 ℃ 高温水中的腐蚀增重却低于 Zr-4. 只有 5# 样品在 400 ℃ 蒸汽和 360 ℃ 高温水中的腐蚀增重都比 Zr-4 的低. 这说明样品在 400 ℃ 过热蒸汽中的腐蚀

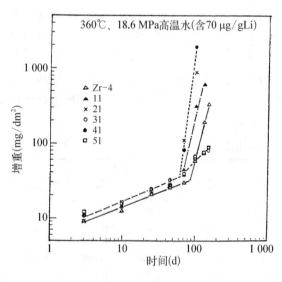

图2 试样在 400 ℃、10.3 MPa 过热蒸汽中腐蚀 350 天的增重变化与 Zr-4 的比较

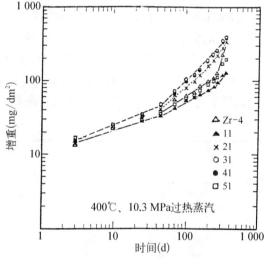

图3 试样在添加 LiOH(70 mg/L Li$^+$) 360 ℃、18.6 MPa 高温水中腐蚀 160 天的增重变化与 Zr-4 的比较

机理与 360 ℃高温水中(含有 Li^+)的有所不同,因而成分不同的试样在两种不同的腐蚀条件下表现出腐蚀增重不同的变化规律. 只有 360 ℃高温水(含有 Li^+)中的腐蚀结果更接近锆合金在压水堆工况下的耐腐蚀性能. 文献[3]中也报道过相似的结果. 这也许是含 Nb 的锆合金与 Zr-4、Zr-2 不同的地方.

试样在 400 ℃过热蒸汽中腐蚀 100 天后测量了样品中的含氢量,经归一化处理后(腐蚀增重 100 mg/dm², 样品厚 0.5 mm),如以 Zr-4 为 100%,则 1# 至 5# 样品分别为 85%、90%、30%、77%和 146%. 5# 样品由于含有 0.07wt% Ni,吸氢量比 Zr-4 的高,考虑到它的耐腐蚀性能优于 Zr-4,所以在长期腐蚀后的吸氢量仍比 Zr-4 的低. 其中以 3# 样品的吸氢量最低.

5 种合金中的 Sn 含量虽然比 Zr-4 的低,但由于加了 Nb 或同时提高了 Fe+Cr 的含量,所以它们的强度除 1# 比 Zr-4 的略低,2# 与 Zr-4 的相当外,3#、4#、5# 都比 Zr-4 的高. 比较室温和 375 ℃时强度的变化,还可看出添加 Nb 以后使强度随温度升高而下降变得缓慢,例如以 Zr-4 的 $\sigma_{0.2}‰$ 为 100%,3# 合金在室温及 375 ℃时的 $\sigma_{0.2}‰$ 分别为 106%和 117%,添加 Nb 对提高锆合金的强度是有益的. 由此可以推测 Zr-Sn-Nb 合金的抗蠕变性能和抗辐照伸长性能会比 Zr-4 的好.

对 5 种样品在含有 Li^+ 的 360 ℃高温水中的腐蚀结果进行比较后,可以得出以下的认识:① 适当提高 Fe+Cr 的含量对改善耐腐蚀性能有益(比较 1# 和 5# 样品);② 在 Fe+Cr 含量较低时,降低 Sn 和 Nb 的含量将使耐腐蚀性能变坏(比较 3# 和 5# 样品).

3 结论

(1) 在 400 ℃过热蒸汽中腐蚀 350 天的结果表明,1# 和 5# 试样的腐蚀增重分别只是 Zr-4 的 54%和 78%,3# 试样的腐蚀增重比 Zr-4 的高. 但在加入 LiOH(70 mg/L, Li^+)的 360 ℃高温水中腐蚀 160 天后,却是 3# 和 5# 试样的腐蚀增重最低,分别只是 Zr-4 的 24%和 26% 1# 试样的腐蚀增重反而高于 Zr-4. 这说明含 Nb 的新锆合金应采用添加 LiOH 的高温水进行高压釜腐蚀试验,这样更接近压水堆中的腐蚀工况.

(2) 5 种成分的试样在 500 ℃过热蒸汽中腐蚀 650 h 后都未出现疖状腐蚀,加入 Nb 后对疖状腐蚀产生了"免疫"效应.

(3) 3# 合金具有最低的吸氢倾向,在腐蚀增重为～100 mg/dm² 时,吸氢量只是 Zr-4 的 30%.

(4) 与 Zr-4 相比,新锆合金中虽然降低了 Sn 含量,但由于添加了 Nb 或提高 Fe+Cr 含量,拉伸强度仍比 Zr-4 的高.

参 考 文 献

[1] 周邦新、赵文金、苗志等,核科学与工程,1995(15), No.3,242.

[2] Romary, H. and Deydier, D., Technical Committee Meeting on Influence of Water Chemistry on Fuel Cladding Behavior, Oct.4-8,1993, Rez, The Czech Republic.

[3] Sabol, G. P., Weiner, R. A., McAtee, K. R. et al. International Topical Meeting on LWR Fuel Performance, April 17-21,1994.

[4] Zhou Bangxin. "Zirconium in the Nuclear Industry" ASTM. STP1023. 1989, p.360.

Zr – 4/1Cr18Ni9Ti 爆炸焊结合层的显微组织研究*

摘　要：对 Zr-4/1Cr18Ni9Ti 异种金属爆炸焊结合层显微组织及机械性能进行了研究. 用透射电镜观察的结果表明, 爆炸焊结合层是由熔化和热扩散共同作用的冶金结合, 具有良好的机械性能.

1　引言

在核反应堆建造中, 常会遇到异种金属材料焊接的问题. 对于某些在熔焊过程中会产生脆性金属间化合物的异种金属, 爆炸焊是一种较好的焊接方法, 例如 Zr – 4 与 1Cr18Ni9Ti (以下简称 S. S) 的焊接. 了解结合层中的显微组织与焊接条件间的关系是选择焊接参数、提高焊接质量的重要依据. 因此, 用透射电子显微镜 (TEM) 研究 Zr – 4 与 S. S 爆炸焊结合层显微组织.

2　样品制备

试样由壁厚 3 mm 管材经搭接爆炸焊制成. 先将搭接焊部位车加工至与母材相同厚度, 再平行于管材轴向截取拉伸试样. 金相试样的制备则先经不同粗细的砂纸依次研磨, 然后在 20% 过氯酸＋醋酸溶液中电解抛光. TEM 样品制备是先用切片机垂直于爆炸焊结合面截取厚约 0.2 mm 的试样, 然后用砂纸从试样两面轻磨, 直至减薄到约 0.08 mm. 研磨时要防止样品变形. 研磨后用电解抛光和离子溅射减薄相结合的方法制备 TEM 薄试样. 由于焊接材料是异种金属, 它们的减薄速度不同, 因此要采用特殊方法制备在结合界面处减薄穿孔的合格样品. 样品减薄后用 JEM – 200CX 电镜观察.

3　结果及讨论

3.1　结合层的显微组织

爆炸焊结合面呈波浪状, 焊接结合层非常薄, 结合层中有间断孤立的小熔化区, 但在光学显微镜下观察不到明显的热影响区 (图 1). 由于爆炸焊时的熔化和凝固过程均发生在极短的瞬间, 凝固后的熔区内仍可观察到金属在熔化时被爆炸冲击波搅动的漩涡痕迹 (图 1), 说明其中成分不均匀. 分析熔区中的平均成分, 结果是 Zr 为 49.4wt%, Fe 为 36.6wt%, Cr 为 9.6wt%, Ni 为 4.4wt%. 熔区内可观察到裂纹, 这是由于 Zr – 4 中的 Zr 与 S. S 中的 Fe、

---

* 本文合作者：周海蓉. 原发表于《核动力工程》, 1997, 18(1)：61 – 64.

Cr、Ni 等在熔化状态下会形成很脆的金属间化合物,但因裂纹只存在于熔区并不扩展,且熔区很小($\sim 10^{-5}$ mm^3),又不连续,所以这种脆性金属间化合物不会对焊接面的机械性能产生太大影响.

用 TEM 研究爆炸焊结合层. 图 2 是熔区中的显微组织. 金属在熔化时被搅动留下的漩涡痕迹清晰可见(图 2a),由于层与层之间成分的差异,结晶大小也不相同,漩涡层厚约 200 nm. 还可观察到在非晶区中形成的球状结晶的形貌及结晶完整地区的形貌(图 2b、2c),由选区电子衍

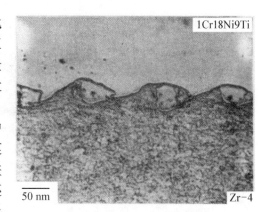

图 1 爆炸焊结合面形貌

射分析结晶完整地区的晶体结构,确定其结构与六方 Zr(Fe,Cr)$_2$ 的相同,结晶中有密集条纹的层错形貌. 图 3 是结合层中几种不同的显微组织. 在熔区与 S.S 结合处(图 3a),S.S 有明显回复并形成亚晶(图 3a),而熔区与 Zr-4 结合处的 Zr-4 仍为严重变形的特征,并无回复现象. 在非熔化区的 S.S 与 Zr-4 结合处,可观察到扩散层,层厚＜20 nm(图 3b),S.S 侧也因回复形成了亚晶,Zr-4 侧也仍是严重的变形特征. 在 S.S 和 Zr-4 两侧都可观察到形变孪晶,并且随着离开结合面的距离增大,孪晶也变得稀疏,这是金属受到冲击波变形的特点.

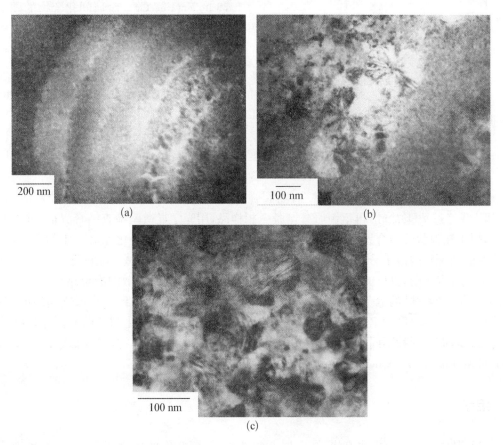

图 2 爆炸焊结合层熔区中的显微组织 (a)—熔区中的漩涡层;(b)—熔区内非晶中形成的球状结晶形貌;(c)—熔区内结晶完整地区的形貌

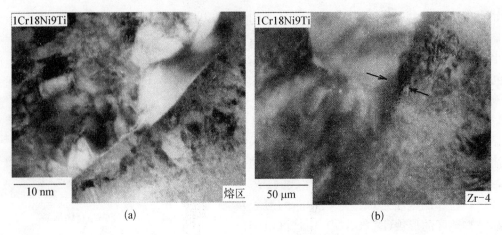

图 3 爆炸焊结合层的显微组织 （a）—熔区与 S.S 结合处的显微组织；（b）—非熔化区 Zr-4 与 S.S 结合处的显微组织

3.2 爆炸焊结合面的机械性能

测量熔区及未熔化部位结合面两侧金属的显微硬度（用 5 g 载荷）结果如图 4 所示. 熔区

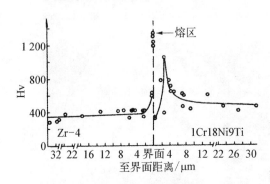

图 4 爆炸焊结合层显微硬度分布图

内的硬度 Hv＝1 200～1 300，与 Fe/Cr 重量比为 1.75 的 $Zr(Fe、Cr)_2$ 金属间化合物的硬度相当[1]. 在 S.S 一侧距界面 4～10 μm 范围内产生了明显的加工硬化，这是爆炸焊时冲击波引起金属变形的结果；距界面＜4 μm 范围内硬度下降，是因为热效应造成回复的结果. Zr-4 的加工硬化不如 S.S 侧明显，也无硬度下降的现象，这是由两种金属结构不同的特征所致. 根据硬度的变化判断，爆炸焊的变形层和热影响层宽约 20 μm.

拉伸后试样断裂在 Zr-4 母材端，断裂强度 σ_b＝509 MPa. 将搭接焊接处弯曲 90°或"U"形，或经过 70%冷轧，再重新研磨制备金相样品，用光学显微镜检查结合界面，并未发现裂纹，原来波浪状的结合界面因冷轧变得平直. 由于 S.S 的加工硬化比 Zr-4 的严重，大部分熔区的硬颗粒嵌进了 Zr-4 侧. 以上结果表明，爆炸焊接件的机械性能良好.

以上观察表明，良好的爆炸焊结合既不是"无热影响区和无扩散的冶金结合"[2]，也不是"形成一薄层熔化区的冶金结合"[3]. 正确选择爆炸焊参数，保证得到一些孤立间断的熔区，才能保证在非熔化区产生扩散结合. 良好的爆炸焊结合层应是熔化和扩散共同作用的冶金结合. 这样，即使两种不同金属间由于熔化会形成脆性金属间化合物，仍能保证结合面有良好的机械性能. 在 Al/Cu 异种金属爆炸焊的结合层中也是如此[4].

4 结论

（1）爆炸焊结合面呈波浪状，结合层非常薄，有间断孤立的熔化区；非熔化处可观察到 Zr-4 和 S.S 相互扩散的现象，扩散层厚度小于 20 nm.

（2）熔区中成分分布不均,平均成分大约 Zr-4 和 S.S 各占一半.熔区中晶态物质的结构与六方的 Zr(Fe,Cr)$_2$ 一致,硬度也与其相当.

（3）结合面两侧金属都有加工硬化现象,S.S 则比 Zr-4 侧更显著,S.S 侧有因加热回复形成亚晶及硬度下降的现象.

（4）良好的爆炸焊结合面是熔化和热扩散共同作用的冶金结合,在结合面上并无裂纹形成,焊接件能经受拉伸,弯曲及冷轧变形,具有良好的机械性能.

参 考 文 献

［1］周邦新,盛钟琦.锆-2 合金与 18-8 奥氏体不锈钢冶金结合层的研究.核科学与工程.1983,3：153.

［2］Lines V D, Lalw aney N S. Explosive Welding. J. Metal. 1984,36(5)：62.

［3］Hammerschmidt M, Kreye H. Microstructure and Bonding Mechanism in Explosive Welding. Shock Waves and High-Strain-Rate Phenomena in Metal. Edited by Meyer M A, Murr L E, New York and London：1981,961.

［4］周邦新,蒋有荣.Cu-Al 爆炸焊结合层的透射电镜研究.金属学报.1994,3：B104.

Study of Microstructure in Explosive Welded Joints
Between Zr-4 and 1Cr18Ni9Ti

Abstract：The microstructure of explosive welded joints in dissimilar alloy between Zr-4 and 1Cr18Ni9Ti has been investigated by transmission electron microscopy. The mechanical properties have also been tested and they are very good. The results show that the metallurgical bonding was achieved by combining effect of diffusion and local melting.

Fe－Cr－Al－Si 合金阻尼性能研究*

摘　要：采用倒扭摆内耗测试仪研究了 Si 对 Fe－Cr－Al 减振合金阻尼性能的影响．结果表明：在 Fe－Cr－Al 中添加少量 Si（质量分数约为 1％）或以 Si 代替 Al 并经 1 273 K 及以下温度退火后，合金的阻尼性能（对数衰减率）优于 Fe－Cr－Al，但经 1 273 K 以上温度退火后，阻尼性能不及 Fe－Cr－Al；以少量 Si 代替 Fe－Cr－Al 中少量 Al 并经 1 373 K 以上温度退火空冷后，合金的阻尼性能比 Fe－Cr－Al 提高近 70％，其机制仍是由磁畴壁的不可逆移动引起的磁机械滞后所决定．

铁磁型的铁基和镍基减振合金在低于 673 K 的高温条件下仍具有很好的阻尼性能[1]，作为能在高温条件下使用的减振降噪结构材料，这两种体系的合金已越来越受到人们的重视[2]．Hinai 等人[3]的研究结果表明，合理选择合金元素及其添加量，镍基和铁基合金的阻尼性能会随着合金组元数的增加而得到显著提高．已研制的具有最佳阻尼性能的镍基和铁基减振合金分别是 Ni－Co－Ni－Si 四元合金和 Fe－Cr－Al（或 Fe－Cr－Mo）三元合金，其中前者的阻尼性能是后者的两倍．Yamada 等人[4]和 Sotoh 等人[5]在分别研究 Fe－Al－Si 和 Fe－Si－Mn 合金阻尼性能时发现 Si 能提高铁基合金阻尼性能．

本文选择 Si 作为第四组元研究其对 Fe－Cr－Al 合金阻尼性能的影响，希望得到一种具有更好阻尼性能的铁基四元合金．

1　实验方法

选用工业纯 Fe，Cr 和 Al 以及高纯 Si 为原料，在 10 kg 级的真空感应炉中熔炼合金．合金的化学成分见表 1．合金铸锭经去除表皮后取其下半部分进行锻造并冷拔成直径为 1 mm 的丝状样品（即阻尼性能测试样品），并分别在 1 073，1 173，1 273，1 373 和 1 473 K 真空退火 1 h 后再分别空冷和随炉缓冷．采用葛氏倒扭摆仪测定样品的阻尼衰减曲线，用对数衰减率表征样品的阻尼性能．扭摆振动频率为 1 Hz．

表 1　合金的化学成分

Table 1　Chemical composition of the alloys　　　　（mass fraction，％）

No.	Alloy	Cr	Al	Si	C	N	S	P	Mn	Fe
1	Fe－Cr－Si	12.64	—	2.80	0.018	0.008 0	0.006 9	0.015	0.041	Bal
2	Fe－Cr－Al－Si(L)	12.92	3.00	1.00	0.015	0.006 3	0.004 0	0.015	0.020	Bal
3	Fe－Cr－2Al－Si	12.78	1.89	1.05	0.013	0.006 6	0.005 6	0.014	0.024	Bal
4	Fe－Cr－Al	12.85	2.99	0.15	0.012	0.007 6	0.008 0	0.015	0.034	Bal

---

* 本文合作者：王卫国、郑忠民．原发表于《金属学报》，1998，34（10）：1039－1042．

2 实验结果及讨论

2.1 阻尼机制

在振动应力作用下,铁磁合金的阻尼由磁机械滞后阻尼、宏观涡流阻尼及微观涡流阻尼三部分构成. 在低频振动条件下,退磁状态的铁磁合金的阻尼主要由磁机械滞后引起,宏观和微观涡流阻尼可忽略不计[6]. 磁机械滞后阻尼是由磁畴壁在振动应力作用下发生的不可逆移动并导致磁致伸缩反效而引起的;能够进行这种不可逆移动的磁畴壁越厚、数量越多,则其磁机械滞后阻尼就越大.

本文使用的样品均已经过高温退火,处于完全退磁状态,宏观涡流阻尼不会出现;样品的振动频率约为 1 Hz,微观涡流阻尼也可忽略. 图 1a, b 分别是 1 473 K 退火 1 h 空冷和炉冷后测得的阻尼性能与切变振幅的关系曲线(图中曲线由实测数据点的 5 次多项式拟合而成,在大振幅下曲线略有偏差),与文献[6]提到的磁机械滞后阻尼所表现出的"上得快、下得慢"规律一致. 经其他几个温度处理后的样品的阻尼性能随切变振幅的变化规律与图 1 相同. 这表明本工作熔炼的几种合金的阻尼均是由磁畴壁的不可逆移动造成磁机械滞后引起的,进一步的分析论证应当集中在影响磁畴壁不可逆移动因素的研究方面.

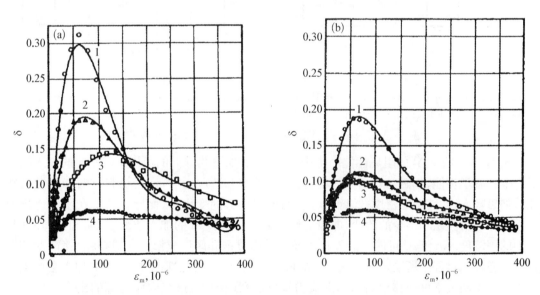

图 1 1 473 K 退火 1 h 后合金的阻尼性能(对数衰减率 δ)与切变振幅 ε_m 的关系

Fig. 1 Damping capacity (logarithmic decrement δ) *vs* strain amplitude ε_m after annealed at 1 473 K

1—Fe - Cr - 2Al - Si 2—Fe - Cr - Al 3—Fe - Cr - Si 4—Fe - Cr - Al - Si(L)
(a) air cooled (b) furnace cooled

2.2 Si 对阻尼性能的影响

从图 2a, b 可以看出:在 1 273 K 及以下温度对 Fe - Cr - Al - Si(L) 和 Fe - Cr - Si 退火后,不论是经炉冷还是空冷的样品,其对数衰减率均比同样状态的 Fe - Cr - Al 的高. 在 1 273 K 以上退火后情况正好相反. 可见,在 Fe - Cr - Al 基础上添加少量 Si 或以 Si 代替 Al

后,可以改善合金的阻尼性能,但前提条件是退火温度不能超过1 273 K.在1 273 K及以下温度对Fe-Cr-2Al-Si退火后,经炉冷的样品其对数衰减率比Fe-Cr-Al的略有提高,而经空冷的样品其对数衰减率却比Fe-Cr-Al的明显偏低,经1 473 K退火后不论是炉冷还是空冷的样品Fe-Cr-2Al-Si的对数衰减率均比Fe-Cr-Al的有显著提高,这说明在Fe-Cr-Al基础上以少量Si代替少量Al可以显著改善合金的阻尼性能,这与Hinai等人[3]研究的含Si的镍基四元合金所表现出的规律相似.

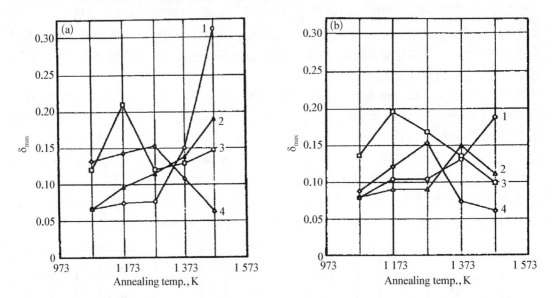

图 2 在不同温度退火后空冷和炉冷试样的阻尼性质(对数衰减率极大值 δ_{max})

Fig. 2 Maximum damping capacity δ_{max} of the air cooled specimens (a) and furnace cooled specimens (b) after annealed at different temperatures

1—Fe-Cr-2Al-Si   2—Fe-Cr-Al   3—Fe-Cr-Si   4—Fe-Cr-Al-Si(L)

Si对Fe-Cr-Al的阻尼性能产生影响,可能有如下几方面的原因:(1)Si的加入改变了合金的磁学性能,如磁晶各向异性,磁致伸缩率和矫顽力等,这会引起磁畴和畴壁某些性质如磁畴大小、畴壁能密度、畴壁尺寸和畴壁类型等的变化,从而导致畴壁在不可逆移动过程中外力对其做功多少的改变,即阻尼性能的改变.(2)Si的加入改变了Cr和Al在铁基体中的固溶度,Cr和Al可能向晶界扩散或在晶内过饱和区形成第二相,这将直接改变畴壁在不可逆移动过程中所受阻力的大小,从而改变了合金的阻尼性能.(3)Si的加入会产生新的更有利于畴壁不可逆移动的局部内应力源(固溶强化)[7],这些内应力源的出现改变了原来合金元素Cr和Al引起的局部内应力源的大小和分布,从而改变了合金的阻尼性能.一些别的相关参数正在测量研究中,结果将在另文报道.

2.3 退火温度和冷却速度对阻尼性能的影响

再结晶退火可使强烈降低合金阻尼性能的冷加工引入的缺陷如位错、形变带、孪晶界和严重的晶格畸变等得到回复;提高再结晶温度还可以使晶粒长大和磁畴壁增厚从而使阻尼性能提高[8],这就是图2中合金对数衰减率随退火温度升高而增大的原因.退火后炉冷或空冷的Fe-Cr-Si和Fe-Cr-Al-Si(L)以及退火后炉冷的Fe-Cr-Al的对数衰减率随退火温度出现极大值的现象可能与另一目前尚不明确的因素有关,这方面的问题有待进一步研究.

　从图 2 还可以看出,冷却速度对合金阻尼性能的影响程度因合金成分和退火温度的不同而存在很大差异,这是因为炉冷的样品存在短程有序[9]和 K 状态[10],它们受合金成分的影响很大并随退火温度的升高有加剧的趋势. 这可能是造成 Fe–Cr–Al 在 1 473 K 退火后炉冷其对数衰减率比 1 373 K 退火后炉冷的有所回落,以及 Fe–Cr–2Al–Si 在 1 373 K 以上退火后空冷其对数衰减率远比炉冷的大的原因.

3　结论

　(1) 在 Fe–Cr–Al 中添加少量 Si 或以 Si 代替 Al 并经 1 273 K 以下温度退火后,新合金的阻尼性能优于 Fe–Cr–Al.

　(2) 以少量 Si 代替 Fe–Cr–Al 中的少量 Al 并经 1 473 K 退火空冷后,新合金的阻尼性能显著优于 Fe–Cr–Al,这与 Hinai 等人研制的含 Si 镍基四元合金所表现出的规律相似.

参 考 文 献

[1] Masumoto H, Hinai M, Sawaya S. *Trans Jpn Inst Met*, 1984;25:891.

[2] Karimi A, Giaugue P H, Martin J L. *Mater Sci Forum*, 1995;179–181:679.

[3] Hinai M, Sawaya S, Masumoto H. *Trans Jpn Inst Met*, 1994;35:74.

[4] Yamada T, Takamura T, Hashizume S, Odakei T, Omori T, Hattori K. *NKK Technical Review*, No. 65, 1992:21.

[5] 佐藤昭治,砂田晃,渡辺敏. 热处理,1992;32:340.

　　(Sotoh S, Sunada A, Watanabe S, *Heat Treat*, 1992;32:340)

[6] Cochart A W. *J Appl Mech*, 1961;15:196.

[7] Smith G W, Birchak J R. *J Appl Phys*, 1968;39:2311.

[8] Astie B, Degaugue J. *J Phys (Paris)*, 1981;42:627.

[9] Lee K H, Vdovenko V A, Cho K K. *J Korean Inst Met Mater*, 1994;32:1499.

[10] 冯端,王业宁,丘第荣. 金属物理. 北京:科学出版社,1964.

　　(Feng D, Wang Y N, Qiu D R. *Metal Physics*. Beijing:Science Press, 1964)

Damping Capacity of Fe–Cr–Al–Si Alloys

Abstract:The effect of silicon on the damping capacity of Fe–Cr–Al alloy has been investigated with the inverted torsion pendulum techniques. The results indicate that, small amount silicon (app. 1% mass fraction) addition to Fe–Cr–Al or substitution of silicon for aluminum in Fe–Cr–Al alloy can make the damping capacity of the alloys higher than that of Fe–Cr–Al alloy when annealed below 1 273 K; substituting silicon for small amount aluminum in Fe–Cr–Al, the damping capacity of the alloy is much higher than that of Fe–Cr–Al alloy when annealed above 1 373 K followed by air cooling. The curves of logarithmic decrement versus strain amplitude reveal the damping of the alloys resulting mainly from magonetomechanical hystereses.

高温轧制 Zr-4 合金板织构的形成机制*

摘　要：采用 X 射线衍射、金相和电子显微等方法对 940 ℃轧制量 69％的 Zr-4 合金板的织构进行了研究. 结果表明，从试样表层到中间层形成了不同类型的织构，由基极主要取向轧面法向的织构逐渐转化为基极主要取向横向的织构，即 f_n 值逐渐减小，f_t 值逐渐增大；试样中间层形成了集中的 $(\bar{1}210)[10\bar{1}0]$ 织构，$f_t > 0.45$. 金相和电子显微镜观察表明，这种织构的变化是由轧制过程中试样沿其厚度方向的温度梯度造成的；由于适合的高温和有利的轧制应力，使得应力诱发马氏体相变过程导致了试样中间层 $(\bar{1}210)[10\bar{1}0]$ 织构的形成，这是高温轧制得到强 f_t 织构的原因.

1　前言

当用 Zr-4 合金条带制做 PWRs 燃料组件的定位格架时，格架条带沿格孔横向的辐照生长和定位弹簧在中子辐照条件下的应力松弛会造成格架对燃料棒夹持力的降低，由此可能导致燃料棒的磨蚀. 在理想情况下，如能控制 Zr-4 合金板的横向织构取向因子 f_t 在 0.4～0.5 的范围内[1]，那么沿板材横向取带制成的定位格架会因受到中子辐照沿格孔横向发生千分之几的收缩，并且收缩量随中子注量的增加而增大，这可以补偿定位格架对燃料棒夹持力的松弛. 经冷轧退火或 α 相温区热轧得到的 Zr-4 合金板则达不到这种要求，其 f_t 值小于 0.30[2, 3]. 本文作者的研究结果[4]表明，在高温（α＋β 上限温区内）轧制可以获得 f_t 值大于 0.4 的 Zr-4 合金板，进一步研究这种强 f_t 织构的形成机制，将有可能使该技术实用化.

2　实验方法

2.1　轧制

选用国产 8 mm 厚的 Zr-4 合金板为实验材料. 轧制温度为 940 ℃. 试样共经四道次轧制，由 8 mm→5.66 mm→4.62 mm→3.42 mm→2.51 mm，总形变量为 69％.

2.2　织构测定

本文作者曾经测得经 940 ℃轧制后的 Zr-4 合金板的 f_t 值为 0.408[4]，但应当指出的是该 f_t 值是沿试样厚度方向的平均值. 为此，本文特测定了试样表层、T/4 厚度层（磨去 1/4 厚度）和中间层（磨去 1/2 厚度）的轧面法向织构取向因子及其对应的反极图. 此外，还测定了表层和中间层的 $(10\bar{1}0)$ 极图. 织构取向因子和反极图的测定方法见文献[4].

＊ 本文合作者：王卫国. 原发表于《核动力工程》，1998，19(1)：37-42.

2.3 金相和透射电子显微(TEM)观察分析

用光镜(OM)和透射电子显微镜(TEM)观察了试样沿轧向纵切面或垂直于轧向横切面的晶粒组织,用选区电子衍射(SAD)确定了试样中间层的晶粒取向.

3 实验结果及讨论

轧制后试样表层、$T/4$ 厚度层和中间层的轧面法向反极图见图 1. 从图 1 中可清楚地看到不同厚度层的织构类型各不相同,f_n 值从表层到中间层逐渐降低(表 1). 图 2a 和 2b 分别是试样表层和中间层的($10\bar{1}0$)不全极图,结合图 1a 和 1c 进行分析后发现试样的中间层形成了非常集中的($\bar{1}210$)[$10\bar{1}0$]织构,[0001]基极取向分布于板材的横向;根据文献[4]和表 1 的实测结果推测中间层的 f_t 值将超过 0.45.

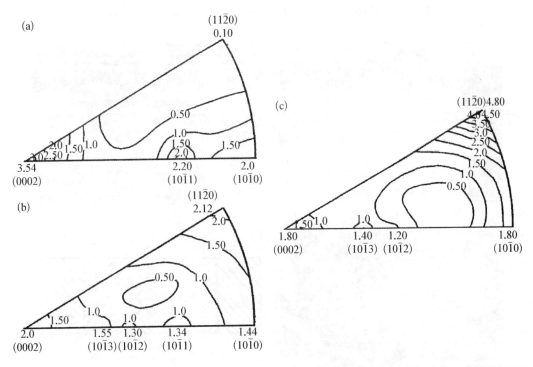

图1 轧制后试样不同厚度层的 ND 反极图 (a)—表层;(b)—$T/4$ 厚度层;(c)—中间层($T/2$ 厚度层)

表1 经 940 ℃轧制后的 Zr-4 合金板的 f_n 值沿试样厚度方向的变化

厚度方向	表层	$T/4$ 厚度层	中间层
f_n 值	0.356	0.320	0.297

图 3 中 a、b、c 图分别摄自 d 所示的 A(表层)、B($T/4$ 厚度层)和 C(中间层)三区. 不难看出从 A→B→C 区中的针状马氏体组织依次粗化,这是由于轧辊的冷却起到了相当于淬火的作用,这种作用使得试样轧制变形时沿其厚度方向产生了温度梯度(中间层的温度最高,冷却也最慢),这便是造成 940 ℃轧制的 Zr-4 合金板沿其厚度方向织构取向发生变化的原因.表层中富氧稳定了 α 相,α 相的变形形成了较强的[0002]∥ND 取向[4],其余两个次强的

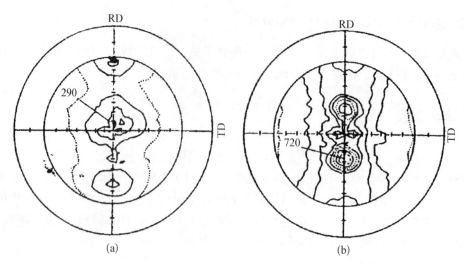

图2 轧制后试样不同厚度层的(10Ī0)极图 (a)—表层；(b)—中间层

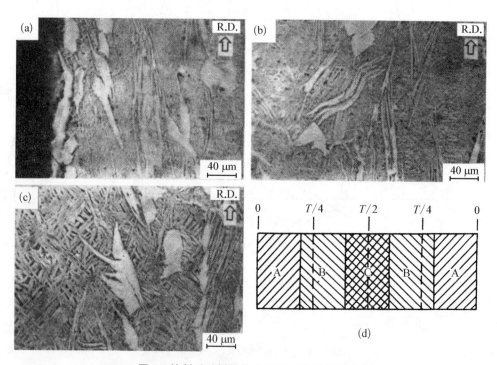

图3 轧制后试样沿轧向纵切面的晶粒组织

[10Ī0]‖ND 和[10Ī1]‖ND 取向可能是 β 相先经冷却形成针状马氏体，然后在高温变形时形成的，Moril[5]等人在研究 Ti 合金的轧制织构时曾观察到这种现象．由于块状 α 晶粒的减少，T/4 厚度层中的[0002]‖ND 取向强度同表层相比已明显降低；轧制变形时该层温度比表层高，大部分 β 相晶粒得以保持在 b.c.c 结构状态下变形，形成了(111)[011]和(100)[011]两类织构[4]；试样在冷却相变过程中，这两类织构按照(110)ᵦ‖(0002)ₐ的关系转变成[10Ī3]‖ND、[10Ī2]‖ND 和[11Ī0]‖ND 三种取向．轧制变形时中间层的温度比 T/4 厚度层还要高，[10Ī3]‖ND、[10Ī2]‖ND 和[11Ī0]‖ND 三种取向的强度应该明显增加，但实测结果却不然，同 T/4 厚度层相比，中间层的[11Ī0]‖ND 取向增强，但[10Ī3]‖ND 和

$[10\bar{1}2]\parallel$ND两种取向均减弱,我们把这一现象归于应力诱发马氏体相变所致.

锆合金的$\beta\to\alpha$马氏体相变遵从如下共格关系

$$(110)_\beta\parallel(0002)_\alpha,\ \langle111\rangle_\beta\parallel\langle1\bar{1}20\rangle_\alpha$$

相变时主要的切变是$[110]_\beta$伸长0.68%转化成$[0002]_\alpha$,$[\bar{1}10]_\beta$伸长9.48%转化成$[0\bar{1}10]_\alpha$,$[001]_\beta$收缩10.53%转化成$[\bar{2}110]_\alpha$[6]. 由于切变是马氏体相变的特点,所以外加应力必然会对这种相变产生影响. Patel和Cohen[7]认为当外加应力有助于马氏体相变所伴随的切变进行时,马氏体就容易形核并使核心长大. 徐祖耀[8]从热力学观点阐明了马氏体相变点M_s与外加应力呈线性关系,当外加应力与切变方向一致并有助于切变进行时,M_s点升高,反之则M_s点降低. 如果轧制时β相晶粒$[110]$平行于轧板的横向TD,$[001]$平行于轧面法向ND,轧制应力非常有利于这种取向的β晶粒发生$\beta\to\alpha$马氏体相变. 据此,我们对轧制后试样中间层的织构作出如下解释:试样在$940\,^\circ\text{C}$轧制时,由于轧辊与试样表面接触时的冷却,表层将先发生$\beta\to\alpha$相变,然后经受变形;而中间层由于温度高,则会在轧制过程中或轧制变形后发生$\beta\to\alpha$相变. 相变时,α马氏体晶核将优先在那些取向大致为$[110]\parallel$ND,并且$[001]\parallel$ND的β晶粒处形成,这是由于轧制应力引起的变形与马氏体相变时的切变方向一致的原因;这些马氏体晶核将沿β晶粒的$[110]$方向(TD方向)长大,这是因为沿这一方向新相和母相之间的晶格错配度最小. 优先生成的马氏体的长大会促使相邻β晶粒边界处也形成马氏体晶核,并通过一致切变的方式沿TD方向快速长大. 这种一致切变得以实现的原因是每一个β晶粒均有六个等同的(110)面和十二个等同的$[110]$方向,在横向45°锥体内总存在一个或多个$[110]$取向,这就为一致切变的进行创造了条件. 如果轧制时在试样中间层确实发生了应力诱发马氏体相变过程,那么应观察到大量长度方向平行或接近平行于横向

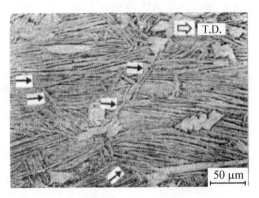

图4 轧制后试样中间层的晶粒组织(观察面法向平行轧向RD)

TD的针状马氏体,并且长度方向为$[0002]$基极方向. 图4是垂直于轧向取样后在试样截面中间层观察到的晶粒组织,确有大量长度方向平行TD的针状马氏体,同时还可以看到在相邻的各个原β相晶粒内(箭头所指处为原β相晶粒边界)针状马氏体沿TD方向一致长大的情形,在试样中间层相当宽的范围内都是如此. 分别平行取TD和RD方向制备TEM薄试样进行观察,选取试样中间层的针状马氏体(图5a、5c)进行选区电子衍射分析(图5b、5d),从这两个方向制备的样品中都证实了这种马氏体的长度方向的确是$[0002]$基极方向,这说明试样中间层确实发生了应力诱发马氏体相变过程. 此类应力诱发马氏体相变的结果是在试样中间层形成了$(\bar{1}210)[10\bar{1}0]$织构. 该织构加热至β相后,由于受$\alpha\to\beta$相变时取向关系的制约,必然会形成$(001)[110]$织构,这是b.c.c金属的形变织构,也是锆合金由$\beta\to\alpha$进行应力诱发马氏体相变时的理想取向. 在每次轧制过程中,试样虽然会受到加热和冷却相变的干扰,但$(001)[110]$织构仍会通过每次轧制积累增强,最终导致试样中间层形成集中的$(\bar{1}210)[10\bar{1}0]$织构,并使f_t值显著增大. 此外,部分β相晶粒按b.c.c结构的形变机理发生变形,并形成了较弱的$[10\bar{1}3]\parallel$ND和$[10\bar{1}2]\parallel$ND取向. $T/4$厚度层未形成集中的$(\bar{1}210)[10\bar{1}0]$织构,其原因可能是轧辊

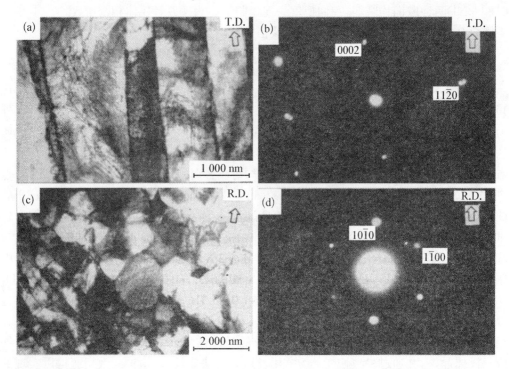

图 5 轧制后试样中间层的 TEM 像及 SAD 图像 （a）、（b）—电子束平行轧向 RD；（c）、（d）—
电子束平行横向 TD. 在平行 RD 制备的样品中为板条状，在平行 TD 制备的样品中为等轴状.

表面冷却的淬火效应，使部分 β 相晶粒在变形前已转变成较"硬"的针状 α 晶粒（马氏体），阻
碍了应力诱发马氏体相变时沿 TD 方向产生一致切变的缘故.

4 结论

经 940 ℃轧制后的 Zr-4 合金板的 f_n 值从试样表层到中间层逐渐减小，根据反极图和
正极图织构变化的分析，f_t 值则逐渐增大. 这种变化是由轧制过程中试样沿其厚度方向的温
度梯度造成的；轧制时试样中间层的温度最高，应力诱发马氏体相变过程导致了该层集中的
$(\bar{1}2\bar{1}0)[10\bar{1}0]$ 织构的形成及其 f_t 值的增大.

参 考 文 献

［1］王卫国，周邦新. 锆合金板织构的控制. 核动力工程，1994，15（2）：158.

［2］Ballinger R G，Lucas G E，Pelloux R M. The Effect of Plastic Strain on the Evolution of Crystallograpic Texture in Zircaloy-4. J. Nucl. Mater. ，1984，126：53.

［3］李佩志，王光盛. 燃料元件格架用 Zr-4 合金板材研究. 核材料论文集，北京：原子能出版社，1989：99.

［4］王卫国，周邦新. 轧制温度对 Zr-4 合金板织构的影响. 核动力工程，1996，17（3）：255.

［5］Moril K，Mecking H and Lutjering G. Texture and Microstructure of Ti-6Al-4V Alloys after High Temperature Rolling，in Strength of Metals and Alloys. Proceeding of the 7th International Conference on the strength of Metals and alloys. Montreal，Canada，12-16 Aug. 1985，Pergaman Press，1986：251.

［6］A C 扎依莫夫斯基（前苏联），核动力用锆合金. 姚敏智译. 北京：原子能出版社，1988：15.

［7］Patel J R. Cohen M. The Effcet of External Stress on the Martensitic Transformation Point Ms. Acta Metallurgica，1953，1：531.

［8］徐祖耀. 马氏体相变与马氏体. 北京：科学出版社，1980：315.

Mechanism of Texture Formation of Zircaloy - 4 Plate Rolled at High Temperature

Abstract: The textures of Zircaloy - 4 plate rolled at 940 ℃ have been investigated by means of X-ray diffraction, optical microscopy(OM) and transmission electron microscopy(TEM). The results indicate that different type textures are developed in different layers along the thickness of the specimen. The texture of basal poles mainly oriented in the normal direction in the surface layer evolves into one of that mainly oriented in the transverse direction in the central layer. Very strong$(\bar{1}210)[10\bar{1}0]$ is developed in the central layer and f_t of this layer is greater than 0.45. The examination of OM and TEM have revealed that the distribution of temperature gradient along the thickness of the specimen during rolling gives rise to the orientation variation of basal poles in different layers. Stress-induced martensitic transformation occurs in the central layer because of the proper high temperature and favorable rolling stress and it brings about very strong$(\bar{1}210)[10\bar{1}0]$ texture formed as well as f_t increased in this layer.

表面处理对 Zr-4 合金抗疖状腐蚀性能的影响*

摘　要： 对不同工艺生产的 Zr-4 管材，采用酸洗、不酸洗、预膜、不预膜 4 种组合状态进行表面处理，研究了它在 500 ℃过热蒸汽中的腐蚀行为. 酸洗后可提高抗疖状腐蚀性能，预生氧化膜（预膜）能起到延缓疖状腐蚀的作用. 机械抛光产生的形变层以及伴有较深划痕的粗糙表面会加速腐蚀，不恰当的酸洗过程会造成氟污染也使管材内表面的耐腐蚀性能下降.

Zr-4 合金包壳在压水反应堆（PWRs）中时间较长时会出现均匀腐蚀或不均匀的疖状腐蚀. 疖状腐蚀会使表面形成疏松较厚易于剥落的白色氧化膜，同时也增加了吸氢量. 为了改善 Zr-4 合金的耐腐蚀性能，国际上采用在美国试验材料协会（ASTM）标准范围内进一步优化成分，以及使热加工制度最佳化，来达到改善其耐腐蚀性能的目的[1]. 毫无疑问，材料化学成分及加工制度的改进是提高抗腐蚀性能的实质性的关键因素[2]，但疖状腐蚀首先是从与介质接触的表面开始，腐蚀速率会受到表面状况的影响. 本文针对核动力堆中 Zr-4 合金包壳所出现的疖状腐蚀现象，研究了各种表面处理状态对 Zr-4 合金包壳管抗疖状腐蚀性能的影响.

1　试验方法

试验所用样品为退火后对内表面进行酸洗，外表面进行机械抛光的成品管材. 进行腐蚀试验的试样其表面再分别经酸洗、不酸洗、预膜、不预膜 4 种组合形式处理，即不酸洗预膜（A）、酸洗预膜（B）、不酸洗不预膜（C）、酸洗不预膜（D）. 酸洗指按 ASTM 标准对腐蚀试样在 HF10％＋HNO₃45％＋H₂O45％溶液中进行表面清洗. 不酸洗指只用丙酮清洗以保持机械抛光的外表面和酸洗的内表面状态. 预膜指在高压釜内 400 ℃、10.3 MPa 过热蒸汽中经72 h 预生氧化膜处理，以形成 1 μm 厚的黑色氧化膜. 上述的 4 组试样一同在高压釜内 500 ℃、10.3 MPa 过热蒸汽中经不同时间腐蚀，以鉴别它们的抗疖状腐蚀性能. 腐蚀后的试样经外观检查以及用 MeF3A 光学显微镜观察氧化膜特征，并用 AMRAY1845FE 场发射扫描电子显微镜分析管材表面特征.

2　结果与讨论

试样在高压釜内 500 ℃，10.3 MPa 过热蒸汽中经 24 h 腐蚀后的外观形貌、腐蚀增重与时间的关系，如图 1 和图 2 所示.

从图中可看出不同表面状态的试样的腐蚀增重速率不同，表明它们的抗疖状腐蚀性能存在差别. 4 组中最好到最差的顺序是：酸洗预膜（B）、酸洗不预膜（D）、不酸洗预膜（A）、不

---

* 本文合作者：赵文金、苗志、蒋宏曼、李聪、于晓卫. 原发表于《稀有金属》，1999，23(6)：458-460.

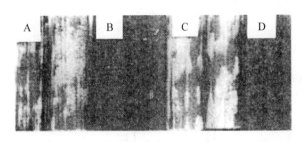

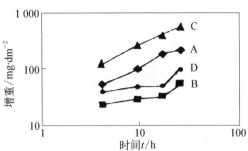

图1 经不同表面处理的锆-4管材在500 ℃、10.3 MPa
过热蒸汽中腐蚀后的外观形貌

A—不酸洗预膜；B—酸洗预膜；
C—不酸洗不预膜；D—酸洗不预膜

图2 不同表面状态的锆-4管材在500 ℃、
10.3 MPa过热蒸汽中腐蚀增重与时间的关系

酸洗不预膜(C).这说明试样的表面处理对抗疖状腐蚀性能有较大的影响,其中经酸洗和预生氧化膜处理后的试样抗疖状腐蚀性能得到明显改善.这可能是因为通过酸洗清除了原始表面的形变层以及各种污染的不利因素,而预生氧化膜处理后在500 ℃重新加热时改变了氧化膜与基体界面处的应力分布,降低了对疖状腐蚀的敏感性,从而起到了延缓疖状斑形成的作用[3].保持原始表面状态的试样的腐蚀速率较快,这是由于机械抛光的管表面上存在粗细相间的划痕(图3(a)),而且有的划痕很深,在较高放大倍数下可看到为沟槽形状,并有嵌入的抛光材料颗粒,经X射线能谱分析,颗粒中含有O、Al、Si、Ca等元素(图3(b));并且内表面上局部区域还存在加工时的带状特征以及酸洗时的沾污痕迹(图4(a)),经X射线能谱分析这些区域内含有氟(图4(b)),说明是酸洗产物未冲洗干净所致.这种污染可能是从酸洗到冲洗的转移时间较长,由于反应放热造成了酸液蒸发,形成的氟氧化锆(ZrOF$_2$)在管内表面沉积.如果不彻底清洗掉氟化锆络和物,则会加速锆合金的氧化[3].由此可见,一方面,机械抛光使基体表面产生了局部变形,位错密度增加,氧离子容易沿位错管道扩散,而加速了氧化.同时,由于划痕的存在,增加了氧化表面.另一方面,不恰当的酸洗过程导致了氟污染,也增加了腐蚀速率.因而保持原始表面状态的试样的抗疖状腐蚀性能最差.然而,通过正常的酸洗去掉了表面形变层,清洁了表面.值得注意的是:进行机械抛光表面时应避免使用较粗颗粒的磨料,随后每一道抛光应除去前一道的抛光痕迹,精抛时不能混进粗颗粒的磨料,抛光结束应及时清除粘附在表面上的抛光磨料等.另外,酸洗时应避免氟的污染.

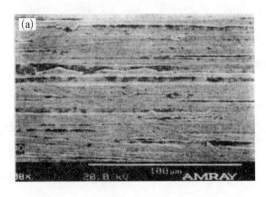

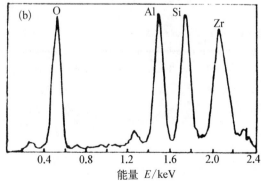

图3 原始管外表面上存在粗细相间的划痕(a)及其嵌入颗粒的X射线能谱曲线(b)

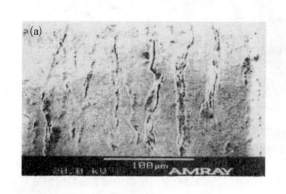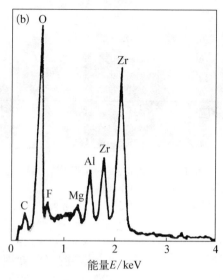

图 4　原始管内表面上的带状特征和沾污痕迹(a)及其 X 射线能谱曲线(b)

3　结论

（1）管材表面状态对抗疖状腐蚀性能有较大的影响,其中经酸洗后可改善抗疖状腐蚀性能,而且预生氧化膜处理能起到延缓疖状腐蚀的作用.

（2）机械抛光产生的形变层以及伴有较深划痕的粗糙表面会加速腐蚀,不恰当的酸洗过程会造成氟污染也使管材内表面的耐腐蚀性能下降.

参 考 文 献

［1］周邦新,赵文金,苗志,等. 核材料与工程,1995,15：242.
［2］赵文金,苗志,蒋有荣,等. 生物及环境材料. 北京：化学工业出版社,1996：162.
［3］Sietnieks A, Ostberg G. Br. Corros. J. ,1968,3：7.

Effect of Surface Treatment on Nodular Corrosion of Zr‐4 Alloy

Abstract：The effect of the surface treatment on nodular corrosion of Zircaloy‐4 tube was investigated by means of autoclave, OM, SEM and EDAX *etc*. The results show that the effect of surface treatment is obvious. The acid picking surface can lead to a good nodular corrosion resistance. The pre-oxidation film can play a role on delaying nodular corrosion. However, the deformation layer and rough traces on the surface of tube and unsuitable picking result in the poor corrosion resistance.

加工工艺对 Zr‑4 管抗疖状腐蚀的影响*

摘　要：应用高压釜、金相及电子显微镜等研究了不同加工工艺的 Zr‑4 包壳的疖状腐蚀行为．结果表明：改进工艺加工的管材比常规工艺加工的管材有更优良的抗疖状腐蚀性能；去应力试样比再结晶试样有较强的抗疖状腐蚀能力；影响 Zr‑4 合金抗腐蚀性能的主要因素是 Fe 和 Cr 合金元素在 α‑Zr 中的固溶含量，而不是第二相粒子的大小．

1　前言

　　锆合金由于具有独特的核性质一直被用作核反应堆燃料包壳和燃料组件的结构材料，但在反应堆运行条件下，元件包壳会出现均匀腐蚀或不均匀的疖状腐蚀，尤其是面临提高燃耗的情况下，改善包壳的水侧腐蚀是非常关键的问题，否则会成为燃料元件寿命的限制因素．通常在压水堆中，元件包壳表面氧化膜生长较均匀，而在沸水堆中氧化膜均匀生长到一定厚度后会产生疖状腐蚀，但在未采取加氢除氧措施的压水堆中也会出现这种疖状腐蚀．从堆内元件包壳不均匀的腐蚀行为，以及 Zr‑4 合金在高压釜 500 ℃过热蒸汽中的腐蚀试验表明，疖状腐蚀的特点是首先在表面出现圆形的白色斑点，表面凸起其分布各有不同，随着疖状斑的生长，会聚集在一起，最终连成一片白色的氧化膜，这种白膜疏松易脱落．对于疖状腐蚀的形成机理见文献[1]．

　　为了改善 Zr‑4 合金的腐蚀性能，可以从改进燃料组件的设计，调整并控制反应堆运行工况，以及改善包壳材料的性能等方面来考虑．对于改善材料性能，主要有以下方面：① 开发新的锆合金（这需要较长的试验周期）；② 调整 Zr‑4 合金的成分（在允许范围内选择最佳结果）；③ 通过改善热加工制度来改变其组织结构以达到改善腐蚀性能[2]；④ 通过对 Zr‑4 包壳进行预生氧化膜处理，对延缓疖状腐蚀的发生也是有益的[3]．本文主要针对我国核动力所用 Zr‑4 合金包壳出现的疖状腐蚀现象，研究了不同加工工艺生产的 Zr‑4 合金包壳管的疖状腐蚀行为．

2　实验方法

　　管材试样是采用常规定型工艺制造的再结晶退火管(1‑534‑1)和去应力管(6‑4‑2)；以及改进加工工艺(主要是降低了 β 相淬火固溶处理后的挤压温度)制造的再结晶退火管(B‑2‑19)和去应力管(A‑3‑2)．四种管材的试样各取一部分在高压釜内(400 ℃、10.3 MPa)经 72 h 预生氧化膜处理(简称预生膜)，使表面生成一层约 1 μm 厚的黑色致密氧化膜．预生膜处理后与未预生膜的试样一同在高压釜内(500 ℃、10.3 MPa)经不同时间进行耐疖状腐蚀试验，并应用金相及电镜技术对各种试样进行观察分析．

＊ 本文合作者：赵文金、苗志、蒋宏曼、李聪、于晓卫．原发表于《核动力工程》，1998，19(5)：462‑467．

3 实验结果与分析

3.1 500 ℃蒸汽腐蚀

试样在 500 ℃、10.3 MPa 过热蒸汽中腐蚀 30 h 后的外观形貌见图 1. 图 1 中 a、b、c、d 为未经预生膜处理的试样,A、B、C、D 为经 400 ℃、72 h 预生膜处理的试样. 从外观可看出,a 组试样(1 - 534 - 1)全被白色疏松的氧化膜覆盖,b 组试样(6 - 4 - 2)也几乎全被疣状斑覆盖,c 组试样(B - 2 - 19)只出现了零星可数的疣状斑,而 d 组试样(A - 3 - 2)中只有两根试样的外表面出现了极少而小的疣状斑. 与之对应的 A、B、C、D 试样其表面状况都有改善,但 A、B 组试样仍有明显的疣状斑,只有 C、D 组试样表面未出现疣状斑. 这说明虽然预生氧化膜处理可以起到延缓疣状腐蚀的作用,但不能阻止疣状斑的形成,试样本身要具有较好的抗疣状腐

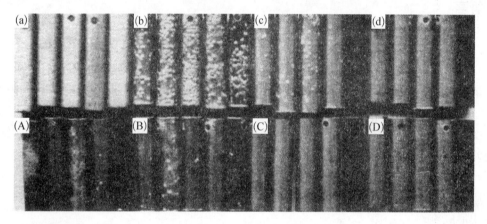

图 1 试样在 500 ℃、10.3 MPa 过热蒸汽中腐蚀 30 h 后的外观形貌 (a)、(b)、(c)、(d)—未预生膜试样;(A)、(B)、(C)、(D)—经 72 h 预生膜试样

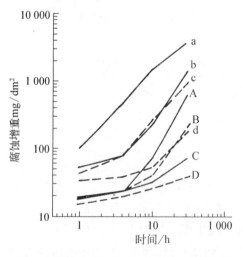

图 2 试样在 500 ℃、10.3 MPa 过热蒸汽中腐蚀 30 h 的增重与时间的关系

a、b、c、d—未预生膜试样;
A、B、C、D—经 72 h 预生膜处理试样

蚀能力仍是主要的问题. 图 2 是腐蚀增重与时间的关系曲线,从图 2 可看出各种试样间腐蚀增重速率的差别. 应该指出的是 c、d 与 C、D 试样增重间的差别主要是因为试样内表面疣状腐蚀程度的不同. 氧化膜形成时体积发生膨胀,由于管材内表面形成氧化膜时的几何条件不同于管材外表面,会引起附加的压应力,将促使疣状斑的形成. 因此,在 c、d 组试样的内表面仍有明显的疣状斑形成,这一点从图 3b 的截面金相照片中可以明显看出.

在相同的腐蚀时间内比较,尽管预生膜处理能减缓疣状腐蚀,但试样本身的耐疣状腐蚀特性仍是主要因素. 对腐蚀后试样截面的观察,也同样说明它们间存在明显的差别,尤其是 a 组试样的氧化膜几乎贯穿管壁,b 组试样(图 3a)的内外表面上都有疣状斑,有的疣状斑已连成一片而成为较厚的氧化

膜,剩下的金属管壁只有0.1 mm左右. d组试样外表面只有很少而小的疖状斑,在图3b中的外表面上并未显出这种小的疖状斑,但在内表面上却形成了较严重的疖状斑. 此外,每组试样中有一根试样在腐蚀前经酸洗,腐蚀后的表面较黑亮、增重也较小. 其余试样均采用丙酮及去离子水清洗,保持了制造表面(机械抛光)的原状,这说明表面状态对疖状腐蚀也有较大的影响.

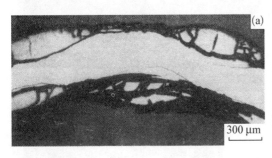

图3 未预生膜试样在500 ℃、10.3 MPa过热蒸汽中腐蚀30 h后的氧化膜形貌 (a)—常规定型工艺制造的去应力管(6-4-2);(b)—改进加工工艺制造的去应力管(A-3-2)

综上所述,试样经500 ℃腐蚀后,无论是从外观形貌、增重速率,还是从试样截面上的氧化膜特征,都表明改进工艺生产的Zr-4管比用常规工艺生产的有更优良的抗疖状腐蚀性能,其中去应力状态的试样具有更好的抗疖状腐蚀能力,形成这些差别的原因见文献[3].

3.2 氢化物分布

在相同的腐蚀时间后,常规工艺生产管中的氢化物比改进工艺生产的多,就两者的再结晶退火试样的氢化物与标准图谱[4]比较,常规工艺的A试样中氢化物含量约为810 $\mu g/g$,改进工艺的C试样中约为120 $\mu g/g$. 比较相应的腐蚀增重结果,说明腐蚀增重愈大,则吸氢愈多,而形成的氢化物也愈多. 图4是试样中疖状斑周围的氢化物形态,可看出由于疖状斑的形成和生长过程中导致体积膨胀而产生的应力使氢化物发生了再取向(由原来的周向变为径向分布).

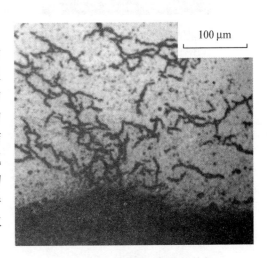

图4 疖状斑周围的氢化物特征

3.3 显微组织及第二相粒子大小分布

图5是再结晶试样1-534-1及B-2-19的透射电镜(TEM)照片,从图5中可清楚地看到晶粒组织和第二相特征. 两试样的微观组织无显著差别,不同的是在1-534-1试样中发现局部区域有成串的第二相,第二相分布不如B-2-19的均匀,这也许是影响腐蚀性能的一个因素. 两者中在晶内及晶界都有第二相存在,大小在0.05 μm~0.5 μm范围内.

用光镜(OM)和图像仪测得的第二相粒子大小的分布如图6,从图6中可看出用OM测得的第二相尺寸较TEM观察到的大些,这是由于试样腐蚀时,第二相与基体界面的浸蚀而粗化了第二相边缘,所以图像采集后计算值偏高,而且限于OM和图像仪的分辨率,太小的粒子在处理时会被漏掉,因而小于0.1 μm的粒子未能统计在内. 但该分布图仍可定性地描述它们的特征,如再结晶试样(1-534-1、B-2-9)的第二相尺寸比去应力试样(6-4-2、

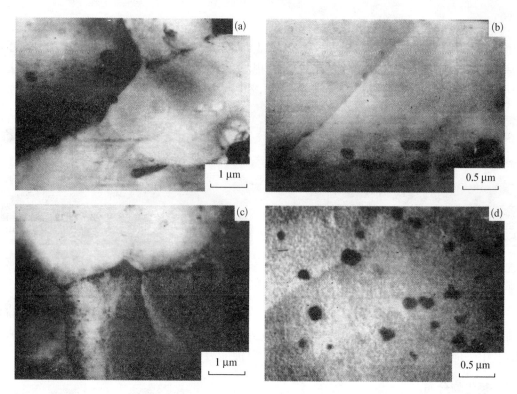

图5 再结晶试样的 TEM 照片 （a）、（b）——常规工艺管材（1-534-1）；（c）、（d）——改进工艺管材（B-2-19）

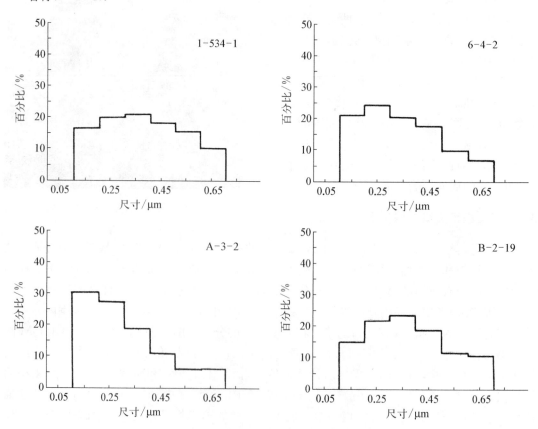

图6 试样中第二相粒子大小的分布

A-3-2)的略为大些,这说明再结晶退火的温度较去应力退火的高,第二相将进一步长大.而且,基体中合金元素的固溶量随第二相的进一步析出而减少,已存在的第二相会溶解、聚集、长大再分布,以及表层上各晶粒取向的差别会更明显,引起氧化各向异性,导致局部氧化膜生长较快,因而再结晶试样的抗疖状腐蚀性能不如去应力试样的好.文献[5]指出在BWR条件以及在堆外高压釜500℃蒸汽下,要使Zr-4合金具有良好的耐疖状腐蚀性能,应将第二相粒子的平均尺寸控制在小于0.2 μm;而在PWR条件以及堆外350℃高温水中,Zr-4合金中第二相粒子的平均尺寸应大于0.1 μm,才能得到良好的耐均匀腐蚀性能.在本实验中,常规工艺生产的管材试样(1-534-1、6-4-2)中第二相粒子大小与改进工艺生产的管材(A-3-2、B-2-19)试样中第二相粒子大小并无明显差别,但改进工艺生产的管材试样却有较好的抗疖状腐蚀能力.对试样中Zr(Fe、Cr)$_2$第二相所占体积分量的计算,改进工艺试样中第二相为0.87%,常规工艺试样中为0.92%.体积分量越大,说明析出的第二相多,而Fe、Cr在基体中的含量就相应减少.这就进一步说明,由于改进工艺采用了较低的挤压温度,使原先在β相淬火处理时过饱和固溶在基体中的合金元素不至于过多地析出,保留了一定的Fe、Cr合金元素在α-Zr中的固溶含量,从而减小了不同取向晶面间表面能的差别,而不易形成厚薄不均的氧化膜.因此,影响Zr-4耐腐蚀性能的主要因素是Fe和Cr合金元素在α-Zr中的固溶含量,而不是第二相粒子的大小.

4 结论

(1)改进工艺加工的管材比常规工艺加工的有更优良的抗疖状腐蚀性能.

(2)预生氧化膜处理能起到延缓疖状腐蚀的作用,但不能阻止疖状腐蚀的产生.

(3)在相同腐蚀条件下,去应力的管材比再结晶的有较强的抗疖状腐蚀性能.

(4)试样腐蚀愈严重,其吸氢量增加.

(5)影响Zr-4耐腐蚀性能的主要因素是Fe和Cr合金元素在α-Zr中的固溶含量,而不是第二相粒子的大小.

参 考 文 献

[1]周邦新,锆合金中的疖状腐蚀问题.核科学与工程,1993,13:51.

[2]周邦新,赵文金,苗志,等.改善Zr-4合金耐腐蚀性能的研究.核科学与工程,1995,15:242.

[3]赵文金,苗志,蒋有荣,等.预生膜氧化处理对Zr-4包壳疖状腐蚀的影响.96中国材料研讨会,北京:1996,11.

[4]Hartcorn L. A, Westerman R. E. Quantitative Metallography of Hydride Phase in Zircaloy-2 Process Tubes. HW-74949,1963.

[5]Garzarolli F, Stehle H. IAEA International Symposium on Improvments in Water Reactor Fuel-Technology and Utilization. IAEA-SM-288/24,1986.

Effect of Fabricating Process on Nodular Corrosion of Zircaloy-4 Tube

Abstract:The nodular corrosion resistance of Zircaloy-4 cladding tube fabricated by the conventional and improved process has been investigated. The results indicate that the nodular corrosion resistance of Zircaloy-4 tube fabricated by improved process is much better than that of Zircaloy-4 fabricated by conventional process, and the stress relieve tube is better that of the full recrystallized tube. It is pointed out that the main factor of affecting the nodular corrosion resistance of Zircaloy-4 is the solid solution contents of Fe and Cr in alpha Zr matrix rather than the size of second phase particles.

Zr-4中合金元素的表面偏聚*

摘　要：Zr-4合金中的合金元素的表面偏聚可能影响它的性能. 用带有加热装置的俄歇电子能谱仪分析 Zr-4 试样在 400～600 ℃ 条件下加热不同时间的表面偏聚现象. 发现试样加热到 400 ℃ 以上时，Sn 元素有明显的表面偏聚现象.

1　引言

　　金属合金中的合金元素往往会在界面上发生偏聚，合金元素在界面上的含量与平均含量相比可能会达到 1 个或几个数量级的差别. 这种现象可以发生在晶界、相界、表面等界面上. 界面偏聚可能对合金的性能起着十分重要的作用：晶界上的偏聚可以增加强度，但有时会引起脆性；金属间化合物晶界上的偏聚又有可能增塑；晶界上或相界上的偏聚还会影响相变过程. 当合金元素在表面发生偏聚时，又会明显影响该合金与环境间的作用，如氧化腐蚀等过程. Zr-4 中合金元素 Sn、Fe、Cr 等是否有表面偏聚行为，还未见到这方面的研究报道.

2　实验方法及结果

　　合金元素的偏聚往往只分布在几个原子层厚度内. 用俄歇电子能谱仪测量分析这样的薄层内的变化，并观察合金元素的表面偏聚过程，需将试样加热到一定温度. 测量在中国科学院金属腐蚀与防护所进行. 将 2 mm 厚的 Zr-4 板材加工成所需样品后，经 10％HF＋45％HNO$_3$＋45％H$_2$O 溶液化学抛光；然后在试样背面点焊上 ϕ0.06 mm 的 Ni-Cr 热偶丝以便测量试样的温度. 在测试前还需用 Ar 离子束将试样表面溅射清洗.

　　图 1 是试样在室温和 400 ℃、500 ℃、600 ℃加热 30 min 后的俄歇电子能谱. 图 2 是试样在 500 ℃加热 10 min、30 min、120 min 后的俄歇电子能谱. 能谱峰高与成分的关系为

$$C_i(\mathrm{at}\%) = \frac{I_i}{S_i}\left(\sum_j \frac{I_i}{S_i}\right)^{-1}$$

C_i 为表面第 i 个元素成分，I_i 为第 i 个元素峰高，S_i 为第 i 个元素的敏感系数，I_j 为能被识别的所有元素的峰高，S_j 为能被识别的所有元素的敏感系数. 根据上式可以计算出表面成分（表 1）.

　　从这组数据可以看出，在 400 ℃ 以下时，试样表面有 C、N、O 的吸附，在 400 ℃ 以上加热才会逐渐脱附. 合金元素的表面偏聚现象在 400 ℃ 以上加热才出现，且 Sn 的表面偏聚明显. 随着加热温度升高或时间延长，峰值增高，含量增加. 在不同温度下加热保温 30 min 后，表

* 本文合作者：赵文金、蒋有荣、夏邦杰、李京、张立新. 原发表于《核动力工程》，1998，19(6)：506-508.

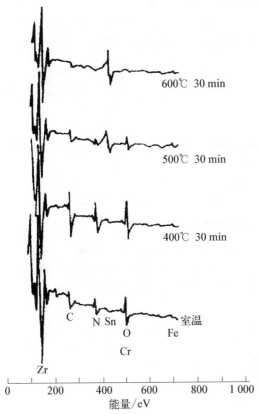

图1 Zr-4 合金在室温、400 ℃、500 ℃、600 ℃加热 30 min 后的俄歇电子能谱

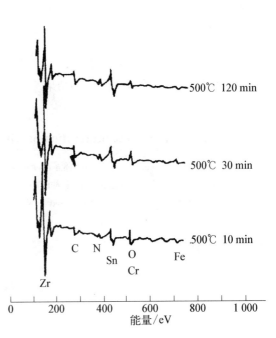

图2 Zr-4 在 500 ℃加热 10 min、30 min、120 min 后的俄歇电子能谱

表1 Zr-4 在不同加热条件下表面成分的分析结果

加热温度/℃	加热时间/min	表面各元素的含量/at%						
		Sn	Fe	Cr①	C	N	O	Zr
室温	—	0.66	0	—	11.97	6.64	7.72	73.01
400	30	0.74	2.03	—	23.71	11.01	7.99	54.51
500	30	4.24	4.83	—	10.13	3.92	4.05	72.83
600	30	7.49	3.35	—	5.31	2.79	1.34	79.72
500	10	3.45	3.90	—	7.80	2.44	5.27	77.14
500	120	6.16	3.52	—	13.51	5.14	3.29	68.37

注：① 由于 Cr 峰被 O 峰淹没，无法得到分析结果.

面层中 Sn 的含量由室温时的 0.66at%增加到 7.4at%（600 ℃/30 min）；500 ℃保温 10～120 min，Sn 含量由 3.45at%增加到 6.16at%. Zr-4 中 Sn 含量的名义值为 1.15at%（1.5wt%）. 室温和 400 ℃时测得的 Sn 含量低于名义值，这是因为试样表面还吸附有 C、N、O 的缘故. Zr-4 中 Fe 含量的名义值为 0.33at%（0.2wt%），在室温时测得的俄歇电子能谱中的 Fe 峰并不明显，这可能是 Fe 含量太低的缘故. 试样在 400 ℃加热后，Fe 峰比较明显，但随温度升高或加热时间延长，Fe 峰并没有明显的增高. 虽然计算结果表明试样加热后表面中 Fe 含量明显增加，但这是由于 Fe 在表面偏聚的结果，还是因为 Fe 含量太低引起的测量误差，目前还不能作出判断. 由于 Cr 峰的位置（529 eV）与 O 峰的位置（503 eV）相近，当表面吸附了 O 后,Cr 峰被淹没,无法了解 Cr 元素的偏聚行为.

合金元素 Sn 的表面偏聚必然对 Zr-4 在高温水或过热蒸汽中的腐蚀行为有影响. Greenbank 等曾在 60 年代观察到 Zr-4 在 500 ℃ 过热蒸汽中腐蚀后,氧化膜中交替出现富 Sn 层,这可能就是 Sn 元素偏聚行为引起的.

3 结论

当试样加热到 400 ℃ 以上时,Zr-4 合金中 Sn 元素的表面偏聚很明显,而 Fe、Cr 元素的表面偏聚现象还不能得到确切的结果.

Surface Segregation of Alloying Elements in Zircaloy - 4

Abstract:Performance of Zr-4 alloying may be influenced by the surface segregation of alloying elements. Zr-4 specimens heated different time with 400 ℃, 500 ℃, and 600 ℃ are analyzed with auger electron spectrometer. When specimens are heated above 400 ℃, obvious surface segregation of tin is observed.

水化学对燃料元件包壳腐蚀行为的影响*

摘　要：燃料元件包壳的水侧腐蚀和吸氢是当前进一步提高燃耗的主要限制因素，由于一回路水中加入 H_3BO_3 和 LiOH，使包壳的腐蚀问题变得更为复杂. 本文综述了 LiOH 及 LiOH-H_3BO_3 对锆合金水侧腐蚀的影响，以及研究这种影响机理的现状.

1　引言

加深核燃料的燃耗是提高水冷动力堆经济性的一种有效途径，也是实现长寿期堆芯必须采取的措施. 由于燃耗加深，必然使燃料元件包壳的腐蚀程度加剧，锆合金包壳的腐蚀与吸氢过程相伴发生，因而腐蚀量增加后吸氢量也会增加，使包壳的力学性能变坏. 因此，当前进一步提高燃耗的主要限制因素是元件包壳的水侧腐蚀和吸氢. 目前认为燃耗要达到 $60\,GW\cdot d/t(U)$ 必须采用新的锆合金来制作元件包壳. 改进的锆-4合金，包括优化热加工制度及采用低锡合金成分等措施已不能满足要求[1]. 西屋公司下一代 VATAGE$^+$ PWRs 燃料元件的包壳已决定采用 ZIRLO 锆合金，它的成分是 Zr-1Sn-1Nb-0.1Fe.

目前核电站都采用在一回路中添加 H_3BO_3，用 ^{10}B 作为可燃毒物. 为了减少一回路中放射性物质的迁移，降低工作人员受辐照剂量水平，需要采用碱性水（pH7.1～7.2），因此一回路中又要添加 LiOH 或 KOH. 添加 LiOH 后的高温水虽然对锆合金腐蚀转折前的腐蚀速率影响不大，但使发生转折的时间缩短，转折后的腐蚀速率增加，明显加剧腐蚀程度. 研究这些规律，无论从优化水化学成分，减轻燃料包壳的腐蚀，或者对发展更耐腐蚀的新锆合金来说，都是很有意义的工作，也是当前人们十分关心的问题.

2　添加 LiOH 及 H_3BO_3 对锆合金腐蚀行为的影响

大量堆外高压釜腐蚀试验的结果，都说明添加 LiOH 会加速锆合金的腐蚀，如同时添加足够量的 H_3BO_3，又会部分抑制这种有害的作用. Ramasubramanian 等[2]研究了锆-4在不同含量的 LiOH 或 LiOH-H_3BO_3 水溶液中，经 360 ℃高压釜腐蚀 4 天的增重变化（图 1）. 当 Li^+ 浓度超过 350 mg/L 时，腐蚀增重迅速增加. 加入 H_3BO_3 后可以抑制这种有害作用. 但是在 Li^+ 浓度为 3 500 mg/L 时，只有在 B^{3+} 浓度更高（1 200 mg/L）时才能显出它的抑制作用. Han 等[3]也研究了不同含量的 LiOH 或 LiOH-H_3BO_3 水溶液对锆-4经 350 ℃高压釜腐蚀后的增重变化（见图 2），随着 Li^+ 浓度增加，腐蚀转折提前，转折后的腐蚀速率增加. 加入 H_3BO_3 后的抑制作用也随其浓度增加而更明显. 试样在 3 500 mg/L Li^+ ＋600 mg/L B^{3+} 溶液中腐蚀后，用二次离子质谱仪测定氧化膜中的 Li 和 B 可分别达到 820 和 320 $\mu g/g$，

---

* 本文原发表于《核动力工程》，1998,19(4)：354-359,364.

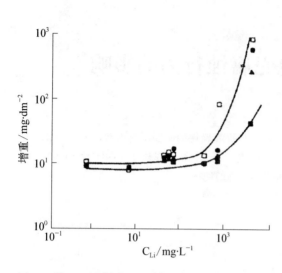

图1 锆-4试样在 LiOH-H₃BO₃ 溶液中经 360 ℃高压釜腐蚀4天后的增重

B浓度(mg/L)：□=0；●=300；▲=600；■=1 200.

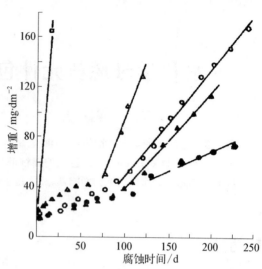

图2 锆-4试样在 LiOH-H₃BO₃ 水溶液中经 350 ℃高压釜腐蚀增重随时间的变化(浓度单位为mg/L)

○——Li70；▲——Li70/B100；——Li700；
△——Li700/B200；●——Li700/B2000.

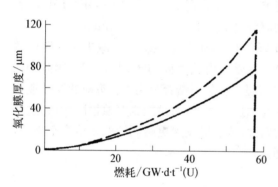

图3 用COCHISE程序预测Li含量变化后对燃料包壳腐蚀的影响

— — C_{Li}=3.5 mg/L，pH=7.4；
——C_{Li}=2.2 mg/L，pH=7.2.

如果氧化膜在热稀硝酸中浸滤后，只有 Li 的浓度会下降[2].

Pecheur 等[4]基于堆外的试验数据，发展了半经验的 COCHISE 程序，用来预测一回路中 Li 浓度由 2.2 mg/L 增加至 3.5 mg/L 后对燃料包壳腐蚀的影响，结果如图 3 所示. 在较低的燃耗条件下，增加 Li^+ 浓度对加速包壳腐蚀的作用比较轻微，但在高燃耗下加速包壳腐蚀的作用十分明显，氧化膜的厚度将增加 45%. Pecheur 等还进行了堆外回路试验，试验结果表明：当传热条件变化，产生两相流后空泡份额增加时，氧化膜的厚度急剧增加(图4). 这被解释为沸腾导致氧化膜表面 Li 浓度增加使腐蚀加速. 但是包壳管预先在单相流的条件下生成约 3 μm 的氧化膜，然后放置在两相流的条件下进行腐蚀试验，并没有观察到因空泡份额增加而加速腐蚀的现象. Pecheur 等认为一般条件下 (2.2 mg/L Li^+、液相)生成的氧化膜在严重腐蚀条件下(10 mg/L Li^+、沸腾条件)腐蚀时具有保护作用. 因此，预生氧化膜和未经预生膜的包壳管在含 Li^+ 的两相流传热条件下的腐蚀行为截然不同(图5). 这种现象对于研究 Li^+ 加速锆合金腐蚀的机理可能是有意义的线索.

3 Li、Na、K、Rb、Cs 的氢氧化物对锆合金腐蚀行为影响的比较

一回路中添加 H_3BO_3 后，^{10}B 受到中子辐照产生(n, α)反应不断生成^7Li，所以西方 PWRs

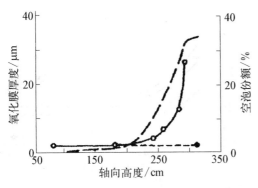

图4 堆外回路试验时燃料包壳(锆-4)氧化膜厚度与空泡份额间的关系

包壳壁温＝344.5 ℃；功率＝100 W/cm²；pH300＝7.7；——添加 1 000 mg/L(B)＋10 mg/L(Li)；----1 000 mg/L(B)＋56 mg/L(K)；—_空泡份额随轴向高度的变化.

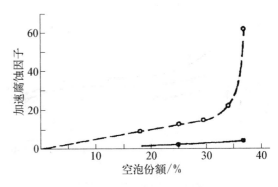

图5 加速腐蚀因子与空泡份额之间的关系
——●——预生氧化膜包壳管；——○——未预生氧化膜.

采用添加 LiOH 来调节一回路水的 pH 值. 但其他碱土金属的氢氧化物也可用作添加剂来调节 pH 值. 前苏联的 VVER 水化学是 K-B 体系，即添加 KOH. 燃料元件包壳是 Zr-1Nb，Zr-1Nb 在 VVER 水化学条件下具有很好的耐腐蚀性能. 由于某些 VVER 反应堆正在寻求其他可能以锆-4 为燃料包壳的供货厂家，所以锆-4 为包壳的燃料元件正在 VVER 水化学条件下进行辐照考验评价[5].

Jeong 等[6]研究了 3 种浓度(0.32 mmol，4.3 mmol 和 31.5 mmol)的 Li、Na、K、Rb、Cs 的氢氧化物水溶液对锆合金在 350 ℃、17 MPa 高压釜腐蚀增重的影响. 如果以添加碱土金属的阳离子半径对腐蚀增重作图(图6)，除了 Rb 之外，随着碱土金属阳离子半径增大，它对锆合金加速腐蚀的作用越来越不明显. Pecheur 等[4]在堆外回路腐蚀试验时，用添加 KOH 代替 LiOH，并保持相同的 pH 值，发现在添加 KOH 时锆-4 包壳氧化膜的厚度并不因空泡份额的增加而急剧增厚(图4). 用二次离子质谱分析氧化膜中的成分，发现在添加 LiOH 后生长的氧化膜中，Li 均匀分布在氧化膜的厚度层中，而在添加 KOH 时生长的氧化膜中，K 只在氧化膜的表层，这是离子半径不同的缘故，Li^+ 和 K^+ 的离子半径分别为 0.078 和 0.133 nm. Li 进入氧化膜中可能是它引起加速腐蚀的原因，也可能是加速腐蚀后的结果. 解释这种因果关系，将是认识 LiOH 加速锆合金腐蚀机理的一个重要环节.

$Zn(OH)_2$ 或 ZnO 在水中的溶解度很小，因而不能用作调节一回路水 pH 值的添加剂. 但是 Zn 可作为阻蚀剂，可以降低反应堆一回路结构部件氧化膜的生长速率，因而有可能减少放射性物质的迁移而降低辐照剂量水平[7]. 但是如果使燃料包壳锆合金的氧化膜致密化，则可能使传热特性变坏.

4 锆合金的成分与 LiOH 加速腐蚀间的联系

添加 LiOH 引起锆合金的加速腐蚀，这是因改变外在环境条件而产生的效果. 如果改变锆合金成分，也必然会因改变内在因素而使 LiOH 影响锆合金腐蚀行为发生变化. 由于目前还没有充分的实验数据，无法归纳出合金成分与 LiOH 加速腐蚀作用之间的关系. 进一步研究这方面的问题必然对发展新锆合金有重要的意义.

Sabol 等[8]曾报道了 ZIRLO 锆合金(Zr-1Sn-1Nb-0.1Fe)与锆-4 在 360 ℃高压釜腐

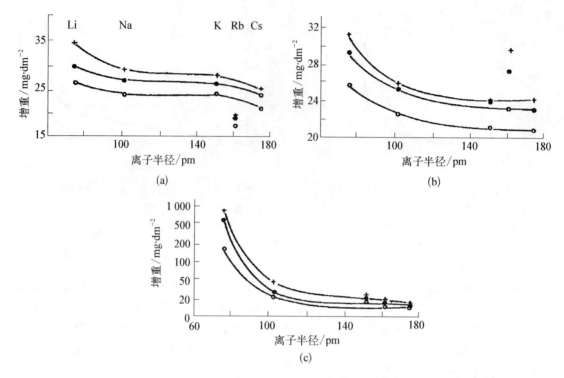

图 6 不同碱土金属的氢氧化物对锆-4合金腐蚀增重的影响

(a)——0.32 mmol；(b)——4.3 mmol；(c)——31.5 mmol. ○——90d；●——120d；+——150d.

蚀试验的结果,比较了添加 70 mg/L Li$^+$ 对腐蚀转折后增重速率的影响,从表 1 中可看出 ZIRLO 锆合金对 LiOH 加速腐蚀的作用具有较好的抵抗力,在未加 LiOH 的条件下, ZIRLO 转折后的腐蚀速率是锆-4 的 64%,而在添加 70 mg/L Li$^+$ 条件下,它的腐蚀速率只是锆-4 的 19%.这是否为合金元素 Nb 的作用? 目前还不能得出结论,因为 Sabol[9] 在另一篇报告中的数据表明,含 Nb1% 和 2.6% 的 Zr - Nb 二元合金,在添加 LiOH 的条件下腐蚀时,并未见有类似 ZIRLO 的优良性能.Jeong 等[6] 的试验结果也表明在碱性溶液中含 Nb 锆合金的耐腐蚀性能不如 Zr - Sn 系的合金.

表 1　ZIRLO 与锆-4合金在 360 ℃腐蚀转折后的腐蚀速率比较(mg·dm^{-2}·d^{-1})

材　　料	转折后的腐蚀速率			
	360 ℃		360 ℃（70 mg/L Li$^+$）	
	腐蚀速率	归一化后的比较	腐蚀速率	归一化后的比较
普通锆-4	0.584	100	2.88	100
改进锆-4	0.472	81	2.89	100
β淬火锆-4	0.672	115	3.18	110
ZIRLO	0.371	64	0.545	19

最近,Perkins 等[10] 就合金元素对锆合金在低浓度的 LiOH 水溶液中腐蚀性能影响作了如下归纳:Sn 似乎是最重要的元素,它可以改善锆合金的耐腐蚀性能,这与它在纯水中的作用相反.Fe 是有利的元素,Nb 和 Cr 更复杂一些,它们的影响还决定于其他合金元素的存在与否.

5 LiOH 加速锆合金腐蚀机理的研究现状

锆合金氧化膜的生长是 O^{2-} 与 Zr^{4+} 在氧化膜/金属界面处形成 ZrO_2 的过程,因此,阴离子空位由氧化膜/金属界面向氧化膜表面扩散的速率决定了氧化膜的生长速率. 当锆合金的腐蚀速率发生明显变化时,在氧化膜的表面,氧化膜/金属的界面以及氧化膜的内部都应该有相应的形貌及显微组织和结构的变化. 观察分析这种变化,将是认识腐蚀速率改变原因的重要依据. 这也是当前各国学者们采用的研究途径. 尽管当前分析仪器的发展为观察分析这些问题提供了很大的方便,但至今所获得的结果还不能完全阐明 LiOH 引起锆合金加速腐蚀的原因.

早期认为 Li^+ 进入氧化膜后增加了阴离子空位的浓度,加速了空位扩散速率而使腐蚀加速,或者 Li^+ 进入氧化膜后改变了氧化锆的再结晶过程,细化了晶粒,增加了晶界,也就是增加了阴离子空位的短路扩散通道,加速阴离子空位扩散速率. 这种假设虽然抓住了影响氧化膜生长的关键环节,但由于缺乏直接的观察证明,问题并未得到解决. Cox 等[11]用复型电子显微镜技术连续观察同一地区氧化膜表面形貌在腐蚀过程中的变化,发现在 300 ℃中性水中腐蚀时,氧化膜表面的形貌只有很小的变化,少量的孔洞在第二相或晶界处出现,继续腐蚀时很缓慢地发展成小裂纹. 但在 0.1mol LiOH 中腐蚀时,成排的大孔洞会很快形成,有的学者认为这是因为立方或四方 ZrO_2 晶粒优先于单斜 ZrO_2 晶粒溶解于 LiOH 溶液中的结果,因而添加 LiOH 后会加速锆合金的腐蚀. 最近 Cox 继续阐述这一假设[12],认为孔洞中 LiOH 达到一定浓度后,由于 ZrO_2 溶解而使孔洞扩大. 加入 H_3BO_3 后,某种可溶性的复杂 Zr-Li-B 盐可能堵塞孔洞,使 H_3BO_3 对 LiOH 的有害作用产生抑制. 因此,在氧化膜中存在的 Li 或 B 是加速腐蚀后的结果,而不是引起加速腐蚀的原因. Ramasubramania 等[2,13]提出未分解的 LiOH 与氧化膜表面阴离子空位反应形成表面 OLi 团,它不像 H_2O 与阴离子空位反应生成的 OH 团,不会分解形成 O^-,表面 OLi 团沿着阴离子空位迁移至氧化锆晶界上而阻碍了晶粒的径向和柱向生长,细化了氧化锆的晶粒,增加了阴离子短路扩散通道. 添加 H_3BO_3 后可能从两方面抑制了 LiOH 的有害作用,一方面是在相同浓度的 LiOH 条件下降低了 pH 值,另一方面是干扰了 LiOH 与阴离子空位间的反应,阻碍了表面 OLi 团的形成. Ding 等[14]用扫描电镜观察氧化膜/金属界面处氧化膜的形貌,发现在高浓度 LiOH 中腐蚀后,氧化膜出现长的脊岭状起伏,明显不同于加速腐蚀前或在低浓度 LiOH 中形成的氧化膜,因此提出在高浓度 LiOH 条件下氧化优先沿晶界发生是加速腐蚀的原因.

Saario 等[15]用接触电阻法原位测量氧化膜的电阻在 350 mg/L B^{3+} 的 H_3BO_3-LiOH 溶液中经 300 ℃腐蚀时的变化. 当注入 LiOH 后 Li^+ 浓度达到 8 mg/L 时,在试验的时间内并未观察到电阻发生变化,当浓度达到 93 mg/L 后,氧化膜的电阻首先由 100 Ω 增加至 500 Ω,10 h 后电阻突然在 20 s 内降至 1 Ω. 由于电阻变化存在孕育期,Saario 等认为加入 LiOH 使氧化膜恶化的机理是相变而不是扩散过程. 这种相变可能是氧化锆的再结晶,四方晶体转变为单斜晶体、氢化物的沉淀,或者是 Zr 与 Li 间的反应过程.

直接用透射电镜观察氧化膜组织和结构的差别,应是研究加速腐蚀原因的有效途径. 但是由于氧化膜生成时产生很大的内应力,这会使氧化膜的晶体结构不完整,转折后的氧化膜又由于强度降低,增加了制备薄试样的困难,并且制备薄试样时还可能使原有孔洞扩大而破坏原有的显微组织. 因此,这仍然是细致又艰难的工作.

6 结束语

由于一回路水中添加了 H_3BO_4 和 LiOH，使元件包壳的腐蚀问题变得更加复杂. 研究水化学对锆合金包壳耐腐蚀性能的影响，一方面可以优化水的化学成分，减轻包壳的腐蚀程度；另一方面在了解加速腐蚀机理的基础上，可以指导选择锆合金中添加合金元素的种类和含量. 所以在工程应用和发展新锆合金方面都有很大的意义. 目前对添加 LiOH 会加速锆-4腐蚀，以及同时添加 H_3BO_3 后又对这种加速腐蚀会产生抑制作用的机理都不十分清楚. 虽然已知道用 KOH 代替 LiOH 来调节一回路水的 pH 值可以明显降低锆-4 的腐蚀速率，但要将这种用于以 Zr-1Nb 合金为元件包壳的 VVER 堆的经验，应用到以 Zr-Sn 系合金为元件包壳的压水堆中，还有许多工作要做.

1993 年 10 月国际原子能机构在捷克原子能研究所召开了"水化学对燃料元件包壳行为影响"研讨会. 会议对水化学的实践方面作了如下几点建议：

（1）为了减轻元件包壳的腐蚀及一回路中放射性物质的迁移，建议 PWRs 中采用 pH 值尽量接近 7.2 的改进 Li-B 水化学；在 VVER 中采用 pH 为 7.0～7.1 的改进 K-B 水化学.

（2）评价改变 pH 控制试剂的效果，特别是 KOH 在 PWRs 中的应用问题.

（3）进一步研究 Zn 对放射性物质迁移的影响.

（4）评价在正常工况及事故工况下，锆-4 合金在 VVER 水化学条件下（K-B 体系）的行为，包括除氧剂对腐蚀和吸氢的影响.

（5）建议开展以氨或联氨为除氧剂的比较研究.

弄清以上几方面的问题，必将会使压水堆在更合理的水化学条件下运行，这也可以从另一方面来改善燃料元件包壳的水侧腐蚀性能.

参 考 文 献

[1] Romary H, Deydier D. Corrosion Behavior of Zircaloy-4 Fuel Cladding in EDF Power Plants. Technical Committee Meeting on Influence of Water Chemistry on Fuel Cladding Behavior, Rez, Oct. 4-8, 1993.

[2] Ramasubramania N, Balakrishnan P V. Aqueous Chemistry of Lithium Hydroxide and Boric Acid and Corrosion of Zircaloy-4 and Zr-2.5Nb Alloy, Zirconium in the Nuclear Industry: Tenth Inter. Sym. . ASTM ATP1245, Garde A M and Bradley E R Eds. American Society for Tesing and Materials, Philadelphia, 1994, p378.

[3] Han J H, Rheem K S. The Corrosion Characteristics of Zircaloy-4 Fuel Cladding in LiOH-H_3BO_3 Solution, J Nucl Mat. 1994, 217: 197.

[4] Pecheur D, Giordano A, Picard E et al. Effect of Elevated Lithium on the Waterside Corrosion of Zircaloy-4: Experimental and Predictive Studies, Rez, Oct. 4-8, 1993.

[5] Kysela J, Zmitko M, Vrtilkova V. VVER Water Chemistry Related to Fuel Cladding Behavior, Rez, Oct. 4-8, 1993.

[6] Jeong Y H, Ruhmann H, Garzalloi F. Influence of Alkali Metal Hydroxides on Corrosion of Zr-based Alloys, Rez, Oct. 4-8, 1993.

[7] Henzel N. Alternative Water Chemistry for the Primary Loop of PWR Plants, Rez, Oct. 4-8, 1993.

[8] Sabol G P, Weiner R A, MoAtee K R et al. In-Reactor Corrosion Performance of ZIRLO™ and Zircaloy-4 and Related Corrosion Modelling, International Topical Meeting on LWR Fuel Performance, Aprill 7-21, 1994.

[9] Sabol G P, Kilp G R. Balfour M G et al. Development of a Cladding Alloy for High Burnup, Zirconium in the Nuclear Industry: Eighth Inter. Sym. ASTM STP1023, Van Swam LF P and Eucken C M eds. American Society for

Testing and Materials, Philadephia,1889, p227.

[10] Perkins P, Sell H, Eucken C M. Corrosion and Hydriding of Zr-Alloys in Lithiated Water, Eleventh International Symposium on Zirconium in the Nuclear Industry, Garmisch-Partenkirchen, Germany. Sept 11 – 14.

[11] Cox B, Wu C-G. Dissolution of Zirconium Oxide Films in 300 ℃ LiOH, J Nucl Mat. 1993,199: 272.

[12] Cox B, Ungurelu M, Wong Y-M et al. Mechanisms of LiOH Degradation and H_3BO_3 Repair of ZrO_2 Films, Eleventh International Symposium on Zirconium in the Nuclear Industry, Garmisch-Partenkirchen, Germany. Sept 11 – 14.

[13] Ramasubramanian N. Lithium Uptake and the Corrosion of Zirconium Alloys in Aqueous Lithium Hydroxide Solutions. Zirconium in the Nuclear Industry: Ninth Inter. Sym. ASTM STP1132, Eucken C M and Garde A M eds. American Society for Testing and Materials, Philadephia, 1991,p613.

[14] Ding Y-Q, Northwood D O. Effects of LiOH on the Microstructure of the Oxide Formed During the Aqueous Corrosion of a Zr – 2. 5wt% Nb Alloy, J Nucl Mat. 1993,202: 180.

[15] Saario T, Tahtinen S. In-Situ Measurement of the Effect of LiOH on the Stability of Zircaloy – 2 Surface Film in PWR Water, Rez, Oct,4 – 8. 1993.

Effect of Water Chemistry on Corrosion Behavior of Fuel Cladding

Abstract: Extending fuel burnup is limited mainly by the waterside corrosion and hydriding of fuel cladding. Due to the addition of H_3BO_3 and LiOH in the primary loop, the corrosion behavior of fuel cladding becomes more complicated. The effect of LiOH or LiOH – H_3BO_3 on the corrosion behavior of fuel cladding, and the research status of the mechanism of LiOH degradation and H_3BO_3 repair of ZrO_2 films have been described.

快淬 Nd-Fe-B 粉末的 TEM 样品制备*

摘　要：将约 30％体积比的快淬 Nd-Fe-B 粉末分散混合在纯铝粉中，经过压坯、轧片、冲型、磨薄和离子溅射减薄，成功制备了快淬 Nd-Fe-B 粉末的 TEM 样品.

透射电镜(TEM)技术是研究 Nd-Fe-B 稀土永磁材料微观组织和晶体结构的重要手段[1].对于大块磁体，一般可采用切片、离子溅射减薄方法制备 TEM 样品.而对于鳞片状的快淬 Nd-Fe-B，文献报道一般是选取较大尺寸的薄片进行离子溅射减薄[2].由于快淬制备的鳞片状 Nd-Fe-B 中，尺寸能满足 $\phi 3$ mm 的很少，且大尺寸的薄片一般也较厚，快淬后的显微结构与尺寸较小的薄片之间会存在差异，因而会影响晶化热处理后的显微结构和磁性能，所以选取大尺寸的薄片进行研究有一定的局限性.制备粉末的 TEM 样品时，可将粉末弥散在某种基体材料中，然后再进行切片减薄，原则是在制样过程中不能影响粉末样品的原始特性.周邦新曾成功地用这种制样方法研究了 $Zr(Fe、Cr)_2$ 金属间化合物粉末在过热蒸汽中的腐蚀过程[3].本工作的目的在于寻找一种制备 Nd-Fe-B 粉末 TEM 样品的简便方法，为进一步研究 Nd-Fe-B 显微结构和磁性能的问题奠定基础.

1　试验方法

将数十微米大小的片状快淬 Nd-Fe-B 粉末与适量的铝粉(粒径为 47 μm)混匀后，模压成厚约 1 mm 的片状块坯，在轧机上反复轧制成约 0.2 mm 的薄片，冲成 $\phi 3$ mm 的圆片，再磨至约 0.08 mm 厚.由于铝粉的塑性好，压坯后可直接轧片，不需进行烧结，整个过程在常温下进行，不会影响 Nd-Fe-B 粉末原有的显微结构.试验了双喷电解抛光和氩离子溅射两种减薄方法，电解液为 20％$HClO_4$＋80％醋酸.离子溅射减薄时离子束与样品表面的夹角最初采用 20°，最后改用 10°以增大薄区的面积.用 JEOL-200CX 透射电镜对制得的 TEM 样品进行观察.

2　实验结果

实验表明，30％左右体积比的快淬 Nd-Fe-B 粉末含量是合适的，太多会使块坯的强度降低，轧制时易碎裂，太少则不易在制得的薄试样中找到 Nd-Fe-B 片中的薄区.模压成型是为了方便以后的轧制，压制力约为 $4×10^8$ Pa.反复轧制时，不需进行中间退火，虽然轧制时样品会发生纵向开裂，但仍能保证冲取 TEM 样品所需的尺寸.快淬 Nd-Fe-B 粉末弥散在 Al 中，经过反复轧制后，薄片状的 Nd-Fe-B 粉末会发生碎裂，但并不严重，轧制后小片会平行于轧面排列，这种取向不但对制备 TEM 样品有利，而且经电解抛光后还可作为金相观察样品(图 1)，因为采用的电解抛光液可以对 Nd-Fe-B 小片和 Al 基体同时抛光.

* 本文合作者：李强.原发表于《稀有金属材料与工程》，2000，29(4)：283-284.

采用双喷电解抛光制样时,由于 Al 基体的抛光减薄速率较快,减薄时 Nd‐Fe‐B 粉末易脱落,在留下的 Nd‐Fe‐B 粉末中很难获得薄区,不能满足 TEM 观察的需要.

氩离子溅射减薄制样方法获得了成功.虽然 Al 的减薄速率仍比 Nd‐Fe‐B 粉末稍快,但对于减薄过程影响不大,一般会形成筛网状的穿孔,在 Nd‐Fe‐B 片状粉末中容易找到薄区,供 TEM 观察研究. 图 2a、2b 是透射电子显微镜的明场象和选区电子衍射象,可以观察到快淬 Nd‐Fe‐B 经过晶化热处理后的显微组织,晶粒非常细小,约为 50 nm~80 nm,从电子衍射图像看出,这是四方晶体结构的 $Nd_2Fe_{14}B$.

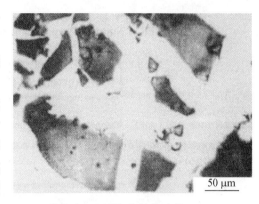

图 1　镶嵌在 Al 基体中的薄片状 Nd‐Fe‐B 粉末(电解抛光后)TEM 照片
Fig. 1　TEM photograph of Nd‐Fe‐B scraps em bedded in alum in ium matrix (after electrolytic polishing)

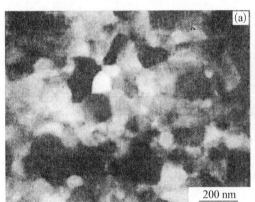 

图 2　晶化处理后 Nd‐Fe‐B 粉末的 TEM 照片(a)和选区电子衍射图像(b)
Fig. 2　TEM photograph of crystallization (a) and selected area electron diffraction pattern (b) of Nd‐Fe‐B scraps

3　结论

将约 30% 体积比的快淬 Nd‐Fe‐B 粉末弥散在纯铝粉(约 47 μm)中,模压成厚度约 1 mm 的片状块坯,压制力约 400 MPa,然后轧制成约 0.2 mm 厚的薄片,冲成 ϕ3 mm 的圆片,再磨至约 0.08 mm 厚,最后用离子溅射减薄,可制得良好的 TEM 样品,满足研究 Nd‐Fe‐B 显微组织及晶体结构的需要.

参 考 文 献

［1］Mishra R K. *Mater Sci Eng*［J］,1991;187:297.

［2］Mishra R K, Panchanathan V. *J Appl Phys*［J］,1994;75:6652.

［3］Zhou Bangxin(周邦新), Li Cong(李聪), Miao Zhi(苗志) *et al. China Nuclear Science and Technology Report*(中国核科学和技术报告)［R］,CNIC‐01111, SINRE‐0069, China Nuclear Information Centre:Atomic Energy Press,1996.

TEM Sample Preparation of Melt-Spun Nd – Fe – B Powders

Abstract: A method of TEM sample preparation for melt-spun Nd – Fe – B powders is presented. The TEM samples were prepared by mixing the Nd – Fe – B powders (30% in volume) with pure aluminium powders, followed by blending, compacting into pellets, rolling into flakes, punching, grinding and ion-sputter thinning.

β相水淬对锆-4合金耐腐蚀性能的影响*

摘　要：研究了锆-4合金经β相水淬和重新经700℃-1h退火后的显微组织，以及在400℃过热蒸汽中的耐腐蚀性能．β相水淬后得到非常细小的板条状晶粒，无第二相析出，晶粒内位错密度较高，还有残留的β-Zr(a=0.355 nm)，这种组织的耐腐蚀性能差，易形成白色及灰白色氧化膜．重新经700℃、1小时退火后可得到两种显微组织，一种是扳条状晶粒发生粗化，在晶界上析出了Zr(Fe,Cr)₂第二相，使耐腐蚀性能明显改善，得到黑色光亮的氧化膜．另一种是等轴大晶粒组织，这是再结晶后晶粒发生异常长大的结果，晶粒直径达到0.2～0.5 mm，这种组织的耐疖状腐蚀性能很差，在400℃过热蒸汽中腐蚀时，形成了明显的疖状腐蚀斑．

1　前言

在核燃料元件的制造过程中，锆-4合金包壳需要进行焊接密封，真空电子束焊接方法是其中的一种．这是一种高能量密度的焊接方法，焊接熔化区小，加热速度快，冷却速度也快．由于焊接是在高真空中进行，合金熔化后，由于各种合金元素的蒸汽分压不同，合金元素可能因挥发而损耗．过去的工作已证明[1]，与锆-4相似的锆-2合金经真空电子束焊接后，熔区中的Sn、Fe、Cr合金元素的损耗高达30%～50%，这对熔区的耐腐蚀性能有害．但是，只要恰当控制焊接参数，尽量减少合金元素的损耗，这种焊接方法引起耐腐蚀性能降低的程度仍可接受．另一方面，从β相冷却速度大约超过500℃/s也会使耐腐蚀性能变坏[2]．因此，有必要研究β相快速冷却后的显微组织，以及它对耐腐蚀性能的影响，以便对高能量密度焊接方法可能引起锆合金耐腐蚀性能的变化作出评价，并指导焊接参数的选定．

2　实验方法

将尺寸为8×30 mm，厚0.6 mm的锆-4片状样品30块，真空封装在φ12 mm的石英管内．为防止在热处理过程中样品可能受到污染，样品在封装前，采用与准备腐蚀试样相同的程序进行酸洗与水洗，并经烘干．装有样品的石英管经1 030℃、20分钟加热后取出淬入水中，同时敲碎石英管使样品迅速冷却．用砂纸将样品表面因水淬产生的蓝灰色氧化膜去除，取出15块样品经酸洗和水洗，烘干后在真空中重新进行700℃、1小时加热处理．经过这两种处理的样品各取10块，用标准方法进行酸洗和水洗，然后在400、10.3 MPa过热蒸气中进行高压釜腐蚀试验．考虑到样品经过砂纸研磨，酸洗时除去表面的厚度较常规的多一些．

样品经酸洗减薄至大约0.08 mm后，切割成3×3 mm的样品，用双喷电解抛光制备透

---

* 本文合作者：李强、苗志．原发表于《核动力工程》，2000,21(4)：339-343,352．

射电镜(TEM)观察所需的薄试样,电解抛光液为20%过氯酸的冰醋酸溶液.

3 实验结果和讨论

3.1 显微组织

图 1 是用 TEM 观察得到的一组显微组织照片. 样品经 β 相水淬后的板条状晶粒极小,晶粒内的位错密度也较高(图 1a),界面增多和位错密度增高都会引起耐腐蚀性能变坏. 晶界上观察不到第二相析出的迹象,说明合金元素几乎都是在过饱和固溶状态. 为了进行比较,图 1b 是 β 相加热后连同石英管一起在空气中冷却后的显微组织,这时板条晶粒较大,晶界上有 Zr(Fe,Cr)$_2$ 第二相析出. 这种显微组织具有极好的耐疖状腐蚀性能,但长期的耐均匀腐蚀性能较差,会出现腐蚀增重的第二次转折. 这些都被认为与 Fe、Cr 合金元素过饱和固溶的程度有关[3]. 样品经水淬后重新在 700 ℃加热的显微组织如图 1c 和 1d,一种是通过晶界的迁移使原有的板条晶粒粗化,并在晶界上析出 Zr(Fe,Cr)$_2$ 第二相,另一种是晶界迁移后,吞并大量板条状晶粒而成长为等轴晶,发生再结晶并引起晶粒异常长大. 从放大倍数较低的金相照片中,可以更清楚地看到这种显微组织的特征(图 2).

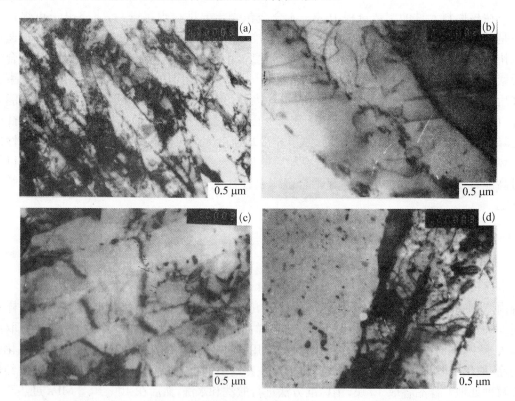

图 1 β 相加热水淬和空气冷却样品以及水淬后重新经 700 ℃加热 1 h 的显微组织 (a)—加热水淬;(b)—空气冷却;(c),(d)—水淬后重新经 700 ℃加热 1 h

Nb 是稳定 β-Zr 的合金元素,因而在 Zr-1Nb 和 Zr-1Nb-1Sn 合金中,经 β 相加热空气冷却时,在板条晶的晶界上存在富 Nb 的 β-Zr[4],但在 Zr-4 合金中还未见到有类似的报道. 本实验观察到在 Zr-4 样品经 β 相水淬后存在残留的 β 相,图 3 是残留 β 相的明场、暗场和选区电子衍射图. 由于相变时发生体积变化, 残留的 β 相受到形变而使位错密度增高. 用 α-Zr 的点阵常数进行标定, 得到 β-Zr 的点阵常数为 a＝0.355 nm, 与 Nb 稳定的 β-Zr 一致[4]. 这种不稳定的显微组织对耐腐蚀性能是有害的.

图 2 经 β 相水淬后重新经 700 ℃加热 1 h 的显微组织

3.2 腐蚀性能

图 4 是两组样品经过 45 天腐蚀后的增重变化, 为了进行比较, 腐蚀时也放入了未经淬火处理的锆-4 样品. 经过同样处理的 10 块样品, 它们的增重数据非常分散, 这大概与水淬时每块样品的冷却速度存在差异有关, 因为 30 块样品是放在同一根石英管内进行加热水淬. 从增重的变化可以看出, 水淬及水淬后重新退火样品的腐蚀增重都大大高于未经淬火处理的样品, 但水淬后再经 700 ℃退火处理, 可以使腐蚀初期 (腐蚀 16 天以前) 的耐腐蚀性能得到改善, 但后期的腐蚀增重反而增大, 这与产生了疖状腐蚀有关. 图 4 中有两个样品 (经水淬及重新在 700 ℃加热的样品中各有一个) 的增重数据与未经水淬处理的锆-4 相近, 这可能与水淬时样品停留在已破裂的石英管内, 造成冷却速度较慢有关, 这两个样品的增重数据未包括在曲线的 "阴影" 内.

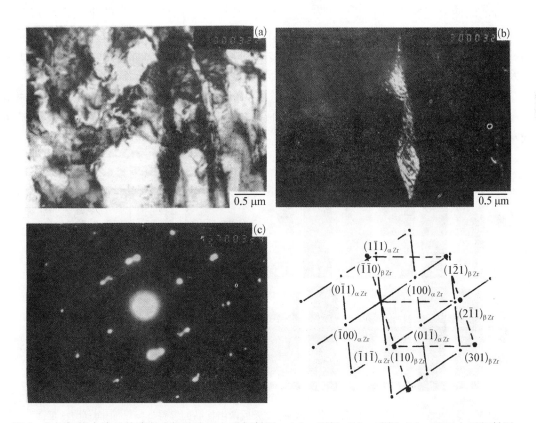

图 3 β 相加热水淬后的残留 β 相及选区电子衍射图 (a)—明场; (b)—暗场; (c)—选区电子衍射图

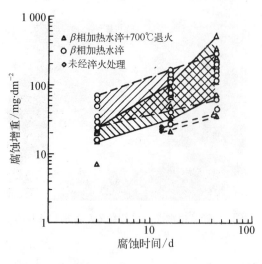

图4 β相水淬和重新经 700 ℃-1 h 加热处理的锆-4 样品在 400 ℃、10.3 MPa 过热蒸汽中腐蚀 45 天的增重

图 5 是腐蚀后样品正反两个表面的形貌,水淬样品表面出现了分布不均的白色氧化膜,而经 700 ℃ 重新加热的样品,出现了分布不均的疖状腐蚀.有趣的是疖状腐蚀斑的分布,在同一样品的两个表面相当一致,而水淬样品的白色氧化膜,在同一样品的两个表面上的分布并不严格一致.疖状腐蚀只是在再结晶后形成等轴晶的地区出现(图 6a),这些晶粒很大,直径约 0.2~0.5 mm,有的已贯穿了样品,这时疖状腐蚀在同一晶粒的两个表面上都会生成,而未发生再结晶的板条状晶粒表面,仍是黑色氧化膜(图 6b).水淬样品表面形成的白色氧化膜,并不具备疖状腐蚀的形貌特征(图 6c).在同一块样品上,由于晶粒组织形貌的差异而造成耐疖状腐蚀性能的巨大差别,这进一步证明了本文作者之一提出的疖状腐蚀形成机理[5,6],在这种情况下,由于氧化速率受晶体结构的影响而产生各向异性,在某些取向的晶面上氧化膜生长较快,形成了较厚的氧化膜.锆氧化生成氧化锆后发生体积膨胀,P. B. 比为 1.56,所以在较厚氧化膜下的金属基体会受到张应力,由于晶粒尺寸较大,这种应力的影响也较大,当氧化膜增至一定厚度后,形成的应力足以使氧化膜下的金属基体发生变形时,又加速了该处氧化膜的生长而形成疖状腐蚀.本实验观察到在 400 ℃ 过热蒸气中腐蚀时形成疖状腐蚀的现象,显然与再结晶后晶粒的异常长大有关,从这种疖状腐蚀的形成机理推测,即使合金成分、第二相粒子大小及分布、α-Zr 基体中合金固溶含量等因素不变的情况下,充分细化晶粒也将是提高耐疖状腐蚀性能的一种方法.从显微组织与耐腐蚀性能的关系讨论出发,选择电子束焊接参数时,应注意控制焊接区(包括熔区和热影响区)的冷却速度,不要使板条晶粒太细小.

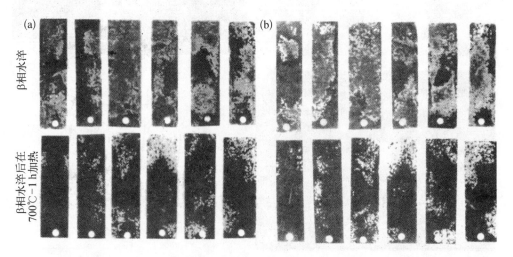

图5 经 400 ℃、10.3 MPa 过热蒸汽中腐蚀 45 天后两组样品的形貌 (a)—正面;(b)—反面

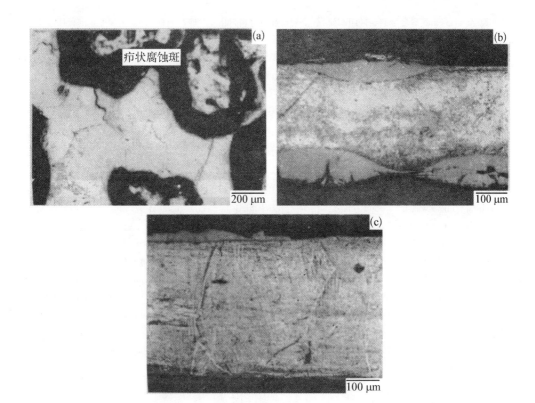

图6 β相水淬样品* （a）—正面；（b）—剖面；（c）—水淬样品腐蚀45天后的形貌（剖面）

注：*经700 ℃-1 h加热,在400 ℃,10.3 MPa过热蒸汽中腐蚀45天后,疖状腐蚀斑在再结晶等轴晶地区形成后的形貌,及水淬样品腐蚀45天后形貌（剖面）

4 结论

（1）锆-4经β相水淬后,得到非常细小的板条状晶粒,晶粒内位错密度高,观察不到第二相析出,但存在残留的β相,其点阵常数 a＝0.355 nm.

（2）β相水淬后,重新经700 ℃、1小时加热处理,细小的板条晶粒通过晶界迁移发生粗化,并在晶界上析出 Zr(Fe,Cr)₂ 第二相,在水淬引起畸变大的区域,可以发生再结晶,通过晶粒异常长大形成直径 0.2～0.5 mm 的等轴晶粒.

（3）在400 ℃过热蒸汽中进行腐蚀试验时,β相水淬样品的耐腐蚀性能极差,易形成不均匀的白色或灰白色氧化膜.重新经过700 ℃加热处理后,板条晶粒粗化的区域明显改善了耐腐蚀性能,但晶粒发生异常长大的区域,它们的耐疖状腐蚀性能又很差.

参 考 文 献

［1］周邦新,郑斯奎,汪顺新.真空电子束焊接对锆-2合金熔区中成分、组织及腐蚀性能的影响.核科学与工程,1988,8（2）：130.

［2］Garzarolli F, Pohlmeyer I, Steinbrg E etl. Long Time Out of Pile Corrosion of Zircaloy-4 in 350 ℃ Water. External Cladding Corrosion in Water Power Reactors, Proceedings of A Technical Committee Meeting, Organized by the International Atomic Energy Agency, Cadarache, France, 14-18 Oct 1985, IWGFPT/24.

［3］周邦新,赵文金,苗志等.改善 Zr-4 耐腐蚀性能的研究.核科学与工程,1995.15（3）：142.

[4] 周邦新. Zr - Sn - Nb 系合金的显微组织研究. 生物及环境材料,Ⅲ - 2,'96 材料研讨会,化学工业出版社,1997,187.

[5] Zhou Bangxin. Electron Microscopy Study of Oxide Flims Formed on Zircaloy - 2 in Superheated Steam. Zirconium in the Nuclear Industry,8th International Symposium ASTM STP 1023,Van Swam L F P,Eucken C M,Eds.,American Society for Testing and Materials,Philadelphia,1989:360.

[6] 周邦新. 锆合金的疖状腐蚀问题. 核科学与工程,1993,13(1):51.

Effects of β Phase Quenching on the Corrosion Resistance of Zircaloy - 4

Abstract: The microstructure and corrosion resistance of Zricaloy - 4 after β quenching or reheated at 700 ℃ - 1 h have been investigated. Fine martensites with high dislocation density were obtained after β phase quenching. There was no second phase particles precipitated, but some residual β - Zr (crystal lattice a = 0.355 nm) could be detected. This kinds of microstructure possesses very poor corrosion resistance, and white or grey oxide films are easy to form even if autoclave tests in 400 ℃ superheated steam after 45 days. After β phase quenching and reheated at 700 ℃ - 1 h, two kinds of microstructure were observed. One is coarse martensites formed through the migration of grain boundaries, and second phase particles of Zr (Fe, Cr)₂ precipitated on grain boundaries. The density of dislocation is also reduced remarkably. The corrosion resistance of this kind of microstructure is improved considerably to form black oxide films on the surface. The other is equal-axis coarse grains through the abnormal grain growth after recrystallization, the diameter of grains reaches 0.2~0.5 mm. The nodular corrosion resistance of this kinds of microstructure is very poor, and the nodules formed during the autoclave tests in 400 ℃ superheated steam after 45 days.

铁硅合金中形成立方织构的有关问题*

摘　要：评述了铁硅合金中通过二次再结晶获得立方织构的一些基本规律. 从变形与再结晶织构形成的机理,讨论了二次再结晶时立方"晶核"的获得,以及(hk0)[001]初次再结晶织构的获得;当杂质偏聚或第二相沉积在晶界上后,由于不同取向晶粒间构成的晶界特性不同,对晶界迁移速率的影响会有很大的差别,讨论了获得取向合适的初次再结晶织构的重要性;从杂质原子在表面吸附后会降低(100)晶面的表面能,促使立方晶粒在最后退火时长大,讨论了退火气氛的重要性. 根据这些原则,可以指导如何确定冷轧次数、冷轧变形量、中间退火温度以及最后退火温度和气氛,以便获得更集中的立方织构.

　　铁硅合金轧制成的硅钢片是重要的软磁材料,用于制造电器设备的铁芯. 为了降低电能在铁芯中的损耗以及减小设备的体积和减轻重量,希望硅钢片的导磁率高,铁损低. 铁硅合金晶体的[001]方向是易磁化方向,因此,通过冷轧和退火的办法获得[001]方向的择优取向,是获得高质量硅钢片的有效途径.(110)[001]织构的硅钢片在沿轧制方向是[001]易磁化方向,但在垂直于轧制方向的横向是[110]较难磁化方向. 直到 1957 年,Assmus 等才报道了能获得(100)[001]织构的硅钢片[1],这时沿着轧向和垂直轧向都是[001]易磁化方向,因此性能更加优良,也称为立方织构硅钢片. 铁硅合金是体心立方晶体结构,要在这种晶体结构中获得立方织构并不像在面心立方晶体结构的 Cu、Al 和 Fe - Ni 合金中那样容易. 因此,自 1957 年以后,尤其是在 60 年代中,吸引了众多学者对铁硅合金中立方织构形成的机理进行了研究[2-6]. 只有认识了这种织构的形成机理,才能有效控制工艺过程,得到集中的立方织构.

1　铁硅合金中立方织构形成的一般规律

　　立方织构一般是通过二次再结晶得到,但在一定的轧制和退火制度下,也可以在初次再结晶后形成,但必须先得到晶粒细小的(110)[001]织构,然后经过＞85％冷轧变形,在900 ℃退火[3,5,6]. 本文不讨论这种工艺制备立方织构的问题.

　　因织构、杂质偏聚和第二相析出在晶界上等原因,使初次再结晶后的晶粒长大过程受到阻碍时,其中少数特殊取向的晶粒与周围其他取向的晶粒间,构成了特殊关系的晶界,这种"特殊"晶界的迁移速率受到杂质偏聚或第二相钉扎的影响较小,在退火温度进一步升高时,由于界面能或表面能降低的策动,这种晶粒可以长大到比初次再结晶的晶粒大数十至数百倍,成为二次再结晶过程. 因此,初次再结晶后某种弱织构的取向,往往会成为二次再结晶后强织构的取向.

1.1　合金纯度及最终样品厚度对立方织构形成的影响

　　最初只是在 0.04 mm 厚的硅钢片中才能获得立方织构,后来的研究证明,立方晶粒最

---

* 本文原发表于《宝钢技术》,2000(5)：52 - 58.

初生长时的策动力是依赖于表面能降低的作用,所以只有那些(100)与试样表面偏差在±5°以内的立方晶粒才容易生长[2].因此,在任何轧制条件组合时得到的立方织构,(100)晶面偏离轧面的角度都很小,但[001]方向偏离轧向的角度可以在0~45°间变化,这与冷轧和中间退火的不同组合有密切关系.图1是含硅3.25%(质量分数)的工业纯铁硅合金*,经过4次冷轧和3次中间退火,最终样品厚度为0.05 mm,在1 000 ℃和1 200 ℃退火后的初次再结晶和二次再结晶织构的(100)极图.两组样品每次的冷轧变形量都相同,只是中间退火温度不同.这两组样品都可以获得立方织构,但是它们[001]方向的集中程度有明显的差别.A种组合的样品在初次再结晶后主要的织构是{111}⟨112⟩和{111}⟨110⟩,二次再结晶后立方织构的[001]方向散乱;B种组合的样品在初次再结晶后主要的织构是(hk0)[001],二次再结晶后立方织构的[001]方向集中.(hk0)[001]初次再结晶织构中不仅包含了二次再结晶时需要的立方"晶核",而且立方晶粒也容易生长.根据从较薄样品中得到的最佳轧制和中间退火制度,只增加工业纯铁硅合金的原始板材厚度,使得最终得到0.08~0.1 mm厚的样品.但这种样品经最终退火后,立方取向的晶粒不易生长,它们覆盖样品的面积<50%.如果用纯铁粉和纯硅配制铁硅合金,在最终厚度为0.2 mm的样品中,立方晶粒也容易生长[4].这说明铁硅合金的纯度和样品最终的厚度都是影响立方织构形成的关键因素,工业纯铁硅合金只能在样品最终厚度为0.05 mm时才能得到完全的立方织构[指(100)晶粒覆盖样品的面积>90%],要在较厚的样品中得到完全的立方织构,需要提高合金的纯度.

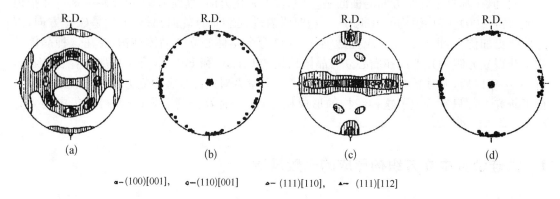

• —(100)[001],   ○ —(110)[001]   ▲ —(111)[110],   ▲ —(111)[112]

图1 样品在1 000 ℃和1 200 ℃退火后的初次再结晶(a,c)和二次再结晶(b,d)织构的(100)极图

Fig. 1 (100) pole figures of the treated specimens for primary recrystallization (a, c) and secondary recrystallization (b, d) after 1 000 ℃ and 1 200 ℃ annealing respectively

注:(1)样品经过四次冷轧和三次中间退火,但中间退火温度的组合不同;(2) a,b——A种组合;c,d——B种组合.

1.2 最终退火温度及退火气氛对立方织构形成的影响

要使立方晶粒充分长大,需要在1 150~1 200 ℃高温下加热,为了防止样品氧化,可以在氢气中或真空中加热,不过太纯的氢以及太高的真空度对立方晶粒的生长不利.两种纯度不同的铁硅合金,经过4次冷轧和3次中间退火,最终样品厚度为0.05 mm,在不同温度和不同真空度中加热后,立方晶粒覆盖样品面积的变化如图2.

从图中可以看出,真空度太高或真空度太低对立方晶粒的生长都不利,比较合适的真空

---

* 由工厂电炉冶炼,其成分为:Si 3.25%;C 0.04%;Mn 0.18%;P 0.011%;S 0.005%;Cu 0.24%;Ni 0.07%;Al 0.012%;$Al_2O_3$0.003%;N 0.007%,本文中称工业纯铁硅合金.

度范围是 0.13~1.3 Pa. 1 150 ℃退火后,在
工业纯样品中立方晶粒覆盖面积比高纯样品
中的大(图 2 中 c,d),但在 1 200 ℃退火后的
结果则相反(图 2 中 a,b). 这可能是因为工
业纯样品中初次再结晶的晶粒比纯度较高样
品中的小,立方晶粒容易吞并小的初次再结晶
晶粒而长大,但在提高退火温度后,立方晶粒
的生长阻力在纯度较高样品中比在工业纯样
品中的小,生长速度加快. 如果初次再结晶的
主要织构取向不合适(如{111}⟨112⟩和{111}
⟨110⟩),立方晶粒更不容易长大(图 2 中 e).

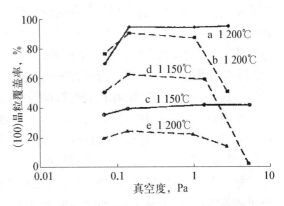

图 2　两种纯度不同的铁硅合金,在不同温度和不
同真空度中加热后,立方晶粒覆盖样品面积的变化
——高纯合金;———工业纯合金.

Fig. 2　Variation of cube grain coverage of the
specimens with two different purity Si‐Fe alloys
after annealing at different temperature and in
different degree of vacuum

要在铁硅合金中通过二次再结晶获得集中的立方织构,应该创造以下几种条件:
(1) 通过冷轧退火,在初次再结晶织构中获得数量不多,但取向集中的立方晶粒(弱的织构);(2) 通过冷轧退火,初次再结晶的主要织构取向应对立方晶粒的生长有利;(3) 最终高温退火的气氛应对立方晶粒的长大有利.

2　二次再结晶时立方取向"晶核"的获得

研究了 Mo、W、Nb 和 Fe‐Si 等体心立方单晶体的冷轧和再结晶织构的变化规律,得到了完全一致的结果[7-9]:(111)[11\bar{2}]和(110)[001]取向的体心立方单晶体经过 60%~70%冷轧退火后都可以得到集中的(110)[001]再结晶织构,随着冷轧压下量增加,再结晶织构取向会逐渐变为(320)[001]、(210)[001]、(310)[001]和(410)[001],向(100)[001]取向趋近.如果单晶的取向已是(210)[001]或(310)[001],经过>70%的冷轧变形,再结晶后就可得到(100)[001]织构. 从同一块(110)[001]Fe‐Si 单晶上切下数个样品,研究了冷轧时每轧一个道次的压下量(压下速率)对再结晶织构的影响,发现压下速率大、轧制道次少的样品,轧制变形后的宽展度比较小,即使冷轧变形量达到 80%,退火后的再结晶织构仍然是(110)[001]. 但是压下速率小、轧制道次多的样品,轧制变形后的宽展度大,70%冷轧退火后,再结晶织构除(110)[001]外,还有(320)[001]织构,80%~85%冷轧退火后,得到了(210)[001]以及(310)[001],向着(100)[001]取向趋近. 这组实验结果说明(110)[001]的单晶体,在沿[001]轧制过程中,形变量和压下速率对获得(210)[001]和(310)[001]再结晶织构是非常重要的,这对获得立方织构也是非常重要的. 因为(210)[001]和(310)[001]取向的晶粒再经过冷轧退火,就可得到二次再结晶时需要的立方"晶核".

在研究(111)[11\bar{2}]和(110)[001]取向钼单晶体的冷轧和再结晶织构时,从轧制时不同滑移系在不同变形阶段开动后引起局部晶体取向的转动,以及在加热回复时,某种弱加工织构的地区可以领先回复成为再结晶晶核的观点出发,满意地解释了随冷轧变形量增加时,再结晶织构由(110)[001]变为(320)[001]、(210)[001]和(310)[001],向(100)[001]趋近的变化规律[7].(110)[001]铁硅单晶体沿[001]轧制时,由于滑移系开动后的作用,首先将得到集中的{111}⟨112⟩织构,讨论这种取向的晶体在轧制时各组滑移系开动的情况,可以给出轧制

变形量增大后某种弱加工织构取向的变化规律,它们在退火时可以成为再结晶晶核,决定了再结晶织构的取向. 图 3a 是 $(111)[11\bar{2}]$ 单晶的标准极图,考虑到轧制时各组滑移系上有效分切应力的大小,最容易开动的滑移系是 $(011)[11\bar{1}]$ 和 $(101)[11\bar{1}]$,体心立方晶体往往容易在两个滑移面上沿着同一个滑移方向进行滑移,这种滑移变形后引起晶体取向的变动,表现为以 $[\bar{1}10]$ 为轴的转动. 随着轧制变形量增加,已开动的滑移系由于位错的增殖和堆积,滑移阻力增加后,必然有新的滑移系开动,考虑有效分切应力大小的排列次序,继 $(011)[11\bar{1}]$ 和 $(101)[11\bar{1}]$ 的滑移系开动后,只有 $(110)[1\bar{1}1]$ 和 $(011)[1\bar{1}1]$[$(110)[1\bar{1}1]$ 和 $(101)[1\bar{1}1]$ 完全等同]滑移系开动. 由于在 $(110)[1\bar{1}1]$ 和 $(011)[1\bar{1}1]$ 滑移系上有效分切应力并不相等,在两个滑移面上沿 $[1\bar{1}1]$ 相同方向滑移时的分配比例不会相同,滑移变形后引起晶体取向的变化不可能是以 $[\bar{1}01]$ 为轴转动,而会表现为以 $[\bar{3}14]$ 为轴转动. 随着冷轧变形量从 60% 逐渐增大到 90%,这 4 组滑移系开动后形成的弱织构取向,可以用一个在 $(\bar{1}10)-(\bar{3}14)$ 连线上的轴,将 $(111)[11\bar{2}]$ 取向顺时针转动后得到. 因为 $(110)[1\bar{1}1]$ 和 $(011)[1\bar{1}1]$ 滑移系的滑移方向与轧向之间夹角为 $62°52'$,所以随着变形量增大,$(110)[1\bar{1}1]$ 和 $(011)[1\bar{1}1]$ 滑移系开动后,宽展度会明显增加,转轴的位置也越向 $[\bar{3}14]$ 靠近. 图 3b 是 $(111)[11\bar{2}]$ 取向与 $(110)[001]$、$(320)[001]$、$(210)[001]$、$(310)[001]$ 和 $(100)[001]$ 取向之间的晶体几何学关系,它们之间的旋转轴正好落在 $(\bar{1}10)-(\bar{3}14)$ 的连线上. 转轴越靠近 $(\bar{3}14)$,$(111)[11\bar{2}]$ 晶体取向转动后得到的晶体取向越靠近 $(100)[001]$,这与实验结果观察到 $(110)[001]$ 单晶随着轧制变形量加大,只有在宽展度增加后,得到的 (hk0)[001] 再结晶织构才会逐渐趋向 $(100)[001]$ 的结果一致. 图 4 是 $(110)[001]$ 铁硅单晶经过 90% 冷轧变形后,用透射电子显微镜(TEM)及选区电

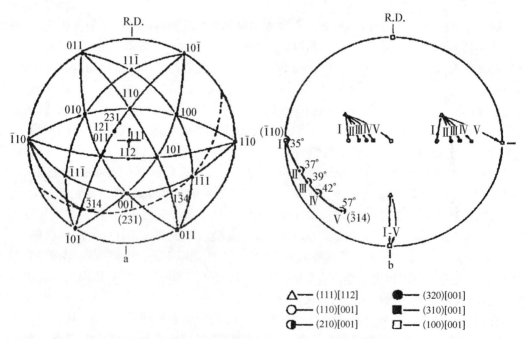

图 3 $(111)[11\bar{2}]$ 单晶体的标准极图(a)以及 $(111)[11\bar{2}]$ 取向与 $(110)[001]$、$(320)[001]$、(210) $[001]$、$(310)[001]$ 和 $(100)[001]$ 取向之间的晶体几何学关系(b)

Fig. 3 Standard projection (a) of (111) $[11\bar{2}]$ single crystal, and the geometric relationship (b) between crystal orientations of (111) $[11\bar{2}]$ and $(110)[001]$, $(320)[001]$, $(210)[001]$, (310) $[001]$, and $(100)[001]$

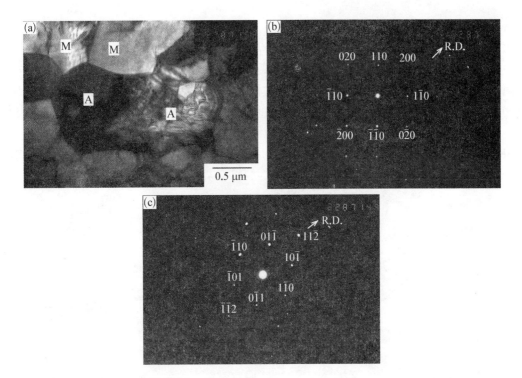

图 4 (110)[001]单晶经过 90％冷轧变形后(100)[001]取向区域 A 的 TEM 形貌(a)及其选区电子衍射图(b),(c)为周围 M 区的电子衍射图

Fig. 4 Morphology of(100)[001]region A(a) and selected area diffraction (SAD) pattern (b) observed by TEM in(110)[001] single crystal after 90％ cold reduction, SAD pattern (c) of matrix (M) surrounding (100)[001] region indicates mainly {111}⟨112⟩orientation

子衍射观察到(100)[001]取向区域的形貌,其周围主要是{111}⟨112⟩取向.增加轧制变形量后,的确形成了(100)[001]取向的弱加工织构,这时的宽展度达到 44％.(110)[001]单晶体轧制时,增加每一轧制道次时的压下量,也就是增加了轧制时的接触弧,增加了样品发生横向变形的阻力,阻碍了沿着[$\bar{1}$11]或[$1\bar{1}$1]方向发生滑移的滑移系开动.所以每一轧制道次压下量大的样品,在经过 80％的变形量后,宽展度比每一轧制道次压下量小的样品小,再结晶后也不容易得到(210)[001]和(310)[001]织构[9].

3 合适的初次再结晶织构可以为立方晶粒长大提供有利条件

从图 1 和图 2 中可以看出,多次冷轧和中间退火的不同组合,不仅影响了初次再结晶织构的取向,也影响了二次再结晶时(100)晶粒的生长.样品在 1 200 ℃同样气氛中加热后,当初次再结晶织构是{111}⟨uvw⟩为主时,(100)晶粒不容易生长,(100)晶粒覆盖样品的面积明显比初次再结晶织构是(hk0)[001]时的少.

杂质原子在晶界上的偏聚,第二相在晶界上的析出,以及降低加热温度,都会减慢晶界的迁移速度,但对某种特殊取向关系晶粒之间构成的"特殊"晶界的影响,比任意取向关系晶粒之间构成的"任意"晶界的影响小,这种因素对能否得到初次和二次再结晶织构都是十分重要的.Aust 等定量研究了添加 Sn、Ag、Au 杂质对高纯 Pb 晶界迁移速率的影响[10],图 5 是添加杂质 Sn 后对高纯 Pb 在 300 ℃加热时晶界的迁移速率影响的示意图.添加微量的杂质后,可以使晶界的迁移速率下降几个数量级,但对"任意"晶界的影响比对"特殊"晶界的影响大,在杂质含量为 $20\sim30\ \mu g/g$ 时,两种晶界的迁移速率相差两个数量级.在面心立方晶体中,这种"特殊"晶界是由沿 [111] 轴相差 23° 或是 36~42°,或者是沿 [100] 轴相差 26~28° 的两个晶粒构成的晶界.由于原子密排程度的相似性,在体心立方结构的晶体中,以 [110] 或 [100] 为轴相差一定取向晶粒间构成的晶界,也应该是"特殊"晶界.实验观察到 {111}⟨112⟩ 的初次再结晶织构,对获得 (110)[001] 二次再结晶织构是有利的;得到 (hk0)[001] 初次再结晶织构,将有利于立方晶粒的生长,这可能就是因为 {111}⟨112⟩ 与 (110)[001] 取向之间,以及 (hk0)[001] 与 (100)[001] 取向之间形成了"特殊"晶界的原因.

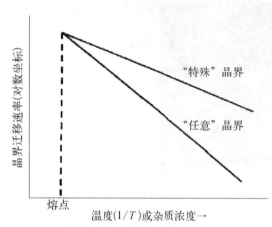 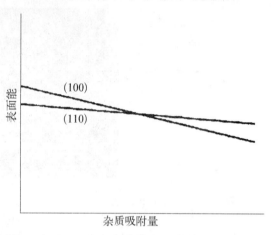

图 5 添加杂质 Sn 后对高纯 Pb 在 300 ℃加热,或在不同温度退火时对"特殊"或"任意"晶界迁移速率影响的示意图

Fig. 5 Schematic diagram showing the influence of heating at 300 ℃ or of the variation of annealing temperature on the "special" or "radom" grain bonudary migration rates of high purity lead under the condition of Sn added

图 6 杂质原子在表面吸附引起 (110) 和 (100) 晶面表面能变化的示意图

Fig. 6 Schematic diagram showing the variation of (110) and (100) surface energy with the surface absorption of impurity atoms

4 表面能的差别策动了 (100) 晶粒的长大

体心立方晶体中 (110) 晶面是原子密排面,也是表面能最低的晶面.当其他原子或分子在晶体表面吸附后,一般的规律都是降低表面能.不同晶面上原子排列的规律不同,晶体内的缺陷在不同晶面上暴露时,也会引起缺陷周围原子排列的不同扰动,所以不同晶面上吸附势能会有差别.实验观察到由 (110) 和 (100) 两个晶粒构成的晶界,在不同气氛中加热时(包括真空度不同和氢气的露点不同),晶界会向不同方向迁移.当含有一定量氧时,晶界向 (110) 晶粒迁移,(100) 晶粒长大,这是由于氧原子在表面吸附后的结果[11].当退火气氛 H_2 中添加微量 H_2S 后,由于硫原子在表面的吸附也有相同的结果[12],这种变化关系可以示意地用图 6 表示.由于吸附效应,不同取向晶面的表面能都会降低,但降低的程度不同,超过一定吸附量后,(100) 晶面的表面能就可以比 (110) 晶面的低,策动 (100) 晶粒长大.

微量杂质 P 固溶在 Fe 中可以明显降低表面能,这对体心立方结构的 δ-Fe 比面心立方结构的 γ-Fe 更显著.杂质原子在晶界偏聚还可以降低界面能[13].如果表面能已因杂质元素的存在而降低,在高温加热时,由于吸附而造成(100)和(110)表面能差别的绝对值,可能比合金纯度较高中的小,这样也可能影响(100)晶粒的生长.因而,最后高温退火的气氛会影响(100)晶面的表面能而影响(100)晶粒的生长,其中合金的纯度也会有一定的作用.

5 结束语

从 50 年代末至 60 年代中期获得的实验结果,已可以很好地说明铁硅合金中立方织构形成的机理.(110)[001]铁硅单晶沿[001]冷轧退火后再结晶织构的变化规律,说明了获得二次再结晶时的立方"晶核"以及(hk0)[001]初次再结晶织构的一些基本原则;杂质对于不同取向晶粒间构成的"任意"和"特殊"晶界的迁移能力有着不同的影响,这说明了获得取向合适的初次再结晶织构对立方晶粒的长大是十分重要的;不同取向晶面间表面能的差别,还会因其他原子或分子的表面吸附而改变,可以说明最后退火气氛对立方晶粒生长的影响,这对获得立方织构也是重要的.从这些原则出发,可以了解为什么铁硅合金必需通过多次冷轧和多次中间退火,才能通过二次再结晶获得立方织构.提高合金纯度有利于高温退火时立方晶粒的长大,因而可以在较厚的样品中获得立方织构,但是在提高合金纯度后,同时也有利于初次再结晶晶粒的长大,从另一角度来说,又对立方晶粒在二次再结晶过程中的生长有害.由于杂质元素的存在可以表现出利弊两方面的影响,这样必然会有一个最合适的杂质浓度范围,还可能涉及杂质元素的种类,因为不同的杂质元素可以偏聚在晶界,也可以形成第二相析出在晶界上,并且不同第二相聚集长大的趋势也有很大的差异.另外,表面吸附杂质后会使(100)晶面的表面能比(110)晶面的低,那么,是否可能找到某种物质,由于它的吸附可以使(100)晶面的表面能降低得更快,使立方晶粒更容易生长.这些都是值得研究探讨的问题.

参 考 文 献

[1] Assmus F, Boll R, Gazu D et al. 具有立方织构的硅钢片. Z. Metallk, 1957;48: 341. [中译文刊登在钢铁译丛, 1958;18(6): 41.]

[2] Walter J L, Dunn C G. Growth Behavior of Cube-Oriented Secondary Recrystallization Nuclei in High-Purity Silicon Iron. Trans. Met. Soc. AIME,1960;218: 914

[3] 周邦新,王维敏,陈能宽. 铁硅合金中立方织构的形成. 物理学报,1960;16: 155.

[4] 周邦新. 铁硅合金中(110)[001]和(100)[001]织构的形成. 金属学报,1965;8: 380.

[5] Варлаков В П, Ромашов В М. *Физ. металлов и металловедение*, 1962;13: 671.

[6] Walker E V, Howard J. Cube Texture in 3. 25 Pct Silicon-Iron. Trans. Met. Soc. AIME,1962;224: 876.

[7] 周邦新. 钼单晶体的冷轧及再结晶织构. 物理学报,1963;19: 297.

[8] 周邦新,刘起秀. 钨和铌单晶体的冷轧及再结晶织构. 金属学报,1965;8: 340.

[9] 周邦新. 铁硅单晶体的冷轧及再结晶织构. 金属学报,1964;7: 423.

[10] Aust K T, Rutter J W. Effect of Solute Impurities on Preferred Orientation in Annealed High-Purity Lead. Trans. Met. Soc. AIME,1960;218: 50.

[11] Dunn C G, Walter J L. Surface Energies and Other Surface Effects Relating to Secondary Recrystallization Textures in High-Purity Iron, Zone-Refined Iron, and 0. 6 Pct Si-Fe. Trans. Met. Soc. AIME,1962;224: 518.

[12] Elban W L, Hebbar M A, Kramer J J. Absorption, Surface Energy and Crystal Growth in Iron-3 Pct Silicon. Metall. Trans. 1975;6A: 1929.

[13] Hondros E D. The Influence of Phosphorus in Dilute Solid Solution on the Absolute Surface and Grain Boundary Energies of Iron. Proc. Roy. Soc. A,1965;286: 497.

Issues Concerning the Formation of Cube Texture of Silicon-iron Alloy

Abstract: Principles for obtaining cube texture after secondary recrystallization in silicon-iron alloy is reviewed. Based on the mechanism of deformation and recrystallization texture formation, the obtainment of cube "nuclei" in secondary recrystallization and texture of (hko)[001] primary recrystallization is discussed. Segregation of impurities or precipitation of second phase on grain boundaries will lead to quite different influence on the mobility of the grain boundaries, for which are constructed between two grains with various orientations, so the importance of obtaining a suitable orientation of primary recrystallization texture is discussed. Due to the reason that the surface energy of (100) will be decreased, and the growth of cube grains is impelled during ultimate annealing after the absorption of impurity atoms, the significance of atmosphere for ultimate annealing is expounded. These principles can be used as guidelines to determine the cold rolling passes, deformation reduction of cold rolling for each rolling process, temperature at intermediate & ultimate annealing and annealing atmosphere for obtaining sharp cube texture.

水化学对锆合金耐腐蚀性能影响的研究[*]

摘　要：经对包括 Zr-4 在内的 4 种不同成分锆合金耐腐蚀性能的研究发现：高温水中添加了 0.01～0.1 mol LiOH 后，腐蚀转折提早发生，转折后的腐蚀速率增加. 这种现象随 LiOH 浓度增大变得更加显著，但在成分不同的锆合金中有明显的差异，同时添加 H₃BO₃ 后又可以抑制 LiOH 的加速腐蚀作用. 氧化膜显微组织的观察结果表明：转折后的加速腐蚀过程与氧化膜中孔洞簇的出现有关，添加 LiOH 以及改变合金成分后，通过影响孔洞簇的形成而对腐蚀转折及转折后的腐蚀加速产生作用. 从分析氧化膜中 Li⁺ 的浓度及有关腐蚀增重的结果来看，似乎 Nb 可以部分抑制 Li⁺ 进入氧化膜，而足够含量的 Sn 可以缓解 Li⁺ 的有害作用. 因此，只有 Sn 和 Nb 含量都比较高的 3* 样品，在含 LiOH 介质中的耐腐蚀性能最好，而含 Sn 和 Nb 较低的锆合金样品，在这种条件下的耐腐蚀性能还不如 Zr-4. 这些锆合金在不含 LiOH 的 400 ℃过热蒸汽中腐蚀时，表现出耐腐蚀性能的变化规律，与含 LiOH 高温水中的正好相反，说明了这两种条件下影响腐蚀性能的主导因素有着明显的不同. 在靠近氧化膜/金属界面处的氧化膜，无论在转折前或转折后，都存在亚稳的非晶、立方和四方结构的 ZrO₂，没有观察到孔洞，在氧化膜中间层和表层已生成孔洞处，是单一的单斜结构 ZrO₂，这种不同应该与氧化膜中存在很大的应力梯度（在靠近氧化膜/金属界面处应力最高）有关. 孔洞簇的出现应该与氧化膜中的空位在应力和温度过作用下发生扩散凝聚有关，要说明这种过程与渗入氧化膜中的 Li⁺ 及合金成分的关系，还有待研究工作的深入和数据的积累.

1　前言

在研究开发新锆合金的过程中，发现调整合金的成分后，可以明显抑制由于在高温水中添加 LiOH 而引起锆合金的加速腐蚀作用. 但目前对于 LiOH 加速锆合金腐蚀或者调整合金成分又能在一定程度上抑制这种腐蚀的机理都不十分清楚. 研究这种规律，了解其机理后必然可以推动新锆合金的进一步发展，也可作为指导水化学的调节优化和制定反应堆运行制度的依据.

锆合金腐蚀后在表面生成一层 ZrO₂. ZrO₂ 膜的生长，是通过氧离子从膜的表面向内扩散，在 ZrO₂/金属界面上与 Zr 结合成 ZrO₂. 这种过程也就是阴离子空位从 ZrO₂/金属界面上向氧化膜表面扩散的过程. 因此，凡是影响阴离子空位扩散速度的因素，都是直接影响锆合金腐蚀性能的因素. 所以，在不同腐蚀阶段时形成的氧化膜，以及不同腐蚀性能锆合金上形成的氧化膜，它们的显微组织和晶体结构等都会有一定的差别，因为这些因素对阴离子空位扩散的影响最大. 如果能研究不同成分的锆合金在不同水化学介质中的腐蚀规律，并分析研究它们在不同腐蚀阶段时形成氧化膜的显微组织和晶体结构，就有可能使合金成分及 LiOH 影响锆合金耐腐蚀性能的一些本质问题得到更深入的认识.

---

* 本文合作者：李强、黄强、苗志、赵文金、李聪. 原发表于《核动力工程》，2000，21(5)：439-447，472.

2 实验方法

本实验选用了包括 Zr-4 和 ZIRLO 成分的四种锆合金,添加合金元素的种类只限制在 Sn、Nb、Fe、Cr 四种,成分列于表 1 中。除 Zr-4 样品来自工厂提供的 0.6 mm 板材外,其他合金是由两次自耗电弧熔炼 5 kg 的合金锭,经上、中、下取样成分分析合格后,高温锻造成板坯,β相淬火均匀化处理,及多次冷轧和中间退火,中间退火的温度为 650 ℃。最终冷轧成 0.6 mm 片材,腐蚀的样品经 580 ℃(Zr-4)和 620 ℃(1#、2#、3#)再结晶退火处理。

表 1   锆合金的化学成分   质量百分数(%)

编 号	Sn	Nb	Fe	Cr	C	N	O
1	0.65	0.24	0.21	0.19	0.02	0.005	0.10
2	0.58	0.79	0.21	0.18	0.02	0.007	0.09
3	0.92	1.03	0.12	—	0.02	0.005	0.09
4(Zr-4)	1.2~1.7	—	0.19~0.24	0.09~0.13	≤0.02	≤0.008	0.10~0.13

将厚度为 0.6 mm 的板切成 25 mm×15 mm 的样品,经标准酸洗和去离子水冲洗方法清洗后,在高压釜中进行腐蚀试验。间隔一定时间停釜取样进行称重,腐蚀增重由五块试样平均得出。腐蚀条件为 360 ℃、18.6 MPa 高温水,以及加有 0.01 mol LiOH、0.1 mol LiOH 或 0.1 mol LiOH+0.3 mol H_3BO_3 水溶液。为了与检验 Zr-4 耐腐蚀性能的标准方法比较,也进行了 400 ℃、10.3 MPa 过热蒸汽的腐蚀试验。

制备氧化膜的透射电镜(TEM)薄试样时,先将样品一面的氧化膜用砂纸磨掉,直到厚度约 0.1 mm 为止,然后取出 φ3 mm 样品;用化学腐蚀方法在样品中心部位将金属腐蚀,直到显露出氧化膜,其圆面积的直径约为 0.2~0.4 mm,然后再用离子溅射减薄至穿孔。为了能观察氧化膜不同深度处显微组织结构的差异,采用了单束或双束离子轰击样品表面的不同减薄方法。用双束离子同时轰击样品时,认为穿孔部位的薄区是在氧化膜厚度的中部,用单束离子轰击样品时,穿孔部位的薄区是在氧化膜的表面,或者是在靠近金属基体的界面处。观察所用的透射电镜为 JEOL-200CX。

3 实验结果

3.1 水化学对 Zr-4 耐腐蚀性能的影响

图 1 是 Zr-4 样品在 360 ℃、18.6 MPa 不同水化学介质中腐蚀时的腐蚀增重随时间变化的曲线。由图 2 可以明显看出:水中添加了 0.01 mol LiOH 后,使腐蚀转折的时间缩短,转折后的腐蚀速率增加,这种效应在增加了 LiOH 的浓度后(添加 0.1 mol LiOH)更为明显。比较纯水和添加 0.01 mol LiOH 介质中的腐蚀结果可以看出,在转折前(70 d

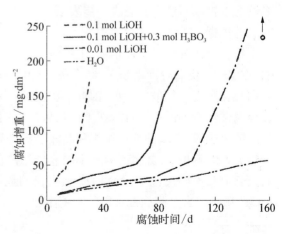

图 1   Zr-4 样品的腐蚀增重随时间变化的曲线

前),两种条件下的腐蚀速率并无明显差别,转折后的腐蚀加速也是逐渐发展的过程.提高 LiOH 的浓度,使腐蚀加速过程发展更迅速.当在添加 LiOH 的同时,再添加 H_3BO_3 后,使这种效应得到明显抑制.这与文献中已报道过的变化趋势完全一致[1-4].

3.2 含 Nb 的锆合金在不同水化学条件下的耐腐蚀性能

图 2 是含 Nb 量不同,同时 Sn、Fe、Cr 含量也有变化的三种锆合金样品在 360 ℃、18.6 MPa 不同水化学条件下的腐蚀增重随时间的变化曲线,同时也将 Zr-4 样品的结果画在图中以便比较.总的来说,含 Nb 的锆合金在添加 LiOH 或同时添加 LiOH 和 H_3BO_3 后,对腐蚀增重的影响有着与 Zr-4 样品相似的变化趋势.但是,当 Nb 和 Sn、Fe、Cr 含量作不同搭配时,变化程度显出巨大差别.3# 样品无论在添加了何种浓度的 LiOH 条件下,转折后的腐蚀速率在 4 种样品中都是最低,腐蚀增重最小.而 1# 和 2# 样品中含 Nb 量比 3# 低,在含 Sn 量比 Zr-4 和 3# 也低的情况下,它们在转折后的腐蚀速率都很高,增重比 Zr-4 和 3# 样品都大.

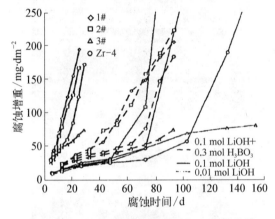

图 2 四种样品的腐蚀增重随时间变化的曲线   **图 3** 四种样品在过热蒸汽中腐蚀增重随时间变化的曲线

样品在 400 ℃、10.3 MPa 过热蒸汽中的腐蚀结果列在图 3 中.这种腐蚀条件下,1# 样品的腐蚀速率最低,增重最小,随着 Nb 含量的增加(1# 和 2# 样品中含 Sn 量十分相近,有可比性),腐蚀速率增加.2# 和 3# 样品的腐蚀速率都超过 Zr-4,3# 样品的最高.与添加 LiOH 高温水中的腐蚀规律相反.

3.3 氧化膜的显微组织和孔洞

用 TEM 仔细研究了 Zr-4 和 3# 样品在添加 0.01 mol LiOH 高温水中,经过 70 d 和 150 d 腐蚀后氧化膜的显微组织和结构.Zr-4 和 3# 样品经 70 d 腐蚀后,氧化膜的厚度分别为 2.1 μm 和 3.1 μm(根据腐蚀增重 15 mg/dm^2=1 μm 计算),经 150 d 腐蚀后氧化膜厚度分别为 20.6 μm 和 5.5 μm.总的来说,无论是哪种成分的锆合金样品和哪种腐蚀时间处理后的样品,它们氧化膜的表层、中间层和内表层(与金属基体相连处)的显微组织、晶体结构和孔洞情况都有着明显的区别.其中氧化膜的内表面存在多种晶体结构,情况最为复杂,但在不同成分的样品和不同时间腐蚀后的样品之间都很相似.氧化膜的外表层中存在裂纹和孔洞,随着腐蚀时间的增长,它们也显得更为严重,但基本上为单一的单斜晶体结构,不同成分之间的差别也并不明显. 氧化膜中间层中的孔洞, 随着腐蚀时间增长, 氧化膜增厚, 也发展得越来越明显. 因此, 不同成分的样品在腐蚀时间较短(70 d), 氧化膜较薄时, 氧化膜中间层的显微组织、结构和孔洞形貌间的差别并不明显, 但当腐蚀时间增长(150 d), 氧化膜增厚以后, 它们之间的差别就变得十分明显了.

图4和图5分别为 Zr-4 和 3# 样品在添加 0.01 mol LiOH 高温水中经 70 d 腐蚀后氧化膜的外表面、中间层和内表面的照片. 这些缺陷不会是制样过程中造成的现象, 而是氧化膜的一种本征特性. 裂纹处可能是原来合金的晶粒晶界, 由于晶界两侧晶粒取向的差别, 造成氧化速率不同, 因氧化膜厚度和晶粒取向的差异形成的应力, 可能是导致裂纹形成的原因. 氧化膜中间层是衬度并不清楚的细晶组织, 过去用高分辨电镜观察证明[5-7], 这时存在严重的晶格缺陷, 但还观察不到孔洞存在. 氧化膜内表层的晶体结构比较复杂, 但主要是四方晶体结构(α=0.468 nm, c=0.482 nm), 用选区电子衍射(SAD)可得到近似单晶的电子衍射象. 图5d 是细晶的单斜结构和四方结构毗邻处的形貌象.

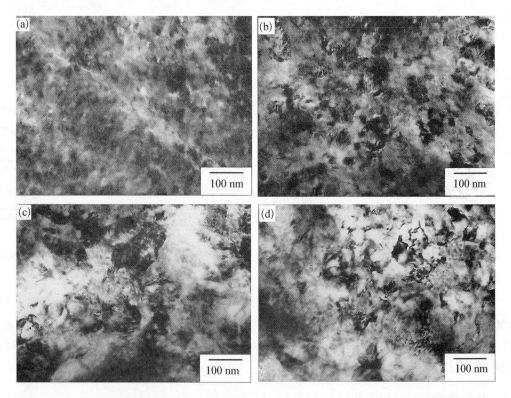

图4 Zr-4 样品经 70 d 腐蚀后的氧化膜显微组织 (a)—外表面;(b)—中间层;(c)、(d)—内表层

图6是 Zr-4 样品在添加 0.01 mol LiOH 高温水中经 70 d 腐蚀后氧化膜内表层和中间层的几种 SAD 图像(其他样品都很相似). 这里只以 Zr-4 样品为例加以说明: 在靠近金属基体很薄的一层氧化膜中(估计约 100 nm 左右), 存在非晶结构、立方结构和四方结构的 ZrO_2. 立方结构的 ZrO_2 可得到衍射环(但往往是断续的), 这说明立方结构的晶粒非常细小, 晶粒取向分布在一定的范围内. 过去用 TEM 研究纵截面氧化膜的显微组织时, 曾发现当非晶 ZrO_2 发生晶化时, 首先形成的是立方结构的球状晶核[8]. 本实验观察到的立方结构可能也是由非晶 ZrO_2 发生晶化时的第一代产物. 四方结构 ZrO_2 的衍射斑与单晶的类似, 这种结构的 ZrO_2 可能是在锆合金晶体氧化时通过外延生长得到. 形成这些亚稳的 ZrO_2 结构, 除了

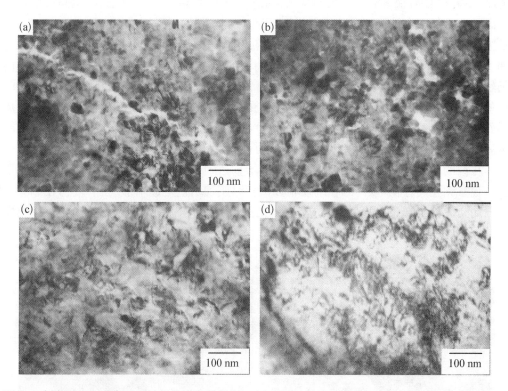

图5 3#样品经70 d腐蚀后的氧化膜显微组织 （a）、（b）—外表面；（c）—中间层；（d）—内表层

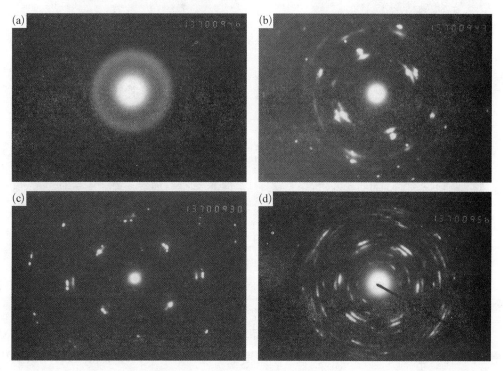

图6 Zr-4样品的电子衍射图像 （a）—非晶；（b）、（c）—立方和四方结构；（d）—单斜结构

与生成 ZrO₂ 时伴有很大的内应力有关外,原来合金晶粒取向对它们也有影响[9]. 衍射图中还给出了立方与四方结构在选区衍射尺度范围内共存时的衍射图像(图 6b、6c). 图 6d 是氧化膜中间层的 SAD,得到清晰单一的单斜结构衍射图像. 图 7 和图 8 是 Zr－4 和 3# 样品在添加 0.01 mol LiOH 高温水中经 150 d 腐蚀后氧化膜外表层和中间层的显微组织照片. 内表层仍然与经过 70 d 腐蚀后的结果相似. 随着腐蚀时间增长,外表层中的孔洞进一步发展,不仅数量增加,尺寸也变大,观察到有近 100 nm 的孔洞. 氧化膜中间层的显微结构因合金成分不同而有明显的差别:3# 样品经 150 d 腐蚀后,在氧化膜中间层中虽有空洞,但很少观察到孔洞簇;在 Zr－4 样品中很容易观察到成簇的孔洞,大约在 10 μm 距离范围内,又可以发现另一簇孔洞的存在. 2# 样品经过 70 d 腐蚀后(增重达到 100 mg/dm²),在氧化膜的中间层中也容易观察到孔洞存在,该样品在继续腐蚀试验时腐蚀增重迅速增加. 孔洞最初在晶界上特别是三晶交界处出现,可观察到数纳米的小孔洞,在孔洞增大并成簇出现的地方,晶粒发生明显的球化,失去了原有的棱角.

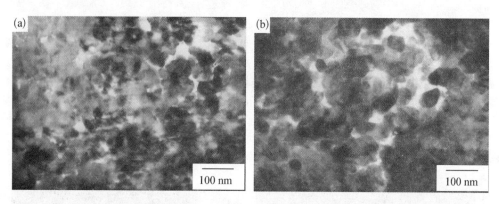

图 7 Zr－4 样品经 150 d 腐蚀后氧化膜的显微组织 (a)—外表层;(b)—中间层

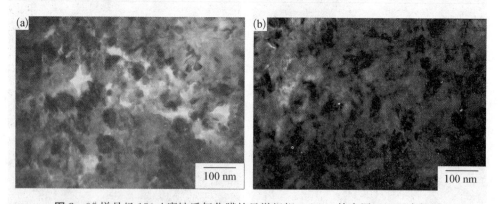

图 8 3# 样品经 150 d 腐蚀后氧化膜的显微组织 (a)—外表层;(b)—中间层

3.4 氧化膜中 Li⁺ 的浓度

从添加 0.1 mol LiOH 水化学的腐蚀样品中选择了 4 种样品,用二次离子质谱(SIMS)仪测定了它们氧化膜中 Li⁺ 的浓度. 表 2 中列出了 4 种样品的腐蚀增重、腐蚀时间及氧化膜中 ⁷Li⁺ 谱的相对强度. 尽管这 4 种样品的腐蚀增重都不相同,但仍然可以明显看出 Zr－4 氧化膜中的 Li⁺ 浓度最高,其他三种含 Nb 样品氧化膜中的 Li⁺ 浓度偏低.

表 2　氧化膜中 ^{7}Li 谱的相对强度与样品的腐蚀增重[①]

样品的编号	4～(12)	1～(14)	2～(16)	3～(15)
腐蚀时间/d	4	8	14	10
腐蚀增重/mg·dm^{-2}	35	70	105	45
^{7}Li 谱的相对强度/%	100	15.20	46.97	10.19

注：① 腐蚀介质是含 0.1 mol LiOH 的高温水

4　讨论

尽管目前对于添加 LiOH 后使锆合金耐腐蚀性能降级的机理还不十分清楚,但从不同方面进行的试验研究已反映出了多方面的规律,积累了相当丰富的数据. 可以肯定地说,这并不是水介质中含有[OH]离子或 pH 值造成的影响,而是 LiOH 溶于水中后的一种特性所引起的结果[2]. 用其他碱土金属的氢氧化物溶液进行的试验结果表明,只有 LiOH 的影响最大,认为这是因为碱土金属离子半径不同的原因,Li 离子的半径最小,随着其他碱土金属离子半径增大,影响锆合金腐蚀性能的作用也越来越小[10]. 用 SIMS 测量在添加 LiOH 或 KOH 水介质中形成氧化膜中的 Li$^+$ 或 K$^+$,发现 K$^+$ 渗入氧化膜中的深度与含量远比 Li$^+$ 的浅并且少[11]. 用稀硝酸可以将进入氧化膜中的大部分 Li$^+$ 浸出[12],在添加 ^{7}Li 的 LiOH 水介质中腐蚀生成氧化膜的样品,重新在添加 ^{6}Li 的 LiOH 水介质中腐蚀时,只要经过 15 min 腐蚀试验,^{6}Li$^+$ 就可以将氧化膜中的大部分 ^{7}Li$^+$ 置换,如果重新在纯水中进行腐蚀 1.5～20 d,发现 Li$^+$ 的浓度明显下降[4],这些现象对了解 Li$^+$ 在氧化膜中的存在状态都是非常有帮助的. Pecheur 等系统地测定了 Li$^+$ 在氧化膜不同深度处的分布[4],发现在接近氧化膜/金属界面处浓度有一个突然降低的过程,其他研究者也观察到同样的现象[13]. 因而,Pecheur 提出在靠近氧化膜/金属界面处有一层致密、Li$^+$ 不容易侵入的阻挡层,该层的厚度在转折前是逐渐增厚(直到 1 μm 左右),转折后该层又会减薄,到产生急剧加速腐蚀阶段时,该层的厚度减薄至＜0.1 μm. 所以认为添加 LiOH 后引起锆合金加速腐蚀是与阻挡层的被破坏有关. 1993 年以前的研究情况见文献[14].

Cox 等虽然检测出 ZrO$_2$ 在 300 ℃ 1 mol LiOH 水溶液中的溶解度可达到 1.1 μg/L,并设想已渗入氧化膜缝隙或孔洞中的 LiOH 水溶液可以因脱水浓缩而造成立方或四方结构的 ZrO$_2$ 优先溶解,使氧化膜中的孔洞扩大发展[2]. 如果发生这种溶解过程,形成的 Zr-Li 盐一定会有一部分滞留在扩大后的孔洞中,尤其是在氧化膜中间层的孔洞中. 这样,就很难理解 Pecheur 等观察到 ^{6}Li$^+$ 与 ^{7}Li$^+$ 在氧化膜中的置换,因为找不出理由来说明 ^{6}Li$^+$ 会置换已与 Zr 形成 Zr-Li 盐中的 ^{7}Li$^+$. 在 0.01 mol LiOH 介质中腐蚀时,转折以前的腐蚀速率与纯水中的结果几乎没有差别(见图 1),但这时 Li$^+$ 已渗入到氧化膜中(见 Pecheur 的测定结果[4]),并且氧化膜中立方与四方结构的 ZrO$_2$ 比例在转折前比转折后的更高,这时的情况应该更有利于发生 ZrO$_2$ 的溶解,那么,为什么这种溶解过程需要很长的"孕育期"? Pecheur 等在 0.1 mol LiOH 介质中腐蚀 3 d 后的氧化膜断面中,观察到细小等轴的氧化物晶粒,这时氧化膜厚度为 17 μm,但在 0.01 mol LiOH 介质中腐蚀 181 d 后,氧化膜中仍是柱状晶粒,这时氧化膜厚度约为 15 μm,经过 204 d 腐蚀后的氧化膜厚度＞20 μm,这时才在靠近氧化膜/金属界面处见到细小等轴晶. 但氧化膜厚度在大约超过 4 μm 后就进入急剧加速腐蚀阶段,所以在 0.01 mol LiOH 介质中腐蚀时,转折后加速腐蚀过程中形成的氧化物晶粒仍是以柱状为主,只是在加速腐蚀的后期才出现等轴细晶. 看来 Ramasubramania 的假说也不能用来说明在 LiOH 介质中腐蚀时出现加速腐蚀的原因[12]. 本实验观察到在氧化膜厚度中间部位出现孔洞簇是与加速腐蚀过程有联系,孔洞的出现必然与氧化膜中空位在温度和应力作用下的扩散凝聚有关,但是氧化膜中的合金成分及 LiOH 通过什么过程来影响孔洞的形成,目前还说不清楚,需要进行更多方面的研究分析. 不过孔洞簇的出现使 H_2O 能直接渗入氧化膜,增加了反应界面,这样可以加速腐蚀过程. 反过来,加速腐蚀后氧化膜厚度增加,氧化膜中应力增大又可促使孔洞簇的形成. 所以应该把孔洞的形成和加速腐蚀过程看作两个相互促进的统一体.

锆合金在 LiOH 介质中腐蚀时,合金成分对腐蚀过程会产生明显的影响,由于 Nb 和 Sn 都能部分固溶于 ZrO_2 中,所以这种作用可能是通过影响 Li^+ 进入氧化膜和影响氧化膜中空位的扩散凝聚等过程的结果. 从表 2 中各数据之间的关系来看,似乎氧化膜中的 Nb 可以部分阻止 Li^+ 的进入,而 Sn 可以缓解 Li^+ 进入氧化膜后对加速腐蚀的有害作用,因而在含 Sn 量低于 Zr-4,而含 Nb 量又低于 3# 的 1# 和 2# 样品,虽然氧化膜中的 Li^+ 浓度比 Zr-4 的低,但转折后的加速腐蚀过程仍然比 Zr-4 的强烈. 只有在 Sn 和 Nb 含量都比较高的 3# 样品,氧化膜中的 Li^+ 浓度低,转折后的加速腐蚀也缓慢. 本实验所采用的 4 种成分的锆合金,在不含 LiOH 的 400 ℃ 过热蒸汽中的腐蚀结果,正好与含 LiOH 高温水中的腐蚀规律相反,这说明了合金元素在通过影响氧化膜中阴离子空位扩散而影响腐蚀速率的过程时,如果有 Li^+ 存在会产生完全不同的效果. 这只会有两方面的原因:一是部分阻止 Li^+ 进入氧化膜,二是缓解 Li^+ 进入氧化膜后的有害作用. 添加的合金元素要能起到这两方面的作用,其先决条件可能是它们应该能部分固溶在 ZrO_2 中.

5 结论

(1) 合金在 360 ℃、18.6 MPa 高温水中腐蚀时,由于添加了 0.01 mol 的 LiOH,可以使腐蚀转折的时间缩短,转折后的腐蚀速率增加. 提高 LiOH 的浓度,使这种过程更加明显,如同时添加 H_3BO_3,又可使这种过程得到一定程度的抑制. 这种影响对于不同成分的锆合金有明显的差别. 要使合金在含有 LiOH 水介质中的腐蚀性能得到改善,同时添加足够量的 Sn 和 Nb 是十分必要的.

(2) 样品在 400 ℃、10.3 MPa 过热蒸汽中进行腐蚀试验时,合金成分与耐腐蚀性能之间的关系与在添加了 LiOH 高温水中腐蚀试验的结果相反,腐蚀速率随 Nb 含量的增加而增加. 这表明在两种不同介质的腐蚀条件下,合金元素对耐腐蚀性能的影响会产生截然不同的结果.

(3) 氧化膜的外表层、中间层和内表层的显微组织和晶体结构有着明显差异,在内表层(约 100 nm 厚度内)存在亚稳态的非晶、立方结构和四方结构 ZrO_2,在外表层和中间层是稳态的单斜结构 ZrO_2.

(4) 氧化膜的外表层中存在裂纹和孔洞,这些裂纹和孔洞随腐蚀时间增长而发展. 当转折后氧化速率明显增加时,在氧化膜中间层中很容易观察到孔洞存在. 孔洞最初在三晶交界处形成并成簇出现,在孔洞较大处,可以观察到晶粒发生明显球化的现象. 孔洞的形成与空位的扩散和凝聚有关. 寻找出阻止或延缓孔洞簇形成的条件,就有可能改善锆合金耐腐蚀性能.

（5）样品在含有 LiOH 水介质中腐蚀时，Li^+ 会进入氧化膜中，从 SIMS 的分析结果来看，合金元素 Nb 可能会部分阻止 Li^+ 进入氧化膜，而合金元素 Sn 可能会缓解 Li^+ 进入氧化膜后对耐腐蚀性能的有害作用.

参 考 文 献

[1] Han J H, Rheem K S. The Corrosion Characteristics of Zircaloy - 4 Fuel Cladding in LiOH - H_3BO_3 Solution, J Nucl Mat. 1994, 217: 197.

[2] Cox B, Ungurelu M, Wong Y-M et al. Mechanisms of LiOH Degradation and H_3BO_3 Repair of ZrO_2 Films, Zirconium in the Nuclear Industry: Eleventh International Symposium, ASTM STP 1295, Bradley E R and Sabol G P Eds. , American Society for Testing and Materials, Philadephia, 1996, 114.

[3] Pecheur D, Godlewshi J, Billot P et al. Microstructure of Oxide Films Formed during the Waterside Corrosion of Zircaloy - 4 Cladding in Lithiated Environment, Zirconium in the Nuclear Industry: Eleventh International Symposium, ASTM STP 1295, Bradley E R and Sabol G P Eds. , American Society for Testing and Materials, Philadephia, 1996, 94.

[4] Pecheur D, Godlemshi J, Peybewies J et al. Contribution to the Understanding of the Effect of the Water Chemistry on the Oxidation Kinetics of Zircaloy - 4 Cladding, Zirconium in the Nuclear Industry Twelfth International Symposium STP 1354.

[5] Zhou Bangxin. Electron Microscopy Study of Oxide Films Formed on Zircaloy - 2 in Superheated Steam, Zirconium in the Nuclear Industry: Eighth International Symposium, ASTM STP 1023, Van Swam L F P, and Eucken C M Eds. , American Society for Testing and Materials, Philadephia, 1989, 360.

[6] 周邦新. 改善锆合金耐腐蚀性能的概述, 金属热处理学报, 1997, 18: 8.

[7] Anada H, Takeda K. Microstructure of Oxides on Zircaloy - 4, 1. 0 Nb Zircaloy - 4 and Zircaloy - 2 Formed in 10. 3 MPa Steam at 673 K, Zirconium in the Nuclear Industry: Eleventh International Symposium, ASTM STP 1295, Bradley E R and Sabol G P Eds. , American Society for Testing and Materials, Philadephia, 1996, 35.

[8] Zhou Bangxin, Qian Tianlin. A Study of Microstructure of Oxide Films Formed on Zircaloy - 4, High Temperature Corrosion and Protection, Proceedings of the International Symposium on High Temperature Corrosion and Protection, Shenyang, China, 26～30 June, 1990, Guan Hengrong, Wu Weitao et al Edit. , Liaoning Science and Technology Publishing House, 1991, 125.

[9] 李聪, 周邦新. 锆-4 合金氧化膜的电镜研究, 核动力工程, 1994, 15: 152.

[10] Jeong Y H, Baek J H, Kim S J et al. Corrosion Characteristics and Oxide Microstructures of Zircaloy - 4 in Aqueous Alkali Hydroxide Solutions, J Nucl Mat. 1999, 270: 322.

[11] Pecheur D, Giordano A, Picard E et al. Effect of Elevated Lithium on the Waterside Corrosion of Zircaloy - 4, Presented at IAEA Technical Committee Meeting on Influence of Water Chemistry on Fuel Cladding Behavior, Rez, The Czech Republic, Oct. 4～8, 1993.

[12] Ramasubramania N, Balakrishnan P V. Aqueous Chemistry of Lithium Hydroxide and Boric Acid and Corrosion of Zircaloy - 4 and Zr - 2. 5 Nb Alloy, Zirconium in the Nuclear Industry: Tenth International Symposium, ASTM STP 1245, Garde A M and Bradley E R Edit. , American Society for Testing and Materials, Philadephia, 1994, 378.

[13] Gebhardt O, Hermann A. Microscopic and Electrochemical Impedance Spectroscopy Analyses of Zircaloy Oxide Films Formed in Highly Concentrated LiOH Solution, Electrochemical Acta, 1996, 41: 1181.

[14] 周邦新. 水化学对燃料元件腐蚀行为的影响, 核动力工程, 1998, 19: 354.

The Effect of Water Chemistry on the Corrosion Behavior of Zirconium Alloys

Abstract: The effect of water chemistry on corrosion behavior of zirconium alloys with 4 different composition including Zircaloy - 4 has been investigated. The breakaway phenomena were appeared earlier and the corrosion rate after breakaway was accelerated during testing in the static autoclave at 360 ℃ with different concentrations of aqueous LiOH solutions. The phenomena were much pronounced with the increase of LiOH concentration, but it could be suppressed to a certain extent after adding H_3BO_3 at the same time. The results based on the examination of the microstructure of oxide films show that the acceleration of corrosion rate after breakaway is correlated to the appearance of the pores in clusters in oxide films. The effect of water chemistry and alloy composition on the corrosion behavior is caused by the formation ability of pores in clusters in oxide films. According to the analyses of the relationship between lithium contents in oxide films and the thickness of oxide films for different composition specimens, it seems that the alloying element of Nb could suppress the penetration of lithium into the oxide films, and the sufficient of Sn contents might mitigate the detrimental effect of lithium existed in the oxide films. Therefore, only the 3$^\#$ specimens containing sufficient Nb and Sn shows very good corrosion resistance in this water chemistry conditions, and those specimens containing comparative lower contents of Nb and Sn possess worse corrosion resistance even than that of Zircaloy – 4. The various regulation of corrosion resistance for these zirconium alloys in 400 ℃ superheated steam is contrary to that during test in aqueous LiOH solutions, it means that the main factors, which will dominate the corrosion resistance, are quite different in different water chemistry conditions. The oxide films near the oxide/metal interface, no matter before or after breakaway, possess some metastable phases including amorphous, cubic and tetragonal structure, and no pores existed. The oxide located at the pores region in the surface and middle part of oxide films is a single monoclinic structure. This difference of crystal structure of oxide films should be related to the results caused by the stress gradient distributed along the thickness of oxide films and the maximum stress formed at the boundary of oxide/metal interface. The appearance of the pores in clusters in the oxide films might be related to the condensation of vacancies under the application of stress and temperature. More experimental results are still needed for the explanation of the roles of lithium penetrated in oxide films and the composition of alloys played on the corrosion behavior of zirconium alloys.

690 合金的显微组织研究[*]

摘　要：应用透射电子显微镜（TEM）研究了 690 合金经固溶热处理，及经不同温度（600—800 ℃）和不同时间（0.5—200 h）时效热处理后的显微组织。结果表明：690 合金经过固溶处理及时效热处理后，在晶界上析出面心立方结构的碳化物 $M_{23}C_6$；碳化物优先在晶界位错缠结处成核，在大角度晶界处，一侧晶粒的（100）晶面与界面接近平行时碳化物更容易析出；晶界上析出的碳化物总是与同一侧的基体有立方-立方的共格取向关系；碳化物不在孪晶面上析出，但会在孪晶端头的非共格界面上析出，析出后沿〈110〉生长较快，形成针状。通过特殊热处理可以控制和调节晶界碳化物的长大和贫 Cr 区中的 Cr 含量，以获得最佳耐腐蚀性能。

压水反应堆（PWR）核电站蒸汽发生器传热管的腐蚀破裂问题一直受到关注，早期的传热管使用 304 不锈钢或 316 不锈钢，存在严重的应力腐蚀开裂问题，多次造成停堆事故，后改用 600 合金或 800 合金，虽然取得较好的使用效果，但耐腐蚀性能仍不理想。为进一步提高反应堆运行的可靠性和安全性，80 年代末期，法国首先采用高耐腐蚀性的 690 合金替代 600 合金作为新一代的蒸汽发生器传热管材料，美国和日本也相继使用，应用效果良好[1]。我国大亚湾核电站的蒸汽发生器采用法国提供的 690 合金管，国内也试制成功了该种合金管。

统计调查表明[1]，反应堆蒸汽发生器传热管损坏的主要原因是材料的晶间应力腐蚀破裂（IGSCC）。而 IGSCC 的产生是由于材料晶界碳化物的析出及 Cr 的贫化。690 合金是一种高 Cr 的 Ni 基合金，经过特殊热处理后可控制晶界碳化物的析出，显著提高其耐腐蚀性能。关于 690 合金腐蚀问题的报道较多，而对其显微组织的研究工作报道较少，Kai 和 Angeliu 等[2,3]做了一些工作。邱绍宇等[4]研究了国产 690 合金管经不同温度固溶热处理和不同条件时效热处理后的耐腐蚀性能，得到了最佳固溶及时效热处理条件。虽然他们在解释实验结果时提到晶界碳化物的析出及晶界附近 Cr 贫化的问题，但未对 690 合金的显微组织进行观察。

本工作根据文献[4]的研究结果，对同一批 690 合金经不同温度固溶热处理和不同条件时效热处理后的显微组织进行了观察研究。

1　实验方法

实验用料为国内试制的 690 合金管，合金的化学成分（质量分数，％）为：C 0.019，Si 0.15，S 0.000 8，Cr 30.5，Fe 10.38，Cu 0.01，Al 0.21，Ti 0.24，Co ＜0.01，Ni 余量。

为了方便制备 TEM 薄样品。合金管纵向剖开后轧制成厚度约为 0.5 mm 的薄片。根据邱绍宇等[4]提出的最佳热处理条件（固溶热处理温度低于 1 100 ℃，时效热处理条件为 715 ℃，15 h），本实验选用了三种固溶热处理条件，分别为：① 950 ℃保温 0.5 h，水淬；② 1 000 ℃

* 本文合作者：李强。原发表于《金属学报》，2001，37（1）：8—12。

和 0.5 h,水淬;③ 1 050 ℃,0.5 h,水淬.

对 950 ℃ 和 1 050 ℃ 固溶热处理后的样品,再分别进行以下条件的时效热处理:① 600 ℃,保温 1,5,10,20,50,100 和 200 h,空冷;② 715 ℃,保温 1,5,10,15,25,50 和 105 h,空冷;③ 800 ℃,保温 0.5,1,2.5,5 和 10 h,空冷.

应用双喷电解抛光制备了 TEM 样品,电解液为 20％HClO₄＋80％CH₃COOH,抛光过程在室温下进行.使用 JEOL 200CX 透射电子显微镜对样品进行显微组织观察和分析.

2 实验结果和讨论

2.1 固溶温度对显微组织的影响

图 1 为经过不同温度固溶热处理后 690 合金的金相照片和 TEM 照片.随固溶处理温度的升高,基体晶粒明显长大,碳化物的溶解增强.在 1 050 ℃,0.5 h 固溶处理后,仍有极少量的碳化物没有固溶.

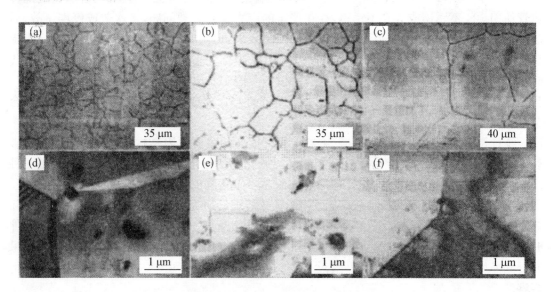

图 1 690 合金经固溶热处理后的显微组织

Fig. 1 OM (a—c) and TEM (d—f) micrographs of alloy 690 after solid solution treatment at different temperatures (a), (d) 950 ℃, 0.5 h; (b), (e) 1 000 ℃, 0.5 h; (c), (f) 1 050 ℃, 0.5 h

2.2 时效热处理对显微组织的影响

在 950 ℃,0.5 h 水淬处理的样品,因碳化物固溶较少,经时效热处理后在晶界析出的碳化物也很少,故以下只讨论 1 050 ℃,0.5 h 固溶处理后的碳化物析出.

2.2.1 晶界碳化物的析出

1 050 ℃,0.5 h 固溶处理并经 600 ℃,1 h 时效处理后,只有少数晶界上析出了碳化物,从图 2 可以观察到它们在晶界上开始析出的情况.观察时倾动试样,选择那些与入射电子束倾斜较大的晶界,使图像中的晶界有一定的宽度.图 2a 中晶界位错缠结处,箭头所指的"结点"明显粗化,这可以说明碳化物易在晶界位错缠结处形核;刚析出的碳化物颗粒小且数量多,杂乱分布在晶界上(图 2b).随着时效热处理温度的升高和保温时间的延长,小颗粒的碳化物发生聚集长大,碳化物析出量也增多.分析 600 ℃,1 h 处理后样品中刚析出碳化物的晶界两侧晶粒取向,发现碳化物更容易在大角度晶界且晶界一侧晶粒的(100)晶面与晶界接近平行的区域形核析出.在孪晶面上,即使经过 800 ℃,10 h 时效热处理,仍没有碳化物析出.但在孪晶端头的非共格界面上,经 600 ℃,1 h 时效处理,已可观察到碳化物析出,且随着时效温度升至 800 ℃,碳化物沿⟨110⟩方向生长较快,形成针状(图 3).

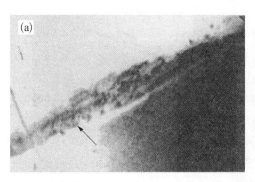 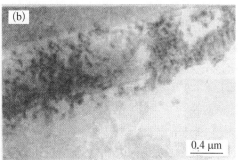

图 2 碳化物在晶界上初始析出时的形貌

Fig. 2 Morphologies of carbides precipitated on grain boundaries at initial stage after solid solution treatment at 1 050 ℃, 0.5 h and aging heat treatment at 600 ℃, 1 h (a) carbides nucleating at boundary dislocation tangle, arrow pointing to a node (b) carbides with smaller size and more amount distributing along boundary

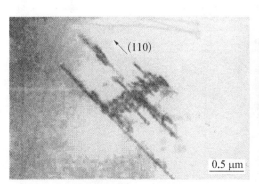 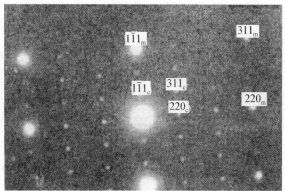

图 3 碳化物在孪晶端头的非共格界面上析出的形貌

Fig. 3 Morphology of carbides precipitated on the noncoherent boundary of twin end after solid solution treatment at 1 050 ℃, 0.5 h and aging heat treatment at 800 ℃, 1 h

图 4 碳化物的 SAD 图

Fig. 4 SAD pattern of carbides showing cube-on-cube orientation relationship between carbides and matrix (the morphology of carbides corresponding to Fig. 5e)

2.2.2 晶界碳化物的结构

选区电子衍射(SAD)分析表明,晶界上析出的碳化物为面心立方结构的 $M_{23}C_6$,该碳化物总是同晶界一侧的基体共格,有立方-立方的取向关系,晶格常数为基体的 3 倍(图 4),这些同 Kai 和 Angeliu 报道的结果[2,3]一致,尽管从 TEM 照片中观察到的碳化物是在晶界面上形核长大,但从共格的现象推测,可能形核仍然是发生在紧靠晶界的晶粒基体中,与母体共格的方式形核比在原子排列较混乱的晶界上形核可能更容易,因此碳化物总是同晶界一侧的基体存在共格的关系.但是碳化物长大时,需要供给更多 C 和 Cr 的原子.由于原子沿晶界扩散快的特点,它们通过晶界扩散提供最为有利,因此碳化物最终表现为在晶界面上析出长大.

2.2.3 晶界碳化物的形貌

图 5 为经不同条件时效热处理后 690 合金的 TEM 照片.从图可以看到,并不是在所有晶界上都有碳化物析出:在同一处理条件下,不同晶界上析出碳化物的大小、数量和形貌也不同.这除了与晶界两侧晶粒取向不同所构成的晶界特性差异有关外,还与电子束入射方向与晶界面所形成的角度有关.当入射电子束与晶界面接近平行时,观察到的晶界碳化物呈现断续的点线状;若入射电子束与晶界面成一角度,晶界碳化物则呈现一定宽度的带状分布如图 5a,b.根据时效处理温度、保温时间和晶界特性的不同,晶界碳化物呈现不连续和半连续分布.一般情况下,在较低温度保温较长时间易形成半连续的碳化物,如 600 ℃,200 h(图 5c);而在较高的温度保温较短的时间易形成不连续的碳化物.如 715 ℃保温 1 和 15 h(图 5d, e).在本实验条件下没有观察到连续分布的碳化物,这可能与所选择的热处理条件有关,如固溶热处理温度较低,碳化物没有完全固溶,时效热处理时析出碳化物的数量不多,以及时效热处理温度不够低、时间不够长等.

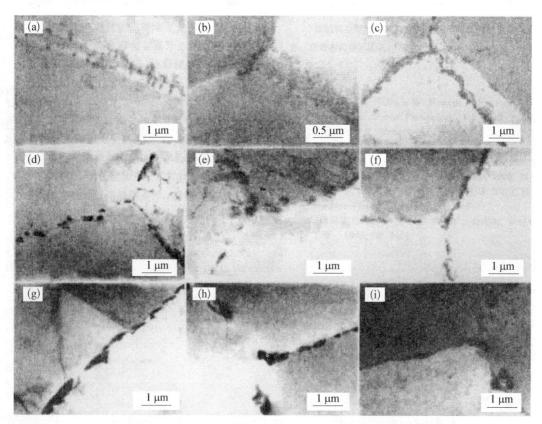

图 5 经不同温度时效热处理后碳化物在晶界上析出的形貌

Fig. 5 Morphologies of carbides precipitated on grain boundaries after aging treatments at 600 ℃ (a—c), 715 ℃ (d—f) and 800 ℃ (g—i) (a) 1 h;(b) 5 h;(c) 200 h;(d) 1 h;(e) 15 h;(f) 105 h;(g) 1 h;(h) 2.5 h;(i) 10 h

2.3 碳化物析出后晶界附近 Cr 含量的变化

样品经过 1 050 ℃, 0.5 h 固溶处理和 715 ℃, 1, 15 和 105 h 时效热处理后, 测定了晶界附近 Cr 含量的变化, 选择两碳化物之间的晶界处作为第一测量点, 逐点向晶粒内延伸, 结果如图 6. 从图可以看出, 由于晶界上析出了 Cr 的碳化物, 晶界附近产生了明显的贫 Cr 区, 晶界两侧贫 Cr 区宽度约为 300 nm. 随时效时间延长, 已析出的碳化物颗粒逐渐长大, 还会进一步消耗基体中的 Cr. 但测量结果表明: 延长时效时间后贫 Cr 区的 Cr 含量可逐渐增高, 这说明 Cr 从晶内向晶界贫 Cr 区扩散的量大于碳化物长大时所消耗的量. 在 715 ℃, 105 h 时效热处理后, 碳化物在晶界上继续长大成为半连续状 (图 5f), 这时贫 Cr 区中的 Cr 含量已明显增加 (图 6). 邱绍宇等[4] 的实验结果表明, 固溶处理后在 715 ℃, 15 h 时效处理可达到最佳耐腐蚀性能, 从本实验结果可以看出, 这时晶界贫 Cr 区的 Cr 含量已有一定程度的增高, 碳化物颗粒虽然长大了一些, 但尚未形成半连续状. 所以, 控制好碳化物颗粒的长大和贫 Cr 区中 Cr 的含量, 通过特殊热处理可达到最佳耐腐蚀性能.

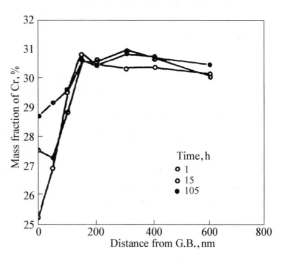

图 6 在 715 ℃, 1, 15 和 105 h 时效时碳化物在晶界析出后晶界附近 Cr 含量的变化

Fig. 6 Variation of chromium contents in depleted zone near grain boundary (G. B.) after aging treatments at 715 ℃ for 1, 15, 105 h

3 结论

(1) 690 合金经过固溶处理及时效热处理后, 在晶界上析出面心立方结构的碳化物 $M_{23}C_6$. 碳化物在晶界析出时, 与晶界一侧的基体有立方-立方的共格取向关系, 碳化物的晶格常数为基体的 3 倍.

(2) 碳化物优先在晶界位错缠结处成核, 刚析出的碳化物颗粒小且数量多, 杂乱分布在晶界上. 随着时效热处理温度的升高和保温时间的延长, 小颗粒的碳化物逐渐聚集长大, 碳化物析出量也增多, 最终在晶界上形成不连续或半连续的碳化物.

(3) 在大角度晶界上, 碳化物更容易在晶界一侧晶粒的 (100) 晶面与晶界接近平行的区域内析出.

(4) 碳化物不在孪晶面析出, 在孪晶端头的非共格界面析出时, 沿 ⟨110⟩ 生长较快, 形成针状.

(5) 选择适当的时效热处理条件, 控制碳化物长大的程度和晶界附近贫 Cr 区中 Cr 的含量, 可以使 690 合金具有最佳的耐腐蚀性能.

核燃料及材料国家重点实验室为本工作提供了实验材料及设备, 作者在此表示感谢.

参 考 文 献

[1] Dietz W. In: Cahn R W, Haasen P, Kramer E J eds. , *Materials Science and Technology*, *Vol*. 10B: *Nuclear Materials*, *Part II*, *Structural Materials*, *Chapter 8*, New York: VCH Publisher Inc. , 1994: 101.

[2] Kai J J, Yu G P, Tsai C H. *Metall Trans*, 1989: 20A: 2057.

[3] Angeliu T M, Was G S. *Metall Trans*, 1990: 21A: 2097.

[4] Qiu S Y, Su X W, Wen Y, Yan F G, Yu Y H, He Y C. *Nuclear Power Eng*, 1995: 16: 340.

(邱绍宇,苏兴万,文燕,阎福广,俞应华,何艳春. 核动力工程,1995;16:340)

A Study of Microstructure of Alloy 690

Abstract: The microstructures of alloy 690 after solid solution treatment followed by aging treatments at different temperatures (600 - 800 ℃) for various times (0.5 - 200 h) have been investigated by means of transmission electron microscopy (TEM). The results are as follows: the carbides precipitated on the grain boundaries have been identified as $M_{23}C_6$; the carbides nucleate preferentially at the positions where grain boundary dislocations tangled and easily precipitate in high angle grain boundaries nearly parallel to the (100) plane of grain on one side. The carbides always exhibit a cube-on-cube orientation relationship with matrix of one side, and don't precipitate on twinning plane but easily precipitate on the non-coherent boundaries of twin end where carbides grow fast along ⟨110⟩ direction and appear as needlelike. By controlling the growth of carbides and the content of chromium in depleted zone by special heat treatments, the corrosion resistance of alloy 690 can be optimized.

镁合金耐蚀表面处理的研究进展*

摘　要：综述了镁合金的表面清洗、化学处理、阳极氧化、有机物充填密封、无铬的化学处理等方法.化学处理主要有磷酸-高锰酸盐、多聚磷酸盐及氟锆酸盐处理,所形成膜的耐腐蚀性能与含铬的化学转化膜相当,并且是充填密封处理的良好基底;阳极氧化处理浴的主要成分为可溶性硅酸盐、氢氧化物和氟化物,形成的氧化膜是 SiO_2、MgO 与 MgF_2 组成的混合膜,这种膜比早期的 DOW17 与 HAE 工艺处理形成的阳极氧化膜具有更优异的耐腐蚀和耐磨损等性能,同时也是充填密封处理的优良基底.

镁在实用金属中比重最小,是铁的 1/4、铝的 2/3.镁的比强度大,因此被广泛应用于汽车、摩托车、光学仪器、机械设备、计算机及音响器材等领域[1-4].为进一步扩大镁合金的应用领域,专家们正致力于其表面处理的研究,所采用的处理措施主要有化学处理、阳极氧化处理、激光表面合金化、表面充填密封、电镀和微弧氧化等.本文综述了为提高镁合金的耐腐蚀性能而采用的一些表面处理方法.

1　耐蚀性

镁在实用金属中是电位最负的金属(−1.73 V),当与其他金属接触时,易发生电偶腐蚀[5-7].镁在酸性及中性介质中易受腐蚀,但在 pH 值大于 10.5 的碱性介质中有很好的耐蚀性.镁在铬酸和 HF 中会形成一层保护膜,使其免遭继续腐蚀.Cl^- 加速镁在水溶液中的腐蚀,但在可溶性氟化物中却是惰性的,一般其他盐类介质都能促进镁的腐蚀,只是程度不同而已.Fe、Ni、Co、Cu 等合金元素,即使以微量杂质状态存在时,对镁的耐腐蚀性能也是非常有害的.因此在冶炼合金的过程中,需使用高纯度的镁,以减少 Fe、Ni、Co、Cu 等杂质元素的影响,并应尽量减少氯化物的带入,以避免因氯化物而引起的腐蚀问题.

2　表面处理

2.1　表面清洗

镁合金的表面清洗方法近 40 年来基本没有发生变化,主要采用碱清洗、铬酸清洗、氢氟酸或氟化物清洗.碱清洗是去除表面油脂、氧化物等;铬酸清洗是在镁合金表面形成 Cr_2O_3,并使表面活化;氢氟酸或氟化物也有使镁合金表面活化的作用,同时形成 MgF_2 保护膜.一般说来,先用碱清洗,然后再进行铬酸或氢氟酸、氟化物清洗.表面清洗是化学处理或阳极氧化处理之前必不可少的重要工序,并且是形成良好的化学转化膜或阳极氧化膜的基础.清洗

* 本文合作者：姚美意.原发表于《材料保护》,2001,34(10)：19−21.

方法及清洗液的组成和处理条件见文献[5,8].

2.2 化学处理

镁表面生成的一层自然氧化膜以及在 pH 值为 11.5 的溶液中生成的 $Mg(OH)_2$ 膜均不能起保护作用,这是因为所形成氧化膜的体积与所消耗镁原子的体积比 $\alpha = 0.79$,当 α 小于 1,生成氧化膜的体积缩小,不能完整覆盖金属表面,且形成这种膜后还增大了充填的难度.因此在充填密封前需要对镁表面进行防蚀处理.在镁合金表面形成化学转化膜是一项主要的处理方法,表 1 列出了形成化学转化膜的溶液组成及处理条件[8-13].

表 1 化学转化膜的溶液组成及处理条件

序号		溶 液 组 成	处 理 条 件
1	A	180 g/L $Na_2Cr_2O_7$, 261 ml/L HNO_3(60%)	20～30 ℃,浸渍 30 s～2 min,水洗,干燥
	B	180 g/L $Na_2Cr_2O_7$, 200 ml/L HNO_3(60%)	20～50 ℃,浸渍 15 s～3 min,水洗,干燥[8]
2		120～130 g/L $Na_2Cr_2O_7$, 2.5 g/L KF 或 MgF_2	沸腾,浸渍 30 min,水洗,干燥[8]
3	A	248 ml/L HF(46%)	20～30 ℃,浸渍 30 s～50 min,热水洗
	B	50 g/L NaF,KF 或 NH_4F	20～30 ℃,浸渍 5 min,水洗,热水洗[8]
4		65～80 g/L $Na_2Cr_2O_7$, 7～15 ml/L HNO_3(60%) 65～80 g/L Na_3PO_4,10～20 g/L 硒酸	80～90 ℃,浸渍 5 min,水洗,干燥[8]
5		20～30 g/L 磷酸锰,3～4 g/L NaF 或 KF 0.2～0.3 g/L $Na_2Cr_2O_7$ 或 $K_2Cr_2O_7$,1～2 g/L $NaNO_3$ 或 KNO_3	80～90 ℃,浸渍 30～60 min,水洗,干燥[8]
6		90 g/L $K_2Cr_2O_7$, 40 g/L $MnSO_4$, 40 g/L $MgSO_4$,1～2 g/L KF	55～90 ℃,浸渍 2～3 h,干燥[9]
7		100 g/L Na_3PO_4,10～50 g/L $KMnO_4$	20～60 ℃,浸渍 3～10 min,pH 值 3.0～3.5,水洗,去离子水浸渍,干燥[10]
8		1～20 g/L 碱金属离子,1～50 g/L 多聚磷酸根离子,0.1～20.0 g/L 硼酸根离子,0.5～1.0 g/L 表面活性剂	40～70 ℃,浸渍 2～15 min,pH 值 8～11,水洗,干燥[11]
9		0.01～0.50 g/L Zr^{4+}, 0.08～0.13 g/L Ca^{2+},0.01～0.60 g/L F^-	25～60 ℃,浸渍、溅射,pH 值 2～5,水洗,干燥[12]
10		13.5 g/L KH_2PO_4, 27 g/L K_2HPO_4,3～5 g/L $NaHF_2$	50～60 ℃,浸渍 20～50 min,pH 值 5～7,水洗,干燥[13]

早期的化学处理是在镁合金表面形成含铬的化学转化膜(见表 1 中的 1～2,4～6)[8,9],但由于这些处理浴中含有六价铬,造成环境污染,于是发展了一些无铬化学转化膜的处理方法.这些膜主要有磷酸-高锰酸盐膜、多聚磷酸盐膜及氟锆酸盐膜等(表 1 中的 7～10)[10-13].这些膜的耐腐蚀性能与含铬的化学转化膜相当,并且都是随后充填密封处理的良好基底.

2.3 阳极氧化处理

阳极氧化处理工艺[5,8,14-22]见表 2.早期的阳极氧化处理[32]是使用含铬的有毒化合物,废液的处理成本提高,并且污染环境,于是发展了以可溶性硅酸盐、氢氧化物和氟化物为主的阳极氧化处理液(表 2 中的 6～10)工艺[15-18,21,22].

用 DOW17 工艺进行镁阳极氧化处理后,生成的氧化膜[23]是由 Cr_2O_3、$MgCr_2O_4$ 及 Mg_2FPO_4 构成的复合氧化膜,通常呈暗绿色.用 HAE 工艺处理后,生成的氧化膜[24]是由 MgO 与 $MgAl_2O_4$ 所构成的混合膜,通常呈棕黄色.用表 2 中 6～10 工艺进行阳极氧化处理后,形成的氧化膜[15-22]主要成分为 MgO、SiO_2 及 MgF_2. 图 1 是采用表 2 中的 7 号工艺进行阳极氧化处理后得到的氧化膜的电子显微照片和电子衍射图,氧化膜由 MgO(对应图中的非连续环和照片中的黑色小晶粒)、MgF_2(对应图中的连续环,晶粒较大)及 SiO_2 非晶组成,与文献[17]报道的相同. 在相同的测试条件下,用 6～10 工艺进行阳极氧化处理后,形成的氧化膜的腐蚀氧化失重为 0～3 g/m^2,耐磨性为 40～70 DS/μm(DS/μm:指从试样表面磨去 1 μm 厚所需摩擦轮往复运动的次数);而用 DOW17 工艺处理后,形成氧化膜的相应值分别为 6.4 g/m^2、14 DS/μm;用 HAE 工艺处理后,相对应的数值分别为 12.6 g/m^2、8 DS/μm. 这些数据说明用 6～10 工艺处理后,形成氧化膜的性能比用 DOW17 和 HAE 工艺处理得到的氧化膜更优异,主要表现在更光滑、均匀、坚硬、附着力强及更好的耐蚀性. 不过,这些膜往往呈多孔状,所以必须进行充填密封. 阳极氧化处理所得到的膜是充填密封的优良基底. 对于耐蚀性要求特别高的部件,必须进行阳极氧化处理和多层充填处理.

表 2　阳极氧化溶液组成及处理条件

序号	溶 液 组 成	处 理 条 件
1	30 g/L 硫酸铵,30 g/L 重铬酸钠,2.5 ml/L 氨水(28%)	50～60 ℃,0.2～1.0 A/dm^2,浸渍 10～30 min[8]
2	240 g/L NaOH,83 ml/L 乙二醇或二甘醇,2.5 g/L 溴酸钠	75～80 ℃,1～2 A/dm^2,浸渍 15～25 min,水洗,热水洗,干燥[8]
3 (DOW17)	225～450 g/L NH_4HF_2,50～120 g/L $Na_2Cr_2O_7$,50～110 ml/L H_3PO_4(85%)	70～80 ℃,0.5～5.0 A/dm^2(交流),薄膜:60～75 V,4～5 min,厚膜:90～100 V,25 min[5]
4 (HAE)	35 g/L KF,35 g/L Na_3PO_4,165 g/L KOH,35g/L $Al(OH)_3$,20 g/L K_2MnO_4 或 $KMnO_4$	≤20 ℃,1.5～2.5 A/dm^2(交流),薄膜:65～70 V,7～10 min,厚膜:80～90 V,60～90 min[5]
5	0.05～0.20 mol/L 磷酸盐,0.2～1.0 mol/L 铝酸盐,1～20 g/L 稳定剂	25～50 ℃,30～90 V(直流)或 30～65 V(交流),水洗,热水洗,干燥[14]
6	第一步:0.2～5.0 mol/L NH_4F 第二步:2～12 g/L KOH 或 NaOH,2～15 g/L KF、NH_4HF_2 或 H_2SiF_6,5～30 g/L Na_2SiO_3	40～100 ℃,浸渍 15～60 min,pH 值 4～8,水洗 室温,2～90 mA/cm^2(直流),浸渍 15～40 min,电压大于 100 V[15,16]
7	第一步:5～6 g/L NaOH 或 KOH,12～15 g/L NaF、KF 或 NH_4F 第二步:5～6 g/L NaOH、KOH 或 LiOH 7～9 g/L KF、NH_4HF_2 或 H_2SiF_6,15～20 g/L Na_2SiO_3 或 K_2SiO_3	15～20 ℃,40～60 mA/cm^2(直流),浸渍 2～3 min,pH 值 12.5～13.0 15～25 ℃,5～30 mA/cm^2(直流),浸渍 15～30 min,pH 值 12～13[17]
8	第一步:10～80 g/L H_3BO_3,10～70 g/L H_3PO_4,5～35 g/L HF 第二步:50 g/L Na_2SiO_3	15～25 ℃,1～2 A/dm^2(直流),浸渍 15 min,pH 值 7～9 95 ℃,浸渍 15 min,取出暴露空气中 30 min[18]
9	50～100 g/L 硅酸盐,40～80 g/L 有机酸,60～120 g/L 苛性碱,10～30 g/L 磷酸盐,10～40 g/L 偏硼酸钠,2～20 g/L 氟化物	20～60 ℃,1～4 A/dm^2(直流),浸渍 30 min[21]
10	30～50 g/L Na_2SiO_3、K_2SiO_3、H_2SiF_6,5～50 g/L NaOH、KOH,5～30 ml/L HF,2～20 g/L NaF、KF	20～40 ℃,浸渍 1～5 min,pH 值 12～14,150～400 V(直流),以看到火花为止[22]

2.4　表面充填密封

经化学处理或阳极氧化处理后形成的氧化膜,具有一定的耐蚀性,但膜往往呈多孔状,必须进行表面充填密封. 通常采用乙烯树脂、环氧树脂或环氧酚醛等[5,25,32]有机物进行充填密封. 充填密封处理时,先对零件进行烘烤,去除氧化膜孔隙中的水汽;再将零件浸入树脂溶

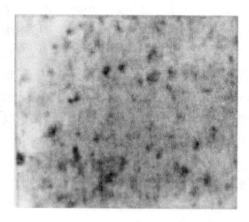 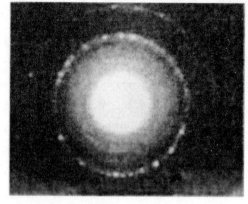

（a）显微照片　　　　　　　　　　　　　　　（b）电子衍射图

图 1　阳极氧化膜的电子显微照片和电子衍射图

液中,取出晾干,然后烘烤使树脂固化;为得到所需的充填厚度,可以重复处理 1～2 次.

2.5　微弧阳极氧化

微弧阳极氧化是近年来兴起的表面处理新技术,微弧阳极氧化在阳极区产生等离子微弧放电,使阳极表面局部温度升高(大于 1 000 ℃),从而使阳极上的氧化物熔覆于金属表面,形成陶瓷质的阳极氧化膜,大大提高了阳极氧化膜的硬度和致密性.因此,微弧阳极氧化膜具有较普通阳极氧化膜更高的耐蚀性和抗磨性.

薛文彬等[33]在浓度为 10 g/L 的 $NaAl_2O_3$ 溶液中用 30 kW 的等离子微弧氧化装置对镁合金 MB15 进行 2 h 的微弧阳极氧化处理,对氧化膜分析发现,基材表面中的 Zn 元素会进入溶液,而溶液中的 Al 元素参与化学反应并进入氧化膜内,在膜表面形成贫 Zn 富 Al 层.处理过的样品在 0.1％的 H_2SO_4 溶液中浸泡 4 h 后,白色氧化膜开始出现腐蚀坑,而未处理的镁合金放入同一溶液中几秒钟后就出现明显的析氢腐蚀.这表明镁合金经微弧阳极氧化处理后耐蚀性得到较大的提高.

这种方法具有使氧化膜中微裂纹自愈合的特点,可进一步提高镁合金的耐腐蚀、耐磨损性能,成为镁合金阳极氧化的发展方向之一.

2.6　其他表面处理[19,20,26-31]

镁合金的其他表面处理还有激光表面合金化和电镀等.如用 Al 进行激光表面合金化处理时,只要 Al 含量达 20％(at)以上,就可大大提高镁合金的耐腐蚀性能[27].

3　结语

表面处理可以提高镁合金的耐腐蚀性能,基本上解决了镁合金零部件在使用中遇到的腐蚀问题.近些年来发展的微弧阳极氧化处理可以将氧化物熔覆在金属表面,这对提高镁合金的耐腐蚀性能具有明显的优点.今后,如能对这种氧化膜的形成过程和组织结构与采用的介质成分进行深入的研究,可进一步改善氧化膜的性能和提高镁合金的耐腐蚀性,对镁合金的进一步推广应用将具有十分重要的意义.

参 考 文 献

[1] Porro P, Beatrice P. Proceedings of the Third International Magnesium Conference[C]. London: Institute of Mater, 1997: 167.

[2] Matoko Fujita, Nobuo Sakate, Shoji Hirahara et al. Magnesium in Vehicle Design[M]. Warrendale Pa. : Society of Automotive Engineers, 1995.

[3] Terri Bartlett. Magnesium in Vehicle Design[M]. Warrendale Pa. : Society of Automotive Engineers, 1995.

[4] Chen F C, Jones J W, Mcginn T A. Characteristics and Applications of Magnesium in Automotive Design[M]. Warrendale Pa. : Society of Automotive Engineers, 1997.

[5] Roberts Busk. Magnesium Product Design[M], New York: Marcle Dekker INC, 1985: 517 - 534.

[6] David Hawke, Thomas Ruden. Magnesium in Vehicle Design [M]. Warrendale Pa. : Society of Automotive Engineers, 1995: 63.

[7] Malte Isacsson, Mats Strom et al. Characteristics and Applications of Magnesium in Automotive Design[M]. Warrendale Pa. : Society of Automotive Engineers, 1997: 43.

[8] 李 青. 镁的表面处理[J]. 电镀与涂饰, 1995, 14(2): 43.

[9] Sharma A K. Chromate Conversion Coatings for Magnesium-Lithium Alloys[J]. Metal Finishing, 1989, 87(2): 73.

[10] Jam Lvar, Manfred Walter, Darryl Albright. Characteristics and Applications of Magnesium in Automotive Design [M], Warrendale Pa. : Society of Automotive Engineers, 1997: 7.

[11] WO Pat, 9947729, 1999.

[12] US Pat, 5380374, 1995.

[13] US Pat, 5683522, 1997.

[14] WO Pat, 9942641, 1999.

[15] US Pat, 5470664, 1995.

[16] US Pat, 5230589, 1993.

[17] US Pat, 5266412, 1993.

[18] US Pat, 4978432, 1990.

[19] US Pat, 4770946, 1988.

[20] EP Pat, 0198092/B1, 1990.

[21] US Pat, 4744872, 1988.

[22] US Pat, 4620904, 1986.

[23] 于正男, 高谷松文, 松永正久. Film composition and surface appearances of anolized magnesium alloy in acidic baths [J]. 轻金属, 1989, 39(4): 300.

[24] 高谷松文. Anodizing of magnesium alloy in KOH - Al(OH)$_3$ solutions[J]. 轻金属, 1987, 37(9): 581.

[25] US Pat, 5116672, 1992.

[26] US Pat, 5156919, 1992.

[27] Galun R, Wdisheit A. Mordike Proceesings of the Third International Magnesium Conference [C]. London: Institrute of Mater, 1997: 699.

[28] US Pat, 4973393, 1990.

[29] US Pat, 4659629, 1987.

[30] US Pat, 5964928, 1999.

[31] US Pat, 5759244, 1998.

[32] Emley E F. Principles of Magnesium Technology[M]. New York: Pergaman Press, 1966: 670 - 705.

[33] 薛文彬, 来永春等. 镁合金等离子体氧化膜的特性[J]. 材料科学与工艺, 1997, 2(2): 89.

Review of the Progress in Surface Treatments for Magnesium Alloys

Abstract: Surface treatment processes for magnesium alloys including cleaning, chemical passivation, anodic oxidation and sealing with organic coating were reviewed. Several new methods for non-chromate chemical passivation and anodizing process being introduced in this paper might reduce the cost and environmental pollution. Chemical passivation treatments mainly contain a phosphate—permangate treatment, a fluorozirconate treatment and a condensed phosphate treatment. The formed coatings show equivalent performance to the standard chrome pickle and play a good base coating for sealing application. The anodizing solution comprises an aqueous soluble hydroxide, fluoride and silicate. This coating possesses better abrasion and corrosion resistance than those obtained by the early DOW17 and HAE treatments, and it's a complex coating being compossed of SiO_2、MgO、MgF_2. In addition, this anodizing coating is also an excellent base coating for sealing application.

Determination of Fe and Cr Content in
α – Zr Solid Solution of Zircaloy – 4
with Different Heat-Treated States*

Abstract: A new method, which is a combination of extracting electrochemically $Zr(Fe, Cr)_2$ particles from Zircaloy – 4 and analyzing mass concentration in electrolyte by means of flame atomic absorption spectrometry, has been successfully established and used to determine the content of alloying elements Fe and Cr in α – Zr solid solution of Zircaloy – 4 with different heat treatments. Along with the Fe/Cr ratio in α – Zr solid solution, the Fe and Cr content in α – Zr solid solution of β quenched sample is higher than that of α + β quenched sample, and the α – annealed sample has the lowest content, comparable to the solubility limits of Fe and Cr in α – Zr solid solution. Both Fe and Cr contents in the quenched states are much higher than its maximal solubility limit in α – Zr solid solution respectively.

1 Introduction

Zircaloy is used as the cladding material of fuel elements in light water reactors, and Zircaloy resistance to waterside corrosion limits the lifetime of fuel elements. The current trend to extend fuel burn-up and to uprate the reactor power will result in even heavier Zircaloy corrosion. Thus, there exists an incentive to improve the corrosion resistance.

It is well known that the corrosion resistance of Zircaloy can be improved by optimizing the thermomechanical processing. In the fabrication process, some alloying elements precipitate as the second phase particles, and their remainder still is in the α – Zr solid solution as solute atoms. The contribution of thermo-mechanical processing to the corrosion resistance has been found to correlate well with the distributions of alloying elements, i. e. the morphology of second phase particles and the content of alloying elements supersaturated in α – Zr solid solution. However, there is no general agreement on the cause of the impact of the distributions on the corrosion resistance. Some authors attributed it to the morphology [1 – 5], while others believed that the content of alloying elements supersaturated in α – Zr solid solution was a main factor affecting the corrosion resistance [6 – 9].

Hence, in order to gain a further insight into the causes involved, it is necessary to

---

* In collaboration with Li Cong, Zhao Wenjin, Li Pei, Peng Qian, Ying Shihao, Shen Baoluo. Reprinted from Journal of Nuclear Materials, 2002, 304(2 – 3): 134 – 138.

investigate the variations of Fe and Cr content in α-Zr solid solution of Zircaloy-4. There are two methods described by other researchers to get the Fe and Cr content in α-Zr solid solution. One is using atom probe microanalysis [10], this method is rather time consuming in the authors' and others experiences, especially the tip of testing sample for zirconium alloys is inclined to fracture, which make the experiment difficult to perform. Another technique is measuring the variation of thermoelectric power [11], and this method is not capable of determining high content of Fe and Cr supersaturated in α-Zr solid solution.

The paper herein describes a new method to determine the Fe and Cr content in α-Zr solid solution of Zircaloy-4.

2 Experimental principle and procedure

2.1 Principle

Zr(Fe,Cr)$_2$ particles were successfully extracted electrochemically from Zircaloy-4 plates [12]. This is based upon the following principle: In Zircaloy-4, the Zr(Fe,Cr)$_2$ particles are more noble than the α-Zr solid solution, therefore, the oxidation-reduction system between α-Zr solid solution and Zr(Fe,Cr)$_2$ particles forms in a electrolyte under certain condition, which leads to the dissolution of α-Zr solid solution while Zr(Fe,Cr)$_2$ particles remain unchanged as cathode. It means that the ions Zr, Sn, Fe and Cr in the electrolyte only come from the α-Zr solid solution. Thus there exists following equations:

$$C_{Fe} = C_{Sn} \frac{[Fe]}{[Sn]}, \tag{1}$$

$$C_{Cr} = C_{Sn} \frac{[Cr]}{[Sn]}, \tag{2}$$

where C_X collectively designates the content of alloying elements Zr, Sn, Fe and Cr in α-Zr solid solution of Zircaloy-4 and $[X]$ designates the concentration of ion X in the electrolyte. Considering that Zircaloy-4 consists of the alloying elements Zr, Sn, Fe and Cr, the content of Fe and Cr in the α-Zr solid solution can be evaluated by the following equation:

$$C_{Fe+Cr} = \frac{[Fe]+[Cr]}{[Zr]+[Sn]+[Fe]+[Cr]}. \tag{3}$$

However, [Zr], [Sn], [Fe] and [Cr] are hard to be accurately measured because [Zr] is much larger than [Fe]+[Cr].

To solve this problem, an attention is given to both the alloying element Sn and the second phase particles. In Zircaloy-4, Sn is fully in α-Zr solid solution at the usual composition [10], leading to the following equation:

542

$$C_{Sn}^{0} = (1-\chi)C_{Sn}, \tag{4}$$

where χ is the mass fraction of second phase particles, C_X^0 collectively designates the chemical composition of alloying elements Zr, Sn, Fe and Cr in Zircaloy-4. Furthermore, the second phase particles has a stoichiometry of $Zr(Fe,Cr)_2$, and the concentration of the alloying elements Fe and Cr are in the range of 0.18—0.24 and 0.07—0.13 mass%, respectively. Therefore χ is not more than 0.68% and C_{Sn} could be taken as C_{Sn}^{0}, with a maximum relative uncertainty of less than 0.68%. Thus, Eqs. (1) and (2) can be written as follows:

$$C_{Fe} = C_{Sn}^{0} \frac{[Fe]}{[Sn]}, \tag{5}$$

$$C_{Cr} = C_{Sn}^{0} \frac{[Cr]}{[Sn]}. \tag{6}$$

Of course,

$$C_{Fe+Cr} = C_{Fe} + C_{Cr}. \tag{7}$$

In addition, the value χ is derived from the following equation in light of the structural formula $Zr(Fe,Cr)_2$,

$$2\frac{C_{Zr}^{0} - C_{Zr}(1-\chi)}{M_{Zr}} = \frac{C_{Fe}^{0} - C_{Fe}(1-\chi)}{M_{Fe}} + \frac{C_{Cr}^{0} - C_{Cr}(1-\chi)}{M_{Cr}}, \tag{8}$$

Where $C_{Zr}^{0} = 1 - (C_{Sn}^{0} + C_{Fe}^{0} + C_{Cr}^{0})$, similarly $C_{Zr} = 1 - (C_{Sn} + C_{Fe} + C_{Cr})$, and M_X collectively designates the atomic weight of Zr, Fe and Cr, which are 91.22, 55.85 and 52.00, respectively. Consequently, the Fe/Cr ratio in $Zr(Fe, Cr)_2$ particles, R_P, is expressed as

$$R_P = \frac{C_{Fe}^{0} - C_{Fe}(1-\chi)}{C_{Cr}^{0} - C_{Cr}(1-\chi)}. \tag{9}$$

2.2 Material

In order to avoid the impact of the variation of alloy compositions on the values C_{Fe} and C_{Cr}, the samples used in this test come from a single ingot, whose composition is given in Table 1. The heat treatments are shown in Table 2. The fabrication routes and microstructural characterizations for these samples had been described in detail previously [13].

Table 1　Chemical composition of the material, where the relative standard deviation (RSD) for Sn, Fe and Cr are 1.0%, 8.0%, 8.0%, respectively

	Alloying element		
	Sn	Fe	Cr
Content (mass%)	1.36	0.19	0.12

Table 2 Heat-treatment schedule of samples

Sample	Penultimate annealing	Final annealing temperature	Tube size (mm)
A	1 030 ℃- 1. 5 h quenching in water	470 ℃- 4 h	∅9. 5×0. 64
B	830 ℃- 1. 5 h quenching in water	470 ℃- 4 h	∅9. 5×0. 64
C	650 ℃- 2 h annealing and furnace cooling	470 ℃- 4 h	∅9. 5×0. 64

2. 3 Electrolytic dissolution

At room temperature, the sample as working electrode is immersed in an electrolyte made of a mixture of ethanol, perchloric acid and butanol (ethanol ∶ perchloric acid ∶ butanol=25 ∶ 3 ∶ 2, vol), at an operating voltage in the range −0. 80 to −0. 45 V (SCE). The α − Zr solid solution dissolves as anode, meanwhile $Zr(Fe, Cr)_2$ particles remain unchanged as cathodes.

If there exist some $Zr(Fe, Cr)_2$ particles in the electrolyte, the values C_{Fe}, C_{Cr} and C_{Fe+Cr}, calculated by Eqs. (5)—(7), would be higher. So, in order to have the $Zr(Fe, Cr)_2$ particles completely removed from the electrolyte a centrifugation process was used. It can be seen from Fig. 1 that the centrifugation times has little effect on the value C_{Fe+Cr} for the centrifugation conditions chosen. The optimal conditions are 3 000 rpm and 20 min to acquire the electrolyte without solid products.

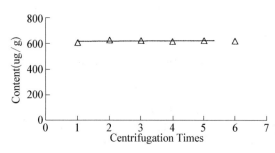

Fig. 1 The value C_{Fe+Cr} versus centrifugation times, corresponding to the sample heated at 1 030 ℃ for 0. 5 h followed by air-cooling

X-ray diffraction analysis is applied to investigate the centrifugal solid products to confirm that $Zr(Fe,Cr)_2$ particles have been extracted successfully from the samples.

2. 4 Analysis of electrolyte

Because [Sn], [Fe] and [Cr] are in the level of $\mu g/dm^3$, they are measured by flame atomic absorption spectrometry (FAAS).

3 Experimental results

3. 1 X-ray diffraction analysis

Fig. 2 depicts the X-ray diffraction spectrum of centrifugation solid products from electrolyte of sample AAs can be seen from the spectrum, there appears α − Zr in addition to $Zr(Fe,Cr)_2$. Centrifugal solid products of samples B and C are also made up of α − Zr and $Zr(Fe,Cr)_2$. $Zr(Fe, Cr)_2$ particles in sample A are cubic fcc (structure type C15). However, those in samples B and C are hexagonal hcp (C14). These findings agree well with the results obtained by using selected area electron diffraction [13].

It indicates that $Zr(Fe, Cr)_2$ particles have been successfully extracted from the samples, and that some $\alpha - Zr$ matrix dissolve incompletely in the electrolyzing process.

3.2　Fe and Cr content in α – Zr solid solution

The measured [Sn], [Fe] and [Cr] in the centrifugated electrolyte are shown in Table 3.

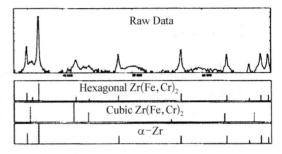

Fig. 2　X-ray diffraction spectrum for centrifugate of sample A

On the basis of Tables 1 and 3 and Eqs. (5)—(7), the values C_{Fe}, C_{Cr} and C_{Fe+Cr} along with the Fe/Cr ratio in $\alpha - Zr$ solid solution, R_M, are calculated, which are given in Table 4. Therefore, the values χ and R_P are calculated and also shown in Table 4.

Table 3　Measured concentration of ions in the centrifugated electrolyte

Concentration ($\mu g/dm^3$)	Sample		
	A	B	C
[Sn] %RSD	163	203.1	249.7
	1.35	0.28	0.30
[Fe] %RSD	12.0	7.86	2.83
	0.79	0.23	0.31
[Cr] %RSD	3.6	3.77	3.0
	3.74	0.93	4.09

Table 4　Analysis results for samples

Results	Sample		
	A	B	C
$C_{Fe}(\mu g/g)$	1 001±19	526±6	154±2
$C_{Cr}(\mu g/g)$	300±12	252±4	163±7
$C_{Fe+Cr}(\mu g/g)$	1 301±22	778±7	317±7
R_M	3.33±0.15	2.08±0.04	0.94±0.04
χ(mass%)	0.34±0.03	0.43±0.03	0.52±0.03
R_P	1.00±0.22	1.45±0.21	1.68±0.20

From Table 4, the difference in C_{Fe+Cr} between samples can be seen. In sample A, C_{Fe+Cr} is the highest, more than one third of the alloying elements Fe and Cr are supersaturated in $\alpha - Zr$ solid solution, meanwhile R_M is the highest, both χ and R_P are the lowest correspondingly. In sample C, C_{Fe+Cr} is the lowest, both C_{Fe} and C_{Cr} are comparable to the solubility limit in $\alpha - Zr$ solid solution respectively [14,15], only one tenth of Fe and Cr is in the $\alpha - Zr$ solid solution, and R_M is also the lowest, however both χ and R_P are the highest. Sample B lies between samples A and C regarding these values.

4 Discussion

Some comparisons can be made usefully with the findings of Wadman et al. [16], obtained by using atom probe microanalysis. In their sample 3 - 1, C_{Fe+Cr} was 360 $\mu g/g$, slightly different from that in present sample C, and both samples are similar regarding the fabrication route. The processing of both samples is not identical, and it is possible that this accounts for the difference in C_{Fe+Cr}. In addition, in their β - quenched Zircaloy - 4 sample, which was heated up to 1 080 ℃ in vacuum followed by rapid cooling to room temperature in helium gas, C_{Fe+Cr} was 500 $\mu g/g$, lower than that in sample A. It could be attributed to the fact that the cooling rate in helium gas is slower than that in water, so that more $Zr(Fe,Cr)_2$ particles precipitate, leading to less C_{Fe+Cr}.

Another comparison shows that the results presented in Table 4 are consistent with the results obtained by Godlewski [17], who used electron micro-probe to investigate R_P in Zircaloy - 4 samples from the same batch. His findings indicated that the values R_P for both stress relief and recrystallized samples were 1. 6 (at), and decreased to 0. 8 (at) for β quenching. Moreover, an investigation of energy dispersive X-ray analyzer (EDX) also showed that the calculated values R_P, given in Table 4, agreed well with the Fe/Cr ratios in the extracted $Zr(Fe,Cr)_2$ particles.

Furthermore, a comparison between the present samples is made for the values R_M, presented in Table 4. For both the samples A and B, R_M becomes higher than the ratio of alloying elements Fe and Cr in the alloy. These are due partially to the difference in the diffusion rates between Fe and Cr in the β phase, where Fe diffuses faster than Cr [18]. This leads Fe to concentrate preferentially in the residual β phase during the later stages of the β—α transformation. In other words, fewer Fe atoms remain in the α phase and more Fe atoms remain in the residual β phase. Therefore much Fe atoms remained in the residual β phase are supersaturated in the α solid solution when the residual β phase transforms into α phase at a high rate. So, $Zr(Fe,Cr)_2$ particles precipitated from α phase possess less Fe/ Cr ratio. Sample A thus shows the highest R_M, the lowest R_P, correspondingly.

The corrosion resistance described in [13] with the values C_{Fe}, C_{Cr} and C_{Fe+Cr}, given in Table 4, shows that more Fe and Cr supersaturated in α - Zr solid solution corresponds to a better corrosion resistance. Hence, more Fe and Cr supersaturated in α - Zr solid solution might play an important role in the corrosion resistance of Zircaloy - 4.

5 Conclusions

A new method, based on extracting electrochemically $Zr(Fe,Cr)_2$ particles from Zircaloy - 4 and analyzing mass concentration of centrifugated electrolyte by means of FAAS, can be used for determining Fe and Cr content in α - Zr solid solution of Zircaloy - 4.

Along with the Fe/Cr ratio in α - Zr solid solution, the Fe and Cr content in α - Zr solid solution of β quenched sample is higher than that of α+β quenched sample, and the α-annealed sample has the lowest solute content, comparable to the solubility limits of Fe and Cr in α - Zr solid solution. Both Fe and Cr contents in the quenched states are much higher than its maximal solubility limits in α - Zr solid solution respectively.

Acknowledgements

We would like to thank Professor Zhongqi Sheng for useful discussion.

References

[1] F. Garzarolli et al. , IAEA STI/PUB/721, International Atomic Energy Agency, Vienna, 1987, p. 387.

[2] G. Garzarolli et al. , in: Zirconium in the Nuclear Industry, Eighth International Symposium, ASTM STP 1023, American Society for Testing and Materials, Philadelphia, PA, 1989, p. 202.

[3] P. Rudling et al. , in: Zirconium in the Nuclear Industry, Tenth International Symposium, ASTM STP 1245, American Society for Testing and Materials, Philadelphia, PA, 1994, p. 599.

[4] P. Rudling et al. , J. Nucl. Mater. 265 (1999) 44.

[5] D. Charquet, in: Zirconium in the Nuclear Industry, Twelfth International Symposium, ASTM STP 1354, American Society for Testing and Materials, West Conshohocken, PA, 2000, p. 3.

[6] B. Cheng et al. , in: Zirconium in the Nuclear Industry, Seventh International Symposium, ASTM STP 939, American Society for Testing and Materials, Philadelphia, PA, 1987, p. 387.

[7] C. T. Wang et al. , in: Zirconium in the Nuclear Industry, Ninth International Symposium, ASTM STP 1132, American Society for Testing and Materials, Philadelphia, PA, 1991, p. 319.

[8] D. F. Taylor, J. Nucl. Mater. 184 (1991) 65.

[9] D. F. Taylor, J. Nucl. Mater. 277 (2000) 295.

[10] B. Wadman et al. , in: Zirconium in the Nuclear Industry, Eighth International Symposium, ASTM STP 1023, American Society for Testing and Materials, Philadelphia, PA, 1989, p. 423.

[11] K. Loucif et al. , J. Nucl. Mater. 202 (1993) 193.

[12] X. Yang et al. , Nucl. Power Eng. 15 (1) (1994) 79 (in Chinese).

[13] B. Zhou et al. , China Nuclear Science and Technology Report, CNIC - 01074, SINRE - 0066, 1996.

[14] R. Borrelly et al. , J. Nucl. Mater. 170 (1990) 147.

[15] H. Okamoto, J. Phase Equil. 14 (1993) 768.

[16] B. Wadman et al. , J. Nucl. Mater. 200 (1993) 207.

[17] J. Godlewski, in: Zirconium in the Nuclear Industry, Tenth International Symposium, ASTM STP 1245, American Society for Testing and Materials, Philadelphia, PA, 1994, p. 663.

[18] H. Blank, J. Nucl. Mater. 240 (1997) 169.

变形及热处理对 Zr‐Sn‐Nb 合金中 β‐Zr 分解的影响*

摘　要：用透射电子显微镜研究了变形及热处理对 Zr‐Sn‐Nb 合金中 β‐Zr 分解的影响. 试样经 750 ℃，0.5 h 处理快冷后，在晶界上形成块状的 β‐Zr，在晶粒内形成棒状的 β‐Zr；经 1 000 ℃，0.5 h 处理快冷后，在板条晶粒的晶界上形成层状的 β‐Zr. 晶界上的 β‐Zr 在 560 ℃热处理时发生了分解，得到颗粒状的 β‐Nb（100 nm～200 nm），但晶内棒状的 β‐Zr 并不发生分解. 变形使 β‐Zr 变得更不稳定，促进其分解时的成核，可以得到粒径更小（10 nm～60 nm）的 β‐Nb 第二相，原来不易发生分解的晶内棒状 β‐Zr，经变形处理后也可以发生分解. 为了在含 Nb 的锆合金中获得细小并且均匀分布的 β‐Nb 第二相，坯料经过均匀化 β 相加热淬火后，在后续的成材加工过程中，不应在高于 610 ℃的温度下进行热处理，要避免重新形成块状的 β‐Zr.

1　前言

随着核燃料燃耗的加深，燃料元件的换料周期也不断延长. 为了核电的安全性，对核反应堆第一道安全屏障——燃料包壳材料的性能有了更高的要求，为此，各国研究开发了新锆合金，并对其腐蚀转折机理进行深入研究[1]. 在 Zr‐Sn‐Nb 系中，有代表性的是美国的 ZIRLO 和俄罗斯的 E635 合金，在 Zr‐Nb 系中有法国的 M5 合金. 与 Zr‐4 合金相比，新锆合金不仅具有优良的耐腐蚀性能，还有良好的抗蠕变性能和抗辐照生长性能. 在相同的腐蚀增重条件下，吸氢量也比 Zr‐4 低，并已在工程中得到应用. 过去研究 Zr‐4 合金的耐腐蚀性能时，曾认为合金中第二相颗粒的大小与耐腐蚀性能有着密切的关系[2]. 在 M5 合金中也认为需要得到均匀分布的细小 β‐Nb 第二相. Nb 是稳定 β‐Zr 的合金元素，从 Zr‐Nb 二元相图[3]可知，含 Nb 量在 0.6%～18.8%（质量分数）之间时，稍高于 610 ℃就会形成 β‐Zr，而 β‐Zr 在低于 610 ℃时又可分解为 α‐Zr＋β‐Nb. 如果冷却速度较快，这种 β‐Zr 还可被稳定至室温. 若合金中含有 Fe 和 Cr，还可能形成 $Zr(Fe, Cr)_2$ 或 $(Zr, Nb)Fe_2$ 第二相，情况更为复杂. 本试验研究了冷轧变形对 Zr‐Sn‐Nb 合金中 β‐Zr 分解的影响，探索如何得到细小且均匀分布的 β‐Nb 第二相，以及锆合金在成材过程中应注意的问题.

2　实验方法

实验选用了两种不同成分的 Zr‐Sn‐Nb 合金，经两次真空电弧熔炼，铸锭重 5 kg. 从铸锭的上、中、下取样分析，成分均匀性符合要求，主要合金成分列于表 1 中，其中 3# 试样为 ZIRLO 的合金成分. 将 0.6 mm 厚的片状试样放置在石英管中，分别在真空（5×10^{-3} Pa）中加热到 750 ℃和 1 000 ℃保温 0.5 h，然后将加热炉推离石英管，用水浇淋石英管进行冷却，

---

* 本文合作者：李强、刘文庆. 原发表于《稀有金属材料与工程》，2002，31（5）：389‐392.

以避免 β-Zr 在缓冷过程中发生分解. 各取部分试样冷轧成 0.3 mm 厚(压下量为 50%)的薄片,再将全部试样在真空中加热到 560 ℃保温 10 h 后空冷. 为了后面讨论方便,将上述处理试样分成 750 ℃处理系列和 1 000 ℃处理系列,分别标记为 750 ℃-0.5 h,750 ℃-0.5 h/560 ℃-10 h 和 750 ℃-0.5 h/冷轧/560 ℃-10 h 及 1 000 ℃-0.5 h,1 000 ℃-0.5 h/560 ℃-10 h 和 1 000 ℃-0.5 h/冷轧/560 ℃-10 h. 采用双喷电解抛光制备 TEM 观察用的薄试样,电解液为 20% HClO₄+80%醋酸,抛光过程在室温下进行. 使用 JEOL 200CX 透射电子显微镜对试样进行显微组织观察.

表 1 锆合金的化学成分(质量分数,%)

Table 1 Chemical composition of zirconium alloys （mass fraction,%)

Code No.	Sn	Nb	Fe	Cr	Zr
3#	0.92	1.03	0.12	/	Balance
4#	0.63	0.78	0.10	0.08	Balance

3 实验结果及讨论

3.1 750 ℃热处理系列的显微组织

图 1 为 3# 试样 750 ℃热处理系列的显微组织. 750 ℃-0.5 h 处理后形成等轴晶粒(图 1a),在晶界上,特别是三晶交汇处易形成块状的 β-Zr,晶粒内部形成一些棒状第二相,直径约为 100 nm～250 nm,长度约为 500 nm～1 500 nm. 图 2 是这种棒状第二相的形貌(图 2a)和以[011]为转动轴,在两个转角下拍得的 SAD 像(图 2b 和图 2c),确定为 b.c.c 结构的 β-Zr,a=0.354 nm. 由 β-Zr 点阵常数随 Nb 含量改变时的变化规律[4],可以推测这种 β-Zr 中含 Nb 量为 15%. 经 750 ℃-0.5 h/560 ℃-10 h 处理后,晶界上的 β-Zr 分解成 α-Zr+β-Nb,β-Nb 的颗粒大小约为 100 nm～200 nm,而晶内的棒状 β-Zr 并未分解(图 1b). 试样经 750 ℃-0.5 h/冷轧/560 ℃-10 h 处理后(图 1c),与未经变形的相比有明显的不同,β-Zr 分解后形成的 β-Nb 粒径更细小,约为 10 nm～60 nm,虽受到原来块状 β-Zr 及轧制方向的影响,β-Nb 呈现出一定的带状分布,但经过变形和加热处理后发生了再结晶,第二相不再集中在晶界及其附近,而是分布在晶粒内. 在此值得注意的是原晶粒内棒状的 β-Zr 也发生

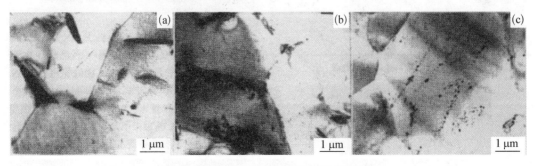

图 1 3# 试样 750 ℃热处理系列的显微组织

Fig. 1 TEM micrographs of specimen 3# treated at: (a) 750 ℃-0.5 h, (b) 750 ℃-0.5 h/560 ℃-10 h, and (c) 750 ℃-0.5 h/C.R./560 ℃-10 h (C.R. means cold rolling)

图 2 棒状第二相的形貌(a)和以[011]为转动轴,在两个转角下拍得的 SAD 像(b, c)

Fig. 2 TEM micrograph (a) of the bar-like particles and SAD patterns (b, c) at two different tilted angles with [011]

了分解,形成细小且分散的 β-Nb,粒径约为 50 nm. 晶粒内棒状 β-Zr 的分解行为会明显受到变形的影响,其原因还不清楚,由于 β-Zr 中合金成分的差异而引起稳定性不同可能是一种合理的解释. Fe 在 β-Zr 中的固溶度比在 α-Zr 中的大,由于晶粒内棒状 β-Zr 的体积比晶界上块状 β-Zr 的小,比表面大,因此,Fe 原子通过相界面由 α-Zr 侧扩散进入 β-Zr 中的几率也会大,固溶的 Fe 可能会更多,使棒状 β-Zr 更稳定. 变形促使 β-Zr 分解时的成核,降低了 β-Zr 的稳定性,晶内棒状 β-Zr 经过变形处理后也可以发生分解. 4# 试样与 3# 试样的情况十分相似,经 750 ℃-0.5 h 处理后也有块状和细棒状的 β-Zr,分别分布在晶界上和晶粒内,它们经 560 ℃-10 h 处理后的分解情况,以及变形对分解的影响都与 3# 试样相似. 但由于 4# 试样中含有 Cr,所以存在大小为 50 nm~250 nm 的颗粒状 Zr(Fe,Cr)$_2$ 第二相,这可以通过 SAD 照片的分析和第二相中具有层错的形貌特征进行确定. Zr(Fe,Cr)$_2$ 第二相不因变形处理而发生变化,在 560 ℃ 加热保温也不发生明显的聚集长大.

3.2　1 000 ℃热处理系列的显微组织

图 3 为 3# 试样 1 000 ℃ 处理系列时的显微组织. 1 000 ℃-0.5 h 处理后形成板条状晶粒,在晶界上形成连续的 β-Zr 层,晶内没有第二相. 1 000 ℃-0.5 h/560 ℃-10 h 处理后,β-Zr 在原来的位置分解成 α-Zr 和 β-Nb. 由于 α-Zr 和 β-Zr 的晶体结构不同,热膨胀系数有差别,从 1 000 ℃ 冷却时造成的应变,大部分会集中在晶界上薄层状的 β-Zr 相中,变形影

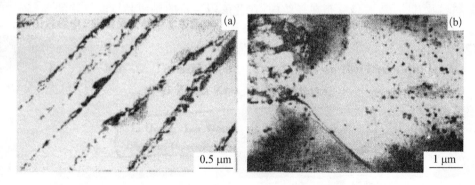

图 3 3# 试样 1 000 ℃ 处理系列的显微组织

Fig. 3 TEM micrographs of specimen 3# treated at: (a) 1 000 ℃-0.5 h/560 ℃-10 h and (b) 1 000 ℃-0.5 h/C. R. /560 ℃-10 h

响了β-Zr的分解,得到的β-Nb颗粒非常细小(图3a).经1 000 ℃-0.5 h/冷轧/560 ℃-10 h处理的试样,再结晶后形成等轴晶粒(图3b,有部分尚未发生再结晶),β-Zr分解后形成的β-Nb,呈带状分布在晶粒内,颗粒大小约为10 nm~60 nm.4#试样与3#试样的情况相似,但由于含Cr,1 000 ℃-0.5 h处理后,会在晶粒间层状分布的β-Zr两侧形成不连续的Zr(Fe,Cr)₂,粒径约为100 nm(图4箭头所指示),变形及560 ℃-10 h处理对Zr(Fe,Cr)₂颗粒的大小无明显影响.

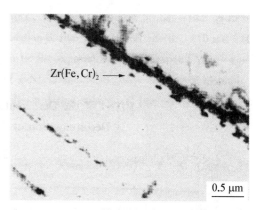

图4 4#试样1 000 ℃-0.5 h处理后的显微组织

Fig. 4 TEM micrograph of specimen 4# treated at 1 000 ℃-0.5 h

3.3 两种温度系列形变处理得到的第二相比较

比较图1c和图3b,可看出1 000 ℃-0.5 h/冷轧/560 ℃-10 h处理与750 ℃-0.5 h/冷轧/560 ℃-10 h处理β-Zr分解后,β-Nb的颗粒大小虽然没有明显差别,但1 000 ℃系列处理的第二相分布更均匀,这得益于在板条晶粒晶界上形成层状β-Zr,相对来说比较分散.所以为了使Zr-Sn-Nb合金中β-Nb第二相细小且分散,当坯料经过均匀化β相淬火处理后,在后续的加工和热处理时,温度不应高于610 ℃,避免重新形成块状的β-Zr.

目前正在对上述实验试样进行腐蚀实验(条件:0.04 mol LiOH水溶液,355 ℃),初步结果表明经过冷轧变形处理的试样耐腐蚀性能明显优于未经变形处理的试样,关于腐蚀实验的详细情况将在以后的文章中报道.

4 结论

(1) Nb含量较高的Zr-Sn-Nb合金经750 ℃-0.5 h处理,在等轴晶晶界上形成块状β-Zr,在晶内形成棒状β-Zr.再经560 ℃-10 h处理后,晶界上的β-Zr会原位分解形成颗粒直径约为100 nm~200 nm的β-Nb,而晶内的棒状β-Zr不发生分解.

(2) 变形使β-Zr变得更不稳定,可以促进β-Zr分解时的成核,因而晶内的棒状β-Zr经变形后,在560 ℃-10 h处理后也发生了分解.变形还可以使β-Zr分解后得到的β-Nb颗粒更细,粒径约10 nm~60 nm.

(3) 含Nb量较高的Zr-Sn-Nb合金经1 000 ℃-0.5 h处理,在板条晶粒晶界上形成连续的β-Zr层,再经变形和560 ℃-10 h处理,β-Zr分解后形成的β-Nb颗粒细小,分布也比较均匀.

(4) 为了在Zr-Sn-Nb(或Zr-Nb)合金的锆材中,获得细小并且均匀分布的第二相(β-Nb),在坯料进行β相淬火后的成材加工过程中,应避免在晶界上重新形成块状的β-Zr.根据Zr-Nb二元相图判断,多次冷轧之间的所有中间退火温度都不能超过610 ℃.

参考文献

[1] Liu Wenqing(刘文庆),Li Qiang(李强),Zhou Bangxin(周邦新). *Rare Metal Materials and Engineering* (稀有金属材料与工程)[J],2001,30(2):81.

[2] Foster J P, Dougherty J, Burke M G, Worchester S. *J Nucl Mat*[J], 1990, 173: 146.

[3] David R, Lide Jr. *Binary Alloy Phase Diagrams*[M]. Beachwood, OH: American Society for Metals, 1986: 1711.

[4] Rogers B A, Atkins D F. *J Metals*[J], 1955, 7: 1034.

Effect of the Deformation and Heat Treatment on the Decomposition of β Zr in Zr – Sn – Nb Alloys

Abstract: The influence of the deformation and heat treatment on the decomposition of β – Zr in Zr – Sn – Nb alloys has been studied by means of transmission electron microscopy (TEM). After fast cooling by heating the specimens at 750 ℃- 0. 5 h, some lumps of β – Zr are formed on grain boundaries and bar-like particles of β –Zr are formed within grains. After faster cooling by heating the specimens at 1 000 ℃- 0. 5 h, a sandwich structure between thin layer β – Zr and lathy grains of α – Zr is formed. By aging the specimens at 560 ℃, the decomposition of β – Zr existing on the grain boundaries occurs to form particlelike β – Nb (100 nm~200 nm), this does not occur for bar-like β – Zr existing within the grains. Deformation can make the β – Zr more unstable and promotes the nucleation of fine particles of β – Nb (10 nm~60 nm). The bar-like particles of β – Zr, which did not decompose only by aging at 560 ℃, can be decomposed by a deformation-plus-aging heat treatment. In order to obtain a uniform dispersion and finer second phase particles of β – Nb in zirconium alloys containing niobium, the material should not be heated over 610 ℃ to avoid reforming lumps of β – Zr on grain boundaries during subsequent processing.

Zr－Nb 合金在 LiOH 水溶液中耐腐蚀性的研究*

摘 要：比较了 Zr－Nb 合金与 Zr－Sn－Nb－Fe 及 Zr－4 合金的耐腐蚀性,讨论了 Nb 对 Zr－Nb 合金在不同介质中耐腐蚀性的影响. 实验证明 Nb 的腐蚀产物可以部分溶解于 LiOH 水溶液中,因而 Zr－Nb 合金在 LiOH 水溶液中腐蚀时,合金中 β－Nb 第二相腐蚀后生成的腐蚀产物会部分溶解于 LiOH 水溶液,在氧化膜中形成孔洞,从而导致 Zr－Nb 合金在 LiOH 水溶液中的耐腐蚀性变差.

1 引言

目前,压水堆中成熟的包壳材料是 Zr－4,为了加深核燃料的燃耗,提高核电的经济性,必须改善锆合金包壳的耐腐蚀性. 为了改进原有锆合金包壳在压水堆中的耐腐蚀性能,各国都相继研究开发了自己的新锆合金. 其中以 ZIRLO 和 E635 为代表的 Zr－Sn－Nb－Fe 系列和 M5 合金为代表的 Zr－Nb 系列新包壳材料已进入商用阶段.

大量堆外高压釜的实验表明[1-6],M5 合金及与 M5 合金成分相近的 E110 合金在高温高压水中和过热蒸汽中的耐蚀性均好于 ZIRLO、E635 和 Zr－4 等合金,而在 360 ℃、18.6 MPa、0.01 mol/L 的 LiOH 水溶液中的耐腐蚀性能与 ZIRLO、E635 和 Zr－4 等合金相比则较差. 对于这种现象,一些学者作了如下解释:

(1) Zr－Nb 合金在高温高压水中和过热蒸汽中腐蚀时,Zr－Nb 合金中细小的 β－Nb 第二相比基体 α－Zr 难氧化[7,8]. Nb 的稳定氧化物是 Nb_2O_5,铌离子的化合价是＋5,如果 Nb 离子以＋5 价固溶于 ZrO_2 并替代＋4 价的 Zr 离子,氧离子空位将减少. 氧空位减少可能稳定 t－ZrO_2 阻碍氧离子迁移[7]. 这些因素都会提高 Zr－Nb 合金的耐蚀性.

(2) Zr－Nb 合金在含 LiOH 介质中腐蚀时,Nb 固溶于生成的氧化锆层中. 如果铌离子处于锆的点阵节点上,将产生一个正电荷,晶界将出现一个锆空位或一个负电荷进行补偿. 因为晶界为负电荷,作为对晶界电荷的补偿,当锂离子浓度增加时,锂离子的传输将加快[5]. 因此 Zr－Nb 合金在含 LiOH 介质中腐蚀时耐蚀性变差.

但文献[5]对于 Zr－Nb 合金在含 LiOH 介质中耐蚀性变差的解释有些勉强且没有直接的证据. 为了解释 Zr－Nb 合金在含 LiOH 介质中耐蚀性较差的原因,应研究 Nb 的腐蚀产物在 LiOH 水溶液中的行为.

2 实验方法

设想铌粉在 360 ℃、18.6 MPa、1 mol/L 的 LiOH 水溶液中腐蚀时,被氧化成某种氧化物,如果该氧化物在 LiOH 水溶液中有一定的溶解度,将会以某种铌酸根存在,此时水溶液

---

* 本文合作者：刘文庆、李强. 原发表于《核动力工程》,2002,23(1)：68－70.

中还存在着 Li^+、OH^-. 由于绝大多数钡盐不溶于水,故选择不带来其他离子污染的分析纯 $Ba(OH)_2$ 水溶液与腐蚀后水溶液混合,分析沉淀物的化学成分,可以很容易地检测出溶液中是否含有铌的酸根离子. 具体步骤如下:

将 5 g 铌粉放在 0.5 L 的高压釜中,在 360 ℃、18.6 MPa、1 mol/L 的 LiOH 水溶液中腐蚀 24 小时,采集澄清后的水溶液与 $Ba(OH)_2$ 水溶液混合,用 EDAX 分析生成沉淀物的成分.

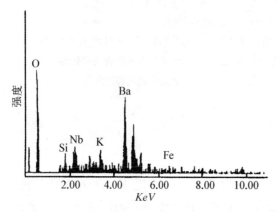

图 1 Nb 腐蚀后水溶液与 $Ba(OH)_2$ 水溶液混合所生成沉淀物的 EDAX 分析结果

3 实验结果

将腐蚀后的水溶液与 $Ba(OH)_2$ 水溶液混合后,确有明显的沉淀生成,将沉淀洗涤、过滤和干燥,用 EDAX 分析沉淀物的成分,结果如图 1. 图中有一个明显的 Nb 峰,这说明在沉淀物中确有 Nb 存在,腐蚀后的水溶液在与 $Ba(OH)_2$ 水溶液混合前溶解有某种铌酸根离子. 图中的 Fe 可能来自制造高压釜的不锈钢材料,采集腐蚀后的水溶液在与 $Ba(OH)_2$ 水溶液混合前曾在玻璃器皿中放置数天,图中 Si 和 K 可能是由于 LiOH 对玻璃的侵蚀带来的.

本实验虽然仅做了定性分析,但这条明显的 Nb 峰表明 Nb 的氧化物在 LiOH 水溶液中有一定的溶解度.

4 讨论

由于 400 ℃灼烧的 Nb_2O_5 室温下在纯水中的溶解度可达 600 mg/L[9],其在 LiOH 水溶液中的溶解度可能会更高. 本实验证实了 Nb 的氧化物在 LiOH 水溶液中有一定的溶解度,而 ZrO_2 在 300 ℃、1 mol/L 的 LiOH 水溶液中的溶解度仅 1.1 μg/L[10]. 由此,认为 Zr-Nb 合金在含 LiOH 水溶液介质中氧化时,弥散分布的含 Nb 达 80% 的 β-Nb 将氧化成 Nb_2O_5,Nb_2O_5 和 LiOH 可能发生反应,生成溶解于水的铌酸盐,在氧化膜中形成孔洞甚至使氧化膜与基体的结合力降低从而剥落,导致 Zr-Nb 合金在浓度较高的 LiOH 水溶液中耐腐蚀性变差. 文献[2]中发现,Zr-2.5Nb 合金在 LiOH 浓度大于 0.05 mol/L 的水溶液中腐蚀 4 天后,有细粉状氧化物剥落,这也证实了氧化膜的疏松或与基体的结合力降低.

至于 ZIRLO 和 E635 在 LiOH 水溶液中所表现出的优良的耐蚀性,Comstock[1] 认为是因为 ZIRLO 中除了分布有细小的 β-Nb 粒子外,还有 Zr-Nb-Fe 第二相粒子和基体中固溶了 Sn 的缘故,其中 Sn 起着关键作用;Nikulina[4] 认为,由于 E635 中含有较多的 Fe,几乎所有的 Nb 都与之形成相当稳定的具有六方晶格的 Zr-Nb-Fe 三元化合物第二相,而不生成 β-Nb,所以 E635 在 LiOH 水溶液中耐蚀性好. 他们的解释还有待于进一步证实.

5 结论

本实验证实 Nb 的氧化物在 LiOH 水溶液中有相当大的溶解度,远远高于 ZrO_2 在

LiOH 水溶液中的溶解度. 因此可以推测,Zr - Nb 合金在 LiOH 水溶液中腐蚀时,β - Nb 的腐蚀产物与 LiOH 反应生成溶解度较大的铌酸盐,在氧化膜中形成孔洞,从而导致 Zr - Nb 合金在 LiOH 水溶液中的耐腐蚀性变差.

参 考 文 献

[1] Comstock R-J, Schoenberger G, Sable G-P. Influence of Processing Variables and Alloy Chemistry on the Corrosion Behavior of ZIRLO Nuclear Fuel Cladding [C]. Zirconium in the Nuclear Industry, Eleventh International Symposium, ASTM STP 1295, in: Bradley E R and Sabol G P Eds. America Society for Testing and Materials, Philadelphia, PA, 1996: 710 - 725.

[2] Ramasubramanian N, Balakrishnan P-V. Aqueous Chemistry of Lithium Hydroxide and Boric Acid and Corrsion of Zircaloy - 4 and Zr - 2. 5Nb Alloys[C]. Zirconium in the Nuclear Industry, Tenth International Symposium, ASTM STP 1245, in: Garde A M and Bradley E R Eds. America Society for Testing and Materials, Philadelphia, PA, 1994: 378 - 399.

[3] Anada H, and Takeda K. Microstructure of Oxide on Zircaly - 4, 1. 0Nb - Zr - 4 and Zr - 2 Formed in 10. 3 MPa Steam at 673 K. Zirconium in the Nuclear Industry[C]. Eleventh International Symposium, ASTM STP 1295, in: Bradley E R and Sabol G P Eds. America Society for Testing and Materials, Philadelphia, PA, 1996: 35 - 54.

[4] Nikulina A-V, Markelov V-A, Peregud M-M et al. Zirconium Alloy E635 as a Material for Fuel Rod Cladding and Other Components of VVER and RBMK Cores[C]. Zirconium in the Nuclear Industry, Eleventh International Symposium, ASTM STP 1295, in: Bradley E R and Sabol G P Eds. America Society for Testing and Materials, Philadelphia, PA, 1996: 785 - 804.

[5] Perkins R-A and Busch R-A. Corrosion of Zircaloy in the Presence of LiOH[C]. Zirconium in the Nuclear Industry, Ninth International Symposium, ASTM STP 1132, in: Eucken C M and Garde A M Eds. America Society for Testing and Materials, Philadelphia, PA, 1991: 595 - 612.

[6] Shebaldov P-V, Peregud M-M and Nikulina A-V et al. E110 Alloy Cladding Tube Properties and Their Interrelation with Alloy Structure-Phase Condition and Impurity Content[C]. Zirconium in the Nuclear Industry, Twelfth International Symposium, ASTM STP 1354, in: Sabol G P and Moan G D Eds. America Society for Testing and Materials, West Conshohocken, PA, 2000: 545 - 559.

[7] Lin Y-P and Woo O-T. Oxidation of β - Zr and Related Phases in Zr-Nb Alloys: An Electron Microscopy Investigation[J]. J Nucl Mat, 277(2000): 11 - 27.

[8] Pecheur D. Oxidation of β - Nb and Zr(Fe, V)$_2$ Precipitates in Oxide Films Formed on Advanced Zr - Based Alloys [J]. J Nucl Mat, 278(2000): 195 - 201.

[9] 张青莲主编,无机化学丛书(第八卷)[M]. 北京:科学出版社,1998: 354 - 355.

[10] Cox B, Ungurelu M, Wong Y-M et al. Mechanisms of LiOH Degradation and H$_3$BO$_3$ Repair of ZrO$_2$ Film[C]. Zirconium in the Nuclear Industry, Eleventh International Symposium, ASTM STP 1295, in: Bradley E R and Sabol G P Eds. America Society for Testing and Materials, Philadelphia, PA, 1996: 114 - 136.

Study on Corrosion Resistance of Zr - Nb Alloys in
Lithium Hydroxide Aqueous Solution

Abstract: The corrosion resistance of Zr - Nb alloys are compared with Zr - Sn - Nb - Fe and Zr - 4 alloys, and the effect of Nb alloying element on corrosion resistance of Zr - Nb alloys in different media is discussed. The results show that niobium oxide is partly soluble in the LiOH aqueous solution, therefor when Zr - Nb alloy is corroded in the LiOH aqueous solution, the corrosion products of β - Nb second phases in the alloy can be partly dissolved in the LiOH aqueous solution to form pores in the zirconium oxide films and lead the worse corrosion resistance of Zr - Nb alloy in lithium hydroxide aqueous solution.

高温退火 Fe-Cr 基减振合金的
阻尼性能与晶界析出相[*]

摘 要：对 1473 K 退火的 Fe-Cr-2Al-Si，Fe-Cr-Al，Fe-Cr-Si 以及 Fe-Cr-Al-Si (L) 等 Fe-Cr 基减振合金的阻尼性能和晶界析出相进行了研究. 结果表明，这些合金中所析出的晶界相均由 Cr 和 Fe 两种元素构成，并且合金的阻尼性能与这种晶界相析出量的多少以及晶界相中 Cr 含量的高低存在对应关系. Fe-Cr-2Al-Si 合金中晶界相的析出量最少且 Cr 含量最低，这种合金的阻尼性能最好；Fe-Cr-Al-Si(L)合金中晶界相的析出量最多且 Cr 含量最高，该合金的阻尼性能最差；Fe-Cr-Al 和 Fe-Cr-Si 两种合金的晶界析出相中的 Cr 含量十分接近，但前者晶界相的析出量明显低于后者，前者的阻尼性能亦明显好于后者.

铁磁型的 Fe-Cr 基减振合金不仅表现出优异的阻尼性能，而且还具有良好的抗腐蚀性能、力学性能和加工性能[1]. 作为一种新型的减振降噪功能结构材料，Fe-Cr 基减振合金的研究正在受到极大的关注[2,3]. 在如何提高 Fe-Cr 基减振合金阻尼性能的研究中，已发现的一个普遍规律是这种合金的阻尼性能基本上是随合金退火温度的升高而明显提高，并且不同成分的 Fe-Cr 基减振合金，其高温退火后的阻尼性能会相差很大[4-6]. 为了弄清合金元素对 Fe-Cr 基减振合金阻尼性能的作用机制，作者曾对高温退火后的几种 Fe-Cr 基减振合金的阻尼性能和磁学性能做了比较深入的研究[7,8]，得到了比较满意的结果. 但与此同时也注意到这些高温退火的 Fe-Cr 基减振合金有着程度不同的晶界析出行为[9]. 因此，把高温退火的 Fe-Cr 基减振合金的阻尼性能与其晶界析出相结合起来进行研究，无疑将会得到十分有益的结果.

1 实验过程

用工业纯 Fe，Cr 和 Al 以及高纯 Si 为原料，在 10 kg 级真空感应炉中熔炼合金. 合金的化学成分见表 1. 合金铸锭经去除表皮后取其下半部分进行锻造并冷拔成直径为 1 mm 的丝状样品（阻尼性能测试样品），在 1473 K 真空退火 1 h 后分别空冷和随炉缓冷. 用 JN-1 型葛氏倒扭摆仪测定样品的阻尼衰减曲线，用最大比减振能力的大小表征样品阻尼性能的好坏，扭摆振动频率为 1 Hz；用 Amary-1886 型场发射扫描电子显微镜（FESEM）及其 X 射线能谱（EDAX）附件对晶界析出相进行观察和成分分析；用 JEM-200CX 型透射电子显微镜（TEM）确定晶界析出相的结构.

FESEM（或 EDAX）样品的制备方法是样品先经金相砂纸由粗磨到细（900 号）后，再在冰醋酸：高氯酸＝85：15（体积比）的溶液中电解抛光，抛光电压为 20 V，电解液温度控制在 10～20 ℃ 之间. TEM 样品的制备方法是先用机械磨抛的办法将样品减薄到约 30 μm，然后用和制备 FESEM 样品相同的电解液和条件对样品进行双喷电解抛光直到穿孔.

---

* 本文合作者：王卫国、刘曙光、李卫军. 原发表于《材料工程》，2002(9)：3-6,25.

表 1 本实验所用合金的化学成分（质量分数，%）

Table 1 Chemical compositions of the alloys investigated (mass fraction, %)

No.	Alloys	Cr	Al	Si	C	N	S	P	Mn	Fe
1	Fe-Cr-Si	12.64	—	2.80	0.018	0.008 0	0.006 9	0.015	0.041	bal.
2	Fe-Cr-Al-Si (H)	12.98	3.07	3.01	0.016	0.008 3	0.006 1	0.017	0.035	bal.
3	Fe-Cr-Al-Si (L)	12.92	3.00	1.00	0.015	0.006 3	0.004 0	0.015	0.020	bal.
4	Fe-Cr-2Al-Si	12.78	1.89	1.05	0.013	0.006 6	0.005 6	0.014	0.024	bal.
5	Fe-Cr-Al	12.85	2.99	0.15	0.012	0.007 6	0.008 0	0.015	0.014	bal.

2 实验结果与讨论

图 1 是实测的合金阻尼性能随样品最大切变振幅而变化的关系曲线，其中图 1a 和图 1b 分别是 1473 K 退火后空冷状态和随炉缓冷状态的实验结果（2 号合金脆性大，未能制成丝状样品以测定其阻尼性能，所以图中不包含该合金的数据，后续的实验分析也不予考虑）.

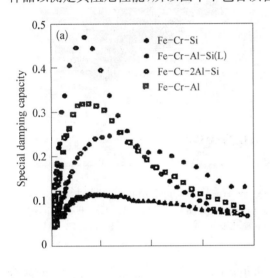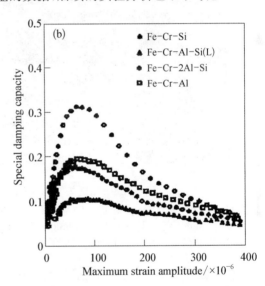

图 1 1473 K 退火 1 h 的 Fe-Cr 基合金的阻尼性能与切变振幅之间的关系，(a) 退火后空冷；(b) 退火后随炉缓冷

Fig. 1 Dependence of damping capacity on maximum shear strain-amplitude in Fe-Cr based damping alloys annealed at 1473 K for 1 h (a) air cooled; (b) furnace cooled

从图 1 可以看出在所测试的四种合金样品的阻尼性能（即最大比减振能力，以下同）中，Fe-Cr-2Al-Si 合金的最好，Fe-Cr-Al-Si (L)合金的最差；Fe-Cr-Al 和 Fe-Cr-Si 合金的居中，但前者略好于后者；从图 1 还可以看出同一种合金样品在 1473 K 退火 1 h 后，空冷样品的阻尼性能明显好于随炉缓冷样品的，这可能与炉冷样品中存在对阻尼性能有不利影响的 K 状态[6]有关，对这一问题，本文不作过多论述.

FESEM 观察表明，经 1473 K 退火后的上述四种合金样品中均有晶界相析出，并且通过淬火实验可以证实这种晶界相是在高温退火过程中析出的[9]. 对同一种合金，退火后空冷样品的晶界相析出量略少于随炉缓冷样品的；对不同合金，其退火后样品中的晶界相析出量存在重大差异. 图 2 是 1473 K 退火后随炉缓冷的四种合金样品中的晶界析出相的 FESEM 形貌. 从图 2 可清楚地看到 Fe - Cr - 2Al - Si 合金中的晶界相析出量最少(图 2c);Fe - Cr - Al - Si (L)合金中的晶界相析出量最多(图 2b);Fe - Cr - Al 和 Fe - Cr - Si 合金中的晶界相析出量居中(图 2d 和图 2a),不过前者的晶界相析出量明显少于后者. 这一结果同阻尼性能实验数据(图 1)存在对应关系,即晶界相析出量越少,阻尼性能越好;反之亦然.

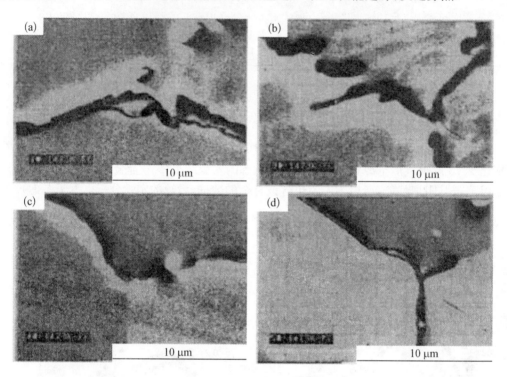

图 2　1473 K 退火 1 h 后随炉缓冷的 Fe - Cr 基减振合金中晶界析出相的 FESEM 形貌
Fig. 2　FESEM morphology of the grain-boundary precipitates in some Fe - Cr based damping alloys annealed at 1473 K for 1 h followed by furnace cooling　(a) Fe - Cr - Si; (b) Fe - Cr - Al - Si (L);(c) Fe - Cr - 2Al - Si; (d) Fe - Cr - Al

图 3 是 1473 K 退火后四种合金样品中晶界析出相的 EDAX 谱. 从该图可知所有四种合金样品中的晶界析出相均由 Cr 和 Fe 两种元素构成,所不同的是不同合金的晶界析出相中的 Cr 含量明显不同. 从图 3 可清楚地看出其晶界析出相中 Cr 含量由低到高的顺序排列的四中合金依次是 Fe - Cr - 2Al - Si (图 3c), Fe - Cr - Si (图 3a),Fe - Cr - Al (图 3d)和 Fe - Cr - Al - Si (L)(图 3b). 这一结果与阻尼性能的实验数据(图 1)也存在对应关系,即晶界析出相中 Cr 含量越低,合金的阻尼性能就越好;反之亦然. 当然,从图 3 不难发现,Fe - Cr -Al 合金的晶界析出相中的 Cr 含量略高于 Fe - Cr - Si 合金的,但前者的阻尼性能却略好于后者. 造成这种结果的原因可能是 Fe - Cr - Al 合金中晶界相的析出量明显少于 Fe - Cr - Si 合金的(图 2),从而导致前者晶界析出相中 Cr 的总含量低于后者. 有关晶界析出相中 Cr 含量的定量 EDAX 分析结果见表 2.

很显然,本文研究的几种高温退火 Fe - Cr 基减振合金阻尼性能的好坏与其晶界相析出量的多少以及晶界相中 Cr 含量的高低之间所存在的对应关系应有其内在的物理根源. 从图 2 和图 3 不难发现,在高温退火过程中合金元素 Si 和 Al 都对合金中 Cr 和 Fe 由晶内向晶界

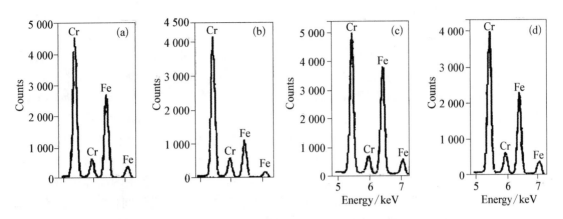

图 3 1473 K 退火的 Fe‑Cr 基减振合金中晶界析出相的 EDAX 谱

Fig. 3 EDAX profile of Fr‑Cr based damping alloys annealed at 1473 K (a) Fe‑Cr‑Si；(b) Fe‑Cr‑Al‑Si (L)；(c) Fe‑Cr‑2Al‑Si；(d) Fe‑Cr‑Al

表 2 本实验用合金的晶界相中的 Cr 含量测定结果

Table 2 Measurement results of chromium content in the grain-boundary precipitates in the alloys investigated

Alloys	Fe‑Cr‑Si	Fe‑Cr‑Al‑Si (L)	Fe‑Cr‑2Al‑Si	Fe‑Cr‑Al
Cr content/%	47	65	43	49

扩散的能力起到增强的作用,其中 Si 的这种作用要明显大于 Al,并且 Si 所引起的 Cr/Fe 比扩散要略小于 Al 所引起的. 这是导致 Fe‑Cr‑Si 比 Fe‑Cr‑Al 合金中析出份额更多但 Cr 的百分含量却略低的 FeCr 晶界相的根本原因. 很显然,Si 和 Al 的上述作用,一方面引起合金基体中的部分 Cr 流向晶界并可能引起合金基体某些磁学性能尤其是磁畴壁能密度的改变并导致合金阻尼性能的变化[8,9];另一方面也反映出在 Fe‑Cr 合金的基础上单独加入一定量的 Si 或 Al 或同时加入 Si 和 Al 已造成合金中某一合金元素的相对过饱和这样一个状态,只是由于 Si 和 Al 在 Fe 中的扩散能力显著弱于 Cr[10],所以不论 Cr、Al 和 Si 三种合金元素中的哪一种处于相对过饱和状态,都必须通过 Cr 的迁移来进行缓解. 当然,某一合金元素处于相对过饱和状态也必然会引起合金基体磁畴结构和磁学性能的改变并最终会影响到合金的阻尼性能.

不难理解,在 Fe‑Cr‑Al 的基础上添加约 1%(质量百分数)的 Si 所形成的 Fe‑Cr‑Al‑Si (L)合金(见表 1),其基体内部的某一合金元素处于严重相对过饱和状态,所以在高温退火时有大量的 Cr 从晶内流向晶界,表现为不仅晶界相的析出量多而且晶界相内的 Cr 含量很高. 而这种状态下的 Fe‑Cr‑Al‑Si (L)合金的磁畴壁能密度又相对最小[7,9],所以其阻尼性能也最差. 以 1%(质量百分数)的 Si 代替 Fe‑Cr‑Al 中相同质量的 Al 所形成的 Fe‑Cr‑2Al‑Si 合金(见表 2),其基体内部的某一合金元素处于最轻微的相对过饱和状态,在高温退火时只有少量的 Cr 从晶内流向晶界,晶界相的析出量最少而且其 Cr 含量也最低. 而这种状态下的 Fe‑Cr‑2Al‑Si 合金的磁畴壁能密度又相对最大[7,9],所以其阻尼性能也最好. 同样,我们也可以对 Fe‑Cr‑Al 和 Fe‑Cr‑Si 两种合金的阻尼性能与晶界析出相之间的关系作出合理的解释.

总之,高温退火的 Fe‑Cr 基减振合金中晶界相析出量的多少以及晶界相中 Cr 含量的高低反映了合金基体中某一合金元素处于相对过饱和状态程度的强弱,也与合金基体磁畴壁能量密度的低高成对应关系. 所以,在高温退火的 Fe‐Cr 基减振合金中,晶界相的析出量及晶界相中的 Cr 含量越少,合金的阻尼性能就越好. 反之亦然. 显然,这一结果对如何改善Fe‐Cr 基减振合金阻尼性能的研究具有重要意义.

图 4a～4b 是 1473 K 退火的 Fe‐Cr‐Al‐Si (L)合金的晶界析出相的 TEM 明场象,从这两张图像中可以看到晶界析出相中存在较多层错;图 4c—4d 是不同入射角度下这种晶界析出相的同一区域的两套选区电子衍射斑点,经过试探分析可以确定这种晶界析出相是体心四方结构,其晶格参数是 $a=b=0.23$ nm, $c=0.70$ nm. 很显然这种析出相和通常不锈钢中的四方 σ 相[10]($a=b=0.45$ nm, $c=0.88$ nm)是不同的. 其他三种合金中的晶界析出相也不大可能是这种 σ 相,因为这些合金都没有在 475～821 ℃之间进行长时间保温[10]. 但不论如何,对 Fe‐Cr 基减振合金晶界析出相的特性以及这种析出相对合金使用性能的影响作进一步的研究是十分必要的.

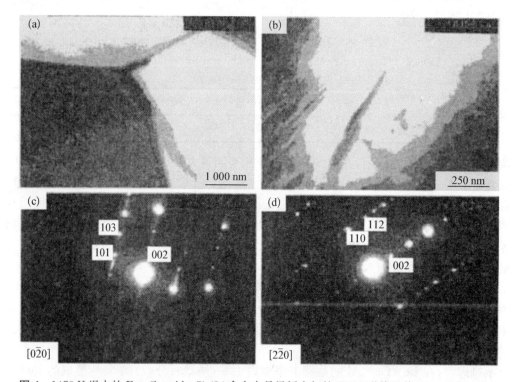

图 4 1473 K 退火的 Fe‐Cr‐Al‐Si (L)合金中晶界析出相的 TEM 形貌及其 SAD 斑点

Fig. 4 TEM observation on the grain-boundary precipitate in Fe‐Cr‐Al‐Si (L) alloy annealed at 1473 K (a) and (b) morphology; (c) and (d) SAD patterns (taken by JEM‐200CX)

3 结论

(1) 1473 K 高温退火的 Fe‐Cr 基减振合金中出现晶界析出相,这种析出相由 Cr 和 Fe 构成;

(2) 1473 K 高温退火的 Fe‐Cr 基减振合金的阻尼性能与其合金晶界相析出量的多少以及晶界相中 Cr 含量的高低存在对应关系,即晶界相的析出量越少且晶界相中 Cr 含量越低,合金的阻尼性能就越好,反之亦然.

参 考 文 献

[1] Igor S Golovin. Metall Mater Trans A, 1994, 25A: 111.

[2] D Pulino-Sagradi, M Sagradi, A Karimi. Scripta Materialia, 1998, 39: 131.

[3] A Karimi, Ch Azcoitia, J Degauque. J. Mag. Mater, 2000, 215 - 216: 601.

[4] H Masumoto, M Hinai, S Sawaya. Trans. JIM, 1984, 25: 891.

[5] A Karimi, P H Giauque, J L Martin. Mater Sci Forum, 1995, 179 - 181: 679.

[6] 王卫国,周邦新,郑忠民. 金属学报,1998, 34: 1039.

[7] 王卫国,周邦新,郑忠民. 金属学报,2000, 36: 81.

[8] WANG Weiguo, ZHOU Bangxin. Materials and Design, 2000, 21: 541.

[9] 王卫国. Fe - Cr - Al - Si 合金阻尼性能及阻尼机制研究[D]. 中国核动力研究设计院,1998.

[10] George J Shubat. Metals Handbook, 8th Edition, 1973.

Damping Capacity and the Grain Boundary Precipitates in Fe - Cr Based Damping Alloys

Abstract: The damping capacity and grain-boundary precipitates of some Fe - Cr based damping alloys annealed at 1473 K was studied. The results indicate that the precipitates on the grain boundaries are chemically composed of chromium and iron and the damping capacity of the alloys is definitely related to the amount of the precipitates as well as to chromium content in the precipitates. Among the alloys investigated, the damping capacity of Fe - Cr - 2Al - Si alloy is the highest while its amount of grain-boundary precipitates is the least with the lowest chromium content and *vice versa* to that of Fe - Cr - Al - Si(L) alloy. Though chromium content in the grain-boundary precipitates of Fe - Cr - Al alloy is very close to that of Fe - Cr - Si alloy, the amount of grain-boundary precipitates in the former is obviously lower than that in the latter and the damping capacity of the former is apparently higher than that of the latter.

The Cracking Induced by Oxidation-Hydriding in Welding Joints of Zircaloy – 4 Plates[*]

Abstract: The welding joints of Zircaloy – 4 plates obtained by diffusion welding at 800 °C under pressure in vacuum were cracked during autoclave tests at 400 °C superheated steam after exposure longer than 150 days. The section of specimens was examined by optical microscopy and the composition at the tips of cracking was analyzed by electron microprobe. The result shows that the combination of oxidation and hydriding induced cracking is responsible for this failure of the welding joints.

Zirconium alloys possessing very low absorption for thermal neutrons, good corrosion resistance in high temperature water, and reasonable mechanical properties are important materials for nuclear industry, and have been employed as nuclear fuel cladding and as structure materials in light-water reactors. During the operation of reactors, zirconium alloys react with high temperature water to form oxide films on the surface and produce hydrogen meanwhile. Hydrogen will be partly absorbed by zirconium alloys. The solubility of hydrogen in zirconium alloys is limited as <1 $\mu g/g$ at room temperature and 200 $\mu g/g$ at 400 °C[1]. When the content of hydrogen in zirconium alloys exceeds the solubility limit at that temperature, zirconium hydrides in plate-like will precipitate. Since zirconium hydrides are brittle, the precipitation of zirconium hydrides in the matrix is detrimental to the mechanical properties of zirconium alloys. Hydrogen in zirconium alloys will diffuse along the gradient of temperature or stress towards the low temperature or high stress position. Therefore, the failure of zirconium alloy parts in CANDU reactor caused by HIDC (hydrogen induced delayed cracking) was detected in the early of 1970s[2]. The precipitation of zirconium hydrides induced by stress and strain was investigated by transmission electron microscopy in situ[3]. The results showed that the essential process of HIDC includes the precipitation and growth of hydrides at the tip of cracks under the stress, and the cracking of hydrides after its growth to a certain length. The failure of diffusion welding joints along the bonding interface of Zircaloy – 4 plates caused by the combination of oxidation and hydriding is described in present paper.

Zircaloy – 4 plates after pickling in 10% HF + 45% HNO$_3$ + 45% H$_2$O solution and washing in distilled water were placed into vacuum furnace heating at 800 °C under a pressure for several hours, then the diffusion welding joints were obtained. Specimens cut in 10 mm in width were pickled and washed again before autoclave tests at 400 °C 10. 3 MPa

* In collaboration with Yao Meiyi, Miao Zhi, Li Qiang, Liu Wenqing. Reprinted from Journal of Shanghai University (English Edition), 2003,7(1): 18 – 20.

superheated steam. The cracking on some specimens along the bonding interface was observed at the exposure of 150 days. The cracking developed on these specimens and some new ones appeared on the other specimens when the exposure time was prolonged to 230 days. Some sections of specimens were prepared by the grinding, polishing and etching in $80\% HNO_3 + 10\% H_2O_2 + 10\% HF$ solution to reveal the microstructure of zirconium hydrides. Optical microscopy was employed to examine the morphology of hydrides.

Fig. 1(a) shows a cracking along the bonding interface, and Fig. 1(b) shows a line of hydrides in front of cracking tip and some cracked hydrides at the tip of the cracking in a comparative high magnification. The position of Fig. 1(b) is located in the frame shown in Fig. 1(a). Fig. 2 shows preferential growth of oxide film along the bonding interface to form a layer of oxide film embedded in specimen but not cracking yet. A trace of carbon contamination at the tips of cracking can be detected occasionally by electron microprobe analysis. The contamination of carbon or fluorine element will be detrimental to the corrosion resistance of zirconium alloys, so that the oxide films grow preferentially along the bonding interface to form a layer of oxide film embedded in specimen could be understood. The matrix of alloy at the end of the layer of oxide films will suffer from a tensile stress due to the expansion of the volume after its oxidation. The P. B. ratio is 1. 56 when zirconium oxidizes to form zirconium oxide. The hydrogen absorbed by alloy matrix during the corrosion will diffuse to the end of oxide film layer due to its higher stress at that place, so that the content of hydrogen will be enriched at the tip of cracks. When the content of hydrogen exceeds the solubility limit, zirconium hydrides in plate-like will precipitate perpendicular to the tensile stress. Under the application of tensile stress, the

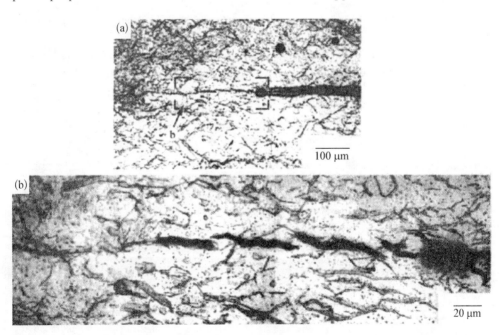

Fig. 1 A cracking along the bonding interface after autoclave tests at 400 ℃ superheated steam for exposure 230 days(a) and cracked hydrides at the tip of cracking(b)

cracking of zirconium hydrides promotes the growth of oxide layer along the bonding interface. This process moved in cycles is responsible for the failure of this welding joints.

Based on the results, the conclusions may be drawn: The contamination of trace carbon element, which is detrimental to the corrosion resistance of zirconium alloys, results in the preferential growth of oxide films along the bonding interface to form a layer of oxide film embedded in specimen. A tensile stress at the

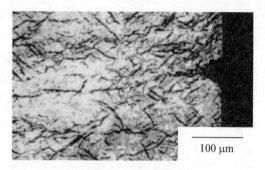

100 μm

Fig. 2 The preferential growth of oxide film along the bonding interface to form a layer of oxide film embedded in alloy matrix

end of oxide films in the alloy matrix is produced by the volume expansion due to its oxidation. The content of hydrogen is enriched in the matrix at the tip of cracks because of the diffusion of hydrogen along stress gradient, and zirconium hydrides in platelike precipitate perpendicular to the tensile stress. Under the application of tensile stress, the cracking of hydrides in front of the tip of cracks promotes the oxidation along the bonding interface, and also enhances the propagation of cracking along the bonding interface. This is the mechanism of the combination of oxidation-hydriding induced cracking in the welding joints during the autoclave tests.

References

[1] Kearns J J. Terminal solid solubility of hydrogen in alpha phase of Zr – 2 and Zr – 4[J], Journal of Nuclear Materials, 1967,22: 292.

[2] Simpson C J, Ells C E. Delayed hydrogen embrittlement in Zr – 2. 5 Nb%[J]. Journal of Nuclear Materials, 1974, 52: 289.

[3] Zhou Bangxin, Zheng Sikui and Wang Shunxin. In situ electron microscopy study on precipitation of zirconium hydrides induced by strain and stress in Zircaloy – 2[J]. Acta Metallurgica Sinica,1989,25: A190.

ZIRLO 合金和 Zr - 4 合金在 LiOH 水溶液中耐腐蚀性能的研究*

摘　要：比较了 ZIRLO 合金和 Zr - 4 合金两种样品在 350 ℃、16.8 MPa、0.04MLiOH 水溶液中的耐腐蚀性能，发现 Zr - 4 合金样品在腐蚀转折之前的腐蚀增重比 ZIRLO 合金稍低，这时两种样品的氧化膜相对完整而致密。用二次离子质谱仪(SIMS)测量 Li^+ 在两种合金样品氧化膜剖面中的分布，发现 Li^+ 进入 Zr - 4 合金氧化膜的深度比 ZIRLO 合金浅，但浓度比较高。而腐蚀至 68 天在 Zr - 4 合金样品腐蚀发生转折后，其腐蚀增重远高于 ZIRLO 合金，这是因为此时 Zr - 4 合金样品氧化膜因疏松而失去保护作用，而 ZIRLO 合金样品腐蚀至 82 天氧化膜仍致密而完整。ZIRLO 合金中细小的 βNb 和 Zr - Fe - Nb 第二相粒子可能对保持氧化膜的完整性有重要作用。

1　引言

随着核反应堆向长寿期堆芯和高燃耗的发展，对燃料元件包壳用锆合金提出了更高的要求，当燃耗提高到 50 GWd/t(U) 以上时，Zr - 4 合金包壳管不能满足要求。美国西屋公司开发的 ZIRLO 合金(Zr - 1.0Nb - 1.0Sn - 0.1Fe)耐水侧腐蚀性能远优于 Zr - 4 合金，尤其在含有 LiOH 的水溶液中[1-4]。文献[4]对此作了进一步研究：将 Zr - 4 合金、ZIRLO 合金和另外两种含 Nb 的合金放在 360 ℃、18.6 MPa、0.1MLiOH 高温水溶液中腐蚀一定时间后，用二次离子质谱仪(SIMS)测定了氧化膜中距表面 10 nm～20 nm 范围内 Li^+ 的浓度，发现 Zr - 4 合金氧化膜外层中 Li^+ 的浓度远高于 ZIRLO 合金，也高于另外两种合金，进而提出 Nb 的存在可能阻止 Li^+ 进入氧化膜，因此 ZIRLO 合金耐腐蚀性能好于 Zr - 4 合金。本文进一步研究了在 LiOH 水溶液中 ZIRLO 合金耐腐蚀性能好于 Zr - 4 合金的原因。

2　实验方法和步骤

实验选用的 ZIRLO 合金经多次冷轧和中间退火，最后在 750 ℃ 保温 0.5 h，由 0.6 mm 冷轧至 0.3 mm，再在 560 ℃ 保温 10 h；Zr - 4 合金来自工厂提供的 0.6 mm 板材，最后也在 560 ℃ 保温 10 h。

将这两种合金剪切成 25 mm×20 mm 的片状样品，经酸洗和去离子水清洗后，在高压釜中进行腐蚀实验。腐蚀条件为 350 ℃、16.8 MPa、0.04MLiOH 水溶液。间隔一定时间取样进行称重。

当两种样品的腐蚀增重都在 30 mg/dm² 左右时，用二次离子质谱仪(SIMS)逐层测量了氧化膜中 Li^+ 的浓度，确定 Li^+ 在氧化膜剖面中的分布。并将氧化膜制成楔形截面，用光学显微镜观察了腐蚀转折前后在基体/氧化膜界面处形貌的差别。

* 本文合作者：刘文庆、李强。原发表于《核动力工程》，2003，24(3)：215 - 218，252.

3 实验结果

3.1 Zr‑4 和 ZIRLO 合金样品在 LiOH 水溶液中的腐蚀增重

图 1 为两种合金样品在 LiOH 水溶液中腐蚀增重随腐蚀时间变化的曲线. 从图中可以看出,在 54 天以前,两种样品的耐腐蚀性能相当,Zr‑4 合金甚至略优于 ZIRLO 合金. 但在腐蚀 54 天以后,Zr‑4 合金样品发生腐蚀转折,腐蚀速度明显加快,腐蚀增重迅速增加,ZIRLO 合金样品腐蚀至 82 天仍没有发生转折.

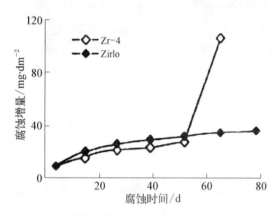

图 1 ZIRLO 合金和 Zr‑4 合金样品的腐蚀增重曲线

Fig. 1 Weight Gain for ZIRLO Alloy and Zircaloy‑4 in 0.04M LiOH Aqueous Solution at 350 ℃

图 2 Li⁺ 在 ZIRLO 合金和 Zr‑4 合金样品氧化膜剖面中的分布

Fig. 2 Evolution of the Li⁺ Profile in Oxide Films Formed on ZIRLO Alloy and Zircaloy‑4

3.2 Li^+ 在氧化膜剖面中的分布

腐蚀至 54 天时,Zr‑4 合金样品的腐蚀增重为 27.9 mg/dm^2,氧化膜厚约为 1.86 μm(根据腐蚀增重 15 mg/dm^2＝1 μm 计算),ZIRLO 合金样品的腐蚀增重为 31.7 mg/dm^2,氧化膜厚约为 2.11 μm. 此时用法国 IMS CAMECA 型二次离子质谱仪(SIMS)逐层测量了两种样品氧化膜中 Li$^+$ 的浓度分布. 选用电压为 12.55 kV 的氧离子(O^{2+})束,初始电流为 653.25 nA,初始离子束直径为 100 μm,剥层面积为 250 μm×250 μm. 在氧离子的记数强度降至一半处,确定为氧化膜/金属的界面.

图 2 为 Li$^+$ 在两种合金样品氧化膜剖面中的分布. 在 Zr‑4 合金样品氧化膜中,Li$^+$ 的浓度在外层高于 ZIRLO 合金样品,但渗入深度较浅,距氧化膜/金属界面约 1 μm 处快速下降,这与 Pecheur[5] 观察到的现象一致. Pecheur 认为 Zr‑4 合金在发生腐蚀转折前,靠近界面处有一层厚度达 1 μm 的致密阻挡层,可以阻止 Li 的进入. ZIRLO 合金样品氧化膜中 Li$^+$ 的浓度变化平缓,直到距氧化膜/金属界面约 0.5 μm 处才缓慢下降,Li 进入 ZIRLO 合金样品氧化膜比 Zr‑4 合金深.

3.3 样品腐蚀后基体/氧化膜界面处的形貌

为了能在光学显微镜下观察样品腐蚀后基体/氧化膜界面处的形貌,将片状样品作轻微变形(图3),然后沿平面方向进行研磨和机械抛光,最后得到氧化膜的楔形截面. 虽然氧化膜真实厚度只有 2 μm 左右,由于样品变形很小,截面和基体/氧化膜界面的夹角很小,此时观察到的氧化膜楔形截面的厚度比真实厚度增加了很多倍.

图 4 为 Zr-4 合金样品在 0.04MLiOH 水溶液中腐蚀转折前后基体/氧化膜界面处的形貌,图 4(a)为腐蚀 54 天界面处的形貌,左上角颜色较浅部分是基体,右边颜色较深部分为氧化膜,基体/氧化膜界面较为平直. 氧化膜中还有几个颜色较深的小区域,直径 100 μm 左右,其中存在大量的空洞. 由于这些小区域彼此分离,还没有破坏氧化膜的完整性,对照图 1 的腐蚀增重曲线可以看出即将发生腐蚀转折. 图 4(b)为腐蚀 68 天转折后基体/氧化膜界面处的形貌,左边白色部分是基体,右边灰色部分为氧化膜,基体/氧化膜界面参差不齐. 转折前氧化膜中分散分布的直

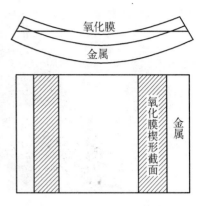

图 3 制备楔形氧化膜截面方法的示意图
Fig. 3 Sampling Method of Wedgy Crosssection Oxide

径 100 μm 左右的疏松氧化膜区域此时发展到 200~400 μm,形状不规则,有的已连接成片. 这时可观察到有的疏松氧化膜区域嵌入到基体金属中的现象,这是因为此时腐蚀速度快,金属/氧化膜的界面极不整齐,有的地方氧化膜伸入基体较深,所以在楔形截面上观察到氧化膜嵌入金属基体的现象. 此时氧化膜已经失去了保护作用,腐蚀发生了转折.

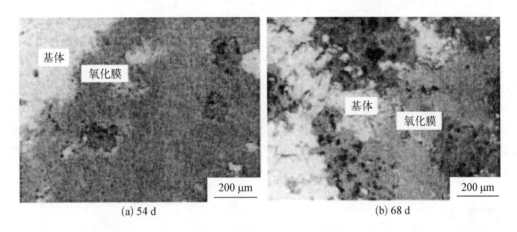

(a) 54 d   (b) 68 d

图 4 光学显微镜下 Zr-4 合金在 0.04MliOH 水溶液中腐蚀后基体/氧化膜界面处的形貌
Fig. 4 Optical Micro Graphs at Matrix/oxide Interface of Zircaloy-4 Corroded in 0.04M LiOH Aqueous Solution

图 5 为 ZIRLO 合金样品在 0.04MLiOH 水溶液中腐蚀 82 天后基体/氧化膜界面处的形貌,左边颜色较浅的部分是基体,右边颜色较深的部分是氧化膜. 基体/氧化膜界面比较平直,氧化膜均匀致密,没有明显疏松的区域. 氧化膜具有良好的保护作用.

4 讨论

从腐蚀增重动力曲线看,ZIRLO 和 Zr-4 合金样品在 0.04MLiOH 水溶液中腐蚀 54 天都还没有发生腐蚀转折. 此时两种合金样品的基体/氧化膜界面比较平直,氧化膜比较完整,

图 5 光学显微镜下 ZIRLO 合金在 0.04 MliOH 水溶液中腐蚀 82 天后基体/氧化膜界面处的形貌

Fig. 5 Optical Micrograph at Matrix/oxide Interface of ZIRLO Alloy Corroded in 0.04 M LiOH Aqueous Solution for 82d

仍具有保护作用. 比较 Li+ 在两种样品氧化膜剖面中的分布,可以看出在 Zr-4 样品氧化膜的近表层中,Li+ 的浓度明显比 ZIRLO 样品中高,但 Li+ 渗入 ZIRLO 合金样品氧化膜比 Zr-4 合金样品氧化膜深,这说明 Li+ 容易渗入 ZIRLO 合金样品氧化膜,因此 Zr-4 合金样品氧化膜在靠近界面处致密的阻挡层比 ZIRLO 合金样品厚,此时 Zr-4 合金样品耐腐蚀性能也就略优于 ZIRLO 合金样品.

但 Zr-4 合金样品腐蚀 54 天以后至 68 天发生转折,腐蚀速度明显加快,而 ZIRLO 合金样品腐蚀至 82 天仍没有发生转折,ZIRLO 合金样品的耐腐蚀性能远远优于 Zr-4 合金样品. 从图 4(b) 可以看出,在原来靠近基体/氧化膜界面处致密的氧化膜中形成了含大量空洞的疏松区域,这是导致 Zr-4 合金样品腐蚀发生转折而且在腐蚀转折后腐蚀速度大大加快的直接原因,这些氧化膜中含大量空洞的疏松区域是如何形成的还有待于进一步的研究. 而 ZIRLO 合金样品腐蚀 82 天后氧化膜仍保持完整,具有保护作用,所以 ZIRLO 合金样品腐蚀 82 天后仍没有发生腐蚀转折,其耐腐蚀性能也就远远优于 Zr-4 合金样品.

在相同的腐蚀条件下,ZIRLO 合金样品的氧化膜腐蚀 82 天后仍能保持完整性,显然与其合金元素及第二相有关. ZIRLO 合金样品经过合理的变形热处理,显微组织主要由基体 α-Zr 和细小的 β-Nb、Zr-Fe-Nb 两种第二相粒子组成[1,2,6]. 在 LiOH 水溶液中 Zr-Fe-Nb 粒子可能比基体耐腐蚀,腐蚀速度比基体慢,因此在靠近氧化膜/金属界面处的氧化膜中仍存在有未氧化或未完全氧化的 Zr-Fe-Nb 粒子. 这些 Zr-Fe-Nb 金属相粒子一方面对氧化膜有软化作用,松弛界面处氧化膜中的部分压应力使氧化膜不易破裂[2],另一方面使氧化膜和金属基体结合更牢固,这都有利于保持氧化膜的完整性,推迟了腐蚀转折的发生.

5 结论

腐蚀发生转折之前,两种合金样品的氧化膜比较完整,腐蚀速度由 Li+ 在氧化膜中的渗入的深浅和快慢决定. Li+ 进入 Zr-4 合金样品氧化膜的深度比 ZIRLO 合金样品浅,但在近表层中的浓度高,Zr-4 合金样品氧化膜在靠近界面处的致密阻挡层比 ZIRLO 合金厚,所以 Zr-4 合金腐蚀增重在腐蚀转折前略低于 ZIRLO 合金.

Zr-4 合金样品在腐蚀至 54 天与 68 天之间时,氧化膜中形成了大量疏松的区域,有的还连接成片,氧化膜失去保护性,腐蚀发生转折. 而 ZIRLO 合金样品腐蚀至 82 天氧化膜仍保持完整,具有保护作用,所以仍没有发生腐蚀转折,其耐腐蚀性能远远优于 Zr-4 合金样品.

ZIRLO 合金样品中细小的 β-Nb 和 Zr-Fe-Nb 第二相粒子可能对保持氧化膜的完整性有重要作用.

参 考 文 献

[1] Comstock R J, Schoenberger G, and Sabol G P. Influence of Processing Variables and Alloy Chemistry on the Corrosion Behavior of ZIRLO Nuclear Fuel Cladding[C]. Zirconium in the Nuclear Industry, Eleventh International Symposium, ASTM STP 1295, in: Bradley E R and Sabol E R Eds, America Society for Testing and Materials, 1996: 710 - 725.

[2] Nikulina A V, Markelov V A, Peregud M M et al. Zirconium Alloy E635 as a Material for Fuel Rod Cladding and Other Components of VVER and RBMK Cores[C]. Zirconium in the Nuclear Industry, Eleventh International Symposium, ASTM STP 1295, in: Bradley E R and Sabol E R Eds, America Society for Testing and Materials, 1996: 785 - 804.

[3] Sabol G P, Kilp G R, and Balfour M G. Development of a Cladding Alloy for High Burnup[C]. Zirconium in the Nuclear Industry, Eighth International Symposium, ASTM STP 1024, in: Van Swam L F P and Eucken C M Eds, America Society for Testing and Materials, 1989: 227 - 244.

[4] 周邦新,李强,黄强,等. 水化学对锆合金耐腐蚀性能的影响[J]. 核动力工程,2000, 21(5): 439 - 447.

[5] Pecheur D, Godlewski J, and Peybernes J. Contribution to the Understanding of the Effect of the Water Chemistry on the Oxidation Kinetics of Zircaloy - 4 Cladding[C]. Zirconium in the Nuclear Industry, Twelfth International Symposium, ASTM STP 1354, in: Sabol G P and Moan G D Eds, America Society for Testing and Materials, 2000: 793 - 811.

[6] 李强,刘文庆,周邦新. 变形及热处理对 Zr - Sn - Nb 合金中 β - Zr 分解的影响[J]. 稀有金属材料与工程,2002, 31 (5): 389 - 392.

Study of Corrosion Resistance of ZIRLO and Zircaloy - 4 in LiOH Aqueous Solution

Abstract: The corrosion resistance of ZIRLO and Zr - 4 alloys in 0. 04MLiOH aqueous solution at 350 ℃、16. 8 MPa has been studied. The weight gain of Zr - 4 is lower than that of ZIRLO alloy before transition and the oxide films of both alloys are integrity and dense. SIMS analysis was performed to determine the Li^+ profile in the oxide films on both specimens, which have an equal thickness about $2\,\mu m$. The penetration depth of Li^+ in the Zr - 4 specimens is shallow, and the content of Li^+ is higher than that of ZIRLO specimens. When specimens were exposed to 68 days, the corrosion transition of Zr - 4 specimens occurred and the weight gain is far higher than that of ZIRLO specimens. Zr - 4 specimens have loose oxide, while ZIRLO specimens have dense and integrity oxide even being exposed for 82 days. The fine β - Nb or Zr - Fe - Nb second phase particles in ZIRLO alloy might play an important role in keeping the integrity of the oxide films on ZIRLO specimens.

显微组织对 ZIRLO 锆合金耐腐蚀性的影响*

摘　要：将 ZIRLO 锆合金样品分别进行 1 000 ℃-0.5 h、1 000 ℃-0.5 h/560 ℃-10 h、1 000 ℃-0.5 h /冷轧/560 ℃-10 h 和 750 ℃-0.5 h、750 ℃-0.5 h /560 ℃-10 h、750 ℃-0.5 h/冷轧/560 ℃-10 h 的不同处理，用透射电镜观察了它们的显微组织，将它们放入高压釜中，研究了在350 ℃、16.8 MPa、0.04M LiOH 水溶液中的耐腐蚀性能. 结果表明，在本文所有的变形及热处理条件中，750 ℃-0.5 h/冷轧/560 ℃-10 h 处理后样品的耐腐蚀性能最好. 其原因在于样品经过这样处理后，基体 α-Zr 中固溶的 Nb 含量较低，并获得了纳米尺寸分布的 β-Nb(含 Fe)第二相粒子，后者对改善耐腐蚀性能尤为重要. 样品在最终 560 ℃加热处理之前的冷轧变形，可以促进 β-Zr 分解时的形核，是获得纳米尺寸 β-Nb 的必要措施.

1　前言

随着核电站燃料燃耗的加深，燃料元件的换料周期也不断延长，对燃料包壳材料的性能有了更高的要求，为此，各国研究开发了新型锆合金. 在 Zr-Sn-Nb 系列中，有代表性的是美国的 ZIRLO 和俄罗斯的 E635 合金，在 Zr-Nb 系列中有法国的 M5 合金. 过去研究 Zr-4 合金的耐腐蚀性能时，认为合金中第二相颗粒的大小与耐腐蚀性能有着密切的关系[1]. 但也有观点认为，在通过改变热处理温度获得不同大小第二相的同时，α-Zr 中过饱和固溶的 Fe、Cr 含量也在发生变化，而这才是影响耐腐蚀性能的更重要因素[2]. 在 M5 合金中也需要得到均匀分布的细小 β-Nb 第二相[3]. 我们研究了冷轧变形和热处理对 Zr-Sn-Nb 合金中 β-Zr 分解和得到 β-Nb 第二相大小的影响，结果表明冷轧变形可以促使 β-Zr 分解时的形核，获得细小的 β-Nb 第二相. 本文主要研究了基体 α-Zr 中 Nb 含量和 β-Nb 第二相颗粒大小对 ZIRLO 锆合金耐腐蚀性能的影响.

2　实验方法

实验选用与 ZIRLO 锆合金成分一致的样品，经两次真空电弧熔炼，铸锭重 5 kg，主要合金成分列于表 1. 铸锭在 1 050 ℃保温 0.5 h 后水淬，再经热锻、热轧、冷轧及中间退火等工序，制成 0.6 mm 厚的片状试样，将它们分组放置在石英管中，在真空(5×10⁻³ Pa)中分别加热到750 ℃和 1 000 ℃并保温 0.5 h，然后将加热炉推离石英管，用水浇淋石英管进行冷却，尽量减少样品在冷却过程中各相的成分变化，本文将该冷却过程称为"空冷". 经过这样加热处理的样品，每组各取部分样品冷轧成 0.3 mm 厚(压下量为 50%)的薄片，再将冷轧样品和部分未冷轧样品加热到 560 ℃并保温 10 h 后空冷. 用透射电镜观察了样品经不同处理后的显微组织，详细结果已在另一篇报告中描述. 为了后面讨论方便，将上述处理样品分成750 ℃处理系列和 1 000 ℃处理系列，分别标记为 750 ℃-0.5 h、750 ℃-0.5 h/560 ℃-10 h、

---

* 本文合作者：刘文庆、李强、姚美意. 原发表于《核动力工程》，2003，24(1)：33-36.

750 ℃-0.5 h/冷轧/560 ℃-10 h 和 1 000 ℃-0.5 h、1 000 ℃-0.5 h/560 ℃-10 h、1 000 ℃-0.5 h/冷轧/560 ℃-10 h. 最后将样品放在 0.04M LiOH 水溶液的高压釜中进行腐蚀,并放入了 Zr-4 合金样品作为比较,温度 350 ℃,压力 16.8 MPa.

表 1 实验用锆合金的主要化学成分 （质量分数）/%
Table 1 Chemical Composition of Zirconium Alloys （Mass Fraction) %

Sn	Nb	Fe	Zr
0.92	1.03	0.12	余量

3 实验结果及讨论

腐蚀增重随腐蚀时间变化的结果示之于图 1. 从图 1 可以看出,在 1 000 ℃处理系列的样品中,只经过 1 000 ℃-0.5 h 空冷处理的样品耐腐蚀性能最差,在 560 ℃保温 10 h 后耐腐蚀性能有所改善,经 1 000 ℃-0.5 h/冷轧/560 ℃-10 h 处理后的耐腐蚀性能大大提高.

从前一阶段研究 Zr-Sn-Nb 合金显微组织的结果可知,只经过 1 000 ℃-0.5 h 空冷处理的样品由板条状的 αZr 晶粒和含 Nb、Fe 的 βZr 第二相组成,如图 2a 所示. 这时,由于冷却速度较快,αZr 中必然含有过饱和固溶的 Nb. 将样品再在 560 ℃的温度下保温 10 h,βZr 将分解为 αZr 和 βNb(其中含有 Fe);此外,αZr 中过饱和固溶的 Nb 也会部分析出,使 αZr 中 Nb 含量降低. 样品经 1 000 ℃-0.5 h/冷轧/560 ℃-10 h 处理后,由于变形增加了基体 αZr 和第二相 βZr 的缺陷,αZr 中过饱和固溶的 Nb 更容易析出,βZr 分解时更容易成核,从而得到细小均匀分布的 βNb 粒子,如图 2b.

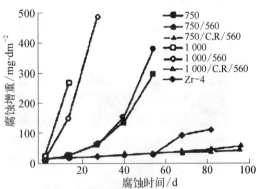

图 1 经不同处理后的样品在 350 ℃、16.8 MPa 的 0.04M LiOH 水溶液中腐蚀时的腐蚀增重变化

Fig. 1 Weight Gain Against Exposed Time of Specimens Tested in 0.04 M LiOH Solution at 350 ℃

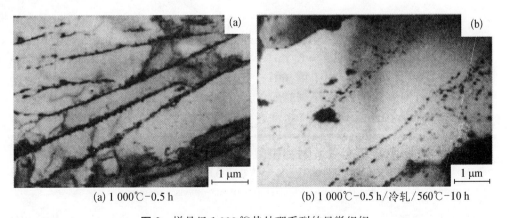

(a) 1 000 ℃-0.5 h (b) 1 000 ℃-0.5 h/冷轧/560 ℃-10 h

图 2 样品经 1 000 ℃热处理系列的显微组织
Fig. 2 TEM Micrographs of Specimen Treated

Choo[4]认为：Zr-Nb 合金基体中固溶的 Nb 超过其平衡浓度越多,其耐腐蚀性能越差. Zr-Nb 合金样品在水或水蒸气介质中腐蚀时,几种相组织的耐腐蚀性能按照 β-Nb、α-Zr、β-Zr 的顺序依次降低[5,6].将本实验结果结合文献[4-7]进行分析后,可以得出这样的结论：含 Nb 的锆合金要获得良好的耐腐蚀性能,需要将 α-Zr 中 Nb 的固溶含量控制在一定限度以下,并且要使 β-Nb 和可能存在的 Zr-Fe-Nb(在合金中含有 Fe 时)第二相粒子呈细小均匀分布.

进一步研究 750 ℃处理系列的样品,发现经 750 ℃-0.5 h/560 ℃-10 h 处理后的耐腐蚀性能最差,只经过 750 ℃-0.5 h 空冷处理的耐腐蚀性能反而略优于经过 750 ℃-0.5 h/560 ℃-10 h 处理的样品,经 750 ℃-0.5 h/冷轧/560 ℃-10 h 处理后的耐腐蚀性能最好.样品经过 750 ℃-0.5 h 处理的显微组织为 αZr+βZr,其中 βZr 主要位于晶界上,大小在 500～2 500 nm(图 3a).本文将 Zr-Nb 二元相图的富 Zr 部分作近似放大(如图 4),图中 A 点位置不能确定,但对下面的分析讨论影响不大.根据该相图,750 ℃时 α-Zr 中固溶的 Nb 约为 0.27%.经 750 ℃-0.5 h/560 ℃-10 h 处理的样品,晶界上的 β-Zr 分解为 α-Zr+β-Nb(图 3b).由于 560 ℃与偏析温度 610 ℃很接近,如果样品在 560 ℃保温达到平衡状态后,α-Zr 中固溶的 Nb 含量一定大于 0.27%而接近 0.6%(图 4),虽然在 560 ℃保温 10 h 还不能保证达到了平衡状态,但 α-Zr 中固溶的 Nb 含量肯定高于仅经过 750 ℃-0.5 h 处理的样品.

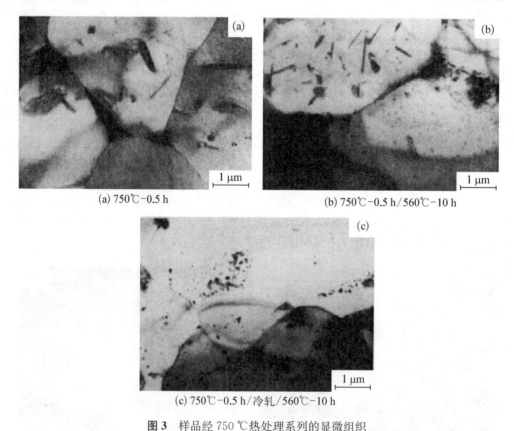

(a) 750℃-0.5 h

(b) 750℃-0.5 h/560℃-10 h

(c) 750℃-0.5 h/冷轧/560℃-10 h

图 3 样品经 750 ℃热处理系列的显微组织

Fig. 3 TEM Micrographs of Specimens Treated

750 ℃-0.5 h/560 ℃-10 h 处理的样品与仅经过 750 ℃-0.5 h 空冷处理的样品相比,除了 β-Zr 分解为 α-Zr+β-Nb 之外,α-Zr 中固溶的 Nb 还会有所提高.如果 β-Zr 分解后有利于提高合金的耐腐蚀性能,那么,样品经 750 ℃-0.5 h/560 ℃-10 h 处理后的耐腐蚀性能劣于仅经过 750 ℃-0.5 h 空冷处理的耐腐蚀性能,这只能是因为提高了 α-Zr 中 Nb 固溶含量的缘故.因此,要改善 Zr-Sn-N 合金的耐腐蚀性能,一定要考虑加工过程中影响 α-Zr 中 Nb 固溶含量的各种因素.比较 750 ℃-0.5 h/560 ℃-10 h 处理和 750 ℃-0.5 h 空冷处理样品的耐腐蚀性能,可以认为含 Nb 锆合金 α-Zr 中固溶的 Nb 含量应不高于 0.3%.

样品经 750 ℃-0.5 h/冷轧/560 ℃-10 h 处理,一方面在 750 ℃ 保温 0.5 h 后 α-Zr 中 Nb 的含量低于 0.3%,另一方面冷轧变形促进了 β-Zr 分解时的形核,得到了细小均匀分布的 β-Nb(含有 Fe)第二相(图 3c),此时 β-Nb 第二相的大小在 50 nm 左右.在本文所采用的实验条件下,样品经 750 ℃-0.5 h/冷轧/560 ℃-10 h 处理的耐腐蚀性能最好.比较 750 ℃-0.5 h/冷轧/560 ℃-10 h 和 750 ℃-0.5 h/ 560 ℃-10 h 处理的样品,以及 1 000 ℃-0.5 h/冷轧/ 560 ℃-10 h 和 1 000 ℃-0.5 h/560 ℃-10 h 处理样品间耐腐蚀性能的差别,说明获得纳米尺寸并均匀分布的 β-Nb 粒子对提高样品的耐腐蚀性能有非常重要的作用.只有获得了这种显微组织的样品,它们的耐腐蚀性能才明显优于 Zr-4 样品.

从图 1 还可看出,经 750 ℃ 处理系列样品的耐腐蚀性能都优于相对应的经 1 000 ℃ 处理系列的样品,即经 750 ℃-0.5 h 空冷处理的耐腐蚀性能优于经 1 000 ℃-0.5 h 空冷处理;经 750 ℃-0.5 h/ 560 ℃-10 h 处理的耐腐蚀性能优于经 1 000 ℃-0.5 h/560 ℃-10 h 处理;经 750 ℃-0.5 h/冷轧/560 ℃-10 h 处理的耐腐蚀性能优于经 1 000 ℃-0.5 h/冷轧/560 ℃-10 h 处理.其根本原因可能是因为 α-Zr 中固溶 Nb 含量的不同,750 ℃ 处理系列的样品都低于 1 000 ℃ 处理系列的样品.

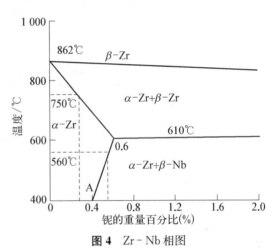

图 4　Zr-Nb 相图

Fig. 4　Zr-Nb Phase Diagram

4　结论

比较 ZIRLO 合金样品经不同处理后在 350 ℃、16.8 MPa 的 0.04MLiOH 水溶液中的耐腐蚀性能,表明 750 ℃-0.5 h/冷轧/560 ℃-10 h 处理后样品的耐腐蚀性能最好.其原因在于:样品经过这样处理后,基体 α-Zr 中固溶的 Nb 含量较低(<0.3wt%),并获得了纳米尺寸分布的 β-Nb 第二相粒子,后者对改善耐腐蚀性能尤为重要.样品在最终 560 ℃ 加热处理之前的冷轧变形,可以促进 β-Zr 分解时的形核,是获得纳米尺寸 β-Nb 的必要措施.

参 考 文 献

[1] J P Foster, J Dougherty, M G Burke et al. Influence of Final Recrystallization Heat Treatment on Zircaloy-4 Strip Corrosion[J]. J. Nucl. Mat., 1990, 173:164-178.

[2] Zhou Bangxin, Zhao Wenjin, Miao zhi et al. The Effect of Heat Treatment on the Corrosion Behavior of Zircaloy-4 [R], China Nuclear Science and Technology Report, CNIC-01074, SINRE-0066, China Nuclear Information Center, Atomic Energy Press, 1996.

[3] J P Mardon, G Garner, P Beslu, D Charquet, J Senevat. Update on the Development of Advanced Zirconium Alloys

for PWR Fuel Rod Cladding [R]. ANS Fuel Performance Conference in Portland (USA), March, 2 - 6(1997).

[4] K N Choo, Y H Kang, S I Pyum et al. Effect of Composition and Heat Treatment on the Microstructure and Corrosion Behavior of Zr - Nb Alloys[J]. J. Nucl. Mat. 1994, 209: 226 - 235.

[5] Y P Lin and O T Woo, Oxidation of β - Zr and Related Phases in Zr - Nb Alloy: an Electron Microscopy Investigation [J]. J. Nucl. Mat. , 2000, 277: 11 - 27.

[6] D Pecheur, Oxidation of β - Nb and Zr (Fe, V)2 Precipitates in Oxide Films Formed on Advanced Zr - based Alloys [J]. J. Nucl. Mat. , 2000, 278: 195 - 201.

Effect of the Microstructure on the Corrosion Resistance of ZIRLO Alloy

Abstract: The specimens of ZIRLO alloy were treated in different ways at 1 000 ℃- 0. 5 h, 1 000 ℃- 0. 5 h/ 560 ℃- 10 h, 1 000 ℃- 0. 5 h/C. R. (cold rolling)/560 ℃- 10 h and 750 ℃- 0. 5 h, 750 ℃- 0. 5 h/560 ℃- 10 h, 750 ℃- 0. 5 h/C. R/560 ℃- 10 h respectively, and their microstructures were examined by transmission electron microscopy (TEM). Lastly, the corrosion characteristics were investigated with autoclave tests in 0. 04M LiOH aqueous solution at 350 ℃, 16. 8 MPa. It has been found that the corrosion resistance of specimens treated at 750 ℃- 0. 5 h/C. R /560 ℃- 10 h is the best among all specimens treated in different ways in this work. It is concluded that a lower niobium concentration in solid solution in αZr matrix and a uniform distribution of nanoscale βNb (containing iron) particles, especially the later one, are important factors for improving the corrosion resistance significantly. The cold deformation before the final annealing at 560 ℃ plays an important role in obtaining nanoscale β Nb particles because it can promote the nucleation during the β Zr decomposition.

锆-4合金氧化膜中的晶粒形貌观察*

摘　要：用扫描探针显微镜（SPM）研究了 Zr-4 合金在高压釜中经 360 ℃高温水腐蚀后氧化膜中的显微组织和晶粒形貌。从氧化膜表面上观察到的晶粒在 100 nm～400 nm 之间，比从截面上观察到的大，说明氧化膜的晶粒在腐蚀过程中仍在不断长大。从离子轰击蚀刻后的氧化膜截面上，可以区分出由大角度晶界构成的柱状晶，以及在柱状晶中由小角度晶界构成的等轴晶。在三晶交界处，常常有明显的"凹陷"，这应是空位扩散凝聚后形成的空洞，尺度在几纳米至几十纳米间。在氧化膜的截面上，除了可观察到裂纹和空洞等缺陷外，在氧化膜/金属交界处，有时还可观察到片层状的氢化锆和显示不出晶界的非晶 ZrO_2。

1　前言

　　锆合金氧化膜的生长是 O^{2-} 与 Zr^{4+} 在氧化膜/金属界面处形成 ZrO_2 的过程，因此，阴离子空位由氧化膜/金属界面处向氧化膜表面扩散的速率决定了氧化膜的生长速率。金属锆氧化后形成 ZrO_2，体积发生膨胀，P. B. 比为 1.56，这样，在氧化膜中将产生很大的压应力，而在 ZrO_2/金属界面处的金属侧又存在很大的张应力。在这种应力状态下生成的氧化膜，它们的显微组织和晶体结构非常复杂，可以形成多种亚稳相，晶体中还存在很多缺陷，晶粒细小，还有空洞，这些都是为了调节氧化膜中应力的需要。在不同腐蚀阶段形成的氧化膜，以及在耐腐蚀性能不同的锆合金上形成的氧化膜，它们的显微组织和晶体结构都会有一定的差别，因为这些因素对阴离子空位扩散的影响最大。过去我们用透射电子显微镜（TEM）研究氧化膜的显微组织后，已经得到了一些有意义的结果[1,2]。

　　尽管目前扫描电子显微镜（SEM）的分辨率已达到了 1 nm，但由于锆合金表面覆盖了氧化膜后成为非导体，如果对样品进行喷金等处理，将会掩盖氧化膜上纳米尺度的一些信息，这是不可取的。另外，SEM 在垂直方向的分辨率并不太高，大约只有 10 nm。虽然曾经用 SEM 观察过氧化膜的断口形貌，得到了氧化膜中晶粒组织的一些信息，但还远远不够。扫描探针显微镜（SPM）包括了扫描隧道显微镜（STM）和原子力显微镜（AFM）的功能。AFM 适合于观察非导体的表面形貌，它们不仅在水平方向具有 0.1 nm～0.2 nm 的高分辨率，在垂直方向具有更高的分辨率（～0.01 nm），非常适合于观察只有微小起伏的显微组织，这是 SEM 无法与之相比的。本研究介绍了用 SPM 观察锆合金氧化膜的显微组织和晶粒形貌的一些结果。

2　实验方法

　　经过冷轧和再结晶退火处理 2 mm 厚的 Zr-4 板，在高压釜中经 360 ℃，18.6 MPa 高温

---

* 本文合作者：李强、姚美意、刘文庆。原发表于《稀有金属材料与工程》，2003，32（6）：417-419.

水腐蚀处理 395 d,腐蚀增重达到 129 mg/dm²,氧化膜厚度大约为 8 μm,表面仍然是黑色. 为了观察氧化膜中的显微组织和晶粒形貌,采用了两种制样方法:一种是平行于样品氧化膜的表面观察,并用离子轰击减薄,以便观察氧化膜不同深度处的情况;另一种是制备氧化膜的截面,从氧化膜的截面上观察. 在制备氧化膜的截面时,先将样品镶嵌在大约为共晶成分的 Bi - Pb 合金中,由于熔点大约只有 130 ℃,样品在镶嵌过程中氧化膜不会受到损伤. 镶嵌后的样品经砂纸研磨和抛光,然后用离子轰击减薄进行蚀刻,这时也可以将研磨时造成表面的变形层剥离掉. 经过这样制备的样品,用 SPM 可以清晰地观察到氧化膜截面中的显微组织和 ZrO₂ 晶粒形貌. 所用 HL -Ⅱ型 SPM 由中国科学院电工研究所北京市中科机电设备公司生产.

3 实验结果及讨论

用场发射电子枪的 SEM 观察经过热浸蚀或经过离子轰击蚀刻后的氧化膜,只能见到裂纹及空洞等缺陷,无法分辨出晶粒形貌. 用 SPM 观察时,可以观察到清晰的晶粒形貌(图

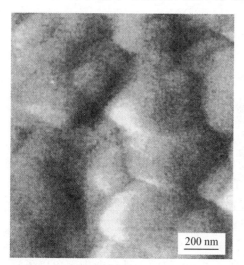

图 1 平行于样品表面观察时的晶粒形貌
Fig. 1 The grain morphology observed on the surface of oxide film

1),氧化膜表面的晶粒大小在 100 nm ~ 400 nm 之间,在有些三晶交界处,还可以见到"凹陷"现象,这应该是空位扩散凝聚后形成的孔洞,尺寸约为几纳米至几十纳米. 过去用 TEM 观察到氧化膜中存在孔洞及孔洞簇时,曾提出过氧化膜中的空位在温度和应力作用下,会发生扩散和凝聚而形成空洞的机制[1,2]. 从氧化膜截面上观察到的晶粒要比从表面上看到的小(图 2 ~ 图 4),这说明氧化膜中的 ZrO₂ 晶粒在腐蚀过程中仍在不断长大. 从离子蚀刻后显示出晶界的深浅和粗细,可以区分大角度晶界和小角度晶界,从图 2 中可以见到比较直的大角度晶界,但同时还可以看到由许多小角度晶界构成的等轴晶,过去用 SEM 观察氧化膜断口时,可能无法区分小角度晶界等轴晶断裂后的断面起伏,只能见到大角度晶界柱状晶的断面,因而认为氧化膜中存在柱状晶,并有柱状晶在氧化膜生长过程中转变为等轴晶的现象[3]. 用 SPM 可以观察到在柱状晶中还有由小角度晶界构成的等轴晶,如果这种等轴晶发生进一步长大,就会成为柱状晶转变为等轴晶的现象,这样,就可以说明为什么在观察氧化膜的断口形貌时,氧化膜的内层中常常是柱状晶,而氧化膜的外层中只是等轴晶. 在氧化膜截面上还可见到裂纹(图 3);在金属/氧化膜的界面处,可以见到片层状的氢化锆相(图 4);在氧化膜侧的有些地方,大约在 100 nm 的厚度范围内显示不出晶粒组织(图 5),这应该是非晶 ZrO₂,过去用 TEM 观察时曾证明在金属/氧化膜的界面处存在非晶 ZrO₂[2]. 从以上的一些结果可以看出,SPM 是观察研究锆合金氧化膜中显微组织和晶粒形貌的一种方便有效的手段.

4 结论

SPM 具有很高的水平和垂直分辨率,适合于观察锆合金经高压釜腐蚀后由热浸蚀显示

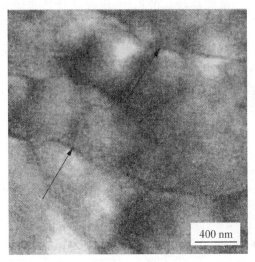

图2 从氧化膜截面上观察时的晶粒形貌（箭头所指为大角度晶界）

Fig. 2 The grain morphology observed on the section of oxide film (arrows indicated the large angle grain boundaries)

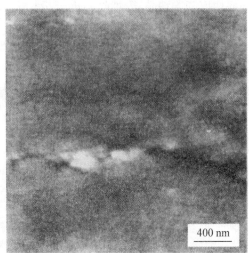

图3 在氧化膜截面上观察到的裂纹

Fig. 3 Cracks observed on the section of oxide film

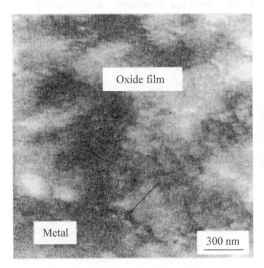

图4 氧化膜/金属界面处的片层状氢化锆（箭头指处）

Fig. 4 Zirconium hydrides in laminar form (indicated by an arrow) observed at the interface of metal/oxide film

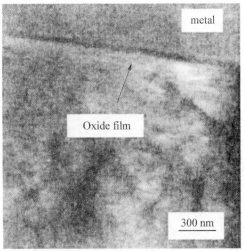

图5 氧化膜金属界面处的非晶（箭头指处）

Fig. 5 Amorphous ZrO_2 (indicated by an arrow) observed at the interface of matrix/oxide film

的晶粒组织，或者是经离子轰击蚀刻后显示的晶粒组织. 用 SPM 观察 Zr-4 合金在高压釜中经 360 ℃高温水腐蚀后形成的氧化膜，可以得出以下一些结果：

（1）从氧化膜表面上观察到的晶粒在 100 nm～400 nm 之间，比从截面上观察到的大，说明氧化膜的晶粒在腐蚀过程中仍在不断长大.

（2）从氧化膜截面上可以区分出由大角度晶界构成的柱状晶，以及在柱状晶中由小角度晶界构成的等轴晶.等轴晶的进一步长大,将会破坏柱状晶的形貌,出现柱状晶转变为等轴晶的现象.

(3) 在三晶交界处,常常有明显的"凹陷",这应是空位扩散凝聚后形成的空洞,尺度在几纳米至几十纳米间.

(4) 在氧化膜的截面上,除了可观察到裂纹和空洞等缺陷外,在氧化膜/金属交界处,有时还可观察到片层状的氢化锆和显示不出晶界的非晶 ZrO_2.

参 考 文 献

[1] Zhou Bangxin. Electron Microscopy Study of Oxide Films Formed on Zircaloy - 2 in Superheated Steam[C]. In: Van Swam L F P, CM Eucken eds. *Zirconium in the Nuclear Industry-Eighth International Symposiem*, ASTM STP 1023, Philadelphia: American Society for Testing and Materials, 1989, 360 - 373.

[2] Zhou Bangxin(周邦新), Li Qiang(李强), Huang Qiang(黄强) *et al*. The Effect of Water Chemistry on Corrosion Resistance of Zirconium Alloys[J]. *Nuclear Power Engineering*(核动力工程),2000,21(5): 439 - 447.

[3] Anada H, Takeda K. Microstructure of Oxides on Zircaloy - 4, 1. 0Nb Zircaloy - 4, and Zircaloy - 2 Formed in 10. 3MPa Steam at 637K[C]. In: Bradley E R, Sabol G P eds. *Zirconium in the Nuclear Industry-Eleventh International Sgmposium*, A STM STP 1 295, Philadelphia: Ainerican Society for Testing and Materials, 1996, 35 -54.

The Grains Morphology of Oxide Films for Zircaloy - 4

Abstract: The microstructure and morphology of oxide film for Zircaloy - 4 alloy in autoclave at 360 ℃ and 18. 6 MPa have been investigated by means of scanning probe microscopy (SPM). The diameter of grains observed on the surface of oxide films is 100 nm~400 nm, which is larger than that observed on the section of oxide films. This means that the grain still grow during the process of corrosion testing. Some column grain with large angle grain boundaries can be observed on the section surface etched by ion-bombardment, and some small equal-axis grains with small angle grain boundaries exist in the column grains. Some depressed areas in the size of nanometer to decadal nanometer can be found at the junctures of three or more grains, which should be the pores caused by the diffusion and condensation of vacancies. Besides, some flaky zirconium hydrides and amorphous ZrO_2 without grain boundaries can be occasionally observed at the metal/oxide interface.

真空电子束焊接对锆合金耐腐蚀性能的影响[*]

摘　要：用真空电子束焊接方法将 Zr-4 板对接焊后，焊缝的耐腐蚀性能很差，在 400 ℃过热水蒸气中腐蚀 3～14 天后，焊接熔化区的表面形成了白色的氧化膜. 用电子探针研究了熔区中合金成分的变化和耐腐蚀性能间的关系，结果表明：熔区中 Sn、Fe 和 Cr 合金元素的挥发损耗是造成耐腐蚀性能变差的主要原因，当采用合金成分高于 Zr-4 的锆合金板与 Zr-4 板对接焊后，可以补偿熔区中合金元素因挥发而造成的损耗，明显改善焊缝熔区的耐腐蚀性能；若在锆合金中添加 0.4%～0.5%的 Nb，使熔区中形成新的锆合金，将有益于改善焊缝的耐腐蚀性能，但焊接后的样品应在 500～600 ℃进行退火处理，使添加 Nb 后形成的 βZr 分解为稳定的 αZr+βNb，以进一步改善焊缝的耐腐蚀性能.

1　引言

　　真空电子束焊接是用于燃料元件组装时的一种焊接方法，焊接时的加热和冷却速度快，熔区小，所以熔化区及热影响区都经受了急热和急冷过程. 用真空电子束焊接方法将 Zr-4 板对接焊的样品，在 400 ℃过热蒸汽中腐蚀后表明焊缝的耐腐蚀性能很差，只要腐蚀 3～14 天后就会出现白色氧化膜. 合金在高真空中熔化后，由于各种合金元素的蒸汽分压不同，分压高的合金元素会发生挥发而损耗. 文献[1]已证明，与 Zr-4 相似的 Zr-2 合金经真空电子束焊接后，熔区中的 Sn、Fe、Cr 合金元素的损耗高达 30%～50%，对熔区的耐腐蚀性能产生了有害的影响. 另一方面，从 β 相冷却的速度大约超过 500 ℃/s 后，也会使耐腐蚀性能明显改变[2]. 因此，文献[3]中用 Zr-4 样品经 β 相加热水淬及重新加热退火来模拟电子束焊接时的急冷过程，研究这种处理后的显微组织以及它对耐腐蚀性能的影响. 结果表明，这类显微组织虽然并不具有最佳的耐腐蚀性能，但在 400 ℃过热蒸汽中腐蚀 3～14 天后还不会很快生成白色氧化膜. 为了对真空电子束焊接引起锆合金耐腐蚀性能的变化做出评价，并指导焊接工艺的制定，有必要进一步研究焊缝的耐腐蚀性能与熔区中合金成分变化的关系，以及对熔区采取合金成分补偿和合金化的措施后对耐腐蚀性能产生的影响，这就是本研究工作的目的.

2　实验方法

　　为了研究合金元素补偿和合金化的办法对改善电子束焊接熔区耐腐蚀性能的影响，需要用合金成分高于 Zr-4 或不同于 Zr-4 的锆合金板与 Zr-4 合金板对接焊，以研究经过合金成分补偿后熔区中的成分变化和对熔区耐腐蚀性能的影响. 表 1 给出了 4 种不同成分的锆合金的质量分数（每种合金的铸锭重为 4 kg，轧成 1.5 mm 厚的板）. 研究单条焊缝的耐腐

* 本文合作者：李强、苗志、喻应华、姚美意. 原发表于《核动力工程》，2003，24（3）：236-240.

蚀性能比较困难,因为焊接后在焊缝两侧仍有相当多的锆合金板未经过熔化,熔区的表面只占了整个样品的一小部分,将这样的样品进行腐蚀并测量增重,无法区分焊接熔区的耐腐蚀性能,所以采用了 9 条 2 mm 宽的样品相互拼焊的办法,在 18 mm 宽的平板样品中包含了 8 条焊缝,焊接熔区表面可占整个样品表面的 80% 以上. 为了观察合金元素补偿和合金化对改善焊接熔区耐腐蚀性能的影响,在用其他成分的锆合金与 Zr - 4 对接焊时,将两种成分不同的锆合金条间隔放置,焊接时的电子束流为 10 mA,此时 1.5 mm 厚的锆合金板刚好能焊透.

表 1 试验用的几种锆合金成分　%

Table 1 Composition of Zirconium Alloys　%

编号	Sn	Fe	Cr	Nb	C	N	O
1#	1.97	0.37	0.23	—	0.01	0.005	0.001
2#	1.92	0.32	—	—	0.01	0.005	0.001
3#	1.88	0.35	—	0.52	0.01	0.007	0.001
4#	1.00	0.31	0.05	0.39	0.01	0.008	0.001

将焊接后的样品垂直于焊缝切断,经砂纸研磨和电解抛光后,用电子探针沿熔池的深度方向或平行表面的方向逐点分析成分. 以未经熔化 Zr - 4 合金中 Sn、Fe、Cr 特征谱线的峰高,扣除谱线上下本底的平均值后作为 100%,与熔区中该谱线扣除本底后的峰高进行比较,作为熔区中合金元素含量变化的相对值. 由于 Zr - 4 中 Sn、Fe、Cr 的含量并不高,直接用测定谱线强度变化之比作为合金元素成分的变化,不进行 ZAF 校正,不会产生太大的影响. 在分析 Nb 含量的变化时,将含 Nb 条带下部未熔化处 Nb 的特征谱线峰高作为 100% 进行比较.

将焊接后的样品切断成 18 mm×20 mm,按标准规范清洗后在 400 ℃、10.3 MPa 过热蒸汽中腐蚀,并定期将样品取出测量腐蚀增重随腐蚀时间的变化,以便进行耐腐蚀性能的定量比较. 由于焊接熔区占样品表面的 80% 以上,可以认为腐蚀增重的大小主要取决于焊接熔区的耐腐蚀性能.

3　实验结果和讨论

3.1　熔区中合金元素的损耗以及采用成分补偿后的效果

Zr - 4 合金板相互对接焊后,熔区深度方向合金元素的损耗以及距离表面约 0.3 mm 横跨熔区分析时得到的合金成分变化见图 1. 由图可见,在熔池深度 <1 mm 时,合金成分损耗很大. 与 Zr - 4 原有的成分相比,熔区中 Sn 含量为 55%～60%;Fe 为 45%～50%;Cr<20%. 这是由于锆合金在真空中熔化后,各种合金元素的蒸汽分压都高于锆,由于合金元素挥发而造成损耗;当横跨熔区做成分分析时得到的结果也是如此. 在图 1b 中对应于横坐标的 2 mm、4 mm、6 mm、8 mm 处是熔池的中部. 由于 1# 锆合金中的 Sn、Fe、Cr 以及 2#、3# 锆合金中的 Sn、Fe 含量均高于 Zr - 4,所以将以上 3 种锆合金条与 Zr - 4 间隔放置焊接后,熔区中合金元素的损耗得到了补偿. 以 3# 锆合金板与 Zr - 4 板对接焊后的样品为例(图 2a、b),熔区中的成分与 Zr - 4 相比,Sn 为 85%～100%;Fe 为 95%～115%;由于 3# 锆合金中不含 Cr,但添加了 0.5% 的 Nb,因此,Cr 为 20%～50%,Nb 与原来 3# 锆合金相比,约为

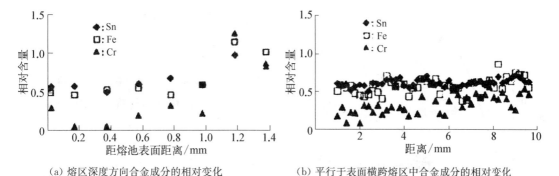

（a）熔区深度方向合金成分的相对变化　　　　　　（b）平行于表面横跨熔区中合金成分的相对变化

图1　Zr－4板相互对接焊后熔区中合金成分的相对变化

Fig. 1　Comparative Variation of Alloy Composition in Molten Zone of Butt Welding Joints between Zr－4 and Zr－4 Plates

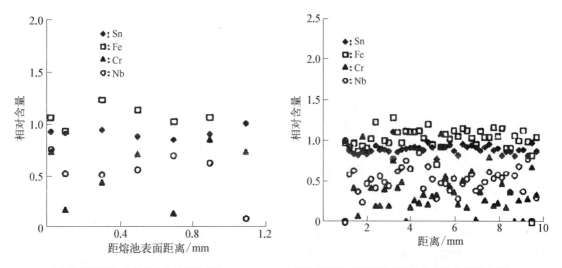

（a）熔区深度方向合金成分的相对变化　　　　　　（b）平行于表面横跨熔区中合金成分的相对变化

图2　3# 锆合金板与 Zr－4 板对接焊后熔区中合金成分的相对变化

Fig. 2　Comparative Variation of Alloy Composition in Molten Zone of Butt WeldingJoints between Zr－4 and 3# Zirconium Alloy Plates

50%～60%，相当于与不含 Nb 的 Zr－4 熔化混合后的结果．这说明 Nb 元素在熔区中并无明显的挥发损耗横跨熔池分析得到的结果也是如此．4# 锆合金中含 Fe、Cr 均比 Zr－4 的高，并含有 Nb，但仅含 1% 的 Sn，所以熔区中的合金成分与 Zr－4 的相比，Fe 和 Cr 的损耗都得到了补偿，并增加了新的合金成分 Nb，但是 Sn 含量仍然很低．由于 Cr 含量较低，分析误差较大，因而，所有 Cr 的分析数据都很分散．总结以上的分析结果可以看出：由于锆合金在高真空中熔化后，合金元素 Sn、Fe、Cr 的蒸汽分压均高于 Zr，因此，Sn、Fe、Cr 都会因挥发而造成较大的损耗．采用 Sn、Fe、Cr 含量高于 Zr－4，或再添加新的合金元素 Nb 的锆合金板，与 Zr－4 板对接焊，熔区中的 Sn、Fe、Cr 合金成分虽然仍会因挥发而损耗，但因得到了补偿而不会降得太低，另外添加 Nb 后，熔区中还可形成一种新的锆合金．

3. 2　样品的腐蚀增重及熔区中合金成分补偿后对耐腐蚀性能的影响

图3是成分不同的板状样品相互对接焊后在 400 ℃ 过热蒸汽中腐蚀时的增重，将腐蚀

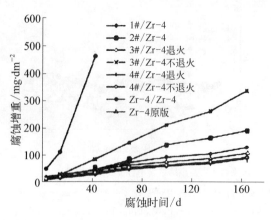

图 3 用成分不同的锆合金板相互对接焊的样品，在 400 ℃ 过热蒸汽中腐蚀时的增重

Fig. 3 Weight Gains of Butt Welding Joints between Zr-4 and Other Zirconium Alloy Plates Tested in Autoclave at 400 ℃ Superheated Steam

增重的差别与上一节关于熔区中合金元素的损耗以及进行补偿后合金成分的变化一起进行分析，其结果如下.

3.2.1 Zr-4 板对接焊后的耐腐蚀性能

用 Zr-4 板相互对接焊后，熔区中的合金元素因挥发损耗很大，Sn、Fe、Cr 的含量分别可以降至 0.7%~0.8%、0.1% 和小于 0.02%（质量分数，由熔区中合金元素相对于 Zr-4 成分的变化计算所得），这是焊接后耐腐蚀性能变坏的主要原因，在 400 ℃ 过热蒸汽中腐蚀时增重很大，在焊缝的熔化区表面上完全覆盖了一层白色氧化膜.

3.2.2 对熔区作 Sn、Fe、Cr 成分补偿后的耐腐蚀性能

用 Sn、Fe、Cr 都高于 Zr-4 的 1♯ 锆合金板与 Zr-4 板对接焊后，熔区中的合金元素虽然同样因挥发而损耗，但因为一侧锆合金板中的合金成分含量较高，可以对熔区中合金成分的损耗进行补偿，因而熔区的耐腐蚀性能得到了明显改善. 但在 2 mm 宽锆合金条的中心部位，因未被熔化或熔化后温度较低，合金成分并未因挥发而减少，仍维持在原来的水平，这在焊缝的背面更是如此，而这种成分的锆合金其耐腐蚀性能要比 Zr-4 的差，因而在经过 165 天腐蚀后的增重比 Zr-4 原板材的高 20%.

3.2.3 对熔区作 Sn、Fe 成分补偿后的耐腐蚀性能

用不含 Cr 但含 Sn、Fe 均高于 Zr-4 的 2♯ 锆合金板与 Zr-4 板对接焊后，熔区中 Sn、Fe 的含量得到补偿的情况与用 1♯ 锆合金板对接焊的相似，但 Cr 含量小于 0.03%，该种焊接样品的耐腐蚀性能与 Zr-4 板相互对接焊的样品相比，虽然也有明显改善，但比 1♯ 锆合金板与 Zr-4 板对接焊的样品要差一些，这可能是因为熔区中 Cr 含量比较低，导致耐腐蚀性能比较差的缘故.

3.2.4 对熔区作 Sn、Fe 成分补偿并添加 Nb 后的耐腐蚀性能

用不含 Cr 但 Sn、Fe 含量均高于 Zr-4，并添加了 0.52%Nb 的 3♯ 锆合金板与 Zr-4 板对接焊后，虽然熔区中的 Sn、Fe、Cr 含量与 2♯ 锆合金板与 Zr-4 板对接焊时的结果相似，但由于添加了 Nb，这种样品在焊接后经过 500 ℃、1.5 h 退火处理，其耐腐蚀性能比 Zr-4 原板材更好. 但是样品未经退火时的耐腐蚀性能就比较差. 这可能包括了两方面的原因：① 熔区中形成了 Zr-Sn-Nb-Fe-Cr 系的新型合金，虽然 Cr 含量低，但添加了大约 0.25% 的 Nb，在 400 ℃ 过热蒸汽中腐蚀时具有优良的耐腐蚀性能[4]，因此，熔区的耐腐蚀性能是好的；② 锆合金中添加了一定量的 Nb 后，当加热到局 610 ℃ 以上冷却速度较快时会形成亚稳的 βZr，如果重新在 500~600 ℃ 退火处理，βZr 又会分解为 αZr+βNb. 文献[5] 证明了 βZr 的存在对耐腐蚀性能有害，βZr 分解后可以明显改善耐腐蚀性能. 图 4 是 Zr-0.63Sn-0.78Nb-0.1Fe-0.08Cr 合金经 720 ℃ 加热冷却后形成的块状 βZr（图 4a）和 550 ℃ 退火后 βZr 分解为 αZr+βNb（图 4b）的形貌. 在 3♯ 锆合金中添加了 0.52%Nb，焊接冷却后必然会形成 βZr，尤其是在焊接板的背面，3♯ 锆合金条还有相当部分未被熔化，Nb 含量仍保持在 0.52%，冷却后 βZr 的量也会多一些. 因此，焊接后的样品进行 500 ℃ 退火处理会对改善耐腐蚀性能产

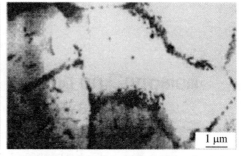

(a) 在720℃加热冷却后形成的块状β Zr　　　　(b) 重新在550℃退火后β Zr分解为α Zr+β Zr

图 4　Zr－0.63Sn－0.78Nb－0.1Fe－0.08Cr 合金的显微组织

Fig. 4　TEM Micrographs of Alloy Zr－0.63Sn－0.78Nb－0.1Fe－0.08Cr

生明显的影响,这是因为退火处理使βZr发生了分解的缘故.

3.2.5　对熔区作 Fe 成分补偿并添加 Nb 后的耐腐蚀性能

用 Sn 含量低于 Zr－4,Fe 含量高于 Zr－4,Cr 的含量与 Zr－4 相似并添加 0.39%Nb 的 4♯锆合金板与 Zr－4 板对接焊后,熔区中的 Sn 为 0.7%～1.0%,Fe 为 0.14%～0.16%,Cr 为 0.03%～0.04%,并含有约 0.2%Nb(质量分数,根据含量的相对变化计算得到).这种样品中虽然 Sn 含量比较低,但由于 Fe 含量较高,焊接损耗后还能维持适当的含量,并还含有约 0.2%Nb,所以熔区的耐腐蚀性能得到明显改善.由于 Nb 含量比 3♯锆合金的低,焊接冷却后形成 βZr 相的量也会少些,因此,无论是否经过 500 ℃退火处理,它们的耐腐蚀性能都比 Zr－4 原板材的好.焊接后的样品经过 500 ℃退火虽然对改进耐腐蚀性能有一定作用,但不如用 3♯锆合金板与 Zr－4 板对接焊的样品明显.

4　结论

(1) 用 Zr－4 板相互对接焊的样品,由于焊接熔区中 Sn、Fe、Cr 合金元素挥发而损耗,这是造成焊缝熔区耐腐蚀性能变坏的主要原因.样品经 400 ℃过热蒸汽腐蚀 3～14 天后,熔区表面上覆盖了一层白色氧化膜.熔区中 Sn 含量只有 0.7%～0.8%,Fe 含量小于 0.1%,Cr 含量小于 0.02%(质量分数).

(2) 采用合金成分高于 Zr－4 的锆合金板与 Zr－4 板对接焊后,可以补偿熔区中因挥发造成的合金元素损耗,因而可以明显改善焊缝熔区的耐腐蚀性能.

(3) 合金中添加 Nb 对进一步改善焊缝的耐腐蚀性能是有益的,这时,即使不对熔区中 Sn、Cr 的损耗进行补偿,只对 Fe 的损耗进行补偿,也能得到非常好的耐腐蚀性能.添加 Nb 后会形成亚稳的 βZr 而使耐腐蚀性能变坏,所以 Nb 含量不宜过高,焊接后的样品还应在 500～600 ℃进行退火处理,使 βZr 分解为稳定的 αZr＋βNb.

参 考 文 献

[1] 周邦新,郑斯奎,汪顺新.真空电子束焊接对锆－2 合金熔区中的成分、组织及腐蚀性能的影响[J].核科学与工程,1988,8(2):130－137.

[2] Garzarolli F, Pohlmeyer I, Steinberg E, et al. Long Time out of Pile Corrosion of Zircaloy－4 in 350 ℃ Water. External Cladding Corrosion in Water Power Reactors[C]. Proceeding of A Technical Committee Meeting,

Organized by the International Atomic Energy Agency, Cadarache, France. 1985.

[3] 周邦新,李　强,苗志.β相水淬对 Zr-4 合金耐腐蚀性能的影响[J]. 核动力工程,2000, 21(4)：339-343.

[4] 周邦新,赵文金,苗志等. 新锆合金的研究[C]. 生物及环境材料,Ⅲ-2,1996 中国材料研讨会文集,化学工业出版社,
1997, 183-186.

[5] 李强,刘文庆,周邦新. 变形和退火对 Zr-Sn-Nb 合金中 βZr 分解的影响[J]. 稀有金属材料与工程, 2002, 31(5)：
389-392.

Effect of Vacuum Electron Beam Welding on Corrosion
Resistance of Zirconium Alloys

Abstract：The butt joints of Zircaloy-4 plates are made by electron beam welding. The corrosion resistance of welding seams is poor to form white oxide films on the surface of molten zone after autoclave tests at 400 ℃ 10.3 MPa superheated steam for 3 to 14 days. The relationship between the variation of the contents of alloying elements in molten zone, which were analyzed by means of electron microprobe, and the corrosion resistance have been investigated. It is proved that the degradation of corrosion resistance of welding seams is mainly due to the loss of the alloying elements of Sn, Fe and Cr by the vaporization in molten zone. When the zirconium alloy plates, in which the alloying element contents are higher than that of Zircaloy-4, are employed for making butt joints with Zircaloy-4 plates, the loss of alloying elements in molten zone can be compensated, so that the degradation of corrosion resistance can also be remedied. Adding 0.4%~0.5% Nb alloying element in zirconium alloy is advantage for further improvement of the corrosion resistance of welding seams, but annealing should be carried out at 500~600 ℃ after welded in order to get the decomposition of βZr into αZr+βNb.

水化学对 Zr-4 合金氧化膜/基体界面处压应力的影响*

摘　要：测量和比较 Zr-4 合金样品分别在 400 ℃，10.3 MPa 过热水蒸气，0.01 mol/L 和 0.04 mol/L 的 LiOH 水溶液中腐蚀后氧化膜/金属界面处氧化膜内的压应力，发现在 0.04 mol/L LiOH 水溶液中腐蚀样品的压应力始终低于在 0.01 mol/L LiOH 水溶液中腐蚀的样品，也始终低于在 400 ℃ 水蒸气中腐蚀的样品；0.01 mol/L LiOH 水溶液中腐蚀的样品，其界面处的压应力在氧化膜达到一定厚度后也低于在 400 ℃ 水蒸气中腐蚀的样品. 这表明一定浓度的 LiOH 水溶液在氧化膜生成过程中会降低氧化膜中的压应力，LiOH 水溶液浓度越高，这种作用越明显.

1 引言

　　锆合金腐蚀机理的研究是围绕氧化膜生成时的物相组成和显微组织变化来解释腐蚀转折现象并建立腐蚀动力学规律[1-7]. 大量的实验[5-7]表明：锆合金腐蚀发生转折前，在靠近氧化膜/基体界面处的氧化膜中有一个致密层，其中含有较多的四方结构氧化锆（t-ZrO_2），氧化膜外表层则为单斜结构的氧化锆（m-ZrO_2），这时氧化膜具有较好的附着性；腐蚀发生转折后，靠近氧化膜/基体界面处氧化膜的致密层减薄，其中的 t-ZrO_2 也减少，此时腐蚀速度加快. 因此认为锆合金氧化膜的生长主要受氧化物/基体界面附近 t-ZrO_2 向 m-ZrO_2 的转变过程控制.

　　锆合金腐蚀转折前，什么因素使在靠近氧化物/金属界面的氧化锆中生成含较多 t-ZrO_2 的致密层，又是什么因素导致了该层中 t-ZrO_2 向 m-ZrO_2 的转变，使腐蚀加速并出现转折，许多学者通过大量的实验认为：氧化锆的 P.B 比为 1.56，当锆氧化生成氧化锆时，由于体积发生膨胀而在氧化膜中产生压应力. 该压应力导致生成 t-ZrO_2，并使其稳定. 随着氧化过程的不断进行，氧化膜/金属界面向前推进，先前生成的氧化锆中压应力被松弛，导致了 t-ZrO_2 向 m-ZrO_2 的转变. 他们用不同的方法测量了不同腐蚀条件下氧化膜中应力分布的规律和应力的大小：Garzarolli 等[8]测得氧化膜中平均压应力为 200 MPa～900 MPa，周邦新等[9]测得氧化膜中最大压应力为 1 100 MPa～1 400 MPa，Godlewski 等[10]测得氧化膜在界面处的压应力大小为 1 000 MPa～1 300 MPa. Beie[7]测得氧化膜中平均压应力高达 1 500 MPa～2 200 MPa.

　　由于应力与 t-ZrO_2 向 m-ZrO_2 的转变有密切关系，在研究 LiOH 水溶液使锆合金耐腐蚀性能降级的原因时，也应该考虑 LiOH 水溶液对氧化膜中应力大小和分布的影响. 本工作将 Zr-4 合金放在过热蒸汽及在添加不同浓度的 LiOH 的水溶液中腐蚀，测定氧化膜中应力分布的差别，研究不同介质和不同浓度的 LiOH 的水溶液对氧化膜中应力分布的影响.

---

* 本文合作者：刘文庆、李强、姚美意. 原发表于《稀有金属材料与工程》，2004，33（10）：1112－1115.

2 实验过程

选用退火状态的 Zr-4 合金管,经酸洗,用水冲洗后再用去离子水清洗. 将其分成 3 组, 其中 2 组分别放置在 0.01 mol/L 和 0.04 mol/L 的 LiOH 水溶液中腐蚀,温度 350 ℃,压力 16.8 MPa,还有一组放在 400 ℃,10.3 MPa 的过热水蒸气中腐蚀. 氧化膜厚度由腐蚀称重得到,其对应关系为: 15 mg/dm² = 1 μm.

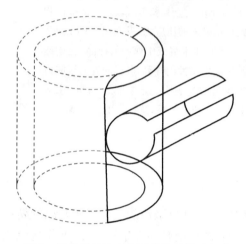

图 1 管状样品溶去金属基体后外壁氧化膜卷曲形式

Fig. 1 The curly shape of oxide film formed on outer surface of tubular specimens after dissolving metal matrix

金属锆氧化形成 ZrO_2 后,会发生体积膨胀. 氧化膜受到金属基体的约束,不能自由膨胀,而产生压应力. 氧化过程在氧化膜与金属界面上发生,在氧化膜增厚过程中,氧化膜外层中的压应力会逐步松弛,因此沿着氧化膜厚度方向存在应力梯度. 正如文献 [11] 指出的那样,在锆管外壁形成氧化膜时,在圆周方向由于曲率的关系,氧化膜体积膨胀时受到的约束小,应力容易松弛掉,而在轴向受到基体的约束大,所以氧化膜中沿轴向的压应力将比沿圆周方向的大. 当金属基体被溶去后,氧化膜在厚度方向应力梯度的作用下,会沿轴向向上卷曲,如图 1 所示. 用机械方法将管内壁的氧化膜去除后,用硝酸和氢氟酸的水溶液去除金属基体,测量卷曲后氧化膜的卷曲半径 r. 根据卷曲半径 r,氧化膜厚度 t 和氧化锆的弹性模量 E,利用公式(1)[11]可算出氧化膜在氧化膜/金属界面处的压应力 s.

$$s = E(t/r) \tag{1}$$

而应力梯度为:

$$s_{梯度} = \frac{E}{r} \tag{2}$$

在进行上述计算时,作了如下的假定:

① 氧化膜外表面压应力为零.

② 应力梯度在氧化膜的厚度方向均匀分布.

实际上上述假定并不严格成立,只有氧化膜较厚时,氧化膜外表面上的压应力才可能接近于零;由于氧化膜形成的先后差别,在厚度方向的显微组织也有差别,因此,应力梯度在氧化膜厚度方向不可能呈均匀分布. 用上述计算公式得出的结果与实际应力有一定的差别. 但这种差距是 1 种比例关系,并不影响用这种计算结果来比较氧化膜内表面处压应力的大小.

3 实验结果和讨论

图 2 是 Zr-4 合金在 0.01 mol/L LiOH 水溶液中腐蚀 14 d 去除金属基体后卷曲的氧化膜. 图 3 为 Zr-4 合金在 3 种不同介质中腐蚀后界面处压应力与氧化膜厚度间的关系.

从图3可以看出,Zr-4合金样品在3种不同介质中腐蚀,当氧化膜较薄时,界面处的压应力均较高,其中在 0.01 mol/L LiOH 水溶液中腐蚀的样品最高,在过热蒸汽中的样品次之,在 0.04 mol/L LiOH 水溶液中腐蚀的样品最低. 随氧化膜增厚,压应力单调下降,在 LiOH 水溶液中腐蚀的 2 种样品下降最快,当氧化膜厚约为 1.8 μm 时,这 2 种样品在界面处的压应力已经小于 100 MPa,比较这 2 种样品,0.04 mol/L LiOH 水溶液中腐蚀样品的界面处压应力又比 0.01 mol/L LiOH 水溶液中腐蚀的样品低,此时,在水蒸气中腐蚀样品的界面处压应力 200 MPa. 可以看出,浓度高的 LiOH 水溶液中腐蚀的样品,其界面处的压应力始终低于在浓度低的 LiOH 水溶液中腐蚀的样品,也始终低于在 400 ℃ 水蒸气中腐蚀的样品. 但 0.01 mol/L LiOH 水溶液中腐蚀的样品,其界面处的压应力在氧化膜较薄时高于水蒸气中腐蚀的样品,在氧化膜厚大于 1.3 μm 时则相反. 这可能是因为腐蚀温度不同引起的,氧化膜较薄时,温度起主要作用,氧化膜厚大于 1.3 μm 时,LiOH 起主要作用.

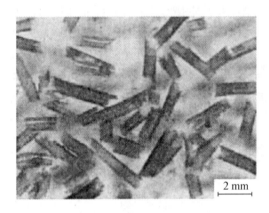

图 2 去除金属基体后卷曲的氧化膜

Fig. 2 Curly oxide film after dissolving metal matrix

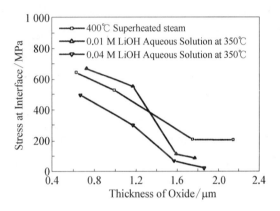

图 3 Zr-4 合金在不同介质中腐蚀时,氧化膜/金属界面处压应力与氧化膜厚的关系

Fig. 3 Relationship between compressive stress at interface and oxide thickness of Zircaloy-4 exposed in different aqueous media

Godlewski 等[12]用拉曼光谱直接测量 Zr-4 合金样品在去离子水和 0.01 mol/L LiOH 水溶液中腐蚀后氧化膜中的应力分布. 根据文献[12],绘出 Zr-4 合金样品在去离子水和 0.01 mol/L LiOH 水溶液中腐蚀不同时间后,氧化膜/基体界面处压应力与氧化膜厚的关系曲线,如图 4. 从图中可以看出,Zr-4 合金样品在去离子水中腐蚀,氧化膜较薄时,界面处的压应力较低,随氧化膜增厚,压应力逐步增加,氧化膜厚度达到 2 μm 时,界面处的压应力达到最大,约 1.25 GPa,根据腐蚀增重曲线,此时腐蚀即将发生转折[12]. 氧化膜厚度从 2 μm 增长到 6.5 μm,界面处的压应力在 0.9 GPa 到 1.2 GPa 之间波动,这与腐蚀发生转折以后,氧

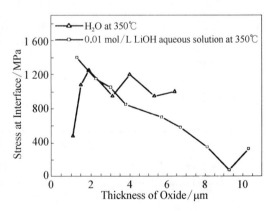

图 4 Zr-4 合金在不同介质中腐蚀时,氧化膜/金属界面处压应力与氧化膜厚度的关系

Fig. 4 Relationship between compressive stress at interface and oxide thickness of Zircaloy-4 exposed in different aqueous media

化膜中始终有一层 1 μm 厚的致密层[5]，而且腐蚀速率恒定相对应.

　　Zr-4 合金样品在 0.01 mol/L LiOH 水溶液中腐蚀，当氧化膜厚度达到 1 μm 时，界面处的压应力最高，随氧化膜增厚，压应力单调递减. 氧化膜厚度超过 3 μm 后，界面处的压应力就小于在去离子水中腐蚀的样品. 根据腐蚀增重曲线，氧化膜厚度为 3 μm 时，正是腐蚀发生转折不久，腐蚀速度开始加快. Pecheur[5] 的实验结果证实，转折后致密层厚度逐渐减薄. 氧化膜厚约为 6.5 μm 时，界面处压应力约 0.65 GPa，氧化膜厚约为 9 μm 时，界面处压应力仅 0.1 GPa. 因此在 0.01 mol/L LiOH 水溶液中，Zr-4 合金样品腐蚀发生转折后，氧化膜致密层厚度逐渐减薄，界面处压应力单调降低，腐蚀速度明显加快，这 3 种现象是一致的，说明这 3 种现象有着密切联系.

　　那么这 3 种现象哪个是原因，哪个是结果，同时 LiOH 水溶液是如何影响氧化膜中压应力的大小及分布的，文献[13] 将 Zr-4 合金样品分别放在 350 ℃，0.1 mol/L 的 LiOH 和 KOH 水溶液中腐蚀，当氧化膜厚度相同时，用二次离子质谱仪（SIMS）测量 Li^+，K^+ 和 OH^- 在氧化膜剖面上的浓度分布，发现进入氧化膜的 Li^+ 比 K^+ 深而且记数强度高，同时在 LiOH 水溶液中腐蚀的样品，其氧化膜中 OH^- 的强度比在 KOH 水溶液中腐蚀的样品高. 提出 OH^- 进入氧化膜和在氧化膜剖面上的分布与其对应的阳离子有关，K^+ 的离子半径比 Li^+ 大，难以进入氧化膜. 在 KOH 水溶液中腐蚀的样品，OH^- 进入其氧化膜比在 LiOH 水溶液中腐蚀的样品少而浅. OH^- 进入氧化膜对加快锆合金的腐蚀速度起着关键作用，当 Zr-4 合金在较高浓度 LiOH 水溶液中腐蚀时，OH^- 进入氧化膜与氧空位的反应加快了 $t\text{-}ZrO_2$ 转变为 $m\text{-}ZrO_2$，一方面使界面处压应力单调降低，另一方面使氧化膜致密层厚度减薄，从而导致腐蚀速度加快.

4　结论

　　Zr-4 合金在一定浓度的 LiOH 水溶液中腐蚀时，Li^+ 的离子半径比较小，容易进入氧化膜，与其对应的 OH^- 也容易进入氧化膜. OH^- 进入氧化膜后与氧空位的反应加快了 $t\text{-}ZrO_2$ 转变为 $m\text{-}ZrO_2$，这一方面使界面处氧化膜中的压应力单调降低，另一方面使氧化膜致密层厚度减薄，从而导致腐蚀速度加快. LiOH 水溶液浓度越高，进入氧化膜的 Li^+ 越多，$t\text{-}ZrO_2$ 转变为 $m\text{-}ZrO_2$ 的速度越快，随着氧化膜增厚，压应力下降越快，Zr-4 合金的腐蚀速度也越快.

参 考 文 献

［1］ Liu Jianzhang(刘建章). Research and Development of Zirconium Alloys in Light Water Reactors[J]. *Rare Metal Materials and Engineering*（稀有金属材料与工程），1996，25(2)：1-6.

［2］ Li Zhongkui(李中奎)，Liu Jianzhang(刘建章)，Li Peizhi(李佩志) *et al*. Corrosion Resistance of New Zirconium Alloys in Different Media[J]. *Rare Metal Materials and Engineering*（稀有金属材料与工程），1999，28(2)：101-104.

［3］ Liu Wenqing(刘文庆)，Li Qiang(李　强)，Zhou Bangxin(周邦新). Discussion on Corrosion Transition Mechanism of Zircaloy[J]. *Rare Metal Materials and Engineering*（稀有金属材料与工程），2001，30(2)：81-84.

［4］ Zhu Meisheng(朱梅生)，Liu Jianzhang(刘建章)，Li Zhongkui(李中奎) *et al*. Study on Structure and Corrosion Resistance of 8# New Zirconium Alloy[J]. *Rare Metal Materials and Engineering*（稀有金属材料与工程），1996，25(4)：34-38.

[5] Pecheur D, Godlewski J, Peybernes J *et al*. Contribution to the Understanding of the Effect of the Water Chemistry on the Oxidation Kinetics of Zircaloy - 4 Cladding[C]. *Zirconium in the Nuclear Industry*. New York: ASTM STP 1354, 2000: 793 - 811.

[6] Zhou Bangxin(周邦新), Li Qiang(李强), Huang Qiang(黄强) *et al*. The Effect of Water Chemistry on the Corrosion Behavior of Zirconium Alloys[J]. *Nuclear Power Engineer* (核动力工程), 2000, 21(5): 439 - 447.

[7] Beie H J, Mitwalsky A, Garzarolli F *et al*. Examinations of the Corrosion Mechanism of Zirconium Alloys[C]. *Zirconium in the Nuclear Industry*. New York: ASTM STP 1245, 1994: 615 - 643.

[8] Garzarolli F, Seidsl H, Tricot R *et al*. Oxide Growth Mechanism on Zircaloy[C]. *Zirconium in the Nuclear Industry*, New York: 1991: 395 - 415.

[9] Zhou Bangxin, Jiang Yourong. Oxidation of Zircaloy - 2 in Air from 500 ℃ to 800 ℃, High Temperature Corrosion and Protection[C]. *Proc Inter Sym*, Shenyang: Liaoning Science and Technology Publishing House, 1991: 121 - 124.

[10] Godlewski J. How the Tetragonal Zirconia is Stabilized in the Oxide Scale That is Formed on a Zirconium Alloy Corroded at 400 ℃ in Steam[C]. *Zirconium in the Nuclear Industry*. New York: ASTM STP 1245, 1994: 663 - 686.

[11] Zhou Bangxin. Electron Microscopy Study of Oxide Films Formed on Zircaloy - 2 in Superheated Steam[C]. *Zirconium in the Nuclear Industry*, New York: ASTM STP 1023, 1989: 360 - 373.

[12] Godlewski J, Bouvier P, Fayette L. Stress Distribution Measured by Raman Spectroscopy in Zirconia Films Formed by Oxidation of Zr - Based Alloys[C]. *Zirconium in the Nuclear Industry*. New York: ASTM STP 1354, 2000: 877 - 900.

[13] Liu Wenqing(刘文庆). *The Effect of Alloy Elements and Water Chemistry on the Corrosion Resistance of Zirconium Alloys*(合金元素及水化学对锆合金耐腐蚀性能影响的研究)[D]. Shanghai: Shanghai University, 2002.

The Effect of Water Chemistry on Compressive Stress
at Interface of Oxide/Matrix of Zircaloy - 4

Abstract: The compressive stress at interface of oxide/matrix of Zr - 4 alloy specimens exposed in 400 ℃, 10.3 MPa superheated steam, 0.01 mol/L and 0.04 mol/L LiOH aqueous solution individually were measured and compared. It was found that the compressive stress of specimen exposed in 0.04 mol/L LiOH aqueous solution was always lower than that of specimens exposed in 0.01 mol/L LiOH aqueous solution and 400 ℃ superheated steam; the compressive stress of specimen exposed in 0.01 mol/L LiOH aqueous solution was lower than that of specimens exposed in 400 ℃ superheated steam when the thickness of oxide reached to a range. The results indicated that high concentration LiOH aqueous solution would play down the compressive stress in the oxide and the higher the concentration, the more obvious the effect.

合金成分对锆合金焊接区腐蚀时吸氢性能的影响[*]

摘　要：采用 Fe 含量相同，但 Cr 含量不同的锆合金板与 Zr-4 板对接焊，腐蚀后不同样品中的氢含量差别很大，与氧化膜的厚度不成比例，说明合金元素 Cr 对锆合金的吸氢性能有着非常明显的影响，当不含 Cr 时，焊接样品腐蚀后的氢含量明显减少；Zr-4 经不同热处理后 Zr(Fe,Cr)$_2$ 第二相的大小和多少与氢含量有关，说明合金中存在 Cr 时形成的 Zr(Fe,Cr)$_2$ 第二相是引起吸氢量增加的主要原因。在不含 Cr 的锆合金中添加合金元素 Nb，不仅改善了焊接区的耐腐蚀性能，而且不会引起腐蚀时吸氢增加。氢化锆会在对接焊样品中未焊透的前端析出，这是张应力引起氢的扩散富集并诱发氢化物析出的结果。氢化锆还会沿着熔区边界集中析出，这将影响锆合金力学性能的均匀性。

1　引言

核用锆合金的腐蚀与吸氢一直是其应用研究的一个热点[1,2]。由于核燃料元件的密封包装工艺过程中常常包含有焊接工艺，而 Zr-4 板材经真空电子束对接焊后，焊缝的耐腐蚀性能变差，在 400 ℃过热蒸汽中腐蚀 3 d～14 d 后，焊接熔区的表面就形成了白色氧化膜。前期的研究工作已经证明熔区中 Sn，Fe，Cr 合金元素的挥发损耗是造成焊缝耐腐蚀性能变坏的主要原因，采用合金成分高于 Zr-4 或者是添加了 Nb 的锆合金板与 Zr-4 板对接焊，由于可以补偿熔区中合金元素的损耗，或者使熔区中形成含 Nb 的新锆合金，明显改善了焊缝的耐腐蚀性能[3]，并研究了熔区及热影响区的合金成分与氧化膜厚度的关系[4]。由于锆合金与高温、高压水反应，在生成 ZrO$_2$ 的同时必将产生氢气，而锆是一种强烈吸氢的金属，在高温时可溶解 50%（原子分数）的氢，随着温度下降，溶解度急剧减小，过量的氢以氢化锆析出，使锆合金变脆，降低了锆的力学性能。20 世纪 70 年代初，Candu 反应堆的 Zr-2.5Nb 合金压力管及燃料元件端塞焊缝曾发生过破裂，证实是氢致延迟开裂[5,6]。实验证明，合金中只要含 10 μg/g 的氢就会引起这种结果。因此，研究这些焊接样品的吸氢性能，以便对其腐蚀与吸氢有一个全面了解，这对改进 Zr-4 合金的焊接工艺具有实际指导意义。

本研究工作用光学显微镜（OM）观察了几种不同成分的锆合金板与 Zr-4 板对接焊的样品经腐蚀后不同部位氢化锆的析出分布情况，并讨论了合金成分对锆合金腐蚀时吸氢性能的影响。

2　实验方法

实验用锆合金板厚 1.5 mm，成分列于表 1 中。用 2 mm 宽的不同成分锆合金板与 Zr-4

---

* 本文合作者：姚美意、李强、刘文庆、苗志、喻应华. 原发表于《稀有金属材料与工程》，2004，33(6)：641-645.

板对焊制成试验样品,制备过程已在文献[3,4]中作了详细叙述.

表 1 实验用几种锆合金的成分($w/\%$)

Table 1 The composition of zirconium alloys for experiment

Sample	Sn	Fe	Cr	Nb
1#	1.97	0.37	0.23	/
2#	1.92	0.32	/	/
3#	1.88	0.35	/	0.52
Zr-4	1.50	0.20	0.10	/

用电火花线切割方法从焊接后的板上垂直焊缝切下几块样品(包括了 9 块板条的对接焊区),分为 2 组,一组经 500 ℃,1.5 h 退火处理(标记为"x-a"),另一组不经退火处理(标记为"x-na"),x 代表实验用锆合金的编号. 这些样品的切缝经砂纸研磨去除切割时的损伤区,按标准规范清洗后,在 400 ℃,10.3 MPa 过热蒸汽中总共腐蚀 165 d. 腐蚀后的样品经砂纸研磨和机械抛光,然后用 10%HF+10%H_2O_2+80%HNO_3 溶液浸蚀显示出氢化物,用光学显微镜进行了观察.

3 实验结果与讨论

3.1 合金成分对腐蚀时吸氢的影响

由于熔区与热影响区中氢化锆的析出分布并没有太大的差别,所以只给出了熔区中的氢化锆形貌,如图 1 所示. 根据文献[7]给出的锆合金中含氢量不同时的图谱,估计出不同样品中的氢含量,结果列于表 2 中. 为了说明氢含量与氧化膜厚度之间的关系,同时还列出了根据 165 d 腐蚀增重计算得到的平均氧化膜厚度(以 15 mg/dm² = 1 μm 计算). 一般说来,氧化膜越厚,生成 ZrO_2 反应时放出的氢越多,样品中的氢含量也越高. 但从表 2 中各项数据可以看出:采用成分不同的锆合金板与 Zr-4 板对接焊的样品,腐蚀后的氢含量差别很大,与氧化膜的厚度不成比例,所以这只能是因为合金成分改变后引起吸氢性能不同的结果.

采用 Zr-4 或 1# 锆合金板与 Zr-4 板对接焊的样品,其析出的氢化锆比用不含 Cr 的 2#,3# 锆合金板与 Zr-4 板对接焊样品的多得多,估计的氢含量在 300 μg/g 以上(如图 1 所示). 对 Zr-4-a 样品来说很容易理解,因为其氧化膜最厚,达 165 μm,生成 ZrO_2 反应时放出的氢最多,所以吸氢也最多,但对 1#-a 与 1#-na 样品来说就不容易理解了,一方面其氧化膜厚度比 Zr-4-a 样品小 20 倍,但氢含量却与 Zr-4-a 样品的相当,另一方面它们的氧化膜比用 2# 锆合金板与 Zr-4 板对接焊的样品薄,但氢含量却比 2#-a,2#-na 样品的高许多. 根据电子探针的分析结果,用 1# 锆合金板与 Zr-4 板对接焊的样品,熔区中的 Sn,Fe,Cr 含量分别为 1.1%~1.2%,0.2%~0.26% 和 0.06%~0.12%,而用 2# 锆合金板与 Zr-4 板对接焊的样品,熔区中的 Sn,Fe 含量与用 1# 锆合金板与 Zr-4 板对接焊样品的相似,但 Cr 含量小于 0.03%[3]. 由此可以说明 Cr 含量对锆合金的吸氢性能有非常明显的影响. 根据图 2 的结果[8]可知,在腐蚀增重相同时,经不同热处理的 Zr-4 合金其氢含量相差很大,如腐蚀增重为 100 mg/dm² 时,图 2c 样品中的氢含量约 280 μg/g,而图 2b 样品中的氢含量则达 380 μg/g,相差约 100 μg/g. 照理,腐蚀增重相同时反应生成的氢是相等的,样品中

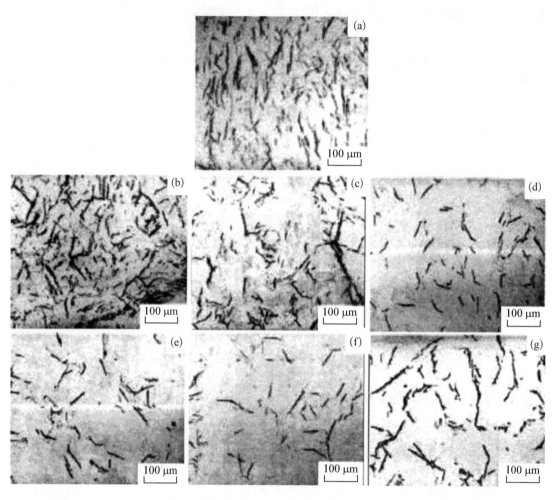

图 1　对接焊样品熔区中氢化锆的金相照片

Fig. 1　Metallographs of zirconium hydrides in molten zone of butted joint samples：(a) Zr‑4‑a, (b) 1‑a, (c) 1‑na, (d) 2‑a, (e) 2‑na, (f) 3‑a, and (g) 3‑na

表 2　根据腐蚀增重计算得到的氧化膜平均厚度及根据文献[7]估计的氢含量

Table 2　The mean thickness of oxide films obtained by calculating from mass gain and the estimated hydrogen content from reference [7]

Sample number	165 d mass gain /mg · dm^{-2}	Mean thickness of oxide films/μm	Hydrogen content /μg · g^{-1}
1#‑a	122.5	8.2	500
1#‑na	123.9	8.3	300
2#‑a	207.6	13.8	150
2#‑na	251.4	16.8	120
3#‑a	86.2	5.7	120
3#‑na	352.7	23.5	200
Zr‑4‑a	2 470.0	164.7	500

的氢含量也应该相差不大. 由于 Fe,Cr 在 α‑Zr 中的固溶度很小,大部分以 Zr(Fe,Cr)₂ 第二相析出,所以我们认为这是由于采用不同的热处理改变了 Zr(Fe,Cr)₂ 第二相的大小、多

少及 Fe/Cr 比,引起 Zr-4 合金吸氢能力的不同,从而导致了氢含量的不同.

为了了解 Zr-4 合金经上述 3 种热处理后析出 Zr(Fe,Cr)₂ 第二相的大小和多少的差别,观察了它们的显微组织(如图 3 所示).图 3a 样品,Zr(Fe,Cr)₂ 第二相比较小(<0.1 μm),也比较少,Fe 和 Cr 可以较多地过饱和固溶在 α-Zr 中;而图 3b 样品其第二相析出量增多并发生了长大(0.2 μm~0.3 μm);另外图 3c 样品 Zr(Fe,Cr)₂ 第二相也比较多,但比较小(~0.1 μm).周邦新等[9]在研究热处理对 Zr-4 合金中第二相结构和成分的影响时发现,Zr-4 合金经不同热处理后析出 Zr(Fe,Cr)₂ 第二相的 Fe/Cr 比是不同的.经 1 050 ℃/AC 后,Fe/Cr 比值在 2.1~

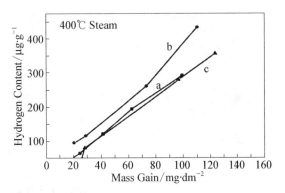

图 2 不同热处理时 Zr-4 合金的氢含量与增重的关系

Fig. 2 Plots of hydrogen content vs mass gain for Zr-4 heattreated in different way:(a) 600 ℃/1 h, AC;(b) 800 ℃/1 h, AC; and (c) 1 050 ℃/15 min, AC

2.5 之间;而再经 600 ℃/AC 或 800 ℃/AC 处理后,析出 Zr(Fe,Cr)₂ 第二相的 Fe/Cr 比值分别降到 1.9,1.5.李聪等[10]的实验结果进一步证实采用不同热处理后,固溶在 α-Zr 中的 Fe+Cr 含量不同.样品经 1 050 ℃,1.5 h,WQ(水淬);830 ℃,1.5 h,WQ;650 ℃,2 h,FC(炉冷)处理后,固溶在 α-Zr 中的 Fe+Cr 含量依次减少,也就是说析出的 Zr(Fe,Cr)₂ 第二相依次增多.Shaltiel 等[11]在研究 AB₂ 型贮氢材料的吸氢性能时证实 Zr(Fe,Cr)₂ 吸氢比纯锆金属快得多,并且吸氢量随 Cr 含量的增加,即 Fe/Cr 比的降低而增加[11].如果把镶嵌在 Zr-4 中并暴露在氧化膜和基体界面处的 Zr(Fe,Cr)₂ 第二相看作是 Zr-4 合金吸氢时的"优先通道",氢优先被 Zr(Fe,Cr)₂ 吸收,并通过扩散传递给 α-Zr 基体,这种机制可以很好地解释 Zr-4 合金经不同热处理后,在腐蚀增重相同时图 3a 处理的样品氢含量最少,图 3b 处理的样品次之,图 3c 处理的样品最多的原因.由此可以认为锆合金中 Cr 含量对吸氢性能的影响主要是因为形成了 Zr(Fe,Cr)₂ 第二相的缘故.

用 Sn,Fe,Cr 含量都高于 Zr-4 的 1#锆合金板与 Zr-4 板对接焊的样品,退火与否对其吸氢性能有较大的影响.1#-a 样品中的氢化锆比 1#-na 样品中的多且细小,如图 1b,1c 所示,虽然它们的氧化膜厚度相当,但其氢含量相差约 200 μg/g,结合上面的分析,这可能是因为 1#-a 样品中的 Zr(Fe,Cr)₂ 第二相比 1#-na 样品多并且 Fe/Cr 比发生了变化的缘故.这是因为焊接时样品被加热到 α 相区后,由于冷却速度较快,Fe,Cr 合金元素容易过饱和固溶在 α-Zr 中,而重新经 500 ℃,1.5 h 退火处理后,过饱和固溶的 Fe 和 Cr 会以 Zr(Fe,Cr)₂ 第二相析出.另外,在重新加热时第二相中的 Fe 和 Cr 与周围基体中的 Fe 和 Cr 会相互扩散置换[9],从而改变了第二相中的 Fe/Cr 比.

用不含 Cr 但含 Sn,Fe 均高于 Zr-4 的 2#锆合金板与 Zr-4 板对接焊的样品,虽然其氧化膜厚度比用 1#锆合金板与 Zr-4 板对接焊的样品厚,但氢含量却明显减少.这也可以用 Zr(Fe,Cr)₂ 第二相与吸氢性能直接有关来解释.

用同样不含 Cr,但添加 0.52%Nb 的 3#锆合金板与 Zr-4 板对接焊的 3#-a 和 3#-na 样品,与 Zr-4-a 样品相比,不仅大大改善了焊接区的耐腐蚀性能,而且不会引起腐蚀时吸氢增加.另外,虽然 3#-na 样品的氧化膜比用含 Cr 的 1#锆合金板与 Zr-4 板对接焊的

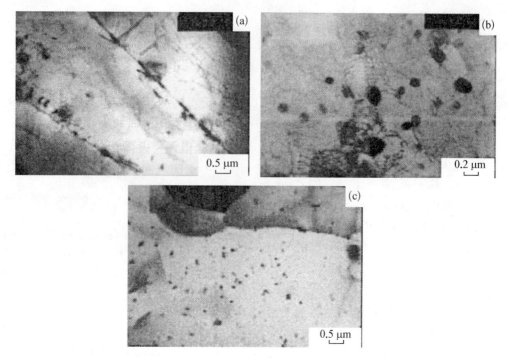

图3 Zr-4 合金经不同热处理后的 TEM 照片

Fig. 3 TEM micrographs of Zr-4 heat-treated in different way: (a) 1 050 ℃/15 min, AC; (b) 800 ℃/1h, AC; and (c) 600 ℃/1h, AC

样品厚,但析出的氢化锆却少许多,氢含量大约只有 200 μg/g. 这进一步说明形成 Zr(Fe, Cr)$_2$ 第二相与否与吸氢性能有着直接的关系. 3#-na 样品较 3#-a 样品析出的氢化锆多,这是因为 3#-na 样品的氧化膜较 3#-a 样品的厚,生成 ZrO$_2$ 时反应产生的氢较多,所以吸收的氢较多,析出的氢化锆也相应较多.

3.2 熔区边界处的氢化锆分布

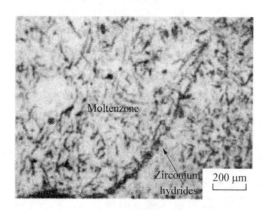

图4 氢化锆沿熔区边界集中析出后的金相照片

Fig. 4 Metallograph micrographs of zirconium hydrides precipitated along molten zone/matrix interface

氢化锆常常沿熔区的边界集中析出,如图 4 中的箭头所指. 这可能与熔区凝固时在与固相接触的界面处形成了缺陷或应力有关,也可能与其成分不同有关. 氢化锆沿熔区边界集中析出后,将影响熔区中力学性能的均匀性,究竟会造成何等程度的影响还有待进一步研究.

3.3 未焊透前端的氢化锆分布

在一些未焊透的地方,会诱发氢化锆在未焊透的前端析出(如图 5 中的"箭头"所指),这对焊接板来说将是一个灾难性的安全隐患. 因为未焊透的地方相当于裂纹,在腐蚀时裂纹中生成了氧化锆,锆生成氧化锆时体积将发生膨胀,因此在裂纹前端将引起很大的张应力,从而导致应力、应变诱发析出氢化锆[12]，氢化锆开裂导致裂纹扩展，这样周而复始就会产生氢致延迟开裂，使原已焊合的地方重新裂开.

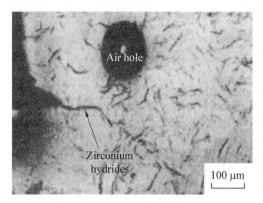

图5 氢化锆在未焊透处的前端析出后的形貌

Fig. 5 Metallograph of zirconium hydrides precipitated at the front of faulty fusion (showed by arrow)

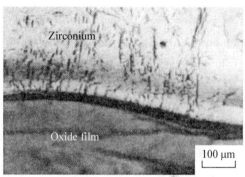

图6 Zr-4退火样品中氢化锆垂直于氧化膜/基体界面析出的照片

Fig. 6 Metallograph of zirconium hydrides precipitated at metal/oxide interface (Sample "Zr-4-a")

3.4 氧化膜很厚时氧化膜/基体金属界面处的氢化锆分布

在氧化膜很厚的"Zr-4-a"样品中，在靠近金属表面的氢化锆大致垂直于氧化膜/基体金属界面析出，如图6所示. 这是因为氧化膜很厚时，它对基体金属产生了很大的张应力，而氢化锆将垂直于张应力方向析出[12].

4 结论

(1) 采用Fe含量相同，但Cr含量不同的锆合金板与Zr-4板对接焊，腐蚀后样品中的氢含量差别很大，与氧化膜厚度不成比例，说明Cr对锆合金的吸氢性能有非常明显的影响，当不含Cr时，焊接样品腐蚀后的氢含量明显减少；观察Zr-4经不同热处理后$Zr(Fe,Cr)_2$第二相的大小和多少与氢含量的关系，说明存在Cr时形成的$Zr(Fe,Cr)_2$第二相是引起吸氢量增加的主要原因.

(2) 在不含Cr的锆合金中添加合金元素Nb，不仅改善了焊接区的耐腐蚀性能，而且不会引起腐蚀时吸氢增加.

(3) 氢化锆会在对接焊样品中未焊透的前端析出，这是张应力引起氢的扩散富集并诱发氢化物析出的结果；氢化锆还会沿着熔区边界集中析出，这将影响锆合金力学性能的均匀性.

参 考 文 献

[1] Zhang Dailan(张岱岚), Bai Xinde(白新德), Chen Baoshan(陈宝山) *et al. Rare Metal Materials and Engineering*(稀有金属材料与工程)[J], 2003, 32(8): 658-661.

[2] Xue Wenbin(薛文斌), Deng Zhiwei(邓志威), Chen Ruyi(陈如意) *et al. Rare Metal Materials and Engineering*(稀有金属材料与工程)[J], 2001, 30(4): 281-285.

[3] Zhou Bangxin(周邦新), Li Qiang(李强), Miao Zhi(苗志) *et al.* The Effect of Vacuum Electron Beam Welding on the Corrosion Resistance of Zirconium Alloys[J]. *Nuclear Power Engineer*(核动力工程), 2003, 24(3): 236－240.

[4] Yao Meiyi(姚美意), Li Qiang(李强), Zhou Bangxin(周邦新) *et al.* The Effect of Microstructure and Nb Content on the Corrosion Resistance of Zirconium alloys Welding Plates[J]. *Nuclear Power Engineer*(核动力工程), 2004, 25 (2): 147－151.

[5] Perryman E C W. Pickering Pressure Tube Cracking Experience[J]. *Nucl Energy*, 1978, 17: 95.

[6] Simpson C J, Ells C E. Delayed Hydrogen Embrittlement in Zr－2.5Nb%[J]. *J Nucl Mat*, 1974, 52: 289.

[7] Hartcorn L A, Westerman R E. *Quantitative Metallography of Hydride Phase in Zircaloy－2 Process Tubes*[M]. Washington: Atomic Energy Commision, 1963: 63.

[8] Pan Shufang(潘淑芳), Miao Zhi(苗志), Li Wencai(李文才) *et al.* In: CNS ed. *The Proceeding of Symposium on Nuclear Materials, The Irradiation and Corrosion of Nuclear Fuel and Materials for Power Reactors*(材料会议文集—动力堆燃料材料的辐照和腐蚀)[C]. Beijing: Atomic Energy Press, 1989: 1－6.

[9] Zhou Bangxin(周邦新). The Effect of Heat Treatments on the Structure and Composition of Second Phase Particles in Zircaloy－4[R]. China Nuclear Science and Technology Report, CNIC－01074, SINER－0066, 1996.

[10] Li Cong(李聪), Zhou Bangxin(周邦新) et al. Determination of Fe and Cr Content in α－Zr Solid Solution of Zircaloy －4 with Different Heat-treated States[J]. *J Nucl Mater*, 2002, 304: 134－138.

[11] Shaltiel D, Jacob I and Davidov. *J Less-Common Metals*[J], 1977, 53: 117.

[12] Zhou Bangxin(周邦新), Zheng Sikui(郑斯奎), Wang Shunxin(汪顺新). In Situ Electron Microscopy Study on Precipitation of Zirconium Hydrides Induced by Strain and Stress in Zircaloy－2[J]. *Acta Metallurgica Sinica*(金属学报), 1989, 25(3): A190－A195.

The Effect of Alloying Composition on Hydrogen Uptake of Welding Zones of Zirconium Alloys during Corrosion Tests

Abstract: When the zirconium alloy plates with the same Fe content and different Cr content were used to make the butt joints with Zr－4 alloy plates, the hydrogen content in welding samples is obviously different after corrosion and is not in proportion to the thickness of oxide films. This shows that alloying element Cr has a significant effect on hydrogen uptake performance. The hydrogen content in welding samples, in which zirconium alloy plates being used to make the butt joints with Zr－4 plates don't contain Cr, decreases sharply after corrosion. The relationship between hydrogen content and the number and size of $Zr(Fe,Cr)_2$ second phase particles in Zr－4 with different heat-treated states indicates that the formation of $Zr(Fe,Cr)_2$ second phase particles is the main reason that the amount of hydrogen uptake increases. Adding Nb alloying element in zirconium alloys without Cr, not only improves the corrosion resistance, but also make hydrogen uptake not to increase. The zirconium hydrides induced by tensile stress are easy to precipitate in the front of faulty fusion, and they are also easy to precipitate along the interface between molten zones and matrix. These will influence the dispersity of mechanical properties.

热处理对含 Nb 锆合金焊接试样
显微组织和耐腐蚀性能的影响[*]

摘 要：用真空电子束焊接方法将 Zr‐1.88Sn‐0.35Fe‐0.52Nb 合金板与 Zr‐4 板对接焊的样品，在 400 ℃、10.3 MPa 过热水蒸气中腐蚀 165 d 后，用光学显微镜从样品横截面上测量了焊接面和其背面不同部位的氧化膜厚度，并用透射电镜观察了不同部位锆合金的显微组织. 结果表明：焊接样品经过 500 ℃ 退火处理，耐腐蚀性能明显提高，在相同的熔区和热影响区（含 Nb 侧）内，经过退火和未经退火的样品表面氧化膜的厚度相差 10—20 倍；焊接冷却时形成的 βZr 在退火时分解为 αZr+βNb 是提高耐腐蚀性能的主要原因；焊接样品经过 500 ℃‐1.5 h 退火处理后，熔区的耐腐蚀性能非常优良，在 400 ℃ 过热蒸汽中腐蚀 165 d 后，氧化膜厚度未超过 2 μm，折算为腐蚀增重只有 30 mg·dm^{-2}. 根据电子探针的分析结果，熔区中的成分大约是 Zr‐1.2Sn‐0.25Nb‐0.25Fe‐0.02Cr.

1 引言

真空电子束焊接是燃料元件组装时的一种焊接方法，用该方法将对接焊的 Zr‐4 板样品，在 400 ℃ 过热水蒸气中腐蚀 3～14 d 后焊接熔化区的表面出现白色氧化膜，表明焊缝的耐腐蚀性能严重变坏. 文献[1‐2]已证明：真空熔化后合金元素的蒸发会造成熔区中合金成分的贫化，这是焊缝耐腐蚀性能严重变坏的原因. 文献[2]报道了采用合金成分补偿的方法可以明显改善焊缝的耐腐蚀性能. 但必须指出，文中所获得的耐腐蚀性能数据是焊接样品的平均结果，不能反映焊接面和背面，以及焊接面上熔区和热影响区之间耐腐蚀性能的差别，所以有必要对焊接样品焊接面及其背面不同部位的氧化膜厚度进行观察和测量，以了解焊接样品不同部位的耐腐蚀性能与合金成分的关系，为以后寻找耐腐蚀性能更优良的新锆合金提供依据. 本文总结了用光学显微镜观察测量不同部位氧化膜的厚度变化情况，并讨论了合金成分和显微组织对耐腐蚀性能的影响.

2 实验方法

制备焊接样品时，将 4 条宽为 2 mm 的 3♯锆合金板（板厚 1.5 mm，成分为 Zr‐1.88Sn‐0.35Fe‐0.52Nb）与 5 条宽为 2.5 mm 的 Zr‐4 合金板（Zr‐1.5Sn‐0.2Fe‐0.1Cr）相互拼焊. 采用该焊接方法得到的样品中包含了大量的焊缝，测量样品的腐蚀增重可以研究焊缝的耐腐蚀性能，焊接样品示意图见图 1.

用电火花线切割方法从焊接后样品的垂直焊缝上切下两块（包括 9 块板条的焊接区），一块经 500 ℃‐1.5 h 退火处理（标记为 1♯），另一块不经退火处理（标记为 2♯）. 样品的切缝

* 本文合作者：姚美意、李强、苗志、喻应华、刘文庆. 原发表于《核动力工程》，2004，25(2)：147‐151.

经砂纸研磨去除切割时的损伤区,按标准规范清洗后,在 400 ℃、10.3 MPa 过热蒸汽中腐蚀 165 d,并测量腐蚀增重随时间的变化,结果见图 2.由于两种不同成分的锆合金板条经电子束拼焊以后,熔区中的成分发生了变化(与热影响区中的成分不同),显微组织也会发生变化.测量腐蚀增重只能表征样品的平均耐腐蚀性能,要了解熔区和热影响区,以及焊接面和其背面不同部位的耐腐蚀性能差别,只有用光学显微镜逐点测量氧化膜的厚度.图 1 标出了从样品横截面上进行氧化膜厚度测量时的位置和标尺,以及背面氧化膜厚度测量部位.

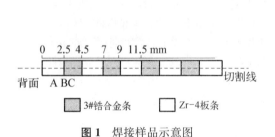

图 1 焊接样品示意图

Fig. 1 Schematic diagram of welding sample
A—Zr-4 板条;B—Zr-4 板与 3# 锆合金条相接焊合处;C—3# 锆合金条

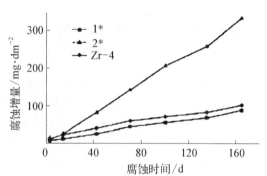

图 2 焊接样品及 Zr-4 板在 400 ℃过热蒸汽中的腐蚀增重

Fig. 2 Weight gains of welding samples and Zr-4 plate at 400 ℃ superheated steam

为了研究不同 Nb 含量所引起熔区和热影响区显微组织的差异,在不同部位取样制备成薄样品,用 JEM-200CX 型透射电镜观察了显微组织.制样时先用电火花线切割方法从样品厚度的中间切开,如图 1 虚线所示.观察熔区显微组织时,在焊缝中心(如 2.5 mm、7 mm 等处)取样;观察 3# 锆合金条本身显微组织时,在焊接样品背面 3# 锆合金条中心处(如 3.5 mm、8 mm 等处)取样.

3 实验结果与分析

3.1 焊接样品的显微组织

焊接样品背面 3# 锆合金条处的显微组织见图 3.在未经退火处理的 2# 样品中,存在大小不同的板条状晶粒(图 3a),对照片中间大条晶粒进行选区电子衍射(SAD)分析,证明是体心立方(b.c.c)结构,晶格常数 $a=0.347$ nm,这是由 Nb 稳定的 βZr,图 3b 是同一视场下 βZr 晶粒的暗场像,图 3a 中细小的板条状晶粒为 αZr.从 βZr 点阵常数随 Nb 含量不同的变化推算,βZr 中的 Nb 含量高达 38%[3].不难理解,因焊接时样品背面被加热到 β 相区,冷却时发生 βZr→αZr 相变,由于 Nb 在 αZr 中的固溶度比 βZr 中的低,在相变过程中 Nb 向 βZr 中扩散,而 Nb 是稳定 βZr 的元素,所以冷却后形成了更富 Nb 的条状 βZr 和细小条状的 αZr 组织.在放大倍数更高的情况下(图 3c),可以清楚看到板条状 αZr 晶粒晶界上还残留有几乎连续的一薄层 βZr 第二相.文献[4]用 Zr-4 样品经 β 相加热水淬及重新加热退火来模拟电子束焊接时的急冷过程,研究其显微组织时也观察到 Zr-4 样品经 β 相水淬后存在残留的 βZr.焊接样经 500 ℃-1.5 h 退火处理后,残留的 βZr 分解为 αZr+βNb(如图 3d 中箭头所

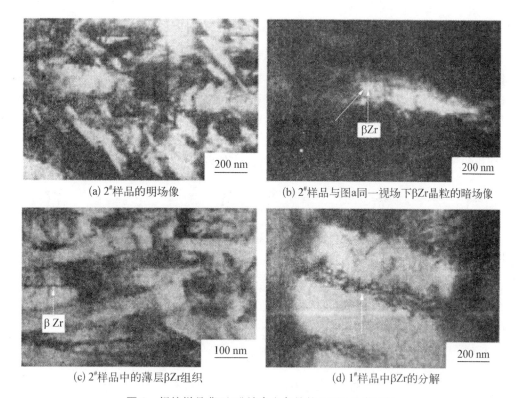

(a) 2#样品的明场像

(b) 2#样品与图a同一视场下βZr晶粒的暗场像

(c) 2#样品中的薄层βZr组织

(d) 1#样品中βZr的分解

图 3 焊接样品背面 3# 锆合金条处的 TEM 显微组织

Fig. 3 TEM micrographs of 3# zirconium alloy strip on the opposite of welding surfaces

示). 以前的研究表明, 锆合金中添加一定量的 Nb 后, 当加热到 610 ℃以上冷却速度较快时会形成亚稳的 βZr, 如果重新在 500～600 ℃退火处理, βZr 又会分解为 αZr＋βNb[5]. 本实验观察到的显微组织变化与这种规律一致.

1#、2#样品熔区的显微组织见图 4. 样品退火后除位错密度明显减少外, 对熔区的晶粒大小并没有明显的影响, 看不到残留的 βZr 以及退火后 βZr 的分解迹象, 其原因可能是由于熔区中的 Nb 含量只有 0.25%[2], 比 3# 锆合金条低的缘故.

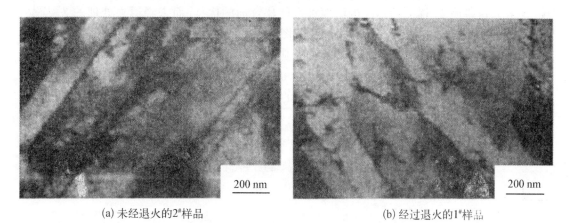

(a) 未经退火的2#样品

(b) 经过退火的1#样品

图 4 焊接样品熔区的 TEM 显微组织

Fig. 4 TEM micrographs of molten zone in welding samples

3.2 焊接面上氧化膜厚度的变化

用光学显微镜从样品横截面上逐点测量焊接面上氧化膜厚度,其结果见图 5. 在 10 mm 测量范围内横跨了 2 条 3# 锆合金,包含了 4 条焊缝. 在图的横坐标上,2.5 mm、4.5 mm、7 mm 和 9 mm 处是 4 条焊缝的中心,3.5 mm 和 8 mm 处是两块 3# 锆合金条的中心. 从图 5 可以看出:在经退火处理的 1# 焊接样品中(图 5a),熔区和热影响区的氧化膜厚度呈周期性的变化,即熔区的氧化膜较薄,热影响区的氧化膜较厚,这与真空电子束焊接后合金成分呈周期性变化的规律是一致的[2],但这种规律在未经退火处理的 2# 焊接样品中并不明显(图 5b).

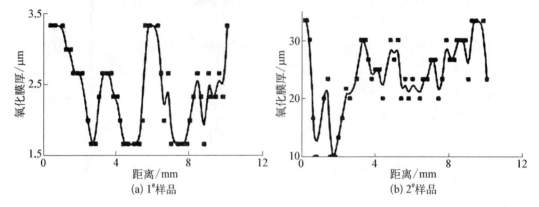

图 5 焊接面氧化膜厚度与位置的关系

Fig. 5 Relationships between oxide thickness and location on the side of welding plane

为了将氧化膜厚度的测量结果与腐蚀增重进行对照,表 1 给出了根据 165 d 腐蚀增重换算得到的平均氧化膜厚度(以 15 mg/dm² = 1 μm 计算). 比较表 1 和图 5 可以看出:3# 锆合金板与 Zr-4 板对接焊的样品,焊接后退火与否对氧化膜的厚度影响很大. 经 500 ℃-1.5 h 退火处理的 1# 样品,熔区内的氧化膜较薄,经过 165 d 腐蚀后,厚度未超过 2 μm(如折算为腐蚀增重,也未超过 30 mg·dm⁻²),耐腐蚀性能非常好,是目前任何锆合金都没有达到的水平. 根据电子探针的分析结果[2],熔区中的成分大约是 Zr-1.2Sn-0.25Nb-0.25Fe-0.02 Cr. 1# 样品其他部位氧化膜的厚度也未超过 3.5 μm(图 5a),均低于计算得到的平均值(5.7 μm),这说明 1# 样品焊接面的耐腐蚀性能比背面的优良. 而未经退火处理的 2# 样品,焊接面上氧化膜厚度在 10~35 μm 范围内(图 5b),并且在大部分区域内都超过了平均值 23.5 μm,特别是在 3# 锆合金条中心处,氧化膜厚达 30 μm. 比较图 5a、b 可知,2# 样品焊接面熔区上的氧化膜比 1# 样品大约厚 10 倍,但是在显微组织观察中并没有发现残留的 βZr 以及 βZr 分解等差别. 用电子探针分析,熔区中的 Nb 含量只有 0.25%[2]. 由于 Nb 含量低,经加热到 β 相区冷却后,观察不到残留的 βZr 是可以理解的,但 500 ℃ 退火是否对熔区的耐腐蚀性能会产生如此大的影响是值得深入研究的问题. 500 ℃ 退火后可以使位错密度降低(比

表 1 根据腐蚀增重计算得到的氧化膜平均厚度

Table 1 Mean value of oxide thickness obtained by calculation of the weight gains

样 品 编 号	165 天增重/mg·dm⁻²	平均厚度/μm
1#	86.2	5.7
2#	352.7	23.5

较图 4a、b),这可能是原因之一.另外,由于真空电子束焊接时的加热和冷却速度快,熔区和热影响区都经受了急热和急冷过程,焊接冷却后样品中存在很大的残余应力,而退火可以使宏观及微观残余应力消除,这也可能是引起材料耐腐蚀性能差异的原因.

3.3 焊接样品背面氧化膜厚度的变化

真空电子束焊接样品的背面,绝大部分都未经过熔化,成分不会发生大的变化,所以测量背面氧化膜厚度时只给出了 3 个测量部位(如图 1 中的 A、B、C 所示),表 2 中列出了测量结果.由表 2 可以看出:1# 样品中 3# 合金条处(C)氧化膜只有 3~4 μm,与 Zr-4 板处(A)的相当,但与 2# 样品中 3# 合金条处的氧化膜厚度(80 μm)相差约 20 倍.这是由于锆中添加了 0.52% 的 Nb,在加热到 β 相区冷却后形成亚稳的 βZr(图 3a、c).βZr 的存在对耐腐蚀性能有害[4,6],所以 2# 样品中 3# 合金条处的氧化膜很厚,而样品经 500 ℃ 退火处理后,βZr 又分解为 αZr+βNb(图 3d),使耐腐蚀性得到改善.在研究显微组织对 Zr-Sn-Nb 合金耐腐蚀性能影响时,这一点已得到进一步证实[6].Zr-Nb 合金样品在高温水或过热蒸汽介质中腐蚀时,几种相组织的耐腐蚀性能按照 βNb、αZr、βZr 顺序依次降低[7-9],这可能就是退火与否对熔区的氧化膜厚度影响未像背面 3# 合金条处那样明显的原因.因此,为了避免形成亚稳的 βZr 使耐腐蚀性能变坏,添加的 Nb 含量不宜过高,并且焊接后的样品必须在 500~600 ℃ 进行退火处理,使可能形成的 βZr 分解为稳定的 αZr+βNb.

表 2　焊接样品背面几个部位处氧化膜的厚度

Table 2 Oxide thickness of different zones on the opposite of welding planes

样 品 编 号	氧 化 膜 厚 度/μm		
	A	B	C
1#	3-7	10	3-4
2#	3-7	15-50	80

4　结论

(1)用真空电子束焊接方法,将 Zr-1.88Sn-0.35Fe-0.52Nb 合金板与 Zr-4 板对接焊的样品,由于焊缝熔区中合金成分的损耗得到补偿,并且添加了合金元素 Nb,耐腐蚀性能得到了明显改善.但是熔区与热影响区,焊接面与其背面的成分各不相同,耐腐蚀性能也存在差异.用光学显微镜从样品横截面上测量氧化膜的厚度,可以了解它们耐腐蚀性能差异的程度.

(2)焊接样品经过 500 ℃ 退火,可以明显提高耐腐蚀性能,在相同的熔区和热影响区(含 Nb 侧)内,经过退火和未经退火样品上的氧化膜厚度相差 10~20 倍.焊接冷却时形成的 βZr,在退火时分解为 αZr+βNb 是提高耐腐蚀性能的主要原因.

(3)焊接样品经过 500 ℃-1.5 h 退火处理后,熔区的耐腐蚀性能非常优良,在 400 ℃ 过热蒸汽中腐蚀 165 d 后,氧化膜厚度未超过 2 μm,折算为腐蚀增重也只有 30 mg·dm^{-2},目前任何一种锆合金都还未达到如此好的水平.根据文献[2]的分析结果,熔区中的成分大约是 Zr-1.2Sn-0.25Nb-0.25Fe-0.02Cr.

参 考 文 献

[1] 周邦新,郑斯奎,汪顺新. 真空电子束焊接对 Zr-2 合金熔区中的成分、组织及腐蚀性能的影响[J]. 核科学与工程, 1988,8(2): 130-137.

[2] 周邦新,李强,苗志,等. 真空电子束焊接对锆合金耐腐蚀性能的影响[J]. 核动力工程,2003, 24(3): 236-240.

[3] Grad G B, Pieres J J, Guillermet A F, et al. Lattice Parameter of the Zr-Nb bcc Phase: Neutron Scattering Study and Assessment of Experimental Data[J]. Z. Metallkd. 1995,86(6): 395-400.

[4] 周邦新,李强,苗志. β相水淬对 Zr-4 合金耐腐蚀性能的影响[J]. 核动力工程,2000, 21(4): 339-343.

[5] 周邦新. Zr-Sn-Nb 系合金的显微组织研究[C]. 生物及环境材料,Ⅲ2, 1996 中国材料研讨会文集,化学工业出版社,1997, 187-191.

[6] 刘文庆,李强,周邦新,等. 显微组织对 ZIRLO 锆合金耐腐蚀性的影响[J]. 核动力工程,2003,24(1): 33-36.

[7] Choo K N, Kang Y H, Pyum S I, et al. Effect of Composition and Heat Treatment on the Microstructure and Corrosion Behavior of Zr-Nb Alloys[J]. J Nucl Mat. 1994, 209: 226-235.

[8] Lin Y P, Woo O T. Oxidation of β-Zr and Related Phases in Zr-Nb Alloy: an Electron Microscopy Investigation [J]. J Nucl Mat. 2000, 277: 11-27.

[9] Pecheur D. Oxidation of β-Nb and Zr(Fe,V)$_2$ Precipitates in Oxide Films Formed on Advanced Zr-Based alloys [J]. J. Nucl. Mat. 2000, 278: 195-201.

Effect of Heat Treatment on the Microstructure and Corrosion Resistance of Zirconium Alloys with Nb Welding Samples

Abstract: The butt joints of Zr-1.88Sn-0.35Fe-0.52Nb and Zircaloy-4 plates were made by electron beam welding. The corrosion tests of welding samples were carried out in autoclave at 400 ℃, 10.3 MPa superheated steam for 165 days. The thickness of oxide films of these corrosion samples in different zones on welding surface and the opposite side of welding surface was measured by means of optical microscopy. The microstructures of different zones were also examined by transmission electron microscopy (TEM). The results show that the corrosion resistance of welding samples is obviously improved by annealing at 500 ℃, and the thickness of oxide films is 10-20 times different between the annealed sample and non-annealed sample on the same molten and heat-affected zones. This is mainly due to the decomposition of βZr, which was formed because of the containing of Nb and the cooling from β phase after welding, into αZr+βNb after annealing at 500 ℃. The corrosion resistance of molten zones is excellent after annealing at 500 ℃-1.5 h, on which the thickness of oxide films is thinner than 2 μm after corrosion for 165 days. It is only 30 mg/dm^2 if converted into the weight gain. The composition of molten zones is about Zr-1.2Sn-0.25Nb-0.25Fe-0.02Cr according to the analysis of electron microprobe.

Detrimental Role of LiOH on the Oxide Film Formed on Zircaloy – 4 *

Abstract: To understand the degradation behavior of Zircaloy – 4 corroded in LiOH aqueous solution, X-ray diffraction was performed to analyze the crystal structure of Zircaloy – 4 oxide formed in three different media. Second ion mass spectrometry (SIMS) was utilized to measure the penetration of Li^+ and OH^- into the oxide film when Zircaloy – 4 is exposed in LiOH aqueous solution. It was found that the SIMS depth profile of OH^- in the oxide film is in accord with that of Li^+, which indicates that there exists OH^- in the oxide film. Based on the results, it is put forward that OH^- diffuses faster than O^{-2} in the oxide films, which can enhance the corrosion rate of Zircaloy – 4 and the transformation from tetragonal zirconia (t – ZrO_2) to monoclinic zirconia (m – ZrO_2). OH^- plays a detrimental role on the oxide film formed on Zircaloy – 4.

1 Introduction

The presence of LiOH causes a reduction in the duration of pre-transition stage and an enhancement of corrosion rate in post-transition stage of zirconium alloys corroded in high temperature water. Several hypotheses have been proposed to account for this phenomena: (1) An increase in anion vacancies in the oxide caused by the substitution of zirconium by lithium in the zirconia lattice[1]; (2) The generation of pores caused by preferential dissolution of t – ZrO_2 in zirconia films exposed in more than 0.1 M LiOH aqueous solution[2]; (3) A modified crystal growth mechanism induced by the formation of surface OLi groups, which impedes the diametrical and columnar growth of the oxide crystallites[3].

Recently, more studies have focused on the effect of transformation from t – ZrO_2 to m –ZrO_2 in oxide film on the corrosion of Zircaloys, and proposed that the corrosion rate is dominated by the transformation from t – ZrO_2 to m – ZrO_2[4-9]. Saario[4] measured the variation of electrical resistance of oxide films with the increase of time and concentration of LiOH when Zircaloy – 2 was exposed in 300 ℃ water containing H_3BO_3 and LiOH. The initial film resistance before LiOH injection showed a constant value of 100 Ω. A first small (0.001 M LiOH) addition did not cause any change in the resistance within the time allowed. After the LiOH concentration reached 0.013 M, the measured film resistance increased first and then stabilized at a value about 500 Ω for 10 h, then it decreased from a value 500 Ω to a value below 1 Ω within less than 20 s. Due to an abrupt resistance decrease

* In collaboration with Liu Wenqing, Li Qiang, Yao Meiyi. Reprinted from Corrosion Science, 2005,47(7): 1855 – 1860.

after an incubation period, it is suggested that this should be a phase transformation rather than a diffusion process.

The oxide structure of Zircaloy – 4 exposed in 0. 01 M LiOH aqueous solution was observed by Zhou[5], Pecheur[7] and Beie[8] et al. in the past years. It was found that more t – ZrO_2 was present in the inner part of the oxide film in the pre-transition region, and no t – ZrO_2 was found in the oxide film close to the metal/oxide interface after the post-transition. These facts implied that t – ZrO_2 played an important role in controlling the occurrence of the oxidation kinetic transition, and the concentration of LiOH aqueous solution affected strongly the phase transformation from t – ZrO_2 to m – ZrO_2. To understand the effect of the concentration of LiOH aqueous solution on the phase transformation from t – ZrO_2 to m – ZrO_2, the oxide crystal structure of Zircaloy – 4 exposed in different media and the profile of Li^+, OH^- and H^+ in the oxide film were investigated in this work.

2　Experimental procedure

In the pre-transition region the thickness of oxide film of corroded Zircaloy – 4 plate is only $1 - 2\ \mu$m. X-ray diffraction (XRD) peaks of oxide are very weak due to only a small amount of oxide taking part in diffraction, so it is difficult to distinguish the different crystal structure of oxide, particularly for some phases existed only in a small volume fraction. In the case of Zircaloy – 4 particles, the quantity of oxide would increase greatly up to the thickness of $1 - 2\ \mu$m with increasing surface area, and therefore it is easy to distinguish the different crystal structure in oxide with XRD. In this work, the Zircaloy – 4 particles with 0. 2 – 0. 3 mm size were exposed in three different media: (a) 500 ℃ air; (b) 10. 3 MPa superheated steam at 500 ℃ using static autoclave; (c) 0. 1 M LiOH aqueous solution at 350 ℃ using static autoclave. In order to obtain equal weight gain for corroded particle samples, plate samples were put into three different media at the same time. All the samples were pickled with the mixed solution of HF (5 vol. %), HNO_3 (45 vol. %), H_2O (50 vol. %) before corrosion. The exposed time was (a) 10 h in 500 ℃ air, (b) 70 min in 500 ℃ superheated steam and (c) 8 days in 0. 1 M LiOH aqueous solution at 350 ℃, and the weight gain of the plate samples was (a) 18. 1 mg/dm^2 (b) 18. 3 mg/dm^2 and (c) 17. 9 mg/dm^2, respectively. Then XRD was performed on the corroded particle samples.

Zircaloy – 4 was exposed in 0. 04 M LiOH aqueous solution at 350 ℃ for 2 days, the thickness of oxide is about 0. 86 μm. SIMS (IMS CAMECA 6f) was used to obtain the profile of Li^+, OH^- and H^+ in the oxide film. The primary ion beam of O^{2+} was used, the acceleration voltage of 12. 55 kV, primary ion beam current of 250 nA, and sputtered area of 250 μm×250 μm were selected.

3　Results and discussion

XRD spectra of Zircaloy – 4 particle samples exposed in three different media are shown in Fig. 1. Because (111) t - ZrO₂ diffraction peak is the strongest one in the spectra of t - ZrO₂ and can be separated from the spectra of m - ZrO₂ and α - Zr, it is easiest to distinguish the presence of t - ZrO₂ among m - ZrO₂ by searching the diffraction peak of (111) t - ZrO₂. The diffraction angle range near (111) t - ZrO₂ diffraction peak is chosen for comparison of the XRD spectra of Zircaloy - 4 particle samples exposed in three media. It shows that, besides the peaks of m - ZrO₂ and α - Zr, a distinct (111) t - ZrO₂ diffraction peak occurs in the XRD spectra of Zircaloy - 4 particle sample exposed in 500 ℃ air, whereas (111) t - ZrO₂ diffraction peak of sample exposed in 10. 3 MPa superheated steam at 500 ℃ is weaker than above, and no (111) t - ZrO₂ diffraction peak is detected in the sample exposed in 0. 1 M LiOH aqueous solution at 350 ℃. The results indicate that the quantity of t - ZrO₂ in the sample exposed in superheated steam is less than that exposed in air at 500 ℃, and there is almost no t - ZrO₂ in the sample exposed in 0. 1 M LiOH aqueous solution at 350 ℃. Therefore, water molecules, especially OH⁻, existing in LiOH aqueous solution, play an important role in the transformation from t - ZrO₂ to m - ZrO₂.

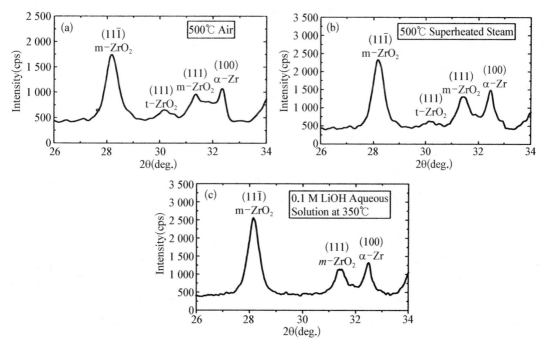

Fig. 1 XRD spectra of Zircaloy - 4 particle exposed in three different media with equal weight gain: (a) 500 ℃ air—10 h; (b) 10. 3 MPa superheated steam at 500 ℃—70 min; (c) 0. 1 M LiOH aqueous solution at 350 ℃—8 days

It takes 10 h in 500 ℃ air, however only 70 min in 500 ℃ superheated steam to obtain equal weight gain about 18 mg/dm². Actually, a series of corrosion tests on Zircaloy - 4 samples exposed in different media at 400 ℃ also approved that the corrosion rate of sample in dry oxygen was slower than the samples exposed in steam[10]. The corrosion rate exposed in superheated steam is faster than that exposed in air at same temperature, which clearly reveals that the effect of water molecule on the corrosion rate is remarkable.

Similarly, it takes 8 days exposed in 0. 1 M LiOH aqueous solution in this work and 14 days exposed in water at 350 ℃ to obtain about 18 mg/dm² weight gain[5], which indicates that presence of OH⁻ has significant influence on the corrosion rate of Zircaloy－4 than water molecule.

It was also shown in previous work[11,12] that the transformation from t－ZrO₂ stabilized by yttria to m－ZrO₂ were enhanced by humid air, water and water vapor at 300 ℃, and the speed of transformation was faster in water than in air. Kim[10] put amorphous Zr(OH)₄ into mini-autoclaves containing LiOH aqueous solution with different concentration at 250 ℃ for 6 h, it was demonstrated that the concentration of LiOH aqueous solution was a main factor governing the crystallization of zirconia, and the proportion of m－ZrO₂ increased with the concentration of LiOH. Based on above discussion, it can be proposed that the water molecule, especially OH⁻, existing in LiOH aqueous solution have a remarkable effect on the transformation from t－ZrO₂ to m－ZrO₂, as well as the corrosion rate of Zircaloy－4. Since OH⁻ has a less charge and similar size in comparison with O^{-2}[12], it is believed that it is mainly OH⁻ not O^{-2} that diffuse through oxide to oxide/matrix interface when Zircaloy－4 is exposed in superheated steam or LiOH aqueous solution[13]. OH⁻ is produced from the deoxidization of water molecule adsorbed at oxide surface when Zircaloy－4 is corroded in superheated steam or water, and there is a large number OH⁻ in the LiOH aqueous solution.

Fig. 2 shows the SIMS depth profile of Li⁺, OH⁻ and H⁺ in the oxide film. The different distributing trend between OH⁻ and H⁺ indicates that the presence of OH⁻ in the oxide film comes from LiOH solution and is not related to the reaction of incoming O^{2+} beam with subsurface hydrogen which might be existed in oxide film. It is found that the SIMS depth profile of OH⁻ in the oxide film is in accord with that of Li⁺. When OH⁻ reaches oxide/matrix interface and contacts with zirconium matrix, a reaction would occur as follows:

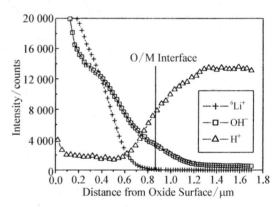

Fig. 2 SIMS depth profile of Li⁺, OH⁻ and H⁺ in the oxide film formed in 0. 04 M LiOH aqueous solution

$$Zr + 2OH^- \longrightarrow ZrO_2 + 2H + 2e$$

The produced hydrogen atom can be easily for be absorbed by zirconium matrix, and hydrides will be precipitated from zirconium matrix when the content of hydrogen exceeds the solubility limits. As shown in Fig. 2, there exists plenty of hydrogen in zirconium matrix. Hydrogen dissolves into zirconium matrix as atom and precipitates from zirconium matrix as hydrides near oxide/matrix interface when Zircaloy－4 is exposed in superheated steam, deionized water or LiOH aqueous solution[1,14-18], and the pickup fraction of hydrogen increases remarkably when Zircaloy – 4 is exposed in LiOH aqueous solution[1,19]. If the growth of oxide film is a process of O^{-2} diffusing from outside of oxide into interface and reacting with zirconium, it is diffcult to explain that there exist much more hydrogen atoms and hydrides in zir-conium matrix near oxide/matrix interface. So it is reasonable to assume that the growth of oxide film could be a process of OH^- diffusing from outside of oxide into interface and reacting with zirconium to form ZrO_2 and hydrogen. During this process, the reaction between adequate OH^- and oxygen vacancy in t – ZrO_2 would promote the transformation from t – ZrO_2 to m – ZrO_2 because t – ZrO_2 is an oxygen deficit oxide[1].

4   Conclusion

Based on the present results, it is proposed that OH^- existing in superheated steam and LiOH aqueous solution, can enhance the corrosion rate of Zircaloy – 4 and the transformation from t – ZrO_2 to m – ZrO_2. When Zircaloy – 4 sample is exposed in superheated steam or LiOH aqueous solution, the growth of the oxide film could be mainly controlled by OH^- instead of O^{-2} diffusion to the interface and reacting with zirconium to form ZrO_2 and hydrogen.

Acknowledgements

This research was financially supported by the National Natural Science Foundation of China (50171039 and 50301009).

References

[1] E. Hillner, J. N. Chirigos, Report WAPD – TM – 307, Bettis Atomic Power Laboratory, Pittsburgh, Westinghouse Electric Corporation, 1962.

[2] B. Cox, C. G. Wu, J. Nucl. Mat. 224 (1995) 169.

[3] N. Ramasubramanian, P. V. Balakrishnan, Zirconium in the nuclear industry, in: 10th International Symposium, ASTM STP 1245, 1994, p. 378.

[4] T. Saario, S. Tahtinen, Presented at IAEA Technical Committee Meeting on Influence of Water Chemistry on Fuel Cladding Behaviour, Rez, The Czech Republic, October 4 – 8, 1993.

[5] B. X. Zhou, Q. Li, Q. Huang, Nucl. Power Eng. 21 (2000) 439.

[6] D. Pecheur, J. Godlewski, P. Billot et al. , Zirconium in the nuclear industry, in: 11th International Symposium, ASTM STP 1295, 1996, p. 94.

[7] D. Pecheur, J. Godlewski, J. Peybernes, Zirconium in the nuclear industry, in: 12th International Symposium, ASTM STP 1354, 2000, p. 793.

[8] H. J. Beie, A. Mitwalsky, F. Garzarolli, Zirconium in the nuclear industry, in: 10th International Symposium, ASTM STP 1245, 1994, p. 615.

[9] J. Godlewski, P. Bouvier, L. Fayette, Zirconium in the nuclear industry, in: 12th International Symposium, ASTM STP 1354, 2000, p. 877.

[10] Y. S. Kim, S. C. Kwon, J. Nucl. Mat. 270 (1999) 165.

[11] T. Sato, M. Shimada, J. Mat. Sci. 20 (1985) 3988.

[12] M. Yoshimura, T. Noma, K. Kawabata, J. Mat. Sci. Lett. 6 (1987) 465.

[13] W. Q. Liu, The effect of alloy elements and water chemistry on the corrosion resistance of Zirconium alloys [Ph. D Thesis], Shanghai University, Shanghai, 2002, p. 52 (in Chinese).

[14] B. Wadman, Zirconium in the nuclear industry, in: 10th International Symposium, ASTM STP 1245, 1994, p. 579.

[15] M. Blat, L. Legras, D. Noel, Zirconium in the nuclear industry, in: 12th International Symposium, ASTM STP 1354, 2000, p. 563.

[16] V. F. Urbanic, M. Griffiths, Zirconium in the nuclear industry, in: 12th International Symposium, ASTM STP 1354, 2000, p. 641.

[17] Z. K. Li, L. Zhou, J. Z. Liu, Rare Metal Mat. Eng. 30 (2001) 68.

[18] X. Y. Xue, J. Z. Liu, Q. Z. Song, Rare Metal Mat. Eng. 25 (1996) 33.

[19] F. L. Yang, J. J. Zhang, Q. Z. Song, Rare Metals. 23 (1999) 236.

Effect of Heat Treatment on the Microstructure and Corrosion Resistance of a Zr – Sn – Nb – Fe – Cr Alloy[*]

Abstract: Zr – Sn – Nb – Fe – Cr zirconium alloy specimens treated in different ways were exposed to 0.01 M LiOH aqueous solution at 350 ℃, 16.8 MPa. The microstructures of these specimens were investigated by transmission electron microscopy (TEM). It is found that the specimen treated by 800 ℃/500 ℃ had best corrosion resistance among all the specimens. TEM analysis of this specimen showed that, in addition to $Zr(Fe,Cr)_2$, there existed Zr – Nb – Fe type precipitates containing much more Nb element, which reduced niobium content in αZr solid solution and, therefore, resulted in an improvement in the corrosion resistance of Zr – Sn – Nb – Fe – Cr zirconium alloy.

1 Introduction

Zircaloy has been successfully used as fuel cladding in nuclear reactor environments for many years. However, as light water reactors tend to be operated in more severe environments, that is, increased burn-up, high operation temperature, and high pH in first loop, higher corrosion resistant alloys have been continuously developed as a substitute for Zircaloy. Some achievements were made by modifying the chemical composition of Zircaloy.

Several new Nb-containing zirconium alloys such as ZIRLO (Zr – 1.0Nb – 1.0Sn – 0.1Fe)[1], M5 (Zr – 1Nb – O)[2], E635 (Zr – 1.0Nb – 1.0Sn – 0.4Fe)[3] and N18 (Zr –0.3 Nb – 1.0Sn – 0.3Fe – 0.1Cr)[4] were developed and are being tested in-reactor. However, it is reported that the corrosion behavior of Nb-containing Zr alloy is very sensitive to the microstructures that could be changed by heat treatment. Therefore, it is necessary to establish an appropriate thermal process for the optimum corrosion resistance of alloys containing Nb.

Thorvaldsson et al.[5] proposed that the corrosion resistance of Zircaloy – 4 can be related to the accumulated annealing parameter ($\sum A$), which is an index of the total amount of heat treatment received in α – region after the β – quenching. The parameter combines the annealing time (t) in hours and temperature (T) in Kelvin of each heat

* In collaboration with Liu Wenqing, Li Qiang, Yan Qingsong, Yao Meiyi. Reprinted from Journal of Nuclear Materials, 2005, 341(2 – 3): 97 – 102.

treatment. The accumulated annealing parameter ($\sum A$) can be described as follows:

$$\sum A = \sum_i t_i \exp[-Q/RT_i],$$

where Q is the activation energy and R is the gas constant. The weight gain of Zircaloy－4 decreased with increasing accumulated annealing parameter[6,7]. But Zhou et al. [8] proposed that the solid solution content of Fe and Cr in αZr resulted from different heat treatments was an essential factor affecting the corrosion behavior of Zircaloy－4.

Baek et al. [9] and Isobe et al. [10] studied the corrosion resistance of Nb-containing zirconium alloys in relation to accumulated annealing parameter, and found that weight gain increased with accumulated annealing parameter. This result is contrary to that of Zircaloy－4 in PWR.

Previous work by us[11,12] on Nb-containing zirconium alloys had revealed that a uniform distribution of fine βNb (containing iron) particles were important factors for improving the corrosion resistance. In this study, the corrosion resistance of Zr－Sn－Nb－Fe－Cr alloys containing 0.39% Nb in relation to heat treatment and microstructure was investigated.

2　Experimental procedures

2.1　Specimens

The vacuum consumable arc remelting method was employed for producing 5 kg ingot of Zr－Sn－Nb－Fe－Cr zirconium alloy. The chemical compositions of the alloys are shown in Table 1. β－Quenching treatment in water was conducted to homogenize the composition within the ingot after being hot forged. Then the ingot was made into plates of about 0.5 mm thickness through various rolling and intermediate annealing processes. The last cold rolling reduction was about 50%. The heat treatments before the final cold rolling were carried out at two different conditions, i. e., 680 ℃ for 5 h and 800 ℃ for 1 h. The final heat treatments were carried out at 500 ℃ for 30 h or 560 ℃ for 10 h. The abovementioned heat treatment processes gave four kinds of specimens, denoted as 680 ℃/500 ℃, 680 ℃/560 ℃, 800 ℃/500 ℃ and 800 ℃/560 ℃. The microstructure of heat-treated specimens was investigated by a transmission electron microscope (TEM) (JEM－2010F) equipped with energy dispersive spectroscopy (EDS). The TEM specimens were prepared by mechanical grinding (up to 60 μm) and twin-jet polishing in a solution of ethanol

Table 1　Chemical composition of Zr－Nb－Sn－Fe－Cr alloy and Zircaloy－4

Alloy	Sn (wt%)	Nb (wt%)	Fe (wt%)	Cr (wt%)	O (ppm)	Zr (wt%)
Zr－Nb－Sn－Fe－Cr alloy	1.0	0.39	0.31	0.05	480	Bal.
Zircaloy－4	1.2		0.21	0.10	500	Bal.

(80%) and perchloric acid (20%) at 25 ℃ (applied voltage and current=20 V/30 mA). The composition analyses on the precipitates in the heat-treated specimens were conducted with EDS. More than 20 precipitates from each kind of foil specimen were analyzed to minimize the detection error.

2.2 Corrosion tests

Specimens for corrosion test were prepared after the final heat treatment. Rectangular specimens, 20×25 mm² in size, were chemically polished using a pickling solution (a mixture of 10% HF, 30% HNO₃, 30% H₂SO₄ and 30% H₂O) in the final step. The out-pile corrosion test was conducted in 0.01 M LiOH aqueous solution at 350 ℃ under a pressure of 16.8 MPa and in 400 ℃ superheated steam under a pressure of 10.3 MPa. The corrosion resistance of the specimens was evaluated by measuring their weight gain per unit surface area in relation to the exposure time. The corrosion tests of Zircaloy-4 specimens, which have the chemical composition as shown in Table 1, were also conducted as reference.

3 Results and discussion

3.1 Effect of heat treatment on corrosion behavior

The effect of heat treatments on the corrosion behavior of Zr-Sn-Nb-Fe-Cr alloy specimens tested in different media is shown in Figs. 1 and 2. The corrosion resistance of 800 ℃/500 ℃ specimens was remarkably superior to that of other three kinds of specimens and Zircaloy-4 specimens when corrosion tests were carried in 0.01 M LiOH aqueous solution (Fig. 1). The weight gain of four kinds of specimens in 400 ℃ superheated steam for 160 days increased with the order of 800 ℃/560 ℃, 680 ℃/500 ℃, 800 ℃/500 ℃ and 680 ℃/560 ℃ (Fig. 2). The accumulated annealing parameters of 680 ℃/500 ℃, 680 ℃/

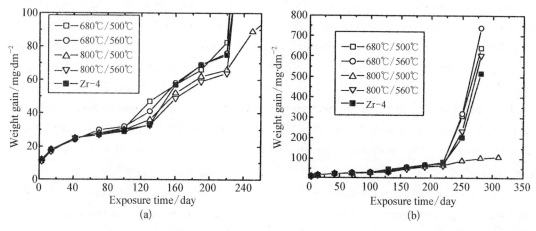

Fig. 1 Weight gain against exposed time of Zr-Sn-Nb-Fe-Cr specimens tested in 0.01 M LiOH solution at 350 ℃, (a) and (b) are plotted in different scale of weight gain

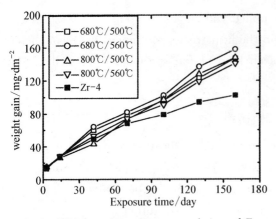

Fig. 2 Weight gain against exposed time of Zr – Sn – Nb – Fe – Cr specimens tested in 400 ℃ superheated steam

560 ℃, 800 ℃/500 ℃ and 800 ℃/560 ℃ specimens, Q/R of 34 000 K was obtained and used, were 2. 363 × 10^{-15}, 2. 381 × 10^{-15}, 1. 808 × 10^{-14} and 1. 810 × 10^{-14}, respectively. These results were different from that of other zirconium alloys containing Nb studied by Baek et al. [9] and Isobe et al. [10], which illustrated that the corrosion resistance had no certain relation to the accumulated annealing parameter. Therefore, the different corrosion behavior may be due to the microstructure difference of the specimens.

3. 2　Microstructure of heat-treated specimens

The microstructures of the four kinds of specimens were investigated by TEM/EDS analysis. It was observed that there was no obvious difference on the size, shape and distribution of precipitates in these specimens (Figs. 3 – 6). There existed some unrecrystallized areas in the 800 ℃/500 ℃ and 680 ℃/500 ℃ specimens (Figs. 3 and 5). Since it was hard to recognize the precipitates in unrecrystallized areas, only the precipitates in recrystallized areas were analyzed with EDS. Due to a contribution of the surrounding Zr – matrix, the EDS analysis showed that the Zr content in the same kind precipitates is notably different, but there is only little deviation about Fe/Nb ratio of the same kind precipitates. The EDS analysis revealed that all the precipitates in these specimens contained niobium, which was consistent with that of zirconium alloys containing niobium to 0. 4% studied by Isobe et al. [10] and Kim et al. [13]. This result indicated that the solubility limit of Nb in the matrix might be lower than 0. 4%, although the maximum solubility limit of Nb in the matrix of Zr – Nb alloy is 0. 6%.

Fig. 3 (a) shows the precipitates in 800 ℃/500 ℃ specimen. The bigger precipitate particle (P1) in the specimen was identified by the electron diffraction pattern (Fig. 3(b)) as cubic Zr(Fe,Cr)$_2$ – type precipitate, which contains 7. 07 at. % Nb by EDS analysis (Fig. 3(c)). However, the content of Nb in the small precipitate (P2) was 41. 85 at. % (Fig. 3(d)), which is consistent with the result obtained by Mardon et al. [2] and Nikulina et al. [3], who identified this type precipitate as Zr(Nb, Fe,Cr)$_2$ having a hexagonal lattice with $a = 0. 51$ nm and $c = 0. 83$ nm. The EDS analysis revealed that there existed Zr(Fe, Cr)$_2$ type and Zr – Nb – Fe type, might be Zr(Nb, Fe,Cr)$_2$, intermetallic compounds in the specimens.

Fig. 4(a) shows the precipitates of 800 ℃/560 ℃ specimen. The type, distribution, and shape of precipitates in the specimen were very similar to those in the 800 ℃/500 ℃ specimen, which contained two types of particles. However, in contrast to the 800 ℃/500 ℃ specimen, the composition of Nb in the small precipitate, might be Zr(Nb, Fe,Cr)$_2$,

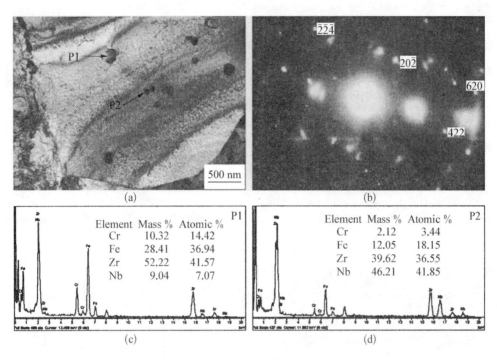

Fig. 3 TEM micrograph, SAD and EDS spectra for precipitates of Zr – Sn – Nb – Fe – Cr specimen treated by 800 ℃/500 ℃

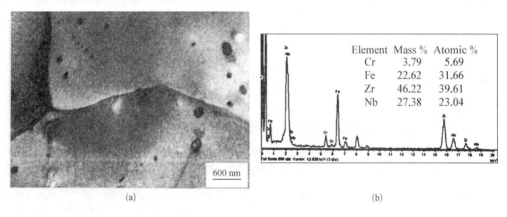

Fig. 4 TEM micrograph and EDS spectrum for precipitates of Zr – Sn – Nb – Fe – Cr specimen treated by 800 ℃/560 ℃

was only 23. 04 at. ﹪(Fig. 4(b)). Lower Nb contents in the small precipitate resulted in more Nb dissolved in the matrix, which indicated that the solid solution content of Nb was higher in αZr in 800 ℃/560 ℃ specimen than that in 800 ℃/500 ℃ specimen.

Figs. 5(a) and 6(a) show the precipitates of 680 ℃/500 ℃ and 680 ℃/560 ℃ specimens, respectively. Although the distribution, and shape of precipitates in the specimens were very similar to those in the 800 ℃/500 ℃ specimen, only one kind of precipitate, Zr(Fe, Cr)₂ type, was identified by EDS (Figs. 5(b) and 6(b)). The Zr – Nb – Fe type precipitate was not observed in this study. Because Nb content was low in Zr(Fe, Cr)₂ type

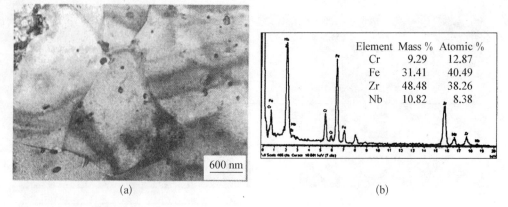

Fig. 5 TEM micrograph and EDS spectrum for precipitates of Zr – Sn – Nb – Fe – Cr specimen treated by 680 ℃/500 ℃

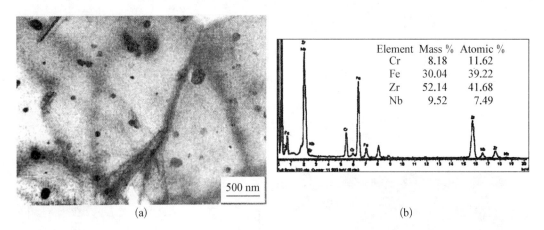

Fig. 6 TEM micrograph and EDS spectrum for precipitates of Zr – Sn – Nb – Fe – Cr specimen treated by 680 ℃/560 ℃

precipitates, much more Nb dissolved in αZr in 680 ℃/500 ℃ and 680 ℃/560 ℃ specimens.

Because the maximum solubility of Fe in αZr is known to be very low (120 ppm at 820 ℃[14]) and the Fe content in Zr – Sn – Nb – Fe – Cr alloy used in this study was 0. 31 wt%, almost all Fe would be precipitated as Zr(Fe, Cr)$_2$ type and Zr – Nb – Fe type intermetallic precipitates. In the case of 800 ℃/500 ℃ and 800 ℃/560 ℃ specimens, TEM/EDS analyses indicated that there were two types of precipitates and their volume fractions were almost equal. Based on the ratio of Fe/Nb in precipitates analyzed by EDS, the Nb content in precipitates could be calculated. Then the Nb content in αZr, as well as in precipitates could be calculated, which are shown in Table 2. Among these four kinds of specimens, 800 ℃/500 ℃ specimen had the lowest Nb content in αZr due to the formation of Zr – Nb – Fe type precipitate. The results indicated that the formation of Zr – Nb – Fe type precipitate and a low Nb content in αZr was helpful to the corrosion resistance of Zr – Sn – Nb – Fe – Cr zirconium alloy in LiOH aqueous solution.

For better understanding the influence of heat treatment on corrosion resistance and Zr –Sn – Nb – Fe – Cr zirconium alloys, in terms of Zr – Nb binary phase diagram (Fig. 7), the characteristics of microstructure of 800 ℃/500 ℃ specimen in relation to heat treatment can be deduced.

For a binary Zr – Nb alloy containing 0.39 wt% Nb, Fig. 7 shows that aZr matrix containing 0.15 wt% Nb and βZr phase containing much more Nb would be produced by heating to 800 ℃ in an equilibrium state. When the alloy is annealed at 500 ℃ after cold rolling, βNb is produced by the decomposition of βZr to αZr+βNb phases. It is easy for βNb phase to precipitate near the defects brought by cold rolling. In the case of 800 ℃/500 ℃ specimen of Zr – Sn – Nb – Fe – Cr alloy, in addition to αZr matrix

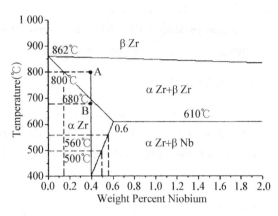

Fig. 7　A part of Zr – Nb phase diagram

containing about 0.15 wt% Nb and βZr phase containing much more Nb, there existed stable Zr(Fe,Cr)$_2$ precipitate in the specimens after annealing at 800 ℃ for an hour. When the specimen was annealed at 500 ℃ after cold rolling, the stable Zr – Nb – Fe second phase particles were precipitated firstly by the decomposition of βZr. So there were two types of precipitates, Zr(Fe,Cr)$_2$ type and Zr – Nb – Fe type, in the 800 ℃/500 ℃ specimen of Zr – Sn – Nb – Fe – Cr alloy. The formation of stable Zr – Nb – Fe type precipitates resulted in lower Nb content in αZr matrix.

For a binary Zr – Nb alloy containing 0.39 wt% Nb, only αZr matrix existed when heated up to 680 ℃ in an equilibrium state. When the alloy is annealed at 560 ℃, no βNb phase precipitates from αZr matrix because the solid solubility of Nb in αZr matrix is about 0.55 wt% at 560 ℃. In the case of 680 ℃/560 ℃ specimen of Zr – Sn – Nb – Fe – Cr alloy, it is difficult for Zr – Nb – Fe second phase particles to precipitate, except Zr(Fe,Cr)$_2$ type precipitate existing stable in the specimen early. This results in higher Nb content in αZr matrix. The analyses results show that the 800 ℃/500 ℃ specimen in this study contains less Nb in αZr matrix than the 680 ℃/560 ℃ specimen, which is consistent with the calculation results based on the EDS analyses shown in Table 2.

Table 2　Niobium content in αZr solid solution of Zr – Sn – Nb – Fe – Cr alloys with different heat-treatment (wt%)

Heat-treatment	680 ℃/500 ℃	680 ℃/560 ℃	800 ℃/500 ℃	800 ℃/560 ℃
Type of precipitates	Zr(Fe,Cr)$_2$	Zr(Fe,Cr)$_2$	Zr(Fe,Cr)$_2$ and Zr – Nb – Fe	Zr(Fe,Cr)$_2$ and Zr – Nb – Fe
Fe/Nb in precipitates	About 2.9	About 3.1	About 3.1 and 0.26	About 3.1 and 0.83
Nb-content in αZr	0.33%	0.33%	0.21%	0.29%

4　Conclusion

The corrosion behavior of Zr – Sn – Nb – Fe – Cr zirconium alloy was observed to have no certain relation to the accumulated annealing parameter.

On the basis of the EDS study and phase diagram analyses, it is suggested that the intermediate annealing at 800 ℃ before the final cold rolling reduced Nb content in αZr matrix and produced Zr – Nb – Fe precipitates after aging at 500 ℃, which results in an improvement in the corrosion resistance of Zr – Sn – Nb – Fe – Cr zirconium alloy.

Acknowledgements

The authors are grateful to the financial support of the National Natural Science Foundation of China (Grant no. 50301009), the Education Development Foundation of Shanghai (Grant no. 03AK24) and Shanghai Natural Science Foundation (Grant no. 04ZR14057).

References

[1] R. J. Comstock, G. Schoenberger, G. P. Sable, Zirconium in the Nuclear Industry, Eleventh International Symposium, ASTM STP 1295, America Society for Testing and Materials, Philadelphia, PA, 1996, p. 710.

[2] J. P. Mardon, D. Charquet, J. Senevat, Zirconium in the Nuclear Industry, Twelfth International Symposium, ASTM STP 1354, America Society for Testing and Materials, West Conshohocken, PA, 2000, p. 505.

[3] A. V. Nikulina, V. A. Markelov, M. M. Peregud, Y. K. Bibilashvili, V. A. Kotrekhow, A. F. Lositsky, N. V. Kuzmenko, Y. P. Shevnin, V. K. Shamardin, G. P. Kobylyansky, A. E. Novoselov, Zirconium in the Nuclear Industry, Eleventh International Symposium, ASTM STP 1295, America Society for Testing and Materials, Philadelphia, PA, 1996, 1996, p. 785.

[4] W. J. Zhao, Z. Miao, H. M. Jiang, X. W. Yu, W. J. Li, C. Li, B. X. Zhou (in Chinese), J. Chin. Soc. Corros. Prot. 22(2) (2002) 124.

[5] T. Thorvaldsson, T. Andersson, A. Wilson, A. Wardle, Zirconium in the Nuclear Industry, Eighth International Symposium, ASTM STP 1023, America Society for Testing and Materials, Philadelphia, PA, 1989, p. 128.

[6] F. Garzarolli, E. Steinberg, H. G. Weidinger, Zirconium in the Nuclear Industry, Eighth International Symposium, ASTM STP 1023, America Society for Testing and Materials, Philadelphia, PA, 1989, p. 202.

[7] P. Rudling, H. Pettersson, T. Andersson, T. Thorvaldsson, Zirconium in the Nuclear Industry, Eighth International Symposium, ASTM STP 1023, America Society for Testing and Materials, Philadelphia, PA, 1989, p. 213.

[8] B. X. Zhou, W. J. Zhao, Z. Miao, S. F. Pan, C. Li, Y. R. Jiang, China Nuclear Science and Technology Report, CNIC – 01074, SINRE – 0066, China Nuclear Information Center, Atomic Energy Press, 1996.

[9] J. H. Baek, Y. H. Jeong, I. S. Kim, J. Nucl. Mater. 280(2000) 235.

[10] T. Isobe, Y. Matsuo, Zirconium in the Nuclear Industry, Ninth International Symposium, ASTM STP 1132, America Society for Testing and Materials, Philadelphia, PA, 1991, p. 346.

[11] Q. Li, W. Q. Liu, B. X. Zhou (in Chinese), Rare Metal Mater. Eng. 31 (5) (2002) 389.

[12] W. Q. Liu, Q. Li, B. X. Zhou, M. Y. Yao (in Chinese), Nucl. Power Eng. 24 (1) (2003) 33.

[13] Y. S. Kim, S. K. Kim, J. G. Bang, Y. H. Jung, J. Nucl. Mater. 279 (2000) 335.

[14] D. Charquet, R. Hahn, E. Ortlieb, J. P. Gros, J. F. Wadier, Zirconium in the Nuclear Industry, Eighth International Symposium, ASTM STP 1023, America Society for Testing and Materials, Philadelphia, PA, 1989, p. 405.

热处理制度对 N18 新锆合金耐腐蚀性能的影响[*]

摘 要：将 N18 锆合金样品分别进行多种变形热处理后,用高分辨透射电镜研究它们的显微组织和第二相粒子,然后把样品放入高压釜,在 350 ℃、16.8 MPa、0.01 mol L^{-1} LiOH 溶液中进行腐蚀. 结果表明：800 ℃-1 h/冷轧/500 ℃-30 h 处理的样品,其耐腐蚀性能最好. 分析该样品的第二相粒子,发现除了 Zr(Fe,Cr)$_2$ 第二相粒子外,该样品中还存在 Nb 含量较高的细小的 Zr-Nb-Fe 第二相粒子；这会降低 Nb 元素在基体 αZr 中的固溶含量,提高 N18 锆合金的耐腐蚀性能.

1 引言

随着核电站燃料燃耗的加深,燃料元件的换料周期也不断延长,对燃料包壳材料的性能有了更高的要求. 为此,各国研究开发了新锆合金. 在 Zr-Sn-Nb 系列中,有代表性的是美国的 ZIRLO 和俄罗斯的 E635 合金,我国已经开发出 N18 新锆合金. 过去研究 Zr-4 合金的耐腐蚀性能时,认为合金中第二相颗粒的大小与耐腐蚀性能有着密切的关系[1],Thorvaldsson 等[2]将 β 相淬火后重新加热温度和时间归一为累积退火参数 A

$$A = \sum t_i \exp(-Q/RT_i)$$

式中,t_i 和 T_i 是各次重新加热的时间(h)和温度(K)；Q 为第二相析出过程的激活能；R 为气体常数,认为 A 值大于一定值可以明显改善 Zr-4 合金的耐均匀腐蚀性能. 由于提高加热温度和延长加热时间均可以使第二相聚集长大,因而又认为第二相大小是影响耐腐蚀性能的主要因素. 但周邦新等[3]认为改变热处理温度获得不同大小第二相的同时,αZr 中过饱和固溶的 Fe、Cr 含量也在发生变化,这才是影响 Zr-4 合金耐腐蚀性能的重要因素. 现在研究 Zr-Sn-Nb 合金耐腐蚀性能时,也有学者用累积退火参数来衡量热处理制度对 Zr-Sn-Nb 合金耐腐蚀性能的影响,认为较小的累积退火参数可以提高 Zr-Sn-Nb 合金的耐腐蚀性能[4,5]. 文献[6,7]研究了热处理制度对 ZIRLO 锆合金显微组织和耐腐蚀性能的影响,认为得到均匀细小的 βNb 第二相是提高 ZIRLO 锆合金耐腐蚀性能的关键. 本文进一步研究热处理制度影响 N18 锆合金耐腐蚀性的机理.

2 实验方法

实验选用的 N18 新锆合金,经两次真空电弧熔炼,铸锭重 5 kg. 主要合金成分列于表 1. 铸锭热锻后在 1 050 ℃保温 0.5 h 后水淬,再经热轧、冷轧及中间退火等工序制成片状样品. 最后一次冷轧前样品厚度为 1 mm,此时将它们分成两组,在 680 ℃和 800 ℃分别保温 5 h 和

* 本文合作者：刘文庆、李强、严青松、姚美意. 原发表于《核动力工程》,2005,26(3)：249-253,287.

1 h,然后进行最后一次冷轧,冷轧至 0.5 mm 厚(压下量为 50%),再将每组样品在 500 ℃ 和 560 ℃分别保温 30 h 和 10 h 后空气冷却. 用 JEM - 200CX 透射电镜观察上述样品的显微组织,用 JEM - 2010F 高分辨电镜分析第二相粒子的晶体结构和化学成分. 为了后面讨论方便,将上述方法处理的样品分别标记为 680/500 ℃、680/560 ℃、800/500 ℃ 和 800/560 ℃. 最后将样品放在盛有 0.01 mol L⁻¹ LiOH 水溶液的高压釜中进行腐蚀,并放入了 Zr - 4 合金样品作为比较,温度 350 ℃,压力 16.8 MPa.

表 1 实验用锆合金的主要化学成分(质量分数, %)
Table 1 Chemical Composition of Zirconium Alloys (Mass Fraction, %)

元素	Sn	Nb	Fe	Cr	Zr
含量	1.0	0.39	0.31	0.05	余量

3 实验结果及讨论

3.1 腐蚀增重

图 1 为经过不同热处理的 N18 锆合金样品的腐蚀增重曲线. 在腐蚀增重约为 30 mg dm⁻² 时,腐蚀发生第一次转折. 腐蚀到 220 天,出现了第二次转折. 此时,N18 锆合金样品的腐蚀增重按照 800/560 ℃、800/500 ℃、680/500 ℃ 和 680/560 ℃ 的顺序依次增加(图 1a). 第二次转折后,800/500 ℃ 处理样品的腐蚀速度稍有增加,其他样品的腐蚀速度大大加快(图 1b). 这表明经过 800/500 ℃ 处理样品的耐腐蚀性能最好. 其他三种样品的耐腐蚀性能按照 800/ 560 ℃、680/500 和 680/560 ℃ 的顺序依次降低. 取 $Q/R = 34\,000$ K,680/500 ℃、680/ 560 ℃、800/500 ℃ 和 800/560 ℃ 4 种样品的累积退火参数分别是 2.363×10⁻¹⁵、2.381× 10⁻¹⁵、1.808×10⁻¹⁴ 和 1.810×10⁻¹⁴,并依次增加. 如果按照文献[4,5],认为较小的累积退火参数可以提高 Zr - Sn - Nb 合金的耐腐蚀性能,那么对于 N18 锆合金,其耐腐蚀性能应该

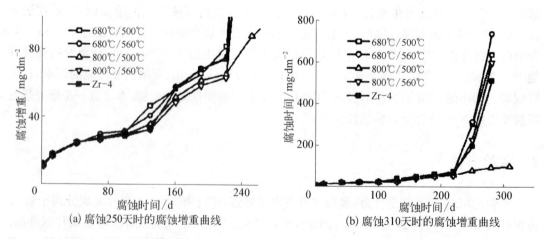

(a) 腐蚀250天时的腐蚀增重曲线 (b) 腐蚀310天时的腐蚀增重曲线

图 1 N18 锆合金样品在 350 ℃ 的 0.01 mol L⁻¹ LiOH 水溶液中的腐蚀增重曲线
Fig. 1 Weight Gain Against Exposed Time of N18 Specimens Tested in 0.01 mol L⁻¹ LiOH Solution at 350 ℃

按照 680/500 ℃、680/560 ℃、800/500 ℃和 800/560 ℃的顺序依次降低才对,这与实验结果不符.因此热处理制度是通过改变显微组织和合金元素在基体和第二相中的分布来影响N18 锆合金的耐腐蚀性能.

3.2 显微组织

图 2~图 5 是经过不同热处理后的 N18 锆合金样品的显微组织.它们的第二相均匀分布,直径 50~200 nm,没有明显区别.其中,800/500 ℃样品和 680/500 ℃样品中有未完全再结晶区域.用 EDS 分析这些样品中第二相的化学成分,发现均含有 Fe、Cr 和 Nb 元素.Isobe 等[8]用 EDS 分析 Zr - 0.5Sn - 0.2Fe - 0.1Cr - 0.4Nb 合金中的第二相,发现第二相中均含有 Fe、Cr 和 Nb 元素;Baek 等[4]用 EDS 分析 Zr - 0.5Nb - 1.0Sn - 0.5Fe - 0.25Cr 合金中的第二相,得出了相同的结论;Kim[9]用 EDS 分析 Zr - XSn - 0.4Nb 合金中第二相的化学成分,X 取 0.5、1.0、1.5 和 2.0,第二相中均富集有 Nb 元素.这说明 N18 锆合金和以上 Zr - Sn - Nb 合金基体中 Nb 元素的固溶含量均降低了.

用选区电子衍射(SAD)分析 800/500 ℃样品(图 2a)中较大的第二相颗粒(P1).SAD 花样(图 2b)中除去基体 αZr 的衍射斑点,还存在一种与 ZrFe$_2$(ASTM 卡片号 18 - 666)结构吻合的第二相.用 EDS 分析其化学成分,发现含有 Zr、Fe、Cr、Nb 元素(图 2c),Fe/Cr 比约为 3.ZrFe$_2$ 是立方结构;ZrCr$_2$ 是密排六方结构.由于 Fe/Cr 比较大,Fe 含量比 Cr 元素多,这是一种与 ZrFe$_2$ 结构一致的 Zr(Fe,Cr)$_2$.确切地说,这种第二相应该是立方结构的 Zr(Fe,Cr)$_2$,同时含有少量 Nb 元素.

用 EDS 分析 800/500 ℃样品(图 2a)中较小第二相颗粒(P2),发现 Nb 含量大大增加,

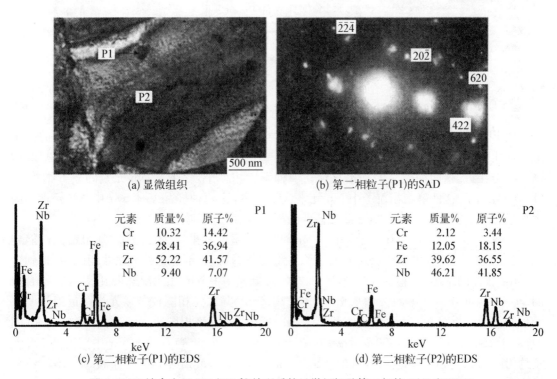

(a) 显微组织

(b) 第二相粒子(P1)的 SAD

元素	质量%	原子%	P1
Cr	10.32	14.42	
Fe	28.41	36.94	
Zr	52.22	41.57	
Nb	9.40	7.07	

元素	质量%	原子%	P2
Cr	2.12	3.44	
Fe	12.05	18.15	
Zr	39.62	36.55	
Nb	46.21	41.85	

(c) 第二相粒子(P1)的 EDS

(d) 第二相粒子(P2)的 EDS

图 2 N18 锆合金经 800/500 ℃处理后的显微组织及第二相的 SAD 和 EDS

Fig. 2 TEM Micrograph, SAD and EDS Spectra for Precipitates of N18 Specimen Treated at 800/500 ℃

Cr 元素大大降低(图 2d),Fe/Cr 比为 5~5.5. 根据文献[8－10],这种第二相应该是 βZr 分解产生的含 Nb、Fe 和 Cr 元素的第二相粒子. 虽然 Nikulina[11] 和 Mardon[12] 等分别确认了它们的晶体结构和晶格常数,但由于这种第二相粒子比较细小,而且结构复杂,他们的结果也不一样. 一致的观点是,这种细小的第二相粒子是由 Zr、Nb、Fe 3 种元素组成,一般称之为 Zr－Nb－Fe 粒子. 可以看出,Nb 在 800/500 ℃样品中有 3 种存在形式:一部分固溶于基体 αZr 中,一部分存在于立方结构的 Zr(Fe,Cr)₂ 第二相中,还有一部分存在于细小的 Zr－Nb－Fe 粒子. 这种样品中有两种第二相粒子:一种是含少量 Nb 元素尺寸较大的 Zr(Fe,Cr)₂;一种是含 Nb 元素较多的细小的 Zr－Nb－Fe 第二相粒子. 由于 800/500 ℃样品中存在含 Nb 元素较多的 Zr－Nb－Fe 第二相粒子,降低了基体 αZr 中 Nb 元素的固溶含量.

用 EDS 分析 800/560 ℃样品(图 3a)中第二相颗粒的化学成分,有与 800/500 ℃样品相同的规律. 较大的第二相中 Zr、Fe、Cr、Nb 元素的比例与 800/500 ℃样品基本一致,是含有少量 Nb 元素的立方结构 Zr(Fe,Cr)₂. 只是较小第二相颗粒中的 Nb 元素含量有所降低,Fe、Cr 元素有所增加(图 3b),但 Fe/Cr 比不变,也为 5~5.5. 因此,800/560 ℃样品基体 αZr 中 Nb 元素的固溶含量比 800/500 ℃样品稍高.

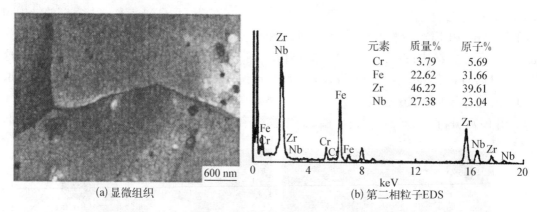

元素	质量%	原子%
Cr	3.79	5.69
Fe	22.62	31.66
Zr	46.22	39.61
Nb	27.38	23.04

(a) 显微组织　　　　　　　　(b) 第二相粒子EDS

图 3　N18 锆合金经 800/560 ℃处理后的显微组织及第二相的 EDS

Fig. 3　TEM Micrograph and EDS Spectrum for Precipitates of N18 Specimen Treated at 800/560 ℃

用 EDS 分析 680/500 ℃和 680/560 ℃两种样品中大小不同的第二相粒子,它们的元素组成和比例变化不大(图 4b 和图 5b),且与 800/500 ℃样品(图 2a)中较大的第二相颗粒(P1)十分接近. 这两种样品中基本只存在一种第二相粒子,含少量 Nb 元素的立方结构 Zr(Fe,Cr)₂. 由于这种第二相粒子中 Nb 元素含量较少,这两种样品基体 αZr 中 Nb 元素的固溶含量比 800/500 ℃和 800/560 ℃两种样品都高,但肯定都低于 0.4%.

Choo[13] 认为:Zr－Nb 合金基体中固溶的 Nb 超过其平衡浓度越多,其耐腐蚀性能越差. 结合本实验结果,可以得出这样的结论:要提高 N18 锆合金的耐腐蚀性能,需要得到含 Nb 元素较多的细小 Zr－Fe－Nb 第二相粒子,降低 αZr 中 Nb 的固溶含量. 由于 N18 锆合金的 Fe、Cr 含量分别为 0.31% 和 0.05%,本文用 Zr－Nb 二元相图代替多元相图近似说明热处理制度如何影响 Nb 元素在基体和第二相中的分布. 将该相图富 Zr 部分作近似放大(图 6),对于 800/500 ℃样品,800 ℃保温时,处于 αZr＋βZr 两相区(A 点),αZr 中固溶的 Nb 元素约为 0.15%,βZr 中固溶有较多的 Nb、Fe 和 Cr 元素. 冷轧后在 500 ℃保温 30 h,βZr 将分解为 αZr 和 Zr－Fe－Nb 第二相粒子. 由于冷轧造成大量缺陷,含 Nb、Fe 和 Cr 元素的 Zr－Fe－Nb 第二相粒子优先在缺陷位置析出,并相当稳定. 由于 Zr－Fe－Nb 第二相粒子中 Nb 元

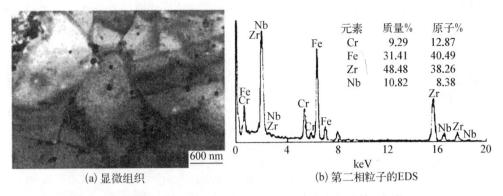

(a) 显微组织　　　　　　　　(b) 第二相粒子的EDS

元素	质量%	原子%
Cr	9.29	12.87
Fe	31.41	40.49
Zr	48.48	38.26
Nb	10.82	8.38

图 4 N18 锆合金经 680 ℃/500 ℃ 处理后的显微组织及第二相的 EDS

Fig. 4 TEM Micrograph and EDS Spectrum for Precipitates of N18 Specimen Treated at 680/500 ℃

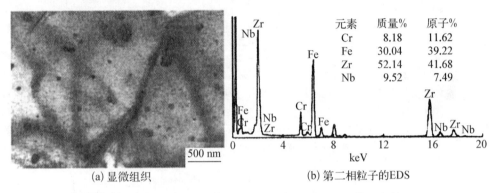

(a) 显微组织　　　　　　　　(b) 第二相粒子的EDS

元素	质量%	原子%
Cr	8.18	11.62
Fe	30.04	39.22
Zr	52.14	41.68
Nb	9.52	7.49

图 5 N18 锆合金经 680 ℃/560 ℃ 处理后的显微组织及第二相的 EDS

Fig. 5 TEM Micrograph and EDS Spectrum for Precipitates of N18 Specimen Treated at 680/560 ℃

素含量较高,造成 βZr 分解出的 αZr 中 Nb 元素含量较低. 对于 680/560 ℃ 处理的 N18 锆合金,按照 Zr - Nb 相图,680 ℃时处于 αZr 单相区(B点),除了少量 Nb 元素存在于稳定的立方结构的 $Zr(Fe,Cr)_2$[14] 中,其余的 Nb 元素全部固溶于 αZr 中. 由于 αZr 在 560 ℃可固溶 0.55% 的 Nb 元素(图 6),冷轧后 560 ℃ 的保温过程中,αZr 中的 Nb 元素很难析出,αZr 中的 Nb 元素含量较高.

本文的研究表明,优化热处理制度可以明显改善 N18 锆合金的耐腐蚀性能,问题的关键在于:一方面是要降低 αZr 中 Nb 元素的固溶含量;另一方面是要得到细小的 Zr - Nb - Fe 第二相粒子.

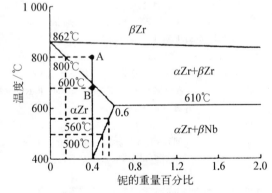

图 6 Zr - Nb 相图的一部分

Fig. 6 One Part of Zr - Nb Phase Diagram

4 结论

比较 N18 锆合金经不同处理后在 350 ℃、16.8 MPa 的 0.01mol L^{-1} LiOH 水溶液中的

耐腐蚀性能, 表明 800/500 ℃ 处理后的样品耐腐蚀性能最好. 其原因在于: 样品经过这样处理后, 降低了基体 αZr 中固溶的 Nb 含量, 得到 Nb 元素含量较多的细小的 Zr－Nb－Fe 第二相粒子.

参 考 文 献

[1] Foster J P, Dougherty J, Burke M G et al. Influence of Final Recrystallization Heat Treatment on Zircaloy－4 Strip Corrosion[J]. J Nucl Mat. 1990, 173: 164－178.

[2] Thorvaldsson T, Andersson T, Wilson A et al. Correlation Between 400 ℃ Steam Corrosion Behavior, Heat Treatment, and Microstructure of Zircaloy－4 Tubing[C]. Zirconium in the Nuclear Industry, Eighth International Symposium, ASTM STP 1023, in: Van Swam L F P and Eucken C M Eds, America Society for Testing and Materials, Philadelphia, PA, 1989, 128－140.

[3] Zhou Bangxin, Zhao Wenjin, Miao Zhi et al. The Effect of Heat Treatment on the Corrosion Behavior of Zircaloy－4[R]. China Nuclear Science and Technology Report, CNIC－01074, SINRE－0066, China Nuclear Information Center, Atomic Energy Press, 1996.

[4] Baek J H, Jeong Y H, Kim I S. Effect of the Accumulated Annealing Parameter on the Corrosion Characteristics of a Zr－0.5Nb－1.0Sn－0.5Fe－0.25Cr Alloy[J]. J Nucl Mat. 2000, 280: 235－245.

[5] Kim J M, Jeong Y H, Jung Y H. Correlation of Heat Treatment and Corrosion Behavior of Zr－Nb－Sn－Fe－Cu Alloys[J]. J Mat. Pro Tech. 2000, 104: 145－149.

[6] 李　强, 刘文庆, 周邦新. 变形及热处理对 Zr－Sn－Nb 合金中 β－Zr 分解的影响[J]. 稀有金属材料与工程, 2002, 31(5): 389－392.

[7] 刘文庆, 李　强, 周邦新等. 显微组织对 ZIRLO 锆合金耐腐蚀性的影响[J]. 核动力工程. 2003, 24(1): 33－36.

[8] Isobe T, Matsuo Y. Development of Highly Corrosion Resistant Zzirconium-base Alloys[C]. Zirconium in the Nuclear Industry, Ninth International Symposium, ASTM STP 1132, in: Eucken C M and Grade A M Eds. America Society for Testing and Materials, Philadelphia, PA, 1991, 346－367.

[9] Kim Y S, Kim S K, Bang J G et al. Effects of Sn and Nb on Massive Hydriding Kinetics of Zr－XSn－YNb Alloy[J]. J Nucl Mat. 2000, 279: 335－343.

[10] Comstock R J, Schoenberger G, Sable G P. Influence of Processing Variables and Alloy Chemistry on the Corrosion Behavior of ZIRLO Nuclear Fuel Cladding [C]. Zirconium in the Nuclear Industry, Eleventh International Symposium, ASTM STP 1295, in: Bradley E R and Sabol G P Eds. America Society for Testing and Materials, Philadelphia, PA, 1996: 710－725.

[11] Nikulina A V, Markelov V A, Peregud M M et al. Zirconium Alloy E635 as a Material for Fuel Rod Cladding and other Components of VVER and RBMK Cores[C]. Zirconium in the Nuclear Industry, Eleventh International Symposium, ASTM STP 1295, in: Bradley E R and Sabol G P Eds. America Society for Testing and Materials, Philadelphia, PA, 1996: 785－804.

[12] Mardon J P, Charquet D, Senevat J. Influence of Composition and Fabrication Process on out-of-Pile and in-Pile Properties of M5 Alloy[C]. Zirconium in the Nuclear Industry, Twelfth International Symposium, ASTM STP 1354, in: Sabol G P and Moan G D Eds. America Society for Testing and Materials, West Conshohocken, PA, 2000, 505－524.

[13] Choo K N, Kang Y H, Pyum S I, et al. Effect of Composition and Heat Treatment on the Microstructure and Corrosion Behavior of Zr－Nb Alloys[J]. J Nucl Mat. 1994, 209: 226－235.

[14] 周邦新. Zr－Sn－Nb 系合金的显微组织研究[C]. 96 中国材料研讨会会议论文集, 生物及环境材料, Ⅲ－2, 北京, 化学工业出版社, 1997: 187－191.

Effect of Heat Treatment on the Corrosion Resistance for New Zirconium-Based Alloy

Abstract: After being treated in different ways, N18 zirconium alloy specimens are exposed in 0.01 mol · L^{-1}

LiOH aqueous solution at 350 ℃, 16.8 MPa. The microstructures of these specimens are carried out by high-resolution transmission electron microscopy (HRTEM). The specimen treated by 800 ℃/C. R/500 ℃ has best corrosion resistance among all the specimens. TEM examination shows, in addition to $Zr(Fe,Cr)_2$, there exist Zr - Nb - Fe SPPs, which containing much more Nb element, in the specimen. The existence of Zr - Nb - Fe SPPs is helpful to the reduction of niobium content in αZr solid solution and results in an improvement in the corrosion resistance of N18 zirconium alloy.

AlN+MnS Inclusions in Oriented Electrical Steels *

Abstract: Field emission-scanning electron microscopy (FE – SEM) technique was employed to observe the shape, size and distribution of AlN+MnS inclusions in oriented electrical steels. Specimens used for FE – SEM observation were deeply electrolytic etched at room temperature in non-aqueous acetylacetone (AA) solution. The results indicate that the FE – SEM technique has obvious advantage in specimen preparation. Therefore, it can be easily used to identify the AlN+MnS inclusions and even copper nano-particles in oriented electrical steels with the same analysis accuracy as that by TEM. This technique is a good substitute for TEM and the associated specimen preparation in the observation of inclusions in electrical steels. It will be a powerful technique for routine analysis in the production of grain oriented electrical steels.

1 INTRODUCTION

It is widely recognized that in order to obtain a sharp (110)[001] texture in oriented electrical steel sheets through a secondary recrystallization process, a variety of inclusions, such as sulfides and nitrides or the combination of them, have been employed[1-3]. The first case application was introduced in late 1960s, Tayuchi et al[3] utilized both MnS and AlN inclusions to provide inhibition to normal grain growth. Based on this, the grain oriented (GO) and Hi – B grain oriented electrical steels were commercially produced later on. Actually, AlN and MnS inclusions also affect the hot-rolling process and the texture formation of electrical steels[4,5]. The investigation indicates that the population, size, distribution and orientation of these inclusions are significant to the texture formation and magnetic properties of grain oriented electrical steels[5-7]. So characterization of these inclusions draws much attention of the researchers who focus on process control of the production of electrical steels[8-10]. Till now TEM technique is broadly used to characterize the AlN and MnS inclusions in electrical steels[10,11]. By this technique, the shape and size of AlN and MnS inclusions can be easily observed, while the preparation for TEM specimens is a long-time-consuming process. To simplify the specimen preparation, especially to find a fast approach to examine the inclusions in electrical steels from industrial production process, new observation techniques are badly needed and attempted. In this paper FE – SEM technique was employed to attempt the observation of AlN+MnS inclusions in oriented electrical steels. In comparison with TEM technique, FE – SEM observation

---

* In collaboration with Wang Jun'an, Li Qiang, Zhu Yuliang, Sun Huande. Reprinted from Trans. Nonferrous Met. Soc. China, 2005, 15(2): 460 – 463.

shows obvious advantages in characterization of AlN+MnS inclusions in electrical steels.

2   EXPERIMENTAL

Specimens with basic composition of Fe – 3% Si containing Al, Mn and Cu cut from the hot-rolled band and metallographically ground and polished with 7 μm grade diamond paste for characterization of AlN+MnS inclusions were prepared in the following ways. Specimens used for FE – SEM observation were deeply electrolytic alloy etched at room temperature in non-aqueous AA solution which was composed of 10% acetylacetone, 1% tetramethyl ammonium chloride and methanol[12]. Specimens for TEM observation were prepared by deep electropolishing in the same way as described in specimen preparation for FE – SEM observation and then deposited with 20 nm carbon film on the surface in vacuum to attain a carbon extraction replica. The carbon coated specimens were leached in AA solution and the specimens were etched through the carbon. After leaching a period of time, float the replica film directly on to a water surface by lowering the metal specimen into a water bath at a shallow angle and pick up the replica films on copper grids and dry. By this way, the AlN + MnS inclusions as well as nano copper particles can be well collected. JSM – 6700F scanning electron microscope equipped with EDAX and JEM – 200CX transmission electron microscope were used for observation.

3   RESULTS AND DISCUSSION

3.1   Direct observation of AlN+MnS inclusions by FE – SEM

The characterization of AlN + MnS inclusions in electrical steels was ordinarily performed by TEM technique and the specimens must be carefully prepared. To make the characterization process easier, the FE – SEM technique was employed and the results attained are shown in Figs. 1 and 2. It can be clearly seen that under lower magnification

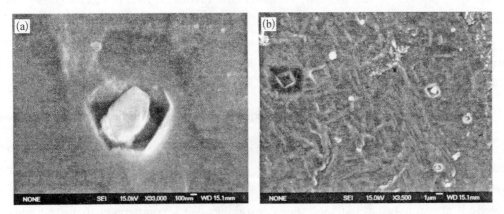

Fig. 1   Morphology of AlN+MnS inclusions (a) and their distribution (b)

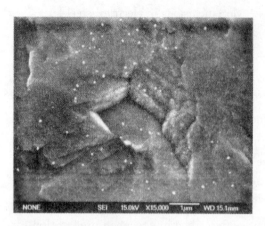

Fig. 2 Copper particles distribution in specimen

pits together with inclusions disperse on the surface of the electropolished specimen via etching in non-aqueous AA solution. Most of the inclusions are hexagon, as shown in Fig. 1 (a). It is confirmed to be the composite of AlN and MnS which can be inducted from Table 1 where the composition was obtained by energy spectrum analysis. The other elements except Al, Mn, N and S appear due to the penetration depth of electron beam which is apparently larger than the thickness of the inclusions. Therefore the information of the matrix composition below the inclusions is also collected. The size of most inhibitor composites is 300 nm to 500 nm, which is in the suitable size range for pinning effects in the manufacture of electrical steels and in practice the corresponding process results in good secondary recrystallization of electrical steels[13]. Under high magnification (Fig. 2), the uniformly distributed white particles are clearly observed and those particles are about 50 nm in size and verified as copper. It should be noted that the distribution of copper particles along the etched profile can also be well observed by FE – SEM. All these observation results fit the designed composition very well, and interestingly, they are consistent with the results obtained by other analytical methods.

Table 1 Composition of inclusion as that in Fig. 1(a)(all elements
analyzed and normalized) (mass fraction, %)

N	Al	Si	S	Mn	Fe	Cu	Total
8.40	7.46	2.67	2.92	4.44	66.35	7.77	100.00

It can be concluded that when the specimens are deeply etched by electrolytic etching, the AlN and MnS composite inclusions and copper particles expose at the fresh surface. These exposed particles can be easily observed and identified by FE – SEM. Based on the observation results, it is apparent that the corresponding process and composition are suitable for the production of oriented electrical steel sheets because the dimension of most composite inclusions is in the range that the inclusions have effective inhibition to the normal grain growth.

3.2 Comparison of FE – SEM and TEM technique in observation of inclusions in electrical steels

Carbon extraction replica combined with TEM technique is usually used to characterize carbides, sulfides and nitrides in steels[14,15]. Although this combination can successfully show the morphology of the inclusions and sometimes characterize their crystal structures as well, it is complicated and long-time-consuming. As a comparison to FE – SEM, the replica obtained from the surface of the same specimens was observed by TEM and the results are shown in Fig. 3. The large composite inclusions of AlN and MnS appeared almost the same form as that seen by FE – SEM. The small particles which were identified to be copper by selected area diffraction are much more in population than that observed by FE – SEM technique. The copper distribution difference largely comes from the carbon extraction process. In this process, a thick layer of materials on the specimens was etched by the non-aqueous AA solution in order to detach the carbon films from the specimen, therefore, much more copper particles were probably extracted from the specimens. While in the FE – SEM technique, the exposed and attached copper particles located at the out surface of the specimens were detected as that seen in Fig. 2. The results indicate that the non-aqueous AA solution is a very suitable solution for the replica making in electrical steels. With this solution all particles can be effectively extracted from the specimens. Usually, by selected area diffraction the inclusions can be characterized in structure, while for this case the inclusions of AlN and MnS composites are not easily identified as the thickness of them is beyond the diffraction depth of electron beam, which results in ambiguous diffraction patterns. The shortage of the technique could be supplemented by FE – SEM technique where the composition of inclusions can be identified by the coupled EDAX.

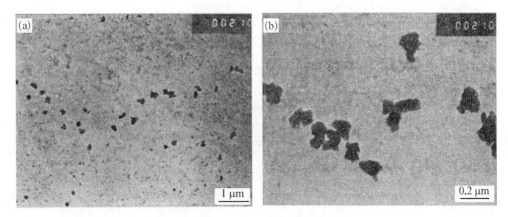

Fig. 3 Distribution of inclusions (a) and morphology of large particles (b)

For the observation of inclusions in electrical steels, both TEM and FE – SEM techniques are powerful and effective. In the case of fast examination of AlN and MnS composite inclusions, FE – SEM technique shows obvious advantage in specimen preparation and therefore it would be more useful in the process control.

4 CONCLUSIONS

By comparing the observation results obtained from different specimen preparation methods and analysis techniques, FE – SEM observation on the deeply electrolytic etched specimens is considerably simple and effective for the morphological analysis of AlN and MnS composite inclusions even the copper particles in nano size in electrical steels. The advantage of FE–SEM technique is that it obviously simplifies the specimen preparation, which has special significance to the routine analysis. It is a good substitute for TEM and the associated specimen preparation in the observation of inclusions in electrical steels.

References

[1] Fiedler H C. Grain oriented silicon-iron with a unique inhibition system for texture development[J]. Metall Trans A, 1977,8A: 1307–1312.

[2] Yoshitomi Y, Iwayama K, Nagahima T, et al. Role of inhibitor for secondary recrystallization texture evolution in Fe–3%Si–alloy[J]. Materials Science Forum, 1993,113–115: 281–286.

[3] Taguchi S, Sakaura A, Takashima H. Process for producing single-oriented silicon steel sheets having a high magnetic induction[P]. US 3287183,1966.

[4] Rodrigues V A, Monteiro W A, Silva A M S, et al. Comparison between precipitation kinetics of manganese sulfide during hot compression process with one and two holding time in grain-oriented electrical steel[J]. Journal De Physique IV, 1998,8(2): 527–530.

[5] Kang Y L, Yu H, Fu J, et al. Morphology and precipitation kinetics of AlN in hot strip of low carbon steel produced by compact strip production[J]. Mater Sci Eng A, 2003,351(1–2)A: 265–271.

[6] Sakai T, Shiozaki M, Takashima K. A study on AlN in high permeability grain-oriented silicon steel[J]. Journal of Applied Physics,1979,50(B3): 2369–2371.

[7] Zaveryukha A, Davis C. An investigation into the cause of inhomogeneous distributions of aluminium nitrides in silicon steels[J]. Mater Sci Eng A,2003,345(1–2)A: 23–27.

[8] Research Group of Silicon Iron, Peking Institute of Iron and Steel Research. Effects of aluminium on commercial grain-oriented 3% Si-iron with MnS as the main second phase[J]. Acta Metallurgica Sinica, 1977,13(1–2): 80–92. (in Chinese)

[9] Petrovic D S, Jenko M. A HRAES study of the morphology of non-metallic inclusions in non-oriented electrical steel containing Cu and Se[J]. Vacuum,2003,71(1–2): 33–40.

[10] Shen T H. Study of desulfurization kinetics in grain oriented 3 percent silicon iron[J]. Metall Trans A, 1986,17A (8): 1347–1351.

[11] Park J Y, Han K S, Woo J S, et al. Influence of primary annealing condition on texture development in grain oriented electrical steels[J]. Acta Mater, 2002,50(7): 1825–1834.

[12] Kurosawa F, Taguchi I, Matsumoto R. Observation of precipitates and metallographic grain orientation in steel by a non-aqueous electrolyte-potentiostatic etching method[J]. Journal of the Japan Institute of Metals,1979,43(11): 1068–1077.

[13] Nakayama T, Honjou N. Effect of aluminum and nitrogen on the magnetic properties of non-oriented semi-processed electrical steel sheet[J]. Journal of Magnetism and Magnetic Materials,2000,213(1–2): 87–94.

[14] Sennour M, Esnouf C. Contribution of advanced microscopy techniques to nano-precipitates characterization: case of AlN precipitation in low-carbon steel[J]. Acta Mater,2003,51: 943–957.

[15] Garbarz B, Marcisz J, Wojtas J. TEM analysis of fine sulphides dissolution and precipitation in steel[J]. Materials Chemistry and Physics,2003,81(2–3): 486–489.

快淬双相纳米复合稀土永磁材料的晶化研究[*]

摘　要：快淬双相纳米复合稀土永磁材料非晶晶化过程决定了材料的微观组织和磁性能. 从形核规律出发, 提出了持续形核长大和"爆炸式形核长大"的非晶晶化模型. 讨论了快淬速度、添加合金元素、退火工艺以及外加磁场等对非晶晶化过程的影响, 重点分析了合金元素在非晶晶化过程中的重新分布. 在此基础上, 提出了利用中间相的分解细化晶粒等获得理想材料的不同方法.

1　引言

双相纳米复合稀土永磁材料是近年来研究最为广泛的永磁材料, 其独特的磁硬化机理、优异的理论磁性能和诱人的商业前景引起众多研究者的极大关注. 制备这种磁体采用最多的工艺是快淬法[1]. 1988 年 Coehoorn[2] 等人首先采用快淬法制备出了 $Fe_3B/Nd_2Fe_{14}B$ 纳米复合磁性材料, 发现其具有明显的剩磁增强效应. 之后, 不同成分、不同类型的双相纳米复合磁性材料不断问世, 用其制备的粘结磁体也开始出现并逐步实现商业化. 目前, $Nd-Fe-B$ 系纳米复合永磁材料粉体的磁能积已达 185 kJ/m^3 左右[3], 但与理论值[4]还相差甚远, 很重要的原因在于磁体的矫顽力低以及退磁曲线的方形度比较差. 而影响这些磁性能的本质因素在于材料的微观组织、晶粒尺寸以及硬磁性相和软磁性相的铁磁性交换耦合程度等. 采用快淬工艺制备双相复合磁体主要有两种方法, 一种方法是在较低的快淬速度下直接得到纳米双相复合磁体[5], 另一种方法是在较高的快淬速度下先制备出非晶或部分非晶材料, 然后在适当条件下晶化处理, 就可得到双相纳米复合磁体. 由于前一种方法不容易控制, 组织均匀性差, 因而性能也不稳定. 而后一种方法容易控制, 工艺也不复杂, 适合于工业化批量生产, 因此研究工作也多以此种方法为主. 在快淬非晶晶化制备双相纳米复合永磁材料中, 晶化过程对磁体的性能起着至关重要的作用. 而影响晶化过程的因素又极为复杂, 本文试图对影响晶化的因素作一分析, 总结出一些规律性的结果, 这不仅有利于深入研究纳米复合永磁材料的非晶晶化机理, 而且对研究非晶合金晶化制备其他纳米材料也有一定的参考价值.

2　快淬双相纳米复合稀土永磁材料的晶化过程

同多数固态相变一样, 快淬双相纳米复合稀土永磁材料的晶化过程是晶化相形核长大的过程, 这一过程与原子的扩散有密切的联系. 原子扩散能力不同, 则晶化时的形核率和长大速率不一样, 造成最终晶化后晶粒尺寸和分布不同. 从形核的规律出发, 非晶的晶化存在两种模式. 对于原子扩散慢的情况, 形核是一个持续的过程, 如图 1 的模型 a 所示, 核心形成

* 本文合作者：王占勇、徐晖、倪建森. 原发表于《稀有金属材料与工程》, 2005, 34(1)：1-6.

的时间不一样,从而造成晶化初期形成的晶粒与晶化后期形成的晶粒在尺寸上有较大的差异,使磁性能有所下降.而对于原子扩散快的情况,形核的条件容易实现,材料的形核为"爆炸式形核"(图1中模型b所示),最终形成均匀而细小的组织.

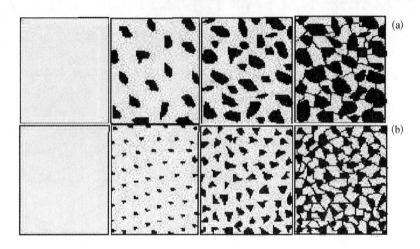

图1 非晶晶化持续形核长大(a)和爆炸式形核长大(b)模型

Fig. 1 Schematic illustration of crystallization of amorphous alloys: (a) continually nucleation, (b) explosively nucleation

从相变的过程来看,非晶的晶化过程存在以下几种情况:① 晶化相依次在不同温度析出;② 非晶相在较低温度先转变成亚稳相,而后在较高温度亚稳相分解为晶化相;③ 所有晶化相在同一温度同时析出.

非晶晶化过程极为复杂,涉及到热力学、动力学、量子力学及相变与扩散等多方面的问题,是制备纳米材料的一种重要手段.而在双相纳米复合稀土永磁材料中,要实现软、硬磁性相之间的良好耦合,对两相晶粒的尺寸、形状、分布及含量有着很严格的要求.软磁性相的尺寸要接近硬磁性相畴壁厚度的2倍;晶粒的形状要尽量规则,保证两相间具有充分的结合面,有利于实现铁磁性交换耦合作用,因而要避免出现硬磁性相晶粒或软磁性相晶粒自身的团聚,这会削弱铁磁性交换耦合作用;软磁性相的含量与剩磁的高低密切相关.以上这些因素与晶化过程密切相关.因此要获得理想的交换耦合双相纳米复合永磁材料,必须严格地控制晶化处理时的加热速度、温度和保温时间等工艺参数.

3 非晶晶化过程的影响因素

3.1 快淬速度对非晶晶化过程的影响

快淬速度是制备非晶薄带的重要工艺参数,对永磁材料的磁性能有很大的影响.随着快淬速度的增加,非晶薄带中的晶态相含量逐渐减少,从而使得晶化过程中最佳晶化温度有所升高.许多研究者采用DSC研究不同快淬速度制备的非晶薄带的晶化动力学过程,发现快淬速度慢时的样品DSC曲线中只出现1个放热峰,而快淬速度快时的样品DSC曲线中出现2个甚至3个放热峰.这表明在快淬速度比较低时,所制备的薄带中已存在少量的晶态相.Yang Sen等[6]也对不同快淬速度下样品的晶化过程进行了一系列研究,发现对于

$Nd_8Fe_{86}B_6$合金,不同快淬速度得到的样品中非晶相含量不同,为获得最佳磁性能的晶化退火工艺也有所差异,快淬速度越低,晶化退火的温度也越低. 对于某一种成分的合金,都有一个最佳的快淬速度,在这一淬速下,非晶薄带中晶态相占有一定的比例,由于这种晶态相是在很大的过冷度下形成的,一般细小并分布均匀,这些细小而均匀的质点,有些可以作为晶化过程中的形核点,有些可以阻止晶化过程中晶粒的长大,因此可以推断,这些质点尺寸越细小,分布越弥散,对于控制后期的晶化过程作用越大. 若快淬速度过高,则快淬薄带中晶态相含量少,甚至没有,存在很小的成分起伏,在随后的晶化过程中晶粒容易过分长大;若快淬速度过低,则薄带中晶态相含量过多,而且难以保证这些晶态相均匀分布并且尺寸细小,从而在随后的晶化过程中,就容易获得较大的晶粒.

3.2 添加合金元素对晶化过程的影响

添加合金元素是提高 NdFeB 永磁材料磁性能最常用的手段. 在双相纳米复合永磁材料的研究过程中,加入合金元素有利于控制软、硬磁相的晶粒尺寸及晶化过程.

首先,合金的成分,尤其是稀土元素的种类和含量对晶化产物有很大影响. Chang[7]等研究了 $Nd_xFe_{bal}TiCB_{10.5}$ 合金中 Nd 含量对相转变的影响,当 Nd 含量达 11% 时,Fe_3B 相的析出将被抑制,热磁分析(TMA)曲线上将只出现 2:14:1 相和 α-Fe 的峰. 对于含 B 较高的 NdFeB 合金,当用 Dy 代替部分 Nd 时,晶化温度对成分和退火条件非常敏感[8],虽然合金中 B 含量达 18.5at%,但最终晶化相除了 Fe_3B 和 $Nd_2Fe_{14}B$ 两相以外,还存在少量的 α-Fe,而且,α-Fe 随着 Dy 含量的增加而增加,由于 α-Fe 的饱和磁化强度和磁晶各向异性常数都比 Fe_3B 高,因此磁性能有所提高.

其次,过渡族元素的添加或替代改变了一些元素的扩散规律,对晶化过程有不同的影响. Akinori 等[9]研究了 Co 含量对 $Fe_{86-x}Co_xNb_2Pr_7B_5$ 的晶化过程的影响. 研究发现,加入 Co 后,每一相的晶化温度都有所降低,尤其是 $Pr_2(Fe,Co)_{14}B$ 相的析出温度,从 1 060 K 降到了 960 K,这样使得软磁性相和硬磁性相的晶化温度差别减小,从而有利于晶粒(尤其是软磁性相晶粒)的细化. Hirosawa 等[10]研究了 Cu,Zr,Nb 对 $Nd_{4.5}Fe_{77}B_{18.5}$ 合金的晶化行为的影响,通过对比 $Nd_{4.5}Fe_{77}B_{18.5}$ 和 $Nd_{4.5}Fe_{76.7}B_{18.5}Cu_{0.3}$ 两合金的等温热分析曲线,发现 Cu 的加入明显地改变了合金的晶化行为,使形成 Fe_3B 的孕育期明显缩短,$Nd_2Fe_{14}B$ 相的晶化温度也明显降低. Nb 的加入稳定了 $Fe_{23}B_6$,并阻止 $Nd_2Fe_{23}B_3$ 相的析出,Sankaranarayanan 等在未退火的样品中可检验出 $Fe_{23}B_6$ 相[11],其饱和磁化强度为 1.7 T. Branagan 等[12,13]研究了添加化合物 TiC 以及 Ti,C[14,15] 等元素对合金的晶化过程和磁性能的影响,添加这些物质会在样品晶化处理初期形成一些稳定的碳化物或硼化物,如 Ti_2B,TiC 和 NdC_2 等,这些稳定的化合物为随后的晶化提供形核中心,从而提高形核率,使晶化组织细化. Wang 等[16]研究了 Hf,Ti 和 Al 对 $Pr_2(FeCo)_{14}B/\alpha$-(FeCo)基纳米复合稀土永磁材料磁性能的影响,加入 Al 稍微提高样品的矫顽力,Hf 和 Ti 不仅大幅度地提高了磁体的矫顽力,而且显著地提高磁能积. 分析认为,性能的提高主要归因于晶粒的细化和交换耦合作用的增强.

从上面看出,微合金化是提高双相纳米复合稀土永磁材料的有效途径,但添加元素通过哪种方式起作用,晶化过程中不同原子的扩散存在什么差别,这些都是常规方法所检验不出来的. 三维原子探针技术(3DAP)的出现解决了这一问题,利用它可以研究纳米尺度内不同元素原子分布特征,是研究非晶晶化过程的有效手段. 用 3DAP 分析获得的图像,可以直接看出某一原子在纳米尺度的三维空间中的分布. Ohkubo 等用这种技术对 FeSiCuNbB 软磁合金进行了大量研究[17],研究发现,这种合金在晶化过程中,首先形成 Cu 原子的团簇,由于 bcc-Fe 的 {011} 面与 fcc-Cu 的 {111} 面有很好的晶格匹配性,因此随后 α-Fe 在 Cu 的 {111} 面上异质形核长大,使析出 α-Fe 相的晶化温度降低,并使晶化后的纳米晶更细小. $Fe_3B/Nd_2Fe_{14}B$ 和 α-$Fe/Nd_2Fe_{14}B$ 双相纳米复合稀土永磁材料非晶晶化时也出现了 Cu 原子的团簇,但只有在 $Fe_3B/Nd_2Fe_{14}B$ 这类磁体中,这种团簇才有利于 Fe_3B 相的形成,而在 α-$Fe/Nd_2Fe_{14}B$ 类合金中却起不到异质形核的作用. 上述现象只有利用 3DAP 才能观察到,由此可见 3DAP 在研究双相纳米复合永磁材料非晶晶化过程中的重要性.

Hono 等人用 3DAP 等分析手段研究了双相纳米复合永磁材料中的晶化问题,尤其是对 Cr,Cu,Nb,Zr,V 等合金元素在不同晶化相形成中的作用进行了系统地研究. Cr 是 Fe_3B 稳定化元素,用 3DAP 可明显地看出 Cr 在 Fe_3B 相中的偏聚. Uehara 等[18,19]研究了掺杂 Cr 对 $Fe_3B/Nd_2Fe_{14}B$ 非晶合金晶化的影响,在 Nd 大约为 5at% 时, $Nd_xFe_{82-x}B_{18}$ 和 $Nd_xFe_{79-x}Cr_3B_{18}$ 的晶化过程有很大差异,两者首先都从非晶中析出亚稳相 $Nd_2Fe_{23}B_3$ 和软磁相 Fe_3B,随后后者中的亚稳相分解为 $Nd_2Fe_{14}B+α-Fe+Fe_3B$,而前者中的亚稳相却分解为 $NdFe_4B_4+α-Fe$. 表 1 总结了部分合金元素在非晶晶化过程中的作用. 从表中可以看出,非晶晶化时合金元素会发生重新分布,在软磁和硬磁相中表现出的不同特点.

合金元素对晶化作用的影响与样品的初始状态有关. 文献[22]指出,Nb 在已部分晶化的样品晶化处理时可以起到细化晶粒的作用,而对完全为非晶态的样品晶化后的微观结构却几乎没有影响.

综上所述,合金元素对非晶晶化过程有很大的影响:合金元素往往改变硬磁性相或软磁性相的晶化温度及稳定状态,两相的晶化温度差别越小,越容易获得细小均匀分布的晶粒;最初晶化的相越稳定,其晶粒越不容易长大. 另一种情况是合金元素以某种细小的化合物弥散分布于非晶薄带中时,可充当晶化时的形核核心并阻碍晶粒长大.

3.3 退火工艺对晶化过程的影响

退火温度和保温时间是退火工艺最基本的两个参数. 大多数材料的最佳退火温度在 650 ℃～700 ℃ 之间,加入 Cr 等合金元素时可以使最佳退火温度区间宽化. 退火温度过高,时间过长,都会诱发晶粒长大,从而使大晶粒的中心不在交换耦合作用的范围,使磁性能降低;退火温度过低,时间过短,导致晶化不彻底,残留非晶相的存在,一方面导致软、硬磁性相的耦合程度降低,使剩磁下降;另一方面减少了硬磁性相之间的作用,磁畴尺寸减小,从而使矫顽力有所提高. 所以少量非晶相的存在,在硬磁性相晶粒相互接触的磁体中是有益的,但在软磁性相和硬磁性相晶粒相互接触的磁体中是有害的. 而对于过多非晶相的存在,在任何情况下都是有害的. Wu 等[24]在对 $Nd_8Fe_{76.5}Co_8B_6Cu_{0.5}Nb_1$ 合金研究时发现,经过最佳退火工艺处理后,磁体中除了 $Nd_2Fe_{14}B$ 和 α-Fe,还存在少量的非晶相,但并未明确指出它对磁性的影响. 这一结果并不能说明少量非晶相在软磁性相与硬磁性相之间的存在对磁性能是有益的. Wu 等[24]提到 Nb 等合金元素在非晶相中偏聚,从而使得残余的非晶相稳定性提高,因此要使得非晶相彻底转变为晶态相以提高磁性能,必须延长保温时间或提高退火温度,而这样做的另外一种效应则是晶粒的长大而使磁性能恶化,这两种倾向的叠加后果到底如何,关键看哪种倾向占据优势. 由此可以看出,许多研究者发现少量非晶相存在对磁性能有好处,其原因在于这部分非晶可以阻碍晶化后的晶粒的长大.

表 1 合金元素在非晶晶化过程中的重新分布

Table 1 The re-distribution of the alloys during crystallization

Alloys		Re-distribution of the alloys during crystallization	References
Zr	$SmFe_7N_4/\alpha$-Fe	Substitute for Sm, enter into $SmFe_7$ phase.	[20]
	$Nd_2Fe_{14}B/\alpha$-Fe	Enrich in $Nd_2Fe_{14}B$ phase, especially in the boundary of $Nd_2Fe_{14}B$ phase; poor Zr in α-Fe.	[21,22]
Ga	$Nd_2Fe_{14}B/\alpha$-Fe	Enrich in $Nd_2Fe_{14}B$ phase.	[22]
	$Nd_2Fe_{14}B/Fe_3B$	Slightly enrich in $Nd_2Fe_{14}B$ phase, distribute at the boundary of amorphous and Fe_3B phase during early stage, eventually at the boundary of $Nd_2Fe_{14}B$ phase.	[23]
Cu	$Nd_2Fe_{14}B/\alpha$-Fe	The Cu atoms precipitate before crystallization, but the alloy still is amorphous. Having no effect on the nucleation of soft and hard phases.	[22,24]
	$Nd_2Fe_{14}B/Fe_3B$	Reduce the crystallization temperature. Precipitation before crystallization and as nuclei for Fe_3B phase	[25,26]
Nb	$Nd_2Fe_{14}B/\alpha$-Fe (partly crystallized)	Improve the glass forming ability. At the early stage, ejected from α-Fe phase, enriched in amorphous phase and stable it, induce the formation of $Fe_{23}B_6$	[22]
	$Nd_2Fe_{14}B/\alpha$-Fe (fully amorphous)	No effect	[22]
	$Nd_2Fe_{14}B/Fe_3B$	Improve the crystallization temperature and glass forming ability. Stable the amorphous phase and induce the formation of $Fe_{23}B_6$.	[25]
Co		In the $Nd_2Fe_{14}B/Fe_3B$-type alloys, similar to the effect of Ga element	[23]
Cr	$Nd_2Fe_{14}B/Fe_3B$	Enriched in Fe_3B phase and improve its stability, change the decomposition of subnormal phase	[27,28]
V	$Nd_2Fe_{14}B/\alpha$-Fe	Distribute uniformly in the alloy	[29]
	$Nd_2Fe_{14}B/Fe_3B$	Enriched in Fe_3B phase and improve its Curie temperature	[30]
Si	$Nd_2Fe_{14}B/Fe_3B$	Enriched in $Nd_2Fe_{14}B$ phase and improve its Curie temperature	[30]

Wu 等[27]对 $Nd_{4.5}Fe_{77}B_{18.5}$ 非晶合金不同加热速度下的晶化过程进行了分析,发现随着升温速率的增加,Fe_3B 和 $Nd_2Fe_{14}B$ 相的晶化温度都升高,当升温速度从 10 ℃/min 增加到 40 ℃/min 时,Fe_3B 和 $Nd_2Fe_{14}B$ 的晶化温度分别从 607 ℃和 633 ℃提高到 624 ℃和 653 ℃. 当加热速度超过 100 ℃/min 时,两相在 640 ℃同时晶化. 这种差异可以用持续形核长大和"爆炸式形核长大"模型来解释. 在较低加热速率下晶化,形核和长大是一连续的过程,核心形成的时间不一样,从而造成晶化初期形成的晶粒与晶化后期形成的晶粒在尺寸上有较大的差异,使磁性能有所下降. 而在快速加热过程中,由于很快达到高温,原子扩散快,形核的条件容易实现,所以材料的形核为"爆炸式形核",从而最终形成均匀而细小的组织. Wu 等[27]的研究结果证实了这一点. 他们在较高的加热速度下得到的材料晶粒尺寸较细.

快速加热进行晶化处理的另一个特点是阻止了中间相的析出. 许多文献报道[6,18,31,32],在非晶合金通过退火晶化时,在某一温度常会有一些中间相形成. 中间相的形成一方面与合金的成分有关,另一方面与退火工艺有关. 已报道的中间相有 $Nd_2Fe_{23}B_3$[6,31],Fe_7Nd[32],$NdFe_{17}$[33]等相,中间相一般在较低的温度(约 600 ℃)形成,之后由于其稳定性差,在较高温度下分解为硬磁性相和软磁性相. 笔者认为,如果制备出 $Nd_2Fe_{23}B_3$ 成分的合金,使其在晶化过程中能生成足够多的中间相,可以利用这些中间相随后晶化过程中的分解达到细化晶粒的目的,即在亚稳相-相分解为两相的同时,也可能发生晶粒细化. 然而几乎没有关于这一方面的报道,后续实验将对这一设想做进一步研究.

Chiriac 等[34]用瞬间退火(flash annealing)对非晶合金进行了晶化处理,但得到的磁体性能并不高,其原因主要在于很难保证热处理的均匀性,尤其是在加热到高温时的均匀程度更差,所以材料中软、硬磁性相之间地交换耦合作用较弱,磁滞回线呈现软硬磁特征的叠加,存在明显的台阶.

非晶晶化退火后的冷却速度对磁性能也有一定的影响. 文献[34]指出,晶化后快速冷却有利于提高软磁性相和硬磁性相之间的交换耦合作用,从而提高磁体的磁性能. 我们在纳米复合磁性材料的透射电镜照片中观察到 $\alpha-Fe$ 晶粒内存在衍射衬度变化,说明由于 $\alpha-Fe$ 和 $Nd_2Fe_{14}B$ 两相的热膨胀系数不同,在冷却时形成的应力使较软的 $\alpha-Fe$ 晶粒发生了变形,因而必然存在应力. 综合以上结果,快速加热和快速冷却将有利于剩磁和磁能积的提高.

3.4　外加磁场对晶化过程的影响

除了传统的晶化工艺外,近年来还对外加磁场作用下非晶材料晶化退火处理进行了研究. Yang 等[35]对 $Nd_2Fe_{14}B/Fe_3B$ 合金在外加磁场下的晶化进行了研究,发现外加磁场有利于增强硬磁性相和软磁性相之间的交换耦合作用,可以使晶粒细化 20%,并且 $Nd_2Fe_{14}B$,Fe_3B 和 $\alpha-Fe$ 三相分布更为均匀,这使得剩磁比 M_r/M_s 可以提高 30% 左右. 外加磁场还可以使非晶的最佳晶化温度有所降低,磁场越大,晶化温度就越低. $Nd_{5.5}Fe_{66}B_{18.5}Cr_5Co_5$ 合金在 0.15 T 和 0.25 T 的磁场中晶化时,晶化温度分别从 680 ℃ 降低到 650 ℃ 和 630 ℃[36]. 因此,在保证晶化形核率足够高的情况下,晶粒的长大速率就会低一些,从而有可能得到较细小的晶粒.

4　结语

双相纳米复合稀土永磁材料被认为是当前最有发展潜力的新一代稀土永磁材料,然而经过了十几年的研究,磁性能一直没能取得突破性进展,与理论值还相差很远. 如果不是理论估算方面的问题,那么只能归结于目前还没有获得理想的纳米晶组织,还没有完全发挥铁磁性交换耦合的潜力. 快淬非晶晶化制备双相纳米复合稀土永磁材料是最为普遍采用的方法,而这种方法的关键因素之一就是非晶合金的晶化,从这一问题入手,研究如何实现理论上设计的结构模型,这不仅可能成为获得超强双相纳米复合永磁材料的突破口,而且可能为其他纳米金属材料的制备提供借鉴之处. 三维原子探针是研究这一问题的一种重要手段,利用它可以研究不同合金原子在晶化过程前后的重新分布以及对成核和晶粒生长的影响,从而指导合金的成分设计和制备工艺的优化.

参 考 文 献

[1] Croat J J, Herbst J F, Lee R W, Pinkerton P E. *Journal of Applied Physics* [J], 1984, 55(6): 2078-2082.

[2] Coehroon R, Mocji D B De, Waard D De. *J Magn Magn Mater*[J], 1989, 80(1): 101-104.

[3] Bauer J, Seeger M, Zern A *et al. Journal of Applied Physics* [J], 1996, 80(3): 1667-1673.

[4] Skomski R. *Journal of Applied Physics*[J], 1994, 76(8): 7059-7064.

[5] Hirosawa S, Shigemoto Y, Miyoshi T *et al. Scripta Materialia* [J], 2003, 48: 839-844.

[6] Yang Sen, Li Shandong, Liu Xiansong *et al. Journal of Alloys and Compounds*[J], 2002, 343: 217-222.

[7] Chang W C, Chang J K, Chang H W *et al. Journal of Applied Physics* [J], 2002, 91(10): 8171-8173.

[8] Li Shandong, Gu B X,Yang Sen *et al*. *Journal of Physics D: Applied Physics*[J], 2002, 35: 732 – 737.

[9] Kojima S A, Akihiro Makino, Akihisa Inoue. *Scripta Mater*[J], 2001,44(8/9): 1383 – 1387.

[10] Hirosawa S, Kanekiyo H, Shigemoto Y *et al*. *Journal of Magnetism and Magnetic Materials*[J], 2002,239: 424 – 429.

[11] Sankaranarayanan V K, Hoa L M, Rastogi A C. *Applied Surface Science*[J], 2001, 182: 381 – 385.

[12] Branagan D J, McCallum R W *et al*. *Journal of Alloys and Compounds*[J], 1996, 245: 15 – 19.

[13] Branagan D J, McCallum R W. *Journal of Alloys and Compounds*[J], 1996, 244: 40 – 47.

[14] Wang Z C, Davis H A, Zhou S Z. *J Appl Phys*[J], 2002, 91(6): 3769 – 3774.

[15] Wang Z C, Davis H A, Zhou S Z *et al*. *J Appl Phys*[J], 2002, 91(10): 7884 – 7886.

[16] Wang Z C, Davies H A. *Scripta Materialia*[J], 2003, 48: 845 – 850.

[17] Ohkubo T, Kai H, Ping D H *et al*. *Scripta Mater*[J], 2001, 44: 971 – 976.

[18] Minoryu Uehara, Satoshi Hirosawa, Hirokazu Kanekiyo *et al*. *Nanostructured Materials*[J], 1998, 10 (2): 151 –160.

[19] Uehara M, Konno T J, Kanekiyo H *et al*. *Journal of Magnetism and Magnetic Materials*[J], 1998, 177 – 181: 997 –998.

[20] Hono K. *Progress in Materials Science*[J], 2002, 47: 621 – 729.

[21] Wu Y Q, Ping D H, Xiong X Y *et al*. *J Appl Phys*[J],2002,91: 8174 – 8176.

[22] Ping D H, Wu Y Q, Hono K. *Journal of Magnetism and Magnetic Materials*[J], 2002, 239: 437 – 440.

[23] Ping D H, Hono K, Hirosawa S. *J Appl Phys*[J], 1998, 83: 7769 – 7779.

[24] Wu Y Q, Ping D H, Hono K *et al*. *IEEE Trans Magn*[J], 1999, 35(5): 3295 – 3297.

[25] Ping D H, Hono K, Kanekiyo H *et al*. *Acta Mater*[J], 1999, 47(18): 4641 – 4651.

[26] Ping D H, Hono K, Kanekiyo H *et al*. *IEEE Mag Mag*[J], 1999, 35: 3265 – 3264.

[27] Wu Y Q, Ping, D H, Murty B S *et al*. *Scripta Materials*[J], 2001, 45: 355 – 362.

[28] Sano N, Tomida, T Hirosawa S *et al*. *Materials Science and Engineering*[J], 1998, A250: 146 – 151.

[29] Wu Y Q, Yamamoto H, Hono K. *Scripta Mater*[J], 2001, 44: 2399 – 2404.

[30] Xiong X Y, Hono K, Hirosawa S *et al*. *J Appl Phys*[J], 2002, 91: 9308 – 9314.

[31] Lewis L H, Gallagher K, Hoerman B *et al*. *Journal of Alloys and Compounds*[J], 1998, 270: 265 – 274.

[32] Cui B Z, Sui Y C, Sun X K *et al*. *Journal of Applied Physics* [J], 2002, 91(10): 7881 – 7883.

[33] Gabay A M, Popov A G, Gaviko V S *et al*. *Journal of Alloys and Compounds*[J], 1996, 245: 119 – 124.

[34] Chiriac H, Marinescu M, Buschow K H J *et al*. *Journal of Magnetism and Magnetic Materials*[J], 1999, 202: 22 –26.

[35] Choong Jin Yang, Eon Byung Park. *Journal of Magnetism and Magnetic Materials*[J], 1997, 166: 243 – 248.

[36] Zhao T M, Hao Y Y, Xu X R *et al*. *Journal of Applied Physics* [J], 1999, 85(1): 518 – 521.

Study on the Crystallization of Melt-Spinning
Nanocomposite Rare Earth Permanent Magnets

Abstract: The crystallization of amorphous alloys predestinates the microstructure and magnetic properties of the melt spun nanocomposite rare earth permanent magnets. Obeying the nucleation regularity, the model of the crystallization of amorphous alloys, namely, continually and explosively nucleation and growth, is put forward. The main factors affecting it were analyzed, such as melt-spun speed, the addition of alloys and the annealing sequence with or without the applied magnetic field, Especially, the re-distribution of the alloys during crystallization. On the bases, the ideas to gain ideal grain structure were discussed, for example, refining the grains by decomposition of metastable phase.

电压对镁合金微弧氧化膜组织及耐蚀性的影响*

摘　要： 由于镁合金耐蚀性差,其应用受到了限制.采用 SEM - EDS,XRD 等表面分析技术研究了不同电压对 MB5 镁合金微弧氧化膜表面形貌、相结构与成分的影响,并用电化学测试方法考察了氧化膜层的耐腐蚀性能.结果表明：处理电压对微弧氧化膜层的微观组织结构、成分有显著影响,而微弧氧化膜层的微观组织结构与成分又直接影响其耐蚀性.在 120～200 V 下进行微弧氧化,160 V 时试样耐蚀性最好.镁合金微弧氧化膜由 α - MgF_2, MgO, Mg_2SiO_4 和 $MgAl_2O_4$ 等含硅或铝的尖晶石型氧化物组成,随着氧化处理电压的增加,MgO 的含量明显增加.微弧氧化时出现氧化膜微区熔化,溶液离子与基体合金都参与了微弧区物理化学反应.

1　前言

镁合金压铸性能好、密度小、导电性好、比强度高,具有良好的加工性能、焊接性能和抗冲击性能,已广泛应用于电子、汽车和航空等领域,尤其是汽车、摩托车部件和 3C 产品的壳体方面.尽管如此,但耐蚀性差已成为制约其发挥优势的一个主要因素.采用表面改性方法,可以提高镁合金材料的耐蚀耐磨等综合性能.最近十几年来,微弧氧化技术突破了传统阳极氧化技术工作电压的限制,将工作区域引入到高压放电区,在阳极区产生等离子微弧放电,火花放电使阳极表面局部温度升高,微区温度高于 1 000 ℃,从而使阳极氧化物熔覆于金属表面,形成陶瓷质的阳极氧化膜,极大地提高了膜层的综合性能[1-10].其特点有[1]：① 孔隙率低,提高了膜层的耐腐蚀性能;② 膜层硬度高,耐磨性好;③ 陶瓷层与基体结合紧密,不易脱落;④ 通过改变工艺条件和在电解液中添加胶体微粒,很方便地调整膜层的微观结构,从而实现膜层的功能设计;⑤ 能在工件的内外表面生成均匀膜层,扩大应用范围;⑥ 陶瓷层厚度易于控制,最大可达 200～300 μm,提高了微弧氧化的可操作性;⑦ 处理效率高,获得 50 μm 左右的膜层只需 10～30 min;⑧ 操作简单,不需要真空或低温条件,前处理工序少,性能价格比高,适宜于自动化生产;⑨ 对材料的适应性宽,可在 Al,Mg,Ti 等金属及其合金表面生长陶瓷膜.

本研究旨在探讨镁合金微弧氧化工艺参数对其耐腐蚀性能的影响以及陶瓷层生长过程中相组成与结构的变化规律,为镁合金在防腐蚀领域的应用提供依据.

2　试验方法

2.1　试验条件

为了便于微弧氧化的夹持,将 MB5 镁合金(Mg - 8.19Al - 0.35Zn - 0.41Mn - 0.04Si -

---

* 本文合作者：姚美意、王均安.原发表于《材料保护》,2005,38(6)：7 - 10.

0.02Fe)切割成带小柄的形状,大小为 10 mm×10 mm×2 mm. 微弧氧化处理采用自制的设备,在 4 g/L NaOH+6 g/L NaF+10 g/L Na₂SiO₃+2 g/L Na₃PO₄ 溶液中进行,处理电压为 120~200 V,时间均为 10 min,在处理试样过程中上升至起弧时间仅需 20~30 s.

2.2 耐蚀性测试

试样耐蚀性电化学测试采用三电极体系:试样为工作电极,裸露面积为 1 cm²,饱和甘汞电极为参比电极,铂片为辅助电极. 腐蚀介质为 3.5%NaCl 水溶液,pH=7,测试温度 25 ℃. 动电位极化曲线和电化学阻抗谱用 Poteniostat/Gal V anostat Model 273 A 恒电位仪和频率响应分析仪系统测试. 极化曲线测试扫描速度 0.5 mV/s,扫描区间为 −1.8~−0.8 V. EIS 测试频率为 100 kHz~5 mHz,交流扰动信号电压幅值为 5 mV.

2.3 形貌观察及结构分析

采用 S-570 扫描电镜及其配置的能谱仪进行氧化膜形貌观察和成分分析. 由于氧化膜不导电,在 SEM 形貌观察前对其喷金处理. 用 D/max-rC 型 X 射线衍射仪进行微弧氧化膜相组成分析.

3 结果与讨论

3.1 氧化膜微观结构与组成分析

图 1 为 MB5 镁合金试样用不同电压微弧氧化后的表面形貌. 从图 1 可以看出,微弧氧化膜层表面由微小的类似于"火山锥"状的物质相互结合而成. 每个小"火山锥"中心都有一个小孔,它是溶液与基体反应的通道,同时也是微弧产生时熔融态氧化物喷发出的通道. 在微区弧光放电作用下,微弧氧化膜层以小孔为中心,通过生成的氧化物不断熔化,迅速凝固并相互结合而增厚. 这与郝建民等观察到的微弧氧化膜层表面形貌相一致[2].

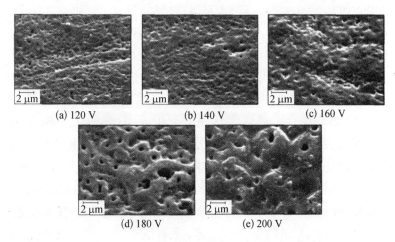

(a) 120 V　　(b) 140 V　　(c) 160 V

(d) 180 V　　(e) 200 V

图 1 不同电压制备的微弧氧化膜层表面形貌

图 2 是微弧氧化处理 10 min 后增重与处理电压的关系曲线. 结合图 1 和图 2 可以看出,随着微弧氧化电压的增加,氧化增重增加,即微弧氧化膜层增厚;随着微弧氧化膜层增厚,表

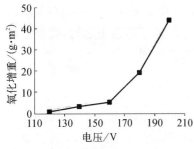

图2 微弧氧化增重与处理电压的关系

面形成的颗粒尺寸逐渐变大,颗粒密度逐渐降低,微弧氧化膜层表面也越粗糙;另外,随着电压升高,微弧氧化膜孔隙率减少,孔径基本不变,当电压超过某一临界值(如160 V)时,电压升高,微弧氧化膜层中"火山锥"中心小孔尺寸增大,表面形成许多大块颗粒,但孔隙率降低.孔径随膜厚(处理电压)的增加而增大,这可能是更大的介电击穿电压导致火花尺寸增大的结果[7].

表1是经不同电压微弧氧化后 MB5 镁合金试样表面的能谱分析结果.表1显示:微弧氧化膜主要由含氟、硅、铝的氧化物组成.当电压增加到180 V 时,氧化膜中还检测到了 P 和 Na.

表1　微弧氧化膜的成分(原子分数)　　　　　%

元素	电压/V				
	120	140	160	180	200
P	—	—	—	0.99	1.11
Na	—	—	—	2.23	3.17
F	2.80	3.69	5.06	3.66	5.09
Si	2.63	3.80	5.35	7.66	8.23
Al	7.11	6.38	5.06	3.90	3.42
O	24.54	29.48	37.37	42.13	43.26
Mg	62.93	56.65	47.86	39.43	35.72

3.2　氧化膜 XRD 物相分析

图3是 MB5 镁合金试样经不同电压微弧氧化后表面的 XRD 图谱.此图谱表明,MB5 镁合金微弧氧化膜由 α-MgF_2,MgO,Mg_2SiO_4 和 $MgAl_2O_4$ 等含硅或铝的尖晶石型氧化物组成,随着氧化处理电压的增加,MgO 的含量明显增加.

Alex 等利用电子能谱研究了 AZ91D,ZE41A 合金在含 KOH,K_2SiO_4 和 KF 电解液中形成的微弧氧化膜,发现其主要由 Mg,Si,O,F 及少量的 K 组成,并从测得的能键发现,硅以硅酸根离子而非 SiO_2 的形式存在,F 以 F^- 形式存在[7].本研究进一步证实了这一点.

薛文斌等[6,8]对 ZM5 镁合金微弧氧化膜的分析表明,膜的主体相为 MgO 及少量的 $MgAl_2O_4$ 尖晶石相.蒋百灵等[11]对 MB8 镁合金微弧氧化膜分析表明,主体相为 MgO,$MgSiO_3$ 及 $MgAl_2O_4$.卫中领等[3]对 AZ91D 镁合金在硅酸盐和羧酸盐溶液中处理的微弧氧化膜分析表明,主体相为 $Mg_3Al_2Si_3O_{12}$,β-Mg_2SiO_4,$(Mg_4Al_{14})(Al_4Si_2)O_{20}$ 等含硅的尖晶石型氧化物和 δ-$MgAl_{28}O_{40}$ 等 Mg,Al 复合氧化物组成.这些微弧氧化膜层中都含有高熔点的相,如 MgO,$MgAl_2O_4$,$Mg_3Al_2Si_3O_{12}$ 等,这不仅证实微弧区瞬间温度非常高,而且表明溶液中离子直接参与了微弧区附近的化学反应.本研究的处理溶液中并不含铝离子,而膜层中却存在含铝的氧化物,这说明基体中的合金元素也直接参与了微弧区附近的化学反应.

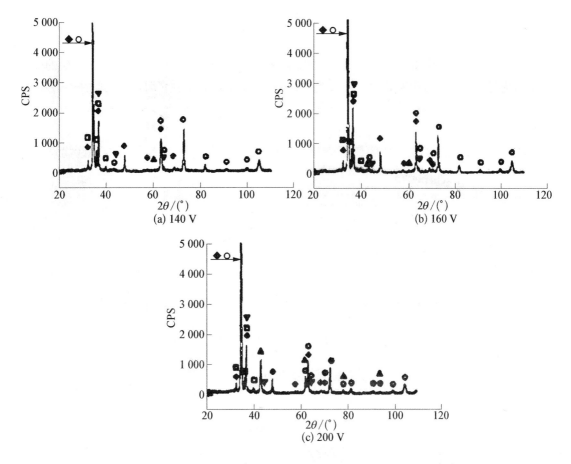

图 3 MB5 镁合金不同电压处理的微弧氧化膜的 XRD 图谱

○——α-MgF₂　△——MgO　◆——Mg　□——Mg₂SiO₄　●——MgAl₂O₄

3.3 微弧氧化膜的耐腐蚀性能

图 4 为 MB5 镁合金样及不同电压微弧氧化处理的试样在 3.5％ NaCl 中的极化曲线和电化学阻抗谱. 从图 4a 可见,空白试样的腐蚀电位为－1.4 V 左右,而覆盖微弧氧化膜的试样自腐蚀电位略有增加,但腐蚀电流明显降低,说明微弧氧化处理提高了镁合金的耐腐蚀性能. 另外,经不同电压微弧氧化处理后,容抗弧的直径增大,传递电阻提高,耐腐蚀性能得到改善. 经 160 V 处理的微弧氧化膜的容抗弧直径最大,与基体相比,约增加了 200 倍(见图 4b),明显提高了耐电化学腐蚀的能力.

结合图 4 和图 2 可知,耐腐蚀性能的提高并不与氧化膜的厚度增加成正比,随着氧化电压的进一步提高,即膜层的进一步增厚,试样的耐腐蚀性能反而降低. 结合前面的表面形貌观察和成分分析,可以看出微弧氧化膜层的微观结构与成分直接影响其耐蚀性. 从图 1 可以看出,经 160 V 处理的试样,氧化膜的孔隙率较低,孔径也比较小,所以其耐蚀性最好. Alex 的研究也表明:在其他条件相同时,膜的孔隙率越低,膜孔尺寸及其分布越均匀以及相互连接成横断膜层的膜孔数越少,膜的耐蚀性越好[7].

4 结论

（1）处理电压对微弧氧化膜层的微观组织结构、成分有显著影响，而微弧氧化膜层的微观组织结构与成分又直接影响其耐蚀性。120～200 V 下微弧氧化，160 V 时试样的耐蚀性最好。

（2）MB5 镁合金微弧氧化膜由 MgF_2，$MgAl_2O_4$，$Mg_3Al_2Si_3O_{12}$，Mg_2SiO_4 等含硅或硅、铝的尖晶石型氧化物组成。

（3）微弧氧化时出现氧化膜微区熔化，溶液离子与基体合金都参与了微弧区物理化学反应。

本试验所用 MB5 镁合金由本校材料学院戚飞鹏教授提供，在此表示感谢。

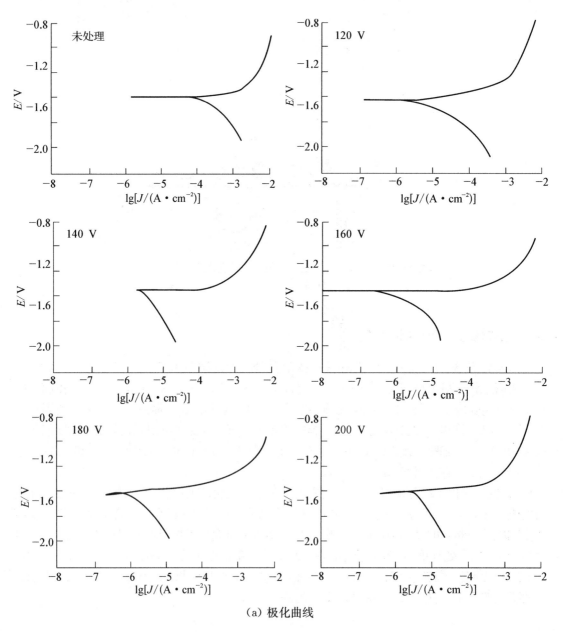

（a）极化曲线

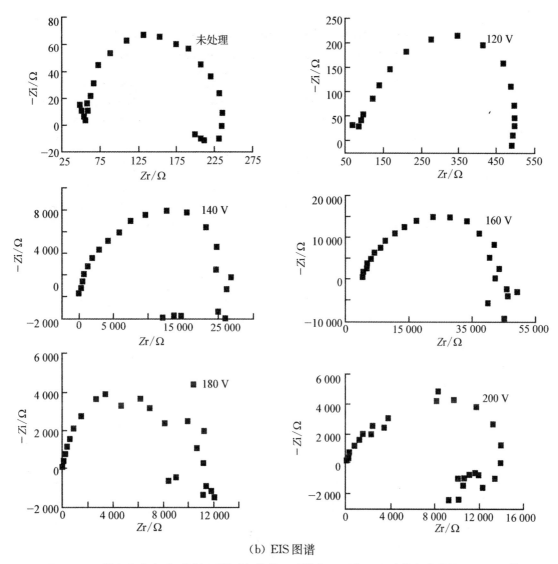

(b) EIS 图谱

图4 MB5 镁合金合金及不同电压微弧氧化处理试样在 3.5% NaCl 中的极化曲线和 EIS 图谱

参 考 文 献

[1] 刘凤岭,骆更新,毛立信. 微弧氧化与材料表面陶瓷化[J]. 材料保护,1998,31(3): 22.

[2] 郝建民,陈宏. 镁合金微弧氧化陶瓷层的耐蚀性[J]. 中国有色金属学报,2003,13(4): 988-991.

[3] 卫中领,陈秋荣. 镁合金微弧氧化膜的微观结构及耐蚀性研究[J]. 材料保护,2003,36(10): 21-23.

[4] 姚美意,周邦新. 镁合金耐蚀表面处理的研究进展[J]. 材料保护,2001,34(10): 19-21.

[5] 薛文斌,来永春. 镁合金等离子体氧化膜的特性[J]. 材料科学与工艺,1997,5(2): 89-92.

[6] 薛文斌,邓志威. 铸造镁合金微弧氧化机理[J]. 稀有金属材料与工程,1999,28(6): 353-356.

[7] Alex J Z, Duane E B. Anodized Coatings for Magnesium Alloys[J]. Metal Finishing,1994,92(3): 39-44.

[8] 薛文斌,邓志威. ZM5 镁合金微弧氧化膜的生长规律[J]. 金属热处理学报,1998,19(3): 42-45.

[9] 唐兆麟,王福会. 微弧氧化处理对 TiAl 合金抗氧化性能的影响[J]. 中国有色金属学报,1999(S9): 63-68.

[10] 徐勇. 国内铝和铝合金微弧氧化技术研究动态[J]. 腐蚀与防护,2003,24(4): 154-157.

[11] 蒋百灵,吴建国. 镁合金微弧氧化陶瓷层显微缺陷与相组成及其耐蚀性[J]. 中国有色金属学报,2002,12(3): 454-457.

Effect of Working Voltage on Microstructure and Corrosion Resistance of Micro-Arc Oxidization Coating on MB5 Magnesium Alloy

Abstract: Micro-arc oxidation coatings of various compositions were prepared on the surface of MB5 magnesium alloy at different working voltages (120~200 V). The microstructure of the resulting micro-arc oxidization coatings was studied by means of scanning electron microscopy coupled with energy dispersive spectroscopy (SEM – EDS) and X-ray diffraction (XRD). The corrosion resistance of the micro-arc oxide coatings was investigated using electrochemical test. The results showed that the working voltage had significant effects on the microstructure and composition of the oxide coating, which in turn directly affected the corrosion resistance of the magnesium alloy. During the micro-arc oxidation process, both the ions in solution and alloy elements in the magnesium alloy participated in the physico-chemical reaction in the micro-arc zone. The oxide coating was composed of $\alpha - MgF_2$, MgO, Mg_2SiO_4 and $MgAl_2O_4$, while the content of MgO in the oxide coating greatly increased with increasing working voltage.

锆-4合金在高压釜中腐蚀时氧化膜显微组织的演化*

摘　要：用透射电镜、扫描电镜和扫描探针显微镜研究了锆-4样品在高压釜中(360 ℃/18.6 MPa去离子水)腐蚀后氧化膜的断口形貌、氧化膜不同深度处的显微组织和晶体结构. 结果表明：氧化膜生成时形成的压应力，使晶体中产生了许多缺陷，稳定了一些亚稳相，在氧化膜底层中有单斜、四方、立方晶体结构甚至非晶相存在；在氧化膜的中间层及表面层中，空位和间隙原子等缺陷发生扩散、湮没和凝聚，内应力发生弛豫，亚稳相转变成稳定的单斜结构；空位被晶界吸收形成了纳米尺寸的孔洞簇，弱化了晶粒间的结合力，在表面张力的作用下，晶粒逐渐成为球形；孔洞簇的形成并发展成微裂纹，使氧化膜失去了原有良好的保护性，导致腐蚀转折，这是氧化膜的显微组织在腐蚀过程中发生演化后的必然结果.

1　引言

　　锆合金在高温高压水或过热蒸汽环境中工作时，锆和水发生反应，在工件表面会形成氧化膜. 氧化过程总是在氧化锆/金属的界面处发生；因此，氧化膜显微组织结构的变化会影响氧离子或阴离子空位的扩散，影响氧化膜的生长.

　　Cox很早就注意到锆合金腐蚀转折后氧化膜中的裂纹和孔洞[1]，并用测定陶瓷体开口孔隙的汞压孔隙仪测定了氧化膜中的孔隙. 根据汞压的变化，将孔隙分为三类，前两类是尺寸大于20 nm的裂纹和微裂纹，第三类是直径为2~6 nm的孔洞. 该结果对氧化膜中的裂纹和孔洞进行了宏观上的分类. 国际原子能机构(IAEA)组织了多位专家对核电站用锆合金水侧腐蚀问题的研究成果进行了总结和评价，形成了IAEA-TECDOC-966文件[2]. 文件指出了氧化膜中裂纹和孔洞的生成与腐蚀动力学之间可能存在关系，将文献中关于裂纹和孔洞形成机制的一些假设归纳为6个方面，并提出了值得进一步研究的7个问题，氧化膜中孔洞的本质及其形成机制就是其中之一.

　　本工作的目的是研究氧化膜组织结构在腐蚀过程中的演化规律，试图通过实验观察来探寻孔洞形成的机制和必然性.

2　实验过程

　　将2 mm厚的Zr-4板切成宽25 mm、长40 mm的试样，经600 ℃-1 h真空退火得到完全再结晶的组织. 为避免退火时造成样品表面污染，样品先经过酸洗($10\%HF+45\%HNO_3+45\%H_2O$体积比的混合酸)和自来水冲洗. 样品退火后，经标准方法酸洗和清洗，采用静态高压釜在360 ℃/18.6 MPa去离子水中进行腐蚀试验，腐蚀增重为5个试样的平均值.

* 本文合作者：李强、姚美意、刘文庆、褚玉良. 原发表于《核动力工作》，2005，26(4)：364-371.

腐蚀后的样品用电火花线切割,从样品厚度的中间切开,用酸浸方法将大部分金属溶去,留下大约 0.1 mm 厚的金属作为氧化膜的支撑,用专用工具冲出 ϕ3 mm 的圆片试样. 在圆片中部,将直径小于 0.4 mm 区域内的金属溶去,暴露出氧化膜,再用离子溅射减薄方法制备适用于高分辨透射电子显微镜(HRTEM)观察用的薄试样. 用两束离子束轰击氧化膜的上下两面,或者用单束离子束轰击氧化膜的上面或下面,可以分别获得在氧化膜中间层、底层或表面层穿孔的薄试样,以便观察研究氧化膜不同深度处的显微组织和晶体结构. 这种薄试样的制备方法在文献[3]中有详细叙述. 用 JEM-2010F TEM 观察显微组织结构,采用数字图像方法记录高分辨晶格条纹像,这样便于图像处理以及傅里叶变换. 通过傅里叶变换可以了解图像中的周期结构信息,确定氧化锆的晶体结构,这种操作甚至可以在相当于晶体空间的数纳米范围内进行.

用混合酸将试样的金属溶去,用高分辨扫描电子显微镜(HRSEM)观察氧化膜内表面形貌. 溶去的更多的金属,并将留下的氧化膜折断,就可以观察氧化膜的断口. 为了提高成像的质量,在观察面上蒸镀一层几纳米厚的金,用 JSM-6700F SEM 观察表面形貌.

用扫描探针显微镜(SPM)可以观察氧化膜的晶粒形貌[4],如果采用真空离子溅射减薄,还可以逐层进行观察. 在观察氧化膜截面上的晶粒形貌时,样品需要经过特殊的镶嵌,这样可以避免研磨抛光时对氧化膜截面的损伤. 采用接近共晶成分的 Bi-Pb 合金进行镶嵌可以满足这种要求,详细步骤参见文献[4]. 抛光后的样品还要用真空离子溅射蚀刻方法来显示氧化膜的晶粒.

3　实验结果和讨论

3.1　360 ℃/18.6 MPa 去离子水中腐蚀后的增重变化

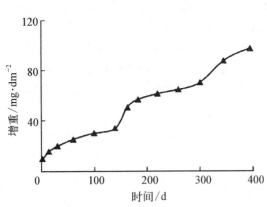

图 1　Zr-4 样品在高压釜中经过 360 ℃/18.6 MPa 去离子水中腐蚀时的增重

Fig. 1　Weight gains of Zircaloy-4 specimens during autoclave tests in deionized water at 360 ℃/18.6 MPa

样品在 360 ℃/18.6 MPa 去离子水中腐蚀 395 天后,腐蚀增重接近 100 mg/dm²,氧化膜仍然是光亮的黑色. 图 1 是增重随腐蚀时间的变化,具有多次转折的特征,这种现象文献中早有报道[5]. 第一次转折发生在腐蚀增重为 35 mg/dm² 时,第二次转折发生在 70 mg/dm² 时.

3.2　HRTEM 观察氧化膜的显微组织结构

3.2.1　氧化膜底层的显微组织结构

在接近金属基体的氧化膜底层,显微组织和晶体结构非常复杂,从电子衍射的图形判断,其中存在单斜、四方、立方以及非晶等多种相结构,文献[3]中已有报道. 由衍射衬度获得的氧化膜晶粒形貌像并不清楚(图 2),

这是因为晶体中存在大量缺陷的缘故. 用相位衬度拍摄高分辨晶格条纹像,可以显示出晶体中存在很多的缺陷,并可确定它们的晶体结构.

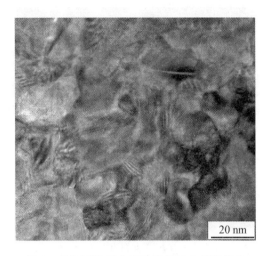

图 2 氧化膜底层中晶粒组织的电子显微像

Fig. 2 TEM micrograph of oxide films at the bottom layer

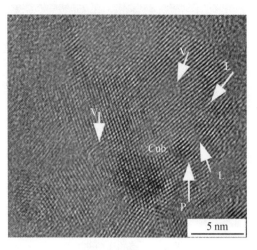

图 3 非晶与不完整的晶体区域(L、P、V 分别指出线缺陷、面缺陷和体缺陷的位置)

Fig. 3 Area of amorphous or Inhomogeneous Crystalloid (line, plane and body defects are indicated respectively by L, P and V)

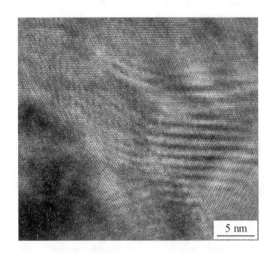

图 4 晶格条纹像与 Moire 图像

Fig. 4 Lattice image and Moire image

图 5 晶格条纹像中显示出的"切变式"面缺陷

Fig. 5 "Shear-Strain Mode" plane defect displayed in the lattice image

　　无论是单方向的还是双方向的晶格条纹像,只要整齐有序,说明晶体比较完整,其中的缺陷较少. 如果整齐有序的晶格条纹像发生了畸变或者是扰动,除了在晶界处之外,就是晶体中存在缺陷. 氧化膜底层中的高分辨晶格条纹像见图 3~图 7. 图 3 中用"L"箭头指出的那些地方是线缺陷,也就是通常称为的刃型位错. 从图 3 中还可看出这是一处晶体与非晶的混合区,用箭头"V"指出的地方是晶体中的一种"体缺陷". 这是一些纳米尺度的非晶原子团簇镶嵌在晶体中. 最小尺度的体缺陷是点缺陷,如空位或间隙原子,但它在晶格条纹像中不容易观察到. 图 4 中叠加在晶格条纹像上间距较大的条纹是旋转 moire 图像[6];这是由于平行于图像的上下两层晶体相互旋转了一个很小的角度而产生的结果. 在这种情况下,两层晶体

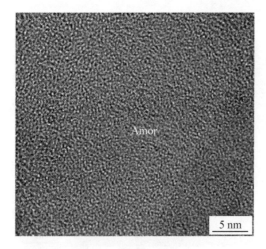

图6　非晶的高分辨像

Fig. 6　High-resolution image of amorphous structure

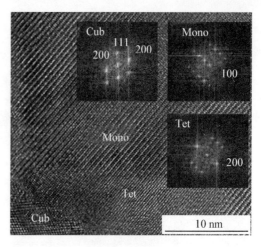

图7　单斜、四方和立方晶体同时存在的区域，以及傅里叶变换后得到的晶体周期结构信息

Fig. 7　Area consisting of monoclinic, tetragonal and cubic structure, and the crystal structure information based on fourier transformation

间必然存在面缺陷.因为入射电子束这时是垂直于面缺陷,如果入射电子束平行于面缺陷,获得的晶格条纹像将产生切变式的错位,如图5用箭头"P"指出的地方,这是入射电子束平行于单斜晶体(001)面的晶格条纹像,只显示出了一排晶格条纹.仔细观察图3,也可以发现存在这种面缺陷.图6是典型的非晶体高分辨像.根据从晶格条纹像中分析得到的晶面间距、晶面间夹角和傅里叶变换得到的晶格周期的衍射图,可以确定图3是立方晶体结构的氧化锆,并且晶体的[110]方向平行于电子束入射方向;交叉的晶格条纹像并没有在整个图面上出现,说明晶体中因存在缺陷而发生了畸变.图7是一处单斜、四方和立方晶体结构的混杂区,同时也给出了傅里叶转换得到的晶体周期结构信息.它们之间存在明显的共格关系,这样小的区域内几种晶体结构混杂存在的现象在氧化膜底层中很容易观察到.正是由于晶体中存在许多缺陷,这才为氧化膜的显微组织结构发生进一步演化创造了条件.

3.2.2　氧化膜中间层的显微组织结构

根据图1中给出的增重变化,在腐蚀160天后可获得50 mg/dm^{2}的增重.这就是说氧化膜的中间层在它形成后又在高压釜中停留了大约235天.所以氧化膜中间层的显微组织和晶体结构是经过了200多天演化后的结果.

在稍微厚一点的薄区中进行TEM观察时,可见到一些如图8a所示的形貌:几纳米至十几纳米的孔洞在晶界上(尤其是在三晶交汇处)形成,并且成簇地出现.这种成簇的孔洞区大约相距10～30 μm,在氧化膜底层中没有观察到这种现象.在出现孔洞簇处的晶粒成为球形,大小约为50 nm.该照片显示的是质量衬度,所以照片中暗的地方是样品较厚的区域,而亮的地方是较薄的甚至是穿透的区域.在孔洞附近拍摄的晶格条纹像表明是稳定的单斜结构(图8b),比在氧化膜底层中得到的晶格条纹像整齐有序,说明晶体中的缺陷比较少.由此可以推测,孔洞的形成是由于晶体中的空位在温度、应力和时间的作用下发生扩散和凝聚的结果.空位扩散被晶界吸收形成了孔洞的"核";"核"在不断吸收空位后长大,成为孔洞;晶粒在表面张力的作用下逐渐成为球形,弱化了晶粒间的结合力.晶体内缺陷的减少,使晶格条纹像变得整齐有序. 这种过程使氧化膜中的压应力得到弛豫, 晶体结构由亚稳相转变为稳定的单斜结构. 图 8b 显示了孔洞在三晶交汇处形成时的初期阶段, 空位经过扩散被晶界吸收后, 在晶界处形成了"疏松"区. 孔洞在晶界上形成后, 从总体上看, 其排列方向应该平行于氧化膜中的压应力方向, 而不会垂直于压应力方向. 孔洞的形成类似析出了体积发生膨胀的第二相. 在有应力存在时, 就像氢化锆在锆合金中析出时那样, 它们的排列方向会垂直于张应力而平行于压应力; 这种过程文献[7]已做过仔细讨论. 这种孔洞簇的扩展和连通, 很容易发展成为微裂纹, 因而在氧化膜中观察到的微裂纹大都是平行于氧化膜/金属的界面.

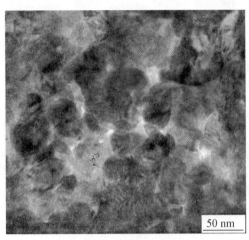 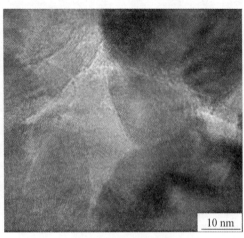

a 电子显微像   b 高分辨晶格条纹像

图 8 氧化膜中间层中晶粒组织的电子显微像和高分辨晶格条纹像

Fig. 8 TEM micrographs and HRTEM lattice image of oxide films at the middle layer

3.2.3 氧化膜表面层的显微组织结构

在氧化膜表面层中的孔洞发展得更大一些, 但也有像氧化膜中间层中的那种小孔洞, 与图 8a 十分相似. 孔洞附近的晶格条纹像比较整齐有序, 为单斜结构的氧化锆, 说明晶体中的空位等缺陷通过扩散已被孔洞吸收.

3.3 氧化膜的断口形貌和氧化膜/金属界面处氧化膜内表面的形貌

3.3.1 氧化膜断口的形貌

在图 9 断口形貌的右边, 显示出氧化膜内表面凹凸不平的形貌, 这是因为金属已被酸溶去, 而 SEM 又具有很大景深的缘故. 从图 9 中可以看到一个与裂纹相似的台阶, 大致平行于氧化膜/金属的界面. 在放大倍数更高的图 10 中, 可看到台阶的底部有不连续分布的孔洞, 在台阶的立面上和底部都可以观察到小于 100 nm 的球形晶粒, 与用 TEM 在氧化膜中间层中观察到孔洞簇和球形晶粒的结果 (图 8) 是一致的. 基于这种现象, 可以推测, 由于在晶界上形成了孔洞, 弱化了晶粒间的结合力, 在氧化膜被折断时, 裂纹沿着

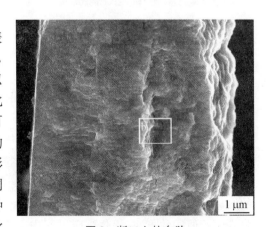

图 9 断口上的台阶

Fig. 9 Sidestep on the fracture surface

弱的结合面扩展而形成了台阶.图11、图12是另一处断口的形貌,其中有几条大致平行于氧化膜/金属界面的裂纹.在放大倍数更高的图12中,可以看到裂纹末端还有一些未连通的孔洞,说明裂纹的扩展与氧化膜中孔洞之间存在密切关系.断口形貌中还可以看到小于100nm的等轴晶,而不是柱状晶.在图13中,靠近氧化膜/金属界面处的断口表面平滑无皱褶(箭头指处),这是非晶的断口,与用TEM在氧化膜底层中可观察到非晶的位置一致.

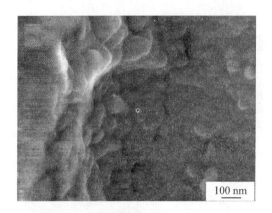

图 10　断口上的台阶

Fig. 10　Sidestep on the fracture surface

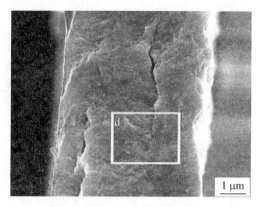

图 11　断口上的裂纹

Fig. 11　Crack on the fracture surface

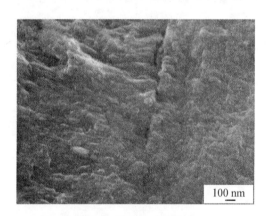

图 12　断口上的裂纹

Fig. 12　Crack on the fracture surface

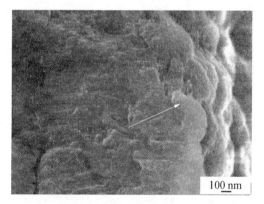

图 13　非晶(箭头指处)

Fig. 13　Amorphous phase (indicated by the arrow)

3.3.2　氧化膜/金属界面处氧化膜内表面的形貌

氧化膜向金属基体中生长的速度并不均匀,形成了凹凸不平的内表面.从放大倍数不同的照片(图14a、图14b)中可以看出,一种是在100 nm大小尺度范围内的凹凸(图14b),高低起伏比较小,这是氧化膜基本生长过程引起的现象;另一种是在5～10 μm范围内的凹凸(图14a),高低起伏比较大,使氧化膜内表面成为"花菜"状,这是腐蚀转折后出现的现象;在图9的右边也可以看到这种高低起伏的图像.氧化膜中生成孔洞簇后,如果把它们也看作与氧化膜表面相似的地方,在氧化反应过程中,一方面吸收氧化膜中的阴离子空位,另一方面水分子与电子反应生成氢和氧离子,作为氧化膜生长时氧离子的供应源.

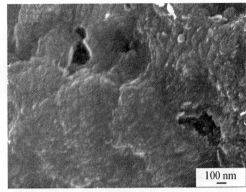

|(a) 低倍率|(b) 高倍率|

图 14 不同放大倍率下氧化膜内表面的形貌

Fig. 14 Morphology of the inner surface of oxide films at different magnifications

这种过程可以用图 15 的示意图来说明：以氧化膜中各孔洞簇为中心，用相同的半径作圆，表示孔洞簇处提供氧离子使氧化膜以相同的生长速度向金属基体中推进. 这样，得到了一条凹凸不平的氧化膜/金属界面，可以解释在腐蚀转折后，也就是在氧化膜内生成孔洞簇后，氧化膜的内表面会成为"花菜"状形貌的原因.

根据以上的观察和分析讨论，可以认为腐蚀转折是由于氧化膜的组织结构经过演化后，逐渐形成了孔洞簇和微裂纹的结果. 孔洞簇的形成是通过氧化锆晶体中空位的扩散和凝聚完成的，除了受到温度和时间这两种因素的影响之外，还有应力大小的影响；而应力的大小又与氧化膜的厚度有关. 空位经扩散和凝聚形成孔洞簇后，氧化膜中的应力得到弛

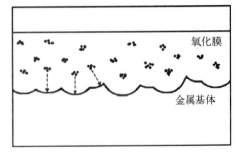

图 15 以氧化膜中的孔洞簇为中心，画出等半径圆，与金属基体相接而构成凹凸不平的氧化膜内表面

Fig. 15 Schematic diagram showing the formation of oxide/metal interface in concave and convex manner by taking the cluster pores as the centre of circles

豫，由于氧化膜还会继续生长，应力又会再次积累而导致又一次孔洞簇的形成. 因此，从腐蚀动力学曲线上可以看到多次转折的现象，而且每次转折之间的腐蚀增重基本相同.

3.4 SPM 观察氧化膜的晶粒形貌

氧化膜的截面经过抛光和离子溅射蚀刻，可以显露出晶粒. 但是，由于蚀刻深度很浅，用 SEM 无法观察到晶粒的形貌，只有用分辨率更高的 SPM 来观察. 从氧化膜截面上可以观察到由大角度晶界（粗晶界）构成的柱状晶和在柱状晶中由较小角度晶界（细晶界）构成的等轴晶（图 16a），晶粒小于 100 nm. 从柱状晶与等轴晶大小之间的关系来看，可以说明只有在更高的放大倍率下，才能从断口形貌中看到等轴晶. 在数千倍下观察，只能看到大角度晶界勾画出的柱状晶形貌；因而在图 5 高放大倍率照片中观察到的是等轴晶. 而在放大一万倍左右的照片中还可以观察到一些柱状晶. 在氧化膜/金属界面附近，有时可以观察到无法显示晶界的模糊区（图 16b），宽度约 100 nm，这是非晶. 这与 SEM 观察到非晶在氧化膜中的位置以及 TEM 在氧化膜底层中观察到非晶的结果一致.

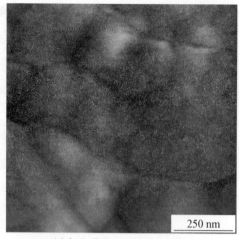
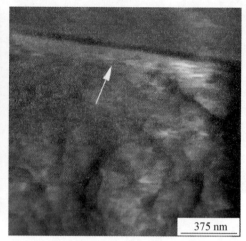

(a) 氧化膜截面上的晶粒形貌　　　　　(b) 氧化膜/金属界面处的非晶(箭头指处)

图 16　SPM 观察氧化膜截面上的晶粒形貌及在氧化膜/金属界面处的非晶

Fig. 16　Grain structure and amorphous near the interface of oxide/metal observed on the section of oxide films by SPM

　　从以上研究结果可以看出,锆合金样品在高温高压的水中受到腐蚀时,随着氧化膜继续生长,先形成的氧化膜中的组织结构会不断发生演化,从而导致了氧化膜保护性的变化. 这种演化过程的动力,内因是氧化膜中存在巨大的压应力,以及氧化锆晶体在压应力作用下生成时会产生许多由空位和间隙原子构成的点、线、面和体等不同形式的缺陷;外因是温度和时间的作用. 空位和间隙原子在压应力、温度和时间的作用下发生扩散、湮没和凝聚后,内应力发生弛豫. 空位被晶界吸收形成孔洞簇,弱化了晶粒之间的结合力. 在表面张力的作用下,晶粒也逐渐成为球形. 孔洞簇的形成和扩展发展成为微裂纹,使氧化膜失去了良好的保护性,导致腐蚀发生转折. 孔洞簇形成后的分布大致平行于压应力的方向,因而氧化膜中形成的微裂纹也大致平行于氧化膜/金属的界面. 在腐蚀过程中,氧化膜组织结构的演化是不可避免的,这样,凡是影响空位扩散以及影响孔洞形成的各种因素,都会影响锆合金的耐腐蚀性能. 作者将在另一篇研究水化学和合金成分对锆合金氧化膜显微组织结构演化的影响论文中详细讨论这方面的问题.

4　结论

　　(1) Zr-4 样品在高压釜中经过 360 ℃/18.6 MPa 去离子水腐蚀 395 天后,增重接近 100 mg/dm². 腐蚀增重与时间之间的关系表现出多次转折的特征.

　　(2) 由于氧化膜生成时体积发生膨胀,同时又会受到基体金属的约束,氧化膜内部会形成很大的压应力. 为了适应这种情况,氧化锆晶体中会生成许多由空位和间隙原子构成的点、线、面和体等不同形式的缺陷,稳定了一些亚稳相. 因此,在氧化膜的底层中,除了稳定的单斜晶体结构外,还可以观察到非稳定的四方、立方晶体结构和非晶相. 氧化膜的这种显微组织和晶体结构特征,构成了它们会发生进一步演化的内在原因.

　　(3) 空位及间隙原子在应力和温度的作用下会发生扩散、湮没和凝聚,氧化膜的内应力得到弛豫,亚稳相转变为稳定的单斜结构. 温度和时间是构成氧化膜组织结构发生演化的外在原因.

（4）空位通过扩散被晶界吸收形成了纳米大小的孔洞簇,弱化了晶粒之间的结合力. 在表面张力的作用下,出现孔洞簇处的晶粒也逐渐成为球形. 孔洞簇的扩展形成了微裂纹,使氧化膜失去了原有良好的保护性,因而导致腐蚀转折. 氧化膜组织结构的演化过程是不可避免的,影响空位的扩散和孔洞形成的各种因素,都会直接影响锆合金的耐腐蚀性能.

（5）用扫描探针显微镜在氧化膜截面上可以观察到由大角度晶界构成的柱状晶和在柱状晶中由小角度晶界构成的等轴晶,晶粒小于 100 nm. 从这种关系可以说明,只有在高放大倍率下才能从氧化膜断口形貌中看到等轴晶,在放大数千倍时只能观察到柱状晶的形貌.

（6）腐蚀转折后在氧化膜/金属界面处的氧化膜内表面凹凸不平,成为"花菜"状. 用氧化膜中生成孔洞簇与腐蚀转折间的关系,可以解释氧化膜内表面出现"花菜"形貌的必然性.

参 考 文 献

[1] Cox B. Processes Occurring During the Breakdown of Oxide Films on Zirconium Alloys[J]. J Nucl Mat. 1969, 29: 50.

[2] IAEA - TECDOC - 996. Waterside Corrosion of Zirconium Alloys in Nuclear Power Plants[R]. IAEA, Vienna, 1998, ISSN 1011 - 4289, Jan. 1998.

[3] 周邦新,李强,黄强等. 水化学对锆合金耐腐蚀性能影响的研究[J]. 核动力工程,2000,21(6): 439.

[4] 周邦新,李强,姚美意等. 锆-4合金氧化膜中的晶粒形貌观察[J]. 稀有金属材料与工程,2003,32(6): 417.

[5] Bryner J S. The Cyclic Nature of Corrosion of Zr⁻4 in 633 K Water[J]. J Nucl Mater. 1979, 82: 84.

[6] Hirsch P B, Howie A, Nicholson R B et al. Electron Microscopy of Thin Crystals[M]. London, Butterworths, 1965, Chapter 15, 353.

[7] Zhou Bangxin. Electron Microscopy Study of Oxide Films Formed on Zircaloy-2 in Superheated Steam [C]. in Van Swam L F P, Eucken C M, Eds. Zirconium in the Nuclear Industry: Eighth International Symposium, ASTM STP 1023, American Society for Testing and Materials, Philadephia, 1989, 360 - 373.

Microstructural Evolution of Oxide Films Formed on Zircaloy - 4 during Autoclave Tests

Abstract: The microstructure and crystal structure of oxide films in different depth of oxide thickness, and the morphology of fracture surface of oxide films, which are formed on Zircaloy - 4 specimens during the autoulave tests in deionized water at 360 ℃/18. 6 MPa, have been investigated by transmission electron microscopy, scanning electron microscopy and scanning probe microscopy. The results show that except the stable monoclinic crystal structure, the meta-stable phases including cubic, tetragonal and amorphous phases can be observed in the bottom layer of oxide films due to the presence of defects induced by the compressive stress in oxide crystals during the formation of zirconium oxide. Under the action of temperature, stress and time, the diffusion, annihilation and condensation of defects as vacancies and interstitials will be taken place in the middle and surface layer of oxide films. The inner stress of oxide crystals will be relaxed and the meta-stable phases will transform to the stable phase. Vacancies absorbed by grain boundaries form the clusters of pores in nanoscale, which will weaken the bonding force between grains. In this case, the grains will become gradually spherical due to the action of surface tension. Based on the formation of the clusters of pores and the development of cracks in oxide films, the phenomenon of corrosion transition will be induced due to the loss of protective characteristic of oxide films. This is an inevitable result caused by the microstructural evolution of oxide films during the autoulave tests.

三维原子探针

——从探测逐个原子来研究材料的分析仪器*

摘　要：材料是科学技术和国民经济发展的重要基础,研究和开发先进材料,满足科学技术发展的要求,是材料研究工作者的永恒主题.材料的成分和加工工艺,决定了材料的显微组织,而材料的性能又与显微组织有着密切的关系.因此,研究材料的显微组织是研究开发先进材料的工作基础,而充分并正确利用现代的各种分析仪器,是研究显微组织的关键.本文介绍了一种能够分析逐个原子的仪器——三维原子探针,用这种仪器可以了解金属材料中不同合金元素在微区中不均匀分布的问题;可以了解合金元素在各种界面及晶体缺陷处的偏聚分布;可以了解显微组织变化初期时只有数十个不同原子发生团聚时的过程.三维原子探针是目前最微观的分析仪器,能够进行成分的定量分析,在研究金属材料的许多问题时都可以发挥重要的作用.

1　材料工程的重要性

我们把能源工程、材料工程、信息工程和生物工程作为国民经济发展的四大重要支柱,而材料又渗透在其他能源、信息和生物工程中,可以说任何先进的科学技术,都需要先进的材料来支撑.人类认识材料和利用材料的历史,与人类的进步和社会的发展历史密切相关.人类在劳动实践中发明了新的材料,并利用新的材料制造出新的生产工具,成为推动生产力发展的动力,生产力的发展又推动了社会的发展.早期的人类,在为自身生存而奋斗的过程中,只会利用天然的材料如石头、木材作为向自然界作斗争和求生存的工具,当人类发明了取火并利用火以后,学会了用火来烧制陶器,后来又发明了金属的冶炼和制备.由于铜的熔化温度比铁的要低很多,所以人类最早应用的金属材料是铜-锡-铅合金,称为青铜,而利用金属铁来制作工具要晚很多.铁器的硬度比青铜制品的大,制造技术也更复杂,所以人类能够用铁来制造生产工具是一次巨大的进步,也推动了生产力和社会的发展.由于材料的发明和利用,对人类的进步和社会的发展起了重要的作用,历史学家把人类在生产劳动中利用不同材料制作生产工具作为一种特征来划分时代,称为石器时代、陶器时代、青铜器时代和铁器时代.

20世纪中叶以来,由于人类在科学知识方面的积累,开创了科学技术发明和经济发展突飞猛进的时代.原子弹(1945年)、氢弹(1952年)的研制成功,原子能反应堆(1954年)的建造,开创了人类认识核能以及和平利用核能的新时代,形成了“核材料”这一个新的材料领域.电子计算机、晶体管(1946年)的发明,导致了“半导体材料”的兴起,今天,信息技术和信息产业的迅速发展,又扩展为“信息材料”这一领域.现代科学技术的发展,先进机械及制造业的发展,现代交通工具的发展,现代信息科学及信息产业的发展……都需要先进材料的支撑,如高强度材料、耐高温材料、耐腐蚀材料、超导材料和各种功能材料等等.

* 原发表于《自然杂志》,2005,27(3)：125-129.

2 研究材料显微组织的意义及方法

目前,得到应用的金属材料和无机非金属材料中的绝大部分都是晶体材料,构成材料的原子在空间按一定的规则排列. 在晶体材料中原子排列的错位,构成了晶体中的缺陷;原子在局部区域内排列方向的变更,构成了取向不同的晶粒和晶界. 晶粒大小、晶界和晶体中的缺陷对材料的性能影响很大. 现代兴起的纳米材料就是把粉末颗粒或者是晶体中的晶粒细化到只有数十纳米(nm)的大小,这时粉末表面的原子或者是构成晶粒晶界的原子将大约占到整个原子数目的一半,使得材料具有许多特异的性能,这是晶粒大小和晶体缺陷影响材料性能的一个最突出的例子,形成了"纳米材料"这一新的研究领域. 添加溶质原子后,溶质原子可能固溶在溶剂原子中,也可能与溶剂原子形成化合物,还可能偏聚在晶界上或晶体的缺陷中. 这些因素对材料性能的影响很大. 因而,要改善材料的性能或者是开发新的材料,必须从研究材料的微观组织结构和宏观使用性能之间的关系入手,通过改变和控制材料的显微组织来改善和提高材料的性能.

材料的性能与显微组织结构密切相关,而显微组织结构又决定于材料的成分和加工工艺. 观察研究显微组织结构,并分析它们与成分、加工工艺和使用性能之间的关系,已成为开发高性能先进材料过程中一个非常重要的环节,也是材料科学研究领域里的一个重要方面. 在这一环节中,如何正确利用现代分析仪器对显微组织结构进行观察研究,就成为关键的问题,而分析仪器的发展又大大地推动了该领域的研究工作.

在只有光学显微镜可以利用时,人们为了研究材料的显微组织,需要将材料表面进行研磨抛光,用化学试剂将显微组织蚀刻出来,再用光学显微镜放大观察. 由于光学显微镜的分辨率受到照明光的波长和玻璃透镜的限制,而且只能观察蚀刻后的表面,显然不能满足需要. 20 世纪 50 年代后,人们利用电子与物质相互作用所产生的信息,并且电子还能穿透一定厚度的物质,这样,利用电子显微镜就可以观察薄样品内部的显微组织形貌. 利用电子的波动性与晶体中原子周期排列之间可产生"电子衍射"的特性,通过获得的电子衍射图像,还可以分析原子排列的周期特征,研究晶体结构. 利用高能电子与原子作用可以激发原子外壳层电子跃迁而产生 X 射线的特性,同时,由于不同原子的壳层电子具有不同的能量,受激发后产生的 X 射线波长也不同,所以,测定 X 射线的波长,就可以确定被激发原子的种类;测量 X 射线的强度,就可以确定不同合金元素的含量. 这样,用电子显微镜观察样品时,不仅可以看到物质一定厚度内的显微组织形貌,还可以研究晶体结构和测定样品中的化学成分. 具有这种功能的电子显微镜称为分析型电子显微镜. 由于电子线路的设计不断改进,机械加工精度的不断提高,电子显微镜的分辨率已非常接近原子尺度水平. 但是在进行化学成分分析时,还只能获得纳米尺度空间范围内的信息,大约包含了数百个原子. 20 世纪 80 年代发明的扫描隧道显微镜和原子力显微镜可以观察表面原子分布的图像,但不能确定它们是何种原子. 目前,同时具有扫描隧道显微镜和原子力显微镜功能的仪器称为扫描探针显微镜.

3 场离子显微镜及三维原子探针

从分析逐个原子了解原子的种类,并确定它们在空间的位置,目前只有三维原子探针这种分析仪器才能完成. 它能够进行定量分析,是目前最微观,并且分析精度较高的一种分析

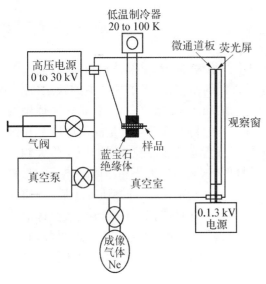

仪器,但目前还只适用于导电材料.

要了解三维原子探针的工作原理,应该先从场离子显微镜谈起,这种仪器的结构示意图如图1[1].一个针尖状的导电样品,放在超高真空的样品室中并冷却至20～80 K,再充入 10^{-3} Pa 压力的惰性气体(如氦、氩或氖),根据针尖曲率半径的大小,在样品上加上 3～30 kV 的直流电压,在样品针尖处原子凸出的地方,由于电场的作用,容易将惰性气体电离,电离后气体的正离子在电场的作用下,大致沿着径向飞向荧光屏,撞击在荧光屏上产生一个亮斑,成为针尖样品上对应处一个原子的像.为了使图像得到增强,在荧光屏前面还可以放置一块"微通道板",当气体离子射入微通道板后,可以产生一束增强的二

图1 场离子显微镜结构的示意图[1]

次电子,二次电子轰击到荧光屏上产生一个增强的亮斑,成为样品尖端处那个原子的图像.针尖状金属铑样品尖端处的原子像如图 2(a)[1],用圆球模拟样品尖端处原子堆跺排列的情况如图 2(b),在原子面的层与层之间,处于边缘处的原子用白色圆球表示[1].比较左图和右图可以看出,左图中由亮斑构成一圈一圈的同心圆,正是层层叠叠原子面堆跺时,处于原子面边缘突出地方的原子像,而圆圈中的原子排列成平面,不容易将惰性气体电离,所以没有产生原子像的亮斑.观察屏至样品的距离 R 与样品尖端的曲率半径 r 之比是原子图像的放大倍率,一般 $R=10$ cm,而 $r\sim50$ nm,所以放大倍率为数百万倍.一般来说,晶体中的原子间距为 0.2～0.3 nm,如果放大倍率达到二百万倍,原子像亮斑之间的距离可以达到 0.4～0.6 mm,人们的肉眼完全可以分辨原子的图像.这就是场离子显微镜能够观察原子图像的原理.

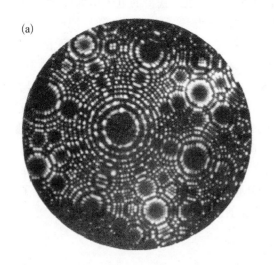

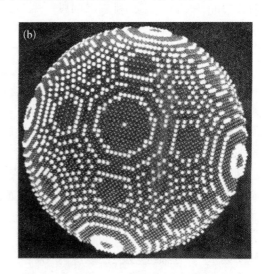

图2 场离子显微像及其模拟像 (a)金属铑样品在 20 K/7 kV 氦成像气体中得到的像;(b)用小球模拟原子的堆跺,白色小球表示原子层与层堆跺时突出的地方,这些地方的原子容易使成像气体电离而成像

在强电场作用下,样品尖端处的原子也会以正离子状态离开表面.如果在观察原子像的荧光屏上打一个直径2 mm的孔,倾动试样,把要研究的原子像对准孔,然后在样品上叠加脉冲电压,使得要研究的原子离开样品尖端的表面,飞向荧光屏并通过孔洞,再用"飞行时间质谱仪"测定该离子的电荷与质量比,就可以确定该原子的种类.当原子获得动能离开金属表面成为离子穿过荧光屏上的小孔,并在质谱仪的"漂移管"中飞行时,它获得的动能与它的电荷数和激发它电压有关,而动能又是质量和速度的函数,所以只要能测出离子达到探头的飞行时间,就可以知道离子的飞行速度,由于激发电压是已知的,这样就可以求出该离子的质量与电荷比,得出这是什么元素的离子,还可以确定它们的价态和它们的同位素.这就是1968年Muller等发明的一维原子探针.1988年Cerezo等制造出具有"位置敏感探头"的原子探针,但同时只能探测两种元素的原子.1993年Blavette等采用96通道多阳极探头,同时可以检测多于两种元素的原子,成为三维原子探针[2].近十年来,对探测系统的不断改进,同时计算机功能的不断扩展,数据采集和处理系统更加完善,三维原子探针的操作也更加简便.原子是逐层蒸发逐层探测,数据经过计算机采集处理,再重新构建不同原子在三维空间的分布图形.深度方向的分辨率大约是0.06 nm,水平方向的分辨率大约是0.2 nm,后者主要是由于原子蒸发飞出后飞行轨道失真引起,这也与原子的热振动有关,因此,样品需要在低温下进行分析.

4 三维原子探针的应用

4.1 钢中析出的铜原子团簇

我国正在努力进行能源结构的调整,积极发展核电.这是为了满足电力增长的需要,也可以逐步减轻环境污染.我国中长期发展规划已经确定,到2020年核电的装机容量将达到40 GW,占整个发电装机容量的4%.在压水堆型的核电站中,压力壳是核反应堆的一个重要部件,在压力壳内包容了核燃料元件、控制元件、一回路高温高压冷却水等,需要承受~300 ℃的高温和15.5 MPa的压力,它的可靠性直接关系到反应堆的运行安全.一座功率为100万千瓦的核电站,它的压力壳大约重400 t,高约13 m,直径约4.5 m,是一个庞然大物.压力壳采用低合金钢经过铸锭、锻造、焊接加工而成.压力壳在服役时,受到来自反应堆堆芯高能中子的辐照,会引起钢中原子在晶体中的位移,使晶体点阵结构遭到破坏,其结果会引起硬度增加,脆性转变温度升高,使材料的力学性能向着坏的方向变化,称为辐照脆化.早期的压力壳设计寿命是20年,后因钢材的质量改进,设计寿命成为40年,并希望能达到60年.

压力壳钢的辐照脆化与钢的成分有关,特别是与钢中所含的杂质元素铜和磷等有很大的关系.法国Chooz A核电站(现已退役)的监督计划开始于1970年,压力壳钢的试样放在反应堆堆芯中随堆辐照,定期取出进行力学性能测试,监督钢材的性能变化.钢材的脆性转变温度随着受到中子注量的增大而增高,当中子注量达到10×10^{23} n/m² 时,脆性转变温度高达145 ℃.用三维原子探针分析样品中显微组织的变化[3],可观察到有溶质原子团簇析出,直径大小为2~6 nm,平均为3 nm,密度为10^{24} m⁻³.析出的原子团簇中除了含有硅、镍、锰外,主要含铜,铜的最高含量是钢中平均含量的60倍.析出原子团簇的分布如图3,图中只画出了铜原子的位置,每一个小点表示检测到的一个铜原子,原子团簇的密度相当高.三维

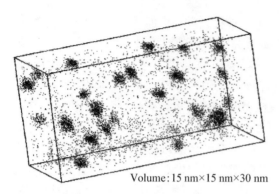

图3 中子辐照诱发压力壳钢中析出富铜的原子团簇,图中只画出了铜原子的分布,每一个小点表示测量得到的一个铜原子[3]

原子探针的分析结果证实了铜原子团簇的析出是压力壳钢辐照变脆的主要原因,这为如何改进压力壳钢的质量提供了科学依据,只要严格控制钢中杂质铜的含量,就可以改善压力壳钢的辐照变脆的问题,延长核反应堆压力壳的服役寿命.

4.2 Cottrell 气团的直接观察

20世纪90年代末,Wilde 在英国 Oxford 大学材料系 Smith 教授指导下攻读博士学位时,用三维原子探针观察到碳原子在低碳钢晶体的缺陷——位错附近偏聚的图像[4],直接证明了英国学者 Cottrell 教授在半个世纪前提出的理论.他把这个结果写信告诉了当时已经80多岁高龄的 Cottrell 教授,Cottrell 感到非常高兴,因为在他有生之年终于用实验方法直接观察证实了自己早年提出的理论,他亲笔给 Wilde 写了回信.Wilde 非常珍惜这封信,用镜框把它镶嵌起来珍藏.科学的进步和发展,需要人们不断的探索,一个新的理论提出来后,有时需要经过长时间的努力才能得到证实.为了说明这件事情的科学意义,还需要追述半个多世纪以前人们在实践过程中观察到的现象.当时人们用拉伸试验测定低碳钢的强度时,发现拉伸载荷达到一定大小时样品会突然发生变形,这时样品伸长变形的速度大于拉伸的速度,在记录载荷和样品伸长的关系图中,可以看到载荷突然下降,并且在载荷不增加的情况下变形还可以持续发生,只有经过一小段变形后,才会出现硬化,这时要使样品继续发生变形,必须增加载荷.如果样品事先经过弯曲等其他方式的变形后再进行拉伸,这种现象就不会出现,但是经过一百来度加热冷却后再进行拉伸,这种现象又会出现.1949年,Cottrell 和 Bilby 对这种现象提出了一种解释:认为碳原子会偏聚在低碳钢中晶体缺陷(位错)附近,形成"atmosphere"对位错产生了钉扎作用,而金属晶体的变形就是这种位错的运动和增殖过程,作用在样品上的应力一旦超过碳原子"atmosphere"的钉扎力,位错就会摆脱钉扎而发生运动.我国学者葛庭燧教授将"atmosphere"翻译为"气团"称为"Cottrell 气团".Wilde 用三维原子探针直接观察到位错附近的碳原子"气团",证实了 Cottrell 的理论.研究溶质原子对位错的钉扎是了解合金元素影响金属材料各种力学性能的重要基础,从那时起,溶质原子与位错的弹性交互作用就受到广泛注意.尽管后来用电阻和内耗(金属晶体中一种阻尼特性的表征量)测量都可以间接证实 Cottrell 气团的存在,但是,要直接观察证实 Cottrell 气团,只有用三维原子探针进行分析才能完成.

Wilde 观察到低碳钢中碳原子的 Cottrell 气团图像,不如后来 Menand 等在铁-铝合金中观察到硼原子气团的图像清晰[5],所以封二给出的是铁铝合金中硼原子气团的图像.铁和铝的原子在晶体中相互交替呈有序排列,称为有序结构,其中含有 400 ppm 硼原子.三维原子探针的分析结果如图4,图中用黄色小点画出了铝原子的位置,但是只给出了一层铝原子的分布,图中没有给出铁原子的分布.从图中可以分辨出由铝原子构成的原子面,晶面间距约为 0.29 nm.如果我们进行以下的操作,可以在被观察的晶体范围内找到一个位错:先从前面由左向右数到第21排原子面,然后沿着这排原子到后面,再从右到左数到开始计数的那排原子,共有22排原子面,比原来多了一排,这说明有半排原子终止在被观察的晶体范围内,就像图的左上角画出的示意图那样,在半排原子面终止的地方构成了晶体中的缺陷——位错.用红色小点画出了硼原子的位置,由于它们比较稀少,将红色斑点画得大一点,从图中可以看出硼原子围绕着晶体中的位错成细圆柱状分布,成为 Cottrell 气团.气团中硼的最高含量为 3%(原子百分比),平均含量为 2%(原子百分比),是硼添加量 400 ppm 的 50 倍,这说明大部分的硼原子会聚集在晶体缺陷周围.从图中硼原子的分布状况看,Cottrell 最初称为"atmosphere"以及葛庭燧翻译为"气团"都是对实际情况最恰当的描述.

4.3 多层薄膜材料层与层之间界面的分析

近年来多层功能薄膜材料受到越来越大的关注,因为它们具有许多奇特的性能.这种多层薄膜是由两种或多种元素或化合物交替沉积而成,每层的厚度只有 1~5 nm,其中包含了几层

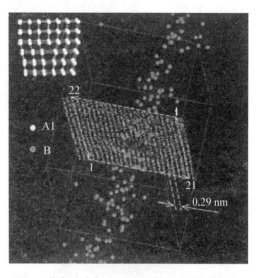

图 4　黄色小点标出了一层截面上的铝原子,从这截面上可以分辨出一排排的铝原子.在观察的范围内存在一个"位错",构成位错时原子面排列的示意图画在图的左上方,硼原子(红色小点)围绕着位错呈细柱状分布,成为 Cottrell 气团

到十几层原子.层与层之间的粗糙度以及不同元素之间相互的混合情况(原子之间的相互扩散情况)对薄膜的性能有很大的影响,这又与制备薄膜时的工艺参数有很大的关系,哪怕是真空度的微小差别也会产生很明显的影响.要研究这种不同原子层之间的问题,即使应用高分辨透射电子显微镜也是很困难的事情,因为电子显微镜不能识别不同原子,这需要用三维原子探针来分析.但是要垂直于薄膜的生长方向制作针尖状的样品,要使针尖状样品的轴向与数百纳米薄膜的厚度方向平行,的确是一件不容易的事.Larson 等利用聚焦离子束加工方法成功地解决了这一难题,得到了很好的结果[6].

用三维原子探针分析镍(Ni)、铜(Cu)和钴(Co)在多层薄膜中的分布结果如图 5,分别用绿色、红色和蓝色斑点表示这几种原子所处的位置[6].这是一种具有巨磁阻现象(GRM)的功能薄膜材料,用作数据的存贮和记录.薄膜是在高真空环境中采用溅射沉积的方法制备,在硅的基片上交互沉积不同元素组成的薄层,每层薄膜的成分及厚度是:Ni-20Fe(5 nm)/Co-10Fe(4 nm)/Cu(3 nm)/Co-10Fe(4 nm).从放大倍率更高的右边图中可以分辨出一层一层的原子面,并且可以看出每一层的成分虽然不同,但它们在沉积生长时都是沿着同一个晶体学⟨111⟩方向生长,这对于提高薄膜的性能也是一个重要的因素.如果将 Ni、Cu 和 Co 原子的分布分别用三张图来描述,可以很方便地看出各层界面的粗糙度、界面处不同原子之间的扩散混合情况.从跨越界面作成分的定量分析可以看出,CoFe 在 Cu 上沉积时,Co 和 Cu 原子之间的扩散距离比 Cu 在 CoFe 上沉积时的大,分别为(1.08±0.18)nm 和(0.4±0.14)nm.这种精确的分析结果可以为提高薄膜的性能以及如何控制工艺参数提供依据.

5　结束语

材料的性能与显微组织结构密切有关,而显微组织结构又决定于材料的成分和加工工

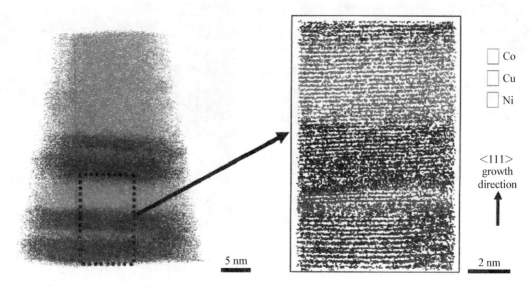

图 5 多层薄膜中 Ni(绿色)Cu(红色)和 Co(蓝色)原子的分布图,体积约为 20 nm×20 nm×35 nm,选区中的放大图在右边,可以分辨出一层一层的原子面

艺. 观察研究显微组织结构,并分析它们与成分、加工工艺和使用性能之间的关系,已成为开发高性能材料工作中一个非常重要的环节. 在这一环节中,如何正确利用现代分析仪器对显微组织结构进行观察研究,就成为关键的问题. 而对于观察研究纳米尺度的一些显微组织结构问题,则要求分辨率更高的分析仪器.

　　三维原子探针可以获得纳米三维空间内不同元素原子的分布,分辨率接近原子尺度,在研究纳米材料问题时有着无法替代的作用. 纳米尺度原子团簇的析出,以及合金元素在界面上的偏聚等,对材料性能有着重要的影响,研究这些问题正是三维原子探针分析仪器的特长,它不仅在研究纳米材料方面,而且在研究常规金属材料方面都可以发挥重要作用.

参 考 文 献

［1］Miller M. K. , Cerezo A. , Hetherington M. G. , et al. Atom Probe Field Ion Microscopy. Oxford: Oxford Science Publications, Clarendon Press, 1996.

［2］Blavette D. , Deconihout B. , Bostel A. , et al. Tomographic atom probe: a quantitative three-dimensional nanoanalytical instrument on an atomic scale. Rev. Scient. Instrum. , 1993, 64: 2911.

［3］Auger P. , Pareige P. , Welzed S. , et al. Synthesis of atom probe experiments on irradiation-induced solute segregation in French ferritic pressure vessel steel. J. Nucl. Mat. , 2000, 280: 331 – 344.

［4］Wilde J. , Cerezo A. , Smith G. D. W. Three-dimensional atomic-scale mapping of a Cottrell atmosphere around a dislocation in iorn. Scripta Mater. , 2000, 43: 39 – 48.

［5］Menand A. , Deconihout B. , Cadle E. , et al. Atom probe investigations of fine scale features in intermetallics. Micron. , 2001, 32: 721 – 729.

［6］Larson D. L. , Petford-Long A. K. , Ma Y. Q. , et al. Information storage materials: nanoscale characterisation by three-dimensional atom probe analysis. Acta Materialia, 2004, 52: 2847.

Effects of Strain and Annealing Processes on the Distribution of Σ3 Boundaries in a Ni-Based Superalloy[*]

Abstract: The effects of thermomechanical treatments on the distributions of Σ3 boundaries in Alloy 690 (Ni – 30Cr – 10Fe, wt. %) were investigated. With 5% cold rolling and annealed at 1100 ℃ for 5 min, almost all the Σ3 boundaries were parts of clusters, but with 50% cold rolling and annealed under the same condition, almost no clusters existed.

1　Introduction

The nickel-based Alloy 690, with main composition Ni – 30Cr – 10Fe (wt. %), is currently replacing Alloy 600 (Ni – 16Cr – 9Fe) as a steam generator tube material in pressurized water reactors, because of its superior resistance to intergranular stress corrosion cracking (IGSCC)[1]. But with prolonged service life and improved performance being demanded by the nuclear energy industry, the need to improve the resistance to IGSCC in Alloy 690 should also be considered.

Grain boundary engineering has attracted a lot of attention due to its successful application in some face-centered cubic (fcc) metal materials with low to medium stacking fault energy, such as Pb-base alloy[2,3], Ni-base alloy[4], OFE copper[5], and austenitic stainless steel[6,7]. The grain boundaries related properties of materials can be enhanced by exercising control over the population of low ΣCSL($\Sigma \leqslant 29$) grain boundaries, as defined by the coincident site lattice (CSL) model[8]. This may be an approach to further improve the resistance to IGSCC in Alloy 690.

Recently, the character of triple junctions consisting of $\Sigma 3^n$ grain boundaries, such as $\Sigma 3 - \Sigma 3 - \Sigma 9$ or $\Sigma 3 - \Sigma 9 - \Sigma 27$, have become a focus point in the research of grain boundary engineering[9-11]. Furthermore, the character of grain boundaries and triple junctions within the clusters of crystallites formed by multiple twinning, were also illustrated by Gertsman[12] in 50% Cu – 50% Ni alloy. In the current study, the effects of cold rolling deformation and annealing on the distributions of Σ3 boundaries in Alloy 690 are reported.

2　Experiment

Commercial Alloy 690 with the composition shown in Table 1, was used as the

* In collaboration with Xia S, Chen W J, Wang W G. Reprinted from Scripta Materialia, 2006, 54(12): 2019 – 2022.

experimental material in this work. The specimens were vacuum sealed under 5×10^{-3} Pa in quartz capsules and annealed at 1100 ℃ for 15 min, then quenched into water and broken quartz capsules (WQ) simultaneously, for the starting material. Various combinations of cold rolling and annealing, as shown in Table 2, were employed as the thermomechanical processes of the specimens. All the specimens were rolled at room temperature with the roller diameter of 130 mm, annealed in vacuum sealed quartz capsules, and quenched into water as described above.

Table 1 Composition of the investigated material (wt. %)

Ni	Cr	Fe	C	N	Ti	Al	Si
60. 52	28. 91	9. 45	0. 025	0. 008	0. 4	0. 34	0. 14

Table 2 Treatment processes of each specimen

Specimen no.	Thermomechanical treatments
A	1100 ℃×15 min+WQ (treatment A)
B	Treatment A+5% cold rolled+1100 ℃×5 min+WQ
C	Treatment A+5% cold rolled+1100 ℃×10 min+WQ
D	Treatment A+20% cold rolled+1100 ℃×5 min+WQ
E	Treatment A+50% cold rolled+1100 ℃×5 min+WQ

Prior to the examination of grain morphology, electropolishing was carried out for each specimen in a solution of $20\% HClO_4 + 80\% CH_3COOH$ with 30 V direct current. Electron backscatter diffraction (EBSD) was employed for the determination of grain boundary misorientations using the TSL laboratories orientation imaging microscopy (OIM) system attached to a scanning electron microscope. According to the differences of grain size in each specimen, the areas analyzed by OIM had dimensions of approximately 800×700 μm^2 to 1600×900 μm^2. After the date acquisition by EBSD, the crystal geometry information of each specimen was automatically calculated and shown in OIM maps, with each analyzed orientation point being represented as a hexagonal cell. The characters of grain boundaries in all specimens were classified according to the Palumbo – Aust criterion[13], for the maximum permissible deviation ($\Delta\theta$) from exact coincidence lattice as given by: $\Delta\theta_{max} = 15°\Sigma^{-5/6}$. Values of the fraction of grain boundaries defined by the CSL model were expressed as a length fraction by dividing the number of hexagonal cells of a particular boundary type with that of the entire grain boundaries.

3　Results and discussion

Within the maximum permissible deviation (according to the Palumbo – Aust criterion), if the misorientation of two grains is close to $60°/\langle 111 \rangle$, the boundary between them will be recognized as the $\Sigma3$ boundary by OIM in this work. The $\Sigma3$ family consists of annealing twins (which are symmetrical tilt boundaries characterized by {111} boundary planes), various tilt and twist boundaries (mostly asymmetric tilts or symmetrical) and grain boundaries which happen to have a $\Sigma 3$ misorientation but generally have irrational or random boundary planes[14]. So coherent twins are only one type of $\Sigma 3$ boundary. Alloy 690 is highly prone to twin formation during annealing after strain due to its low stacking fault energy. So there are a lot of $\Sigma 3$ boundaries in the thermomechanically treated Alloy 690. In the current study, two distribution types of $\Sigma 3$ boundaries can be distinguished:

(1) $\Sigma 3$ boundaries appear in the shape of straight single line or parallel line pairs, either grain spanning or terminated within a single grain, which is often crystallographically random with its adjacent grains, as outlined by the thick black framework shown in Fig. 1(a).

(2) $\Sigma 3$ boundaries connect with other $\Sigma 3^n$ ($n = 1$, 2, 3) boundaries to form triple junctions, which are the key components of the clusters that arise from the geometrical necessity of connecting multiple $\Sigma 3^n$ boundaries in the grain boundary network. Also the outer boundaries of the cluster are often crystallographically random with the adjacent grains[12], as outlined by the thick black framework in Fig. 1(b).

The OIM map shown in Fig. 1(a) was obtained from the starting material, specimen A, which was solution annealed. Almost all the $\Sigma 3$ boundaries in this map exist in the shape of straight single line or parallel line pairs. The fraction of $\Sigma 3$ boundaries in specimen A is about 48.9%, and the fraction summation of $\Sigma 9$ and $\Sigma 27$ boundaries is relatively low, only about 2.5%.

After the specimens were cold rolled 5%, then annealed at 1100 ℃ for 5 min and 10 min, respectively, the specimens B and C were obtained. The clusters consisting of connecting multiple $\Sigma 3^n$ boundaries in the grain boundary network can be easily seen in Fig. 1(b) and (c), which are the OIM maps of specimen B and C, and the fraction of $\Sigma 3$ boundaries and the summation of $\Sigma 9$ and $\Sigma 27$ boundaries are enhanced to about 60% and 9%, respectively. It is notable that the fraction summations of $\Sigma 9$ and $\Sigma 27$ boundaries of specimens B and C are about 3.5 times of that of specimen A. This indicates that a lot of multiple twinning events occurred during the annealing after cold rolled 5%. Multiple twinning phenomena in fcc metals with low to medium stacking fault energy were discussed by Kopezky[15] and Gertsman[16], but they emphasized more the crystallographic relationship among the multiple twins, and did not relate it to the treatment processes of the materials.

Owing to the similar size of the clusters (Fig. 1(b)) and the grains of the start material (Fig. 1(a)), it was highly probable that all the grains in a given cluster were produced by multiple twinning starting from a single deformed matrix grain, which contained some separate twins. After such small strain of 5% cold rolling, most twins might be preserved, which would be the base for multiple twinning during the following annealing. In the following annealing at 1100 ℃, the annealing twinning events were highly prone to occur in Alloy 690, because of its low stacking fault energy. It was likely that those newly formed annealing twins would impinge onto other newly formed twins or the twins that were preserved after 5% cold rolling, thus those new $\Sigma 3^n$ grain boundaries were produced in the same deformed matrix grain during annealing in a short period of time.

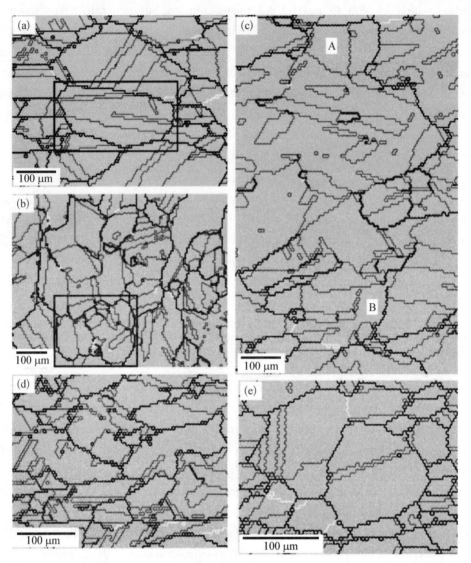

Fig. 1 Grain boundary character distributions are shown by OIM maps for specimens A (a), B (b), C (c), D (d), E (e). Thin gray lines denote $\Sigma3$ boundaries, thick gray lines denote $\Sigma9$ and $\Sigma27$ boundaries, thin white lines denote $\Sigma1$ and other low ΣCSL boundaries, thin black lines denote general large angle boundaries. Two distribution types of $\Sigma3$ boundaries are outlined in thick black frameworks, as shown in (a) and (b)

Comparing Fig. 1(b) and (c), the size of the clusters was enlarged, as the annealing time was prolonged. There is even a cluster with a size of about 700 μm in Fig. 1(c). And the two margin grains A and B in this cluster also have the $\Sigma3$ misorientation. This result is identical with that of Gertsman[12]. The connecting multiple $\Sigma3^n$ boundaries in clusters are geometrically necessary. Outer boundaries were often crystallographically random with the adjacent grains, and those boundaries might migrate easily during annealing at the solution temperature. So the size of the clusters was enlarged.

After being cold rolled 20% and 50%, then annealing at 1100 ℃ for 5 min, specimens D, E were obtained. The OIM maps of specimens D, E are shown in Fig. 1(d) and (e), respectively. Although there are some clusters in Fig. 1(d), almost no clusters exist in Fig. 1(e). The fraction of $\Sigma 3$ boundaries decreases with the increase of strain, and so does the fraction summation of $\Sigma 9$ and $\Sigma 27$ boundaries, as shown in Table 3. This is indicative that multiple twinning events had a very low probability in the case of large strain, such as 50%.

Table 3 Grain boundary character distribution statistics of each specimen (Palumbo – Aust criterion)

Specimen no.	Step size (μm)	$\Sigma 1$ (%)	$\Sigma 3$ (%)	$\Sigma 9 + \Sigma 27$ (%)	Other low ΣCSL (%)	Total low ΣCSL (%)
A	7	3	48.9	2.5	0.5	54.9
B	7	2.4	60.6	9.2	0.3	72.5
C	8	3.5	58.7	9	0.2	71.4
D	5	1.9	46.4	4.9	1.9	55.1
E	5	4	39.8	1.5	1.4	46.7

4　Summary

The strain and annealing processes significantly influence the distributions of $\Sigma 3$ boundaries. With small strain, and annealing at solution temperature (1100 ℃) for a short period of time, the $\Sigma 3$ boundaries in Alloy 690 were parts of clusters, which consisted of the triple junctions of three $\Sigma 3^n$ grain boundaries. In this case the fraction of overall low ΣCSL($\Sigma \leqslant 29$) grain boundaries was enhanced to more than 70% according to the Palumbo –Aust criterion. But with large strain, and under the same annealing condition, almost no clusters existed, and the $\Sigma 3$ boundaries were in the shape of straight single line or parallel line pairs. In this instance, the overall fraction of low ΣCSL grain boundaries was relatively low.

Acknowledgements

This work was supported by the Key Laboratory of Nuclear Fuel and Materials (514810701. 05. QT06. /01) of China and the Shanghai leading academic discipline project (T0101).

References

[1] Thuvander M, Stiller K. Mater Sci Eng A 2000; 281: 96.

[2] Palumbo G, Erb U. MRS Bull 1999; 24: 27.

[3] Lee DS, Ryoo HS, Hwang SK. Mater Sci Eng A 2003; 354: 106.

[4] Lin P, Palumbo G, Erb U. Scripta Metall Mater 1995; 33: 1387.

[5] King WE, Schwartz AJ. Scripta Mater 1998; 38: 449.

[6] Shimada M, Kokawa H, Wang ZJ. Acta Mater 2002; 50: 2331.

[7] Spigarelli S, Cabibbo M, Evangelista E. Mater Sci Eng A 2003; 352: 93 – 99.

[8] Kronberg ML, Wilson FH. Trans Am Inst Min Eng 1949; 185: 501.

[9] Schuh CA, Kumar M, King WE. J Mater Sci 2005; 40: 847.

[10] Davies P, Randle V, Watkins G. J Mater Sci 2002; 37: 4203.

[11] Randle V, Yan H. J Mater Sci 2005; 40: 3243.

[12] Gertsman VY, Henager CH. Interf Sci 2003; 11: 403.

[13] Palumbo G, Aust KT, Lehockey EM. Scripta Mater 1998; 38: 1685.

[14] Randle V, Davies H. Ultramicroscopy 2002; 90: 153.

[15] Kopezky CV, Andreeva AV, Sukhomlin GD. Acta Metall Mater 1991; 39: 1603.

[16] Gertsman VY, Tangri K, Valiev RZ. Acta Metall Mater 1994; 42: 1785.

The Effect of Alloying Modifications on Hydrogen Uptake of Zirconium-alloy Welding Specimens During Corrosion Tests[*]

Abstract: The hydrogen uptake behavior during corrosion tests for electron beam welding specimens made out of Zircaloy - 4 and zirconium alloys with different compositions was investigated. Results showed that the hydrogen uptake in the specimens after corrosion tests increased with increasing Cr content in the molten zone. This indicated that Cr element significantly affected the hydrogen uptake behavior. Fe and Cr have a low solubility in α - Zr and exist mainly in the form of $Zr(Fe, Cr)_2$ precipitates, which is extremely reactive with hydrogen in its metallic state. It is concluded that the presence of $Zr(Fe, Cr)_2$ second phase particles (SPPs) is responsible for the increase in the amount of hydrogen uptake in the molten zone of the welding samples after corrosion, as $Zr(Fe, Cr)_2$ SPPs embedded in α - Zr matrix and exposed at the metal/oxide interface could act as a preferred path for hydrogen uptake.

1 Introduction

Welding is a necessary process during fabricating fuel rods and fuel assemblies with Zircaloy - 4 cladding, and electron beam welding is one of the commonly-used methods[1,2]. Zhou et al. [3] found that after Zircaloy - 4 plates were welded to form butt joints by electron beam welding, the corrosion resistance of welding seams was poor. White-oxide films were formed on the surface of the molten zone after autoclave tests at 400 ℃ in 10.3 MPa H_2O steam for 3 - 14 days, but the oxide films on the surface of heat affected zone (HAZ) were still black. Kass[1] proposed that the change in microstructure during welding and subsequent fast cooling was the main reason for the reduction in the corrosion resistance. In an effort to simulate the thermal process of electron beam welding, the microstructure and corrosion resistance of Zircaloy - 4 after β-quenching or reheating at 700 ℃ were investigated, which indicated that no white-oxide films on Zircaloy - 4 samples were formed after corrosion tests in autoclave at 400 ℃ in 10.3 MPa H_2O steam for 3 - 14 days[4].

The loss of the alloying elements such as Sn, Fe, Cr in the molten zone during electron beam welding was the main reason for the poor corrosion resistance of welding seams[2]. Up to 40%- 50% loss of Sn, Fe, Cr in the molten zone was detected, which brought about a deleterious effect on the corrosion resistance after Zircaloy-2 samples joined by vacuum

* In collaboration with Yao M Y, Li Q, Liu W Q, Chu Y L. Reprinted from Journal of Nuclear Materials, 2006, 350: 195 - 201.

electron beam welding[5]. Our previous work[3] also showed that the degradation of corrosion resistance of zirconium-alloy welding seams was mainly due to the loss of the alloying elements, Sn, Fe and Cr. We employed the zirconium alloy plates, which contained higher amounts of alloying elements than Zircaloy – 4, or with further addition of Nb, to make butt joints with Zircaloy – 4 plates. The corrosion resistance of welding seams was improved, due to the compensation of the loss of alloying elements in the molten zone or/and the presence of Nb.

Additionally, during corrosion of zirconium alloys at an elevated temperature in pressurized water reactors, the hydrogen uptake occurs to degrade the mechanical properties inevitably. The failure of zirconium alloy parts caused by hydrogen-induced delayed cracking (HIDC) was detected[6,7]. Studies in the past 30 years have indicated that the corrosion resistance, hydrogen uptake and the concomitant HIDC are the main mechanisms for the failure of the zirconium alloys used as nuclear fuel cladding as well as the other parts in reactors[6-9]. So, hydrogen ingress in zirconium alloy is receiving more attention.

In this work, the hydrogen uptake behavior for these welding specimens was studied by examining the amount of zirconium hydrides after corrosion tests. The effect of alloying modifications on hydrogen uptake of zirconium alloys was then discussed.

2　Experimental procedure

2. 1　Welding samples preparation

The alloying compositions of zirconium-alloy strips with 2 mm (W)×1. 5 mm (T) are listed in Table 1. Two strips with the same composition (such as ♯1) were welded alternately with three strips of ♯4 (Zircaloy – 4) into butt joints by means of vacuum electron beam welding, as shown schematically in Fig. 1, which also shows the positions of composition analysis. The thermal history of the welding seams was complicated and different at different locations as four welding seams were welded sequentially. The completed welding seams were reheated into β – or α – phase region during the welding of the next seams. For simplification, the samples where ♯1 strips were welding alternately with ♯4 strips were denoted as 1 – 4 welding samples. The rest may be denoted by analogy as 2 – 4, 3 – 4 and 4 – 4 welding samples.

Table 1　The composition of zirconium alloys (in mass fraction ％)

Strip numbers	Alloy elements				
	Sn	Fe	Cr	Nb	Zr
♯1 (1. 97Sn – 0. 37Fe – 0. 23Cr – Zr)	1. 97	0. 37	0. 23	/	Bal
♯2 (1. 92Sn – 0. 32Fe – Zr)	1. 92	0. 32	/	/	Bal
♯3 (1. 88Sn – 0. 35Fe – 0. 52Nb – Zr)	1. 88	0. 35	/	0. 52	Bal
♯4 (Zircaloy – 4)	1. 50	0. 20	0. 10	/	Bal

2. 2　Composition analysis

The compositions in different positions at 50 μm from the welding surface, were analyzed by an electron microprobe. The relative contents of Sn, Fe and Cr in each position were obtained by comparing their peak intensities with those in Zircaloy – 4, respectively; the relative content of Nb in different positions was obtained in the same way by comparing the peak intensity of Nb with that in ♯3 strips. Note that the ZAF corrections were not performed due to the slight difference of alloying elements in absolute amount between the different positions and Zircaloy – 4, as well as the lower content of Sn, Fe and Cr in different positions on the welding surface and in Zircaloy – 4.

2. 3　Corrosion tests

Welding specimens with four welding seams, were cut in 10 mm length perpendicularly to welding seams by spark cutting (see Fig. 1 for the cutting location). On the welding surface, the area of molten zone occupied more than 80%; on the reverse side of welding surface, the area of molten zone occupied less than 20%; the rest of un-molten area was composed of about 60% of Zircaloy – 4 and about 40% of modified zirconium alloys. These samples were divided into two groups, each one having three specimens. One group annealed at 500 ℃ for 1. 5 h to relieve the welding stress is marked X – A, the other without annealing is marked X – NA, where X corresponds to the name of welding sample denoted in Section 2. 1, such as 1 – 4. The corrosion tests of the welding specimens were carried out in autoclave at 400 ℃ in 10. 3 MPa H_2O steam for 165 days. Prior to the corrosion tests, the specimens were cleaned and pickled in a solution of 10% HF + 45% HNO_3 + 45% H_2O (in volume), and then rinsed in cold tap water and boiling deionized water.

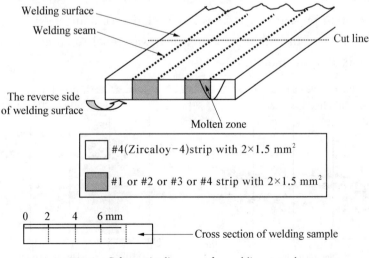

Fig. 1　Schematic diagram of a welding sample

2.4 Examination of hydrides and SPPs

Some sections of the corroded specimens were prepared by grinding, polishing and etching in a solution of $10\% \mathrm{HF} + 10\% \mathrm{H_2O_2} + 80\% \mathrm{HNO_3}$ (in volume) to reveal the hydrides. Optical microscopy was employed to examine the morphology and distribution of the hydrides. SPPs in the welding specimens were examined by a JSM – 6700F scanning electron microscope (SEM) after pickling in a solution of $10\% \mathrm{HF} + 45\% \mathrm{HNO_3} + 45\% \mathrm{H_2O}$ (in volume).

3 Experimental results

3.1 The relative content of Sn, Fe, Cr and Nb on the section of welding sample

Fig. 2 illustrates the variation of alloying elements in the molten zone of 4 – 4 and 3 – 4 welding samples. It was shown that the composition of the molten zone, which was a mixture of two welded alloys, was different from that of HAZ. In 4 – 4 welding sample, the compositions in the two welded strips were same before welding, but the composition of molten zone was still different from that of HAZ due to the evaporation of alloying elements during welding.

For 4 – 4 welding specimen (Fig. 2(a)), Sn, Fe and Cr contents in the molten zone were about 60%, 50% and 30% of those in Zircaloy – 4, respectively, while after adding higher amounts of alloying additions to compensation for their evaporation, the alloying contents were similar to those in Zircaloy – 4. For example, in 3 – 4 welding specimen (Fig. 2(b)), Sn and Fe contents in the molten zone were nearly the same as those in Zircaloy – 4. It was found that Cr content in the molten zone of 3 – 4 welding specimen was much lower due to no Cr in ♯3 strips. In addition, the evaporation of Nb during welding is minimal because of its low evaporation pressure. Therefore, the relative content of Nb in the molten zone was about 40%– 60% of that in ♯3 strip, which was equal to an average content of ♯3 and ♯4 strips mixed in the molten zone.

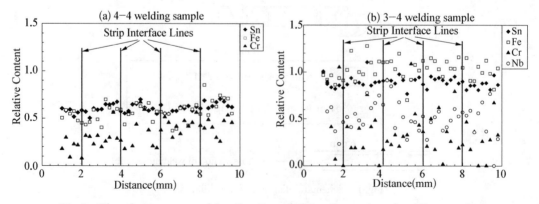

Fig. 2 The relative content of Sn, Fe, Cr and Nb on the section of welding samples

For 2 – 4 welding specimen, similar to 3 – 4 welding specimen, the contents of Sn and Fe in the molten zone were also compensated, and the content of Cr in the molten zone was also much lower due to no Cr in 2# strips. For 1 – 4 welding specimen, the contents of Sn, Fe and Cr in the molten zone were all compensated.

3. 2 The morphology and distribution of zirconium hydrides in the molten zone

Fig. 3 shows the morphology and distribution of zirconium hydrides in the molten zone of

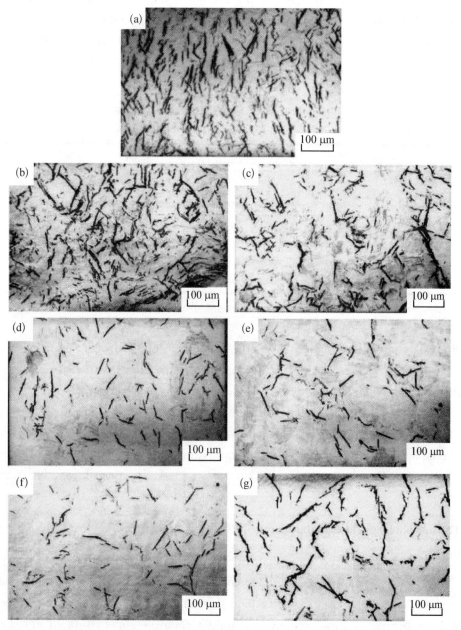

Fig. 3 Optical micrographs of zirconium hydrides in molten zone of welding specimens: (a) 4 – 4 – A, (b) 1 – 4 – A, (c) 1 – 4 – NA, (d) 2 – 4 – A, (e) 2 – 4 – NA, (f) 3 – 4 – A and (g) 3 – 4 – NA

the corroded specimens. In order to relate hydrogen uptake with the weight gain, the data of the weight gains[3] is listed in Table 2. It was found that the hydrogen uptake in the molten zone after corrosion tests was out of proportion to the weight gain. The amount of zirconium hydrides in 1 - 4 - A was comparative to that in 4 - 4 - A, although the weight gain of 1 - 4 - A was 20 times lower than that of 4 - 4 - A. The amount of zirconium hydrides in 1 - 4 - A and 1 - 4 - NA was noticeably larger than that in 2 - 4 - A, 2 - 4 - NA and 3 - 4 - NA, while the weight gains of the former two specimens were less than those of the latter three ones. Note that #1 strips contained higher Cr content than #4 ones, while #2 and #3 strips did not contain Cr, which resulted in the decrease of Cr content in the molten zone in the sequence of 1 - 4, 4 - 4 and 2 - 4/3 - 4 welding samples[3]. This indicates that Cr content in the molten zone of welding specimens significantly affects the hydrogen uptake behavior.

Table 2 The weight gain of welding specimens tested in autoclave
at 400 ℃, 10. 3 MPa H_2O steam for 165 days[3]

Samples	Weight gain (mg/dm^2)
4 - 4 - A	2 470
1 - 4 - A[a]	122. 5
1 - 4 - NA[b]	123. 9
2 - 4 - A	207. 6
2 - 4 - NA	251. 4
3 - 4 - A	86. 2
3 - 4 - NA	352. 7

[a] The samples were annealed at 500 ℃ for 1. 5 h.
[b] The samples were not annealed.

Additionally, annealing had a more or less effect on hydrogen uptake of welding samples. For 1 - 4 welding samples, the amount of zirconium hydrides in 1 - 4 - A was more than that in 1 - 4 - NA, while their weight gains were comparative. For 2 - 4 welding samples, the amount of zirconium hydrides in 2 - 4 - A was a little more than that in 2 - 4 - NA, although the weight gain of 2 - 4 - A was a little lower than that of 2 - 4 - NA. For 3 -4 welding sample, the amount of zirconium hydrides in 3 - 4 - A was a little less than that in 3 - 4 - NA, however, the weight gain of 3 - 4 - A was much lower than that of 3 - 4 -NA.

3.3 The morphology and distribution of SPPs in the molten zone

Fig. 4 shows the morphology and distribution of SPPs in the molten zone of 1 - 4 - A, 1 - 4 - NA, 2 - 4 - A and 2 - 4 - NA. The amount of SPPs in the specimens increased after annealing at 500 ℃. It is easy to understand that since the specimens were rapidly cooled from high temperature during welding, Fe and Cr could be supersaturated in α - Zr solid solution; after being annealed at 500 ℃ for 1. 5 h, part of the alloying elements supersaturated in α - Zr could precipitate as SPPs. In other way, it was reported that the

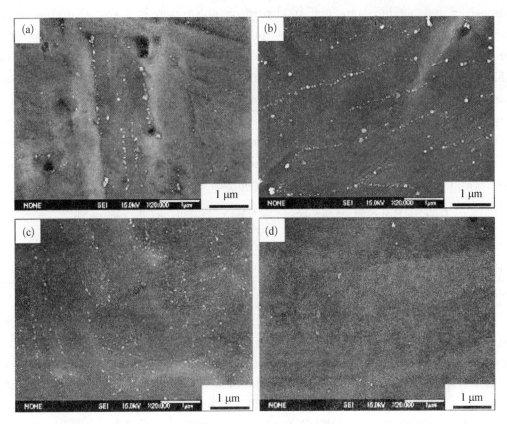

Fig. 4 SEM micrographs of the SPPs in different welding specimens: (a) 1 - 4 - A, (b) 1 - 4 - NA, (c) 2 - 4 - A and (d) 2 - 4 - NA

Fe/Cr rario in Zr(Fe, Cr)$_2$ SPPs was 2. 1 - 2. 5 after Zircaloy - 4 specimen cooling from β phase, and reduced to 1. 5 - 1. 9 after annealing in α - phase[10], so the Fe/Cr ratio in Zr (Fe, Cr)$_2$ SPPs maybe decreased after annealing at 500 ℃. In view of alloying compositions in the molten zone[3], most of SPPs in 1 - 4 - A and 1 - 4 - NA were Zr(Fe, Cr)$_2$ for higher Cr content, but most of them in 2 - 4 - A were ZrFe$_2$ for much lower Cr content.

4   Discussion

4. 1   The effect of Cr element on the hydrogen uptake

It has been reported that the SPPs in Zircaloy play an important role on hydrogen uptake behavior during corrosion tests[9,11]. Fe, Cr and Ni have low solubility in α - Zr and exist mainly in the form of Zr(Fe, Cr)$_2$ and Zr$_2$(Fe,Ni) SPPs for Zircaloy - 2 and Zr(Fe, Cr)$_2$ SPPs for Zircaloy - 4[12-14]. Thus, it is proposed that the effect of Cr element on the hydrogen uptake behavior of zirconium alloys is closely related to the formation of Zr(Fe, Cr)$_2$ SPPs.

Prior studies reveal that Zr(Fe, Cr)$_2$ intermetallic phase is extremely reactive with hydrogen in its metallic state and its hydrogen absorption is faster than that of Zr. Moreover, the amount of hydrogen absorption of $Zr(Fe, Cr)_2$ intermetallic compound increases with increasing Cr content, i. e. , with decreasing the ratio of Fe/Cr[15] (see Table 3). It is known that ZIRLO and E635 zirconium alloys without Cr, have lower hydrogen uptake than Zircaloy-4. For example, Zhou et al. [16] reported that a zirconium alloy with a composition similar to ZIRLO had only 30% hydrogen content compared with the same-size Zircaloy-4 specimens after corrosion in 400 ℃ H_2O steam at the same level of 100 mg/dm^2 weight gain. It is suggested that the increase of hydrogen uptake in zirconium alloys with Cr should be closely related to the presence of $Zr(Fe, Cr)_2$ SPPs.

Table 3 Hydrogen storage data of $Zr(Fe_xCr_{1-x})_2$ intermetallic compounds[15]

Compounds	$ZrCr_2$	$Zr(Fe_{0.5}Cr_{0.5})_2$	$Zr(Fe_{0.75}Cr_{0.25})_2$	$ZrFe_2$
Hydrogen capacity (H/M)	1. 3	1. 13	0. 95	0. 05

H/M: hydrogen to metal ratio, in moles.

In view of the very low diffusion coefficients of hydrogen in zirconia, as measured by Khatamian[17] and estimated by Cox and Roy[18], the performance of hydrogen uptake can not itself explain the level of hydrogen absorption generally found in zirconium alloys, which is systematically higher than that predicted by calculations of hydrogen diffusion in zirconia. Transmission electron microscopy (TEM) observations of oxide films on Zircaloy-4 showed that oxidation rate of $Zr(Fe, Cr)_2$ precipitates was slower than that of the zirconium matrix[19]. Tägtstrom et al. [9] and Lelièvre et al. [20] proposed that SPPs offered sites where hydrogen could easily be absorbed into the Zr-based material. Therefore, it's reasonable to propose that the presence of $Zr(Fe, Cr)_2$ SPPs is responsible for the increase in the amount of hydrogen uptake, as $Zr(Fe, Cr)_2$ SPPs embedded in α-Zr matrix and exposed at the metal/oxide interface could act as a preferred path for hydrogen uptake. This can be used to explain why the hydrogen uptake in the molten zone of the welding specimens after corrosion tests is out of proportion to the weight gain.

4. 2　The effect of annealing on the hydrogen uptake

Annealing had a more significant effect on hydrogen uptake in 1-4 welding specimen, while it had a slight effect on hydrogen uptake in 2-4 one. Based upon the above discussion and the examination of SPPs, the effect of annealing on hydrogen uptake is mainly due to the change in amount, size and distribution of $Zr(Fe, Cr)_2$ SPPs, as well as Fe/Cr ratio in $Zr(Fe, Cr)_2$ SPPs.

Annealing also had an effect on hydrogen uptake in 3-4 welding specimen. The percent of theoretical hydrogen pickup for 3-4-A was higher than for 3-4-NA. This can be explained by the difference in corrosion resistance which was more significant on the reverse side of the welding surface. The oxide films on the surface of ♯3 strips, which were located on the reverse side of welding surface, were much thicker in 3-4-NA

(80 μm) than in 3 - 4 - A (3 - 4 μm)[21]. It was reported[22] that the presence of β - Zr in Zr - Nb alloys reduced the corrosion resistance, and the decomposition of β - Zr into α - Zr and β - Nb could improve it. TEM observation also showed that β - Zr, which resulted from higher Nb content in ♯ 3 strips on the reverse side of welding surface, was decomposed to form α - Zr and β - Nb after annealing at 500 ℃[21].

5 Conclusion

(1) The higher Cr content in the molten zone of the welding samples resulted in higher hydrogen uptake. The hydrogen uptake was out of proportion to the weight gain after corrosion tests. This can be attributed to the hydrogen absorption of $Zr(Fe, Cr)_2$ SPPs in the specimens, as the $Zr(Fe, Cr)_2$ SPPs embedded in α - Zr matrix and exposed at the metal/oxide interface could act as a preferred path for hydrogen uptake.

(2) While adding a small amount of Nb into the Cr-free zirconium alloys was helpful to improve the corrosion resistance, it had only a small effect on the hydrogen uptake behavior.

Acknowledgements

This project is financially supported by the National Nature Science Foundation of China (50371052) and Shanghai Leading Academic Discipline Project (T0101).

References

[1] S. Kass, WAPD - TM - 972, 1973.

[2] S. G. McDonald et al., Zirconium in the Nuclear Industry: Fifth International Conference ASTM STP 754, 1982, pp. 412.

[3] B. X. Zhou, Q. Li, Z. Miao, et al., Nucl. Power Eng. 24 (3) (2003) 236 (in Chinese).

[4] B. X. Zhou, Q. Li, Z. Miao, J. Nucl. Power Eng. 21 (2000) 339 (in Chinese).

[5] B. X. Zhou, S. K. Zheng, S. X. Wang, Chinese J. Nucl. Sci. Eng. 8 (2) (1988) 130.

[6] E. C. W. Perryman, Nucl. Energy. 17 (1978) 95.

[7] C. J. Simpson, C. E. Ells, J. Nucl. Mater. 52 (1974) 289.

[8] R. A. Ploc, Zirconium in the Nuclear Industry: Thirteenth International Symposium, ASTM STP 1423, 2002, p. 297.

[9] P. Tägstrom, M. Limbäck, M. Dahlbäck, T. Andersson, H. Pettersson, Zirconium in the Nuclear Industry: Thirteenth International Symposium, ASTM STP 1423, 2002, p. 96.

[10] B. X. Zhou, X. L. Yang, China Nuclear Science and Technology Report, CNIC - 01074, SINER - 0066, 1996.

[11] P. Barberis, E. Ahlberg, et al., Zirconium in the Nuclear Industry: Thirteenth International Symposium, ASTM STP 1423, 2002, p. 33.

[12] M. Harada, M. Kimpara, A. Kastuhio, Zirconium in the Nuclear Industry: Ninth International Symposium, ASTM STP1132, 1991, p. 368.

[13] J. S. Forster, R. L. Trapping, T. K. Alexander, D. Philips, T. Laursen, J. R. Leslie, Nucl. Instr. Meth. B 64 (1992) 403.

[14] S. Kass, W. W. Kirk, ASM Trans. Quart. 56 (1962) 77.

[15] D. Shaltiel, I. Jacob, J. Davidov, J. Less-Common Met. 53 (1977) 117.

[16] B. X. Zhou, W. J. Zhao, Z. Miao, et al. , Study of New Zirconium Alloys, in: B. X. Zhou, Y. K. Shi (Eds.), Biomaterials and Ecomaterials III − 2, Proceedings of 1996 Chinese Materials Symposium, 17 − 21 Nov. 1996, Chinese Materials Research Society, Chemical Industry Press, Beijing, China, 1997, p. 183 (in Chinese).

[17] D. Khatamian, Z. Phys. Chem. 181 (1993) 435.

[18] B. Cox, C. Roy, AECL Report 2519, 1965.

[19] D. Pêcheur, F. Lefebvre, A. T. Motta, C. Lemaignan, D. Charquet, Zirconium in the Nuclear Industry: Tenth International Symposium, ASTM STP 1245, 1994, p. 687.

[20] G. Leliëvre, C. Tessier, et al, J. Alloy Compd. 268 (1998) 308.

[21] M. Y. Yao, Q. Li, B. X. Zhou, et al. , Nucl. Power Eng. 25(2) (2004) 147 (in Chinese).

[22] K. N. Choo, Y. H. Kang, S. I. Pyun, V. F. Urbanic, J. Nucl. Mater. 209 (1994) 226.

冷轧变形 Pb-Ca-Sn-Al 合金在回复和再结晶过程中的晶界特征分布[*]

摘　要：采用电子背散射衍射(EBSD)技术研究了冷轧变形 Pb-0.1％Ca-1.5％Sn-0.026％Al 合金在回复和再结晶过程中的晶界特征分布(GBCD)。结果表明：在回复过程中，合金内形成了比例接近 50％的平直 $\Sigma3$ 晶界，这类晶界不处在由一般大角度晶界构成的晶界网络上，不能使合金的 GBCD 得到优化；相反，在再结晶过程中，除了生成比例超过 50％的 $\Sigma3$ 晶界外，还出现了较多的 $\Sigma9$ 和 $\Sigma27$ 等低 Σ 重位点阵晶界(CSL)，并且这些晶界和相当多的弯曲的 $\Sigma3$ 晶界均处在由一般大角度晶界构成的晶界网络上，可以使合金的 GBCD 得到优化。进一步的分析指出：回复过程中所形成的平直的 $\Sigma3$ 晶界是共格孪晶界，它们能量很低，很难迁移；在再结晶过程中，除了生成不可迁移的共格的 $\Sigma3$ 孪晶界外，还可形成大量可迁移的弯曲的非共格 $\Sigma3$ 晶界，这类晶界的迁移和彼此会合可形成 $\Sigma9$ 和 $\Sigma27$ 等 $\Sigma3^n$ (n 为正的整数)晶界，这是合金 GBCD 得到优化的根源。

　　Pb-Ca-Sn-Al 合金主要用来制作免维护铅酸蓄电池的阳极板栅。由于该合金在电池工况下的晶界腐蚀抗力欠佳，铅酸蓄电池充放电循环使用寿命明显不足(约 200 次)。近年来，有关如何有效提高传统金属材料晶界腐蚀抗力的研究结果[1]表明：采用晶界特征分布(GBCD)优化的办法，将有可能显著改善 Pb-Ca-Sn-Al 合金的晶界腐蚀抗力，以成倍延长铅酸蓄电池的使用寿命。

　　GBCD 的优化主要是指在合金中增加包括 $\Sigma3$ 在内的能量较低的、腐蚀抗力较高的低 Σ($\Sigma\leqslant29$)重位点阵(CSL)晶界(亦称特殊晶界)的比例，使之达到或超过某一定值。这是由 Watanabe[2] 于 1984 年提出的，并且在 20 世纪 90 年代中后期，随着电子背散射衍射(EBSD)技术的成熟以及与该技术相关的晶界特征分布测试表征手段的完善，人们首先在 Inconel-600 合金、Ofe-Cu 合金和 Pb-Ca-Sn 以及 Pb-Ca-Sn-Ag 等合金的 GBCD 优化研究中取得突破[3-5]，其低 Σ 重位点阵晶界的比例均超过 70％，晶界腐蚀抗力得到显著改善。有关奥氏体不锈钢的 GBCD 优化近两年也有所报道[6]。综合分析已有的有关金属材料 GBCD 优化的研究结果不难发现，人们对金属材料 GBCD 优化的研究还基本上局限于中低层错能的几种面心立方金属材料，退火孪晶的大量生成是合金 GBCD 优化的前提条件，即合金 GBCD 的优化是基于退火孪晶的形成；尽管人们已可以通过适当的冷轧变形和退火对某几种合金材料的 GBCD 实现优化，但就回复和再结晶行为以及退火孪生行为对合金 GBCD 优化产生影响的微观机制并不清楚。

　　考虑到目前尚缺乏 Pb-Ca-Sn-Al 合金 GBCD 优化方面的数据，本文对该合金施行适当的冷轧变形和退火处理，以了解该合金在回复和再结晶过程中其晶界特征分布的演变，并通过对有关实验现象的分析来探讨退火孪晶诱发合金 GBCD 优化的微观机制，为最终实现该合金 GBCD 的优化提供依据。

———————————
* 本文合作者：王卫国、冯柳、张欣、夏爽。原发表于《金属学报》，2006，42(7)：715-721.

1 实验方法

实验所用材料为面心立方结构的 Pb‐Ca‐Sn‐Al 四元合金，其中 Ca，Sn 和 Al 的含量（质量分数）分别为 0.1%，1.5% 和 0.026%. 26 kg 的合金铸锭自然时效 4 个月后，在 300 ℃ 进行固溶处理，然后从中切割出尺寸为 80 mm×50 mm×20 mm 的试样施行 90% 冷轧变形. 冷轧变形后的样品经过 270 ℃/15 min 退火后，再分别进行 10% 和 30% 的冷轧变形，其中前者在 220 ℃ 保温 24，48，72 和 96 h，分别定义为 A，B，C 和 D 样品（这一过程定义为 Process 1 过程）；后者在 270 ℃ 保温 6，7，8 和 9 min，分别定义为 E，F，G 和 H 样品（这一过程定义为 Process 2 过程）. 通过配有 HKL‐EBSD 系统的 FEI Sirion‐200 型热场发射扫描电子显微镜对上述 8 个样品（经电解抛光）表面 300 μm×400 μm 的区域进行步长为 2 μm 的逐点扫描，获取由背散射电子 kikuchi 花样得到的各样品晶体取向信息，并采用 Brandon 判据[7]确定重位点阵晶界. 在二维 OIM 重构条件下，按长度百分比计算各类晶界的比例.

2 实验结果与讨论

2.1 回复和再结晶过程中的晶界特征分布

金相观察表明，经 90% 冷轧变形后再经 270 ℃ 退火 15 min 的 Pb‐Ca‐Sn‐Al 合金已经完成了再结晶，且再结晶晶粒细小均匀，尺寸介于 20～30 μm 之间. 在 Process 1 过程中，由于冷轧变形量很小和退火温度较低，形变储能主要贡献于回复过程. 因此，Process 1 过程的前期应当是一个以回复为主的过程. 从表 1 可以看出：在 Process 1 过程中，随着退火时间的延长，合金中 $\Sigma3$ 晶界的比例在显著提高，由退火 24 h 时的 8.2% 增加到 48 h 的 32.8%，并且在退火 72 h 达到峰值 47.1%. 进一步延长退火时间至 96 h，此晶界的比例回落到 40.9%. $\Sigma9$ 和 $\Sigma27$ 晶界以及其他低 Σ‐CSL 晶界的比例随退火时间的延长变化不大，尤其是退火时间从 48 h 延长至 72 h，$\Sigma3$ 晶界比例显著增加时，这些晶界的比例保持不变. 低 $\Sigma(\Sigma\leqslant29)$CSL 晶界比例总和在退火 72 h 时达到最大值 49.8%，这一结果主要是由再结晶过程中 $\Sigma1$ 晶界（形变组织在回复过程中形成的小角度晶界）的大量减少和 $\Sigma3$ 晶界的显著增加造成的. 在退火 72 h 的基础上继续延长退火时间，低 $\Sigma(\Sigma\leqslant29)$CSL 晶界比例明显下降，

表 1 不同处理工艺下样品的晶界特征分布测定结果

Table 1 Grain boundary character distributions of the specimens treated by Process 1 (90% cold rolling +270 ℃/15 min+10% cold rolling+220 ℃ for various times) and Process 2 (90% cold rolling +270 ℃/15 min+30% cold rolling+270 ℃ for various times)

Character	Proportion for process 1, %				Proportion for process 2, %			
	24 h (A)	48 h (B)	72 h (C)	96 h (D)	6 min (E)	7 min (F)	8 min (G)	9 min (H)
$\Sigma1$	88.8	55.2	10.2	7.1	76.5	25.2	13.0	3.1
$\Sigma3$	8.2	32.8	47.1	40.9	15.4	46.2	56.1	39.5
$\Sigma9+\Sigma27$	0.3	1.0	1.0	0.7	1.1	7.5	9.9	4.1
Other low Σ‐CSL	0.7	1.7	1.7	1.5	1.4	0.6	0.8	3.1
$\Sigma3-\Sigma29$	9.2	35.5	49.8	43.1	17.9	54.3	66.8	46.7
High angle boundary	2.0	9.3	40.0	49.8	11.6	20.5	20.2	50.2

一般大角度晶界比例则明显增加. 在此, 需要特别说明的是, Process 1 过程中, 当退火时间达到 24 h 时, 回复过程已基本完成, 再结晶过程已经开始. 但为了论述上的方便, 把 Process 1 整个过程定义为回复过程.

在 Process 2 过程中, 由于冷轧变形量较大, 而退火温度很高($0.9T_m$), 形变储能对回复和再结晶均有贡献, 但再结晶过程是主要的, 因此退火时间非常短暂. 在再结晶过程中, Σ3 晶界的比例由退火 6 min 时的 15.4% 上升到退火 7 min 时的 46.2%, 继续延长退火时间至 8 min, 该晶界的比例上升到 56.1%. 进一步延长退火时间至 9 min, 则 Σ3 晶界的比例显著下降到 39.5%. Σ9 和 Σ27 晶界比例随退火时间的变化规律与 Σ3 基本相同(这一点与 Process 1 过程明显不同). 其他低 Σ – CSL 晶界比例随退火时间的变化规律与 Σ3 正好相反. 低 Σ(Σ≤29) – CSL 晶界比例总和在退火 8 min 时达到最大值 66.8%, 这一结果主要是由再结晶过程中 Σ1 晶界的大量减少和 Σ3 以及 Σ9 和 Σ27 等晶界的显著增加造成的. 退火时间延长至 9 min 时, 低 Σ(Σ≤29) – CSL 晶界的比例迅速降低, 一般大角度晶界的比例则快速增加.

2.2 回复和再结晶过程中 GBCD 发生演变所伴生的重要实验现象

2.2.1 回复和再结晶过程中形成的 Σ3 晶界特征

上文已提到, 不管是以回复为主的 Process 1 过程还是以再结晶为主的 Process 2 过程, 经过特定时间的退火, 两种过程均能获得比例接近或超过 50% 的 Σ3 晶界. 但是仔细比较 Process 1 过程中 C 样品和 Process 2 过程中 G 样品的 OIM 晶界重构图(图 1), 不难发现, C

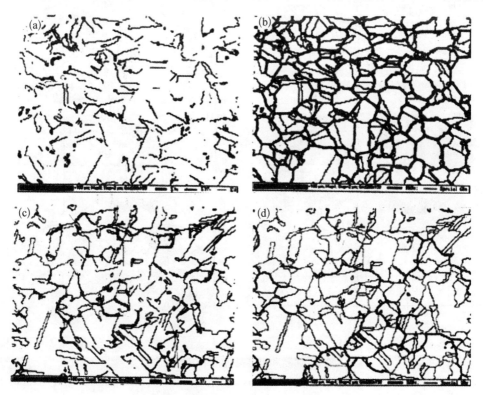

图 1 样品 C 和 G 的 OIM 晶界重构图

Fig. 1 Maps of grain boundary reconstruction from OIM for specimen C (a, b) and specimen G (c, d), for the former the Σ3 GBs are nearly straight (coherrent twin boundary) for the latter the most Σ3 GBs are curved (incoherrent)

样品中的 Σ3 晶界基本都是平直的,这些晶界并不处在由一般大角度晶界(HABs)构成的晶界网络上,此类晶界为共知的〈111〉60°共格孪晶界[8,9],亦是 Σ3 重位点阵(CSL)晶界. 相反,G 样品中除了平直的 Σ3 共格孪晶界外,还有大量弯曲的 Σ3 晶界. 这些弯曲的 Σ3 晶界有很多都处在一般大角度晶界(HABs)网络上. 参照文献[10-12]的研究结果,这些弯曲的 Σ3 晶界可能是非共格的 Σ3 晶界,也可能是〈011〉晶带内的非对称的 Σ3 倾侧晶界(AT-GBs),如 211/744,211/552 和 311/771,等等. 这些晶界的能量介于 0.1~0.6 J/m,比共格孪晶界(0.01 J/m)的高,比一般大角度晶界(1.2 J/m)的要低.

2.2.2 回复和再结晶过程中织构的演化

图 2 是 Process 1 回复过程和 Process 2 再结晶过程中织构的变化情形. 其中图 2a~d 分别对应 Process 1 过程的 A,B,C 和 D 样品;图 2e~h 分别对应 Process 2 过程的 E,F,G 和 H 样品. 可以看出,回复和再结晶两种过程中织构的演化是不同的. 在回复过程中,当退

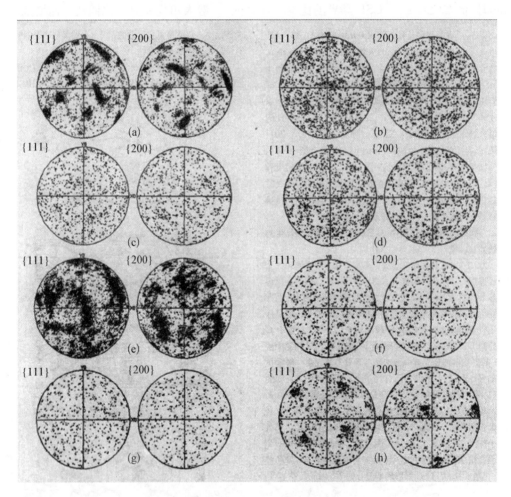

图 2　回复和再结晶过程中织构的演变

Fig. 2　Pole figures showing texture evolutions during recovery (process 1) and recrystalization (process 2)

(a) specimen A, the strongest {123}〈634〉 and strong {012}〈100〉 textures　(b) specimen B, texture eliminated mostly　(c) specimen C, homogeneous grain orientation　(d) specimen D, the same as Fig. 2c (e) specimen E, strong {111}〈112〉 texture　(f) specimen F, homogeneous orientation　(g) specimen G, the same as Fig. 2f　(h) specimen H, strong {113}〈110〉 texture

火时间达到 24 h,Σ3 晶界比例还很低的时候(见表 1 中的 A 样品),合金中形成了很强的{123}⟨634⟩和较强的{012}⟨100⟩织构(注:图 2a 中的轧制方向与样品实际轧制方向偏离约 20°);当延长退火时间至 48 h,Σ3 晶界比例显著增加时,合金中的织构基本消除(图 2b),这是由于大量退火孪晶的生成使得晶粒的取向分布均匀化;当退火时间达到 72 h,Σ3 晶界比例达到极大值时,合金中的晶粒取向分布更加均匀(图 2c);进一步延长退火时间至 96 h,晶粒尺寸增大,并且 Σ3 晶界比例显著降低的同时,合金中的晶粒取向分布仍很均匀(图 2d),这说明此时晶粒的长大是非选择性的,也就是说在缓慢的回复(再结晶)过程中形成的一般大角度晶界的动性[13]是相近的.

在再结晶过程中,退火 6 min 时,Σ3 晶界的比例很低,此时合金中形成了较为集中的{111}⟨112⟩织构(图 2e);退火时间达 7 min 时,Σ3 晶界的比例显著增加,此时,同样因为大量退火孪晶的生成,织构被消除,晶粒取向分布趋于均匀化(图 2f);在此基础上,延长退火时间至 8 min,退火孪晶进一步增加,晶粒取向分布更加均匀化(见表 1 中的 G 样品和图 2g);继续延长退火时间至 9 min 时,Σ3 晶界的比例大幅下降,合金中形成了集中的{113}⟨110⟩织构(图 2h),这说明在 Process 2 再结晶过程中晶粒的长大是选择性的,各种一般大角度晶界的动性存在重大差异.

回复和再结晶过程中织构演化的差异应与 GBCD 的演变相关联,这是因为织构和 GBCD 的演化均与不同特征晶界的迁移相关联,这是应该研究的一个问题.

2.2.3 再结晶过程中低 Σ-CSL 晶界的分布

图 3 是 F 样品的特殊晶界重构图.可以看出,在 Process 2 再结晶过程中,低 Σ-CSL 晶界在合金内的分布是不均匀的,尤其是 Σ9 和 Σ27 这类晶界分布很不均匀.在晶粒细小的 A 区内,Σ3, Σ9 和 Σ27 等低 Σ-CSL 晶界相互连接,构成了完整的局部低 Σ-CSL 晶界网络.相反,在晶粒粗大的 B 区内,除了 Σ3 外,Σ9 和 Σ27 等晶界几乎不出现.这是一个非常重要的实验现象.由此引出了细晶区内形成的完整的局部低 Σ-CSL 晶界网络是否由形变退火前该区对应的具有某种特定取向的原始晶粒在特定形变和退火条件下的特定行为所决定的,还是中低层错能的 fcc 金属在 Process 2 过程中的一个必然行为,即粗晶区在晶粒长大以前,是否也经历了细晶区的状态这一重要问题.

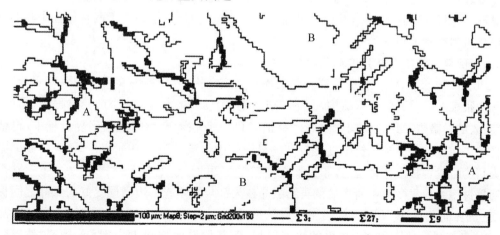

图 3 F 样品的特殊晶界 OIM 重构图

Fig. 3 OIM reconstruction map of OIM special grain boundaries of specimen F, low ΣGB net formed in fine grain region A and Σ9 and Σ27 GBs not appeared in coarse grain region B

2.2.4 晶粒长大引起低 Σ - CSL 晶界比例迅速降低

图 4a~d 分别是 C, D, G 和 H 样品晶粒组织的 OIM,粗略估计这四个样品的平均晶粒尺寸分别约为 30,60,30 和 70 μm.结合表 1 的有关数据不难看出,不管是以回复为主的 Process 1 过程还是以再结晶为主的 Process 2 过程,晶粒的长大均导致 Σ3 晶界比例和总的低 Σ - CSL 晶界比例显著降低.这一现象可能与低 Σ - CSL 晶界和一般大角度晶界本身的特性以及这些晶界在退火过程中的迁移行为有关,这个问题将在下文讨论.

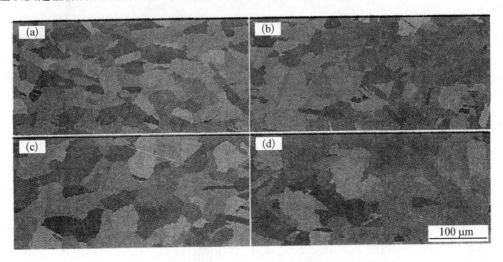

图 4　回复和再结晶过程中的晶粒长大

Fig. 4　Orientation imaging microscopy (OIM) showing grain growth during recovery and recrystallization, for specimen C (a), specimen D (b), specimen G (c) and specimen H (d) corresponding average grain size are 30, 60, 30 and 70 μm, respectively

2.3 回复和再结晶过程中 GBCD 演化机制探讨

冷轧变形 Pb - Ca - Sn - Al 合金在回复和再结晶两种过程中晶界特征分布(GBCD)的明显不同,以及两种过程中伴生的一些重要实验现象的差异,根源在于两种过程中其 GBCD 的演化机制有所不同.

2.3.1 回复过程中 GBCD 的演化机制

Pb - Ca - Sn - Al 合金属低层错能的面心立方结构,其位错的交滑移和攀移困难,形变过程中很难形成普通位错胞结构,而是形成所谓的 Taylor 点阵[14];小形变过程中,晶粒"碎化"引入的显微带(MBs)倾向于平行滑移面{111}[15].在形变后的低温回复过程中,再结晶晶核优先在点阵弯曲和位错密度比较高的显微带中形成,Hu[16]在研究冷轧 Fe - Si 单晶的退火行为时就曾提出这种观点.不过本文作者要强调的是小变形后的 Pb - Ca - Sn - Al 合金在回复过程中在显微带中所形成的再结晶晶核大都与基体或一边已回复好的亚晶之间保持着 Σ3 的界面关系,这是因为从表 1 可以清楚地看到在回复过程中的前 48 h,小角度晶界(Σ1)的显著减少伴随着 Σ3 晶界的快速增加,而其他界面均很少出现.这个 Σ3 晶界应是〈111〉60°共格孪晶界,即便在某一时间在某些区域形成了非{111}面的非共格 Σ3 晶界,那么在回复这个准静态热力学过程中,该非共格 Σ3 晶界也会通过微调(fine tuning)[17]转化成为共格孪晶界,这就是在图 1a,b 中观察到的都是平直的共格孪晶界的原因. 这种 $\Sigma 3$ 共格孪晶界能量很低($0.01\ \mathrm{J/m}$)[10],很稳定,也很难迁移. 在回复的前期(如 48 h 内),与基体保持共格孪晶界面关系的再结晶晶核的另一边可能与基体之间仍保持小角度界面关系,这可能就是在回复进行到 48 h 时,尽管 $\Sigma 3$ 的比例已达到 32.8%,而一般大角度晶界尚不足 10% 的根源所在. 在 48 h 以后,随着回复的继续,位错的重新排列和亚晶的转动,这个小角度界面会逐渐转变成为大角度界面. 这种大角度界面一旦形成,就会在后续的过程中发生迁移,从而使最初的再结晶晶核长大成为再结晶晶粒. 这就可以解释为什么在回复进行到 72 h,小角度晶界消耗殆尽时,一般大角度晶界比例能够骤然增加到与 $\Sigma 3$ 孪晶界比例接近的程度. 另外,还有一种可能就是在回复前期形成的与基体保持共格孪晶关系的晶核在后续的回复过程中也可能在界面的两侧同时长大,这是因为尽管界面的一侧是上文提到的再结晶晶核,但其另一侧则完全可能是一个处于回复过程中的亚晶,它同样可以通过位错的重新排列及其自身和外围亚晶的转动与其外围亚晶之间形成一般大角度界面关系并使该亚晶得以长大. 这种核心长大的方式可能比单方向的长大方式更加活跃,因为用它可以很好地解释图 1a,b 给出的实验结果,即 $\Sigma 3$ 共格孪晶界均处在由一般大角度晶界围成的一个个晶粒内部.

同样,由于 $\Sigma 3$ 共格孪晶界很难迁移,这类晶界很难与其他晶界发生直接反应,所以在回复过程中通过晶界反应由 $\Sigma 3$ 派生出来的 $\Sigma 9$ 和 $\Sigma 27$ 等低 Σ-CSL 晶界的比例就很低,并且退火时间从 24 h 延长到 96 h 过程中,尽管 $\Sigma 3$ 晶界的比例发生着显著的变化,$\Sigma 9 + \Sigma 27$ 晶界的比例却保持不变. 因此,也可以认为在回复过程中出现的 $\Sigma 9$ 和 $\Sigma 27$ 等晶界是微观组织演化的一种随机行为,而非 $\Sigma 3$ 晶界的作用.

2.3.2 再结晶过程中 GBCD 的演化机制

有别于回复过程,再结晶过程中 GBCD 的主要特点是:出现了大量的处于一般大角度晶界网络上的弯曲的非共格 $\Sigma 3$ 晶界,同时 $\Sigma 9$ 和 $\Sigma 27$ 这类晶界的比例明显增大. 关于中低层错能面心立方金属在再结晶过程中 GBCD 演化的机制曾有 Randle[18] 和 Kumar 等[19] 提出的两种观点. Randle 认为,和 $\Sigma 3$ 共格孪晶界相连的晶界的迁移与其他 $\Sigma 3$ 共格孪晶界相遇生成 $\Sigma 9$,$\Sigma 9$ 的继续迁移与其他 $\Sigma 3$ 共格孪晶界相遇生成 $\Sigma 3$ 非共格晶界,这个观点亦称为 $\Sigma 3$ 再激发模型($\Sigma 3$ regenerating model). Kumar 等从能量学的角度并结合 TEM 的观察研究后认为,再结晶过程中出现的低 Σ-CSL 晶界主要是由高 Σ-CSL 晶界、如 $\Sigma 51$ 和 $\Sigma 81$ 等与 $\Sigma 3$ 共格孪晶界相遇后生成. 综合考虑本文实验数据和相关研究报道,本文作者认为以上两种观点值得考究. 有实验结果[10]表明,中低层错能的面心立方金属材料冷轧变形后在较高温度退火时,会形成大量的 $\Sigma 3$ 非共格晶界(主要是 $\langle 110 \rangle$ 晶带中的 23 17 17/775,211/744,522/441 等非对称倾侧晶界,即 AT-GBs),而 $\Sigma 3$ 共格孪晶界的比例要低得多,前者比例大概是后者的 4 倍. 由于 $\Sigma 3$ 非共格晶界的能量介于 $0.1 \sim 0.6\ \mathrm{J/m}$[10] 之间,远高于 $\Sigma 3$ 共格孪晶界的能量($0.01\ \mathrm{J/m}$)[10],因此,很难想象在再结晶过程当中(晶粒长大之前),高比例的非共格 $\Sigma 3$ 晶界是由共格的 $\Sigma 3$ 孪晶界之间的相互作用所致. 其次,按照 Kumar 的观点,当低 Σ-CSL 晶界的比例总和达到极大值之前,一般大角度晶界(高 Σ-CSL 晶界)的比例应该很高,但几乎所有的实验结果均表明,一般大角度晶界的比例是随着 $\Sigma 1$ 小角度晶界(形变组织)的大量消失而迅速提高的,在这个过程之前,一般大角度晶界的比例很低,而此时已经出现了大量的 $\Sigma 3$ 和部分 $\Sigma 9$ 和 $\Sigma 27$ 晶界. 可见,Kumar 的观点是很难成立的.

本文讨论的 Pb-Ca-Sn-Al 合金在再结晶过程中 GBCD 的演化应与非共格 $\Sigma 3$ 晶界的形成及其迁移密切相关. 在较高温度的再结晶退火过程中,与基体保持非共格 $\Sigma 3$ 取向关系的形核变得非常容易[10].

和 Process 1 过程相同,这种非共格 Σ3 晶界的形成是靠"消耗"小角度晶界来实现的;和 Process 1 过程不同之处是这种非共格 Σ3 晶面是高度可动的.这种非共格 Σ3 晶界的迁移及彼此相遇后可生成 Σ9 或 Σ1 晶界,这是由三叉晶界的几何关系[20]所决定的.同样 Σ9 晶界的迁移也可以和 Σ3 或 Σ9 等晶界相遇而发生反应以生成 Σ27 和 Σ81 等等,以此类推,可用如下通式表达 CSL 晶界之间的反应:

$$\Sigma 3^n + \Sigma 3^m = \Sigma 3^{n+m} \quad or \quad \Sigma 3^{|n-m|}$$

式中,n 和 m 为正的整数.由于 Σ3 是初级晶界(通过再结晶形核生成),Σ9 和 Σ27 分别是 Σ3 的二级和三级晶界,所以这三种晶界的比例应存在 9:3:1 的关系,Lee 等人[21]在 Pb-Ca-Sn 合金 GBCD 优化研究中非常好地实现了这一点,其 Σ3 晶界的比例为 63%(当然其中应包含部分共格 Σ3 晶界),Σ9 和 Σ27 晶界的比例分别为 18% 和 7%.本文的实验结果没能符合这一关系,主要是 Σ9 和 Σ27 晶界的比例偏低.其原因可能在两个方面,一是冷轧变形量和退火温度选择的不合适,没能激发出大量的非共格 Σ3 晶界,即 Σ3 晶界中共格的成分较大;二是 Al 的存在可能对非共格 Σ3 晶界的形成及其迁移行为产生了不利影响.这是需要进一步研究的问题.

2.3.3 晶界迁移和晶粒长大与 GBCD 的演化

前文已经提到:采用形变退火的方法来优化低层错能面心立方金属的 GBCD 主要是依靠非共格 Σ3 晶界的迁移以及这类晶界之间的反应来完成.小变形后的低温回复(Process 1),由于只形成不可迁移的共格 Σ3 孪晶界,合金的 GBCD 得不到优化;相反,中等变形后的高温退火(Process 2),因为可以形成大量可迁移的非共格 Σ3 晶界,合金的 GBCD 得到了优化.在此,需要重点强调的一点是,晶界的迁移并不一定意味着晶粒的长大,但晶粒的长大必须依靠晶界的迁移.因此,晶界迁移和晶粒长大都将显著地影响合金的 GBCD.从表 1 可以推测,不管是 Process 1 过程还是 Process 2 过程,在小角度晶界(Σ1)大量减少的过程中,已有的 Σ3 再结晶晶核的长大和新的 Σ3 再结晶晶核的生成并长大以及迁移晶界之间的相遇和反应等在同时进行着.在此过程中,尽管有晶界在迁移,但合金的晶粒并没有长大,晶粒尺寸保持在 20～30 μm 之间(见图1,图 4a, c).实质上就是冷变形后的初次再结晶.对于 Process 2 过程来说,是 GBCD 得到优化的关键环节.因为在此之后,小角度晶界消耗殆尽,晶粒开始粗化并导致低 Σ-CSL 晶界比例迅速下降(表 1 和图 4).相同的结果可参见文献[22-24].这是一个非常有趣的现象.对此,作者的初步解释是:当小角度晶界消耗殆尽时,就不再有新的 Σ3 晶界形成.此时,由于不再受小角晶界的钉扎[25],一般大角度晶界的迁移将变得非常容易,并且这种迁移是选择性的,这是导致 H 样品中形成 {113}⟨110⟩ 织构(图 2h)的根本原因.一般大角晶界迁移的同时,特殊晶界也在迁移,二者相遇后往往会生成另外一个一般大角度晶界,而非特殊晶界.其原因是:如果用 CSL 模型来表征一般大角度晶界,其 Σ 值是 3,9 和 27 的倍数的晶界数量是极其有限的,绝大多数大角度晶界与 Σ3,Σ9 和 Σ27 相遇反应时只能遵循"积"的关系(即式(1)中的 $n+m$)生成 Σ 值更大的一般大角晶界.另一方面,考虑热力学因素,晶粒长大可以显著降低晶界密度和界面能,从而降低系统总的自由能,但这一过程本身并不针对某一具体的晶界.因此,在晶粒长大过程中,两个晶界相遇后生成的新晶界的属性主要取决于这两个晶界的几何关系.正是由于一般大角度晶界的这种"扫除"作用,在晶粒长大过程中,表现为特殊晶界的比例在迅速减小,而一般大角度晶界的比例在快速增加.

3 结论

冷轧变形 Pb－Ca－Sn－Al 合金在回复和再结晶过程中的晶界特征分布(GBCD)存在重大差异:回复过程中形成大量的平直的共格 $\Sigma3$ 孪晶界,这类晶界不能使合金的 GBCD 得到优化;相反,在再结晶过程中,除了生成共格 $\Sigma3$ 孪晶界外,还可形成大量非共格的 $\Sigma3$ 晶界,这类晶界的迁移和相互之间的作用是合金 GBCD 得到优化的根源.

参 考 文 献

[1] Palumbo G, Erb U. *MRS Bull*, 1999;11:27.

[2] Watanabe T. *Res Mech*, 1984;11:47.

[3] Lin P, Palumbo G, Erb U, Aust K T. *Scr Metall Mater*, 1995;33:1387.

[4] King W E, Schwarts A J. *Scr Mater*, 1997;38:449.

[5] Lehockey E M, Limoges D, Palumbo G, Sklarchuk J, Tomantschger K, Vincze A. *J Power Source*, 1999;78:79.

[6] Shimada M, Kokawa H, Wang Z J, Sato Y S, Karibe I. *Acta Mater*, 2002;50:2331.

[7] Brandon D G, Ralph B, Ranganathan S, Wald M S. *Acta Metall*, 1964;12:813.

[8] Randle V, Davies H, Cross I. *Current Opinion Solid State-Mater Sci*, 2001;5:3.

[9] Davies H, Randle V. *J Microscopy*, 2002;205:253.

[10] Randle V, Davies P, Hulm B. *Philos Mag*, 1999;79A:305.

[11] Randle V. *Scr Mater*, 2001;44:2789.

[12] Randle V, Hu Y. *J Mater Sci*, 2005;40:3243.

[13] Ke T S. *Solid State Theory of Internal Friction*. Beijing: Science Press, 2000:460.
(葛庭燧. 固体内耗理论基础. 北京: 科学出版社,2000:460)

[14] Kuhlmann-Wilsdorf D. *Mater Sci Eng*, 1989;A113:1.

[15] Yu Y N. *The Principles of Metal Science*. Beijing: Metallurgical Industry Press, 2000:409.
(余永宁. 金属学原理. 北京: 冶金工业出版社,2000:409)

[16] Hu H. *Recovery and Recrystallization of Metals*. New York: Chapman & Hall, 1963:344.

[17] Thomoson C B, Randle V. *Acta Mater*, 1997;45:4909.

[18] Randle V. *Acta Mater*, 1999;47:4187.

[19] Kumar M, Schwarts A J, King W E. *Acta Mater*, 2002;50:2599.

[20] Don J, Majumdar S. *Acta Metall*, 1984;34:961.

[21] Lee D S, Ryoo S H, Hwang S K. *J Mater Eng*, 2003;354 A:106.

[22] Palumbo G, Aust K T. In: Weiland H, Wolf D eds., *Grain Growth in Polycrystalline*, Warrendale, PA: TMS, 1998:311.

[23] Watanabe T. *Bull Jpn Inst Met*, 1992;31:138.

[24] Xia S, Zhou B X, Chen W J, Wang W G. *Acta Metall Sin*, 2006;42:129.
(夏爽,周邦新,陈文觉,王卫国. 金属学报,2006;42:129)

[25] Harase J. *Can Metall Q*, 1995;34:185.

Grain Boundary Character Distributions (GBCD) of Cold-Rolled
Pb－Ca－Sn－Al Alloy During Recovery and Recrystallization

Abstract: Grain boundary character distributions (GBCD) of cold-rolled Pb－Ca－Sn－Al alloy during recovery and recrystallization were investigated by means of electron back scatter diffraction (EBSD). The results indicate straight Σ3 boundaries of near 50% (length fraction of total boundary) are introduced in the alloy during recovery. Such boundaries are not distributed in the network of general high angle boundaries (HABs) and the GBCD are not optimized. Conversely, in the recrystallization, apart from Σ3 boundaries of over 50%, a fair amount of Σ9 and Σ27 coincidence site lattice (CSL) boundaries appeared, which along with a great deal of curved Σ3 boundaries are located in the network of HABs and the GBCD are optimized. The straight Σ3 boundaries are stable and immobile $\langle 111 \rangle$ 60° coherent twin boundaries, while the curved Σ3 boundaries are nearly incoherent. The migration of incoherent Σ3 boundaries as well as the interaction between them result in the formation of Σ9, Σ27 and other $Σ3^n$ (n is a positive integer) boundaries, which is the root of GBCD optimization.

三维原子探针技术在纳米复合永磁材料中的应用[*]

摘　要：三维原子探针(3DAP)是一种能分析逐个原子的仪器,可以在纳米空间内分析材料中不同元素的原子分布,是目前最微观的分析仪器,广泛应用于纳米材料和传统材料中纳米析出相的研究. 用三维原子探针研究了 $Nd_2Fe_{14}B/\alpha-Fe$ 中不同元素的原子分布特征. 研究发现,快淬薄带晶化处理后元素分布不均匀,存在(1) 富 B,Fe,贫 Nd,Zr,Co 区；(2) 富 Zr 区；(3) 富 Nd,Fe,贫 B,Zr,Co 区. 这些区域是用其他分析手段难以观察到的.

近年来,纳米复合永磁材料是磁性材料研究领域的热点,其以低成本和高理论磁性能而备受青睐. 获得具有最佳交换耦合作用的组织是成功制备这种材料的关键. 用熔体快淬法获得非晶薄带,然后晶化处理是目前普遍采用的制备工艺. 为了改善材料的磁性能,经常在三元合金体系的基础上添加一些合金元素. 加入 Co 可以改善合金的居里温度,加入 Zr 可以改善合金退磁曲线的矩形度,加入 Nb 可以细化晶粒[1]. 在过去的研究中,这些元素对材料性能的影响规律已基本为研究人员所掌握,而这种性能的变化肯定与组织的变化息息相关,合金元素在组织演化过程中到底起什么作用,人们已通过理论分析和中子衍射等手段进行了一定的研究,但是一直没有直接的实验手段来验证.

三维原子探针(three-dimensional atom probe, 3DAP)技术的出现解决了这一问题. 三维原子探针是近年发展起来的最微观的分析手段,它可以在纳米空间考察原子的分布情况,是研究纳米材料及传统材料中元素偏聚的最精确的手段,有关这一技术的原理和应用已有相关报道[2-5]1). 本文利用这一实验手段分析了 $Nd_2Fe_{14}B/\alpha-Fe$ 中的元素分布,发现了一些特殊状态的原子集团.

1　实验

以纯度大于 99％的工业纯铁,Nd,电解 Co, Zr-4 合金和含 B 量为 20.05％的 Fe-B 合金为原材料,用真空感应熔炼炉熔炼名义成分为 $Nd_{9.8}Fe_{76.1}Co_5Zr_{2.6}B_{6.5}$ 的合金铸锭. 合金铸锭经过鄂式破碎机粗破碎及细破碎后,在电弧熔炼炉中用溢流式熔体快淬技术制备出快淬薄带,辊子采用 Mo 辊,辊面速度为 20 m/s,薄带厚度约 30～50 μm,宽约 1 mm. 快淬薄带在真空度为 3×10^{-3} Pa 的石英管式炉中,710 ℃晶化处理 5 min. 薄带用透明的有机玻璃夹住,然后在细砂纸上磨至宽度与厚度方向接近的尺寸,磨成的样品呈方棒状,然后将方棒用导电银胶粘结到镍管上,镍管的前端用尖嘴钳夹平. 为保证分析质量,样品要尽量粘结在镍管中央轴线处. 粘结好的棒状样品在一个滴有 2％高氯酸抛光液的环状 Pt 电极中往复运动(图1),这样样品前端越来越尖,直到最后形成曲率半径为几十纳米的针尖. 然后将针尖样品固定在样品台上进行分析,3DAP 数据采集温度为 65 K,脉冲电压频率为 500 Hz. 数据采集速

---

* 本文合作者：王占勇、倪建森、徐晖. 原发表于《科学通报》,2006,51(12)：1487-1488.
　　1) http://www.polaron.co.uk/ons/index-3dap.htm.

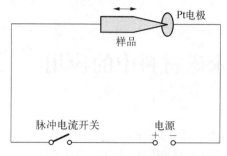

图1 样品制备过程示意图

度尽量慢,以防止样品针尖断掉,采集后的数据用专门的软件 PoSAP 进行分析.

2 结果与讨论

实验约采集了 13 万个原子,获得了 14 nm × 5 nm × 8 nm 空间的原子分布图,为了获得元素偏聚的信息,采用 PoSAP 软件分别研究了 B,Zr 和 Nd 等元素的偏聚规律,发现以下几种常见的偏聚特征.

(1) 富 B,Fe,贫 Nd,Zr,Co 区

图 2 是某个 B 富集区中其他原子的分布状态. 从图 2(a)中可以看出,B 富集区中 Nd,Zr 和 Co 原子很少,尤其是 Zr 原子,几乎不存在;而 Fe 原子在这一区域内却很多,如图 2(b)所示. 根据 Fe–B 相图推测,这一区域可能是 Fe_2B 或 FeB 微晶,大小约为几纳米,仅有几个原子层面的厚度.

(2) 富 Zr 区

图 3 是 Zr 富集区中其他原子的分布状态. 可以看出,这一区域内 Nd,Fe,B 和 Co 都

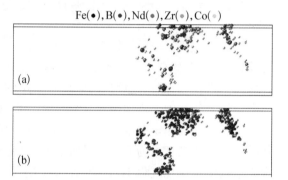

Fe(●),B(●),Nd(●),Zr(●),Co(●)

图2 富 B 区周围的原子分布状态

有一定量的分布,而且可以发现,Nd,Fe,B 和 Co 聚集区的边缘都有一层 Zr 原子,可以推测这一层 Zr 原子将阻碍 Nd,Fe,B 和 Co 原子的扩散,抑制 $Nd_2Fe_{14}B$ 硬磁性相晶粒的长大,这也是在添加适量 Zr 元素后合金晶粒细化的原因之一. 另外,这一层 Zr 原子的存在也会阻碍材料反磁化过程中磁矩的反转,可以推测含 Zr 合金的退磁曲线矩形度的提高也与 Zr 的偏聚状态有关.

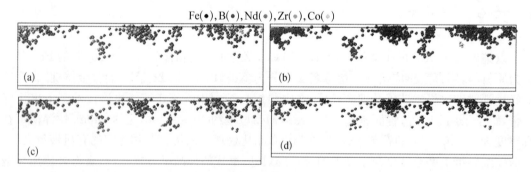

Fe(●),B(●),Nd(●),Zr(●),Co(●)

图3 富 Zr 区周围的原子分布状态

(3) 富 Nd,Fe,贫 B,Zr,Co 区

图 4 是富 Nd 区中其他原子的分布图. 从图 4(a)和(b)中可以看出,这个区域内 B,Zr 和 Co 的含量非常少,而 Fe 的含量比较高. 由于这一区域的 B 含量相对于 $Nd_2Fe_{14}B$ 相来讲过低,而 Nd 含量相对于 α–Fe 相太高,因此可以确定该区域并不是 $Nd_2Fe_{14}B$ 相或 α–Fe 相.

从上述结果可以看出,在退火后 $Nd_2Fe_{14}B/\alpha$–Fe 纳米复合永磁材料中除了存在

$Nd_2Fe_{14}B$ 和 α-Fe 两相之外,还存在其他相或者晶内偏聚. 这些区域有的非常小,只有几十个原子大小,如此小的偏聚只有用三维原子探针技术才可以直观地观察到. 这些不同于 $Nd_2Fe_{14}B$ 和 α-Fe 两相的偏聚原子集团究竟对材料的性能起什么作用,如何获得或者消除这些集团,都有待于进一步深入的研究.

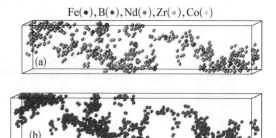

Fe(●),B(●),Nd(●),Zr(●),Co(●)

图4 富 Nd 区周围的原子分布状态

3 结论

通过三维原子探针技术,原子团簇的分布一目了然. 在纳米复合永磁材料中,除了通常存在的 $Nd_2Fe_{14}B$ 和 α-Fe 相外,还存在(1)富 B,Fe,贫 Nd,Zr,Co 区;(2)富 Zr 区;(3)富 Nd,Fe,贫 B,Zr,Co 区. 这些是其他分析手段难以观察到的.

参 考 文 献

[1] 高汝伟,代由勇,陈伟,等. 纳米晶复合永磁材料的交换耦合相互作用和磁性能. 物理学报,2001,21(2):131-155.

[2] 周邦新. 三维原子探针——从探测逐个原子来研究材料的分析仪器. 自然杂志,2005,27(3):125-129.

[3] 王占勇,周邦新,徐晖,等. 快淬双相纳米复合稀土永磁材料的晶化研究. 稀有金属材料与工程,2005,34(1):1-6.

[4] Hono K. Nanoscale microstructural analysis of metallic materials by atom probe field microscopy. Prog Mater Sci,2002,47:621-729.

[5] 米勒 K M,史密斯 W G D. 原子探针显微分析——原理和应用. 北京:北京大学出版社,1993:1-136.

高温退火过程中铅合金晶界特征分布的演化*

摘　要：应用电子背散射衍射(EBSD)和取向成像显微(OIM)技术，对经过不同形变及热处理的铅合金样品晶界特征分布(GBCD)进行了分析．研究结果表明：进行合适的冷轧后在高温($0.9T_m$)短时间退火，可将铅合金的低Σ($\Sigma \leqslant 29$)重位点阵(CSL)晶界比例提高到70%以上．回复过程中形成$\Sigma1$晶界的同时，也出现了$\Sigma3$晶界，$\Sigma3$晶界在再结晶的初期过程中得到发展，这是提高低ΣCSL晶界比例的主要原因．在低ΣCSL晶界比例较高时，从OIM中很容易找到由三条CSL晶界构成的界角，该界角的三个晶粒之间存在特定的取向关系．

1984年Watanabe[1]提出了晶界的设计与控制这种概念，继而在上世纪90年代形成了"晶界工程(grain boundary engineering，GBE)"这一研究领域[2]．通过对金属材料进行合适的形变和热处理，提高低Σ重位点阵(CSL)晶界比例，优化晶界特征分布，就能改善金属材料与晶界特性相关的一些性能，如：沿晶界腐蚀[3-7]、蠕变疲劳[8,9]、沿晶断裂[10]、应力腐蚀[11]等．目前晶界工程已经成功地应用于许多低层错能的面心立方金属材料(奥氏体不锈钢[5,8]、Inconel600合金[6]、铅合金[4]、铜合金[12])，提高了这些材料与晶界相关的多种性能．

铅合金作为铅酸电池的电极板已被使用了100多年．目前，铅酸电池在应急备用电源和交通运输设备的启动和照明电源方面，仍占市场主导地位，希望其体积更小，能量密度更高，重量更轻，使用寿命更长．沿晶界腐蚀和蠕变是铅合金电极板失效的主要原因．Palumbo等[3]通过合适的工艺将高Sn‐Pb合金的低ΣCSL晶界比例提高到70%以上后，铅酸电池充放电的循环寿命提高了1～3倍．Lee等[4]更是将铅合金低ΣCSL晶界比例提高到了90%以上．但目前对铅合金退火过程中低ΣCSL晶界比例的变化过程却研究得很少，本文着重研究了形变后高温退火过程中铅合金板材晶界特征分布的演化过程．

1　实验过程

实验用材料为制造铅酸电池电极板的铅合金，其化学成分(质量分数，%)为：Sn 0.13，Ag 0.015，Al 0.01，Ca 0.04，余为Pb．原材料是工厂将铸锭经过初轧及退火后，晶粒尺寸约为500 μm的铅合金板(10 mm厚)．在尝试了多种冷轧和退火工艺条件后，发现经过中等变形量，再在高温进行短时间退火，可明显提高本实验所用铅合金的低ΣCSL晶界比例，从而形成了本文主要讨论的内容．原材料经过87%的冷轧，在270 ℃进行再结晶退火3 min，得到样品M0，平均晶粒尺寸约为40 μm．将M0态的样品冷轧30%后，在270 ℃分别退火1，2，2.5，3和4 min，得到样品M1，M2，M2.5，M3和M4．

对样品进行电解抛光及蚀刻(所使用电解液为：20%$HClO_4$+80%CH_3COOH)后，运用光学显微镜进行观察拍照．对样品进行化学抛光(所用抛光液为：50%CH_3COOH+50%

---

* 本文合作者：夏爽、陈文觉、王卫国．原发表于《金属学报》，2006，42(2)：129‐133．

H_2O_2)后,通过配有 TSL-EBSD 系统的日立 S-570 型扫描电子显微镜对样品表面逐点逐行进行扫描,收集由背散射电子 Kikuchi 衍射花样得到的晶体取向信息,再经软件重构就得到了取向成像显微(OIM)图. 目前统计 CSL 晶界特征分布的标准主要有两种,一种是 Brandon 标准:$\Delta\theta_{max} \leqslant 15°\Sigma^{-1/2}$;另一种是 Palumbo-Aust 标准[13]:$\Delta\theta_{max} \leqslant 15°\Sigma^{-5/6}$. 实际测量时,得到具有 CSL 关系的两晶粒之间的取向差与理想的取向差之间都存在偏差,把最大允许的偏差角度定义为 $\Delta\theta_{max}$[2],本文采用 Brandon 标准. 测量系统按照 Brandon 标准根据每两个晶粒之间的空间取向关系,自动判定各个晶界是否是 CSL 晶界及 Σ 值,并自动统计低 Σ CSL 晶界比例.

2 实验结果及讨论

图 1a 是样品 M2 的光学显微镜照片,大部分区域中只能隐约地观察到比较模糊的界面,电解蚀刻无法显示这种界面,这是回复过程形成的亚晶和亚晶界. 在样品 M2.5 的光学显微镜照片(图 1b)中,大部分区域中都可以看到清晰的晶界,样品发生了再结晶,亚晶已基本消失.

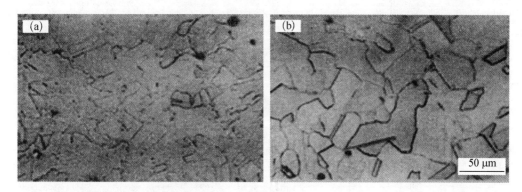

图 1 样品 M2 和 M2.5 的光学显微镜照片

Fig. 1 OM photographs of specimens M2 (a) and M2.5, clear boundaries can be seen due to recrystallization (b)

用电子背散射衍射(EBSD)和 OIM 对各样品的晶界特征分布进行测定,结果列于表 1 中. 对样品进行 30% 的冷轧后,在 270 ℃退火. 随着退火时间延长,$\Sigma 1$ 晶界比例逐渐下降,而 $\Sigma 3$ 晶界比例逐渐上升,在退火 3 min 时达到最高(52.5%),但随后又大幅下降. 总体的低 Σ CSL 晶界比例的增加或减少基本与 $\Sigma 3$ 晶界比例的变化一致.

表 1 各个样品中不同低 Σ 值晶界的比例

Table 1 The frequencies of some low Σ CSL grain boundaries in each specimen （%）

Σ value	Specimen No.					
	M0	M1	M2	M2.5	M3	M4
$\Sigma 1$	7	36.6	35.5	13.1	3.7	2.5
$\Sigma 3$	41	8.1	22	36.2	52.5	21.4
$\Sigma 9 + \Sigma 27$	3.4	3.8	2.9	6	12.6	5
Other low Σ	8.8	8.8	5.3	7.7	4.5	10.6
Total low Σ ($\Sigma \leqslant 29$)	60.2	57.3	65.7	63	73.3	39.5

Note:M0—87% cold rolling+270 ℃,3 min;Mx—M0 treatment+30% cold rolling+270 ℃,x min

图 2a 是样品 M2 的 OIM 图. 在用 EBSD 测定晶粒取向时,两个测量点之间的步长为 5 μm,因此,任何尺寸小于 5 μm 的细节都无法分辨,图中只给出了 Σ1 晶界和 Σ3 晶界的分布情况. 当两个测量点之间的取向差小于 2° 时,本实验采用的测量系统定义它们之间没有取向差. 因此,按 Brandon 标准统计,两个测量点之间的取向差只有大于 2° 小于 15° 时,OIM 中才重构出 Σ1 晶界,从图 2a 中可以看到,在一些区域中分布着大量的 Σ1 晶界,其中有许多 E1 晶界形状是封闭的正六边形,这正是一个在 OIM 中重构后显示出的测量点. 在一个步长范围内就构成 Σ1 晶界,说明位错密度还比较高,样品退火时还处于回复阶段,这正说明了图 1a 中界面模糊不清区域的情况. 从图 2a 中还可看出,在分布着 Σ1 晶界的区域中有断断续续的 Σ3 晶界. 孪晶的共格界面是 Σ3 晶界,从 CSL 模型可知,在面心立方晶体中,这种界面是绕 ⟨111⟩ 方向旋转 60° 后构成的[2]. 断断续续的 Σ3 晶界出现在还处于回复阶段的区域中,说明回复过程中产生的再结晶晶核与基体之间保持着孪生的取向关系. 还有些区域中没有 Σ1 晶界,并且其周围的 Σ3 晶界是比较连续的,比如标为 A 的区域,这是再结晶后形成的晶粒.

图 2b 是样品 M2.5 的 OIM 图. 在用 EBSD 测定其晶体取向时,所选的步长也是 5 μm,图中给出了 Σ1 晶界,Σ3 晶界和 Σ9 晶界的分布情况. 从图中可看出,存在 Σ1 晶界的区域明显减少,说明大部分的区域已经再结晶,这与金相图 1b 中观察到的情况完全一致. Σ3 晶界比例大幅增加(如表 1 所示),并且也比较连续. 这种 Σ1 晶界和 Σ3 晶界比例的此消彼长过程,正是退火时的回复向再结晶发展的反映. Σ3 晶界在再结晶的初期过程中得到发展,这是提高低 Σ CSL 晶界比例的主要原因.

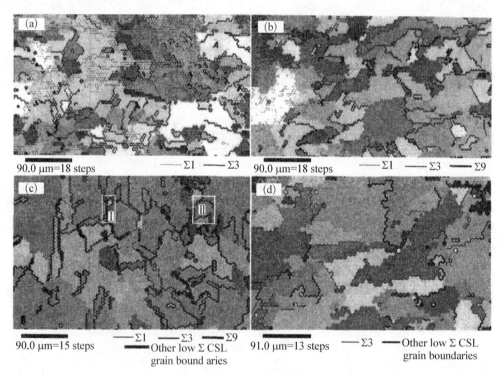

图 2　样品 M2,M2.5,M3 和 M4 的 OIM 图

Fig. 2 OIM maps of specimens M2, no Σ1 boundaries in area *A* corresponding to a grain formed after recrystallization (a), M2.5, Σ1 boundaries decreased and Σ3 boundaries increased, more recrystallization appeared (b), M3, near full recrystallization (c) and M4, recrystallized grains grew up (d)

图 2c 是样品 M3 的 OIM 图. 在用 EBSD 测定其晶体取向时,所选的步长是 6 μm. 图中 $\Sigma1$ 晶界已所剩无几,样品已接近完全再结晶状态,低 Σ CSL 晶界比例超过了 70%. 铸态铅合金的低 Σ CSL 晶界的比例约为 11%~14%,而通过一般形变及热处理后的铅合金中低 Σ CSL 晶界比例不到 40%[4],由此可见本文所采用的冷轧及退火工艺对提高铅合金低 Σ CSL 晶界的比例是十分有效的. 比较图 2a,b 和 c 可以看出,在这样短的退火时间中,由连续 $\Sigma3$ 晶界构成的再结晶晶粒并没有明显长大. 本实验的退火温度为 270 ℃,而该成分铅合金的熔点约为 325 ℃,退火温度几乎是熔点的 90%,在如此高的温度下退火,这种 $\Sigma3$ 晶界仍然十分稳定,这与它的结构特征有关. 从金相上观察到 $\Sigma3$ 晶界的形状比较直,在退火时不存在因晶界弯曲而产生沿法线方向发生迁移的驱动力,所以这些 $\Sigma3$ 晶界十分稳定. 在低 Σ CSL 晶界比例中大多数都是 $\Sigma3^n (n=1, 2, 3)$ 类型的晶界,其中 $\Sigma3$ 最多,几乎占低 Σ CSL 晶界中的 2/3.

图 2d 是样品 M4 的 OIM 图,所选的步长是 7 μm. 低 Σ CSL 晶界的比例已经下降到 39.5%,与图 2c 比较可以看出,再结晶晶粒已经发生了一定程度的长大. 在晶粒长大过程中,一般大角晶界的迁移会"扫除"已有的低 Σ CSL 晶界,造成了低 Σ CSL 晶界的比例下降. 所以要获得高比例的低 Σ CSL 晶界分布,就要控制退火时间,防止再结晶后的晶粒长大.

图 2c 中有许多由三条晶界交汇构成的界角,这些界角往往是由 $\Sigma3 - \Sigma3 - \Sigma9$ 或者 $\Sigma3 - \Sigma9 - \Sigma27$ 三条晶界构成. 为了说明存在这种关系的必然性,将 2c 中区域I,II放大见图 3. 图 3a 中晶粒 B, C, D 以及晶粒 A, F, E 之间的界角都由 $\Sigma3 - \Sigma3 - \Sigma9$ 三条晶界构成;晶粒 B,C,A 之间的界角是由 $\Sigma3 - \Sigma9 - \Sigma27a$ 三条晶界构成;晶粒 D,C,A 和晶粒 D,E,A 之间的界角分别由 $\Sigma3 - \Sigma9 - \Sigma27b$ 三条晶界构成. 构成这三种界角的三条晶界都符合以下 Σ 值的关系:

$$\Sigma3^n + \Sigma3^{n+1} = \Sigma3 \ (n = 1, 2, 3) \tag{1}$$

像这样有三条 $\Sigma3^n (n=1, 2, 3)$ 晶界构成的界角在图 2c 中还有许多. 除了以上类型界角外,还有图 3b 中晶粒 D,C,B 之间的 $\Sigma3 - \Sigma33b - \Sigma11$;晶粒 E,F,C 之间的 $\Sigma33b - \Sigma33c - \Sigma9$

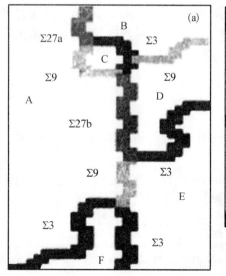
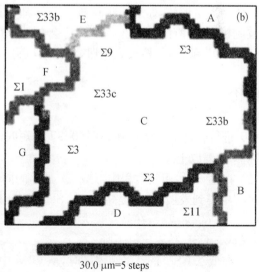

图 3 图 2c 中几种界角的放大 OIM 图

Fig. 3 Magnified OIM maps of some triple junctions in Fig. 2c

(a) field I in Fig. 2c, triple junctions consist of $\Sigma3 - \Sigma3 - \Sigma9$, $\Sigma3 - \Sigma9 - \Sigma27a$ and $\Sigma3 - \Sigma9 - \Sigma27b$

(b) field II in Fig. 2c, triple junctions consist of $\Sigma3 - \Sigma33b - \Sigma11$ and $\Sigma33b - \Sigma33c - \Sigma9$

界角. 从分析构成这些界角三个晶粒之间的取向关系,就容易理解这种现象出现的必然性. 表 2 给出了立方晶系中与图 3 有关的部分 CSL 点阵对应的旋转轴、旋转角和相应的 Σ 值.

根据表 2 中的几种晶体几何学与几种 CSL 晶界之间的关系不难得出,图 3 中三条晶界构成这几种界角时,它们之间 Σ 值存在某种必然联系,这可以用下面几种关系式来表达:

表 2 立方晶系中部分 CSL 点阵对应的旋转轴、旋转角[14]

Table 2 Some Σ values and their corresponding rotation axis/angle pairs in cubic system[14]

(deg)

Σ value	Rotation axis/angle			
	⟨110⟩	⟨210⟩	⟨311⟩	⟨322⟩
3	70.5	131.8	146.4	
9	38.9	96.4	67.1	152.7
27a	31.6			
27b		35.4	79.3	
11	50.5		180	
33b			33.5	91.7
33c	59.0			61.0

$$(70.5°/⟨110⟩) + (70.5°/⟨110⟩) = 141°/⟨110⟩ (\Sigma3 + \Sigma3 = \Sigma9)$$
$$(31.6°/⟨110⟩) + (38.9°/⟨110⟩) = 70.5°/⟨110⟩ (\Sigma27a + \Sigma9 = \Sigma3)$$
$$(35.4°/⟨210⟩) + (96.4°/⟨210⟩) = 131.8°/⟨210⟩ (\Sigma27b + \Sigma9 = \Sigma3)$$
$$(146.4°/⟨311⟩) + (33.5°/⟨311⟩) = 179.9°/⟨311⟩ (\Sigma3 + \Sigma33b = \Sigma11)$$
$$(91.7°/⟨322⟩) + (61.0°/⟨322⟩) = 152.7°/⟨322⟩ (\Sigma33b + \Sigma33c = \Sigma9)$$

图 2c 中大部分的低 Σ CSL 晶界都与这些特殊的界角相关,这种界角出现密集的区域,低 Σ CSL 晶界就密集,说明这种界角在晶界特征分布中很重要. 显然出现这种现象不是偶然的,这与再结晶形核时的取向与形变基体取向之间存在特殊取向关系是有关的. 退火时在形变基体中大量形核,如果这些晶核与基体都存在着 CSL 的取向关系,那么当这些晶核长大并彼此相遇时,有的由于取向一致将会合并;有的由于取向不一致,但因为与基体之间存在 CSL 取向关系,两晶核长大相遇,将会形成另一种 CSL 晶界.

3 结论

(1) 进行合适的形变后在高温($0.9T_m$)短时间退火,可将铅合金的低 Σ CSL 晶界的比例提高到 70% 以上.

(2) 在退火时,回复过程中形成 Σ1 晶界的同时,也出现了 Σ3 晶界. Σ3 晶界在再结晶的初期过程中得到发展,这是提高低 Σ CSL 晶界比例的主要原因.

(3) 再结晶完成后,在晶粒长大过程中,一般大角晶界迁移会"扫除"已有的低 Σ CSL 晶界,造成低 Σ CSL 晶界比例下降.

(4) 在低 Σ CSL 晶界比例较高时,从 OIM 中很容易找到由三条 CSL 晶界构成的界角,该界角的三个晶粒之间存在特定的取向关系.

参 考 文 献

[1] Watanabe T. *Res Mech*, 1984; 11(1): 47.

[2] Randle V. *The Role of the Coincidence Site Lattice in Grain Boundary Engineering*. Cambridge: Cambridge University Press, 1996: 2.

[3] Palumbo G, Erb U. *MRS Bull*, 1999; 24(11): 27.

[4] Lee D S, Ryoo H S, Hwang S K. *Mater Sci Eng*, 2003; A345: 106.

[5] Shimada M, Kokawa H, Wang Z J. *Acta Mater*, 2002; 50: 2331.

[6] Lin P, Palumbo G, Erb U. *Scr Metall Mater*, 1995; 33: 1387.

[7] Lehockey E M, Palumbo G, Lin P. *Scr Mater*, 1997; 36: 1211.

[8] Spigarelli S, Cabibbo M, Evangelista E. *Mater Sci Eng*, 2003; A352: 93.

[9] Lehockey E M, Palumbo G. *Mater Sci Eng*, 1997; A237: 168.

[10] Lehockey E M, Palumbo G, Lin P. *Scr Mater*, 1998; 39: 353.

[11] Lehockey E M, Brennenstuhl A M, Thompson I. *Corros Sci*, 2004; 46: 2383.

[12] King W E, Schwartz A J. *Scr Mater*, 1998; 38: 449.

[13] Palumbo G, Aust K T, Lehockey E M. *Scr Mater*, 1998; 38: 1685.

[14] Mykura H. *Grain-Boundary Structure and 'Kinetics*. Metals Park, Ohio: American Society of Metals, 1980: 79.

Evolution of Grain Boundary Character Distributions in
Pb Alloy During High Temperature Annealing

Abstract: Grain boundary character distributions (GBCD) in Pb alloy after thermomechanical treatments were analyzed by electron back scatter diffraction (EBSD) and orientation imaging microscopy (OIM). The frequencies of low Σ coincidence site lattice (CSL) grain boundaries in Pb-alloy can be enhanced to more than 70% after proper cold rolling combined with annealing at high temperature ($0.9T_m$) for a very short period of time. Together with $\Sigma 1$ boundaries, the $\Sigma 3$ boundaries appeared during recovering. The development of $\Sigma 3$ boundaries in the primary stage of recrystallization is the main reason for enhancing the frequencies of low Σ CSL grain boundaries. Triple junctions contained three CSL grain boundaries could be easily found in the OIM map of the specimen with high frequencies of low Σ CSL grain boundaries, and there are specific orientation relationships among the grains assembled by the triple junctions.

研究合金元素对锆合金耐腐蚀性能
影响的单片试样法*

摘　要：描述了用单片试样法研究合金成分对 Zr‑Sn‑Nb‑Fe‑Cr 系锆合金在 350 ℃, LiOH 水溶液和 400 ℃蒸汽中耐腐蚀性能影响的结果. 这种单片试样, 类似于成分梯度材料, 是用真空电子束焊接方法将成分不同的锆合金小条交替焊接而成. 研究结果表明：在合金成分最优化的地方, 经 400 ℃过热蒸汽腐蚀 120 d 的增重与 Zr‑4 相当；而经 350 ℃, LiOH 水溶液中腐蚀 110 d 后, 耐腐蚀性能优于 Zr‑4, 也略优于 ZIRLO, E635 等 Zr‑Sn‑Nb‑Fe 系合金, 与 N18 的耐腐蚀性能相当. 这种合金的成分为 Zr‑1.1～1.4Sn‑0.2～0.3Nb‑0.12～0.2Fe‑0.02～0.03Cr. 在 LiOH 水溶液中腐蚀时, 成分对锆合金耐腐蚀性能影响的规律显得更为复杂, 合金成分的微小变化就可能引起耐腐蚀性能的明显差别, 这或许还包含着合金元素过饱和固溶在 α‑Zr 中产生的影响. 用单片试样法研究成分对锆合金耐腐蚀性能的影响可以得到非常丰富的信息, 便于发现耐腐蚀性能更优良的新锆合金.

1　引言

　　锆合金是核反应堆中用作核燃料包壳的一种重要结构材料. 为了提高核电的经济性, 需要进一步加深核燃料的燃耗, 即要延长核燃料的换料周期, 延长燃料元件在反应堆内停留的时间, 这对锆合金的耐腐蚀性能提出了更高的要求, 为此, 世界各国都在开发自己的新锆合金.

　　研究开发新锆合金时, 发现在调整 Zr‑4 合金成分的基础上添加 Nb 后, 可以明显抑制 LiOH 水溶液对锆合金耐腐蚀性能的有害作用, 得到了 ZIRLO(Zr‑1Sn‑1Nb‑0.1Fe)合金[1]、E635(Zr‑1.2Sn‑1Nb‑0.4Fe)合金[2,3] 以及 N18(或称为 NZ2)(Zr‑1Sn‑0.4Nb‑0.3Fe‑0.1Cr)合金[4]等. 这些锆合金在 LiOH 水溶液中的耐腐蚀性能明显优于 Zr‑4, 但在 400 ℃蒸汽中的耐腐蚀性能, 除 N18 外, 其他两种都不如 Zr‑4. 赵文金[5]报道在 Zr‑Sn‑Nb‑Fe 新锆合金中, 低 Nb(0.36％, 质量分数, 下同)锆合金在 360 ℃, LiOH 水和 400 ℃蒸汽中均表现出比 Zr‑4 优良的耐腐蚀性能, 但高 Nb(1％)锆合金在 360 ℃, LiOH 水中的耐腐蚀性能优于 Zr‑4, 而在 400 ℃蒸汽中的耐腐蚀性能则不如 Zr‑4. 另外, Isobe 等[6,7]报道在 Zr‑1.3Sn 合金中添加 300 μg/g 的 Nb 明显改善纯水中的耐腐蚀性能, 而 Zr‑0.5～1.5Sn‑0～1Nb‑0.2Fe‑0.1Cr 合金在蒸汽中腐蚀时最佳的 Nb 添加量为 0.1％, 进一步增加 Nb 含量耐腐蚀性能反而下降. Jeong 等[8,9]在研究 Nb 含量对 Zr‑xNb 合金耐腐蚀性能影响时指出：在 400 ℃蒸汽中腐蚀时, Zr‑0.2Nb 和 Zr‑0.3Nb 合金的耐腐蚀性能最好, Nb 含量低于 0.2 或高于 0.3 时耐腐蚀性能反而下降；在 360 ℃纯水中腐蚀时, 低 Nb(0.1～0.2)合金的耐腐蚀性能最好, 随 Nb 含量进一步提高, 耐腐蚀性能也下降. 根据这些实验结

---

* 本文合作者：姚美意、李强、刘文庆、褚于良. 原发表于《稀有金属材料与工程》, 2006, 35(10)：1651‑1655.

果可以推测,在 Zr－Sn－Nb－Fe 系合金中调整合金元素的配比一定还可以进一步提高含Nb 锆合金的耐腐蚀性能. 这样,就有必要寻找一种方便有效的方法用来研究合金元素含量与不同介质对锆合金耐腐蚀性能的影响.

在作者前期工作中发现：片状 Zr－4 与 Zr－Sn－Nb－Fe 合金条经真空电子束焊接后,由于两种合金互相混合以及合金元素会挥发损耗,在焊缝熔区中不同位置处的合金元素含量不同,耐腐蚀性能也不同[10,11]. 可见,通过这样一片特殊的试样(类似于成分梯度材料)就可以研究不同合金元素含量与耐腐蚀性能之间的关系,并由此可以发展一种单片试样法来研究合金元素对耐腐蚀性能的影响.

2　实验方法

2.1　试样制备及腐蚀试验

这片特殊的试样是用 Zr－4(Zr－1.5Sn－0.2Fe－0.1Cr)和 Zr－1.88Sn－0.52Nb－0.35Fe (ω/%)合金小条经真空电子束交替焊接而成,焊接样品示意图如图 1 所示,图中画出了测量氧化膜厚度及分析合金成分的位置和标尺. 将焊接面磨平后,平行于焊缝将试样从1.5 mm 冷轧到 0.5 mm,然后进行 500 ℃,10 h 退火处理,使可能存在的 βZr 分解为$\alpha Zr+\beta Nb$.

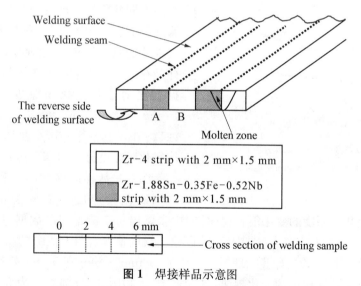

图 1　焊接样品示意图

Fig. 1　Schematic diagram of a welding sample

样品制备时先将两种成分不同的锆合金条两两对焊,然后把前一次焊好的包含有焊缝的样品再两两对焊而成. 因此,样品在焊接过程中经受了复杂的热过程：第一次焊接的焊缝在后面焊缝的焊接时又会被加热到 $\beta,\alpha+\beta$ 或 α 相区,导致不同部位显微组织的不同. 同时,由于焊接过程中电子束流的波动,会影响熔区的宽度和温度,焊缝几何中心也可能发生偏离. 另外,在焊接面的背面,大部分区域未熔化,未熔化处的成分仍然保持原来的水平,但经受的热过程也是非常复杂的.

垂直于焊缝将试样剪切成尺寸为 30 mm×10 mm 的片状样品,用标准方法酸洗和去离子水清洗后放入高压釜中腐蚀.腐蚀条件分别为 400 ℃,10.3 MPa 的水蒸气和 350 ℃,16.8 MPa,0.01 mol/L LiOH 水溶液.

2.2 氧化膜厚度测量及电子探针分析

垂直于焊缝将腐蚀后的样品切断,镶嵌后将横截面经砂纸研磨和机械抛光,用光学显微镜逐点测量氧化膜厚度,并用电子探针在相应位置距离氧化膜/金属界面约 50 μm 处逐点测量合金元素 Sn,Fe,Cr,Nb 的含量.用电子探针分析成分时,以未经熔化的 Zr - 4 合金中的 Sn,Fe,Cr 特征谱线的峰高,扣除谱线的上下本底的平均值后作为 1,与不同位置处测得的相应谱线扣除本底后的峰高进行比较,作为不同位置处合金元素含量变化的相对值;在分析 Nb 含量的变化时,将焊接背面未熔化处 Zr - 1.88Sn - 0.52Nb - 0.35Fe 合金条带中 Nb 的特征谱线峰高作为 1 进行比较.

样品经抛光和蚀刻后,用 JSM - 6700F 扫描电镜观察金属基体中第二相粒子的大小及分布.

3 实验结果与讨论

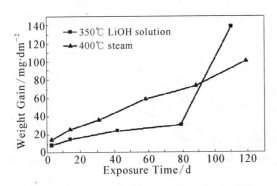

图 2 焊接样品的腐蚀增重

Fig. 2 Weight gains of welding samples on different corrosion conditions

图 2 是焊接样品在不同介质中的腐蚀增重曲线,这是整个样品的平均增重变化.由于样品不同部位的合金成分和显微组织不同,耐腐蚀性能也不相同,所以图 2 无法反映样品不同部位的腐蚀性能变化规律,但从总体来看,样品在 LiOH 水溶液中腐蚀已发生了转折.根据氧化增重与氧化膜厚度的换算公式[12]:15 mg/dm² = 1 μm,计算得到 LiOH 水溶液腐蚀110 d 和过热蒸汽中腐蚀 120 d 后样品的平均氧化膜厚度分别为 9.5 μm 和 7 μm.

图 3 是从样品横截面上测量得到焊接面一侧氧化膜厚度和成分变化的结果.每隔 0.2 mm 测量氧化膜厚度的变化很有规律,图中未画出每个测量点的数据,只给出了测量点的连线;成分变化的波动较大,图中给出了所有点的测量结果.在图的横坐标上,0 mm,2 mm,4 mm 和 6 mm 处是焊缝的理想几何中心,1 mm,3 mm 和 5 mm 处是两条焊缝熔区的衔接处.根据氧化膜厚度的变化规律,可以将图 3a 和图 3b 分别划分为 5 个区域,虽然这 5 个区域的宽度在不同介质中腐蚀后的样品中并不严格的相互一致,但却同样对应着焊缝的不同特征区:2 区和 4 区是两条焊缝熔区的衔接处;1 区、3 区和 5 区都是焊缝的熔化区.样品在 LiOH 水溶液中腐蚀后,氧化膜厚度的变化比较大,相差约 6 倍～10 倍,而在 400 ℃蒸汽中腐蚀后只相差 1 倍.为了比较合金成分及水化学对锆合金耐腐蚀性能影响的规律,将图 3a、图 3b 不同区域中 Sn,Nb,Fe,Cr 含量的变化分别列在表 1 中.将不同区域中氧化膜的厚度换算成腐蚀增重的变化(根据 1 μm = 15 mg/dm²)列于表 2 中,同时列出了从文献中查到的 Zr - 4,E635,ZIRLO 和 N18 等锆合金在相同或相近条件下的腐蚀增重.

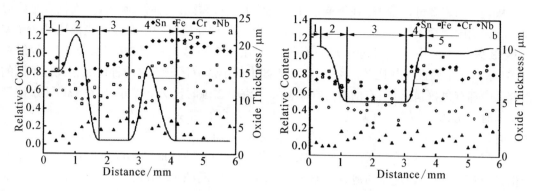

图 3 样品焊接面一侧氧化膜厚度与合金成分的变化

Fig. 3 The variation of oxide thickness and alloying composition on the welding surface: (a) 350 ℃, LiOH solution and (b) 400 ℃, steam

表 1 样品横截面上靠近焊接面一侧不同区域中合金元素的含量($\omega/\%$)

Table 1 The contents of alloying composition in different regions near the side of welding surface

Sample	Region	Sn	Nb	Fe	Cr
Tested in LiOH solution at 350 ℃	1	~1.35	~0.3	~0.16	~0.02
	2	1.1~1.2	0.26~0.34	0.1~0.16	0~0.02
	3	1.1~1.4	0.2~0.3	0.12~0.2	0.02~0.03
	4	1.5~1.7	0.23~0.32	0.15~0.18	0.01~0.03
	5	1.5~1.7	0.23~0.4	0.16~0.25	0.01~0.03
Tested in steam at 400 ℃	1	~1.2	~0.26	~0.16	~0
	2	1~1.2	0.2~0.3	0.13~0.17	0~0.02
	3	0.8~1.2	0.16~0.26	0.1~0.14	0.01~0.02
	4	1.2~1.4	0.25~0.32	~0.17	~0.01
	5	1.1~1.4	0.17~0.26	0.15~0.24	0~0.02

表 2 合金成分与腐蚀增重的关系

Table 2 The relationship between alloying composition and weight gains

Composition of zirconium alloys/ω℃	Weight gain /mg. dm^{-2}		Remark (position or reference)
	0.01 mol/L LiOH solution for 110 d	400 ℃ steam for 120 d	
Region 1 in Fig. 3	230[a]	150	Present work
Region 2 and Region 4 in Fig. 3	37~375[a]	75~150	Present work
Region 3 in Fig. 3	37[a]	75	Present work
Region 5 in Fig. 3	37[a]	150	Present work
Zr - 1.88Sn - 0.52Nb - 0.35Fe	300~450[a]	150	Present work (A in Fig. 1)
Zr - 4	45~100[a]	75	Present work (B in Fig. 1)
N18 (Zr - 1Sn - 0.4Nb - 0.3Fe - 0.1Cr)	34.4[b]	61.3	Reference[5]
Zr - 4	102[b]	70	Reference[5]
E635 (Zr - 1.2Sn - 1Nb - 0.4Fe)	70[b]	138	Reference[2]
ZIRLO (Zr - 1Sn - 1Nb - 0.1Fe)	75[b]	120	Reference [1, 13]
Zr - 4	102[b]	70	Reference [1, 13]

[a] 350 ℃, 16.8 MPa; [b] 360 ℃, 18.6 MPa

从表1和表2可以看出：在不同水化学条件下进行腐蚀试验时，合金成分对锆合金耐腐蚀性能影响的规律不同. 与 Zr－4 相比，有的合金在两种介质中的耐腐蚀性能都比 Zr－4 差（1区、2区和4区中的大部分区域）；有的合金在 400 ℃蒸汽中腐蚀时比 Zr－4 好，但在 LiOH 水溶液中腐蚀时却比 Zr－4 差（2区、4区中的小部分区域）；这两种情况在成分不同的锆合金中都有过报道[14,15]；有的合金在 400 ℃蒸汽中腐蚀时比 Zr－4 差，但在 LiOH 水溶液中腐蚀时却比 Zr－4 好（5区），这与 E635，ZIRLO 合金的腐蚀规律相似[1,2,13]；只有在成分最优化时，合金在两种腐蚀介质中的耐腐蚀性能才能比 Zr－4 好（3区），这与 N18 合金的腐蚀规律相似[5]. 这说明用单片试样法研究成分对锆合金耐腐蚀性能的影响可以得到非常丰富的信息. 在合金成分最优化的地方（3区），经 400 ℃蒸汽腐蚀 120 d 的增重与 Zr－4 相当；而经 350 ℃，LiOH 水溶液中腐蚀 110 d 时，耐腐蚀性能优于 Zr－4，也略优于 ZIRLO，E635 等 Zr－Sn－Nb－Fe 系合金，与 N18 的耐腐蚀性能相当. 这种合金的成分为 Zr－1.1～1.4Sn－0.2～0.3Nb－0.12～0.2Fe－0.02～0.03Cr. 另外，从表1和表2可知：耐腐蚀性能具有明显差别的不同部位的合金成分变化并不很大，由于这种分析方法的误差比较大，尤其是在合金含量比较低的时候. 因此，无法确定究竟是哪种合金元素的微量变化会引起耐腐蚀性能的明显差别. 如果能提高微区成分分析的准确度，单片试样法可以成为研究合金成分影响锆合金耐腐蚀性能的一种新方法，便于发现耐腐蚀性能更优良的新锆合金.

从图3可以看出：3区和5区在 LiOH 水溶液中腐蚀后氧化膜都是最薄的区域，只有 2.5 μm～3 μm，低于其平均值 9.5 μm，表现出优良的耐腐蚀性能，但这两个区域在 400 ℃蒸汽中的耐腐蚀性能却存在较大的差别. Comstock[16]报道 ZIRLO 合金中随 Sn 含量的微小降低，在 400 ℃蒸汽中的腐蚀速率随之降低. Isobe[6]也报道 Zr－0.5～1.5Sn－0～1Nb－0.2Fe－0.1Cr 合金不管何种 Nb 含量，在 400 ℃过热蒸汽中的耐腐蚀性能均随 Sn 含量的降低而提高. 因此，3区和5区在 400 ℃过热蒸汽中耐腐蚀性能的较大差别，可能与 Sn 含量不同有关.

2区和4区在不同介质中腐蚀后，虽然氧化膜厚度的变化规律不完全一致，但在同一介质中氧化膜变化的规律完全相同：在 400 ℃蒸汽中腐蚀时，这两区域中的氧化膜厚度由大约 10 μm 变化到大约 5 μm，呈单调的变化，但在 LiOH 水溶液中腐蚀时，氧化膜厚度的变化比较复杂，耐腐蚀性能会由好变到差，然后再变到好. 这说明锆合金在 LiOH 水溶液中腐蚀时，成分对耐腐蚀性能的影响要比在蒸汽中腐蚀时的复杂. 周邦新[14]、李中奎[15]和 Comstock[16]对 Zr－Sn－Nb－Fe(Cr) 合金在不同介质中腐蚀行为的研究结果也证实了这一点.

焊接样品背面的 Zr－1.88Sn－0.52Nb－0.35Fe 小条在两种腐蚀介质中的耐腐蚀性能都很差，这可能与 Sn 含量太高有关. 另外，焊接样品背面的 Zr－1.88Sn－0.52Nb－0.35Fe 和 Zr－4 小条以及焊接面的2区和4区在 350 ℃，LiOH 水中的腐蚀增重变化较大. 这可能与焊接过程中经受复杂热过程引起 α－Zr 基体中的合金元素过饱和固溶含量不同有关[17]；与相同区域在 400 ℃蒸汽中腐蚀后的结果相比，也说明锆合金在 LiOH 水溶液中的腐蚀过程及其影响因素都比较复杂.

从表1和表2还可看出：同一介质中腐蚀样品的2区和3区、4区和5区的合金成分范围差别并不很大，但腐蚀行为却存在很大的差别. 用 SEM 观察经过研磨抛光并蚀刻后的样品截面，探寻氧化膜厚度不同处金属基体中第二相大小、多少的差别，观察结果列于图4中. 从 SEM 能分辨的细节来看，并不能说明引起耐腐蚀性能如此巨大差别的显微组织原因. 周邦新[17]认为影响 Zr－4 合金耐腐蚀性能的主要因素是 α－Zr 中 Fe＋Cr 过饱和固溶含量的变化,而不是析出相微粒的大小.因此,2 区和 3 区、4 区和 5 区腐蚀行为的差别也可能与焊接过程中经受复杂热过程引起 α-Zr 基体中的合金元素过饱和固溶含量不同有关.

图 4 焊接样品中不同氧化膜厚度处第二相的二次电子像

Fig. 4 The secondary electron images of the second phase particles in matrix near the interface of oxide/matrix: (a), (b) corrosion tested in LiOH solution at 350 ℃ in 1 and 3 regions, respectively and (c), (d) corrosion tested in steam at 400 ℃ in 1 and 3 regions, respectively

4 结论

(1) Zr-1.1~1.4Sn-0.2~0.3Nb-0.12~0.2Fe-0.02~0.03Cr 合金,经 400 ℃蒸汽腐蚀 120 d 的增重与 Zr-4 相当;而经 350 ℃,LiOH 水溶液中腐蚀 110 d 时,耐腐蚀性能优于 Zr-4,也略优于 ZIRLO,E635 等 Zr-Sn-Nb-Fe 系合金,与 N18 的耐腐蚀性能相当.

(2) 用单片试样法研究成分对锆合金耐腐蚀性能的影响可以得到非常丰富的信息.

(3) 在提高微区成分分析的准确度前提下,单片试样法可以成为研究合金成分影响锆合金耐腐蚀性能的一种新方法,便于发现耐腐蚀性能更优良的新锆合金.

参 考 文 献

[1] Sabol G P *et al. Zirconium in the Nuclear Industry: Tenth International Symposium*[C], USA: ASTM STP 1245, 1994: 724.

[2] Nikulina A V *et al. Zirconium in the Nuclear Industry: Eleventh International Symposium*[C], USA: ASTM STP 1295, 1996: 785.

[3] Nikulina A V. *EUROMAT 96, Topical Conference on Materials and Nuclear Power* [C], Bournemouth: EUROMAT, 1996: 157.

[4] Liu Jianzhang(刘建章) *et al. One Kind of Zirconium Alloy*[P]. China, No: 00128003.1, 2002.

[5] Zhao Wenjin(赵文金) *et al. J Chinese Society for Corrosion and Protection* (中国腐蚀与防护学报)[J], 2002, 22 (2): 124.

[6] Isobe T *et al. Zirconium in the Nuclear Industry: Ninth International Symposium*[C], USA: ASTM STP 1132, 1991: 346.

[7] Isobe T *et al. Zirconium in the Nuclear Industry: Tenth International Symposium*[C], USA: ASTM STP 1245, 1994: 437.

[8] Jeong Y H *et al. J Nucl Mater*[J], 2003, 323: 72.

[9] Jeong Y H *et al. J Nucl Mater*[J], 2003, 317: 1.

[10] Zhou Bangxin(周邦新) *et al. Nuclear Power Engineer* (核动力工程)[J], 2003, 24(3): 236.

[11] Yao Meiyi(姚美意) *et al. Nuclear Power Engineer* (核动力工程)[J], 2004, 25(2): 147.

[12] Lenning D D *et al. Zirconium in the Nuclear Industry: Eighth International Symposium*[C], USA: ASTM STP 1023, 1989: 3.

[13] Sabol G P *et al. Zirconium in the Nuclear Industry: Eighth International Symposium*[C], USA: ASTM STP 1023, 1989: 227.

[14] Zhou Bangxin (周邦新) et al. Proceedings of 1996 Chinese Materials Symposium (1996 年中国材料研讨会文集) [C], Beijing: Chemical Industry Press, 1997: 183.

[15] Li Zhongkui (李中奎) et al. Rare Metal Materials and Engineering (稀有金属材料与工程)[J], 1999, 28(4): 101.

[16] Comstock R J et al. Zirconium in the Nuclear Industry: Eleventh International Symposium[C], USA: ASTM STP 1295, 1996: 710.

[17] Zhou Bangxin (周邦新) et al. J Nuclear Science and Engineering (核科学与工程) [J], 1995, 15(30): 242.

A Single-Specimen-Method for Investigating Effect of Alloying Composition on Corrosion Resistance of Zirconium Alloys

Abstract: The effect of alloying composition on the corrosion resistance of zirconium alloys with Zr − Sn − Nb − Fe − Cr system tested in 350 ℃, LiOH solution and 400 ℃ steam was investigated using Single-Specimen-Method. The Single-Specimen with composition gradient was prepared using zirconium alloy strips with different compositions by vacuum electron beam welding alternately. Experimental results show that, tested in 400 ℃ steam for 110 days, the corrosion resistance of the zirconium alloy with optimum composition is comparable to that of Zr − 4, and tested in LiOH solution for 120 days, it is superior to that of Zr − 4, E635 and ZIRLO alloys, and is comparable to that of N18 alloy. The optimum composition is Zr − 1. 1～1. 4Sn − 0. 2～0. 3Nb − 0. 12～0. 2Fe − 0. 02～0. 03Cr. Moreover, tested in LiOH solution, a slight variation of composition may result in significant difference in corrosion resistance. This shows that the effect of alloying composition on the corrosion behavior of zirconium alloys tested in LiOH solution is relatively complicated. At the same time, the effect of different supersaturated solid solution of alloy elements in α − Zr maybe also involved. Abundant information can be obtained by Single-Specimen-Method for investigation of the effect of alloying composition on the corrosion resistance of zirconium alloys. Such method might be helpful to find new zirconium alloys with excellent corrosion resistance.

水化学及合金成分对锆合金腐蚀时氧化膜
显微组织演化的影响[*]

摘 要：将 Zr-4 和成分接近 ZIRLO 的 3# 合金样品置于高压釜中，经过 360 ℃,18.6 MPa 的 0.01 mol/L LiOH 水溶液腐蚀 150 d 后,增重分别达到 310 mg/dm^2 和 82 mg/dm^2,3# 合金的耐腐蚀性能明显优于 Zr-4. 用透射电镜、扫描电镜和扫描探针显微镜研究了两种样品经过 70 d 和 150 d 腐蚀后,氧化膜不同深度处的显微组织和晶体结构;研究了氧化膜的断口形貌和氧化膜的表面形貌. 结果表明：Zr-4 氧化膜中的空位比 3# 合金氧化膜中的更容易通过扩散凝聚形成孔洞簇和晶界微裂纹,也容易发展成平行于氧化膜/金属界面的裂纹,导致腐蚀转折提早发生,这与 Li$^+$ 和 OH$^-$ 渗入氧化膜后降低氧化锆表面自由能的程度有关. 从氧化膜表面晶粒形貌判断,Zr-4 样品形成氧化锆后的表面自由能比 3# 合金样品形成氧化锆后的低,这是合金成分不同引起的一种差异,也可能是 Zr-4 样品在 LiOH 水溶液中的耐腐蚀性能比 3# 样品差的一个重要原因.

1 引言

核电站运行时在一回路水中添加了 H$_3$BO$_3$,用 ^{10}B 作为可燃毒物来控制和调节过剩的核反应性. 为了降低工作人员受到的辐射剂量水平,要减少一回路中各种钢构件腐蚀产物的释放及放射性物质的迁移,因而需要采用碱性水(pH=7.1～7.2). 为此,一回路水中在添加 H$_3$BO$_3$ 的同时,又要添加 LiOH 调节 pH 值. 添加 LiOH 后,对燃料包壳锆合金的耐腐蚀性能会产生有害的影响,使发生腐蚀转折的时间缩短,转折后的腐蚀速率增加. 目前虽然提出过一些机理来解释这种加速腐蚀的过程,但还没有形成统一的认识,文献[1]曾对该问题进行过综述和讨论.

研究开发新锆合金时,发现在调整 Zr-4 合金成分的基础上添加 Nb 后,可以明显抑制 LiOH 水溶液对锆合金耐腐蚀性能的有害作用,得到了 Zr-1Sn-1Nb-0.1Fe 的 ZIRLO 合金[2]、Zr-1.2Sn-1Nb-0.4Fe 的 E635 合金[3] 以及 Zr-1Sn-0.4Nb-0.3Fe-0.1Cr 的 N18(或称为 NZ2)[4] 等多种合金. 这些锆合金在 LiOH 水溶液中的耐腐蚀性能明显优于 Zr-4,但目前对于这种作用的机理还不十分清楚. 研究这种规律和机理,必然可以推动新锆合金的进一步发展.

Cox 很早就注意到锆合金腐蚀转折后氧化膜中的裂纹和孔洞[5],并用汞压孔隙仪测定了氧化膜中的孔隙,根据汞压的变化,将孔隙分为尺寸大于 20 nm 的裂纹和微裂纹,以及直径为 2 nm～6 nm 的孔洞,对氧化膜中的裂纹和孔洞进行了分类. 国际原子能机构(IAEA)组织了多位专家对核电站用锆合金水侧腐蚀问题的研究成果进行了总结和评价,形成了 IAEA-TECDOC-966 文件[6],其中也指出氧化膜中孔洞的本质及其形成机理是应该进一步研究的问题.

研究 Zr-4 合金在腐蚀过程中氧化膜显微组织和晶体结构的演化规律,指出了它们与

---

* 本文合作者：李强、刘文庆、姚美意、褚于良. 原发表于《稀有金属材料与工程》,2006,35(7)：1009-1016.

腐蚀动力学变化之间的密切关系[7]：氧化膜在合金表面生成时由于体积膨胀，同时又受到金属基体的约束，因此，氧化膜内部会形成很大的压应力，使氧化锆晶体中产生许多缺陷，稳定了一些亚稳相；空位、间隙原子等缺陷在温度、应力和时间的作用下，发生扩散、湮没和凝聚，空位被晶界吸收后形成纳米大小的孔洞簇，弱化了晶粒之间的结合力；孔洞簇进一步发展成为裂纹，使氧化膜失去了原有良好的保护性，因而发生了腐蚀速率的转折. 由于氧化膜生成时产生的压应力是无法避免的，所以氧化膜的显微结构在腐蚀过程中发生不断演化也是必然的. 如果环境因素或者合金自身的成分和组织因素会促使或延缓这种演化过程，那么，锆合金的耐腐蚀性能也会发生恶化或者得到提高. 从这种概念出发，研究水化学和合金成分对锆合金氧化膜显微组织演化的影响，及其与腐蚀动力学之间的关系，这对认识腐蚀过程中的一些本质问题会有帮助，并为新锆合金的研究开发提供一些新的思路.

2 实验方法

本实验选用了 Zr 4 和成分接近 ZIRLO 的 3♯（Zr‐0.92Sn‐1.03Nb‐0.12Fe）两种锆合金，Zr‐4 样品来自工厂提供的 0.6 mm 板材，3♯合金用自耗电弧炉经过两次熔炼的 5 kg 合金锭，从锭子的上、中、下取样分析，证明成分均匀. 合金锭经高温锻造，β 相淬火均匀化处理，及多次冷轧和中间退火，冷轧成 0.6 mm 片材. 中间退火温度为 650 ℃，样品最终经 580 ℃ 再结晶退火处理.

将锆合金板切成 25 mm×15 mm 大小的样品，经标准方法酸洗和去离子水清洗后，在高压釜中进行腐蚀试验. 腐蚀条件为 360 ℃，18.6 MPa 的 0.01 mol/L LiOH 水溶液.

为制备氧化膜的透射电镜（TEM）薄试样，先将样品上一面的氧化膜用砂纸磨掉，然后用混合酸（10% HF＋45% HNO$_3$＋45% H$_2$O 体积比）将金属溶去，但是要剩下约 0.1 mm 厚的金属层作为氧化膜的支撑. 用专用工具冲出 ϕ3 mm 样品，再用混合酸将圆片样品中心部位的金属溶去，显露出氧化膜，其尺寸 <ϕ0.4 mm，然后用离子溅射减薄方法制备 TEM 观察用的薄样品. 为了能观察氧化膜不同深度处的显微组织结构，采用了单束或双束离子轰击样品的不同减薄方法. 用双束离子对氧化膜上下面同时轰击时，可认为穿孔部位的薄区是在氧化膜厚度的中部，用单束离子轰击氧化膜时，穿孔部位的薄区是在氧化膜的表面，或者是在靠近金属基体的氧化膜底层. 样品最后都要经过双束离子短时间的轰击，以便获得表面清洁的薄样品. 金属被混合酸溶去后，从显露出的氧化膜面上就可以用扫描电子显微镜（SEM）观察氧化膜内表面的形貌. 如果将氧化膜折断，就可以观察氧化膜的断口. 为了提高图像的质量，样品表面需要轻微蒸镀一层金. 样品制备的方法在前两篇文献中已有描述[7,8]. 观察所用的 TEM 为 JEM‐2010F，SEM 为 JSM‐6700F.

采用数字图像方法记录 TEM 的高分辨晶格条纹像，这样便于图像处理. 通过傅里叶变换可以了解图像中的周期结构信息，确定氧化锆的晶体结构及晶体中的缺陷，这种操作可以在相当于晶体空间的数纳米范围内进行.

3 结果和讨论

3.1 样品在 360 ℃，18.6 MPa，0.01 mol/L LiOH 水溶液中腐蚀后的增重变化

图 1 是样品在 360 ℃，18.6 MPa 的 0.01 mol/L LiOH 水溶液中腐蚀后的增重变化. 为

了进行比较,同时给出了 Zr‑4 样品在 360 ℃,18.6 MPa 去离子水中的腐蚀结果[7].样品腐蚀 150 d 后,Zr‑4 和 3♯样品的增重分别达到 310 mg/dm² 和 82 mg/dm²,3♯样品的耐腐蚀性能明显优于 Zr‑4. Zr‑4 样品在大约经过 90 d 腐蚀后发生了转折,腐蚀速率明显加快,但在转折以前,Zr‑4 样品在 LiOH 水溶液中和去离子水中的腐蚀增重没有太大的差别. 在 LiOH 水溶液中腐蚀 70 d 后,两种样品的表面都是黑色光亮的氧化膜,经过 150 d 腐蚀后,3♯样品的表面仍为黑色,但 Zr‑4 样品的表面为棕黑色.

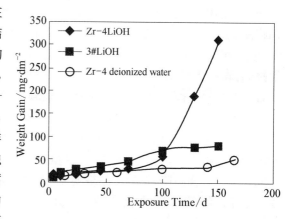

图 1 Zr‑4 和 3♯样品在高压釜中经 360 ℃,18.6 MPa的 0.01 mol/L LiOH 水溶液中腐蚀时的增重变化及 Zr‑4 样品经 360 ℃,18.6 MPa 去离子水中腐蚀时的增重变化

Fig. 1 The weight gains of Zircaloy‑4 and 3♯ specimens during the autoclave tests in 0.01 mol/L LiOH aqueous at 360 ℃, 18.6 MPa. The weight gains of Zircaloy‑4 during the autoclave tests in deionized water at 360 ℃, 18.6 MPa are also presented

3.2 HRTEM 观察氧化膜的显微组织结构

由于锆合金的氧化过程总是在氧化膜/金属的界面处发生,因而,研究氧化膜不同深度处的显微组织和晶体结构,就可以了解腐蚀过程中不同时期形成的氧化膜,在经过不同程度演化后的变化. 比较两种合金氧化膜显微组织演化的差异,就可以研究为什么改变合金成分后可以改善耐腐蚀性能的原因.

3.2.1 氧化膜底层的显微组织结构

在接近金属基体的氧化膜底层,其显微组织和晶体结构非常复杂,从电子衍射的图形判断,其中存在单斜、四方、立方以及非晶等多种相结构[8],这种现象无论是 Zr‑4 还是 3♯样品,也无论是经过 70 d 还是 150 d 腐蚀后都同样存在. 由衍射衬度获得的氧化膜晶粒形貌并不清楚,这是由于晶体中存在大量缺陷的缘故,如果用相位衬度拍摄高分辨晶格条纹像,就可以了解不同的晶体结构和观察晶体中的缺陷,现以 3♯样品 150 d 腐蚀后观察到的结果进行说明. 图 2a 是衍射衬度像,由于晶体中存在大量缺陷,不同取向晶粒间的明暗衬度并不明显. 图中不规则的明暗衬度是由于晶体中存在内应力引起氧化膜局部翘曲的结果. 图 2b 是非晶区的高分辨像. 图 2c 是一处立方晶体的高分辨晶格条纹像,图像中大部分晶体的(100)晶面垂直于入射电子束,只有在图的左上角和右上角是晶体的(110)面垂直于入射电子束,这两种不同区域的快速傅立叶变换(FFT)图分别标以"1"和"2"插入高分辨晶格条纹像的右侧下方. 总的来说,相互交叉的晶格条纹像没有在整个图面上均匀出现,说明晶体内部存在很大的畸变. 图 2d 是同时存在立方、四方和单斜 3 种不同晶体结构的地区,在图的左上方是(110)面垂直于入射电子束的立方晶体区,在图的下面大部分地区是单斜晶体结构,在这两者之间有一小片地区是四方晶体结构,这 3 种不同区域的 FFT 图分别插入高分辨晶格条纹像的两侧. 3 种不同晶体结构区域之间的界面并不清楚,这与它们之间存在某种共格的取向关系有关,从 3 张 FFT 图中斑点的排列方向以及斑点之间的间距关系也可以看出这种共格的取向关系. 图 2e 的右下角是典型的非晶图像,向左上方移动时,先出现了断续的晶格条纹像,再出现清晰的晶格条纹像,这是晶体和非晶的混合区. 方框选区内的 FFT 图插入在图 2e 的右上方,得到了两套不同的斑点,根据晶面指数的标定结果,确定这是单斜晶体结构. 图 2e

中交叉的晶格条纹在图面上没有均匀出现,说明晶格发生了畸变,晶体中存在许多缺陷.分别将图 2c 的两套衍射斑点经过滤波和反 FFT 处理后,得到图 2f 和 2g,根据晶面指数的标定结果,在图中标明了晶格条纹像所属的晶面.图中箭头指处是刃型位错,构成了晶体中的线缺陷.在图 2f 中,出现的是交叉的 $(11\bar{1})$ 与 (111) 晶面条纹,而在图 2g 中,出现的是交叉的 $(11\bar{1})$ 与 (102) 晶面条纹,并可看到 (111) 和 (102) 两种晶面的条纹在图 2f 和图 2g 不同区域中出现的互补性,说明该区域的晶体沿着 $(11\bar{1})$ 晶面的法线方向发生了旋转扭曲.根据标定的两套晶面指数可以确定,图 2f 中 $(\bar{1}10)$ 垂直于电子束入射方向,而在图 2g 中是 $(\bar{2}31)$ 垂直于电子束入射方向,两个取向之间大约沿 $(11\bar{1})$ 晶面的法线转动了 $19°$,也就是说在 $(11\bar{1})$ 晶面之间存在一些面缺陷,发生了晶格畸变.这就是为什么在选区 $10\ nm×10\ nm$ 的范围内会出现两套不同的 FFT 图的原因,也是晶体中存在缺陷的证据.

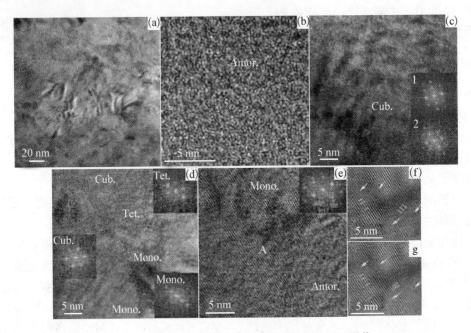

图 2　3#样品 150 d 腐蚀后氧化膜底层的电子显微像

Fig. 2　TEM micrographs of the bottom layer in the oxide films for 3# specimens after autoclave tests for 150 days: (a) obscure contrast image of grains; (b) HRTEM image of amorphous; (c) HRTEM image of a cubic structure area; (d) HRTEM image of a mixture area with cubic; tetragonal and monoclinic structure; (e) HRTEM image of a mixture area with monoclinic and amorphous structure; (f), (g) inverse FFT images obtained from "A" area in (e)

　　金属锆氧化生成氧化锆时体积发生膨胀,但又受到金属基体的约束,在氧化膜内部会形成压应力,使氧化锆晶体中产生许多缺陷,稳定了一些亚稳相.晶体中的缺陷在温度、应力和时间的作用下,发生扩散、湮没和凝聚,内应力发生弛豫,亚稳相转变为稳定相,显微组织和晶体结构也发生了改变.因此,氧化膜的显微结构在腐蚀过程中不断发生演化是不可避免的.观察氧化膜中间层和表面层中显微结构与氧化膜底层中的差别,就可以了解这种演化过程和结果.

3.2.2　氧化膜中间层的显微组织结构

　　根据图 1 中腐蚀增重和时间的关系,可以看出两种样品在经过 150 d 腐蚀后,厚度为一半之处的氧化膜大约是在腐蚀 120 d(Zr-4 样品)和 60 d(3#样品)时形成的,它们在形成以后,又分别在高压釜中经过了 30 d 和 90 d. Zr－4 和 3♯样品经过 70 d 腐蚀后,增重分别为 31 mg/dm² 和 48 mg/dm²,对应厚度一半处的氧化膜,大约分别是在腐蚀 10 d 和 20 d 时形成的,在它们形成以后,又分别在高压釜中经过了 60 d(Zr－4 样品)和 50 d(3♯样品).

用 TEM 观察氧化膜中间层的图像时,两种不同腐蚀时间的两种不同成分的样品有着明显的差别. Zr－4 经 150 d 腐蚀的样品,在稍厚一点的氧化膜薄区中,可见一些几纳米至十几纳米的孔洞在晶界上尤其是在三晶交汇处形成,并且成簇出现,孔洞周围的晶界还出现了微裂纹,如图 3a 所示. 印成负片后(图 3b),孔洞和裂纹成为深色,更符合视觉的习惯. 作者研究 Zr－4 在 360 ℃,18.6 MPa 去离子水中腐蚀 395 d 后的氧化膜时,在氧化膜中间层中虽然没有观察到晶界微裂纹,但观察到孔洞簇的形成[7]. 为此,作者曾提出氧化锆晶体中的缺陷,特别是空位通过扩散凝聚,在晶界上形成孔洞簇的假说. 比较 Zr－4 在去离子水和 LiOH 水溶液中腐蚀后氧化膜中间层形貌的差异,可看出样品在 LiOH 水溶液中腐蚀时,氧化膜中更容易形成空洞簇甚至晶界微裂纹,这与 Li⁺ 和 OH⁻ 离子渗入到氧化膜中有关. 过去的实验结果证实 Li⁺ 和 OH⁻ 离子会渗入到氧化膜中[9,10],并指出 OH⁻ 离子渗入到氧化膜中是促使氧化膜生长和腐蚀吸氢量增加的原因. 一般来说,杂质原子吸附在物质表面都会使表面自由能降低,Li⁺ 和 OH⁻ 离子渗入到氧化膜中吸附在空位及孔洞壁上降低 ZrO₂ 的表面自由能,促使孔洞簇和微裂纹的形成. 由于表面张力作用,在出现孔洞簇和微裂纹处的晶粒逐渐成为球形,大小约 50 nm. 图 3c 显示出空位被晶界吸收但还没有形成孔洞或晶界微裂纹时的状态. 晶界处吸收空位后,首先形成 1 nm～2 nm 宽的"疏松"带,成为非晶区. 由于空位沿晶界和晶体中的面缺陷扩散更快,因而在晶界 A 处及面缺陷 B 处的"疏松"带成为"尖角形"的优先扩展区. 孔洞簇及晶界微裂纹在氧化膜中生成,并进一步发展成为平行于氧化膜/金属界面的裂纹,至于为什么会发展成平行于氧化膜/金属界面的裂纹,这在前一篇论文中已作讨论[7],这种裂纹破坏了氧化膜原有的保护性,使得腐蚀过程发生了转折,转折后的腐蚀速率增加,这是氧化膜显微组织演化与腐蚀动力学变化之间的因果关系. Zr－4 经 70 d 腐蚀后的样品,在氧化膜中间层中并未观察到孔洞簇,也没有晶界微裂纹. 由此看来,空位通过扩散凝聚形成孔洞,除了与温度有关外,时间和应力也是很重要的因素,70 d 腐蚀后生成的氧化膜还比较薄,氧化膜中的应力还不足够大,另外空位扩散凝聚也需要时间.

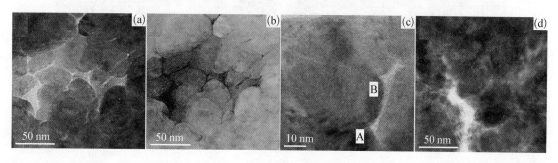

图 3 150 d 腐蚀后氧化膜中间层的电子显微像

Fig. 3 TEM micrographs of the middle layer in the oxide films after autoclave tests for 150 days: (a, b) pores and micro-cracks in oxide films of Zircaloy－4 specimens; (c) initial stage of the formation of micro-cracks along grain boundary; and (d) pores in oxide films of 3♯ specimens

3♯样品 150 d 腐蚀后,在氧化膜中间层可偶尔观察到孔洞簇,在其周围并没有像 Zr－4 样品氧化膜中那样明显的晶界微裂纹,如图 3d 所示. 3♯样品在 150 d 腐蚀过程中,腐蚀速率没有像 Zr-4 样品那样明显的转折变化(图 1),这与 3#样品氧化膜中的孔洞簇和晶界微裂纹不像 Zr-4 样品氧化膜中那样容易生成有对应的关系,其可能的原因有:首先是 Li⁺ 和 OH⁻ 离子不容易渗入到 3#样品的氧化膜中,这可能与氧化膜成分不同有关.作者以前获得的 SIMS 分析结果似乎支持这样的推测[8],但是,氧化膜中孔洞簇和晶界微裂纹形成的难易以及多少,又会反过来影响 Li⁺ 和 OH⁻ 离子的渗入,所以还需要对文献[8]中的数据进一步研究分析后才能得出结论;其次是 3#样品氧化膜晶体中的空位扩散比 Zr-4 样品中的困难,当某些合金元素固溶在氧化锆中后,由于合金元素离子的价态不同会引起这样的结果,但还需要进一步的实验和理论分析证实;最后是 Li⁺ 和 OH⁻ 离子渗入到氧化膜中后,对降低 Zr-4 和 3#样品氧化膜的表面自由能有不同程度的影响,如果氧化锆表面自由能降低得越多,则越容易促使空洞及晶界微裂纹生成.本实验工作已获得了这方面的一些证据,将在 3.4 节中讨论. 3#样品 70 d 腐蚀后,在氧化膜中间层观察不到孔洞及晶界微裂纹.

3.2.3 氧化膜表面层的显微组织结构

两种成分的样品经过 70 d 和 150 d 腐蚀后,在氧化膜表面层中都可以观察到孔洞和晶界微裂纹.图 4a 是 3#样品,70 d 腐蚀后在氧化膜表面层中观察到的孔洞和晶界裂纹.图 4b 是 Zr-4 经 70 d 腐蚀后,在氧化膜表面层中观察到的晶界微裂纹,从晶格条纹的方向不同可以判断,自图 4b 的左下方到右上方是一条晶界,在晶界上已形成了一些还未完全连通的缝隙,宽度在 0.5 nm~1.5 nm 之间,这是晶界微裂纹形成时的早期阶段.当空位被晶界吸收后,首先形成一定宽度的"疏松"带,进一步吸收空位,"疏松"带中会形成间断的空隙,间断的空隙相互连通,才会形成晶界微裂纹,这与图 3c 显示的情况相似.

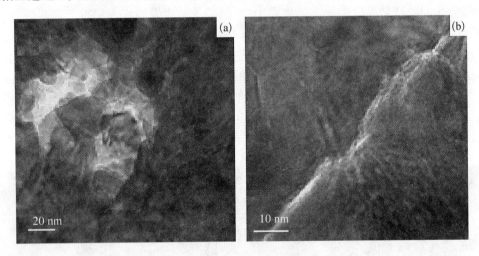

图 4 70 d 腐蚀后氧化膜表面层的电子显微像

Fig. 4 TEM micrographs of the surface layer in the oxide films after autoclave tests for 70 days:(a) 3# specimen and (b) Zircaloy-4 specimen

3.3 氧化膜的断口形貌和氧化膜/金属界面处氧化膜内表面的形貌

3.3.1 氧化膜的断口形貌

断口的形貌不仅表征了断裂特性,还反映了显微组织中的一些问题.用 HRSEM 观察到的断口形貌可以和 HRTEM 观察到氧化膜内部组织结构的结果相互比较.

图 5a~图 5c 和图 5d,图 5e 分别是 Zr-4 样品经过 150 d 和 70 d 腐蚀后氧化膜的断口

形貌,在放大倍数较低的图片中,用方框标出了另一张放大倍数较高图片的位置. 从腐蚀150 d后氧化膜的断口形貌可以看出(图5a),氧化膜中存在许多走向基本平行于氧化膜/金属界面的裂纹,分布在整个氧化膜的厚度层中,特别是在靠近金属基体处的氧化膜中也有裂纹形成,这与Zr-4样品在去离子水中腐蚀395 d后观察到的现象有明显的差别[7].断口面起伏不平,比较粗糙,这表明氧化膜在被折断前,内部就存在一些弱的结合面,折断时裂纹沿着这些弱结合面扩展,形成了起伏不平的断口形貌. 在断口的高倍图片中,可以看到小于100 nm的等轴晶以及沿晶界的微细裂纹(如图5c中箭头指处),这种微细裂纹的存在是产生弱结合面的原因. 这与从TEM图片中观察到氧化膜中间层和表面层中除了有孔洞簇外,还有晶界微裂纹的结果是一致的(图3a),但是与Zr-4样品在去离子水中腐蚀的结果有一定的差异. 在去离子水中腐蚀395 d后,氧化膜中间层中有孔洞簇,但看不到晶界微裂纹[7]. 这种差别的原因与Li^+和OH^-离子渗入到氧化膜中降低了ZrO_2的表面自由能有关. Zr-4样品在LiOH水溶液中腐蚀70 d后的断口形貌如图5d与图5e所示,这时样品处于腐蚀转折前,与图5a相比,断口形貌比较平整,氧化膜也比较致密. 虽然从高倍的图片中可以看到孔洞,但并没有出现平行于氧化膜/金属界面的裂纹,晶粒是以小于100 nm的等轴晶为主,这是腐蚀转折前氧化膜的组织特征. 虽然这时Li^+和OH^-离子已经渗入到氧化膜中[9,10],但是空位的扩散以及孔洞和微裂纹的形成都需要时间,在孔洞和微裂纹还没有形成以前,氧化膜仍然具有良好的保护性,因而样品的腐蚀增重与它们在去离子水中经过同样腐蚀时间后的结果差别不大(图1).

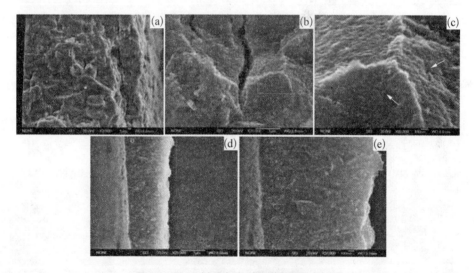

图5 Zr-4样品氧化膜的断口形貌照片

Fig. 5 The fracture surface morphology of oxide films formed on Zircaloy-4 specimens (a, b and c) after autoclave tests for 150 days; and (d, e) after autoclave tests for 70 days

图6a与图6b是3#样品经过150 d腐蚀后氧化膜的断口形貌. 图6a中可以看到氧化膜折断时形成的"台阶",台阶的立面大致平行于氧化膜/金属的界面,在放大倍数更高的图6b中,可以看到有一些不连续分布的孔洞,但还没有发展成为裂纹. 正是由于这种不连续分布的孔洞,弱化了晶粒之间的结合力,所以在折断氧化膜时,裂纹沿着弱结合面扩展形成了台阶. 3#样品经过70 d腐蚀后氧化膜的断口形貌比较平整,不存在裂纹,与Zr-4经70 d腐蚀后的断口形貌相似.

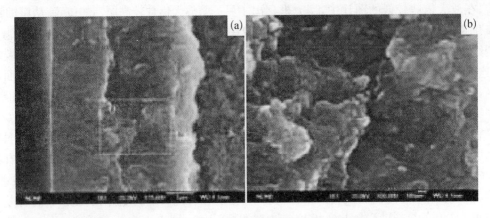

图6 3#样品150 d腐蚀后氧化膜的断口形貌照片

Fig. 6 The fracture surface of oxide films formed on 3# specimen after autoclave tests of 150 days：(a and b) in different magnification

Zr-4和3#样品经过150 d腐蚀后氧化膜的断口形貌明显不同,说明孔洞簇和晶界微裂纹形成的难易在这两种样品中有明显的差别,这问题将在3.4节中进行讨论.

3.3.2 氧化膜/金属界面处氧化膜内表面的形貌

氧化膜向金属基体中生长的速度并不均匀,会形成凹凸不平的内表面. 但是,样品在腐蚀转折前后氧化膜内表面的凹凸不平程度有着明显的差别,图7a与图7b分别是Zr-4样品腐蚀70 d和150 d后氧化膜内表面的形貌. 在腐蚀150 d后,氧化膜的内表面更显得凹凸不平,成为"花菜"状,这是腐蚀转折后出现的现象. 作者曾用氧化膜中生成孔洞簇后增加了氧离子供应源来解释这种现象[7]. 比较图7a和图7b的差别以及断口形貌图5a和图5d的差别可以看出,只有氧化膜中形成了明显的裂纹后,氧化膜内表面才会成为"花菜"状的凹凸不平.3#样品经过150 d腐蚀后,断口上并没有大量的裂纹,氧化膜内表面也不像Zr-4样品那样凹凸起伏不平(图7c及图7d). 氧化膜内表面的形貌与氧化膜的显微组织特征有着密切关系,也与腐蚀过程中所处的不同阶段有关.

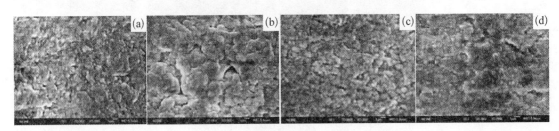

图7 氧化膜的内表面形貌照片

Fig. 7 The inner surface morphology of oxide films：(a, b) Zircaloy-4 specimens after autoclave tests for 70 and 150 days, respectively；(c, d) 3# specimens after autoclave tests for 70 and 150 days, respectively

3.4 扫描探针显微镜(SPM)观察氧化膜表面的晶粒形貌

SPM的垂直分辨率远高于SEM,大约为0.01 nm,所以用SPM观察腐蚀后经过热浸蚀的氧化膜表面,不仅可以观察到晶粒大小,还可以观察到晶粒的起伏形貌. 图8a与图8b分别是Zr-4和3#样品在360 ℃,18.6 MPa,0.04 mol/L的LiOH水溶液中腐蚀14 d后氧

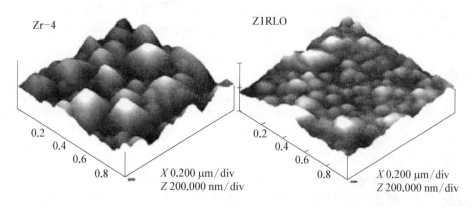

Zr-4

Z1RLO

X 0.200 μm/div
Z 200.000 nm/div

X 0.200 μm/div
Z 200.000 nm/div

图 8 Zr-4 和 3# 样品在 360 ℃, 18.6 MPa, 0.04 mol/L LiOH 水溶液中腐蚀 14 d 后氧化膜表面的晶粒形貌

Fig. 8 Surface morphology of Zircaloy-4 and 3# specimens after autoclave tests in 0.04 mol LiOH aqueous at 360 ℃, 18.6 MPa for 14 days

化膜表面晶粒的起伏形貌. 这时的腐蚀增重分别是 17.6 mg/dm² 和 19.8 mg/dm². 从图中可以看出, 除了氧化膜的晶粒大小不同外, 晶粒起伏的程度也有明显差别. 金属锆氧化生成氧化锆时 P.B. 比为 1.56, 体积会发生膨胀, 由于金属基体的约束以及氧化锆自身表面自由能的作用, 体积不会得到充分膨胀, 因而, 晶粒起伏的大小应该与表面自由能的大小有关, 表面自由能小, 晶粒起伏会大一些, 相反, 则晶粒起伏要小一些. 图 9 示意表示了 A, B 两个晶粒的截面, γ_{AB} 表示由 A 和 B 两晶粒构成晶界的界面能, 它与 A, B 两晶粒的取向关系有关, 但这里假设它是各种不同取向晶粒间构成晶界界面能的平均值, 并且与腐蚀介质无关. γ_{SA} 和 γ_{SB} 分别表示 A 和 B 两晶粒的表面自由能, 它们会受到晶面取向、环境介质、环境温度以及合金成分的影响, 这里假设 γ_{SA} 和 γ_{SB} 是各种不同取向晶面表面自由能的平均值. γ_{SA} 和 γ_{SB} 之间的夹角为 α, 与 γ_{AB} 交汇于 O 点, 处于平衡状态. 如果 γ_{SA} 和 γ_{SB} 值小, 则 α 亦小, 这时晶粒起伏会比较大, 相反, 则 α 大, 晶粒起伏比较小, 因为 γ_{AB} 值不变. 因此, 从图 8 中晶粒起伏的大小可以判断: 在 LiOH 水溶液中腐蚀时, Zr-4 合金表面形成氧化锆的平均表面自由能要比 3# 锆合金的低, 也就是说, 除了 LiOH 水溶液的腐蚀介质外, 合金成分对氧化锆的表面自由能也有影响.

锆合金在 LiOH 水溶液中腐蚀时, Li⁺ 和 OH⁻ 会渗入氧化膜中进入空位或吸附在孔洞壁上, 降低了氧化锆的表面自由能, 促进了空位通过扩散凝聚形成孔洞簇和晶界微裂纹的过程. 由于合金成分的差别, 这种影响的程度又有不同. 从实验结果来看, 在 LiOH 水溶液中腐蚀时, 降低 Zr-4 氧化锆表面自由能的程度要比 3# 样品的大, 因此, Zr-4 样品氧化膜中的空位更容易通过扩散凝聚形成孔洞簇和晶界微裂纹, 因而腐蚀转折过程会提早发生, 转折后的腐蚀速率也会明显增加. 这是水化学及合金成分影响氧化膜显

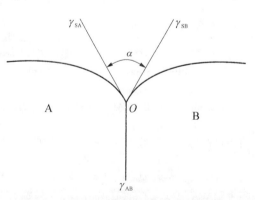

图 9 氧化膜中晶粒的界面能与表面自由能处于平衡状态下的示意图

Fig. 9 The schematic diagram shows the equilibrium state between the grain boundary energy and the surface free energy of grains in oxide film

微组织和晶体结构演化后产生的直接结果,也说明了 Zr-4 和 3♯锆合金样品因为成分不同,在 LiOH 水溶液中腐蚀时表现出耐腐蚀性能不同的原因.

4 结论

（1）Zr-4 和成分接近 ZIRLO 的 3♯锆合金样品,在高压釜中经过 360 ℃,18.6 MPa 的 0.01 mol/L LiOH 水溶液腐蚀 150 d 后,增重分别为 310 mg/dm² 和 82 mg/dm²,3♯合金的耐腐蚀性能优于 Zr-4.

（2）无论是 Zr-4 还是 3♯合金,也无论是在 LiOH 水溶液中经过 70 d 还是 150 d 腐蚀,氧化膜底层中的显微组织和晶体结构都比较复杂,氧化锆晶体中存在许多缺陷,稳定了一些亚稳相,因而除了稳定的单斜晶体结构外,还可以观察到非稳定的四方、立方晶体结构以及非晶相.氧化膜的这种显微组织和晶体结构特征,构成了它们在腐蚀过程中发生不断演化的内在原因.

（3）氧化锆晶体中的缺陷尤其是空位在应力、温度和时间的作用下,通过扩散被晶界吸收形成纳米尺度的孔洞簇以及晶界微裂纹,弱化了晶粒之间的结合力.在表面张力的作用下,晶粒也逐渐成为球形.孔洞簇和晶界微裂纹的形成和扩展成为裂纹,使氧化膜失去了原有的保护性,这是导致腐蚀转折的原因.

（4）样品在相同的 LiOH 水溶液条件下腐蚀后,由氧化膜表面晶粒起伏的形貌可以判断,Zr-4 样品氧化膜的表面自由能比 3♯样品氧化膜的低,这是水化学和合金成分联合作用的结果.

（5）Li⁺ 和 OH⁻ 渗入氧化膜进入空位和吸附在孔洞壁上会降低氧化锆的表面自由能,促进了孔洞簇和晶界微裂纹的形成,由于合金成分的影响,这种作用在 Zr-4 的氧化膜中比 3♯合金中的大.因而 Zr-4 样品氧化膜中的空位比 3♯样品中的更容易通过扩散凝聚形成孔洞簇和晶界微裂纹,导致腐蚀转折提早发生,也提高了转折后的腐蚀速率.基于这种机理,3♯合金样品在 LiOH 水溶液中腐蚀时的耐腐蚀性能比 Zr-4 样品优良的现象可以得到解释.

参 考 文 献

[1] Zhou Bangxin（周邦新）. *Nuclear Power Engineering*（核动力工程）[J], 1998, 19(4): 354.

[2] Sabol G P, Comstock R J *et al.* In: Garde A M, Bradley E R eds. *Zirconium in the Nuclear Industry: Tenth International Symposium*[C]. Philadephia: ASTM, 1994: 724.

[3] Nikulina A V. *EUROMAT 96*, *Topical Conference on Materials and Nuclear Power*[C]. Bournemouth: [s. n.], 1996: 157.

[4] Liu Jianzhang（刘建章）, Zhou Bangxin（周邦新）, Li Zhongkui（李中奎）*et al. Chinese Patent*: 00128003.1[P], 2002-06-30.

[5] Cox B. *J Nucl Mat*[J]. 1969, 29: 50.

[6] IAEA-TECDOC-996. *Waterside Corrosion of Zirconium Alloys in Nuclear Power Plants*. IAEA, Vienna, 1998, ISSN 1011-4289[R], 1998.

[7] Zhou Bangxin（周邦新）, Li Qiang（李强）, Yao Meiyi（姚美意）*et al. Nuclear Power Engineering*（核动力工程）[J], 2005, 26(4): 364.

[8] Zhou Bangxin（周邦新）, Li Qiang（李强）, Huang Qiang（黄强）*et al. Nuclear Power Engineering*（核动力工程）[J], 2000, 21(5): 439.

[9] Ramasubramania N, Balakrishnan P V. In: Garde A M, Bradley E R eds. *Zirconium in the Nuclear Industry: Tenth International Symposium*[C]. Philadephia: ASTM, 1994: 378.

[10] Zhou Bangxin (周邦新), Liu Wenqing (刘文庆), Li Qiang (李强) *et al. Chinese Journal of Materials Research* (材料研究学报)[J], 2004, 18(3): 225.

The Effects of Water Chemistry and Composition on the Microstructural Evolution of Oxide Films on Zirconium Alloys during Autoclave Tests

Abstract: Autoclave tests were carried out in the LiOH aqueous solution of 0. 01 mol/L at 360 ℃ and 18. 6 MPa for the Zircaloy - 4 and 3♯ zirconium alloys with the composition close to ZIRLO. The weight gains were 310 mg/dm^2 and 82 mg/dm^2, respectively, for the Zircaloy - 4 and 3♯ zirconium alloy specimens after exposure for 150 days. The corrosion resistance of the 3♯ zirconium alloy is much better than that of Zircaloy - 4. The fracture surface morphology and crystal structure of the oxide films were investigated by transmission electron microscopy, scanning electron microscopy and scanning probe microscopy at different oxide film depths for the two specimens after exposure for 70 and 150 days. The results show that the pores clusters and micro-cracks along grain boundaries, which are formed through the diffusion and condensation of vacancies, are easily formed in the oxide films of Zircaloy - 4 than that of 3♯ zirconium alloy due to the reduction of surface free energy of zirconium oxide after the penetration of Li$^+$ and OH$^-$ ions into the oxide films. Therefore, the cracks parallel to the interface of oxide/metal are also easily produced in the oxide films of Zircaloy - 4 specimens so that the corrosion resistance is degraded. Based on the judgment of the grain morphology on the surface of oxide films after corroded in LiOH aqueous solution, it is concluded that the surface free energy of oxide film for Zircaloy - 4 is lower than that for 3♯ zirconium alloy. This might be one of the important factors for the difference of corrosion behavior between Zircaloy - 4 and 3♯ zirconium alloys during corrosion tests in LiOH aqueous solution.

304 不锈钢冷轧退火 $\Sigma 3^n$ 特殊晶界分布研究[*]

摘 要： 采用电子背散射衍射(EBSD)技术研究了固溶处理的 304 不锈钢经 6%～50%冷轧变形后在 1 173 K 下进行长时间(24～96 h)退火后的晶界特征分布(GBCD). 结果表明,经小变形(约6%)冷轧退火后的样品出现了较多的 $\Sigma 3^n$ ($n=1,2,3$)特殊晶界,较好地隔断了一般大角度晶界网络的连通性. 通过基于 EBSD 的单一截面迹线法对共格和非共格 $\Sigma 3$ 晶界进行了区分测定,显示被优化的晶界特征分布中,非共格 $\Sigma 3$ 孪晶界是其主要部分. 进一步分析指出,非共格 $\Sigma 3$ 晶界的迁移和反应与基于退火孪晶的中低层错能金属材料 GBCD 优化密切相关.

众所周知,因晶界贫 Cr 导致的晶间腐蚀是奥氏体不锈钢在实际工程应用中经常遇到的一个问题. 人们通常采用减少 C 含量或在合金中加入 Ti, Nb 或 Zr 等合金元素进行稳定化处理等方法来改善奥氏体不锈钢的晶界腐蚀行为,但这些方法都有一定的局限性. 有关晶界结构研究表明,晶界腐蚀与晶界结构密切相关,有序度较高的低 Σ($\leqslant 29$)重位点阵晶界(CSLBs,也称特殊晶界 SBs)通常对晶界失效具有一定的免疫功能[1-3].

Watanabe[4]首先提出通过大幅度增加特殊晶界的比例(f_{SBs})来改善某些多晶材料的晶界失效(主要是晶界腐蚀)行为的设想,并被定义为"晶界工程"(GBE,也称晶界特征分布(GBCD)优化. 它主要适用于具有中低层错能的 fcc 金属,是以诱发大量的 $\Sigma 3$ 退火孪晶界以及 $\Sigma 9$ 和 $\Sigma 27$ 等晶界为特征. 从这个意义上看,晶界工程一般是指"基于退火孪晶的晶界工程"(twin-induced GBE). 已在镍基合金[5-8]、铅合金[9-11]、奥氏体不锈钢[12-15]和铜合金[16, 17]等材料的 GBCD 优化中取得了重要进展,在优化了的 GBCD 中,其 f_{SBs} 可达 57%～96%,比传统工艺提高了 2～7 倍,晶界腐蚀抗力得到显著提高[5,6,12,13,18,19].

Shimada 等[12]对 304 不锈钢 GBCD 优化的研究结果表明,小形变量冷轧后再经适当温度长时间退火不仅可以明显增加特殊晶界的比例,而且一般大角度晶界网络的连通性可以被有效阻断,晶间腐蚀杭力也能得到显著提高. 但他们并没有对 304 不锈钢 GBCD 优化的微观机制进行深入探讨,尤其没有对 $\Sigma 3^n$($n=1$, 2, 3)这类重要特殊晶界的分布进行系统研究. 为此,本文将首先研究冷轧退火对 304 不锈钢特殊晶界分布影响的一般规律,在此基础上,重点研究冷轧退火对 $\Sigma 3^n$ 特殊晶界分布的影响,将利用基于电子背散射衍射(EBSD)的单一截面迹线法(single-section trace analysis)[20,21]对 $\Sigma 3$ 晶界特征(共格与非共格)分布进行统计分析,对基于退火孪晶的 GBCD 优化微观机制进行初步探讨.

1 实验方法

实验用材为厚 10 mm 的 304 奥氏体不锈钢板材. 其化学成分(质量分数,%)为：Cr 18.28, Ni 8.48, Si 0.60, Mn 1.00, C 0.055, P 0.029, S 0.005.试样首先在 1 323 K 下

---

* 本文合作者：方晓英、王卫国、郭红、张欣、周邦新. 原发表于《金属学报》,2007,43(12)：1239-1244.

固溶 30 min 后水淬冷却,经测定其特殊晶界比例 f_{SBs} 为 43%,一般大角度晶界网络的连通性较完整,如图 1 所示.然后切取尺寸为 100 mm×20 mm 的试样进行 6%～50% 冷轧变形,变形后的试样在 1 173 K 下分别进行 24,48 和 96 h 退火.将上述形变退火的试样表面电解抛光后,在配有电子背散射衍射(EBSD)附件的 Sirion‐200 热场发射扫描电镜上完成了晶界特征分布的测定.为确保数据的统计平均性,每个试样扫描 3 个 1 000 μm ×500 μm 的区域,扫描步长为 2 μm.利用系统内嵌的 HKL channel 5 软件收集并标定电子背散射衍射 Kikuchi 花样,根据得到的各样品晶体取向信息,利用取向显微术(OIM)重构出晶界特征分布图形,并采用 Brandon 判据[20]($\Delta\theta\leqslant15°\Sigma^{-1/2}$)确定重位点阵晶界.在二维重构条件下,按长度百分数计算各类晶界的比例.这里,低 Σ($1<\Sigma<29$)晶界被统计为特殊晶界.本实验 Kikuchi 衍射花样的标定率都在 95% 以上.

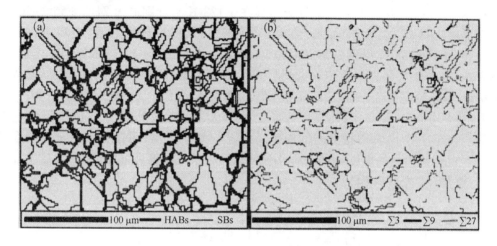

图 1 经 1 323 K 固溶处理的 304 不锈钢的 OIM 晶界重构图

Fig. 1 OIM‐reconstructed grain boundaries for 304 stainless steel solution‐treated at 1323 K for 30 min, both special and general high angle boundaries (HABs) are shown in (a), while only special boundaries including $\Sigma3$, $\Sigma9$ and $\Sigma27$ are shown in (b)

采用单一截面迹线法[21,22]判定共格和非共格 $\Sigma3$ 晶界.当满足⟨111⟩60°取向关系的相邻晶粒的界面位于{111}晶面上时,该晶界为共格 $\Sigma3$ 孪晶界($\Sigma3_c$),而位于其他晶面(对称和非对称)上时,则统称为非共格 $\Sigma3$ 晶界($\Sigma3_{ic}$).单一截面迹线法只需测定样品任何一个截面内的成⟨111⟩60°取向关系($\Sigma3$ 界面)的相邻两晶粒的{111}极图,找出重合的{111}投影点,如果被测定的晶界迹线(二维晶界面与试样表面的交线)的法线在一定角度公差范围内通过重合的{111}投影点,则判定为 $\Sigma3_c$,否则为 $\Sigma3_{ic}$,其角度公差一般为 ±3°[21].

2 实验结果与讨论

2.1 特殊晶界分布

固溶后的不锈钢试样经 6%～50% 冷轧后在 1 173 K 分别退火 24,48 和 96 h,其特殊晶界比例 f_{SBs} 如图 2a 所示.可以看出,冷轧变形量和退火时间均对特殊晶界的分布有明显影响.其一般规律是,小形变量(6%～10%)冷轧相比于中等形变量(20%～50%)冷轧的样品,前者更容易在随后的退火过程中激发出特殊晶界,这一点与 Shimada 等[12]的研究结果是一致的;退火时间对特殊晶界分布的影响与冷轧变形量密切相关,冷轧变形量为 6% 和 30%~50% 的样品,其特殊晶界的比例随退火时间的延长而增加;而冷轧量为 10%~20% 的样品,其情形正好相反. 初步的分析认为,小变形的试样形变储能少,不足以在后续退火过程发生以生成一般大角度晶界为特征的再结晶行为,而是以生成非共格 $\Sigma3_{ic}$ 晶界以及这些晶界的迁移为主[10];30% 以上的冷轧变形则以生成一般大角度晶界为特征的再结晶行为为主,并且一般大角度晶界的迁移可通过 Mahajan 等[23]提出的机理诱发出较多的共格 $\Sigma3_c$ 晶界. 这些问题将在下文做进一步的论述.

2.2 $\Sigma3^n$ 特殊晶界分布

图 2b 示出了经 6%~50% 冷轧后的试样在 1 173 K 下分别退火 24,48 和 96 h 后,$\Sigma9$ 和 $\Sigma27$ 晶界比例 $f_{\Sigma9+\Sigma27}$ 的分布情况. 经测定,6% 冷轧后 96 h 退火(样品 A)和 40% 冷轧后 96 h 退火(样品 B)的 $f_{\Sigma3}$ 分别为 54.8% 和 50.6%;$f_{\Sigma9+\Sigma27}$ 分别为 6.8% 和 1.5%;其他 ΣCSL 分别为 0.7% 和 2.0%;总的低 ΣCSL 分别为 62.3% 和 54.1%. 不难看出,尽管 $\Sigma3$ 晶界比例较为接近,但轧制退火对 $\Sigma9$ 和 $\Sigma27$ 晶界比例影响很大:(1) $f_{\Sigma9+\Sigma27}$ 在小形变量(6%~10%)水平下,其平均值在 5% 以上;而在中等形变量(20%~50%)下,其平均值仅为 2% 左右. (2) 在 6% 变形条件下,随着退火时间的延长,$f_{\Sigma9+\Sigma27}$ 逐渐升高;而在 10%~50% 变形条件下,$f_{\Sigma9+\Sigma27}$ 随退火时间的延长而下降. 即小形变后进行长时间退火可促进 $\Sigma9$ 和 $\Sigma27$ 晶界的产生,而较大的形变量却不能.

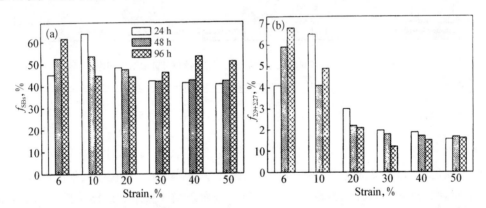

图 2 冷轧变形量和退火时间对 f_{SBs} 和 $f_{\Sigma9+\Sigma27}$ 的影响

Fig. 2 Special boundary fraction f_{SBs} (a) and $f_{\Sigma9+\Sigma27}$ (b) *vs* strain for the steel annealed at 1173 K for different times

2.3 共格与非共格 $\Sigma3$ 特殊晶界分布

图 3 和图 4 分别为样品 A 和样品 B 的 OIM 晶界重构图. 可以看出,经 6% 冷轧变形,在 1 173 K 下退火 96 h 的样品 A 中的 $\Sigma9$ 和 $\Sigma27$ 特殊晶界有效地阻断了一般大角度晶界网络的连通性(如图 3a),$\Sigma9$ 和 $\Sigma27$ 具有较高比例(图 3b);相反,经 40% 冷轧变形,在 1 173 K 下退火 96 h 的样品 B 中一般大角度晶界网络比较完整(图 4a),与样品中 $\Sigma9$,$\Sigma27$ 极少出现对应(图 4b).

进一步的观察表明,尽管样品 A 和 B 中的 $f_{\Sigma3}$ 值相差不大,但 $\Sigma3$ 晶界的形态却有所差

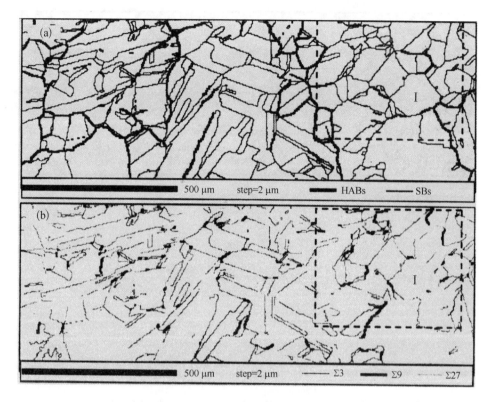

图 3 经 6% 冷轧后在 1 173 K 退火 96 h(样品 A)的 OIM 晶界重构图

Fig. 3 OIM-reconstructed grain boundaries for the specimen cold rolled 6% followed by annealing at 1 173 K for 96 h, both special and general high angle boundaries (HABs) are shown in (a), while special boundaries including $\Sigma 3$, $\Sigma 9$ and $\Sigma 27$ are shown in (b), the connectivity of HABs was interrupted by boundaries $\Sigma 9$ and $\Sigma 27$

异,在图 3b 中,除了一些直的 $\Sigma 3$ 晶界(即可能为平面晶界)以外,存在一些弯曲或略有弯曲的 $\Sigma 3$ 晶界(即曲面晶界),且这些带有曲度的 $\Sigma 3$ 晶界通常与 $\Sigma 9$ 和 $\Sigma 27$ 晶界形成 $\Sigma 3 - \Sigma 3 - \Sigma 9$ 和 $\Sigma 3 - \Sigma 9 - \Sigma 27$ 的三叉晶界结构,有效阻断了一般大角度晶界网络的连通性. 但和样品 A 迥然不同的是,在图 4b 中,几乎所有的 $\Sigma 3$ 晶界都较平直,即具有共格孪晶界的形貌特点. 为了识别 $\Sigma 3$ 晶界中共格和非共格的成分,本研究对图 3b 中区域 I 和图 4b 中区域 II 中的 $\Sigma 3$ 晶界共格或非共格进行判定. 以晶粒 1 和 2 的界面为例(图 5a),该晶界面迹线可分两段,其法线方向分别为 $\vec{N}_1$ 和 $\vec{N}_2$(图 5b),以该迹线为分界的两晶粒 {111} 极图如图 5c 所示,$\vec{N}_1$ 和 $\vec{N}_2$ 在角度公差范围均未通过 {111} 极图的重合点 P_1,故判定为非共格 $\Sigma 3$ 晶界($\Sigma 3_{ic}$). 相反,晶粒 2 和晶粒 3 界面迹线的法线 $\vec{N}_3$ 在角度公差范围内通过 {111} 极图的重合点 P_2,故判定为共格 $\Sigma 3$ 晶界($\Sigma 3_c$). 按此方法对图 3b 中的 I 区域和图 4b 的 II 区域各约 60 条 $\Sigma 3$ 晶界进行了逐一测定,其结果列于表 1 中. 经统计,在 I,II 区域所测定的 $\Sigma 3$ 晶界中,$\Sigma 3_{ic}$ 晶界所占的比例分别为 66.7% 和 7.9%,其 $\Sigma 3^n$ 晶界分布分别如图 5a 和图 6 所示.

2.4 GBCD 优化机制探讨

到目前为止,针对基于退火孪晶的 GBCD 优化微观机制,共提出了 4 个不同的模型,分别是 Randle[24] 提出的 $\Sigma 3$ 再激发模型($\Sigma 3$ regenerating),Kumar 等[8] 提出的高 $\Sigma - CSL$ 晶

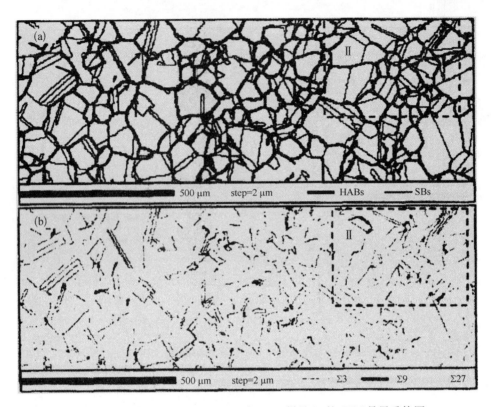

图4 经40%冷轧后在1 173 K退火96 h(样品B)的OIM晶界重构图

Fig. 4 OIM-reconstructed grain boundaries for the specimen cold rolled 40% followed by annealing at 1 173 K for 96 h, both special and general high angle boundaries (HABs) are shown in (a), while special boundaries including $\Sigma 3$, $\Sigma 9$ and $\Sigma 27$ are shown in (b), the connectivity of HABs remained due to little amounts of boundaries $\Sigma 9$ and $\Sigma 27$ (the special grain boundary fragment is not observed across the HABs which interconnect with straight twin pairs as shown by arrows)

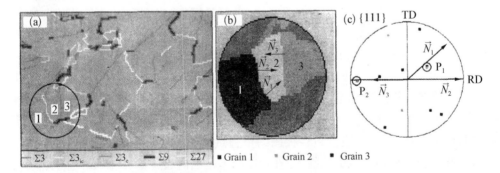

图5 图3中Ⅰ区域$\Sigma 3^n$特殊晶界分布和单一截面迹线法确定共格与非共格$\Sigma 3$晶界的示意图

Fig. 5 $\Sigma 3^n$ boundaries distribution (a) and local magnification (b) in the area I of Fig. 3 and the sketch map showing the assessment of coherent ($\vec{N_3}$) and incoherent ($\vec{N_1}$, $\vec{N_2}$) $\Sigma 3$ boundaries by single-section trace analysis (c)

界分解反应模型(high Σ - CSL boundary decomposition),Shimada 等[12]提出的特殊片段模型(special fragmentation)以及王卫国等[10,25,26]提出的非共格 $\Sigma 3$ 晶界迁移反应模型(migration and interaction of incoherent $\Sigma 3$ boundaries). $\Sigma 3$ 再激发模型认为GBCD优化是

表 1 图 3 区域 I(I-1～I-60)和图 4 区域 II(II-1～II-63)中 Σ3 晶界的分析结果

Table 1 Analyzed results of Σ3 boundary type of area I(I-1-I-60) in Fig. 3 and area II(II-1-II-63) in Fig. 4

GB No.	θ deg	Type	GB No.	θ deg	Type	GB No.	θ deg	Type	GB No.	θ deg	Type
I-1	+5	Incoherent	I-32	+1	Coherent	II-3	+2	Coherent	II-34	+1	Coherent
I-2	+8	Incoherent	I-33	+6	Incoherent	II-4	+5	Incoherent	II-35	0	Coherent
I-3	+6	Incoherent	I-34	+2	Coherent	II-5	+1	Coherent	II-36	+1	Coherent
I-4	+1	Coherent	I-35	+8	Incoherent	II-6	+2	Coherent	II-37	-1	Coherent
I-5	0	Coherent	I-36	+2	Coherent	II-7	+1	Coherent	II-38	+2	Coherent
I-6	+9	Incoherent	I-37	+1	Coherent	II-8	+1	Coherent	II-39	-1	Coherent
I-7	-10	Incoherent	I-38	+3	Coherent	II-9	+9	Incoherent	II-40	+2	Coherent
I-8	+5	Incoherent	I-39	+5	Incoherent	II-10	+2	Coherent	II-41	+2	Coherent
I-9	+2	Coherent	I-40	+8	Incoherent	II-11	+1	Coherent	II-42	+1	Coherent
I-10	+5	Incoherent	I-41	+4	Incoherent	II-12	+1	Coherent	II-43	+4	Incoherent
I-11	-1	Coherent	I-42	-5	Incoherent	II-13	0	Coherent	II-44	+1	Coherent
I-12	+9	Incoherent	I-43	+7	Incoherent	II-14	0	Coherent	II-45	0	Coherent
I-13	+11	Incoherent	I-44	+41	Incoherent	II-15	+2	Coherent	II-46	0	Coherent
I-14	+6	Incoherent	I-45	+6	Incoherent	II-16	+3	Coherent	II-47	0	Coherent
I-15	+1	Coherent	I-46	+9	Incoherent	II-17	+1	Coherent	II-48	0	Coherent
I-16	+8	Incoherent	I-47	+2	Coherent	II-18	+1	Coherent	II-49	+1	Coherent
I-17	+1	Coherent	I-48	+5	Incoherent	II-19	0	Coherent	II-50	+1	Coherent
I-18	+2	Coherent	I-49	-1	Coherent	II-20	+6	Incoherent	II-51	+1	Coherent
I-19	+5	Incoherent	I-50	+4	Incoherent	II-21	0	Coherent	II-52	0	Coherent
I-20	+5	Incoherent	I-51	+8	Incoherent	II-22	+1	Coherent	II-53	-2	Coherent
I-21	-7	Incoherent	I-52	+4	Incoherent	II-23	0	Coherent	II-54	+4	Incoherent
I-22	+4	Incoherent	I-53	+29	Incoherent	II-24	0	Coherent	II-55	+2	Coherent
I-23	+1	Coherent	I-54	+1	Coherent	II-25	0	Coherent	II-56	+1	Coherent
I-24	+2	Coherent	I-55	+9	Incoherent	II-26	+1	Coherent	II-57	+2	Coherent
I-25	+5	Incoherent	I-56	+10	Incoherent	II-27	+2	Coherent	II-58	+2	Coherent
I-26	+4	Incoherent	I-57	+4	Incoherent	II-28	+2	Coherent	II-59	-1	Coherent
I-27	+3	Coherent	I-58	-7	Incoherent	II-29	+5	Incoherent	II-60	+2	Coherent
I-28	-2	Coherent	I-59	+1	Coherent	II-30	+2	Coherent	II-61	+1	Coherent
I-29	+9	Incoherent	I-60	+11	Incoherent	II-31	-2	Coherent	II-62	0	Coherent
I-30	+12	Incoherent	II-1	0	Coherent	II-32	+1	Coherent	II-63	+1	Coherent
I-31	+5	Incoherent	II-2	+2	Coherent	II-33	-2	Coherent			

Note: θ — Angle deviation between $\vec{N}$ and $\langle 111 \rangle$

以生成大量的共格 Σ3 孪晶界为前提,非共格 Σ3 晶界是由共格 Σ3 晶界迁移反应所致. 首先,该模型不能解释为什么本实验样品 B 中出现高比例平直的 Σ3 共格孪晶界而其 GBCD 未得到优化的现象;其次,高能量的非共格 Σ3 孪晶界由低能的共格 Σ3 孪晶界反应生成还直接违反能量最小原理,共格 Σ3 晶界是稳定并难以迁移的[27],此类晶界不可能衍生出大量的 Σ9 和 Σ27 晶界;高 Σ-CSL 晶界分解反应模型认为具有低 Σ 值的特殊晶界是由诸如 Σ51、Σ87 和 Σ243 等高 Σ 大角度晶界分解而来,按照该模型,具有不同低 Σ 值的特殊晶界(如 Σ5,Σ7,Σ9 等)出现的几率应该是等同的,但在样品 A 的 GBCD 中,却主要存在 Σ3、Σ9 和 Σ27 这 3 种 Σ3^n 类型的特殊晶界. 目前在被优化了的 GBCD 中,特殊晶界主要为 Σ3^n ($n=1, 2, 3$)晶界已经被大量实验所证实[7,10,25,28,29];特殊片段模型认为所有的共格孪晶对都能在一般

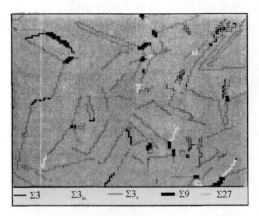

$— \Sigma 3 \quad \cdots \Sigma 3_{ic} \quad — \Sigma 3_c \quad \blacksquare \Sigma 9 \quad \blacksquare \Sigma 27$

图 6 图 4 中 II 区域的 $\Sigma 3^n$ 特殊晶界分布

Fig. 6 $\Sigma 3^n$ boundaries distribution in area II of Fig. 4

大角度晶界网络上引入特殊晶界片段从而阻断一般大角度晶界的网络的连通性,实现材料的 GBCD 优化,从图 4a 中(如箭头所示)可以清楚地看出共格孪晶对并没有在一般大角度晶界网络中引入特殊晶界片段,显然该模型与本实验结果相矛盾.

非共格 $\Sigma 3$ 晶界迁移反应模型认为,由于非共格 $\Sigma 3$ 晶界是高度可动的[27],此类晶界的迁移会导致彼此间的会合反应,从而衍生出 $\Sigma 9$ 晶界;同样,$\Sigma 9$ 和 $\Sigma 3$ 会合可以生成 $\Sigma 27$(或 $\Sigma 3$)晶界,这些特殊晶界大都位于大角度晶界网络上,从而有效阻断了一般大角度晶界网络的连通性,实现合金 GBCD 的优化. 该模型很好地解释了为什么出现大量的非共格 $\Sigma 3$,$\Sigma 9$ 和 $\Sigma 27$ 晶界的样品 A 实现了 GBCD 优化而仅出现大量共格 $\Sigma 3$ 晶界的样品 B 却未能派生出 $\Sigma 9$ 和 $\Sigma 27$ 晶界,其一般大角度晶界网络较完整的实验现象,即小形变(6%)冷轧后的 304 不锈钢经 1 173 K 加热可诱发大量的非共格 $\Sigma 3$ 晶界,且在长时间退火过程中,生成的非共格 $\Sigma 3$ 晶界通过迁移反应派生出大量的 $\Sigma 9$ 和 $\Sigma 27$ 晶界(如图 2b 和图 3b),从而实现合金 GBCD 优化,但非共格 $\Sigma 3$ 孪晶界产生的微观机制目前还不很清楚,这是需进一步研究的问题.

3 结论

(1) 经 6%~10% 小变形,在 1 173 K 下经适当长时间退火的 304 不锈钢特殊晶界比例较高.

(2) 在 1 173 K 下进行 96 h 退火的 304 不锈钢,预先 6% 和 40% 冷变形相比,$\Sigma 3$ 晶界比例相近,但前者以非共格 $\Sigma 3$ 晶界为主,后者以共格 $\Sigma 3$ 晶界为主;前者具有较高比例的 $\Sigma 9$ 和 $\Sigma 27$ 晶界且有效地阻断了一般大角度晶界网络的连通性,后者具有较少的 $\Sigma 9$ 和 $\Sigma 27$ 晶界,一般大角度晶界网络较完整.

参 考 文 献

[1] Froment M. *J Phys*, 1975;36:371.

[2] Xian X R, Chou Y T. *Philos Mag*, 1982;45A:1075.

[3] Pumphrey P H. In: Chadwick G A, Smith D A eds., *Special High Angle Boundaries*, *Grain Boundary Structure and Properties*. London: Academic Press, 1976:13.

[4] Watanabe T. *Res Mech*, 1984;11:47.

[5] Lin P, Palumbo G, Erb U, Aust K T. *Scr Metall Mater*, 1995;33:1387.

[6] Pan Y, Adams B L, Olson T. *Acta Mater*, 1996;44:4685.

[7] Xia S, Zhou B X, Chen W J. *Scr Mater*, 2006;54:2019.

[8] Kumar M, Schwartz A J, King W E. *Acta Mater*, 2002;50:2599.

[9] Xia S, Zhou B X, Chen W J. *Acta Metall Sin*, 2006;42:129.
    (夏爽,周邦新,陈文觉. 金属学报,2006;42:129)

[10] Wang W G, Zhou B X, Feng L. *Acta Metall Sin*, 2006;42:715.

（王卫国，周邦新，冯柳. 金属学报，2006；42：715）

[11] Lee D S, Ryoo H S, Hwang S K. *Mater Sci Eng*, 2003；A354：106.

[12] Shimada M, Kokawa H, Wang Z J, Sato Y S, Karibe I. *Acta Mater*, 2002；50：2331.

[13] Bi H Y, Kokawa H Z, Wang J, Shimada M, Sato Y S. *Scr Mater*, 2003；49：219.

[14] Michiuchi M, Kokawa H, Wang Z J, Sato Y S, Sakai K. *Acta Mater*, 2006；54：5179.

[15] Thaveeprungsriporn V, Sinsrok P, Thong-Aram D. *Scr Mater*, 2001；44：67.

[16] King W E, Schwartz A J. *Scr Mater*, 1998；38：440.

[17] Lee S Y, Chun Y B, Han J W. *Mater Sci Eng*, 2003；A363：307.

[18] Lehockey E M, Limoges D, Palumbo G. *J Power Sources*, 1999；78：79.

[19] Palumbo G, Erb U. *MRS Bull*, 1999；11：27.

[20] Brandon D G. *Acta Metall*, 1966；14：1479.

[21] Randle V. *Scr Mater*, 2001；44：2789.

[22] Wright S I, Larsen R J. *JOM*, 2002；205：245.

[23] Mahajan S, Pande C S, Imam M A, Rath B B. *Acta Mater*, 1997；45：2633.

[24] Randle V. *Acta Mater*, 2004；52：4067.

[25] Wang W G, Guo H. *Mater Sci Eng*, 2007；A445：155.

[26] Wang W G. *Mater Sci Forum*, 2007；539：3389.

[27] Randle V, Davies P, Hulm B. *Philos Mag*, 1999；79A：305.

[28] Schuh C A, Kumar M, King W E. *J Mater Sci*, 2005；40：847.

[29] Song K H, Chun Y B, Hwang S K. *Mater Sci Eng*, 2007；A454：629.

$\Sigma 3^n$ Special Boundary Distributions in the Cold-Rolled and Annealed 304 Stainless Steel

Abstract：Grain boundary character distributions (GBCD) in the 304 stainless steel cold rolled and then annealed at 1173 K were analyzed by electron back scatter diffraction (EBSD). The results showed that under low strain (about 6%) followed by long-time annealing (24 – 96 h) the special boundaries with a higher fraction of $\Sigma 3^n (n=1, 2, 3)$ boundaries appeared, and the connectivity of general high angle grain boundary (HAB) network was interrupted by $\Sigma 9$ and $\Sigma 27$ segments. Incoherent and coherent $\Sigma 3$ boundaries were identified by single-section trace analysis method, which showed that the major part of $\Sigma 3$ boundaries was incoherent one in the optimized GBCD. Further discussion pointed out that the migration and interaction of incoherent $\Sigma 3$ boundaries are relative to the twin-induced GBCD optimization.

金属材料晶界特征分布(GBCD)优化研究进展[*]

摘　要：总结了基于退火孪晶的金属材料晶界特征分布(GBCD)优化研究进展,并重点讨论了退火孪晶诱发 GBCD 优化的"Σ3 再激发"模型、"高 Σ－CSL 晶界分解反应"模型和"非共格 Σ3 晶界迁移与反应"模型. 指出"非共格 Σ3 晶界的迁移与反应"应是基于退火孪晶的中低层错能金属材料 GBCD 优化的微观机制;进一步研究非共格 Σ3 晶界的成因及其在 GBCD 优化过程中的行为是十分必要的.

晶界特征分布(grain boundary character distribution,简称 GBCD)优化亦称晶界工程(grain boundary engineering,简称 GBE),意在通过大幅度增加特殊晶界比例来改善某些多晶材料的性能. 目前关于特殊晶界的定义,一种是基于晶界几何特征的,也称"低 Σ 重位点阵(coincidence site lattice,简称 CSL)晶界"(Σ 值 $\leqslant$ 29);另一种是基于晶界性能的,即那些具有低的晶界偏聚行为和良好的耐晶间腐蚀性能的晶界被称为特殊晶界[1]. 一般地说,低 ΣCSL 晶界原子排列有序度高和自由体积小的结构特点赋予它具有上述特殊性能[2-5],因此,低 ΣCSL 晶界和特殊晶界通常被认为是相同的含义但提法不同.

应该指出,在合金中通过大幅度增加低 ΣCSL 晶界的比例来改善多晶材料沿晶界失效行为大多是基于退火孪晶的 GBCD 优化,这一原理只适用于中低层错能面心立方金属如镍基合金、铅合金、奥氏体不锈钢和铜合金等. 此外,针对高层错能面心立方金属如铝基合金,还有基于织构的 GBCD 优化,以及针对某些体心立方金属如高硅的铁硅合金、钼等脆性问题的 GBCD 优化研究. 限于篇幅,本文主要归纳目前国内外研究最多的基于退火孪晶的 GBCD 优化研究进展,对某些热点问题如退火孪晶诱发 GBCD 优化的微观机制进行了讨论,寻求GBCD 优化研究新的切入点.

1　基于退火孪晶的金属材料 GBCD 优化工艺及进展

1.1　GBCD 优化工艺

形变退火是中低层错能面心立方金属材料进行 GBCD 优化最主要的工艺方法,其工艺路线可简单归纳为 4 种:其一,小变形(变形量低于 10％)后进行低温($\leqslant 0.6 T_{\mathrm{m}}$)退火[6-8]. 该工艺由于形变量小,退火温度低,GBCD 优化过程主要发生在回复和再结晶初期. 另外长时间的低温退火可以通过位错的滑移和攀移,使局部点阵和晶界面取向变动[9],使 $\Sigma 3^{n}$($n=1$,2,3)晶界更接近精确的 CSL 位置,即 $\Sigma 3^{n}$ 晶界通过微调(fine tuning)使晶界自由体积更小. 其二,中等冷变形(10％～40％)后进行高温($\geqslant 0.8 T_{\mathrm{m}}$)短时($\leqslant$30 min)退火[10,11]. GBCD 优化发生在完全再结晶阶段,但由于退火时间短,避免了晶粒粗化. 例如,对 Pb 合金[11]进行

---

* 本文合作者:方晓英、王卫国. 原发表于《稀有金属材料与工程》,2007,36(8):1500－1504.

30%变形后在 270 ℃退火 8 min,可得到 56%的 $\Sigma3$ 晶界和 9.9%的 $\Sigma9$ 晶界,晶粒尺寸不大于 30 μm.其三,先进行小的冷变形(6%~7%)后再进行两步退火工艺(低温长时间退火＋高温短时间退火)[12].该工艺成功应用于无氧铜的 GBCD 优化中,两步退火使小变形后样品的低 ΣCSL 晶界($\Sigma \leqslant 29$)的比例由 70%提高到 85%以上.其四,采用多次冷轧和退火处理,每次按第一或第二种工艺处理,一般进行 2~7 次[13-17].该工艺的特点是把总形变量分解到几次形变＋再结晶过程中来完成,这样,变形后合金在短时间退火过程中的晶粒长大被部分或全部抑制了.该工艺在铁基[16]和镍基奥氏体合金及无氧铜[15,18]中得到成功应用,低 ΣCSL 晶界比例不低于 60%,晶粒尺寸小于 30 μm.

1.2 GBCD 优化研究进展

在过去的十几年里,人们在镍基合金、铅合金、奥氏体不锈钢和铜合金等材料的 GBCD 优化方面取得了重要进展,结果归纳在表 1 中.这几种材料经过 GBCD 优化后,低 ΣCSL 晶界(特殊晶界)的比例可达 57%~96%,比传统工艺提高了 2~7 倍.特殊晶界中,退火孪晶界 $\Sigma3$ 占 70%~85%,$\Sigma9$ 和 $\Sigma27$ 可以达到 10%以上,而其他低 ΣCSL 晶界的比例则很低,一般在 5%以下.形变退火过程中形成的 $\Sigma3$ 孪晶界以及与之几何相关的 $\Sigma9$ 和 $\Sigma27$ 等晶界[21]的生成是 GBCD 优化的关键.本文作者[11]在对 Pb－Ca－Sn－Al 合金的 GBCD 优化研究中发现,30%冷变形试样在经过高温(270 ℃)短时(8 min)退火后特殊晶界比例可达 80%,从其 EBSD 晶界重构图上,可清晰地观察到很多弯曲的 $\Sigma3$ 晶界,$\Sigma9$ 和 $\Sigma27$ 等低 ΣCSL 晶界均处在由一般大角度晶界构成的晶界网络上,有效地阻断了一般大角度晶界网络的连通性.目前,大量的实验表明,经过 GBCD 优化的材料,其抗晶间腐蚀能力会显著提高.Lin 和 Palumbo 等人[2]的实验结果表明,经 GBCD 优化的 Inconel 600 比未进行晶界优化的样品其腐蚀速率降低近 3 倍.Palumbo 等人[22]也曾用经过 GBCD 优化的 Pb－Ca－Sn 合金制成铅酸蓄电池的阳极板栅,其抗晶间腐蚀性能显著好于经传统工艺(铸造)制备的阳极板栅.粗略地估计,用这种经 GBCD 优化的 Pb－Ca－Sn 合金制作阳极板栅,铅酸蓄电池的充放电循环使用寿命可延长 3~4 倍.Bi H Y 等人[23]在研究奥氏体不锈钢中发现,Cr 在能量较低的低 ΣCSL 晶界附近的贫化要比一般大角度晶界小得多,从而使该合金在敏化温度范围内处理后,仍具有良好的抗晶间腐蚀能力.

表 1 各类材料 GBCD 优化工艺参数及获得的结果

Table 1 The results of GBCD optimization for various materials

Material	Initial condition	Processing history				Maximum F_Σ/%				Average grain size/μm	References
		ε/%	T/℃	τ/min	n	$\Sigma3$/%	$\Sigma9$/%	$\Sigma27$/%	Total $\Sigma \leqslant 29$/%		
Ni	As-cast	60	950~1 150	1~15	1	46.7	5.5	2.2	66.2	25	[4]
	Strip	5	900	10	1	50.2	8.1	3.0	65.0	67	[7,8]
Ni－Cr		25	1 025	18	4				63		[15]
	Proprietary					47	10	7	71	11	[2]
	Inconel 600 bar	20	1 000	15	7	34	18		65		[18]
	Inconel 690 1 100 ℃,15 min＋WQ	5	1 100	5	1	60.6	9.2		72.5		[28]

Material	Initial condition	Processing history				Maximum F_Σ/%				Average grain size/μm	References
		ε/%	T/℃	τ/min	n	$\Sigma3$/%	$\Sigma9$/%	$\Sigma27$/%	Total $\Sigma\leqslant29$/%		
304	Solid solution-1 050 ℃, 0.5 h	5	927	4 320	1				85	31	[6]
	Solid solution-1 050 ℃, 2h+30% forging+850 ℃, 2h	3	950	10	3	50			57	30	[16]
304L	Proprietary								63	15	[19]
Ofe-Cu	Cu bar	67	560	10	4	45			68	30	[15,18]
	Plate	6	270 ℃, 14 h+ 375 ℃,7 h		1	65	10	5	85		[12]
Brass	Cast billet+25%hot rolled+800 ℃,1 h	20	680	20	2	72	5		79	42	[17]
Pb-base alloy	Strip cast+90%rolled +270 ℃,15 min	30	270	8	1	56.1	9.9		80	30	[11]
	Strip cast+90%rolled	30	270	10	2	63.9	19	6.8	96.1	60	[13]
	Proprietary								70	200	[20]

1.3　GBCD 优化的判据

需要指出的是,某种金属材料是否真正实现了 GBCD 优化,仅凭低 ΣCSL 晶界的比例来评价往往是不充分的.这是因为当高比例的特殊晶界位于晶内而并未阻断一般大角度晶界网络时,材料的 GBCD 就达不到优化的效果,对抵抗晶间腐蚀、晶界开裂等晶界特性就起不到提高的作用[15,24].因此,Kumar 等人[18]指出,至少需要 2 条低 ΣCSL(2-CSL)晶界构成的三叉晶界才能阻断晶界失效现象(如腐蚀、偏聚、开裂等)的发生,并指出阻断晶界失效的条件是:$f_{2CSL}/f_{(1-3CSL)}\geqslant0.35$,这里 f_{2CSL},f_{3CSL} 分别是指 2 条低 ΣCSL 晶界和 3 条低 ΣCSL 晶界构成的三叉晶界在所研究的晶界网络中占的比例.

但特殊晶界并非在任何使用条件下都表现出特殊性能.有实验表明,奥氏体不锈钢中 Σ9 晶界虽可抵抗一般晶界腐蚀[6],但在应力腐蚀条件下,却未表现出良好的耐蚀性[25].可见,只有综合考虑特殊晶界比例,晶界网络结构和晶界特性试验(如晶间腐蚀,应力腐蚀,蠕变强度试验等)的结果才能全面准确地判断材料 GBCD 优化的效果.

总之,具有中低层错能面心立方结构的金属材料的 GBCD 优化研究取得了一些重要进展:形变退火工艺是诱发大量低 ΣCSL 晶界产生的主要工艺;大量退火孪晶 Σ3 及其几何关联的 Σ9 和 Σ27 晶界的形成是 GBCD 优化的关键;低 ΣCSL 晶界比例,一般大角度晶界网络的连通性和晶界弱化试验是 GBCD 优化与否的综合判据.

2　基于退火孪晶的 GBCD 优化机制的讨论

迄今为止,有关退火孪晶诱发 GBCD 优化机制有 3 种.其一是 Randle 提出的 Σ3 再激发模型(Σ3 regenerating model)[26].该模型假定与共格 Σ3 晶界相交的一般大角度晶界优先迁移,与共格 Σ3 相遇,反应出 Σ9 晶界,构成 Σ3-Σ3-Σ9 的晶界连接网络,可动的 Σ9 晶界继续迁移与另一个共格 Σ3 反应,激发出非共格 Σ3 晶界,该非共格晶界处于一般大角度晶界网络上,阻断了大角度晶界的连通;而且易动的非共格 $\Sigma3$ 晶界还可继续迁移和其他晶界相遇,反应出低 ΣCSL 晶界;如此进行下去实现材料的 GBCD 优化. 该模型强调共格孪晶界 $\Sigma3$ 对 GBCD 优化的重要作用,认为非共格孪晶界 $\Sigma3$ 的生成是由共格孪晶界 $\Sigma3$ 作用的结果. 但在众多的实验[11,15,24]中发现,仅出现平直的共格 $\Sigma3$ 晶界,合金的 GBCD 得不到优化,而且,有实验表明[11,27],中低层错能的面心立方金属材料冷轧变形后在较高温度退火时,会形成大量的非共格 $\Sigma3$ 晶界,从能量最小准则很难想象,这些高比例的非共格 $\Sigma3$ 晶界(晶界能为 $0.1\sim0.6$ Jm^{-2})是由低能的共格 $\Sigma3$ 孪晶界(0.01 Jm^{-2})之间相互作用所致. 相反,倒是有研究[9]指出,非共格 $\Sigma3$ 孪晶界在长时间的退火过程中,通过微调(fine tuning)可转变为共格 $\Sigma3$ 晶界. 其二是 Kumer 等人提出的高 ΣCSL 晶界分解模型[15]. 即中低层错能面心立方金属材料经过适度形变高温退火后,由于形变诱发晶界迁移(strain-induced boundary migration-SIBM)产生退火孪晶 $\Sigma3$ 晶界,这些晶界与高 ΣCSL 晶界反应生成大量的低 ΣCSL 晶界(如 $\Sigma51$ 和 $\Sigma81$ 等与 $\Sigma3$ 晶界相遇反应生成 $\Sigma17$ 和 $\Sigma27$ 等)从而实现合金的 GBCD 优化. 但几乎所有的实验结果[11-13,28]均表明,一般大角度晶界的比例是随着 $\Sigma1$ 小角度晶界(形变组织)的大量消失而迅速提高的. 在这个过程之前,一般大角度晶界的比例很低,而此时已经出现了大量的 $\Sigma3$ 和部分 $\Sigma9$ 和 $\Sigma27$ 晶界;另外,如果低 ΣCSL 晶界是由高 ΣCSL 晶界与 $\Sigma3$ 晶界反应生成,那么优化了的 GBCD 中各种低 ΣCSL 晶界比例应该相近,但几乎所有的实验结果都表明[16,17],经过优化的 GBCD 中,90% 以上的特殊晶界是 $\Sigma3$,$\Sigma9$ 和 $\Sigma27$. 可见,Kumar 的观点是很难成立的. 其三是 Wang W 等人提出的非共格 $\Sigma3$ 晶界的迁移与反应模型[11]. 该模型再结晶退火过程中形成大量的弯曲的可迁移的非共格 $\Sigma3$ 晶界是合金 GBCD 得到优化的根源. 首先,低能的共格 $\Sigma3$ 晶界是稳定并难以迁移的,此类晶界不可能衍生出大量的 $\Sigma9$ 和 $\Sigma27$ 晶界;其次,在再结晶退火过程中,与基体保持非共格取向关系的 $\Sigma3$ 优先形核,且高度可动,这种非共格 $\Sigma3$ 晶界的迁移及彼此相遇可生成 $\Sigma9$ 或 $\Sigma1$ 晶界,同样 $\Sigma9$ 晶界的迁移也可以和 $\Sigma3$ 或 $\Sigma9$ 等晶界相遇而发生反应生成 $\Sigma27$ 和 $\Sigma81$ 等等,这就可以很好地解释优化了的 GBCD 中为什么主要存在 $\Sigma3$,$\Sigma9$ 和 $\Sigma27$ 的实验现象. 第三,由于非共格 $\Sigma3$ 晶界有对称(位于 {112} 面上)和非对称(⟨110⟩晶带中的 23 17 17/775,211/744,522/441 等)倾侧晶界之分,而共格 $\Sigma3$ 晶界仅是位于 {111} 面上的对称倾侧晶界,在基于退火孪晶的 GBCD 优化过程中,大量非共格 $\Sigma3$ 晶界(主要为非对称倾侧晶界)的迁移和反应导致晶粒取向的均匀化,即在 GBCD 优化了的样品中是不存在织构的,这和王卫国等人的实验结果[11]完全吻合. 第四,在 GBCD 优化过程中,当 $\Sigma1$ 小角度晶界消耗殆尽时,就不再有新的 $\Sigma3$ 晶界形成;这时一般大角度晶界在不受小角度晶界钉扎的情况下开始发生迁移,原有的非共格 $\Sigma3$ 晶界也在迁移,但由于受一般大角度晶界的"扫除"作用,晶粒一旦开始长大,$\Sigma3$ 等特殊晶界的比例就会迅速下降,而一般大角度晶界的比例则快速增加,这也和实验结果相吻合. 另外,最近 Kim 等人[29]利用五参数晶界面测定法研究经 GBCD 优化的黄铜的晶界特征时,也发现 $\Sigma3$ 晶界中非共格的成分是主要的. 综上所述,作者认为非共格 $\Sigma3$ 晶界的迁移与反应应是基于退火孪晶的金属材料 GBCD 优化的微观机制.

3 基于退火孪晶的 GBCD 优化机制是亟待研究的新课题

3.1 非共格 $\Sigma3$ 晶界形成的微观机制

既然非共格 $\Sigma3$ 晶界的迁移和反应是基于退火孪晶的 GBCD 优化的微观机制,那么对

非共格 Σ3 晶界形成的微观机制进行探讨是十分必要的. 非共格 Σ3 晶界按其形成过程分为两种,一种是以形核方式形成的Σ3晶界(包括共格和非共格Σ3孪晶界);另一种是在晶界迁移过程中,原来就具有Σ3取向关系的两个晶粒相遇后形成Σ3晶界;前一种方式的形成几率要远远大于后者[30]. 针对第一种方式,目前的研究大都是围绕共格Σ3孪晶进行讨论的. 提出的 3 种模型分别是在晶粒长大过程中出现的"长大事故"(growth accident)[31]、"堆垛错排产生孪晶晶核"(nucleation of twins by stacking fault)[32] 和 Mahajan 和 Pande[33] 提出的兼容"长大事故"和"堆垛错排产生孪晶晶核"两种理论的新模型. 尽管这些模型对已观察到的共格退火孪晶的形成做出较为合理的解释,但都未提及非共格 Σ3 孪晶界的成因问题. 为了寻找非共格 Σ3 孪晶界的形成原因,不妨先来分析一下中低层错能金属材料退火前的形变状态. 由于该类材料的位错不易交滑移和攀移,冷变形过程中很难形成普通的位错胞结构,而是形成所谓的泰勒点阵(TL)[34]. 该点阵是由平行的间距大体均匀的位错阵列而成,位错排列方向并不是随机的,而是平行于(111)滑移面,其几何必需边界(GNB)包括高密度位错墙(DDW)和显微带(MB)通常为较长的平面结构,也总是接近平行于(111)滑移面,在随后的加热回复过程中,这些几何必需边界包围的 TL 块不易形成锋锐的胞壁,即多边形化较困难,容易发生位错分解扩展. 由于 TL 块中位错排列具有一定的晶体学取向关系,这样在(111)面上由于位错的扩展易发生层错,即可构成初始的孪晶晶核,这似乎仍是形成{111}共格孪晶界,而不是非共格孪晶界. 但若升高中低层错能金属的变形温度($0.3\sim0.5T_m$),则形变金属会形成一种 TL 和位错胞共存的过渡亚晶结构,即胞壁包围 TL 位错,形成类似散漫的位错胞状结构. 此时较长的 GNB 不再是平直的,而是弯曲的. 弯曲的 GNB 在随后的回复过程中,某些平行于基体{111}晶面的部分可能与基体保持Σ3共格关系而成为共格孪晶晶核部位,和其相连的部分因无法保持共格关系但位错密度又不足以形成一般大角度晶界而有可能成为非共格孪晶界. 这似乎解释了为什么室温下形变的金属材料(如 304 不锈钢,镍基合金)其退火后的 GBCD 中的 Σ3 晶界多为平直的共格孪晶界,而室温($0.48T_m$)变形的 Pb 基合金退火后出现大量的弯曲的非共格 Σ3 晶界. 但这也仅仅是一种推测,尚无直接的实验证据. 所以进一步针对非共格 Σ3 晶界的成因问题展开深入的研究是为基于退火孪晶的 GBCD 优化研究找到突破口的关键所在. 而且,中温形变金属的这种过渡亚晶结构对合金含量、温度、形变速率等相当敏感,因此,如何选择适当的合金成分、形变温度和形变速率以及退火温度和时间等是诱发中低层错能金属产生大量非共格 Σ3 孪晶界的关键.

3.2 非共格 Σ3 晶界在 GBCD 优化过程中的行为

当大量非共格 Σ3 晶界一旦形成,高度可动的特性使得它们在 GBCD 优化过程中扮演着最活跃的角色,即通过非共格 Σ3 晶界的迁移彼此相遇以及它们之间的反应派生出大量的位于晶界网络上的 $\Sigma3^n$ 晶界,真正实现材料 GBCD 的优化. 研究非共格 Σ3 晶界的迁移的行为特性,首先应正确标定非共格 Σ3 晶界,尤其是要与共格 Σ3 晶界区分开来. 近几年才出现的基于 EBSD 的单一截面迹线分析法[35]和五参数晶面测定法[36]使定量确定共格 Σ3 晶界和非共格 Σ3 晶界的百分比以及各种非共格 Σ3 晶界面的位置测定成为可能;其次是确定非共格 Σ3 晶界的迁移主要受哪些因素的影响. 非共格 Σ3 晶界比一般大角度晶界结构的有序度高,自由体积小等特点使得溶质原子在其上的偏聚能力要远远低于一般大角度晶界,这样因偏聚造成的溶质原子对晶界的钉扎作用很小. 但根据实验观察[11],非共格 Σ3 晶界往往形成于再结晶初期, 晶粒细小. 根据 Gottstein[37] 提出的无量纲判据 $\Lambda = \dfrac{m^{TJ}a}{m^{GB}}$ (m^{TJ} 和 m^{GB} 分别为三叉晶界交汇点和晶界的迁移率, a 为晶粒尺寸), 当 $\Lambda \ll 1$ 时, 晶界迁移主要受控于三叉晶界交汇处的运动, 此时该判据 Λ 很小, 晶界网络结构中的三叉晶界不再单纯是晶界相遇后自发形成的热力学平衡点[37], 而是直接影响到晶界迁移的动力学行为, 即对晶界的迁移具有很大的拖曳作用[30,38]. 可以说非共格 $\Sigma 3$ 晶界开始迁移时, 即有来自晶界总界面能降低的驱动力, 同时也有来自三叉晶界对其的阻力. 当然, 同一般大角度晶界一样, 非共格 $\Sigma 3$ 晶界的迁移仍会受到第二相、溶质原子、应力分布状态以及晶界面位置等的影响. 此外, 通过两个具有 $\Sigma 3$ 取向的晶粒构成的非共格 $\Sigma 3$ 晶界还会受材料织构类型的影响[27]. 既然 $\Sigma 3^n$ 之间的反应和大量增殖都是建立在非共格 $\Sigma 3$ 晶界的广泛迁移基础上的, 那么采用 OIM(或 EBSD) 分析方法, TEM 观察, 退火过程中的原位组织观察以及热力学模拟计算等多种技术相结合的办法来研究非共格 $\Sigma 3$ 晶界的迁移反应行为及其影响因素应是另一重要的研究课题.

4 结语

目前, 国外虽在几种中低层错能面心立方金属材料的 GBCD 优化工艺研究中取得重要进展, 但涉及到的一些基础问题还不十分清楚, 进一步研究形变退火诱发非共格 $\Sigma 3$ 孪晶形成的微观机制和在 GBCD 优化中的行为是有望取得重要突破的研究方向.

参 考 文 献

[1] Lejcek P Paidar. *Materials Science and Technology*[J], 2005, 21(4): 393.

[2] Lin P, Palumbo G, Erb U *et al. Scripta Metallurgica et Materialia*[J], 1995, 33(9), 1387.

[3] Pan Y *et al. Acta Mater*[J], 1996, 44(12): 4685.

[4] Lehockey E M, Palumbo G. *Materials Science and Engineering A*[J], 1997, 237: 168.

[5] Alber 1U *et al. Acta Mater*[J], 1999, 47(15): 4047.

[6] Shimada M *et al. Acta Mater*[J], 2002, 50: 2331.

[7] Lee S L, Richards N L. *Materials Science and Engineering A*[J], 2005, 390: 81.

[8] Guyot B M, Richards N L. *Materials Science and Engineering A*[J], 2005, 395: 87.

[9] Thomson C B *et al. Acta Mater*[J], 1997, 45(12): 4909.

[10] Xia Shuang(夏爽) *et al. Acta Metall Sin* (金属学报)[J], 2006, 42(2): 129.

[11] Wang Weiguo (王卫国), Zhou Bangxin (周邦新), Feng Liu (冯柳). *Acta Metall Sin*(金属学报)[J], 2006, 42(7): 715.

[12] Wayne E *et al. Scripta Materialia*[J], 1998, 38(3): 440.

[13] Lee D S, Ryoo H S, Hwang S K. *Materials Science and Engineering A*[J], 2003, 354, 106: 111.

[14] Kumar M *et al. Acta Mater*[J], 2000, 48: 2081.

[15] Kumar *et al. Acta Mater*[J], 2002, 50: 2599.

[16] Thaveeprungsriporn V *et al. Scripta Mater*[J], 2001, 44: 67.

[17] Lee S Y, Chun Y B, Han J W *et al. Materials Science & Engineering A*[J], 2003, 363: 307.

[18] Kumar M *et al. Acta Mater*[J], 2000, 48: 2081.

[19] Spigarelli S, Cabibbo M, Evangelista E *et al. Materials Science & Engineering A*[J], 2003, 352: 93.

[20] Lehockey E M *et al. Journal of Power Sources*[J], 1999, 78: 79.

[21] Randle V. *The Role of Coincidence Site Lattice in Grain Boundary Engineering* [M]. London: Carlton House Terrace, 1996: 22.

[22] Palumbo G, Erb U. *MRS Bulletin*[J], 1999, 11: 27.

[23] Bi H Y *et al*. *Scripta Materialia*[J], 2003, 49: 219.

[24] Gertsman V Y *et al*. *Interface Science*[J], 2003, 11: 403.

[25] Gertsman V Y *et al*. *Acta Mater*[J], 2001, 49: 1589.

[26] Randle V. *Acta Mater*[J], 2004, 52: 4067.

[27] Randle V *et al*. *Philosophical Magazine A*[J], 1999, 79(2): 305.

[28] Xia S *et al*. *Scripta Materialia*[J], 2006, 54: 2019.

[29] Kim C S *et al*. *Scripta Materialia*[J], 2005, 52: 633.

[30] Czubayko U *et al*. *Acta Mater*[J], 1998, 46(16): 5863.

[31] Gindraux G, Form W. *J Inst Metals*[J], 1973, 101: 85.

[32] Meyers M A, Murr L E. *Acta Metall*[J], 1978, 26: 951.

[33] Mahajan S, Pande C S. *Acta Mater*[J], 1997, 45: 2633.

[34] Yu Yongning（余永宁）. *Principles of Metallography*（金属学原理）[M]. Beijing: Metallurgical Industry Press, 2000.

[35] Randle V. *Scripta Mater*[J], 2002, 44: 2789.

[36] Saylor D M *et al*. *Met Mater Trans*[J], 2004, 35A: 1981.

[37] Gottstein G *et al*. *Interface Science*[J], 1998, 6: 7.

[38] Gottstein G, Shvindlerman L S. *Materials Science and Technology*[J], 2005, 121(11): 1261.

The Optimization Research Developments of Grain Boundary Character Distribution (GBCD) of Polycrystalline Metal Materials

Abstract: The recent progress of twin-induced grain boundary character distribution (GBCD) optimization was summarized. The mechanism of GBCD optimization, the assumptions of $\Sigma 3$ regeneration, high Σ-CSL decomposition and incoherent $\Sigma 3$ migration and interaction were discussed substantially. It was pointed out that the migration and interactions of incoherent $\Sigma 3$ boundaries might be the mechanism of twin-induced GBCD optimization. It is of significance to investigate the formation mechanism as well as the migration behavior of incoherent $\Sigma 3$ boundaries in further.